# 鳥哥的
# LINUX
## 私房菜

### 基礎學習篇 (第四版)

# 序

## 關於本書

　　基礎學習篇竟然已經進入第四版～這真的相當感謝各位網友、書友們的支持，否則不太容易進入第四版啊！不過，距離前一版使用 CentOS 5.x 來做解釋的 2010 年，也已經相隔了 6 年之久～連 CentOS 都已經進入 7.x 的年代，整個略過一個版本哩 (CentOS 6.x 沒有出現在基礎篇喔！)。其實早在 2014 年中就有計畫想要修改，無奈鳥哥平日雜事不少，離開辦公室又容易懶病發作，直到 2015 年初答應網友們要在該年底完成基礎篇，這才開始動手努力修改與撰寫新資料。雖然整份 CentOS 7.x 的基礎學習已經在 2015 年 11 月左右於網站上更新完成，但是要列印成冊的過程校稿與排版又花了數個月這才有機會面世，還望各位網友、書友們多多包涵。

　　那為何要修改新版呢？其實 CentOS 6.x 的使用與 CentOS 5.x 差異不大，所以當時沒有動力想要修改。不過 7.x 以後使用的許多管理機制與軟體都不一樣了，最大的改變是使用了 systemd 來取代過去 systemV 慣用的 init 功能，也沒有了執行等級的概念，這個部分差異相當大，所以也不得不修改啊！基本上，比較大的差異在 Linux 核心版本的版次差異、bash 增加了 bash-completion 功能、使用了 xfs 檔案系統取代 ext4 成為預設檔案系統、使用了 xfs 實作 quota 與 LVM 的管理方式、使用了 systemd 機制的 systemctl 管理軟體取代 init 與 chkconfig 等操作行為、使用了 grub version 2 取代 version 1.5，設定方面差異相當大、核心編譯可以使用最新版本的 kernel 來取代目前的 3.x 以上的核心等等。

　　由於本書想要試圖將大家平時容易遇到的問題都寫進裡面，因此篇幅確實比較大！另外本書都是鳥哥一個人所做，當然無可避免的會有些疏漏之處，若有任何建議，歡迎到討論區的書籍戡誤向鳥哥回報，以讓小弟有機會更正錯誤！感謝大家！(不過個人粉專與微博因為鳥哥平日雜務忙碌，可能沒時間立即回覆留言，要請大家多多見諒喔！)

　　戡誤回報：http://phorum.vbird.org/viewforum.php?f=10

　　鳥站粉專：https://www.facebook.com/vbird.tw/

　　鳥哥微博：http://www.weibo.com/vbirdlinux

# 感謝

感謝自由軟體社群的發展,讓大家能夠使用這麼棒的作業系統!另外,對於本書來說,最要感謝的還是 netman 大哥,netman 是帶領鳥哥進入 Linux 世界的啟蒙老師!感謝您!另外還有 Study-Area (酷學園) 的伙伴,以及討論區上面所有幫忙的朋友,尤其是諸位版主群!相當感謝大家的付出!

也感謝崑山科大資訊傳播系的主任與老師、同事以及學生們,這幾年系上提供鳥哥實作出許多電腦教室管理軟體的環境,尤其是強者蔡董、小陳大大等,常常會提供鳥哥一些實作技巧方向的思考,也感謝歷屆的研究生、專題生們,感謝你們支持經常沒時間指導你們的鳥哥,很多軟體都是學生們動手實作出來的呢!

讀者們的戡誤回報以及經驗分享,也是讓鳥哥相當感動的一個環節,包括前輩們指導鳥哥進行文章的修訂,以及讀者們細心發現的筆誤之處,都是讓鳥哥有繼續修訂網站/書籍文章的動力!有您的支持,小弟也才有動力持續的成長!感謝大家!

最要感謝的是鳥哥的老婆,謝謝妳,親愛的鳥嫂,老是要妳幫忙生活瑣事,也謝謝妳常常不厭其煩的幫鳥哥處理生活大小事。這幾年鳥窩家裡添了兩個小公主,忙碌的工作後回到家看到鳥窩三美,一切疲勞一掃而空!感謝妳,我最親愛的老婆。

# 如何學習本書

這本書確實是為了 Linux 新手所寫的,裡面包含了鳥哥從完全不懂 Linux 到現在的所有歷程,因此,如果您對 Linux 真的有興趣,那麼這本書『理論上』應該是可以符合您的需求。由於 Linux 的基本功比較無聊,因此很多人在第一次接觸就打退堂鼓了,非常可惜!您得要耐得住性子,要有刻苦耐勞的精神,才能夠順利地照著本書的流程閱讀下去。

由於作業系統非常難,因此 Linux 真的不好學。而且作業系統每個部分都是息息相關的,因此不論哪本書籍,章節的編排都很傷腦筋。因此建議您,使用本書時,看不懂或者是很模糊的地方,可以先略過去,全部的文章都看完與做完之後,再重頭仔細的重新讀一遍與做一遍,相信就能夠豁然開朗起來!此外,『盡信書不如無書』,只『讀』完這本書,相信您一定『不可能』學會 Linux,但如果照著這本書裡面的範例實作過,且在實作時思考每個指令動作所代表的意義,並且實際自己去 man 過線上文件,那麼想不會 Linux 都不容易啊!這麼說,您應該清楚該如何學習了吧?沒錯,實作與觀察才是王道!給自己機會到討論區幫大家 debug 也是相當有幫助喔!大家加油!

鳥哥

2016/01/08 台南

# 目錄

## 第一篇：Linux 的規劃與安裝

## Chapter 00　計算機概論

# Chapter 01　Linux 是什麼與如何學習

# Chapter 02　主機規劃與磁碟分割

# Chapter 03　安裝 CentOS7.x

# Chapter 04　首次登入與線上求助

# 第二篇：Linux 檔案、目錄與磁碟格式

## Chapter 05　Linux 的檔案權限與目錄配置

## Chapter 06　Linux 檔案與目錄管理

# Chapter 07　Linux 磁碟與檔案系統管理

# Chapter 08　檔案與檔案系統的壓縮、打包與備份

# 第三篇：學習 Shell 與 Shell Scripts

## Chapter 09　vim 程式編輯器

## Chapter 10　認識與學習 BASH

# Chapter 11 正規表示法與文件格式化處理

# Chapter 12 學習 Shell Scripts

# 第四篇：Linux 使用者管理

## Chapter 13　Linux 帳號管理與 ACL 權限設定

# Chapter 14 磁碟配額 (Quota) 與進階檔案系統管理

# Chapter 15 例行性工作排程 (crontab)

# Chapter 16　程序管理與 SELinux 初探

# 第五篇：Linux 系統管理員

## Chapter 17　認識系統服務 (daemons)

## Chapter 18　認識與分析登錄檔

# Chapter 19 開機流程、模組管理與 Loader

## Chapter 20　基礎系統設定與備份策略

## Chapter 21　軟體安裝：原始碼與 Tarball

# Chapter 22　軟體安裝：RPM、SRPM 與 YUM

# Chapter 23　X Window 設定介紹

# Chapter 24　Linux 核心編譯與管理

# 計算機概論

由過去的經驗當中，鳥哥發現到因為興趣或生活所逼而必須要接觸 Linux 的朋友，很多可能並非資訊相關科系出身，因此對於電腦軟/硬體方面的概念不熟。然而作業系統這種東東跟硬體有相當程度的關連性，所以，如果不瞭解一下計算機概論，要很快的瞭解 Linux 的概念是有點難度的。因此，鳥哥就自作聰明的新增一個小章節來談談計概囉！因為鳥哥也不是資訊相關學門出身，所以，寫的不好的地方請大家多多指教啊！^_^

# 0.1 電腦：輔助人腦的好工具

現在的人們幾乎無時無刻都會碰電腦！不管是桌上型電腦(桌機)、筆記型電腦(筆電)、平板電腦、智慧型手機等等，這些東西都算是電腦。雖然接觸的這麼多，但是，你瞭解電腦裡面的元件有什麼嗎？以桌機來說，電腦的機殼裡面含有什麼元件？不同的電腦可以應用在哪些工作？你生活周遭有哪些電器用品內部是含有電腦相關元件的？底下我們就來談一談這些東西！

所謂的電腦就是一種計算機，而計算機其實是：『**接受使用者輸入指令與資料，經由中央處理器的數學與邏輯單元運算處理後，以產生或儲存成有用的資訊**』。因此，只要有輸入設備 (不管是鍵盤還是觸控式螢幕) 及輸出設備 (例如電腦螢幕或直接由印表機列印出來)，讓你可以輸入資料使該機器產生資訊的，那就是一部計算機了。

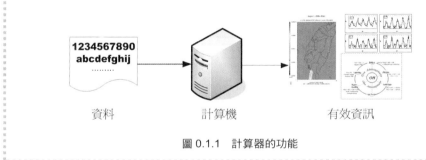

電腦可以協助人們進行大量的運算！以前如果要計算化學反應式都得要算個老半天，有了電腦模擬軟體後，就有不一樣的情況發生了！以下圖為例，鳥哥的工作中，有一項是需要將人們排放的空氣污染物帶入電腦模式進行模擬後，計算出可能產生的空氣污染並得到空氣品質狀態，最後經過分析軟體得到各式各樣的圖表。經過這些圖表的解析，就可以讓人們知道什麼樣的污染排放來源可能會產生什麼樣的空氣品質變化囉。

1234567890
abcdefghij
..........

資料　　　　　　　計算機　　　　　　　有效資訊

圖 0.1.1　計算器的功能

好了，根據這個定義你知道哪些東西是計算機了嗎？其實包括一般商店用的簡易型加減乘除計算機、打電話用的手機、開車用的衛星定位系統 (GPS)、提款用的提款機 (ATM)、你上課會使用的桌上型個人電腦、外出可能會帶的筆記型電腦 (包括 notebook 與 netbook)，還有近幾年 (2015 前後) 非常熱門的平板電腦與智慧型手機，甚至是未來可能會大流行的單版電腦 (Xapple pi, banana pi, Raspberry pi,)[註1] 與智慧型手錶，甚至於更多的智慧型穿戴式電腦[註2] 等等，這些都是計算機喔！

那麼計算機主要的組成元件是什麼呢？底下我們以常見的個人電腦主機或伺服器工作站主機來作為說明好了。

## 0.1.1　電腦硬體的五大單元

關於電腦的硬體組成部分，其實你可以觀察你的桌上型電腦來分析一下，依外觀來說這傢伙主要可分為三部分，分別是：

◆ **輸入單元**：包括鍵盤、滑鼠、讀卡機、掃描器、手寫板、觸控螢幕等等一堆。

◆ **主機部分**：這個就是系統單元，被主機機殼保護住了，裡面含有一堆板子、CPU 與主記憶體等。

◆ **輸出單元**：例如螢幕、印表機等等。

我們主要透過輸入設備如滑鼠與鍵盤來將一些資料輸入到主機裡面，然後再由主機的功能處理成為圖表或文章等資訊後，將結果傳輸到輸出設備，如螢幕或印表機上面。那主機裡面含有什麼元件呢？如果你曾經拆開過電腦主機機殼（包括拆開你的智慧型手機也一樣喔！），會發現其實主機裡面最重要的就是一片主機板，上面安插了中央處理器 (CPU) 以及主記憶體、硬碟 (或記憶卡) 還有一些介面卡裝置而已。當然大部分智慧型手機是將這些元件直接焊接在主機板上面而不是插卡啦！

整部主機的重點在於中央處理器 (Central Processing Unit, CPU)，**CPU 為一個具有特定功能的晶片，裡頭含有微指令集**，如果你想要讓主機進行什麼特異的功能，就得要參考這顆 CPU 是否有相關內建的微指令集才可以。由於 CPU 的工作主要在於管理與運算，因此在 CPU 內又可分為兩個主要的單元，分別是：**算數邏輯單元與控制單元。**[註3] 其中算數邏輯單元主要負責程式運算與邏輯判斷，控制單元則主要在協調各周邊元件與各單元間的工作。

既然 CPU 的重點是在進行運算與判斷，那麼要被運算與判斷的資料是從哪裡來的？**CPU 讀取的資料都是從主記憶體來的！**主記憶體內的資料則是從輸入單元所傳輸進來！而 CPU 處理完畢的資料也必須要先寫回主記憶體中，最後資料才從主記憶體傳輸到輸出單元。

> 為什麼我們都會說，要加快系統效能，通常將記憶體容量加大就可以獲得相當好的成效？如同下圖以及上面的說明，因為所有的資料都要經過主記憶體的傳輸，所以記憶體的容量如果太小，資料快取就不足～影響效能相當大啊！尤其針對 Linux 作為伺服器的環境下！這點要特別記憶喔！

綜合上面所說的，我們會知道其實電腦是由幾個單元所組成的，包括**輸入單元**、**輸出單元**、CPU 內部的**控制單元**、**算數邏輯單元**與**主記憶體**五大部分。這幾個東西的相關性如下所示：

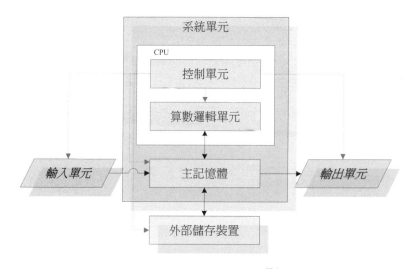

圖 0.1.2 電腦的五大單元[註4]

上面圖示中的『系統單元』其實指的就是電腦機殼內的主要元件，而重點在於 CPU 與主記憶體。特別要看的是實線部分的傳輸方向，**基本上資料都是流經過主記憶體再轉出去的！** 至於資料會流進/流出記憶體則是 CPU 所發佈的控制命令！而 CPU 實際要處理的資料則完全來自於主記憶體 (不管是程式還是一般文件資料)！這是個很重要的概念喔！這也是為什麼當你的記憶體不足時，系統的效能就很糟糕！也是為什麼現在人們買智慧型手機時，對於可用記憶體的要求都很高的原因！

而由上面的圖示我們也能知道，所有的單元都是由 CPU 內部的控制單元來負責協調的，因此 CPU 是整個電腦系統的最重要部分！那麼目前世界上有哪些主流的 CPU 呢？是否剛剛我們談到的硬體內全部都是相同的 CPU 架構呢？底下我們就來談一談。

## 0.1.2 一切設計的起點：CPU 的架構

如前面說過的，CPU 其實內部已經含有一些微指令，我們所使用的軟體都要經過 CPU 內部的微指令集來達成才行。那這些指令集的設計主要又被分為兩種設計理念，這就是目前世界上常見到的兩種主要 CPU 架構，分別是：精簡指令集 (RISC) 與複雜指令集 (CISC) 系統。底下我們就來談談這兩種不同 CPU 架構的差異囉！

◆ **精簡指令集** (Reduced Instruction Set Computer, RISC)[註5]

這種 CPU 的設計中，微指令集較為精簡，每個指令的執行時間都很短，完成的動作也很單純，指令的執行效能較佳；但是若要做複雜的事情，就要由多個指令來完成。常見的 RISC 微指令集 CPU 主要例如甲骨文 (Oracle) 公司的 SPARC 系列、IBM 公司的 Power Architecture (包括 PowerPC) 系列、與安謀公司 (ARM Holdings) 的 ARM CPU 系列等。

在應用方面，SPARC CPU 的電腦常用於學術領域的大型工作站中，包括銀行金融體系的主要伺服器也都有這類的電腦架構； 至於 PowerPC 架構的應用上，例如新力(Sony)公司出產的 Play Station 3(PS3)就是使用 PowerPC 架構的 Cell 處理器； 那安謀的 ARM 呢？你常使用的各廠牌手機、PDA、導航系統、網路設備(交換器、路由器等)等，幾乎都是使用 ARM 架構的 CPU 喔！老實說，**目前世界上使用範圍最廣的 CPU 可能就是 ARM 這種架構的呢！**[註6]

◆ **複雜指令集(Complex Instruction Set Computer, CISC)**[註7]

與 RISC 不同的，CISC 在微指令集的每個小指令可以執行一些較低階的硬體操作，指令數目多而且複雜，每條指令的長度並不相同。因為指令執行較為複雜所以每條指令花費的時間較長，但每條個別指令可以處理的工作較為豐富。常見的 CISC 微指令集 CPU 主要有 AMD、Intel、VIA 等 x86 架構的 CPU。

由於 AMD、Intel、VIA 所開發出來的 x86 架構 CPU 被大量使用於個人電腦(Personal computer)用途上面，因此，個人電腦常被稱為 x86 架構的電腦！那為何稱為 x86 架構[註8]呢？這是因為最早的那顆 Intel 發展出來的 CPU 代號稱為 8086，後來依此架構又開發出 80286, 80386...，因此這種架構的 CPU 就被稱為 x86 架構了。

在 2003 年以前由 Intel 所開發的 x86 架構 CPU 由 8 位元升級到 16、32 位元，後來 AMD 依此架構修改新一代的 CPU 為 64 位元，為了區別兩者的差異，因此 64 位元的個人電腦 CPU 又被統稱為 x86_64 的架構喔！

> 所謂的位元指的是 CPU 一次資料讀取的最大量！64 位元 CPU 代表 CPU 一次可以讀寫 64bits 這麼多的資料，32 位元 CPU 則是 CPU 一次只能讀取 32 位元的意思。因為 CPU 讀取資料量有限制，因此能夠從記憶體中讀寫的資料也就有所限制。所以，一般 32 位元的 CPU 所能讀寫的最大資料量，大概就是 4GB 左右。

那麼不同的 x86 架構的 CPU 有什麼差異呢？除了 CPU 的整體結構(如第二層快取、每次運作可執行的指令數等)之外，主要是在於微指令集的不同。新的 x86 的 CPU 大多含有很先進的微指令集，這些微指令集可以加速多媒體程式的運作，也能夠加強虛擬化的效能，而且某些微指令集更能夠增加能源效率，讓 CPU 耗電量降低呢！由於電費越來越高，購買電腦時，除了整體的效能之外，節能省電的 CPU 特色也可以考慮喔！

例題

最新的 Intel/AMD 的 x86 架構中，請查詢出多媒體、虛擬化、省電功能各有哪些重要的微指令集？(僅供參考)

答： ■ 多媒體微指令集：MMX, SSE, SSE2, SSE3, SSE4, AMD-3DNow!

■ 虛擬化微指令集：Intel-VT, AMD-SVM

■ 省電功能：Intel-SpeedStep, AMD-PowerNow!

■ 64/32 位元相容技術：AMD-AMD64, Intel-EM64T

## 0.1.3　其他單元的設備

　　五大單元中最重要的控制、算術邏輯被整合到 CPU 的封裝中，但系統當然不可能只有 CPU 啊！那其他三個重要電腦單元的設備還有哪些呢？其實在主機機殼內的設備大多是透過主機板 (main board) 連接在一塊，主機板上面有個連結溝通所有設備的晶片組，這個晶片組可以將所有單元的設備連結起來，好讓 CPU 可以對這些設備下達命令。其他單元的重要設備主要有：

◆ **系統單元**：如圖 0.1.2 所示，系統單元包括 CPU 與記憶體及主機板相關元件。而主機板上頭其實還有很多的連接介面與相關的介面卡，包括鳥哥近期常使用的 PCI-E 10G 網路卡、磁碟陣列卡、還有顯示卡等等。尤其是顯示卡，這東西對於玩 3D 遊戲來說是非常重要的一環，它與顯示的精緻度、色彩與解析度都有關係。

◆ **記憶單元**：包括主記憶體 (main memory, RAM) 與輔助記憶體，其中輔助記憶體其實就是大家常聽到的『儲存裝置』囉！包括硬碟、軟碟、光碟、磁帶等等。

◆ **輸入、輸出單元**：同時涵蓋輸入輸出的設備最常見的大概就是觸控式螢幕了。至於單純的輸入設備包括前面提到的鍵盤滑鼠之外，目前的體感裝置也是重要的輸入設備喔！至於輸出設備方面，除了螢幕外，印表機、音效喇叭、HDMI 電視、投影機、藍牙耳機等等，都算喔！

　　更詳細的各項主機與周邊裝置我們將在下個小節進行介紹！在這裡我們先來瞭解一下各元件的關係囉！那就是，電腦是如何運作的呢？

## 0.1.4　運作流程

　　如果不是很瞭解電腦的運作流程的話，鳥哥拿個簡單的想法來思考好了～假設電腦是一個人體，那麼每個元件對應到哪個地方呢？可以這樣思考：

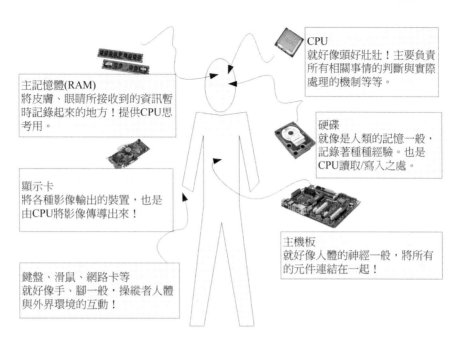

圖 0.1.3 各元件運作

- **CPU=腦袋瓜子**：每個人會做的事情都不一樣(微指令集的差異)，但主要都是透過腦袋瓜子來進行判斷與控制身體各部分的活動。

- **主記憶體=腦袋中放置正在被思考的資料的區塊**：在實際活動過程中，我們的腦袋瓜子需要有外界刺激的資料 (例如光線、環境、語言等) 來分析，那這些互動資料暫時存放的地方就是主記憶體，主要是用來提供給腦袋瓜子判斷用的資訊。

- **硬碟=腦袋中放置回憶的記憶區塊**：跟剛剛的主記憶體不同，主記憶體是提供腦袋目前要思考與處理的資訊，但是有些生活瑣事或其他沒有要立刻處理的事情，就當成回憶先放置到腦袋的記憶深處吧！那就是硬碟！主要目的是將重要的資料記錄起來，以便未來將這些重要的經驗再次的使用。

- **主機板=神經系統**：好像人類的神經一樣，將所有重要的元件連接起來，包括手腳的活動都是腦袋瓜子發佈命令後，透過神經(主機板)傳導給手腳來進行活動啊！

- **各項周邊設備=人體與外界溝通的手、腳、皮膚、眼睛等**：就好像手腳一般，是人體與外界互動的重要關鍵！

- **顯示卡=腦袋中的影像**：將來自眼睛的刺激轉成影像後在腦袋中呈現，所以顯示卡所產生的資料來源也是 CPU 控制的。

- **電源供應器 (Power)=心臟**：所有的元件要能運作得要有足夠的電力供給才行！這電力供給就好像心臟一樣，如果心臟不夠力，那麼全身也就無法動彈的！心臟不穩定呢？那你的身體當然可能斷斷續續的～不穩定！

由這樣的關係圖當中，我們知道整個活動中最重要的就是腦袋瓜子！而腦袋瓜子當中與現在正在進行的工作有關的就是 CPU 與主記憶體！任何外界的接觸都必須要由腦袋瓜子中的主記憶體記錄下來，然後給腦袋中的 CPU 依據這些資料進行判斷後，再發佈命令給各個周邊設備！如果需要用到過去的經驗，就得由過去的經驗(硬碟)當中讀取囉！

也就是說，整個人體最重要的地方就是腦袋瓜子，同樣的，整部主機當中最重要的就是 CPU 與主記憶體，而 CPU 的資料來源通通來自於主記憶體，**如果要由過去的經驗來判斷事情時，也要將經驗(硬碟)挪到目前的記憶(主記憶體)當中，再交由 CPU 來判斷喔！**這點得要再次的強調啊！下個章節當中，我們就對目前常見的個人電腦各個元件來進行說明囉！

## 0.1.5 電腦用途的分類

知道了電腦的基本組成與周邊裝置，也知道其實電腦的 CPU 種類非常的多，再來我們想要瞭解的是，電腦如何分類？電腦的分類非常多種，如果以電腦的複雜度與運算能力進行分類的話，主要可以分為這幾類：

◆ **超級電腦 (Supercomputer)**

  超級電腦是運作速度最快的電腦，但是它的維護、操作費用也最高！主要是用於需要有高速計算的計畫中。例如：國防軍事、氣象預測、太空科技，用在模擬的領域較多。詳情也可以參考：國家高速網路與計算中心 http://www.nchc.org.tw 的介紹！至於全世界最快速的前 500 大超級電腦，則請參考：http://www.top500.org。

◆ **大型電腦 (Mainframe Computer)**

  大型電腦通常也具有數個高速的 CPU，功能上雖不及超級電腦，但也可用來處理大量資料與複雜的運算。例如大型企業的主機、全國性的證券交易所等每天需要處理數百萬筆資料的企業機構，或者是大型企業的資料庫伺服器等等。

◆ **迷你電腦 (Minicomputer)**

  迷你電腦仍保有大型電腦同時支援多使用者的特性，但是主機可以放在一般作業場所，不必像前兩個大型電腦需要特殊的空調場所。通常用來作為科學研究、工程分析與工廠的流程管理等。

◆ **工作站 (Workstation)**

  工作站的價格又比迷你電腦便宜許多，是針對特殊用途而設計的電腦。在個人電腦的效能還沒有提升到目前的狀況之前，工作站電腦的性能/價格比是所有電腦當中較佳的，因此在學術研究與工程分析方面相當常見。

◆ **微電腦(Microcomputer)**

個人電腦就屬於這部分的電腦分類，也是我們本章主要探討的目標！體積最小，價格最低，但功能還是五臟俱全的！大致又可分為桌上型、筆記型等等。

若光以效能來說，目前的個人電腦效能已經夠快了，甚至已經比工作站等級以上的電腦運算速度還要快！但是工作站電腦強調的是穩定不當機，並且運算過程要完全正確，因此工作站以上等級的電腦在設計時的考量與個人電腦並不相同啦！這也是為啥工作站等級以上的電腦售價較貴的原因。

## 0.1.6　電腦上面常用的計算單位 (容量、速度等)

電腦的運算能力除了 CPU 微指令集設計的優劣之外，但主要還是由速度來決定的。至於存放在電腦儲存設備當中的資料容量也是有單位的。

◆ **容量單位**

電腦對資料的判斷主要依據有沒有通電來記錄資訊，所以理論上對於每一個紀錄單位而言，它只認識 0 與 1 而已。0/1 這個二進位的的單位我們稱為 bit。但 bit 實在太小了，所以在儲存資料時每份簡單的資料都會使用到 8 個 bits 的大小來記錄，因此定義出 byte 這個單位，它們的關係為：

1 Byte = 8 bits

不過同樣的，Byte 還是太小了，在較大的容量情況下，使用 byte 相當不容易判斷資料的大小，舉例來說，1000000 bytes 這樣的顯示方式你能夠看得出有幾個零嗎？所以後來就有一些常見的簡化單位表示法，例如 K 代表 1024 byte，M 代表 1024K 等。而這些單位在不同的進位制下有不同的數值表示，底下就列出常見的單位與進位制對應：

| 進位制 | Kilo | Mega | Giga | Tera | Peta | Exa | Zetta |
|---|---|---|---|---|---|---|---|
| 二進位 | 1024 | 1024K | 1024M | 1024G | 1024T | 1024P | 1024E |
| 十進位 | 1000 | 1000K | 1000M | 1000G | 1000T | 1000P | 1000E |

一般來說，檔案容量使用的是二進位的方式，所以 1 GBytes 的檔案大小實際上為：1024x1024x1024 Bytes 這麼大！速度單位則常使用十進位，例如 1GHz 就是1000x1000x1000 Hz 的意思。

那麼什麼是『進位』呢？以人類最常用的十進位為例，每個『位置』上面最多僅能有一個數值，這個數值不可以比 9 還要大！那比 9 大怎辦？就用『第二個位置來裝一個新的 1』！所以，9 還是只有一個位置，10 則是用了兩個位置了。好了，那如果是 16 進位怎辦？由於每個位置只能出現一個數值，但是數字僅有 0~9 而已啊！因此 16 進位中，就以 A 代表 10 的意思，以 B 代表 11 的意思，所以 16 進位就是 0~9, a, b, c, d, e, f，有沒有看到，『每個位置最多還是只有一個數值而已』喔！好了，那回來談談二進位。因為每個位置只能有 0, 1 而已，不能出現 2 (逢 2 進一位) 啦！這樣了解乎？

◆ **速度單位**

CPU 的運算速度常使用 MHz 或者是 GHz 之類的單位，這個 Hz 其實就是秒分之一。而在網路傳輸方面，由於網路使用的是 bit 為單位，因此網路常使用的單位為 Mbps 是 Mbits per second，亦即是每秒多少 Mbit。舉例來說，大家常聽到的 20M/5M 光世代傳輸速度，如果轉成檔案容量的 byte 時，其實理論最大傳輸值為：每秒 2.5Mbyte/ 每秒 625Kbyte 的下載/上傳速度喔！

---

### 例題

假設你今天購買了 500GB 的硬碟一顆，但是格式化完畢後卻只剩下 460GB 左右的容量，這是什麼原因？

**答：**因為一般硬碟製造商會使用十進位的單位，所以 500GByte 代表為 500*1000*1000*1000Byte 之意。轉成檔案的容量單位時使用二進位(1024 為底)，所以就成為 466GB 左右的容量了。

硬碟廠商並非要騙人，只是因為硬碟的最小物理量為 512Bytes，最小的組成單位為磁區 (sector)，通常硬碟容量的計算採用『多少個 sector』，所以才會使用十進位來處理的。相關的硬碟資訊在這一章後面會提到！

---

# 0.2 個人電腦架構與相關設備元件

一般消費者常說的電腦通常指的就是 x86 的個人電腦架構，因此我們有必要來瞭解一下這個架構的各個元件。事實上，Linux 最早在發展的時候，就是依據個人電腦的架構來發展的，所以真的得要瞭解一下呢！另外，早期兩大主流 x86 開發商(Intel, AMD)的 CPU 架構與設計理念都有些許差異。不過互相學習對方長處的結果，就是兩者間的架構已經比較類似了。由於目前市場佔有率還是以 Intel 為大宗，因此底下以目前 (2015) 相對較新的 Intel 主機板架構來談談：

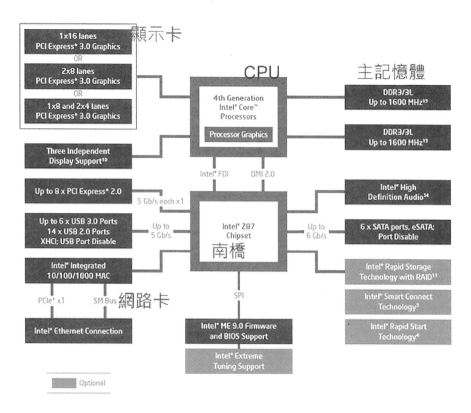

圖 0.2.1　Intel 晶片架構

　　由於主機板是連結各元件的一個重要項目，因此在主機板上面溝通各部元件的晶片組設計優劣，就會影響效能不少喔！早期的晶片組通常分為兩個橋接器來控制各元件的溝通，分別是：(1)北橋：**負責連結速度較快的 CPU、主記憶體與顯示卡介面等元件**；(2)南橋：**負責連接速度較慢的裝置介面，包括硬碟、USB、網路卡等等。**(晶片組的南北橋與三國的大小喬沒有關係 @_@)。不過由於北橋最重要的就是 CPU 與主記憶體之間的橋接，因此目前的主流架構中，大多**將北橋記憶體控制器整合到 CPU 封裝當中了。**所以上圖你只會看到 CPU 而沒有看到以往的北橋晶片喔！

　　　早期晶片組分南北橋，北橋可以連接 CPU、主記憶體與顯示卡。只是 CPU 要讀寫到主記憶體的動作，還需要北橋的支援，也就是 CPU 與主記憶體的交流，會瓜分掉北橋的總可用頻寬，真浪費！因此目前將記憶控制器整合到 CPU 後，CPU 與主記憶體之間的溝通是直接交流，速度較快之外，也不會消耗更多的頻寬！

畢竟目前世界上 x86 的 CPU 主要供應商為 Intel，所以底下鳥哥將以 Intel 的主機板架構說明各元件囉！我們以華碩公司出的主機板，型號：Asus Z97-AR 作為一個說明的範例，搭配著主機板晶片組邏輯圖 0.2.1 的說明，主機板各元件如下所示：

圖 0.2.2 ASUS 主機板 (圖片為華碩公司所有)

上述的圖片中，主機板上面設計的插槽主要有 CPU (Intel LGA 1150 Socket)、主記憶體 (DDR3 3200 support)、顯示卡介面 (PCIe3.0)、SATA 磁碟插槽 (SATA express)等等。底下的元件在解說的時候，請參考上述兩張圖示來印證喔！

## 0.2.1 執行腦袋運算與判斷的 CPU

如同華碩主機板示意圖上半部的中央部分，那就是 CPU 插槽。由於 CPU 負責大量運算，因此 CPU 通常是具有相當高發熱量的元件。所以如果你曾經拆開過主機板，應該就會看到 CPU 上頭通常會安插一顆風扇來主動散熱的。

x86 個人電腦的 CPU 主要供應商為 Intel 與 AMD，目前(2015)主流的 CPU 都是雙核以上的架構了！原本的單核心 CPU 僅有一個運算單元，所謂的多核心則是在一顆 CPU 封裝當中嵌入了兩個以上的運算核心，簡單的說，就是一個實體的 CPU 外殼中，含有兩個以上的 CPU 單元就是了。

不同的 CPU 型號大多具有不同的腳位(CPU 上面的插腳)，能夠搭配的主機板晶片組也不同，所以當你想要將你的主機升級時，不能只考慮CPU，你還得要留意你的主機板上面所支援的 CPU 型號喔！不然買了最新的 CPU 也不能夠安插在你的舊主機板上頭的！目前主流的 CPU 有 Intel 的 i3/i5/i7 系列產品中，甚至先後期出廠的類似型號的腳位也不同，例如 i7-2600 使用 LGA1155 腳位而 i7-4790 則使用 FCLGA1150 腳位，挑選時必須要很小心喔！

我們前面談到 CPU 內部含有微指令集，不同的微指令集會導致 CPU 工作效率的優劣。除了這點之外，CPU 效能的比較還有什麼呢？那就是 CPU 的時脈了！什麼是時脈呢？簡單的說，**時脈就是 CPU 每秒鐘可以進行的工作次數**。所以時脈越高表示這顆 CPU 單位時間內可以作更多的事情。舉例來說，Intel 的 i7-4790 CPU 時脈為 3.6GHz，表示這顆 CPU 在一秒內可以進行 $3.6 \times 10^9$ 次工作，每次工作都可以進行少數的指令運作之意。

注意，不同的CPU之間不能單純的以時脈來判斷運算效能喔！這是因為每顆CPU的微指令集不相同，架構也不見得一樣，可使用的第二層快取及其計算機制可能也不同，加上每次時脈能夠進行的工作指令數也不同！所以，時脈目前僅能用來比較同款CPU的速度！

◆ **CPU 的工作時脈：外頻與倍頻**

早期的 CPU 架構主要透過北橋來連結系統最重要的 CPU、主記憶體與顯示卡裝置。因為所有的設備都得掉透過北橋來連結，因此每個設備的工作頻率應該要相同。於是就有所謂的前端匯流排 (FSB) 這個東西的產生。但因為 CPU 的運算速度比其他的設備都要來的快，又為了要滿足 FSB 的頻率，因此廠商就在 CPU 內部再進行加速，於是就有所謂的外頻與倍頻了。

總結來說，在早期的 CPU 設計中，**所謂的外頻指的是 CPU 與外部元件進行資料傳輸時的速度，倍頻則是 CPU 內部用來加速工作效能的一個倍數，兩者相乘才是 CPU 的時脈速度。**例如 Intel Core 2 E8400 的內頻為 3.0GHz，而外頻是 333MHz，因此倍頻就是 9 倍囉！(3.0G＝333Mx9，其中 1G＝1000M)

很多電腦硬體玩家很喜歡玩『超頻』，所謂的超頻指的是：將 CPU 的倍頻或者是外頻透過主機板的設定功能更改成較高頻率的一種方式。但因為CPU的倍頻通常在出廠時已經被鎖定而無法修改，因此較常被超頻的為外頻。

舉例來說，像上述 3.0GHz 的CPU如果想要超頻，可以將它的外頻 333MHz 調整成為 400MHz，但如此一來整個主機板的各個元件的運作頻率可能都會被增加成原本的 1.333 倍(4/3)，雖然 CPU 可能可以到達 3.6GHz，但卻因為頻率並非正常速度，故可能會造成當機等問題。

但如此一來所有的資料都被北橋卡死了，北橋又不可能比 CPU 更快，因此這傢伙常常是系統效能的瓶頸。為了解決這個問題，新的 CPU 設計中，已經將記憶體控制器整合到 CPU 內部，而連結 CPU 與記憶體、顯示卡的控制器的設計，在 Intel 部分使用 QPI (Quick Path Interconnect) 與 DMI 技術，而 AMD 部分則使用 Hyper Transport 了，這些技術都可以讓 CPU 直接與主記憶體、顯示卡等設備分別進行溝通，而不需要透過外部的連結晶片了。

因為現在沒有所謂的北橋了 (整合到 CPU 內)，因此，CPU 的時脈設計就無須考慮得要同步的外頻，只需要考量整體的頻率即可。所以，如果你經常有查閱自己 CPU 時脈的習慣，當使用 cpu-z [註9] 這個軟體時，應該會很驚訝的發現到，怎麼外頻變成 100MHz 而倍頻可以到達 30 以上！相當有趣呢！

> 現在 Intel 的 CPU 會主動幫你超頻喔！例如 i7-4790 這顆 CPU 的規格 [註10] 中，基本時脈為 3.6GHz，但是最高可自動超頻到 4GHz 喔！透過的是 Intel 的 turbo 技術。同時，如果你沒有大量的運算需求，該 CPU 時脈會降到 1.xGHz 而已，藉此達到節能省電的目的！所以，各位好朋友，不需要自己手動超頻了！Intel 已經自動幫你進行超頻了...所以，如果你用 cpu-z 觀察 CPU 時脈，發現該時脈會一直自動變動，很正常！你的系統沒壞掉！

◆ **32 位元與 64 位元的 CPU 與匯流排『寬度』**

從前面的簡易說明中，我們知道 CPU 的各項資料通通得要來自於主記憶體。因此，如果主記憶體能提供給 CPU 的資料量越大的話，當然整體系統的效能應該也會比較快！那如何知道主記憶體能提供的資料量呢？此時還是得要藉由 CPU 內的記憶體控制晶片與主記憶體間的傳輸速度『**前端匯流排速度(Front Side Bus, FSB)**』來說明。

與 CPU 的時脈類似的，主記憶體也是有其工作的時脈，這個時脈限制還是來自於 CPU 內的記憶體控制器所決定的。以圖 0.2.1 為例，CPU 內建的記憶體控制晶片對主記憶體的工作時脈最高可達到 1600MHz。這只是工作時脈(每秒幾次)。一般來說，每次時脈能夠傳輸的資料量，大多為 64 位元，這個 64 位元就是所謂的『寬度』了！因此，在圖 0.2.1 這個系統中，CPU 可以從記憶體中取得的最快頻寬就是 1600MHz * 64bit = 1600MHz * 8 bytes = 12.8Gbyte/s。

與匯流排寬度相似的，**CPU 每次能夠處理的資料量稱為字組大小(word size)，字組大小依據 CPU 的設計而有 32 位元與 64 位元。我們現在所稱的電腦是 32 或 64 位元主要是依據這個 CPU 解析的字組大小而來的！**早期的 32 位元 CPU 中，因為 CPU 每次能夠解析的資料量有限，因此由主記憶體傳來的資料量就有所限制了。**這也導致 32 位元的 CPU 最多只能支援最大到 4GBytes 的記憶體。**

得利於北橋整合到 CPU 內部的設計，CPU 得以『個別』跟各個元件進行溝通！因此，每種元件與 CPU 的溝通具有很多不同的方式！例如主記憶體使用系統匯流排頻寬來與 CPU 溝通。而顯示卡則透過 PCI-E 的序列通道設計來與 CPU 溝通喔！詳細說明我們在本章稍後的主機板部分再來談談。

◆ **CPU 等級**

由於 x86 架構的 CPU 在 Intel 的 Pentium 系列(1993 年)後就有不統一的腳位與設計，為了將不同種類的 CPU 規範等級，所以就有 i386, i586, i686 等名詞出現了。基本上，在 Intel Pentium MMX 與 AMD K6 年代的 CPU 稱為 i586 等級，而 Intel Celeron 與 AMD Athlon(K7)年代之後的 32 位元 CPU 就稱為 i686 等級。至於目前的 64 位元 CPU 則統稱為 x86_64 等級。

目前很多的程式都有對 CPU 做最佳化的設計，萬一哪天你發現一些程式是註明給 x86_64 的 CPU 使用時，就不要將它安裝在 686 以下等級的電腦中，否則可是會無法執行該軟體的！不過，在 x86_64 的硬體下倒是可以安裝 386 的軟體喔！也就是說，這些東西具有向下相容的能力啦！

◆ **超執行緒** (Hyper-Threading, HT)

我們知道現在的 CPU 至少都是兩個核心以上的多核心 CPU 了，但是 Intel 還有個很怪的東西，叫做 CPU 的超執行緒 (Hyper-Threading) 功能！那個是啥鬼東西？我們知道現在的 CPU 運算速度都太快了，因此運算核心經常處於閒置狀態下。而我們也知道現在的系統大多都是多工的系統，同時間有很多的程序會讓 CPU 來執行。因此，若 CPU 可以假象的同時執行兩個程序，不就可以讓系統效能增加了嗎？反正 CPU 的運算能力還是沒有用完啊！

那是怎麼達成的啊這個 HT 功能？強者鳥哥的同事蔡董大大用個簡單的說明來解釋。在每一個 CPU 內部將重要的暫存器 (register) 分成兩群，而讓程序分別使用這兩群暫存器。也就是說，可以有兩個程序『同時競爭 CPU 的運算單元』，而非透過作業系統的多工切換！這一過程就會讓 CPU 好像『同時有兩個核心』的模樣！因此，雖然大部分 i7 等級的 CPU 其實只有四個實體核心，但透過 HT 的機制，則作業系統可以抓到八個核心！並且讓每個核心邏輯上分離，就可以同時運作八個程序了。

雖然很多研究與測試中，大多發現 HT 雖然可以提昇效能，不過，有些情況下卻可能導致效能降低喔！因為，實際上明明就僅有一個運算單元嘛！不過在鳥哥使用數值模式的情況下，因為鳥哥操作的數值模式主要為平行運算功能，且運算通常無法達到 100% 的 CPU 使用率，通常僅有大約 60%運算量而已。因此在鳥哥的實作過程中，這個 HT 確實提昇相當多的效能！至少應該可以節省鳥哥大約 30%~50%的等待時間喔！不過網路上大家的研究中，大多說這個是 case by case，而且使用的軟體影響很大！所以，在鳥哥的例子是啟用 HT 幫助很大！你的案例就得要自行研究囉！

## 0.2.2　記憶體

如同圖 0.2.2、華碩主機板示意圖中的右上方部分的那四根插槽，那就是主記憶體的插槽了。主記憶體插槽中間通常有個突起物將整個插槽稍微切分成為兩個不等長的距離，這樣的設計可以讓使用者在安裝主記憶體時，不致於前後腳位安插錯誤，是一種防呆的設計喔！

前面提到 CPU 所使用的資料都是來自於主記憶體(main memory)，不論是軟體程式還是資料，都必須要讀入主記憶體後 CPU 才能利用。**個人電腦的主記憶體主要元件為動態隨機存取記憶體(Dynamic Random Access Memory, DRAM)**，隨機存取記憶體只有在通電時才能記錄與使用，斷電後資料就消失了。因此我們也稱這種 RAM 為揮發性記憶體。

DRAM 根據技術的更新又分好幾代，而使用上較廣泛的有所謂的 SDRAM 與 DDR SDRAM 兩種。這兩種記憶體的差別除了在於腳位與工作電壓上的不同之外，DDR 是所謂的雙倍資料傳送速度(Double Data Rate)，它可以在一次工作週期中進行兩次資料的傳送，感覺上就好像是 CPU 的倍頻啦！所以傳輸頻率方面比 SDRAM 還要好。新一代的 PC 大多使用 DDR 記憶體了。下表列出 SDRAM 與 DDR SDRAM 的型號與頻率及頻寬之間的關係。[註11]

| SDRAM/<br>DDR | 型號 | 資料寬度<br>(bit) | 內部時脈<br>(MHz) | 頻率速度 | 頻寬(頻率 x 寬度) |
|---|---|---|---|---|---|
| SDRAM | PC100 | 64 | 100 | 100 | 800 MBytes/sec |
| SDRAM | PC133 | 64 | 133 | 133 | 1064 MBytes/sec |
| DDR | DDR-266 | 64 | 133 | 266 | 2.1 GBytes/sec |
| DDR | DDR-400 | 64 | 200 | 400 | 3.2 GBytes/sec |
| DDR | DDR2-800 | 64 | 200 | 800 | 6.4 GBytes/sec |
| DDR | DDR3-1600 | 64 | 200 | 1600 | 12.8 GBytes/sec |

DDR SDRAM 又依據技術的發展，有 DDR, DDR2, DDR3, DDR4 等等，其中，DDR2 的頻率倍數則是 4 倍而 DDR3 則是 8 倍喔！目前鳥哥用到伺服器等級的記憶體，已經到 DDR4 了耶！超快超快！

在圖 0.2.1 中，主記憶體的規格內提到 DDR3/DDR3L 同時支援，我們知道 DDR3 了，那 DDR3L 是啥鬼？為了節省更多的電力，新的製程中降低了主記憶體的操作電壓，因此 DDR3 標準電壓為 1.5V，但 DDR3L 則僅須 1.35V 喔！通常可以用在耗電量需求更低的筆電中！但並非所有的系統都同步支援！這就得要看主機板的支援規格囉！否則你買了 DDR3L 安插在不支援的主機板上，DDR3L 主記憶體是可能會燒毀的喔！

主記憶體除了頻率/頻寬與型號需要考慮之外，記憶體的容量也是很重要的喔！因為所有的資料都得要載入記憶體當中才能夠被 CPU 判讀，如果記憶體容量不夠大的話將會導致某些大容量資料無法被完整的載入，此時已存在記憶體當中但暫時沒有被使用到的資料必須要先被釋放，使得可用記憶體容量大於該資料，那份新資料才能夠被載入呢！所以，通常越大的記憶體代表越快速的系統，這是因為系統不用常常釋放一些記憶體內部的資料。以**伺服器來說，主記憶體的容量有時比 CPU 的速度還要來的重要的**！

◆ **多通道設計**

由於所有的資料都必須要存放在主記憶體，所以主記憶體的資料寬度當然是越大越好。但傳統的匯流排寬度一般大約僅達 64 位元，為了要加大這個寬度，因此晶片組廠商就將兩個主記憶體彙整在一起，如果一支記憶體可達 64 位元，兩支記憶體就可以達到 128 位元了，這就是雙通道的設計理念。

如上所述，要啟用雙通道的功能你必須要安插兩支(或四支)主記憶體，這兩支記憶體最好連型號都一模一樣比較好，這是因為啟動雙通道記憶體功能時，資料是同步寫入/讀出這一對主記憶體中，如此才能夠提升整體的頻寬啊！所以當然除了容量大小要一致之外，型號也最好相同啦！

你有沒有發現圖 0.2.2、華碩主機板示意圖上那四根記憶體插槽的顏色呢？是否分為兩種顏色，且兩兩成對？為什麼要這樣設計？答出來了嗎？是啦！這種顏色的設計就是為了雙通道來的！要啟動雙通道的功能時，你必須要將兩根容量相同的主記憶體插在相同顏色的插槽當中喔！

伺服器所需要的速度更快！因此，除了雙通道之外，中階伺服器也經常提供三通道，甚至四通道的記憶體環境！例如 2014 年推出的伺服器用 E5-2650 v3 的 Intel CPU 中，它可以接受的最大通道數就是四通道且為 DDR4 喔！

◆ **DRAM 與 SRAM**

除了主記憶體之外，事實上整部個人電腦當中還有許許多多的記憶體存在喔！最為我們所知的就是 CPU 內的第二層快取記憶體。我們現在知道 CPU 的資料都是由主記憶體提供，但 CPU 到主記憶體之間還是得要透過記憶體控制器啊！如果某些很常用的程式或資料可以放置到 CPU 內部的話，那麼 CPU 資料的讀取就不需要跑到主記憶體重新讀取了！這對於效能來說不就可以大大的提升了？這就是第二層快取的設計概念。第二層快取與主記憶體及 CPU 的關係如下圖所示：

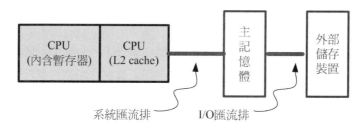

圖 0.2.3 記憶體相關性

因為第二層快取 (L2 cache) 整合到 CPU 內部，因此這個 L2 記憶體的速度必須要 CPU 時脈相同。使用 DRAM 是無法達到這個時脈速度的，此時就需要靜態隨機存取記憶體 (Static Random Access Memory, SRAM) 的幫忙了。SRAM 在設計上使用的電晶體數量較多，價格較高，且不易做成大容量，不過由於其速度快，因此整合到 CPU 內成為快取記憶體以加快資料的存取是個不錯的方式喔！新一代的 CPU 都有內建容量不等的 L2 快取在 CPU 內部，以加快 CPU 的運作效能。

◆ **唯讀記憶體(ROM)**

主機板上面的元件是非常多的，而每個元件的參數又具有可調整性。舉例來說，CPU 與記憶體的時脈是可調整的； 而主機板上面如果有內建的網路卡或者是顯示卡時，該功能是否要啟動與該功能的各項參數，是被記錄到主機板上頭的一個稱為 CMOS 的晶片上，這個晶片需要藉著額外的電源來發揮記錄功能，這也是為什麼你的主機板上面會有一顆電池的緣故。

那 CMOS 內的資料如何讀取與更新呢？還記得你的電腦在開機的時候可以按下[Del]按鍵來進入一個名為 BIOS 的畫面吧？**BIOS(Basic Input Output System)是一套程式，這套程式是寫死到主機板上面的一個記憶體晶片中，這個記憶體晶片在沒有通電時也能夠將資料記錄下來**，那就是唯讀記憶體(Read Only Memory, ROM)。ROM 是一種非揮發性的記憶體。另外，BIOS 對於個人電腦來說是非常重要的，因為它是系統在開機的時候首先會去讀取的一個小程式喔！

另外，韌體(firmware)<sup>(註12)</sup>很多也是使用 ROM 來進行軟體的寫入的。韌體像軟體一樣也是一個被電腦所執行的程式，然而它是對於硬體內部而言更加重要的部分。例如 BIOS 就是一個韌體，BIOS 雖然對於我們日常操作電腦系統沒有什麼太大的關係，但是它卻控制著開機時各項硬體參數的取得！所以我們會知道很多的硬體上頭都會有 ROM 來寫入韌體這個軟體。

BIOS 對電腦系統來講是非常重要的，因為它掌握了系統硬體的詳細資訊與開機設備的選擇等等。但是電腦發展的速度太快了，因此 BIOS 程式碼也可能需要作適度的修改才行，所以你才會在很多主機板官網找到 BIOS 的更新程式啊！但是 BIOS 原本使用的是無法改寫的 ROM，因此根本無法修正 BIOS 程式碼！為此，現在的 BIOS 通常是寫入類似快閃記憶體 (flash) 或 EEPROM<sup>(註13)</sup> 中。<sup>(註14)</sup>

 很多硬體上面都會有韌體喔！例如鳥哥常用的磁碟陣列卡、10G 的網卡、交換器設備等等！你可以簡單的這麼想！韌體就是綁在硬體上面的控制軟體！

## 0.2.3  顯示卡

顯示卡插槽如同圖 0.2.2、華碩主機板示意圖所示，在中左方有個 PCIe 3.0 的項目，這張主機板中提供了兩個顯示卡插槽喔！

顯示卡又稱為 VGA(Video Graphics Array)，它對於圖形影像的顯示扮演相當關鍵的角色。一般對於圖形影像的顯示重點在於解析度與色彩深度，因為每個圖像顯示的顏色會佔用掉記憶體，因此顯示卡上面會有一個記憶體的容量，**這個顯示卡記憶體容量將會影響到你的螢幕解析度與色彩深度的喔！**

除了顯示卡記憶體之外，現在由於三度空間遊戲(3D game)與一些 3D 動畫的流行，因此顯示卡的『運算能力』越來越重要。一些 3D 的運算早期是交給 CPU 去運作的，但是 CPU 並非完全針對這些 3D 來進行設計的，而且 CPU 平時已經非常忙碌了呢！所以後來顯示卡廠商直接在顯示卡上面嵌入一個 3D 加速的晶片，這就是所謂的 GPU 稱謂的由來。

顯示卡主要也是透過 CPU 的控制晶片來與 CPU、主記憶體等溝通。如前面提到的，對於圖形影像(尤其是 3D 遊戲)來說，顯示卡也是需要高速運算的一個元件，所以資料的傳輸也是越快越好！因此顯示卡的規格由早期的 PCI 導向 AGP，近期 AGP 又被 PCI-Express 規格所取代了。如前面華碩主機板圖示當中看到的就是 PCI-Express 的插槽。這些插槽最大的差異就是在資料傳輸的頻寬了！如下所示：

| 規格 | 寬度 | 速度 | 頻寬 |
|------|------|------|------|
| PCI | 32 bits | 33 MHz | 133 MBytes/s |
| PCI 2.2 | 64 bits | 66 MHz | 533 MBytes/s |
| PCI-X | 64 bits | 133 MHz | 1064 MBytes/s |
| AGP 4x | 32 bits | 66x4 MHz | 1066 MBytes/s |
| AGP 8x | 32 bits | 66x8 MHz | 2133 MBytes/s |
| PCIe 1.0 x1 | 無 | 無 | 250 MBytes/s |
| PCIe 1.0 x8 | 無 | 無 | 2 GBytes/s |
| PCIe 1.0 x16 | 無 | 無 | 4 GBytes/s |

比較特殊的是，PCIe(PCI-Express)使用的是類似管線的概念來處理，在 PCIe 第一版 (PCIe 1.0) 中，每條管線可以具有 250MBytes/s 的頻寬效能，管線越多(通常設計到 x16 管線) 則總頻寬越高！另外，為了提昇更多的頻寬，因此 PCIe 還有進階版本，目前主要的版本為第三版，相關的頻寬如下：[註15]

| 規格 | 1x 頻寬 | 16x 頻寬 |
|------|---------|----------|
| PCIe 1.0 | 250 MByte/s | 4 GByte/s |
| PCIe 2.0 | 500 MByte/s | 8 GByte/s |
| PCIe 3.0 | ~1 GByte/s | ~16 GByte/s |
| PCIe 4.0 | ~2 GByte/s | ~32 GByte/s |

若以圖 0.2.2 的主機板為例，它使用的是 PCIe 3.0 的 16x，因此最大頻寬就可以到達接近 32Gbytes/s 的傳輸量！比起 AGP 是快很多的！好可怕的傳輸量....

如果你的主機是用來打 3D 遊戲的，那麼顯示卡的選購是非常重要喔！如果你的主機是用來做為網路伺服器的，那麼簡單的入門級顯示卡對你的主機來說就非常夠用了！因為網路伺服器很少用到 3D 與圖形影像功能。

### 例題

假設你的桌面使用 1024x768 解析度，且使用全彩(每個像素佔用 3bytes 的容量)，請問你的顯示卡至少需要多少記憶體才能使用這樣的彩度？

**答**：因為 1024x768 解析度中會有 786432 個像素，每個像素佔用 3bytes，所以總共需要 2.25MBytes 以上才行！但如果考慮螢幕的更新率(每秒鐘螢幕的更新次數)，顯示卡的記憶體還是越大越好！

除了顯示卡與主機板的連接介面需要知道外,那麼顯示卡是透過什麼格式與電腦螢幕(或電視) 連接的呢?目前主要的連接介面有:

◆ D-Sub (VGA 端子):為較早之前的連接介面,主要為 15 針的連接,為類比訊號的傳輸,當初設計是針對傳統映像管螢幕而來。主要的規格有標準的 640x350px @70Hz、1280x1024px @85Hz 及 2048x1536px @85Hz 等。

◆ DVI:共有四種以上的接頭,不過台灣市面上比較常見的為僅提供數位訊號的 DVI-D,以及整合數位與類比訊號的 DVI-I 兩種。DVI 常見於液晶螢幕的連結,標準規格主要有:1920x1200px @60Hz、2560x1600px @60Hz 等。

◆ HDMI:相對於 D-sub 與 DVI 僅能傳送影像資料,HDMI 可以同時傳送影像與聲音,因此被廣泛的使用於電視螢幕中!電腦螢幕目前也經常都有支援 HDMI 格式!

◆ Display port:與 HDMI 相似的,可以同時傳輸聲音與影像。不過這種介面目前在台灣還是比較少螢幕的支援!

## 0.2.4　硬碟與儲存設備

電腦總是需要記錄與讀取資料的,而這些資料當然不可能每次都由使用者經過鍵盤來打字!所以就需要有儲存設備咯。電腦系統上面的儲存設備包括有:硬碟、軟碟、MO、CD、DVD、磁帶機、隨身碟(快閃記憶體)、還有新一代的藍光光碟機等,乃至於大型機器的區域網路儲存設備(SAN, NAS)等等,都是可以用來儲存資料的。而其中最常見的應該就是硬碟了吧!

◆ **硬碟的物理組成**

大家應該都看過硬碟吧!硬碟依據桌上型與筆記型電腦而有分為 3.5 吋及 2.5 吋的大小。我們以 3.5 吋的桌上型電腦使用硬碟來說明。在硬碟盒裡面其實是由**許許多多的圓形磁碟盤、機械手臂、磁碟讀取頭與主軸馬達所組成的**,整個內部如同下圖所示:

圖 0.2.4　硬碟物理構造(圖片取自維基百科)

實際的資料都是寫在具有磁性物質的磁碟盤上頭，而讀寫主要是透過在機械手臂上的讀取頭(head)來達成。**實際運作時，主軸馬達讓磁碟盤轉動，然後機械手臂可伸展讓讀取頭在磁碟盤上頭進行讀寫的動作**。另外，由於單一磁碟盤的容量有限，因此有的硬碟內部會有兩個以上的磁碟盤喔！

◆ **磁碟盤上的資料**

既然資料都是寫入磁碟盤上頭，那麼磁碟盤上頭的資料又是如何寫入的呢？其實磁碟盤上頭的資料有點像下面的圖示所示：

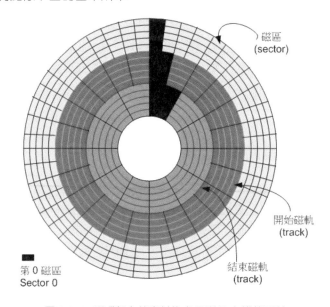

圖 0.2.5　磁碟盤上的資料格式(圖片取自維基百科)

由於磁碟盤是圓的，並且透過機器手臂去讀寫資料，磁碟盤要轉動才能夠讓機器手臂讀寫。因此，通常資料寫入當然就是以圓圈轉圈的方式讀寫囉！所以，當初設計就是在類似磁碟盤同心圓上面切出一個一個的小區塊，這些小區塊整合成一個圓形，讓機器手臂上的讀寫頭去存取。**這個小區塊就是磁碟的最小物理儲存單位，稱之為磁區 (sector)，那同一個同心圓的磁區組合成的圓就是所謂的磁軌(track)**。由於磁碟裡面可能會有多個磁碟盤，因此在**所有磁碟盤上面的同一個磁軌可以組合成所謂的磁柱 (cylinder)**。

我們知道同心圓外圈的圓比較大，佔用的面積比內圈多啊！所以，為了善用這些空間，因此外圍的圓會具有更多的磁區[註16]！就如同圖 0.2.5 的示意一般。此外，當磁碟盤轉一圈時，外圈的磁區數量比較多，因此如果資料寫入在外圈，轉一圈能夠讀寫的資料量當然比內圈還要多！因此通常資料的讀寫會由外圈開始往內寫的喔！這是預設值啊！

另外,原本硬碟的磁區都是設計成 512 byte 的容量,但因為近期以來硬碟的容量越來越大,為了減少資料量的拆解,所以新的高容量硬碟已經有 4 Kbyte 的磁區設計!購買的時候也需要注意一下。也因為這個磁區的設計不同了,因此在磁碟的分割方面,目前有舊式的 MSDOS 相容模式,以及較新的 GPT 模式喔!在較新的 GPT 模式下,磁碟的分割通常使用磁區號碼來設計,跟過去舊的 MSDOS 是透過磁柱號碼來分割的情況不同喔!相關的說明我們談到磁碟管理 (第七章) 再來聊!

◆ **傳輸介面**

為了要提昇磁碟的傳輸速度,磁碟與主機板的連接介面也經過多次的改版,因此有許多不同的介面喔!傳統磁碟介面包括有 SATA, SAS, IDE 與 SCSI 等等。若考慮外接式磁碟,那就還包括了 USB, eSATA 等等介面喔!不過目前 IDE 已經被 SATA 取代,而 SCSI 則被 SAS 取代,因此我們底下將僅介紹 SATA、USB 與 SAS 介面而已。

■ **SATA 介面**

如向華碩主機板圖示右下方所示為 SATA 硬碟的連接介面插槽。這種插槽所使用的排線比較窄小,而且每個裝置需要使用掉一條 SATA 線。因為 SATA 線比較窄小之故,所以對於安裝與機殼內的通風都比較好!因此原本的 IDE 粗排線介面就被SATA取代了!SATA 的插槽示意圖如下所示:

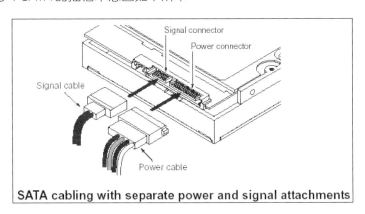

圖 0.2.6　SATA 介面的排線 (圖示取自 Seagate 網站)

由於 SATA 一條排線僅接一顆硬碟,所以你不需要調整跳針。不過一張主機板上面SATA 插槽的數量並不是固定的,且每個插槽都有編號,在連接 SATA 硬碟與主機板的時候,還是需要留意一下。此外,目前的 SATA 版本已經到了第三代[註17],每一代之間的傳輸速度如下所示,而且重點是,每一代都可以向下相容喔!只是速度上會差很多就是了。目前主流都是使用 SATA3 這個介面速度可達 600 Mbyte/s 的介面!

| 版本 | 頻寬 (Gbit/s) | 速度 (Mbyte/s) |
|---|---|---|
| SATA 1.0 | 1.5 | 150 |
| SATA 2.0 | 3 | 300 |
| SATA 3.0 | 6 | 600 |

因為 SATA 傳輸介面傳輸時,透過的資料演算法的關係,當傳輸 10 位元編碼時,僅有 8 位元為資料,其餘 2 位元為檢驗之用。因此頻寬的計算上面,使用的換算 (bit 轉 byte) 為 1:10 而不是 1 byte=8 bits 喔!上表的對應要稍微注意一下。另外,雖然這個 SATA3 介面理論上可達 600 Mbytes/s 的傳輸速度,不過目前傳統的硬碟由於其物理組成的限制,一般極限速度大約在 150~200 Mbyte/s 而已啦!所以廠商們才要發展固態硬碟啊!^_^

- **SAS 介面**

早期工作站或大型大腦上面,為了讀寫速度與穩定度,因此在這樣的機器上面,大多使用的是 SCSI 這種高階的連接介面。不過這種介面的速度後來被 SATA 打敗了!但是 SCSI 有其值得開發的功能,因此後來就有串列式 SCSI (Serial Attached SCSI, SAS) 的發展。這種介面的速度比 SATA 來的快,而且連接的 SAS 硬碟的磁碟盤轉速與傳輸的速度也都比 SATA 硬碟好!只是...好貴喔!而且一般個人電腦的主機板上面通常沒有內建 SAS 連接介面,得要透過外接卡才能夠支援。因此一般個人電腦主機還是以 SATA 介面為主要的磁碟連接介面囉。

| 版本 | 頻寬 (Gbit/s) | 速度 (Mbyte/s) |
|---|---|---|
| SAS 1 | 3 | 300 |
| SAS 2 | 6 | 600 |
| SAS 3 | 12 | 1200 |

因為這種介面的速度確實比較快喔!而且還支援例如熱拔插等功能,因此,許多的裝置連接會以這種介面來連結!例如我們經常會聽到的磁碟陣列卡的連接插槽,就是利用這種 SAS 介面開發出來的支援的 SFF-8087 裝置等等的[註18]。

- **USB 介面**

如果你的磁碟是外接式的介面,那麼很可能跟主機板連結的就是 USB 這種介面了!這也是目前 (2015) 最常見到的外接式磁碟介面了。不過傳統的 USB 速度挺慢的,即使是比較慢的傳統硬碟,其傳輸率大概兜還有 80~120 Mbytes/s,但傳統的 USB 2.0 僅有大約 60 Mbytes/s 的理論傳輸率,通常實做在主機板上面的連接口,竟然都僅有 30~40 Mbyte/s 而已呢!實在發揮不出磁碟的性能啊!

為了改善 USB 的傳輸率,因此新一代的 USB 3.0 速度就快很多了!據說還有更新的 USB 3.1 正在發展中!這幾代版本的頻寬與速度製表如下[註19]:

| 版本 | 頻寬 (Mbit/s) | 速度 (Mbyte/s) |
|---|---|---|
| USB 1.0 | 12 | 1.5 |
| USB 2.0 | 480 | 60 |
| USB 3.0 | 5G | 500 |
| USB 3.1 | 10G | 1000 |

跟 SATA 介面一樣,不是理論速度到達該數值,實際上就可以跑到這麼高!USB 3.0 雖然速度很快,但如果你去市面上面買 USB 的傳統磁碟或快閃碟,其實它的讀寫速度還是差不多在 100 Mbytes/s 而已啦!不過這樣就超級快了!因為一般 USB2.0 的快閃碟讀寫速度大約是 40 Mbytes/10 Mbytes 左右而已說。在購買這方面的外接式磁碟時,要特別考量喔!

◆ **固態硬碟** (Solid State Disk, SSD)

傳統硬碟有個很致命的問題,就是需要驅動馬達去轉動磁碟盤～這會造成很嚴重的磁碟讀取延遲!想想看,你得要知道資料在哪個磁區上面,然後再命令馬達開始轉,之後再讓讀取頭去讀取正確的資料。另外,如果資料放置的比較離散(磁區分佈比較廣又不連續),那麼讀寫的速度就會延遲更明顯!速度快不起來。因此,後來就有廠商拿快閃記憶體去製作成高容量的設備,這些設備的連接介面也是透過 SATA 或 SAS,而且外型還做的跟傳統磁碟一樣!所以,雖然這類的設備已經不能稱為是磁碟 (因為沒有讀寫頭與磁碟盤啊!都是記憶體!)。但是為了方便大家稱呼,所以還是稱為磁碟!只是跟傳統磁碟 (Hard Disk Drive, HDD) 不同,就稱為固態硬碟 (Solid State Disk 或 Solid State Driver, SSD)。

固態硬碟最大的好處是,它沒有馬達不需要轉動,而是透過記憶體直接讀寫的特性,因此除了沒資料延遲且快速之外,還很省電!不過早期的 SSD 有個很重要的致命傷,就是這些快閃記憶體有『寫入次數的限制』在,因此通常 SSD 的壽命大概兩年就頂天了!所以資料存放時,需要考慮到備份或者是可能要使用 RAID 的機制來防止 SSD 的損毀[註20]!

SSD 真的好快!鳥哥曾經買過 Intel 較頂級的 SSD 來做過伺服器的讀取系統碟,然後使用類似 dd 的指令去看看讀寫的速度,竟然真的如同 intel 自己官網說的,極速可以到達 500Mbytes/s 哩!幾乎就是 SATA3.0 的理論極限速度了!所以,近來在需要大量讀取的環境中,鳥哥都是使用 SSD 陣列來處理!

其實我們在讀寫磁碟時，通常沒有連續讀寫，大部分的情況下都是讀寫一大堆小檔案，因此，你不要妄想傳統磁碟一直轉少少圈就可以讀到所有的資料！通常很多小檔案的讀寫，會很操硬碟，因為磁碟盤要轉好多圈！這也很花人類的時間啊！SSD 就沒有這個問題！也因為如此，近年來在測試磁碟的效能時，有個很特殊的單位，稱為每秒讀寫操作次數 (Input/Output Operations Per Second, IOPS)！這個數值越大，代表可操作次數較高，當然效能好的很！

◆ **選購與運轉須知**

如果你想要增加一顆硬碟在你的主機裡頭時，除了需要考慮你的主機板可接受的插槽介面(SATA/SAS)之外，還有什麼要注意的呢？

■ **HDD 或 SSD**

畢竟 HDD 與 SSD 的價格與容量真的差很多！不過，速度也差很多就是了！因此，目前大家的使用方式大多是這樣的，使用 SSD 作為系統碟，然後資料儲存大多放置在 HDD 上面！這樣系統運作快速 (SSD)，而資料儲存量也大 (HDD)。

■ **容量**

畢竟目前資料量越來越大，所以購買磁碟通常首先要考量的就是容量的問題！目前 (2015)主流市場HDD 容量已經到達 2TB 以上，甚至有的廠商已經生產高達 8TB 的產品呢！硬碟可能可以算是一種消耗品，要注意重要資料還是得常常備份出來喔！至於 SSD 方面，目前的容量大概還是在 128~256GB 之間吧！

■ **緩衝記憶體**

硬碟上頭含有一個緩衝記憶體，這個記憶體主要可以將硬碟內常使用的資料快取起來，以加速系統的讀取效能。通常這個緩衝記憶體越大越好，因為緩衝記憶體的速度要比資料從硬碟盤中被找出來要快的多了！目前主流的產品可達 64MB 左右的記憶體大小喔。

■ **轉速**

因為硬碟主要是利用主軸馬達轉動磁碟盤來存取，因此轉速的快慢會影響到效能。主流的桌上型電腦硬碟為每分鐘 7200 轉，筆記型電腦則是 5400 轉。有的廠商也有推出高達 10000 轉的硬碟，若有高效能的資料存取需求，可以考慮購買高轉速硬碟。

■ **運轉須知**

由於硬碟內部機械手臂上的磁頭與硬碟盤的接觸是很細微的空間，如果有抖動或者是髒污在磁頭與硬碟盤之間就會造成資料的損毀或者是實體硬碟整個損毀～因此，正確的使用電腦的方式，應該是在電腦通電之後，就絕對不要移動主機，並免抖動到硬碟，而導致整個硬碟資料發生問題啊！另外，也不要隨便將插頭拔掉就以為是順利關機！因為機械手臂必須要歸回原位，所以使用作業系統的正常關機方式，才能夠有比較好的硬碟保養啊！因為它會讓硬碟的機械手臂歸回原位啊！

可能因為環境的關係，電腦內部的風扇常常會卡灰塵而造成一些聲響。很多朋友只要聽到這種聲響都是二話不說的『用力拍幾下機殼』就沒有聲音了～現在你知道了，這麼做的後果常常就是你的硬碟容易壞掉！下次千萬不要再這樣做囉！

## 0.2.5 擴充卡與介面

你的伺服器可能因為某些特殊的需求，因此需要使用主機板之外的其他介面卡。所以主機板上面通常會預留多個擴充介面的插槽，這些插槽依據歷史沿革，包括 PCI/AGP/PCI-X/PCIe 等等，但是由於 PCIe 速度快到太好用了，因此幾乎所有的卡都以 PCIe 來設計了！但是有些比較老舊的卡可能還需要使用啊，因此一般主機板大多還是會保留一兩個 PCI 插槽，其他的則是以 PCIe 來設計。

由於各元件的價格直直落，現在主機板上面通常已經整合了相當多的設備元件了！常見整合到主機板的元件包括音效卡、網路卡、USB 控制卡、顯示卡、磁碟陣列卡等等。你可以在主機板上面發現很多方形的晶片，那通常是一些個別的設備晶片喔。

不過，因為某些特殊的需求，有時你可能還是需要增加額外的擴充卡的。舉例來說，我們如果需要一部個人電腦連接多個網域時(Linux 伺服器用途)，恐怕就得要有多個網路卡。當你想要買網路卡時，大賣場上面有好多耶！而且速度一樣都是 giga 網卡 (Gbit/s)，但價格差很多耶！觀察規格，主要有 PCIe x1 以及 PCI 介面的！你要買哪種介面呢？

觀察一下 0.2.3 顯示卡的章節內，你會發現到 PCI 介面的理論傳輸率最高指到 133 Mbytes/s 而已，而 PCIe 2.0 x1 就高達 500 Mbytes/s 的速度！鳥哥實測的結果也發現，PCI 介面的 giga 網卡極限速度大約只到 60 Mbytes/s 而已，而 PCIe 2.0 x1 的 giga 網卡確實可以到達大約 110 Mbytes/s 的速度！所以，購買設備時，還是要查清楚連接介面才行啦！

在 0.2.3 節也談到 PCIe 有不同的通道數，基本上常見的就是 x1, x4, x8, x16 等，個人電腦主機板常見是 x16 的，一般中階伺服器則大多有多個 x8 的介面，x16 反而比較少見。這些介面在主機板上面的設計，主要是以插槽的長度來看的，例如華碩主機板示意圖中，左側有 2 個 PCI 介面，其他的則是 3 個 x16 的插槽，以及 2 個 x1 的插槽，看長度就知道了。

◆ **多通道卡 (例如 x8 的卡) 安裝在少通道插槽 (例如 x4 的插槽) 的可用性**

再回頭看看圖 0.2.1 的示意圖，你可以發現 CPU 最多最多僅能支援 16 個 PCIe 3.0 的通道數，因此在圖示當中就明白的告訴你，你可以設計(1)一個 x16 (2)或者是兩個 x8，(3)

或者是兩個 x4 加上一個 x8 的方式來增加擴充卡！這是可以直接連結到 CPU 的通道！咦！那為何圖 0.2.2 可以有 3 個 x16 的插槽呢？原因是前兩個屬於 CPU 支援的，後面兩個可能就是南橋提供的 PCIe 2.0 的介面了！那明明最多僅能支援一個 x16 的介面，怎麼可能設計 3 個 x16 呢？

因為要讓所有的擴充卡都可以安插在主機板上面，所以在比較中高階的主機板上面，它們都會做出 x16 的插槽，但是該插槽內其實只有 x8 或 x4 的通道有用！其他的都是空的沒有金手指 (電路的意思)～咦！那如果我的 x16 的卡安裝在 x16 的插槽，但是這個插槽僅有 x4 的電路設計，那我這張卡可以運作嗎？當然可以！這就是 PCIe 的好處了！它可以讓你這張卡僅使用 x4 的電路來傳送資料，而不會無法使用！只是...你的這張卡的極限效能，就會只剩下 4/16 = 1/4 囉！

因為一般伺服器慣用的擴充卡，大多數都使用 PCIe x8 的介面 (因為也沒有什麼裝置可以將 PCIe 3.0 的 x8 速度用完啊！)，為了增加擴充卡的數量，因此伺服器級的主機板才會大多使用到 x8 的插槽說！反正，要發揮擴充卡的能力，就得要搭配相對應的插槽才行啦！

> 鳥哥近年來在搞小型雲教室，為了加速需要有 10G 的網卡，這些網卡標準的介面為 PCIe 2.0 x8 的介面。有部主機上面需要安插這樣的卡三張才行，結果該主機上面僅有一個 x16，一個 x8 以及一個 x4 的 PCIe 介面，其中 x4 的那個介面使用的是 x8 的插槽，所以好佳在三張卡都可以安裝在主機板上面，且都可以運作！只是在極速運作時，實測的效能結果發現，那個安插在 x4 介面的網卡效能降很多！所以才會發現這些問題！提供給大家參考參考！

## 0.2.6　主機板

這個小節我們特別再將主機板拿出來說明一下，特別要講的就是晶片組與擴充卡之間的關係了！

#### ◆ 發揮擴充卡效能須考慮的插槽位置

如同圖 0.2.1 所示，其實系統上面可能會有多個 x8 的插槽，那麼到底你的卡插在哪個插槽上面效能最好？我們以該圖來說，如果你是安插在左上方跟 CPU 直接連線的那幾個插槽，那效能最佳！如果你是安插在左側由上往下數的第五個 PCIe 2.0 x8 的插槽呢？那個插槽是與南橋連接，所以你的擴充卡資料需要先進入南橋跟大家搶頻寬，之後要傳向 CPU 時，還得要透過 CPU 與南橋的溝通管道，那條管道稱為 DMI 2.0。

根據 Intel 方面的資料來看，DMI 2.0 的傳輸率是 4GT/s，換算成檔案傳輸量時，大約僅有 2GByte/s 的速度，要知道，**PCIe 2.0 x8 的理論速度已經達到 4GByte/s 了，但是與**

**CPU 的通道竟然僅有 2GB，效能的瓶頸就這樣發生在 CPU 與南橋的溝通上面！**因此，卡安裝在哪個插槽上面，對效能而言也是影響很大的！所以插卡時，請詳細閱讀你主機板上面的邏輯圖示啊 (類似本章的 Intel 晶片示意圖)！尤其 CPU 與南橋溝通的頻寬方面，特別重要喔！

因為鳥哥的 Linux 伺服器，目前很多都需要執行一些虛擬化技術等會大量讀寫資料的服務，所以需要額外的磁碟陣列卡來提供資料的存放！同時得要提供 10G 網路讓內部的多部伺服器互相透過網路連結。過去沒有這方面的經驗時，擴充卡都隨意亂插，反正能動就好！但實際分析過效能之後，哇！現在都不敢隨便亂插了！效能差太多！每次在選購新的系統時，也都會優先去查看晶片邏輯圖～確認效能瓶頸不會卡住在主機板上，這才下手去購買！慘痛的經驗產生慘痛的 $$ 飛走事件，所以，這裡特別提出來跟大家分享的啦！

◆ **設備 I/O 位址與 IRQ 中斷通道**

主機板是負責各個電腦元件之間的溝通，但是電腦元件實在太多了，有輸出/輸入/不同的儲存裝置等等，主機板晶片組怎麼知道如何負責溝通吶？這個時候就需要用到所謂的 I/O 位址與 IRQ 囉！

I/O 位址有點類似每個裝置的門牌號碼，每個裝置都有它自己的位址，一般來說，不能有兩個裝置使用同一個 I/O 位址，否則系統就會不曉得該如何運作這兩個裝置了。而除了 I/O 位址之外，還有個 IRQ 中斷(Interrupt)這個東東。

如果 I/O 位址想成是各裝置的門牌號碼的話，那麼 IRQ 就可以想成是各個門牌連接到郵件中心(CPU)的專門路徑囉！各裝置可以透過 IRQ 中斷通道來告知 CPU 該裝置的工作情況，以方便 CPU 進行工作分配的任務。老式的主機板晶片組 IRQ 只有 15 個，如果你的周邊介面太多時可能就會不夠用，這個時候你可以選擇將一些沒有用到的周邊介面關掉，以空出一些 IRQ 來給真正需要使用的介面喔！當然，也有所謂的 sharing IRQ 的技術就是了！

◆ **CMOS 與 BIOS**

前面記憶體的地方我們有提過 CMOS 與 BIOS 的功能，在這裡我們再來強調一下：**CMOS 主要的功能為記錄主機板上面的重要參數，包括系統時間、CPU 電壓與頻率、各項設備的 I/O 位址與 IRQ 等，由於這些資料的記錄要花費電力，因此主機板上面才有電池。BIOS 為寫入到主機板上某一塊 flash 或 EEPROM 的程式，它可以在開機的時候執行，以載入 CMOS 當中的參數，並嘗試呼叫儲存裝置中的開機程式，進一步進入作業系統當中。**BIOS程式也可以修改 CMOS 中的資料，每種主機板呼叫 BIOS 設定程式的按鍵都不同，一般桌上型電腦常見的是使用[del]按鍵進入 BIOS 設定畫面。

◆ **連接周邊設備的介面**

主機板與各項輸出/輸入設備的連結主要都是在主機機殼的後方,主要有:

■ **PS/2 介面**:這原本是常見的鍵盤與滑鼠的介面,不過目前漸漸被 USB 介面取代,甚至較新的主機板可能就不再提供 PS/2 介面了。

■ **USB 介面**:通常只剩下 USB 2.0 與 USB 3.0,為了方便區分,USB 3.0 為藍色的插槽顏色喔!

■ **聲音輸出、輸入與麥克風**:這個是一些圓形的插孔,而必須你的主機板上面有內建音效晶片時,才會有這三個東西。

■ **RJ-45 網路頭**:如果有內建網路晶片的話,那麼就會有這種接頭出現。這種接頭有點類似電話接頭,不過內部有八蕊線喔!接上網路線後在這個接頭上會有燈號亮起才對!

■ **HDMI**:如果有內建顯示晶片的話,可能就會提供這個與螢幕連接的介面了!這種介面可以同時傳輸聲音與影像,目前也是電視機螢幕的主流連接介面喔!

我們以華碩主機板的連結介面來看的話,主要有這些:

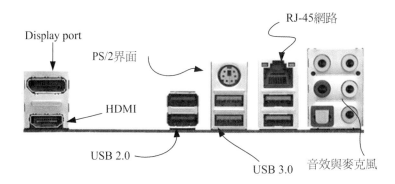

圖 0.2.7　連接周邊介面

## 0.2.7　電源供應器

除了上面這些元件之外,其實還有一個很重要的元件也要來談一談,那就是電源供應器 (Power)。在你的機殼內,有個大大的鐵盒子,上頭有很多電源線會跑出來,那就是電源供應器了。我們的 CPU/RAM/主機板/硬碟等等都需要用電,而近來的電腦元件耗電量越來越高,以前很古早的 230W 電源已經不夠用了,有的系統甚至得要有 500W 以上的電源才能夠運作～真可怕～

電源供應器的價差非常大!貴一點的 300W 可以到 4000 NT,便宜一點的 300W 只要 500 NT 不到!怎麼差這麼多?沒錯～因為 Power 的用料不同,電源供應的穩定度也會差很多。

如前所述，電源供應器相當於你的心臟，心臟差的話，活動力就會不足了！所以，穩定度差的電源供應器甚至是造成電腦不穩定的元兇呢！所以，盡量不要使用太差的電源供應器喔！

◆ **能源轉換率**

**電源供應器本身也會吃掉一部分的電力**的！如果你的主機系統需要 300W 的電力時，因為電源供應器本身也會消耗掉一部分的電力，因此你最好要挑選 400W 以上的電源供應器。電源供應器出廠前會有一些測試數據，最好挑選高轉換率的電源供應器。所謂的高轉換率指的是『輸出的功率/輸入的功率』。意思是說，假如你的主機板用電量為 250W，但是電源供應器其實已經使用掉 320W 的電力，則轉換率為：250/320＝0.78 的意思。這個數值越高表示被電源供應器『玩掉』的電力越少，那就符合能源效益了！^\_^

## 0.2.8　選購須知

在購買主機時應該需要進行整體的考量，很難依照某一項標準來選購的。老實說，如果你的公司需要一部伺服器的話，建議不要自行組裝，買品牌電腦的伺服器比較好！這是因為自行組裝的電腦雖然比較便宜，但是每項設備之間的適合性是否完美則有待自行檢測。

另外，在效能方面並非僅考量 CPU 的能力而已，速度的快慢與『**整體系統的最慢的那個設備有關！**』，如果你是使用最快速的 Intel i7 系列產品，使用最快的 DDR3-1600 記憶體，但是配上一個慢慢的過時顯示卡，那麼整體的 3D 速度效能將會卡在那個顯示卡上面喔！所以，在購買整套系統時，請特別留意需要全部的介面都考慮進去喔！尤其是當你想要升級時，要特別注意這個問題，並非所有的舊的設備都適合繼續使用的。

**例題**

你的系統使用 i7 的 4790 CPU，使用了 DDR3-1600 記憶體，使用了 PCIe 2.0 x8 的磁碟陣列卡，這張卡上面安裝了 8 顆 3TB 的理論速度可達 200 Mbyte/s 的硬碟 (假設為可加總速度的 RAID0 配置)，是安插在 CPU 控制晶片相連的插槽中。網路使用 giga 網卡，安插在 PCIe 2.0 x1 的介面上。在這樣的設備中，上述的哪個環節速度可能是你的瓶頸？

答：

◆ DDR3-1600 的頻寬可達：12.8 GBytes/s

◆ 磁碟陣列卡理論傳輸率：PCIe 2.0 x8 為 4 GBytes/s

◆ 磁碟每顆 200 MBytes/s，共八顆，總效率為：200 MBytes*8 ~ 1.6 GBytes/s

◆ 網路介面使用 PCIe 2.0 1x 所以介面速度可達 500 MBytes/s，但是 Giga 網路最高為 125 MBytes/s

透過上述分析，我們知道，速度最慢的為網路的 125MBytes/s ！所以，如果想要讓整體效能提昇，網路恐怕就是需要克服的一環！

◆ **系統不穩定的可能原因**

除此之外，到底那個元件特別容易造成系統的不穩定呢？有幾個常見的系統不穩定的狀態是：

- **系統超頻**：這個行為很不好！不要這麼做！

- **電源供應器不穩**：這也是個很嚴重的問題，當你測試完所有的元件都沒有啥大問題時，記得測試一下電源供應器的穩定度！

- **記憶體無法負荷**：現在的記憶體品質差很多，差一點的記憶體，可能會造成你的主機在忙碌的工作時，產生不穩定或當機的現象喔！

- **系統過熱**：『熱』是造成電子零件運作不良的主因之一，如果你的主機在夏天容易當機，冬天卻還好，那麼考慮一下加幾個風扇吧！有助於機殼內的散熱，系統會比較穩定喔！『這個問題也是很常見的系統當機的元凶！』(PS1:鳥哥之前的一台伺服器老是容易當機，後來拆開機殼研究後才發現原來是北橋上面的小風扇壞掉了，導致北橋溫度太高。後來換掉風扇就穩定多了。PS2:還有一次整個實驗室的網路都停了！檢查了好久，才發現原來是網路交換器 switch 在夏天熱到當機！後來只好用小電風扇一直吹它...)

事實上，要瞭解每個硬體的詳細架構與構造是很難的！這裡鳥哥僅是列出一些比較基本的概念而已。另外，要知道某個硬體的製造商是哪間公司時，可以看該硬體上面的資訊。舉例來說，主機板上面都會列出這個主機板的開發商與主機板的型號，知道這兩個資訊就可以找到驅動程式了。另外，顯示卡上面有個小小的晶片，上面也會列出顯示卡廠商與晶片資訊喔。

# 0.3　資料表示方式

事實上我們的電腦只認識 0 與 1，記錄的資料也是只能記錄 0 與 1 而已，所以電腦常用的資料是二進位的。但是我們人類常用的數值運算是十進位，文字方面則有非常多的語言，台灣常用的語言就有英文、中文(又分正體與簡體中文)、日文等。那麼電腦如何記錄與顯示這些數值/文字呢？就得要透過一系列的轉換才可以啦！底下我們就來談談數值與文字的編碼系統囉！

## 0.3.1 　數字系統

　　早期的電腦使用的是利用通電與否的特性的真空管，如果通電就是 1，沒有通電就是 0，後來沿用至今，我們稱這種只有 0/1 的環境為二進位制，英文稱為 binary 的哩。所謂的十進位指的是逢十進一位，因此在個位數歸為零而十位數寫成 1。所以所謂的二進位，就是逢二就前進一位的意思。

　　那二進位怎麼用呢？我們先以十進位來解釋好了。如果以十進位來說，3456 的意義為：

$$3456 = 3\text{x}10^3 + 4\text{x}10^2 + 5\text{x}10^1 + 6\text{x}10^0$$

　　特別注意：『任何數值的零次方為 1』所以 $10^0$ 的結果就是 1 囉。同樣的，將這個原理帶入二進位的環境中，我們來解釋一下 1101010 的數值轉為十進位的話，結果如下：

$$1101010 = 1\text{x}2^6 + 1\text{x}2^5 + 0\text{x}2^4 + 1\text{x}2^3 + 0\text{x}2^2 + 1\text{x}2^1 + 0\text{x}2^0$$
$$= 64 + 32 + 0\text{x}16 + 8 + 0\text{x}4 + 2 + 0\text{x}1 = 106$$

　　這樣你瞭解二進位的意義了嗎？二進位是電腦基礎中的基礎喔！瞭解了二進位後，八進位、十六進位就依此類推啦！那麼知道二進位轉成十進位後，那如果有十進位數值轉為二進位的環境時，該如何計算？剛剛是乘法，現在則是除法就對了！我們同樣的使用十進位的 106 轉成二進位來測試一下好了：

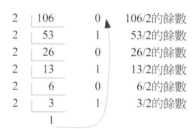

圖 0.3.1　十進位轉二進位的方法

　　最後的寫法就如同上面的紅色箭頭，由最後的數字向上寫，因此可得到 1101010 的數字囉！這些數字的轉換系統是非常重要的，因為電腦的加減乘除都是使用這些機制來處理的！有興趣的朋友可以再參考一下其他計算計概論的書籍中，關於 1 的補數/2 的補數等運算方式喔！

## 0.3.2 　文字編碼系統

　　既然電腦都只有記錄 0/1 而已，甚至記錄的資料都是使用 byte/bit 等單位來記錄的，那麼文字該如何記錄啊？事實上文字檔案也是被記錄為 0 與 1 而已，而這個檔案的內容要被取出來查閱時，必須要經過一個編碼系統的處理才行。所謂的『編碼系統』可以想成是一個『字碼對照表』，它的概念有點像底下的圖示：

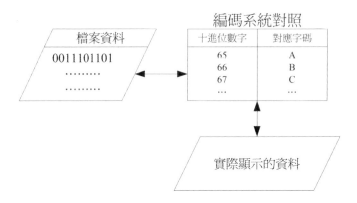

圖 0.3.2　資料參考編碼表的示意圖

當我們要寫入檔案的文字資料時，該文字資料會由編碼對照表將該文字轉成數字後，再存入檔案當中。同樣的，當我們要將檔案內容的資料讀出時，也會經過編碼對照表將該數字轉成對應的文字後，再顯示到螢幕上。現在你知道為何瀏覽器上面如果編碼寫錯時，會出現亂碼了嗎？這是因為編碼對照表寫錯，導致對照的文字產生誤差之故啦！

**常用的英文編碼表為 ASCII 系統**，這個編碼系統中，每個符號(英文、數字或符號等)都會佔用 1bytes 的記錄，因此總共會有 $2^8=256$ 種變化。至於**中文字當中的編碼系統早期最常用的就是 big5 這個編碼表了**。每個中文字會佔用 2bytes，理論上最多可以有 $2^{16}=65536$，亦即最多可達 6 萬多個中文字。但是因為 big5 編碼系統並非將所有的位元都拿來運用成為對照，所以並非可達這麼多的中文字碼的。目前 big5 僅定義了一萬三千多個中文字，很多中文利用 big5 是無法成功顯示的～所以才會有造字程式說。

big5 碼的中文字編碼對於某些資料庫系統來說是很有問題的，某些字碼例如『許、蓋、功』等字，由於這幾個字的內部編碼會被誤判為單/雙引號，在寫入還不成問題，在讀出資料的對照表時，常常就會變成亂碼。不只中文字，其他非英語系國家也常常會有這樣的問題出現啊！

為了解決這個問題，由國際組織 ISO/IEC 跳出來制訂了所謂的 **Unicode 編碼系統，我們常常稱呼的 UTF8 或萬國碼的編碼就是這個東東**。因為這個編碼系統打破了所有國家的不同編碼，因此目前網際網路社會大多朝向這個編碼系統在走，所以各位親愛的朋友啊，記得將你的編碼系統修訂一下喔！

# 0.4　軟體程式運作

鳥哥在上課時常常會開玩笑的問：『**我們知道沒有插電的電腦是一堆廢鐵，那麼插了電的電腦是什麼？**』答案是：『**一堆會電人的廢鐵**』！這是因為沒有軟體的運作，電腦的功能就無從發揮之故。就好像沒有了靈魂的軀體也不過就是行屍走肉，重點在於軟體/靈魂囉！所以底下咱們就得要瞭解一下『軟體』是什麼。

一般來說，目前的電腦系統將軟體分為兩大類，一個是系統軟體，一個是應用程式。但鳥哥認為我們還是得要瞭解一下什麼是程式，尤其是機器程式，瞭解了之後再來探討一下為什麼現今的電腦系統需要『作業系統』這玩意兒呢！

## 0.4.1　機器程式與編譯程式

我們前面談到電腦只認識 0 與 1 而已，而且電腦最重要的運算與邏輯判斷是在 CPU 內部，而 CPU 其實是具有微指令集的。因此，我們需要 CPU 幫忙工作時，就得要參考微指令集的內容，然後撰寫讓 CPU 讀的懂的指令碼給 CPU 執行，這樣就能夠讓 CPU 運作了。

不過這樣的流程有幾個很麻煩的地方，包括：

◆ **需要瞭解機器語言**：機器只認識 0 與 1，因此你必須要學習直接寫給機器看的語言！這個地方相當的難呢！

◆ **需要瞭解所有硬體的相關功能函數**：因為你的程式必須要寫給機器看，當然你就得要參考機器本身的功能，然後針對該功能去撰寫程式碼。例如，你要讓 DVD 影片能夠放映，那就得要參考 DVD 光碟機的硬體資訊才行。萬一你的系統有比較冷門的硬體，光是參考技術手冊可能會昏倒～

◆ **程式不具有可攜性**：每個 CPU 都有獨特的微指令集，同樣的，每個硬體都有其功能函數。因此，你為 A 電腦寫的程式，理論上是沒有辦法在 B 電腦上面運作的！而且程式碼的修改非常困難！因為是機器碼，並不是人類看的懂得程式語言啊！

◆ **程式具有專一性**：因為這樣的程式必須要針對硬體功能函數來撰寫，如果已經開發了一支瀏覽器程式，想要再開發檔案管理程式時，還是得從頭再參考硬體的功能函數來繼續撰寫，每天都在和『硬體』挑戰！可能需要天天喝蠻牛了！@_@

那怎麼解決啊？為了解決這個問題，電腦科學家設計出一種讓人類看的懂得程式語言，然後創造一種『編譯器』來將這些人類能夠寫的程式語言轉譯成為機器能看懂得機器碼，如此一來我們修改與撰寫程式就變的容易多了！目前常見的編譯器有 C, C++, Java, Fortran 等等。機器語言與高階程式語言的差別如下所示：

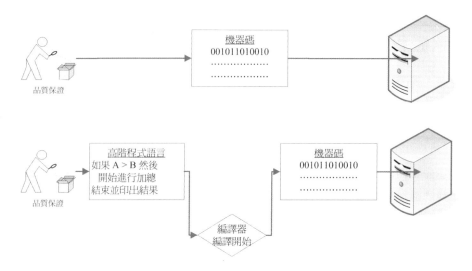

圖 0.4.1　編譯器的角色

　　從上面的圖示我們可以看到高階程式語言的程式碼是很容易查看的！鳥哥已經將程式碼 (英文)寫成中文說～這樣比較好理解啦！所以這樣已經將程式的修改問題處理完畢了。問題 是，在這樣的環境底下我們還是得要考量整體的硬體系統來設計程式喔！

　　舉例來說，當你需要將運作的資料寫入記憶體中，你就得要自行分配一個記憶體區塊出 來讓自己的資料能夠填上去，所以你還得要瞭解到記憶體的位址是如何定位的，啊！眼淚還 是不知不覺的流了下來... 怎麼寫程式這麼麻煩啊！

　　為了要克服硬體方面老是需要重複撰寫控制碼的問題，所以就有作業系統(Operating System, OS)的出現了！什麼是作業系統呢？底下就來談一談先！

## 0.4.2　作業系統

　　如同前面提到的，在早期想要讓電腦執行程式就得要參考一堆硬體功能函數，並且學習 機器語言才能夠撰寫程式。同時每次寫程式時都必須要重新改寫，因為硬體與軟體功能不見 得都一致之故。那如果我能夠將所有的硬體都驅動，並且提供一個發展軟體的參考介面來給 工程師開發軟體的話，那發展軟體不就變的非常的簡單了？那就是作業系統啦！

◆　**作業系統核心**(Kernel)

　　**作業系統**(Operating System, OS)**其實也是一組程式，這組程式的重點在於管理電腦的 所有活動以及驅動系統中的所有硬體**。我們剛剛談到電腦沒有軟體只是一堆廢鐵，那麼 作業系統的功能就是讓 CPU 可以開始判斷邏輯與運算數值、讓主記憶體可以開始載入/

讀出資料與程式碼、讓硬碟可以開始被存取、讓網路卡可以開始傳輸資料、讓所有周邊可以開始運轉等等。總之，硬體的所有動作都必須要透過這個作業系統來達成就是了。

上述的功能就是作業系統的核心(Kernel)了！你的電腦能不能做到某些事情，都與核心有關！只有核心有提供的功能，你的電腦系統才能幫你完成！舉例來說，你的核心並不支援 TCP/IP 的網路協定，那麼無論你購買了什麼樣的網卡，這個核心都無法提供網路能力的！

但是單有核心我們使用者也不知道能作啥事的～因為核心主要在管控硬體與提供相關的能力(例如存取硬碟、網路功能、CPU 資源取得等)，這些管理的動作是非常的重要的，如果使用者能夠直接使用到核心的話，萬一使用者不小心將核心程式停止或破壞，將會導致整個系統的崩潰！因此**核心程式所放置到記憶體當中的區塊是受保護的！並且開機後就一直常駐在記憶體當中。**

> 所以整部系統只有核心的話，我們就只能看著已經準備好運作(Ready)的電腦系統，但無法操作它！好像有點望梅止渴的那種感覺啦！這個時候就需要軟體的幫忙了！

◆ **系統呼叫(System Call)**

既然我的硬體都是由核心管理，那麼如果我想要開發軟體的話，自然就得要去參考這個核心的相關功能！唔！如此一來不是從原本的參考硬體函數變成參考核心功能，還是很麻煩啊！有沒有更簡單的方法啊！

為了解決這個問題，作業系統通常會提供一整組的開發介面給工程師來開發軟體！工程師只要遵守該開發介面那就很容易開發軟體了！舉例來說，我們學習 C 程式語言只要參考 C 程式語言的函式即可，不需要再去考量其他核心的相關功能，因為核心的系統呼叫介面會主動的將 C 程式語言的相關語法轉成核心可以瞭解的任務函數，那核心自然就能夠順利運作該程式了！

如果我們將整個電腦系統的相關軟/硬體繪製成圖的話，它的關係有點像這樣：

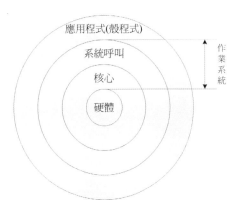

圖 0.4.2　作業系統的角色

電腦系統主要由硬體構成，然後核心程式主要在管理硬體，提供合理的電腦系統資源分配(包括 CPU 資源、記憶體使用資源等等)，因此**只要硬體不同(如 x86 架構與 RISC 架構的 CPU)，核心就得要進行修改才行。**而由於核心只會進行電腦系統的資源分配，所以在上頭還需要有應用程式的提供，使用者才能夠操作系統的。

為了保護核心，並且讓程式設計師比較容易開發軟體，因此作業系統除了核心程式之外，通常還會提供一整組開發介面，那就是系統呼叫層。軟體開發工程師只要遵循公認的系統呼叫參數來開發軟體，該軟體就能夠在該核心上頭運作。所以你可以發現，軟體與核心有比較大的關係，與硬體關係則不大！硬體也與核心有比較大的關係！至於與使用者有關的，那就是應用程式啦！

> 在定義上，只要能夠讓電腦硬體正確無誤的運作，那就算是作業系統了。所以說，作業系統其實就是核心與其提供的介面工具，不過就如同上面講的，因為最陽春的核心缺乏了與使用者溝通的親和介面，所以在目前，一般我們提到的『作業系統』都會包含核心與相關的使用者應用軟體呢！

簡單的說，上面的圖示可以帶給我們底下的概念：

- **作業系統的核心層直接參考硬體規格寫成，所以同一個作業系統程式不能夠在不一樣的硬體架構下運作。**舉例來說，個人電腦版的 Windows 8.1 不能直接在 ARM 架構 (手機與平板硬體) 的電腦下運作。

- **作業系統只是在管理整個硬體資源，包括 CPU、記憶體、輸入輸出裝置及檔案系統檔。**如果沒有其他的應用程式輔助，作業系統只能讓電腦主機準備妥當 (Ready) 而已！並無法運作其他功能。所以你現在知道為何 Windows 上面要達成網頁影像的運作還需要類似 PhotoImpact 或 Photoshop 之類的軟體安裝了吧？

- **應用程式的開發都是參考作業系統提供的開發介面，所以該應用程式只能在該作業系統上面運作而已，不可以在其他作業系統上面運作的。**現在你知道為何去購買線上遊戲的光碟時，光碟上面會明明白白的寫著該軟體適合用於哪一種作業系統上了吧？也該知道某些遊戲為何不能夠在 Linux 上面安裝了吧？

◆ **核心功能**

既然核心主要是在負責整個電腦系統相關的資源分配與管理，那我們知道其實整部電腦系統最重要的就是 CPU 與主記憶體，因此，核心至少也要有這些功能的：

- **系統呼叫介面 (System call interface)**

  剛剛談過了，這是為了方便程式開發者可以輕易的透過與核心的溝通，將硬體的資源進一步的利用，於是需要有這個簡易的介面來方便程式開發者。

■ **程序管理** (Process control)

總有聽過所謂的『多工環境』吧？一部電腦可能同時間有很多的工作跑到 CPU 等待運算處理，核心這個時候必須要能夠控制這些工作，讓 CPU 的資源作有效的分配才行！另外，良好的 CPU 排程機制(就是 CPU 先運作那個工作的排列順序)將會有效的加快整體系統效能呢！

■ **記憶體管理** (Memory management)

控制整個系統的記憶體管理，這個記憶體控制是非常重要的，因為系統所有的程式碼與資料都必須要先存放在記憶體當中。通常核心會提供虛擬記憶體的功能，當記憶體不足時可以提供記憶體置換(swap)的功能。

■ **檔案系統管理** (Filesystem management)

檔案系統的管理，例如資料的輸入輸出(I/O)等等的工作啦！還有不同檔案格式的支援啦等等，如果你的核心不認識某個檔案系統，那麼你將無法使用該檔案格式的檔案囉！例如：Windows 98 就不認識 NTFS 檔案格式的硬碟。

■ **裝置的驅動** (Device drivers)

就如同上面提到的，硬體的管理是核心的主要工作之一，當然囉，裝置的驅動程式就是核心需要做的事情啦！好在目前都有所謂的『可載入模組』功能，可以將驅動程式編輯成模組，就不需要重新的編譯核心啦！這個也會在後續的第十九章當中提到！

事實上，驅動程式的提供應該是硬體廠商的事情！硬體廠商要推出硬體時，應該要自行參考作業系統的驅動程式開發介面，開發完畢後將該驅動程式連同硬體一同販賣給使用者才對！舉例來說，當你購買顯示卡時，顯示卡包裝盒都會附上一片光碟，讓你可以在進入 Windows 之後進行驅動程式的安裝啊！

◆ **作業系統與驅動程式**

老實說，驅動程式可以說是作業系統裡面相當重要的一環了！不過，硬體可是持續在進步當中的！包括主機板、顯示卡、硬碟等等。那麼比較晚推出的較新的硬體，例如顯示卡，我們的作業系統當然就不認識囉！那作業系統該如何驅動這塊新的顯示卡？為了克服這個問題，作業系統通常會提供一個開發介面給硬體開發商，讓他們可以根據這個介面設計驅動他們硬體的『驅動程式』，如此一來，只要使用者安裝驅動程式後，自然就可以在他們的作業系統上面驅動這塊顯示卡了。

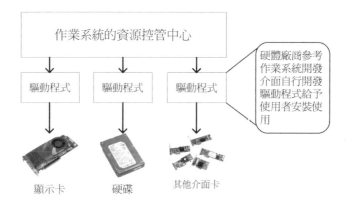

圖 0.4.3　驅動程式與作業系統的關係

由上圖我們可以得到幾個小重點：

■ **作業系統必須要能夠驅動硬體，如此應用程式才能夠使用該硬體功能。**

■ **一般來說，作業系統會提供開發介面，讓開發商製作他們的驅動程式。**

■ **要使用新硬體功能，必須要安裝廠商提供的驅動程式才行。**

■ **驅動程式是由廠商提供的，與作業系統開發者無關。**

所以，如果你想要在某個作業系統上面安裝一張新的顯示卡，那麼請要求該硬體廠商提供適當的驅動程式吧！^_^！為什麼要強調『**適當的驅動程式**』呢？因為驅動程式仍然是依據作業系統而開發的，所以，給 Windows 用的驅動程式當然不能使用於 Linux 的環境下了。

## 0.4.3　應用程式

應用程式是參考作業系統提供的開發介面所開發出來軟體，這些軟體可以讓使用者操作，以達到某些電腦的功能利用。舉例來說，辦公室軟體(Office)主要是用來讓使用者辦公用的；影像處理軟體主要是讓使用者用來處理影音資料的；瀏覽器軟體主要是讓使用者用來上網瀏覽用的等等。

需要注意的是，應用程式是與作業系統有關係的，如同上面的圖示當中的說明喔。因此，如果你想要購買新軟體，請務必參考軟體上面的說明，看看該軟體是否能夠支援你的作業系統啊！舉例來說，如果你想要購買線上遊戲光碟，務必參考一下該光碟是否支援你的作業系統，例如是否支援 Windows XP/Windows Vista/MAC/Linux 等等。不要購買了才發現該軟體無法安裝在你的作業系統上喔！

我們拿常見的微軟公司的產品來說明。你知道 Windows 8.1, Office 2013 之間的關係了嗎？

◆ Windows 8.1 是一套作業系統，它必須先安裝到個人電腦上面，否則電腦無法開機運作。

◆ Windows 7 與 Windows 8.1 是兩套不同的作業系統，所以能在 Win 7 上安裝的軟體不見得可在 Win 8.1 上安裝。

◆ Windows 8.1 安裝好後，就只能擁有很少的功能，並沒有辦公室軟體。

◆ Office 2013 是一套應用程式，要安裝前必須要瞭解它能在哪些作業系統上面運作。

## 0.5　重點回顧

◆ 計算機的定義為：『接受使用者輸入指令與資料，經由中央處理器的數學與邏輯單元運算處理後，以產生或儲存成有用的資訊』。

◆ 電腦的五大單元包括：輸入單元、輸出單元、控制單元、算數邏輯單元、記憶單元五大部分。其中 CPU 佔有控制、算術邏輯單元，記憶單元又包含主記憶體與輔助記憶體。

◆ 資料會流進/流出記憶體是 CPU 所發佈的控制命令，而 CPU 實際要處理的資料則完全來自於主記憶體。

◆ CPU 依設計理念主要分為：精簡指令集(RISC)與複雜指令集(CISC)系統。

◆ 關於 CPU 的時脈部分：外頻指的是 CPU 與外部元件進行資料傳輸時的速度，倍頻則是 CPU 內部用來加速工作效能的一個倍數，兩者相乘才是 CPU 的時脈速度。

◆ 新的 CPU 設計中，已經將北橋的記憶體控制晶片整合到 CPU 內，而 CPU 與主記憶體、顯示卡溝通的匯流排通常稱為系統匯流排。南橋就是所謂的輸入輸出(I/O)匯流排，主要在聯繫硬碟、USB、網路卡等周邊設備。

◆ CPU 每次能夠處理的資料量稱為字組大小(word size)，字組大小依據 CPU 的設計而有 32 位元與 64 位元。我們現在所稱的電腦是 32 或 64 位元主要是依據這個 CPU 解析的字組大小而來的！

◆ 個人電腦的主記憶體主要元件為動態隨機存取記憶體(Dynamic Random Access Memory, DRAM)，至於 CPU 內部的第二層快取則使用靜態隨機存取記憶體(Static Random Access Memory, SRAM)。

◆ BIOS(Basic Input Output System)是一套程式，這套程式是寫死到主機板上面的一個記憶體晶片中，這個記憶體晶片在沒有通電時也能夠將資料記錄下來，那就是唯讀記憶體(Read Only Memory, ROM)。

◆ 目前主流的外接卡介面大多為 PCIe 介面，且最新為 PCIe 3.0，單通道速度高達 1 GBytes/s。

◆ 常見的顯示卡連接到螢幕的介面有 HDMI/DVI/D-Sub/Display port 等等。HDMI 可同時傳送影像與聲音。

◆ 傳統硬碟的組成為：圓形磁碟盤、機械手臂、磁碟讀取頭與主軸馬達所組成的，其中磁碟盤的組成為磁區、磁軌與磁柱。

◆ 磁碟連接到主機板的介面大多為 SATA 或 SAS，目前桌機主流為 SATA 3.0，理論極速可達 600 Mbytes/s。

◆ 常見的文字編碼為 ASCII，繁體中文編碼主要有 Big5 及 UTF8 兩種，目前主流為 UTF8。

◆ 作業系統(Operating System, OS)其實也是一組程式，這組程式的重點在於管理電腦的所有活動以及驅動系統中的所有硬體。

◆ 電腦主要以二進位作為單位，常用的磁碟容量單位為 bytes，其單位換算為 1 Byte = 8bits。

◆ 最陽春的作業系統僅在驅動與管理硬體，而要使用硬體時，就得需要透過應用軟體或者是殼程式(shell)的功能，來呼叫作業系統操縱硬體工作。目前稱為作業系統的，除了上述功能外，通常已經包含了日常工作所需要的應用軟體在內了。

## 0.6　本章習題

◆ 根據本章內文的說明，請找出目前全世界跑的最快的超級電腦的：(1)系統名稱 (2)所在位置 (3)使用的 CPU 型號與規格 (4)總共使用的 CPU 數量 (5)全功率操作 1 天時，可能耗用的電費 (請上台電網站查詢相關電價來計算)。

◆ 動動手實作題：假設你不知道你的主機內部的各項元件資料，請拆開你的主機機殼，並將內部所有的元件拆開，並且依序列出：

■ CPU 的廠牌、型號、最高時脈

■ 主記憶體的容量、介面 (DDR/DDR2/DDR3 等)

■ 顯示卡的介面 (AGP/PCIe/內建) 與容量

■ 主機板的廠牌、南北橋的晶片型號、BIOS 的廠牌、有無內建的網卡或音效卡等

■ 硬碟的連接介面 (SATA/SAS 等)、硬碟容量、轉速、緩衝記憶體容量等

然後再將它組裝回去。注意，拆裝前務必先取得你主機板的說明書，因此你可能必須要上網查詢上述的各項資料。

◆ 利用軟體：假設你不想要拆開主機機殼，但想瞭解你的主機內部各元件的資訊時，該如何是好？如果使用的是 Windows 作業系統，可使用 CPU-Z(http://www.cpuid.com/cpuz.php)這套軟體，如果是 Linux 環境下，可以使用『cat /proc/cpuinfo』及使用『lspci』來查閱各項元件的型號。

◆ 如本章圖 0.2.1 所示，找出第四代 Intel i7 4790 CPU 的：(1)與南橋溝通的 DMI 頻寬有多大？(2)第二層快取的容量多大？(3)最大 PCIe 通道數量有多少？並據以說明主機板上面 PCIe 插槽的數量限制。(請 google 此 CPU 相關資料即可發現)

◆ 由 google 查詢 Intel SSD 520 固態硬碟相關的功能表，了解 (1)連接介面、(2)最大讀寫速度及 (3)最大隨機讀寫資料 (IOPS) 的數據。

# 0.7　參考資料與延伸閱讀

◆ 註 1：名片型電腦，或單版電腦：

■ 香蕉派台灣官網：http://tw.bananapi.org/

■ Xapple pi 粉絲團：https://www.facebook.com/roseapplepi

◆ 註 2：可穿戴式電腦：http://en.wikipedia.org/wiki/Wearable_computer

◆ 註 3：對於 CPU 的原理有興趣的讀者，可以參考維基百科的說明：
英文 CPU(http://en.wikipedia.org/wiki/CPU)
中文 CPU(http://zh.wikipedia.org/wiki/中央處理器)

◆ 註 4：圖片參考：
Wiki book: http://en.wikibooks.org/wiki/IB/Group_4/Computer_Science/Computer_Organisation
作者：陳錦輝，『計算機概論-探索未來 2008』，金禾資訊，2007 出版

◆ 註 5：更詳細的 RISC 架構可以參考維基百科：
http://zh.wikipedia.org/w/index.php?title=精簡指令集&variant=zh-tw
相關的 CPU 種類可以參考：
Oracle SPARC: http://en.wikipedia.org/wiki/SPARC
IBM Power CPU: http://en.wikipedia.org/wiki/IBM_POWER_microprocessors

◆ 註 6：關於 ARM 架構的說明，可以參考維基百科：
http://zh.wikipedia.org/w/index.php?title=ARM 架構&variant=zh-tw

◆ 註 7：更詳細的 CISC 架構可參考維基百科：
http://zh.wikipedia.org/w/index.php?title=CISC&variant=zh-tw

- 註 8：更詳細的 x86 架構發展史可以參考維基百科：

  http://zh.wikipedia.org/w/index.php?title=X86&variant=zh-tw

- 註 9：用來觀察 CPU 相關資訊的 CPU-Z 軟體網站：

  http://www.cpuid.com/softwares/cpu-z.html

- 註 10：Intel i7 4790 CPU 的詳細規格介紹：

  http://ark.intel.com/zh-tw/products/80806/Intel-Core-i7-4790-Processor-8M-Cache-up-to-4_00-GHz

- 註 11：DDR 記憶體的詳細規格介紹：

  http://zh.wikipedia.org/wiki/DDR_SDRAM

- 註 12：相關的韌體說明可參考維基百科：

  http://zh.wikipedia.org/w/index.php?title=韌體&variant=zh-hant

- 註 13：相關 EEPROM 可以參考維基百科：

  http://zh.wikipedia.org/w/index.php?title=EEPROM&variant=zh-tw

- 註 14：相關 BIOS 的說明可以參考維基百科：

  http://zh.wikipedia.org/w/index.php?title=BIOS&variant=zh-tw

- 註 15：相關 PCIe 的說明可以參考維基百科：

  http://en.wikipedia.org/wiki/PCI_Express

- 註 16：關於磁碟盤資料的說明：Zone bit recording：

  http://en.wikipedia.org/wiki/Zone_bit_recording

- 註 17：關於 SATA 磁碟介面的 wiki 說明：

  http://zh.wikipedia.org/wiki/SATA

- 註 18：關於 SAS 磁碟介面的 wiki 說明：

  http://en.wikipedia.org/wiki/SCSI#SCSI-EXPRESS

  http://en.wikipedia.org/wiki/Serial_attached_SCSI

- 註 19：關於 USB 介面的 wiki 說明：

  http://en.wikipedia.org/wiki/USB

- 註 20：關於 SSD 的 wiki 說明：

  http://en.wikipedia.org/wiki/Solid-state_drive

- 感謝：本章當中出現很多圖示，很多是從 Tom's Hardware(http://www.tomshardware.com/)網站取得的，在此特別感謝！

# 1

# Linux 是什麼與如何學習

眾所皆知的，Linux 的核心原型是 1991 年由托瓦茲(Linus Torvalds)寫出來的，但是托瓦茲為何可以寫出 Linux 這個作業系統？為什麼他要選擇 386 的電腦來開發？為什麼 Linux 的發展可以這麼迅速？又為什麼 Linux 是免費且可以自由學習的？以及目前為何有這麼多的 Linux 套件版本(distributions)呢？瞭解這些東西後，才能夠知道為何 Linux 可以免除專利軟體之爭，並且瞭解到 Linux 為何可以同時在個人電腦與大型主機上面大放異彩！所以，在實際進入 Linux 的世界前，就讓我們來談一談這些有趣的歷史故事吧！^_^

# 1.1 Linux 是什麼？

我們知道 Linux 這玩意兒是在電腦上面運作的，所以說 Linux 就是一組軟體。問題是這個軟體是作業系統還是應用程式？且 Linux 可以在哪些種類的電腦硬體上面運作？而 Linux 源自哪裡？為什麼 Linux 還不用錢？這些我們都得來談一談先！免得下次人家問你，為什麼複製軟體不會違法時，你會答不出來啊！^_^

## 1.1.1 Linux 是什麼？作業系統/應用程式？

我們在第零章、計算機概論裡面有提到過整個電腦系統的概念，電腦主機是由一堆硬體所組成的，為了有效率的控制這些硬體資源，於是乎就有作業系統的產生了。作業系統除了有效率的控制這些硬體資源的分配，並提供電腦運作所需要的功能(如網路功能)之外，為了要提供程式設計師更容易開發軟體的環境，所以作業系統也會提供一整組系統呼叫介面來給軟體設計師開發用喔！

知道為什麼要講這些了嗎？嘿嘿！沒錯，因為 **Linux 就是一套作業系統**！如同下圖所示，Linux 就是核心與系統呼叫介面那兩層。至於應用程式算不算 Linux 呢？當然不算啦！這點要特別注意喔！

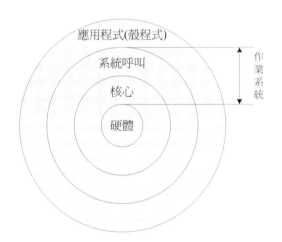

圖 1.1.1　作業系統的角色

由上圖中我們可以看到其實核心與硬體的關係非常的強烈。早期的 Linux 是針對 386 來開發的，由於 Linux 只是一套作業系統並不含有其他的應用程式，因此很多工程師在下載了 Linux 核心並且實際安裝之後，就只能看著電腦開始運作了！接下來這些高級工程師為了自己的需求，再在 Linux 上面安裝他們所需要的軟體就是了。

> 　　Torvalds 先生在 1991 年寫出 Linux 核心的時候，其實該核心僅能『驅動 386 所有的硬體』而已，所謂的『讓 386 電腦開始運作，並且等待使用者指令輸入』而已，事實上，當時能夠在 Linux 上面跑的軟體還很少呢！

　　由於不同的硬體它的功能函數並不相同，例如 IBM 的 Power CPU 與 Intel 的 x86 架構就是不一樣！所以同一套作業系統是無法在不同的硬體平台上面運作的！舉例來說，如果你想要讓 x86 上面跑的那套作業系統也能夠在 Power CPU 上運作時，就得要將該作業系統進行修改才行。如果能夠參考硬體的功能函數並據以修改你的作業系統程式碼，那經過改版後的作業系統就能夠在另一個硬體平台上面運作了。這個動作我們通常就稱為『**軟體移植**』了！

### 例題

請問 Windows 作業系統能否在蘋果公司的麥金塔電腦(MAC)上面安裝與運作？

**答：**由上面的說明中，我們知道硬體是由『核心』來控制的，而每種作業系統都有它自己的核心。在 2006 年以前的蘋果電腦公司是請 IBM 公司幫忙開發硬體(所謂的 Power CPU)，而蘋果電腦公司則在該硬體架構上發展自家的作業系統(就是俗稱的麥金塔，MAC 是也)。Windows 則是開發在 x86 架構上的作業系統之一，因此 Windows 是沒有辦法安裝到麥金塔電腦硬體上面的。

不過，在 2006 年以後，蘋果電腦轉而請 Intel 設計其硬體架構，亦即其硬體架構已經轉為 x86 系統，因此在 2006 年以後的蘋果電腦若使用 x86 架構時，其硬體則『可能』可以安裝 Windows 作業系統了。不過，你可能需要自己想些方式來處理該硬體的相容性囉！

> 　　Windows 作業系統本來就是針對個人電腦 x86 架構的硬體去設計的，所以它當然只能在 x86 的個人電腦上面運作，在不同的硬體平台當然就無法運行了。也就是說，每種作業系統都是在它專門的硬體機器上面運行的喔！這點得要先瞭解。不過，Linux 由於是 Open Source 的作業系統，所以它的程式碼可以被修改成適合在各種機器上面運行的，也就是說，Linux 是具有『可移植性』，這可是很重要的一個功能喔！^_^

　　Linux 提供了一個完整的作業系統當中最底層的硬體控制與資源管理的完整架構，這個架構是沿襲 Unix 良好的傳統來的，所以相當的穩定而功能強大！此外，由於這個優良的架構可以在目前的個人電腦(x86 系統)上面跑，所以很多的軟體開發者漸漸的將他們的工作心血移轉到這個架構上面，所以 Linux 作業系統也有很多的應用軟體啦！

雖然 Linux 僅是其核心與核心提供的工具，不過由於核心、核心工具與這些軟體開發者提供的軟體的整合，使得 Linux 成為一個更完整的、功能強大的作業系統囉！約略瞭解 Linux 是何物之後，接下來，我們要談一談，『**為什麼說 Linux 是很穩定的作業系統呢？它是如何來的？**』

## 1.1.2 Linux 之前，Unix 的歷史

早在 Linux 出現之前的二十年(大約在 1970 年代)，就有一個相當穩定而成熟的作業系統存在了！那就是 Linux 的老大哥『Unix』是也！怎麼這麼說呢？它們這兩個傢伙有什麼關係呀？這裡就給它說一說囉！

眾所皆知的，**Linux 的核心是由 Linus Torvalds 在 1991 年的時候給它開發出來的**，並且丟到網路上提供大家下載，後來大家覺得這個小東西(Linux Kernel)相當的小而精巧，所以慢慢的就有相當多的朋友投入這個小東西的研究領域裡面去了！但是為什麼這個小東西這麼棒呢？又為什麼大家都可以免費下載這個東西呢？嗯！等鳥哥慢慢的唬 xx....喔不！聽我慢慢的道來！

◆ **1969 年以前：一個偉大的夢想--Bell,MIT 與 GE 的『Multics』系統**

早期的電腦並不像現在的個人電腦一樣普遍，它可不是一般人碰的起的呢～除非是軍事或者是高科技用途，或者是學術單位的前瞻性研究，否則真很難接觸到。非但如此，早期的電腦架構還很難使用，除了運算速度並不快之外，操作介面也很困擾的！**因為那個時候的輸入設備只有讀卡機、輸出設備只有印表機，使用者也無法與作業系統互動(批次型作業系統)。**

在那個時候，寫程式是件很可憐的事情，因為程式設計者，必須要將程式相關的資訊在讀卡紙上面打洞，然後再將讀卡紙插入讀卡機來將資訊讀入主機中運算。光是這樣就很麻煩了，如果程式有個小地方寫錯，哈哈！光是重新打卡就很慘，加上主機少，使用者眾多，光是等待，就耗去很多的時間了！

在那之後，由於硬體與作業系統的改良，使得後來可以使用鍵盤來進行資訊的輸入。不過，在一間學校裡面，主機畢竟可能只有一部，如果多人等待使用，那怎麼辦？大家還是得要等待啊！好在 1960 年代初期麻省理工學院(MIT)發展了所謂的：『**相容分時系統(Compatible Time-Sharing System, CTSS)**』，它可以讓大型主機透過提供數個終端機(terminal)以連線進入主機，來利用主機的資源進行運算工作。架構有點像這樣：

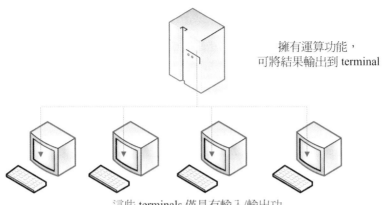

擁有運算功能，
可將結果輸出到 terminal

這些 terminals 僅具有輸入/輸出功
能，並無相關軟體與運算能力

圖 1.1.2　早期主機與終端機的相關性圖示

這個相容分時系統可以說是近代作業系統的始祖呢！它可以讓多個使用者在某一段
時間內分別使用 CPU 的資源，感覺上你會覺得大家是同時使用該主機的資源！事實上，是 CPU
在每個使用者的工作之間進行切換，在當時，這可是個劃時代的技術喔！

如此一來，無論主機在哪裡，只要在終端機前面進行輸入輸出的作業，就可利用主機提
供的功能了。不過，需要注意的是，此時終端機只具有輸入/輸出的功能，本身完全不
具任何運算或者軟體安裝的能力。而且，比較先進的主機大概也只能提供 30 個不到的
終端機而已。

為了更加強化大型主機的功能，以讓主機的資源可以提供更多使用者來利用，所以在
1965 年前後，由貝爾實驗室(Bell)、麻省理工學院(MIT)及奇異公司(GE, 或稱為通用電器)
共同發起了 Multics 的計畫[註1]，Multics 計畫的目的是想要讓大型主機可以達成提供 300
個以上的終端機連線使用的目標。不過，到了 1969 年前後，計畫進度落後，資金也短
缺，所以該計畫雖然繼續在研究，但貝爾實驗室還是退出了該計畫的研究工作。(註：
Multics 有複雜、多數的意思存在。)

最終 Multics 還是有成功的發展出他們的系統，完整的歷史說明可以參考：
http://www.multicians.org/網站內容。Multics 計畫雖然後來沒有受到很大的重視，但是它培養出
來的人材是相當優秀的！^_^

◆ **1969 年:Ken Thompson 的小型 file server system**

在認為 Multics 計畫不可能成功之後,貝爾研究室就退出該計畫。不過,原本參與 Multics 計畫的人員中,已經從該計畫當中獲得一些點子,Ken Thompson[註2] 就是其中一位!

Thompson 因為自己的需要,希望開發一個小小的作業系統以提供自己的需求。在開發時,有一部 DEC (Digital Equipment Corporation)公司推出的 PDP-7 剛好沒人使用,於是他就準備針對這部主機進行作業系統核心程式的撰寫。本來 Thompson 應該是沒時間的 (有家有小孩的宿命?),無巧不巧的是,在 1969 年八月份左右,剛好 Thompson 的妻兒去了美西探親,於是他有了額外的一個月的時間好好的待在家將一些構想實現出來!

經過四個星期的奮鬥,他終於以組合語言(Assembler)寫出了一組核心程式,同時包括一些核心工具程式,以及一個小小的檔案系統。那個系統就是 Unix 的原型!當時 Thompson 將 Multics 龐大的複雜系統簡化了不少,於是同實驗室的朋友都戲稱這個系統為:Unics (當時尚未有 Unix 的名稱)。

Thompson 的這個檔案系統有兩個重要的概念,分別是:

■ **所有的程式或系統裝置都是檔案**

■ **不管建構編輯器還是附屬檔案,所寫的程式只有一個目的,且要有效的完成目標**

這些概念在後來對於 Linux 的發展有相當重要的影響喔!

　　套一句常聽到的廣告詞:『科技始終來自於人性』,當初 Thompson 會寫這套 Unix 核心程式,卻是想要移植一套名為『太空旅遊』的遊戲呢!^_^

◆ **1973 年:Unix 的正式誕生,Ritchie 等人以 C 語言寫出第一個正式 Unix 核心**

由於 Thompson 寫的那個作業系統實在太好用了,所以在貝爾實驗室內部廣為流傳,並且數度經過改版。但是因為 Unics 本來是以組合語言寫成的,而如第零章計算機概論談到的,組合語言具有專一性,加上當時的電腦機器架構都不太相同,所以**每次要安裝到不同的機器都得要重新編寫組合語言**,真不方便!

後來 Thompson 與 Ritchie 合作想將 Unics 改以高階程式語言來撰寫。當時現成的高階程式語言有 B 語言。但是由 B 語言所編譯出來的核心效能不是很好。後來 Dennis Ritchie[註3] 將 B 語言重新改寫成 C 語言,再以 C 語言重新改寫與編譯 Unics 的核心,最後正名與發行出 Unix 的正式版本!

這群高級駭客實在很厲害！因為自己的需求來開發出這麼多好用的工具！C 程式語言開發成功後，甚至一直沿用至今呢！你說厲不厲害啊！這個故事也告訴我們，不要小看自己的潛能喔！你想做的，但是現實生活中沒有的，就動手自己搞一個來玩玩吧！

由於貝爾實驗室是隸屬於美國電信大廠 AT&T 公司的，只是 AT&T 當時忙於其他商業活動，對於 Unix 並不支持也不排斥。此外，Unix 在這個時期的發展者都是貝爾實驗室的工程師，這些工程師對於程式當然相當有研究，所以，Unix 在此時當然是不容易被一般人所接受的！不過對於學術界的學者來說，這個 Unix 真是學者們進行研究的福音！因為程式碼可改寫並且可作為學術研究之用嘛！

需要特別強調的是，由於 Unix 是以較高階的 C 語言寫的，相對於組合語言需要與硬體有密切的配合，高階的 C 語言與硬體的相關性就沒有這麼大了！所以，**這個改變也使得 Unix 很容易被移植到不同的機器上面喔！**

◆ **1977 年：重要的 Unix 分支--BSD 的誕生**

雖然貝爾屬於 AT&T，但是 AT&T 此時對於 Unix 是採取較開放的態度，此外，Unix 是以高階的 C 語言寫成的，理論上是具有可移植性的！亦即只要取得 Unix 的原始碼，並且針對大型主機的特性加以修訂原有的原始碼(Source Code)，就可能將 Unix 移植到另一部不同的主機上頭了。所以在 1973 年以後，Unix 便得以與學術界合作開發！最重要的接觸就是與加州柏克萊(Berkeley)大學的合作了。

柏克萊大學的 Bill Joy[註4] 在取得了 Unix 的核心原始碼後，著手修改成適合自己機器的版本，並且同時增加了很多工具軟體與編譯程式，最終將它命名為 Berkeley Software Distribution (BSD)。這個 BSD 是 Unix 很重要的一個分支，Bill Joy 也是 Unix 業者『Sun(昇陽)』這家公司的創辦者！Sun 公司即是以 BSD 發展的核心進行自己的商業 Unix 版本的發展的。(後來可以安裝在 x86 硬體架構上面 FreeBSD 即是 BSD 改版而來！)

◆ **1979 年：重要的 System V 架構與版權宣告**

由於 Unix 的高度可移植性與強大的效能，加上當時並沒有版權的糾紛，所以讓很多商業公司開始了 Unix 作業系統的發展，例如 AT&T 自家的 System V、IBM 的 AIX 以及 HP 與 DEC 等公司，都有推出自家的主機搭配自己的 Unix 作業系統。

但是，如同我們前面提到的，**作業系統的核心(Kernel)必須要跟硬體配合，以提供及控制硬體的資源進行良好的工作！**而在早期每一家生產電腦硬體的公司還沒有所謂的『協定』的概念，所以每一個電腦公司出產的硬體自然就不相同囉！因此他們必須要為自己的電腦硬體開發合適的 Unix 系統。例如在學術機構相當有名的 Sun、Cray 與 HP 就是這一種情況。他們開發出來的 Unix 作業系統以及內含的相關軟體並沒有辦法在其他的硬體架構下工作的！另外，由於沒有廠商針對個人電腦設計 Unix 系統，因此，在早期並沒有支援個人電腦的 Unix 作業系統的出現。

　　如同相容分時系統的功能一般，Unix 強調的是多人多工的環境！但早期的 286 個人電腦架構下的 CPU 是沒有能力達到多工的作業，因此，並沒有人對移植 Unix 到 x86 的電腦上有興趣。

每一家公司自己出的 Unix 雖然在架構上面大同小異，但是卻真的僅能支援自身的硬體，所以囉，**早先的 Unix 只能與伺服器(Server)或者是大型工作站(Workstation)劃上等號！**但到了 1979 年時，AT&T 推出 System V 第七版 Unix 後，這個情況就有點改善了。這一版最重要的特色是可以支援 x86 架構的個人電腦系統，也就是說 System V 可以在個人電腦上面安裝與運作了。

不過因為 AT&T 由於商業的考量，以及在當時現實環境下的思考，於是想將 Unix 的版權收回去。因此，AT&T 在 1979 年發行的第七版 Unix 中，特別提到了『**不可對學生提供原始碼**』的嚴格限制！同時，也造成 Unix 業界之間的緊張氣氛，並且也引爆了很多的商業糾紛～

　　目前被稱為純種的 Unix 指的就是 System V 以及 BSD 這兩套囉！

◆ **1984 年之一：x86 架構的 Minix 作業系統開始撰寫並於兩年後誕生**

關於 1979 年的版權聲明中，影響最大的當然就是學校教 Unix 核心原始碼相關學問的教授了！想一想，如果沒有核心原始碼，那麼如何教導學生認識 Unix 呢？這問題對於 Andrew Tanenbaum (譚寧邦 [註5])教授來說，實在是很傷腦筋的！不過，學校的課程還是得繼續啊！那怎麼辦？

**既然 1979 年的 Unix 第七版可以在 Intel 的 x86 架構上面進行移植，那麼是否意味著可以將 Unix 改寫並移植到 x86 上面了呢？**在這個想法上，譚寧邦教授於是乎自己動手寫了 Minix 這個 Unix Like 的核心程式！在撰寫的過程中，為了避免版權糾紛，譚寧邦完全不看 Unix 核心原始碼！並且強調他的 Minix 必須能夠與 Unix 相容才行！譚寧邦在 1984 年開始撰寫核心程式，到了 1986 年終於完成，並於次年出版 Minix 相關書籍，同時與新聞群組(BBS 及 News)相結合～

　　之所以稱為 Minix 的原因，是因為它是個 Mini (微小的) 的 Unix 系統囉！^_^

這個 Minix 版本比較有趣的地方是，它並不是完全免費的，無法在網路上提供下載！必須要透過磁片/磁帶購買才行！雖然真的很便宜～不過，畢竟因為沒有在網路上流傳，所以 Minix 的傳遞速度並沒有很快速！此外，購買時，隨磁片還會附上 Minix 的原始碼！這意味著使用者可以學習 Minix 的核心程式設計概念喔！(**這個特色對於 Linux 的啟始開發階段，可是有很大的關係喔！**)

此外，Minix 作業系統的開發者僅有譚寧邦教授，因為學者很忙啊 (鳥哥當了老師之後，才發現，真的忙...)！加上譚寧邦始終認為 Minix 主要用在教育用途上面，所以對於 Minix 是點到為止！沒錯，Minix 是很受歡迎，不過，使用者的要求/需求的聲音可能就比較沒有辦法上升到比較高的地方了！這樣說，你明白吧？ ^_^

◆ **1984 年之二：GNU 計畫與 FSF 基金會的成立**

Richard Mathew Stallman(史托曼)在 1984年發起的 GNU 計畫，對於現今的自由軟體風潮，真有不可磨滅的地位！目前我們所使用的很多自由軟體或開源軟體，幾乎均直接或間接受益於 GNU 這個計畫呢！那麼史托曼是何許人也？為何他會發起這個 GNU 計畫呢？

■ **一個分享的環境**

Richard Mathew Stallman(生於 1953 年，網路上自稱的 ID 為 RMS [註6])從小就很聰明！他在 1971 年的時候，進入駭客圈中相當出名的人工智慧實驗室(AI Lab.)，這個時候的駭客專指電腦功力很強的人，而非破壞電腦的怪客(cracker)喔！

當時的駭客圈對於軟體的著眼點幾乎都是在『分享』，駭客們都認為互相學習對方的程式碼，這樣才是產生更優秀的程式碼的最佳方式！所以 AI 實驗室的駭客們通常會將自己的程式碼公佈出來跟大家討論喔！這個特色對於史托曼的影響很大！

不過，後來由於管理階層以及駭客群們自己的生涯規劃等問題，導致實驗室的優秀駭客離開該實驗室，並且進入其他商業公司繼續發展優秀的軟體。但史托曼並不服輸，仍然持續在原來的實驗室開發新的程式與軟體。後來，他發現到，自己一個人並無法完成所有的工作，於是想要成立一個開放的團體來共同努力！

■ **使用 Unix 開發階段**

1983 年以後，因為實驗室硬體的更換，使得史托曼無法繼續以原有的硬體與作業系統繼續自由程式的撰寫～而且他進一步發現到，過去他所使用的 Lisp 作業系統，是麻省理工學院的專利軟體，是無法共享的，這對於想要成立一個開放團體的史托曼是個阻礙。於是他便放棄了 Lisp 這個系統。後來，他接觸到 Unix 這個系統，並且發現，Unix 在理論與實際上，都可以在不同的機器間進行移植。雖然 Unix 依舊是專利軟體，但至少 Unix 架構上還是比較開放的！於是他開始轉而使用 Unix 系統。

因為 Lisp 與 Unix 是不同的系統，所以，他原本已經撰寫完畢的軟體是無法在 Unix 上面運行的！為此，他就開始將軟體移植到 Unix 上面。並且，為了讓軟體可以在不同的平台上運作,因此,史托曼將他發展的軟體均撰寫成可以移植的型態!也就是他都會將程式的原始碼公佈出來!

■ **GNU 計畫的推展**[註7]

1984 年,史托曼開始 GNU 計畫,**這個計畫的目的是:建立一個自由、開放的 Unix 作業系統(Free Unix)**。但是建立一個作業系統談何容易啊!而且在當時的 GNU 是僅有自己一個人單打獨鬥的史托曼~這實在太麻煩,但又不想放棄這個計畫,那可怎麼辦啊?

聰明的史托曼乾脆反其道而行~『既然作業系統太複雜,我就先寫可以在 Unix 上面運行的小程式,這總可以了吧?』在這個想法上,史托曼開始參考 Unix 上面現有的軟體,並依據這些軟體的作用開發出功能相同的軟體,且開發期間史托曼絕不看其他軟體的原始碼,以避免吃上官司。後來一堆人知道免費的 GNU 軟體,並且實際使用後發現與原有的專利軟體也差不了太多,於是便轉而使用 GNU 軟體,於是 GNU 計畫逐漸打開知名度。

雖然 GNU 計畫漸漸打開知名度,但是能見度還是不夠。這時史托曼又想:不論是什麼軟體,都得要進行編譯成為二進位檔案(binary program)後才能夠執行,如果能夠寫出一個不錯的編譯器,那不就是大家都需要的軟體了嗎?因此他便開始撰寫 C 語言的編譯器,那就是現在相當有名的 GNU C Compiler(gcc)!這個點相當的重要!這是因為 C 語言編譯器版本眾多,但都是專利軟體,如果他寫的 C 編譯器夠棒,效能夠佳,那麼將會大大的讓 GNU 計畫出現在眾人眼前!如果忘記啥是編譯器,請回到第零章去瞧瞧編譯程式吧!

但開始撰寫 GCC 時並不順利,為此,他先轉而將他原先就已經寫過的 Emacs 編輯器寫成可以在 Unix 上面跑的軟體,並公布原始碼。Emacs 是一種程式編輯器,它可以在使用者撰寫程式的過程中就進行程式語法的檢驗,此一功能可以減少程式設計師除錯的時間!因為 Emacs 太優秀了,因此,很多人便直接向他購買。

此時網際網路尚未流行,所以,**史托曼便藉著 Emacs 以磁帶(tape)出售,賺了一點錢**,進而開始全力撰寫其他軟體。並且成立**自由軟體基金會(Free Software Foundation, FSF)**,請更多工程師與志工撰寫軟體。終於還是完成了 GCC,這比 Emacs 還更有幫助!此外,他還撰寫了更多可以被呼叫的 C 函式庫(GNU C library),以及可以被使用來操作作業系統的基本介面 BASH shell!這些都在 1990 年左右完成了!

　　如果純粹使用文字編輯器來編輯程式的話,那麼程式語法如果寫錯時,只能利用編譯時發生的錯誤訊息來修訂了,這樣實在很沒有效率。Emacs 則是一個很棒的編輯器!注意!是編輯(editor)而非編譯(compiler)!它可以很快的立刻顯示出你寫入的語法可能有錯誤的地方,這對於程式設計師來說,實在是一個好到不能再好的工具了!所以才會這麼的受到歡迎啊!

■ **GNU 的通用公共許可證**

到了 1985 年，為了避免 GNU 所開發的自由軟體被其他人所利用而成為專利軟體，所以他與律師草擬了有名的**通用公共許可證(General Public License, GPL)**，並且稱呼它為 copyleft(相對於專利軟體的 copyright！)。關於 GPL 的相關內容我們在下一個小節繼續談論，在這裡，必須要說明的是，由於有 GNU 所開發的幾個重要軟體，如：

□ Emacs

□ GNU C (GCC)

□ GNU C Library (glibc)

□ Bash shell

造成後來很多的軟體開發者可以藉由這些基礎的工具來進行程式開發！進一步壯大了自由軟體團體！這是很重要的！不過，對於 GNU 的最初構想『建立一個自由的 Unix 作業系統』來說，有這些優秀的程式是仍無法滿足，因為，當下並沒有『自由的 Unix 核心』存在...所以這些軟體仍只能在那些有專利的 Unix 平台上工作～～一直到 Linux 的出現...更多的 FSF 開發的軟體可以參考如下網頁：

□ https://www.fsf.org/resources

事實上，GNU 自己開發的核心稱為 hurd，是一個架構相當先進的核心。不過由於開發者在開發的過程中對於系統的要求太過於嚴謹，因此推出的時程一再延後，所以才有後來 Linux 的開發！

◆ **1988 年：圖形介面 XFree86 計畫**

有鑑於圖形使用者介面 (Graphical User Interface, GUI) 的需求日益加重，在 1984 年由 MIT 與其他協力廠商首次發表了 X Window System，並且更在 1988 年成立了非營利性質的 **XFree86** 這個組織。所謂的 XFree86 其實是 **X Window System + Free + x86** 的整合名稱呢！而這個 XFree86 的 GUI 介面更在 Linux 的核心 1.0 版於 1994 年釋出時，整合於 Linux 作業系統當中！

為什麼稱圖形使用者介面為 X 呢？因為由英文單字來看，Window 的 W 接的就是 X 啦！意指 Window 的下一版就是了！需注意的是，X Window 並不是 X Windows 喔！

◆ **1991 年：芬蘭大學生 Linus Torvalds 的一則簡訊**

到了 1991 年，芬蘭的赫爾辛基大學的 Linus Torvalds 在 BBS 上面貼了一則消息，宣稱他以 bash, gcc 等 GNU 的工具寫了一個小小的核心程式，該核心程式單純是個玩具，不像 GNU 那麼專業。不過該核心程式可以在 Intel 的 386 機器上面運作就是了。這讓很多人很感興趣！從此開始了 Linux 不平凡的路程！

## 1.1.3 關於 GNU 計畫、自由軟體與開放原始碼

GNU 計畫對於整個自由軟體與開放原始碼軟體來說是佔有非常重要的角色！底下我們就來談談這東東吧！

◆ **自由軟體的活動**

1984 年創立 GNU 計畫與 FSF 基金會的 Stallman 先生認為，寫程式最大的快樂就是讓自己發展的良好的軟體讓大家來使用了！另外，如果使用方撰寫程式的能力比自己強，那麼當對方修改完自己的程式並且回傳修改後的程式碼給自己，那自己的程式撰寫功力無形中就更往上爬了！這就是最早之前 AI 實驗室的駭客風格！

而既然程式是想要分享給大家使用的，不過，每個人所使用的電腦軟硬體並不相同，既然如此的話，那麼該程式的原始碼(Source code)就應該要同時釋出，這樣才能方便大家修改而適用於每個人的電腦中呢！這個將原始碼連同軟體程式釋出的舉動，在 GNU 計畫的範疇之內就稱為自由軟體(Free Software)運動！

此外，史托曼同時認為，如果你將你程式的 Source code 分享出來時，若該程式是很優秀的，那麼將會有很多人使用，而每個人對於該程式都可以查閱 source code，無形之中，就會有一票人幫你除錯囉！你的這支程式將會越來越壯大！越來越優秀呢！

◆ **自由軟體的版權 GNU GPL**

而為了避免自己的開發出來的 Open source 自由軟體被拿去做成專利軟體，於是 Stallman 同時將 GNU 與 FSF 發展出來的軟體，都掛上 GPL 的版權宣告～這個 FSF 的核心觀念是『**版權制度是促進社會進步的手段，版權本身不是自然權力。**』對於 FSF 有興趣或者對於 GNU 想要更深入的瞭解時，請參考朝陽科技大學洪朝貴教授的網站 http://people.ofset.org/~ckhung/a/c_83.php，或直接到 GNU 去：http://www.gnu.org 裡面有更為深入的解說！

為什麼要稱為 GNU 呢？其實 GNU 是 GNU's Not Unix 的縮寫，意思是說，GNU 並不是 Unix 啊！那麼 GNU 又是什麼呢？就是 GNU's Not Unix 嘛！.....如果你寫過程式就會知道，這個 GNU = GNU's Not Unix 可是無窮迴圈啊！忙碌～

另外，什麼是 Open Source 呢？所謂的 source code 是程式發展者寫出的原始程式碼，Open Source 就是，軟體在發佈時，同時將作者的原始碼一起公布的意思！

### ◆ 自由(Free)的真諦

那麼這個 GPL(GNU General Public License, GPL)是什麼玩意兒？為什麼要將自由軟體掛上 GPL 的『版權宣告』呢？這個版權宣告對於作者有何好處？首先，Stallman 對 GPL 一直是強調 Free 的，這個 Free 的意思是這樣的：

"Free software" is a matter of liberty, not price. To understand the concept, you should think of "free speech", not "free beer". "Free software" refers to the users' freedom to run, copy, distribute, study, change, and improve the software

大意是說，Free Software(自由軟體)是一種自由的權力，並非是『價格！』 舉例來說，你可以擁有自由呼吸的權力、你擁有自由發表言論的權力，但是，這並不代表你可以到處喝『免費的啤酒！(free beer)』，也就是說，**自由軟體的重點並不是指『免費』的，而是指具有『自由度, freedom』的軟體**，史托曼進一步說明了自由度的意義是：**使用者可以自由的執行、複製、再發行、學習、修改與強化自由軟體。**

這無疑是個好消息！因為如此一來，你所拿到的軟體可能原先只能在 Unix 上面跑，但是經過原始碼的修改之後，你將可以拿它在 Linux 或者是 Windows 上面來跑！總之，一個軟體掛上了 GPL 版權宣告之後，它自然就成了自由軟體！這個軟體就具有底下的特色：

- **取得軟體與原始碼：你可以根據自己的需求來執行這個自由軟體。**
- **複製：你可以自由的複製該軟體。**
- **修改：你可以將取得的原始碼進行程式修改工作，使之適合你的工作。**
- **再發行：你可以將你修改過的程式，再度的自由發行，而不會與原先的撰寫者衝突。**
- **回饋：你應該將你修改過的程式碼回饋於社群！**

但請特別留意，你所修改的任何一個自由軟體都不應該也不能這樣：

- **修改授權：你不能將一個 GPL 授權的自由軟體，在你修改後而將它取消 GPL 授權～**
- **單純販賣：你不能單純的販賣自由軟體。**

也就是說，既然 GPL 是站在互助互利的角度上去開發的，你自然不應該將大家的成果佔為己有，對吧！因此你當然不可以將一個 GPL 軟體的授權取消，即使你已經對該軟體進行大幅度的修改！那麼自由軟體也不能販賣嗎？當然不是！還記得上一個小節裡面，我們提到史托曼藉由販賣 Emacs 取得一些經費，讓自己生活不致於匱乏吧？是的！自由軟體是可以販售的，不過，不可僅販售該軟體，應同時搭配售後服務與相關手冊～這些可就需要工本費了呢！

◆ **自由軟體與商業行為**

很多人還是有疑問，目前不是有很多 Linux 開發商嗎？為何他們可以販售 Linux 這個 GPL 授權的軟體？原因很簡單，因為他們大多都是販售『售後服務！』所以，他們所使用的自由軟體，都可以在他們的網站上面下載！(當然，每個廠商他們自己開發的工具軟體就不是 GPL 的授權軟體了！) 但是，你可以購買他們的 Linux 光碟，如果你購買了光碟，他們會提供相關的手冊說明文件，同時也會提供你數年不等的諮詢、售後服務、軟體升級與其他協力工作等等的附加價值！

所以說，目前自由軟體工作者，他們所賴以維生的，幾乎都是在『服務』這個領域呢！畢竟自由軟體並不是每個人都會撰寫，有人有需要你的自由軟體時，他就會請求你的協助，此時，你就可以透過服務來收費了！這樣來說，**自由軟體確實還是具有商業空間的喔！**

　　很多人對於 GPL 授權一直很疑惑，對於 GPL 的商業行為更是無法接受！關於這一點，鳥哥在這裡還是要再次的申明，GPL 是可以從事商業行為的！而很多的作者也是藉由這些商業行為來得以取得生活所需，更進一步去發展更優秀的自由軟體！千萬不要聽到『商業』就排斥！這對於發展優良軟體的朋友來說，是不禮貌的！

上面提到的大多是與使用者有關的項目，那麼 GPL 對於自由軟體的作者有何優點呢？大致的優點有這些：

- 軟體安全性較佳
- 軟體執行效能較佳
- 軟體除錯時間較短
- 貢獻的原始碼永遠都存在

這是因為既然是提供原始碼的自由軟體，那麼你的程式碼將會有很多人幫你查閱，如此一來，程式的漏洞與程式的優化將會進展的很快！所以，在安全性與效能上面，自由軟體一點都不輸給商業軟體喔！此外，因為 GPL 授權當中，修改者並不能修改授權，因此，你如果曾經貢獻過程式碼，嘿嘿！你將名留青史呢！不錯吧！^_^

對於程式開發者來說，GPL 實在是一個非常好的授權，因為大家可以互相學習對方的程式撰寫技巧，而且自己寫的程式也有人可以幫忙除錯。那你會問啊，對於我們這些廣大的終端用戶，GPL 有沒有什麼好處啊？有啊！當然有！雖然終端用戶或許不會自己編譯程式碼或者是幫人家除錯，但是終端用戶使用的軟體絕大部分就是 GPL 的軟體，全世界有一大票的工程師在幫你維護你的系統，這難道不是一件非常棒的事嗎？^_^

> 就跟人類社會的科技會進步一樣，授權也會進步喔！因應原始碼分割與重組的問題，與其他開源軟體的授權包容性，以及最重要的數位版權管理 (Digital Rights Management, DRM) 等問題，GPL 目前已經出到第三版 GPLv3。但是，目前使用最廣泛的，還是 GPLv2 喔！包括 Linux 核心就還是使用 GPLv2 的說！

◆ **開放原始碼**

由於自由軟體使用的英文為 free software，這個 free 在英文是有兩種以上不同的意義，除了自由之外，免費也是這個單字！因為有這些額外的聯想，因此許多的商業公司對於投入自由軟體方面確實是有些疑慮存在的！許多人對於這個情況總是有些擔心～

為了解決這個困擾，1998 年成立的『開放原始碼促進會 (Open Source Initiative)』提出了開放原始碼 (Open Source，亦可簡稱開源軟體) 這一名詞！另外，並非軟體可以被讀取原始碼就可以被稱為開源軟體喔！該軟體的授權必須要符合底下的基本需求，才可以算是 open source 的軟體哩！[註8]

- 公佈原始碼且用戶具有修改權：用戶可以任意的修改與編譯程式碼，這點與自由軟體差異不大。

- 任意的再散佈：該程式碼全部或部分可以被販售，且程式碼可成為其他軟體的元件之一，作者不該宣稱具有擁有權或收取其他額外費用。

- 必須允許修改或衍生的作品，且可讓再發佈的軟體使用相似的授權來發表即可。

- 承上，用戶可使用與原本軟體不同的名稱或編號來散佈。

- 不可限制某些個人或團體的使用權。

- 不可限制某些領域的應用：例如不可限制不能用於商業行為或者是學術行為等特殊領域等等。

- 不可限制在某些產品當中，亦即程式碼可以應用於多種不同產品中。

- 不可具有排他條款，例如不可限制本程式碼不能用於教育類的研究中，諸如此類。

根據上面的定義，GPL 自由軟體也可以算是開源軟體的一個，只是對於商業應用的限止稍微多一些而已。與 GPL 自由軟體相比，其他開源軟體的授權可能比較輕鬆喔！比較輕鬆的部分包括：再發佈的授權可以跟原本的軟體不同；另外，開源軟體的全部或部分可作為其他軟體的一部分，且其他軟體無須使用與開源軟體相同的授權來發佈！這跟

GPL 自由軟體差異就大了！自由軟體的 GPL 授權規定，任何軟體只要用了 GPL 的全部或部分程式碼，那麼該軟體就得要使用 GPL 的授權！這對於自由軟體的保障相當大！但對於想要保有商業公司自己的商業機密的專屬軟體來說，要使用 GPL 授權還是怕怕的！這也是後來商業公司擁抱其他 open source 開源軟體授權的緣故！因為可以用於商業行為囉！更多的差異或許可以參考一下開源促進會的說明[註8]。

另外，Open source 這個名詞只是一個指引，而實際上並不是先有 open source 才有相關的授權。早在 open source 出來之前就有些開源軟體的授權存在了 (例如 GPL 啊！)！不過有 open source 這個名詞之後，大家才更了解到開源軟體授權的意義就是了。那常見的開放原始碼授權有哪些呢？

- Apache License 2.0

- BSD 3-Clause "New" or "Revised" license

- BSD 2-Clause "Simplified" or "FreeBSD" license

- GNU General Public License (GPL)

- GNU Library or "Lesser" General Public License (LGPL)

- MIT license

- Mozilla Public License 2.0

- Common Development and Distribution License

鳥哥也不是軟體授權的高手！每個授權詳細的內容也可以參考 OSI 協會的介紹啦[註9]。

> 如前所述，GPL 也是合乎 Open source 所定義的授權之一，只是它更著重於保護自由軟體本身的學習與發展就是了！那如果你想要開發開源軟體時，到底使用哪種授權比較好呢？其實跟你對這個軟體的未來走向的定義有關啦！簡單的來說，**如果你的軟體未來你允許它用於商業活動中，可以考慮 BSD 之類的授權，如果你的軟體希望少一些商業色彩，GPLv2 大概是不二選擇囉**！那如果你的軟體允許分支開發，甚至可以考慮分成兩種版本分別授權哩！^_^

◆ **專屬軟體/專利軟體 (close source)**

相對於 Open Source 的軟體會釋出原始碼，Close source 的程式則僅推出可執行的二進位程式(binary program)而已。這種軟體的優點是有專人維護，你不需要去更動它；缺點則是靈活度大打折扣，使用者無法變更該程式成為自己想要的樣式！此外，若有木馬程式或者安全漏洞，將會花上相當長的一段時間來除錯！這也是所謂專利軟體(copyright)常見的軟體出售方式。

雖然專利軟體常常代表就是需要花錢去購買，不過有些專利軟體還是可以『免費』提供大眾使用的！免費的專利軟體代表的授權模式有：

■ Freeware

http://en.wikipedia.org/wiki/Freeware

不同於 Free software，Freeware 為『免費軟體』而非『自由軟體！』雖然它是免費的軟體，但是不見得要公布其原始碼，端看釋出者的意見囉！這個東西與 Open Source 畢竟是不太相同的東西喔！此外，目前很多標榜免費軟體的程式很多都有小問題！例如假藉免費軟體的名義，實施使用者資料竊取的目的！所以『來路不明的軟體請勿安裝！』

■ Shareware

http://en.wikipedia.org/wiki/Shareware

共享軟體這個名詞就有趣了！與免費軟體有點類似的是，Shareware 在使用初期，它也是免費的，但是，到了所謂的『試用期限』之後，你就必須要選擇『付費後繼續使用』或者『將它移除』的宿命～通常，這些共享軟體都會自行撰寫失效程式，讓你在試用期限之後就無法使用該軟體。

## 1.2  Torvalds 的 Linux 發展

我們前面一節當中，提到了 Unix 的歷史，也提到了 Linux 是由 Torvalds 這個芬蘭人所發明的。那麼為何托瓦茲可以發明 Linux 呢？憑空想像而來的？還是有什麼淵源？這裡我們就來談一談囉！

### 1.2.1  與 Minix 之間

Linus Torvalds(托瓦茲, 1969 年出生[註10])的外祖父是赫爾辛基大學的統計學家，他的外祖父為了讓自己的小孫子能夠學點東西，所以從小就將托瓦茲帶到身邊來管理一些微電腦。在這個時期，托瓦茲接觸了組合語言(Assembly Language)，那是一種直接與晶片對談的程式語言，也就是所謂的低階語言。必須要很瞭解硬體的架構，否則很難以組合語言撰寫程式的。

在 1988 年間，托瓦茲順利的進入了赫爾辛基大學，並選讀了電腦科學系。在就學期間，因為學業的需要與自己的興趣，托瓦茲接觸到了 Unix 這個作業系統。當時整個赫爾辛基只有一部最新的 Unix 系統，同時僅提供 16 個終端機(terminal)。還記得我們上一節剛剛提過的，早期的電腦僅有主機具有運算功能，terminal 僅負責提供 Input/Output 而已。在這種情況下，實在很難滿足托瓦茲的需求，因為...光是等待使用 Unix 的時間，就很耗時～為此，他不禁想到：『我何不自己搞一部 Unix 來玩？』不過，就如同 Stallman 當初的 GNU 計畫一樣，要寫核心程式，談何容易～

不過，幸運之神並未背離托瓦茲，因為不久之後，他就知道有一個類似 Unix 的系統，並且與 Unix 完全相容，還可以在 Intel 386 機器上面跑的作業系統，那就是我們上一節提過的，譚寧邦教授為了教育需要而撰寫的 Minix 系統！他在購買了最新的 Intel 386 的個人電腦後，就立即安裝了 Minix 這個作業系統。另外，上個小節當中也談到，Minix 這個作業系統是有附上原始碼的，所以托瓦茲也經由這個原始碼學習到了很多的核心程式設計的設計概念喔！

## 1.2.2　對 386 硬體的多工測試

事實上，托瓦茲對於個人電腦的 CPU 其實並不滿意，因為他之前碰的電腦都是工作站型的電腦，這類電腦的 CPU 特色就是可以進行『多工處理』的能力。什麼是多工呢？理論上，**一個 CPU 在一個時間內僅能進行一個程式**，那如果有兩個以上的程式同時出現到系統中呢？舉例來說，你可以在現今的電腦中同時開啟兩個以上的辦公軟體，例如電子試算表與文書處理軟體。這個同時開啟的動作代表著這兩個程式同時要交給 CPU 來處理～

啊！CPU 一個時間點內僅能處理一個程式，那怎麼辦？沒關係，這個時候**如果具有多工能力的 CPU 就會在不同的程式間切換**～還記得前一章談到的 CPU 時脈吧？假設 CPU 時脈為 1GHz 的話，那表示 CPU 一秒鐘可以進行 $10^9$ 次工作。假設 CPU 對每個程式都只進行 1000 次運作週期，然後就得要切換到下個程式的話，那麼 CPU 一秒鐘就能夠切換 $10^6$ 次呢！(當然啦，切換工作這件事情也會花去一些 CPU 時間，不過這裡暫不討論)。這麼快的處理速度下，你會發現，兩個程式感覺上幾乎是同步在進行啦！

> 為什麼有的時候我同時開兩個檔案(假設為 A, B 檔案)所花的時間，要比開完 A 再去開 B 檔案的時間還要多？現在是否稍微可以理解？因為如果同時開啟的話，CPU 就必須要在兩個工作之間不停的切換～而切換的動作還是會耗去一些 CPU 時間的！所以囉，同時啟用兩個以上的工作在一個 CPU 上，要比一個一個的執行還要耗時一點。這也是為何現在 CPU 開發商要整合多個 CPU 於一個晶片中！也是為何在運作情況比較複雜的伺服器上，需要比較多的 CPU 負責的原因！

早期 Intel x86 架構電腦不是很受重視的原因，就是因為 x86 的晶片對於多工的處理不佳，CPU 在不同的工作之間切換不是很順暢。但是這個情況在 386 電腦推出後，有很大的改善。托瓦茲在得知新的 386 晶片的相關資訊後，他認為，以性能價格比的觀點來看，Intel 的 386 相當的便宜，所以在性能上也就稍微可以將就將就 ^_^。最終他就貸款去買了一部 Intel 的 386 來玩。

　　早期的電腦效能沒有現在這麼好，所以壓榨電腦效能就成了工程師的一項癖好！托瓦茲本人早期是玩組合語言的，組合語言對於硬體有很密切的關係，托瓦茲自己也說：『我始終是個性能癖』^_^。為了徹底發揮 386 的效能，於是托瓦茲花了不少時間在測試 386 機器上！他的重要測試就是在測試 386 的多功性能。首先，他寫了三個小程式，一個程式會持續輸出 A、一個會持續輸出 B，最後一個會將兩個程式進行切換。他將三個程式同時執行，結果，他看到螢幕上很順利的一直出現 ABABAB... 他知道，他成功了！^_^

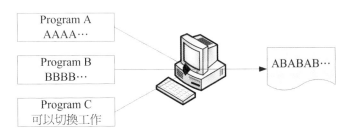

圖 1.2.1　386 電腦的多工測試

　　要達到多工(multitasking)的環境，除了硬體(主要是 CPU)需要能夠具有多工的特性外，作業系統也需要支援這個功能喔！一些不具有多工特性的作業系統，想要同時執行兩個程式是不可能的。除非先被執行的程式執行完畢，否則，後面的程式不可能被主動執行。

　　至於多工的作業系統中，每個程式被執行時，都會有一個最大 CPU 使用時間，若該工作運作的時間超過這個CPU 使用時間時，該工作就會先被丟出CPU 的運作中，而再度的進入核心工作排程中等待下一次被 CPU 取用來運作。

　　這有點像在開記者會啦，主持人(CPU)會問『誰要發問』？一群記者(工作程式)就會舉手(看誰的工作重要！)，先舉手的自然就被允許發問，問完之後，主持人又會問一次誰要發問，當然，所有人(包括剛剛那個記者)都可以舉手！如此一次一次的將工作給它完成啊！^_^ 多工的環境對於複雜的工作情況，幫助很大喔！

## 1.2.3　初次釋出 Linux 0.02

　　探索完 386 的硬體性能之後，終於拿到 Minix 並且安裝在托瓦茲的 386 電腦上之後，托瓦茲跟 BBS 上面一堆工程師一樣，他發現 Minix 雖然真的很棒，但是譚寧邦教授就是不願意進行功能的加強，導致一堆工程師在作業系統功能上面的欲求不滿！這個時候年輕的托瓦茲就想：『既然如此，那我何不自己來改寫一個我想要的作業系統？』於是他就開始了核心程式的撰寫。

　　撰寫程式需要什麼呢？首先需要的是能夠進行工作的環境，再來則是可以將原始碼編譯成為可執行檔的編譯器。**好在有 GNU 計畫提供的 bash 工作環境軟體以及 gcc 編譯器等自由軟體**，讓托瓦茲得以順利的撰寫核心程式。他參考 Minix 的設計理念與書上的程式碼，然後仔細研究出 386 個人電腦的效能最佳化，然後使用 GNU 的自由軟體將核心程式碼與 386 緊緊的結合在一起，最終寫出他所需要的核心程式。而這個小玩意竟然真的可以在 386 上面順利的跑起來～還可以讀取 Minix 的檔案系統。真是太好了！不過還不夠，他希望這個程式可以獲得大家的一些修改建議，於是他便將這個核心放置在網路上提供大家下載，同時在 BBS 上面貼了一則消息：

```
Hello everybody out there using minix-
I'm doing a (free) operation system (just a hobby,
won't be big and professional like gnu) for 386(486) AT clones.

I've currently ported bash (1.08) and gcc (1.40),
and things seem to work. This implies that i'll get
something practical within a few months, and I'd like to know
what features most people want. Any suggestions are welcome,
but I won't promise I'll implement them :-)
```

　　他說，他完成了一個小小的作業系統，這個核心是用在 386 機器上的，同時，他真的僅是好玩，並不是想要做一個跟 GNU 一樣大的計畫！另外，他希望能夠得到更多人的建議與回饋來發展這個作業系統！這個概念跟 Minix 剛好背道而馳呢！這則新聞引起很多人的注意，他們也去托瓦茲提供的網站上下載了這個核心來安裝。有趣的是，因為托瓦茲放置核心的那個 FTP 網站的目錄為：Linux，從此，大家便稱這個核心為 Linux 了。(請注意，此時的 Linux 就是那個 kernel 喔！另外，托瓦茲所丟到該目錄下的第一個核心版本為 0.02 呢！)

　　同時，為了讓自己的 Linux 能夠相容於 Unix 系統，於是托瓦茲開始將一些能夠在 Unix 上面運作的軟體拿來在 Linux 上面跑。不過，他發現到有很多的軟體無法在 Linux 這個核心上運作。這個時候他有兩種作法，**一種是修改軟體，讓該軟體可以在 Linux 上跑，另一種則是修改 Linux，讓 Linux 符合軟體能夠運作的規範！**由於 Linux 希望能夠相容於 Unix，於是托瓦茲選擇了第二個作法『修改 Linux』！為了讓所有的軟體都可以在 Linux 上執行，於是托瓦茲開始參考標準的POSIX規範。

　　　POSIX 是可攜式作業系統介面(Portable Operating System Interface)的縮寫，重點在規範核心與應用程式之間的介面，這是由美國電器與電子工程師學會(IEEE)所發佈的一項標準喔！

這個正確的決定讓 Linux 在起步的時候體質就比別人優良～因為 POSIX 標準主要是針對 Unix 與一些軟體運行時候的標準規範，只要依據這些標準規範來設計的核心與軟體，理論上，就可以搭配在一起執行了。而 Linux 的發展就是依據這個 POSIX 的標準規範，Unix 上面的軟體也是遵循這個規範來設計的，如此一來，讓 Linux 很容易就與 Unix 相容共享互有的軟體了！同時，因為 Linux 直接放置在網路下，提供大家下載，所以在流通的速度上相當的快！導致 Linux 的使用率大增！這些都是造成 Linux 大受歡迎的幾個重要因素呢！

> 其實托瓦茲有意無意之間常常會透露他自己是個只喜歡玩 (Just for Fun) 的怪人！Linux 一開始也只是托瓦茲的一個作業發展出來的玩具而已。他也說，如果 Minix 或 hurd 這兩個中的任何一個系統可以提早開發出他想要的功能與環境，也許他根本不會想要自己開發一個 Linux 哩！哇！人類智慧真是沒有極限！各位啊！1)要先有基礎知識與技能、2)有了第一點後，要勇於挑戰權威、3)把你們的玩具發揚光大吧！^_^

## 1.2.4 Linux 的發展：虛擬團隊的產生

Linux 能夠成功除了托瓦茲個人的理念與力量之外，其實還有個最重要的團隊！

#### ◆ 單一個人維護階段

Linux 雖然是托瓦茲發明的，而且內容還絕不會涉及專利軟體的版權問題。不過，如果單靠托瓦茲自己一個人的話，那麼 Linux 要茁壯實在很困難～因為一個人的力量是很有限的。好在托瓦茲選擇 Linux 的開發方式相當的務實！首先，他將釋出的 Linux 核心放置在 FTP 上面，並請告知大家新的版本資訊，等到使用者下載了這個核心並且安裝之後，如果發生問題，或者是由於特殊需求亟需某些硬體的驅動程式，那麼這些使用者就會主動回報給托瓦茲。在托瓦茲能夠解決的問題範圍內，他都能很快速的進行 Linux 核心的更新與除錯。

#### ◆ 廣大駭客志工加入階段

不過，托瓦茲總是有些硬體無法取得的啊，那麼他當然無法幫助進行驅動程式的撰寫與相關軟體的改良。這個時候，就會有些志工跳出來說：『這個硬體我有，我來幫忙寫相關的驅動程式。』因為 Linux 的核心是 Open Source 的，駭客志工們很容易就能夠跟隨 Linux 的原本設計架構，並且寫出相容的驅動程式或者軟體。志工們寫完的驅動程式與軟體托瓦茲是如何看待的呢？首先，他將該驅動程式/軟體帶入核心中，並且加以測試。只要測試可以運行，並且沒有什麼主要的大問題，那麼他就會很樂意的將志工們寫的程式碼加入核心中！

總之，托瓦茲是個很務實的人，對於 Linux 核心所欠缺的項目，他總是『先求有且能跑，再求進一步改良』的心態！這讓 Linux 使用者與志工得到相當大的鼓勵！因為 Linux 的進步太快了！使用者要求虛擬記憶體，結果不到一個星期推出的新版 Linux 就有了！這不得不讓人佩服啊！

另外，**為因應這種隨時都有程式碼加入的狀況，於是 Linux 便逐漸發展成具有模組的功能！**亦即是將某些功能獨立出於核心外，在需要的時候才載入到核心中。如此一來，如果有新的硬體驅動程式或者其他協定的程式碼進來時，就可以模組化，大大的增加了 Linux 核心的可維護能力！

核心是一組程式，如果這組程式每次加入新的功能都得要重新編譯與改版的話會變成如何？想像一下，如果你只是換了顯示卡就得要重新安裝新的 Windows 作業系統，會不會傻眼？模組化之後，原本的核心程式不需要更動，你可以直接將它想成是『驅動程式』即可！^_^

### ◆ 核心功能細部分工發展階段

後來，因為 Linux 核心加入了太多的功能，光靠托瓦茲一個人進行核心的實際測試並加入核心原始程式實在太費力～結果，就有很多的朋友跳出來幫忙這個前置作業！例如考克斯(Alan Cox)、與崔迪(Stephen Tweedie)等等，這些重要的副手會先將來自志工們的修補程式或者新功能的程式碼進行測試，並且結果上傳給托瓦茲看，讓托瓦茲作最後核心加入的原始碼的選擇與整併！這個分層負責的結果，讓 Linux 的發展更加的容易！

特別值得注意的是，這些托瓦茲的 Linux 發展副手，以及自願傳送修補程式的駭客志工，其實都沒有見過面，而且彼此在地球的各個角落，大家群策群力的共同發展出現今的 Linux，我們稱這群人為虛擬團隊！而為了虛擬團隊資料的傳輸，於是 Linux 便成立的核心網站：http://www.kernel.org！

而這群素未謀面的虛擬團隊們，在 1994 年終於完成的 Linux 的核心正式版！version 1.0。這一版同時還加入了 X Window System 的支援呢！且於 1996 年完成了 2.0 版、2011 年釋出 3.0 版，更於 2015 年 4 月釋出了 4.0 版哩！發展相當迅速喔！此外，托瓦茲指明了企鵝為 Linux 的吉祥物。

奇怪的是，托瓦茲是因為小時候去動物園被企鵝咬了一口念念不忘，而正式的 2.0 推出時，大家要他想一個吉祥物。他再想也想不到什麼動物的情況下，就將這個念念不忘的企鵝當成了 Linux 的吉祥物了...

Linux 由於托瓦茲是針對 386 寫的，跟 386 硬體的相關性很強，所以，早期的 Linux 確實是不具有移植性的。不過，大家知道 Open source 的好處就是，可以修改程式碼去適合作業的環境。因此，在 1994 年以後，Linux 便被開發到很多的硬體上面去了！目前除了 x86 之外，IBM、HP 等等公司出的硬體也都有被 Linux 所支援呢！甚至於小型單板電腦 (樹莓派/香蕉派等) 與手持裝置 (智慧型手機、平板電腦) 的 ARM 架構系統，大多也是使用 Linux 核心喔！

## 1.2.5　Linux 的核心版本

Linux 的核心版本編號有點類似如下的樣子：

```
3.10.0-123.el7.x86_64
主版本.次版本.釋出版本-修改版本
```

雖然編號就是如上的方式來編的，不過依據 Linux 核心的發展期程，核心版本的定義有點不太相同喔！

◆ **奇數、偶數版本分類**

在 2.6.x 版本以前，托瓦茲將核心的發展趨勢分為兩股，並根據這兩股核心的發展分別給予不同的核心編號，那就是：

■ **主、次版本為奇數**：發展中版本(development)

如 2.5.xx，這種核心版本主要用在測試與發展新功能，所以通常這種版本僅有核心開發工程師會使用。如果有新增的核心程式碼，會加到這種版本當中，等到眾多工程師測試沒問題後，才加入下一版的穩定核心中。

■ **主、次版本為偶數**：穩定版本(stable)

如 2.6.xx，等到核心功能發展成熟後會加到這類的版本中，主要用在一般家用電腦以及企業版本中。重點在於提供使用者一個相對穩定的 Linux 作業環境平台。

至於釋出版本則是在主、次版本架構不變的情況下，新增的功能累積到一定的程度後所新釋出的核心版本。而由於 Linux 核心是使用 GPL 的授權，因此大家都能夠進行核心程式碼的修改。因此，如果你有針對某個版本的核心修改過部分的程式碼，那麼那個被修改過的新的核心版本就可以加上所謂的修改版本了。

◆ **主線版本、長期維護版本(longterm version)**

不過，這種奇數、偶數的編號格式在 3.0 推出之後就失效了。從 3.0 版開始，核心主要依據主線版本 (MainLine) 來開發，開發完畢後會往下一個主線版本進行。例如 3.10 就是在 3.9 的架構下繼續開發出來的新的主線版本。通常新一版的主線版本大約在 2~3 個月會被提出喔！之所以會有新的主線版本，是因為有加入新功能之故。現在 (2015/04) 最新的主線版本已經來到 4.0 版了喔！好快！

而舊的版本在新的主線版本出現之後，會有兩種機制來處理，一種機制為結束開發 (End of Live, EOL)，亦即該程式碼已經結束，不會有繼續維護的狀態。另外一種機制為保持該版本的持續維護，亦即為長期維護版本 (Longterm)！例如 3.10 即為一個長期維護版本，這個版本的程式碼會被持續維護，若程式碼有 bug 或其他問題，核心維護者會持續進行程式碼的更新維護喔！

所以囉，如果你想要使用 Linux 核心來開發你的系統，那麼當然要選擇長期支援的版本才行！要判斷你的 Linux 核心是否為長期支援的版本，可以使用『 uname -r 』來查閱核心版本，然後對照下列連結來了解其對應值喔！

https://www.kernel.org/releases.html

◆ **Linux 核心版本與 Linux 發佈商版本**

Linux 核心版本與 distribution (下個小節會談到) 的版本並不相同，很多朋友常常上網問到：『我的Linux是7.x版，請問...』之類的留言，這是不對的提問方式，因為所謂的Linux 版本指的應該是核心版本，而目前最新的核心版本應該是 4.0.0(2015/04) 才對，並不會有 7.x 的版本出現的。

你常用的 Linux 系統則應該說明為 distribution 才對！因此，如果以 CentOS 這個 distribution 來說，你應該說：『我用的Linux是CentOS這個 distribution，版本為 7.x 版，請問...』才對喔！

> 當你有任何問題想要在 Linux 論壇發言時，請務必仔細的說明你的 distribution 版本，因為雖然各家distributions使用的都是Linux核心，不過每家distributions所選用的軟體以及他們自己發展的工具並不相同，多少還是有點差異，所以留言時得要先聲明 distribution 的版本才行喔！^_^

## 1.2.6 Linux distributions

好了，經過上面的說明，我們知道了 Linux 其實就是一個作業系統最底層的核心及其提供的核心工具。它是 GNU GPL 授權模式，所以，任何人均可取得原始碼與可執行這個核心程式，並且可以修改。此外，因為 Linux 參考 POSIX 設計規範，於是相容於 Unix 作業系統，故亦可稱之為 Unix Like 的一種。

> 鳥哥曾在上課的時候問過同學：『什麼是 Unix Like 啊』？可愛的同學們回答的答案是：『就是很喜歡(like)Unix 啦！』圖 Orz...那個 like 是『很像』啦！所以 Unix like 是『很像 Unix 的作業系統』哩！

◆ **可完整安裝的 Linux 發佈套件**

Linux 的出現讓 GNU 計畫放下了心裡的一塊大石頭，因為 GNU 一直以來就是缺乏了核心程式，導致它們的 GNU 自由軟體只能在其他的 Unix 上面跑。既然目前有 Linux 出現了，且 Linux 也用了很多的 GNU 相關軟體，所以 **Stallman 認為 Linux 的全名應該稱之為 GNU/Linux 呢**！不管怎麼說，Linux 實在很不錯，讓 GNU 軟體大多以 Linux 為主要作業系統來進行開發，此外，很多其他的自由軟體團隊，例如 postfix, vsftpd, apache 等等也都有以 Linux 為開發測試平台的計畫出現！如此一來，Linux 除了主要的核心程式外，可以在 Linux 上面運行的軟體也越來越多，如果有心，就能夠將一個完整的 Linux 作業系統搞定了！

雖然由 Torvalds 負責開發的 Linux 僅具有 Kernel 與 Kernel 提供的工具，不過，如上所述，很多的軟體已經可以在 Linux 上面運作了，因此，**『Linux + 各種軟體』就可以完成一個相當完整的作業系統了**。不過，要完成這樣的作業系統......還真難～因為 Linux 早期都是由駭客工程師所開發維護的，他們並沒有考慮到一般使用者的能力......

為了讓使用者能夠接觸到 Linux，於是很多的商業公司或非營利團體，就將 Linux Kernel(含 tools)與可運行的軟體整合起來，加上自己具有創意的工具程式，這個工具程式可以讓使用者以光碟/DVD 或者透過網路直接安裝/管理 Linux 系統。**這個『Kernel + Softwares + Tools + 可完整安裝程序』的東東，我們稱之為 Linux distribution**，一般中文翻譯成可完整安裝套件，或者 Linux 發佈商套件等。

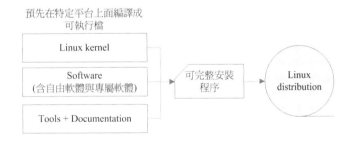

圖 1.2.2　Linux 可完整安裝發佈套件

由於 Linux 核心是由駭客工程師寫的，要由原始碼安裝到 x86 電腦上面成為可以執行的 binary 檔案，這個過程可不是人人都會的～所以早期確實只有工程師對 Linux 有興趣。一直到一些社群與商業公司將 Linux 核心配合自由軟體，並提供完整的安裝程序，且製成光碟/DVD 後，對於一般使用者來說，Linux 才越來越具有吸引力！因為只要一直『下一步』就可以將 Linux 安裝完成啊！^_^

由於 GNU 的 GPL 授權並非不能從事商業行為，於是很多商業公司便成立來販售 Linux distribution。而由於 Linux 的 GPL 版權宣告，因此，商業公司所販售的 Linux distributions 通常也都可以從 Internet 上面來下載的！此外，如果你想要其他商業公司的服務，那麼直接向該公司購買光碟來安裝，也是一個很不錯的方式的！

◆ **各大 Linux Distributions 的主要異同：支援標準！**

不過，由於發展 Linux distributions 的社群與公司實在太多了，例如在台灣有名的 Red Hat, SuSE, Ubuntu, Fedora, Debian 等等，所以很多人都很擔心，如此一來**每個 distribution 是否都不相同呢**？這就不需要擔心了，因為每個 Linux distributions 使用的 kernel 都是 http://www.kernel.org 所釋出的，而他們所選擇的軟體，幾乎都是目前很知名的軟體，重複性相當的高，例如網頁伺服器的 Apache，電子郵件伺服器的 Postfix/sendmail，檔案伺服器的 Samba 等等。

此外，為了讓所有的 Linux distributions 開發不致於差異太大，且讓這些開發商在開發的時候有所依據，還有 **Linux Standard Base (LSB)** 等標準來規範開發者，以及目錄架構的 **File system Hierarchy Standard (FHS)** 標準規範！唯一差別的，可能就是該開發者自家所開發出來的管理工具，以及套件管理的模式吧！所以說，基本上，每個 Linux distributions 除了架構的嚴謹度與選擇的套件內容外，其實差異並不太大啦！ ^_^ 。大家可以選擇自己喜好的 distribution 來安裝即可！

- FHS：http://www.pathname.com/fhs/

- LSB：http://www.linuxbase.org/

事實上鳥哥認為 distributions 主要分為兩大系統，一種是使用 RPM 方式安裝軟體的系統，包括 Red Hat, Fedora, SuSE 等都是這類；一種則是使用 Debian 的 dpkg 方式安裝軟體的系統，包括 Debian, Ubuntu, B2D 等等。若是加上商業公司或社群單位的分類，那麼我們可以簡單的用下表來做個解釋喔！

| | RPM 軟體管理 | DPKG 軟體管理 | 其他未分類 |
|---|---|---|---|
| 商業公司 | RHEL (Red Hat 公司)<br>SuSE (Micro Focus) | Ubuntu (Canonical Ltd.) | |
| 社群單位 | Fedora<br>CentOS<br>OpenSuSE | Debian<br>B2D | Gentoo |

底下列出幾個主要的 Linux distributions 發行者網址：

- Red Hat：http://www.redhat.com

- SuSE：https://www.suse.com

- Fedora：https://getfedora.org/

- CentOS：http://www.centos.org/

- Debian：http://www.debian.org/

- Ubuntu：http://www.ubuntu.com/

- Gentoo：http://www.gentoo.org/

到底是要買商業版還是社群版的 Linux distribution 呢？如果是要裝在個人電腦上面做為桌上型電腦用的，建議使用社群版，包括 Fedora, Ubuntu, OpenSuSE 等等。如果是用在伺服器上面的，建議使用商業版本，包括 Red Hat, SuSE 等。這是因為社群版通常開發者會加入最新的軟體，這些軟體可能會有一些 bug 存在。至於商業版則是經過一段時間的磨合後，才將穩定的軟體放進去。

舉例來說，Fedora 兜出來的軟體套件經過一段時間的維護後，等到該軟體穩定到不容易發生錯誤後，Red Hat 才將該軟體放到他們最新的釋出版本中。所以，Fedora 的軟體比較經常改版，Red Hat 的軟體就較少更版。

◆ **Linux 在台灣**

當然發行套件者不僅於此。但是值得大書特書的，是中文 Linux 的延伸計畫：CLE 這個套件！早期的 Linux 因為是工程師發展的，而這些工程師大多以英文語系的國家為主，所以 Linux 對於國人的學習是比較困擾一點。後來由國人發起的 CLE 計畫，開發很多的中文套件及翻譯了很多的英文文件，使得我們目前得以使用中文的 Linux 呢！另外，目前正在開發中的還有台南縣臥龍小三等老師們發起的眾多自由軟體計畫，真是造福很多的朋友啊！

- 自由軟體技術交流網：http://freesf.tw/

- B2D：http://b2d-linux.com/

此外，如果只想看看 Linux 的話，還可以選擇所謂的可光碟開機進入 Linux 的 Live CD 版本，亦即是 KNOPPIX 這個 Linux distributions 呢！台灣也有阿里巴巴兄維護的中文 Live CD 喔！

- http://www.knoppix.net/

- 洪老師解釋 KNOPPIX：http://people.ofset.org/~ckhung/b/sa/knoppix.php

> 對於沒有額外的硬碟或者是沒有額外的主機的朋友來說，KNOPPIX 這個可以利用光碟開機而進入 Linux 作業系統的 Live CD 真的是一個不錯的選擇！你只要下載了 KNOPPIX 的映象檔，然後將它燒錄成為 CD，放入你主機的光碟機，並在 BIOS 內設定光碟為第一個開機選項，就可以使用 Linux 系統了呢！

如果你還想要知道更多的 Linux distributions 的下載與使用資訊，可以參考：

- http://distrowatch.com/

◆ **選擇適合你的 Linux distribution**

那我到底應該要選擇哪一個 distributions？就如同我們上面提到的，其實每個 distributions 差異性並不大！不過，由於套件管理的方式主要分為 Debian 的 dpkg 及 Red Hat 系統的 RPM 方式，目前鳥哥的建議是，先學習以 RPM 套件管理為主的 RHEL/Fedora/SuSE/CentOS 等台灣使用者較多的版本，這樣一來，發生問題時，可以提供解決的管道比較多。如果你已經接觸過 Linux 了，還想要探討更嚴謹的 Linux 版本，那可以考慮使用 Debian，如果你是以效能至上來考量，那麼或許 Gentoo 是不錯的建議！

總之，版本很多，但是各版本差異其實不大，建議你一定要先選定一個版本後，先徹頭徹尾的瞭解它，那再繼續玩其他的版本時，就可以很快的進入狀況。鳥哥的網站僅提供一個版本，不過是以比較基礎的方式來介紹的，因此，如果能夠熟練俺這個網站的話，呵呵！哪一個 distributions 對你來說，都不成問題啦！

不過，如果依據電腦主機的用途來分的話，在台灣鳥哥會這樣建議：

- **用於企業環境**：建議使用商業版本，例如 Red Hat 的 RHEL 或者是 SuSE 都是很不錯的選擇！畢竟企業的環境強調的是永續的經營，你可不希望網管人員走了之後整個機房的主機都沒有人管理吧！由於商業版本都會提供客戶服務，所以可以降低企業的風險喔！

- **用於個人或教學的伺服器環境**：要是你的伺服器所在環境如果當機還不會造成太大的問題的話，加上你的環境是在教學的場合當中時(就是說，唔！經費不足的環境啦！)那麼可以使用『號稱』完全相容商業版 RHEL 的 CentOS。因為 CentOS 是抓 RHEL 的原始碼來重新兜起來的一個 Linux distribution，所以號稱相容於 RHEL。這一版的軟體完全與 RHEL 相同，在改版的幅度較小，適合於伺服器系統的環境。

- **用於個人的桌上型電腦**：想要嘗鮮嗎？建議使用很炫的 Fedora/Ubuntu 等 Desktop(桌面環境)使用的版本！如果不想要安裝 Linux 的話，那麼 Fedora 或 CentOS 也有推出 Live CD 了！也很容易學習喔！

# 1.3　Linux 當前應用的角色

了解了什麼是 Linux 之後，再來談談，那目前 Linux 用在哪裡呢？由於 Linux kernel 實在是非常的小巧精緻，可以在很多強調省電以及較低硬體資源的環境底下執行；　此外，由於 Linux distributions 整合了非常多非常棒的軟體(不論是專利軟體或自由軟體)，因此也相當適合目前個人電腦的使用呢！傳統上，Linux 常見的應用可約略分為企業應用與個人應用兩方面，但這幾年很流行的雲端運算機制中，讓 Linux 似乎又更有著力點囉！

## 1.3.1　企業環境的利用

企業對於數位化的目標在於提供消費者或員工一些產品方面的資訊 (例如網頁介紹)，以及整合整個企業內部的資料統一性 (例如統一的帳號管理/文件管理系統等)。另外，某些企業例如金融業等，則強調在資料庫、安全強化等重大關鍵應用。學術單位則很需要強人的運算能力等。所以企業環境運用 Linux 作些什麼呢？

◆ **網路伺服器**

**這是 Linux 當前最熱門的應用了！**承襲了 Unix 高穩定性的良好傳統，Linux 上面的網路功能特別的穩定與強大！此外，由於 GNU 計畫與 Linux 的 GPL 授權模式，讓很多優秀的軟體都在 Linux 上面發展，且這些在 Linux 上面的伺服器軟體幾乎都是自由軟體！因此，做為一部網路伺服器，例如 WWW, Mail Server, File Server 等等，Linux 絕對是上上之選！當然，這也是 Linux 的強項！由於 Linux server 的需求強烈，因此許多硬體廠商推出產品時，還得要特別說明有支援的 Linux distributions 呢！方便提供企業採購部門的規劃喔！例如底下的連結可以瞧瞧：

- ■ Dell 公司的 Server 對 OS 的支援度：

  http://www.dell.com/support/contents/tw/en/twbsd1/article/Product-Support/Self-support-Knowledgebase/enterprise-resource-center/server-operating-system-support

- ■ HP 公司的支援：

  http://www8.hp.com/us/en/business-services/it-services.html?compURI=1078888#tab=TAB1

- ■ IBM 公司的支援：

  http://www-03.ibm.com/systems/hardware/browse/linux/

- ■ VMWare 的虛擬化支援：

  https://www.vmware.com/support/ws55/doc/intro_supguest_ws.html

從上面的幾個大廠的 Linux 支援情況來看,目前 (2015) 支援度比較廣泛的依舊是 Red Hat 以及 SuSU 兩個大廠喔!提供給企業採購的時候參考參考!

前一陣子參加一個座談會,會上許多企業界的前輩們在聊,如果想要選擇某個 Linux distribution 時,哪個 distribution 會是企業採購時的最愛呢?與會的朋友說,要採購嗎?看看伺服器大廠對於該 distribution 的支援度就知道了!答案是什麼?就是上面許多連結的結果囉!^_^

◆ **關鍵任務的應用(金融資料庫、大型企業網管環境)**

由於個人電腦的效能大幅提昇且價格便宜,所以金融業與大型企業的環境為了要精實自己機房的機器設備,因此很多企業漸漸的走向 Intel 相容的 x86 主機環境。而這些企業所使用的軟體大多使用 Unix 作業系統平台的軟體,總不能連過去發展的軟體都一口氣全部換掉吧!所以囉,這個時候符合 Unix 作業系統標準並且可以在 x86 上運作的 Linux 就漸漸嶄露頭角了!^_^

目前很多金融業界都已經使用 Linux 做為他們的關鍵任務應用。所謂的關鍵任務就是該企業最重要的業務啦!舉例來說,金融業最重要的就是那些投資者、帳戶的資料了,這些資料大多使用資料庫系統來作為存取介面,這些資料很重要吧!很多金融業將這麼重要的任務交給了 Linux 了!你說 Linux 厲不厲害啊?

◆ **學術機構的高效能運算任務**

學術機構的研究常常需要自行開發軟體,所以對於可作為開發環境的作業系統需求非常的迫切!舉例來說,非常多技職體系的科技大學就很需要這方面的環境,好進行一些畢業專題的製作呢!又例如工程界流體力學的數值模式運算、娛樂事業的特效功能處理、軟體開發者的工作平台等等。由於 Linux 的創造者本身就是個電腦性能癖,所以 Linux 有強大的運算能力;並且 Linux 具有支援度相當廣泛的 GCC 編譯軟體,因此 Linux 在這方面的優勢可是相當明顯的!

舉個鳥哥自己的案例好了,鳥哥之前待的研究室有跑一套空氣品質模式的數值模擬軟體。這套軟體原本只能在 Sun 的 SPARC 機器上面跑。後來該軟體轉向 Linux 作業系統平台發展,鳥哥也將自己實驗室的數值模式程式由 Sun 的 Solaris 平台移植到 Linux 上面呢!據美國環保署內部人員的測試,發現 Linux 平台的整體硬體費用不但比較便宜(x86 系統嘛!)而且速度還比較快呢!

另外,為了加強整體系統的效能,叢集電腦系統(Cluster)的平行運算能力在近年來一直被拿出來討論[註11]。所謂的平行運算指的是『將原本的工作分成多份,然後交給多部主機去運算,最終再將結果收集起來』的一種方式。由於透過高速網路使用到多部主機,將能夠讓原本需要很長運算時間的工作,大幅的降低等待的時間!例如中央氣象局的氣象預報就很需要這樣的系統來幫忙！而 Linux 作業系統則是這種架構下相當重要的一個環境平台呢！

> 由於伺服器的 CPU 數量可以增加許多，而且也能夠達到比較省電的功能，因此鳥哥最近更換了崑山科大資傳系的模式運算伺服器組，透過 20 核心 40 超執行緒的以及 12 核心 24 超執行緒的兩部系統，搭配 10G 網卡來處理模式的運作！用的是本書談到的 CentOS Linux，跑得模式是美國環保署公佈，現行於世界最流行的 CMAQ 空品模式喔！

## 1.3.2　個人環境的使用

你知道你平時接觸的電子用品中，哪些東東裡面有 Linux 系統存在呢？其實相當的多呢！我們就來談一談吧！

### ◆ 桌上型電腦

所謂的桌上型電腦，其實就是你我在辦公室使用的電腦啦。一般我們稱之為 Desktop 的系統。那麼這個 Desktop 的系統平時都在做什麼呢？大概都是這些工作吧：

- 上網瀏覽＋即時通訊(Skype, FB, Google, Yahoo...)
- 文書處理
- 網路介面之公文處理系統
- 辦公室軟體(Office Software)處理資料
- 收發電子郵件

想進行這些電腦工作時，你的 Desktop 環境需要什麼東東？很簡單，『**就是需要視窗**』！因為上網瀏覽、文書編排的所見即所得介面，以及電子公文系統等等，如果沒有視窗介面的輔助，那麼將對使用者造成很大的困擾。而眾所皆知的，Linux 早期都是由工程師所發展的，對於視窗介面並沒有很需要，所以造成 Linux 不太親和的印象。

好在，為了要強化桌上型電腦的使用率，Linux 與 X Window System 結合了！要注意的是，**X Window System 僅只是 Linux 上面的一套軟體，而不是核心喔！所以即使 X Window 掛了，對 Linux 也可能不會有直接的影響呢**！更多關於 X window system 的詳細資訊我們留待第二十三章再來介紹。

近年來在各大社群的團結合作之下，Linux 的視窗系統上面能夠跑的軟體實在是多的嚇人！而且也能夠應付的了企業的辦公環境！例如美觀的 KDE 與 GNOME 視窗介面，搭配可相容微軟 Office 的 OpenOffice / LibreOffice (https://www.openoffice.org/zh-tw/, https://zh-tw.libreoffice.org/) 等軟體，這些自由的辦公室軟體包含了文書處理、電子試算表、簡報軟體等等，功能齊全啊！然後配合功能強大速度又快的 Firefox 瀏覽器，以及可下載信件的雷鳥(ThunderBird)軟體(類似微軟的 Outlook Express)，還有可連上多種即時通訊的 Pidgin！Linux 能夠做到企業所需要的各項功能啦！

鳥哥真的垂垂老已～前一陣子 (2014) 上課時，跟學生說：『各位啊！你們考取的證照也轉一份給老師來備份嘛！用 emai 寄給鳥哥喔！』結果有幾個學生竟然舉手說：『老師！我知道 email 啊！不過，從來沒有用過 email 寄附件耶！所以才沒有傳給你啊！』哇！！瞎密？『那你們怎麼傳送檔案啊？用 FTP 喔？』鳥哥問，他說『沒啊！就用 FB 或者是 Line 啊！或者 dropbox！真沒用過 email 耶！』...時代不同了...

#### ◆ 手持系統(PDA、手機)

自從 iphone 4 在 2010 年問世之後，整個手機市場開始大搬風！智慧型手機市場將原本商務用的 PDA 市場整個吃掉！然後原本在 2010 年前後很熱門的小筆電也被平板電腦打趴了！在這個潮流下，Google 成立了開放手機聯盟 (Open Handset Alliance)，並且推出 Android 手機專用作業系統！而 Android 其實就是 Linux 核心的一支，只是專門用來針對手機/平板這類的 ARM 機器所設計的[註12]！

2015 最新的 Android 系統 5.x 使用的就是 Linux kernel 3.4.x 版本，另外，調查中也顯示，從 2013 年之後，Android 系統已經是全球最多人使用的手機系統[註12]。也就是說，現在手機市場的主流作業系統是 Linux 分支出來的 Android 喔！那怎麼能說 Linux 很少人用呢？哈哈！天天都在用耶各位！

如果你的手機是 Android 系統的話，請拿出來，然後點選『設定』→『關於(手機)』→『軟體資訊』，你就會看到 Android 版本，然後又點選『更多』，這時你就會看到類似 3.4.10-xxx 的代號，那是什麼？查一查上頭提到的 Linux 版本，就知道那是啥鬼東西囉！^_^

#### ◆ 嵌入式系統

在第零章當中我們談到過硬體系統，而要讓硬體系統順利的運作就得要撰寫合適的作業系統才行。那硬體系統除了我們常看到的電腦之外，其實家電產品、PDA、手機、數位相機以及其他微型的電腦配備也是硬體系統啦！這些電腦配備也都是需要作業系統來控制的！而作業系統是直接嵌入於產品當中的，理論上你不應該會更動到這個作業系統，所以就稱為嵌入式系統啦！

包括路由器、防火牆、手機、IP 分享器、交換器、機器人控制晶片、家電用品的微電腦控制器等等，都可以是 Linux 作業系統喔！酷學園內的 Hoyo 大大就曾經介紹過如何在嵌入式設備上面載入 Linux！你桌面上用來備份的 NAS 說不定內部也是精簡化過的 Linux 系統啊！

雖然嵌入式設備很多，大家也想要轉而使用 Linux 作業系統，不過在台灣，這方面的人才還是太少了！要玩嵌入式系統必須要很熟悉 Linux Kernel 與驅動程式的結合才行！這方面的學習可就不是那麼簡單喔！^_^

## 1.3.3 雲端運用

自從個人電腦的 CPU 內建的核心數越來越多，單一主機的能力太過強大，導致硬體資源經常閒置，這個現象讓虛擬化技術得以快速發展！而由於硬體資源大量集中化，然後行動辦公室之類的需求越來越多，因此讓辦公資料集中於雲程序中，讓企業員工僅須透過端點設備連線到雲去取用運算資源，這樣就變成無時無地都可以辦公啦 (其實很慘...永遠不得休息啊！真可憐～)！

這就是三國演義裡面談到的『天下大勢，分久必合、合久必分』的名言啊！從 (1)早期的貴森森的大型主機分配數個終端機的集中運算機制，到 (2)2010 年前個人電腦運算能力增強後，大部分的運算都是在桌機或筆電上自行達成，再也不需要跑去大型主機取得運算資源了！到現在 (3)由於行動裝置的發達，產生的龐大數據需要集中處理，因而產生雲端系統的需求！讓資訊/資源集中管理！這不是分分合合的過程嗎？^_^

◆ **雲程序**

許多公司都有將資源集中管理的打算，之前參與一場座談會，有幸遇到阿里巴巴的架構師，鳥哥偷偷問他說，他們機房裡面有多少電腦主機啊？他說不多！差不多才 2 萬部主機而已...鳥哥正在搞的可提供 200 個左右的虛擬機器的系統，使用大約 7 部主機就覺得麻煩了，他們家至少有 2 萬部耶！這麼多的設備底層使用的就是 Linux 作業系統來統一管理。

另外，除了公司自己內部的私有雲之外，許多大型網際網路供應商 (ISP) 也提供了所謂的公有雲來讓企業用戶或個人用戶來使用 ISP 的虛擬化產品。因此，如果公司內部缺乏專業管理維護人才，很有可能就將自家所需要的關鍵應用如 Web、Mail、系統開發環境等作業系統交由 ISP 代管，自家公司僅須遠端登入該系統進行網站內容維護或程式開發而已。那這些虛擬化後的系統，也經常是 Linux 啊！因為跟上頭企業環境利用提到的功能是相同的！

所以說雲程序的底層就是 Linux，而雲程序搭建出來的虛擬機器，內容也是 Linux 作業系統哩！用的越來越多啊！

所謂的『虛擬化』指的是：在一部實體主機上面模擬出多個邏輯上完全獨立的硬體，這個假的虛擬出來的硬體主機，可以用來安裝一部邏輯上完全獨立的作業系統！因此，透過虛擬化技術，你可以將一部實體主機安裝多個同時運作的作業系統 (非多重開機)，以達到將硬體資源完整利用的效果。很多 ISP 就是透過販售這個虛擬機器的使用權來賺錢的喔！

◆ **端設備**

既然運算資源都集中在雲裡面了，那我需要連線到雲程序的設備應該可以越來越輕量吧？當然沒錯！所以智慧型手機才會這麼熱門啊！很多時候你只要有智慧型手機或者是平板，連線到公司的雲裡面去，就可以開始辦公了哩！

此外，還有更便宜的端點設備喔！那就是近年來很熱門又流行的樹莓派 (Raspberry Pi) 與香蕉派 (Banana Pi)，這兩個小東西售價都不到 50 美元，有的甚至台幣 1000 塊有找！這個 Raspberry Pi 其實就是一部小型的電腦，只要加上 USB 鍵盤、滑鼠與 HDMI 的螢幕，立刻就是可以讓小朋友學習程式語言的環境！如果加上透過網路去取得具有更強大運算資源的雲端虛擬機，不就可以做任何事了嗎？所以，端點設備理論上會越來越輕量化的！

鳥哥近幾年來做的主要研究，就是透過一組沒很貴的 server 系統達成開啟多個虛擬機的環境，然後讓學生可以在教室利用類似 banana pi 的設備來連線到伺服器，這時學生就可以透過網路來取得一套完整的作業系統，可以拿來上課、回家實作練習、上機考試等等！相當有趣！鳥哥稱為虛擬電腦教室！而 server 與 banana pi 的內部作業系統當然就是 Linux 啊！

# 1.4 Linux 該如何學習？

為什麼大家老是建議學習 Linux 最好能夠先捨棄 X Window 的環境呢？這是因為 X window 了不起也只是 Linux 內的『一套軟體』而不是『Linux 核心』。此外，目前發展出來的 X-Window 對於系統的管理上還是有無法掌握的地方，舉個例子來說，如果 Linux 本身捉不到網路卡的時候，請問如何以 X Window 來捉這個硬體並且驅動它呢？

還有，如果需要以 Tarball (原始碼) 的方式來安裝軟體並加以設定的時候，請以 X Window 來架設它！這可能嗎？當然可能，但是這是在考驗『X Window 開發商』的技術能力，對於瞭解 Linux 架構與核心並沒有多大的幫助的！所以說，如果只是想要『會使用 Linux』的角度來看，那麼確實使用 X Window 也就足夠了，反正搞不定的話，花錢請專家來搞定即可；但是如果想要更深入 Linux 的話，那麼指令列模式才是不二的學習方式！

以伺服器或者是嵌入式系統的應用來說，X Window 是非必備的軟體，因為伺服器是要提供用戶端來連線的，並不是要讓使用者直接在這部伺服器前面按鍵盤或滑鼠來操作的！所以圖形介面當然就不是這麼重要了！更多的時候甚至大家會希望你不要啟動 X window 在伺服器主機上，這是因為 X Window 通常會吃掉很多系統資源的緣故！

再舉個例子來說，假如你是個軟體服務的工程師，你的客戶人在台北，而你人在遠方的台南。某一天客戶來電說他的 Linux 伺服器出了問題，要你馬上解決它，請問：要你親自上台北去修理？還是他搬機器下來讓你修理？或者是直接請他開個帳號給你進去設定即可？想當然爾，就會選擇開帳號給你進入設定即可囉！因為這是最簡單而且迅速的方法！這個方法通常使用文字介面會較為單純，使用圖形介面則非常麻煩啦！所以啦！這時候就得要學學文字介面來操作 Linux 比較好啦！

另外，在伺服器的應用上，檔案的安全性、人員帳號的管理、軟體的安裝/修改/設定、登錄檔的分析以及自動化工作排程與程式的撰寫等等，都是需要學習的，而且這些東西都還未涉及伺服器軟體呢！對吧！這些東西真的很重要，所以，建議你得要依據底下的介紹來學習才好。

> 這裡是站在要讓 Linux 成為自己的好用的工具 (伺服器或開發軟體的程式學習平台) 為出發點去介紹如何學習的喔！所以，不要以舊有的 Windows 角度來思考！也不要說『你都只有碰過觸控式設備』的角度來思考！加油囉！

## 1.4.1 從頭學習 Linux 基礎

其實，不論學什麼系統，『從頭學起』是很重要的！還記得你剛剛接觸微軟的 Windows 都在幹什麼？還不就是由檔案總管學起，然後慢慢的玩到控制台、玩到桌面管理，然後還去學辦公室軟體，我想，你總該不會直接就跳過這一段學習的歷程吧？那麼 Linux 的學習其實也差不多，就是要從頭慢慢的學起啦！不能夠還不會走路之前就想要學飛了吧！^_^

常常有些朋友會寫信來問鳥哥一些問題，不過，信件中大多數的問題都是很基礎的！例如：『為什麼我的使用者個人網頁顯示我沒有權限進入？』、『為什麼我下達一個指令的時候，系統告訴我找不到該指令？』、『我要如何限制使用者的權限』等等的問題，這些問題其實都不是很難的，只要瞭解了 Linux 的基礎之後，應該就可以很輕易的解決掉這方面的問題呢！所以請耐心的，慢慢的，將後面的所有章節內容都看完。自然你就知道如何解決了！

此外，網路基礎與安全也很重要，例如 TCP/IP 的基礎知識，網路路由的相關概念等等。很多的朋友一開始問的問題就是**『為什麼我的郵件伺服器主機無法收到信件？』**這種問題相當的困擾，因為發生的原因太多了，而朋友們常常一接觸 Linux 就是希望『架站！』根本沒有想到要先瞭解一下 Linux 的基礎！這是相當傷腦筋的！尤其近來電腦怪客(Cracker)相當多，(真奇怪，閒閒沒事幹的朋友還真是不少...)，一個不小心你的主機就被當成怪客跳板了！甚至發生被警告的事件也層出不窮！這些都是沒能好好的注意一下網路基礎的原因呀！

所以，鳥哥希望大家能夠更瞭解 Linux，好讓它可以為你做更多的事情喔！而且這些基礎知識是學習更深入的技巧的必備條件呀！因此建議：

1. **計算機概論與硬體相關知識**

   因為既然想要走 Linux 這門路，資訊相關的基礎技能也不能沒有啊！所以先理解一下基礎的硬體知識，不用一定要全懂啦！又不是真的要你去組電腦～ ^_^，但是至少要『聽過、有概念』即可。

2. **先從 Linux 的安裝與指令學起**

   沒有 Linux 怎麼學習 Linux 呢？所以好好的安裝起一套你需要的 Linux 吧！雖然說 Linux distributions 很多，不過基本上架構都是大同小異的，差別在於介面的親和力與軟體的選擇不同罷了！選擇一套你喜歡的就好了，倒是沒有哪一套特別好說～

3. **Linux 作業系統的基礎技能**

   這些包含了『使用者、群組的概念』、『權限的觀念』，『程序的定義』等等，尤其是權限的概念，由於不同的權限設定會妨礙你的使用者的便利性，但是太過於便利又會導致入侵的可能！所以這裡需要瞭解一下你的系統呦！

4. **務必學會 vi 文書編輯器**

   Linux 的文書編輯器多到會讓你數到生氣！不過，vi 卻是強烈建議要先學習的！這是因為 vi 會被很多軟體所呼叫，加上所有的 Unix like 系統上面都有 vi，所以你一定要學會才好！

5. **Shell 與 Shell Script 的學習**

   其實鳥哥上面一直談到的『文字介面』說穿了就是一個名為 shell 的軟體啦！既然要玩文字介面，當然就是要會使用 shell 的意思。但是 shell 上面的資料太多了，包括『正規表示法』、『管線命令』與『資料流重導向』等等，真的需要瞭解比較好呦！此外，為了幫助你未來的管理伺服器的便利性，shell scripts 也是挺重要的！要學要學！

6. **一定要會軟體管理員**

   因為玩 Linux 常常會面臨得要自己安裝驅動程式或者是安裝額外軟體的時候，尤其是嵌入式設備或者是學術研究單位等。這個時候 Tarball/RPM/DPKG/YUM/APT 等軟體管理員的安裝方式的瞭解，對你來說就重要到不行了！

7. **網路基礎的建立**

   如果上面你都通過了，那麼網路的基礎就是下一階段要接觸的東東，這部分包含了『IP 概念』『路由概念』等等。

8. 如果連網路基礎都通過了,那麼網站的架設對你來說,簡直就是『太簡單啦!』

在一些基礎知識上,可能的話,當然得去書店找書來讀啊!如果你想要由網路上面閱讀的話,那麼這裡推薦一下由 Netman 大哥主筆的 Study-Area 裡面的基礎文章,相當的實用!

◆ 電腦基礎 (http://www.study-area.org/compu/compu.htm)

◆ 網路基礎 (http://www.study-area.org/network/network.htm)

## 1.4.2　選擇一本易讀的工具書

正所謂這:『好的書本帶你上天堂、壞的書本讓你窮瞎忙...』一本好的工具書是需要的,不論是未來作為查詢之用,還是在正確的學習方法上。可惜的是,目前坊間的書大多強調速成的 Linux 教育,或者是強調 Linux 的網路功能,卻欠缺了大部分的 Linux 基礎管理～鳥哥在這裡還是要再次的強調,Linux 的學習歷程並不容易,它需要比較長的時間來適應、學習與熟悉,但是只要能夠學會這些簡單的技巧,這些技巧卻可以幫助你在各個不同的 OS 之間遨遊!

你既然看到這裡了,應該是已經取得了鳥哥的 Linux 私房菜 -- 基礎學習篇了吧!^_^ 希望這本書可以幫助你縮短基礎學習的歷程,也希望能夠帶給你一個有效的學習觀念!而在這本書看完之後,或許還可以參考一下 Netman 推薦的相關網路書籍:

◆ 請推薦有關網路的書

http://linux.vbird.org/linux_basic/0120howtolinux/0120howtolinux_1.php

**不過,要強調的是,每個人的閱讀習慣都不太一樣,所以,除了大家推薦的書籍之外,你必須要親眼看過該本書籍,確定你可以吸收的了書上的內容,再下去購買喔!**

其實鳥哥買科技類書籍比較喜歡買基礎書耶,因為基礎學好了,其他的部分大概找個 keyword,再 google 一下,一大堆資料就可以讓你去分析判斷了!你會說,既然如此,那基礎書籍內的項目不是 google 也是一大堆?不要忘記了,『最開始你是要用什麼關鍵字去 google 啊?』!所以,閱讀基礎書籍的重點,就是讓自己能夠掌握住那些『 keyword 』喔!加油!

## 1.4.3　實作再實作

要增加自己的體力,就是只有運動;要增加自己的知識,就只有讀書;當然,要增加自己對於 Linux 的認識,大概就只有實作經驗了!所以,趕快找一部電腦,趕快安裝一個 Linux distribution,然後快點進入 Linux 的世界裡面晃一晃!相信對於你自己的 Linux 能力必然大有斬獲!除了自己的實作經驗之外,也可以參考網路上一些善心人士整理的實作經驗分享喔!例如最有名的 Study-Area(http://www.study-area.org)等網站。

此外，人腦不像電腦的硬碟一樣，除非硬碟壞掉了或者是資料被你抹掉了，否則儲存的資料將永遠而且立刻的記憶在硬碟中！在人類記憶的曲線中，**你必須要『不斷的重複練習』才會將一件事情記得比較熟！**同樣的，學習 Linux 也一樣，如果你無法經常摸索的話，那麼，抱歉的是，學了後面的，前面的忘光光！學了等於沒學，這也是為什麼鳥哥當初要寫『鳥哥的私房菜』這個網站的主要原因，因為，鳥哥的忘性似乎比一般人還要好～～呵呵！所以，除了要實作之外，還得要常摸！才會熟悉 Linux 而且不會怕它呢！

> 鳥哥上課時，常常有學生問到：『老師，到底要聽過你的課幾次之後，才能學的會？』鳥哥的標準答案是：『你永遠學不會！』因為你是用『聽』的，沒有動手做，那麼永遠不會知道『經驗』兩個字怎麼寫！很多時候電腦/網路都會有一些莫名其妙的突發狀況，沒有實際碰觸過，怎麼可能會理解呢？所以『永遠是不可能聽會的！』為啥要實驗？因為實驗過後你才會有經驗來記下來？否則實驗結果課本都有啊！不是背一背就好了，幹嘛實驗呢？浪費錢嗎？^_^

## 1.4.4 發生問題怎麼處理啊？建議流程是這樣...

我們是『人』不是『神』，所以在學習的過程中發生問題是很常見的啦！重點是，我們該如何處理在自身所發生的 Linux 問題呢？在這裡鳥哥的建議是這樣的流程：

1. **在自己的主機/網路資料庫上查詢 How-To 或 FAQ**

   其實，在 Linux 主機及網路上面已經有相當多的 FAQ 整理出來了！所以，當你發生任何問題的時候，除了自己檢查，或者到上述的實作網站上面查詢一下是否有設定錯誤的問題之外，最重要的當然就是到各大 FAQ 的網站上查詢囉！以下列出一些有用的 FAQ 與 How-To 網站給你參考一下：

   - Linux 自己的文件資料：/usr/share/doc (在你的 Linux 系統中)
   - CLDP 中文文件計畫：http://www.linux.org.tw/CLDP/
   - The Linux Documentation Project：http://www.tldp.org/

   上面比較有趣的是那個 TLDP(The Linux Documentation Project)，它幾乎列出了所有 Linux 上面可以看到的文獻資料，各種 How-To 的作法等等，雖然是英文的，不過，很有參考價值！

   除了這些基本的 FAQ 之外，其實，還有更重要的問題查詢方法，那就是利用酷狗 (Google)幫你去搜尋答案呢！在鳥哥學習 Linux 的過程中，如果有什麼奇怪的問題發生時，第一個想到的，就是去 http://www.google.com.tw 搜尋是否有相關的議題。舉例來說，我想要找出 Linux 底下的 NAT，只要在上述的網站內，輸入 Linux 跟 NAT，立刻就有一堆文獻跑出來了！真的相當的優秀好用喔！你也可以透過酷狗來找鳥哥網站上的資料呢！

- ■ Google：http://www.google.com.tw
- ■ 鳥哥網站：http://linux.vbird.org/Searching.php

2. **注意訊息輸出，自行解決疑難雜症**

一般而言，Linux 在下達指令的過程當中，或者是 log file 裡頭就可以自己查得錯誤資訊了，舉個例子來說，當你下達：

```
[root@centos ~]# ls -l /vbird
```

由於系統並沒有 /vbird 這個目錄，所以會在螢幕前面顯示：

```
ls: /vbird: No such file or directory
```

這個錯誤訊息夠明確了吧！系統很完整的告訴你『查無該資料』！呵呵！所以囉，請注意，發生錯誤的時候，請先自行以螢幕前面的資訊來進行 debug(除錯)的動作，然後，如果是網路服務的問題時，請到/var/log/這個目錄裡頭去查閱一下 log file(登錄檔)，這樣可以幾乎解決大部分的問題了！

3. **搜尋過後，注意網路禮節，討論區大膽的發言吧**

一般來說，如果發生錯誤現象，一定會有一些訊息對吧！那麼當你要請教別人之前，就得要將這些訊息整理整理，否則網路上人家也無法告訴你解決的方法啊！這一點很重要的喔！

萬一真的經過了自己的查詢，卻找不到相關的資訊，那麼就發問吧！不過，在發問之前建議你最好先看一下『 提問的智慧 http://phorum.vbird.org/viewtopic.php?t＝96』這一篇討論！然後，你可以到底下幾個討論區發問看看：

- ■ 酷學園討論區：http://phorum.study-area.org
- ■ 鳥哥的私房菜館討論區：http://phorum.vbird.org

不過，基本上去每一個討論區回答問題的熟手，其實都差不多是那幾個，所以，你的問題『**不要重複發表在各個主要的討論區！**』舉例來說，鳥園與酷學園討論區上的朋友重複性很高，如果你兩邊都發問，可能會得到反效果，因為大家都覺得，另外一邊已經回答你的問題了呢～～

4. **Netman 大大給的建議**

此外，Netman 兄提供的一些學習的基本方針，提供給大家參考：

- 在 Windows 裡面，程式有問題時，如果可能的話先將所有其他程式保存並結束，然後嘗試按救命三鍵 (ctrl+Alt+Delete)，將有問題的程式(不要選錯了程式哦)『結束工作』，看看能不能恢復系統。**不要動不動就直接關機或 reset。**

- **有系統地設計檔案目錄，** 不要隨便到處保存檔案以至以後不知道放哪裡了，或找到檔案也不知道為何物。

- **養成一個做記錄的習慣。** 尤其是發現問題的時候，把錯誤信息和引發狀況以及解決方法記錄清楚，同時最後歸類及定期整理。別以為你還年輕，等你再弄多幾年電腦了，你將會非常慶幸你有此一習慣。

- 如果看在網路上看到任何好文章，可以為自己留一份 copy，同時定好題目，歸類存檔。(鳥哥註：需要注意智慧財產權！)

- 作為一個使用者，人要遷就機器；做為一個開發者，要機器遷就人。

- 學寫 script 的確沒設定 server 那麼好玩，不過以我自己的感覺是：關鍵是會得『偷』，偷了會改，改了會得變，變則通矣。

- 在 Windows 裡面，設定不好設備，你可以罵它；在 Linux 裡面，如果設定好設備了，你得要感激它!

## 1.4.5 鳥哥的建議 (重點在 solution 的學習)

除了上面的學習建議之外，還有其他的建議嗎？確實是有的！其實，無論做什麼事情，對人類而言，兩個重要的因素是造成我們學習的原動力：

- ◆ **成就感**

- ◆ **興趣**

很多人問過我，鳥哥是怎麼學習 Linux 的？由上面鳥哥的悲慘 Linux 學習之路你會發現，原來我本人對於電腦就蠻有興趣的，加上工作的需要，而鳥哥又從中得到了相當多的成就感，所以囉，就一發不可收拾的愛上 Linux 囉！因此，鳥哥個人認為，**學習 Linux 如果玩不出興趣，它對你也不是什麼重要的生財工具，那麼就不要再玩下去了！**因為很累人ㄋㄟ～而如果你真的想要玩這麼一套優良的作業系統，除了前面提到的一些建議之外，說真的，得要培養出興趣與成就感才行！那麼如何培養出興趣與成就感呢？可能有幾個方向可以提供給你參考：

◆ **建立興趣**

Linux 上面可以玩的東西真的太多了，你可以選擇一個有趣的課題來深入的玩一玩！不論是 Shell 還是圖形介面等等，只要能夠玩出興趣，那麼再怎麼苦你都會不覺得喔！

◆ **成就感**

成就感是怎麼來的？說實在話，就是『被認同』來的！怎麼被認同呢？寫心得分享啊！當你寫了心得分享，並且公告在 BBS 上面，自然有朋友會到你的網頁去瞧一瞧，當大家覺得你的網頁內容很棒的時候，哈哈！你肯定會加油繼續的分享下去而無法自拔的！那就是我啦......！^_^

就鳥哥的經驗來說，你『**學會一樣東西**』與『**要教人家會一樣東西**』思考的紋路是不太一樣的！學會一樣東西可能學一學會了就算了！但是要『教會』別人，那可就不是鬧著玩的！得要思考相當多的理論性與實務性方面的東東，這個時候，你所能學到的東西就更深入了！鳥哥常常說，我這個網站對我在 Linux 的瞭解上面真的的幫助很大！

◆ **協助回答問題**

另一個創造成就感與滿足感的方法就是『助人為快樂之本！』當你在 BBS 上面告訴一些新手，回答他們的問題，你可以獲得的可能只是一句『謝謝！感恩吶！』但是那句話真的會讓人很有快樂的氣氛！很多的老手都是因為有這樣的滿足感，才會不斷的協助新來的朋友的呢！此外，回答別人問題的時候，就如同上面的說明一般，你會更深入的去瞭解每個項目，哈哈！又多學會了好多東西呢！

◆ **參與討論**

參與大家的技術討論一直是一件提昇自己能力的快速道路！因為有這些技術討論，你提出了意見，不論討論的結果你的意見是對是錯，對你而言，都是一次次的知識成長！這很重要喔！目前台灣地區辦活動的能力是數一數二的 Linux 社群『酷學園(Study Area, SA)』，每個月不定期的在北/中/南舉辦自由軟體相關活動，有興趣的朋友可以看看：

http://phorum.study-area.org/index.php/board,22.0.html

除了這些基本的初學者建議外，其實，對於未來的學習，這裡建議大家要『眼光看遠！』一般來說，公司行號會發生問題時，他們絕不會只要求各位『單獨解決一部主機的問題』而已，他們需要的是整體環境的總體解決『**Total Solution**』。而我們目前學習的 Linux 其實僅是在一部主機上面進行各項設定而已，還沒有到達解決整體公司所有問題的狀態。當然啦，得要先學會 Linux 相關技巧後，才有辦法將這些技巧用之於其他的 solution 上面！

所以，大家在學習 Linux 的時候，千萬不要有『門戶之見』，認為 MS 的東西就比較不好～否則，未來在職場上，競爭力會比人家弱的！有辦法的話，多接觸，不排斥任何學習的機會！都會帶給自己很多的成長！而且要謹記：『**不同的環境下，解決問題的方法有很多種，只要行的通，就是好方法！**』

另外，不要再說沒興趣了！沒有花時間去了解一下，不要跟人家說你沒興趣！而且，興趣也是靠培養來的！除了某些特殊人物之外，沒有花時間趣培養興趣，怎麼可能會有興趣！？

# 1.5　重點回顧

◆ 作業系統(Operation System)主要在管理與驅動硬體，因此必須要能夠管理記憶體、管理裝置、負責行程管理以及系統呼叫等等。因此，只要能夠讓硬體準備妥當(Ready)的情況，就是一個陽春的作業系統了。

◆ Unix 的前身是由貝爾實驗室(Bell lab.)的 Ken Thompson 利用組合語言寫成的，後來在 1971-1973 年間由 Dennis Ritchie 以 C 程式語言進行改寫，才稱為 Unix。

◆ 1977 年由 Bill Joy 釋出 BSD (Berkeley Software Distribution)，這些稱為 Unix-like 的作業系統。

◆ 1984 年由 Andrew Tanenbaum 開始製作 Minix 作業系統，該系統可以提供原始碼以及軟體。

◆ 1984 年由 Richard Stallman 提倡 GNU 計畫，倡導自由軟體(Free software)，強調其軟體可以『自由的取得、複製、修改與再發行』，並規範出 GPL 授權模式，任何 GPL(General Public License)軟體均不可單純僅販賣其軟體，也不可修改軟體授權。

◆ 1991 年由芬蘭人 Linus Torvalds 開發出 Linux 作業系統。簡而言之，Linux 成功的地方主要在於：Minix(Unix), GNU, Internet, POSIX 及虛擬團隊的產生。

◆ 符合 Open source 理念的授權相當多，比較知名的如 Apache / BSD / GPL / MIT 等。

◆ Linux 本身就是個最陽春的作業系統，其開發網站設立在 http://www.kernel.org，我們亦稱 Linux 作業系統最底層的資料為『核心(Kernel)』。

◆ 從 Linux kernel 3.0 開始，已經捨棄奇數、偶數的核心版本規劃，新的規劃使用主線版本(MainLine) 為依據，並提供長期支援版本 (longterm) 來加強某些功能的持續維護。

◆ Linux distributions 的組成含有：『Linux Kernel + Free Software + Documentations(Tools) + 可完整安裝的程序』所製成的一套完整的系統。

◆ 常見的 Linux distributions 分類有『商業、社群』分類法，或『RPM、DPKG』分類法。

◆ 學習 Linux 最好從頭由基礎開始學習，找到一本適合自己的書籍，加強實作才能學會。

## 1.6　本章習題

實作題部分：

◆ 請上網找出目前 Linux 核心的最新穩定版與發展中版本的版本號碼，請註明查詢的日期與版本的對應。

◆ 請上網找出 Linux 的吉祥物企鵝的名字，以及最原始的圖檔畫面。(提示：請前往 http://www.linux.org 查閱)

◆ 請上網找出 Andriod 與 Linux 核心版本間的關係。(提示：請前往 https://zh.wikipedia.org/wiki/Android 查閱)

簡答題部分：

◆ 你在你的主機上面安裝了一張網路卡，但是開機之後，系統卻無法使用，你確定網路卡是好的，那麼可能的問題出在哪裡？該如何解決？

◆ 一個作業系統至少要能夠完整的控制整個硬體，請問，作業系統應該要控制硬體的哪些單元？

◆ 我在 Windows 上面玩的遊戲，可不可以拿到 Linux 去玩？

◆ Linux 本身僅是一個核心與相關的核心工具而已，不過，它已經可以驅動所有的硬體，所以，可以算是一個很陽春的作業系統了。經過其他應用程式的開發之後，被整合成為 Linux distributions。請問眾多的 distributions 之間，有何異同？

◆ Unix 是誰寫出來的？GNU 計畫是誰發起的？

◆ GNU 的全名為何？它主要由哪個基金會支持？

◆ 何謂多人 ( Multi-user ) 多工 ( Multitask )？

◆ 簡單說明 GNU General Public License ( GPL ) 與 Open Source 的精神。

◆ 什麼是 POSIX？為何說 Linux 使用 POSIX 對於發展有很好的影響？

◆ 簡單說明 Linux 成功的因素。

## 1.7　參考資料與延伸閱讀

◆ 註 1：Multics 計畫網站：http://www.multicians.org/

◆ 註 2：Ken Thompson 的 wiki 簡介：http://en.wikipedia.org/wiki/Ken_Thompson

◆ 註 3：Dennis Ritchie 的 wiki 簡介：http://en.wikipedia.org/wiki/Dennis_Ritchie

◆ 註 4：Bill joy 的 wiki 簡介：http://en.wikipedia.org/wiki/Bill_Joy

- 註 5：Andrew Tanenbaum 的 wiki 簡介：
  http://en.wikipedia.org/wiki/Andrew_S._Tanenbaum

- 註 6：Richard Stallman 的個人網站：http://www.stallman.org/

- 註 7：GNU 計畫的官網：http://www.gnu.org/

- 註 8：開放原始碼促進會針對 open source 的解釋：http://opensource.org/definition
  以及 Open source 與 free software 的差異：http://opensource.org/faq#free-software

- 註 9：開放原始碼促進會針對 Open source 授權的彙整介紹：
  http://opensource.org/licenses

- 註 10：Linus Torvalds 在 Wiki 的介紹：http://en.wikipedia.org/wiki/Linus_Torvalds

- 註 11：Cluster Computer 在 Wiki 的介紹：http://en.wikipedia.org/wiki/Computer_cluster

- 註 12：Android 在 Wiki 的介紹：http://zh.wikipedia.org/wiki/Android

- 洪朝貴老師的 GNU/FSF 介紹：http://people.ofset.org/~ckhung/a/c_83.php

- 葛林穆迪著，杜默譯，『Linux 傳奇』，時報文化出版企業。
  書本介紹：http://findbook.tw/book/9789571333632/basic

- XFree86 的網站：http://www.xfree86.org/

- POSIX 的相關說明：
  維基百科：http://en.wikipedia.org/wiki/POSIX
  IEEE POSIX 標準：http://standards.ieee.org/regauth/posix/

# 2

# 主機規劃與磁碟分割

事實上，要安裝好一部 Linux 主機並不是那麼簡單的事情，你必須要針對
distributions 的特性、伺服器軟體的能力、未來的升級需求、硬體擴充性需求等
等來考量，還得要知道磁碟分割、檔案系統、Linux 操作較頻繁的目錄等等，都
得要有一定程度的瞭解才行，所以，安裝 Linux 並不是那麼簡單的工作喔！不
過，要學習 Linux 總得要有 Linux 系統存在吧？所以鳥哥在這裡還是得要提前說明
如何安裝一部 Linux 練習機。在這一章裡面，鳥哥會介紹一下，在開始安裝 Linux
之前，你應該要先思考哪些工作？好讓你後續的主機維護輕鬆愉快啊！此外，要
瞭解這個章節的重要性，你至少需要瞭解到 Linux 檔案系統的基本概念，這部分
初學者是不可能具備的！所以初學者在這個章節裡面可能會覺得很多部分都是莫
名其妙！沒關係！在你完成了後面的相關章節之後，**記得要再回來這裡看看如何
規劃主機**即可！^\_^

## 2.1　Linux 與硬體的搭配

　　雖然個人電腦各元件的主要介面是大同小異的，包括前面第零章計算機概論講到的種種介面等，但是由於新的技術來得太快，Linux 核心針對新硬體所納入的驅動程式模組比不上硬體更新的速度，加上硬體廠商針對 Linux 所推出的驅動程式較慢，因此你在選購新的個人電腦(或伺服器)時，應該要選擇已經過安裝 Linux 測試的硬體比較好。

　　此外，在安裝 Linux 之前，你最好瞭解一下你的 Linux 預計是想達成什麼任務，這樣在選購硬體時才會知道那個元件是最重要的。舉例來說，桌面電腦(Desktop)的使用者，應該會用到 X Window 系統，此時，顯示卡的優劣與記憶體的大小可就佔有很大的影響。如果是想要做成檔案伺服器，那麼硬碟或者是其他的儲存設備，應該就是你最想要增購的元件囉！所以說，功課還是需要作的啊！

　　鳥哥在這裡要不厭其煩的再次的強調，Linux 對於電腦各元件/裝置的分辨，與大家慣用的 Windows 系統完全不一樣！因為，**各個元件或裝置在 Linux 底下都是『一個檔案！』**這個觀念我們在第一章 Linux 是什麼裡面已經提過，這裡我們再次的強調。因此，你在認識各項裝置之後，學習 Linux 的裝置檔名之前，務必要先將 Windows 對於裝置名稱的概念先拿掉～否則會很難理解喔！

### 2.1.1　認識電腦的硬體配備

『**什麼？學 Linux 還得要玩硬體？**』呵呵！沒錯！這也是為什麼鳥哥要將計算機概論搬上檯面之故！我們這裡主要是介紹較為普遍的個人電腦架構來設定 Linux 伺服器，因為比較便宜啦！至於各相關的硬體元件說明已經在第零章計概內講過了，這裡不再重複說明。僅將重要的主機板與元件的相關性圖示如右：

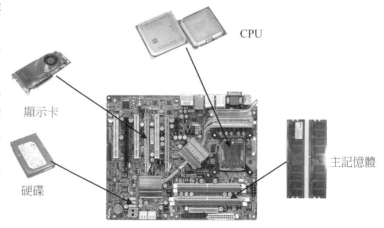

圖 2.1.1　個人電腦各元件的相關性
(上述圖示主要取自 tom's 硬體指南，各元件圖片分屬個別公司所有)

那麼我們應該如何挑選電腦硬體呢？隨便買買就好，還是有特殊的考量？底下有些思考角度可以提供給大家參考看看：

◆ **遊戲機/工作機的考量**

事實上，電腦主機的硬體配備與這部主機未來的功能是很有相關性的！舉例來說，家裡有小孩，或者自己仍然算是小孩的朋友大概都知道：『要用來打 Game 的『遊戲機電腦』所需要的配備一定比辦公室用的『工作機電腦』配備更高檔』，為什麼呢？因為現在一般的三維(3D)電腦遊戲所需要的 3D 光影運算太多了，所以顯示卡與 CPU 資源都會被耗用的非常多！當然就需要比較高級的配備囉，尤其是在顯示卡、CPU(例如 Intel 的 I5, I7 系列的) 及主機板晶片組方面的功能。

至於辦公室的工作環境中，最常使用到的軟體大多是辦公軟體(Office)，最常使用的網路功能是瀏覽器，這些軟體所需要的運算並不高，理論上目前的入門級電腦都能夠跑得非常順暢了！甚至很多企業都喜歡購買將顯示卡、主機板晶片組整合在一起的整合型晶片的電腦，因為便宜又好用！

◆ **『效能/價格』比與『效能/消耗的瓦數』比的考量**

並不是『貴就比較好』喔！在目前(2015)電費居高不下的情況，如何兼顧省錢與電腦硬體的效能問題，很重要！如果你喜歡購買最新最快的電腦零件，這些剛出爐的元件都非常的貴，而且作業系統還不見得能夠完整的支援。所以，鳥哥都比較喜歡購買主流級的產品而非最高檔的。因為我們最好能夠考慮到效能/價格比。如果高一級的產品讓你的花費多一倍，但是新增加的效能卻只有 10%而已，那這個效能/價格的比值太低，不建議啦！

此外，由於電價越來越高，如何『省電』就很重要啦！因此目前硬體評論界有所謂的『每瓦效能』的單位，每瓦電力所發揮的效能越高，當然代表越省電啊！這也是購買硬體時的考量之一啦！要知道，如果是做為伺服器用，一年 365 天中時時刻刻都開機，則你的電腦多花費 50 瓦的電力時，每年就得要多花 450 度電左右 (50W*365 天*24 小時/天/1000W＝438 度電)，如果以企業來講，每百部電腦每年多花 450 度電的話，每年得多花十萬塊以上的電費呢 (以一度電 3 塊錢來計算)！所以這也需要考量啊！

◆ **支援度的考量**

並非所有的產品都會支援特定的作業系統，這牽涉到硬體開發商是否有意願提供適當的驅動程式之故。因此，當我們想要購買或者是升級某些電腦元件時，應該要特別注意該硬體是否有針對你的作業系統提供適當的驅動程式，否則，買了無法使用，那才是叫人嘔死啊！因此，針對 Linux 來說，底下的硬體分析就重要啦！

因為鳥哥會自己編譯驅動程式，所以上次買家用桌上型電腦時，就委託鳥嫂全權處理 (因為錢錢是鳥嫂負責的嘛！嘿嘿！省的麻煩！)！反正最多就是自己去找 driver 來編譯，那也沒什麼～你說是吧？沒想到來的主機板上面內建的那顆網路卡驅動程式，網卡開發商的官網上面並沒有提供 source code！鳥哥趕緊回去直一下該主機板的說明，結果…說明書上面明明白白的說，這片主機板僅提供支援 windows 的 drivers 而已…還建議不要拿來裝 Linux 之用…當下還是默默的去找了一塊 PCI-e 網卡來插了… 連 source code 都沒有，是要編譯啥啦！巧婦難為無米之炊啊～～@_@～～這個故事告訴我們，做人不要太鐵齒，硬體該查閱的工作還是要做啦！

## 2.1.2 選擇與 Linux 搭配的主機配備

由於硬體的加速發展與作業系統核心功能的增強，導致較早期的電腦已經沒有能力再負荷新的作業系統了。舉例來說，Pentun-III 以前的硬體配備可能已經不再適合現在的新的 Linux distribution。**而且較早期的硬體配備也可能由於保存的問題或者是電子零件老化的問題，導致這樣的電腦系統反而非常容易在運作過程中出現不明的當機情況**，因此在利用舊零件拼湊 Linux 使用的電腦系統時，真的得要特別留意呢！

不過由於 Linux 運作所需要的硬體配備實在不需要太高檔，因此，如果有近期汰換下來的五年內的電腦，不必急著丟棄。由於 CPU 為 i3 等級的硬體不算太老舊，在效能方面其實也算的上非常 OK 了～所以，鳥哥建議你如果有五年內的電腦被淘汰，可以拿下來測試一下，說不定能夠作為你日常生活的 Linux 伺服器，或者是備用伺服器，都是非常好用的功能哩！

但是由於不同的任務的主機所需要的硬體配備並不相同，舉例來說，如果你的 Linux 主機是要作為企業內部的 Mail server 或者是 Proxy server 時，或者是需要使用到圖形介面的運算(X Window 內的 Open GL 等等功能)，那麼你就必須要選擇高檔一點的電腦配備了，使用過去的電腦零件可能並不適合呢。

底下我們稍微談一下，如果你的 Linux 主要是作為小型伺服器使用，並不負責學術方面的大量運算，而且也沒有使用 X Window 的圖形介面，那你的硬體需求只要像底下這樣就差不多了：

◆ CPU

CPU 只要不是老舊到會讓你的硬體系統當機的都能夠支援！如同前面談到的，目前 (2015)的環境中，Intel i3 系列的 CPU 不算太舊而且效能也不錯，非常好用了。

◆ RAM

主記憶體是越大越好！事實上在 Linux 伺服器中，主記憶體的重要性比 CPU 還要高的多！因為如果主記憶體不夠大，就會使用到硬碟的記憶體置換空間(swap)。而由計算機概論的內容我們知道硬碟比記憶體的速度要慢的多，所以主記憶體太小可能會影響到整體系統的效能的！尤其如果你還想要玩 X window 的話，那主記憶體的容量就不能少。對於一般的小型伺服器來說，建議至少也要 512MB 以上的主記憶體容量較佳。老實說，目前 DDR3 的硬體環境中，新購系統動不動就是 4~16GB 的記憶體，真的是很夠用了！

◆ Hard Disk

由於資料量與資料存取頻率的不同，對於硬碟的要求也不相同。舉例來說，如果是一般小型伺服器，通常重點在於容量，硬碟容量大於 20GB 就夠用到不行了！但如果你的伺服器是作為備份或者是小企業的檔案伺服器，那麼你可能就得要考量較高階的磁碟陣列(RAID)模式了。

> 磁碟陣列(RAID)是利用硬體技術將數個硬碟整合成為一個大硬碟的方法，作業系統只會看到最後被整合起來的大硬碟。由於磁碟陣列是由多個硬碟組成，所以可以達成速度效能、備份等任務。更多相關的磁碟陣列我們會在第十四章中介紹的。

◆ VGA

對於不需要 X Window 的伺服器來說，顯示卡算是最不重要的一個元件了！你只要有顯示卡能夠讓電腦啟動，那就夠了。但如果需要 X window 系統時，你的顯示卡最好能夠擁有 32MB 以上的記憶體容量，否則跑 X 系統會很累喔！

◆ Network Interface Card

網路卡是伺服器上面最重要的元件之一了！目前的主機板大多擁有內建 10/100/1000Mbps 的超高速乙太網路卡。但要注意的是，不同的網路卡的功能還是有點差異。舉例來說，鳥哥曾經需要具有可以設定 bonding 功能的網路卡，結果，某些較低階的 gigabit 網卡並沒有辦法提供這個項目的支援！真是傷腦筋！此外，比較好的網卡通常 Linux 驅動程式也做的比較好，用起來會比較順暢。因此，如果你的伺服器是 網路 I/O 行為非常頻繁的網站，好一點的 Intel/boradcom 等公司的網卡應該是比較適合的喔。

◆ **光碟、軟碟、鍵盤與滑鼠**

不要舊到你的電腦不支援就好了，因為這些配備都是非必備的喔！舉例來說，鳥哥安裝好 Linux 系統後，可能就將該系統的光碟機、滑鼠、軟碟機等通通拔除，只有網路線連接在電腦後面而已，其他的都是透過網路連線來管控的哩！因為通常伺服器這東西最需要的就是穩定，而穩定的最理想狀態就是平時沒事不要去動它是最好的。

底下鳥哥針對一般你可能會接觸到的電腦主機的用途與相關硬體配備的基本要求來說明一下好了：

◆ **一般小型主機且不含 X Window 系統**

- 用途：家庭用 NAT 主機(IP 分享器功能)或小型企業之非圖形介面小型主機。
- CPU：五年內出產的產品即可。
- RAM：至少 512MB，不過還是大於 1GB 以上比較妥當！
- 網路卡：一般的乙太網路卡即可應付。
- 顯示卡：只要能夠被 Linux 捉到的顯示卡即可，例如 NVidia 或 ATI 的主流顯示卡均可。
- 硬碟：20GB 以上即可！

◆ **桌上型(Desktop)Linux 系統/含 X Window**

- 用途：Linux 的練習機或辦公室(Office)工作機。(一般我們會用到的環境)
- CPU：最好等級高一點，例如 Intel I5, I7 以上等級。
- RAM：一定要大於 1GB 比較好！否則容易有圖形介面停頓的現象。
- 網路卡：普通的乙太網路卡就好了！
- 顯示卡：使用 256MB 以上記憶體的顯示卡！(入門級的都這個容量以上了)
- 硬碟：越大越好，最好有 60GB。

◆ **中型以上 Linux 伺服器**

- 用途：中小型企業/學校單位的 FTP/mail/WWW 等網路服務主機。
- CPU：最好等級高一點，例如 I5, I7 以上的多核心系統。
- RAM：最好能夠大於 1GB 以上，大於 4GB 更好！
- 網路卡：知名的 broadcom 或 Intel 等廠牌，比較穩定效能較佳！
- 顯示卡：如果有使用到圖形功能，則一張 64MB 記憶體的顯示卡是需要的！
- 硬碟：越大越好，如果可能的話，使用磁碟陣列，或者網路硬碟等等的系統架構，能夠具有更穩定安全的傳輸環境，更佳！
- **建議企業用電腦不要自行組裝，可購買商用伺服器較佳**，因為商用伺服器已經通過製造商的散熱、穩定度等測試，對於企業來說，會是一個比較好的選擇。

**總之，鳥哥在這裡僅是提出一個方向：如果你的 Linux 主機是小型環境使用的，即時當機也不太會影響到企業環境的運作時，那麼使用升級後被淘汰下來的零件以組成電腦系統來運作，那是非常好的回收再利用的案例。但如果你的主機系統是非常重要的，你想要更一部**

更穩定的 Linux 伺服器，那考慮系統的整體搭配與運作效能的考量，購買已組裝測試過的商用伺服器會是一個比較好的選擇喔！

> 一般來說，目前(2015)的入門電腦機種，CPU 至少都是 Intel i3 的 2GHz 系列的等級以上，主記憶體至少有 2GB，顯示卡記憶體也有 512MB 以上，所以如果你是新購置的電腦，那麼該電腦用來作為 Linux 的練習機，而且加裝 X Window 系統，肯定是可以跑的嚇嚇叫的啦！^_^

此外，Linux 開發商在釋出 Linux distribution 之前，都會針對該版所預設可以支援的硬體做說明，因此，你除了可以在 Linux 的 Howto 文件去查詢硬體的支援度之外，也可以到各個相關的 Linux distributions 網站去查詢呢！底下鳥哥列出幾個常用的硬體與 Linux distributions 搭配的網站，建議大家想要瞭解你的主機支不支援該版 Linux 時，務必到相關的網站去搜尋一下喔！

◆ Red Hat 的硬體支援：https://hardware.redhat.com/?pagename=hcl

◆ Open SuSE 的硬體支援：http://en.opensuse.org/Hardware?LANG=en_UK

◆ Linux 對筆記型電腦的支援：http://www.linux-laptop.net/

◆ Linux 對印表機的支援：http://www.openprinting.org/

◆ Linux 硬體支援的中文 HowTo：http://www.linux.org.tw/CLDP/HOWTO/hardware.html#hardware

　　總之，如果是自己維護的一個小網站，考慮到經濟因素，你可以自行組裝一部主機來架設。而如果是中、大型企業，那麼主機的錢不要省～因為，省了這些錢，未來主機掛點時，光是要找出哪個元件出問題，或者是系統過熱的問題，會氣死人乁！而且，要注意的就是未來你的 Linux 主機規劃的『用途』來決定你的 Linux 主機硬體配備喔！相當的重要呢！

## 2.1.3　各硬體裝置在 Linux 中的檔名

　　選擇好你所需要的硬體配備後，接下來得要瞭解一下各硬體在 Linux 當中所扮演的角色囉。這裡鳥哥再次的強調一下：『**在 Linux 系統中，每個裝置都被當成一個檔案來對待**』舉例來說，IDE 介面的硬碟的檔案名稱即為/dev/sd[a-d]，其中，括號內的字母為 a-d 當中的任意一個，亦即有/dev/**sda**、/dev/**sdb**、/dev/**sdc** 及 /dev/**sdd** 這四個檔案的意思。

> 這種中括號 [ ] 型式的表示法在後面的章節當中會使用得很頻繁，請特別留意。另外先提出來強調一下，在 Linux 這個系統當中，幾乎所有的硬體裝置檔案都在/dev 這個目錄內，所以你會看到/dev/sda, /dev/sr0 等等的檔名喔。

那麼印表機與軟碟呢？分別是/dev/lp0, /dev/fd0 囉！好了，其他的周邊設備呢？底下列出幾個常見的裝置與其在 Linux 當中的檔名囉：

| 裝置 | 裝置在 Linux 內的檔名 |
|---|---|
| SCSI/SATA/USB 硬碟機 | /dev/sd[a-p] |
| USB 快閃碟 | /dev/sd[a-p] (與 SATA 相同) |
| VirtI/O 界面 | /dev/vd[a-p] (用於虛擬機器內) |
| 軟碟機 | /dev/fd[0-7] |
| 印表機 | /dev/lp[0-2] (25 針印表機)<br>/dev/usb/lp[0-15] (USB 介面) |
| 滑鼠 | /dev/input/mouse[0-15] (通用)<br>/dev/psaux (PS/2 界面)<br>/dev/mouse (當前滑鼠) |
| CDROM/DVDROM | /dev/scd[0-1] (通用)<br>/dev/sr[0-1] (通用，CentOS 較常見)<br>/dev/cdrom (當前 CDROM) |
| 磁帶機 | /dev/ht0 (IDE 界面)<br>/dev/st0 (SATA/SCSI 界面)<br>/dev/tape (當前磁帶) |
| IDE 硬碟機 | /dev/hd[a-d] (舊式系統才有) |

時至今日，由於 IDE 界面的磁碟機幾乎已經被淘汰，太少見了！因此現在連 IDE 界面的磁碟檔名也都被模擬成 /dev/sd[a-p]了！此外，如果你的機器使用的是跟網際網路供應商 (ISP) 申請使用的雲端機器，這時可能會得到的是虛擬機器。為了加速，虛擬機器內的磁碟是使用模擬器產生，該模擬器產生的磁碟檔名為 /dev/vd[a-p] 系列的檔名喔！要注意！要注意！

更多 Linux 核心支援的硬體裝置與檔名，可以參考如下網頁：
https://www.kernel.org/doc/Documentation/devices.txt

## 2.1.4 使用虛擬機器學習

由於近年來硬體虛擬化技術的成熟，目前普通的中階個人電腦的 CPU 微指令集中，就已經整合了硬體虛擬化指令集了！所以，隨便一台電腦就能夠虛擬化出好幾台邏輯獨立的系統了！很讚！

因為虛擬化系統可以很簡單的製作出相仿的硬體資源，因此我們在學習的時候，比較能夠取得相同的環境來查閱學習的效果！所以，在本書的後續所有動作中，我們都是使用虛擬化系統來做說明！畢竟未來你實際接觸到 Linux 系統時，很有可能公司交代給你的就是虛擬機了！趁早學也不錯！

由於虛擬化的軟體非常之多，網路上也有一堆朋友的教學在。如果你的系統是 windows 系列的話，鳥哥個人推薦你使用 virtualbox 這個軟體！至於如果你原本就用 Linux 系統，例如 Fedora/Ubuntu 等系列的話，那麼建議你使用原本系統內就有的虛擬機器管理員來處理即可。目前 Linux 系統大多使用 KVM 這個虛擬化軟體就是了。底下提供一些網站給你學習學習！鳥哥之後的章節所使用的機器，就是透過 KVM 建置出來的系統喔！提供給你作參考囉。

- Virtualbox 官網：https://www.virtualbox.org
- Virtualbox 官網教學：https://www.virtualbox.org/manual/ch01.html
- Fedora 教學：http://docs.fedoraproject.org/en-US/Fedora/13/html/Virtualization_Guide/part-Virtualization-Virtualization_Reference_Guide.html

## 2.2　磁碟分割

這一章在規劃的重點是為了要安裝 Linux，那 Linux 系統是安裝在電腦元件的那個部分呢？就是磁碟啦！所以我們當然要來認識一下磁碟先。我們知道一塊磁碟是可以被分割成多個分割槽的(partition)，以舊有的 Windows 觀點來看，你可能會有一顆磁碟並且將它分割成為 C:, D:, E:槽對吧！那個 C, D, E 就是分割槽(partition)囉！但是 Linux 的裝置都是以檔案的型態存在，那分割槽的檔名又是什麼？如何進行磁碟分割？磁碟分割有哪些限制？目前的 BIOS 與 UEFI 分別是啥？MSDOS 與 GPT 又是啥？都是我們這個小節所要探討的內容囉。

### 2.2.1　磁碟連接的方式與裝置檔名的關係

由第零章提到的磁碟說明，我們知道個人電腦常見的磁碟介面有兩種，分別是 SATA 與 SAS 介面，目前(2015)的主流是 SATA 介面。不過更老舊的電腦則有可能是已經不再流行的 IDE 界面喔！以前的 IDE 界面與 SATA 界面在 Linux 的磁碟代號並不相同，不過近年來為了統一處理，大部分 Linux distribution 已經將 IDE 界面的磁碟檔名也模擬成跟 SATA 一樣了！所以你大概不用太擔心磁碟裝置檔名的問題了！

時代在改變啊～既然 IDE 界面都可以消失了，那磁碟檔名還有什麼可談的呢？嘿嘿！有啊！如同上一小節談到的，虛擬化是目前很常見的一項技術，因此你在使用的機器很可能就是虛擬機器，這些虛擬機器使用的『虛擬磁碟』並不是正規的磁碟界面！這種情況底下，你的磁碟檔名就不一樣了！**正常的實體機器大概使用的都是 /dev/sd[a-] 的磁碟檔名，至於虛擬**

**機器環境底下，為了加速，可能就會使用 /dev/vd[a-p] 這種裝置檔名喔！**因此在實際處理你的系統時，可能得要了解為啥會有兩種不同磁碟檔名的原因才好！

> **例題**
>
> 假設你的主機為虛擬機器，裡面僅有一顆 VirtIO 介面的磁碟，請問它在 Linux 作業系統裡面的裝置檔名為何？
>
> **答：**參考 2.1.3 小節的介紹，虛擬機使用 VirtIO 界面時，磁碟檔名應該是 /dev/vda 才對！

再以 SATA 介面來說，由於 SATA/USB/SAS 等磁碟介面都是使用 SCSI 模組來驅動的，因此這些介面的磁碟裝置檔名都是 /dev/sd[a-p] 的格式。所以 SATA/USB 介面的磁碟根本就沒有一定的順序，那如何決定它的裝置檔名呢？這個時候就得要**根據 Linux 核心偵測到磁碟的順序**了！這裡以底下的例子來讓你瞭解囉。

> **例題**
>
> 如果你的 PC 上面有兩個 SATA 磁碟以及一個 USB 磁碟，而主機板上面有六個 SATA 的插槽。這兩個 SATA 磁碟分別安插在主機板上的 SATA1, SATA5 插槽上，請問這三個磁碟在 Linux 中的裝置檔名為何？
>
> **答：**由於是使用偵測到的順序來決定裝置檔名，並非與實際插槽代號有關，因此裝置的檔名如下：
>
> 1. SATA1 插槽上的檔名：**/dev/sda**
> 2. SATA5 插槽上的檔名：**/dev/sdb**
> 3. USB 磁碟(開機完成後才被系統捉到)：**/dev/sdc**

透過上面的介紹後，你應該知道了在 Linux 系統下的各種不同介面的磁碟的裝置檔名了。OK！好像沒問題了呦！才不是呢～問題很大呦！因為如果你的磁碟被分割成兩個分割槽，那麼每個分割槽的裝置檔名又是什麼？在瞭解這個問題之前，我們先來複習一下磁碟的組成，因為現今磁碟的分割與它物理的組成很有關係！

我們在計算機概論談過磁碟的組成主要有磁碟盤、機械手臂、磁碟讀取頭與主軸馬達所組成，而資料的寫入其實是在磁碟盤上面。**磁碟盤上面又可細分出磁區(Sector)與磁軌(Track)兩種單位，其中磁區的物理量設計有兩種大小，分別是** 512bytes 與 4Kbytes。假設磁碟只有一個磁碟盤，那麼磁碟盤有點像底下這樣：

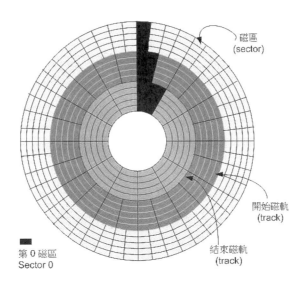

圖 2.2.1　磁碟盤組成示意圖

　　那麼是否每個磁區都一樣重要呢？其實整顆磁碟的第一個磁區特別的重要，因為它記錄了整顆磁碟的重要資訊！早期磁碟第一個磁區裡面含有的重要資訊我們稱為 MBR (Master Boot Record) 格式，但是由於近年來磁碟的容量不斷擴大，造成讀寫上的一些困擾，甚至有些大於 2TB 以上的磁碟分割已經讓某些作業系統無法存取。因此後來又多了一個新的磁碟分割格式，稱為 GPT (GUID partition table)！這兩種分割格式與限制不太相同啦！

　　那麼分割表又是啥？其實你剛剛拿到的整顆硬碟就像一根原木，你必須要在這根原木上面切割出你想要的區段，這個區段才能夠再製作成為你想要的家具！如果沒有進行切割，那麼原木就不能被有效的使用。同樣的道理，你必須要針對你的硬碟進行分割，這樣硬碟才可以被你使用的！

## 2.2.2　MSDOS(MBR) 與 GPT 磁碟分割表 (partition table)

　　但是硬碟總不能真的拿鋸子來切切割割吧？那硬碟還真的是會壞掉去！那怎辦？在前一小節的圖示中，我們有看到『開始與結束磁軌』吧？而通常磁碟可能有多個磁碟盤，所有磁碟盤的同一個磁軌我們稱為磁柱 (Cylinder)，通常那是檔案系統的最小單位，也就是分割槽的最小單位啦！為什麼說『通常』呢？因為近來有 GPT 這個可達到 64bit 紀錄功能的分割表，現在我們甚至可以使用磁區 (sector) 號碼來作為分割單位哩！厲害了！所以說，我們就是**利用參考對照磁柱或磁區號碼的方式來處理啦**！

　　也就是說，分割表其實目前有兩種格式喔！我們就依序來談談這兩種分割表格式吧。

◆ MSDOS (MBR) 分割表格式與限制

早期的 Linux 系統為了相容於 Windows 的磁碟，因此使用的是支援 Windows 的 MBR(Master Boot Record, 主要開機紀錄區) 的方式來處理開機管理程式與分割表！而開機管理程式紀錄區與分割表則通通放在磁碟的第一個磁區，這個磁區通常是 512 bytes 的大小 (舊的磁碟磁區都是 512 bytes 喔！)，所以說，第一個磁區 512 bytes 會有這兩個資料：

■ **主要開機記錄區(Master Boot Record, MBR)：可以安裝開機管理程式的地方**，有 446 bytes

■ **分割表(partition table)：記錄整顆硬碟分割的狀態**，有 64 bytes

**由於分割表所在區塊僅有 64 bytes 容量，因此最多僅能有四組記錄區，每組記錄區記錄了該區段的啟始與結束的磁柱號碼。** 若將硬碟以長條形來看，然後將磁柱以直條圖來看，那麼那 64 bytes 的記錄區段有點像底下的圖示：

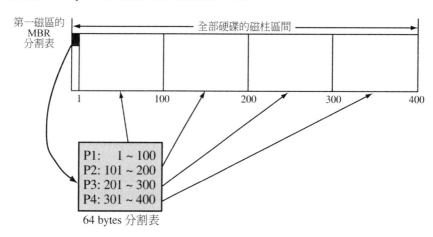

圖 2.2.2 磁碟分割表的作用示意圖

假設上面的硬碟裝置檔名為 /dev/sda 時，那麼這四個分割槽在 Linux 系統中的裝置檔名如下所示，重點在於檔名後面會再接一個數字，這個數字與該分割槽所在的位置有關喔！

■ P1:/dev/sda1

■ P2:/dev/sda2

■ P3:/dev/sda3

■ P4:/dev/sda4

上圖中我們假設硬碟只有 400 個磁柱，共分割成為四個分割槽，第四個分割槽所在為第 301 到 400 號磁柱的範圍。當你的作業系統為 Windows 時，那麼第一到第四個分割槽的代號應該就是 C, D, E, F。當你有資料要寫入 F 槽時，你的資料會被寫入這顆磁碟的 301~400 號磁柱之間的意思。

由於分割表就只有 64 bytes 而已，最多只能容納四筆分割的記錄，這四個分割的記錄被稱為主要 (Primary) 或延伸 (Extended) 分割槽。根據上面的圖示與說明，我們可以得到幾個重點資訊：

- **其實所謂的『分割』只是針對那個 64 bytes 的分割表進行設定而已！**
- **硬碟預設的分割表僅能寫入四組分割資訊**
- **這四組分割資訊我們稱為主要 (Primary) 或延伸 (Extended) 分割槽**
- **分割槽的最小單位『通常』為磁柱 (cylinder)**
- **當系統要寫入磁碟時，一定會參考磁碟分割表，才能針對某個分割槽進行資料的處理**

咦！你會不會突然想到，為啥要分割啊？基本上你可以這樣思考分割的角度：

1. **資料的安全性**

   因為每個分割槽的資料是分開的！所以，當你需要將某個分割槽的資料重整時，例如你要將電腦中 Windows 的 C 槽重新安裝一次系統時，可以將其他重要資料移動到其他分割槽，例如將郵件、桌面資料移動到 D 槽去，那麼 C 槽重灌系統並不會影響到 D 槽！所以善用分割槽，可以讓你的資料更安全。

2. **系統的效能考量**

   由於分割槽將資料集中在某個磁柱的區段，例如上圖當中第一個分割槽位於磁柱號碼 1~100 號，如此一來當有資料要讀取自該分割槽時，磁碟只會搜尋前面 1~100 的磁柱範圍，由於資料集中了，將有助於資料讀取的速度與效能！所以說，分割是很重要的！

既然分割表只有記錄四組資料的空間，那麼是否代表我一顆硬碟最多只能分割出四個分割槽？當然不是啦！有經驗的朋友都知道，你可以將一顆硬碟分割成十個以上的分割槽的！那又是如何達到的呢？在 Windows/Linux 系統中，我們是透過剛剛談到的延伸分割(Extended)的方式來處理的啦！延伸分割的想法是：**既然第一個磁區所在的分割表只能記錄四筆資料，那我可否利用額外的磁區來記錄更多的分割資訊？**實際上圖示有點像底下這樣：

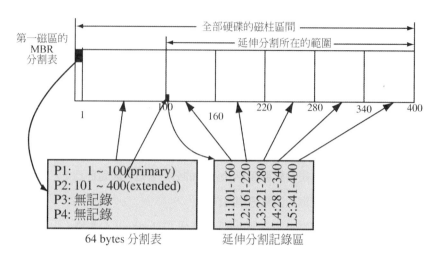

圖 2.2.3　磁碟分割表的作用示意圖

實際上延伸分割並不是只佔一個區塊，而是會分佈在每個分割槽的最前面幾個磁區來記載分割資訊的！只是為了方便讀者記憶，鳥哥在上圖就將它簡化了！有興趣的讀者可以到底下的連結瞧一瞧實際延伸分割的紀錄方式：

http://en.wikipedia.org/wiki/Extended_boot_record

在上圖當中，我們知道硬碟的四個分割記錄區僅使用到兩個，P1 為主要分割，而 P2 則為延伸分割。請注意，**延伸分割的目的是使用額外的磁區來記錄分割資訊，延伸分割本身並不能被拿來格式化**。然後我們可以透過延伸分割所指向的那個區塊繼續作分割的記錄。

如上圖右下方那個區塊有繼續分割出五個分割槽，這五個由延伸分割繼續切出來的分割槽，就被稱為**邏輯分割槽(logical partition)**。同時注意一下，由於邏輯分割槽是由延伸分割繼續分割出來的，所以它可以使用的磁柱範圍就是延伸分割所設定的範圍喔！也就是圖中的 101~400 啦！

同樣的，上述的分割槽在 Linux 系統中的裝置檔名分別如下：

■　P1:/dev/sda1

■　P2:/dev/sda2

▨　L1:/dev/sda5

- L2:/dev/sda6

- L3:/dev/sda7

- L4:/dev/sda8

- L5:/dev/sda9

仔細看看，怎麼裝置檔名沒有 /dev/sda3 與 /dev/sda4 呢？因為前面四個號碼都是保留給 Primary 或 Extended 用的嘛！所以**邏輯分割槽的裝置名稱號碼就由 5 號開始了**！這在 MBR 方式的分割表中是個很重要的特性，不能忘記喔！

MBR 主要分割、延伸分割與邏輯分割的特性我們作個簡單的定義囉：

- **主要分割與延伸分割最多可以有四筆(硬碟的限制)。**

- **延伸分割最多只能有一個(作業系統的限制)。**

- **邏輯分割是由延伸分割持續切割出來的分割槽。**

- **能夠被格式化後，作為資料存取的分割槽為主要分割與邏輯分割。延伸分割無法格式化。**

- **邏輯分割的數量依作業系統而不同，在 Linux 系統中 SATA 硬碟已經可以突破 63 個以上的分割限制。**

事實上，分割是個很麻煩的東西，因為它是**以磁柱為單位的『連續』磁碟空間**，且延伸分割又是個類似獨立的磁碟空間，所以在分割的時候得要特別注意。我們舉底下的例子來解釋一下好了：

**例題**

在 Windows 作業系統當中，如果你想要將 D 與 E 槽整合成為一個新的分割槽，而如果有兩種分割的情況如下圖所示，圖中的特殊顏色區塊為 D 與 E 槽的示意，請問這兩種方式是否均可將 D 與 E 整合成為一個新的分割槽？

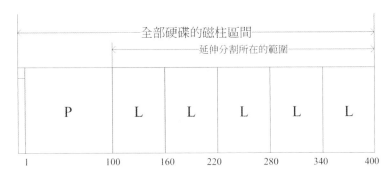

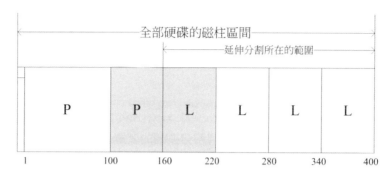

圖 2.2.4　磁碟空間整合示意圖

答：◆ 上圖可以整合：因為上圖的 D 與 E 同屬於延伸分割內的邏輯分割，因此只要將兩個分割槽刪除，然後再重新建立一個新的分割槽，就能夠在不影響其他分割槽的情況下，將兩個分割槽的容量整合成為一個。

◆ 下圖不可整合：因為 D 與 E 分屬主分割與邏輯分割，兩者不能夠整合在一起。除非將延伸分割破壞掉後再重新分割。但如此一來會影響到所有的邏輯分割槽，要注意的是：**如果延伸分割被破壞，所有邏輯分割將會被刪除**。因為邏輯分割的資訊都記錄在延伸分割裡面嘛！

　　由於第一個磁區所記錄的分割表與 MBR 是這麼的重要，幾乎只要讀取硬碟都會先由這個磁區先讀起。因此，如果整顆硬碟的第一個磁區(就是 MBR 與 partition table 所在的磁區)物理實體壞掉了，那這個硬碟大概就沒有用了！因為系統如果找不到分割表，怎麼知道如何讀取磁柱區間呢？你說是吧！底下還有一些例題你可以思考看看：

**例題**

如果我想將一顆大硬碟『暫時』分割成為四個 partitions，同時還有其他的剩餘容量可以讓我在未來的時候進行規劃，我能不能分割出四個 Primary？若不行，那麼你建議該如何分割？

答：◆ 由於 Primary＋Extended 最多只能有四個，其中 Extended 最多只能有一個，這個例題想要分割出四個分割槽且還要預留剩餘容量，因此 P＋P＋P＋P 的分割方式是不適合的。**因為如果使用到四個 P，則即使硬碟還有剩餘容量，因為無法再繼續分割，所以剩餘容量就被浪費掉了。**

◆ 假設你想要將所有的四筆記錄都花光，那麼 P＋P＋P＋E 是比較適合的。所以可以用的四個 partitions 有 3 個主要及一個邏輯分割，剩餘的容量在延伸分割中。

◆ 如果你要分割超過 4 槽以上時，一定要有 Extended 分割槽，而且必須將所有剩下的空間都分配給 Extended，然後再以 logical 的分割來規劃 Extended 的空間。**另外，考慮到磁碟的連續性，一般建議將 Extended 的磁柱號碼分配在最後面的磁柱內。**

**例題**

假如我的 PC 有兩顆 SATA 硬碟，我想在第二顆硬碟分割出 6 個可用的分割槽(可以被格式化來存取資料之用)，那每個分割槽在 Linux 系統下的裝置檔名為何？且分割類型各為何？至少寫出兩種不同的分割方式。

**答：**由於 P(primary)＋E(extended) 最多只能有四個，其中 E 最多只能有一個。現在題目要求 6 個可用的分割槽，因此不可能分出四個 P。底下我們假設兩種環境，一種是將前四號全部用完，一種是僅花費一個 P 及一個 E 的情況：

◆ P+P+P+E 的環境

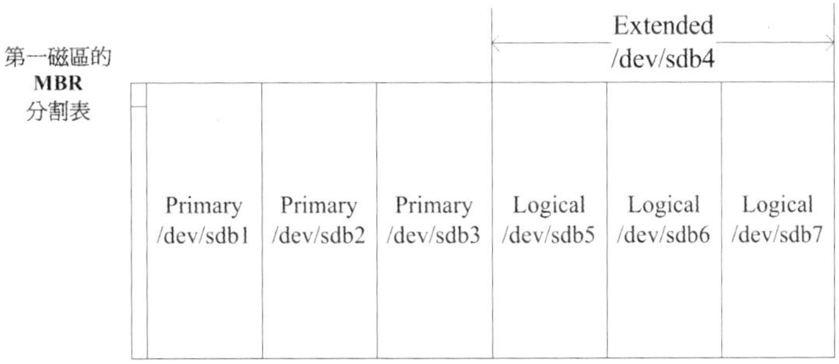

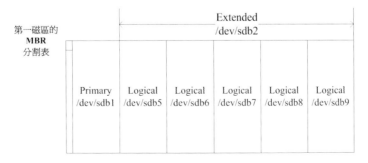

圖 2.2.5　分割示意圖

實際可用的是 /dev/sdb1, /dev/sdb2, /dev/sdb3, /dev/sdb5, /dev/sdb6, /dev/sdb7 這六個，至於 /dev/sdb4 這個延伸分割本身僅是提供來給邏輯分割槽建立之用。

◆ P+E 的環境

圖 2.2.6　分割示意圖

注意到了嗎？因為 1~4 號是保留給主要/延伸分割槽的，因此第一個邏輯分割槽一定是由 5 號開始的！再次強調啊！所以 /dev/sdb3, /dev/sdb4 就會被保留下來沒有用到了！

MBR 分割表除了上述的主分割、延伸分割、邏輯分割需要注意之外，由於每組分割表僅有 16bytes 而已，因此可紀錄的資訊真的是相當有限的！所以，在過去 MBR 分割表的限制中經常可以發現如下的問題：

- **作業系統無法抓取到 2.2T 以上的磁碟容量！**
- **MBR 僅有一個區塊，若被破壞後，經常無法或很難救援。**
- **MBR 內的存放開機管理程式的區塊僅 446bytes，無法容納較多的程式碼。**

這個 2.2TB 限制的現象在早期並不會很嚴重。但是，近年來硬碟廠商動不對推出的磁碟容量就高達好幾個 TB 的容量！目前 (2015) 單一磁碟最高容量甚至高達 8TB 了！如果使用磁碟陣列的系統，像鳥哥的一組系統中，用了 24 顆 4TB 磁碟搭建出磁碟陣列，那在 Linux 底下就會看到有一顆 70TB 左右的磁碟！如果使用 MBR 的話...那得要 2TB/2TB 的割下去，雖然 Linux kernel 現在已經可以透過某些機制讓磁碟分割高過 63 個以上，但是這樣就得要割出將近 40 個分割槽～真要命... 為了解決這個問題，所以後來就有 GPT 這個磁碟分割的格式出現了！

◆ GUID partition table, GPT **磁碟分割表**[註1]

因為過去一個磁區大小就是 512 bytes 而已，不過目前已經有 4K 的磁區設計出現！為了相容於所有的磁碟，因此在磁區的定義上面，大多會使用所謂的邏輯區塊位址 (Logical Block Address, LBA)來處理。GPT 將磁碟所有區塊以此 LBA(預設為 512 bytes 喔！) 來規劃，而第一個 LBA 稱為 LBA0 (從 0 開始編號)。

與 MBR 僅使用第一個 512 bytes 區塊來紀錄不同，GPT 使用了 34 個 LBA 區塊來紀錄分割資訊！同時與過去 MBR 僅有一的區塊，被幹掉就死光光的情況不同，GPT 除了前面 34 個 LBA 之外，整個磁碟的最後 33 個 LBA 也拿來作為另一個備份！這樣或許會比較安全些吧！詳細的結構有點像底下的模樣[註1]：

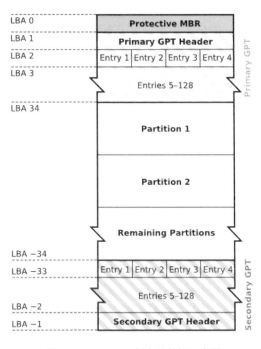

圖 2.2.7　GPT 分割表的結構示意圖

上述圖示的解釋說明如下：

■ LBA0 (MBR 相容區塊)

與 MBR 模式相似的，這個相容區塊也分為兩個部分，一個就是跟之前 446 bytes 相似的區塊，**儲存了第一階段的開機管理程式！**而在原本的分割表的紀錄區內，這個相容模式僅放入一個特殊標誌的分割，用來表示此磁碟為 GPT 格式之意。而不懂 GPT 分割表的磁碟管理程式，就不會認識這顆磁碟，除非用戶有特別要求要處理這顆磁碟，否則該管理軟體不能修改此分割資訊，進一步保護了此磁碟喔！

■ LBA1 (GPT 表頭紀錄)

這個部分紀錄了分割表本身的位置與大小，同時紀錄了備份用的 GPT 分割 (就是前面談到的在最後 34 個 LBA 區塊) 放置的位置，同時放置了分割表的檢驗機制碼 (CRC32)，作業系統可以根據這個檢驗碼來判斷 GPT 是否正確。若有錯誤，還可以透過這個紀錄區來取得備份的 GPT(磁碟最後的那個備份區塊) 來恢復 GPT 的正常運作！

- LBA2-33 (實際紀錄分割資訊處)

  從 LBA2 區塊開始,**每個 LBA 都可以紀錄 4 筆分割紀錄,所以在預設的情況下,總共可以有 4*32 = 128 筆分割紀錄喔!**因為每個 LBA 有 512 bytes,因此每筆紀錄用到 128 bytes 的空間,除了每筆紀錄所需要的識別碼與相關的紀錄之外,**GPT 在每筆紀錄中分別提供了 64 bits 來記載開始/結束的磁區號碼**,因此,GPT 分割表對於單一分割槽來說,它的最大容量限制就會在『 $2^{64} * 512$ bytes $= 2^{63} * 1$ Kbytes $= 2^{33}$ $* $ TB $= 8$ ZB 』,要注意 1 ZB $= 2^{30}$ TB 啦!你說有沒有夠大了?

  現在 GPT 分割預設可以提供多達 128 筆紀錄,而在 Linux 本身的核心裝置紀錄中,針對單一磁碟來說,雖然過去最多只能到達 15 個分割槽,不過由於 Linux kernel 透過 udev 等方式的處理,現在 Linux 也已經沒有這個限制在了!此外,GPT 分割已經沒有所謂的主、延伸、邏輯分割的概念,既然每筆紀錄都可以獨立存在,當然每個都可以視為是主分割!每一個分割都可以拿來格式化使用喔!

  > 鳥哥一直以為核心認識的裝置主要/次要號碼就一定是連續的,因此一直沒有注意到由於新的機制的關係,分割槽已經可以突破核心限制的狀況!感謝大陸網友微博代號『学习日記博客』的提醒!此外,為了查詢正確性,鳥哥還真的有注意到網路上有朋友實際拿一顆磁碟分割出 130 個以上的分割槽,結果他發現 120 個以前的分割槽均可以格式化使用,但是 130 之後的似乎不太能夠使用了!或許跟預設的 GPT 共 128 個號碼有關!

雖然新版的 Linux 大多認識了 GPT 分割表,沒辦法,我們 server 常常需要比較高容量的磁碟嘛!不過,在磁碟管理工具上面,fdisk 這個老牌的軟體並不認識 GPT 喔!要使用 GPT 的話,得要操作類似 gdisk 或者是 parted 指令才行!這部分我們會在第二篇再來談一談。另外,開機管理程式方面,grub 第一版並不認識 GPT 喔!得要 grub2 以後才會認識的!開機管理程式這部分則第五篇再來談喔!

並不是所有的作業系統都可以讀取到 GPT 的磁碟分割格式喔!同時,也不是所有的硬體都可以支援 GPT 格式喔!是否能夠讀寫 GPT 格式又與開機的檢測程式有關!那開機的檢測程式又分成啥鬼東西呢?就是 BIOS 與 UEFI 啦!那這兩個又是啥東西?就讓我們來聊一聊!

## 2.2.3 開機流程中的 BIOS 與 UEFI 開機檢測程式

我們在計算機概論裡面談到了,沒有執行軟體的硬體是沒有用的,除了會電人之外...,而為了電腦硬體系統的資源合理分配,因此有了作業系統這個系統軟體的產生。由於作業系統會控制所有的硬體並且提供核心功能,因此我們的電腦就能夠認識硬碟內的檔案系統,並且進一步的讀取硬碟內的軟體檔案與執行該軟體來達成各項軟體的執行目的。

問題是，你有沒有發現，既然作業系統也是軟體，那麼我的電腦又是如何認識這個作業系統軟體並且執行它的？明明開機時我的電腦還沒有任何軟體系統，那他要如何讀取硬碟內的作業系統檔案啊？嘿嘿！這就得要牽涉到電腦的開機程序了！底下就讓我們來談一談這個開機程序吧！

基本上，目前的主機系統在載入硬體驅動方面的程序，主要有早期的 BIOS 與新的 UEFI 兩種機制，我們分別來談談囉！

◆ **BIOS 搭配 MBR/GPT 的開機流程**

在計算機概論裡面我們有談到那個可愛的 BIOS 與 CMOS 兩個東西，CMOS 是記錄各項硬體參數且嵌入在主機板上面的儲存器，BIOS 則是一個寫入到主機板上的一個韌體(再次說明，韌體就是寫入到硬體上的一個軟體程式)。**這個 BIOS 就是在開機的時候，電腦系統會主動執行的第一個程式了！**

接下來 BIOS 會去分析電腦裡面有哪些儲存設備，我們以硬碟為例，BIOS 會依據使用者的設定去取得能夠開機的硬碟，並且**到該硬碟裡面去讀取第一個磁區的 MBR 位置。MBR 這個僅有 446 bytes 的硬碟容量裡面會放置最基本的開機管理程式**，此時 BIOS 就功成圓滿，而接下來就是 MBR 內的開機管理程式的工作了。

**這個開機管理程式的目的是在載入(load)核心檔案**，由於開機管理程式是作業系統在安裝的時候所提供的，所以它會認識硬碟內的檔案系統格式，因此就能夠讀取核心檔案，然後接下來就是核心檔案的工作，開機管理程式與 BIOS 也功成圓滿，將之後的工作就交給大家所知道的作業系統啦！

簡單的說，整個開機流程到作業系統之前的動作應該是這樣的：

1. **BIOS：開機主動執行的韌體，會認識第一個可開機的裝置。**
2. **MBR：第一個可開機裝置的第一個磁區內的主要開機記錄區塊，內含開機管理程式。**
3. **開機管理程式 (boot loader)：一支可讀取核心檔案來執行的軟體。**
4. **核心檔案：開始作業系統的功能... 。**

第二點要注意，如果你的分割表為 GPT 格式的話，那麼 BIOS 也能夠從 LBA0 的 MBR 相容區塊讀取第一階段的開機管理程式碼，如果你的開機管理程式能夠認識 GPT 的話，那麼使用 BIOS 同樣可以讀取到正確的作業系統核心喔！換句話說，如果開機管理程式不懂 GPT，例如 Windows XP 的環境，那自然就無法讀取核心檔案，開機就失敗了！

由於 LBA0 僅提供第一階段的開機管理程式碼，因此如果你使用類似 grub 的開機管理程式的話，那麼就得要額外分割出一個『BIOS boot』的分割槽，這個分割槽才能夠放置其他開機過程所需的程式碼！在 CentOS 當中，這個分割槽通常佔用 2 MB 左右而已。

由上面的說明我們會知道，BIOS 與 MBR 都是硬體本身會支援的功能，至於 Boot loader 則是作業系統安裝在 MBR 上面的一套軟體了。由於 MBR 僅有 446 bytes 而已，因此這個開機管理程式是非常小而美的。這個 boot loader 的主要任務有底下這些項目：

- **提供選單**：使用者可以選擇不同的開機項目，這也是多重開機的重要功能！
- **載入核心檔案**：直接指向可開機的程式區段來開始作業系統。
- **轉交其他 loader**：將開機管理功能轉交給其他 loader 負責。

上面前兩點還容易理解，但是第三點很有趣喔！那表示你的電腦系統裡面可能具有兩個以上的開機管理程式呢！有可能嗎？我們的硬碟不是只有一個 MBR 而已？是沒錯啦！但是**開機管理程式除了可以安裝在 MBR 之外，還可以安裝在每個分割槽的開機磁區 (boot sector)**喔！瞎密？分割槽還有各別的開機磁區喔？沒錯啊！這個特色才能造就『多重開機』的功能啊！

我們舉一個例子來說，假設你的個人電腦只有一個硬碟，裡面切成四個分割槽，其中第一、二分割槽分別安裝了 Windows 及 Linux，你要如何在開機的時候選擇用 Windows 還是 Linux 開機呢？假設 MBR 內安裝的是可同時認識 Windows/Linux 作業系統的開機管理程式，那麼整個流程可以圖示如下：

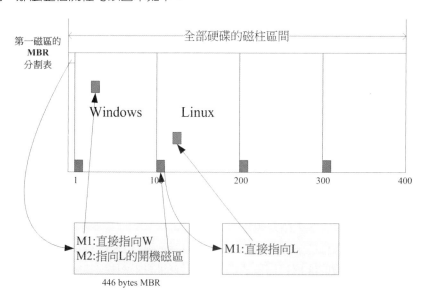

圖 2.2.8　開機管理程式的工作執行示意圖

在上圖中我們可以發現，MBR 的開機管理程式提供兩個選單，選單一(M1)可以直接載入 Windows 的核心檔案來開機；選單二(M2)則是將開機管理工作交給第二個分割槽的開機磁區(boot sector)。當使用者在開機的時候選擇選單二時，那麼整個開機管理工作就會交給第二分割槽的開機管理程式了。當第二個開機管理程式啟動後，該開機管理程式內(上圖中)僅有一個開機選單，因此就能夠使用 Linux 的核心檔案來開機囉！這就是多重開機的工作情況啦！我們將上圖作個總結：

- **每個分割槽都擁有自己的開機磁區 (boot sector)。**

- **圖中的系統槽為第一及第二分割槽。**

- **實際可開機的核心檔案是放置到各分割槽內的！**

- **loader 只會認識自己的系統槽內的可開機核心檔案，以及其他 loader 而已。**

- **loader 可直接指向或者是間接將管理權轉交給另一個管理程式。**

那現在請你想一想，為什麼人家常常說：**『如果要安裝多重開機，最好先安裝 Windows 再安裝 Linux』**呢？這是因為：

- Linux 在安裝的時候，你可以選擇將開機管理程式安裝在 MBR 或各別分割槽的開機磁區，而且 Linux 的 loader 可以手動設定選單(就是上圖的 M1, M2...)，所以你可以在 Linux 的 boot loader 裡面加入 Windows 開機的選項。

- Windows 在安裝的時候，它的安裝程式會主動的覆蓋掉 MBR 以及自己所在分割槽的開機磁區，你沒有選擇的機會，而且它沒有讓我們自己選擇選單的功能。

因此，如果先安裝 Linux 再安裝 Windows 的話，那 MBR 的開機管理程式就只會有 Windows 的項目，而不會有 Linux 的項目 (因為原本在 MBR 內的 Linux 的開機管理程式就會被覆蓋掉)。那需要重新安裝 Linux 一次嗎？當然不需要，你只要用盡各種方法來處理 MBR 的內容即可。例如利用 Linux 的救援模式來挽救 MBR 啊！

開機管理程式與 Boot sector 的觀念是非常重要的，我們會在第十九章分別介紹，你在這裡只要先對於 (1)開機需要開機管理程式，而 (2)開機管理程式可以安裝在 MBR 及 Boot Sector 兩處這兩個觀念有基本的認識即可，一開始就背太多東西會很混亂啦！

◆ **UEFI BIOS 搭配 GPT 開機的流程**[註2]

我們現在知道 GPT 可以提供到 64bit 的定址，然後也能夠使用較大的區塊來處理開機管理程式。但是 BIOS 其實不懂 GPT 耶！還得要透過 GPT 提供相容模式才能夠讀寫這個磁碟裝置～而且 BIOS 僅為 16 位元的程式，在與現階段新的作業系統接軌方面有點弱掉了！為了解決這個問題，因此就有了 UEFI (Unified Extensible Firmware Interface) 這個統一可延伸韌體界面的產生。

UEFI 主要是想要取代 BIOS 這個韌體界面，因此我們也稱 UEFI 為 UEFI BIOS 就是了。UEFI 使用 C 程式語言，比起使用組合語言的傳統 BIOS 要更容易開發！也因為使用 C

語言來撰寫，因此如果開發者夠厲害，甚至可以在 UEFI 開機階段就讓該系統了解 TCP/IP 而直接上網！根本不需要進入作業系統耶！這讓小型系統的開發充滿各式各樣的可能性！

基本上，傳統 BIOS 與 UEFI 的差異可以用 T 客幫雜誌彙整的表格來說明[註2]：

| 比較項目 | 傳統 BIOS | UEFI |
|---|---|---|
| 使用程式語言 | 組合語言 | C 語言 |
| 硬體資源控制 | 使用中斷 (IRQ) 管理<br>不可變的記憶體存取<br>不可變得輸入/輸出存取 | 使用驅動程式與協定 |
| 處理器運作環境 | 16 位元 | CPU 保護模式 |
| 擴充方式 | 透過 IRQ 連結 | 直接載入驅動程式 |
| 第三方廠商支援 | 較差 | 較佳且可支援多平台 |
| 圖形化能力 | 較差 | 較佳 |
| 內建簡化作業系統前環境 | 不支援 | 支援 |

從上頭我們可以發現，與傳統的 BIOS 不同，UEFI 簡直就像是一個低階的作業系統～甚至於連主機板上面的硬體資源的管理，也跟作業系統相當類似，只需要載入驅動程式即可控制操作。同時由於程式控制得宜，一般來說，使用 UEFI 介面的主機，在開機的速度上要比 BIOS 來的快上許多！因此很多人都覺得 UEFI 似乎可以發展成為一個很有用的作業系統耶～不過，關於這個，你無須擔心未來除了 Linux 之外，還得要增加學一個 UEFI 的作業系統啦！為啥呢？

UEFI 當初在發展的時候，就制定一些控制在裡頭，包括硬體資源的管理使用輪詢 (polling) 的方式來管理，與 BIOS 直接了解 CPU 以中斷的方式來管理比較，這種 polling 的效率是稍微慢一些的，另外，UEFI 並不能提供完整的快取功能，因此執行效率也沒有辦法提昇。不過由於載入所有的 UEFI 驅動程式之後，系統會開啟一個類似作業系統的 shell 環境，使用者可以此環境中執行任意的 UEFI 應用程式，而且效果比 MSDOS 更好哩。

所以囉，因為效果華麗但效能不佳，因此這個 UEFI 大多用來作為啟動作業系統之前的硬體檢測、開機管理、軟體設定等目的，基本上是比較難的。同時，當載入作業系統後，一般來說，UEFI 就會停止工作，並將系統交給作業系統，這與早期的 BIOS 差異不大。比較特別的是，某些特定的環境下，這些 UEFI 程式是可以部分繼續執行的，以協助某些作業系統無法找到特定裝置時，該裝置還是可以持續運作。

此外，由於過去 cracker 經常藉由 BIOS 開機階段來破壞系統，並取得系統的控制權，因此 UEFI 加入了一個所謂的安全啟動 (secure boot) 機制，這個機制代表著即將開機的作業系統必須要被 UEFI 所驗證，否則就無法順利開機！微軟用了很多這樣的機制來管理硬體。不過加入這個機制後，許多的作業系統，包括 Linux，就很有可能無法順利開機喔！所以，**某些時刻，你可能得要將 UEFI 的 secure boot 功能關閉，才能夠順利的進入 Linux 哩！**(這一點讓自由軟體工作者相當感冒啦！)

另外，與 BIOS 模式相比，雖然 UEFI 可以直接取得 GPT 的分割表，**不過最好依舊擁有 BIOS boot 的分割槽支援**，同時，為了與 windows 相容，並且提供其他第三方廠商所使用的 UEFI 應用程式儲存的空間，**你必須要格式化一個 vfat 的檔案系統，大約提供 512MB 到 1G 左右的容量，以讓其他 UEFI 執行較為方便。**

> 由於 UEFI 已經克服了 BIOS 的 1024 磁柱的問題，因此你的開機管理程式與核心可以放置在磁碟開始的前 2TB 位置內即可！加上之前提到的 BIOS boot 以及 UEFI 支援的分割槽，基本上你的 /boot 目錄幾乎都是 /dev/sda3 之後的號碼了！這樣開機還是沒有問題的！所以要注意喔！與以前熟悉的分割狀況已經不同，/boot 不再是 /dev/sda1 囉！很有趣吧！

## 2.2.4 Linux 安裝模式下，磁碟分割的選擇 (極重要)

在 windows 系統重灌之前，你可能都會事先考量，到底系統碟 C 槽要有多少容量？而資料碟 D 槽又要給多大容量等等，然後實際安裝的時候，你會發現到其實 C 槽之前會有個 100MB 的分割槽被獨立出來～所以實際上你就會有三個分割槽就是了。那 Linux 底下又該如何設計類似的東西呢？

◆ **目錄樹結構 (directory tree)**

我們前面有談過 Linux 內的所有資料都是以檔案的形態來呈現的，所以囉，整個 Linux 系統最重要的地方就是在於目錄樹架構。所謂的目錄樹架構 (directory tree) 就是以根目錄為主，然後向下呈現分支狀的目錄結構的一種檔案架構。所以，**整個目錄樹架構最重要的就是那個根目錄 (root directory)，這個根目錄的表示方法為一條斜線『/』**，所有的檔案都與目錄樹有關。目錄樹的呈現方式如下圖所示：

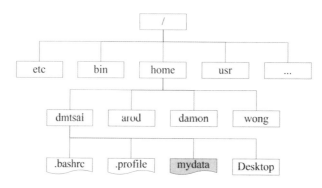

圖 2.2.9　目錄樹相關性示意圖

如上圖所示，所有的檔案都是由根目錄 (/) 衍生來的，而次目錄之下還能夠有其他的資料存在。上圖中長方形為目錄，波浪形則為檔案。那當我們想要取得 mydata 那個檔案時，系統就得由根目錄開始找，然後找到 home 接下來找到 dmtsai，最終的檔名為：/home/dmtsai/mydata 的意思。

我們現在知道整個 Linux 系統使用的是目錄樹架構，但是我們的檔案資料其實是放置在磁碟分割槽當中的，現在的問題是『**如何結合目錄樹的架構與磁碟內的資料**』呢？這個時候就牽扯到『掛載 (mount)』的問題啦！

◆ **檔案系統與目錄樹的關係 (掛載)**

**所謂的『掛載』就是利用一個目錄當成進入點，將磁碟分割槽的資料放置在該目錄下；也就是說，進入該目錄就可以讀取該分割槽**的意思。這個動作我們稱為『掛載』，那個進入點的目錄我們稱為『掛載點』。由於整個 Linux 系統最重要的是根目錄，因此根目錄一定需要掛載到某個分割槽的。至於其他的目錄則可依使用者自己的需求來給予掛載到不同的分割槽。我們以下圖來作為一個說明：

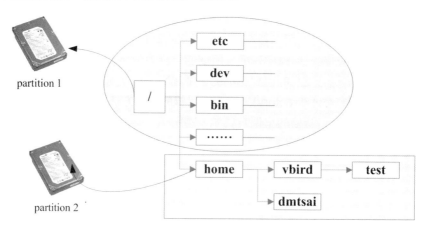

圖 2.2.10　目錄樹與分割槽之間的相關性

上圖中假設我的硬碟分為兩槽，partition 1 是掛載到根目錄，至於 partition 2 則是掛載到 /home 這個目錄。這也就是說，當我的資料放置在/home 內的各次目錄時，資料是放置到 partition 2 的，如果不是放在 /home 底下的目錄，那麼資料就會被放置到 partition 1 了！

> windows 也是用掛載的觀念啊！鳥哥上課經常談到的範例就是，當你拿 USB 磁碟放置到你的 windows 時，系統會偵測到一個 F 槽好了，那你想要讀取 USB 的資料，要去哪裡啊？當然就去 F 囉！同樣的這顆 USB，當你拿到學校的 windows 時，卻顯示的是 H 槽好了，那你要讀取 USB 的資料還是去 F 槽嗎？當然不是，你會去 H 槽啊！這個『裝置與磁碟槽對應的關係，就是 windows 概念下的掛載』啦！這樣說，有沒有比較好理解？

其實判斷某個檔案在那個 partition 底下是很簡單的，透過反向追蹤即可。以上圖來說，當我想要知道 /home/vbird/test 這個檔案在哪個 partition 時，由 test → vbird → home → /，**看那個『進入點』先被查到那就是使用的進入點了。**所以 test 使用的是 /home 這個進入點而不是 / 喔！

### 例題

現在讓我們來想一想，我的電腦系統如何讀取光碟內的資料呢？在 Windows 裡面使用的是『光碟機』的代號方式處理(假設為 E 槽時)，但在 Linux 底下我們依舊使用目錄樹喔！在預設的情況下，Linux 是將光碟機的資料放置到 /media/cdrom 裡頭去的。如果光碟片裡面有個檔案檔名為『我的檔案』時，那麼這個檔案是在哪裡？

**答：**這個檔案最終會在如下的完整檔名中：

- Windows：**桌面\我的電腦\E:\我的檔案**
- Linux：**/media/cdrom/我的檔案**

如果光碟機並非被掛載到 /media/cdrom，而是掛載到 /mnt 這個目錄時，剛剛讀取的這個檔案的檔名會變成：

- **/mnt/我的檔案**

如果你瞭解這個檔名，這表示你已經知道掛載的意義了！初次接觸 Linux 時，這裡最容易搞混，因為它與 Windows 的分割槽代號完全不一樣！

---

◆ **distributions 安裝時，掛載點與磁碟分割的規劃**

既然我們在 Linux 系統下使用的是目錄樹系統，所以安裝的時候自然就得要規劃磁碟分割與目錄樹的掛載了。實際上，在 Linux 安裝的時候已經提供了相當多的預設模式讓你選擇分割的方式了，不過，無論如何，分割的結果可能都不是很能符合自己主機的樣子！因為畢竟每個人的『想法』都不太一樣！因此，**強烈建議使用『自訂安裝, Custom』這個安裝模式**！在某些 Linux distribution 中，會將這個模式寫的很厲害，叫做是『Expert, 專家模式』，這個就厲害了，請相信你自己，瞭解上面的說明後，就請自稱為專家了吧！沒有問題！

■ **自訂安裝『Custom』**

□ **A：初次接觸 Linux：只要分割『 / 』及『swap』即可**

通常初次安裝 Linux 系統的朋友們，我們都會建議他直接以一個最大的分割槽『 / 』來安裝系統。這樣做有個好處，就是不怕分割錯誤造成無法安裝的困境！例如/usr 是 Linux 的可執行程式及相關的文件擺放的目錄，所以它的容量需求蠻大的，萬一你分割了一塊分割槽給/usr，但是卻給的不夠大，那麼就傷腦筋了！因為會造成無法將資料完全寫入的問題，就有可能會無法安裝啦！因此如果你是初次安裝的話，那麼可以僅分割成兩個分割槽『 / 與 Swap 』即可。

□ **B：建議分割的方法：預留一個備用的剩餘磁碟容量！**

在想要學習 Linux 的朋友中，最麻煩的可能就是得要常常處理分割的問題，因為分割是系統管理員很重要的一個任務。但如果你將整個硬碟的容量都用光了，那麼你要如何練習分割呢？ ^_^ 所以鳥哥在後續的練習中也會這樣做，就是請你特別預留一塊不分割的磁碟容量，作為後續練習時可以用來分割之用！

此外，預留的分割槽也可以拿來做為備份之用。因為我們在實際操作 Linux 系統的過程中，可能會發現某些 script 或者是重要的檔案很值得備份時，就可以使用這個剩餘的容量分割出新的分割槽，並使用來備份重要的設定檔或者是 script。這有個最大的好處，就是當我的 Linux 重新安裝的時候，我的一些軟體或工具程式馬上就可以直接在硬碟當中找到！呵呵！重新安裝比較便利啦。為什麼要重新安裝？因為沒有安裝過 Linux 十次以上，不要說你學會了 Linux 了啦！慢慢體會這句話吧！ ^_^

■ **選擇 Linux 安裝程式提供的預設硬碟分割方式**

對於首次接觸 Linux 的朋友們，鳥哥通常不建議使用各個 distribution 所提供預設的 Server 安裝方式，因為會讓你無法得知 Linux 在搞什麼鬼，而且也不見得可以符合你的需求！而且要注意的是，選擇 Server 的時候，請『確定』你的硬碟資料是不再需要！因為 Linux 會自動的把你的硬碟裡面舊有的資料全部殺掉！

現在你知道 Linux 為什麼不好學了吧？因為很多基礎知識都得要先瞭解！否則連安裝都不知道怎麼安裝～現在你知道 Linux 的可愛了吧！因為如果你學會了，嘿嘿！很多電腦系統/作業系統的概念都很清晰，轉換到不同的資訊跑道是比較容易的喔！ ^_^

## 2.3 安裝 Linux 前的規劃

安裝最重要的第一件事，就是要取得 Linux distributions 的光碟資料，該如何去下載？目前有這麼多的 distributions，你應該要選擇哪一個版本比較好？為什麼會比較好？在台灣，你可以在哪裡下載你所需要的 Linux distribution 呢？這是這一小節所要討論的喔！

### 2.3.1 選擇適當的 distribution

就如同第一章、Linux 是什麼裡面的 distributions 談到的，事實上每個 Linux distributions 使用的都是來自於 http://www.kernel.org 官方網站所提供的 Linux 核心，各家 distribution 使用的軟體其實也都是大同小異，最大的差別或許就是在於軟體的安裝模式而已。所以，你只要選擇其中一套，並且玩得出神入化，那麼 Linux 肯定可以學的成的。

不過，由於近年來網路環境實在不很安全，因此你在選擇 distribution 時，特別要瞭解到該 distribution 適合的環境，並且最好選擇**最新的 distribution 較佳**喔！以鳥哥來說，如果是將 Linux 定位在伺服器上面的話，那麼 Red Hat Enterprise Linux 及 SuSE Enterprise Linux 應該是很不錯的選擇，因為它的版本更動幅度較小，並且更新支援的期限較長的原因。

在我們這次的練習中，不想給大家太沉重的 \$\$ 負擔啦，所以鳥哥選擇 CentOS 這一個號稱與 RHEL 完全相容的版本來練習，目前(2015/05)最新的版本是 CentOS 7.1 版。不過，從 CentOS 7.0 版本開始，安裝光碟已經不再提供 386 相容版本了，亦即僅有 64 位元的硬體才能夠使用該安裝光碟來裝系統了！舊的 32 位元硬體系統已經不主動提供安裝光碟了喔！

你可以選擇到 CentOS 的官方網站去下載最新的版本，不過我們在台灣嘛！台灣有映設站台(mirror site)，所以由映設站台來下載比較快啊！底下列出 CentOS 的下載點：

◆ 國家高速網路中心：http://ftp.twaren.net/Linux/CentOS/7/isos/

◆ 崑山科技大學：http://ftp.ksu.edu.tw/FTP/Linux/CentOS/7/isos/

◆ CentOS 官方網站：http://mirror.centos.org/centos/7/isos/

CentOS 7.x 有提供完整版本 (everything) 以及大部分安裝軟體的 DVD1 版本，鳥哥建議如果你的網路速度夠大，下載 everything 版本即可，如果你將要使用光碟機來安裝的話，那直接下載 DVD 版本並且燒錄到 DVD 光碟上面即可安裝了。如果不想要安裝，只想要看看到底開機會是什麼 Linux 環境，可以下載 LiveCD/LiveGNOME/LiveKDE 等版本來測試喔！如果想要練功，可以直接使用最小安裝光碟版 (Minimal) 來安裝！

不知道你有沒有發現，怎麼我想要下載的檔名會是 CentOS-7-x86_64-Everything-1503-01.iso 這樣的格式？那個 1503 是啥東西啊？其實從 CentOS 7 之後，版本命名的依據就跟發表的日期有關了！那個 CentOS-7 講的是 7.x 版本，x86_64 指的是 64 位元作業系統，Everything 指的是包山包海的版本，1503 指的是 2015 年的 3 月發表的版本，01.iso 則得要與 CentOS7 搭配，所以是 CentOS 7.1 版的意思！這樣有看懂嗎？

你所下載的檔案副檔名是.iso，這就是所謂的 image 檔案 (映像檔)。這種 image 檔案是由光碟直接燒錄成檔案的，檔案非常的大，建議你不要使用瀏覽器 (IE/Firefox..) 來下載，可以使用 FTP 用戶端程式來下載，例如 Filezilla (http://filezilla-project.org/download.php) 等。這樣比較不需要擔心斷線的問題，因為可以續傳啊！

此外，這種映像檔可不能以資料格式燒錄成為光碟/DVD 的！你必須要使用燒錄程式的功能，將它以『映像檔格式』燒錄成為光碟或 DVD 才行！切記不要使用燒錄資料檔格式來燒錄喔！重要重要！

## 2.3.2 主機的服務規劃與硬體的關係

我們前面已經提過，由於主機的服務目的不同，所需要的硬體等級與配備自然也就不一樣！底下鳥哥稍微提一提每種服務可能會需要的硬體配備規劃，當然，還是得提醒，每個朋友的需求都不一樣，所以設計你的主機之前，請先針對自己的需求進行考量。而，如果你不知道自己的考量為何，那麼就先拿一部普通的電腦來玩一玩吧！不過要記得！**不要將重要資料放在練習用的 Linux 主機上面**。

◆ **打造 Windows 與 Linux 共存的環境**

在某些情況之下，你可能會想要在『**一部主機上面安裝兩套以上的作業系統**』，例如底下這些狀況：

■ 我的環境裡面僅能允許我擁有一部主機，不論是經濟問題還是空間問題～

■ 因為目前各主要硬體還是針對 Windows 進行驅動程式的開發，我想要同時保有 Windows 作業系統與 Linux 作業系統，以確定在 Linux 底下的硬體應該使用那個 I/O port 或者是 IRQ 的分配等等。

■ 我的工作需要同時使用到 Windows 與 Linux 作業系統。

果真如此的話，那麼剛剛我們在上一個小節談到的**開機流程與多重開機**的資料就很重要了。因為需要如此你才能夠在一部主機上面操弄兩種不同的作業系統嘛！

如果你的 Linux 主機已經是想要拿來作為某些服務之用時，那麼務必不要選擇太老舊的硬體喔！前面談到過，太老舊的硬體可能會有電子零件老化的問題～另外，如果你的 Linux 主機必須要全年無休的開機著，那麼擺放這部主機的位置也需要選擇啊！好了，底下再來談一談，在一般小型企業或學校單位中，常見的某些服務與你的硬體關係有哪些？

◆ **NAT (達成 IP 分享器的功能)**

通常小型企業或者是學校單位大多僅會有一條對外的連線，然後全公司/學校內的電腦全部透過這條連線連到網際網路上。此時我們就得要使用 IP 分享器來讓這一條對外連線分享給所有的公司內部員工使用。那麼 Linux 能不能達到此一 IP 分享的功能呢？當然可以，就是透過 NAT 服務即可達成這項任務了！

在這種環境中，由於 Linux 作為一個內/外分離的實體，因此網路流量會比較大一點。此時 Linux 主機的網路卡就需要比較好些的配備。其他的 CPU、RAM、硬碟等等的影響就小很多。事實上，單利用 Linux 作為 NAT 主機來分享 IP 是很不智的～因為 PC 的耗電能力比 IP 分享器要大的多～

那麼為什麼你還要使用 Linux 作為 NAT 呢？因為 Linux NAT 還可以額外的加裝很多分析軟體，可以用來分析用戶端的連線，或者是用來控制頻寬與流量，達到更公平的頻寬使用呢！更多的功能則有待後續更多的學習囉！你也可以參考我們在伺服器架設篇當中的資料囉！

◆ **SAMBA (加入 Windows 網路上的芳鄰)**

在你的 Windows 系統之間如何傳輸資料呢？當然就是透過網路上的芳鄰來傳輸拉！那還用問。這也是學校老師在上課過程中要分享資料給同學常用的機制了。問題是，Windows 7 的網芳一般只能同時分享十部用戶端連線，超過的話就得要等待了～真不人性化。

我們可以使用 Linux 上面的 SAMBA 這個軟體來達成加入 Windows 網芳的功能喔！SAMBA 的效能不錯，也沒有用戶端連線數的限制，相當適合於一般學校環境的檔案伺服器(file server)的角色呢！

這種伺服器由於分享的資料量較大，對於系統的網路卡與硬碟的大小及速度就比較重要，如果你還針對不同的使用者提供檔案伺服器功能，那麼/home 這個目錄可以考慮獨立出來，並且加大容量。

◆ **Mail (郵件伺服器)**

郵件伺服器是非常重要的，尤其對於現代人來說，電子郵件幾乎已經取代了傳統的人工郵件遞送了。拜硬碟價格大跌及 Google/Yahoo/MicroSoft 公平競爭之賜，一般免費的email 信箱幾乎都提供了很不錯的郵件服務，包過 Web 介面的傳輸、大於 2GB 以上的容量空間及全年無休的服務等等。例如非常多人使用的 gmail 就是一例：http://gmail.com。

雖然免費的信箱已經非常夠用了，老實說，鳥哥也不建議你架設 mail server 了。問題是，如果你是一間私人單位的公司，你的公司內傳送的 email 是具有商業機密或隱私性的，那你還想要交給免費信箱去管理嗎？此時才有需要架設 mail server 囉。在 mail server 上面，重要的也是硬碟容量與網路卡速度，在此情境中，也可以將/var 目錄獨立出來，並加大容量。

◆ **Web (WWW 伺服器)**

WWW 伺服器幾乎是所有的網路主機都會安裝的一個功能，因為它除了可以提供 Internet 的 WWW 連線之外，很多在網路主機上面的軟體功能 (例如某些分析軟體所提供的最終分析結果的畫面) 也都使用 WWW 作為顯示的介面，所以這傢伙真是重要到不行的。

CentOS 使用的是 Apache 這套軟體來達成 WWW 網站的功能，在 WWW 伺服器上面，如果你還有提供資料庫系統的話，那麼 CPU 的等級就不能太低，而最重要的則是 RAM 了！要增加 WWW 伺服器的效能，通常提升 RAM 是一個不錯的考量。

◆ **DHCP (提供用戶端自動取得 IP 的功能)**

如果你是個區域網路管理員，你的區網內共有 20 部以上的電腦給一般員工使用，這些員工假設並沒有電腦網路的維護技能。那你想要讓這些電腦在連上 Internet 時需要手動去設定 IP 還是它可以自動的取得 IP 呢？當然是自動取得比較方便啦！這就是 DHCP 服務的功能了！用戶端電腦只要選擇『自動取得 IP』，其他的，就是你系統管理員在 DHCP 伺服器上面設定一下即可。這個東東的硬體要求可以不必很高囉。

◆ **FTP**

常常看到很多朋友喜歡架設 FTP 去進行網路資料的傳輸，甚至很多人會架設地下 FTP 網站去傳輸些違法的資料。老實說，『FTP 傳輸再怎麼地下化也是很容易被捉到的』啦！所以，鳥哥相當不建議你架設 FTP 的喔！不過，對於大專院校來說，因為常常需要分享給全校師生一些免費的資源，此時匿名使用者的 FTP 軟體功能就很需要存在了。對於 FTP 的硬體需求來說，硬碟容量與網路卡好壞相關性較高。

大致上我們會安裝的伺服器軟體就是這一些囉！當然啦，還是那句老話，在目前你剛接觸 Linux 的這個階段中，還是以 Linux 基礎為主，鳥哥也希望你先瞭解 Linux 的相關主機操作技巧，其他的架站，未來再談吧！而上面列出的各項服務，僅是提供給你，如果想要架設某種網路服務的主機時，你應該如何規劃主機比較好！

## 2.3.3  主機硬碟的主要規劃

系統對於硬碟的需求跟剛剛提到的主機開放的服務有關，那麼除了這點之外，還有沒有其他的注意事項呢？當然有，那就是資料的分類與資料安全性的考量。所謂的『資料安全』並不是指資料被網路 cracker 所破壞，而是指**『當主機系統的硬體出現問題時，你的檔案資料能否安全的保存』**之意。

常常會發現網路上有些朋友在問『我的 Linux 主機因為跳電的關係，造成不正常的關機，結果導致無法開機，這該如何是好？』呵呵，幸運一點的可以使用 fsck 來解決硬碟的問題，麻煩一點的可能還需要重新安裝 Linux 呢！傷腦筋吧！另外，由於 Linux 是多人多工的環境，因此很可能上面已經有很多人的資料在其中了，如果需要重新安裝的話，光是搬移與備份資料就會瘋掉了！所以硬碟的分割考量是相當重要的！

雖然我們在本章的第二小節部分有談論過磁碟分割了，但是，**硬碟的規劃對於 Linux 新鮮人而言，那將是造成你『頭疼』的主要兇手之一！因為硬碟的分割技巧需要對於 Linux 檔案結構有相當程度的認知之後才能夠做比較完善的規劃的！**所以，在這裡你只要有個基礎的認識即可。老實說，沒有安裝過十次以上的 Linux 系統，是學不會 Linux 與磁碟分割的啦！

無論如何，底下還是說明一下基本硬碟分割的模式吧！

◆ **最簡單的分割方法**

這個在上面第二節已經談過了，就是僅分割出根目錄與記憶體置換空間（/ & swap）即可。然後再預留一些剩餘的磁碟以供後續的練習之用。不過，這當然是不保險的分割方法 (所以鳥哥常常說這是『懶人分割法』)！因為如果任何一個小細節壞掉 (例如壞軌的產生)，你的根目錄將可能整個的損毀～挽救方面較困難！

◆ **稍微麻煩一點的方式**

較麻煩一點的分割方式就是先分析這部主機的未來用途，然後根據用途去分析需要較大容量的目錄，以及讀寫較為頻繁的目錄，將這些重要的目錄分別獨立出來而不與根目錄放在一起，那當這些讀寫較頻繁的磁碟分割槽有問題時，至少不會影響到根目錄的系統資料，那挽救方面就比較容易啊！在預設的 CentOS 環境中，底下的目錄是比較符合容量大且 (或) 讀寫頻繁的目錄囉：

- /boot
- /
- /home
- /var
- Swap

以鳥哥為例，通常我會希望我的郵件主機大一些，因此我的/var 通常會給個數 GB 的大小，如此一來就可以不擔心會有郵件空間不足的情況了！另外，由於我開放 SAMBA 服務，因此提供每個研究室內人員的資料備份空間，所以囉，/home 所開放的空間也很大！至於 /usr/ 的容量，大概只要給 2-5GB 即可！凡此種種均與你當初預計的主機服務有關！因此，**請特別注意你的服務項目！然後才來進行硬碟的規劃。**

## 2.3.4 鳥哥的兩個實際案例

這裡說一下鳥哥的兩個實際的案例,這兩個案例是目前還在運作的主機喔!要先聲明的是,鳥哥的範例不見得是最好的,因為每個人的考量並不一樣。我只是提供相對可以使用的方案而已喔!

### 案例一:家用的小型 Linux 伺服器,IP 分享與檔案分享中心

◆ **提供服務**

提供家裡的多部電腦的網路連線分享,所以需要 NAT 功能。提供家庭成員的資料存放容量,由於家裡使用 Windows 系統的成員不少,所以建置 SAMBA 伺服器,提供網芳的網路磁碟功能。

◆ **主機硬體配備**

- CPU 使用 AMD Athlon 4850e 省電型 CPU
- 記憶體大小為 4 GB
- 兩張網路卡,控制晶片為常見的螃蟹卡(ReAltek)
- 只有一顆 640 GB 的磁碟
- 顯示卡為 CPU 內的內建顯卡 (Radeon HD 3200)
- 安裝完畢後將螢幕,鍵盤,滑鼠,DVD-ROM 等配備均移除,僅剩下網路線與電源線。

◆ **硬碟分割**

- 分成 /, /usr, /var, /tmp 等目錄均獨立
- 1 GB 的 Swap
- 安裝比較過時的 CentOS 5.x 最新版

### 案例二:提供 Linux 的 PC 叢集 (Cluster) 電腦群

◆ **提供服務**

提供研究室成員對於模式模擬的軟、硬體平台,主要提供的服務並非網際網路服務,而是研究室內部的研究工作分析。

◆ **主機硬體配備**

- 利用兩部多核系統處理器 (一部 20 核 40 緒,一部 12 核 24 緒),搭配 10G 網卡組合而成
- 使用內建的顯示卡
- 運算用主機僅一顆磁碟,儲存用主機提供 8 顆 2 TB 磁碟組成的磁碟陣列
- 一部 128 GB 記憶體,一部 96 GB 記憶體

◆ **硬碟分割**

- 運算主機方面，整顆磁碟僅分 /boot, / 及 swap 而已

- 儲存主機方面，磁碟陣列分成兩顆磁碟，一顆 100G 給系統用，一顆 12T 給資料用。系統磁碟用的分割為 /boot, /, /home, /tmp, /var 等分割，資料磁碟全部容量規劃在同一個分割槽而已。

- 安裝最新的 CentOS 7.x 版

在上面的案例中，案例一是屬於小規模的主機系統，因此只要使用預計被淘汰的配備即可進行主機的架設！唯一可能需要購買的大概是網路卡吧！呵呵！而在案例二中，由於我需要大量的數值運算，且運算結果的資料非常的龐大，因此就需要比較大的磁碟容量與較佳的網路系統了。以上的資料請先記得，因為下一章節在實際安裝 Linux 之前，你得先進行主機的規劃呀！

## 2.4 重點回顧

◆ 新添購電腦硬體配備時，需要考量的角度有『遊戲機/工作機』、『效能/價格比』、『效能/消耗瓦數』、『支援度』等。

◆ 舊的硬體配備可能由於保存的問題或者是電子零件老化的問題，導致電腦系統非常容易在運作過程中出現不明的當機情況。

◆ Red Hat 的硬體支援：https://hardware.redhat.com/?pagename＝hcl

◆ 在 Linux 系統中，每個裝置都被當成一個檔案來對待，每個裝置都會有裝置檔名。

◆ 磁碟裝置檔名通常分為兩種，實際 SATA/USB 裝置檔名為/dev/sd[a-p]，而虛擬機的裝置可能為/dev/vd[a-p]。

◆ 磁碟的第一個磁區主要記錄了兩個重要的資訊，分別是：(1)主要開機記錄區(Master Boot Record, MBR)：可以安裝開機管理程式的地方，有 446 bytes (2)分割表(partition table)：記錄整顆硬碟分割的狀態，有 64 bytes。

◆ 磁碟的 MBR 分割方式中，主要與延伸分割最多可以有四個，邏輯分割的裝置檔名號碼，一定由 5 號開始。

◆ 如果磁碟容量大於 2 TB 以上時，系統會自動使用 GPT 分割方式來處理磁碟分割。

◆ GPT 分割已經沒有延伸與邏輯分割槽的概念，你可以想像成所有的分割都是主分割！

◆ 某些作業系統要使用 GPT 分割時，必須要搭配 UEFI 的新型 BIOS 格式才可安裝使用。

◆ 開機的流程由：BIOS→MBR→boot loader→核心檔案。

◆ boot loader 的功能主要有：提供選單、載入核心、轉交控制權給其他 loader。

- boot loader 可以安裝的地點有兩個，分別是 MBR 與 boot sector。
- Linux 作業系統的檔案使用目錄樹系統，與磁碟的對應需要有『掛載』的動作才行。
- 新手的簡單分割，建議只要有 / 及 swap 兩個分割槽即可。

## 2.5 本章習題

實作題部分：

- 請分析你的家用電腦，以你的硬體配備來計算可能產生的耗電量，最終再以計算出來的總瓦數乘上你可能開機的時間，以推估出一年你可能會花費多少錢在你的這部主機上面？

問答題部分：

- 一部電腦主機是否只要 CPU 夠快，整體速度就會提高？
- Linux 對於硬體的要求需要的考慮為何？是否一定要很高的配備才能安裝 Linux ？
- 一部好的主機在安裝之前，最好先進行規劃，哪些是必定需要注意的 Linux 主機規劃事項？
- 請寫出下列配備中，在 Linux 的裝置檔名：

    SATA 硬碟：

    CDROM：

    印表機：

- 目前在個人電腦上面常見的硬碟與主機板的連接介面有哪兩個？

## 2.6 參考資料與延伸閱讀

- GUID / GPT 磁碟分割表與 MBR 的限制 wiki 簡介
  http://zh.wikipedia.org/wiki/GUID 磁碟分割表
  http://zh.wikipedia.org/wiki/全局唯一識別元
- 與 UEFI 界面有關的介紹
  Wiki 介紹：http://zh.wikipedia.org/wiki/統一可延伸韌體介面
  T 客幫介紹：
  http://www.techbang.com/posts/4361-fully-understand-uefi-bios-theory-and-actual-combat-3-liu-xiudian
  黃明華先生的介紹：
  http://www.netadmin.com.tw/article_content.aspx?sn＝1501070001&jump＝3

# 3

# 安裝 CentOS7.x

Linux distributions 越作越成熟，所以在安裝方面也越來越簡單！雖然安裝非常的簡單，但是剛剛前一章所談到的基礎認知還是需要瞭解的，包括 MBR/GPT, partition, boot loader, mount, software 的選擇等等的資料。這一章鳥哥的安裝定義為『一部練習機』，所以安裝的方式都是以最簡單的方式來處理的。另外，鳥哥選擇的是 CentOS 7.x 的版本來安裝的啦！在內文中，只要標題內含有 (Option) 的，代表是鳥哥額外的說明，你應該看看就好，不需要實作喔！^_^

# 3.1 本練習機的規劃 — 尤其是分割參數

讀完主機規劃與磁碟分割章節之後，相信你對於安裝 Linux 之前要作的事情已經有基本的概念了。唔！並沒有讀第二章...千萬不要這樣跳著讀，趕緊回去念一念第二章，瞭解一下安裝前的各種考量對你 Linux 的學習會比較好啦！

如果你已經讀完第二章了，那麼底下就實際針對第二章的介紹來一一規劃我們所要安裝的練習機了吧！請大家注意唷，我們後續的章節與本章的安裝都有相關性，所以，請務必要瞭解到我們這一章的作法喔！

◆ **Linux 主機的角色定位**

本主機架設的主要目的在於練習 Linux 的相關技術，所以幾乎所有的資料都想要安裝進來。因此連較耗系統資源的 X Window System 也必須要包含進來才行。

◆ **選擇的** distribution

由於我們對於 Linux 的定位為『伺服器』的角色，因此選擇號稱完全相容於商業版 RHEL 的社群版本，就是 CentOS 7.x 版囉。請回到 2.3.1 章去獲得下載的資訊吧！^_^

◆ **電腦系統硬體配備**

由於虛擬機器越來越流行，因此鳥哥這裡使用的是 Linux 原生的 KVM 所搭建出來的虛擬硬體環境。對於 Linux 還不熟的朋友來說，建議你使用 2.4 章提到的 virtualbox 來進行練習吧！至於鳥哥使用的方式可以參考文末的延伸閱讀，裡面有許多的文件可參考[註1]！鳥哥的虛擬機器硬體配備如下：

■ **CPU 等級類別**

透過 Linux 原生的虛擬機器管理員的處理，使用本機的 CPU 類型。本機 CPU 為 Intel i7 2600 這顆三、四年前很流行的 CPU 喔！至於晶片組則是 KVM 自行設定的喔！

■ **記憶體**

透過虛擬化技術提供大約 1.2G 左右的記憶體。

■ **硬碟**

使用一顆 40GB 的 VirtI/O 晶片組的磁碟，因此磁碟檔名應該會是 /dev/vda 才對。同時提供一顆 2GB 左右的 IDE 介面的磁碟，這顆磁碟僅是作為測試之用，並不安裝系統！因此還有一顆 /dev/sda 才對喔！

■ **網路卡**

使用 bridge (橋接) 的方式設定了對外網卡,網卡同樣使用 VirtI/O 的晶片,還好 CentOS 本身就有提供驅動程式,所以可以直接抓到網路卡喔!

■ **顯示卡 (VGA)**

使用的是在 Linux 環境下運作還算順暢的 QXL 顯示卡,給予 60M 左右的顯示記憶體。

■ **其他輸入/輸出裝置**

還有模擬光碟機、USB 滑鼠、USB 鍵盤以及 17 吋螢幕輸出等設備喔!

◆ **磁碟分割的配置**

在第二章裡面有談到 MBR 與 GPT 磁碟分割表配置的問題,在目前的 Linux 環境下,如果你的磁碟沒有超過 2TB 的話,那麼 Linux 預設是會以 MBR 模式來處理你的分割表的。由於我們僅切出 40GB 的磁碟來玩,所以預設上會以 MBR 來配置!這鳥哥不喜歡!因為就無法練習新的環境了~因此,我們得在安裝的時候加上某些參數,強迫系統使用 GPT 的分割表來配置我們的磁碟喔!而預計實際分割的情況如下:

| 所需目錄/裝置 | 磁碟容量 | 檔案系統 | 分割格式 |
|---|---|---|---|
| BIOS boot | 2MB | 系統自訂 | 主分割 |
| /boot | 1GB | xfs | 主分割 |
| / | 10GB | xfs | LVM 方式 |
| /home | 5GB | xfs | LVM 方式 |
| swap | 1GB | swap | LVM 方式 |

由於使用 GPT 的關係,因此根本無須考量主/延伸/邏輯分割的差異。不過,由於 CentOS 預設還是會使用 LVM 的方式來管理你的檔案系統,而且我們後續的章節也會介紹如何管理這東西,因此,我們這次就使用 LVM 管理機制來安裝系統看看!

◆ **開機管理程式 (boot loader)**

練習機的開機管理程式使用 CentOS 7.x 預設的 grub2 軟體,並且安裝到 MBR 上面。也必須要安裝到 MBR 上面才行!因為我們的硬碟是全部用在 Linux 上面的啊!^_^

◆ **選擇軟體**

我們預計這部練習機是要作為伺服器用的,同時可能會用到圖形介面來管理系統,因此使用的是『含有 X 介面的伺服器軟體』的軟體方式來安裝喔!要注意的是,從 7.x 開始,預設選擇的軟體模式會是最小安裝!所以千萬記得軟體安裝時,要特別挑選一下才行!

◆ **檢查表單**

最後，你可以使用底下的表格來檢查一下，你要安裝的資料與實際的硬體是否吻合喔：

| 是與否，或詳細資訊 | 細部項目 |
| --- | --- |
| 是, DVD 版 | 01. 是否已下載且燒錄所需的 Linux distribution？(DVD 或 CD) |
| CentOS 7.1, x64 | 02. Linux distribution 的版本為何？(如 CentOS 7.1 x86_64 版本) |
| x64 | 03. 硬體等級為何(如 i386, x86_64, SPARC 等等，以及 DVD/CD-ROM) |
| 是, 均為 x86_64 | 04. 前三項安裝媒體/作業系統/硬體需求，是否吻合？ |
| 是 | 05. 硬碟資料是否可以全部被刪除？ |
| 已確認分割方式 | 06. Partition 是否做好確認 (包括/與 swap 等容量) |
|  | 硬碟數量: 1 顆 40GB 硬碟，並使用 GPT 分割表 |
|  | BIOS boot (2MB) |
|  | /boot (1GB) |
|  | / (10GB) |
|  | /home (5GB) |
|  | swap (1GB) |
| 有，使用 VirtI/O | 07. 是否具有特殊的硬體裝置 (如 SCSI 磁碟陣列卡等) |
| CentOS 已內建 | 08. 若有上述特殊硬體，是否已下載驅動程式？ |
| grub2, MBR | 09. 開機管理程式與安裝的位置為何？ |
| 未取得 IP 參數 | 10. 網路資訊 (IP 參數等等) 是否已取得？ |
|  | 未取得 IP 的情況下，可以套用如下的 IP 參數： |
|  | 是否使用 DHCP：無 |
|  | IP:192.168.1.100 |
|  | 子遮罩網路：255.255.255.0 |
|  | 主機名稱：study.centos.vbird |
| Server with X | 11. 所需要的軟體有哪些？ |

如果上面表單確認過都沒有問題的話，那麼我們就可以開始來安裝咱們的 CentOS 7.x x86_64 版本囉！ ^_^

## 3.2　開始安裝 CentOS 7

由於本章的內容主要是針對安裝一部 Linux 練習機來設定的，所以安裝的分割等過程較為簡單。如果你已經不是第一次接觸 Linux，並且想要架設一部要上線的 Linux 主機，請務必前往第二章看一下整體規劃的想法喔！在本章中，你只要依照前一小節的檢查表單檢查你所需要的安裝媒體/硬體/軟體資訊等等，然後就能夠安裝啦！

安裝的步驟在各主要 Linux distributions 都差不多，主要的內容大概是：

1. **調整開機媒體 (BIOS)**：務必要使用 CD 或 DVD 光碟開機，通常需要調整 BIOS。
2. **選擇安裝模式與開機**：包括圖形介面/文字介面等，也可加入特殊參數來開機進入安裝畫面。
3. **選擇語系資料**：由於不同地區的鍵盤按鍵不同，此時需要調整語系/鍵盤/滑鼠等配備。
4. **軟體選擇**：需要什麼樣的軟體？全部安裝還是預設安裝即可？
5. **磁碟分割**：最重要的項目之一了！記得將剛剛的規劃單拿出來設定。
6. **開機管理程式、網路、時區設定與 root 密碼**：一些需要的系統基礎設定！
7. **安裝後的首次設定**：安裝完畢後還有一些事項要處理，包括使用者、SELinux 與防火牆等！

大概就是這樣子吧！好了，底下我們就真的要來安裝囉！

### 3.2.1　調整開機媒體 (BIOS) 與虛擬機建置流程

因為鳥哥是使用虛擬機器來做這次的練習，因此是在虛擬機器管理員的環境下選擇『 Boot Options 』來調整開機順序！基本上，就是類似 BIOS 調整讓 CD 作為優先開機裝置的意思。至於實體機器的處理方面，請參考你主機板說明書，理論上都有介紹如何調整的問題。

另外，因為 DVD 實在太慢了，所以，比較聰明的朋友或許會將前一章下載的映像檔透過類似 dd 或者是其他燒錄軟體，直接燒錄到 USB 隨身碟上面，然後在 BIOS 裡面調整成為可攜式裝置優先開機的模式，這樣就可以使用速度較快的 USB 開機來安裝 Linux 了！windows 系統上面或許可以使用類似 UNetbootin 或者是 ISOtoUSB 等軟體來處理。如果你已經有 Linux 的經驗與系統，那麼可以使用底的方式來處理：

```
# 假設你的 USB 裝置為 /dev/sdc ，而 ISO 檔名為 centos7.iso 的話：
[root@study ~]# dd if=centos7.iso of=/dev/sdc
```

上面的過程會跑好長一段時間，時間的長短與你的 USB 速度有關！一般 USB2.0 的寫入速度大約不到 10MB 左右，而 USB 3.0 可能可以到 50MB 左右～因此會等待好幾分鐘的時間啦！寫完之後，這顆 USB 就能夠拿來作為開機與安裝 Linux 之用了！

一般的主機板環境中，使用 USB 2.0 的隨身碟裝置並沒有什麼問題，它就是被判定為可攜式裝置。不過如果是 USB 3.0 的裝置，那主機板可能會將該裝置判斷成為一顆磁碟！所以在 BIOS 的設定中，你可能得要使用磁碟開機，並將這顆 USB『磁碟』指定為第一優先開機，這樣才能夠使用這顆 USB 隨身碟來安裝 Linux 喔！

如果你暫時找不到主機板說明書，那也沒關係！當你的電腦重新開機後，看到螢幕上面會有幾個文字告訴你如何進入設定 (Setting) 模式中！一般常用的進入按鈕大概都是『 Del 』按鍵，或者是『 F2 』功能鍵，按下之後就可以看到 BIOS 的畫面了！大概選擇關鍵字為『 Boot 』的項目，就能夠找到開機順序的項目囉！

在調整完 BIOS 內的開機裝置的順序後，理論上你的主機已經可使用可開機光碟來開機了！如果發生一些錯誤訊息導致無法以 CentOS 7.x DVD 來開機，很可能是由於：**1)電腦硬體不支援；** **2)光碟機會挑片；** **3)光碟片有問題**；如果是這樣，那麼建議你再仔細的確認一下你的硬體是否有超頻？或者其他不正常的現象。另外，你的光碟來源也需要再次的確認！

◆ **在 Linux KVM 上面建立虛擬機器的流程**

如果你已經在實體機器上面建置好 CentOS 7 了，然後想要依照我們這個基礎篇的內容來實驗一下學習的進度，那麼可以使用底下的流程來建立與課程相仿的硬碟喔！建置流程不會很困難，瞧一瞧即可！

首先，你得從『應用程式』裡面的『系統工具』找到『虛擬機器管理員』，點下它就會出現如下的圖示：

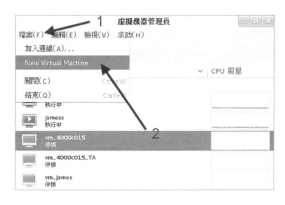

圖 3.2.1  啟動虛擬機器管理員示意圖

因為我們是想要建立新的虛擬機器，因此你要像上圖那樣，點選『檔案』然後點選『New Virtual Machine』，接下來就能夠看到如下圖的模樣來建立新機器！

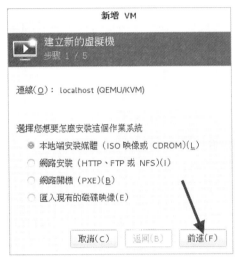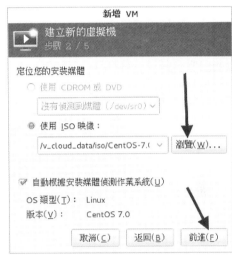

圖 3.2.2　選擇使用光碟來安裝，並實際選擇 CentOS 映像檔所在

如上圖所示，左圖可以讓你選擇這個新的機器安裝的時候，要安裝的是哪個來源媒體，包括直接從網路來源安裝、從硬碟安裝等等。我們當然是選擇光碟映像檔囉！按下一步就會進入選擇光碟映像檔的檔名～這時請按『瀏覽』並且選擇『檔案系統』，再慢慢一個一個選擇即可！之後就繼續下一步吧！

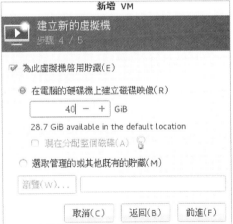

圖 3.2.3　設定記憶體容量、CPU 數量、磁碟容量等重要機器設定

接下來如上圖所示，你可以挑選記憶體容量、CPU 顆數以及磁碟的容量等等。比較有
趣的地方是，你會看到上圖右側鳥哥寫了 40G 的容量，但可用容量只有 28G 耶～這樣
有沒有關係？當然沒關係！現在的虛擬機器的磁碟機制，大多使用 qcow2 這個虛擬磁
碟格式，這種格式是『用多少紀錄多少』喔，與你的實際使用量有關。既然我們才剛剛
要使用，所以這個虛擬磁碟當然沒有資料，既然沒有資料需要寫入，那就不會佔用到實
際的磁碟容量了！盡量用！沒關係！^_^

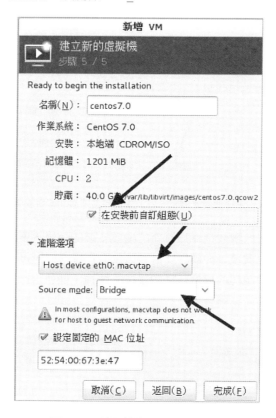

圖 3.2.4　使用橋接的功能設定網路

在出現的畫面中，選擇『進階選項』之後，挑選主機裝置設定，然後點選橋接功能，如
此一來才有辦法讓你的虛擬機器網卡具有直接對外的功能喔！同時如果你想要改設定的
話，那麼可以勾選『在安裝前自動組態』的圈圈，之後按完成會出現如下圖所示：

圖 3.2.5　設定完成的示意圖

從上圖 3.2.5 當中，我們可以看到這部機器的相關硬體配備喔！不過，竟然沒有發現光碟機耶！真怪！那請按下上圖中指標指的地方，加入一個新硬體！新硬體增加的示意圖如下所示：

圖 3.2.6　新增硬體示意圖

如上圖所示，我們來建立一個 IDE 介面的光碟，並且將光碟映像檔加入其中！加入完成之後按下『完成』即可出現如下的最終畫面了！

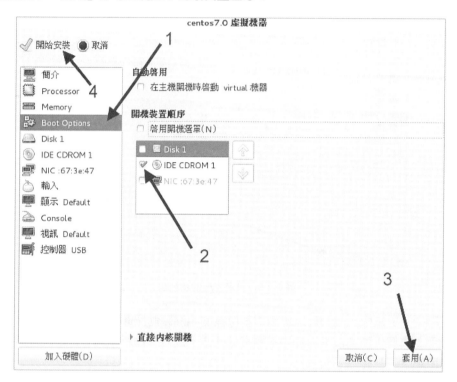

圖 3.2.7　虛擬機器最終建置完成示意圖

這時你的虛擬機器已經跟鳥哥的差不多了！按下『開始安裝』就能夠取得與鳥哥在下列提供的各樣設定囉！

為了方便維護與管理，鳥哥的虛擬機實際上是使用 Gocloud (http://www.gocloud.com.tw/) 虛擬電腦教室系統所建立的！因此上述的流程與鳥哥實際建置的虛擬機器，會有一些些的差異～不過差異不大就是了！這裡要先跟大家解釋一下！

### 3.2.2　選擇安裝模式與開機：inst.gpt

如果一切都順利沒問題的話，那麼使用光碟映像檔開機後，就會出現如下畫面：

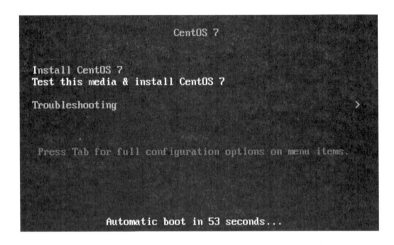

圖 3.2.8　光碟開機後安裝畫面之選擇

你有 60 秒的時間可以選擇不同的操作模式，從上而下分別是：

1. 正常安裝 CentOS 7 的流程。

2. 測試此光碟後再進入 CentOS 7 的流程。

3. 進入除錯模式！選擇此模式會出現更多的選項，分別是：

    ■　以基本圖形介面安裝 CentOS 7 (使用標準顯卡來設定安裝流程圖示)

    ■　救援 CentOS 系統

    ■　執行記憶體測試 (Run a memory test)

    ■　由本機磁碟正常開機，不由光碟開機

基本上，除非你的硬體系統有問題，包括擁有比較特別的圖形顯示卡等等，否則使用正常的 CentOS 7 流程即可！那如果你懷疑這片光碟有問題，就可以選擇測試光碟後再進入 CentOS 7 安裝的程序。如果你確信此光碟沒問題，就不要測試了！不過如果你不在乎花費一、兩分鐘的時間去測試看看光碟片有沒有問題，就使用測試後安裝的流程啊！不過要進入安裝程序前先等等，先進行底下的流程再繼續。

◆ **加入強制使用 GPT 分割表的安裝參數**

如前所述，**如果磁碟容量小於 2TB 的話，系統預設會使用 MBR 模式來安裝**！鳥哥的虛擬機僅有 40GB 的磁碟容量，所以預設肯定會用 MBR 模式來安裝的啊！那如果想要強制使用 GPT 分割表的話，你就得要這樣做：

1. 使用方向鍵，將圖 3.2.8 的游標移動到『 Install CentOS 7 』的項目中。
2. 按下鍵盤的 [tab] 按鈕，讓游標跑到畫面最下方等待輸入額外的核心參數。
3. 在出現的畫面中，輸入如下畫面的資料 (注意，各個項目要有空格，最後一個是游標本身而非底線)。

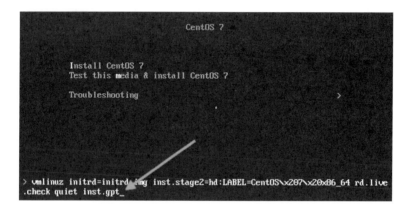

圖 3.2.9　加入額外的核心參數修改安裝程序

**其實重點就是輸入『 inst.gpt 』這個關鍵字！**輸入之後系統會跑過一段偵測的畫面，這段偵測的流程依據你的光碟機速度、硬體複雜度而有不同。反正，就是等待個幾秒鐘到一、兩分鐘就是了！畫面如下所示：

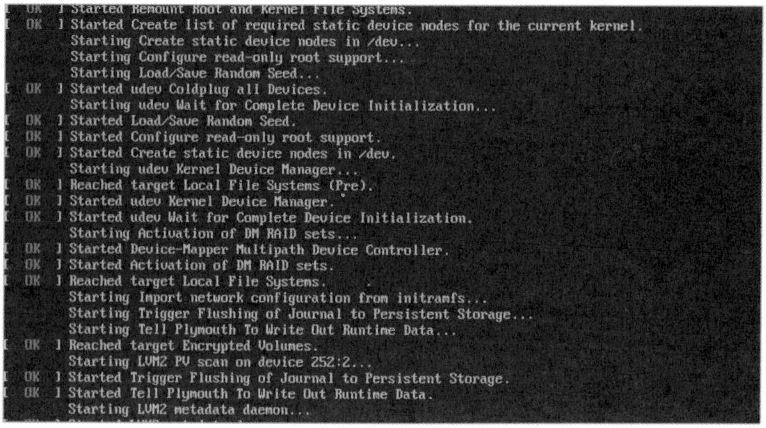

圖 3.2.10　安裝程式的偵測系統過程

進入安裝流程的第一個畫面就是選擇你熟悉的語系囉！這個選擇還挺重要的！因為未來預設的語系、預設用戶選擇的環境等，都跟這裡有關～當然未來是可以改變的～如下圖所示，你可以依據箭頭的指示選擇我們台灣慣用的繁體中文字！然後就可以按下『繼續』來處理喔！

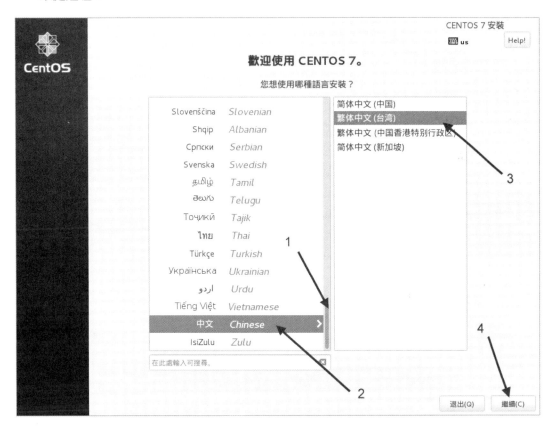

圖 3.2.11　選擇安裝程式的語系顯示

在 CentOS 7 的安裝流程中，已經將所有的挑選流程以按鈕形式通通集中在第一頁了！如下圖所示，所以你可以在同一個畫面中看完所有的設定，也可以跳著修改各個設定，不用被制約一項一項處理喔！底下我們就來談談每一個項目的設定方式吧！

圖 3.2.12　統一按鈕展示的安裝畫面

### 3.2.3　在地設定之時區、語系與鍵盤配置

按下圖 3.2.12 畫面當中的『在地設定』項目內的『日期時間』後，會出現如下的畫面：

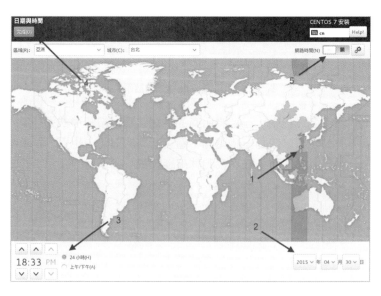

圖 3.2.13　時區挑選的項目示意圖

你可以直接在世界地圖上面選擇到你想要的時區位置，也可以在畫面中『區域、城市』的下拉式選單選擇你的城市即可。如果日期與時間不對，可以在畫面中箭頭指的 2, 3 處分別修改。雖然有網路的時間自訂修訂功能，不過因為我們的網路尚未設定好，所以畫面中的箭頭 5 無法順利開啟就是了。處理完畢後，按下左上方箭頭 4 指的『完成』按鈕，即可回到圖 3.2.12 中。

> 說實在的，我們這些老人家以前接觸的畫面，確認鈕通常在右下方。第一次接觸 CentOS 7 的安裝畫面時，花了將近一分鐘去找確認按鈕耶！還以為程式出錯了！後來才發現在左上方～這...真是欺負老人的設計嗎？哈哈哈哈！

時區選擇之後，接下來請點選圖 3.2.12 內的『鍵盤配置』，出現的畫面如下：

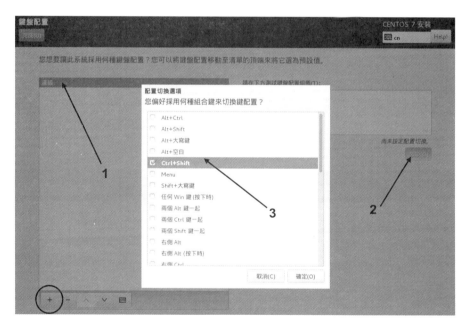

圖 3.2.14　鍵盤配置項目

這個很重要喔！因為我們需要輸入中文，所以常常打字會在中/英文之間切換。過去我們經常使用的鍵盤配置是『 ctrl + 空白 』按鈕，或者是『 ctrl + Shift 』按鈕，不過這一版的視窗介面，預設並沒有提供任何的切換按鈕～所以這裡得要預先來設定一下比較妥當。如圖中的箭頭順序去調整，不過鳥哥一直找不到習慣的『 ctrl + 空白 』的組合，只好用次習慣的『 ctrl + Shift 』組合了！確認後可以按完成按鈕即可。

不過，如果你想要有其他的輸入語系的話，可以選擇畫面中左下方用圈圈勾起來的地方，按下去就會出現如右畫面：

竟然還有三種特殊的台灣語系鍵盤配置規格耶！好有趣！有需要的朋友可以選擇看看！至於『語系支援』的畫面則與圖 3.2.11 相同，所以這裡就不多說了！

圖 3.2.15　新增其他語系的鍵盤配置

## 3.2.4　安裝來源設定與軟體選擇

回到圖 3.2.12 後，按下『安裝來源』按鈕之後，你會得到如下的畫面：

圖 3.2.16　挑選準備要被安裝的軟體所在的媒體

　　因為我們是使用光碟開機，同時還沒有設定網路，因此預設就會選擇光碟片 (sr0 所在的裝置)。如果你的主機系統當中還有其他安裝程式認識的磁碟檔案系統，那麼由於該磁碟也可能會放置映像檔啊，所以該映像檔也能夠提供軟體的安裝，因此就有如同上圖的『ISO 檔案』的選擇項目。最後，如果你的安裝程式已經預先設定好網路了，那麼就可以選擇『在網路上』的項目，並且填寫正確的網址 (URL)，那麼安裝程式就可以直接從網路上面下載安裝了！

> 其實如果區域網路裡面你可以自己設定一個安裝伺服器的話，那麼使用網路安裝的速度恐怕會比其他方式快速喔！畢竟 giga 網路速度可達到 100Mbytes/s 的讀寫，這個速度 DVD 或 USB 2.0 都遠遠不及啊！^_^

　　按下完成並回到圖 3.2.12 之後，就得要選擇『軟體選擇』的畫面了！如下所示：

圖 3.2.17　選擇安裝的軟體資料為哪些

　　因為預設是『最小型安裝』的模式，這種模式只安裝最簡單的功能，很適合高手慢慢搭建自己的環境之用。但是我們是初學者啊～沒有圖形介面來看看實在有點怪！所以建議可以選擇如下的項目：

◆ 含有 GUI 的伺服器 (GUI 就是使用者圖形介面囉！預設搭載 GNOME)

◆ GNOME 桌面環境：Linux 常見的圖形介面

◆ KDE Plasma Workspaces：另一套常見的圖形介面

上面這幾個設定擁有圖形介面，鳥哥這裡主要是以『GUI 伺服器』作為介紹喔！選擇完畢之後按下完成，安裝程式會開始檢查光碟裡面有沒有你所挑選的軟體存在，而且解決軟體相依性的檢查 (就是將你所選擇的大項目底下的其他支援軟體通通載入)，之後就會再次的回到 圖 3.2.12 的畫面中。

## 3.2.5 磁碟分割與檔案系統設定

再來就是我們的重頭戲，當然就是磁碟分割啦！由圖 3.2.12 當中，點選『系統』項目下的『安裝目的地』區塊，點選之後會進入如下畫面中：

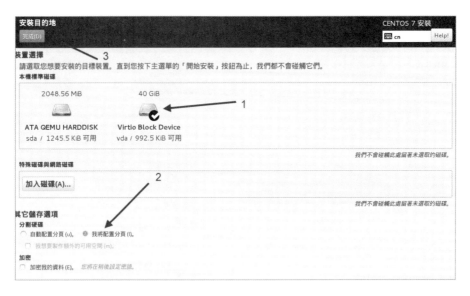

圖 3.2.18 選擇要安裝 Linux 的硬碟，並選擇手動分割模式

由於鳥哥的虛擬機器系統共有兩顆硬碟，因此安裝的時候你得要特別選擇正確的硬碟才能夠順利的安裝喔！所以如上圖 1 號箭頭所指，點選之後就會出現打勾的符號囉！因為我們要學習分割的方式，不要讓系統自動分割，因此請點選 2 號箭頭所指處：『我將配置分頁』的項目。點選完畢後按下『完成』，即可出現如下的磁碟分割畫面喔！

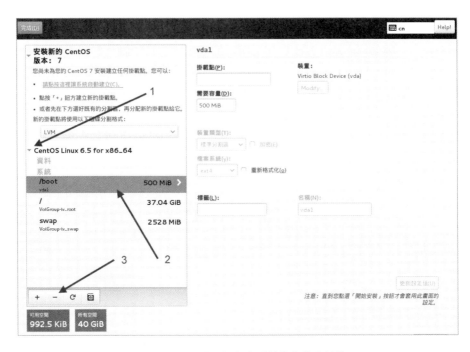

圖 3.2.19　刪除已經存在系統當中的分割槽

　　其實鳥哥故意將硬碟先亂安裝一套系統，然後再安裝 CentOS7 的，就是為了要在這裡展示給各位朋友們瞧一瞧，如何在安裝時觀察與刪除分割啊！如上圖所示，你會發現到 1 號箭頭處有個作業系統名稱，點選該名稱 (你的系統可能不會有這個項目，也有可能是其他項目！不過，如果是全新硬碟，你就可以略過這個部分了)，它就會出現該系統擁有的分割槽。依序分別點選底下的 /boot, /, swap 三個項目，然後點選 3 號箭頭處的減號『 - 』，就可以刪除掉該分割槽了！刪除的時候會出現如下的警告視窗喔！

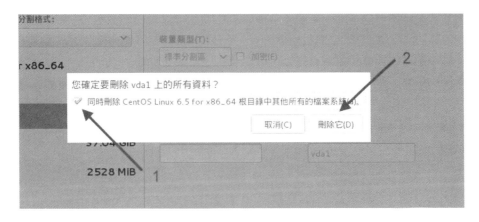

圖 3.2.20　刪除分割槽時出現的警告視窗示意圖

因為前一個系統鳥哥安裝的也是舊版的 CentOS 6.x 的版本，所以 CentOS7 可以自動抓到所有該系統的掛載點～於是就會出現如上所示的圖示，會特別詢問你要不要同時刪出其他的分割。我們原本有 3 個分割需要刪除，點選上圖 1 號箭頭然後按下『刪除它』，嘿嘿！三個分割全部會被刪除乾淨！之後就會回圖 3.2.19 的畫面中了！之後你就可以開始建立檔案系統囉！同時請注意，分割的時候請參考本章 3.1 小節的介紹，根據該小節的建議去設定好分割喔！底下我們先來製作第一個 GPT 分割表最好要擁有的 BIOS boot 分割槽，如下所示：

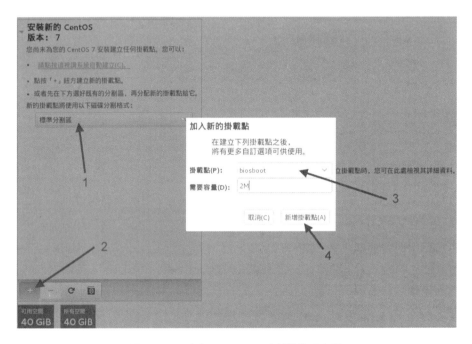

圖 3.2.21　建立 BIOS boot 分割槽的示意圖

先點選 1 號箭頭處的選單，不要使用預設的 LVM 喔！請點選『標準分割區』的項目，並按下 2 號箭頭的『＋』符號，就會出現中間的彈出式視窗，在該視窗中 3 號箭頭處，點選下拉式選單然後選擇你在畫面中看到的 biosboot 項目 (不要手動輸入畫面中的文字，請使用既有的選單來挑選喔！)，同時輸入大約 2M 的容量，按下『新增掛載點』後，就會整理出該分割槽的詳細資料，如下圖所示：

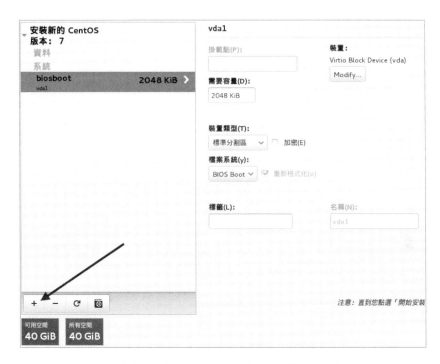

圖 3.2.22　單一分割槽分割完成詳細項目示意圖

　　如上圖所示，畫面的右邊就是 biosboot 分割槽的詳細部分！由於是 bios 使用，因此沒有掛載點 (你看畫面中該欄位是空空如也的！)。同時檔案系統的欄位部分也是會變成『BIOS Boot』的關鍵字！並不會是 Linux 的檔案系統啦！接下來，我們要來設定其他的分割槽了！所以如上圖所示，請按下『 ＋ 』符號吧！底下的示意圖鳥哥就不全圖擷取，只抓出彈出式視窗的內容來給大家瞧瞧喔！

　　另外，圖中的『裝置類型』其實共有 3 種，我們的練習機實際使用標準分割與 LVM 而已。那三種裝置類型的意義分別如下：

◆ **標準分割區**：就是我們一直談的分割槽啊！類似 /dev/vda1 之類的分割就是了。

◆ **LVM**：這是一種可以彈性增加/削減檔案系統容量的裝置設定，我們會在後面的章節持續介紹 LVM 這個有趣的東西！

◆ **LVM 緊張供應**：這個名詞翻譯的超奇怪的！其實這個是 LVM 的進階版！與傳統 LVM 直接分配固定的容量不同，這個『 LVM 緊張供應』的項目，可以讓你在使用多少容量才分配磁碟多少容量給你，所以如果 LVM 裝置內的資料量較少，那麼你的磁碟其實還可以做更多的資料儲存！而不會被平白無故的佔用！這部分我們也在後續談到 LVM 的時候再來強調！

另外，圖中的檔案系統就是實際『格式化』的時候，我們可以格式化成什麼檔案系統的意思。底下分別談談各個檔案系統項目 (詳細的項目會在後續章節說明)。

◆ ext2/ext3/ext4：Linux 早期適用的檔案系統類型。由於 ext3/ext4 檔案系統多了日誌的記錄，對於系統的復原比較快速。不過由於磁碟容量越來越大，ext 家族似乎有點擋不住了～所以除非你有特殊的設定需求，否則近來比較少使用 ext4 項目了！

◆ swap：就是磁碟模擬成為記憶體，由於 swap 並不會使用到目錄樹的掛載，所以用 swap 就不需要指定掛載點喔。

◆ BIOS Boot：就是 GPT 分割表可能會使用到的項目，若你使用 MBR 分割，那就不需要這個項目了！

◆ xfs：這個是目前 CentOS 預設的檔案系統，最早是由大型伺服器所開發出來的！它對於大容量的磁碟管理非常好，而且格式化的時候速度相當快，很適合當今動不動就是好幾個 TB 的磁碟的環境喔！因此我們主要用這玩意兒！

◆ vfat：同時被 Linux 與 Windows 所支援的檔案系統類型。如果你的主機硬碟內同時存在 Windows 與 Linux 作業系統，為了資料的交換，確實可以建置一個 vfat 的檔案系統喔！

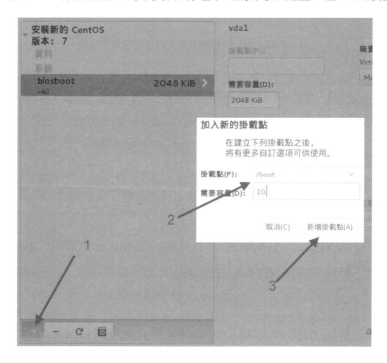

圖 3.2.23　建立 /boot 分割槽的示意圖

　　依據 3.1 小節的建議，接下來是建立 /boot 掛載點的檔案系統。容量的部分你可以輸入 1G 或者是 1024M 都可以！有簡單的單位較佳。然後按下新增吧！就會回到類似圖 3.2.22 的畫面喔！接下來依序建立另外所需要的根目錄『 / 』的分割吧！

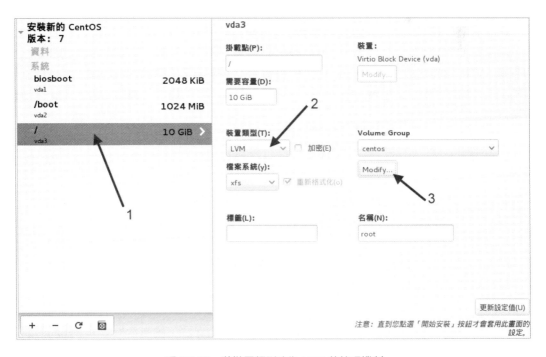

圖 3.2.24　建立根目錄 / 的分割槽

　　如上圖所示，就輸入根目錄的容量吧！依據 3.1 小節的建議給予 10G 的容量。接下來要注意喔，我們的 /, /home, swap 都希望使用 CentOS 提供的 LVM 管理方式，因此當你按下上圖的『新增掛載點』之後，回到底下的詳細設定項目時，得要更改一下相關的項目才行！如下所示：

圖 3.2.25　將裝置類型改為 LVM 的管理機制

如上圖所示，你得先確認 1 號箭頭指的地方為 / 才對，然後點選 2 號箭頭處，將它改為『LVM』才好。由於 LVM 預設會取一個名為 centos 的 LVM 裝置，因此該項目不用修改！只要按下 3 號箭頭處的『 Modify(更改) 』即可。接下來會出現如下的畫面，要讓你處理 LVM 的相關設定！

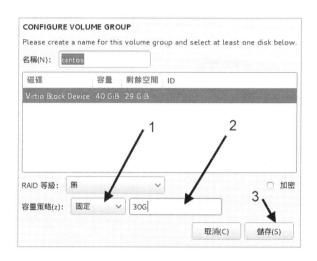

圖 3.2.26　修改與設定 LVM 裝置的容量

再次說明，我們這裡是要建立一個讓你在未來可以持續練習的練習機環境，因此不建議將分割用完！所以，如上圖所示，1 號箭頭處請選擇『固定』容量，然後填入『 30G 』左右的容量，這樣我們就還有剩下將近 10G 的容量可以繼續未來的章節內容練習。其他的就保留預設值，點選『儲存』來確定吧！然後回到類似圖 3.2.23 的畫面，繼續點選『 + 』來持續新增分割，如下圖所示：

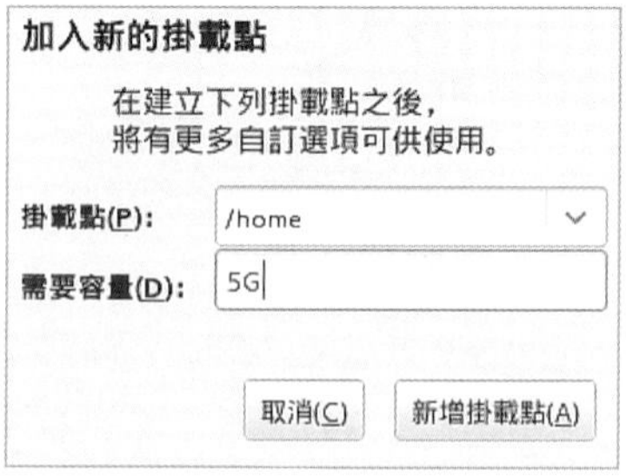

圖 3.2.27　建立 /home 分割槽

建立好 /home 分割槽之後，同樣需要調整 LVM 裝置才行，因此在你按下上圖的『新增掛載點』之後，回到底下的畫面來處理處理！

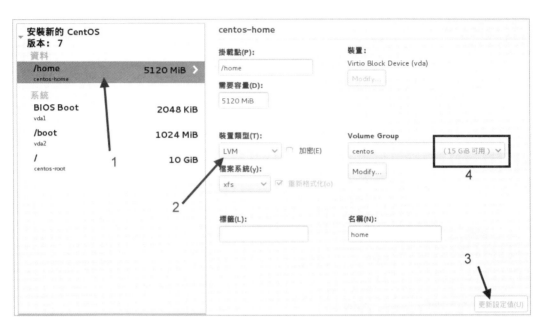

圖 3.2.28　調整 /home 也使用 LVM 裝置

　　如上圖所示，確定 1 號箭頭是 /home，然後選擇 2 號箭頭成為 LVM，之後確定 4 號箭頭還有剩餘容量 (也是為了未來要練習之用)，之後就可以按下 3 號箭頭的變更設定來確認囉！其實要先按 3 號箭頭，4 號區塊才會順利顯示啦！ ^_^

**加入新的掛載點**

在建立下列掛載點之後，
將有更多自訂選項可供使用。

掛載點(P)：　swap

需要容量(D)：　1G

取消(C)　　新增掛載點(A)

圖 3.2.29　建立 swap 分割槽

　　swap 是當實體記憶體容量不夠用時，可以拿這個部分來存放記憶體中較少被使用的程序項目。以前都建議 swap 需要記憶體的 2 倍較佳。不過現在的記憶體都夠大了，swap 雖然最好還是保持存在比較好，不過也不需要太大啦！大約 1~2GB 就好了。老實說，如果你的系統竟然會使用到 swap，那代表...錢花的不夠多！繼續擴充記憶體啦！

swap 記憶體置換空間的功能是：當有資料被存放在實體記憶體裡面，但是這些資料又不是常被 CPU 所取用時，那麼這些不常被使用的程序將會被丟到硬碟的 swap 置換空間當中，而將速度較快的實體記憶體空間釋放出來給真正需要的程序使用！所以，如果你的系統不很忙，而記憶體又很大，自然不需要 swap 囉。

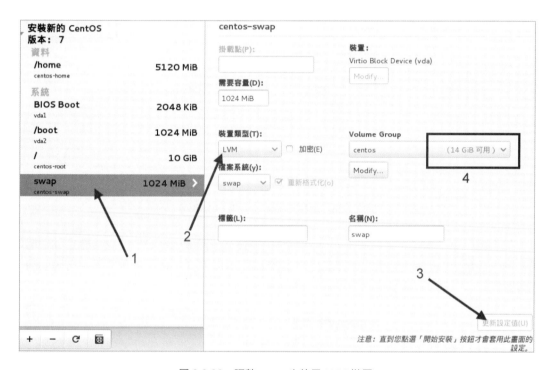

圖 3.2.30　調整 swap 也使用 LVM 裝置

如上圖所示，我們也需要 swap 使用 LVM，請按照箭頭依序處理各個項目吧！上述的動作做完之後，我們的分割就準備妥當了！接下來，看看你的分割是否與下圖類似！需要有 /home, /boot, /, swap 等項目。

圖 3.2.31　完成分割之後的示意圖

　　如上圖所示，仔細看一下左下角的兩個方塊，可用空間的部分還有剩下大約 9GB 左右，這樣才對喔！如果一切順利正常，按下上圖左上方的『完成』，系統會出現一個警告視窗，提醒你是否要真的進行這樣的分割與格式化的動作，如右圖所示：

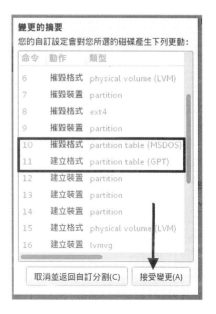

圖 3.2.32　是否確定分割正確的示意圖

上圖中你可以特別觀察一下分割表的類型，可以發現方框圈起來的地方，刪除了 MSDOS 而建立了 GPT！嘿嘿！沒錯！是我們要的！所以，按下『接受變更』吧！之後就會回到圖 3.2.12 的畫面囉！

## 3.2.6 核心管理與網路設定

回到圖 3.2.12 的畫面後，點選『系統』下的『KDUMP』項目，這個項目主要在處理，當 Linux 系統因為核心問題導致的當機事件時，會將該當機事件的記憶體內資料儲存出來的一項特色！不過，這個特色似乎比較偏向核心開發者在除錯之用～如果你有需要的話，也可以啟動它！若不需要，也能夠關閉它，對系統的影響似乎並不太大。所以，如下圖所示，點選之後，鳥哥是使用『啟用』的預設值，並沒有特別取消掉這項目就是了。

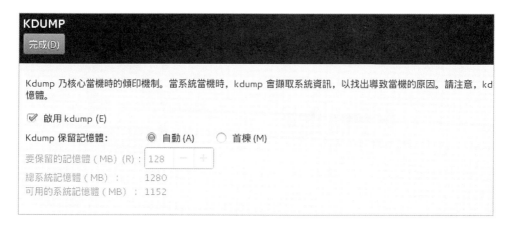

圖 3.2.33　KDUMP 的挑選示意圖

再次回到圖 3.2.12 的畫面點選『系統』下的『網路&主機名稱』的設定，會出現如下圖所示畫面：

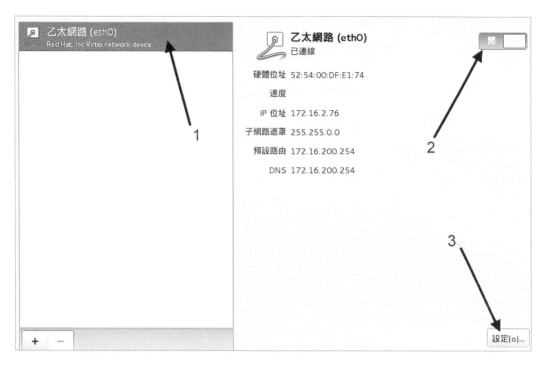

圖 3.2.34　網路設定示意圖

　　因為鳥哥這邊使用的是虛擬機器，因此看到的網卡就會是舊式的 eth0 之類的網卡代號。如果是實體網卡，那你可能會看到類似 p1p1, em1 等等比較特殊的網卡代號！這是因為新的設計中，它是以網卡安插的插槽來作為網卡名稱的由來[註2]，這部分未來我們在網路再來談！這裡先知道一下即可。

　　上圖中先選擇正確的網卡，然後在 2 號箭頭處選擇『開』之後，3 號箭頭處才能夠開始設定！現在請按下『設定』項目，然後參考 3.1 小節的介紹，來給予一組特別的 IP 吧！

圖 3.2.35　設定開機自動啟動網路

　　現在 CentOS 7 開機後，預設是沒有啟動網路的，因此你得要在上圖中選擇 2 號箭頭的『當這個網路可用時自動連線』的項目才行！

圖 3.2.36　手動設定 IP 的示意圖

如上圖所示,選擇 IPv4 的項目,然後調整 2 號箭頭成為手動,接下來按下 3 號箭頭加入項目後,才能夠在 4 號箭頭輸入所需要的 IP 位址與網路遮罩～寫完之後其他的項目不要更動,就按下 5 號箭頭的儲存吧!然後回到如同下圖的畫面:

圖 3.2.37　修改主機名稱

如上圖所示,右邊的網路參數部分已經是正確的了,然後在箭頭處輸入 3.1 小節談到的主機名稱吧!寫完就給它『完成』囉!

### 3.2.7　開始安裝、設定 root 密碼與新增可切換身份之一般用戶

如果一切順利的話，那麼你應該就可以看到如下的圖示，所有的一切都是正常的狀態！因此你就可以按下底下圖示的箭頭部分，開始安裝的流程囉！

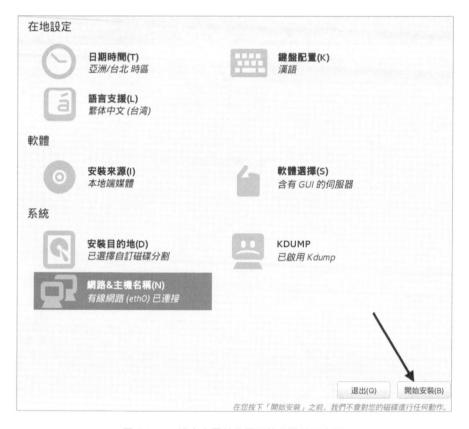

圖 3.2.38　設定完畢並準備開始安裝的示意圖

現在的安裝畫面作的還挺簡單的，省略了一堆步驟！上述畫面按下開始安裝後，這時你就可以一邊讓系統安裝，同時去設定其他項目，可以節省時間啦！如下圖所示，還有兩件重要的事件要處理，一個是 root 密碼，一個是一般身份用戶的建立！

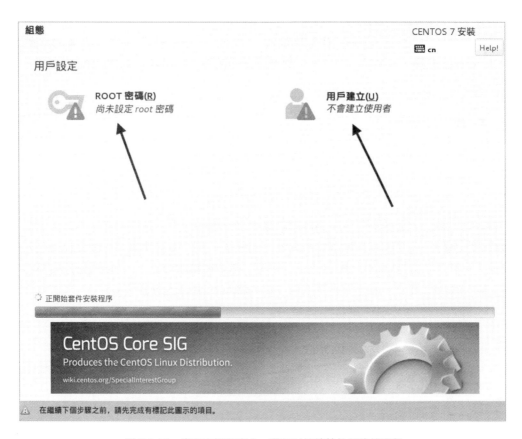

圖 3.2.39　進行安裝程序中，還可以持續其他任務的過程

將上圖中，按下 ROOT 密碼，可以得到下面的圖示來修改系統管理員的密碼喔！

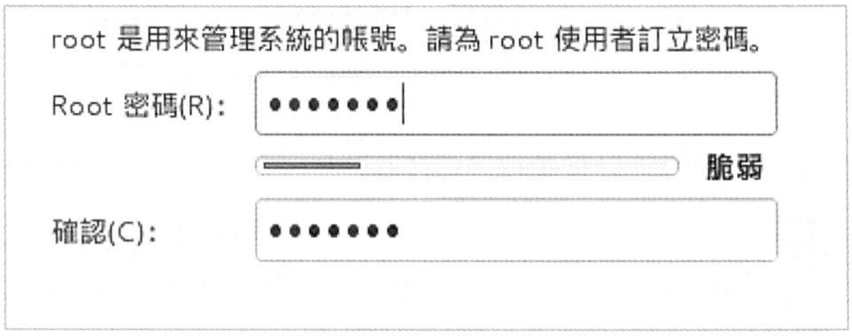

圖 3.2.40　設定系統管理員 root 的密碼

基本上，你可以設定任何密碼內容！只是，系統會主動幫你判斷你的密碼設定的好不好。如果不夠好，那麼畫面中就會告訴你，你的密碼很虛弱啦！你還是可以堅持你的簡易密碼！只是，就得要按下兩次『完成』，安裝程式才會真的幫你設定該密碼。

　　什麼是好的密碼呢？基本上，密碼字元長度設定至少 8 個字元以上，而且含有特殊符號更好，且不要是個人的可見資訊 (如電話號碼、身份證、生日等等，就是比較差的密碼)。例如：l&my_dog 之類，有點怪，但是對你又挺好記的密碼！就是還 OK 的密碼設定喔！

> 好的習慣還是從頭就開始養成比較好。以前鳥哥上課為了簡易的操作，所以給學生操作的系統中，選了個 1234 作為密碼，要命了！後來鳥哥的專題生，實際上線的電腦中，竟然密碼還是使用 1234 耶～一上線之後的後果，當然就是被綁架了！還有什麼說的？所以，還是一開始就養成好習慣較佳！

　　管理員密碼設定妥當後，接下來鳥哥建議你還是得要建立一個日常登入系統的慣用一般帳號較好！為什麼呢？因為通常遠端系統管理流程中，我們都會建議將管理員直接登入的權限拿掉，有需要才用特殊指令 (如 su, sudo 等等，指令後續會談到！) 切換成管理員身份。所以啊，你一定得要建立一個一般帳號才好。鳥哥這裡使用自己的名子 dmtsai 來作為一個帳號喔！

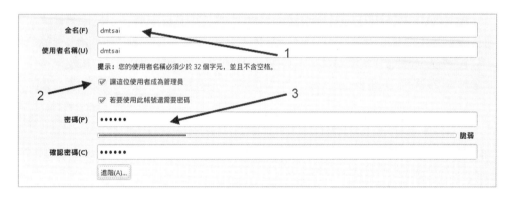

圖 3.2.41　建立一個一般帳號

　　這個帳號既然是你要使用的，那麼這個帳號應該就是你認可的管理員使用的一般帳號啊！**所以你或許會希望這個帳號可以使用自己的密碼來切換身份成為 root，而不用知道 root 的密碼！**果真如此的話，那麼上頭的 2 號箭頭處，就得要勾選才好！未來你就可以直接使用 dmtsai 的密碼變成 root 哩！方便你自己管理～這樣即使 root 密碼忘記了，你依舊可以切換身份變 root 啊！

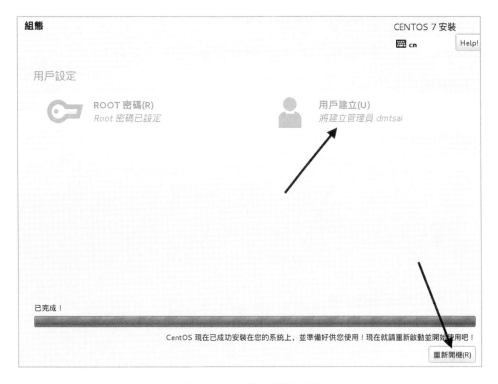

圖 3.2.42　安裝完畢的示意圖

等到安裝妥當之後，你應該就會見到如上的圖示！上方的箭頭比較有趣！仔細看，你會發現有個『將建立管理員 dmtsai』的項目！那就是因為你勾選了『讓這位使用者成為管理員』的緣故！當然啦！這個帳號的密碼也就很重要！不要隨便流出去啊！確定一切事情都順利搞定，按下箭頭處的『重新開機』吧！準備來使用 CentOS Linux 囉！

## 3.2.8 準備使用系統前的授權同意

重新開機完畢後，系統會進入第一次使用的授權同意畫面！如下所示：

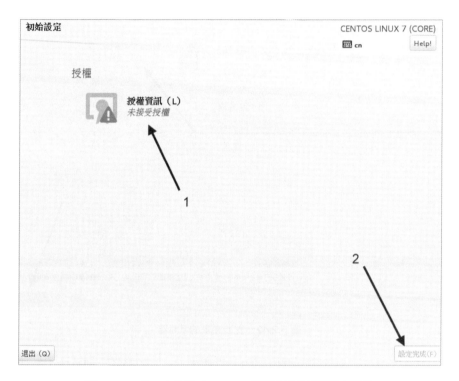

圖 3.2.43　第一次使用 CentOS 7 圖形介面的授權同意過程

點選上圖中的 1 號箭頭後，就會出現如下圖所示的授權同意書！

圖 3.2.44　授權同意書的簽署

再次確認後，你就會發現如同下圖所示的畫面，等待登入了！第一次登入系統的相關資料就請看下一個小節囉！

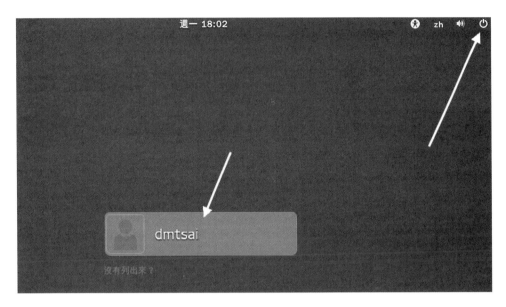

圖 3.2.45　等待使用者登入示意圖

　　先提醒你自己記一下，你剛剛上面所選擇的項目，包括 root 的密碼等等，通通都會被紀錄到 /root/anaconda-ks.cfg 這個檔案內喔！這個檔案可以提醒與協助你未來想要重建一個一模一樣的系統時，就可以參考該檔案來製作囉！當然，你也可以 google 一下，找 kickstart 這個關鍵字，會得到很多協助喔！^_^

## 3.2.9　其他功能：RAM testing, 安裝筆記型電腦的核心參數 (Option)

其實安裝光碟還可以進行救援、燒機等任務喔！趕緊來瞧瞧：

◆ **記憶體壓力測試：memtest86**[註3]

CentOS 的 DVD 除了提供一般 PC 來安裝 Linux 之外，還提供了不少有趣的東西，其中一個就是進行『燒機』的任務！這個燒機不是台灣名產燒酒雞啊，而是當你組裝了一部新的個人電腦，想要測試這部主機是否穩定時，就在這部主機上面運作一些比較耗系統資源的程式，讓系統在高負載的情況下去運作一陣子 (可能是一天)，去測試穩定度的一種情況，就稱為『燒機』啦！

那要如何進行呢？讓我們重新開機並回到圖 3.2.8 的畫面中，然後依序選擇
『Troubleshooting』、『Run a memory test』的項目，你的畫面就會變成如下的模樣了：

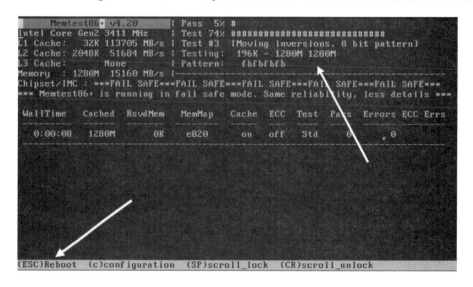

圖 3.2.46　memory test 的圖示

畫面中的右上角資料會一直跑，直到你按下 [Esc] 按鈕為止，它都會一直去操記憶體！
由於記憶體是伺服器當中一個相當重要的元件，它只要不出事，系統總是穩定的多！所
以，透過這個方式來操記憶體，讓記憶體一直保持在忙碌的狀態～等待一天過去，你就
可以說，恩！這部電腦硬體應該還算穩定吧！^_^

◆ **安裝筆記型電腦或其他類 PC 電腦的參數**

由於筆記型電腦加入了非常多的省電機制或者是其他硬體的管理機制，包括顯示卡常常
是整合型的，因此在筆記型電腦上面的硬體常常與一般桌上型電腦不怎麼相同。所以當
你使用適合於一般桌上型電腦的 DVD 來安裝 Linux 時，可能常常會出現一些問題，導致
無法順利的安裝 Linux 到你的筆記型電腦中啊！那怎辦？

其實很簡單，只要在安裝的時候，告訴安裝程式的 linux 核心不要載入一些特殊功能即
可。最常使用的方法就是，在使用 DVD 開機時，選擇『』然後按下 [tab] 按鍵後，加入
底下這些選項：

```
nofb apm=off acpi=off pci=noacpi
```

apm(Advanced Power Management) 是早期的電源管理模組，acpi(Advanced
Configuration and Power Interface)則是近期的電源管理模組。這兩者都是硬體本身就有
支援的，但是筆記型電腦可能不是使用這些機制，因此，當安裝時啟動這些機制將會造
成一些錯誤，導致無法順利安裝。

nofb 則是取消顯示卡上面的緩衝記憶體偵測。因為筆記型電腦的顯示卡常常是整合型的，Linux 安裝程式本身可能就不是很能夠偵測到該顯示卡模組。此時加入 nofb 將可能使得你的安裝過程順利一些。

對於這些在開機的時候所加入的參數，我們稱為『核心參數』，這些核心參數是有意義的！如果你對這些核心參數有興趣的話，可以參考文後的參考資料來查詢更多資訊[註4]。

## 3.3 多重開機安裝流程與管理 (Option)

有鑑於自由軟體的蓬勃發展以及專利軟體越來越貴，所以政府單位也慢慢的希望各部門在選購電腦時，能夠考量同時含有兩種以上作業系統的機器了。加上很多朋友其實也常常有需要兩種不同作業系統來處理日常生活與工作的事情。那我是否需要兩部主機來操作不同的作業系統？不需要的，我們可以透過多重開機來選擇登入不同的作業系統喔！一部機器搞定不同作業系統哩。

你可能會問：『既然虛擬機器這麼熱門，應用面也廣，那為啥不能安裝 Linux 上面使用 windows 虛擬機？或反過來使用呢？』原因無他，因為『虛擬機在圖形顯示的效能依舊不足』啊！所以，某些時刻你還是得要使用實體機器去安裝不同的作業系統啊！

不過，就如同鳥哥之前提過的，多重開機系統是有很多風險存在的，而且你也不能隨時變動這個多重作業系統的開機磁區，這對於初學者想要『很猛烈的』玩 Linux 是有點妨礙～所以，鳥哥不是很建議新手使用多重開機啦！所以，底下僅是提出一個大概，你可以看一看，未來我們談到後面的章節時，你自然就會有『豁然開朗』的笑容出現了！^\_^

### 3.3.1 安裝 CentOS 7.x + windows 7 的規劃

由於鳥哥身邊沒有具有 UEFI BIOS 的機器，加上 Linux 對於 UEFI 的支援還有待持續進步，因此，底下鳥哥是使用虛擬機建置 200GB 的磁碟，然後使用傳統 BIOS 搭配 MBR 分割表來實做多重開機的項目。預計建置 CentOS 7.x 以及一個 Windows 7 的多重作業系統，同時擁有一個共用的資料磁碟。

為什麼要用 MBR 而不用本章之前介紹的 GPT 呢？這是因為『Windows 8.1 以前的版本，不能夠在非 UEFI 的 BIOS 環境下使用 GPT 分割表的分割槽來開機』啊！我們既然沒有 UEFI 的環境，那自然就無法使用 GPT 分割來安裝 Windows 系統了。但其實 windows 還是可以使用 GPT，只是『開機的那顆硬碟，必須要在 MBR 的分割磁碟中』。例如 C 槽單顆硬碟使用 MBR，而資料磁碟 D 槽使用 GPT，那就 OK 沒問題！

另外，與過去傳統安裝流程不同，這次鳥哥希望保留 Linux (因為開機管理是由 Linux 管的) 在前面，windows 在後面的分割槽內，因此需要先安裝 Linux 後再安裝 windows，後來透過修改系統設定檔來讓系統達成多重開機！基本上鳥哥的分割是這樣規劃的 (因為不用 GPT，所以無須 BIOS Boot 項目)：

| Linux 裝置檔名 | Linux 載點 | Windows 裝置 | 實際內容 | 檔案系統 | 容量 |
|---|---|---|---|---|---|
| /dev/vda1 | /boot | - | Linux 開機資訊 | xfs | 2GB |
| /dev/vda2 | / | - | Linux 根目錄 | xfs | 50GB |
| /dev/vda3 | - | C | Windows 系統碟 | NTFS | 100GB |
| /dev/vda5 | /data | D | 共享資料磁碟 | VFAT | 其他剩餘 |

再次強調，我們得要先安裝 Linux 在透過後續維護的方案來處理的喔！而且，為了強制 Windows 要安裝在我們要求的分割槽，所以在 Linux 安裝時，得要將上述的所有分割槽先分割出來喔！大概就是這樣！來實作吧！

## 3.3.2 進階安裝 CentOS 7.x 與 Windows 7

請依據本章前面的方式一項一項來進行各項安裝行為，比較需要注意的地方就是安裝時，不可以加上 inst.gpt 喔！我們單純使用 MBR 分割啊！

進行到圖 3.2.12 的項目時，先不要選擇分割，請按下『 [ctrl]＋[alt]＋[F2] 』來進入安裝過程的 shell 環境。然後進行如下的動作來預先處理好你的分割槽！因為鳥哥使用圖形化介面的分割模式，老是沒有辦法調出滿意的順序！只好透過如下的手動方式來建立囉！但是你得要了解 parted 這個指令才行！

```
[anaconda root@localhost /]# parted /dev/vda mklabel msdos                # 建立 MBR 分割
[anaconda root@localhost /]# parted /dev/vda mkpart primary 1M 2G         # 建立 /boot
[anaconda root@localhost /]# parted /dev/vda mkpart primary 2G 52G        # 建立 /
[anaconda root@localhost /]# parted /dev/vda mkpart primary 52G 152G      # 建立 C
[anaconda root@localhost /]# parted /dev/vda mkpart extended 152G 100%  # 建立延伸分割
[anaconda root@localhost /]# parted /dev/vda mkpart logical 152G 100%    # 建立邏輯分割
[anaconda root@localhost /]# parted /dev/vda print                        # 顯示分割結果
```

如果按照上面的處理流程，由於原本是 MBR 的分割，因此經過 mklabel 的工作，將 MBR 強制改為 GPT 後，所有的分割就死光光了！因此不用刪除就不會有剩餘。接下來就是建立五個分割槽，最終的 print 行為就是列出分割結果，結果應該有點像底下這樣：

```
[anaconda root@localhost /]# parted /dev/vda print
Model: Virtio Block Device (virtblk)
Disk /dev/vda: 215GB
Sector size (logical/physical): 512B/512B
Partition Table: msdos
Disk Flags:

Number  Start   End     Size    Type      File system  Flags
 1      1049kB  2000MB  1999MB  primary
 2      2000MB  52.0GB  50.0GB  primary
 3      52.0GB  152GB   100GB   primary
 4      152GB   215GB   62.7GB  extended               lba
 5      152GB   215GB   62.7GB  logical
```

圖 3.3.1　本範例的分割結果

接下來再次按下『[ctrl]+[alt]+[F6]』來回到原本的安裝流程中，然後一步一步實做到分割區那邊，然後依據相關的裝置檔名來進行『重新格式化』並填入正確的掛載點，最終結果有點像底下這樣：

圖 3.3.2　安裝流程的分割情況

　　你會看到有個『重新格式化』的項目吧！那個一定要勾選喔！之後就給它持續的安裝下去，直到裝好為止喔！安裝完畢之後，你也無須進入到設定的項目，在重新開機後，塞入 windows 7 的原版光碟，之後持續的安裝下去！要注意，得要選擇那個 100G 容量的分割槽安裝才行！最重要的那個安裝畫面有點像底下這樣：

圖 3.3.3　安裝 windows 的分割示意圖

一樣，讓 windows 自己安裝到完畢吧！

### 3.3.3　救援 MBR 內的開機管理程式與設定多重開機選單

為了應付分割工作，所以我們是先安裝 Linux 再安裝 Windows 的。只是，如此一來，整顆硬碟的 MBR 部分就會被 windows 的開機管理程式佔用了！因此，安裝好了 Windows 的現在，我們得要開始來救援 MBR，同時編輯一下開機選單才行！

◆ **救援回 Linux 的開機管理程式**

救援 Linux 開機管理程式也不難，首先，放入原版光碟，重新開機並且進入類似 圖 3.2.8 的畫面中，然後依據底下的方式來處理救援模式。進入『 Troubleshooting 』，選擇『 Rescue a CentOS system 』，等待幾秒鐘的開機過程，之後系統會出現如下的畫面，請選擇『 Continue 』喔！

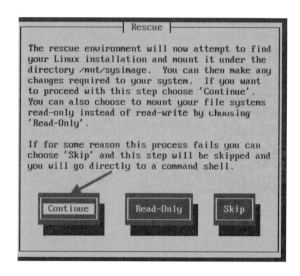

圖 3.3.4　如何使用找到的 Linux 磁碟系統，建議用 Continue (RW) 模式

如果真的有找到 Linux 的作業系統，那麼就會出現如下的圖示，告訴你，你的原本的系統放置於 /mnt/sysimage 當中喔！

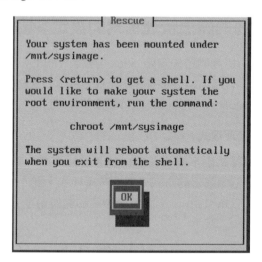

圖 3.3.5　找到了 CentOS 作業系統時，可以進行任務了

接著下來準備要救援 MBR 的開機管理程式囉！處理的方法指令如下：

```
sh-4.2# chroot /mnt/sysimage
sh-4.2# grub2-install /dev/vda
Installing for i386-pc platform.
Installation finished. No error reported.
```

```
sh-4.2# exit
sh-4.2# reboot
```

◆ **修改開機選單任務**

接下來我們可以修訂開機選單了！不然開機還是僅有 Linux 而已～先以正常流程登入 Linux 系統，切換身份成為 root 之後，開始進行底下的任務：

```
[root@study ~]# vim /etc/grub.d/40_custom
#!/bin/sh
exec tail -n +3 $0
# This file provides an easy way to add custom menu entries.  Simply type the
# menu entries you want to add after this comment.  Be careful not to change
# the 'exec tail' line above.
menuentry "Windows 7" {
   set root='(hd0,3)'
   chainloader +1
}

[root@study ~]# vim /etc/default/grub
GRUB_TIMEOUT=30   # 將 5 秒改成 30 秒長一些
...
[root@study ~]# grub2-mkconfig -o /boot/grub2/grub.cfg
```

接下來就可以測試能否成功了！如果一切順利的話，理論上就能夠看到如下的圖示，並且可以順利的進入 Linux 或 Windows 囉！加油！

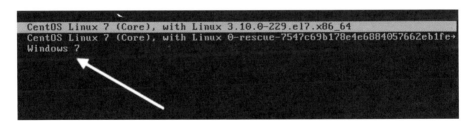

圖 3.3.6　多重開機的開機選單示意

◆ **後續維護的注意事項**

多重開機設定完畢後請特別注意，(1)Windows 的環境中最好將 Linux 的根目錄與 swap 取消掛載，否則未來你打開檔案總管時，該軟體會要求你『格式化！』如果一個不留神，你的 Linux 系統就毀了。(2)你的 Linux 不可以隨便的刪除！因為 grub 會去讀取 Linux 根

目錄下的 /boot/ 目錄內容，如果你將 Linux 移除了，你的 Windows 也就無法開機了！因為整個開機選單都會不見喔！

## 3.4　重點回顧

◆ 不論你要安裝什麼樣的 Linux 作業系統角色，都應該要事先規劃例如分割、開機管理程式等。

◆ 建議練習機安裝時的磁碟分割能有/, /boot, /home, swap 四個分割槽。

◆ 安裝 CentOS 7.x 的模式至少有兩種，分別是圖形介面與文字介面。

◆ CentOS 7 會主動依據你的磁碟容量判斷要用 MBR 或 GPT 分割方式，你也可以強迫使用 GPT。

◆ 若安裝筆記型電腦時失敗，可嘗試在開機時加入『linux nofb apm＝off acpi＝off』來關閉省電功能。

◆ 安裝過程進入分割後，請以『自訂的分割模式』來處理自己規劃的分割方式。

◆ 在安裝的過程中，可以建立邏輯捲軸管理員 (LVM)。

◆ 一般要求 swap 應該要是 1.5~2 倍的實體記憶體量，但即使沒有 swap 依舊能夠安裝與運作 Linux 作業系統。

◆ CentOS 7 預設使用 xfs 作為檔案系統。

◆ 沒有連上 Internet 時，可嘗試關閉防火牆，但 SELinux 最好選擇『強制』狀態。

◆ 設定時不要選擇啟動 kdump，因為那是給核心開發者查閱當機資料的。

◆ 可加入時間伺服器來同步化時間，台灣可選擇 tock.stdtime.gov.tw 這一部。

◆ 盡量使用一般用戶來操作 Linux，有必要再轉身份成為 root 即可。

◆ 即使是練習機，在建置 root 密碼時，建議依舊能夠保持良好的密碼規則，不要隨便設定！

## 3.5　本章習題

◆ Linux 的目錄配置以『樹狀目錄』來配置，至於磁碟分割槽 (partition) 則需要與樹狀目錄相配合！請問，在預設的情況下，在安裝的時候系統會要求你一定要分割出來的兩個 Partition 為何？

◆ 預設使用 MBR 分割方式的情況下，在第二顆 SATA 磁碟中，分割『六個有用』的分割槽 (具有 filesystem 的) ，此外，已知有兩個 primary 的分割類型！請問六個分割槽的檔名？

◆ 什麼是 GMT 時間？台北時間差幾個鐘頭？

◆ 軟體磁碟陣列的裝置檔名為何？

◆ 如果我的磁碟分割時使用 MBR 方式，且設定了四個 Primary 分割槽，但是磁碟還有空間，請問我還能不能使用這些空間？

## 3.6 參考資料與延伸閱讀

◆ 註 1：虛擬機器管理員建置一部虛擬機器的流程：

http://www.cyberciti.biz/faq/kvm-virt-manager-install-centos-linux-guest/

http://www.itzgeek.com/how-tos/linux/centos-how-tos/install-kvm-qemu-on-centos-7-rhel-7.html#axzz3Yf6il9S2

https://virt-manager.org/screenshots/

◆ 註 2：CentOS 7 網卡的命名規則：

https://access.redhat.com/documentation/en-US/Red_Hat_Enterprise_Linux/7/html/Networking_Guide/sec-Understanding_the_Predictable_Network_Interface_Device_Names.html

◆ 註 3：進階記憶體測試網站：http://www.memtest.org/

◆ 註 4：更多的核心參數可以參考如下連結：

http://www.faqs.org/docs/Linux-HOWTO/BootPrompt-HOWTO.html
對於安裝過程所加入的參數有興趣的，則可以參考底下這篇連結，裡面有詳細說明硬體原因：

http://polishlinux.org/choose/laptop/

◆ 安裝過程的簡易示意圖：

http://www.tecmint.com/centos-7-installation/
https://access.redhat.com/documentation/en-US/Red_Hat_Enterprise_Linux/7/html/Installation_Guide/sect-disk-partitioning-setup-x86.html

# 4

# 首次登入與線上求助

終於可以開始使用 Linux 這個有趣的系統了！由於 Linux 系統使用了非同步的磁碟 /記憶體資料傳輸模式，同時又是個多人多工的環境，所以你不能隨便的不正常 關機，關機有一定的程序喔！錯誤的關機方法可能會造成磁碟資料的損毀呢！此 外，Linux 有多種不同的操作方式，圖形介面與文字介面的操作有何不同？我們 能否在文字介面取得大量的指令説明，而不需要硬背某些指令的選項與參數等 等。這都是這一章要來介紹的呢！

# 4.1 首次登入系統

登入系統有這麼難嗎？並不難啊！雖然說是這樣說，然而很多人第一次登入 Linux 的感覺都是『接下來我要幹啥？』如果是以圖形介面登入的話，或許還有很多好玩的事物，但要是以文字介面登入的話，面對著一片黑壓壓的螢幕，還真不曉得要幹嘛呢！為了讓大家更瞭解如何正確的使用 Linux，正確的登入與離開系統還是需要說明的！

## 4.1.1 首次登入 CentOS 7.x 圖形介面

開機就開機呀！怎麼還有所謂的登入與離開呀？不是開機就能夠用電腦了嗎？開什麼玩笑，在 Linux 系統中由於是多人多工的環境，所以系統隨時都有很多不同的用戶所下達的任務在進行，因此正確的開關機可是很重要的！不正常的關機可能會導致檔案系統錯亂，造成資料的毀損呢！這也是為什麼通常我們的 **Linux 主機都會加掛一個不斷電系統**囉！

如果在第三章一切都順利的將 CentOS 7.x 完成安裝並且重新開機後，應該就會出現如下的等待登入的圖形畫面才對。畫面中 1 號箭頭顯示目前的日期與時間，2 號箭頭則是輔助功能、語系、音量與關機鈕，3 號箭頭就是我們可以使用帳號登入的輸入框框，至於 4 號箭頭則是在使用特別的帳號登入時才會用到的按鈕。

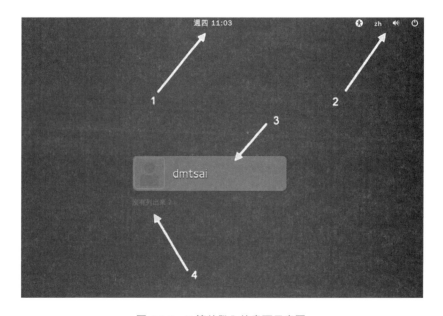

圖 4.1.1　X 等待登入的畫面示意圖

接下來讓我們來了解一下這個登入畫面的相關功能吧！首先，在箭頭 1 的地方，如果你動滑鼠過去點一下，就會出現如下的視窗，主要在告訴你日期、日曆與時間而已～如右圖所示，鳥哥擷取這張圖的時間就是在 2015/05/21 早上喔！

圖 4.1.2　X 等待登入的畫面示意圖-日曆、時間顯示

然後看一下右上角的角落，你會發現有個小人形圖示，那個是協助登入的無障礙畫面處理！如果你的鍵盤暫時出了點問題，某些按鍵無法按，那就可以使用如右畫面的『螢幕鍵盤』的項目，將它 On 一下～那未來有需要在登入的時候有打字的需求時，螢幕就會出現類似手機要你打字的鍵盤畫面啦！

圖 4.1.3　X 等待登入的畫面示意圖-無障礙登入協助

有看到那個 zh 嗎？那個是語系的選擇～點下去你會看到這部系統支援的語系資料有多少。至於那個類似喇叭的小圖示，就是代表著音效的大小聲控制～而最右邊那個有點像是關機的小圖示又是幹麻的呢？沒關係！別緊張！用力點下去看看～就會出現如下圖示，其實就是準備要關機的一些功能按鈕～暫停是進入休眠模式，重新啟動就是重新開機啊，關閉電源當然就是關機囉！所以，你不需要登入系統，也能夠透過這個畫面來『關機』喔！

圖 4.1.4　X 等待登入的畫面示意圖 - 無須登入的關機與重新開機

接下來看到圖 4.1.1 的地方，圖示中的箭頭 3, 4 指的地方就是可以登入的帳號！一般來說，能夠讓你輸入帳密的正常帳號，都會出現在這個畫面當中，所以列表的情況可能會非常長！那有些特殊帳號，例如我們在第三章安裝過程中，曾經有建置過兩個帳號，一個是 root 一個是 dmtsai，那個 dmtsai 可以列出來沒問題，但是 root 因為身份比較特殊，所以就沒有被列出來！因此，如果你想要使用 root 的身份來登入，就得要點選箭頭 4 的地方，然後分別輸入帳密即可！

如果是一般可登入正常使用的帳號，如畫面中的 dmtsai 的話，那你就直接點選該帳號，然後輸入密碼即可開始使用我們的系統了！使用 dmtsai 帳號來輸入密碼的畫面示意如下：

圖 4.1.5　X 等待登入的畫面示意圖 - 一般帳號登入系統的密碼欄位

在你輸入正確的密碼之後，按下『登入』按鈕，就可以進入 Linux 的圖形畫面中，並開始準備操作系統囉！

一般來說，我們不建議你直接使用 root 的身份登入系統喔！請使用一般帳號登入！
等到有需要修改或者是建立系統相關的管理工作時，才切換身份成為 root！為什麼呢？因為系
統管理員的權限太高了！而 Linux 底下很多的指令行為是『沒有辦法復原』的！所以，使用一般
帳號時，『手滑』的災情會比較不嚴重！

## 4.1.2　GNOME 的操作與登出

**在每一個用戶『第一次』以圖形介面登入系統時，系統都會詢問使用者的操作環境，以
依據使用者的國籍、語言與區域等制定與系統預設值不同的環境。**如下所示，第一個問題就
是詢問你未來整體的環境要使用的語系為哪個語系與國家？當然我們台灣都選漢語台灣啊
(安裝的時候選擇的預設值)，如果有不同的選擇，請自行挑選你想要的環境，然後按下『下一
步』即可。

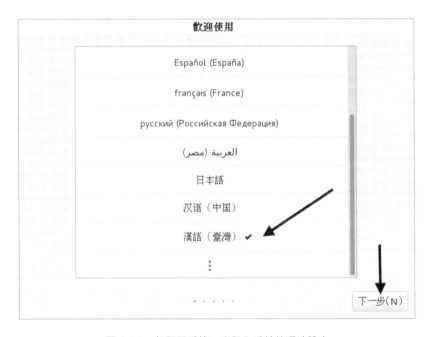

圖 4.1.6　每個用戶第一次登入系統的環境設定

再來則是選擇輸入法，除非你有特殊需求，否則不需要修改設定值。若是需要有其他不
同的輸入法，請看下圖左側箭頭指的『＋』符號，按下它就可以開始選擇其他的輸入法了。
一切順利的話，請點選『下一步』。

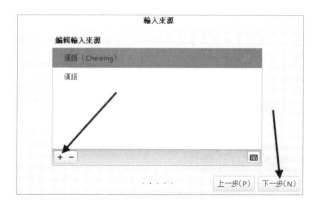

圖 4.1.7 每個用戶第一次登入系統的環境設定

上述的環境選擇妥當之後,系統會出現一個確認的畫面,然後就出現『入門資訊』的類似網頁的畫面來給你瞧一瞧如何快速入門囉!如下圖所示。如果你有需要,請一個一個連結去點選查閱,如果已經知道這是啥東西,也可以如畫面箭頭處,直接關閉即可!

圖 4.1.8 每個用戶第一次登入系統的環境設定

要注意喔!上述的畫面其實是 GNOME 的求助軟體視窗,並不是瀏覽器視窗!第一次接觸到這個畫面的學生,直接在類似網址列的框框中寫入 URL 網址,結果當然是找不到資料…當學生問鳥哥時,鳥哥也被唬住了…以為是瀏覽器…

終於給它看到圖形介面啦！真是很開心吧！如下圖所示，整個 GNOME 的視窗大約分為三個部分：

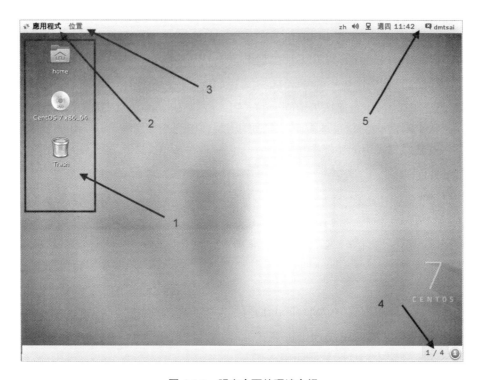

圖 4.1.9　視窗介面的環境介紹

- **上方工作列 (control panel)**

  上半部左側有『應用程式』與『位置』，右側則有『輸入法切換』、聲音、網路、日期、帳號相關設定切換等，這個位置可以看成是工作列。舉例來說，你可以使用滑鼠在 2 號箭頭處 (應用程式) 點擊一下，就會有更多的程式集出現！然後移動滑鼠就能夠使用各個軟體了。至於 5 號箭頭所指的地方，就是系統時間與聲音調整。最右上角則是目前登入的帳號身份，可以取得很多的設定資訊的！

- **桌面**

  整個畫面中央就是桌面啦！在桌面上預設有兩個小按鈕，例如箭頭 1 所指的地方，常見的就是目前這個帳號的家目錄，你可以使用滑鼠連擊兩下就能夠打開該功能。另一個則是垃圾桶 (Trash)。如果你的安裝光碟沒有退出，那麼該光碟以及其他可能的可攜式 USB 裝置，也可能顯示在桌面上！例如圖中的『 CentOS 7 x86_64 』的光片圖示，就是你沒有退出的光碟喔！

- **下方工作列**

  下方工作列的目的是將各工作顯示在這裡，可以方便使用者快速的在各個工作間切換喔！另外，我們還有多個可用的虛擬桌面 (Virtual Desktop)，就是畫面中右下角那個 1/4 的東東！該數字代表的意思是，共有 4 個虛擬桌面，目前在第一個的意思。你可以點一下該處，就知道那是啥東西了！

Linux 桌面的使用方法幾乎跟 Windows 一模一樣，你可以在桌面上按下右鍵就可以有額外的選單出現；你也可以直接按下桌面上的『個人資料夾 (home)』，就會出現類似 Windows 的『檔案總管』的檔案/目錄管理視窗，裡面則出現你自己的家目錄；底下我們就來談談幾個在圖形介面裡面經常使用的功能與特色吧！

> 關於『個人資料夾』的內容，記得我們之前說過 Linux 是多人多工的作業系統吧？每個人都會有自己的『工作目錄』，這個目錄是使用者可以完全掌控的，所以就稱為『使用者個人家目錄』了。一般來說，家目錄都在/home 底下，以鳥哥這次的登入為例，我的帳號是 dmtsai，那麼我的家目錄就應該在/home/dmtsai/囉！

- **上方工具列：應用程式 (Applications)**

讓我們點擊一下『應用程式』那個按鈕吧！看看下拉式選單中有什麼軟體可用！如右圖所示。

你要注意的是，這一版的 CentOS 在這個應用程式的設計上，階層式變化間並沒有顏色的區分，左側也沒有深色三角形的示意小圖，因此如右圖所示，如果你想要打開計算機軟體，那得先在左邊第一層先移動到『附屬應用』之後，滑鼠水平橫向移動到右邊，才可以點選計算機喔！鳥哥一開始在這裡確實容易將滑鼠垂直向亂移動，導致老是沒辦法移動到正確的按鈕上！

基本上，這個『應用程式』按鈕已經將大部分的軟體功能分類了，你可以在裡頭找到你常用的軟體來操作。例如想要使用 Office 的辦公室軟體，就到『辦公』選項

圖 4.1.10　應用程式集當中，需要注意有階層的顯示喔！

上，就可以看到許多軟體存在了！此外，你還會看到最底下有個『活動總覽』，那個並沒有任何分類的子項目在內，那是啥東西？沒關係，基本上練習機你怎麼玩都沒關係！所以，這時就給它點點看啊！會像底下的圖示這樣：

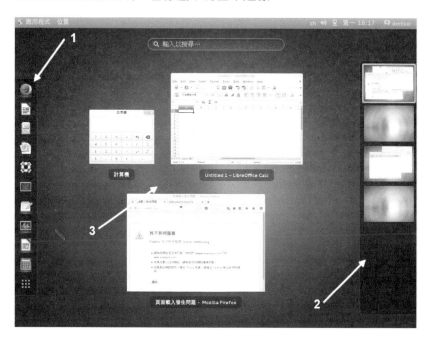

圖 4.1.11　應用程式的總覽畫面示意圖！

畫面左側 1 號箭頭處，其實就是類似快速按鈕的地方，可以讓你快速的選擇你所常用的軟體。右側 2 號箭頭處，就是剛剛我們上面談到的虛擬桌面囉！共有四個，而目前畫面中顯示的最是最上面那個一號桌面的意思。如果細看該區塊，就會發現其實鳥哥在第三個虛擬桌面當中也有打開幾個軟體在操作呢！有沒有發現啊？至於畫面中的 3 號箭頭處，就是目前這個活動中的虛擬桌面上，擁有的幾個啟動的軟體囉！你可以點選任何你想要的軟體，就可以開始操作該軟體了！所以使用這個『活動總覽』，比較可以讓你在開好多視窗的環境下，快速的回到你所需要的軟體功能中喔！

◆ **上方工具列：位置 (就是檔案總管)**

如果你想要知道系統上面還有哪些檔案資料，以及你目前這個帳號的基本子目錄，那就得要打開檔案總管囉 (file manager)！打開檔案總管很簡單，就是選擇左上方那個『位置』的按鈕項目即可。在這個項目中主要有幾個細項可以直接打開目錄的內容，家目錄、下載、圖片、影片等等，其實除了家目錄之外，底下的次目錄『就是家目錄下的次目錄』啦！所以你可以直接打開家目錄即可！如下圖所示：

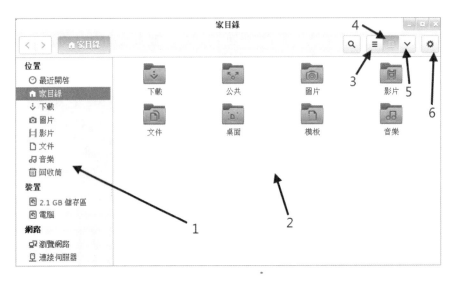

圖 4.1.12　檔案總管操作示意圖

如上圖所示，1 號箭頭處可以讓你選擇不同的目錄或資料來源，2 號箭頭則以小圖示的方式顯示該物件可能是什麼資料，3 號箭頭則可以將目前的小圖示變成詳細資料清單，4 號箭頭就是目前小圖示的顯示模式，5 號箭頭可以進行圖示資料的放大、縮小、排序方式、是否顯示隱藏檔等重要功能！6 號箭頭則是其他額外的功能項目！好了，現在讓我們來操作一下這個軟體吧！如果你想要觀察每個檔名的詳細資料，並且顯示『隱藏檔』的話，那該如何處理呢？如下圖所示的方式處理一下：

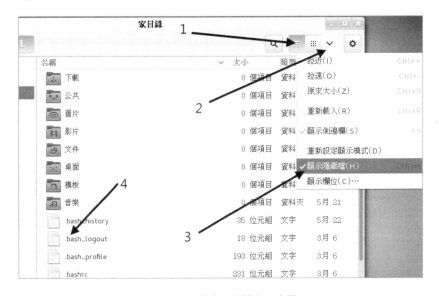

圖 4.1.13　檔案總管操作示意圖

按照上面的三個步驟點選完畢後,你就會看到如 4 號箭頭處指的,有一些額外的檔名跑出來了!而且,這些跑出來的檔名共同的特色就是『**檔名前面開頭是小數點 .**』沒錯!你答對了～只要檔名的開頭是由小數點開始的,那麼該檔名就不會在一般觀察模式被顯示出來!所以說,在 Linux 底下,隱藏檔並不是什麼特殊的權限,單純是因為檔名命名的處理方式來搞定的!這樣理解否?

如果你想要觀察系統有多少不同的檔案系統呢?那就看一下檔案總管左側『裝置』的項目下,有幾個項目就是有幾個裝置囉!現在讓我們來觀察一下『電腦』內有什麼資料吧!請按下它!然後觀察一下如下的圖示:

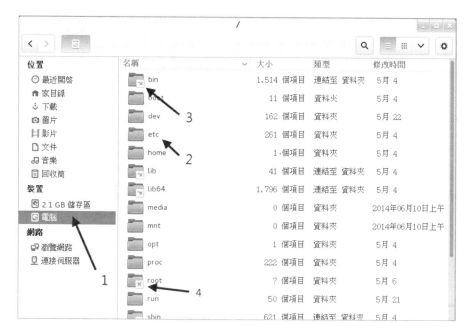

圖 4.1.14　檔案總管操作示意圖

如上圖所示,點下 1 號箭頭後,右邊就出現一堆目錄資料夾。注意看,2 號箭頭處指的是正常的一般目錄,3 號箭頭則指的是有『連結檔』的資料,這個連結檔可以想像成Windows 的『捷徑』功能就是了～如果你的帳號沒有權限進入該目錄時,該目錄就會出現一個 X 的符號,如同 4 號箭頭處!很清楚吧!好!讓我們來觀察一下有沒有 /etc -> sysconfig -> network-scripts 這個目錄下的資料呢?

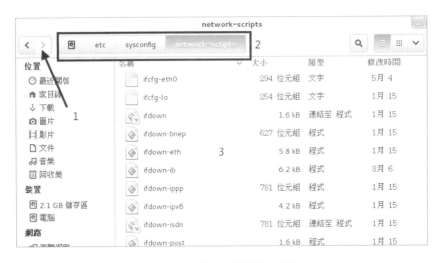

圖 4.1.15　檔案總管操作示意圖

如果你可以依序雙擊每個正確的目錄，就可以得到如上圖示。畫面中的 1 號箭頭處，可以讓你『回到上一個畫面』中，不是回到上一層～而是『上一個畫面』喔！這點要注意。至於 2 號區塊處，你可以發現有不同顏色的顯示，最右邊的是目前所在目錄，所以 3 號畫面就顯示該目錄下的檔案資訊。你可以快速的點選 2 號區塊處的任何一個目錄，就可以快速的回到該層目錄中去查看檔案資料喔！

◆ 中文輸入法與設定

如果你在安裝的時候就選定中文，並且有處理過切換中/英文的快速鍵，那這個項目幾乎可以不用理它了！但是如果你都使用預設值來安裝時，可能會發生沒辦法使用慣用的『ctrl+shift』或『ctrl+space』來切換中文的問題！同時，也可能沒辦法找到你想要的中文輸入法～那怎辦？沒關係，請使用圖 4.1.9 畫面中右上角的帳號名稱處點一下，然後選擇『設定值』，或者從『應用程式』、『系統工具』、『設定值』也可以打開它！之後選擇『地區和語言』項目，就可以得到如下畫面。

圖 4.1.16 地區與語言設定項目

在上面的畫面中，你可以按下箭頭所指的地方，就可以增加或減少輸入法的項目了。但是，如果想要切換不同的語言呢？那請回到原本的設定畫面，之後請選擇『鍵盤』的項目，並按下『快捷鍵』，出現如下的畫面，點選在畫面中的左側『輸入』項目，並在『切換到下一個輸入來源』點選一、兩下，等到出現如 3 號箭頭處出現『新捷徑鍵』時，按下你所需要的組合鍵，例如鳥哥習慣按『ctrl + space』，那就自己按下組合鍵，之後你就可以使用自己習慣的輸入法切換快速鍵，來變更你所需要的輸入法囉！

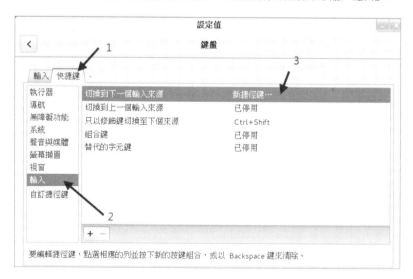

圖 4.1.17 輸入法切換之快捷鍵設定

◆ **一些常見的練習**

底下的例題請大家自行參考並且實作一下喔！題目很簡單，所以鳥哥就不額外抓圖了！

1. 由『設定值』的『顯示器』項目中，確認一下目前的解析度，並且嘗試自己變更一下螢幕解析度。

2. 由『設定值』的『背景』項目中，修改一下桌面的背景圖示。

3. **由『設定值』的『電源』項目中，修改一下進入空白螢幕鎖定的時間，將它改成『永不』的設定值。**

4. 由『應用程式』的『公用程式』項目下的『調校工具』中，使用『Shell』功能內的『動態工作區』項目，將原本的 4 個虛擬桌面，更改成 6 個虛擬桌面看看。

5. 由『應用程式』的『公用程式』項目下的『調校工具』中，使用『輸入』項目，並選擇『砍除 X 伺服器的按鍵序列』從『已停用』改成『Control＋Alt＋退格鍵』的設定，這可以讓你按下三個按鈕就能夠重新啟動 X 視窗管理員。

6. 請將/etc/crontab 這個檔案『複製』到你的家目錄中。

7. 從『應用程式』的『附屬應用』點選『gedit』編輯器，按下 gedit 的『開啟』按鈕，選擇『家目錄(就是你的帳號名稱)』後，點選剛剛複製過來的 crontab 檔名。在畫面中隨意使用中文輸入法輸入幾個字，然後儲存離開看看！

8. **從『應用程式』的『喜好』當中打開『終端機』，在終端機中輸入『gsettings set org.gnome.desktop.interface enable-animations false』，這個動作會將 GNOME 預設的畫面切換的動畫功能關閉，在虛擬機的環境下，有助於畫面切換的速度喔！**

上述的練習中，第三個練習還挺重要的！因為在預設的狀態中，你的圖形介面會在 5 分鐘後自動的被鎖定！這是為了要避免你暫時離開座位，有人偷偷使用你的電腦的緣故。而要解開鎖定，就得要輸入你這個帳號的密碼才行。這個功能最好不要取消。但因為我們的系統是單純的練習機，而且又是虛擬機，如果經常鎖定螢幕，老是要解開很煩～那就使用上述的 3 號練習題，應該可以處理完畢！至於第 8 點對於初次接觸 Linux 的朋友來說，會有點困難，如果你不知道如何下達指令，沒關係～等到本章後面的小節讀完，你就知道如何處理了！

◆ **登出 GNOME、重新啟動 X 視窗管理員或關機**

如果你沒有想要繼續玩 X Window 了，那就登出吧！如果不想要繼續操作系統了，那就關機吧！如何登出/關機呢？如下圖所示，點選右上角你的帳號名稱，然後在出現的畫面中去選擇即可。要記得的是，登出前最好將所有不需要的程式都關閉了再登出或關機啊！

圖 4.1.18　離開視窗介面或 Linux 的方式：有登出、鎖定與關機

不論是登出還是關閉電源(關機)，都會有一個警告視窗來告知你 60 秒內沒有任何動作的話，就會被登出了！如下圖所示。當然，你也可以按下確定來進行動作。登出後，系統畫面又會回到原本的等待登入的畫面中了！

圖 4.1.19　離開視窗介面或 Linux 的方式：登出提醒

請注意喔，**登出並不是關機！**只是讓你的帳號離開系統而已喔！

◆　**重新啟動 X Window 的快速按鈕**

一般來說，我們是可以手動來直接修改 X Window 的設定檔的，不過，修改完成之後的設定項目並不會立刻被載入，必須要重新啟動 X 才行(特別注意，不是重新開機，而是重新啟動 X！)。那麼如何重新啟動 X 呢？最簡單的方法就是：

■　**直接登出，然後再重新登入即可**

■　**在 X 的畫面中直接按下**[alt] + [ctrl] + [Backspace]

第二個方法比較有趣，[backspace] 是倒退鍵，你按下三個按鈕後 X Window 立刻會被重新啟動。如果你的 X Window 因為不明原因導致有點問題時，也可以利用這個方法來重新啟動 X 喔！不過，**這個方法要生效，必須要先進行本節稍早之前的練習第五題才行呦**！

### 4.1.3　X window 與文字模式的切換

我們前面一直談到的是 X Window 的視窗管理員環境，那麼在這裡面有沒有純文字介面的環境啊？因為聽說伺服器通常是純文字介面的啊！當然有啊！但是，要怎麼切換 X Window 與文字模式呢？注意喔，通常我們也稱文字模式為**終端機介面, terminal 或 console**喔！Linux **預設的情況下會提供六個 Terminal 來讓使用者登入**，切換的方式為使用：[ctrl] + [alt] + [F1]~[F6]的組合按鈕。

那這六個終端介面如何命名呢，**系統會將[F1] ~ [F6]命名為 tty1 ~ tty6 的操作介面環境**。也就是說，當你按下 [ctrl] + [alt] + [F1] 這三個組合按鈕時 (按著 [ctrl] 與 [alt] 不放，再按下 [F1] 功能鍵)，就會進入到 tty1 的 terminal 介面中了。同樣的[F2]就是 tty2 囉！那麼如何回到剛剛的 X 視窗介面呢？很簡單啊！按下 [ctrl] + [alt] + [F1] 就可以了！我們整理一下登入的環境如下：

◆　[ctrl] + [alt] + [F2] ~ [F6]：**文字介面登入 tty2 ~ tty6 終端機**

◆　[ctrl] + [alt] + [F1]：**圖形介面桌面**

由於系統預設的登入介面不同，因此你想要進入 X 的終端機名稱也可能會有些許差異。以 CentOS 7 為例，由於我們這次安裝的練習機，預設是啟動圖形介面的，因此這個 X 視窗將會出現在 tty1 介面中。如果你的 Linux 預設使用純文字介面，那麼 tty1~tty6 就會被文字介面佔用。

> 在 CentOS 7 環境下，當開機完成之後，預設系統只會提供給你一個 tty 而已，因此無論是文字介面還是圖形介面，都是會出現在 tty1 喔！tty2~tty6 其實一開始是不存在的！但是當你要切換時 (按下 [ctrl]+[alt]+[F2])，系統才產生出額外的 tty2, tty3...

若你在純文字環境中啟動 X 視窗，那麼圖形介面就會出現在當時的那個 tty 上面。舉例來說，你在 tty3 登入系統，然後輸入 startx 啟動個人的圖形介面，那麼這個圖形介面就會產生在 tty3 上面！這樣說可以理解嗎？

```
# 純文字介面下（不能有 X 存在）啟動視窗介面的作法
[dmtsai@study ~]$ startx
```

不過 startx 這個指令並非萬靈丹，你要讓 startx 生效至少需要底下這幾件事情的配合：

◆ 並沒有其他的 X window 被啟用。

◆ 你必須要已經安裝了 X Window system，並且 X server 是能夠順利啟動的。

◆ 你最好要有視窗管理員，例如 GNOME/KDE 或者是陽春的 TWM 等。

其實，所謂的視窗環境，就是：『文字介面加上 X 視窗軟體』的組合！因此，文字介面是一定會存在的，只是視窗介面軟體就看你要不要啟動而已。所以，我們才有辦法在純文字環境下啟動一個個人化的 X 視窗啊！因為這個 startx 是任何人都可以執行的喔！並不一定需要管理員身份的。所以，是否預設要使用圖形介面，只要在後續管理服務的程序中，將『graphical.target』這個目標服務設定為預設，就能夠預設使用圖形介面囉！

> 從這一版 CentOS 7 開始，已經取消了使用多年的 SystemV 的服務管理方式，也就是說，從這一版開始，已經沒有所謂的『執行等級 (run level)』的概念了！新的管理方法使用的是 systemd 的模式，這個模式將很多的服務進行相依性管理。以文字與圖形介面為例，就是要不要加入圖形軟體的服務啟動而已～對於熟悉之前 CentOS 6.x 版本的老傢伙們，要重新摸一摸 systemd 這個方式喔！因為不再有 /etc/inittab 囉！注意注意！

## 4.1.4 在終端介面登入 linux

剛剛你如果有按下 [ctrl] + [alt] + [F2] 就可以來到 tty2 的登入畫面，而如果你並沒有啟用圖形視窗介面的話，那麼預設就是會來到 tty1 這個環境中。這個純文字環境的登入的畫面 (鳥哥用 dmtsai 帳號當入) 有點像這樣：

```
CentOS Linux 7 (Core)
Kernel 3.10.0-229.el7.x86_64 on an x86_64

study login: dmtsai
Password: <==這裡輸入你的密碼
Last login: Fri May 29 11:55:05 on tty1 <==上次登入的情況
[dmtsai@study ~]$ _ <==游標閃爍，等待你的指令輸入
```

上面顯示的內容是這樣的：

1. CentOS Linux 7 (Core)

   顯示 Linux distribution 的名稱 (CentOS) 與版本 (7)

2. Kernel 3.10.0-229.el7.x86_64 on an x86_64

   顯示 Linux 核心的版本為 3.10.0-229.el7.x86_64，且目前這部主機的硬體等級為 x86_64。

3. study login

   那個 study 是你的主機名稱。我們在第三章安裝時有填寫主機名稱為：study.centos.vbird，主機名稱的顯示通常只取第一個小數點前的字母，所以就成為 study 啦！至於 login:則是一支可以讓我們登入的程式。你可以在 login:後面輸入你的帳號。以鳥哥為例，我輸入的就是第三章建立的 dmtsai 那個帳號啦！當然囉，你也可以使用 root 這個帳號來登入的。不過『root』這個帳號代表在 Linux 系統下無窮的權力，所以盡量不要使用 root 帳號來登入啦！

4. Password

   這一行則在第三行的 dmtai 輸入後才會出現，要你輸入密碼囉！請注意，在輸入密碼的時候，螢幕上面『不會顯示任何的字樣！』，所以不要以為你的鍵盤壞掉去！很多初學者一開始到這裡都會拼命的問！啊我的鍵盤怎麼不能用...

5. Last login: Fri May 29 11:55:05 on tty1

   當使用者登入系統後，系統會列出上一次這個帳號登入系統的時間與終端機名稱！建議大家還是得要看看這個資訊，是否真的是自己的登入所致喔！

6. [dmtsai@study ~]$ _

   這一行則是正確登入之後才顯示的訊息，最左邊的 dmtsai 顯示的是『目前使用者的帳號』，而 @ 之後接的 study 則是『主機名稱』，至於最右邊的~則指的是 『目前所在的目錄』，那個 $ 則是我們常常講的『提示字元』啦！

   > 那個 ~ 符號代表的是『使用者的家目錄』的意思，它是個『變數！』這相關的意義我們會在後續的章節依序介紹到。舉例來說，root 的家目錄在/root，所以 ~ 就代表/root 的意思。而 dmtsai 的家目錄在 /home/dmtsai，所以如果你以 dmtsai 登入時，它看到的 ~ 就會等於 /home/dmtsai 喔！
   > 至於提示字元方面，在 Linux 當中，預設 root 的提示字元為#，而一般身份使用者的提示字元為 $。
   > 還有，上面的第一、第二行的內容其實是來自於 /etc/issue 這個檔案喔！

好了，這樣就是登入主機了！很快樂吧！耶～

另外，再次強調，在 Linux 系統下最好常使用一般帳號來登入即可，所以上例中鳥哥是以自己的帳號 dmtsai 來登入的。因為系統管理員帳號 (root) 具有無窮大的權力，例如它可以刪除任何一個檔案或目錄。因此若你以 root 身份登入 Linux 系統，一個不小心下錯指令，這個時候可不是『欲哭無淚』就能夠解決的了問題的～

因此，一個稱職的網路/系統管理人員，通常都會具有兩個帳號，平時以自己的一般帳號來使用 Linux 主機的任何資源，有需要動用到系統功能修訂時，才會轉換身份成為 root 呢！所以，**鳥哥強烈建議你建立一個普通的帳號來供自己平時使用喔**！更詳細的帳號訊息，我們會在後續的『第十三章帳號管理』再次提及！這裡先有概念即可！

那麼如何離開系統呢？其實應該說『登出 Linux』才對！登出很簡單，直接這樣做：

```
[dmtsai@study ~]$ exit
```

就能夠登出 Linux 了。但是請注意：『**離開系統並不是關機！**』基本上，Linux 本身已經有相當多的工作在進行，你的登入也僅是其中的一個『工作』而已，所以當你離開時，這次這個登入的工作就停止了，但此時 Linux 其他的工作是還是繼續在進行的！本章後面我們再來提如何正確的關機，這裡先建立起這個概念即可！

## 4.2  文字模式下指令的下達

其實我們都是透過『程式』在跟系統作溝通的，本章上面提到的視窗管理員或文字模式都是一組或一支程式在負責我們所想要完成的任務。文字模式登入後所取得的程式被稱為殼 (Shell)，這是因為這支程式負責最外面跟使用者 (我們) 溝通，所以才被戲稱為殼程式！更多與作業系統及殼程式的相關性可以參考第零章、計算機概論內的說明。

我們 Linux 的殼程式就是厲害的 bash 這一支！關於更多的 bash 我們在第三篇再來介紹。現在讓我們來練一練打字吧！

> 『練打字』真的是開玩笑的！各位觀眾朋友，千萬不要只是『觀眾朋友』而已，你得要自己親身體驗，看看指令下達之後所輸出的資訊，並且理解一下『我敲這個指令的目的是想要完成什麼任務？』，再看看輸出的結果是否符合你的需求，這樣才能學到東西！不是單純的鳥哥寫什麼，你就打什麼，那只是『練打字』不是『學 Linux』喔！^_^

### 4.2.1  開始下達指令

其實整個指令下達的方式很簡單，你只要記得幾個重要的概念就可以了。舉例來說，你可以這樣下達指令的：

```
[dmtsai@study ~]$ command   [-options]   parameter1   parameter2 ...
                 指令          選項         參數(1)        參數(2)
```

上述指令詳細說明如下：

0.  一行指令中第一個輸入的部分絕對是『指令 (command)』或『可執行檔案 (例如批次腳本,script)』

1.  command 為指令的名稱，例如變換工作目錄的指令為 cd 等等。

2.  中刮號 [] 並不存在於實際的指令中，而加入選項設定時，通常選項前會帶 - 號，例如 -h；有時候會使用選項的完整全名，則選項前帶有 -- 符號，例如 --help。

3.  parameter1 parameter2.. 為依附在選項後面的參數，或者是 command 的參數。

4.  指令, 選項, 參數等這幾個東東中間以空格來區分，不論空幾格 shell 都視為一格。**所以空格是很重要的特殊字元！**

5.  按下 [enter] 按鍵後，該指令就立即執行。**[enter] 按鍵代表著一行指令的開始啟動。**

6.  指令太長的時候，可以使用反斜線 (\) 來跳脫 [enter] 符號，使指令連續到下一行。注意！反斜線後就立刻接特殊字符，才能跳脫！

7.  其他：

    a.  在 Linux 系統中，**英文大小寫字母是不一樣的**。舉例來說，cd 與 CD 並不同。

    b.  更多的介紹等到第十章 bash 時，再來詳述。

注意到上面的說明當中，『**第一個被輸入的資料絕對是指令或者是可執行的檔案**』！這個是很重要的概念喔！還有，按下 [enter] 鍵表示要開始執行此一命令的意思。我們來實際操作一下：以 ls 這個『指令』列出『自己家目錄(~)』下的『所有隱藏檔與相關的檔案屬性』，要達成上述的要求需要加入 -al 這樣的選項，所以：

```
[dmtsai@study ~]$ ls -al ~
[dmtsai@study ~]$ ls          -al   ~
[dmtsai@study ~]$ ls -a  -l ~
```

上面這三個指令的下達方式是一模一樣的執行結果喔！為什麼？請參考上面的說明吧！關於更詳細的文字模式使用方式，我們會在第十章認識 BASH 再來強調喔！此外，**請特別留意，在 Linux 的環境中，『大小寫字母是不一樣的東西！』**也就是說，**在 Linux 底下，VBird 與 vbird 這兩個檔案是『完全不一樣的』**檔案呢！所以，你在下達指令的時候千萬要注意到指令是大寫還是小寫。例如當輸入底下這個指令的時候，看看有什麼現象：

```
[dmtsai@study ~]$ date   <==結果顯示日期與時間
[dmtsai@study ~]$ Date   <==結果顯示找不到指令
[dmtsai@study ~]$ DATE   <==結果顯示找不到指令
```

很好玩吧！**只是改變小寫成為大寫而已，該指令就變的不存在了！**因此，請千萬記得這個狀態呦！

◆ **語系的支援**

另外，很多時候你會發現，咦！**怎麼我輸入指令之後顯示的結果的是亂碼？**這跟鳥哥說的不一樣啊！呵呵！不要緊張～我們前面提到過，Linux 是可以支援多國語系的，若可能的話，螢幕的訊息是會以該支援語系來輸出的。但是，我們的終端機介面 (terminal) 在預設的情況下，無法支援以中文編碼輸出資料的。這個時候，我們就得將支援語系改為英文，才能夠以英文顯示出正確的訊息。那怎麼做呢？你可以這樣做：

```
1. 顯示目前所支援的語系
[dmtsai@study ~]$ locale
LANG=zh_TW.utf8                      # 語言語系的輸出
LC_CTYPE="zh_TW.utf8"               # 底下為許多資訊的輸出使用的特別語系
LC_NUMERIC=zh_TW.UTF-8
LC_TIME=zh_TW.UTF-8                 # 時間方面的語系資料
LC_COLLATE="zh_TW.utf8"
....中間省略....
LC_ALL=                             # 全部的資料同步更新的設定值
# 上面的意思是說，目前的語系(LANG)為zh_TW.UTF-8，亦即台灣繁體中文的萬國碼
[dmtsai@study ~]$ date
鑒? 5??29 14:24:36 CST 2015 # 純文字介面下，無法顯示中文字，所以前面是亂碼

2. 修改語系成為英文語系
[dmtsai@study ~]$ LANG=en_US.utf8
[dmtsai@study ~]$ export LC_ALL=en_US.utf8
# LANG 只與輸出訊息有關，若需要更改其他不同的資訊，要同步更新 LC_ALL 才行！

[dmtsai@study ~]$ date
Fri May 29 14:26:45 CST 2015 # 順利顯示出正確的英文日期時間啊！

[dmtsai@study ~]$ locale
LANG=en_US.utf8
LC_CTYPE="en_US.utf8"
LC_NUMERIC="en_US.utf8"
....中間省略....
LC_ALL=en_US.utf8
# 再次確認一下，結果出現，確實是en_US.utf8這個英文語系！
```

注意一下，那個『LANG=en_US.utf8』是連續輸入的，等號兩邊並沒有空白字元喔！這樣一來，就能夠在『這次的登入』查看英文訊息囉！為什麼說是『這次的登入』呢？因為，如果你登出 Linux 後，剛剛下達的指令就沒有用啦！^\_^這個我們會在**第十章**再好好聊一聊的！好囉，底下我們來練習一下一些簡單的指令，好讓你可以瞭解指令下達方式的模式。

## 4.2.2　基礎指令的操作

底下我們立刻來操作幾個簡單的指令看看囉！同時請注意，我們已經使用了英文語系作為預設輸出的語言喔！

◆ **顯示日期與時間的指令**：date

◆ **顯示日曆的指令**：cal

◆ **簡單好用的計算機**：bc

1. **顯示日期的指令**：date

如果在文字介面中想要知道目前 Linux 系統的時間，那麼就直接在指令列模式輸入 date 即可顯示：

```
[dmtsai@study ~]$ date
Fri May 29 14:32:01 CST 2015
```

上面顯示的是：星期五, 五月二十九日, 14:32 分, 01 秒，在 2015 年的 CST 時區！台灣在 CST 時區中啦！請趕快動手做做看呦！好了，那麼如果我想要讓這個程式顯示出『2015/05/29』這樣的日期顯示方式呢？那麼就使用 date 的格式化輸出功能吧！

```
[dmtsai@study ~]$ date +%Y/%m/%d
2015/05/29
[dmtsai@study ~]$ date +%H:%M
14:33
```

那個『+%Y%m%d』就是 date 指令的一些參數功能啦！很好玩吧！那你問我，鳥哥怎麼知道這些參數的啊？要背起來嗎？當然不必啦！底下再告訴你怎麼查這些參數囉！

**從上面的例子當中我們也可以知道，指令之後的選項除了前面帶有減號『-』之外，某些特殊情況下，選項或參數前面也會帶有正號『+』的情況！這部分可不要輕易的忘記了呢！**

2. **顯示日曆的指令：cal**

那如果我想要列出目前這個月份的月曆呢？呵呵！直接給它下達 cal 即可！

```
[dmtsai@study ~]$ cal
        May 2015
Su Mo Tu We Th Fr Sa
                1  2
 3  4  5  6  7  8  9
10 11 12 13 14 15 16
17 18 19 20 21 22 23
24 25 26 27 28 29 30
31
```

除了本月的日曆之外，連同今日所在日期處都會有反白的顯示呢！真有趣！cal (calendar)這個指令可以做的事情還很多，例如你可以顯示整年的月曆情況：

```
[dmtsai@study ~]$ cal 2015
                                2015
        January                February                March
Su Mo Tu We Th Fr Sa    Su Mo Tu We Th Fr Sa    Su Mo Tu We Th Fr Sa
             1  2  3     1  2  3  4  5  6  7     1  2  3  4  5  6  7
 4  5  6  7  8  9 10     8  9 10 11 12 13 14     8  9 10 11 12 13 14
11 12 13 14 15 16 17    15 16 17 18 19 20 21    15 16 17 18 19 20 21
18 19 20 21 22 23 24    22 23 24 25 26 27 28    22 23 24 25 26 27 28
25 26 27 28 29 30 31                            29 30 31

         April                   May                    June
Su Mo Tu We Th Fr Sa    Su Mo Tu We Th Fr Sa    Su Mo Tu We Th Fr Sa
          1  2  3  4              1  2           1  2  3  4  5  6
 5  6  7  8  9 10 11     3  4  5  6  7  8  9     7  8  9 10 11 12 13
12 13 14 15 16 17 18    10 11 12 13 14 15 16    14 15 16 17 18 19 20
19 20 21 22 23 24 25    17 18 19 20 21 22 23    21 22 23 24 25 26 27
26 27 28 29 30          24 25 26 27 28 29 30    28 29 30
                        31
....(以下省略)....
```

基本上 cal 這個指令可以接的語法為：

```
[dmtsai@study ~]$ cal [month] [year]
```

所以，如果我想要知道 2015 年 10 月的月曆，可以直接下達：

```
[dmtsai@study ~]$ cal 10 2015
    October 2015
Su Mo Tu We Th Fr Sa
            1  2  3
 4  5  6  7  8  9 10
11 12 13 14 15 16 17
18 19 20 21 22 23 24
25 26 27 28 29 30 31
```

那請問今年有沒有 13 月啊？來測試一下這個指令的正確性吧！下達下列指令看看：

```
[dmtsai@study ~]$ cal 13 2015
cal: illegal month value: use 1-12
```

cal 竟然會告訴我們『錯誤的月份，請使用 1-12』這樣的資訊呢！所以，未來你可以很輕易的就以 cal 來取得日曆上面的日期囉！簡直就是萬年曆啦！^_^ 另外，由這個 cal 指令的練習我們也可以知道，**某些指令有特殊的參數存在，若輸入錯誤的參數，則該指令會有錯誤訊息的提示，透過這個提示我們可以藉以瞭解指令下達錯誤之處。**這個練習的結果請牢記在心中喔！

3. **簡單好用的計算機：bc**

   如果在文字模式當中，突然想要作一些簡單的加減乘除，偏偏手邊又沒有計算機！這個時候要筆算嗎？不需要啦！我們的 Linux 有提供一支計算程式，那就是 bc 喔。你在指令列輸入 bc 後，螢幕會顯示出版本資訊，之後就進入到等待指示的階段。如下所示：

```
[dmtsai@study ~]$ bc
bc 1.06.95
Copyright 1991-1994, 1997, 1998, 2000, 2004, 2006 Free Software Foundation, Inc.
This is free software with ABSOLUTELY NO WARRANTY.
For details type `warranty'.
_ <==這個時候，游標會停留在這裡等待你的輸入
```

事實上，我們是『**進入到 bc 這個軟體的工作環境當中**』了！就好像我們在 Windows 裡面使用『小算盤』一樣！所以，我們底下嘗試輸入的資料，都是在 bc 程式當中在進行運算的動作。所以囉，**你輸入的資料當然就得要符合 bc 的要求才行！**在基本的 bc 計算機操作之前，先告知幾個使用的運算子好了：

- **+ 加法**
- **- 減法**

- ■ * 乘法

- ■ / 除法

- ■ ^ 指數

- ■ % 餘數

好！讓我們來使用 bc 計算一些東東吧！

```
[dmtsai@study ~]$ bc
bc 1.06.95
Copyright 1991-1994, 1997, 1998, 2000, 2004, 2006 Free Software Foundation, Inc.
This is free software with ABSOLUTELY NO WARRANTY.
For details type `warranty'.
1+2+3+4    <==只有加法時
10
7-8+3
2
10*52
520
10%3       <==計算『餘數』
1
10^2
100
10/100     <==這個最奇怪！不是應該是 0.1 嗎？
0
quit       <==離開 bc 這個計算器
```

在上表當中，粗體字表示輸入的資料，而在每個粗體字的底下就是輸出的結果。咦！每個計算都還算正確，怎麼 10/100 會變成 0 呢？這是**因為 bc 預設僅輸出整數，如果要輸出小數點下位數，那麼就必須要執行 scale=number，那個 number 就是小數點位數**，例如：

```
[dmtsai@study ~]$ bc
bc 1.06.95
Copyright 1991-1994, 1997, 1998, 2000, 2004, 2006 Free Software Foundation, Inc.
This is free software with ABSOLUTELY NO WARRANTY.
For details type `warranty'.
scale=3     <==沒錯！就是這裡！！
1/3
.333
340/2349
.144
quit
```

注意啊！要離開 bc 回到命令提示字元時，務必要輸入『quit』來離開 bc 的軟體環境喔！好了！就是這樣子啦！簡單的很吧！以後你可以輕輕鬆鬆的進行加減乘除啦！

從上面的練習我們大概可以知道在指令列模式裡面下達指令時，會有兩種主要的情況：

- 一種是該指令會直接顯示結果然後回到命令提示字元等待下一個指令的輸入。

- 一種是進入到該指令的環境，直到結束該指令才回到命令提示字元的環境。

我們以一個簡單的圖示來說明：

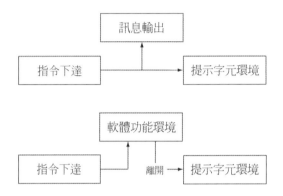

圖 4.2.1　指令下達的環境，上圖為直接顯示結果，下圖為進入軟體功能

如圖 4.2.1 所示，上方指令下達後立即顯示訊息且立刻回到命令提示字元的環境。如果有進入軟體功能的環境 (例如上面的 bc 軟體)，那麼就得要使用該軟體的結束指令 (例如在 bc 環境中輸入 quit) 才能夠回到命令提示字元中！那你怎麼知道你是否在命令提示字元的環境呢？很簡單！**你只要看到游標是在『[dmtsai@study ~]$ 』這種提示字元後面，那就是等待輸入指令的環境了。**很容易判斷吧！不過初學者還是很容易忘記啦！

## 4.2.3　重要的幾個熱鍵 [tab], [ctrl]-c, [ctrl]-d

在繼續後面章節的學習之前，這裡很需要跟大家再來報告一件事，那就是我們的文字模式裡頭具有很多的功能組合鍵，這些按鍵可以輔助我們進行指令的編寫與程式的中斷呢！這幾個按鍵請大家務必要記住的！很重要喔！

◆ **[tab] 按鍵**

[tab] 按鍵就是在鍵盤的大寫燈切換按鍵([Caps Lock])上面的那個按鍵！在各種 Unix-Like 的 Shell 當中，這個 [tab] 按鍵算是 Linux 的 Bash shell 最棒的功能之一了！它具有『命令補全』與『檔案補齊』的功能喔！重點是，可以避免我們打錯指令或檔案名稱呢！很棒吧！但是 [tab] 按鍵在不同的地方輸入，會有不一樣的結果喔！我們舉下面

的例子來說明。上一小節我們不是提到 cal 這個指令嗎？如果我在指令列輸入 ca 再按兩次 [tab] 按鍵，會出現什麼訊息？

```
[dmtsai@study ~]$ ca[tab][tab]      <==[tab]按鍵是緊接在 a 字母後面！
cacertdir_rehash      cairo-sphinx      cancel           case
cache_check           cal               cancel.cups      cat
cache_dump            calibrate_ppa     capsh            catchsegv
cache_metadata_size   caller            captoinfo        catman
# 上面的 [tab] 指的是『按下那個tab鍵』，不是要你輸入中括號內的tab啦！
```

發現什麼事？所有以 ca 為開頭的指令都被顯示出來啦！很不錯吧！那如果你輸入『ls -al ~/.bash』再加兩個 [tab] 會出現什麼？

```
[dmtsai@study ~]$ ls -al ~/.bash[tab][tab]
.bash_history  .bash_logout  .bash_profile  .bashrc
```

咦！在該目錄下面所有以 .bash 為開頭的檔案名稱都會被顯示出來了呢！注意看上面兩個例子喔，我們按 [tab] 按鍵的地方如果是在 command(第一個輸入的資料) 後面時，它就代表著『命令補全』，如果是接在第二個字以後的，就會變成『檔案補齊』的功能了！但是在某些特殊的指令底下，檔案補齊的功能可能會變成『參數/選項補齊』喔！我們同樣使用 date 這個指令來查一下：

```
[dmtsai@study ~]$ date --[tab][tab]  <==[tab]按鍵是緊接在 -- 後面！
--date      --help       --reference=  --rfc-3339=  --universal
--date=     --iso-8601   --rfc-2822    --set=       --version
# 瞧！系統會列出來 date 這個指令可以使用的選項有哪些喔～包括未來會用到的 --date 等項目
```

總結一下：

- [tab] 接在一串指令的第一個字的後面，則為『命令補全』。
- [tab] 接在一串指令的第二個字以後時，則為『檔案補齊』！
- 若安裝 bash-completion 軟體，則在某些指令後面使用 [tab] 按鍵時，可以進行『選項/參數的補齊』功能！

善用 [tab] 按鍵真的是個很好的習慣！**可以讓你避免掉很多輸入錯誤的機會！**

在這一版的 CentOS 7.x 當中，由於多了一個名為 bash_completion 的軟體，這個軟體會主動的去偵測『各個指令可以下達的選項與參數』等行為，因此，那個『檔案補齊』的功能可能會變成『選項、參數補齊』的功能，不一定會主動補齊檔名了喔！這點得要特別留意。鳥哥第一次接觸 CentOS 7 的時候，曾經為了無法補齊檔名而覺得奇怪！煩惱了老半天說！

◆ **[ctrl]-c 按鍵**

如果你在 Linux 底下輸入了錯誤的指令或參數，有的時候這個指令或程式會在系統底下『跑不停』這個時候怎麼辦？別擔心，如果你想讓當前的程式『停掉』的話，可以輸入：[ctrl] 與 c 按鍵(**先按著 [ctrl] 不放，且再按下 c 按鍵，是組合按鍵**)，那就是**中斷目前程式**的按鍵啦！舉例來說，如果你輸入了『find /』這個指令時，系統會開始跑一些東西(先不要理會這個指令串的意義)，此時你給它按下 [ctrl]-c 組合按鍵，嘿嘿！是否立刻發現這個指令串被終止了！就是這樣的意思啦！

```
[dmtsai@study ~]$ find /
....(一堆東西都省略)....
# 此時螢幕會很花，你看不到命令提示字元的！直接按下[ctrl]-c即可！
[dmtsai@study ~]$ <==此時提示字元就會回來了！find程式就被中斷！
```

不過你應該要注意的是，這個組合鍵是可以將正在運作中的指令中斷的，如果你正在運作比較重要的指令，可別急著使用這個組合按鍵喔！ ^_^

◆ **[ctrl]-d 按鍵**

那麼 [ctrl]-d 是什麼呢？就是 [ctrl] 與 d 按鍵的組合啊！這個組合按鍵通常代表著：『**鍵盤輸入結束(End Of File, EOF 或 End Of Input)**』的意思！另外，它也可以用來取代 exit 的輸入呢！例如**你想要直接離開文字介面，可以直接按下 [ctrl]-d 就能夠直接離開了 (相當於輸入 exit 啊！)**。

◆ **[shift]+{[Page Up]|[Page Down]}按鍵**

如果你在純文字的畫面中執行某些指令，這個指令的輸出訊息相當長啊！所以導致前面的部分已經不在目前的螢幕畫面中，所以你想要回頭去瞧一瞧輸出的訊息，那怎辦？其實，你可以使用 [shift]+[Page Up] 來往前翻頁，也能夠使用 [shift]+[Page Down] 來往後翻頁！這兩個組合鍵也是可以稍微記憶一下，在你要稍微往前翻畫面時，相當有幫助！

> 因為目前學生比較常用圖形介面的終端機系統，所以當鳥哥談到 [shift]+[Page Up] 的功能時，他們很不能理解耶！說都有滑鼠滾輪了，要這組合鈕幹嘛？唉～真是沒見過世面的小朋友...

總之，在 Linux 底下，文字介面的功能是很強悍的！要多多的學習它，而要學習它的基礎要訣就是...多使用、多熟悉啦！

## 4.2.4 錯誤訊息的查看

萬一我下達了錯誤的指令怎麼辦？不要緊呀！你可以**藉由螢幕上面顯示的錯誤訊息來瞭解你的問題點**，那就很容易知道如何改善這個錯誤訊息囉！舉個例子來說，假如想執行 date 卻因為大小寫打錯成為 DATE 時，這個錯誤的訊息是這樣顯示的：

```
[dmtsai@study ~]$ DATE
bash: DATE: command not found...    # 這裡顯示錯的訊息
Similar command is: 'date'          # 這裡竟然給你一個可能的解決方案耶！
```

上面那個 bash:表示的是我們的 Shell 的名稱，本小節一開始就談到過 Linux 的預設殼程式就是 bash 囉！那麼上面的例子說明了 bash 有錯誤，什麼錯誤呢？bash 告訴你：

```
DATE: command not found
```

字面上的意思是說『指令找不到』，那個指令呢？就是 DATE 這個指令啦！所以說，系統上面可能並沒有 DATE 這個指令囉！就是這麼簡單！通常出現『command not found』的可能原因為：

◆ 這個指令不存在，因為該軟體沒有安裝之故。解決方法就是安裝該軟體。

◆ 這個指令所在的目錄目前的用戶並沒有將它加入指令搜尋路徑中，請參考第十章 bash 的 PATH 說明。

◆ 很簡單！因為你打錯字！

從 CentOS 7 開始，bash 竟然會嘗試幫我們找解答耶！看一下上面輸出的第二行『Similar command is: 'date'』，它說，相似的指令是 date 喔！沒錯啊！我們就是輸入錯誤的大小寫而已～這就已經幫我們找到答案了！看了輸出，你也應該知道如何解決問題了吧？

介紹這幾個指令讓你玩一玩先，更詳細的指令操作方法我們會在第三篇的時候再進行介紹！現在讓我們來想一想，萬一我在操作date這個指令的時候，手邊又沒有這本書，我要怎麼知道要如何加那些奇怪的參數，好讓輸出的結果符合我想要的輸出格式呢？嘿嘿！到下一節鳥哥來告訴你怎麼辦吧！

## 4.3 Linux 系統的線上求助 man page 與 info page

先來瞭解一下 Linux 有多少指令呢？在文字模式下，你可以輸入 g 之後直接按下兩個 [tab] 按鍵，看看總共有多少以 g 開頭的指令可以讓你用？

在這一版中，不輸入任何字僅按下兩次 [tab] 按鈕來顯示所有指令的功能被取消了！所以鳥哥以 g 為開頭來說明一下囉！

```
[dmtsai@study ~]$ g[tab][tab]<==在g之後直接輸入兩次[tab]按鍵
Display all 217 possibilities? (y or n) <==如果不想要看，按 n 離開
```

如上所示，鳥哥安裝的這個系統中，少說也有 200 多個以 g 為開頭的指令可以讓 dmtsai 這個帳號使用。那在 Linux 裡面到底要不要背『指令』啊？可以啊！你背啊！這種事，鳥哥這個『忘性』特佳的老人家實在是背不起來 @_@ ～當然啦，有的時候為了要考試 (例如一些認證考試等等的)還是需要背一些重要的指令與選項的！不過，鳥哥主要還是以理解『**在什麼情況下，應該要使用哪方面的指令**』為準的！

既然鳥哥說不需要背指令，那麼我們如何知道每個指令的詳細用法？還有，某些設定檔的內容到底是什麼？這個可就不需要擔心了！因為在 Linux 上開發的軟體大多數都是自由軟體/開源軟體，而這些軟體的開發者為了讓大家能夠瞭解指令的用法，都會自行製作很多的文件，而這些文件也可以直接在線上就能夠輕易的被使用者查詢出來喔！很不賴吧！這根本就是『線上說明文件』嘛！哈哈！沒錯！確實如此。我們底下就來談一談，Linux 到底有多少的線上文件資料呢？

## 4.3.1 指令的 --help 求助說明

事實上，幾乎 Linux 上面的指令，在開發的時候，開發者就將可以使用的指令語法與參數寫入指令操作過程中了！你只要使用『 --help 』這個選項，就能夠將該指令的用法作一個大致的理解喔！舉例來說，我們來瞧瞧 date 這個指令的基本用法與選項參數的介紹：

```
[dmtsai@study ~]# date --help
Usage: date [OPTION]... [+FORMAT]                        # 這裡有基本語法
  or:  date [-u|--utc|--universal] [MMDDhhmm[[CC]YY][.ss]]  # 這是設定時間的語法
Display the current time in the given FORMAT, or set the system date.
# 底下是主要的選項說明
Mandatory arguments to long options are mandatory for short options too.
  -d, --date=STRING         display time described by STRING, not 'now'
  -f, --file=DATEFILE       like --date once for each line of DATEFILE
....(中間省略)....
  -u, --utc, --universal    print or set Coordinated Universal Time (UTC)
      --help      顯示此求助說明並離開
      --version   顯示版本資訊並離開
```

```
# 底下則是重要的格式 (FORMAT) 的主要項目
FORMAT controls the output.    Interpreted sequences are:

  %%    a literal %
  %a    locale's abbreviated weekday name (e.g., Sun)
  %A    locale's full weekday name (e.g., Sunday)
....(中間省略)....
# 底下是幾個重要的範例 (Example)
Examples:
Convert seconds since the epoch (1970-01-01 UTC) to a date
  $ date --date='@2147483647'
....(底下省略)....
```

看一下上面的顯示，首先一開始是下達語法的方式 (Usage)，這個 date 有兩種基本語法，一種是直接下達並且取得日期回傳值，且可以 +FORAMAT 的方式來顯示。至於另一種方式，則是加上 MMDDhhmmCCYY 的方式來設定日期時間。它的格式是『月月日日時時分分西元年』的格式！再往下看，會說明主要的選項，例如 -d 的意義等等，後續又會出現 +FORMAT 的用法！從裡面你可以查到我們之前曾經用過得『date +%Y%m%d』這個指令與選項的說明。

基本上，如果是指令，那麼透過這個簡單的 --help 就可以很快速的取得你所需要的選項、參數的說明了！這很重要！我們說過，在 linux 底下你需要學習『任務達成』的方式，不用硬背指令參數。不過常用的指令你還是得要記憶一下，而選項就透過 --help 來快速查詢即可。

同樣的，透過 cal --help 你也可以取得相同的解釋！相當好用！不過，如果你使用 bc --help 的話，雖然也有簡單的解釋，但是就沒有類似 scale 的用法說明，同時也不會有 +, -, *, /, % 等運算子的說明了！因此，雖然 --help 已經相當好用，不過，通常 --help 用在協助你查詢『你曾經用過的指令所具備的選項與參數』而已，如果你要使用的是從來沒有用過得指令，或者是你要查詢的根本就不是指令，而是檔案的『格式』時，那就得要透過 man page 囉！！

### 4.3.2　man page

咦！date --help 沒有告訴你 STRING 是什麼？嘿嘿！不要擔心，除了 --help 之外，我們 Linux 上面的其他線上求助系統已經都幫你想好要怎麼辦了，所以你只要使用簡單的方法去尋找一下說明的內容，馬上就清清楚楚的知道該指令的用法了！怎麼看呢？就是找男人 (man) 呀！喔！不是啦！**這個 man 是 manual (操作說明) 的簡寫啦**！只要下達：『man date』馬上就會有清楚的說明出現在你面前喔！如下所示：

```
[dmtsai@study ~]$ LANG="en_US.utf8"
```
# 還記得這個東東的用意吧？前面提過了，是為了『語系』的需要啊！下達過一次即可！


```
[dmtsai@study ~]$ man date
```
DATE(1)                              User Commands                              DATE(1)
# 請注意上面這個括號內的數字
NAME    <==這個指令的完整全名，如下所示為date且說明簡單用途為設定與顯示日期/時間
        date - print or set the system date and time

SYNOPSIS  <==這個指令的基本語法如下所示
        date [OPTION]... [+FORMAT]      <==第一種單純顯示的用法
        date [-u|--utc|--universal] [MMDDhhmm[[CC]YY][.ss]]    <==可以設定系統時間

DESCRIPTION   <==詳細說明剛剛語法談到的選項與參數的用法
        Display the current time in the given FORMAT, or set the system date.

        Mandatory arguments to long options are mandatory for short options too.

        -d, --date=STRING   <==左邊-d為短選項名稱，右邊--date為完整選項名稱
                display time described by STRING, not 'now'

        -f, --file=DATEFILE
                like --date once for each line of DATEFILE

        -I[TIMESPEC], --iso-8601[=TIMESPEC]
                output date/time in ISO 8601 format.  TIMESPEC='date' for date
                only (the default), 'hours', 'minutes', 'seconds', or 'ns' for date
                and time to  the indicated precision.
....(中間省略)....
        # 找到了！底下就是格式化輸出的詳細資料！
        FORMAT controls the output.  Interpreted sequences are:

        %%      a literal %

        %a      locale's abbreviated weekday name (e.g., Sun)

        %A      locale's full weekday name (e.g., Sunday)
....(中間省略)....
ENVIRONMENT   <==與這個指令相關的環境參數有如下的說明
        TZ      Specifies the timezone, unless overridden by command line parameters.
                If neither is specified, the setting from /etc/locAltime is used.
```
```

```
EXAMPLES        <==一堆可用的範本
        Convert seconds since the epoch (1970-01-01 UTC) to a date

                $ date --date='@2147483647'
....(中間省略)....


DATE STRING  <==上面曾提到的 --date 的格式說明！
        The --date=STRING is a mostly free format human readable date string such
        as "Sun, 29 Feb 2004 16:21:42 -0800" or "2004-02-29 16:21:42" or even "next
        Thursday".   A date string may  contain  items  indicating calendar date,
        time of day, time zone, day of


AUTHOR   <==這個指令的作者啦！
        Written by David MacKenzie.


COPYRIGHT  <==受到著作權法的保護！用的就是 GPL 了！
        Copyright © 2013 Free Software Foundation, Inc.  License GPLv3+: GNU GPL
        version 3 or later <http://gnu.org/licenses/gpl.html>.
        This  is free software: you are free to change and redistribute it.  There
        is NO WARRANTY, to the extent permitted by law.


SEE ALSO   <==這個重要，你還可以從哪裡查到與date相關的說明文件之意
        The full documentation for date is maintained as a Texinfo manual.  If the
        info  and date programs are properly installed at your site, the command

                info coreutils 'date invocation'

        should give you access to the complete manual.

GNU coreutils 8.22              June 2014                      DATE(1)
```

> 進入 man 指令的功能後，你可以按下『空白鍵』往下翻頁，可以按下『q』按鍵來離開 man 的環境。更多在 man 指令下的功能，本小節後面會談到的！

看 (鳥哥沒罵人！) 馬上就知道一大堆的用法了！如此一來，不就可以知道 date 的相關選項與參數了嗎？真方便！而**出現的這個螢幕畫面，我們稱呼它為 man page**，你可以在裡頭查詢它的用法與相關的參數說明。如果仔細一點來看這個 man page 的話，你會發現幾個有趣的東西。

首先，在上個表格的第一行，你可以看到的是：『DATE(1)』，DATE 我們知道是指令的名稱，那麼(1)代表什麼呢？它代表的是『一般使用者可使用的指令』的意思！咦！還有這個用意啊！呵呵！沒錯～在查詢資料的後面的數字是有意義的喔！它可以幫助我們瞭解或者是直接查詢相關的資料。常見的幾個數字的意義是這樣的：

| 代號 | 代表內容 |
|---|---|
| 1 | **使用者在 shell 環境中可以操作的指令或可執行檔** |
| 2 | 系統核心可呼叫的函數與工具等 |
| 3 | 一些常用的函數 (function) 與函式庫 (library)，大部分為 C 的函式庫 (libc) |
| 4 | 裝置檔案的說明，通常在/dev 下的檔案 |
| 5 | **設定檔或者是某些檔案的格式** |
| 6 | 遊戲 (games) |
| 7 | 慣例與協定等，例如 Linux 檔案系統、網路協定、ASCII code 等等的說明 |
| 8 | **系統管理員可用的管理指令** |
| 9 | 跟 kernel 有關的文件 |

上述的表格內容可以使用『man man』來更詳細的取得說明。透過這張表格的說明，未來你如果使用 man page 在查看某些資料時，就會知道該指令/檔案所代表的基本意義是什麼了。舉例來說，如果你下達了『man null』時，會出現的第一行是：『NULL(4)』，對照一下上面的數字意義，嘿嘿！原來 null 這個玩意兒竟然是一個『裝置檔案』呢！很容易瞭解了吧！

上表中的 1, 5, 8 這三個號碼特別重要，也請讀者要將這三個數字所代表的意義背下來喔！

再來，man page 的內容也分成好幾個部分來加以介紹該指令呢！就是上頭 man date 那個表格內，以 NAME 作為開始介紹，最後還有個 SEE ALSO 來作為結束。基本上，man page 大致分成底下這幾個部分：

| 代號 | 內容說明 |
|---|---|
| NAME | 簡短的指令、資料名稱說明 |
| SYNOPSIS | 簡短的指令下達語法 (syntax) 簡介 |
| DESCRIPTION | 較為完整的說明，這部分最好仔細看看！ |
| OPTIONS | 針對 SYNOPSIS 部分中，有列舉的所有可用的選項說明 |

| 代號 | 內容說明 |
|------|---------|
| COMMANDS | 當這個程式 (軟體) 在執行的時候，可以在此程式 (軟體) 中下達的指令 |
| FILES | 這個程式或資料所使用或參考或連結到的某些檔案 |
| SEE ALSO | 可以參考的，跟這個指令或資料有相關的其他說明！ |
| EXAMPLE | 一些可以參考的範例 |

有時候除了這些外，還可能會看到 Authors 與 Copyright 等，不過也有很多時候僅有 NAME 與 DESCRIPTION 等部分。通常鳥哥在查詢某個資料時是這樣來查閱的：

1. 先查看 NAME 的項目，約略看一下這個資料的意思。

2. 再詳看一下 DESCRIPTION，這個部分會提到很多相關的資料與使用時機，從這個地方可以學到很多小細節呢。

3. 而如果這個指令其實很熟悉了 (例如上面的 date)，那麼鳥哥主要就是查詢關於 OPTIONS 的部分了！可以知道每個選項的意義，這樣就可以下達比較細部的指令內容呢！

4. 最後，鳥哥會再看一下，跟這個資料有關的還有哪些東西可以使用的？舉例來說，上面的 SEE ALSO 就告知我們還可以利用『info coreutils date』來進一步查閱資料。

5. 某些說明內容還會列舉有關的檔案 (FILES 部分) 來提供我們參考！這些都是很有幫助的！

大致上瞭解了 man page 的內容後，那麼在 man page 當中我還可以利用哪些按鍵來幫忙查閱呢？首先，如果要向下翻頁的話，可以按下鍵盤的空白鍵，也可以使用 [Page Up] 與 [Page Down] 來翻頁呢！同時，如果你知道某些關鍵字的話，那麼可以在任何時候輸入『/word』，來主動搜尋關鍵字！例如在上面的搜尋當中，我輸入了『/date』會變成怎樣？

```
DATE(1)                        User Commands                        DATE(1)

NAME
      date - print or set the system date and time

SYNOPSIS
      date [OPTION]... [+FORMAT]
      date [-u|--utc|--universal] [MMDDhhmm[[CC]YY][.ss]]

DESCRIPTION
      Display  the  current  time  in  the given FORMAT, or set the system date.

....(中間省略)....

/date <==只要按下 / ，游標就會跑到這個地方來，你就可以開始輸入搜尋字串咯
```

看到了嗎，**當你按下『/』之後，游標就會移動到螢幕的最下面一行，並等待你輸入搜尋的字串**了。此時，輸入 date 後，man page 就會開始搜尋跟 date 有關的字串，並且移動到該區域呢！很方便吧！最後，如果要離開 man page 時，直接按下『 q 』就能夠離開了。我們將一些在 man page 常用的按鍵給它整理整理：

| 按鍵 | 進行工作 |
|---|---|
| 空白鍵 | 向下翻一頁 |
| [Page Down] | 向下翻一頁 |
| [Page Up] | 向上翻一頁 |
| [Home] | 去到第一頁 |
| [End] | 去到最後一頁 |
| /string | 向『下』搜尋 string 這個字串，如果要搜尋 vbird 的話，就輸入 /vbird |
| ?string | 向『上』搜尋 string 這個字串 |
| n, N | 利用 / 或 ? 來搜尋字串時，可以用 n 來繼續下一個搜尋 (不論是 / 或 ?) ，可以利用 N 來進行『反向』搜尋。舉例來說，我以 /vbird 搜尋 vbird 字串，那麼可以 n 繼續往下查詢，用 N 往上查詢。若以 ?vbird 向上查詢 vbird 字串，那我可以用 n 繼續『向上』查詢，用 N 反向查詢。 |
| q | 結束這次的 man page |

要注意喔！**上面的按鍵是在 man page 的畫面當中才能使用的！** 比較有趣的是那個搜尋啦！我們可以往下或者是往上搜尋某個字串，例如要在 man page 內搜尋 vbird 這個字串，可以輸入 /vbird 或者是 ?vbird ，只不過一個是往下而一個是往上來搜尋的。而要 **重複搜尋** 某個字串時，可以使用 n 或者是 N 來動作即可呢！很方便吧！ ^_^

既然有 man page，自然就是因為有一些文件資料，所以才能夠以 man page 讀出來囉！那麼這些 man page 的資料放在哪裡呢？不同的 distribution 通常可能有點差異性，不過，通常是放在/usr/share/man 這個目錄裡頭，然而，我們可以透過修改它的 man page 搜尋路徑來改善這個目錄的問題！**修改/etc/man_db.conf (有的版本為 man.conf 或 manpath.conf 或 man.config 等)** 即可囉！至於更多的關於 man 的訊息你可以使用『 man man 』來查詢呦！關於更詳細的設定，我們會在第十章 bash 當中繼續的說明喔！

◆ **搜尋特定指令/檔案的 man page 說明文件**

在某些情況下，你可能知道要使用某些特定的指令或者是修改某些特定的設定檔，但是偏偏忘記了該指令的完整名稱。有些時候則是你只記得該指令的部分關鍵字。這個時候你要如何查出來你所想要知道的 man page 呢？我們以底下的幾個例子來說明 man 這個指令有用的地方喔！

**例題**

你可否查出來，系統中還有哪些跟『man』這個指令有關的說明文件呢？

**答：**你可以使用底下的指令來查詢一下：

```
[dmtsai@study ~]$ man -f man
man (1)                   - an interface to the on-line reference manuals
man (1p)                  - display system documentation
man (7)                   - macros to format man pages
```

使用 -f 這個選項就可以取得更多與 man 相關的資訊，而上面這個結果當中也有提示了 (數字) 的內容，舉例來說，第三行的『 man (7) 』表示有個 man (7) 的說明文件存在喔！但是卻有個 man (1)存在啊！那當我們下達『 man man 』的時候，到底是找到哪一個說明檔呢？其實，你可以指定不同的文件的，舉例來說，上表當中的兩個 man 你可以這樣將它的文件叫出來：

```
[dmtsai@study ~]$ man 1 man   <==這裡是用 man(1) 的文件資料
[dmtsai@study ~]$ man 7 man   <==這裡是用 man(7) 的文件資料
```

你可以自行將上面兩個指令輸入一次看看，就知道，兩個指令輸出的結果是不同的。那個 1, 7 就是分別取出在 man page 裡面關於 1 與 7 相關資料的文件檔案囉！好了，那麼萬一我真的忘記了下達數字，只有輸入『 man man 』時，那麼取出的資料到底是 1 還是 7 啊？這個就跟搜尋的順序有關了。搜尋的順序是記錄在 /etc/man_db.conf 這個設定檔當中，**先搜尋到的那個說明檔，就會先被顯示出來！**一般來說，通常會先找到數字較小的那個啦！因為排序的關係啊！所以，man man 會跟 man 1 man 結果相同！

除此之外，我們還可以利用『關鍵字』找到更多的說明文件資料喔！什麼是關鍵字呢？從上面的『man -f man』輸出的結果中，我們知道其實輸出的資料是：

- 左邊部分：指令(或檔案)以及該指令所代表的意義(就是那個數字)。
- 右邊部分：這個指令的簡易說明，例如上述的『-macros to format man pages』。

當使用『man -f 指令』時，man 只會找資料中的左邊那個指令 (或檔案) 的完整名稱，有一點不同都不行！但如果我想要找的是『關鍵字』呢？也就是說，我想要同時找上面說的兩個地方的內容，只要該內容有關鍵字存在，不需要完全相同的指令 (或檔案) 就能夠找到時，該怎麼辦？請看下個範例囉！

**例題**

找出系統的說明檔中，只要有 man 這個關鍵字就將該說明列出來。

答：

```
[dmtsai@study ~]$ man -k man
fallocate (2)       - manipulate file space
zshall (1)          - the Z shell meta-man page
....(中間省略)....
yum-config-manager (1) - manage yum configuration options and yum repositories
yum-groups-manager (1) - create and edit yum's group metadata
yum-utils (1)       - tools for manipulating repositories and extended package
management
```

看到了吧！很多對吧！因為這個是利用關鍵字將說明文件裡面只要含有 man 那個字眼的 (不見得是完整字串) 就將它取出來！很方便吧！^_^(上面的結果有特殊字體的顯示是為了方便讀者查看，實際的輸出結果並不會有特別的顏色顯示喔！)

事實上，還有兩個指令與 man page 有關呢！而這兩個指令是 man 的簡略寫法說～就是這兩個：

```
[dmtsai@study ~]$ whatis [指令或者是資料]    <==相當於 man -f [指令或者是資料]
[dmtsai@study ~]$ apropos [指令或者是資料]   <==相當於 man -k [指令或者是資料]
```

而要注意的是，這兩個特殊指令要能使用，必須要有建立 whatis 資料庫才行！這個資料庫的建立需要以 root 的身份下達如下的指令：

```
[root@study ~]# mandb
# 舊版的 Linux 這個指令是使用 makewhatis 喔！這一版開使用 mandb 了！
```

> 一般來說，鳥哥是真的不會去背指令的，只會去記住幾個常見的指令而已。那麼鳥哥是怎麼找到所需要的指令呢？舉例來說，列印的相關指令，鳥哥其實僅記得 lp (line print)而已。那我就由 man lp 開始，去找相關的說明，然後，再以 lp[tab][tab] 找到任何以 lp 為開頭的指令，找到我認為可能有點相關的指令後，先以 --help 去查基本的用法，若有需要再以 man 去查詢指令的用法！呵呵！所以，如果是實際在管理 Linux ，那麼真的只要記得幾個很重要的指令即可，其他需要的，嘿嘿！努力的找男人 (man) 吧！

### 4.3.3　info page

在所有的 Unix Like 系統當中，都可以利用 man 來查詢指令或者是相關檔案的用法；但是，在 Linux 裡面則又額外提供了一種線上求助的方法，那就是利用 info 這個好用的傢伙啦！

基本上，info 與 man 的用途其實差不多，都是用來查詢指令的用法或者是檔案的格式。但是與 man page 一口氣輸出一堆資訊不同的是，**info page 則是將文件資料拆成一個一個的段落，每個段落用自己的頁面來撰寫，並且在各個頁面中還有類似網頁的『超連結』來跳到各不同的頁面中，每個獨立的頁面也被稱為一個節點 (node)**。所以，你可以將 info page 想成是文字模式的網頁顯示資料啦！

不過你要查詢的目標資料的說明文件必須要以 info 的格式來寫成才能夠使用 info 的特殊功能(例如超連結)。而這個支援 info 指令的文件預設是放置在/usr/share/info/這個目錄當中的。舉例來說，info 這個指令的說明文件有寫成 info 格式，所以，你使用『 info info 』可以得到如下的畫面：

```
[dmtsai@study ~]$ info info
File: info.info,  Node: Top,  Next: Getting Started,  Up: (dir)


Info: An Introduction
*********************

The GNU Project distributes most of its on-line manuals in the "Info
format", which you read using an "Info reader".  You are probably using
an Info reader to read this now.
....(中間省略)....


   If you are new to the Info reader and want to learn how to use it,
type the command 'h' now.  It brings you to a programmed instruction
sequence. # 這一段在說明，按下 h 可以有簡易的指令說明！很好用！
....(中間省略)....


* Menu:

* Getting Started::            Getting started using an Info reader.
* Advanced::                   Advanced Info commands.
* Expert Info::                Info commands for experts.
* Index::                      An index of topics, commands, and variables.

--zz-Info: (info.info.gz)Top, 52 lines --Bot----------------------------------
```

仔細的看到上面這個顯示的結果，裡面的第一行顯示了很多的資訊喔！第一行裡面的資料意義為：

◆ **File**：代表這個 info page 的資料是來自 info.info 檔案所提供的。

◆ **Node**：代表目前的這個頁面是屬於 Top 節點。意思是 info.info 內含有很多資訊，而 Top 僅是 info.info 檔案內的一個節點內容而已。

◆ **Next**：下一個節點的名稱為 Getting Started，你也可以按『N』到下個節點去。

◆ **Up**：回到上一層的節點總攬畫面，你也可以按下『U』回到上一層。

◆ **Prev**：前一個節點。但由於 Top 是 info.info 的第一個節點，所以上面沒有前一個節點的資訊。

從第一行你可以知道這個節點的內容、來源與相關連結的資訊。更有用的資訊是，**你可以透過直接按下 N, P, U 來去到下一個、上一個與上一層的節點 (node)！**非常的方便！第一行之後就是針對這個節點的說明。在上表的範例中，第二行以後的說明就是針對 info.info 內的 Top 這個節點所做的。另外，如論你在任何一個頁面，只要不知道怎麼使用 info 了，直接按下 h 系統就能夠提供一些基本按鍵功能的介紹喔！

```
      copy of the license to the document, as described in section 6 of
      the license.


* Menu:


* Getting Started::            Getting started using an Info reader.
* Advanced::                   Advanced Info commands.
* Expert Info::                Info commands for experts.
* Index::                      An index of topics, commands, and variables.



--zz-Info: (info.info.gz)Top, 52 lines --Bot------------------------------------
Basic Info command keys  # 這裡是按下 h 之後才會出現的一堆簡易按鈕列說明！

x            Close this help window.      # 按下 x 就可以關閉這個 help 的視窗
q            Quit Info Altogether.        # 完全離開 info page 喔！
H            Invoke the Info tutorial.


Up           Move up one line.
Down         Move down one line.
DEL          Scroll backward one screenful.
SPC          Scroll forward one screenful.
-----Info: *Info Help*, 405 lines --Top----------------------------------------
```

　　再來，你也會看到有『Menu』那個東東吧！底下共分為四小節，分別是 Getting Started 等等的，我們**可以使用上下左右按鍵來將游標移動到該文字或者『 * 』上面，按下 Enter**，就可以前往該小節了！另外，**也可以按下[tab]按鍵，就可以快速的將游標在上表的畫面中的 node 間移動**，真的是非常的方便好用。如果將 info.info 內的各個節點串在一起並繪製成圖表的話，情況有點像底下這樣：

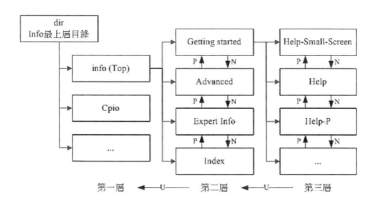

圖 4.3.1　info page 各說明文件相關性的示意圖

　　如同上圖所示，info 的說明文件將內容分成多個 node，並且每個 node 都有定位與連結。在各連結之間還可以具有類似『超連結』的快速按鈕，可以透過 [tab] 鍵在各個超連結間移動。也可以使用 U,P,N 來在各個階層與相關連結中顯示！非常的不錯用啦！至於在 info page 當中可以使用的按鍵，可以整理成底下這樣，事實上，你也可以在 info page 中按下 h 喔！

| 按鍵 | 進行工作 |
| --- | --- |
| 空白鍵 | 向下翻一頁 |
| [Page Down] | 向下翻一頁 |
| [Page Up] | 向上翻一頁 |
| [tab] | 在 node 之間移動，有 node 的地方，通常會以 * 顯示。 |
| [enter] | 當游標在 node 上面時，按下 Enter 可以進入該 node。 |
| b | 移動游標到該 info 畫面當中的第一個 node 處 |
| e | 移動游標到該 info 畫面當中的最後一個 node 處 |
| n | 前往下一個 node 處 |
| p | 前往上一個 node 處 |
| u | 向上移動一層 |
| s(/) | 在 info page 當中進行搜尋 |

| 按鍵 | 進行工作 |
|------|----------|
| h, ? | 顯示求助選單 |
| q | 結束這次的 info page |

info page 是只有 Linux 上面才有的產物，而且易讀性增強很多…不過查詢的指令說明要具有 info page 功能的話，得用 info page 的格式來寫成線上求助文件才行！我們 CentOS 7 將 info page 的文件放置到/usr/share/info/目錄中！至於非以 info page 格式寫成的說明文件 (就是 man page)，雖然也能夠使用 info 來顯示，不過其結果就會跟 man 相同。舉例來說，你可以下達『info man』就知道結果了！^_^

## 4.3.4 其他有用的文件 (documents)

剛剛前面說，一般而言，指令或者軟體製作者，都會將自己的指令或者是軟體的說明製作成『線上說明文件』！但是，畢竟不是每個東東都需要做成線上說明文件的，還有相當多的說明需要額外的文件！此時，這個所謂的 How-To (如何做的意思) 就很重要啦！還有，某些軟體不只告訴你『如何做』，還會有一些相關的原理會說明呢。

那麼這些說明文件要擺在哪裡呢？哈哈！就是擺在/usr/share/doc 這個目錄啦！所以說，你只要到這個目錄底下，就會發現好多好多的說明文件檔啦！還不需要到網路上面找資料呢！厲害吧！^_^ 舉例來說，你可能會先想要知道 grub2 這個新版的開機管理軟體有什麼能使用的指令？那可以到底下的目錄瞧瞧：

```
/usr/share/doc/grub2-tools-2.02
```

另外，很多原版軟體釋出的時候，都會有一些安裝須知、預計工作事項、未來工作規劃等等的東西，還有包括可安裝的程序等，這些檔案也都放置在 /usr/share/doc 當中喔！而且 /usr/share/doc 這個目錄下的資料主要是以套件 (packages) 為主的，例如 nano 這個軟體的相關資訊在 /usr/share/doc/nano-xxx (那個 xxx 表示版本的意思！)。

總結上面的三個東東 (man, info, /usr/share/doc/)，請記住喔：

◆ 在終端機模式中，如果你知道某個指令，但卻忘記了相關選項與參數，請先善用 --help 的功能來查詢相關資訊。

◆ 當有任何你不知道的指令或檔案格式這種玩意兒，但是你想要瞭解它，請趕快使用 man 或者是 info 來查詢！

◆ 而如果你想要架設一些其他的服務，或想要利用一整組軟體來達成某項功能時，請趕快到 /usr/share/doc 底下查一查有沒有該服務的說明檔喔！

◆ 另外，再次的強調，因為 Linux 畢竟是外國人發明的，所以中文文件確實是比較少的！
但是不要害怕，拿本英文字典在身邊吧！隨時查閱！不要害怕英文喔！

## 4.4 超簡單文書編輯器：nano

在 Linux 系統當中有非常多的文書編輯器存在，其中最重要的就是後續章節我們會談到
的 vim 這傢伙！不過其實還有很多不錯用的文書編輯器存在的！在這裡我們就介紹一下簡單
的 nano 這一支文書編輯器來玩玩先！

nano 的使用其實很簡單，你可以直接加上檔名就能夠開啟一個舊檔或新檔！底下我們
就來開啟一個名為 text.txt 的檔名來看看：

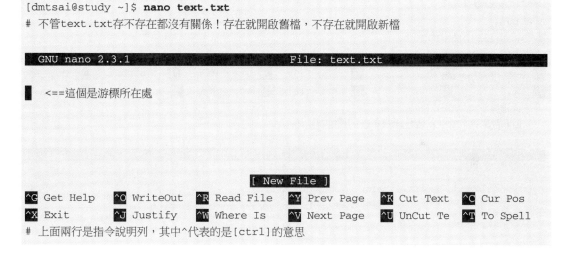

```
[dmtsai@study ~]$ nano text.txt
# 不管text.txt存不存在都沒有關係！存在就開啟舊檔，不存在就開啟新檔
```

```
  GNU nano 2.3.1                          File: text.txt


  █   <==這個是游標所在處




                                    [ New File ]
^G Get Help    ^O WriteOut    ^R Read File    ^Y Prev Page    ^K Cut Text    ^C Cur Pos
^X Exit        ^J Justify     ^W Where Is     ^V Next Page    ^U UnCut Te    ^T To Spell
```

```
# 上面兩行是指令說明列，其中^代表的是[ctrl]的意思
```

如上圖所示，你可以看到第一行反白的部分，那僅是在宣告 nano 的版本與檔名(File:
text.txt)而已。之後你會看到最底下的三行，分別是檔案的狀態(New File)與兩行指令說明
列。指令說明列反白的部分就是組合鍵，接的則是該組合鍵的功能。那個指數符號(^)代表
的是鍵盤的[ctrl]按鍵啦！底下先來說說比較重要的幾個組合按鍵：

◆ [ctrl]-G：取得線上說明 (help)，很有用的！

◆ [ctrl]-X：離開 naon 軟體，若有修改過檔案會提示是否需要儲存喔！

◆ [ctrl]-O：儲存檔案，若你有權限的話就能夠儲存檔案了。

◆ [ctrl]-R：從其他檔案讀入資料，可以將某個檔案的內容貼在本檔案中。

◆ [ctrl]-W：搜尋字串，這個也是很有幫助的指令喔！

◆ [ctrl]-C：說明目前游標所在處的行數與列數等資訊。

- ◆ [ctrl]-_：可以直接輸入行號，讓游標快速移動到該行。
- ◆ [alt]-Y：校正語法功能開啟或關閉 (按一下開、再按一下關)。
- ◆ [alt]-M：可以支援滑鼠來移動游標的功能。

比較常見的功能是這些，如果你想要取得更完整的說明，可以在 nano 的畫面中按下 [ctrl]-G 或者是 [F1] 按鍵，就能夠顯示出完整的 naon 內指令說明了。好了，請你在上述的畫面中隨便輸入許多字，輸入完畢之後就儲存後離開，如下所示：

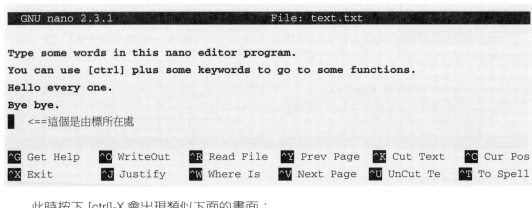

此時按下 [ctrl]-X 會出現類似下面的畫面：

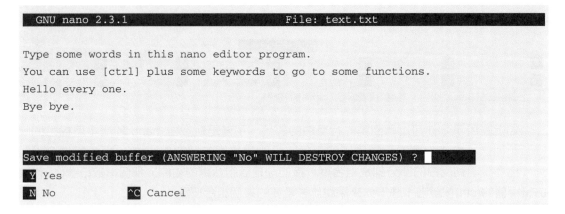

如果不要儲存資料只想要離開，可以按下 N 即可離開。如果確實是需要儲存的，那麼按下 Y 後，最後三行會出現如下畫面：

如果是單純的想要儲存而已，直接按下 [enter] 即可儲存後離開 nano 程式。不過上表中最底下還有兩行，我們知道指數符號代表 [ctrl]，那個 M 是代表什麼呢？其實就是 [alt] 囉！

其實 nano 也不需要記太多指令啦！只要知道怎麼進入 nano、怎麼離開，怎麼搜尋字串即可。未來我們還會學習更有趣的 vi 呢！

## 4.5 正確的關機方法

OK！大概知道開機的方法，也知道基本的指令操作，而且還已經知道線上查詢了，好累呦！想去休息呢！那麼如何關機呢？我想，很多朋友在 DOS 的年代已經有在玩電腦了！在當時我們關掉 DOS 的系統時，常常是直接關掉電源開關，而 Windows 在你不爽的時候，按著電源開關四秒也可以關機！但是在 Linux 則相當的不建議這麼做！

Why？在 Windows (非 NT 主機系統) 系統中，由於是單人假多工的情況，所以即使你的電腦關機，對於別人應該不會有影響才對！不過呢，在 Linux 底下，由於每個程序 (或者說是服務) 都是在在背景下執行的，因此，**在你看不到的螢幕背後其實可能有相當多人同時在你的主機上面工作**，例如瀏覽網頁啦、傳送信件啦以 FTP 傳送檔案啦等等的，如果你直接按下電源開關來關機時，則其他人的資料可能就此中斷！那可就傷腦筋了！

此外，最大的問題是，**若不正常關機，則可能造成檔案系統的毀損**（因為來不及將資料回寫到檔案中，所以有些服務的檔案會有問題！）。所以正常情況下，要關機時需要注意底下幾件事：

◆ **觀察系統的使用狀態**

如果要看目前有誰在線上，可以下達『who』這個指令，而如果要看網路的連線狀態，可以下達『netstat -a』這個指令，而要看背景執行的程序可以執行『ps -aux』這個指令。使用這些指令可以讓你稍微瞭解主機目前的使用狀態！當然囉，就可以讓你判斷是否可以關機了（這些指令在後面 Linux 常用指令中會提及喔！）

◆ **通知線上使用者關機的時刻**

要關機前總得給線上的使用者一些時間來結束他們的工作，所以，這個時候你可以使用 shutdown 的特別指令來達到此一功能。

◆ **正確的關機指令使用**

例如 shutdown 與 reboot 兩個指令！

所以底下我們就來談一談幾個與關機/重新開機相關的指令囉！

◆ 將資料同步寫入硬碟中的指令：sync

◆ 慣用的關機指令：shutdown

◆ 重新開機，關機：reboot, hAlt, poweroff

由於 Linux 系統的關機/重新開機是很重大的系統運作，因此只有 root 才能夠進行例如 shutdown, reboot 等指令。不過在某些 distributions 當中，例如我們這裡談到的 CentOS 系統，它允許你在本機前的 tty1~tty7 當中(無論是文字介面或圖形介面)，可以用一般帳號來關機或重新開機！但某些 distributions 則在你要關機時，它會要你輸入 root 的密碼呢！^_^

◆ **資料同步寫入磁碟：sync**

在第零章、計算機概論裡面我們談到過資料在電腦中運作的模式，所有的資料都得要被讀入記憶體後才能夠被 CPU 所處理，但是資料又常常需要由記憶體寫回硬碟當中 (例如儲存的動作)。由於硬碟的速度太慢 (相對於記憶體來說)，如果常常讓資料在記憶體與硬碟中來回寫入/讀出，系統的效能就不會太好。

因此在 Linux 系統中，為了加快資料的讀取速度，所以在預設的情況中，某些已經載入記憶體中的資料將不會直接被寫回硬碟，而是先暫存在記憶體當中，如此一來，如果一個資料被你重複的改寫，那麼由於它尚未被寫入硬碟中，因此可以直接由記憶體當中讀取出來，在速度上一定是快上相當多的！

不過，如此一來也造成些許的困擾，那就是萬一你的系統因為某些特殊情況造成不正常關機 (例如停電或者是不小心踢到 power) 時，由於資料尚未被寫入硬碟當中，哇！所以就會造成資料的更新不正常啦！那要怎麼辦呢？這個時候就需要 sync 這個指令來進行資料的寫入動作啦！直接在文字介面下輸入 sync，那麼在記憶體中尚未被更新的資料，就會被寫入硬碟中！所以，這個指令在系統關機或重新開機之前，很重要喔！最好多執行幾次！

雖然目前的 shutdown/reboot/hAlt 等等指令均已經在關機前進行了 sync 這個工具的呼叫，不過，多做幾次總是比較放心點～呵呵～

```
[dmtsai@study ~]$ su -    # 這個指令在讓你的身份變成 root ！底下請輸入 root 的密碼！
Password:  # 就這裡！請輸入安裝時你所設定的 root 密碼！
Last login: Mon Jun  1 16:10:12 CST 2015 on pts/0

[root@study ~]# sync
```

事實上 sync 也可以被一般帳號使用喔！只不過一般帳號使用者所更新的硬碟資料就僅有自己的資料，不像 root 可以更新整個系統中的資料了。

◆ **慣用的關機指令：shutdown**

由於 Linux 的關機是那麼重要的工作，因此除了你是在主機前面以實體終端機 (tty1~tty7) 來登入系統時，不論用什麼身份都能夠關機之外，若你是使用遠端管理工具 (如透過 pietty 使用 ssh 服務來從其他電腦登入主機)，那關機**就只有 root 有權力而已喔**！

嗯！那麼就來關機試試看吧！我們較常使用的是 shutdown 這個指令，而這個指令會通知系統內的各個程序 (processes)，並且將通知系統中的一些服務來關閉。shutdown 可以達成如下的工作：

■ **可以自由選擇關機模式：是要關機或重新開機均可。**

■ **可以設定關機時間：可以設定成現在立刻關機，也可以設定某一個特定的時間才關機。**

■ **可以自訂關機訊息：在關機之前，可以將自己設定的訊息傳送給線上 user。**

■ **可以僅發出警告訊息：有時有可能你要進行一些測試，而不想讓其他的使用者干擾，或者是明白的告訴使用者某段時間要注意一下！這個時候可以使用 shutdown 來嚇一嚇使用者，但卻不是真的要關機啦！**

那麼 shutdown 的語法是如何呢？聰明的讀者大概已經開始找『男人』了！沒錯，隨時隨地的 man 一下，是很不錯的舉動！好了，簡單的語法規則為：

```
[root@study ~]# /sbin/shutdown [-krhc] [時間] [警告訊息]
選項與參數：
-k    ：不要真的關機，只是發送警告訊息出去！
-r    ：在將系統的服務停掉之後就重新開機(常用)
-h    ：將系統的服務停掉後，立即關機。(常用)
-c    ：取消已經在進行的 shutdown 指令內容。
時間   ：指定系統關機的時間！時間的範例底下會說明。若沒有這個項目，則預設 1 分鐘後自動進行。
範例：
[root@study ~]# /sbin/shutdown -h 10 'I will shutdown after 10 mins'
Broadcast message from root@study.centos.vbird (Tue 2015-06-02 10:51:34 CST):

I will shutdown after 10 mins
The system is going down for power-off at Tue 2015-06-02 11:01:34 CST!
```

在執行 shutdown 之後，系統告訴大家，這部機器會在十分鐘後關機！並且會將訊息顯示在目前登入者的螢幕前方！你可以輸入『 shutdown -c 』來取消這次的關機指令。而如果你什麼參數都沒有加，單純執行 shutdown 之後，系統預設會在 1 分鐘後進行『關機』的動作喔！我們也提供幾個常見的時間參數給你參考！

與舊版不同的地方在於，以前 shutdown 後面一定得要加時間參數才行，如果沒有加上的話，系統會跳到單人維護模式中。在這一版中，shutdown 會以 1 分鐘為限，進行自動關機的任務！真的很不一樣喔！所以時間參數可以不用加囉！

```
[root@study ~]# shutdown -h now
立刻關機，其中 now 相當於時間為 0 的狀態
[root@study ~]# shutdown -h 20:25
系統在今天的 20:25 分會關機，若在21:25才下達此指令，則隔天才關機
[root@study ~]# shutdown -h +10
系統再過十分鐘後自動關機
[root@study ~]# shutdown -r now
系統立刻重新開機
[root@study ~]# shutdown -r +30 'The system will reboot'
再過三十分鐘系統會重新開機，並顯示後面的訊息給所有在線上的使用者
[root@study ~]# shutdown -k now 'This system will reboot'
僅發出警告信件的參數！系統並不會關機啦！嚇唬人！
```

◆ **重新開機，關機：reboot, hAlt, poweroff**

還有三個指令可以進行重新開機與關機的任務，那就是 reboot, hAlt, poweroff。其實這三個指令呼叫的函式庫都差不多，所以當你使用『man reboot』時，會同時出現三個指令的用法給你看呢。其實鳥哥通常都只有記 poweroff 與 reboot 這兩個指令啦！一般鳥哥在重新開機時，都會下達如下的指令喔：

```
[root@study ~]# sync; sync; sync; reboot
```

既然這些指令都能夠關機或重新開機，那它有沒有什麼差異啊？基本上，在預設的情況下，這幾個指令都會完成一樣的工作！(全部的動作都是去呼叫 systemctl 這個重要的管理命令！) 所以，你只要記得其中一個就好了！重點是，你自己習慣即可！

```
[root@study ~]# hAlt       # 系統停止～螢幕可能會保留系統已經停止的訊息！
[root@study ~]# poweroff   # 系統關機，所以沒有提供額外的電力，螢幕空白！
```

更多 hAlt 與 poweroff 的選項功能，請務必使用 man 去查詢一下喔！

◆ **實際使用管理工具 systemctl 關機**

如果你跟鳥哥一樣是個老人家，那麼一定會知道有個名為 init 的指令，這個指令可以切換不同的執行等級～執行等級共有 0~6 七個，其中 0 就是關機、6 就是重新開機等等。

不過，這個 init 目前只是一個相容模式而已～所以在 CentOS 7 當中，雖然你依舊可以使用『 init 0 』來關機，但是那已經跟所謂的『執行等級』無關了！

那目前系統中所有服務的管理是使用哪個指令呢？那就是 systemctl 啦！這個指令相當的複雜！我們會在很後面系統管理員部分才講的到！目前你只要學習 systemctl 當中與關機有關的部分即可。要注意，上面談到的 hAlt, poweroff, reboot, shutdown 等等，其實都是呼叫這個 systemctl 指令的喔！這個指令跟關機有關的語法如下：

```
[root@study ~]# systemctl [指令]
指令項目包括如下：
hAlt        進入系統停止的模式，螢幕可能會保留一些訊息，這與你的電源管理模式有關
poweroff    進入系統關機模式，直接關機沒有提供電力喔！
reboot      直接重新開機
suspend     進入休眠模式

[root@study ~]# systemctl reboot      # 系統重新開機
[root@study ~]# systemctl poweroff    # 系統關機
```

## 4.6　重點回顧

◆ 為了避免瞬間斷電造成的 Linux 系統危害，建議做為伺服器的 Linux 主機應該加上不斷電系統來持續提供穩定的電力。

◆ 養成良好的操作習慣，盡量不要使用 root 直接登入系統，應使用一般帳號登入系統，有需要再轉換身份。

◆ 可以透過『活動總覽』查看系統所有使用的軟體及快速啟用慣用軟體。

◆ 在 X 的環境下想要『強制』重新啟動 X 的組合按鍵為：『[alt]＋[ctrl]＋[backspace]』。

◆ 預設情況下，Linux 提供 tty1~tty6 的終端機介面。

◆ 在終端機環境中，可依據提示字元為$或#判斷為一般帳號或 root 帳號。

◆ 取得終端機支援的語系資料可下達『echo $LANG』或『locale』指令。

◆ date 可顯示日期、cal 可顯示日曆、bc 可以做為計算機軟體。

◆ 組合按鍵中，[tab] 按鍵可做為 (1) 命令補齊或 (2) 檔名補齊或 (3) 參數選項補齊，[ctrl]-[c] 可以中斷目前正在運作中的程式。

◆ Linux 系統上的英文大小寫為不同的資料。

◆ 線上說明系統有 man 及 info 兩個常見的指令。

- man page 說明後面的數字中，1 代表一般帳號可用指令，8 代表系統管理員常用指令，5 代表系統設定檔格式。

- info page 可將一份說明文件拆成多個節點 (node) 顯示，並具有類似超連結的功能，增加易讀性。

- 系統需正確的關機比較不容易損壞，可使用 shutdown, poweroff 等指令關機。

# 4.7 本章習題

**情境模擬題：**

我們在純文字介面，例如 tty2 裡面看到的歡迎畫面，就是在那個 login: 之前的畫面 (CentOS Linux 7 ...) 是怎麼來的？

- 目標：瞭解到終端機介面的歡迎訊息是怎麼來的？

- 前提：歡迎訊息的內容，是記錄到/etc/issue 當中的

- 需求：利用 man 找到該檔案當中的變數內容

情境模擬題的解決步驟：

1. 歡迎畫面是在 /etc/issue 檔案中，你可以使用『nano /etc/issue』看看該檔案的內容(注意，不要修改這個檔案內容，看完就離開)，這個檔案的內容有點像底下這樣：

```
\S
Kernel \r on an \m
```

2. 與 tty3 比較之下，發現到核心版本使用的是 \r 而硬體等級則是 \m 來取代，這兩者代表的意義為何？由於這個檔案的檔名是 issue，所以我們使用『man issue』來查閱這個檔案的格式。

3. 透過上一步的查詢我們會知道反斜線(\)後面接的字元是與 agetty(8)及 mingetty(8)有關，故進行『man agetty』這個指令的查詢。

4. 由於反斜線 (\) 的英文為『escape』因此在上個步驟的 man 環境中，你可以使用『/escape』來搜尋各反斜線後面所接字元所代表的意義為何。

5 請自行找出：如果我想要在/etc/issue 檔案內表示『時間 (locAltime)』與『tty 號碼(如 tty1, tty2 的號碼)』的話，應該要找到那個字元來表示 (透過反斜線的功能)？(答案為：\t 與 \l)

**簡答題部分：**

◆ 簡單的查詢一下，Physical console / Virtual console / Terminal 的說明為何？

◆ 請問如果我以文字模式登入 Linux 主機時，我有幾個終端機介面可以使用？如何切換各個不同的終端機介面？

◆ 在 Linux 系統中，/VBird 與 /vbird 是否為相同的檔案？

◆ 我想要知道 date 如何使用，應該如何查詢？

◆ 我想要在今天的 1:30 讓系統自己關機，要怎麼做？

◆ 如果我 Linux 的 X Window 突然發生問題而掛掉，但 Linux 本身還是好好的，那麼我可以按下哪三個按鍵來讓 X window 重新啟動？

◆ 我想要知道 2010 年 5 月 2 日是星期幾？該怎麼做？

◆ 使用 man date 然後找出顯示目前的日期與時間的參數，成為類似：2015/10/16-20:03。

◆ 若以 X-Window 為預設的登入方式，那請問如何進入 Virtual console 呢？

◆ 簡單說明在 bash shell 的環境下，[tab] 按鍵的用途？

◆ 如何強制中斷一個程式的進行？(利用按鍵，非利用 kill 指令)

◆ Linux 提供相當多的線上查詢，稱為 man page，請問，我如何知道系統上有多少關於 passwd 的說明？又，可以使用其他的程式來取代 man 的這個功能嗎？

◆ 在 man 的時候，man page 顯示的內容中，指令(或檔案)後面會接一組數字，這個數字若為 1, 5, 8 ，表示該查詢的指令(或檔案)意義為何？

◆ man page 顯示的內容的檔案是放置在哪些目錄中？

◆ 請問這一串指令『 foo1 -foo2 foo3 foo4 』中，各代表什麼意義？

◆ 當我輸入 man date 時，在我的終端機卻出現一些亂碼，請問可能的原因為何？如何修正？

◆ 我輸入這個指令『ls -al /vbird』，系統回覆我這個結果：『ls: /vbird: No such file or directory』 請問發生了什麼事？』

◆ 我想知道目前系統有多少指令是以 bz 為開頭的，可以怎麼做？

◆ 承上題，在出現的許多指令中，請問 bzip2 是幹嘛用的？

◆ 在終端機裡面登入後，看到的提示字元 $ 與 # 有何不同？平時操作應該使用哪一個？

◆ 我使用 dmtsai 這個帳號登入系統了，請問我能不能使用 reboot 來重新開機？若不能，請說明原因，若可以，請說明指令如何下達？

## 4.8　參考資料與延伸閱讀

　　為了讓 Linux 的視窗顯示效果更佳，很多團體開始發展桌面應用的環境，GNOME/KDE 都是。他們的目標就是發展出類似 Windows 桌面的一整套可以工作的桌面環境，它可以進行視窗的定位、放大、縮小、同時還提供很多的桌面應用軟體。底下是 KDE 與 GNOME 的相關連結：

http://www.kde.org/

http://www.gnome.org/

# 5

# Linux 的檔案權限與目錄配置

Linux 最優秀的地方之一就在於它的多人多工環境。而為了讓各個使用者具有較保密的檔案資料,因此檔案的權限管理就變的很重要了。Linux 一般將檔案可存取的身份分為三個類別,分別是 owner/group/others,且三種身份各有 read/write/execute 等權限。若管理不當,你的 Linux 主機將會變的很『不蘇湖!@_@』。另外,你如果首次接觸 Linux 的話,那麼,在 Linux 底下這麼多的目錄/檔案,到底每個目錄/檔案代表什麼意義呢?底下我們就來一一介紹呢!

# 5.1　使用者與群組

　　經過第四章的洗禮之後，你應該可以在 Linux 的指令列模式底下輸入指令了吧？接下來，當然是要讓你好好的瀏覽一下 Linux 系統裡面有哪些重要的檔案囉。不過，每個檔案都有相當多的屬性與權限，其中最重要的可能就是檔案的擁有者的概念了。所以，在開始檔案相關資訊的介紹前，鳥哥先就簡單的(1)使用者及(2)群組與(3)非本群組外的其他人等概念做個說明吧～好讓你快點進入狀況的哩！^_^

1. **檔案擁有者**

　　初次接觸 Linux 的朋友大概會覺得很怪異，怎麼『**Linux 有這麼多使用者，還分什麼群組，有什麼用？**』。這個『使用者與群組』的功能可是相當健全而好用的一個安全防護呢！怎麼說呢？由於 Linux 是個多人多工的系統，因此可能常常會有多人同時使用這部主機來進行工作的情況發生，為了考慮每個人的隱私權以及每個人喜好的工作環境，因此，這個『檔案擁有者』的角色就顯的相當的重要了！

　　例如當你將你的 e-mail 情書轉存成檔案之後，放在你自己的家目錄，你總不希望被其他人看見自己的情書吧？這個時候，你就把該檔案設定成『只有檔案擁有者，就是我，才能看與修改這個檔案的內容』，那麼即使其他人知道你有這個相當『有趣』的檔案，不過由於你有設定適當的權限，所以其他人自然也就無法知道該檔案的內容囉！

2. **群組概念**

　　那麼群組呢？為何要設定檔案還有所屬的群組？其實，**群組最有用的功能之一，就是當你在團隊開發資源的時候啦**！舉例來說，假設有兩組專題生在我的主機裡面，第一個專題組別為 projecta，裡面的成員有 class1, class2, class3 三個；第二個專題組別為 projectb，裡面的成員有 class4, class5, class6。這兩個專題之間是有競爭性質的，但卻要繳交同一份報告。每組的組員之間必須要能夠互相修改對方的資料，但是其他組的組員則不能看到本組自己的檔案內容，此時該如何是好？

　　在 Linux 底下這樣的限制是很簡單啦！我可以經由簡易的檔案權限設定，就能限制非自己團隊(亦即是群組囉) 的其他人不能夠閱覽內容囉！而且亦可以讓自己的團隊成員可以修改我所建立的檔案！同時，如果我自己還有私人隱密的文件，仍然可以設定成讓自己的團隊成員也看不到我的檔案資料。很方便吧！

　　另外，如果 teacher 這個帳號是 projecta 與 projectb 這兩個專題的老師，他想要同時觀察兩者的進度，因此需要能夠進入這兩個群組的權限時，你可以設定 teacher 這個帳號，『同時支援 projecta 與 projectb 這兩個群組！』，也就是說：**每個帳號都可以有多個群組的支援呢**！

這樣說或許你還不容易理解這個使用者與群組的關係吧？沒關係，我們可以使用目前『家庭』的觀念來進行解說喔！假設有一家人，家裡只有三兄弟，分別是王大毛、王二毛與王三毛三個人，而這個家庭是登記在王大毛的名下的！所以，『王大毛家有三個人，分別是王大毛、王二毛與王三毛』，而且這三個人都有自己的房間，並且共同擁有一個客廳喔！

- ■ **使用者的意義**：由於王家三人各自擁有自己的房間，所以，王二毛雖然可以進入王三毛的房間，但是二毛不能翻三毛的抽屜喔！那樣會被三毛 K 的！因為抽屜裡面可能有三毛自己私人的東西，例如情書啦，日記啦等等的，這是『私人的空間』，所以當然不能讓二毛拿囉！

- ■ **群組的概念**：由於共同擁有客廳，所以王家三兄弟可以在客廳打開電視機啦、翻閱報紙啦、坐在沙發上面發呆啦等等的！反正，只要是在客廳的玩意兒，三兄弟都可以使用喔！因為大家都是一家人嘛！

這樣說來應該有點曉得了喔！那個『王大毛家』就是所謂的『群組』囉，至於三兄弟就是分別為三個『使用者』，而這三個使用者是在同一個群組裡面的喔！而三個使用者雖然在同一群組內，但是我們可以設定『權限』，好讓某些使用者個人的資訊不被群組的擁有者查詢，以保有個人『私人的空間』啦！而設定群組共享，則可讓大家共同分享喔！

3. **其他人的概念**

好了，那麼今天又有個人，叫做張小豬，他是張小豬家的人，與王家沒有關係啦！這個時候，除非王家認識張小豬，然後開門讓張小豬進來王家，否則張小豬永遠沒有辦法進入王家，更不要說進到王三毛的房間啦！不過，如果張小豬透過關係認識了三毛，並且跟王三毛成為好朋友，那麼張小豬就可以透過三毛進入王家啦！呵呵！沒錯！那個張小豬就是所謂的『其他人，Others』囉！

因此，我們就可以知道啦，在 Linux 裡面，任何一個檔案都具有『User, Group 及 Others』三種身份的個別權限，我們可以將上面的說明以底下的圖示來解釋：

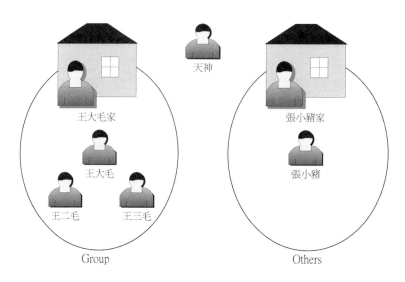

圖 5.1.1 每個檔案的擁有者、群組與 others 的示意圖

我們以王三毛為例，王三毛這個『檔案』的擁有者為王三毛，他屬於王大毛這個群組，而張小豬相對於王三毛，則只是一個『其他人(others)』而已。

不過，這裡有個特殊的人物要來介紹的，那就是『萬能的天神』！這個天神具有無限的神力，所以他可以到達任何他想要去的地方，呵呵！那個人在 Linux 系統中的身份代號是『root』啦！所以要小心喔！**那個 root 可是『萬能的天神』喔！**

無論如何，『使用者身份』，與該使用者所支援的『群組』概念，在 Linux 的世界裡面是相當重要的，它可以幫助你讓你的多工 Linux 環境變的更容易管理！更詳細的 『身份與群組』設定，我們將在第十三章、帳號管理再進行解說。底下我們將針對檔案系統與檔案權限來進行說明。

現在 (2015 年) 鳥哥常以台灣地區常見的社群網站 Facebook 或者是 Google+ 作為解釋。(1)你在 FB 註冊一個帳號，這個帳號可以疊代對比為 Linux 的帳號，(2)你可以新增一個社團，這個社團的隱私權是可以由你自己指定的！看是要公開還是要隱藏。這就可以疊代為 Linux 的群組概念，這個群組的權限可以自己設定。(3)那麼其他在 FB 註冊的人，沒有加入你的社團，他就是 Linux 上所謂的『其他人』！最後，在 FB 上面的每一條留言，就可以想成 Linux 底下的『檔案』囉！

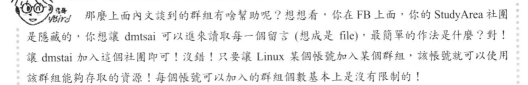

那麼上面內文談到的群組有啥幫助呢？想想看，你在 FB 上面，你的 StudyArea 社團 是隱藏的，你想讓 dmtsai 可以進來讀取每一個留言 (想成是 file)，最簡單的作法是什麼？對！ 讓 dmstai 加入這個社團即可！沒錯！只要讓 Linux 某個帳號加入某個群組，該帳號就可以使用 該群組能夠存取的資源！每個帳號可以加入的群組個數基本上是沒有限制的！

◆ **Linux 使用者身份與群組記錄的檔案**

在我們 Linux 系統當中，預設的情況下，所有的系統上的帳號與一般身份使用者，還有 那個 root 的相關資訊，都是記錄在 /etc/passwd 這個檔案內的。至於個人的密碼則是記 錄在 /etc/shadow 這個檔案下。此外，Linux 所有的群組名稱都紀錄在 /etc/group 內！這 三個檔案可以說是 Linux 系統裡面帳號、密碼、群組資訊的集中地囉！不要隨便刪除這 三個檔案啊！ ^_^

至於更多的與帳號群組有關的設定，還有這三個檔案的格式，不要急，我們在第十三章 的帳號管理時，會再跟大家詳細的介紹的！這裡先有概念即可。

# 5.2 Linux 檔案權限概念

大致瞭解了 Linux 的使用者與群組之後，接著下來，我們要來談一談，這個檔案的權限 要如何針對這些所謂的『使用者』與『群組』來設定呢？這個部分是相當重要的，尤其對於 初學者來說，因為檔案的權限與屬性是學習 Linux 的一個相當重要的關卡，如果沒有這部分 的概念，那麼你將老是聽不懂別人在講什麼呢！尤其是當你在你的螢幕前面出現了 『Permission deny』的時候，不要擔心，『肯定是權限設定錯誤』啦！呵呵！好了，閒話不 多聊，趕快來瞧一瞧先。

## 5.2.1 Linux 檔案屬性

嗯！既然要讓你瞭解 Linux 的檔案屬性，那麼有個重要的也是常用的指令就必須要先跟 你說囉！那一個？就是『 ls 』這一個查看檔案的指令囉！在你以 dmtsai 登入系統，然後使用 su - 切換身份成為 root 後，下達『 ls -al 』看看，會看到底下的幾個東東：

```
[dmtsai@study ~]$ su -    # 先來切換一下身份看看
Password:
Last login: Tue Jun  2 19:32:31 CST 2015 on tty2
[root@study ~]# ls -al
total 48
dr-xr-x---.  5   root     root    4096  May 29 16:08  .
```

```
dr-xr-xr-x. 17     root     root     4096    May   4 17:56 ..
-rw-------.  1     root     root     1816    May   4 17:57 anaconda-ks.cfg
-rw-------.  1     root     root      927    Jun   2 11:27 .bash_history
-rw-r--r--.  1     root     root       18    Dec  29  2013 .bash_logout
-rw-r--r--.  1     root     root      176    Dec  29  2013 .bash_profile
-rw-r--r--.  1     root     root      176    Dec  29  2013 .bashrc
drwxr-xr-x.  3     root     root       17    May   6 00:14 .config         <=範例說明處
drwx------.  3     root     root       24    May   4 17:59 .dbus
-rw-r--r--.  1     root     root     1864    May   4 18:01 initial-setup-ks.cfg <=範例說明處
[    1    ][  2  ][   3   ][  4  ][   5   ][    6    ][        7         ]
[  權限   ][連結][擁有者][群組][檔案容量][ 修改日期 ][      檔名        ]
```

由於本章後續的 chgrp, chown 等指令可能都需要使用 root 的身份才能夠處理,所以這裡建議你以 root 的身份來學習!要注意的是,我們還是不建議你直接使用 root 登入系統,建議使用 su - 這個指令來切換身份喔!離開 su - 則使用 exit 回到 dmtsai 的身份即可!

ls 是『list』的意思,重點在顯示檔案的檔名與相關屬性。而選項『-al』則表示列出所有的檔案詳細的權限與屬性 (包含隱藏檔,就是檔名第一個字元為『 . 』的檔案)。如上所示,在你第一次以 root 身份登入 Linux 時,如果你輸入上述指令後,應該有上列的幾個東西,先解釋一下上面七個欄位個別的意思:

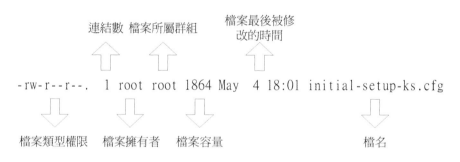

圖 5.2.1　檔案屬性的示意圖

◆ **第一欄代表這個檔案的類型與權限 (permission)**

這個地方最需要注意了!仔細看的話,你應該可以發現這一欄其實共有十個字元:(圖 5.2.1 及圖 5.2.2 內的權限並無關係)

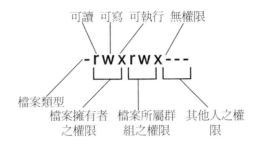

圖 5.2.2　檔案的類型與權限之內容

- 第一個字元代表這個檔案是『**目錄、檔案或連結檔**等等』。

  □ 當為 [ d ] 則是目錄，例如上表檔名為『.config』的那一行。

  □ 當為 [ - ] 則是檔案，例如上表檔名為『initial-setup-ks.cfg』那一行。

  □ 若是 [ l ] 則表示為連結檔 (link file)。

  □ 若是 [ b ] 則表示為裝置檔裡面的可供儲存的周邊設備 (可隨機存取裝置)。

  □ 若是 [ c ] 則表示為裝置檔裡面的序列埠設備，例如鍵盤、滑鼠 (一次性讀取裝置)。

- 接下來的字元中，以三個為一組，且均為『**rwx**』的三個參數的組合。其中，[ r ] 代表可讀 (read)、[ w ] 代表可寫 (write)、[ x ] 代表可執行 (execute)。要注意的是，這三個權限的位置不會改變，如果沒有權限，就會出現減號 [ - ] 而已。

  □ 第一組為『**檔案擁有者可具備的權限**』，以『initial-setup-ks.cfg』那個檔案為例，該檔案的擁有者可以讀寫，但不可執行。

  □ 第二組為『**加入此群組之帳號的權限**』。

  □ 第三組為『**非本人且沒有加入本群組之其他帳號的權限**』。

> 請你特別注意喔！不論是哪一組權限，基本上，都是『針對某些帳號來設計的權限』喔！以群組來說，它規範的是『加入這個群組的帳號具有什麼樣的權限』之意，以學校社團為例，假設學校有個童軍社的社團辦公室，『加入童軍社的同學就可以進出社辦』，主角是『學生 (帳號)』而不是童軍社本身喔！這樣可以理解嗎？

### 例題

若有一個檔案的類型與權限資料為『-rwxr-xr--』，請說明其意義為何？

**答：**先將整個類型與權限資料分開查閱，並將十個字元整理成為如下所示：

```
[-][rwx][r-x][r--]
 1  234  567  890
```

1 為：代表這個檔名為目錄或檔案，本例中為檔案(-)。

234 為：擁有者的權限，本例中為可讀、可寫、可執行(rwx)。

567 為：同群組使用者權限，本例中為可讀可執行(rx)。

890 為：其他使用者權限，本例中為可讀(r)，就是唯讀之意。

同時注意到，rwx 所在的位置是不會改變的，有該權限就會顯示字元，沒有該權限就變成減號 (-) 就是了。

另外，目錄與檔案的權限意義並不相同，這是因為目錄與檔案所記錄的資料內容不相同所致。由於目錄與檔案的權限意義非常的重要，所以鳥哥將它獨立到 5.2.3 節中的目錄與檔案之權限意義中再來談。

◆ **第二欄表示有多少檔名連結到此節點 (i-node)**

每個檔案都會將它的權限與屬性記錄到檔案系統的 i-node 中，不過，我們使用的目錄樹卻是使用檔名來記錄，因此每個檔名就會連結到一個 i-node 囉！這個屬性記錄的，就是有多少不同的檔名連結到相同的一個 i-node 號碼去就是了。關於 i-node 的相關資料我們會在第七章談到檔案系統時再加強介紹的。

◆ **第三欄表示這個檔案 (或目錄) 的『擁有者帳號』**

◆ **第四欄表示這個檔案的所屬群組**

在 Linux 系統下，你的帳號會加入於一個或多個的群組中。舉剛剛我們提到的例子，class1, class2, class3 均屬於 projecta 這個群組，假設某個檔案所屬的群組為 projecta，且該檔案的權限如圖 5.2.2 所示 (-rwxrwx---)，則 class1, class2, class3 三人對於該檔案都具有可讀、可寫、可執行的權限 (看群組權限)。但如果是不屬於 projecta 的其他帳號，對於此檔案就不具有任何權限了。

◆ **第五欄為這個檔案的容量大小，預設單位為 bytes**

◆ **第六欄為這個檔案的建檔日期或者是最近的修改日期**

這一欄的內容分別為日期 (月/日) 及時間。如果這個檔案被修改的時間距離現在太久了，那麼時間部分會僅顯示年份而已。如下所示：

```
[root@study ~]# ll /etc/services /root/initial-setup-ks.cfg
-rw-r--r--. 1 root root 670293 Jun  7  2013 /etc/services
-rw-r--r--. 1 root root   1864 May  4 18:01 /root/initial-setup-ks.cfg
# 如上所示，/etc/services 為 2013 年所修改過的檔案，離現在太遠之故，所以只顯示年份；
# 至於 /root/initial-setup-ks.cfg 是今年 (2015) 所建立的，所以就顯示完整的時間了。
```

如果想要顯示完整的時間格式，可以利用 ls 的選項，亦即：『ls -l --full-time』就能夠顯示出完整的時間格式了！包括年、月、日、時間喔！另外，如果你當初是以繁體中文安裝你的 Linux 系統，那麼日期欄位將會以中文來顯示。可惜的是，**中文並沒有辦法在純文字的終端機模式中正確的顯示，所以此欄會變成亂碼。**那你就得要使用『export LC_ALL=en_US.utf8』來修改語系喔！

如果想要讓系統預設的語系變成英文的話，那麼你可以修改系統設定檔『/etc/locale.conf』，利用第四章談到的 nano 來修改該檔案的內容，使 LANG 這個變數成為上述的內容即可。

◆ **第七欄為這個檔案的檔名**

這個欄位就是檔名了。比較特殊的是：**如果檔名之前多一個『.』，則代表這個檔案為『隱藏檔』**，例如上表中的.config 那一行，該檔案就是隱藏檔。你可以使用『ls』及『ls -a』這兩個指令去感受一下什麼是隱藏檔囉！

> 對於更詳細的 ls 用法，還記得怎麼查詢嗎？對啦！使用 ls --help 或 man ls 或 info ls 去看看它的基礎用法去！自我進修是很重要的，因為『師傅帶進門，修行看個人！』，自古只有天才學生，沒有明星老師呦！加油吧！^_^

這七個欄位的意義是很重要的！務必清楚的知道各個欄位代表的意義！尤其是第一個欄位的九個權限，那是整個 Linux 檔案權限的重點之一。底下我們來做幾個簡單的練習，你就會比較清楚囉！

**例題**

假設 test1, test2, test3 同屬於 testgroup 這個群組，如果有下面的兩個檔案，請說明兩個檔案的擁有者與其相關的權限為何？

```
-rw-r--r--  1 root      root        238 Jun 18 17:22 test.txt
-rwxr-xr--  1 test1     testgroup  5238 Jun 19 10:25 ping_tsai
```

**答：**◆ 檔案 test.txt 的擁有者為 root，所屬群組為 root。至於權限方面則只有 root 這個帳號可以存取此檔案，其他人則僅能讀此檔案。

◆ 另一個檔案 ping_tsai 的擁有者為 test1，而所屬群組為 testgroup。其中：

■ test1 可以針對此檔案具有可讀可寫可執行的權力。

■ 而同群組的 test2, test3 兩個人與 test1 同樣是 testgroup 的群組帳號，則僅可讀可執行但不能寫 (亦即不能修改)。

■ 至於沒有加入 testgroup 這一個群組的其他人則僅可以讀，不能寫也不能執行！

例題

承上一題如果我的目錄為底下的樣式，請問 testgroup 這個群組的成員與其他人 (others) 是否可以進入本目錄？

```
drwxr-xr--   1 test1    testgroup    5238 Jun 19 10:25 groups/
```

答：◆ 檔案擁有者 test1[rwx]可以在本目錄中進行任何工作。

◆ 而 testgroup 這個群組[r-x]的帳號，例如 test2, test3 亦可以進入本目錄進行工作，但是不能在本目錄下進行寫入的動作。

◆ 至於 other 的權限中[r--]雖然有 r ，但是由於沒有 x 的權限，因此 others 的使用者，並不能進入此目錄！

◆ **Linux 檔案權限的重要性**

與 Windows 系統不一樣的是，在 Linux 系統當中，每一個檔案都多加了很多的屬性進來，尤其是群組的概念，這樣有什麼用途呢？其實，最大的用途是在『資料安全性』上面的。

■ **系統保護的功能**

舉個簡單的例子，在你的系統中，關於系統服務的檔案通常只有 root 才能讀寫或者是執行，例如 /etc/shadow 這一個帳號管理的檔案，由於該檔案記錄了你系統中所有帳號的資料，因此是很重要的一個設定檔，當然不能讓任何人讀取 (否則密碼會被竊取啊)，只有 root 才能夠來讀取囉！所以該檔案的權限就會成為 [ ---------- ] 囉！咦！所有人都不能使用？沒關係，root 基本上是不受系統的權限所限制的，所以無論檔案權限為何，預設 root 都可以存取喔！

■ **團隊開發軟體或資料共用的功能**

此外，如果你有一個軟體開發團隊，在你的團隊中，你希望每個人都可以使用某一些目錄下的檔案，而非你的團隊的其他人則不予以開放呢？以上面的例子來說，testgroup 的團隊共有三個人，分別是 test1, test2, test3，那麼我就可以將團隊所需的檔案權限訂為 [ -rwxrws--- ] 來提供給 testgroup 的工作團隊使用囉！(怎麼會有 s 呢？沒關係，這個我們在後續章節再講給你聽！)

■ **未將權限設定妥當的危害**

再舉個例子來說，如果你的目錄權限沒有作好的話，可能造成其他人都可以在你的系統上面亂搞囉！例如本來只有 root 才能做的開關機、ADSL 的撥接程式、新增或刪除使用者等等的指令，若被你改成任何人都可以執行的話，那麼如果使用者不小心給你重新開機啦！重新撥接啦！等等！那麼你的系統不就會常常莫名其妙的掛掉囉！而且萬一你的使用者的密碼被其他不明人士取得的話，只要他登入你的系統就可以輕而易舉的執行一些 root 的工作！

可怕吧！因此，**在你修改你的 linux 檔案與目錄的屬性之前，一定要先搞清楚，什麼資料是可變的**，什麼是不可變的！千萬注意囉！接下來我們來處理一下檔案屬性與權限的變更吧！

## 5.2.2 如何改變檔案屬性與權限？

我們現在知道檔案權限對於一個系統的安全重要性了，也知道檔案的權限對於使用者與群組的相關性，那麼如何修改一個檔案的屬性與權限呢？又！有多少檔案的權限我們可以修改呢？其實一個檔案的屬性與權限有很多！我們先介紹幾個常用於群組、擁有者、各種身份的權限之修改的指令，如下所示：

- chgrp ：改變檔案所屬群組
- chown ：改變檔案擁有者
- chmod ：改變檔案的權限, SUID, SGID, SBIT 等等的特性

◆ **改變所屬群組, chgrp**

改變一個檔案的群組真是很簡單的，直接以 chgrp 來改變即可，咦！這個指令就是 change group 的縮寫嘛！這樣就很好記了吧！^_^ 不過，請記得，要被改變的群組名稱必須要在 /etc/group 檔案內存在才行，否則就會顯示錯誤！

假設你已經是 root 的身份了，那麼在你的家目錄內有一個名為 initial-setup-ks.cfg 的檔案，如何將該檔案的群組改變一下呢？假設你已經知道在 /etc/group 裡面已經存在一個名為 users 的群組，但是 testing 這個群組名字就不存在 /etc/group 當中了，此時改變群組成為 users 與 testing 分別會有什麼現象發生呢？

```
[root@study ~]# chgrp [-R] dirname/filename ...
選項與參數：
-R : 進行遞迴(recursive)的持續變更，亦即連同次目錄下的所有檔案、目錄
     都更新成為這個群組之意。常常用在變更某一目錄內所有的檔案之情況。
範例：
[root@study ~]# chgrp users initial-setup-ks.cfg
[root@study ~]# ls -l
-rw-r--r--. 1 root users 1864 May  4 18:01 initial-setup-ks.cfg
[root@study ~]# chgrp testing initial-setup-ks.cfg
chgrp: invalid group:  `testing' <== 發生錯誤訊息囉～找不到這個群組名～
```

發現了嗎？檔案的群組被改成 users 了，但是要改成 testing 的時候，就會發生錯誤～注意喔！發生錯誤訊息還是要努力的查一查錯誤訊息的內容才好！將它英文翻譯成為中文，就知道問題出在哪裡了。

- **改變檔案擁有者, chown**

  如何改變一個檔案的擁有者呢？很簡單呀！既然改變群組是 change group，那麼改變擁有者就是 change owner 囉！BINGO！那就是 chown 這個指令的用途，要注意的是，使用者必須是已經存在系統中的帳號，也就是在/etc/passwd 這個檔案中有紀錄的使用者名稱才能改變。

  chown 的用途還滿多的，它還可以順便直接修改群組的名稱呢！此外，**如果要連目錄下的所有次目錄或檔案同時更改檔案擁有者的話，直接加上 -R 的選項即可**！我們來看看語法與範例：

```
[root@study ~]# chown [-R] 帳號名稱 檔案或目錄
[root@study ~]# chown [-R] 帳號名稱:群組名稱 檔案或目錄
選項與參數：
-R : 進行遞迴(recursive)的持續變更，亦即連同次目錄下的所有檔案都變更

範例：將 initial-setup-ks.cfg 的擁有者改為bin這個帳號：
[root@study ~]# chown bin initial-setup-ks.cfg
[root@study ~]# ls -l
-rw-r--r--. 1 bin  users 1864 May  4 18:01 initial-setup-ks.cfg

範例：將 initial-setup-ks.cfg 的擁有者與群組改回為root：
[root@study ~]# chown root:root initial-setup-ks.cfg
[root@study ~]# ls -l
-rw-r--r--. 1 root root 1864 May  4 18:01 initial-setup-ks.cfg
```

　　事實上，chown 也可以使用『chown user.group file』，亦即在擁有者與群組間加上小數點『.』也行！不過很多朋友設定帳號時，喜歡在帳號當中加入小數點 (例如 vbird.tsai 這樣的帳號格式)，這就會造成系統的誤判了！所以我們比較建議使用冒號『:』來隔開擁有者與群組啦！此外，chown 也能單純的修改所屬群組呢！例如『chown .sshd initial-setup-ks.cfg』就是修改群組～看到了嗎？就是那個小數點的用途！

知道如何改變檔案的群組與擁有者了，那麼什麼時候要使用 chown 或 chgrp 呢？或許你會覺得奇怪吧？是的，確實有時候需要變更檔案的擁有者的，最常見的例子就是在複製檔案給你之外的其他人時，我們使用最簡單的 cp 指令來說明好了：

```
[root@study ~]# cp 來源檔案 目的檔案
```

假設你今天要將.bashrc 這個檔案拷貝成為.bashrc_test 檔名，且是要給 bin 這個人，你可以這樣做：

```
[root@study ~]# cp .bashrc .bashrc_test
[root@study ~]# ls -al .bashrc*
-rw-r--r--. 1 root root 176 Dec 29  2013 .bashrc
-rw-r--r--. 1 root root 176 Jun  3 00:04 .bashrc_test     <==新檔案的屬性沒變
```

由於複製行為 (cp) 會複製執行者的屬性與權限，所以！怎麼辦？.bashrc_test 還是屬於 root 所擁有，如此一來，即使你將檔案拿給 bin 這個使用者了，但他仍然無法修改 (看屬性/權限就知道了吧)，所以你就必須要將這個檔案的擁有者與群組修改一下囉！知道如何修改了吧？

◆ **改變權限, chmod**

檔案權限的改變使用的是 chmod 這個指令，但是，權限的設定方法有兩種，分別可以使用數字或者是符號來進行權限的變更。我們就來談一談：

■ **數字類型改變檔案權限**

Linux 檔案的基本權限就有九個，分別是 owner/group/others 三種身份各有自己的 read/write/execute 權限，先複習一下剛剛上面提到的資料：檔案的權限字元為：『-rwxrwxrwx』，這九個權限是三個三個一組的！其中，我們可以使用數字來代表各個權限，各權限的分數對照表如下：

r:4

w:2

x:1

每種身份 (owner/group/others) 各自的三個權限 (r/w/x) 分數是需要累加的，例如當權限為：[-rwxrwx---] 分數則是：

```
owner = rwx = 4+2+1 = 7
group = rwx = 4+2+1 = 7
others= --- = 0+0+0 = 0
```

所以等一下我們設定權限的變更時，該檔案的權限數字就是 770 啦！變更權限的指令 chmod 的語法是這樣的：

```
[root@study ~]# chmod [-R] xyz 檔案或目錄
選項與參數：
xyz : 就是剛剛提到的數字類型的權限屬性，為 rwx 屬性數值的相加。
-R : 進行遞迴(recursive)的持續變更，亦即連同次目錄下的所有檔案都會變更
```

舉例來說，如果要將.bashrc 這個檔案所有的權限都設定啟用，那麼就下達：

```
[root@study ~]# ls -al .bashrc
-rw-r--r--. 1 root root 176 Dec 29  2013 .bashrc
[root@study ~]# chmod 777 .bashrc
[root@study ~]# ls -al .bashrc
-rwxrwxrwx. 1 root root 176 Dec 29  2013 .bashrc
```

那如果要將權限變成『-rwxr-xr--』呢？那麼權限的分數就成為 [4+2+1][4+0+1][4+0+0]=754 囉！所以你需要下達『 chmod 754 filename』。另外，在實際的系統運作中最常發生的一個問題就是，常常我們以 vim 編輯一個 shell 的文字批次檔後，它的權限通常是 -rw-rw-r-- 也就是 664，如果要將該檔案變成可執行檔，並且不要讓其他人修改此一檔案的話，那麼就需要-rwxr-xr-x 這樣的權限，此時就得要下達：『 chmod 755 test.sh 』的指令囉！

另外，如果有些檔案你不希望被其他人看到，那麼應該將檔案的權限設定為例如：『-rwxr-----』，那就下達『chmod 740 filename』吧！

**例題**

將剛剛你的.bashrc 這個檔案的權限修改回-rw-r--r--的情況吧！

**答：**-rw-r--r--的分數是 644，所以指令為：

chmod 644 .bashrc

■ **符號類型改變檔案權限**

還有一個改變權限的方法呦！從之前的介紹中我們可以發現，基本上就九個權限分別是 (1)user (2)group (3)others 三種身份啦！那麼我們就可以藉由 u, g, o 來代表三種身份的權限！此外，a 則代表 all 亦即全部的身份！那麼讀寫的權限就可以寫成 r, w, x 囉！也就是可以使用底下的方式來看：

| chmod | u<br>g<br>o<br>a | +(加入)<br>-(除去)<br>=(設定) | r<br>w<br>x | 檔案或目錄 |
|---|---|---|---|---|

來實作一下吧！假如我們要『設定』一個檔案的權限成為『-rwxr-xr-x』時，基本上就是：

☐　user (u)：具有可讀、可寫、可執行的權限。

☐　group 與 others (g/o)：具有可讀與執行的權限。

所以就是：

```
[root@study ~]# chmod  u=rwx,go=rx  .bashrc
# 注意喔！那個 u=rwx,go=rx 是連在一起的，中間並沒有任何空白字元！
[root@study ~]# ls -al .bashrc
-rwxr-xr-x. 1 root root 176 Dec 29  2013 .bashrc
```

那麼假如是『 -rwxr-xr-- 』這樣的權限呢？可以使用『 chmod u=rwx,g=rx,o=r filename 』來設定。此外，如果我不知道原先的檔案屬性，而我只想要增加.bashrc 這個檔案的每個人均可寫入的權限，那麼我就可以使用：

```
[root@study ~]# ls -al .bashrc
-rwxr-xr-x. 1 root root 176 Dec 29  2013 .bashrc
[root@study ~]# chmod  a+w  .bashrc
[root@study ~]# ls -al .bashrc
-rwxrwxrwx. 1 root root 176 Dec 29  2013 .bashrc
```

而如果是要將權限去掉而不更動其他已存在的權限呢？例如要拿掉全部人的可執行權限，則：

```
[root@study ~]# chmod  a-x  .bashrc
[root@study ~]# ls -al .bashrc
-rw-rw-rw-. 1 root root 176 Dec 29  2013 .bashrc
[root@study ~]# chmod 644 .bashrc  # 測試完畢得要改回來喔！
```

知道 +, -, = 的不同點了嗎？對啦！+ 與 - 的狀態下，只要是沒有指定到的項目，則該權限『不會被變動』，例如上面的例子中，由於僅以 - 拿掉 x 則其他兩個保持當時的值不變！多多實作一下，你就會知道如何改變權限囉！這在某些情況底下很好用的～舉例來說，你想要教一個朋友如何讓一個程式可以擁有執行的權限，但你又不知道該檔案原本的權限為何，此時，利用『chmod a+x filename』，就可以讓該程式擁有執行的權限了。是否很方便？

## 5.2.3 目錄與檔案之權限意義

現在我們知道了 Linux 系統內檔案的三種身份 (擁有者、群組與其他人)，知道每種身份都有三種權限 (rwx)，已知道能夠使用 chown, chgrp, chmod 去修改這些權限與屬性，當然，利用 ls -l 去觀察檔案也沒問題。前兩小節也談到了這些檔案權限對於資料安全的重要性。那麼，這些檔案權限對於一般檔案與目錄檔案有何不同呢？有大大的不同啊！底下就讓鳥哥來說清楚，講明白！

◆ **權限對檔案的重要性**

檔案是實際含有資料的地方，包括一般文字檔、資料庫內容檔、二進位可執行檔 (binary program) 等等。因此，權限對於檔案來說，它的意義是這樣的：

- ■ r (read)：可讀取此一檔案的實際內容，如讀取文字檔的文字內容等。

- ■ w (write)：可以編輯、新增或者是修改該檔案的內容 (但不含刪除該檔案)。

- ■ x (eXecute)：該檔案具有可以被系統執行的權限。

那個可讀(r)代表讀取檔案內容是還好瞭解，那麼可執行(x)呢？這裡你就必須要小心啦！因為在 Windows 底下一個檔案是否具有執行的能力是藉由『**副檔名**』來判斷的，例如：.exe, .bat, .com 等等，但是在 Linux 底下，**我們的檔案是否能被執行，則是藉由是否具有『x』這個權限來決定的！跟檔名是沒有絕對的關係的！**

至於最後一個 w 這個權限呢？當你對一個檔案具有 w 權限時，你可以具有寫入/編輯/新增/修改檔案的內容的權限，**但並不具備有刪除該檔案本身的權限！**對於檔案的 rwx 來說，主要都是針對『檔案的內容』而言，與檔案檔名的存在與否沒有關係喔！因為檔案記錄的是實際的資料嘛！

◆ **權限對目錄的重要性**

檔案是存放實際資料的所在，那麼目錄主要是儲存啥玩意啊？**目錄主要的內容在記錄檔名清單，檔名與目錄有強烈的關連啦！**所以如果是針對目錄時，那個 r, w, x 對目錄是什麼意義呢？

- ■ r (read contents in directory)

  表示具有讀取目錄結構清單的權限，所以當你具有讀取(r)一個目錄的權限時，表示你可以查詢該目錄下的檔名資料。所以你就可以利用 ls 這個指令將該目錄的內容列表顯示出來！

- ■ w (modify contents of directory)

  這個可寫入的權限對目錄來說，是很了不起的！**因為它表示你具有異動該目錄結構清單的權限**，也就是底下這些權限：

- □ 建立新的檔案與目錄
- □ 刪除已經存在的檔案與目錄 (不論該檔案的權限為何！)
- □ 將已存在的檔案或目錄進行更名
- □ 搬移該目錄內的檔案、目錄位置

**總之，目錄的 w 權限就與該目錄底下的檔名異動有關就對了啦！**

- ■ x (access directory)

咦！目錄的執行權限有啥用途啊？目錄只是記錄檔名而已，總不能拿來執行吧？沒錯！目錄不可以被執行，**目錄的 x 代表的是使用者能否進入該目錄成為工作目錄**的用途！所謂的工作目錄 (work directory) 就是你目前所在的目錄啦！舉例來說，當你登入 Linux 時，你所在的家目錄就是你當下的工作目錄。而變換目錄的指令是『cd』(change directory) 囉！

上面的東西這麼說，也太條列式～太教條了～有沒有清晰一點的說明啊？好～讓我們來思考一下人類社會使用的東西好了！現在假設『檔案是一堆文件資料夾』，所以你可能可以在上面寫/改一些資料。而『目錄是一堆抽屜』，因此你可以將資料夾分類放置到不同的抽屜去。因此抽屜最大的目的是拿出/放入資料夾喔！現在讓我們彙整一下資料：

| 元件 | 內容 | 疊代物件 | r | w | x |
|------|------|----------|---|---|---|
| 檔案 | 詳細資料 data | 文件資料夾 | 讀到文件內容 | 修改文件內容 | 執行文件內容 |
| 目錄 | 檔名 | 可分類抽屜 | 讀到檔名 | 修改檔名 | 進入該目錄的權限 (key) |

根據上述的分析，你可以看到，對一般檔案來說，rwx 主要是針對『檔案的內容』來設計權限，對目錄來說，rwx 則是針對『目錄內的檔名列表』來設計權限。其中最有趣的大概就屬目錄的 x 權限了！『檔名怎麼執行』？沒道理嘛！其實，這個 x 權限設計，就相當於『該目錄，也就是該抽屜的 "鑰匙" 』啦！沒有鑰匙你怎麼能夠打開抽屜呢？對吧！

大致的目錄權限概念是這樣，底下我們來看幾個範例，讓你瞭解一下啥是目錄的權限囉！

**例題**

有個目錄的權限如下所示：

```
drwxr--r-- 3 root root 4096 Jun 25 08:35 .ssh
```

系統有個帳號名稱為 vbird，這個帳號並沒有支援 root 群組，請問 vbird 對這個目錄有何權限？是否可切換到此目錄中？

答：vbird 對此目錄僅具有 r 的權限，因此 vbird 可以查詢此目錄下的檔名列表。因為 vbird 不具有 x 的權限，亦即 vbird 沒有這個抽屜的鑰匙啦！因此 vbird 並不能切換到此目錄內！(相當重要的概念！)

上面這個例題中因為 vbird 具有 r 的權限，因為是 r 乍看之下好像就具有可以進入此目錄的權限，其實那是錯的。能不能進入某一個目錄，只與該目錄的 x 權限有關啦！此外，工作目錄對於指令的執行是非常重要的，**如果你在某目錄下不具有 x 的權限，那麼你就無法切換到該目錄下，也就無法執行該目錄下的任何指令，即使你具有該目錄的 r 或 w 的權限。**

很多朋友在架設網站的時候都會卡在一些權限的設定上，他們開放目錄資料給網際網路的任何人來瀏覽，卻只開放 r 的權限，如上面的範例所示那樣，那樣的結果就是導致網站伺服器軟體無法到該目錄下讀取檔案 (最多只能看到檔名)，最終用戶總是無法正確的查閱到檔案的內容(顯示權限不足啊！)。要注意 **要開放目錄給任何人瀏覽時，應該至少也要給予 r 及 x 的權限，但 w 權限不可隨便給！** 為什麼 w 不能隨便給，我們來看下一個例子：

**例題**

假設有個帳號名稱為 dmtsai，他的家目錄在 /home/dmtsai/，dmtsai 對此目錄具有[rwx]的權限。若在此目錄下有個名為 the_root.data 的檔案，該檔案的權限如下：

```
-rwx------  1 root  root  4365 Sep 19 23:20  the_root.data
```

請問 dmtsai 對此檔案的權限為何？可否刪除此檔案？

答：如上所示，由於 dmtsai 對此檔案來說是『others』的身份，因此這個檔案他無法讀、無法編輯也無法執行，也就是說，他無法變動這個檔案的內容就是了。

但是由於這個檔案在他的家目錄下，他在此目錄下具有 rwx 的完整權限，因此對於 the_root.data 這個『檔名』來說，他是能夠『刪除』的！結論就是，dmtsai 這個用戶能夠刪除 the_root.data 這個檔案！

上述的例子解釋是這樣的，假設有個莫名其妙的人，拿著一個完全密封的資料夾放到你的辦公室抽屜中，因為完全密封你也打不開、看不到這個資料夾的內部資料(對檔案來說，你沒有權限)。但是因為這個資料夾是放在你的抽屜中，你當然可以拿出/放入任何資料在這個抽屜中 (對目錄來說，你具有所有權限)。所以，情況就是：你打開抽屜、拿出這個沒辦法看到的資料夾、將它丟到走廊上的垃圾桶！搞定了(順利刪除！)！

還是看不太懂？有聽沒有懂喔！沒關係～我們底下就來設計一個練習，讓你實際玩玩看，應該就能夠比較近入狀況啦！不過，由於很多指令我們還沒有教，所以底下的指令有的先瞭解即可，詳細的指令用法我們會在後面繼續介紹的。

■ **先用 root 的身份建立所需要的檔案與目錄環境**

我們用 root 的身份在所有人都可以工作的/tmp 目錄中建立一個名為 testing 的目錄，該目錄的權限為 744 且目錄擁有者為 root。另外，在 testing 目錄下在建立一個空的檔案，檔名亦為 testing。建立目錄可用 mkdir (make directory)，建立空檔案可用 touch (下一章會說明) 來處理。所以過程如下所示：

```
[root@study ~]# cd /tmp                       <==切換工作目錄到/tmp
[root@study tmp]# mkdir testing               <==建立新目錄
[root@study tmp]# chmod 744 testing           <==變更權限
[root@study tmp]# touch testing/testing       <==建立空的檔案
[root@study tmp]# chmod 600 testing/testing   <==變更權限
[root@study tmp]# ls -ald testing testing/testing
drwxr--r--. 2 root root 20 Jun  3 01:00 testing
-rw-------. 1 root root  0 Jun  3 01:00 testing/testing
# 仔細看一下，目錄的權限是 744 ，且所屬群組與使用者均是 root 喔！
# 那麼在這樣的情況底下，一般身份使用者對這個目錄/檔案的權限為何？
```

■ **一般用戶的讀寫權限為何？觀察中**

在上面的例子中，雖然目錄是 744 的權限設定，一般用戶應該能有 r 的權限，但這樣的權限使用者能做啥事呢？由於鳥哥的系統中含有一個帳號名為 dmtsai 的，請再開另外一個終端機，使用 dmtsai 登入來操作底下的任務！

```
[dmtsai@study ~]$ cd /tmp
[dmtsai@study tmp]$ ls -l testing/
ls: cannot access testing/testing: Permission denied
total 0
?????????? ? ? ? ?                 ? testing
# 雖然有告知權限不足，但因為具有 r 的權限可以查詢檔名。由於權限不足(沒有x)，所以有問號
[dmtsai@study tmp]$ cd testing/
-bash: cd: testing/: Permission denied
# 因為不具有 x ，所以當然沒有進入的權限啦！有沒有呼應前面的權限說明啊！
```

■ **如果該目錄屬於用戶本身，會有什麼狀況？**

上面的練習我們知道了只有 r 確實可以讓使用者讀取目錄的檔名列表，不過詳細的資訊卻還是讀不到的，同時也不能將該目錄變成工作目錄 (用 cd 進入該目錄之

意)。那如果我們讓該目錄變成使用者的，那麼使用者在這個目錄底下是否能夠刪除檔案呢？底下的練習做看看：

```
# 1. 先用 root 的身份來搞定 /tmp/testing 的屬性、權限設定：
[root@study tmp]# chown dmtsai /tmp/testing
[root@study tmp]# ls -ld /tmp/testing
drwxr--r--. 2 dmtsai root 20  6月  3 01:00 /tmp/testing  # dmtsai 具全部權限

# 2. 再用 dmtsai 的帳號來處理一下 /tmp/testing/testing 這個檔案看看：
[dmtsai@study tmp]$ cd /tmp/testing
[dmtsai@study testing]$ ls -l  <==確實是可以進入目錄
-rw-------. 1 root root 0 Jun  3 01:00 testing  <==檔案不是vbird的！
[dmtsai@study testing]$ rm testing       <==嘗試殺掉這個檔案看看！
rm: remove write-protected regular empty file `testing'? y
# 竟然可以刪除！這樣理解了嗎？！
```

透過上面這個簡單的步驟，你就可以清楚的知道，x 在目錄當中是與『能否進入該目錄』有關，至於那個 w 則具有相當重要的權限，因為它可以讓使用者刪除、更新、新建檔案或目錄，是個很重要的參數啊！這樣可以理解了嗎？！^_^

◆ **使用者操作功能與權限**

剛剛講這樣如果你還是搞不懂～沒關係，我們來處理個特殊的案例！假設兩個檔名，分別是底下這樣：

■ /dir1/file1

■ /dir2

假設你現在在系統使用 dmtsai 這個帳號，那麼這個帳號針對 /dir1, /dir1/file1, /dir2 這三個檔名來說，分別需要『哪些最小的權限』才能達成各項任務？鳥哥彙整如下，如果你看得懂，恭喜你，如果你看不懂～沒關係～未來再繼續學！

| 操作動作 | /dir1 | /dir1/file1 | /dir2 | 重點 |
|---|---|---|---|---|
| 讀取 file1 內容 | x | r | - | 要能夠進入 /dir1 才能讀到裡面的文件資料！ |
| 修改 file1 內容 | x | rw | - | 能夠進入 /dir1 且修改 file1 才行！ |
| 執行 file1 內容 | x | rx | - | 能夠進入 /dir1 且 file1 能運作才行！ |
| 刪除 file1 檔案 | wx | - | - | 能夠進入 /dir1 具有目錄修改的權限即可！ |
| 將 file1 複製到 /dir2 | x | r | wx | 要能夠讀 file1 且能夠修改 /dir2 內的資料 |

你可能會問，上面的表格當中，很多時候 /dir1 都不必有 r 耶！為啥？我們知道 /dir1 是個目錄，也是個抽屜！那個抽屜的 r 代表『這個抽屜裡面有燈光』，所以你能看到的抽屜內的所有資料夾名稱 (非內容)。但你已經知道裡面的資料夾放在哪個地方，那，有沒有燈光有差嘛？你還是可以摸黑拿到該資料夾的！對吧！因此，上面很多動作中，你只要具有 x 即可！r 是非必備的！只是，沒有 r 的話，使用 [tab] 時，它就無法自動幫你補齊檔名了！這樣理解乎？

> 看了上面這個表格，你應該會覺得很可怕喔！因為，要讀一個檔案時，你得要具有『這個檔案所在目錄的 x 權限』才行！所以，通常要開放的目錄，至少會具備 rx 這兩個權限！現在你知道為啥了吧？

## 5.2.4 Linux 檔案種類與副檔名

我們在基礎篇一直強調一個概念，那就是：任何裝置在 Linux 底下都是檔案，不僅如此，連資料溝通的介面也有專屬的檔案在負責～所以，你會瞭解到，Linux 的檔案種類真的很多～除了前面提到的一般檔案 (-) 與目錄檔案 (d) 之外，還有哪些種類的檔案呢？

#### ◆ 檔案種類

我們在剛剛提到使用『ls -l』觀察到第一欄那十個字元中，第一個字元為檔案的類型。除了常見的一般檔案(-)與目錄檔案(d)之外，還有哪些種類的檔案類型呢？

##### ■ 正規檔案 (regular file)

就是一般我們在進行存取的類型的檔案，在由 ls -al 所顯示出來的屬性方面，第一個字元為 [ - ]，例如 [-rwxrwxrwx ]。另外，依照檔案的內容，又大略可以分為：

□ **純文字檔 (ASCII)**：這是 Linux 系統中最多的一種檔案類型囉，稱為純文字檔是因為內容為我們人類可以直接讀到的資料，例如數字、字母等等。幾乎只要我們可以用來做為設定的檔案都屬於這一種檔案類型。舉例來說，你可以下達『 cat ~/.bashrc 』就可以看到該檔案的內容。(cat 是將一個檔案內容讀出來的指令)

□ **二進位檔 (binary)**：還記得我們在『 第零章、計算機概論 』裡面的軟體程式的運作中提過，我們的系統其實僅認識且可以執行二進位檔案 (binary file) 吧？沒錯～你的 Linux 當中的可執行檔(scripts, 文字型批次檔不算)就是這種格式的啦～舉例來說，剛剛下達的指令 cat 就是一個 binary file。

□ **資料格式檔 (data)**：有些程式在運作的過程當中會讀取某些特定格式的檔案，那些特定格式的檔案可以被稱為資料檔 (data file)。舉例來說，我們的 Linux 在使用者登入時，都會將登錄的資料記錄在 /var/log/wtmp 那個檔案內，該檔案是一個 data file，它能夠透過 last 這個指令讀出來！但是使用 cat 時，會讀出亂碼～因為它是屬於一種特殊格式的檔案。瞭乎？

■ **目錄 (directory)**

就是目錄囉～第一個屬性為 [ d ]，例如 [drwxrwxrwx]。

■ **連結檔 (link)**

就是類似 Windows 系統底下的捷徑啦！第一個屬性為 [ l ] (英文 L 的小寫)，例如 [lrwxrwxrwx]。

■ **設備與裝置檔 (device)**

與系統周邊及儲存等相關的一些檔案，通常都集中在 /dev 這個目錄之下！通常又分為兩種：

□ **區塊 (block) 設備檔**：就是一些儲存資料，以提供系統隨機存取的周邊設備，舉例來說，硬碟與軟碟等就是啦！你可以隨機的在硬碟的不同區塊讀寫，這種裝置就是區塊裝置囉！你可以自行查一下 /dev/sda 看看，會發現第一個屬性為 [ b ] 喔！

□ **字元 (character) 設備檔**：亦即是一些序列埠的周邊設備，例如鍵盤、滑鼠等等！這些設備的特色就是『一次性讀取』的，不能夠截斷輸出。舉例來說，你不可能讓滑鼠『跳到』另一個畫面，而是『連續性滑動』到另一個地方啊！第一個屬性為 [ c ]。

■ **資料接口檔 (sockets)**

既然被稱為資料接口檔，想當然爾，這種類型的檔案通常被用在網路上的資料承接了。我們可以啟動一個程式來監聽用戶端的要求，而用戶端就可以透過這個 socket 來進行資料的溝通了。第一個屬性為 [ s ]，最常在 /run 或 /tmp 這些個目錄中看到這種檔案類型了。

■ **資料輸送檔 (FIFO, pipe)**

FIFO 也是一種特殊的檔案類型，它主要的目的在解決多個程序同時存取一個檔案所造成的錯誤問題。FIFO 是 first-in-first-out 的縮寫。第一個屬性為[p]。

除了設備檔是我們系統中很重要的檔案，最好不要隨意修改之外(通常它也不會讓你修改的啦！)，另一個比較有趣的檔案就是連結檔。如果你常常將應用程式捉到桌面來的話，你就應該知道在 Windows 底下有所謂的『捷徑』。同樣的，你可以將 linux 下的連結檔簡單的視為一個檔案或目錄的捷徑。至於 socket 與 FIFO 檔案比較難理解，因為這兩個東東與程序 (process) 比較有關係，這個等到未來你瞭解 process 之後，再回來查閱吧！此外，你也可以透過 man fifo 及 man socket 來查閱系統上的說明！

◆ **Linux 檔案副檔名**

基本上，Linux 的檔案是沒有所謂的『副檔名』的，我們剛剛就談過，**一個 Linux 檔案能不能被執行，與它的第一欄的十個屬性有關，與檔名根本一點關係也沒有**。這個觀念跟 Windows 的情況不相同喔！在 Windows 底下，能被執行的檔案副檔名通常是 .com .exe .bat 等等，而在 Linux 底下，**只要你的權限當中具有 x 的話，例如 [ -rwxr-xr-x ] 即代表這個檔案具有可以被執行的能力喔！**

> 具有『可執行的權限』以及『具有可執行的程式碼』是兩回事！在 Linux 底下，你可以讓一個文字檔，例如我們之前寫的 text.txt 具有『可執行的權限』(加入 x 權限即可)，但是這個檔案明顯的無法執行，因為它不具備可執行的程式碼！而如果你將上面提到的 cat 這個可以執行的指令，將它的 x 拿掉，那麼 cat 將無法被你執行！

不過，可以被執行跟可以執行成功是不一樣的～舉例來說，在 root 家目錄下的 initial-setup-ks.cfg 是一個純文字檔，如果經由修改權限成為 -rwxrwxrwx 後，這個檔案能夠真的執行成功嗎？當然不行～因為它的內容根本就沒有可以執行的資料。所以說，這個 x 代表這個檔案具有可執行的能力，但是能不能執行成功，當然就要看該檔案的內容囉～

雖然如此，不過我們仍然希望可以藉由副檔名來瞭解該檔案是什麼東西，所以，通常我們還是會以適當的副檔名來表示該檔案是什麼種類的。底下有數種常用的副檔名：

■ *.sh ：腳本或批次檔 (scripts)，因為批次檔為使用 shell 寫成的，所以副檔名就編成 .sh 囉。

■ *Z, *.tar, *.tar.gz, *.zip, *.tgz：經過打包的壓縮檔。這是因為壓縮軟體分別為 gunzip, tar 等等的，由於不同的壓縮軟體，而取其相關的副檔名囉！

■ *.html, *.php：網頁相關檔案，分別代表 HTML 語法與 PHP 語法的網頁檔案囉！.html 的檔案可使用網頁瀏覽器來直接開啟，至於 .php 的檔案，則可以透過 client 端的瀏覽器來 server 端瀏覽，以得到運算後的網頁結果呢！

基本上，Linux 系統上的檔名真的只是讓你瞭解該檔案可能的用途而已，真正的執行與否仍然需要權限的規範才行！例如雖然有一個檔案為可執行檔，如常見的/bin/ls 這個顯示檔案屬性的指令，不過，如果這個檔案的權限被修改成無法執行時，那麼 ls 就變成不能執行囉！

上述的這種問題最常發生在檔案傳送的過程中。例如你在網路上下載一個可執行檔，但是偏偏在你的 Linux 系統中就是無法執行！呵呵！那麼就是可能檔案的屬性被改變了！不要懷疑，從網路上傳送到你的 Linux 系統中，檔案的屬性與權限確實是會被改變的喔！

◆ **Linux 檔案長度限制**[註1]

在 Linux 底下，使用傳統的 Ext2/Ext3/Ext4 檔案系統以及近來被 CentOS 7 當作預設檔案系統的 xfs 而言，針對檔案的檔名長度限制為：

- **單一檔案或目錄的最大容許檔名為 255bytes，以一個 ASCII 英文佔用一個 bytes 來說，則大約可達 255 個字元長度。若是以每個中文字佔用 2bytes 來說，最大檔名就是大約在 128 個中文字之譜！**

是相當長的檔名喔！我們希望 Linux 的檔案名稱可以一看就知道該檔案在幹嘛的，所以檔名通常是很長很長！而用慣了 Windows 的人可能會受不了，因為檔案名稱通常真的都很長，對於用慣 Windows 而導致打字速度不快的朋友來說，嗯！真的是很困擾.....不過，只得勸你好好的加強打字的訓練囉！

◆ **Linux 檔案名稱的限制**

由於 Linux 在文字介面下的一些指令操作關係，一般來說，你在設定 Linux 底下的檔案名稱時，最好可以避免一些特殊字元比較好！例如底下這些：

```
* ? > < ; & ! [ ] | \ ' " ` ( ) { }
```

因為這些符號在文字介面下，是有特殊意義的！另外，檔案名稱的開頭為小數點『.』時，代表這個檔案為『隱藏檔』喔！同時，由於指令下達當中，常常會使用到 -option 之類的選項，所以你最好也避免將檔案檔名的開頭以 - 或 + 來命名啊！

# 5.3 Linux 目錄配置

在瞭解了每個檔案的相關種類與屬性，以及瞭解了如何更改檔案屬性/權限的相關資訊後，再來要瞭解的就是，為什麼每套 Linux distributions 它們的設定檔啊、執行檔啊、每個目錄內放置的東東啊，其實都差不多？原來是有一套標準依據的哩！我們底下就來瞧一瞧。

## 5.3.1 Linux 目錄配置的依據：FHS

因為利用 Linux 來開發產品或 distributions 的社群/公司與個人實在太多了，如果每個人都用自己的想法來配置檔案放置的目錄，那麼將可能造成很多管理上的困擾。你能想像，你進入一個企業之後，所接觸到的 Linux 目錄配置方法竟然跟你以前學的完全不同嗎？很難想像吧～所以，後來就有所謂的 Filesystem Hierarchy Standard (FHS) 標準的出爐了！

根據 FHS[註2] 的標準文件指出，他們的主要目的是希望**讓使用者可以瞭解到已安裝軟體通常放置於那個目錄下**，所以他們希望獨立的軟體開發商、作業系統製作者、以及想要維護系統的使用者，都能夠遵循FHS的標準。也就是說，FHS的重點在於規範每個特定的目錄下應該要放置什麼樣子的資料而已。這樣做好處非常多,因為 Linux 作業系統就能夠在既有的面貌下 (目錄架構不變) 發展出開發者想要的獨特風格。

事實上,FHS 是根據過去的經驗一直再持續的改版的,FHS 依據檔案系統使用的頻繁與否與是否允許使用者隨意更動,而將目錄定義成為四種交互作用的形態,用表格來說有點像底下這樣:

| | 可分享的 (shareable) | 不可分享的 (unshareable) |
|---|---|---|
| 不變的 (static) | /usr (軟體放置處) | /etc (設定檔) |
| | /opt (第三方協力軟體) | /boot (開機與核心檔) |
| 可變動的 (variable) | /var/mail (使用者郵件信箱) | /var/run (程序相關) |
| | /var/spool/news (新聞群組) | /var/lock (程序相關) |

上表中的目錄就是一些代表性的目錄,該目錄底下所放置的資料在底下會談到,這裡先略過不談。我們要瞭解的是,什麼是那四個類型?

◆ **可分享的**:可以分享給其他系統掛載使用的目錄,所以包括執行檔與使用者的郵件等資料,是能夠分享給網路上其他主機掛載用的目錄。

◆ **不可分享的**:自己機器上面運作的裝置檔案或者是與程序有關的socket檔案等,由於僅與自身機器有關,所以當然就不適合分享給其他主機了。

◆ **不變的**:有些資料是不會經常變動的,跟隨著 distribution 而不變動。例如函式庫、文件說明檔、系統管理員所管理的主機服務設定檔等等。

◆ **可變動的**:經常改變的資料,例如登錄檔、一般用戶可自行收受的新聞群組等。

事實上,FHS 針對目錄樹架構僅定義出三層目錄底下應該放置什麼資料而已,分別是底下這三個目錄的定義:

◆ **/ (root, 根目錄):與開機系統有關。**

◆ **/usr (unix software resource):與軟體安裝/執行有關。**

◆ **/var (variable):與系統運作過程有關。**

為什麼要定義出這三層目錄呢?其實是有意義的喔!每層目錄底下所應該要放置的目錄也都又特定的規定喔!由於我們尚未介紹完整的 Linux 系統,所以底下的介紹你可能會看不懂!沒關係,先有個概念即可,等到你將基礎篇全部看完後,就重頭將基礎篇再看一遍!到時候你就會豁然開朗啦! ^\_^

這個 root 在 Linux 裡面的意義真的很多很多～多到讓人搞不懂那是啥玩意兒。如果以『帳號』的角度來看，所謂的 root 指的是『系統管理員！』的身份，如果以『目錄』的角度來看，所謂的 root 意即指的是根目錄，就是 / 啦～要特別留意喔！

### ◆ 根目錄 (/) 的意義與內容

根目錄是整個系統最重要的一個目錄，因為不但所有的目錄都是由根目錄衍生出來的，同時**根目錄也與開機/還原/系統修復等動作有關**。由於系統開機時需要特定的開機軟體、核心檔案、開機所需程式、函式庫等等檔案資料，若系統出現錯誤時，根目錄也必須要包含有能夠修復檔案系統的程式才行。因為根目錄是這麼的重要，所以在 FHS 的要求方面，他希望根目錄不要放在非常大的分割槽內，因為越大的分割槽你會放入越多的資料，如此一來根目錄所在分割槽就可能會有較多發生錯誤的機會。

因此 FHS 標準建議：**根目錄(/)所在分割槽應該越小越好，且應用程式所安裝的軟體最好不要與根目錄放在同一個分割槽內，保持根目錄越小越好。如此不但效能較佳，根目錄所在的檔案系統也較不容易發生問題。**

有鑑於上述的說明，因此 FHS 定義出根目錄 (/) 底下應該要有底下這些次目錄的存在才好，即使沒有實體目錄，FHS 也希望至少有連結檔存在才好：

| 目錄 | 應放置檔案內容 |
|---|---|
| 第一部分：FHS 要求必須要存在的目錄 | |
| /bin | 系統有很多放置執行檔的目錄，但/bin 比較特殊。因為/bin **放置的是在單人維護模式下還能夠被操作的指令**。在/bin 底下的指令可以被 root 與一般帳號所使用，主要有：cat, chmod, chown, date, mv, mkdir, cp, bash 等等常用的指令。 |
| /boot | 這個目錄主要在放置開機會使用到的檔案，包括 Linux 核心檔案以及開機選單與開機所需設定檔等等。**Linux kernel 常用的檔名為：vmlinuz**，如果使用的是 grub2 這個開機管理程式，則還會存在/boot/grub2/這個目錄喔！ |
| /dev | 在 Linux 系統上，任何裝置與周邊設備都是以檔案的型態存在於這個目錄當中的。你只要透過存取這個目錄底下的某個檔案，就等於存取某個裝置囉～比較重要的檔案有 /dev/null, /dev/zero, /dev/tty, /dev/loop*, /dev/sd* 等等 |

| 目錄 | 應放置檔案內容 |
|---|---|
| 第一部分：FHS 要求必須要存在的目錄 | |
| /etc | 系統主要的設定檔幾乎都放置在這個目錄內，例如人員的帳號密碼檔、 各種服務的啟始檔等等。一般來說，這個目錄下的各檔案屬性是可以讓一般使用者查閱的，但是只有 root 有權力修改。**FHS 建議不要放置可執行檔 (binary) 在這個目錄中**喔。比較重要的檔案有：/etc/modprobe.d/, /etc/passwd, /etc/fstab, /etc/issue 等等。另外 FHS 還規範幾個重要的目錄最好要存在 /etc/ 目錄下喔： <br>◆ /etc/opt(**必要**)：這個目錄在放置第三方協力軟體 /opt 的相關設定檔。<br>◆ /etc/X11/(**建議**)：與 X Window 有關的各種設定檔都在這裡，尤其是 xorg.conf 這個 X Server 的設定檔。<br>◆ /etc/sgml/(**建議**)：與 SGML 格式有關的各項設定檔。<br>◆ /etc/xml/(**建議**)：與 XML 格式有關的各項設定檔。 |
| /lib | 系統的函式庫非常的多，而**/lib 放置的則是在開機時會用到的函式庫，以及在/bin 或/sbin 底下的指令會呼叫的函式庫而已**。什麼是函式庫呢？你可以將它想成是『外掛』，某些指令必須要有這些『外掛』才能夠順利完成程式的執行之意。另外 FSH 還要求底下的目錄必須要存在： <br>◆ /lib/modules/：這個目錄主要放置可抽換式的核心相關模組 (驅動程式)喔！ |
| /media | media 是『媒體』的英文，顧名思義，這個**/media 底下放置的就是可移除的裝置啦**！包括軟碟、光碟、DVD 等等裝置都暫時掛載於此。常見的檔名有：/media/floppy, /media/cdrom 等等。 |
| /mnt | 如果你想要暫時掛載某些額外的裝置，一般建議你可以放置到這個目錄中。在古早時候，這個目錄的用途與 /media 相同啦！只是有了 /media 之後，這個目錄就用來暫時掛載用了。 |
| /opt | **這個是給第三方協力軟體放置的目錄**。什麼是第三方協力軟體啊？舉例來說，KDE 這個桌面管理系統是一個獨立的計畫，不過它可以安裝到Linux系統中，因此 KDE 的軟體就建議放置到此目錄下了。另外，如果你想要自行安裝額外的軟體 (非原本的 distribution 提供的)，那麼也能夠將你的軟體安裝到這裡來。不過，以前的 Linux 系統中，我們還是習慣放置在/usr/local 目錄下呢！ |
| /run | 早期的 FHS 規定系統開機後所產生的各項資訊應該要放置到 /var/run 目錄下，新版的 FHS 則規範到 /run 底下。由於 /run 可以使用記憶體來模擬，因此效能上會好很多！ |

| 目錄 | 應放置檔案內容 |
|---|---|
| **第一部分：FHS 要求必須要存在的目錄** | |
| /sbin | Linux 有非常多指令是用來設定系統環境的，這些指令只有 root 才能夠利用來『設定』系統，其他使用者最多只能用來『查詢』而已。**放在/sbin 底下的為開機過程中所需要的，裡面包括了開機、修復、還原系統所需要的指令。**至於某些伺服器軟體程式，一般則放置到 /usr/sbin/ 當中。至於本機自行安裝的軟體所產生的系統執行檔 (system binary)，則放置到 /usr/local/sbin/當中了。常見的指令包括：fdisk, fsck, ifconfig, mkfs 等等。 |
| /srv | srv 可以視為『service』的縮寫，是一些網路服務啟動之後，這些服務所需要取用的資料目錄。常見的服務例如 WWW, FTP 等等。舉例來說，WWW 伺服器需要的網頁資料就可以放置在 /srv/www/ 裡面。不過，系統的服務資料如果尚未要提供給網際網路任何人瀏覽的話，預設還是建議放置到 /var/lib 底下即可。 |
| /tmp | 這是讓一般使用者或者是正在執行的程序暫時放置檔案的地方。這個目錄是任何人都能夠存取的，所以你需要定期的清理一下。當然，重要資料不可放置在此目錄啊！因為 FHS 甚至建議在開機時，應該要將 /tmp 下的資料都刪除唷！ |
| /usr | 第二層 FHS 設定，後續介紹 |
| /var | 第二曾 FHS 設定，主要為放置變動性的資料，後續介紹 |
| **第二部分：FHS 建議可以存在的目錄** | |
| /home | 這是系統預設的使用者家目錄(home directory)。在你新增一個一般使用者帳號時，預設的使用者家目錄都會規範到這裡來。比較重要的是，家目錄有兩種代號喔：<br><br>◆ ~：代表目前這個使用者的家目錄<br><br>◆ ~dmtsai：則代表 dmtsai 的家目錄！ |
| /lib\<qual\> | 用來存放與 /lib 不同的格式的二進位函式庫，例如支援 64 位元的 /lib64 函式庫等。 |
| /root | 系統管理員 (root) 的家目錄。之所以放在這裡，是因為如果進入單人維護模式而僅掛載根目錄時，該目錄就能夠擁有 root 的家目錄，所以我們會希望 root 的家目錄與根目錄放置在同一個分割槽中。 |

　　事實上 FHS 針對根目錄所定義的標準就僅有上面的東東，不過我們的 Linux 底下還有許多目錄你也需要瞭解一下的。底下是幾個在 Linux 當中也是非常重要的目錄喔：

| 目錄 | 應放置檔案內容 |
|---|---|
| /lost+found | 這個目錄是使用標準的 ext2/ext3/ext4 檔案系統格式才會產生的一個目錄，目的在於當檔案系統發生錯誤時，將一些遺失的片段放置到這個目錄下。不過如果使用的是 xfs 檔案系統的話，就不會存在這個目錄了！ |
| /proc | 這個目錄本身是一個『虛擬檔案系統 (virtual filesystem)』喔！它放置的資料都是在記憶體當中，例如系統核心、行程資訊 (process)、周邊裝置的狀態及網路狀態等等。因為這個目錄下的資料都是在記憶體當中，所以本身不佔任何硬碟空間啊！比較重要的檔案例如：/proc/cpuinfo, /proc/dma, /proc/interrupts, /proc/ioports, /proc/net/* 等等。 |
| /sys | 這個目錄其實跟 /proc 非常類似，也是一個虛擬的檔案系統，主要也是記錄核心與系統硬體資訊較相關的資訊。包括目前已載入的核心模組與核心偵測到的硬體裝置資訊等等。這個目錄同樣不佔硬碟容量喔！ |

早期 Linux 在設計的時候，若發生問題時，救援模式通常僅掛載根目錄而已，因此有五個重要的目錄被要求一定要與根目錄放置在一起，那就是 /etc, /bin, /dev, /lib, /sbin 這五個重要目錄。現在許多的 Linux distributions 由於已經將許多非必要的檔案移出 /usr 之外了，所以 /usr 也是越來越精簡，同時因為 /usr 被建議為『即使掛載成為唯讀，系統還是可以正常運作』的模樣，所以救援模式也能同時掛載 /usr 喔！例如我們的這個 CentOS 7.x 版本在救援模式的情況下就是這樣。因此那個五大目錄的限制已經被打破了呦！例如 CentOS 7.x 就已經將 /sbin, /bin, /lib 通通移動到 /usr 底下了哩！

好了，談完了根目錄，接下來我們就來談談 /usr 以及 /var 囉！先看 /usr 裡面有些什麼東西：

◆ **/usr 的意義與內容**

依據 FHS 的基本定義，/usr 裡面放置的資料屬於可分享的與不可變動的 (shareable, static)，如果你知道如何透過網路進行分割槽的掛載(例如在伺服器篇會談到的 NFS 伺服器)，那麼 /usr 確實可以分享給區域網路內的其他主機來使用喔！

很多讀者都會誤會 /usr 為 user 的縮寫，其實 **usr 是 Unix Software Resource 的縮寫**，也就是『Unix 作業系統軟體資源』所放置的目錄，而不是使用者的資料啦！這點要注意。FHS 建議所有軟體開發者，應該將他們的資料合理的分別放置到這個目錄下的次目錄，而不要自行建立該軟體自己獨立的目錄。因為是所有系統預設的軟體 (distribution 發佈者提供的軟體) 都會放置到 /usr 底下，因此這個目錄有點類似 Windows 系統的『C:\Windows\ (當中的一部分) + C:\Program files\』這兩個目錄的綜合體，系統剛安裝完畢時，這個目錄會佔用最多的硬碟容量。一般來說，/usr 的次目錄建議有底下這些：

| 目錄 | 應放置檔案內容 |
|---|---|
| **第一部分：FHS 要求必須要存在的目錄** | |
| /usr/bin/ | 所有一般用戶能夠使用的指令都放在這裡！目前新的 CentOS 7 已經將全部的使用者指令放置於此，而使用連結檔的方式將 /bin 連結至此！也就是說，/usr/bin 與 /bin 是一模一樣了！另外，FHS 要求在此目錄下不應該有子目錄！ |
| /usr/lib/ | 基本上，與 /lib 功能相同，所以 /lib 就是連結到此目錄中的！ |
| /usr/local/ | 系統管理員在本機自行安裝自己下載的軟體(非 distribution 預設提供者)，建議安裝到此目錄，這樣會比較便於管理。舉例來說，你的 distribution 提供的軟體較舊，你想安裝較新的軟體但又不想移除舊版，此時你可以將新版軟體安裝於 /usr/local/ 目錄下，可與原先的舊版軟體有分別啦！你可以自行到 /usr/local 去看看，該目錄下也是具有 bin, etc, include, lib...的次目錄喔！ |
| /usr/sbin/ | 非系統正常運作所需要的系統指令。最常見的就是某些網路伺服器軟體的服務指令(daemon)囉！不過基本功能與 /sbin 也差不多，因此目前 /sbin 就是連結到此目錄中的。 |
| /usr/share/ | 主要放置唯讀架構的資料檔案，當然也包括共享文件。在這個目錄下放置的資料幾乎是不分硬體架構均可讀取的資料，因為幾乎都是文字檔案嘛！在此目錄下常見的還有這些次目錄：<br>· /usr/share/man：線上說明文件<br>· /usr/share/doc：軟體雜項的文件說明<br>· /usr/share/zoneinfo：與時區有關的時區檔案 |
| **第二部分：FHS 建議可以存在的目錄** | |
| /usr/games/ | 與遊戲比較相關的資料放置處 |
| /usr/include/ | c/c++等程式語言的檔頭 (header) 與包含檔 (include) 放置處，當我們以 tarball 方式 (*.tar.gz 的方式安裝軟體) 安裝某些資料時，會使用到裡頭的許多包含檔喔！ |
| /usr/libexec/ | 某些不被一般使用者慣用的執行檔或腳本 (script) 等等，都會放置在此目錄中。例如大部分的 X 視窗底下的操作指令，很多都是放在此目錄下的。 |
| /usr/lib&lt;qual&gt;/ | 與 /lib&lt;qual&gt;/ 功能相同，因此目前 /lib&lt;qual&gt; 就是連結到此目錄中 |
| /usr/src/ | 一般原始碼建議放置到這裡，src 有 source 的意思。至於核心原始碼則建議放置到 /usr/src/linux/ 目錄下。 |

◆ **/var 的意義與內容**

如果/usr 是安裝時會佔用較大硬碟容量的目錄,那麼/var 就是在系統運作後才會漸漸佔用硬碟容量的目錄。因為 /var 目錄主要針對常態性變動的檔案,包括快取(cache)、登錄檔 (log file) 以及某些軟體運作所產生的檔案,包括程序檔案 (lock file, run file),或者例如 MySQL 資料庫的檔案等等。常見的次目錄有:

| 目錄 | 應放置檔案內容 |
|---|---|
| 第一部分:FHS 要求必須要存在的目錄 | |
| /var/cache/ | 應用程式本身運作過程中會產生的一些暫存檔。 |
| /var/lib/ | 程式本身執行的過程中,需要使用到的資料檔案放置的目錄。在此目錄下各自的軟體應該要有各自的目錄。舉例來說,MySQL 的資料庫放置到 /var/lib/mysql/ 而 rpm 的資料庫則放到 /var/lib/rpm 去! |
| /var/lock/ | 某些裝置或者是檔案資源一次只能被一個應用程式所使用,如果同時有兩個程式使用該裝置時,就可能產生一些錯誤的狀況,因此就得要將該裝置上鎖 (lock),以確保該裝置只會給單一軟體所使用。舉例來說,燒錄機正在燒錄一塊光碟,你想一下,會不會有兩個人同時在使用一個燒錄機燒片?如果兩個人同時燒錄,那片子寫入的是誰的資料?所以當第一個人在燒錄時該燒錄機就會被上鎖,第二個人就得要該裝置被解除鎖定 (就是前一個人用完了) 才能夠繼續使用囉。目前此目錄也已經挪到 /run/lock 中! |
| /var/log/ | 重要到不行!這是登錄檔放置的目錄!裡面比較重要的檔案如 /var/log/messages, /var/log/wtmp (記錄登入者的資訊) 等。 |
| /var/mail/ | 放置個人電子郵件信箱的目錄,不過這個目錄也被放置到 /var/spool/mail/ 目錄中!通常這兩個目錄是互為連結檔啦! |
| /var/run/ | 某些程式或者是服務啟動後,會將它們的 PID 放置在這個目錄下喔!至於PID的意義我們會在後續章節提到的。與 /run 相同,這個目錄連結到 /run 去了! |
| /var/spool/ | 這個目錄通常放置一些佇列資料,**所謂的『佇列』就是排隊等待其他程式使用的資料啦!**這些資料被使用後通常都會被刪除。舉例來說,系統收到新信會放置到 /var/spool/mail/ 中,但使用者收下該信件後該封信原則上就會被刪除。信件如果暫時寄不出去會被放到 /var/spool/mqueue/ 中,等到被送出後就被刪除。如果是工作排程資料 (crontab),就會被放置到 /var/spool/cron/ 目錄中! |

建議在你讀完整個基礎篇之後,可以挑戰 FHS 官方英文文件 (參考本章參考資料),相信會讓你對於 Linux 作業系統的目錄有更深入的瞭解喔!

◆ **針對 FHS，各家 distributions 的異同，與 CentOS7 的變化**

由於 FHS 僅是定義出最上層 (/) 及次層 (/usr, /var) 的目錄內容應該要放置的檔案或目錄資料，因此，在其他次目錄層級內，就可以隨開發者自行來配置了。舉例來說，CentOS 的網路設定資料放在 /etc/sysconfig/network-scripts/ 目錄下，但是 SuSE 則是將網路放置在 /etc/sysconfig/network/ 目錄下，目錄名稱可是不同的呢！不過只要記住大致的 FHS 標準，差異性其實有限啦！

此外，CentOS 7 在目錄的編排上與過去的版本不同喔！本節稍早之前已經有介紹過，這裡做個彙整。比較大的差異在於將許多原本應該要在根目錄 (/) 裡面的目錄，將它內部資料全部挪到 /usr 裡面去，然後進行連結設定！包括底下這些：

■ /bin → /usr/bin

■ /sbin → /usr/sbin

■ /lib → /usr/lib

■ /lib64 → /usr/lib64

■ /var/lock → /run/lock

■ /var/run → /run

## 5.3.2　目錄樹 (directory tree)

另外，在 Linux 底下，所有的檔案與目錄都是由根目錄開始的！那是所有目錄與檔案的源頭～然後再一個一個的分支下來，有點像是樹枝狀啊～因此，我們也稱這種目錄配置方式為：『目錄樹(directory tree)』這個目錄樹有什麼特性呢？它主要的特性有：

◆ **目錄樹的啟始點為根目錄 (/, root)。**

◆ **每一個目錄不只能使用本地端的 partition 的檔案系統，也可以使用網路上的 filesystem。舉例來說，可以利用 Network File System (NFS) 伺服器掛載某特定目錄等。**

◆ **每一個檔案在此目錄樹中的檔名(包含完整路徑)都是獨一無二的。**

好，談完了 FHS 的標準之後，實際來看看 CentOS 在根目錄底下會有什麼樣子的資料吧！我們可以下達以下的指令來查詢：

```
[dmtsai@study ~]$ ls -l /
lrwxrwxrwx.   1 root root    7 May  4 17:51 bin -> usr/bin
dr-xr-xr-x.   4 root root 4096 May  4 17:59 boot
drwxr-xr-x.  20 root root 3260 Jun  2 19:27 dev
drwxr-xr-x. 131 root root 8192 Jun  2 23:51 etc
```

```
drwxr-xr-x.   3 root root   19 May  4 17:56 home
lrwxrwxrwx.   1 root root    7 May  4 17:51 lib -> usr/lib
lrwxrwxrwx.   1 root root    9 May  4 17:51 lib64 -> usr/lib64
drwxr-xr-x.   2 root root    6 Jun 10  2014 media
drwxr-xr-x.   2 root root    6 Jun 10  2014 mnt
drwxr-xr-x.   3 root root   15 May  4 17:54 opt
dr-xr-xr-x. 154 root root    0 Jun  2 11:27 proc
dr-xr-x---.   5 root root 4096 Jun  3 00:04 root
drwxr-xr-x.  33 root root  960 Jun  2 19:27 run
lrwxrwxrwx.   1 root root    8 May  4 17:51 sbin -> usr/sbin
drwxr-xr-x.   2 root root    6 Jun 10  2014 srv
dr-xr-xr-x.  13 root root    0 Jun  2 19:27 sys
drwxrwxrwt.  12 root root 4096 Jun  3 19:48 tmp
drwxr-xr-x.  13 root root 4096 May  4 17:51 usr
drwxr-xr-x.  22 root root 4096 Jun  2 19:27 var
```

上述目錄相關的介紹都在上一個小節，要記得回去查看看。如果我們將整個目錄樹以圖示的方法來顯示，並且將較為重要的檔案資料列出來的話，那麼目錄樹架構有點像這樣：

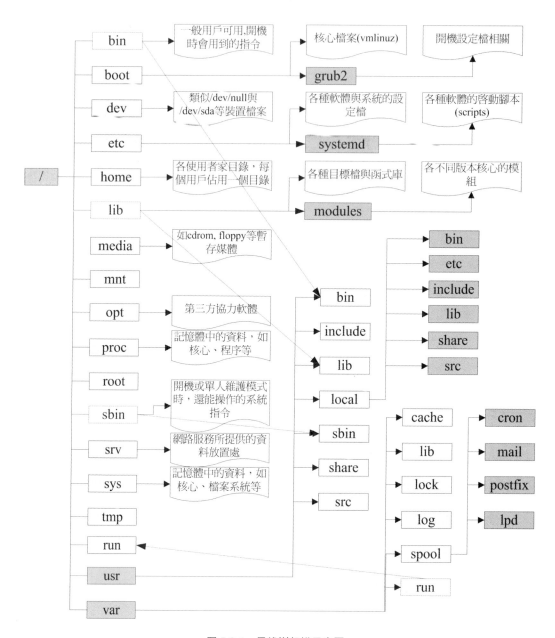

圖 5.3.1　目錄樹架構示意圖

　　鳥哥只有就各目錄進行簡單的解釋，看看就好，詳細的解釋請回到剛剛說明的表格中去
查閱喔！看完了 FHS 標準之後，現在回到第二章裡面去看看安裝前 Linux 規劃的分割情況，
對於當初為何需要分割為這樣的情況，有點想法了嗎？^_^ 根據 FHS 的定義，你最好能夠
將/var 獨立出來，這樣對於系統的資料還有一些安全性的保護呢！因為至少/var 死掉時，你
的根目錄還會活著嘛！還能夠進入救援模式啊！

### 5.3.3 絕對路徑與相對路徑

除了需要特別注意的 FHS 目錄配置外,在檔名部分我們也要特別注意喔!因為**根據檔名寫法的不同,也可將所謂的路徑(path)定義為絕對路徑(absolute)與相對路徑(relative)**。這兩種檔名/路徑的寫法依據是這樣的:

◆ **絕對路徑**:由根目錄(/)開始寫起的檔名或目錄名稱,例如 /home/dmtsai/.bashrc。

◆ **相對路徑**:相對於目前路徑的檔名寫法。例如 ./home/dmtsai 或 ../../home/dmtsai/ 等等。反正開頭不是 / 就屬於相對路徑的寫法。

而你必須要瞭解,相對路徑是以『你當前所在路徑的相對位置』來表示的。舉例來說,你目前在 /home 這個目錄下,如果想要進入 /var/log 這個目錄時,可以怎麼寫呢?

1. cd /var/log (absolute)

2. cd ../var/log (relative)

因為你在 /home 底下,所以要回到上一層 (../) 之後,才能繼續往 /var 來移動的!特別注意這兩個特殊的目錄:

◆ **. :代表當前的目錄,也可以使用 ./ 來表示。**

◆ **.. :代表上一層目錄,也可以 ../ 來代表。**

這個 . 與 .. 目錄概念是很重要的,你常常會看到 cd .. 或 ./command 之類的指令下達方式,就是代表上一層與目前所在目錄的工作狀態喔!很重要的吶!

> **例題**

如何先進入 /var/spool/mail/ 目錄,再進入到 /var/spool/cron/目錄內?

**答**:由於 /var/spool/mail 與 /var/spool/cron 是同樣在 /var/spool/ 目錄中,因此最簡單的指令下達方法為:

1. `cd /var/spool/mail`

2. `cd ../cron`

如此就不需要在由根目錄開始寫起了。這個相對路徑是非常有幫助的!尤其對於某些軟體開發商來說。一般來說,軟體開發商會將資料放置到 /usr/local/ 裡面的各相對目錄,你可以參考圖 3.2.1 的相對位置。但如果使用者想要安裝到不同目錄呢?就得要使用相對路徑囉!

網路文件常常提到類似『./run.sh』之類的資料,這個指令的意義為何?

**答:**由於指令的執行需要變數(bash 章節才會提到)的支援,若你的執行檔放置在本目錄,並且本目錄並非正規的執行檔目錄 (/bin, /usr/bin 等為正規),此時要執行指令就得要嚴格指定該執行檔。『./』代表『本目錄』的意思,所以『./run.sh』代表『執行本目錄下,名為 run.sh 的檔案』囉!

## 5.3.4 CentOS 的觀察

如同在第一章談到的 Linux distribution 的差異性,除了 FHS 之外,還有個 Linux Standard Base (LSB) 的標準是可以依循的!我們可以簡單的使用 ls 來查看 FHS 規範的目錄是否正確的存在於你的 Linux 系統中,那麼 Linux 核心、LSB 的標準又該如何查閱呢?基本上,LSB 團隊是有列出正確支援 LSB 標準的 distribution 在如下的網頁中:

◆ https://www.linuxbase.org/lsb-cert/productdir.php?by_lsb

不過,如果你想要知道確切的核心與 LSB 所需求的幾種重要的標準的話,恐怕就得要使用諸如 uname 與 lsb_release 等指令來查閱了。不過,這個 lsb_release 指令已經不是預設安裝的軟體了,所以你得要自己安裝該軟體才才行。因為我們尚未講到網路與掛載等動作,所以底下的安裝流程在你的機器上面應該是無法執行的 (除非你確實可以連上 Internet 才行!),因為 CentOS7 在這個軟體上面實在有太多的相依軟體,所以無法單純使用 rpm 來安裝!若你有公開的網路,那麼底下的指令才能夠順利運作!

```
# 1. 透過 uname 檢查 Linux 核心與作業系統的位元版本
[dmtsai@study ~]$ uname -r    # 查看核心版本
3.10.0-229.el7.x86_64
[dmtsai@study ~]$ uname -m    # 查看作業系統的位元版本
x86_64

# 2. 假設你的 CentOS 7 確實有網路可以使用的情況下 (要用 root 的身份)
[root@study ~]# yum install redhat-lsb    # yum 的用法後面章節才會介紹
.....(前面省略)....
Install  1 Package   (+85 Dependent packages)
Upgrade             (  4 Dependent packages)

Total size: 47 M
Total download size: 31 M
Is this ok [y/d/N]: y
```

```
.....(後面省略)....
Retrieving key from file:///etc/pki/rpm-gpg/RPM-GPG-KEY-CentOS-7
Importing GPG key 0xF4A80EB5:
 Userid     : "CentOS-7 Key (CentOS 7 Official Signing Key) <security@centos.org>"
 Fingerprint: 6341 ab27 53d7 8a78 a7c2 7bb1 24c6 a8a7 f4a8 0eb5
 Package    : centos-release-7-0.1406.el7.centos.2.3.x86_64 (@anaconda)
 From       : /etc/pki/rpm-gpg/RPM-GPG-KEY-CentOS-7
Is this ok [y/N]: y
.....(後面省略)....

[root@study ~]# lsb_release -a
LSB Version:    :core-4.1-amd64:core-4.1-noarch:cxx-4.1-amd64:cxx-4.1-noarch:
desktop-4.1-amd64:desktop-4.1-noarch:languages-4.1-amd64:languages-4.1-noarch:
printing-4.1-amd64:printing-4.1-noarch  # LSB 的相關版本
Distributor ID: CentOS
Description:    CentOS Linux release 7.0.1406 (Core)
Release:        7.0.1406
Codename:       Core
```

這個 lsb_release 的東西大家先看看就好，因為有牽涉到後面的 yum 軟體安裝的東西，這部分我們還沒有談到啊～而且如果你現在就直接安裝，未來我們談網路與軟體的階段時，恐怕有些地方會跟我們的測試機環境不同～所以...先看看就好喔！^_^

> 在這裡要跟大家說抱歉，因為不想要破壞整體測試機器的環境，所以鳥哥使用了另一部虛擬機來安裝 redhat-lsb 這套軟體，而另一部虛擬機是透過 CentOS 7.0 而非 CentOS 7.1 的版本，因此你應該會發現到上面使用 lsb_release 指令的輸出中，竟然出現了 7.0.1406 的東東～真是不好意思～

# 5.4　重點回顧

◆　Linux 的每個檔案中，可分別給予使用者、群組與其他人三種身份個別的 rwx 權限。

◆　群組最有用的功能之一，就是當你在團隊開發資源的時候，且每個帳號都可以有多個群組的支援。

◆　利用 ls -l 顯示的檔案屬性中，第一個欄位是檔案的權限，共有十個位元，第一個位元是檔案類型，接下來三個為一組共三組，為使用者、群組、其他人的權限，權限有 r,w,x 三種。

◆　如果檔名之前多一個『 . 』，則代表這個檔案為『隱藏檔』。

◆ 若需要 root 的權限時，可以使用 su - 這個指令來切換身份。處理完畢則使用 exit 離開 su 的指令環境。

◆ 更改檔案的群組支援可用 chgrp，修改檔案的擁有者可用 chown，修改檔案的權限可用 chmod。

◆ chmod 修改權限的方法有兩種，分別是符號法與數字法，數字法中 r,w,x 分數為 4,2,1。

◆ 對檔案來講，權限的效能為：

- ■ r：可讀取此一檔案的實際內容，如讀取文字檔的文字內容等。

- ■ w：可以編輯、新增或者是修改該檔案的內容(但不含刪除該檔案)。

- ■ x：該檔案具有可以被系統執行的權限。

◆ 對目錄來說，權限的效能為：

- ■ r (read contents in directory)

- ■ w (modify contents of directory)

- ■ x (access directory)

◆ 要開放目錄給任何人瀏覽時，應該至少也要給予 r 及 x 的權限，但 w 權限不可隨便給。

◆ 能否讀取到某個檔案內容，跟該檔案所在的目錄權限也有關係 (目錄至少需要有 x 的權限)。

◆ Linux 檔名的限制為：單一檔案或目錄的最大容許檔名為 255 個英文字元或 128 個中文字元。

◆ 根據 FHS 的官方文件指出，他們的主要目的是希望讓使用者可以瞭解到已安裝軟體通常放置於那個目錄下。

◆ FHS 訂定出來的四種目錄特色為：shareable, unshareable, static, variable 等四類。

◆ FHS 所定義的三層主目錄為：/, /var, /usr 三層而已。

◆ 絕對路徑檔名為從根目錄 / 開始寫起，否則都是相對路徑的檔名。

## 5.5　本章練習

◆ 早期的 Unix 系統檔名最多允許 14 個字元，而新的 Unix 與 Linux 系統中，檔名最多可以容許幾個字元？

◆ 當一個一般檔案權限為 -rwxrwxrwx 則表示這個檔案的意義為？

◆ 我需要將一個檔案的權限改為 -rwxr-xr-- 請問該如何下達指令？

- 若我需要更改一個檔案的擁有者與群組，該用什麼指令？

- 請問底下的目錄與主要放置什麼資料：

  /etc/, /boot, /usr/bin, /bin, /usr/sbin, /sbin, /dev, /var/log, /run

- 若一個檔案的檔名開頭為『 . 』，例如 .bashrc 這個檔案，代表什麼？另外，如何顯示出這個檔名與它的相關屬性？

## 5.6  參考資料與延伸閱讀

- 註 1：各種檔案系統的檔名長度限制，維基百科：

  http://en.wikipedia.org/wiki/Comparison_of_file_systems

- 註 2：FHS 標準的相關說明：

  維基百科簡易說明：http://en.wikipedia.org/wiki/Filesystem_Hierarchy_Standard

  FHS 2.3 (2004 年版)的標準文件：http://www.pathname.com/fhs/pub/fhs-2.3.html

  FHS 3.0 (2015 年版)的標準文件：http://refspecs.linuxfoundation.org/FHS_3.0/fhs-3.0.pdf

- 關於 Journaling 日誌式文章的相關說明：

  http://www.linuxplanet.com/linuxplanet/reports/3726/1/

# Linux 檔案與目錄管理

在前一章我們認識了 Linux 系統下的檔案權限概念以及目錄的配置說明。在這個章節當中，我們就直接來進一步的操作與管理檔案及目錄吧！包括在不同的目錄間變換、建立與刪除目錄、建立與刪除檔案，還有尋找檔案、查閱檔案內容等等，都會在這個章節作個簡單的介紹啊！

# 6.1 目錄與路徑

由前一章 Linux 的檔案權限與目錄配置中透過 FHS 瞭解了 Linux 的『樹狀目錄』概念之後，接下來就得要實際的來搞定一些基本的路徑問題了！這些目錄的問題當中，最重要的莫過於前一章也談過的『絕對路徑』與『相對路徑』的意義啦！絕對/相對路徑的寫法並不相同，要特別注意。此外，當你下達指令時，該指令是透過什麼功能來取得的？這與 PATH 這個變數有關呢！底下就讓我們來談談囉！

## 6.1.1 相對路徑與絕對路徑

在開始目錄的切換之前，你必須要先瞭解一下所謂的『**路徑(PATH)**』，有趣的是：什麼是『**相對路徑**』與『**絕對路徑**』？雖然前一章已經稍微針對這個議題提過一次，不過，這裡不厭其煩的再次強調一下！

- **絕對路徑**：路徑的寫法『**一定由根目錄 / 寫起**』，例如：/usr/share/doc 這個目錄。

- **相對路徑**：路徑的寫法『**不是由 / 寫起**』，例如由 /usr/share/doc 要到 /usr/share/man 底下時，可以寫成：『cd ../man』這就是相對路徑的寫法啦！相對路徑意指『相對於目前工作目錄的路徑！』

◆ **相對路徑的用途**

那麼相對路徑與絕對路徑有什麼了不起呀？喝！那可真的是了不起了！假設你寫了一個軟體，這個軟體共需要三個目錄，分別是 etc, bin, man 這三個目錄，然而由於不同的人喜歡安裝在不同的目錄之下，假設甲安裝的目錄是 /usr/local/packages/etc, /usr/local/packages/bin 及 /usr/local/packages/man，不過乙卻喜歡安裝在 /home/packages/etc, /home/packages/bin, /home/packages/man 這三個目錄中，請問如果需要用到絕對路徑的話，那麼是否很麻煩呢？是的！如此一來每個目錄下的東西就很難對應的起來！這個時候相對路徑的寫法就顯的特別的重要了！

此外，如果你跟鳥哥一樣，喜歡將路徑的名字寫的很長，好讓自己知道那個目錄是在幹什麼的，例如：/cluster/raid/output/taiwan2006/smoke 這個目錄，而另一個目錄在 /cluster/raid/output/taiwan2006/cctm，那麼我從第一個要到第二個目錄去的話，怎麼寫比較方便？當然是『 cd ../cctm 』比較方便囉！對吧！

◆ **絕對路徑的用途**

但是對於檔名的正確性來說，『**絕對路徑的正確度要比較好～**』。一般來說，鳥哥會建議你，如果是在寫程式 (shell scripts) 來管理系統的條件下，務必使用絕對路徑的寫法。怎麼說呢？因為絕對路徑的寫法雖然比較麻煩，但是可以肯定這個寫法絕對不會有問題。如果使用相對路徑在程式當中，則可能由於你執行的工作環境不同，導致一些問題的發生。這個問題在工作排程 (at, cron, 第十五章) 當中尤其重要！這個現象我們在十二章、shell script 時，會再次的提醒你喔！^_^

## 6.1.2 目錄的相關操作

我們之前稍微提到變換目錄的指令是 cd，還有哪些可以進行目錄操作的指令呢？例如建立目錄啊、刪除目錄之類的～還有，得要先知道的，就是有哪些比較特殊的目錄呢？舉例來說，底下這些就是比較特殊的目錄，得要用力的記下來才行：

```
.               代表此層目錄
..              代表上一層目錄
-               代表前一個工作目錄
~               代表『目前使用者身份』所在的家目錄
~account    代表 account 這個使用者的家目錄(account是個帳號名稱)
```

需要特別注意的是：**在所有目錄底下都會存在的兩個目錄，分別是『.』與『..』** 分別代表此層與上層目錄的意思。那麼來思考一下底下這個例題：

### 例題

請問在 Linux 底下，根目錄下有沒有上層目錄 (..) 存在？

**答：**若使用『 ls -al / 』去查詢，可以看到根目錄下確實存在 . 與 .. 兩個目錄，再仔細的查閱，可發現這兩個目錄的屬性與權限完全一致，這代表**根目錄的上一層 (..) 與根目錄自己 (.) 是同一個目錄。**

底下我們就來談一談幾個常見的處理目錄的指令吧！

■ cd：**變換目錄**

■ pwd：**顯示目前的目錄**

■ mkdir：**建立一個新的目錄**

■ rmdir：**刪除一個空的目錄**

◆ cd (change directory, **變換目錄**)

我們知道 dmtsai 這個使用者的家目錄是 /home/dmtsai/，而 root 家目錄則是 /root/，假設我以 root 身份在 Linux 系統中，那麼簡單的說明一下這幾個特殊的目錄的意義是：

```
[dmtsai@study ~]$ su -    # 先切換身份成為 root 看看！
[root@study ~]# cd [相對路徑或絕對路徑]
# 最重要的就是目錄的絕對路徑與相對路徑，還有一些特殊目錄的符號囉！
[root@study ~]# cd ~dmtsai
# 代表去到 dmtsai 這個使用者的家目錄，亦即 /home/dmtsai
[root@study dmtsai]# cd ~
# 表示回到自己的家目錄，亦即是 /root 這個目錄
[root@study ~]# cd
# 沒有加上任何路徑，也還是代表回到自己家目錄的意思喔！
[root@study ~]# cd ..
# 表示去到目前的上層目錄，亦即是 /root 的上層目錄的意思；
[root@study /]# cd -
# 表示回到剛剛的那個目錄，也就是 /root 囉～
[root@study ~]# cd /var/spool/mail
# 這個就是絕對路徑的寫法！直接指定要去的完整路徑名稱！
[root@study mail]# cd ../postfix
# 這個是相對路徑的寫法，我們由/var/spool/mail 去到/var/spool/postfix 就這樣寫！
```

cd 是 Change Directory 的縮寫，這是用來變換工作目錄的指令。注意，目錄名稱與 cd 指令之間存在一個空格。一登入 Linux 系統後，每個帳號都會在自己帳號的家目錄中。那回到上一層目錄可以用『 cd .. 』。**利用相對路徑的寫法必須要確認你目前的路徑才能正確的去到想要去的目錄**。例如上表當中最後一個例子，你必須要確認你是在 /var/spool/mail 當中，並且知道在/var/spool 當中有個 mqueue 的目錄才行啊～這樣才能使用 cd ../postfix 去到正確的目錄說，否則就要直接輸入 cd /var/spool/postfix 囉～

其實，我們的提示字元，亦即那個 [root@study ~]# 當中，就已經有指出目前的目錄了，剛登入時會到自己的家目錄，而家目錄還有一個代碼，那就是『 ～ 』符號！例如上面的例子可以發現，使用『 cd ～ 』可以回到個人的家目錄裡頭去呢！另外，針對 cd 的使用方法，如果僅輸入 cd 時，代表的就是『 cd ～ 』的意思喔～亦即是會回到自己的家目錄啦！而那個『 cd - 』比較難以理解，請自行多做幾次練習，就會比較明白了。

> 還是要一再地提醒，我們的 Linux 的預設指令列模式 (bash shell) 具有檔案補齊功能，你要常常利用 [tab] 按鍵來達成你的目錄完整性啊！這可是個好習慣啊～可以避免你按錯鍵盤輸入錯字說～^_^

◆ pwd (顯示目前所在的目錄)

```
[root@study ~]# pwd [-P]
選項與參數：
```

```
-P    :顯示出確實的路徑,而非使用連結 (link) 路徑。
```

範例:單純顯示出目前的工作目錄:
```
[root@study ~]# pwd
/root    <== 顯示出目錄啦~
```

範例:顯示出實際的工作目錄,而非連結檔本身的目錄名而已
```
[root@study ~]# cd /var/mail    <==注意,/var/mail是一個連結檔
[root@study mail]# pwd
/var/mail         <==列出目前的工作目錄
[root@study mail]# pwd -P
/var/spool/mail    <==怎麼回事?有沒有加 -P 差很多~
[root@study mail]# ls -ld /var/mail
lrwxrwxrwx. 1 root root 10 May  4 17:51 /var/mail -> spool/mail
# 看到這裡應該知道為啥了吧?因為 /var/mail 是連結檔,連結到 /var/spool/mail
# 所以,加上 pwd -P 的選項後,會不以連結檔的資料顯示,而是顯示正確的完整路徑啊!
```

pwd 是 Print Working Directory 的縮寫,也就是顯示目前所在目錄的指令,例如在上個表格最後的目錄是/var/mail 這個目錄,但是提示字元僅顯示 mail,如果你想要知道目前所在的目錄,可以輸入 pwd 即可。此外,由於很多的套件所使用的目錄名稱都相同,例如 /usr/local/etc 還有 /etc,但是通常 Linux 僅列出最後面那一個目錄而已,這個時候你就可以使用 pwd 來知道你的所在目錄囉!免得搞錯目錄,結果...

其實有趣的是那個 -P 的選項啦!它可以讓我們取得正確的目錄名稱,而不是以連結檔的路徑來顯示的。如果你使用的是 CentOS 7.x 的話,剛剛好 /var/mail 是 /var/spool/mail 的連結檔,所以,透過到/var/mail 下達 pwd -P 就能夠知道這個選項的意義囉~ ^_^

◆ mkdir (建立新目錄)

```
[root@study ~]# mkdir [-mp] 目錄名稱
選項與參數:
-m :設定檔案的權限喔!直接設定,不需要看預設權限 (umask) 的臉色~
-p :幫助你直接將所需要的目錄(包含上層目錄)遞迴建立起來!
```

範例:請到/tmp底下嘗試建立數個新目錄看看:
```
[root@study ~]# cd /tmp
[root@study tmp]# mkdir test    <==建立一名為 test 的新目錄
[root@study tmp]# mkdir test1/test2/test3/test4
mkdir: cannot create directory 'test1/test2/test3/test4': No such file or directory
# 話說,系統告訴我們,沒可能建立這個目錄啊!就是沒有目錄才要建立的!見鬼嘛?
[root@study tmp]# mkdir -p test1/test2/test3/test4
# 原來是要建 test4 上層沒先建 test3 之故!加了這個 -p 的選項,可以自行幫你建立多層目錄!
```

```
範例:建立權限為rwx--x--x的目錄
[root@study tmp]# mkdir -m 711 test2
[root@study tmp]# ls -ld test*
drwxr-xr-x. 2 root    root  6 Jun  4 19:03 test
drwxr-xr-x. 3 root    root 18 Jun  4 19:04 test1
drwx--x--x. 2 root    root  6 Jun  4 19:05 test2
# 仔細看上面的權限部分,如果沒有加上 -m 來強制設定屬性,系統會使用預設屬性。
# 那麼你的預設屬性為何?這要透過底下介紹的 umask 才能瞭解喔!^_^
```

如果想要建立新的目錄的話,那麼就使用 mkdir (make directory)吧!不過,在預設的情況下,**你所需要的目錄得一層一層的建立才行!**例如:假如你要建立一個目錄為 /home/bird/testing/test1 , 那 麼 首 先 必 須 要 有 /home 然 後 /home/bird , 再 來 /home/bird/testing 都必須要存在,才可以建立 /home/bird/testing/test1 這個目錄!假如沒有 /home/bird/testing 時,就沒有辦法建立 test1 的目錄囉!

不過,現在有個更簡單有效的方法啦!那就是加上 -p 這個選項喔!你可以直接下達:『 mkdir -p /home/bird/testing/test1 』 則系統會自動的幫你將 /home, /home/bird, /home/bird/testing 依序的建立起目錄!並且,**如果該目錄本來就已經存在時,系統也不會顯示錯誤訊息喔!**挺快樂的吧!^_^ 不過鳥哥不建議常用-p 這個選項,因為擔心如果你打錯字,那麼目錄名稱就會變的亂七八糟的!

另外,有個地方你必須要先有概念,那就是『預設權限』的地方。我們可以利用 -m 來強制給予一個新的目錄相關的權限,例如上表當中,我們給予 -m 711 來給予新的目錄 drwx--x--x 的權限。不過,如果沒有給予 -m 選項時,那麼預設的新建目錄權限又是什麼呢?這個跟 umask 有關,我們在本章後頭會加以介紹的。

◆ rmdir (刪除『空』的目錄)

```
[root@study ~]# rmdir [-p] 目錄名稱
選項與參數:
-p :連同『上層』『空的』目錄也一起刪除

範例:將於mkdir範例中建立的目錄(/tmp底下)刪除掉!
[root@study tmp]# ls -ld test*    <==看看有多少目錄存在?
drwxr-xr-x. 2 root    root  6 Jun  4 19:03 test
drwxr-xr-x. 3 root    root 18 Jun  4 19:04 test1
drwx--x--x. 2 root    root  6 Jun  4 19:05 test2
[root@study tmp]# rmdir test    <==可直接刪除掉,沒問題
[root@study tmp]# rmdir test1   <==因為尚有內容,所以無法刪除!
rmdir: failed to remove 'test1': Directory not empty
[root@study tmp]# rmdir -p test1/test2/test3/test4
```

```
[root@study tmp]# ls -ld test*        <==你看看，底下的輸出中test與test1不見了！
drwx--x--x. 2 root    root  6 Jun  4 19:05 test2
# 瞧！利用 -p 這個選項，立刻就可以將 test1/test2/test3/test4 一次刪除～
# 不過要注意的是，這個 rmdir 僅能『刪除空的目錄』喔！
```

如果想要刪除舊有的目錄時，就使用 rmdir 吧！例如將剛剛建立的 test 殺掉，使用
『rmdir test』即可！請注意呦！目錄需要一層一層的刪除才行！而且**被刪除的目錄裡面
必定不能存在其他的目錄或檔案**！這也是所謂的空的目錄 (empty directory) 的意思啊！
那如果要將所有目錄下的東西都殺掉呢？！這個時候就必須使用『 rm -r test 』囉！不
過，還是使用 rmdir 比較不危險！你也可以嘗試以 -p 的選項加入，來刪除上層的目錄
喔！

## 6.1.3　關於執行檔路徑的變數：$PATH

經過前一章FHS的說明後，我們知道查閱檔案屬性的指令ls完整檔名為：/bin/ls(這是絕
對路徑)，那你會不會覺得很奇怪：『**為什麼我可以在任何地方執行 /bin/ls 這個指令呢？**』為
什麼我在任何目錄下輸入 ls 就一定可以顯示出一些訊息而不會說找不到該 /bin/ls 指令呢？**這
是因為環境變數 PATH 的幫助所致呀！**

當我們在執行一個指令的時候，舉例來說『ls』好了，系統會依照 PATH 的設定去每個
PATH定義的目錄下搜尋檔名為ls的可執行檔，如果在PATH定義的目錄中含有多個檔名為ls
的可執行檔，那麼先搜尋到的同名指令先被執行！

現在，請下達『echo $PATH』來看看到底有哪些目錄被定義出來了？echo 有『顯示、
印出』的意思，而 PATH 前面加的 $ 表示後面接的是變數，所以會顯示出目前的 PATH ！

```
範例：先用root的身份列出搜尋的路徑為何？
[root@study ~]# echo $PATH
/usr/local/sbin:/usr/local/bin:/sbin:/bin:/usr/sbin:/usr/bin:/root/bin

範例：用dmtsai的身份列出搜尋的路徑為何？
[root@study ~]# exit    # 由之前的 su - 離開，變回原本的帳號！或再取得一個終端機皆可！
[dmtsai@study ~]$ echo $PATH
/usr/local/bin:/usr/bin:/usr/local/sbin:/usr/sbin:/home/dmtsai/.local/bin:/home/dmtsai/bin
# 記不記得我們前一章說過，目前 /bin 是連結到 /usr/bin 當中的喔！
```

PATH (一定是大寫) 這個變數的內容是由一堆目錄所組成的，每個目錄中間用冒號 (:) 來
隔開，每個目錄是有『順序』之分的。仔細看一下上面的輸出，你可以發現到無論是 root 還
是 dmtsai 都有 /bin 或 /usr/bin 這個目錄在 PATH 變數內，所以當然就能夠在任何地方執行 ls

來找到/bin/ls執行檔囉！因為 /bin 在 CentOS 7 當中，就是連結到 /usr/bin 去的！所以這兩個目錄內容會一模一樣！

我們用幾個範例來讓你瞭解一下，為什麼 PATH 是那麼重要的項目！

**例題**

假設你是 root，如果你將 ls 由/bin/ls 移動成為/root/ls(可用『mv /bin/ls /root』指令達成)，然後你自己本身也在/root 目錄下，請問 (1)你能不能直接輸入 ls 來執行？(2)若不能，你該如何執行 ls 這個指令？(3)若要直接輸入 ls 即可執行，又該如何進行？

**答**：由於這個例題的重點是將某個執行檔移動到非正規目錄去，所以我們先要進行底下的動作才行：(務必先使用 su - 切換成為 root 的身份)

```
[root@study ~]# mv /bin/ls /root
# mv 為移動，可將檔案在不同的目錄間進行移動作業
```

(1) 接下來不論你在那個目錄底下輸入任何與 ls 相關的指令，都沒有辦法順利的執行 ls 了！也就是說，你不能直接輸入 ls 來執行，**因為/root 這個目錄並不在 PATH 指定的目錄中，所以，即使你在/root 目錄下，也不能夠搜尋到 ls 這個指令！**

(2) 因為這個 ls 確實存在於/root 底下，並不是被刪除了！所以我們可以透過使用絕對路徑或者是相對路徑直接指定這個執行檔檔名，底下的兩個方法都能夠執行 ls 這個指令：

```
[root@study ~]# /root/ls   <==直接用絕對路徑指定該檔名
[root@study ~]# ./ls       <==因為在 /root 目錄下，就用./ls來指定
```

(3) 如果想要讓root在任何目錄均可執行/root底下的ls，那麼就將/root加入 PATH 當中即可。加入的方法很簡單，就像底下這樣：

```
[root@study ~]# PATH="${PATH}:/root"
```

上面這個作法就能夠將/root 加入到執行檔搜尋路徑 PATH 中了！不相信的話請你自行使用『echo $PATH』去查看吧！**另外，除了 $PATH 之外，如果想要更明確的定義出變數的名稱，可以使用大括號 ${PATH} 來處理變數的呼叫喔！**如果確定這個例題進行沒有問題了，請將 ls 搬回/bin 底下，不然系統會掛點的！

```
[root@study ~]# mv /root/ls /bin
```

某些情況下，即使你已經將 ls 搬回 /bin 了，不過系統還是會告知你無法處理 /root/ls 喔！很可能是因為指令參數被快取的關係。不要緊張，只要登出 (exit) 再登入 (su -) 就可以繼續快樂的使用 ls 了！

**例題**

如果我有兩個 ls 指令在不同的目錄中,例如/usr/local/bin/ls 與/bin/ls 那麼當我下達 ls 的時候,哪個 ls 會被執行?

**答**:那還用說,就找出 ${PATH} 裡面哪個目錄先被查詢,則那個目錄下的指令就會被先執行了!所以用 dmtsai 帳號為例,它最先搜尋的是 /usr/local/bin,所以 /usr/local/bin/ls 會先被執行喔!

**例題**

為什麼 ${PATH} 搜尋的目錄不加入本目錄 (.)?加入本目錄的搜尋不是也不錯?

**答**:如果在 PATH 中加入本目錄 (.) 後,確實我們就能夠在指令所在目錄進行指令的執行了。但是由於你的工作目錄並非固定 (常常會使用 cd 來切換到不同的目錄),因此能夠執行的指令會有變動(因為每個目錄底下的可執行檔都不相同嘛!),這對使用者來說並非好事。

另外,如果有個壞心使用者在/tmp 底下做了一個指令,因為 /tmp 是大家都能夠寫入的環境,所以他當然可以這樣做。假設該指令可能會竊取使用者的一些資料,如果你使用 root 的身份來執行這個指令,那不是很糟糕?如果這個指令的名稱又是經常會被用到的 ls 時,那『中標』的機率就更高了!

所以,**為了安全起見,不建議將『.』加入 PATH 的搜尋目錄中。**

而由上面的幾個例題我們也可以知道幾件事情:

◆ **不同身份使用者預設的PATH不同,預設能夠隨意執行的指令也不同(如root與dmtsai)。**

◆ **PATH 是可以修改的。**

◆ **使用絕對路徑或相對路徑直接指定某個指令的檔名來執行,會比搜尋 PATH 來的正確。**

◆ **指令應該要放置到正確的目錄下,執行才會比較方便。**

◆ **本目錄 (.) 最好不要放到 PATH 當中。**

對於 PATH 更詳細的『變數』說明,我們會在第三篇的 bash shell 中詳細說明的!

# 6.2 檔案與目錄管理

談了談目錄與路徑之後,再來討論一下關於檔案的一些基本管理吧!檔案與目錄的管理上,不外乎『顯示屬性』、『拷貝』、『刪除檔案』及『移動檔案或目錄』等等,由於檔案與目錄的管理在 Linux 當中是很重要的,尤其是每個人自己家目錄的資料也都需要注意管理!所以我們來談一談有關檔案與目錄的一些基礎管理部分吧!

## 6.2.1 檔案與目錄的檢視:ls

```
[root@study ~]# ls [-aAdfFhilnrRSt] 檔名或目錄名稱..
[root@study ~]# ls [--color={never,auto,always}] 檔名或目錄名稱..
[root@study ~]# ls [--full-time] 檔名或目錄名稱..
選項與參數:
-a  :全部的檔案,連同隱藏檔( 開頭為 . 的檔案) 一起列出來(常用)
-A  :全部的檔案,連同隱藏檔,但不包括 . 與 .. 這兩個目錄
-d  :僅列出目錄本身,而不是列出目錄內的檔案資料(常用)
-f  :直接列出結果,而不進行排序 (ls 預設會以檔名排序!)
-F  :根據檔案、目錄等資訊,給予附加資料結構,例如:
       *:代表可執行檔;  /:代表目錄;  =:代表 socket 檔案;  |:代表 FIFO 檔案;
-h  :將檔案容量以人類較易讀的方式(例如 GB, KB 等等)列出來;
-i  :列出 inode 號碼,inode 的意義下一章將會介紹;
-l  :長資料串列出,包含檔案的屬性與權限等等資料;(常用)
-n  :列出 UID 與 GID 而非使用者與群組的名稱 (UID與GID會在帳號管理提到!)
-r  :將排序結果反向輸出,例如:原本檔名由小到大,反向則為由大到小;
-R  :連同子目錄內容一起列出來,等於該目錄下的所有檔案都會顯示出來;
-S  :以檔案容量大小排序,而不是用檔名排序;
-t  :依時間排序,而不是用檔名。
--color=never    :不要依據檔案特性給予顏色顯示;
--color=always   :顯示顏色
--color=auto     :讓系統自行依據設定來判斷是否給予顏色
--full-time      :以完整時間模式 (包含年、月、日、時、分) 輸出
--time={atime,ctime}  :輸出 access 時間或改變權限屬性時間 (ctime)
                      而非內容變更時間 (modification time)
```

在 Linux 系統當中,這個 ls 指令可能是最常被執行的吧!因為我們隨時都要知道檔案或者是目錄的相關資訊啊~不過,我們 Linux 的檔案所記錄的資訊實在是太多了,ls 沒有需要全部都列出來呢~所以,當你只有下達 ls 時,預設顯示的只有:**非隱藏檔的檔名、以檔名進行排序及檔名代表的顏色顯示**如此而已。舉例來說,你下達『 ls /etc 』之後,只有經過排序的檔名以及以藍色顯示目錄及白色顯示一般檔案,如此而已。

　　那如果我還想要加入其他的顯示資訊時，可以加入上頭提到的那些有用的選項呢～舉例來說，我們之前一直用到的 -l 這個長串顯示資料內容，以及將隱藏檔也一起列示出來的 -a 選項等等。底下則是一些常用的範例，實際試做看看：

範例一：將家目錄下的所有檔案列出來(含屬性與隱藏檔)

```
[root@study ~]# ls -al ~
total 56
dr-xr-x---.  5 root root 4096 Jun  4 19:49 .
dr-xr-xr-x. 17 root root 4096 May  4 17:56 ..
-rw-------.  1 root root 1816 May  4 17:57 anaconda-ks.cfg
-rw-------.  1 root root 6798 Jun  4 19:53 .bash_history
-rw-r--r--.  1 root root   18 Dec 29  2013 .bash_logout
-rw-r--r--.  1 root root  176 Dec 29  2013 .bash_profile
-rw-rw-rw-.  1 root root  176 Dec 29  2013 .bashrc
-rw-r--r--.  1 root root  176 Jun  3 00:04 .bashrc_test
drwx------.  4 root root   29 May  6 00:14 .cache
drwxr-xr-x.  3 root root   17 May  6 00:14 .config
# 這個時候你會看到以 . 為開頭的幾個檔案，以及目錄檔 (.) (..) .config 等等，
# 不過，目錄檔檔名都是以深藍色顯示，有點不容易看清楚就是了。
```

範例二：承上題，不顯示顏色，但在檔名末顯示出該檔名代表的類型(type)

```
[root@study ~]# ls -alF --color=never  ~
total 56
dr-xr-x---.  5 root root 4096 Jun  4 19:49 ./
dr-xr-xr-x. 17 root root 4096 May  4 17:56 ../
-rw-------.  1 root root 1816 May  4 17:57 anaconda-ks.cfg
-rw-------.  1 root root 6798 Jun  4 19:53 .bash_history
-rw-r--r--.  1 root root   18 Dec 29  2013 .bash_logout
-rw-r--r--.  1 root root  176 Dec 29  2013 .bash_profile
-rw-rw-rw-.  1 root root  176 Dec 29  2013 .bashrc
-rw-r--r--.  1 root root  176 Jun  3 00:04 .bashrc_test
drwx------.  4 root root   29 May  6 00:14 .cache/
drwxr-xr-x.  3 root root   17 May  6 00:14 .config/
# 注意看到顯示結果的第一行，嘿嘿～知道為何我們會下達類似 ./command
# 之類的指令了吧？因為 ./ 代表的是『目前目錄下』的意思啊！至於什麼是 FIFO/Socket ？
# 請參考前一章節的介紹啊！另外，那個.bashrc 時間僅寫2013，能否知道詳細時間？
```

範例三：完整的呈現檔案的修改時間 (modification time)

```
[root@study ~]# ls -al --full-time  ~
total 56
dr-xr-x---.  5 root root 4096 2015-06-04 19:49:54.520684829 +0800 .
```

```
dr-xr-xr-x. 17 root root 4096 2015-05-04 17:56:38.888000000 +0800 ..
-rw-------. 1 root root 1816 2015-05-04 17:57:02.326000000 +0800 anaconda-ks.cfg
-rw-------. 1 root root 6798 2015-06-04 19:53:41.451684829 +0800 .bash_history
-rw-r--r--. 1 root root 18 2013-12-29 10:26:31.000000000 +0800 .bash_logout
-rw-r--r--. 1 root root 176 2013-12-29 10:26:31.000000000 +0800 .bash_profile
-rw-rw-rw-. 1 root root 176 2013-12-29 10:26:31.000000000 +0800 .bashrc
-rw-r--r--. 1 root root 176 2015-06-03 00:04:16.916684829 +0800 .bashrc_test
drwx------. 4 root root 29 2015-05-06 00:14:56.960764950 +0800 .cache
drwxr-xr-x. 3 root root 17 2015-05-06 00:14:56.975764950 +0800 .config
# 請仔細看,上面的『時間』欄位變了喔!變成較為完整的格式。
# 一般來說,ls -al 僅列出目前短格式的時間,有時不會列出年份,
# 藉由 --full-time 可以查閱到比較正確的完整時間格式啊!
```

其實 ls 的用法還有很多,包括查閱檔案所在 i-node 號碼的 ls -i 選項,以及用來進行檔案排序的 -S 選項,還有用來查閱不同時間的動作的 --time=atime 等選項(更多時間說明請參考本章後面 touch 的說明)。而這些選項的存在都是因為 Linux 檔案系統記錄了很多有用的資訊的緣故。那麼 Linux 的檔案系統中,這些與權限、屬性有關的資料放在哪裡呢?放在 i-node 裡面。關於這部分,我們會在下一章繼續為你作比較深入的介紹啊!

無論如何,ls 最常被使用到的功能還是那個 -l 選項,為此,很多 distribution 在預設的情況中,已經將 ll (L 的小寫) 設定成為 ls -l 的意思了!其實,那個功能是 Bash shell 的 alias 功能呢~也就是說,我們直接輸入 ll 就等於是輸入 ls -l 是一樣的~關於這部分,我們會在後續 bash shell 時再次的強調滴~

## 6.2.2 複製、刪除與移動:cp, rm, mv

要複製檔案,請使用 cp (copy) 這個指令即可~不過,cp 這個指令的用途可多了~除了單純的複製之外,還可以建立連結檔 (就是捷徑囉),比對兩檔案的新舊而予以更新,以及複製整個目錄等等的功能呢!至於移動目錄與檔案,則使用 mv (move),這個指令也可以直接拿來作更名 (rename) 的動作喔!至於移除嗎?那就是 rm (remove) 這個指令囉~底下我們就來瞧一瞧先~

◆ cp (複製檔案或目錄)

```
[root@study ~]# cp [-adfilprsu] 來源檔(source) 目標檔(destination)
[root@study ~]# cp [options] source1 source2 source3 .... directory
選項與參數:
-a  :相當於 -dr --preserve=all 的意思,至於 dr 請參考下列說明;(常用)
-d  :若來源檔為連結檔的屬性(link file),則複製連結檔屬性而非檔案本身;
```

-f ：為強制(force)的意思，若目標檔案已經存在且無法開啟，則移除後再嘗試一次；

-i ：若目標檔(destination)已經存在時，在覆蓋時會先詢問動作的進行(常用)

-l ：進行硬式連結(hard link)的連結檔建立，而非複製檔案本身；

-p ：連同檔案的屬性(權限、用戶、時間)一起複製過去，而非使用預設屬性(備份常用)；

-r ：遞迴持續複製，用於目錄的複製行為；(常用)

-s ：複製成為符號連結檔 (symbolic link)，亦即『捷徑』檔案；

-u ：destination 比 source 舊才更新 destination，或 destination 不存在的情況下才複製。

--preserve=all ：除了 -p 的權限相關參數外，還加入 SELinux 的屬性, links, xattr 等也複製了。

最後需要注意的，如果來源檔有兩個以上，則最後一個目的檔一定要是『目錄』才行！

　　複製(cp)這個指令是非常重要的，不同身份者執行這個指令會有不同的結果產生，尤其是那個-a, -p 的選項，對於不同身份來說，差異則非常的大！底下的練習中，有的身份為root有的身份為一般帳號 (在我這裡用 dmtsai 這個帳號)，練習時請特別注意身份的差別喔！好！開始來做複製的練習與觀察：

範例一：用root身份，將家目錄下的 .bashrc 複製到 /tmp 下，並更名為 bashrc

```
[root@study ~]# cp ~/.bashrc /tmp/bashrc
[root@study ~]# cp -i ~/.bashrc /tmp/bashrc
cp: overwrite `/tmp/bashrc'? n  <==n不覆蓋，y為覆蓋
# 重複作兩次動作，由於 /tmp 底下已經存在 bashrc 了，加上 -i 選項後，
# 則在覆蓋前會詢問使用者是否確定！可以按下 n 或者 y 來二次確認呢！
```

範例二：變換目錄到/tmp，並將/var/log/wtmp複製到/tmp且觀察屬性：

```
[root@study ~]# cd /tmp
[root@study tmp]# cp /var/log/wtmp . <==想要複製到目前的目錄，最後的 . 不要忘
[root@study tmp]# ls -l /var/log/wtmp wtmp
-rw-rw-r--. 1 root utmp 28416 Jun 11 18:56 /var/log/wtmp
-rw-r--r--. 1 root root 28416 Jun 11 19:01 wtmp
# 注意上面的特殊字體，在不加任何選項的情況下，檔案的某些屬性/權限會改變；
# 這是個很重要的特性！要注意喔！還有，連檔案建立的時間也不一樣了！
# 那如果你想要將檔案的所有特性都一起複製過來該怎辦？可以加上 -a 喔！如下所示：

[root@study tmp]# cp -a /var/log/wtmp wtmp_2
[root@study tmp]# ls -l /var/log/wtmp wtmp_2
-rw-rw-r--. 1 root utmp 28416 Jun 11 18:56 /var/log/wtmp
-rw-rw-r--. 1 root utmp 28416 Jun 11 18:56 wtmp_2
# 瞭了吧！整個資料特性完全一模一樣ㄟ！真是不賴～這就是 -a 的特性！
```

這個 cp 的功能很多,由於我們常常會進行一些資料的複製,所以也會常常用到這個指令的。一般來說,我們如果去複製別人的資料 (當然,該檔案你必須要有 read 的權限才行啊!^_^) 時,總是希望複製到的資料最後是我們自己的,所以,**在預設的條件中,cp 的來源檔與目的檔的權限是不同的**,**目的檔的擁有者通常會是指令操作者本身**。舉例來說,上面的範例二中,由於我是 root 的身份,因此複製過來的檔案擁有者與群組就改變成為 root 所有了!這樣說,可以明白嗎?^_^

由於具有這個特性,因此當我們在進行備份的時候,某些需要特別注意的特殊權限檔案,例如密碼檔 (/etc/shadow) 以及一些設定檔,就不能直接以 cp 來複製,而必須要加上 -a 或者是 -p 等等可以完整複製檔案權限的選項才行!另外,如果你想要複製檔案給其他的使用者,也必須要注意到檔案的權限 (包含讀、寫、執行以及檔案擁有者等等),否則,其他人還是無法針對你給予的檔案進行修訂的動作喔!注意注意!

```
範例三:複製 /etc/ 這個目錄下的所有內容到 /tmp 底下
[root@study tmp]# cp /etc/ /tmp
cp: omitting directory `/etc'    <== 如果是目錄則不能直接複製,要加上 -r 的選項
[root@study tmp]# cp -r /etc/ /tmp
# 還是要再次的強調喔! -r 是可以複製目錄,但是,檔案與目錄的權限可能會被改變
# 所以,也可以利用『 cp -a /etc /tmp 』來下達指令喔!尤其是在備份的情況下!


範例四:將範例一複製的 bashrc 建立一個連結檔 (symbolic link)
[root@study tmp]# ls -l bashrc
-rw-r--r--. 1 root root 176 Jun 11 19:01 bashrc   <==先觀察一下檔案情況
[root@study tmp]# cp -s bashrc bashrc_slink
[root@study tmp]# cp -l bashrc bashrc_hlink
[root@study tmp]# ls -l bashrc*
-rw-r--r--. 2 root root 176 Jun 11 19:01 bashrc          <==與原始檔案不太一樣了!
-rw-r--r--. 2 root root 176 Jun 11 19:01 bashrc_hlink
lrwxrwxrwx. 1 root root   6 Jun 11 19:06 bashrc_slink -> bashrc
```

範例四可有趣了!使用 -l 及 -s 都會建立所謂的連結檔 (link file),但是這兩種連結檔卻有不一樣的情況。這是怎麼一回事啊?那個 -l 就是所謂的實體連結 (hard link),至於 -s 則是符號連結 (symbolic link),簡單來說,bashrc_slink 是一個『捷徑』,這個捷徑會連結到 bashrc 去!所以你會看到檔名右側會有個指向 (->) 的符號!

至於 bashrc_hlink 檔案與 bashrc 的屬性與權限完全一模一樣,與尚未進行連結前的差異則是第二欄的 link 數由 1 變成 2 了!鳥哥這裡先不介紹實體連結,因為實體連結涉及 i-node 的相關知識,我們下一章談到檔案系統 (filesystem) 時再來討論這個問題。

範例五：若 ~/.bashrc 比 /tmp/bashrc 新才複製過來

```
[root@study tmp]# cp -u ~/.bashrc /tmp/bashrc
```
# 這個 -u 的特性，是在目標檔案與來源檔案有差異時，才會複製的。
# 所以，比較常被用於『備份』的工作當中喔！ ^_^

範例六：將範例四造成的 bashrc_slink 複製成為 bashrc_slink_1 與bashrc_slink_2

```
[root@study tmp]# cp bashrc_slink bashrc_slink_1
[root@study tmp]# cp -d bashrc_slink bashrc_slink_2
[root@study tmp]# ls -l bashrc bashrc_slink*
-rw-r--r--. 2 root root 176 Jun 11 19:01 bashrc
lrwxrwxrwx. 1 root root   6 Jun 11 19:06 bashrc_slink -> bashrc
-rw-r--r--. 1 root root 176 Jun 11 19:09 bashrc_slink_1   <==與原始檔案相同
lrwxrwxrwx. 1 root root   6 Jun 11 19:10 bashrc_slink_2 -> bashrc   <==是連結檔！
```
# 這個例子也是很有趣喔！原本複製的是連結檔，但是卻將連結檔的實際檔案複製過來了
# 也就是說，如果沒有加上任何選項時，cp複製的是原始檔案，而非連結檔的屬性！
# 若要複製連結檔的屬性，就得要使用 -d 的選項了！如 bashrc_slink_2 所示。

範例七：將家目錄的 .bashrc 及 .bash_history 複製到 /tmp 底下

```
[root@study tmp]# cp ~/.bashrc ~/.bash_history /tmp
```
# 可以將多個資料一次複製到同一個目錄去！最後面一定是目錄！

---

**例題**

你能否使用 dmtsai 的身份，完整的複製 /var/log/wtmp 檔案到 /tmp 底下，並更名為 dmtsai_wtmp 呢？

**答**：實際做看看的結果如下：

```
[dmtsai@study ~]$ cp -a /var/log/wtmp /tmp/dmtsai_wtmp
[dmtsai@study ~]$ ls -l /var/log/wtmp /tmp/dmtsai_wtmp
-rw-rw-r--. 1 dmtsai dmtsai 28416  6月 11 18:56 /tmp/dmtsai_wtmp
-rw-rw-r--. 1 root   utmp   28416  6月 11 18:56 /var/log/wtmp
```

由於 dmtsai 的身份並不能隨意修改檔案的擁有者與群組，因此雖然能夠複製 wtmp 的相關權限與時間等屬性，但是與擁有者、群組相關的，原本 dmtsai 身份無法進行的動作，即使加上 -a 選項，也是無法達成完整複製權限的！

總之，由於 cp 有種種的檔案屬性與權限的特性，所以，在複製時，你必須要清楚的瞭解到：

- **是否需要完整的保留來源檔案的資訊？**

- **來源檔案是否為連結檔 (symbolic link file)？**

- **來源檔是否為特殊的檔案，例如 FIFO, socket 等？**

- **來源檔是否為目錄？**

◆ rm (**移除檔案或目錄**)

```
[root@study ~]# rm [-fir] 檔案或目錄
選項與參數：
-f   ：就是 force 的意思，忽略不存在的檔案，不會出現警告訊息；
-i   ：互動模式，在刪除前會詢問使用者是否動作
-r   ：遞迴刪除啊！最常用在目錄的刪除了！這是非常危險的選項！！！

範例一：將剛剛在 cp 的範例中建立的 bashrc 刪除掉！
[root@study ~]# cd /tmp
[root@study tmp]# rm -i bashrc
rm: remove regular file `bashrc'? y
# 如果加上 -i 的選項就會主動詢問喔，避免你刪除到錯誤的檔名！

範例二：透過萬用字元*的幫忙，將/tmp底下開頭為bashrc的檔名通通刪除：
[root@study tmp]# rm -i bashrc*
# 注意那個星號，代表的是 0 到無窮多個任意字元喔！很好用的東西！

範例三：將 cp 範例中所建立的 /tmp/etc/ 這個目錄刪除掉！
[root@study tmp]# rmdir /tmp/etc
rmdir: failed to remove '/tmp/etc': Directory not empty   <== 不是空的刪不掉
[root@study tmp]# rm -r /tmp/etc
rm: descend into directory `/tmp/etc'? y
rm: remove regular file `/tmp/etc/fstab'? y
rm: remove regular empty file `/tmp/etc/crypttab'? ^C  <== 按下 [ctrl]+c 中斷
......(中間省略).....
# 因為身份是 root ，預設已經加入了 -i 的選項，所以你要一直按 y 才會刪除！
# 如果不想要繼續按 y ，可以按下『 [ctrl]-c 』來結束 rm 的工作。
# 這是一種保護的動作，如果確定要刪除掉此目錄而不要詢問，可以這樣做：
[root@study tmp]# \rm -r /tmp/etc
# 在指令前加上反斜線，可以忽略掉 alias 的指定選項喔！至於 alias 我們在bash再談！
# 拜託！這個範例很可怕！你不要刪錯了！刪除 /etc 系統是會掛掉的！
```

範例四：刪除一個帶有 - 開頭的檔案

```
[root@study tmp]# touch ./-aaa-    <==touch這個指令可以建立空檔案！
[root@study tmp]# ls -l
-rw-r--r--. 1 root    root            0 Jun 11 19:22 -aaa-    <==檔案大小為0，所以是空檔案
[root@study tmp]# rm -aaa-
rm: invalid option -- 'a'                        <== 因為 "-" 是選項嘛！所以系統誤判了！
Try 'rm ./-aaa-' to remove the file `-aaa-'. <== 新的 bash 有給建議的
Try 'rm --help' for more information.
[root@study tmp]# rm ./-aaa-
```

這是移除的指令 (remove)，要注意的是，通常在 Linux 系統下，為了怕檔案被 root 誤殺，所以很多 distributions 都已經預設加入 -i 這個選項了！而如果要連目錄下的東西都一起殺掉的話，例如子目錄裡面還有子目錄時，那就要使用 -r 這個選項了！**不過，使用『 rm -r 』這個指令之前，請千萬注意了，因為該目錄或檔案『肯定』會被 root 殺掉！**因為系統不會再次詢問你是否要砍掉呦！所以那是個超級嚴重的指令下達呦！得特別注意！不過，如果你確定該目錄不要了，那麼使用 rm -r 來循環殺掉是不錯的方式！

另外，範例四也是很有趣的例子，我們在之前就談過，檔名最好不要使用 "-" 號開頭，因為 "-" 後面接的是選項，因此，單純的使用『 rm -aaa- 』系統的指令就會誤判啦！那如果使用後面會談到的正規表示法時，還是會出問題的！所以，只能用避過首位字元是 "-" 的方法啦！就是加上本目錄『 ./ 』即可！如果 man rm 的話，其實還有一種方法，那就是『 rm -- -aaa- 』也可以啊！

◆ mv (移動檔案與目錄，或更名)

```
[root@study ~]# mv [-fiu] source destination
[root@study ~]# mv [options] source1 source2 source3 .... directory
選項與參數：
-f  : force 強制的意思，如果目標檔案已經存在，不會詢問而直接覆蓋；
-i  : 若目標檔案 (destination) 已經存在時，就會詢問是否覆蓋！
-u  : 若目標檔案已經存在，且 source 比較新，才會更新 (update)

範例一：複製一檔案，建立一目錄，將檔案移動到目錄中
[root@study ~]# cd /tmp
[root@study tmp]# cp ~/.bashrc bashrc
[root@study tmp]# mkdir mvtest
[root@study tmp]# mv bashrc mvtest
# 將某個檔案移動到某個目錄去，就是這樣做！
```

範例二：將剛剛的目錄名稱更名為 mvtest2
```
[root@study tmp]# mv mvtest mvtest2 <== 這樣就更名了！簡單～
# 其實在 Linux 底下還有個有趣的指令，名稱為 rename ，
# 該指令專職進行多個檔名的同時更名，並非針對單一檔名變更，與mv不同。請man rename。
```

範例三：再建立兩個檔案，再全部移動到 /tmp/mvtest2 當中
```
[root@study tmp]# cp ~/.bashrc bashrc1
[root@study tmp]# cp ~/.bashrc bashrc2
[root@study tmp]# mv bashrc1 bashrc2 mvtest2
# 注意到這邊，如果有多個來源檔案或目錄，則最後一個目標檔一定是『目錄！』
# 意思是說，將所有的資料移動到該目錄的意思！
```

這是搬移 (move) 的意思！當你要移動檔案或目錄的時後，呵呵！這個指令就很重要啦！同樣的，你也可以使用 -u ( update ) 來測試新舊檔案，看看是否需要搬移囉！另外一個用途就是『**變更檔名！**』，我們可以很輕易的使用 mv 來變更一個檔案的檔名呢！不過，在 Linux 才有的指令當中，有個 rename ，可以用來更改大量檔案的檔名，你可以利用 man rename 來查閱一下，也是挺有趣的指令喔！

## 6.2.3　取得路徑的檔案名稱與目錄名稱

每個檔案的完整檔名包含了前面的目錄與最終的檔名，而每個檔名的長度都可以到達 255 個字元耶！那麼你怎麼知道那個是檔名？那個是目錄名？嘿嘿！就是利用斜線 (/) 來分辨啊！其實，取得檔名或者是目錄名稱，一般的用途應該是在寫程式的時候用來判斷之用的啦～所以，這部分的指令可以用在第三篇內的 shell scripts 裡頭喔！底下我們簡單的以幾個範例來談一談 basename 與 dirname 的用途！

```
[root@study ~]# basename /etc/sysconfig/network
network          <== 很簡單！就取得最後的檔名～
[root@study ~]# dirname /etc/sysconfig/network
/etc/sysconfig  <== 取得的變成目錄名了！
```

## 6.3　檔案內容查閱

如果我們要查閱一個檔案的內容時，該如何是好呢？這裡有相當多有趣的指令可以來分享一下：最常使用的顯示檔案內容的指令可以說是 cat 與 more 及 less 了！此外，如果我們要查看一個很大型的檔案 (好幾百 MB 時)，但是我們只需要後端的幾行字而已，那麼該如何是好？呵呵！用 tail 呀，此外，tac 這個指令也可以達到這個目的喔！好了，說說各個指令的用途吧！

◆ cat 由第一行開始顯示檔案內容

◆ tac 從最後一行開始顯示，可以看出 tac 是 cat 的倒著寫！

◆ nl 顯示的時候，順道輸出行號！

◆ more 一頁一頁的顯示檔案內容

◆ less 與 more 類似，但是比 more 更好的是，它可以往前翻頁！

◆ head 只看頭幾行

◆ tail 只看尾巴幾行

◆ od 以二進位的方式讀取檔案內容！

## 6.3.1　直接檢視檔案內容

直接查閱一個檔案的內容可以使用 cat/tac/nl 這幾個指令啊！

◆ cat (concatenate)

```
[root@study ~]# cat [-AbEnTv]
選項與參數：
-A  ：相當於 -vET 的整合選項，可列出一些特殊字符而不是空白而已；
-b  ：列出行號，僅針對非空白行做行號顯示，空白行不標行號！
-E  ：將結尾的斷行字元 $ 顯示出來；
-n  ：列印出行號，連同空白行也會有行號，與 -b 的選項不同；
-T  ：將 [tab] 按鍵以 ^I 顯示出來；
-v  ：列出一些看不出來的特殊字符

範例一：檢閱 /etc/issue 這個檔案的內容
[root@study ~]# cat /etc/issue
\S
Kernel \r on an \m

範例二：承上題，如果還要加印行號呢？
[root@study ~]# cat -n /etc/issue
     1  \S
     2  Kernel \r on an \m
     3
# 所以這個檔案有三行！看到了吧！可以印出行號呢！這對於大檔案要找某個特定的行時，有點用處！
# 如果不想要編排空白行的行號，可以使用『cat -b /etc/issue』，自己測試看看：

範例三：將 /etc/man_db.conf 的內容完整的顯示出來(包含特殊字元)
[root@study ~]# cat -A /etc/man_db.conf
```

```
# $
.....(中間省略).....
MANPATH_MAP^I/bin^I^I^I/usr/share/man$
MANPATH_MAP^I/usr/bin^I^I^I/usr/share/man$
MANPATH_MAP^I/sbin^I^I^I/usr/share/man$
MANPATH_MAP^I/usr/sbin^I^I^I/usr/share/man$
.....(底下省略).....
# 上面的結果限於篇幅，鳥哥刪除掉很多資料了。另外，輸出的結果並不會有特殊字體，
# 鳥哥上面的特殊字體是要讓你發現差異點在哪裡就是了。基本上，在一般的環境中，
# 使用 [tab] 與空白鍵的效果差不多，都是一堆空白啊！我們無法知道兩者的差別。
# 此時使用 cat -A 就能夠發現那些空白的地方是啥鬼東西了！[tab]會以 ^I 表示，
# 斷行字元則是以 $ 表示，所以你可以發現每一行後面都是 $ 啊！不過斷行字元
# 在Windows/Linux則不太相同，Windows的斷行字元是 ^M$ 囉。
# 這部分我們會在第九章 vim 軟體的介紹時，再次的說明到喔！
```

嘿嘿！Linux 裡面有『貓』指令？喔！不是的，cat 是 Concatenate (連續) 的簡寫，主要的功能是將一個檔案的內容連續的印出在螢幕上面！例如上面的例子中，我們將 /etc/issue 印出來！如果加上 -n 或 -b 的話，則每一行前面還會加上行號呦！

鳥哥個人是比較少用 cat 啦！畢竟當你的檔案內容的行數超過 40 行以上，嘿嘿！根本來不及在螢幕上看到結果！所以，配合等一下要介紹的 more 或者是 less 來執行比較好！此外，如果是一般的 DOS 檔案時，就需要特別留意一些奇奇怪怪的符號了，例如斷行與 [tab] 等，要顯示出來，就得加入 -A 之類的選項了！

◆ tac (反向列示)

```
[root@study ~]# tac /etc/issue

Kernel \r on an \m
\S
# 嘿嘿！與剛剛上面的範例一比較，是由最後一行先顯示喔！
```

tac 這個好玩了！怎麼說呢？詳細的看一下，cat 與 tac ，有沒有發現呀！對啦！tac 剛好是將 cat 反寫過來，所以它的功能就跟 cat 相反啦，cat 是由『第一行到最後一行連續顯示在螢幕上』，而 tac 則是『由最後一行到第一行反向在螢幕上顯示出來 』，很好玩吧！

◆ nl (添加行號列印)

```
 [root@study ~]# nl [-bnw] 檔案
選項與參數：
-b  ：指定行號指定的方式，主要有兩種：
      -b a ：表示不論是否為空行，也同樣列出行號(類似 cat -n)；
```

```
        -b t  ：如果有空行，空的那一行不要列出行號(預設值)；
-n    ：列出行號表示的方法，主要有三種：
        -n ln ：行號在螢幕的最左方顯示；
        -n rn ：行號在自己欄位的最右方顯示，且不加 0 ；
        -n rz ：行號在自己欄位的最右方顯示，且加 0 ；
-w    ：行號欄位的佔用的字元數。
```

範例一：用 nl 列出 /etc/issue 的內容
```
[root@study ~]# nl /etc/issue
     1  \S
     2  Kernel \r on an \m
```

```
# 注意看，這個檔案其實有三行，第三行為空白(沒有任何字元)，
# 因為它是空白行，所以 nl 不會加上行號喔！如果確定要加上行號，可以這樣做：
```

```
[root@study ~]# nl -b a /etc/issue
     1  \S
     2  Kernel \r on an \m
     3
# 呵呵！行號加上來囉～那麼如果要讓行號前面自動補上 0 呢？可這樣
```

```
[root@study ~]# nl -b a -n rz /etc/issue
000001  \S
000002  Kernel \r on an \m
000003
# 嘿嘿！自動在自己欄位的地方補上 0 了～預設欄位是六位數，如果想要改成 3 位數？
```

```
[root@study ~]# nl -b a -n rz -w 3 /etc/issue
001     \S
002     Kernel \r on an \m
003
# 變成僅有 3 位數囉～
```

　　nl 可以將輸出的檔案內容自動的加上行號！其預設的結果與 cat -n 有點不太一樣，nl 可以將行號做比較多的顯示設計，包括位數與是否自動補齊 0 等等的功能呢。

## 6.3.2　可翻頁檢視

　　前面提到的 nl 與 cat, tac 等等，都是一次性的將資料一口氣顯示到螢幕上面，那有沒有可以進行一頁一頁翻動的指令啊？讓我們可以一頁一頁的觀察，才不會前面的資料看不到啊～呵呵！有的！那就是 more 與 less 囉～

◆ more (一頁一頁翻動)

```
[root@study ~]# more /etc/man_db.conf
#
#
# This file is used by the man-db package to configure the man and cat paths.
# It is also used to provide a manpath for those without one by examining
# their PATH environment variable. For details see the manpath(5) man page.
#
.....(中間省略).....
--More--(28%)   <== 重點在這一行喔！你的游標也會在這裡等待你的指令
```

仔細的給它看到上面的範例，如果 more 後面接的檔案內容行數大於螢幕輸出的行數時，就會出現類似上面的圖示。重點在最後一行，最後一行會顯示出目前顯示的百分比，而且還可以在最後一行輸入一些有用的指令喔！在 more 這個程式的運作過程中，你有幾個按鍵可以按的：

- **空白鍵 (space)** ：代表向下翻一頁。
- **Enter**            ：代表向下翻『一行』。
- **/字串**            ：代表在這個顯示的內容當中，向下搜尋『字串』這個關鍵字。
- **:f**               ：立刻顯示出檔名以及目前顯示的行數。
- **q**                ：代表立刻離開 more ，不再顯示該檔案內容。
- **b 或 [ctrl]-b**    ：代表往回翻頁，不過這動作只對檔案有用，對管線無用。

要離開 more 這個指令的顯示工作，可以按下 q 就能夠離開了。而要向下翻頁，就使用空白鍵即可。比較有用的是搜尋字串的功能，舉例來說，我們使用『 more /etc/man_db.conf 』來觀察該檔案，若想要在該檔案內搜尋 MANPATH 這個字串時，可以這樣做：

```
[root@study ~]# more /etc/man_db.conf
#
#
# This file is used by the man-db package to configure the man and cat paths.
# It is also used to provide a manpath for those without one by examining
# their PATH environment variable. For details see the manpath(5) man page.
#
....(中間省略)....
/MANPATH   <== 輸入了 / 之後，游標就會自動跑到最底下一行等待輸入！
```

如同上面的說明，輸入了 / 之後，游標就會跑到最底下一行，並且等待你的輸入，你輸入了字串並按下 [Enter] 之後，嘿嘿！more 就會開始向下搜尋該字串囉～而重複搜尋同一個字串，可以直接按下 n 即可啊！最後，不想要看了，就按下 q 即可離開 more 啦！

◆ **less (一頁一頁翻動)**

```
[root@study ~]# less /etc/man_db.conf
#
#
# This file is used by the man-db package to configure the man and cat paths.
# It is also used to provide a manpath for those without one by examining
# their PATH environment variable. For details see the manpath(5) man page.
#
.....(中間省略).....
:   <== 這裡可以等待你輸入指令！
```

less 的用法比起 more 又更加的有彈性，怎麼說呢？在 more 的時候，我們並沒有辦法向前面翻，只能往後面看，但若使用了 less 時，呵呵！就可以使用 [PageUp] [PageDown] 等按鍵的功能來往前往後翻看文件，你瞧，是不是更容易使用來觀看一個檔案的內容了呢！

除此之外，在 less 裡頭可以擁有更多的『搜尋』功能喔！不只可以向下搜尋，也可以向上搜尋～實在是很不錯用～基本上，可以輸入的指令有：

- **空白鍵** ：向下翻動一頁。
- **[pagedown]** ：向下翻動一頁。
- **[pageup]** ：向上翻動一頁。
- **/字串** ：向下搜尋『字串』的功能。
- **?字串** ：向上搜尋『字串』的功能。
- **n** ：重複前一個搜尋 (與 / 或？有關！)。
- **N** ：反向的重複前一個搜尋 (與 / 或？有關！)。
- **g** ：前進到這個資料的第一行去。
- **G** ：前進到這個資料的最後一行去 (注意大小寫)。
- **Q** ：離開 less 這個程式。

查閱檔案內容還可以進行搜尋的動作～瞧～less 是否很不錯用啊！其實 less 還有很多的功能喔！詳細的使用方式請使用 man less 查詢一下啊！^_^

你是否會覺得 less 使用的畫面與環境與 man page 非常的類似呢？沒錯啦！因為 man 這個指令就是呼叫 less 來顯示說明文件的內容的！現在你是否覺得 less 很重要呢？ ^_^

## 6.3.3 資料擷取

我們可以將輸出的資料作一個最簡單的擷取，那就是取出檔案前面幾行 (head) 或取出後面幾行 (tail) 文字的功能。不過，要注意的是，head 與 tail 都是以『行』為單位來進行資料擷取的喔！

◆ head (取出前面幾行)

```
[root@study ~]# head [-n number] 檔案
選項與參數：
-n  ：後面接數字，代表顯示幾行的意思

[root@study ~]# head /etc/man_db.conf
# 預設的情況中，顯示前面十行！若要顯示前 20 行，就得要這樣：
[root@study ~]# head -n 20 /etc/man_db.conf

範例：如果後面100行的資料都不列印，只列印/etc/man_db.conf的前面幾行，該如何是好？
[root@study ~]# head -n -100 /etc/man_db.conf
```

head 的英文意思就是『頭』啦，那麼這個東西的用法自然就是顯示出一個檔案的前幾行囉！沒錯！就是這樣！若沒有加上 -n 這個選項時，預設只顯示十行，若只要一行呢？那就加入『 head -n 1 filename 』即可！

另外那個 -n 選項後面的參數較有趣，如果接的是負數，例如上面範例的-n -100 時，代表列前的所有行數，但不包括後面 100 行。舉例來說 CentOS 7.1 的 /etc/man_db.conf 共有 131 行，則上述的指令『head -n -100 /etc/man_db.conf』 就會列出前面 31 行，後面 100 行不會列印出來了。這樣說，比較容易懂了吧？ ^_^

◆ tail (取出後面幾行)

```
[root@study ~]# tail [-n number] 檔案
選項與參數：
-n  ：後面接數字，代表顯示幾行的意思
-f  ：表示持續偵測後面所接的檔名，要等到按下[ctrl]-c才會結束tail的偵測

[root@study ~]# tail /etc/man_db.conf
# 預設的情況中，顯示最後的十行！若要顯示最後的 20 行，就得要這樣：
[root@study ~]# tail -n 20 /etc/man_db.conf
```

範例一：如果不知道/etc/man_db.conf有幾行，卻只想列出100行以後的資料時？

```
[root@study ~]# tail -n +100 /etc/man_db.conf
```

範例二：持續偵測/var/log/messages的內容

```
[root@study ~]# tail -f /var/log/messages
   <==要等到輸入[ctrl]-c之後才會離開tail這個指令的偵測！
```

有 head 自然就有 tail（尾巴）囉！沒錯！這個 tail 的用法跟 head 的用法差不多類似，只是顯示的是後面幾行就是了！預設也是顯示十行，若要顯示非十行，就加 -n number 的選項即可。

範例一的內容就有趣啦！其實與 head -n -xx 有異曲同工之妙。當下達『tail -n +100 /etc/man_db.conf』 代表該檔案從 100 行以後都會被列出來，同樣的，在 man_db.conf 共有 131 行，因此第 100~131 行就會被列出來啦！前面的 99 行都不會被顯示出來喔！

至於範例二中，由於 /var/log/messages 隨時會有資料寫入，你想要讓該檔案有資料寫入時就立刻顯示到螢幕上，就利用 -f 這個選項，它可以一直偵測 /var/log/messages 這個檔案，新加入的資料都會被顯示到螢幕上。直到你按下 [ctrl]-c 才會離開 tail 的偵測喔！由於 messages 必須要 root 權限才能看，所以該範例得要使用 root 來查詢喔！

**例題**

假如我想要顯示 /etc/man_db.conf 的第 11 到第 20 行呢？

**答：** 這個應該不算難，想一想，在第 11 到第 20 行，那麼我取前 20 行，再取後十行，所以結果就是：『 head -n 20 /etc/man_db.conf | tail -n 10 』，這樣就可以得到第 11 到第 20 行之間的內容了！

這兩個指令中間有個管線 (|) 的符號存在，這個管線的意思是：**『前面的指令所輸出的訊息，請透過管線交由後續的指令繼續使用』**的意思。所以，head -n 20 /etc/man_db.conf 會將檔案內的 20 行取出來，但不輸出到螢幕上，而是轉交給後續的 tail 指令繼續處理。因此 tail 『不需要接檔名』，因為 tail 所需要的資料是來自於 head 處理後的結果！這樣說，有沒有理解？

更多的管線命令，我們會在第三篇繼續解釋的！

**例題**

承上一題，那如果我想要列出正確的行號呢？就是螢幕上僅列出 /etc/man_db.conf 的第 11 到第 20 行，且有行號存在？

**答：** 我們可以透過 cat -n 來帶出行號，然後再透過 head/tail 來擷取資料即可！所以就變成如下的模樣了：

```
cat -n /etc/man_db.conf | head -n 20 | tail -n 10
```

## 6.3.4 非純文字檔：od

我們上面提到的，都是在查閱純文字檔的內容。那麼萬一我們想要查閱非文字檔，舉例來說，例如 /usr/bin/passwd 這個執行檔的內容時，又該如何去讀出資訊呢？事實上，由於執行檔通常是 binary file ，使用上頭提到的指令來讀取它的內容時，確實會產生類似亂碼的資料啊！那怎麼辦？沒關係，我們可以利用 od 這個指令來讀取喔！

```
[root@study ~]# od [-t TYPE] 檔案
選項或參數：
-t  ：後面可以接各種『類型 (TYPE)』的輸出，例如：
    a       ：利用預設的字元來輸出；
    c       ：使用 ASCII 字元來輸出
    d[size] ：利用十進位(decimal)來輸出資料，每個整數佔用 size bytes ；
    f[size] ：利用浮點數值(floating)來輸出資料，每個數佔用 size bytes ；
    o[size] ：利用八進位(octal)來輸出資料，每個整數佔用 size bytes ；
    x[size] ：利用十六進位(hexadecimal)來輸出資料，每個整數佔用 size bytes ；

範例一：請將/usr/bin/passwd的內容使用ASCII方式來展現！
[root@study ~]# od -t c /usr/bin/passwd
0000000 177   E   L   F 002 001 001  \0  \0  \0  \0  \0  \0  \0  \0  \0
0000020 003  \0   >  \0 001  \0  \0  \0 364   3  \0  \0  \0  \0  \0  \0
0000040   @  \0  \0  \0  \0  \0  \0  \0   x   e  \0  \0  \0  \0  \0  \0
0000060  \0  \0  \0  \0   @  \0   8  \0  \t  \0   @  \0 035  \0 034  \0
0000100 006  \0  \0  \0 005  \0  \0  \0   @  \0  \0  \0  \0  \0  \0  \0
.....(後面省略)....
# 最左邊第一欄是以 8 進位來表示bytes數。以上面範例來說，第二欄0000020代表開頭是
# 第 16 個 byes (2x8) 的內容之意。

範例二：請將/etc/issue這個檔案的內容以8進位列出儲存值與ASCII的對照表
[root@study ~]# od -t oCc /etc/issue
0000000 134 123 012 113 145 162 156 145 154 040 134 162 040 157 156 040
          \   S  \n   K   e   r   n   e   l       \   r       o   n
0000020 141 156 040 134 155 012 012
          a   n       \   m  \n  \n
0000027
# 如上所示，可以發現每個字元可以對應到的數值為何！要注意的是，該數值是 8 進位喔！
# 例如 S 對應的記錄數值為 123 ，轉成十進位：1x8^2+2x8+3=83。
```

利用這個指令，可以將 data file 或者是 binary file 的內容資料給它讀出來喔！雖然讀出的來數值預設是使用非文字檔，亦即是 16 進位的數值來顯示的，不過，我們還是可以透過 -t c 的選項與參數來將資料內的字元以 ASCII 類型的字元來顯示，雖然對於一般使用者來

說，這個指令的用處可能不大，但是對於工程師來說，這個指令可以將 binary file 的內容作一個大致的輸出，他們可以看得出東西的啦～ ^_^

如果對純文字檔使用這個指令，你甚至可以發現到 ASCII 與字元的對照表！非常有趣！例如上述的範例二，你可以發現到每個英文字 S 對照到的數字都是 123，轉成十進位你就能夠發現那是 83 囉！如果你有任何程式語言的書，拿出來對照一下 ASCII 的對照表，就能夠發現真是正確啊！呵呵！

**例題**

我不想找 google，想要立刻找到 password 這幾個字的 ASCII 對照，該如何透過 od 來判斷？

**答**：其實可以透過剛剛上一個小節談到的管線命令來處理！如下所示：

```
echo password | od -t oCc
```

echo 可以在螢幕上面顯示任何資訊，而這個資訊不由螢幕輸出，而是傳給 od 去繼續處理！就可以得到 ASCII code 對照囉！

## 6.3.5 修改檔案時間或建置新檔：touch

我們在 ls 這個指令的介紹時，有稍微提到每個檔案在 linux 底下都會記錄許多的時間參數，其實是有三個主要的變動時間，那麼三個時間的意義是什麼呢？

◆ modification time (mtime)

**當該檔案的『內容資料』變更時，就會更新這個時間！內容資料指的是檔案的內容，而不是檔案的屬性或權限喔！**

◆ status time (ctime)

**當該檔案的『狀態 (status)』改變時，就會更新這個時間，舉例來說，像是權限與屬性被更改了，都會更新這個時間啊。**

◆ access time (atime)

**當『該檔案的內容被取用』時，就會更新這個讀取時間 (access)。舉例來說，我們使用 cat 去讀取 /etc/man_db.conf，就會更新該檔案的 atime 了。**

這是個挺有趣的現象，舉例來說，我們來看一看你自己的 /etc/man_db.conf 這個檔案的時間吧！

```
[root@study ~]# date; ls -l /etc/man_db.conf ; ls -l --time=atime /etc/man_db.conf ; \
> ls -l --time=ctime /etc/man_db.conf # 這兩行其實是同一行喔！用分號隔開
Tue Jun 16 00:43:17 CST 2015  # 目前的時間啊！
-rw-r--r--. 1 root root 5171 Jun 10  2014 /etc/man_db.conf  # 在 2014/06/10 建立的內容(mtime)
-rw-r--r--. 1 root root 5171 Jun 15 23:46 /etc/man_db.conf  # 在 2015/06/15 讀取過內容(atime)
-rw-r--r--. 1 root root 5171 May  4 17:54 /etc/man_db.conf  # 在 2015/05/04 更新過狀態(ctime)
# 為了要讓資料輸出比較好看，所以鳥哥將三個指令同時依序執行，三個指令中間用分號 (;) 隔開即可。
```

看到了嗎？在**預設的情況下**，ls 顯示出來的是該檔案的 mtime，**也就是這個檔案的內容
上次被更動的時間**。至於鳥哥的系統是在 5 月 4 號的時候安裝的，因此，這個檔案被產生導
致狀態被更動的時間就回溯到那個時間點了(ctime)！而還記得剛剛我們使用的範例當中，有
使用到 man_db.conf 這個檔案啊，所以啊，它的 atime 就會變成剛剛使用的時間了！

　　檔案的時間是很重要的，因為，如果檔案的時間誤判的話，可能會造成某些程式無法順
利的運作。OK！那麼萬一我發現了一個檔案來自未來，該如何讓該檔案的時間變成『現在』
的時刻呢？很簡單啊！就用『touch』這個指令即可！

> 嘿嘿！不要懷疑系統時間會『來自未來』喔！很多時候會有這個問題的！舉例來說
> 在安裝過後系統時間可能會被改變！因為台灣時區在國際標準時間『格林威治時間, GMT』的右
> 邊，所以會比較早看到陽光，也就是說，台灣時間比 GMT 時間快了八小時！如果安裝行為不
> 當，我們的系統可能會有八小時快轉，你的檔案就有可能來自八小時後了。
>
> 至於某些情況下，由於 BIOS 的設定錯誤，導致系統時間跑到未來時間，並且你又建立了某些
> 檔案。等你將時間改回正確的時間時，該檔案不就變成來自未來了？^_^

```
[root@study ~]# touch [-acdmt] 檔案
選項與參數：
-a  ：僅修訂 access time；
-c  ：僅修改檔案的時間，若該檔案不存在則不建立新檔案；
-d  ：後面可以接欲修訂的日期而不用目前的日期，也可以使用 --date="日期或時間"
-m  ：僅修改 mtime ；
-t  ：後面可以接欲修訂的時間而不用目前的時間，格式為[YYYYMMDDhhmm]

範例一：新建一個空的檔案並觀察時間
[dmtsai@study ~]# cd /tmp
[dmtsai@study tmp]# touch testtouch
[dmtsai@study tmp]# ls -l testtouch
-rw-rw-r--. 1 dmtsai dmtsai 0 Jun 16 00:45 testtouch
# 注意到，這個檔案的大小是 0 呢！在預設的狀態下，如果 touch 後面有接檔案，
```

```
# 則該檔案的三個時間 (atime/ctime/mtime) 都會更新為目前的時間。若該檔案不存在,
# 則會主動的建立一個新的空的檔案喔!例如上面這個例子!
```

範例二:將 ~/.bashrc 複製成為 bashrc,假設複製完全的屬性,檢查其日期

```
[dmtsai@study tmp]# cp -a ~/.bashrc bashrc
[dmtsai@study tmp]# date; ll bashrc; ll --time=atime bashrc; ll --time=ctime bashrc
Tue Jun 16 00:49:24 CST 2015                    <==這是目前的時間
-rw-r--r--. 1 dmtsai dmtsai 231 Mar  6 06:06 bashrc  <==這是 mtime
-rw-r--r--. 1 dmtsai dmtsai 231 Jun 15 23:44 bashrc  <==這是 atime
-rw-r--r--. 1 dmtsai dmtsai 231 Jun 16 00:47 bashrc  <==這是 ctime
```

在上面這個案例當中我們使用了『ll』這個指令(兩個英文 L 的小寫),這個指令其實就是『ls -l』的意思,ll 本身不存在,是被『做出來』的一個命令別名。相關的命令別名我們會在 bash 章節當中詳談的,這裡先知道 ll="ls -l"即可。至於分號『;』則代表連續指令的下達啦!你可以在一行指令當中寫入多重指令,這些指令可以『依序』執行。由上面的指令我們會知道 ll 那一行有三個指令被下達在同一行中。

至於執行的結果當中,我們可以發現資料的內容與屬性是被複製過來的,因此檔案內容時間(mtime) 與原本檔案相同。但是由於這個檔案是剛剛被建立的,因此狀態 (ctime) 就變成現在的時間啦!那如果你想要變更這個檔案的時間呢?可以這樣做:

範例三:修改案例二的 bashrc 檔案,將日期調整為兩天前

```
[dmtsai@study tmp]# touch -d "2 days ago" bashrc
[dmtsai@study tmp]# date; ll bashrc; ll --time=atime bashrc; ll --time=ctime bashrc
Tue Jun 16 00:51:52 CST 2015
-rw-r--r--. 1 dmtsai dmtsai 231 Jun 14 00:51 bashrc
-rw-r--r--. 1 dmtsai dmtsai 231 Jun 14 00:51 bashrc
-rw-r--r--. 1 dmtsai dmtsai 231 Jun 16 00:51 bashrc
# 跟上個範例比較看看,本來是 16 日變成 14 日了 (atime/mtime)~不過,ctime 並沒有跟著改變
```

範例四:將上個範例的 bashrc 日期改為 2014/06/15 2:02

```
[dmtsai@study tmp]# touch -t 201406150202 bashrc
[dmtsai@study tmp]# date; ll bashrc; ll --time=atime bashrc; ll --time=ctime bashrc
Tue Jun 16 00:54:07 CST 2015
-rw-r--r--. 1 dmtsai dmtsai 231 Jun 15  2014 bashrc
-rw-r--r--. 1 dmtsai dmtsai 231 Jun 15  2014 bashrc
-rw-r--r--. 1 dmtsai dmtsai 231 Jun 16 00:54 bashrc
# 注意看看,日期在 atime 與 mtime 都改變了,但是 ctime 則是記錄目前的時間!
```

透過 touch 這個指令，我們可以輕易的修訂檔案的日期與時間。並且也可以建立一個空的檔案喔！不過，要注意的是，即使我們複製一個檔案時，複製所有的屬性，但也沒有辦法複製 ctime 這個屬性的。ctime 可以記錄這個檔案最近的狀態 (status) 被改變的時間。無論如何，還是要告知大家，我們平時看的檔案屬性中，比較重要的還是屬於那個 mtime 啊！我們關心的常常是這個檔案的『內容』是什麼時候被更動的說～瞭乎？

無論如何，touch 這個指令最常被使用的情況是：

- 建立一個空的檔案
- 將某個檔案日期修訂為目前 (mtime 與 atime)

# 6.4 檔案與目錄的預設權限與隱藏權限

由第五章、Linux 檔案權限的內容我們可以知道一個檔案有若干個屬性，包括讀寫執行(r, w, x)等基本權限，及是否為目錄 (d) 與檔案 (-) 或者是連結檔 (l) 等等的屬性！要修改屬性的方法在前面也約略提過了(chgrp, chown, chmod) ，本小節會再加強補充一下！

除了基本 r, w, x 權限外，在 Linux 傳統的 Ext2/Ext3/Ext4 檔案系統下，我們還可以設定其他的系統隱藏屬性，這部分可使用 chattr 來設定，而以 lsattr 來查看，最重要的屬性就是可以設定其不可修改的特性！讓連檔案的擁有者都不能進行修改！這個屬性可是相當重要的，尤其是在安全機制上面 (security)！比較可惜的是，在 CentOS 7.x 當中利用 xfs 作為預設檔案系統，但是 xfs 就沒有支援所有的 chattr 的參數了！僅有部分參數還有支援而已！

首先，先來複習一下上一章談到的權限概念，將底下的例題看一看先：

**例題**

你 的 系 統 有 個 一 般 身 份 使 用 者 dmtsai ，他 的 群 組 屬 於 dmtsai，他 的 家 目 錄 在 /home/dmtsai，你是 root，你想將你的 ~/.bashrc 複製給他，可以怎麼做？

**答：**由上一章的權限概念我們可以知道 root 雖然可以將這個檔案複製給 dmtsai，不過這個檔案在 dmtsai 的家目錄中卻可能讓 dmtsai 沒有辦法讀寫(因為該檔案屬於 root 的嘛！而 dmtsai 又不能使用 chown 之故)。此外，我們又擔心覆蓋掉 dmtsai 自己的 .bashrc 設定檔，因此，我們可以進行如下的動作喔：

複製檔案：cp ~/.bashrc ~dmtsai/bashrc

修改屬性：chown dmtsai:dmtsai ~dmtsai/bashrc

---

**例題**

我想在 /tmp 底下建立一個目錄,這個目錄名稱為 chapter6_1,並且這個目錄擁有者為 dmtsai,群組為 dmtsai,此外,任何人都可以進入該目錄瀏覽檔案,不過除了 dmtsai 之外,其他人都不能修改該目錄下的檔案。

**答:** 因為除了 dmtsai 之外,其他人不能修改該目錄下的檔案,所以整個目錄的權限應該是 drwxr-xr-x 才對!因此你應該這樣做:

建立目錄:mkdir /tmp/chapter6_1

修改屬性:chown -R dmtsai:dmtsai /tmp/chapter6_1

修改權限:chmod -R 755 /tmp/chapter6_1

---

在上面這個例題當中,如果你知道 755 那個分數是怎麼計算出來的,那麼你應該對於權限有一定程度的概念了。如果你不知道 755 怎麼來的?那麼...趕快回去前一章看看 chmod 那個指令的介紹部分啊!這部分很重要喔!你得要先清楚的瞭解到才行~否則就進行不下去囉~假設你對於權限都認識的差不多了,那麼底下我們就要來談一談,**『新增一個檔案或目錄時,預設的權限是什麼?』**這個議題!

## 6.4.1 檔案預設權限:umask

OK!那麼現在我們知道如何建立或者是改變一個目錄或檔案的屬性了,不過,你知道當你建立一個**新的檔案或目錄**時,它的預設權限會是什麼嗎?呵呵!那就與 umask 這個玩意兒有關了!那麼 umask 是在搞什麼呢?基本上,umask 就是指定 **『目前使用者在建立檔案或目錄時候的權限預設值』**,那麼如何得知或設定 umask 呢?它的指定條件以底下的方式來指定:

```
[root@study ~]# umask
0022              <==與一般權限有關的是後面三個數字!
[root@study ~]# umask -S
u=rwx,g=rx,o=rx
```

查閱的方式有兩種,一種可以直接輸入 umask ,就可以看到數字型態的權限設定分數,一種則是加入 -S (Symbolic) 這個選項,就會以符號類型的方式來顯示出權限了!奇怪的是,怎麼 umask 會有四組數字啊?不是只有三組嗎?是沒錯啦。第一組是特殊權限用的,我們先不要理它,所以先看後面三組即可。

在預設權限的屬性上,目錄與檔案是不一樣的。從第五章我們知道 x 權限對於目錄是非常重要的!但是一般檔案的建立則不應該有執行的權限,因為一般檔案通常是用在於資料的記錄嘛!當然不需要執行的權限了。因此,預設的情況如下:

◆ 若使用者建立為『檔案』則預設『沒有可執行(x)權限』，亦即只有 rw 這兩個項目，也就是最大為 666 分，預設權限如下：

`-rw-rw-rw-`

◆ 若使用者建立為『目錄』，則由於 x 與是否可以進入此目錄有關，因此預設為所有權限均開放，亦即為 777 分，預設權限如下：

`drwxrwxrwx`

要注意的是，umask 的分數指的是『**該預設值需要減掉的權限！**』因為 r、w、x 分別是 4、2、1 分，所以囉！也就是說，當要拿掉能寫的權限，就是輸入 2 分，而如果要拿掉能讀的權限，也就是 4 分，那麼要拿掉讀與寫的權限，也就是 6 分，而要拿掉執行與寫入的權限，也就是 3 分，這樣瞭解嗎？請問你，5 分是什麼？呵呵！就是讀與執行的權限啦！

如果以上面的例子來說明的話，因為 umask 為 022，所以 user 並沒有被拿掉任何權限，不過 group 與 others 的權限被拿掉了 2 (也就是 w 這個權限)，那麼當使用者：

◆ **建立檔案時：**`(-rw-rw-rw-) - (-----w--w-) ==> -rw-r--r--`

◆ **建立目錄時：**`(drwxrwxrwx) - (d----w--w-) ==> drwxr-xr-x`

不相信嗎？我們就來測試看看吧！

```
[root@study ~]# umask
0022
[root@study ~]# touch test1
[root@study ~]# mkdir test2
[root@study ~]# ll -d test*
-rw-r--r--. 1 root root 0  6月 16 01:11 test1
drwxr-xr-x. 2 root root 6  6月 16 01:11 test2
```

呵呵！瞧見了吧！確定新建檔案的權限是沒有錯的。

◆ **umask 的利用與重要性：專題製作**

想像一個狀況，如果你跟你的同學在同一部主機裡面工作時，因為你們兩個正在進行同一個專題，老師也幫你們兩個的帳號建立好了相同群組的狀態，並且將 /home/class/ 目錄做為你們兩個人的專題目錄。想像一下，有沒有可能你所製作的檔案你的同學無法編輯？果真如此的話，那就傷腦筋了！

這個問題很常發生啊！舉上面的案例來看就好了，你看一下 test1 的權限是幾分？644呢！意思是『**如果 umask 訂定為 022，那新建的資料只有使用者自己具有 w 的權限，同群組的人只有 r 這個可讀的權限而已，並無法修改喔！**』這樣要怎麼共同製作專題啊！你說是吧！

所以，當我們需要新建檔案給同群組的使用者共同編輯時，那麼 umask 的群組就不能拿掉 2 這個 w 的權限！所以囉，umask 就得要是 002 之類的才可以！這樣新建的檔案才能夠是 -rw-rw-r-- 的權限模樣喔！那麼如何設定 umask 呢？簡單的很，直接在 umask 後面輸入 002 就好了！

```
[root@study ~]# umask 002
[root@study ~]# touch test3
[root@study ~]# mkdir test4
[root@study ~]# ll -d test[34]    # 中括號 [ ] 代表中間有個指定的字元，而不是任意字元
-rw-rw-r--. 1 root root 0   6月 16 01:12 test3
drwxrwxr-x. 2 root root 6   6月 16 01:12 test4
```

所以說，這個 umask 對於新建檔案與目錄的預設權限是很有關係的！這個概念可以用在任何伺服器上面，尤其是未來在你架設檔案伺服器 (file server) ，舉例來說，SAMBA Server 或者是 FTP server 時，都是很重要的觀念！這牽涉到你的使用者是否能夠將檔案進一步利用的問題喔！不要等閒視之！

### 例題

假設你的 umask 為 003 ，請問該 umask 情況下，建立的檔案與目錄權限為？

答：umask 為 003 ，所以拿掉的權限為 --------wx，因此：

- 檔案：(-rw-rw-rw-) - (--------wx) = -rw-rw-r-
- 目錄：(drwxrwxrwx) - (d-------wx) = drwxrwxr--

> 關於 umask 與權限的計算方式中，教科書喜歡使用二進位的方式來進行 AND 與 NOT 的計算，不過，鳥哥還是比較喜歡使用符號方式來計算～聯想上面比較容易一點～ 但是，有的書籍或者是 BBS 上面的朋友，喜歡使用檔案預設屬性 666 與目錄預設屬性 777 來與 umask 進行相減的計算～這是不好的喔！以上面例題來看，如果使用預設屬性相加減，則檔案變成：666-003=663，亦即是 -rw-rw--wx ，這可是完全不對的喔！想想看，原本檔案就已經去除 x 的預設屬性了，怎麼可能突然間冒出來了？所以，這個地方得要特別小心喔！

在預設的情況中，root 的 umask 會拿掉比較多的屬性，root 的 umask 預設是 022 ，這是基於安全的考量啦～至於一般身份使用者，通常他們的 umask 為 002 ，亦即保留同群組的寫入權力！其實，關於預設 umask 的設定可以參考 /etc/bashrc 這個檔案的內容，不過，不建議修改該檔案，你可以參考第十章 bash shell 提到的環境參數設定檔 (~/.bashrc) 的說明！

## 6.4.2 檔案隱藏屬性

　　什麼？檔案還有隱藏屬性？光是那九個權限就快要瘋掉了，竟然還有隱藏屬性，真是要命～但是沒辦法，就是有檔案的隱藏屬性存在啊！不過，這些隱藏的屬性確實對於系統有很大的幫助的～尤其是在系統安全 (Security) 上面，重要的緊呢！**不過要先強調的是，底下的 chattr 指令只能在 Ext2/Ext3/Ext4 的 Linux 傳統檔案系統上面完整生效**，其他的檔案系統可能就無法完整的支援這個指令了，例如 xfs 僅支援部分參數而已。底下我們就來談一談如何設定與檢查這些隱藏的屬性吧！

◆ **chattr (設定檔案隱藏屬性)**

```
[root@study ~]# chattr [+-=][ASacdistu] 檔案或目錄名稱
選項與參數：
+    ：增加某一個特殊參數，其他原本存在參數則不動。
-    ：移除某一個特殊參數，其他原本存在參數則不動。
=    ：設定一定，且僅有後面接的參數

A    ：當設定了 A 這個屬性時，若你有存取此檔案(或目錄)時，它的存取時間 atime 將不會被修改，
       可避免 I/O 較慢的機器過度的存取磁碟。(目前建議使用檔案系統掛載參數處理這個項目)
S    ：一般檔案是非同步寫入磁碟的(原理請參考前一章sync的說明)，如果加上 S 這個屬性時，
       當你進行任何檔案的修改，該更動會『同步』寫入磁碟中。
a    ：當設定 a 之後，這個檔案將只能增加資料，而不能刪除也不能修改資料，只有root 才能設定這屬性
c    ：這個屬性設定之後，將會自動的將此檔案『壓縮』，在讀取的時候將會自動解壓縮，
       但是在儲存的時候，將會先進行壓縮後再儲存(看來對於大檔案似乎蠻有用的！)
d    ：當 dump 程序被執行的時候，設定 d 屬性將可使該檔案(或目錄)不會被 dump 備份
i    ：這個 i 可就很厲害了！它可以讓一個檔案『不能被刪除、改名、設定連結也無法寫入或新增資料！』
       對於系統安全性有相當大的助益！只有 root 能設定此屬性
s    ：當檔案設定了 s 屬性時，如果這個檔案被刪除，它將會被完全的移除出這個硬碟空間，
       所以如果誤刪了，完全無法救回來了喔！
u    ：與 s 相反的，當使用 u 來設定檔案時，如果該檔案被刪除了，則資料內容其實還存在磁碟中，
       可以使用來救援該檔案喔！
注意1：屬性設定常見的是 a 與 i 的設定值，而且很多設定值必須要身為 root 才能設定
注意2：xfs 檔案系統僅支援 AadiS 而已


範例：請嘗試到/tmp底下建立檔案，並加入 i 的參數，嘗試刪除看看。
[root@study ~]# cd /tmp
[root@study tmp]# touch attrtest         <==建立一個空檔案
[root@study tmp]# chattr +i attrtest <==給予 i 的屬性
[root@study tmp]# rm attrtest            <==嘗試刪除看看
rm: remove regular empty file `attrtest'? y
rm: cannot remove `attrtest': Operation not permitted
# 看到了嗎？呼呼！連 root 也沒有辦法將這個檔案刪除呢！趕緊解除設定！
```

範例：請將該檔案的 i 屬性取消！
```
[root@study tmp]# chattr -i attrtest
```

這個指令是很重要的，尤其是在系統的資料安全上面！由於這些屬性是隱藏的性質，所以需要以 lsattr 才能看到該屬性呦！其中，個人認為最重要的當屬 +i 與 +a 這個屬性了。+i 可以讓一個檔案無法被更動，對於需要強烈的系統安全的人來說，真是相當的重要的！裡頭還有相當多的屬性是需要 root 才能設定的呢！

此外，如果是 log file 這種的登錄檔，就更需要 +a 這個可以增加，但是不能修改舊有的資料與刪除的參數了！怎樣？很棒吧！未來提到登錄檔 (十八章) 的認知時，我們再來聊一聊如何設定它吧！

◆ lsattr (顯示檔案隱藏屬性)

```
[root@study ~]# lsattr [-adR] 檔案或目錄
選項與參數：
-a ：將隱藏檔的屬性也秀出來；
-d ：如果接的是目錄，僅列出目錄本身的屬性而非目錄內的檔名；
-R ：連同子目錄的資料也一併列出來！

[root@study tmp]# chattr +aiS attrtest
[root@study tmp]# lsattr attrtest
--S-ia---------- attrtest
```

使用 chattr 設定後，可以利用 lsattr 來查閱隱藏的屬性。不過，這兩個指令在使用上必須要特別小心，否則會造成很大的困擾。例如：某天你心情好，突然將 /etc/shadow 這個重要的密碼記錄檔案給它設定成為具有 i 的屬性，那麼過了若干天之後，你突然要新增使用者，卻一直無法新增！別懷疑，趕快去將 i 的屬性拿掉吧！

## 6.4.3　檔案特殊權限：SUID, SGID, SBIT

我們前面一直提到關於檔案的重要權限，那就是 rwx 這三個讀、寫、執行的權限。但是，眼尖的朋友們在第五章的目錄樹章節中，一定注意到了一件事，那就是，怎麼我們的 /tmp 權限怪怪的？還有，那個 /usr/bin/passwd 也怪怪的？怎麼回事啊？看看先：

```
[root@study ~]# ls -ld /tmp ; ls -l /usr/bin/passwd
drwxrwxrwt. 14 root root 4096 Jun 16 01:27 /tmp
-rwsr-xr-x. 1 root root 27832 Jun 10  2014 /usr/bin/passwd
```

不是應該只有 rwx 嗎？還有其他的特殊權限( s 跟 t )啊？啊.....頭又開始昏了～@_@ 因為 s 與 t 這兩個權限的意義與系統的帳號 (第十三章) 及系統的程序(process, 第十六章)較為相關,所以等到後面的章節談完後你才會比較有概念!底下的說明先看看就好,如果看不懂也沒有關係,先知道 s 放在哪裡稱為 SUID/SGID 以及如何設定即可,等系統程序章節讀完後,再回來看看喔!

◆ Set UID

當 s 這個標誌出現在檔案擁有者的 x 權限上時,例如剛剛提到的 /usr/bin/passwd 這個檔案的權限狀態:『-rwsr-xr-x』,此時就被稱為 Set UID,簡稱為 SUID 的特殊權限。那麼 SUID 的權限對於一個檔案的特殊功能是什麼呢?基本上 SUID 有這樣的限制與功能:

- **SUID 權限僅對二進位程式(binary program)有效。**
- **執行者對於該程式需要具有 x 的可執行權限。**
- **本權限僅在執行該程式的過程中有效 (run-time)。**
- **執行者將具有該程式擁有者 (owner) 的權限。**

講這麼硬的東西你可能對於 SUID 還是沒有概念,沒關係,我們舉個例子來說明好了。我們的 Linux 系統中,所有帳號的密碼都記錄在 /etc/shadow 這個檔案裡面,這個檔案的權限為:『---------- 1 root root』,意思是這個檔案僅有 root 可讀且僅有 root 可以強制寫入而已。既然這個檔案僅有 root 可以修改,那麼鳥哥的 dmtsai 這個一般帳號使用者能否自行修改自己的密碼呢?你可以使用你自己的帳號輸入『passwd』這個指令來看看,嘿嘿!一般使用者當然可以修改自己的密碼了!

唔!有沒有衝突啊!明明 /etc/shadow 就不能讓 dmtsai 這個一般帳戶去存取的,為什麼 dmtsai 還能夠修改這個檔案內的密碼呢?這就是 SUID 的功能啦!藉由上述的功能說明,我們可以知道:

1. dmtsai 對於 /usr/bin/passwd 這個程式來說是具有 x 權限的,表示 dmtsai 能執行 passwd。
2. passwd 的擁有者是 root 這個帳號。
3. dmtsai 執行 passwd 的過程中,會『暫時』獲得 root 的權限。
4. /etc/shadow 就可以被 dmtsai 所執行的 passwd 所修改。

但如果 dmtsai 使用 cat 去讀取 /etc/shadow 時,他能夠讀取嗎?因為 cat 不具有 SUID 的權限,所以 dmtsai 執行『cat /etc/shadow』時,是不能讀取 /etc/shadow 的。我們用一張示意圖來說明如下:

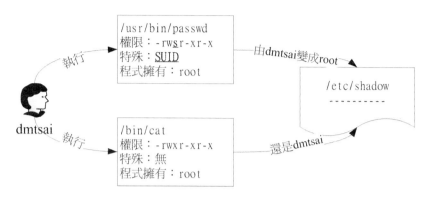

圖 6.4.1　UID 程式執行的過程示意圖

另外，**SUID 僅可用在 binary program 上，不能夠用在 shell script 上面**！這是因為 shell script 只是將很多的 binary 執行檔叫進來執行而已！所以 SUID 的權限部分，還是得要看 shell script 呼叫進來的程式的設定，而不是 shell script 本身。當然，SUID 對於目錄也是無效的～這點要特別留意。

◆ Set GID

當 s 標誌在檔案擁有者的 x 項目為 SUID，那 s 在群組的 x 時則稱為 Set GID, SGID 囉！是這樣沒錯！^_^ 舉例來說，你可以用底下的指令來觀察到具有 SGID 權限的檔案喔：

```
[root@study ~]# ls -l /usr/bin/locate
-rwx--s--x. 1 root slocate 40496 Jun 10  2014 /usr/bin/locate
```

與 SUID 不同的是，SGID 可以針對檔案或目錄來設定！如果是對檔案來說，SGID 有如下的功能：

- SGID **對二進位程式有用。**
- **程式執行者對於該程式來說，需具備 x 的權限。**
- **執行者在執行的過程中將會獲得該程式群組的支援！**

舉例來說，上面的 /usr/bin/locate 這個程式可以去搜尋 /var/lib/mlocate/mlocate.db 這個檔案的內容 (詳細說明會在下節講述)，mlocate.db 的權限如下：

```
[root@study ~]# ll /usr/bin/locate /var/lib/mlocate/mlocate.db
-rwx--s--x. 1 root slocate     40496 Jun 10  2014 /usr/bin/locate
-rw-r-----. 1 root slocate 2349055 Jun 15 03:44 /var/lib/mlocate/mlocate.db
```

與 SUID 非常的類似，若我使用 dmtsai 這個帳號去執行 locate 時，那 dmtsai 將會取得 slocate 群組的支援，因此就能夠去讀取 mlocate.db 啦！非常有趣吧！

除了 binary program 之外，事實上 SGID 也能夠用在目錄上，這也是非常常見的一種用途！當一個目錄設定了 SGID 的權限後，它將具有如下的功能：

- **使用者若對於此目錄具有 r 與 x 的權限時，該使用者能夠進入此目錄。**

- **使用者在此目錄下的有效群組 (effective group) 將會變成該目錄的群組。**

- **用途：若使用者在此目錄下具有 w 的權限 (可以新建檔案)，則使用者所建立的新檔案，該新檔案的群組與此目錄的群組相同。**

SGID 對於專案開發來說是非常重要的！因為這涉及群組權限的問題，你可以參考一下本章後續情境模擬的案例，應該就能夠對於 SGID 有一些瞭解的！ ^_^

◆ Sticky Bit

這個 Sticky Bit, SBIT 目前只針對目錄有效，對於檔案已經沒有效果了。SBIT 對於目錄的作用是：

- **當使用者對於此目錄具有 w, x 權限，亦即具有寫入的權限時。**

- **當使用者在該目錄下建立檔案或目錄時，僅有自己與 root 才有權力刪除該檔案。**

換句話說：當甲這個使用者於 A 目錄是具有群組或其他人的身份，並且擁有該目錄 w 的權限，這表示『甲使用者對該目錄內任何人建立的目錄或檔案均可進行 "刪除/更名/搬移" 等動作。』 不過，**如果將 A 目錄加上了 SBIT 的權限項目時，則甲只能夠針對自己建立的檔案或目錄進行刪除/更名/移動等動作，而無法刪除他人的檔案。**

舉例來說，我們的 /tmp 本身的權限是『drwxrwxrwt』，在這樣的權限內容下，任何人都可以在 /tmp 內新增、修改檔案，但僅有該檔案/目錄建立者與 root 能夠刪除自己的目錄或檔案。這個特性也是挺重要的啊！你可以這樣做個簡單的測試：

1. 以 root 登入系統，並且進入 /tmp 當中。

2. touch test，並且更改 test 權限成為 777 。

3. 以一般使用者登入，並進入 /tmp。

4. 嘗試刪除 test 這個檔案！

由於 SUID/SGID/SBIT 牽涉到程序的概念，因此再次強調，這部分的資料在你讀完第十六章關於程序方面的知識後，要再次的回來瞧瞧喔！目前，你先有個簡單的基礎概念就好了！文末的參考資料也建議閱讀一番喔！

◆ SUID/SGID/SBIT 權限設定

前面介紹過 SUID 與 SGID 的功能，那麼如何設定檔案使成為具有 SUID 與 SGID 的權限呢？這就需要第五章的數字更改權限的方法了！現在你應該已經知道數字型態更改權限的方式為『三個數字』的組合，那麼如果在這三個數字之前再加上一個數字的話，最前面的那個數字就代表這幾個權限了！

- 4 為 SUID

- 2 為 SGID

- 1 為 SBIT

假設要將一個檔案權限改為『-rwsr-xr-x』時，由於 s 在使用者權限中，所以是 SUID，因此，在原先的 755 之前還要加上 4，也就是：『chmod 4755 filename』來設定！此外，還有大 S 與大 T 的產生喔！參考底下的範例啦！

> 注意：底下的範例只是練習而已，所以鳥哥使用同一個檔案來設定，你必須瞭解 SUID 不是用在目錄上，而 SBIT 不是用在檔案上的喔！

```
 [root@study ~]# cd /tmp
[root@study tmp]# touch test                      <==建立一個測試用空檔
[root@study tmp]# chmod 4755 test; ls -l test <==加入具有 SUID 的權限
-rwsr-xr-x 1 root root 0 Jun 16 02:53 test
[root@study tmp]# chmod 6755 test; ls -l test <==加入具有 SUID/SGID 的權限
-rwsr-sr-x 1 root root 0 Jun 16 02:53 test
[root@study tmp]# chmod 1755 test; ls -l test <==加入 SBIT 的功能！
-rwxr-xr-t 1 root root 0 Jun 16 02:53 test
[root@study tmp]# chmod 7666 test; ls -l test <==具有空的 SUID/SGID 權限
-rwSrwSrwT 1 root root 0 Jun 16 02:53 test
```

最後一個例子就要特別小心啦！怎麼會出現大寫的 S 與 T 呢？不都是小寫的嗎？因為 s 與 t 都是取代 x 這個權限的，但是你有沒有發現阿，我們是下達 7666 喔！也就是說，**user, group 以及 others 都沒有 x 這個可執行的標誌（因為 666 嘛），所以，這個 S, T 代表的就是『空的』啦**！怎麼說？SUID 是表示『該檔案在執行的時候，具有檔案擁有者的權限』，但是檔案 擁有者都無法執行了，哪裡來的權限給其他人使用？當然就是空的啦！^_^

而除了數字法之外，你也可以透過符號法來處理喔！其中 SUID 為 u+s，而 SGID 為 g+s，SBIT 則是 o+t 囉！來看看如下的範例：

```
# 設定權限成為 -rws--x--x 的模樣：
[root@study tmp]# chmod u=rwxs,go=x test; ls -l test
-rws--x--x 1 root root 0 Jun 16 02:53 test

# 承上，加上 SGID 與 SBIT 在上述的檔案權限中！
[root@study tmp]# chmod g+s,o+t test; ls -l test
-rws--s--t 1 root root 0 Jun 16 02:53 test
```

### 6.4.4 觀察檔案類型：file

如果你想要知道某個檔案的基本資料，例如是屬於 ASCII 或者是 data 檔案，或者是 binary，且其中有沒有使用到動態函式庫 (share library) 等等的資訊，就可以利用 file 這個指令來檢閱喔！舉例來說：

```
[root@study ~]# file ~/.bashrc
/root/.bashrc: ASCII text   <==告訴我們是 ASCII 的純文字檔啊！
[root@study ~]# file /usr/bin/passwd
/usr/bin/passwd: setuid ELF 64-bit LSB shared object, x86-64, version 1 (SYSV),
dynamically linked (uses shared libs), for GNU/Linux 2.6.32,
BuildID[sha1]=0xbf35571e607e317bf107b9bcf65199988d0ed5ab, stripped
# 執行檔的資料可就多的不得了！包括這個檔案的 suid 權限、相容於 Intel x86-64 等級的硬體平台
# 使用的是 Linux 核心 2.6.32 的動態函式庫連結等等。
[root@study ~]# file /var/lib/mlocate/mlocate.db
/var/lib/mlocate/mlocate.db: data   <== 這是 data 檔案！
```

透過這個指令，我們可以簡單的先判斷這個檔案的格式為何喔！包括未來你也可以用來判斷使用 tar 包裹時，該 tarball 檔案是使用哪一種壓縮功能哩！

## 6.5　指令與檔案的搜尋

檔案的搜尋可就厲害了！因為我們常常需要知道那個檔案放在哪裡，才能夠對該檔案進行一些修改或維護等動作。有些時候某些軟體設定檔的檔名是不變的，但是各 distribution 放置的目錄則不同。此時就得要利用一些搜尋指令將該設定檔的完整檔名捉出來，這樣才能修改嘛！你說是吧！^_^

### 6.5.1　指令檔名的搜尋

我們知道在終端機模式當中，連續輸入兩次[tab]按鍵就能夠知道使用者有多少指令可以下達。那你知不知道這些指令的完整檔名放在哪裡？舉例來說，ls 這個常用的指令放在哪裡呢？就透過 which 或 type 來找尋吧！

◆　which (尋找『執行檔』)

```
[root@study ~]# which [-a] command
選項或參數：
-a ：將所有由 PATH 目錄中可以找到的指令均列出，而不只第一個被找到的指令名稱

範例一：搜尋 ifconfig 這個指令的完整檔名
```

```
[root@study ~]# which ifconfig
/sbin/ifconfig
```

範例二：用 which 去找出 which 的檔名為何？
```
[root@study ~]# which which
alias which='alias | /usr/bin/which --tty-only --read-alias --show-dot --show-tilde'
        /bin/alias
        /usr/bin/which
# 竟然會有兩個 which ，其中一個是 alias 這玩意兒呢！那是啥？
# 那就是所謂的『命令別名』，意思是輸入 which 會等於後面接的那串指令啦！
# 更多的資料我們會在 bash 章節中再來談的！
```

範例三：請找出 history 這個指令的完整檔名
```
[root@study ~]# which history
/usr/bin/which: no history in (/usr/local/sbin:/usr/local/bin:/sbin:/bin:
/usr/sbin:/usr/bin:/root/bin)

[root@study ~]# history --help
-bash: history: --: invalid option
history: usage: history [-c] [-d offset] [n] or history -anrw [filename] or history -ps arg
# 瞎密？怎麼可能沒有 history ，我明明就能夠用 root 執行 history 的啊！
```

這個指令是根據『PATH』這個環境變數所規範的路徑，去搜尋『執行檔』的檔名～所以，重點是找出『執行檔』而已！且 which 後面接的是『完整檔名』喔！若加上 -a 選項，則可以列出所有的可以找到的同名執行檔，而非僅顯示第一個而已！

最後一個範例最有趣，怎麼 history 這個常用的指令竟然找不到啊！為什麼呢？這是因為 history 是『bash 內建的指令』啦！但是 which 預設是找 PATH 內所規範的目錄，所以當然一定找不到的啊 (有 bash 就有 history！)！那怎辦？沒關係！我們可以透過 type 這個指令喔！關於 type 的用法我們將在 第十章的 bash 再來談！

## 6.5.2　檔案檔名的搜尋

再來談一談怎麼搜尋檔案吧！在 Linux 底下也有相當優異的搜尋指令呦！通常 find 不很常用的！因為速度慢之外，也很操硬碟！一般我們都是先使用 whereis 或者是 locate 來檢查，如果真的找不到了，才以 find 來搜尋呦！為什麼呢？因為 whereis 只找系統中某些特定目錄底下的檔案而已，locate 則是利用資料庫來搜尋檔名，當然兩者就相當的快速，並且沒有實際的搜尋硬碟內的檔案系統狀態，比較省時間啦！

◆ **whereis (由一些特定的目錄中尋找檔案檔名)**

```
[root@study ~]# whereis [-bmsu] 檔案或目錄名
選項與參數：
-l   :可以列出 whereis 會去查詢的幾個主要目錄而已
-b   :只找 binary 格式的檔案
-m   :只找在說明檔 manual 路徑下的檔案
-s   :只找 source 來源檔案
-u   :搜尋不在上述三個項目當中的其他特殊檔案

範例一：請找出 ifconfig 這個檔名
[root@study ~]# whereis ifconfig
ifconfig: /sbin/ifconfig /usr/share/man/man8/ifconfig.8.gz

範例二：只找出跟 passwd 有關的『說明文件』檔名(man page)
[root@study ~]# whereis passwd      # 全部的檔名通通列出來！
passwd: /usr/bin/passwd /etc/passwd /usr/share/man/man1/passwd.1.gz /usr/share/man/man5/passwd.5.gz
[root@study ~]# whereis -m passwd    # 只有在 man 裡面的檔名才抓出來！
passwd: /usr/share/man/man1/passwd.1.gz /usr/share/man/man5/passwd.5.gz
```

等一下我們會提到 find 這個搜尋指令，find 是很強大的搜尋指令，但時間花用的很大！(因為 find 是直接搜尋硬碟，為如果你的硬碟比較老舊的話，嘿嘿！有的等！) 這個時候 whereis 就相當的好用了！另外，whereis 可以加入選項來找尋相關的資料，例如，如果你是要找可執行檔 (binary) 那麼加上 -b 就可以啦！如果不加任何選項的話，那麼就將所有的資料列出來囉！

那麼 whereis 到底是使用什麼東東呢？為何搜尋的速度會比 find 快這麼多？其實那也沒有什麼，只是因為 whereis 只找幾個特定的目錄而已～並沒有全系統去查詢之故。所以說，whereis 主要是針對 /bin /sbin 底下的執行檔，以及 /usr/share/man 底下的 man page 檔案，跟幾個比較特定的目錄來處理而已。所以速度當然快的多！不過，就有某些檔案是你找不到的啦！想要知道 whereis 到底查了多少目錄？可以使用 whereis -l 來確認一下即可！

◆ **locate / updatedb**

```
[root@study ~]# locate [-ir] keyword
選項與參數：
-i   :忽略大小寫的差異；
-c   :不輸出檔名，僅計算找到的檔案數量
-l   :僅輸出幾行的意思，例如輸出五行則是 -l 5
-S   :輸出 locate 所使用的資料庫檔案的相關資訊，包括該資料庫紀錄的檔案/目錄數量等
-r   :後面可接正規表示法的顯示方式
```

範例一：找出系統中所有與 passwd 相關的檔名，且只列出 5 個
```
[root@study ~]# locate -l 5 passwd
/etc/passwd
/etc/passwd-
/etc/pam.d/passwd
/etc/security/opasswd
/usr/bin/gpasswd
```

範例二：列出 locate 查詢所使用的資料庫檔案之檔名與各資料數量
```
[root@study ~]# locate -S
Database /var/lib/mlocate/mlocate.db:
        8,086 directories      # 總紀錄目錄數
        109,605 files          # 總紀錄檔案數
        5,190,295 bytes in file names
        2,349,150 bytes used to store database
```

這個 locate 的使用更簡單，直接在後面輸入『檔案的部分名稱』後，就能夠得到結果。舉上面的例子來說，我輸入 locate passwd ，那麼在完整檔名 (包含路徑名稱) 當中，只要有 passwd 在其中，就會被顯示出來的！這也是個很方便好用的指令，如果你忘記某個檔案的完整檔名時～～

但是，這個東西還是有使用上的限制呦！為什麼呢？你會發現使用 locate 來尋找資料的時候特別的快，這是因為 locate 尋找的資料是由『已建立的資料庫 /var/lib/mlocate/』裡面的資料所搜尋到的，所以不用直接在去硬碟當中存取資料，呵呵！當然是很快速囉！

那麼有什麼限制呢？就是因為它是經由資料庫來搜尋的，而資料庫的建立預設是在每天執行一次 (每個 distribution 都不同，CentOS 7.x 是每天更新資料庫一次！)，所以當你新建立起來的檔案，卻還在資料庫更新之前搜尋該檔案，那麼 locate 會告訴你『找不到！』呵呵！因為必須要更新資料庫呀！

那能否手動更新資料庫哪？當然可以啊！更新 locate 資料庫的方法非常簡單，直接輸入『 updatedb 』就可以了！updatedb 指令會去讀取 /etc/updatedb.conf 這個設定檔的設定，然後再去硬碟裡面進行搜尋檔名的動作，最後就更新整個資料庫檔案囉！因為 updatedb 會去搜尋硬碟，所以當你執行 updatedb 時，可能會等待數分鐘的時間喔！

- updatedb：根據 /etc/updatedb.conf 的設定去搜尋系統硬碟內的檔名，並更新 /var/lib/mlocate 內的資料庫檔案。

- locate：依據 /var/lib/mlocate 內的資料庫記載，找出使用者輸入的關鍵字檔名。

◆ find

```
[root@study ~]# find [PATH] [option] [action]
選項與參數：
1. 與時間有關的選項：共有 -atime, -ctime 與 -mtime ，以 -mtime 說明
   -mtime  n ：n 為數字，意義為在 n 天之前的『一天之內』被更動過內容的檔案；
   -mtime +n ：列出在 n 天之前(不含 n 天本身)被更動過內容的檔案檔名；
   -mtime -n ：列出在 n 天之內(含 n 天本身)被更動過內容的檔案檔名。
   -newer file ：file 為一個存在的檔案，列出比 file 還要新的檔案檔名

範例一：將過去系統上面 24 小時內有更動過內容 (mtime) 的檔案列出
[root@study ~]# find / -mtime 0
# 那個 0 是重點！0 代表目前的時間，所以，從現在開始到 24 小時前，
# 有變動過內容的檔案都會被列出來！那如果是三天前的 24 小時內？
# find / -mtime 3 有變動過的檔案都被列出的意思！

範例二：尋找 /etc 底下的檔案，如果檔案日期比 /etc/passwd 新就列出
[root@study ~]# find /etc -newer /etc/passwd
# -newer 用在分辨兩個檔案之間的新舊關係是很有用的！
```

時間參數真是挺有意思的！我們現在知道 atime, ctime 與 mtime 的意義，如果你想要找出一天內被更動過的檔案名稱，可以使用上述範例一的作法。但如果我想要找出『4 天內被更動過的檔案檔名』呢？那可以使用『 find /var -mtime -4 』。那如果是『4 天前的那一天』就用『 find /var -mtime 4 』。有沒有加上『+, -』差別很大喔！我們可以用簡單的圖示來說明一下：

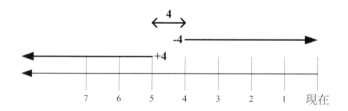

圖 6.5.1    ind 相關的時間參數意義

圖中最右邊為目前的時間，越往左邊則代表越早之前的時間軸啦。由圖 6.5.1 我們可以清楚的知道：

■ +4 代表大於等於 5 天前的檔名：ex> find /var -mtime +4

■ -4 代表小於等於 4 天內的檔案檔名：ex> find /var -mtime -4

■ 4 則是代表 4-5 那一天的檔案檔名：ex> find /var -mtime 4

非常有趣吧！你可以在 /var/ 目錄下搜尋一下，感受一下輸出檔案的差異喔！再來看看
其他 find 的用法吧！

選項與參數：
2. 與使用者或群組名稱有關的參數：
    -uid n  ：n 為數字，這個數字是使用者的帳號 ID，亦即 UID ，這個 UID 是記錄在
                /etc/passwd 裡面與帳號名稱對應的數字。這方面我們會在第四篇介紹。
    -gid n  ：n 為數字，這個數字是群組名稱的 ID，亦即 GID，這個 GID 記錄在
                /etc/group，相關的介紹我們會第四篇說明～
    -user name ：name 為使用者帳號名稱喔！例如 dmtsai
    -group name：name 為群組名稱喔，例如 users ；
    -nouser    ：尋找檔案的擁有者不存在 /etc/passwd 的人！
    -nogroup   ：尋找檔案的擁有群組不存在於 /etc/group 的檔案！
                當你自行安裝軟體時，很可能該軟體的屬性當中並沒有檔案擁有者，
                這是可能的！在這個時候，就可以使用 -nouser 與 -nogroup 搜尋。

範例三：搜尋 /home 底下屬於 dmtsai 的檔案
[root@study ~]# **find /home -user dmtsai**
# 這個東西也很有用的～當我們要找出任何一個使用者在系統當中的所有檔案時，
# 就可以利用這個指令將屬於某個使用者的所有檔案都找出來喔！

範例四：搜尋系統中不屬於任何人的檔案
[root@study ~]# **find / -nouser**
# 透過這個指令，可以輕易的就找出那些不太正常的檔案。如果有找到不屬於系統任何人的檔案時，
# 不要太緊張，那有時候是正常的～尤其是你曾經以原始碼自行編譯軟體時。

如果你想要找出某個使用者在系統底下建立了啥東東，使用上述的選項與參數，就能夠
找出來啦！至於那個 -nouser 或 -nogroup 的選項功能中，除了你自行由網路上面下載檔
案時會發生之外，如果你將系統裡面某個帳號刪除了，但是該帳號已經在系統內建立很
多檔案時，就可能會發生無主孤魂的檔案存在！此時你就得使用這個 -nouser 來找出該
類型的檔案囉！

選項與參數：
3. 與檔案權限及名稱有關的參數：
    -name filename：搜尋檔案名稱為 filename 的檔案；
    -size [+-]SIZE：搜尋比 SIZE 還要大(+)或小(-)的檔案。這個 SIZE 的規格有：
                    c: 代表 byte，k: 代表 1024bytes。所以，要找比 50KB
                    還要大的檔案，就是『 -size +50k 』
    -type TYPE  ：搜尋檔案的類型為 TYPE 的，類型主要有：一般正規檔案 (f)，裝置檔案 (b, c)，
                    目錄 (d)，連結檔 (l)，socket (s)，及 FIFO (p) 等屬性。
    -perm mode  ：搜尋檔案權限『剛好等於』 mode 的檔案，這個 mode 為類似 chmod

　　　　　　　　　　的屬性值，舉例來說，-rwsr-xr-x 的屬性為 4755 ！

-perm -mode ：搜尋檔案權限『必須要全部囊括 mode 的權限』的檔案，舉例來說，
　　　　　　　我們要搜尋 -rwxr--r-- ，亦即 0744 的檔案，使用 -perm -0744，
　　　　　　　當一個檔案的權限為 -rwsr-xr-x ，亦即 4755 時，也會被列出來，
　　　　　　　因為 -rwsr-xr-x 的屬性已經囊括了 -rwxr--r-- 的屬性了。

-perm /mode ：搜尋檔案權限『包含任一 mode 的權限』的檔案，舉例來說，我們搜尋
　　　　　　　-rwxr-xr-x ，亦即 -perm /755 時，但一個檔案屬性為 -rw-------
　　　　　　　也會被列出來，因為它有 -rw.... 的屬性存在！

範例五：找出檔名為 passwd 這個檔案

```
[root@study ~]# find / -name passwd
```

範例五-1：找出檔名包含了 passwd 這個關鍵字的檔案

```
[root@study ~]# find / -name "*passwd*"
```
# 利用這個 -name 可以搜尋檔名啊！預設是完整檔名，如果想要找關鍵字，
# 可以使用類似 * 的任意字元來處理

範例六：找出 /run 目錄下，檔案類型為 Socket 的檔名有哪些？

```
[root@study ~]# find /run -type s
```
# 這個 -type 的屬性也很有幫助喔！尤其是要找出那些怪異的檔案，
# 例如 socket 與 FIFO 檔案，可以用 find /run -type p 或 -type s 來找！

範例七：搜尋檔案當中含有 SGID 或 SUID 或 SBIT 的屬性

```
[root@study ~]# find / -perm /7000
```
# 所謂的 7000 就是 ---s--s--t ，那麼只要含有 s 或 t 的就列出，所以當然要使用 /7000，
# 使用 -7000 表示要同時含有 ---s--s--t 的所有三個權限。而只需要任意一個，就是 /7000 ～瞭乎？

　　上述範例中比較有趣的就屬 -perm 這個選項啦！它的重點在找出特殊權限的檔案囉！我們知道 SUID 與 SGID 都可以設定在二進位程式上，假設我想要找出來 /usr/bin, /usr/sbin 這兩個目錄下，只要具有 SUID 或 SGID 就列出來該檔案，你可以這樣做：

```
[root@study ~]# find /usr/bin /usr/sbin -perm /6000
```

　　因為 SUID 是 4 分，SGID 2 分，總共為 6 分，因此可用 /6000 來處理這個權限！至於 find 後面可以接多個目錄來進行搜尋！另外，find **本來就會搜尋次目錄**，這個特色也要特別注意喔！最後，我們再來看一下 find 還有什麼特殊功能吧！

選項與參數：
4. 額外可進行的動作：
　　-exec command ：command 為其他指令，-exec 後面可再接額外的指令來處理搜尋到的結果。
　　-print ：將結果列印到螢幕上，這個動作是預設動作！

範例八：將上個範例找到的檔案使用 ls -l 列出來～
```
[root@study ~]# find /usr/bin /usr/sbin -perm /7000 -exec ls -l {} \;
# 注意到，那個 -exec 後面的 ls -l 就是額外的指令，指令不支援命令別名，
# 所以僅能使用 ls -l 不可以使用 ll 喔！注意注意！
```

範例九：找出系統中，大於 1MB 的檔案
```
[root@study ~]# find / -size +1M
```

find 的特殊功能就是能夠進行額外的動作(action)。我們將範例八的例子以圖解來說明如下：

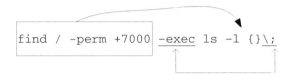

圖 6.5.2　ind 相關的額外動作

該範例中特殊的地方有 {} 以及 \; 還有 -exec 這個關鍵字，這些東西的意義為：

- {} 代表的是『由 find 找到的內容』，如上圖所示，find 的結果會被放置到 {} 位置中。

- -exec 一直到 \; 是關鍵字，代表 find 額外動作的開始 (-exec) 到結束 (\;)，在這中間的就是 find 指令內的額外動作。在本例中就是『 ls -l {} 』囉！

- 因為『 ; 』在 bash 環境下是有特殊意義的，因此利用反斜線來跳脫。

透過圖 6.5.2 你應該就比較容易瞭解 -exec 到 \; 之間的意義了吧！

如果你要找的檔案是具有特殊屬性的，例如 SUID、檔案擁有者、檔案大小等等，那麼利用 locate 是沒有辦法達成你的搜尋的！此時 find 就顯的很重要啦！另外，find 還可以利用萬用字元來找尋檔名呢！舉例來說，你想要找出 /etc 底下檔名包含 httpd 的檔案，那麼你就可以這樣做：

```
[root@study ~]# find /etc -name '*httpd*'
```

不但可以指定搜尋的目錄(連同次目錄)，並且可以利用額外的選項與參數來找到最正確的檔名！真是好好用！不過由於 find 在尋找資料的時後相當的操硬碟！所以沒事情不要使用 find 啦！有更棒的指令可以取代呦！那就是上面提到的 whereis 與 locate 囉！

# 6.6 極重要的複習！權限與指令間的關係

我們知道權限對於使用者帳號來說是非常重要的，因為它可以限制使用者能不能讀取/建立/刪除/修改檔案或目錄！在這一章我們介紹了很多檔案系統的管理指令，第五章則介紹了很多檔案權限的意義。在這個小節當中，我們就將這兩者結合起來，說明一下什麼指令在什麼樣的權限下才能夠運作吧！^_^

一、讓使用者能進入某目錄成為『可工作目錄』的基本權限為何？

- 可使用的指令：例如 cd 等變換工作目錄的指令
- 目錄所需權限：**使用者對這個目錄至少需要具有 x 的權限**
- 額外需求：如果使用者想要在這個目錄內利用 ls 查閱檔名，則使用者對此目錄還需要 r 的權限。

二、使用者在某個目錄內讀取一個檔案的基本權限為何？

- 可使用的指令：例如本章談到的 cat, more, less 等等
- 目錄所需權限：使用者對這個目錄至少需要具有 x 權限
- 檔案所需權限：**使用者對檔案至少需要具有 r 的權限才行！**

三、讓使用者可以修改一個檔案的基本權限為何？

- 可使用的指令：例如 nano 或未來要介紹的 vi 編輯器等
- 目錄所需權限：使用者在該檔案所在的目錄至少要有 x 權限
- 檔案所需權限：**使用者對該檔案至少要有 r, w 權限**

四、讓一個使用者可以建立一個檔案的基本權限為何？

- 目錄所需權限：**使用者在該目錄要具有 w,x 的權限，重點在 w 啦！**

五、讓使用者進入某目錄並執行該目錄下的某個指令之基本權限為何？

- 目錄所需權限：使用者在該目錄至少要有 x 的權限
- 檔案所需權限：使用者在該檔案至少需要有 x 的權限

**例題**

讓一個使用者 dmtsai 能夠進行『cp /dir1/file1 /dir2』的指令時，請說明 dir1, file1, dir2 的最小所需權限為何？

**答：**執行 cp 時，dmtsai 要『能夠讀取來源檔，並且寫入目標檔！』所以應參考上述第二點與第四點的說明！因此各檔案/目錄的最小權限應該是：

- dir1 ：至少需要有 x 權限

- file1 ：至少需要有 r 權限

- dir2 ：至少需要有 w, x 權限

**例題**

有一個檔案全名為 /home/student/www/index.html ，各相關檔案/目錄的權限如下：

```
drwxr-xr-x 23 root     root     4096 Sep 22 12:09 /
drwxr-xr-x  6 root     root     4096 Sep 29 02:21 /home
drwx------   6 student student 4096 Sep 29 02:23 /home/student
drwxr-xr-x  6 student student 4096 Sep 29 02:24 /home/student/www
-rwxr--r--   6 student student  369 Sep 29 02:27 /home/student/www/index.html
```

請問 vbird 這個帳號(不屬於 student 群組)能否讀取 index.html 這個檔案呢？

**答：**雖然 www 與 index.html 是可以讓 vbird 讀取的權限，但是因為目錄結構是由根目錄一層一層讀取的，因此 vbird 可進入 /home 但是卻不可進入 /home/student/ ，既然連進入 /home/student 都不許了，當然就讀不到 index.html 了！所以答案是『vbird 不會讀取到 index.html 的內容』喔！

那要如何修改權限呢？其實只要將 /home/student 的權限修改為最小 711 ，或者直接給予 755 就可以囉！這可是很重要的概念喔！

## 6.7 重點回顧

- 絕對路徑：『一定由根目錄 / 寫起』；相對路徑：『不由 / 寫起，而是由相對當前目錄寫起』。

- 特殊目錄有：., .., -, ~, ~account 需要注意。

- 與目錄相關的指令有：cd, mkdir, rmdir, pwd 等重要指令。

- rmdir 僅能刪除空目錄，要刪除非空目錄需使用『 rm -r 』指令。

- 使用者能使用的指令是依據 PATH 變數所規定的目錄去搜尋的。

- ls 可以檢視檔案的屬性，尤其 -d, -a, -l 等選項特別重要！

- 檔案的複製、刪除、移動可以分別使用：cp, rm , mv 等指令來操作。

- 檢查檔案的內容(讀檔)可使用的指令包括有：cat, tac, nl, more, less, head, tail, od 等。

- cat -n 與 nl 均可顯示行號,但預設的情況下,空白行會不會編號並不相同。

- touch 的目的在修改檔案的時間參數,但亦可用來建立空檔案。

- 一個檔案記錄的時間參數有三種,分別是 access time(atime), status time (ctime), modification time(mtime),ls 預設顯示的是 mtime。

- 除了傳統的 rwx 權限之外,在 Ext2/Ext3/Ext4/xfs 檔案系統中,還可以使用 chattr 與 lsattr 設定及觀察隱藏屬性。常見的包括只能新增資料的 +a 與完全不能更動檔案的 +i 屬性。

- 新建檔案/目錄時,新檔案的預設權限使用 umask 來規範。預設目錄完全權限為 drwxrwxrwx,檔案則為-rw-rw-rw-。

- 檔案具有 SUID 的特殊權限時,代表當使用者執行此一 binary 程式時,在執行過程中使用者會暫時具有程式擁有者的權限。

- 目錄具有 SGID 的特殊權限時,代表使用者在這個目錄底下新建的檔案之群組都會與該目錄的群組名稱相同。

- 目錄具有 SBIT 的特殊權限時,代表在該目錄下使用者建立的檔案只有自己與 root 能夠刪除!

- 觀察檔案的類型可以使用 file 指令來觀察。

- 搜尋指令的完整檔名可用 which 或 type,這兩個指令都是透過 PATH 變數來搜尋檔名。

- 搜尋檔案的完整檔名可以使用 whereis 找特定目錄或 locate 到資料庫去搜尋,而不實際搜尋檔案系統。

- 利用 find 可以加入許多選項來直接查詢檔案系統,以獲得自己想要知道的檔名。

# 6.8 本章習題

**情境模擬題:**

假設系統中有兩個帳號,分別是 alex 與 arod ,這兩個人除了自己群組之外還共同支援一個名為 project 的群組。假設這兩個用戶需要共同擁有 /srv/ahome/ 目錄的開發權,且該目錄不許其他人進入查閱。請問該目錄的權限設定應為何?請先以傳統權限說明,再以 SGID 的功能解析。

- 目標:瞭解到為何專案開發時,目錄最好需要設定 SGID 的權限!

- 前提:多個帳號支援同一群組,且共同擁有目錄的使用權!

- 需求:需要使用 root 的身份來進行 chmod, chgrp 等幫用戶設定好他們的開發環境才行!這也是管理員的重要任務之一!

　　首先我們得要先製作出這兩個帳號的相關資料，帳號/群組的管理在後續我們會介紹，你這裡先照著底下的指令來製作即可：

```
[root@study ~]# groupadd project          <==增加新的群組
[root@study ~]# useradd -G project alex <==建立 alex 帳號，且支援 project
[root@study ~]# useradd -G project arod <==建立 arod 帳號，且支援 project
[root@study ~]# id alex                   <==查閱 alex 帳號的屬性
uid=1001(alex) gid=1002(alex) groups=1002(alex),1001(project) <==確實有支援！
[root@study ~]# id arod
uid=1002(arod) gid=1003(arod) groups=1003(arod),1001(project) <==確實有支援！
```

　　然後開始來解決我們所需要的環境吧！

1. 首先建立所需要開發的專案目錄：

```
[root@study ~]# mkdir /srv/ahome
[root@study ~]# ll -d /srv/ahome
drwxr-xr-x. 2 root root 6 Jun 17 00:22 /srv/ahome
```

2. 從上面的輸出結果可發現 alex 與 arod 都不能在該目錄內建立檔案，因此需要進行權限與屬性的修改。由於其他人均不可進入此目錄，因此該目錄的群組應為 project，權限應為 770 才合理。

```
[root@study ~]# chgrp project /srv/ahome
[root@study ~]# chmod 770 /srv/ahome
[root@study ~]# ll -d /srv/ahome
drwxrwx---. 2 root project 6 Jun 17 00:22 /srv/ahome
# 從上面的權限結果來看，由於 alex/arod 均支援 project，因此似乎沒問題了！
```

3. 實際分別以兩個使用者來測試看看，情況會是如何？先用 alex 建立檔案，然後用 arod 去處理看看。

```
[root@study ~]# su - alex           <==先切換身份成為 alex 來處理
[alex@www ~]$ cd /srv/ahome         <==切換到群組的工作目錄去
[alex@www ahome]$ touch abcd        <==建立一個空的檔案出來！
[alex@www ahome]$ exit              <==離開 alex 的身份

[root@study ~]# su - arod
[arod@www ~]$ cd /srv/ahome
[arod@www ahome]$ ll abcd
-rw-rw-r--. 1 alex alex 0 Jun 17 00:23 abcd
# 仔細看一下上面的檔案，由於群組是 alex ，arod並不支援！
```

```
# 因此對於 abcd 這個檔案來說，arod 應該只是其他人，只有 r 的權限而已啊！
[arod@www ahome]$ exit
```

由上面的結果我們可以知道，若單純使用傳統的 rwx 而已，則對剛剛 alex 建立的 abcd 這個檔案來說，arod **可以刪除它，但是卻不能編輯它**！這不是我們要的樣子啊！趕緊來重新規劃一下。

4. 加入 SGID 的權限在裡面，並進行測試看看：

```
[root@study ~]# chmod 2770 /srv/ahome
[root@study ~]# ll -d /srv/ahome
drwxrws---. 2 root project 17 Jun 17 00:23 /srv/ahome

測試：使用 alex 去建立一個檔案，並且查閱檔案權限看看：
[root@study ~]# su - alex
[alex@www ~]$ cd /srv/ahome
[alex@www ahome]$ touch 1234
[alex@www ahome]$ ll 1234
-rw-rw-r--. 1 alex project 0 Jun 17 00:25 1234
# 沒錯！這才是我們要的樣子！現在 alex, arod 建立的新檔案所屬群組都是 project，
# 由於兩人均屬於此群組，加上 umask 都是 002，這樣兩人才可以互相修改對方的檔案！
```

所以最終的結果顯示，此目錄的權限最好是『2770』，所屬檔案擁有者屬於 root 即可，至於群組必須要為兩人共同支援的 project 這個群組才行！

## 簡答題部分：

◆ 什麼是絕對路徑與相對路徑？

◆ 如何更改一個目錄的名稱？例如由 /home/test 變為 /home/test2

◆ PATH 這個環境變數的意義？

◆ umask 有什麼用處與優點？

◆ 當一個使用者的 umask 分別為 033 與 044 他所建立的檔案與目錄的權限為何？

◆ 什麼是 SUID ？

◆ 當我要查詢 /usr/bin/passwd 這個檔案的一些屬性時(1)傳統權限；(2)檔案類型與(3)檔案的隱藏屬性，可以使用什麼指令來查詢？

◆ 嘗試用 find 找出目前 linux 系統中，所有具有 SUID 的檔案有哪些？

◆ 找出 /etc 底下，檔案大小介於 50K 到 60K 之間的檔案，並且將權限完整的列出 (ls -l)。

◆ 找出 /etc 底下，檔案容量大於 50K 且檔案所屬人不是 root 的檔名，且將權限完整的列出 (ls -l)。

◆ 找出 /etc 底下，容量大於 1500K 以及容量等於 0 的檔案。

## 6.9 參考資料與延伸閱讀

◆ 小洲大大回答 SUID/SGID 的一篇討論：
http://phorum.vbird.org/viewtopic.php?t=20256

# Linux 磁碟與檔案系統管理

系統管理員很重要的任務之一就是管理好自己的磁碟檔案系統,每個分割槽不可太大也不能太小,太大會造成磁碟容量的浪費,太小則會產生檔案無法儲存的困擾。此外,我們在前面幾章談到的檔案權限與屬性中,這些權限與屬性分別記錄在檔案系統的哪個區塊內?這就得要談到 filesystem 中的 inode 與 block 了。同時,為了虛擬化與大容量磁碟,現在的 CentOS 7 預設使用大容量效能較佳的 xfs 當預設檔案系統了!這也得了解一下。在本章我們的重點在於如何製作檔案系統,包括分割、格式化與掛載等,是很重要的一個章節喔!

# 7.1 認識 Linux 檔案系統

Linux 最傳統的磁碟檔案系統 (filesystem) 使用的是 EXT2 這個啦！所以要瞭解 Linux 的檔案系統就得要由認識 EXT2 開始！而檔案系統是建立在磁碟上面的，因此我們得瞭解磁碟的物理組成才行。磁碟物理組成的部分我們在第零章談過了，至於磁碟分割則在第二章談過了，所以底下只會很快的複習這兩部分。重點在於 inode, block 還有 superblock 等檔案系統的基本部分喔！

## 7.1.1 磁碟組成與分割的複習

由於各項磁碟的物理組成我們在第零章裡面就介紹過，同時第二章也談過分割的概念了，所以這個小節我們就拿之前的重點出來介紹就好了！詳細的資訊請你回去那兩章自行複習喔！^\_^。好了，首先說明一下磁碟的物理組成，整顆磁碟的組成主要有：

- **圓形的磁碟盤(主要記錄資料的部分)。**

- **機械手臂，與在機械手臂上的磁碟讀取頭(可讀寫磁碟盤上的資料)。**

- **主軸馬達，可以轉動磁碟盤，讓機械手臂的讀取頭在磁碟盤上讀寫資料。**

從上面我們知道資料儲存與讀取的重點在於磁碟盤，而磁碟盤上的物理組成則為(假設此磁碟為單碟片，磁碟盤圖示請參考第二章圖 2.2.1 的示意)：

- **磁區(Sector)為最小的物理儲存單位，且依據磁碟設計的不同，目前主要有 512bytes 與 4K 兩種格式。**

- **將磁區組成一個圓，那就是磁柱(Cylinder)。**

- **早期的分割主要以磁柱為最小分割單位，現在的分割通常使用磁區為最小分割單位(每個磁區都有其號碼喔，就好像座位一樣)。**

- **磁碟分割表主要有兩種格式，一種是限制較多的 MBR 分割表，一種是較新且限制較少的 GPT 分割表。**

- **MBR 分割表中，第一個磁區最重要，裡面有：(1)主要開機區(Master boot record, MBR)及分割表(partition table)，其中 MBR 佔有 446 bytes，而 partition table 則佔有 64 bytes。**

- **GPT 分割表除了分割數量擴充較多之外，支援的磁碟容量也可以超過 2TB。**

至於磁碟的檔名部分，基本上，所有實體磁碟的檔名都已經被模擬成 /dev/sd[a-p] 的格式，第一顆磁碟檔名為 /dev/sda。而分割槽的檔名若以第一顆磁碟為例，則為 /dev/sda[1-128]。除了實體磁碟之外，虛擬機的磁碟通常為 /dev/vd[a-p] 的格式。若有使用到軟體磁碟陣列的話，那還有 /dev/md[0-128] 的磁碟檔名。使用的是 LVM 時，檔名則為 /dev/VGNAME/LVNAME 等格式。關於軟體磁碟陣列與 LVM 我們會在後面繼續介紹，這裡主要介紹的以實體磁碟及虛擬磁碟為主喔！

◆ **/dev/sd[a-p][1-128]：為實體磁碟的磁碟檔名**

◆ **/dev/vd[a-d][1-128]：為虛擬磁碟的磁碟檔名**

複習完物理組成後，來複習一下磁碟分割吧！如前所述，以前磁碟分割最小單位經常是磁柱，但 CentOS 7 的分割軟體，已經將最小單位改成磁區了，所以容量大小的分割可以切的更細～此外，由於新的大容量磁碟大多得要使用 GPT 分割表才能夠使用全部的容量，因此過去那個 MBR 的傳統磁碟分割表限制就不會存在了。不過，由於還是有小磁碟啊！因此，你在處理分割的時候，還是得要先查詢一下，你的分割是 MBR 的分割？還是 GPT 的分割？在第三章的 CentOS 7 安裝中，鳥哥建議過強制使用 GPT 分割喔！所以本章後續的動作，大多還是以 GPT 為主來介紹喔！舊的 MBR 相關限制回去看看第二章吧！

## 7.1.2  檔案系統特性

我們都知道磁碟分割完畢後還需要進行格式化(format)，之後作業系統才能夠使用這個檔案系統。為什麼需要進行『格式化』呢？這是因為每種作業系統所設定的檔案屬性/權限並不相同，為了存放這些檔案所需的資料，因此就需要將分割槽進行格式化，以成為作業系統能夠利用的『檔案系統格式(filesystem)』。

由此我們也能夠知道，每種作業系統能夠使用的檔案系統並不相同。舉例來說，windows 98 以前的微軟作業系統主要利用的檔案系統是 FAT (或 FAT16)，windows 2000 以後的版本有所謂的 NTFS 檔案系統，至於 **Linux 的正統檔案系統則為 Ext2 (Linux second extended file system, ext2fs)** 這一個。此外，在預設的情況下，windows 作業系統是不會認識 Linux 的 Ext2 的。

傳統的磁碟與檔案系統之應用中，一個分割槽就是只能夠被格式化成為一個檔案系統，所以我們可以說一個 filesystem 就是一個 partition。但是由於新技術的利用，例如我們常聽到的 LVM 與軟體磁碟陣列(software raid)，這些技術可以將一個分割槽格式化為多個檔案系統(例如 LVM)，也能夠將多個分割槽合成一個檔案系統(LVM, RAID)！所以說，目前我們在格式化時已經不再說成針對 partition 來格式化了，通常我們可以稱呼一個可被掛載的資料為**一個檔案系統而不是一個分割槽**喔！

那麼檔案系統是如何運作的呢？這與作業系統的檔案資料有關。較新的作業系統的檔案資料除了檔案實際內容外，通常含有非常多的屬性，例如 Linux 作業系統的檔案權限(rwx)與檔案屬性(擁有者、群組、時間參數等)。**檔案系統通常會將這兩部分的資料分別存放在不同**

的區塊,權限與屬性放置到 inode 中,至於實際資料則放置到 data block 區塊中。另外,還有一個超級區塊 (superblock) 會記錄整個檔案系統的整體資訊,包括 inode 與 block 的總量、使用量、剩餘量等。

每個 inode 與 block 都有編號,至於這三個資料的意義可以簡略說明如下:

◆ superblock:**記錄此 filesystem 的整體資訊,包括 inode/block 的總量、使用量、剩餘量,以及檔案系統的格式與相關資訊等。**

◆ inode:**記錄檔案的屬性,一個檔案佔用一個 inode,同時記錄此檔案的資料所在的 block 號碼。**

◆ block:**實際記錄檔案的內容,若檔案太大時,會佔用多個 block。**

由於每個 inode 與 block 都有編號,而每個檔案都會佔用一個 inode,inode 內則有檔案資料放置的 block 號碼。因此,我們可以知道的是,如果能夠找到檔案的 inode 的話,那麼自然就會知道這個檔案所放置資料的 block 號碼,當然也就能夠讀出該檔案的實際資料了。這是個比較有效率的作法,因為如此一來我們的磁碟就能夠在短時間內讀取出全部的資料,讀寫的效能比較好囉。

我們將 inode 與 block 區塊用圖解來說明一下,如下圖所示,檔案系統先格式化出 inode 與 block 的區塊,假設某一個檔案的屬性與權限資料是放置到 inode 4 號(下圖較小方格內),而這個 inode 記錄了檔案資料的實際放置點為 2, 7, 13, 15 這四個 block 號碼,此時我們的作業系統就能夠據此來排列磁碟的讀取順序,可以一口氣將四個 block 內容讀出來!那麼資料的讀取就如同下圖中的箭頭所指定的模樣了。

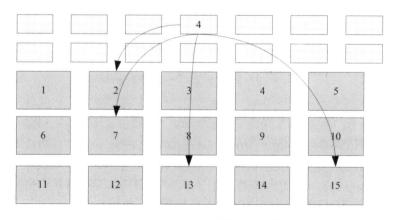

圖 7.1.1　inode/block 資料存取示意圖

這種資料存取的方法我們稱為**索引式檔案系統**(indexed allocation)。那有沒有其他的慣用檔案系統可以比較一下啊?有的,那就是我們慣用的隨身碟(快閃記憶體),隨身碟使用的檔案系統一般為 FAT 格式。FAT 這種格式的檔案系統並沒有 inode 存在，所以 FAT 沒有辦法將這個檔案的所有 block 在一開始就讀取出來。每個 block 號碼都記錄在前一個 block 當中，它的讀取方式有點像底下這樣：

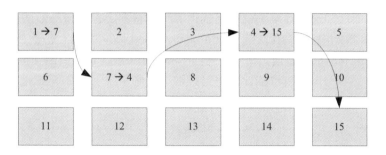

圖 7.1.2　FAT 檔案系統資料存取示意圖

上圖中我們假設檔案的資料依序寫入 1->7->4->15 號這四個 block 號碼中，但這個檔案系統沒有辦法一口氣就知道四個 block 的號碼，它得要一個一個的將 block 讀出後，才會知道下一個 block 在何處。如果同一個檔案資料寫入的 block 分散的太過厲害時，則我們的磁碟讀取頭將無法在磁碟轉一圈就讀到所有的資料，因此磁碟就會多轉好幾圈才能完整的讀取到這個檔案的內容！

常常會聽到所謂的『磁碟重組』吧？**需要磁碟重組的原因就是檔案寫入的 block 太過於離散了，此時檔案讀取的效能將會變的很差所致。**這個時候**可以透過磁碟重組將同一個檔案所屬的 blocks 彙整在一起，這樣資料的讀取會比較容易啊！**想當然爾，FAT 的檔案系統需要三不五時的磁碟重組一下，那麼 Ext2 是否需要磁碟重整呢？

由於 Ext2 是索引式檔案系統，基本上不太需要常常進行磁碟重組的。但是如果檔案系統使用太久，常常刪除/編輯/新增檔案時，那麼還是可能會造成檔案資料太過於離散的問題，此時或許會需要進行重整一下的。不過，老實說，鳥哥倒是沒有在 Linux 作業系統上面進行過 Ext2/Ext3 檔案系統的磁碟重組說！似乎不太需要啦！ ^_^

### 7.1.3　Linux 的 EXT2 檔案系統 (inode)

在第五章當中我們介紹過 Linux 的檔案除了原有的資料內容外，還含有非常多的權限與屬性，這些權限與屬性是為了保護每個使用者所擁有資料的隱密性。而前一小節我們知道 filesystem 裡面可能含有的 inode/block/superblock 等。為什麼要談這個呢？因為標準的 Linux 檔案系統 Ext2 就是使用這種 inode 為基礎的檔案系統啦！

而如同前一小節所說的，inode 的內容在記錄檔案的權限與相關屬性，至於 block 區塊則是在記錄檔案的實際內容。而且**檔案系統一開始就將 inode 與 block 規劃好了，除非重新**

格式化(或者利用 resize2fs 等指令變更檔案系統大小)，否則 inode 與 block 固定後就不再變動。但是如果仔細考慮一下，如果我的檔案系統高達數百 GB 時，那麼將所有的 inode 與 block 通通放置在一起將是很不智的決定，因為 inode 與 block 的數量太龐大，不容易管理。

為此之故，因此 Ext2 檔案系統在格式化的時候基本上是區分為多個區塊群組 (block group) 的，每個區塊群組都有獨立的 inode/block/superblock 系統。感覺上就好像我們在當兵時，一個營裡面有分成數個連，每個連有自己的聯絡系統，但最終都向營部回報連上最正確的資訊一般！這樣分成一群群的比較好管理啦！整個來說，Ext2 格式化後有點像底下這樣：

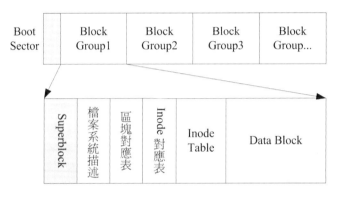

圖 7.1.3　ext2 檔案系統示意圖[註1]

在整體的規劃當中，**檔案系統最前面有一個開機磁區(boot sector)，這個開機磁區可以安裝開機管理程式**，這是個非常重要的設計，因為如此一來我們就能夠將不同的開機管理程式安裝到個別的檔案系統最前端，而不用覆蓋整顆磁碟唯一的 MBR，這樣也才能夠製作出多重開機的環境啊！至於每一個區塊群組(block group)的六個主要內容說明如後：

◆ **data block (資料區塊)**

data block 是用來放置檔案內容資料地方，**在 Ext2 檔案系統中所支援的 block 大小有 1K, 2K 及 4K 三種而已**。在格式化時 block 的大小就固定了，且每個 block 都有編號，以方便 inode 的記錄啦。不過要注意的是，由於 block 大小的差異，會導致該檔案系統能夠支援的最大磁碟容量與最大單一檔案容量並不相同。因為 block 大小而產生的 Ext2 檔案系統限制如下：[註2]

| Block 大小 | 1KB | 2KB | 4KB |
|---|---|---|---|
| 最大單一檔案限制 | 16GB | 256GB | 2TB |
| 最大檔案系統總容量 | 2TB | 8TB | 16TB |

你需要注意的是，雖然 Ext2 已經能夠支援大於 2GB 以上的單一檔案容量，不過某些應用程式依然使用舊的限制，也就是說，某些程式只能夠捉到小於 2GB 以下的檔案而已，這就跟檔案系統無關了！舉例來說，鳥哥在環工方面的應用中有一套秀圖軟體稱為 PAVE[註3]，這套軟體就無法捉到鳥哥在數值模式模擬後產生的大於 2GB 以上的檔案！所以後來只能找更新的軟體來取代它了！

除此之外 Ext2 檔案系統的 block 還有什麼限制呢？有的！基本限制如下：

- **原則上，block 的大小與數量在格式化完就不能夠再改變了(除非重新格式化)。**
- **每個 block 內最多只能夠放置一個檔案的資料。**
- **承上，如果檔案大於 block 的大小，則一個檔案會佔用多個 block 數量。**
- **承上，若檔案小於 block，則該 block 的剩餘容量就不能夠再被使用了(磁碟空間會浪費)。**

如上第四點所說，由於每個 block 僅能容納一個檔案的資料而已，因此如果你的檔案都非常小，但是你的 block 在格式化時卻選用最大的 4K 時，可能會產生一些容量的浪費喔！我們以底下的一個簡單例題來算一下空間的浪費吧！

---

**例題**

假設你的 Ext2 檔案系統使用 4K block，而該檔案系統中有 10000 個小檔案，每個檔案大小均為 50bytes，請問此時你的磁碟浪費多少容量？

**答：**由於 Ext2 檔案系統中一個 block 僅能容納一個檔案，因此每個 block 會浪費『4096 - 50 = 4046 (byte)』，系統中總共有一萬個小檔案，所有檔案容量為：50 (bytes) x 10000 = 488.3Kbytes，但此時浪費的容量為：『4046 (bytes) x 10000 = 38.6MBytes』。想一想，不到 1MB 的總檔案容量卻浪費將近 40MB 的容量，且檔案越多將造成越多的磁碟容量浪費。

---

什麼情況會產生上述的狀況呢？例如 BBS 網站的資料啦！如果 BBS 上面的資料使用的是純文字檔案來記載每篇留言，而留言內容如果都寫上『如題』時，想一想，是否就會產生很多小檔案了呢？

好，既然大的 block 可能會產生較嚴重的磁碟容量浪費，那麼我們是否就將 block 大小訂為 1K 即可？這也不妥，因為如果 block 較小的話，那麼大型檔案將會佔用數量更多的 block，而 inode 也要記錄更多的 block 號碼，此時將可能導致檔案系統不良的讀寫效能。

所以我們可以說，在你進行檔案系統的格式化之前，請先想好該檔案系統預計使用的情況。以鳥哥來說，我的數值模式模擬平台隨便一個檔案都好幾百 MB，那麼 block 容量當然選擇較大的！至少檔案系統就不必記錄太多的 block 號碼，讀寫起來也比較方便啊！

事實上，現在的磁碟容量都太大了！所以，大概大家都只會選擇 4K 的 block 大小吧！呵呵！

◆ inode table (inode 表格)

再來討論一下 inode 這個玩意兒吧！如前所述 inode 的內容在記錄檔案的屬性以及該檔案實際資料是放置在哪幾號 block 內！基本上，inode 記錄的檔案資料至少有底下這些：(註4)

- **該檔案的存取模式** (read/write/excute)
- **該檔案的擁有者與群組** (owner/group)
- **該檔案的容量**
- **該檔案建立或狀態改變的時間** (ctime)
- **最近一次的讀取時間** (atime)
- **最近修改的時間** (mtime)
- **定義檔案特性的旗標** (flag)，如 SetUID...
- **該檔案真正內容的指向** (pointer)

inode 的數量與大小也是在格式化時就已經固定了，除此之外 inode 還有些什麼特色呢？

- **每個 inode 大小均固定為 128 bytes (新的 ext4 與 xfs 可設定到 256 bytes)**
- **每個檔案都僅會佔用一個 inode 而已**
- **承上，因此檔案系統能夠建立的檔案數量與 inode 的數量有關**
- **系統讀取檔案時需要先找到 inode，並分析 inode 所記錄的權限與使用者是否符合，若符合才能夠開始實際讀取 block 的內容。**

我們約略來分析一下 EXT2 的 inode / block 與檔案大小的關係好了。inode 要記錄的資料非常多，但偏偏又只有 128bytes 而已，而 inode 記錄一個 block 號碼要花掉 4byte，假設我一個檔案有 400MB 且每個 block 為 4K 時，那麼至少也要十萬筆 block 號碼的記錄呢！inode 哪有這麼多可記錄的資訊？為此我們的系統很聰明的將 inode 記錄 block 號碼的區域定義為 12 個直接，一個間接, 一個雙間接與一個三間接記錄區。這是啥？我們將 inode 的結構畫一下好了。

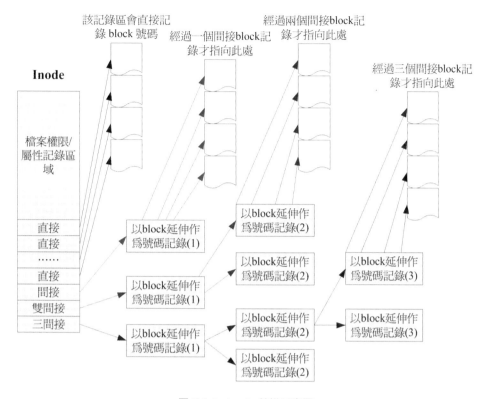

圖 7.1.4　inode 結構示意圖

上圖最左邊為 inode 本身 (128 bytes)，裡面有 12 個直接指向 block 號碼的對照，這 12 筆記錄就能夠直接取得 block 號碼啦！至於所謂的間接就是**再拿一個 block 來當作記錄 block 號碼的記錄區，如果檔案太大時，就會使用間接的 block 來記錄號碼**。如上圖 7.1.4 當中間接只是拿一個 block 來記錄額外的號碼而已。同理，如果檔案持續長大，那麼就會利用所謂的雙間接，第一個 block 僅再指出下一個記錄號碼的 block 在哪裡，實際記錄的在第二個 block 當中。依此類推，三間接就是利用第三層 block 來記錄號碼啦！

這樣子 inode 能夠指定多少個 block 呢？我們以較小的 1K block 來說明好了，可以指定的情況如下：

■　12 個直接指向：12*1K=12K

　　由於是直接指向，所以總共可記錄 12 筆記錄，因此總額大小為如上所示。

■　間接：256*1K=256K

　　每筆 block 號碼的記錄會花去 4bytes，因此 1K 的大小能夠記錄 256 筆記錄，因此一個間接可以記錄的檔案大小如上。

- 雙間接：256*256*1K=$256^2$K

  第一層 block 會指定 256 個第二層，每個第二層可以指定 256 個號碼，因此總額大小如上。

- 三間接：256*256*256*1K=$256^3$K

  第一層 block 會指定 256 個第二層，每個第二層可以指定 256 個第三層，每個第三層可以指定 256 個號碼，因此總額大小如上。

- **總額**：將直接、間接、雙間接、三間接加總，得到 12 + 256 + 256*256 + 256*256*256 (K) = 16GB

此時我們知道當檔案系統將 block 格式化為 1K 大小時，能夠容納的最大檔案為 16GB，比較一下檔案系統限制表的結果可發現是一致的！但這個方法不能用在 2K 及 4K block 大小的計算中，因為大於 2K 的 block 將會受到 Ext2 檔案系統本身的限制，所以計算的結果會不太符合之故。

> 　　如果你的 Linux 依舊使用 Ext2/Ext3/Ext4 檔案系統的話，例如鳥哥之前的 CentOS 6.x 系統，那麼預設還是使用 Ext4 的檔案系統喔！Ext4 檔案系統的 inode 容量已經可以擴大到 256bytes 了，更大的 inode 容量，可以紀錄更多的檔案系統資訊，包括新的 ACL 以及 SELinux 類型等，當然，可以紀錄的單一檔案容量達 16TB 且單一檔案系統總容量可達 1EB 哩！

◆ Superblock (超級區塊)

Superblock 是記錄整個 filesystem 相關資訊的地方，沒有 Superblock，就沒有這個 filesystem 了。它記錄的資訊主要有：

- block 與 inode 的總量。
- **未使用與已使用的 inode / block 數量**。
- block 與 inode 的大小 (block 為 1, 2, 4K，inode 為 128bytes 或 256bytes)。
- filesystem 的掛載時間、最近一次寫入資料的時間、最近一次檢驗磁碟 (fsck) **的時間等檔案系統的相關資訊**。
- **一個 valid bit 數值**，若此檔案系統已被掛載，則 valid bit 為 0，**若未被掛載，則 valid bit 為 1**。

Superblock 是非常重要的，因為我們這個檔案系統的基本資訊都寫在這裡，因此，如果 superblock 死掉了，你的檔案系統可能就需要花費很多時間去挽救啦！一般來說，superblock 的大小為 1024bytes。相關的 superblock 訊息我們等一下會以 dumpe2fs 指令來呼叫出來觀察喔！

此外，每個 block group 都可能含有 superblock 喔！但是我們也說一個檔案系統應該僅有一個 superblock 而已，那是怎麼回事啊？事實上除了第一個 block group 內會含有 superblock 之外，後續的 block group 不一定含有 superblock，而若含有 superblock 則該 superblock 主要是做為第一個 block group 內 superblock 的備份咯，這樣可以進行 superblock 的救援呢！

◆ Filesystem Description (檔案系統描述說明)

這個區段可以描述每個 block group 的開始與結束的 block 號碼，以及說明每個區段 (superblock, bitmap, inodemap, data block) 分別介於哪一個 block 號碼之間。這部分也能夠用 dumpe2fs 來觀察的。

◆ block bitmap (區塊對照表)

如果你想要新增檔案時總會用到 block 吧！那你要使用哪個 block 來記錄呢？當然是選擇『空的 block』來記錄新檔案的資料囉。那你怎麼知道哪個 block 是空的？這就得要透過 block bitmap 的輔助了。從 block bitmap 當中可以知道哪些 block 是空的，因此我們的系統就能夠很快速的找到可使用的空間來處置檔案囉。

同樣的，如果你刪除某些檔案時，那麼那些檔案原本佔用的 block 號碼就得要釋放出來，此時在 block bitmap 當中相對應到該 block 號碼的標誌就得要修改成為『未使用中』囉！這就是 bitmap 的功能。

◆ inode bitmap (inode 對照表)

這個其實與 block bitmap 是類似的功能，只是 block bitmap 記錄的是使用與未使用的 block 號碼，至於 inode bitmap 則是記錄使用與未使用的 inode 號碼囉！

◆ dumpe2fs：查詢 Ext 家族 superblock 資訊的指令

瞭解了檔案系統的概念之後，再來當然是觀察這個檔案系統囉！剛剛談到的各部分資料都與 block 號碼有關！每個區段與 superblock 的資訊都可以使用 dumpe2fs 這個指令來查詢的！不過很可惜的是，我們的 CentOS 7 現在是以 xfs 為預設檔案系統，所以目前你的系統應該無法使用 dumpe2fs 去查詢任何檔案系統的。沒關係，鳥哥先找自己的一部機器來跟大家介紹，你可以在後續的格式化內容講完之後，自己切出一個 ext4 的檔案系統去查詢看看即可。鳥哥這塊檔案系統是 1GB 的容量，使用預設方式來進行格式化的，觀察的內容如下：

```
[root@study ~]# dumpe2fs [-bh] 裝置檔名
選項與參數：
-b ：列出保留為壞軌的部分 (一般用不到吧！？)
-h ：僅列出 superblock 的資料，不會列出其他的區段內容！
```

範例：鳥哥的一塊 1GB ext4 檔案系統內容

```
[root@study ~]# blkid     <==這個指令可以叫出目前系統有被格式化的裝置
/dev/vda1: LABEL="myboot" UUID="ce4dbf1b-2b3d-4973-8234-73768e8fd659" TYPE="xfs"
/dev/vda2: LABEL="myroot" UUID="21ad8b9a-aaad-443c-b732-4e2522e95e23" TYPE="xfs"
/dev/vda3: UUID="12y99K-bv2A-y7RY-jhEW-rIWf-PcH5-SaiApN" TYPE="LVM2_member"
/dev/vda5: UUID="e20d65d9-20d4-472f-9f91-cdcfb30219d6" TYPE="ext4"   <==看到 ext4 了！
```

```
[root@study ~]# dumpe2fs /dev/vda5
dumpe2fs 1.42.9 (28-Dec-2013)
Filesystem volume name:   <none>          # 檔案系統的名稱(不一定會有)
Last mounted on:          <not available> # 上一次掛載的目錄位置
Filesystem UUID:          e20d65d9-20d4-472f-9f91-cdcfb30219d6
Filesystem magic number:  0xEF53          # 上方的 UUID 為 Linux 對裝置的定義碼
Filesystem revision #:    1 (dynamic)     # 下方的 features 為檔案系統的特徵資料
Filesystem features:      has_journal ext_attr resize_inode dir_index filetype
extent 64bit flex_bg sparse_super large_file huge_file uninit_bg dir_nlink
extra_isize
Filesystem flags:         signed_directory_hash
Default mount options:    user_xattr acl  # 預設在掛載時會主動加上的掛載參數
Filesystem state:         clean           # 這塊檔案系統的狀態為何，clean 是沒問題
Errors behavior:          Continue
Filesystem OS type:       Linux
Inode count:              65536           # inode 的總數
Block count:              262144          # block 的總數
Reserved block count:     13107           # 保留的 block 總數
Free blocks:              249189          # 還有多少的 block 可用數量
Free inodes:              65525           # 還有多少的 inode 可用數量
First block:              0
Block size:               4096            # 單個 block 的容量大小
Fragment size:            4096
Group descriptor size:    64
....(中間省略)....
Inode size:               256             # inode 的容量大小！已經是 256 了喔！
....(中間省略)....
Journal inode:            8
Default directory hash:   half_md4
Directory Hash Seed:      3c2568b4-1a7e-44cf-95a2-c8867fb19fbc
Journal backup:           inode blocks
Journal features:         (none)
Journal size:             32M             # Journal 日誌式資料的可供紀錄總容量
Journal length:           8192
Journal sequence:         0x00000001
```

```
Journal start:                0

Group 0: (Blocks 0-32767)                      # 第一塊 block group 位置
  Checksum 0x13be, unused inodes 8181
  Primary superblock at 0, Group descriptors at 1-1 # 主要 superblock 的所在喔！
  Reserved GDT blocks at 2-128
  Block bitmap at 129 (+129), Inode bitmap at 145 (+145)
  Inode table at 161-672 (+161)                     # inode table 的所在喔！
  28521 free blocks, 8181 free inodes, 2 directories, 8181 unused inodes
  Free blocks: 142-144, 153-160, 4258-32767         # 底下兩行說明剩餘的容量有多少
  Free inodes: 12-8192
Group 1: (Blocks 32768-65535) [INODE_UNINIT]        # 後續為更多其他的 block group
....(底下省略)....
# 由於資料量非常的龐大，因此鳥哥將一些資訊省略輸出了！上表與你的螢幕會有點差異。
# 前半部在秀出 supberblock 的內容，包括標頭名稱(Label)以及inode/block的相關資訊
# 後面則是每個 block group 的個別資訊了！你可以看到各區段資料所在的號碼！
# 也就是說，基本上所有的資料還是與 block 的號碼有關就是了！很重要！
```

如上所示，利用 dumpe2fs 可以查詢到非常多的資訊，不過依內容主要可以區分為上半部是 superblock 內容，下半部則是每個 block group 的資訊了。從上面的表格中我們可以觀察到鳥哥這個 /dev/vda5 規劃的 block 為 4K，第一個 block 號碼為 0 號，且 block group 內的所有資訊都以 block 的號碼來表示的。然後在 superblock 中還有談到目前這個檔案系統的可用 block 與 inode 數量喔！

至於 block group 的內容我們單純看 Group0 資訊好了。從上表中我們可以發現：

- Group0 所佔用的 block 號碼由 0 到 32767 號，superblock 則在第 0 號的 block 區塊內！
- 檔案系統描述說明在第 1 號 block 中。
- block bitmap 與 inode bitmap 則在 129 及 145 的 block 號碼上。
- 至於 inode table 分佈於 161-672 的 block 號碼中！
- 由於 (1)一個 inode 佔用 256 bytes，(2)總共有 672 - 161 + 1(161 本身) = 512 個 block 花在 inode table 上，(3)每個 block 的大小為 4096 bytes(4K)。由這些數據可以算出 inode 的數量共有 512 * 4096 / 256 = 8192 個 inode 啦！
- 這個 Group0 目前可用的 block 有 28521 個，可用的 inode 有 8181 個。
- 剩餘的 inode 號碼為 12 號到 8192 號。

如果你對檔案系統的詳細資訊還有更多想要瞭解的話，那麼請參考本章最後一小節的介紹喔！否則檔案系統看到這裡對於基礎認知你應該是已經相當足夠啦！底下則是要探討一下，那麼這個檔案系統概念與實際的目錄樹應用有啥關連啊？

## 7.1.4 與目錄樹的關係

由前一小節的介紹我們知道在 Linux 系統下，每個檔案(不管是一般檔案還是目錄檔案)都會佔用一個 inode，且可依據檔案內容的大小來分配多個 block 給該檔案使用。而由第五章的權限說明中我們知道目錄的內容在記錄檔名，一般檔案才是實際記錄資料內容的地方。那麼目錄與檔案在檔案系統當中是如何記錄資料的呢？基本上可以這樣說：

◆ **目錄**

當我們在 Linux 下的檔案系統建立一個目錄時，**檔案系統會分配一個 inode 與至少一塊 block 給該目錄**。其中，inode 記錄該目錄的相關權限與屬性，並可記錄分配到的那塊 block 號碼；而 block 則是記錄在這個目錄下的檔名與該檔名佔用的 inode 號碼資料。也就是說目錄所佔用的 block 內容在記錄如下的資訊：

| Inode number | 檔名 |
|---|---|
| 53735697<br>53745858<br>… | anaconda-ks.cfg<br>initial-setup-ks.cfg<br>… |

圖 7.1.5　記載於目錄所屬的 block 內的檔名與 inode 號碼對應示意圖

如果想要實際觀察 root 家目錄內的檔案所佔用的 inode 號碼時，可以使用 ls -i 這個選項來處理：

```
[root@study ~]# ls -li
total 8
53735697 -rw-------. 1 root root 1816 May  4 17:57 anaconda-ks.cfg
53745858 -rw-r--r--. 1 root root 1864 May  4 18:01 initial-setup-ks.cfg
```

由於每個人所使用的電腦並不相同，系統安裝時選擇的項目與 partition 都不一樣，因此你的環境不可能與我的 inode 號碼一模一樣！上表的左邊所列出的 inode 僅是鳥哥的系統所顯示的結果而已！而由這個目錄的 block 結果我們現在就能夠知道，當你使用『 ll / 』時，出現的目錄幾乎都是 1024 的倍數，為什麼呢？因為每個 block 的數量都是 1K, 2K, 4K 嘛！看一下鳥哥的環境：

```
[root@study ~]# ll -d / /boot /usr/sbin /proc /sys
dr-xr-xr-x.  17 root root 4096 May  4 17:56 /      <== 1 個 4K block
dr-xr-xr-x.   4 root root 4096 May  4 17:59 /boot  <== 1 個 4K block
dr-xr-xr-x. 155 root root    0 Jun 15 15:43 /proc  <== 這兩個為記憶體內資料，不佔
                                                       磁碟容量
```

```
dr-xr-xr-x.  13 root root     0 Jun 15 23:43 /sys
dr-xr-xr-x.   2 root root 16384 May  4 17:55 /usr/sbin <== 4 個 4K block
```

由於鳥哥的根目錄使用的 block 大小為 4K，因此每個目錄幾乎都是 4K 的倍數。其中由於 /usr/sbin 的內容比較複雜因此佔用了 4 個 block！至於奇怪的 /proc 我們在第五章就講過該目錄不佔磁碟容量，所以當然耗用的 block 就是 0 囉！

> 由上面的結果我們知道目錄並不只會佔用一個 block 而已，也就是說：在目錄底下的檔案數如果太多而導致一個 block 無法容納的下所有的檔名與 inode 對照表時，Linux 會給予該目錄多一個 block 來繼續記錄相關的資料。

◆ **檔案**

當我們在 Linux 下的 ext2 建立一個一般檔案時，ext2 會分配一個 inode 與相對於該檔案大小的 block 數量給該檔案。例如：假設我的一個 block 為 4 Kbytes，而我要建立一個 100 KBytes 的檔案，那麼 linux 將分配一個 inode 與 25 個 block 來儲存該檔案！但同時請注意，由於 inode 僅有 12 個直接指向，因此還要多一個 block 來作為區塊號碼的記錄喔！

◆ **目錄樹讀取**

好了，經過上面的說明你也應該要很清楚的知道 inode 本身並不記錄檔名，檔名的記錄是在目錄的 block 當中。因此在第五章檔案與目錄的權限說明中，我們才會提到『新增/刪除/更名檔名與目錄的 w 權限有關』的特色！那麼因為檔名是記錄在目錄的 block 當中，因此當我們要讀取某個檔案時，就務必會經過目錄的 inode 與 block，然後才能夠找到那個待讀取檔案的 inode 號碼，最終才會讀到正確的檔案的 block 內的資料。

由於目錄樹是由根目錄開始讀起，因此系統透過掛載的資訊可以找到掛載點的 inode 號碼，此時就能夠得到根目錄的 inode 內容，並依據該 inode 讀取根目錄的 block 內的檔名資料，再一層一層的往下讀到正確的檔名。舉例來說，如果我想要讀取 /etc/passwd 這個檔案時，系統是如何讀取的呢？

```
[root@study ~]# ll -di / /etc /etc/passwd
     128 dr-xr-xr-x.  17 root root 4096 May  4 17:56 /
33595521 drwxr-xr-x. 131 root root 8192 Jun 17 00:20 /etc
36628004 -rw-r--r--.   1 root root 2092 Jun 17 00:20 /etc/passwd
```

在鳥哥的系統上面與 /etc/passwd 有關的目錄與檔案資料如上表所示,該檔案的讀取流程為(假設讀取者身份為 dmtsai 這個一般身份使用者):

1. **/ 的 inode**

   **透過掛載點的資訊找到 inode 號碼為 128 的根目錄 inode,且 inode 規範的權限讓我們可以讀取該 block 的內容(有 r 與 x)。**

2. **/ 的 block**

   **經過上個步驟取得 block 的號碼,並找到該內容有 etc/ 目錄的 inode 號碼 (33595521)。**

3. **etc/ 的 inode**

   **讀取 33595521 號 inode 得知 dmtsai 具有 r 與 x 的權限,因此可以讀取 etc/ 的 block 內容。**

4. **etc/ 的 block**

   **經過上個步驟取得 block 號碼,並找到該內容有 passwd 檔案的 inode 號碼 (36628004)。**

5. **passwd 的 inode**

   **讀取 36628004 號 inode 得知 dmtsai 具有 r 的權限,因此可以讀取 passwd 的 block 內容。**

6. **passwd 的 block**

   **最後將該 block 內容的資料讀出來。**

◆ **filesystem 大小與磁碟讀取效能**

另外,關於檔案系統的使用效率上,當你的一個檔案系統規劃的很大時,例如 100GB 這麼大時,由於磁碟上面的資料總是來來去去的,所以,整個檔案系統上面的檔案通常無法連續寫在一起 (block 號碼不會連續的意思),而是填入式的將資料填入沒有被使用的 block 當中。如果檔案寫入的 block 真的分的很散,此時就會有所謂的**檔案資料離散**的問題發生了。

如前所述,雖然我們的 ext2 在 inode 處已經將該檔案所記錄的 block 號碼都記上了,所以資料可以一次性讀取,但是如果檔案真的太過離散,確實還是會發生讀取效率低落的問題。因為磁碟讀取頭還是得要在整個檔案系統中來來去去的頻繁讀取!果真如此,那麼可以將整個 filesystme 內的資料全部複製出來,將該 filesystem 重新格式化,再將資料給它複製回去即可解決這個問題。

此外,如果 filesystem 真的太大了,那麼當一個檔案分別記錄在這個檔案系統的最前面與最後面的 block 號碼中,此時會造成磁碟的機械手臂移動幅度過大,也會造成資料讀取效能的低落。而且讀取頭在搜尋整個 filesystem 時，也會花費比較多的時間去搜尋！因此，partition 的規劃並不是越大越好，而是真的要針對你的主機用途來進行規劃才行！^\_^

## 7.1.5　EXT2/EXT3/EXT4 檔案的存取與日誌式檔案系統的功能

　　上一小節談到的僅是讀取而已，那麼如果是新建一個檔案或目錄時，我們的檔案系統是如何處理的呢？這個時候就得要 block bitmap 及 inode bitmap 的幫忙了！假設我們想要新增一個檔案，此時檔案系統的行為是：

1.　**先確定使用者對於欲新增檔案的目錄是否具有 w 與 x 的權限，若有的話才能新增。**
2.　**根據 inode bitmap 找到沒有使用的 inode 號碼，並將新檔案的權限/屬性寫入。**
3.　**根據 block bitmap 找到沒有使用中的 block 號碼，並將實際的資料寫入 block 中，且更新 inode 的 block 指向資料。**
4.　**將剛剛寫入的 inode 與 block 資料同步更新 inode bitmap 與 block bitmap，並更新 superblock 的內容。**

　　一般來說，我們將 inode table 與 data block 稱為資料存放區域，至於其他例如 superblock、block bitmap 與 inode bitmap 等區段就被稱為 metadata (中介資料) 囉，**因為 superblock, inode bitmap 及 block bitmap 的資料是經常變動的，每次新增、移除、編輯時都可能會影響到這三個部分的資料，因此才被稱為中介資料的啦。**

◆　**資料的不一致 (Inconsistent) 狀態**

　　在一般正常的情況下，上述的新增動作當然可以順利的完成。但是如果有個萬一怎麼辦？例如你的檔案在寫入檔案系統時，因為不知名原因導致系統中斷(例如突然的停電啊、系統核心發生錯誤啊～等等的怪事發生時)，所以寫入的資料僅有 inode table 及 data block 而已，最後一個同步更新中介資料的步驟並沒有做完，此時就會發生 metadata 的內容與實際資料存放區產生**不一致 (Inconsistent)** 的情況了。

　　既然有不一致當然就得要克服！在早期的 Ext2 檔案系統中，如果發生這個問題，那麼系統在重新開機的時候，就會藉由 Superblock 當中記錄的 valid bit (是否有掛載) 與 filesystem state (clean 與否) 等狀態來判斷是否強制進行資料一致性的檢查！若有需要檢查時則以 e2fsck 這支程式來進行的。

　　不過，這樣的檢查真的是很費時～因為要針對 metadata 區域與實際資料存放區來進行比對，呵呵～得要搜尋整個 filesystem 呢～如果你的檔案系統有 100GB 以上，而且裡面的檔案數量又多時，哇！系統真忙碌～而且在對 Internet 提供服務的伺服器主機上面，這樣的檢查真的會造成主機復原時間的拉長～真是麻煩～這也就造成後來所謂日誌式檔案系統的興起了。

◆ **日誌式檔案系統** (Journaling filesystem)

為了避免上述提到的檔案系統不一致的情況發生，因此我們的前輩們想到一個方式，如果在我們的 filesystem 當中規劃出一個區塊，該區塊專門在記錄寫入或修訂檔案時的步驟，那不就可以簡化一致性檢查的步驟了？也就是說：

1. **預備：當系統要寫入一個檔案時，會先在日誌記錄區塊中紀錄某個檔案準備要寫入的資訊。**

2. **實際寫入：開始寫入檔案的權限與資料；開始更新 metadata 的資料。**

3. **結束：完成資料與 metadata 的更新後，在日誌記錄區塊當中完成該檔案的紀錄。**

在這樣的程序當中，萬一資料的紀錄過程當中發生了問題，那麼我們的系統只要去檢查日誌記錄區塊，就可以知道哪個檔案發生了問題，針對該問題來做一致性的檢查即可，而不必針對整塊 filesystem 去檢查，這樣就可以達到快速修復 filesystem 的能力了！這就是日誌式檔案最基礎的功能囉～

那麼我們的 ext2 可達到這樣的功能嗎？當然可以啊！就透過 ext3/ext4 即可！ext3/ext4 是 ext2 的升級版本，並且可向下相容 ext2 版本呢！所以囉，目前我們才建議大家，可以直接使用 ext4 這個 filesystem 啊！如果你還記得 dumpe2fs 輸出的訊息，可以發現 superblock 裡面含有底下這樣的資訊：

```
Journal inode:          8
Journal backup:         inode blocks
Journal features:       (none)
Journal size:           32M
Journal length:         8192
Journal sequence:       0x00000001
```

看到了吧！透過 inode 8 號記錄 journal 區塊的 block 指向，而且具有 32MB 的容量在處理日誌呢！這樣對於所謂的日誌式檔案系統有沒有比較有概念一點呢？ ^_^

## 7.1.6  Linux 檔案系統的運作

我們現在知道了目錄樹與檔案系統的關係了，但是由第零章的內容我們也知道，所有的資料都得要載入到記憶體後 CPU 才能夠對該資料進行處理。想一想，如果你常常編輯一個好大的檔案，在編輯的過程中又頻繁的要系統來寫入到磁碟中，由於磁碟寫入的速度要比記憶體慢很多，因此你會常常耗在等待磁碟的寫入/讀取上。真沒效率！

為了解決這個效率的問題，因此我們的 Linux 使用的方式是透過一個稱為非同步處理 (asynchronously) 的方式。所謂的非同步處理是這樣的：

當系統載入一個檔案到記憶體後，如果該檔案沒有被更動過，則在記憶體區段的檔案資料會被設定為乾淨(clean)的。**但如果記憶體中的檔案資料被更改過了(例如你用 nano 去編輯過這個檔案)，此時該記憶體中的資料會被設定為髒的 (Dirty)。此時所有的動作都還在記憶體中執行，並沒有寫入到磁碟中！系統會不定時的將記憶體中設定為『Dirty』的資料寫回磁碟**，以保持磁碟與記憶體資料的一致性。你也可以利用第四章談到的 sync 指令來手動強迫寫入磁碟。

我們知道記憶體的速度要比磁碟快的多，因此如果能夠將常用的檔案放置到記憶體當中，這不就會增加系統性能嗎？沒錯！是有這樣的想法！因此我們 Linux 系統上面檔案系統與記憶體有非常大的關係喔：

◆ **系統會將常用的檔案資料放置到主記憶體的緩衝區，以加速檔案系統的讀/寫。**

◆ **承上，因此 Linux 的實體記憶體最後都會被用光！這是正常的情況！可加速系統效能。**

◆ **你可以手動使用 sync 來強迫記憶體中設定為 Dirty 的檔案回寫到磁碟中。**

◆ **若正常關機時，關機指令會主動呼叫 sync 來將記憶體的資料回寫入磁碟內。**

◆ **但若不正常關機 (如跳電、當機或其他不明原因)，由於資料尚未回寫到磁碟內，因此重新開機後可能會花很多時間在進行磁碟檢驗，甚至可能導致檔案系統的損毀 (非磁碟損毀)。**

## 7.1.7　掛載點的意義 (mount point)

每個 filesystem 都有獨立的 inode / block / superblock 等資訊，這個檔案系統要能夠連結到目錄樹才能被我們使用。將檔案系統與目錄樹結合的動作我們稱為 **『掛載』**。關於掛載的一些特性我們在第二章稍微提過，重點是：**掛載點一定是目錄，該目錄為進入該檔案系統的入口。**因此並不是你有任何檔案系統都能使用，必須要『掛載』到目錄樹的某個目錄後，才能夠使用該檔案系統的。

舉例來說，如果你是依據鳥哥的方法安裝你的 CentOS 7.x 的話，那麼應該會有三個掛載點才是，分別是 /, /boot, /home 三個 (鳥哥的系統上對應的裝置檔名為 LVM, LVM, /dev/vda2)。那如果觀察這三個目錄的 inode 號碼時，我們可以發現如下的情況：

```
[root@study ~]# ls -lid / /boot /home
128 dr-xr-xr-x.  17 root root 4096 May  4 17:56 /
128 dr-xr-xr-x.   4 root root 4096 May  4 17:59 /boot
128 drwxr-xr-x.   5 root root   41 Jun 17 00:20 /home
```

看到了吧！由於 XFS filesystem 最頂層的目錄之 inode 一般為 128 號，因此可以發現 /, /boot, /home 為三個不同的 filesystem 囉！(因為每一行的檔案屬性並不相同，且三個目錄的

掛載點也均不相同之故。) 我們在第六章一開始的路徑中曾經提到根目錄下的 . 與 .. 是相同
的東西,因為權限是一模一樣嘛!如果使用檔案系統的觀點來看,**同一個 filesystem 的某個
inode 只會對應到一個檔案內容而已(因為一個檔案佔用一個 inode 之故)**,因此我們可以透
過判斷 inode 號碼來確認不同檔名是否為相同的檔案喔!所以可以這樣看:

```
[root@study ~]# ls -ild / /. /..
128 dr-xr-xr-x. 17 root root 4096 May  4 17:56 /
128 dr-xr-xr-x. 17 root root 4096 May  4 17:56 /.
128 dr-xr-xr-x. 17 root root 4096 May  4 17:56 /..
```

上面的資訊中由於掛載點均為 /,因此三個檔案 (/, /., /..) 均在同一個 filesystem 內,而這
三個檔案的 inode 號碼均為 128 號,因此這三個檔名都指向同一個 inode 號碼,當然這三個
檔案的內容也就完全一模一樣了!也就是說,根目錄的上層 (/..) 就是它自己!這麼說,看得
懂了嗎?^_^

## 7.1.8 其他 Linux 支援的檔案系統與 VFS

雖然 Linux 的標準檔案系統是 ext2,且還有增加了日誌功能的 ext3/ext4,事實上,Linux
還有支援很多檔案系統格式的,尤其是最近這幾年推出了好幾種速度很快的日誌式檔案系
統,包括 SGI 的 XFS 檔案系統,可以適用更小型檔案的 Reiserfs 檔案系統,以及 Windows
的 FAT 檔案系統等等,都能夠被 Linux 所支援喔!常見的支援檔案系統有:

◆ 傳統檔案系統:ext2 / minix / MS-DOS / FAT (用 vfat 模組) / iso9660 (光碟)等等
◆ 日誌式檔案系統:ext3 /ext4 / ReiserFS / Windows' NTFS / IBM's JFS / SGI's XFS / ZFS
◆ 網路檔案系統:NFS / SMBFS

想要知道你的 Linux 支援的檔案系統有哪些,可以查看底下這個目錄:

```
[root@study ~]# ls -l /lib/modules/$(uname -r)/kernel/fs
```

系統目前已載入到記憶體中支援的檔案系統則有:

```
[root@study ~]# cat /proc/filesystems
```

◆ Linux VFS (Virtual Filesystem Switch)

瞭解了我們使用的檔案系統之後,再來則是要提到,那麼 Linux 的核心又是如何管理這
些認識的檔案系統呢?其實,整個 Linux 的系統都是透過一個名為 Virtual Filesystem
Switch 的核心功能去讀取 filesystem 的。也就是說,整個 Linux 認識的 filesystem 其實都
是 VFS 在進行管理,我們使用者並不需要知道每個 partition 上頭的 filesystem 是什麼~
VFS 會主動的幫我們做好讀取的動作呢~

假設你的 / 使用的是 /dev/hda1，用 ext3，而 /home 使用 /dev/hda2，用 reiserfs，那麼你取用 /home/dmtsai/.bashrc 時，有特別指定要用的什麼檔案系統的模組來讀取嗎？應該是沒有吧！這個就是 VFS 的功能啦！透過這個 VFS 的功能來管理所有的 filesystem，省去我們需要自行設定讀取檔案系統的定義啊～方便很多！整個 VFS 可以約略用下圖來說明：

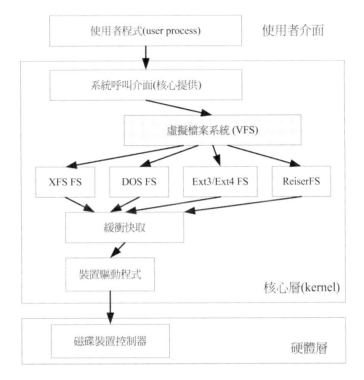

圖 7.1.6　VFS 檔案系統的示意圖

　　老實說，檔案系統真的不好懂！如果你想要對檔案系統有更深入的瞭解，文末的相關連結[註5] 務必要參考參考才好喔！

## 7.1.9　XFS 檔案系統簡介

　　CentOS 7 開始，預設的檔案系統已經由原本的 EXT4 變成了 XFS 檔案系統了！為啥 CentOS 要捨棄對 Linux 支援度最完整的 EXT 家族而改用 XFS 呢？這是有一些原因存在的。

◆ **EXT 家族當前較傷腦筋的地方：支援度最廣，但格式化超慢！**

　　Ext 檔案系統家族對於檔案格式化的處理方面，採用的是預先規劃出所有的 inode/block/meta data 等資料，未來系統可以直接取用，不需要再進行動態配置的作法。這個作法在早期磁碟容量還不大的時候還算 OK 沒啥問題,但時至今日,磁碟容量越來越大,連傳統的 MBR 都已經被 GPT 所取代,連我們這些老人家以前聽到的超大 TB 容量也已經不夠看了!現在都已經說到 PB 或 EB 以上容量了呢!那你可以想像得到,當你的 TB 以上等級的傳統 ext 家族檔案系統在格式化的時候,光是系統要預先分配 inode 與 block 就消耗你好多好多的人類時間了...

> 之前格式化過一個 70 TB 以上的磁碟陣列成為 ext4 檔案系統,按下格式化,去喝了咖啡、吃了便當才回來看做完了沒有... 所以,後來立刻改成 xfs 檔案系統了。

另外,由於虛擬化的應用越來越廣泛,而作為虛擬化磁碟來源的巨型檔案 (單一檔案好幾個 GB 以上!) 也就越來越常見了。這種巨型檔案在處理上需要考慮到效能問題,否則虛擬磁碟的效率就會不太好看。因此,從 CentOS 7.x 開始,檔案系統已經由預設的 Ext4 變成了 xfs 這一個較適合高容量磁碟與巨型檔案效能較佳的檔案系統了。

> 其實鳥哥有幾組虛擬電腦教室伺服器系統,裡面跑的確實是 EXT4 檔案系統,老實說,並不覺得比 xfs 慢!所以,對鳥哥來說,效能並不是主要改變檔案系統的考量!對於檔案系統的復原速度、建置速度,可能才是鳥哥改換成 xfs 的思考點。

◆ **XFS 檔案系統的配置**[註6]

基本上 xfs 就是一個日誌式檔案系統,而 CentOS 7.x 拿它當預設的檔案系統,自然就是因為最早之前,這個 xfs 就是被開發來用於高容量磁碟以及高效能檔案系統之用,因此,相當適合現在的系統環境。此外,幾乎所有 Ext4 檔案系統有的功能,xfs 都可以具備!也因此在本小節前幾部分談到檔案系統時,其實大部分的操作依舊是在 xfs 檔案系統環境下介紹給各位的哩!

xfs 檔案系統在資料的分佈上,主要規劃為三個部分,一個資料區 (data section)、一個檔案系統活動登錄區 (log section)以及一個即時運作區 (reAltime section)。這三個區域的資料內容如下:

■ **資料區 (data section)**

基本上,資料區就跟我們之前談到的 ext 家族一樣,包括 inode/data block/superblock 等資料,都放置在這個區塊。這個資料區與 ext 家族的 block group 類似,也是分為多個儲存區群組 (allocation groups) 來分別放置檔案系統所需要的資料。每個儲存區群組都包含了 (1)整個檔案系統的 superblock、(2)剩餘空間的管理機制、(3)inode 的分配與追蹤。此外,inode 與 block 都是系統需要用到時,這才動態配置產生,所以格式化動作超級快!

另外，與 ext 家族不同的是，xfs 的 block 與 inode 有多種不同的容量可供設定，block 容量可由 512bytes ~ 64K 調配，不過，Linux 的環境下，由於記憶體控制的關係 (分頁檔 pagesize 的容量之故)，因此最高可以使用的 block 大小為 4K 而已！(鳥哥嘗試格式化 block 成為 16K 是沒問題的，不過，Linux 核心不給掛載！所以格式化完成後也無法使用啦！) 至於 inode 容量可由 256bytes 到 2M 這麼大！不過，大概還是保留 256bytes 的預設值就很夠用了！

> 總之，xfs 的這個資料區的儲存區群組 (allocation groups, AG)，你就將它想成是 ext 家族的 block 群組 (block groups) 就對了！本小節之前講的都可以在這個區塊內使用。只是 inode 與 block 是動態產生，並非一開始於格式化就完成配置的。

■ **檔案系統活動登錄區 (log section)**

在登錄區這個區域主要被用來紀錄檔案系統的變化，其實有點像是日誌區啦！檔案的變化會在這裡紀錄下來，直到該變化完整的寫入到資料區後，該筆紀錄才會被終結。如果檔案系統因為某些緣故 (例如最常見的停電) 而損毀時，系統會拿這個登錄區塊來進行檢驗，看看系統掛掉之前，檔案系統正在運作些啥動作，藉以快速的修復檔案系統。

因為系統所有動作的時候都會在這個區塊做個紀錄，因此這個區塊的磁碟活動是相當頻繁的！xfs 設計有點有趣，在這個區域中，你可以指定外部的磁碟來作為 xfs 檔案系統的日誌區塊喔！例如，你可以將 SSD 磁碟作為 xfs 的登錄區，這樣當系統需要進行任何活動時，就可以更快速的進行工作！相當有趣！

■ **即時運作區 (reAltime section)**

當有檔案要被建立時，xfs 會在這個區段裡面找一個到數個的 extent 區塊，將檔案放置在這個區塊內，等到分配完畢後，再寫入到 data section 的 inode 與 block 去！這個 extent 區塊的大小得要在格式化的時候就先指定，最小值是 4K 最大可到 1G。一般非磁碟陣列的磁碟預設為 64K 容量，而具有類似磁碟陣列的 stripe 情況下，則建議 extent 設定為與 stripe 一樣大較佳。這個 extent 最好不要亂動，因為可能會影響到實體磁碟的效能喔。

◆ **XFS 檔案系統的描述資料觀察**

剛剛講了這麼多，完全無法理會耶～有沒有像 EXT 家族的 dumpe2fs 去觀察 superblock 內容的相關指令可以查閱呢？有啦！可以使用 xfs_info 去觀察的！詳細的指令作法可以參考如下：

```
[root@study ~]# xfs_info 掛載點|裝置檔名
```

範例一：找出系統 /boot 這個掛載點底下的檔案系統的 superblock 紀錄
```
[root@study ~]# df -T /boot
Filesystem      Type 1K-blocks   Used Available Use% Mounted on
/dev/vda2       xfs   1038336 133704    904632  13% /boot
# 沒錯！可以看得出來是 xfs 檔案系統的！來觀察一下內容吧！

[root@study ~]# xfs_info /dev/vda2
1   meta-data=/dev/vda2       isize=256      agcount=4, agsize=65536 blks
2            =                sectsz=512     attr=2, projid32bit=1
3            =                crc=0          finobt=0
4   data     =                bsize=4096     blocks=262144, imaxpct=25
5            =                sunit=0        swidth=0 blks
6   naming   =version 2       bsize=4096     ascii-ci=0 ftype=0
7   log      =internal        bsize=4096     blocks=2560, version=2
8            =                sectsz=512     sunit=0 blks, lazy-count=1
9   reAltime =none            extsz=4096     blocks=0, rtextents=0
```

上面的輸出訊息可以這樣解釋：

- 第 1 行裡面的 isize 指的是 inode 的容量，每個有 256bytes 這麼大。至於 agcount 則是前面談到的儲存區群組 (allocation group) 的個數，共有 4 個，agsize 則是指每個儲存區群組具有 65536 個 block。配合第 4 行的 block 設定為 4K，因此整個檔案系統的容量應該就是 4*65536*4K 這麼大！

- 第 2 行裡面 sectsz 指的是邏輯磁區 (sector) 的容量設定為 512bytes 這麼大的意思。

- 第 4 行裡面的 bsize 指的是 block 的容量，每個 block 為 4K 的意思，共有 262144 個 block 在這個檔案系統內。

- 第 5 行裡面的 sunit 與 swidth 與磁碟陣列的 stripe 相關性較高。這部分我們底下格式化的時候會舉一個例子來說明。

- 第 7 行裡面的 internal 指的是這個登錄區的位置在檔案系統內，而不是外部設備的意思。且佔用了 4K * 2560 個 block，總共約 10M 的容量。

- 第 9 行裡面的 reAltime 區域，裡面的 extent 容量為 4K。不過目前沒有使用。

由於我們並沒有使用磁碟陣列，因此上頭這個裝置裡頭的 sunit 與 extent 就沒有額外的指定特別的值。根據 xfs(5) 的說明，這兩個值會影響到你的檔案系統性能，所以格式化的時候要特別留意喔！上面的說明大致上看看即可，比較重要的部分已經用特殊字體圈起來，你可以瞧一瞧先！

# 7.2 檔案系統的簡單操作

稍微瞭解了檔案系統後，再來我們得要知道如何查詢整體檔案系統的總容量與每個目錄所佔用的容量囉！此外，前兩章談到的檔案類型中尚未講的很清楚的連結檔 (Link file) 也會在這一小節當中介紹的。

## 7.2.1 磁碟與目錄的容量

現在我們知道磁碟的整體資料是在 superblock 區塊中，但是每個各別檔案的容量則在 inode 當中記載的。那在文字介面底下該如何叫出這幾個資料呢？底下就讓我們來談一談這兩個指令：

- df：列出檔案系統的整體磁碟使用量
- du：評估檔案系統的磁碟使用量(常用在推估目錄所佔容量)

◆ df

```
[root@study ~]# df [-ahikHTm] [目錄或檔名]
選項與參數：
-a  ：列出所有的檔案系統，包括系統特有的 /proc 等檔案系統；
-k  ：以 KBytes 的容量顯示各檔案系統；
-m  ：以 MBytes 的容量顯示各檔案系統；
-h  ：以人們較易閱讀的 GBytes, MBytes, KBytes 等格式自行顯示；
-H  ：以 M=1000K 取代 M=1024K 的進位方式；
-T  ：連同該 partition 的 filesystem 名稱 (例如 xfs) 也列出；
-i  ：不用磁碟容量，而以 inode 的數量來顯示


範例一：將系統內所有的 filesystem 列出來！
[root@study ~]# df
Filesystem                1K-blocks      Used Available Use% Mounted on
/dev/mapper/centos-root   10475520 3409408   7066112  33% /
devtmpfs                    627700        0    627700   0% /dev
tmpfs                       637568       80    637488   1% /dev/shm
tmpfs                       637568    24684    612884   4% /run
tmpfs                       637568        0    637568   0% /sys/fs/cgroup
/dev/mapper/centos-home    5232640    67720   5164920   2% /home
/dev/vda2                  1038336   133704    904632  13% /boot
# 在 Linux 底下如果 df 沒有加任何選項，那麼預設會將系統內所有的
# (不含特殊記憶體內的檔案系統與 swap) 都以 1 Kbytes 的容量來列出來！
# 至於那個 /dev/shm 是與記憶體有關的掛載，先不要理它！
```

先來說明一下範例一所輸出的結果訊息為：

- **Filesystem**：代表該檔案系統是在哪個 partition，所以列出裝置名稱。

- **1k-blocks**：說明底下的數字單位是 1KB 呦！可利用 -h 或 -m 來改變容量。

- **Used**：顧名思義，就是使用掉的磁碟空間啦！

- **Available**：也就是剩下的磁碟空間大小。

- **Use%**：就是磁碟的使用率啦！如果使用率高達 90% 以上時，最好需要注意一下了，免得容量不足造成系統問題喔！(例如最容易被灌爆的 /var/spool/mail 這個放置郵件的磁碟)

- **Mounted on**：就是磁碟掛載的目錄所在啦！(掛載點啦！)

範例二：將容量結果以易讀的容量格式顯示出來

```
[root@study ~]# df -h
Filesystem               Size  Used Avail Use% Mounted on
/dev/mapper/centos-root   10G  3.3G  6.8G  33% /
devtmpfs                 613M     0  613M   0% /dev
tmpfs                    623M   80K  623M   1% /dev/shm
tmpfs                    623M   25M  599M   4% /run
tmpfs                    623M     0  623M   0% /sys/fs/cgroup
/dev/mapper/centos-home  5.0G   67M  5.0G   2% /home
/dev/vda2               1014M  131M  884M  13% /boot
# 不同於範例一，這裡會以 G/M 等容量格式顯示出來，比較容易看啦！
```

範例三：將系統內的所有特殊檔案格式及名稱都列出來

```
[root@study ~]# df -aT
Filesystem              Type       1K-blocks     Used Available Use% Mounted on
rootfs                  rootfs      10475520  3409368   7066152  33% /
proc                    proc               0        0         0   -  /proc
sysfs                   sysfs              0        0         0   -  /sys
devtmpfs                devtmpfs      627700        0    627700   0% /dev
securityfs              securityfs         0        0         0   -  /sys/kernel/security
tmpfs                   tmpfs         637568       80    637488   1% /dev/shm
devpts                  devpts             0        0         0   -  /dev/pts
tmpfs                   tmpfs         637568    24684    612884   4% /run
tmpfs                   tmpfs         637568        0    637568   0% /sys/fs/cgroup
.....(中間省略).....
/dev/mapper/centos-root xfs         10475520  3409368   7066152  33% /
selinuxfs               selinuxfs          0        0         0   -  /sys/fs/selinux
.....(中間省略).....
/dev/mapper/centos-home xfs          5232640    67720   5164920   2% /home
/dev/vda2               xfs          1038336   133704    904632  13% /boot
```

```
binfmt_misc          binfmt_misc        0     0      0   - /proc/sys/fs/binfmt_misc
```
\# 系統裡面其實還有很多特殊的檔案系統存在的。那些比較特殊的檔案系統幾乎
\# 都是在記憶體當中，例如 /proc 這個掛載點。因此，這些特殊的檔案系統
\# 都不會佔據磁碟空間喔！^\_^

範例四：將 /etc 底下的可用的磁碟容量以易讀的容量格式顯示
```
[root@study ~]# df -h /etc
Filesystem               Size  Used Avail Use% Mounted on
/dev/mapper/centos-root   10G  3.3G  6.8G  33% /
```
\# 這個範例比較有趣一點啦，在 df 後面加上目錄或者是檔案時，df
\# 會自動的分析該目錄或檔案所在的 partition，並將該 partition 的容量顯示出來，
\# 所以，你就可以知道某個目錄底下還有多少容量可以使用了！^\_^

範例五：將目前各個 partition 當中可用的 inode 數量列出
```
[root@study ~]# df -ih
Filesystem              Inodes IUsed IFree IUse% Mounted on
/dev/mapper/centos-root    10M  108K  9.9M    2% /
devtmpfs                  154K   397  153K    1% /dev
tmpfs                     156K     5  156K    1% /dev/shm
tmpfs                     156K   497  156K    1% /run
tmpfs                     156K    13  156K    1% /sys/fs/cgroup
```
\# 這個範例則主要列出可用的 inode 剩餘量與總容量。分析一下與範例一的關係，
\# 你可以清楚的發現到，通常 inode 的數量剩餘都比 block 還要多呢

由於 df 主要讀取的資料幾乎都是針對一整個檔案系統，因此讀取的範圍主要是在 Superblock 內的資訊，所以這個指令顯示結果的速度非常的快速！在顯示的結果中你需要特別留意的是那個根目錄的剩餘容量！因為我們所有的資料都是由根目錄衍生出來的，因此當根目錄的剩餘容量剩下 0 時，那你的 Linux 可能就問題很大了。

說個陳年老笑話！鳥哥還在唸書時，別的研究室有個管理 Sun 工作站的研究生發現，他的磁碟明明還有好幾 GB，但是就是沒有辦法將光碟內幾 MB 的資料 copy 進去，他就去跟老闆講說機器壞了！嘿！明明才來維護過幾天而已為何會壞了！結果他老闆就將維護商叫來罵了 2 小時左右吧！

後來，維護商發現原來磁碟的『總空間』還有很多，只是某個分割槽填滿了，偏偏該研究生就是要將資料 copy 去那個分割槽！呵呵！後來那個研究生就被命令『再也不許碰 Sun 主機』了～

另外需要注意的是，如果使用 -a 這個參數時，系統會出現 /proc 這個掛載點，但是裡面的東西是 0，不要緊張！/proc 的東西都是 Linux 系統所需要載入的系統資料，而且是掛載在『記憶體當中』的，所以當然沒有佔任何的磁碟空間囉！

至於**那個 /dev/shm/ 目錄，其實是利用記憶體虛擬出來的磁碟空間，通常是總實體記憶體的一半**！由於是透過記憶體模擬出來的磁碟，因此你在這個目錄底下建立任何資料檔案時，存取速度是非常快速的！(在記憶體內工作) 不過，也由於它是記憶體模擬出來的，因此這個檔案系統的大小在每部主機上都不一樣，而且建立的東西在下次開機時就消失了！因為是在記憶體中嘛！

◆ du

```
[root@study ~]# du [-ahskm] 檔案或目錄名稱
選項與參數：
-a  ：列出所有的檔案與目錄容量，因為預設僅統計目錄底下的檔案量而已。
-h  ：以人們較易讀的容量格式 (G/M) 顯示；
-s  ：列出總量而已，而不列出每個各別的目錄佔用容量；
-S  ：不包括子目錄下的總計，與 -s 有點差別。
-k  ：以 KBytes 列出容量顯示；
-m  ：以 MBytes 列出容量顯示；

範例一：列出目前目錄下的所有檔案容量
[root@study ~]# du
4       ./.cache/dconf   <==每個目錄都會列出來
4       ./.cache/abrt
8       ./.cache
....(中間省略)....
0       ./test4
4       ./.ssh           <==包括隱藏檔的目錄
76      .                <==這個目錄(.)所佔用的總量
# 直接輸入 du 沒有加任何選項時，則 du 會分析『目前所在目錄』
# 的檔案與目錄所佔用的磁碟空間。但是，實際顯示時，僅會顯示目錄容量(不含檔案)，
# 因此 . 目錄有很多檔案沒有被列出來，所以全部的目錄相加不會等於 . 的容量喔！
# 此外，輸出的數值資料為 1K 大小的容量單位。

範例二：同範例一，但是將檔案的容量也列出來
[root@study ~]# du -a
4       ./.bash_logout          <==有檔案的列表了
4       ./.bash_profile
4       ./.bashrc
....(中間省略)....
4       ./.ssh/known_hosts
4       ./.ssh
76      .
```

範例三：檢查根目錄底下每個目錄所佔用的容量

```
[root@study ~]# du -sm /*
0        /bin
99       /boot
....(中間省略)....
du: cannot access '/proc/17772/task/17772/fd/4': No such file or directory
du: cannot access '/proc/17772/fdinfo/4': No such file or directory
0        /proc         <==不會佔用硬碟空間！
1        /root
25       /run
....(中間省略)....
3126     /usr          <==系統初期最大就是它了啦！
117      /var
# 這是個很常被使用的功能～利用萬用字元 * 來代表每個目錄，如果想要檢查某個目錄下，
# 哪個次目錄佔用最大的容量，可以用這個方法找出來。值得注意的是，如果剛剛安裝好 Linux 時，
# 那麼整個系統容量最大的應該是 /usr。而 /proc 雖然有列出容量，但是那個容量是在記憶體中，
# 不佔磁碟空間。至於 /proc 裡頭會列出一堆『No such file or directory』 的錯誤，
# 別擔心！因為是記憶體內的程序，程序執行結束就會消失，因此會有些目錄找不到，是正確的！
```

與 df 不一樣的是，du 這個指令其實會直接到檔案系統內去搜尋所有的檔案資料，所以上述第三個範例指令的運作會執行一小段時間！此外，在預設的情況下，容量的輸出是以 KB 來設計的，如果你想要知道目錄佔了多少 MB，那麼就使用 -m 這個參數即可囉！而，如果你只想要知道該目錄佔了多少容量的話，使用 -s 就可以啦！

至於 -S 這個選項部分，由於 du 預設會將所有檔案的大小均列出，因此假設你在 /etc 底下使用 du 時，所有的檔案大小，包括 /etc 底下的次目錄容量也會被計算一次。然後最終的容量 (/etc) 也會加總一次，因此很多朋友都會誤會 du 分析的結果不太對勁。所以囉，如果想要列出某目錄下的全部資料，或許也可以加上 -S 的選項，減少次目錄的加總喔！

## 7.2.2　實體連結與符號連結：ln

關於連結(link)資料我們第五章的 Linux 檔案屬性及 Linux 檔案種類與副檔名當中提過一些資訊，不過當時由於尚未講到檔案系統，因此無法較完整的介紹連結檔啦。不過在上一小節談完了檔案系統後，我們可以來瞭解一下連結檔這玩意兒了。

在 Linux 底下的連結檔有兩種，一種是類似 Windows 的捷徑功能的檔案，可以讓你快速的連結到目標檔案(或目錄)；另一種則是透過檔案系統的 inode 連結來產生新檔名，而不是產生新檔案！這種稱為實體連結 (hard link)。這兩種玩意兒是完全不一樣的東西呢！現在就分別來談談。

◆ **Hard Link (實體連結, 硬式連結或實際連結)**

在前一小節當中,我們知道幾件重要的資訊,包括:

■ 每個檔案都會佔用一個 inode,檔案內容由 inode 的記錄來指向。

■ 想要讀取該檔案,必須要經過目錄記錄的檔名來指向到正確的 inode 號碼才能讀取。

也就是說,其實檔名只與目錄有關,但是檔案內容則與 inode 有關。那麼想一想,**有沒有可能有多個檔名對應到同一個 inode 號碼呢?**有的!那就是 hard link 的由來。所以簡單的說:hard link **只是在某個目錄下新增一筆檔名連結到某 inode 號碼的關連記錄而已。**

舉個例子來說,假設我系統有個 /root/crontab 它是 /etc/crontab 的實體連結,也就是說這兩個檔名連結到同一個 inode,自然這兩個檔名的所有相關資訊都會一模一樣(除了檔名之外)。實際的情況可以如下所示:

```
[root@study ~]# ll -i /etc/crontab
34474855 -rw-r--r--. 1 root root 451 Jun 10  2014 /etc/crontab

[root@study ~]# ln /etc/crontab .    <==建立實體連結的指令
[root@study ~]# ll -i /etc/crontab crontab
34474855 -rw-r--r--. 2 root root 451 Jun 10  2014 crontab
34474855 -rw-r--r--. 2 root root 451 Jun 10  2014 /etc/crontab
```

你可以發現兩個檔名都連結到 34474855 這個 inode 號碼,所以你瞧瞧,是否檔案的權限/屬性完全一樣呢?因為這兩個『檔名』其實是一模一樣的『檔案』啦!而且你也會發現第二個欄位由原本的 1 變成 2 了!那個欄位稱為『連結』,這個欄位的意義為:『**有多少個檔名連結到這個 inode 號碼**』的意思。如果將讀取到正確資料的方式畫成示意圖,就類似如下畫面:

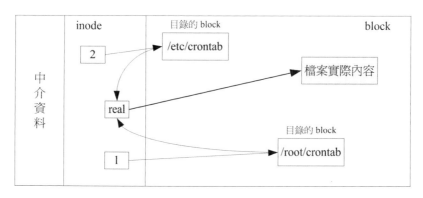

圖 7.2.1　實體連結的檔案讀取示意圖

上圖的意思是，你可以透過 1 或 2 的目錄之 inode 指定的 block 找到兩個不同的檔名，而不管使用哪個檔名均可以指到 real 那個 inode 去讀取到最終資料！那這樣有什麼好處呢？最大的好處就是『安全』！如同上圖中，**如果你將任何一個『檔名』刪除，其實 inode 與 block 都還是存在的！** 此時你可以透過另一個『檔名』來讀取到正確的檔案資料喔！此外，不論你使用哪個『檔名』來編輯，最終的結果都會寫入到相同的 inode 與 block 中，因此均能進行資料的修改哩！

一般來說，使用 hard link 設定連結檔時，磁碟的空間與 inode 的數目都不會改變！我們還是由圖 7.2.1 來看，由圖中可以知道，hard link 只是在某個目錄下的 block 多寫入一個關連資料而已，既不會增加 inode 也不會耗用 block 數量哩！

> hard link 的製作中，其實還是可能會改變系統的 block 的，那就是當你新增這筆資料卻剛好將目錄的 block 填滿時，就可能會新加一個 block 來記錄檔名關連性，而導致磁碟空間的變化！不過，一般 hard link 所用掉的關連資料量很小，所以通常不會改變 inode 與磁碟空間的大小喔！

由圖 7.2.1 其實我們也能夠知道，事實上 hard link 應該僅能在單一檔案系統中進行的，應該是不能夠跨檔案系統才對！因為圖 7.2.1 就是在同一個 filesystem 上嘛！所以 hard link 是有限制的：

- **不能跨 Filesystem**

- **不能 link 目錄**

不能跨 Filesystem 還好理解，那不能 hard link 到目錄又是怎麼回事呢？這是因為如果使用 hard link 連結到目錄時，連結的資料需要連同被連結目錄底下的所有資料都建立連結，舉例來說，如果你要將 /etc 使用實體連結建立一個 /etc_hd 的目錄時，那麼在 /etc_hd 底下的所有檔名同時都與 /etc 底下的檔名要建立 hard link 的，而不是僅連結到 /etc_hd 與 /etc 而已。並且，未來如果需要在 /etc_hd 底下建立新檔案時，連帶的，/etc 底下的資料又得要建立一次 hard link，因此造成環境相當大的複雜度。所以囉，目前 hard link 對於目錄暫時還是不支援的啊！

◆ **Symbolic Link (符號連結，亦即是捷徑)**

相對於 hard link，Symbolic link 可就好理解多了，基本上，**Symbolic link 就是在建立一個獨立的檔案，而這個檔案會讓資料的讀取指向它 link 的那個檔案的檔名！** 由於只是利用檔案來做為指向的動作，所以，**當來源檔被刪除之後，symbolic link 的檔案會『開不了』**，會一直說『無法開啟某檔案！』。實際上就是找不到原始『檔名』而已啦！

舉例來說，我們先建立一個符號連結檔連結到 /etc/crontab 去看看：

```
[root@study ~]# ln -s /etc/crontab crontab2
[root@study ~]# ll -i /etc/crontab /root/crontab2
34474855 -rw-r--r--. 2 root root 451 Jun 10  2014 /etc/crontab
53745909 lrwxrwxrwx. 1 root root  12 Jun 23 22:31 /root/crontab2 -> /etc/crontab
```

由上表的結果我們可以知道兩個檔案指向不同的 inode 號碼，當然就是兩個獨立的檔案存在！而且**連結檔的重要內容就是它會寫上目標檔案的『檔名』**，你可以發現為什麼上表中連結檔的大小為 12 bytes 呢？因為箭頭(-->)右邊的檔名『/etc/crontab』總共有 12 個英文，每個英文佔用 1 個 bytes，所以檔案大小就是 12bytes 了！

關於上述的說明，我們以如下圖示來解釋：

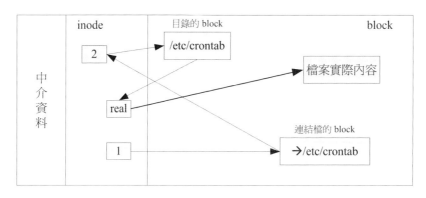

圖 7.2.2　符號連結的檔案讀取示意圖

由 1 號 inode 讀取到連結檔的內容僅有檔名，根據檔名連結到正確的目錄去取得目標檔案的 inode，最終就能夠讀取到正確的資料了。你可以發現的是，如果目標檔案(/etc/crontab)被刪除了，那麼整個環節就會無法繼續進行下去，所以就會發生無法透過連結檔讀取的問題了！

這裡還是得特別留意，這個 Symbolic Link 與 Windows 的捷徑可以給它劃上等號，**由 Symbolic link 所建立的檔案為一個獨立的新的檔案，所以會佔用掉 inode 與 block 喔！**

由上面的說明來看，似乎 hard link 比較安全，因為即使某一個目錄下的關連資料被殺掉了，也沒有關係，只要有任何一個目錄下存在著關連資料，那麼該檔案就不會不見！舉上面的例子來說，我的 /etc/crontab 與 /root/crontab 指向同一個檔案，如果我刪除了 /etc/crontab 這個檔案，該刪除的動作其實只是將 /etc 目錄下關於 crontab 的關連資料拿掉而已，crontab 所在的 inode 與 block 其實都沒有被變動喔！

不過由於 Hard Link 的限制太多了，包括無法做『目錄』的 link，所以在用途上面是比較受限的！反而是 Symbolic Link 的使用方面較廣喔！好了，說的天花亂墜，看你也差不多快要昏倒了！沒關係，實作一下就知道怎麼回事了！要製作連結檔就必須要使用 ln 這個指令呢！

```
[root@study ~]# ln [-sf] 來源檔 目標檔
選項與參數：
-s ：如果不加任何參數就進行連結，那就是hard link，至於 -s 就是symbolic link
-f ：如果 目標檔 存在時，就主動的將目標檔直接移除後再建立！
```

範例一：將 /etc/passwd 複製到 /tmp 底下，並且觀察 inode 與 block

```
[root@study ~]# cd /tmp
[root@study tmp]# cp -a /etc/passwd .
[root@study tmp]# du -sb ; df -i .
6602    .    <==先注意一下這裡的容量是多少！
Filesystem                  Inodes  IUsed    IFree IUse% Mounted on
/dev/mapper/centos-root 10485760  109748 10376012    2% /
# 利用 du 與 df 來檢查一下目前的參數～那個 du -sb 是計算整個 /tmp 底下有多少 bytes 的容量
```

範例二：將 /tmp/passwd 製作 hard link 成為 passwd-hd 檔案，並觀察檔案與容量

```
[root@study tmp]# ln passwd passwd-hd
[root@study tmp]# du -sb ; df -i .
6602    .
Filesystem                  Inodes  IUsed    IFree IUse% Mounted on
/dev/mapper/centos-root 10485760  109748 10376012    2% /
# 仔細看，即使多了一個檔案在 /tmp 底下，整個 inode 與 block 的容量並沒有改變！

[root@study tmp]# ls -il passwd*
2668897 -rw-r--r--. 2 root root 2092 Jun 17 00:20 passwd
2668897 -rw-r--r--. 2 root root 2092 Jun 17 00:20 passwd-hd
# 原來是指向同一個 inode 啊！這是個重點啊！另外，那個第二欄的連結數也會增加！
```

範例三：將 /tmp/passwd 建立一個符號連結

```
[root@study tmp]# ln -s passwd passwd-so
[root@study tmp]# ls -li passwd*
2668897 -rw-r--r--. 2 root root 2092 Jun 17 00:20 passwd
2668897 -rw-r--r--. 2 root root 2092 Jun 17 00:20 passwd-hd
2668898 lrwxrwxrwx. 1 root root    6 Jun 23 22:40 passwd-so -> passwd
# passwd-so 指向的 inode number 不同了！這是一個新的檔案～這個檔案的內容是指向
# passwd 的。passwd-so 的大小是 6bytes，因為 『passwd』 這個單字共有六個字元之故

[root@study tmp]# du -sb ; df -i .
6608    .
Filesystem                  Inodes  IUsed    IFree IUse% Mounted on
```

```
/dev/mapper/centos-root 10485760 109749 10376011   2% /
# 呼呼！整個容量與 inode 使用數都改變囉～確實如此啊！

範例四：刪除原始檔案 passwd，其他兩個檔案是否能夠開啟？
[root@study tmp]# rm passwd
[root@study tmp]# cat passwd-hd
.....(正常顯示完畢！)
[root@study tmp]# cat passwd-so
cat: passwd-so: No such file or directory
[root@study tmp]# ll passwd*
-rw-r--r--. 1 root root 2092 Jun 17 00:20 passwd-hd
lrwxrwxrwx. 1 root root    6 Jun 23 22:40 passwd-so -> passwd
# 怕了吧！符號連結果然無法開啟！另外，如果符號連結的目標檔案不存在，
# 其實檔名的部分就會有特殊的顏色顯示喔！
```

> 還記得第五章當中，我們提到的 /tmp 這個目錄是幹嘛用的嗎？是給大家作為暫存檔用的啊！所以，你會發現，過去我們在進行測試時，都會將資料移動到 /tmp 底下去練習～嘿嘿！因此，有事沒事，記得將 /tmp 底下的一些怪異的資料清一清先！

要注意囉！**使用 ln 如果不加任何參數的話，那麼就是 Hard Link** 囉！如同範例二的情況，增加了 hard link 之後，可以發現使用 ls -l 時，顯示的 link 那一欄屬性增加了！而如果這個時候砍掉 passwd 會發生什麼事情呢？passwd-hd 的內容還是會跟原來 passwd 相同，但是 passwd-so 就會找不到該檔案啦！

而如果 ln 使用 -s 的參數時，就做成差不多是 Windows 底下的『捷徑』的意思。當你修改 Linux 下的 symbolic link 檔案時，則更動的其實是『原始檔』，所以不論你的這個原始檔被連結到哪裡去，只要你修改了連結檔，原始檔就跟著變囉！以上面為例，由於你使用 -s 的參數建立一個名為 passwd-so 的檔案，則你修改 passwd-so 時，其內容與 passwd 完全相同，並且，當你按下儲存之後，被改變的將是 passwd 這個檔案！

此外，如果你做了底下這樣的連結：

```
ln -s /bin /root/bin
```

那麼如果你進入 /root/bin 這個目錄下，『請注意呦！**該目錄其實是 /bin 這個目錄，因為你做了連結檔**了！』所以，如果你進入 /root/bin 這個剛剛建立的連結目錄，並且將其中的資料殺掉時，嗯！/bin 裡面的資料就通通不見了！這點請千萬注意！所以趕緊利用『rm /root/bin 』將這個連結檔刪除吧！

基本上，Symbolic link 的用途比較廣，所以你要特別留意 symbolic link 的用法呢！未來一定還會常常用到的啦！

◆ **關於目錄的 link 數量**

或許你已經發現了，那就是，當我們以 hard link 進行『檔案的連結』時，可以發現，在 ls -l 所顯示的第二欄位會增加一才對，那麼請教，如果建立目錄時，它預設的 link 數量會是多少？讓我們來想一想，一個『空目錄』裡面至少會存在些什麼？呵呵！就是存在 . 與 .. 這兩個目錄啊！那麼，當我們建立一個新目錄名稱為 /tmp/testing 時，基本上會有三個東西，那就是：

■ /tmp/testing

■ /tmp/testing/.

■ /tmp/testing/..

而其中 /tmp/testing 與 /tmp/testing/. 其實是一樣的！都代表該目錄啊～而 /tmp/testing/.. 則代表 /tmp 這個目錄，所以說，當我們建立一個新的目錄時，『**新的目錄的 link 數為 2，而上層目錄的 link 數則會增加 1**』不信的話，我們來作個測試看看：

```
[root@study ~]# ls -ld /tmp
drwxrwxrwt. 14 root root 4096 Jun 23 22:42 /tmp
[root@study ~]# mkdir /tmp/testing1
[root@study ~]# ls -ld /tmp
drwxrwxrwt. 15 root root 4096 Jun 23 22:45 /tmp  # 這裡的 link 數量加 1 了！
[root@study ~]# ls -ld /tmp/testing1
drwxr-xr-x. 2 root root 6 Jun 23 22:45 /tmp/testing1/
```

瞧！原本的所謂上層目錄 /tmp 的 link 數量由 14 增加為 15，至於新目錄 /tmp/testing 則為 2，這樣可以理解目錄的 link 數量的意義了嗎？ ^\_^

# 7.3　磁碟的分割、格式化、檢驗與掛載

對於一個系統管理者( root )而言，磁碟的的管理是相當重要的一環，尤其近來磁碟已經漸漸的被當成是消耗品了 ..... 如果我們想要在系統裡面新增一顆磁碟時，應該有哪些動作需要做的呢？

1. **對磁碟進行分割，以建立可用的 partition。**
2. **對該 partition 進行格式化 (format)，以建立系統可用的 filesystem。**
3. **若想要仔細一點，則可對剛剛建立好的 filesystem 進行檢驗。**
4. **在 Linux 系統上，需要建立掛載點 (亦即是目錄)，並將它掛載上來。**

　　當然囉，在上述的過程當中，還有很多需要考慮的，例如磁碟分割槽 (partition) 需要定多大？是否需要加入 journal 的功能？inode 與 block 的數量應該如何規劃等等的問題。但是這些問題的決定，都需要與你的主機用途來加以考量的～所以，在這個小節裡面，鳥哥僅會介紹幾個動作而已，更詳細的設定值，則需要以你未來的經驗來參考囉！

# 7.3.1　觀察磁碟分割狀態

　　由於目前磁碟分割主要有 MBR 以及 GPT 兩種格式，這兩種格式所使用的分割工具不太一樣！你當然可以使用本章預計最後才介紹的 parted 這個通通有支援的工具來處理，不過，我們還是比較習慣使用 fdisk 或者是 gdisk 來處理分割啊！因此，我們自然就得要去找一下目前系統有的磁碟有哪些？這些磁碟是 MBR 還是 GPT 等等的！這樣才能處理啦！

◆ lsblk 列出系統上的所有磁碟列表

　　lsblk 可以看成『 list block device 』的縮寫，就是列出所有儲存裝置的意思！這個工具軟體真的很好用喔！來瞧一瞧！

```
[root@study ~]# lsblk [-dfimpt] [device]
選項與參數：
-d ：僅列出磁碟本身，並不會列出該磁碟的分割資料
-f ：同時列出該磁碟內的檔案系統名稱
-i ：使用 ASCII 的線段輸出，不要使用複雜的編碼 (再某些環境下很有用)
-m ：同時輸出該裝置在 /dev 底下的權限資料 (rwx 的資料)
-p ：列出該裝置的完整檔名！而不是僅列出最後的名字而已。
-t ：列出該磁碟裝置的詳細資料，包括磁碟佇列機制、預讀寫的資料量大小等

範例一：列出本系統下的所有磁碟與磁碟內的分割資訊
[root@study ~]# lsblk
NAME            MAJ:MIN RM  SIZE RO TYPE MOUNTPOINT
sr0              11:0    1 1024M  0 rom
vda             252:0    0   40G  0 disk              # 一整顆磁碟
|-vda1          252:1    0    2M  0 part
|-vda2          252:2    0    1G  0 part /boot
`-vda3          252:3    0   30G  0 part
  |-centos-root 253:0    0   10G  0 lvm  /            # 在 vda3 內的其他檔案系統
  |-centos-swap 253:1    0    1G  0 lvm  [SWAP]
  `-centos-home 253:2    0    5G  0 lvm  /home
```

從上面的輸出我們可以很清楚的看到,目前的系統主要有個 sr0 以及一個 vda 的裝置,而 vda 的裝置底下又有三個分割,其中 vda3 甚至還有因為 LVM 產生的檔案系統!相當的完整吧!從範例一我們來談談預設輸出的資訊有哪些。

- NAME:就是裝置的檔名囉!會省略 /dev 等前導目錄!

- MAJ:MIN:其實核心認識的裝置都是透過這兩個代碼來熟悉的!分別是主要:次要裝置代碼!

- RM:是否為可卸載裝置 (removable device),如光碟、USB 磁碟等等。

- SIZE:當然就是容量囉!

- RO:是否為唯讀裝置的意思。

- TYPE:是磁碟 (disk)、分割槽 (partition) 還是唯讀記憶體 (rom) 等輸出。

- MOUTPOINT:就是前一章談到的掛載點!

範例二:僅列出 /dev/vda 裝置內的所有資料的完整檔名

```
[root@study ~]# lsblk -ip /dev/vda
NAME                         MAJ:MIN RM   SIZE RO TYPE MOUNTPOINT
/dev/vda                     252:0    0    40G  0 disk
|-/dev/vda1                  252:1    0     2M  0 part
|-/dev/vda2                  252:2    0     1G  0 part /boot
`-/dev/vda3                  252:3    0    30G  0 part
  |-/dev/mapper/centos-root 253:0    0    10G  0 lvm  /
  |-/dev/mapper/centos-swap 253:1    0     1G  0 lvm  [SWAP]
  `-/dev/mapper/centos-home 253:2    0     5G  0 lvm  /home # 完整的檔名,由 / 開始寫
```

◆ **blkid 列出裝置的 UUID 等參數**

雖然 lsblk 已經可以使用 -f 來列出檔案系統與裝置的 UUID 資料,不過,鳥哥還是比較習慣直接使用 blkid 來找出裝置的 UUID 喔!什麼是 UUID 呢?UUID 是全域單一識別碼 (universally unique identifier),Linux 會將系統內所有的裝置都給予一個獨一無二的識別碼,這個識別碼就可以拿來作為掛載或者是使用這個裝置/檔案系統之用了。

```
[root@study ~]# blkid
/dev/vda2: UUID="94ac5f77-cb8a-495e-a65b-2ef7442b837c" TYPE="xfs"
/dev/vda3: UUID="WStYq1-P93d-oShM-JNe3-KeDl-bBf6-RSmfae" TYPE="LVM2_member"
/dev/sda1: UUID="35BC-6D6B" TYPE="vfat"
/dev/mapper/centos-root: UUID="299bdc5b-de6d-486a-a0d2-375402aaab27" TYPE="xfs"
/dev/mapper/centos-swap: UUID="905dc471-6c10-4108-b376-a802edbd862d" TYPE="swap"
/dev/mapper/centos-home: UUID="29979bf1-4a28-48e0-be4a-66329bf727d9" TYPE="xfs"
```

如上所示,每一行代表一個檔案系統,主要列出裝置名稱、UUID 名稱以及檔案系統的類型 (TYPE)!這對於管理員來說,相當有幫助!對於系統上面的檔案系統觀察來說,真是一目了然!

◆ **parted 列出磁碟的分割表類型與分割資訊**

雖然我們已經知道ㄌ系統上面的所有裝置,並且透過 blkid 也知道了所有的檔案系統!不過,還是不清楚磁碟的分割類型。這時我們可以透過簡單的 parted 來輸出喔!我們這裡僅簡單的利用它的輸出而已~本章最後才會詳細介紹這個指令的用法的!

```
[root@study ~]# parted device_name print

範例一:列出 /dev/vda 磁碟的相關資料
[root@study ~]# parted /dev/vda print
Model: Virtio Block Device (virtblk)        # 磁碟的模組名稱(廠商)
Disk /dev/vda: 42.9GB                       # 磁碟的總容量
Sector size (logical/physical): 512B/512B   # 磁碟的每個邏輯/物理磁區容量
Partition Table: gpt                        # 分割表的格式 (MBR/GPT)
Disk Flags: pmbr_boot


Number  Start    End      Size     File system  Name  Flags    # 底下才是分割資料
 1      1049kB   3146kB   2097kB                       bios_grub
 2      3146kB   1077MB   1074MB   xfs
 3      1077MB   33.3GB   32.2GB                        lvm
```

看到上表的說明,你就知道啦!我們用的就是 GPT 的分割格式喔!這樣會觀察磁碟分割了嗎?接下來要來操作磁碟分割了喔!

## 7.3.2　磁碟分割:gdisk/fdisk

接下來我們想要進行磁碟分割囉!要注意的是:『**MBR 分割表請使用 fdisk 分割,GPT 分割表請使用 gdisk 分割!**』這個不要搞錯~否則會分割失敗的!另外,這兩個工具軟體的操作很類似,執行了該軟體後,可以透過該軟體內部的說明資料來操作,因此不需要硬背!只要知道方法即可。剛剛從上面 parted 的輸出結果,我們也知道鳥哥這個測試機使用的是 GPT 分割,因此底下通通得要使用 gdisk 來分割才行!

◆ gdisk

```
[root@study ~]# gdisk 裝置名稱

範例:由前一小節的 lsblk 輸出,我們知道系統有個 /dev/vda,請觀察該磁碟的分割與相關資料
[root@study ~]# gdisk /dev/vda   <==仔細看,不要加上數字喔!
```

```
GPT fdisk (gdisk) version 0.8.6

Partition table scan:
  MBR: protective
  BSD: not present
  APM: not present
  GPT: present

Found valid GPT with protective MBR; using GPT.   <==找到了 GPT 的分割表！

Command (? for help):       <==這裡可以讓你輸入指令動作，可以按問號 (?) 來查看可用指令
Command (? for help): ?
b       back up GPT data to a file
c       change a partition's name
d       delete a partition              # 刪除一個分割
i       show detailed information on a partition
l       list known partition types
n       add a new partition             # 增加一個分割
o       create a new empty GUID partition table (GPT)
p       print the partition table       # 印出分割表 (常用)
q       quit without saving changes     # 不儲存分割就直接離開 gdisk
r       recovery and transformation options (experts only)
s       sort partitions
t       change a partition's type code
v       verify disk
w       write table to disk and exit    # 儲存分割操作後離開 gdisk
x       extra functionality (experts only)
?       print this menu
Command (? for help):█
```

你應該要透過 lsblk 或 blkid 先找到磁碟，再用 parted /dev/xxx print 來找出內部的分割表類型，之後才用 gdisk 或 fdisk 來操作系統。上表中可以發現 gdisk 會掃描 MBR 與 GPT 分割表，不過這個軟體還是單純使用在 GPT 分割表比較好啦！

老實說，使用 gdisk 這支程式是完全不需要背指令的！如同上面的表格中，你只要按下 ? 就能夠看到所有的動作！比較重要的動作在上面已經用底線畫出來了，你可以參考看看。其中比較不一樣的是『q 與 w』這兩個玩意兒！不管你進行了什麼動作，**只要離開 gdisk 時按下『q』，那麼所有的動作『都不會生效！』相反的，按下『w』就是動作生效的意思**。所以，你可以隨便玩 gdisk，只要離開時按下的是『q』即可。^_^好了，先來看看分割表資訊吧！

```
Command (? for help): p  <== 這裡可以輸出目前磁碟的狀態
Disk /dev/vda: 83886080 sectors, 40.0 GiB           # 磁碟檔名/磁區數與總容量
```

```
Logical sector size: 512 bytes                           # 單一磁區大小為 512 bytes
Disk identifier (GUID): A4C3C813-62AF-4BFE-BAC9-112EBD87A483  # 磁碟的 GPT 識別碼
Partition table holds up to 128 entries
First usable sector is 34, last usable sector is 83886046
Partitions will be aligned on 2048-sector boundaries
Total free space is 18862013 sectors (9.0 GiB)

Number  Start (sector) End (sector)  Size        Code  Name # 底下為完整的分割資訊了！
   1          2048          6143     2.0 MiB      EF02       # 第一個分割槽資料
   2          6144       2103295     1024.0 MiB   0700
   3       2103296      65026047     30.0 GiB     8E00
# 分割編號 開始磁區號碼  結束磁區號碼   容量大小
Command (? for help): q
# 想要不儲存離開嗎？按下 q 就對了！不要隨便按 w 啊！
```

使用『 p 』可以列出目前這顆磁碟的分割表資訊，這個資訊的上半部在顯示整體磁碟的狀態。以鳥哥這顆磁碟為例，這個磁碟共有 40GB 左右的容量，共有 83886080 個磁區，每個磁區的容量為 512bytes。要注意的是，現在的分割主要是以磁區為最小的單位喔！

下半部的分割表資訊主要在列出每個分割槽的個別資訊項目。每個項目的意義為：

- Number：分割槽編號，1 號指的是 /dev/vda1 這樣計算。

- Start (sector)：每一個分割槽的開始磁區號碼位置。

- End (sector)：每一個分割的結束磁區號碼位置，與 start 之間可以算出分割槽的總容量。

- Size：就是分割槽的容量了。

- Code：在分割槽內的可能的檔案系統類型。Linux 為 8300，swap 為 8200。不過這個項目只是一個提示而已，不見得真的代表此分割槽內的檔案系統喔！

- Name：檔案系統的名稱等等。

從上表我們可以發現幾件事情：

- 整部磁碟還可以進行額外的分割，因為最大磁區為 83886080，但只使用到 65026047 號而已。

- 分割槽的設計中，新分割通常選用上一個分割的結束磁區號碼數加 1 作為起始磁區號碼！

這個 gdisk 只有 root 才能執行，此外，請注意，**使用的『裝置檔名』請不要加上數字，因為 partition 是針對『整個磁碟裝置』而不是某個 partition 呢**！所以執行『 gdisk /dev/vda1 』就會發生錯誤啦！要使用 gdisk /dev/vda 才對！

再次強調,你可以使用 gdisk 在你的磁碟上面胡搞瞎搞的進行實際操作,都不打緊,但是請『千萬記住,不要按下 w 即可!』離開的時候按下 q 就萬事無妨囉!此外,不要在 MBR 分割上面使用 gdisk,因為如果指令按錯,恐怕你的分割紀錄會全部死光光!也不要在 GPT 上面使用 fdisk 啦!切記切記!

◆ **用 gdisk 新增分割槽**

如果你是按照鳥哥建議的方式去安裝你的 CentOS 7,那麼你的磁碟應該會預留一塊容量來做練習的。如果沒有的話,那麼你可能需要找另外一顆磁碟來讓你練習才行呦!而經過上面的觀察,我們也確認系統還有剩下的容量可以來操作練習分割!假設我需要有如下的分割需求:

■ 1GB 的 xfs 檔案系統 (Linux)

■ 1GB 的 vfat 檔案系統 (Windows)

■ 0.5GB 的 swap (Linux swap)(這個分割等一下會被刪除喔!)

那就來處理處理!

```
[root@study ~]# gdisk /dev/vda
Command (? for help): p
Number  Start (sector)      End (sector)  Size        Code  Name
   1          2048              6143    2.0 MiB     EF02
   2          6144           2103295    1024.0 MiB  0700
   3       2103296          65026047    30.0 GiB    8E00
# 找出最後一個 sector 的號碼是很重要的!


Command (? for help): ?     # 查一下增加分割的指令為何
Command (? for help): n     # 就是這個!所以開始新增的行為!
Partition number (4-128, default 4): 4     # 預設就是 4 號,所以也能 enter 即可!
First sector (34-83886046, default = 65026048) or {+-}size{KMGTP}: 65026048
Last sector (65026048-83886046, default = 83886046) or {+-}size{KMGTP}: +1G
# 這個地方可有趣了!我們不需要自己去計算磁區號碼,透過 +容量 的這個方式,
# 就可以讓 gdisk 主動去幫你算出最接近你需要的容量的磁區號碼喔!


Current type is 'Linux filesystem'
Hex code or GUID (L to show codes, Enter = 8300): # 使用預設值即可~直接 enter 下去!
# 這裡在讓你選擇未來這個分割槽預計使用的檔案系統!預設都是 Linux 檔案系統的 8300 囉!


Command (? for help): p
Number  Start (sector)      End (sector)  Size        Code  Name
```

```
1          2048              6143    2.0 MiB     EF02
2          6144           2103295    1024.0 MiB  0700
3       2103296          65026047    30.0 GiB    8E00
4      65026048          67123199    1024.0 MiB  8300    Linux filesystem
```

重點在『 Last sector 』那一行，那行絕對不要使用預設值！因為預設值會將所有的容量
用光！因此它預設選擇最大的磁區號碼！因為我們僅要 1GB 而已，所以你得要加上
+1G 這樣即可！不需要計算 sector 的數量，gdisk 會根據你填寫的數值，直接計算出最
接近該容量的磁區數！每次新增完畢後，請立即『 p 』查看一下結果喔！請繼續處理後
續的兩個分割槽！最終出現的畫面會有點像底下這樣才對！

```
Command (? for help): p
Number  Start (sector)    End (sector)  Size        Code  Name
  1          2048              6143     2.0 MiB     EF02
  2          6144           2103295     1024.0 MiB  0700
  3       2103296          65026047     30.0 GiB    8E00
  4      65026048          67123199     1024.0 MiB  8300  Linux filesystem
  5      67123200          69220351     1024.0 MiB  0700  Microsoft basic data
  6      69220352          70244351     500.0 MiB   8200  Linux swap
```

基本上，幾乎都用預設值，然後透過 +1G, +500M 來建置所需要的另外兩個分割槽！
比較有趣的是檔案系統的 ID 啦！一般來說，Linux 大概都是 8200/8300/8e00 等三種格
式，Windows 幾乎都用 0700 這樣，如果忘記這些數字，可以在 gdisk 內按下：『 L 』
來顯示喔！如果一切的分割狀態都正常的話，那麼就直接寫入磁碟分割表吧！

```
Command (? for help): w

Final checks complete. About to write GPT data. THIS WILL OVERWRITE EXISTING
PARTITIONS!!

Do you want to proceed? (Y/N): y
OK; writing new GUID partition table (GPT) to /dev/vda.
Warning: The kernel is still using the old partition table.
The new table will be used at the next reboot.
The operation has completed successfully.
# gdisk 會先警告你可能的問題，我們確定分割是對的，這時才按下 y ！不過怎麼還有警告？
# 這是因為這顆磁碟目前正在使用當中，因此系統無法立即載入新的分割表～

[root@study ~]# cat /proc/partitions
major minor  #blocks  name
```

```
252       0    41943040 vda
252       1        2048 vda1
252       2     1048576 vda2
252       3    31461376 vda3
253       0    10485760 dm-0
253       1     1048576 dm-1
253       2     5242880 dm-2
# 你可以發現，並沒有 vda4, vda5, vda6 喔！因為核心還沒有更新！
```

因為 Linux 此時還在使用這顆磁碟，為了擔心系統出問題，所以分割表並沒有被更新喔！這個時候我們有兩個方式可以來處理！其中一個是重新開機，不過很討厭！另外一個則是透過 partprobe 這個指令來處理即可！

◆ **partprobe 更新 Linux 核心的分割表資訊**

```
[root@study ~]# partprobe [-s]    # 你可以不要加 -s ！那麼螢幕不會出現訊息！
[root@study ~]# partprobe -s      # 不過還是建議加上 -s 比較清晰！
/dev/vda: gpt partitions 1 2 3 4 5 6

[root@study ~]# lsblk /dev/vda    # 實際的磁碟分割狀態
NAME              MAJ:MIN RM  SIZE RO TYPE MOUNTPOINT
vda               252:0    0   40G  0 disk
|-vda1            252:1    0    2M  0 part
|-vda2            252:2    0    1G  0 part /boot
|-vda3            252:3    0   30G  0 part
| |-centos-root   253:0    0   10G  0 lvm  /
| |-centos-swap   253:1    0    1G  0 lvm  [SWAP]
| `-centos-home   253:2    0    5G  0 lvm  /home
|-vda4            252:4    0    1G  0 part
|-vda5            252:5    0    1G  0 part
`-vda6            252:6    0  500M  0 part

[root@study ~]# cat /proc/partitions   # 核心的分割紀錄
major minor  #blocks  name

  252       0    41943040 vda
  252       1        2048 vda1
  252       2     1048576 vda2
  252       3    31461376 vda3
  252       4     1048576 vda4
  252       5     1048576 vda5
```

```
    252        6       512000 vda6
# 現在核心也正確的抓到了分割參數了！
```

◆ **用 gdisk 刪除一個分割槽**

已經學會了新增分割，那麼刪除分割呢？好！現在讓我們將剛剛建立的 /dev/vda6 刪除！你該如何進行呢？鳥哥底下很快的處理一遍，大家趕緊來瞧一瞧先！

```
[root@study ~]# gdisk /dev/vda
Command (? for help): p
Number  Start (sector)    End (sector)  Size        Code  Name
   1          2048            6143  2.0 MiB     EF02
   2          6144         2103295  1024.0 MiB  0700
   3       2103296        65026047  30.0 GiB    8E00
   4      65026048        67123199  1024.0 MiB  8300  Linux filesystem
   5      67123200        69220351  1024.0 MiB  0700  Microsoft basic data
   6      69220352        70244351  500.0 MiB   8200  Linux swap

Command (? for help): d
Partition number (1-6): 6

Command (? for help): p
# 你會發現 /dev/vda6 不見了！非常棒！沒問題就寫入吧！

Command (? for help): w
# 同樣會有一堆訊息！鳥哥就不重複輸出了！自己選擇 y 來處理吧！

[root@study ~]# lsblk
# 你會發現！怪了！怎麼還是有 /dev/vda6 呢？沒辦法！還沒有更新核心的分割表啊！所以當然有錯！

[root@study ~]# partprobe -s
[root@study ~]# lsblk
# 這個時候，那個 /dev/vda6 才真的消失不見了！了解吧！
```

> 萬分注意！不要去處理一個正在使用中的分割槽！例如，我們的系統現在已經使用了 /dev/vda2，那如果你要刪除 /dev/vda2 的話，必須要先將 /dev/vda2 卸載，否則直接刪除該分割的話，雖然磁碟還是會寫入正確的分割資訊，但是核心會無法更新分割表的資訊的！另外，檔案系統與 Linux 系統的穩定度，恐怕也會變得怪怪的！反正！千萬不要處理正在使用中的檔案系統就對了！

◆ fdisk

雖然 MBR 分割表在未來應該會慢慢的被淘汰，畢竟現在磁碟容量隨便都大於 2T 以上了。而對於在 CentOS 7.x 中還無法完整支援 GPT 的 fdisk 來說，這家伙真的英雄無用武之地了啦！不過依舊有些舊的系統，以及虛擬機器的使用上面，還是有小磁碟存在的空間！這時處理 MBR 分割表，就得要使用 fdisk 囉！

因為 fdisk 跟 gdisk 使用的方式幾乎一樣！只是一個使用？作為指令提示資料，一個使用 m 作為提示這樣而已。此外，fdisk 有時會使用磁柱 (cylinder) 作為分割的最小單位，與 gdisk 預設使用 sector 不太一樣！大致上只是這點差別！另外，MBR 分割是有限制的 (Primary, Extended, Logical...)！不要忘記了！鳥哥這裡不使用範例了，畢竟示範機上面也沒有 MBR 分割表... 這裡僅列出相關的指令給大家對照參考囉！

```
[root@study ~]# fdisk /dev/sda
Command (m for help): m    <== 輸入 m 後，就會看到底下這些指令介紹
Command action
   a   toggle a bootable flag
   b   edit bsd disklabel
   c   toggle the dos compatibility flag
   d   delete a partition              <==刪除一個partition
   l   list known partition types
   m   print this menu
   n   add a new partition             <==新增一個partition
   o   create a new empty DOS partition table
   p   print the partition table       <==在螢幕上顯示分割表
   q   quit without saving changes     <==不儲存離開fdisk程式
   s   create a new empty Sun disklabel
   t   change a partition's system id
   u   change display/entry units
   v   verify the partition table
   w   write table to disk and exit    <==將剛剛的動作寫入分割表
   x   extra functionality (experts only)
```

## 7.3.3　磁碟格式化 (建置檔案系統)

分割完畢後自然就是要進行檔案系統的格式化囉！格式化的指令非常的簡單，那就是『make filesystem, mkfs』這個指令啦！這個指令其實是個綜合的指令，它會去呼叫正確的檔案系統格式化工具軟體！因為 CentOS 7 使用 xfs 作為預設檔案系統，底下我們會先介紹 mkfs.xfs，之後介紹新一代的 EXT 家族成員 mkfs.ext4，最後再聊一聊 mkfs 這個綜合指令吧！

◆ **XFS 檔案系統 mkfs.xfs**

我們常聽到的『格式化』其實應該稱為『建置檔案系統 (make filesystem)』才對啦！所以使用的指令是 mkfs 喔！那我們要建立的其實是 xfs 檔案系統，因此使用的是 mkfs.xfs 這個指令才對。這個指令是這樣使用的：

```
[root@study ~]# mkfs.xfs [-b bsize] [-d parms] [-i parms] [-l parms] [-L label] [-f]
[-r parms] 裝置名稱
選項與參數：
關於單位：底下只要談到『數值』時，沒有加單位則為 bytes 值，可以用 k,m,g,t,p (小寫)等來解釋
         比較特殊的是 s 這個單位，它指的是 sector 的『個數』喔！
-b  ：後面接的是 block 容量，可由 512 到 64k，不過最大容量限制為 Linux 的 4k 喔！
-d  ：後面接的是重要的 data section 的相關參數值，主要的值有：
      agcount=數值  ：設定需要幾個儲存群組的意思(AG)，通常與 CPU 有關
      agsize=數值   ：每個 AG 設定為多少容量的意思，通常 agcount/agsize 只選一個設定即可
      file          ：指的是『格式化的裝置是個檔案而不是個裝置』的意思！(例如虛擬磁碟)
      size=數值     ：data section 的容量，亦即你可以不將全部的裝置容量用完的意思
      su=數值       ：當有 RAID 時，那個 stripe 數值的意思，與底下的 sw 搭配使用
      sw=數值       ：當有 RAID 時，用於儲存資料的磁碟數量(須扣除備份碟與備用碟)
      sunit=數值    ：與 su 相當，不過單位使用的是『幾個 sector(512bytes大小)』的意思
      swidth=數值   ：就是 su*sw 的數值，但是以『幾個 sector(512bytes大小)』來設定
-f  ：如果裝置內已經有檔案系統，則需要使用這個 -f 來強制格式化才行！
-i  ：與 inode 有較相關的設定，主要的設定值有：
      size=數值     ：最小是 256bytes 最大是 2k，一般保留 256 就足夠使用了！
      internal=[0|1]：log 裝置是否為內建？預設為 1 內建，如果要用外部裝置，使用底下設定
      logdev=device ：log 裝置為後面接的那個裝置上頭的意思，需設定 internal=0 才可！
      size=數值     ：指定這塊登錄區的容量，通常最小得要有 512 個 block，大約 2M 以上才行！
-L  ：後面接這個檔案系統的標頭名稱 Label name 的意思！
-r  ：指定 reAltime section 的相關設定值，常見的有：
      extsize=數值  ：就是那個重要的 extent 數值，一般不須設定，但有 RAID 時，
                      最好設定與 swidth 的數值相同較佳！最小為 4K 最大為 1G。
```

範例：將前一小節分割出來的 /dev/vda4 格式化為 xfs 檔案系統

```
[root@study ~]# mkfs.xfs /dev/vda4
meta-data=/dev/vda4        isize=256     agcount=4, agsize=65536 blks
         =                 sectsz=512    attr=2, projid32bit=1
         =                 crc=0         finobt=0
data     =                 bsize=4096    blocks=262144, imaxpct=25
         =                 sunit=0       swidth=0 blks
naming   =version 2        bsize=4096    ascii-ci=0 ftype=0
log      =internal log     bsize=4096    blocks=2560, version=2
         =                 sectsz=512    sunit=0 blks, lazy-count=1
reAltime =none             extsz=4096    blocks=0, rtextents=0
```

```
# 很快格是化完畢！都用預設值！較重要的是 inode 與 block 的數值

[root@study ~]# blkid /dev/vda4
/dev/vda4: UUID="39293f4f-627b-4dfd-a015-08340537709c" TYPE="xfs"
# 確定建置好 xfs 檔案系統了！
```

使用預設的 xfs 檔案系統參數來建置系統即可！速度非常快！如果我們有其他額外想要處理的項目，才需要加上一堆設定值！舉例來說，因為 xfs 可以使用多個資料流來讀寫系統，以增加速度，因此那個 agcount 可以跟 CPU 的核心數來做搭配！舉例來說，如果我的伺服器僅有一顆 4 核心，但是有啟動 Intel 超執行緒功能，則系統會模擬出 8 顆 CPU 時，那個 agcount 就可以設定為 8 喔！舉個例子來瞧瞧：

```
範例：找出你系統的 CPU 數，並據以設定你的 agcount 數值
[root@study ~]# grep 'processor' /proc/cpuinfo
processor       : 0
processor       : 1
# 所以就是有兩顆 CPU 的意思，那就來設定設定我們的 xfs 檔案系統格式化參數吧！！

[root@study ~]# mkfs.xfs -f -d agcount=2 /dev/vda4
meta-data=/dev/vda4         isize=256    agcount=2, agsize=131072 blks
         =                  sectsz=512   attr=2, projid32bit=1
         =                  crc=0        finobt=0
.....(底下省略).....
# 可以跟前一個範例對照看看，可以發現 agcount 變成 2 了喔！
# 此外，因為已經格式化過一次，因此 mkfs.xfs 可能會出現不給你格式化的警告！因此需要使用 -f
```

◆ **XFS 檔案系統 for RAID 效能優化 (Optional)**

我們在第 14 章會持續談到進階檔案系統的設定，其中就有磁碟陣列這個東西！磁碟陣列是多顆磁碟組成一顆大磁碟的意思，利用同步寫入到這些磁碟的技術，不但可以加快讀寫速度，還可以讓某一顆磁碟壞掉時，整個檔案系統還是可以持續運作的狀態！那就是所謂的容錯。

基本上，磁碟陣列 (RAID) 就是透過將檔案先細分為數個小型的分割區塊 (stripe) 之後，然後將眾多的 stripes 分別放到磁碟陣列裡面的所有磁碟，所以一個檔案是被同時寫入到多個磁碟去，當然效能會好一些。為了檔案的保全性，所以在這些磁碟裡面，會保留數個 (與磁碟陣列的規劃有關) 備份磁碟 (parity disk)，以及可能會保留一個以上的備用磁碟 (spare disk)，這些區塊基本上會佔用掉磁碟陣列的總容量，不過對於資料的保全會比較有保障！

那個分割區塊 stripe 的數值大多介於 4K 到 1M 之間，這與你的磁碟陣列卡支援的項目有關。stripe 與你的檔案資料容量以及效能相關性較高。當你的系統大多是大型檔案

時,一般建議 stripe 可以設定大一些,這樣磁碟陣列讀/寫的頻率會降低,效能會提昇。如果是用於系統,那麼小檔案比較多的情況下,stripe 建議大約在 64K 左右可能會有較佳的效能。不過,還是都須要經過測試啦!完全是 case by case 的情況。更多詳細的磁碟陣列我們在第 14 章再來談,這裡先有個大概的認識即可。14 章看完之後,再回來這個小節瞧瞧囉!

檔案系統的讀寫要能夠有最佳化,最好能夠搭配磁碟陣列的參數來設計,這樣效能才能夠起來!也就是說,你可以先在檔案系統就將 stripe 規劃好,那交給 RAID 去存取時,它就無須重複進行檔案的 stripe 過程,效能當然會更好!那格式化時,最佳化效能與什麼東東有關呢?我們來假設個環境好了:

- 我有兩個執行緒的 CPU 數量,所以 agcount 最好指定為 2。

- 當初設定 RAID 的 stripe 指定為 256K 這麼大,因此 su 最好設定為 256k。

- 設定的磁碟陣列有 8 顆,因為是 RAID5 的設定,所以有一個 parity (備份碟),因此指定 sw 為 7。

- 由上述的資料中,我們可以發現資料寬度 (swidth) 應該就是 256K*7 得到 1792K,可以指定 extsize 為 1792k。

相關資料的來源可以參考文末[註7]的說明,這裡僅快速的使用 mkfs.xfs 的參數來處理格式化的動作喔!

```
[root@study ~]# mkfs.xfs -f -d agcount=2,su=256k,sw=7 -r extsize=1792k /dev/vda4
meta-data=/dev/vda4              isize=256     agcount=2, agsize=131072 blks
         =                       sectsz=512    attr=2, projid32bit=1
         =                       crc=0         finobt=0
data     =                       bsize=4096    blocks=262144, imaxpct=25
         =                       sunit=64      swidth=448 blks
naming   =version 2              bsize=4096    ascii-ci=0 ftype=0
log      =internal log           bsize=4096    blocks=2560, version=2
         =                       sectsz=512    sunit=64 blks, lazy-count=1
reAltime =none                   extsz=1835008 blocks=0, rtextents=0
```

從輸出的結果來看,agcount 沒啥問題,sunit 結果是 64 個 block,因為每個 block 為 4K,所以算出來容量就是 256K 也沒錯!那個 swidth 也相同!使用 448 * 4K 得到 1792K!那個 extsz 則是算成 bytes 的單位,換算結果也沒錯啦!上面是個方式,那如果使用 sunit 與 swidth 直接套用在 mkfs.xfs 當中呢?那你得小心了!因為指令中的這兩個參數用的是『幾個 512bytes 的 sector 數量』的意思!是『數量』單位而不是『容量』單位!因此先計算為:

- sunit = 256K/512byte*1024(bytes/K) = 512 個 sector

- swidth = 7 個磁碟 * sunit = 7 * 512 = 3584 個 sector

所以指令就得要變成如下模樣：

```
[root@study ~]# mkfs.xfs -f -d agcount=2,sunit=512,swidth=3584 -r extsize=1792k
/dev/vda4
```

再說一次，這邊你大概先有個概念即可，看不懂也沒關係！等到 14 章看完後，未來回到這裡，應該就能夠看得懂了！多看幾次！多做幾次～作業系統的練習就是這樣才能學得會！看得懂！^_^

◆ **EXT4 檔案系統** mkfs.ext4

如果想要格式化為 ext4 的傳統 Linux 檔案系統的話，可以使用 mkfs.ext4 這個指令即可！這個指令的參數快速的介紹一下！

```
[root@study ~]# mkfs.ext4 [-b size] [-L label] 裝置名稱
選項與參數：
-b  ：設定 block 的大小，有 1K, 2K, 4K 的容量，
-L  ：後面接這個裝置的標頭名稱。


範例：將 /dev/vda5 格式化為 ext4 檔案系統
[root@study ~]# mkfs.ext4 /dev/vda5
mke2fs 1.42.9 (28-Dec-2013)
Filesystem label=                              # 顯示 Label name
OS type: Linux
Block size=4096 (log=2)                        # 每一個 block 的大小
Fragment size=4096 (log=2)
Stride=0 blocks, Stripe width=0 blocks         # 跟 RAID 相關性較高
65536 inodes, 262144 blocks                    # 總計 inode/block 的數量
13107 blocks (5.00%) reserved for the super user
First data block=0
Maximum filesystem blocks=268435456
8 block groups                                 # 共有 8 個 block groups 喔！
32768 blocks per group, 32768 fragments per group
8192 inodes per group
Superblock backups stored on blocks:
        32768, 98304, 163840, 229376

Allocating group tables: done
Writing inode tables: done
Creating journal (8192 blocks): done
Writing superblocks and filesystem accounting information: done

[root@study ~]# dumpe2fs -h /dev/vda5
```

```
dumpe2fs 1.42.9 (28-Dec-2013)
Filesystem volume name:   <none>
Last mounted on:          <not available>
Filesystem UUID:          3fd5cc6f-a47d-46c0-98c0-d43b072e0e12
....(中間省略)....
Inode count:              65536
Block count:              262144
Block size:               4096
Blocks per group:         32768
Inode size:               256
Journal size:             32M
```

由於資料量較大，因此鳥哥僅列出比較重要的項目而已，提供給你參考。另外，本章稍早之前介紹的 dumpe2fs 現在也可以測試練習了！查閱一下相關的資料吧！因為 ext4 的預設值已經相當適合我們系統使用，大部分的預設值寫入於我們系統的 /etc/mke2fs.conf 這個檔案中，有興趣可以自行前往查閱。也因此，我們無須額外指定 inode 的容量，系統都幫我們做好預設值囉！只需要得到 uuid 這個東東即可啦！

◆ **其他檔案系統** mkfs

　　mkfs 其實是個綜合指令而已，當我們使用 mkfs -t xfs 時，它就會跑去找 mkfs.xfs 相關的參數給我們使用！如果想要知道系統還支援哪種檔案系統的格式化功能，直接按 [tabl] 就很清楚了！

```
[root@study ~]# mkfs[tab][tab]
mkfs          mkfs.btrfs    mkfs.cramfs   mkfs.ext2     mkfs.ext3     mkfs.ext4
mkfs.fat      mkfs.minix    mkfs.msdos    mkfs.vfat     mkfs.xfs
```

　　所以系統還有支援 ext2/ext3/vfat 等等多種常用的檔案系統喔！那如果要將剛剛的 /dev/vda5 重新格式化為 VFAT 檔案系統呢？

```
[root@study ~]# mkfs -t vfat /dev/vda5
[root@study ~]# blkid /dev/vda5
/dev/vda5: UUID="7130-6012" TYPE="vfat" PARTLABEL="Microsoft basic data"

[root@study ~]# mkfs.ext4 /dev/vda5
[root@study ~]# blkid /dev/vda4 /dev/vda5
/dev/vda4: UUID="e0a6af55-26e7-4cb7-a515-826a8bd29e90" TYPE="xfs"
/dev/vda5: UUID="899b755b-1da4-4d1d-9b1c-f762adb798e1" TYPE="ext4"
```

　　上面就是我們這個章節最後的結果了！/dev/vda4 是 xfs 檔案系統，而 /dev/vda5 是 ext4 檔案系統喔！都有練習妥當了嘛？

越來越多同學上課都不聽講，只是很單純的將鳥哥在螢幕操作的過程『拍照』下來而已～當鳥哥說『開始操作！等一下要檢查喔！』 大家就拼命的從手機裡面將剛剛的照片抓出來，一個一個指令照著打～

不過，螢幕並不能告訴你『 [tab] 按鈕其實不是按下 enter』的結果，如上所示，同學拼命的按下 mkfs 之後，卻沒有辦法得到底下出現的眾多指令，就開始舉手...老師！我沒辦法做到你講的畫面...

拜託讀者們，請注意：『我們是要練習 Linux 系統，不是要練習 "英文打字"』啦！英文打字回家練就好了！@_@

## 7.3.4 檔案系統檢驗

由於系統在運作時誰也說不準啥時硬體或者是電源會有問題，所以『當機』可能是難免的情況(不管是硬體還是軟體)。現在我們知道檔案系統運作時會有磁碟與記憶體資料非同步的狀況發生，因此莫名其妙的當機非常可能導致檔案系統的錯亂。問題來啦，如果檔案系統真的發生錯亂的話，那該如何是好？就...挽救啊！不同的檔案系統救援的指令不太一樣，我們主要針對 xfs 及 ext4 這兩個主流來說明而已喔！

◆ xfs_repair 處理 XFS 檔案系統

當有 xfs 檔案系統錯亂才需要使用這個指令！所以，這個指令最好是不要用到啦！但有問題發生時，這個指令卻又很重要...

```
[root@study ~]# xfs_repair [-fnd] 裝置名稱
選項與參數：
-f  ：後面的裝置其實是個檔案而不是實體裝置
-n  ：單純檢查並不修改檔案系統的任何資料 （檢查而已）
-d  ：通常用在單人維護模式底下，針對根目錄 （/） 進行檢查與修復的動作！很危險！不要隨便使用

範例：檢查一下剛剛建立的 /dev/vda4 檔案系統
[root@study ~]# xfs_repair /dev/vda4
Phase 1 - find and verify superblock...
Phase 2 - using internal log
Phase 3 - for each AG...
Phase 4 - check for duplicate blocks...
Phase 5 - rebuild AG headers and trees...
Phase 6 - check inode connectivity...
Phase 7 - verify and correct link counts...
done
# 共有 7 個重要的檢查流程！詳細的流程介紹可以 man xfs_repair 即可！
```

```
範例：檢查一下系統原本就有的 /dev/centos/home 檔案系統
[root@study ~]# xfs_repair /dev/centos/home
xfs_repair: /dev/centos/home contains a mounted filesystem
xfs_repair: /dev/centos/home contains a mounted and writable filesystem

fatal error -- couldn't initialize XFS library
```

xfs_repair 可以檢查/修復檔案系統，不過，因為修復檔案系統是個很龐大的任務！因此，修復時該檔案系統不能被掛載！所以，檢查與修復 /dev/vda4 沒啥問題，但是修復 /dev/centos/home 這個已經掛載的檔案系統時，嘿嘿！就出現上述的問題了！沒關係，若可以卸載，卸載後再處理即可。

Linux 系統有個裝置無法被卸載，那就是根目錄啊！如果你的根目錄有問題怎辦？這時得要進入單人維護或救援模式，然後透過 -d 這個選項來處理！加入 -d 這個選項後，系統會強制檢驗該裝置，檢驗完畢後就會自動重新開機囉！不過，鳥哥完全不打算要進行這個指令的實做... 永遠都不希望實做這東西...

◆ **fsck.ext4 處理 EXT4 檔案系統**

fsck 是個綜合指令，如果是針對 ext4 的話，建議直接使用 fsck.ext4 來檢測比較妥當！那 fsck.ext4 的選項有底下幾個常見的項目：

```
[root@study ~]# fsck.ext4 [-pf] [-b superblock] 裝置名稱
選項與參數：
-p  ：當檔案系統在修復時，若有需要回覆 y 的動作時，自動回覆 y 來繼續進行修復動作。
-f  ：強制檢查！一般來說，如果 fsck 沒有發現任何 unclean 的旗標，不會主動進入
      細部檢查的，如果你想要強制 fsck 進入細部檢查，就得加上 -f 旗標囉！
-D  ：針對檔案系統下的目錄進行最佳化配置。
-b  ：後面接 superblock 的位置！一般來說這個選項用不到。但是如果你的 superblock 因故損毀
      時，透過這個參數即可利用檔案系統內備份的 superblock 來嘗試救援。一般來說，superblock
      備份在：1K block 放在 8193, 2K block 放在 16384, 4K block 放在 32768

範例：找出剛剛建置的 /dev/vda5 的另一塊 superblock，並據以檢測系統
[root@study ~]# dumpe2fs -h /dev/vda5 | grep 'Blocks per group'
Blocks per group:         32768
# 看起來每個 block 群組會有 32768 個 block，因此第二個 superblock 應該就在 32768 上！
# 因為 block 號碼為 0 號開始編的！

[root@study ~]# fsck.ext4 -b 32768 /dev/vda5
e2fsck 1.42.9 (28-Dec-2013)
/dev/vda5 was not cleanly unmounted, check forced.
Pass 1: Checking inodes, blocks, and sizes
```

```
Deleted inode 1577 has zero dtime.  Fix<y>? yes
Pass 2: Checking directory structure
Pass 3: Checking directory connectivity
Pass 4: Checking reference counts
Pass 5: Checking group summary information

/dev/vda5: ***** FILE SYSTEM WAS MODIFIED *****  # 檔案系統被改過，所以這裡會有警告！
/dev/vda5: 11/65536 files (0.0% non-contiguous), 12955/262144 blocks
# 好巧合！鳥哥使用這個方式來檢驗系統，恰好遇到檔案系統出問題！於是可以有比較多的解釋方向！
# 當檔案系統出問題，它就會要你選擇是否修復～如果修復如上所示，按下 y 即可！
# 最終系統會告訴你，檔案系統已經被更改過，要注意該項目的意思！

範例：已預設設定強制檢查一次 /dev/vda5
[root@study ~]# fsck.ext4 /dev/vda5
e2fsck 1.42.9 (28-Dec-2013)
/dev/vda5: clean, 11/65536 files, 12955/262144 blocks
# 檔案系統狀態正常，它並不會進入強制檢查！會告訴你檔案系統沒問題 (clean)

[root@study ~]# fsck.ext4 -f /dev/vda5
e2fsck 1.42.9 (28-Dec-2013)
Pass 1: Checking inodes, blocks, and sizes
....(底下省略)....
```

無論是 xfs_repair 或 fsck.ext4，這都是用來檢查與修正檔案系統錯誤的指令。**注意：通常只有身為 root 且你的檔案系統有問題的時候才使用這個指令，否則在正常狀況下使用此一指令，可能會造成對系統的危害！**通常使用這個指令的場合都是在系統出現極大的問題，導致你在 Linux 開機的時候得進入單人單機模式下進行維護的行為時，才必須使用此一指令！

另外，如果你懷疑剛剛格式化成功的磁碟有問題的時後，也可以使用 xfs_repair/fsck.ext4 來檢查一磁碟呦！其實就有點像是 Windows 的 scandisk 啦！此外，由於 xfs_repair/fsck.ext4 在掃瞄磁碟的時候，可能會造成部分 filesystem 的修訂，所以**『執行 xfs_repair/fsck.ext4 時，被檢查的 partition 務必不可掛載到系統上！亦即是需要在卸載的狀態喔！』**

## 7.3.5  檔案系統掛載與卸載

我們在本章一開始時的掛載點的意義當中提過掛載點是目錄，而這個目錄是進入磁碟分割槽(其實是檔案系統啦！)的入口就是了。不過要進行掛載前，你最好先確定幾件事：

◆ **單一檔案系統不應該被重複掛載在不同的掛載點(目錄)中。**

◆ **單一目錄不應該重複掛載多個檔案系統。**

◆ **要作為掛載點的目錄,理論上應該都是空目錄才是。**

尤其是上述的後兩點!如果你要用來掛載的目錄裡面並不是空的,**那麼掛載了檔案系統之後,原目錄下的東西就會暫時的消失**。舉個例子來說,假設你的 /home 原本與根目錄 (/) 在同一個檔案系統中,底下原本就有 /home/test 與 /home/vbird 兩個目錄。然後你想要加入新的磁碟,並且直接掛載 /home 底下,那麼當你掛載上新的分割槽時,則 /home 目錄顯示的是新分割槽內的資料,至於原先的 test 與 vbird 這兩個目錄就會暫時的被隱藏掉了!注意喔!並不是被覆蓋掉,而是暫時的隱藏了起來,等到新分割槽被卸載之後,則 /home 原本的內容就會再次的跑出來啦!

而要將檔案系統掛載到我們的 Linux 系統上,就要使用 mount 這個指令啦!不過,這個指令真的是博大精深~粉難啦!我們學簡單一點啊~ ^_^

```
[root@study ~]# mount -a
[root@study ~]# mount [-l]
[root@study ~]# mount [-t 檔案系統] LABEL=''        掛載點
[root@study ~]# mount [-t 檔案系統] UUID=''         掛載點   # 鳥哥近期建議用這種方式喔!
[root@study ~]# mount [-t 檔案系統] 裝置檔名        掛載點
選項與參數:
-a  :依照設定檔 /etc/fstab 的資料將所有未掛載的磁碟都掛載上來
-l  :單純的輸入 mount 會顯示目前掛載的資訊。加上 -l 可增列 Label 名稱!
-t  :可以加上檔案系統種類來指定欲掛載的類型。常見的 Linux 支援類型有:xfs, ext3, ext4,
      reiserfs, vfat, iso9660(光碟格式), nfs, cifs, smbfs (後三種為網路檔案系統類型)
-n  :在預設的情況下,系統會將實際掛載的情況即時寫入 /etc/mtab 中,以利其他程式的運作。
      但在某些情況下(例如單人維護模式)為了避免問題會刻意不寫入。此時就得要使用 -n 選項。
-o  :後面可以接一些掛載時額外加上的參數!比方說帳號、密碼、讀寫權限等:
    async, sync:    此檔案系統是否使用同步寫入 (sync) 或非同步 (async) 的
                    記憶體機制,請參考檔案系統運作方式。預設為 async。
    atime,noatime:  是否修訂檔案的讀取時間(atime)。為了效能,某些時刻可使用 noatime
    ro, rw:         掛載檔案系統成為唯讀(ro) 或可讀寫(rw)
    auto, noauto:   允許此 filesystem 被以 mount -a 自動掛載(auto)
    dev, nodev:     是否允許此 filesystem 上,可建立裝置檔案?dev 為可允許
    suid, nosuid:   是否允許此 filesystem 含有 suid/sgid 的檔案格式?
    exec, noexec:   是否允許此 filesystem 上擁有可執行 binary 檔案?
    user, nouser:   是否允許此 filesystem 讓任何使用者執行 mount ?一般來說,
                    mount 僅有 root 可以進行,但下達 user 參數,則可讓
                    一般 user 也能夠對此 partition 進行 mount。
    defaults:       預設值為:rw, suid, dev, exec, auto, nouser, and async
    remount:        重新掛載,這在系統出錯,或重新更新參數時,很有用!
```

基本上，CentOS 7 已經太聰明了，因此你不需要加上 -t 這個選項，系統會自動的分析最恰當的檔案系統來嘗試掛載你需要的裝置！這也是使用 blkid 就能夠顯示正確的檔案系統的緣故！那 CentOS 是怎麼找出檔案系統類型的呢？由於檔案系統幾乎都有 superblock，我們的 Linux 可以透過分析 superblock 搭配 Linux 自己的驅動程式去測試掛載，如果成功的套和了，就立刻自動的使用該類型的檔案系統掛載起來啊！那麼系統有沒有指定哪些類型的 filesystem 才需要進行上述的掛載測試呢？主要是參考底下這兩個檔案：

◆ /etc/filesystems：**系統指定的測試掛載檔案系統類型的優先順序。**

◆ /proc/filesystems：Linux **系統已經載入的檔案系統類型。**

那我怎麼知道我的 Linux 有沒有相關檔案系統類型的驅動程式呢？我們 Linux 支援的檔案系統之驅動程式都寫在如下的目錄中：

◆ /lib/modules/$(uname -r)/kernel/fs/

例如 ext4 的驅動程式就寫在『/lib/modules/$(uname -r)/kernel/fs/ext4/』這個目錄下啦！

另外，過去我們都習慣使用裝置檔名然後直接用該檔名掛載，不過近期以來鳥哥比較建議使用 UUID 來識別檔案系統，會比裝置名稱與標頭名稱還要更可靠！因為是獨一無二的啊！

◆ **掛載** xfs/ext4/vfat **等檔案系統**

```
範例：找出 /dev/vda4 的 UUID 後，用該 UUID 來掛載檔案系統到 /data/xfs 內
[root@study ~]# blkid /dev/vda4
/dev/vda4: UUID="e0a6af55-26e7-4cb7-a515-826a8bd29e90" TYPE="xfs"


[root@study ~]# mount UUID="e0a6af55-26e7-4cb7-a515-826a8bd29e90" /data/xfs
mount: mount point /data/xfs does not exist  # 非正規目錄！所以手動建立它！

[root@study ~]# mkdir -p /data/xfs
[root@study ~]# mount UUID="e0a6af55-26e7-4cb7-a515-826a8bd29e90" /data/xfs
[root@study ~]# df /data/xfs
Filesystem      1K-blocks  Used Available Use% Mounted on
/dev/vda4        1038336  32864   1005472   4% /data/xfs
# 順利掛載，且容量約為 1G 左右沒問題！

範例：使用相同的方式，將 /dev/vda5 掛載於 /data/ext4
[root@study ~]# blkid /dev/vda5
/dev/vda5: UUID="899b755b-1da4-4d1d-9b1c-f762adb798e1" TYPE="ext4"


[root@study ~]# mkdir /data/ext4
```

```
[root@study ~]# mount UUID="899b755b-1da4-4d1d-9b1c-f762adb798e1" /data/ext4
[root@study ~]# df /data/ext4
Filesystem       1K-blocks   Used Available Use% Mounted on
/dev/vda5          999320    2564    927944   1% /data/ext4
```

◆ **掛載 CD 或 DVD 光碟**

請拿出你的 CentOS 7 原版光碟出來,然後放入到光碟機當中,我們來測試一下這個玩意兒囉!

```
範例:將你用來安裝 Linux 的 CentOS 原版光碟拿出來掛載到 /data/cdrom!
[root@study ~]# blkid
.....(前面省略).....
/dev/sr0: UUID="2015-04-01-00-21-36-00" LABEL="CentOS 7 x86_64" TYPE="iso9660"
PTTYPE="dos"

[root@study ~]# mkdir /data/cdrom
[root@study ~]# mount /dev/sr0 /data/cdrom
mount: /dev/sr0 is write-protected, mounting read-only

[root@study ~]# df /data/cdrom
Filesystem       1K-blocks    Used Available Use% Mounted on
/dev/sr0          7413478 7413478         0 100% /data/cdrom
# 怎麼會使用掉 100% 呢?是啊!因為是 DVD 啊!所以無法再寫入了啊!
```

**光碟機一掛載之後就無法退出光碟片了!除非你將它卸載才能夠退出**!從上面的資料你也可以發現,因為是光碟嘛!所以磁碟使用率達到 100%,因為你無法直接寫入任何資料到光碟當中!此外,如果你使用的是圖形介面,那麼系統會自動的幫你掛載這個光碟到 /media/ 裡面去喔!也可以不卸載就直接退出!但是文字介面沒有這個福利就是了!
^_^

> 話說當時年紀小 (其實是剛接觸 Linux 的那一年, 1999 年前後),摸 Linux 到處碰壁!連將 CDROM 掛載後,光碟機竟然都不讓我退片!那個時候難過的要死!還用迴紋針插入光碟機讓光碟退片耶!不過如此一來光碟就無法被使用了!若要再次使用光碟機,當時的解決的方法竟然是『重新開機!』囧的可以啊!

◆ **掛載 vfat 中文隨身碟 (USB 磁碟)**

請拿出你的隨身碟並插入 Linux 主機的 USB 槽中!注意,你的這個隨身碟不能夠是 NTFS 的檔案系統喔!接下來讓我們測試測試吧!

範例：找出你的隨身碟裝置的 UUID，並掛載到 /data/usb 目錄中

```
[root@study ~]# blkid
/dev/sda1: UUID="35BC-6D6B" TYPE="vfat"

[root@study ~]# mkdir /data/usb
[root@study ~]#  mount -o codepage=950,iocharset=utf8 UUID="35BC-6D6B" /data/usb
[root@study ~]# # mount -o codepage=950,iocharset=big5 UUID="35BC-6D6B" /data/usb
[root@study ~]# df /data/usb
Filesystem      1K-blocks   Used Available Use% Mounted on
/dev/sda1        2092344       4   2092340   1% /data/usb
```

如果帶有中文檔名的資料，那麼可以在掛載時指定一下掛載檔案系統所使用的語系資料。在 man mount 找到 vfat 檔案格式當中可以使用 codepage 來處理！中文語系的代碼為 950 喔！另外，如果想要指定中文是萬國碼還是大五碼，就得要使用 iocharset 為 utf8 還是 big5 兩者擇一了！因為鳥哥的隨身碟使用 utf8 編碼，因此將上述的 big5 前面加上 # 符號，代表註解該行的意思囉！

萬一你使用的 USB 磁碟被格式化為 NTFS 時，那可能就得要動點手腳，因為預設的 CentOS 7 並沒有支援 NTFS 檔案系統格式！所以你得要安裝 NTFS 檔案系統的驅動程式後，才有辦法處理的！這部分我們留待 22 章講到 yum 伺服器時再來談吧！因為目前我們也還沒有網路、也沒有講軟體安裝啊！ ^_^

◆ **重新掛載根目錄與掛載不特定目錄**

整個目錄樹最重要的地方就是根目錄了，所以根目錄根本就不能夠被卸載的！問題是，如果你的掛載參數要改變，或者是根目錄出現『唯讀』狀態時，如何重新掛載呢？最可能的處理方式就是重新開機 (reboot)！不過你也可以這樣做：

範例：將 / 重新掛載，並加入參數為 rw 與 auto
```
[root@study ~]# mount -o remount,rw,auto /
```

重點是那個『-o remount,xx 』的選項與參數！請注意，要重新掛載 (remount) 時，這是個非常重要的機制！尤其是當你進入單人維護模式時，你的根目錄常會被系統掛載為唯讀，這個時候這個指令就太重要了！

另外，我們也可以利用 mount 來將某個目錄掛載到另外一個目錄去喔！這並不是掛載檔案系統，而是額外掛載某個目錄的方法！雖然底下的方法也可以使用 symbolic link 來連結，不過在某些不支援符號連結的程式運作中，還是得要透過這樣的方法才行。

範例：將 /var 這個目錄暫時掛載到 /data/var 底下：
```
[root@study ~]# mkdir /data/var
[root@study ~]# mount --bind /var /data/var
```

```
[root@study ~]# ls -lid /var /data/var
16777346 drwxr-xr-x. 22 root root 4096 Jun 15 23:43 /data/var
16777346 drwxr-xr-x. 22 root root 4096 Jun 15 23:43 /var
# 內容完全一模一樣啊！因為掛載目錄的緣故！

[root@study ~]# mount | grep var
/dev/mapper/centos-root on /data/var type xfs (rw,relatime,seclabel,attr2,
inode64,noquota)
```

看起來，其實兩者連結到同一個 inode 嘛！^_^ 沒錯啦！透過這個 mount --bind 的功能，你可以將某個目錄掛載到其他目錄去喔！而並不是整塊 filesystem 的啦！所以從此進入 /data/var 就是進入 /var 的意思喔！

◆ umount (將裝置檔案卸載)

```
[root@study ~]# umount [-fn] 裝置檔名或掛載點
選項與參數：
-f ：強制卸載！可用在類似網路檔案系統 (NFS) 無法讀取到的情況下；
-l ：立刻卸載檔案系統，比 -f 還強！
-n ：不更新 /etc/mtab 情況下卸載。
```

就是直接將已掛載的檔案系統給它卸載即是！卸載之後，可以使用 df 或 mount 看看是否還存在目錄樹中？卸載的方式，可以下達裝置檔名或掛載點，均可接受啦！底下的範例做看看吧！

```
範例：將本章之前自行掛載的檔案系統全部卸載：
[root@study ~]# mount
.....(前面省略).....
/dev/vda4 on /data/xfs type xfs (rw,relatime,seclabel,attr2,inode64,..)
/dev/vda5 on /data/ext4 type ext4 (rw,relatime,seclabel,data=ordered)
/dev/sr0 on /data/cdrom type iso9660 (ro,relatime)
/dev/sda1 on /data/usb type vfat (rw,relatime,fmask=0022,dmask=0022,..)
/dev/mapper/centos-root on /data/var type xfs
(rw,relatime,seclabel,attr2,inode64,noquota)
# 先找一下已經掛載的檔案系統，如上所示，特殊字體即為剛剛掛載的裝置囉！
# 基本上，卸載後面接裝置或掛載點都可以！不過最後一個 centos-root 由於有其他掛載，
# 因此，該項目一定要使用掛載點來卸載才行！

[root@study ~]# umount /dev/vda4        <==用裝置檔名來卸載
[root@study ~]# umount /data/ext4       <==用掛載點來卸載
[root@study ~]# umount /data/cdrom      <==因為掛載點比較好記憶！
```

```
[root@study ~]# umount /data/usb
[root@study ~]# umount /data/var          <==一定要用掛載點！因為裝置有被其他方式掛載
```

由於通通卸載了，此時你才可以退出光碟片、軟碟片、USB 隨身碟等設備喔！如果你遇到這樣的情況：

```
[root@study ~]# mount /dev/sr0 /data/cdrom
[root@study ~]# cd /data/cdrom
[root@study cdrom]# umount /data/cdrom
umount: /data/cdrom: target is busy.
        (In some cases useful info about processes that use
         the device is found by lsof(8) or fuser(1))

[root@study cdrom]# cd /
[root@study /]# umount /data/cdrom
```

由於你目前正在 /data/cdrom/ 的目錄內，也就是說其實『你正在使用該檔案系統』的意思！所以自然無法卸載這個裝置！那該如何是好？就『**離開該檔案系統的掛載點**』即可。以上述的案例來說，你可以使用『 cd / 』回到根目錄，就能夠卸載 /data/cdrom 囉！簡單吧！

## 7.3.6 磁碟/檔案系統參數修訂

某些時刻，你可能會希望修改一下目前檔案系統的一些相關資訊，舉例來說，你可能要修改 Label name，或者是 journal 的參數，或者是其他磁碟/檔案系統運作時的相關參數 (例如 DMA 啟動與否～)。這個時候，就得需要底下這些相關的指令功能囉～

◆ mknod

還記得我們說過，在 Linux 底下所有的裝置都以檔案來代表吧！但是那個檔案如何代表該裝置呢？很簡單！**就是透過檔案的 major 與 minor 數值來替代的**～所以，那個 major 與 minor 數值是有特殊意義的，不是隨意設定的喔！我們在 lsblk 指令的用法裡面也談過這兩個數值呢！舉例來說，在鳥哥的這個測試機當中，那個用到的磁碟 /dev/vda 的相關裝置代碼如下：

```
[root@study ~]# ll /dev/vda*
brw-rw----. 1 root disk 252, 0 Jun 24 02:30 /dev/vda
brw-rw----. 1 root disk 252, 1 Jun 24 02:30 /dev/vda1
brw-rw----. 1 root disk 252, 2 Jun 15 23:43 /dev/vda2
brw-rw----. 1 root disk 252, 3 Jun 15 23:43 /dev/vda3
```

```
brw-rw----. 1 root disk 252, 4 Jun 24 20:00 /dev/vda4
brw-rw----. 1 root disk 252, 5 Jun 24 21:15 /dev/vda5
```

上表當中 252 為主要裝置代碼 (Major) 而 0~5 則為次要裝置代碼 (Minor)。我們的 Linux 核心認識的裝置資料就是透過這兩個數值來決定的！舉例來說，常見的磁碟檔名 /dev/sda 與 /dev/loop0 裝置代碼如下所示：

| 磁碟檔名 | Major | Minor |
|---|---|---|
| /dev/sda | 8 | 0-15 |
| /dev/sdb | 8 | 16-31 |
| /dev/loop0 | 7 | 0 |
| /dev/loop1 | 7 | 1 |

如果你想要知道更多核心支援的硬體裝置代碼 (major, minor) 請參考核心官網的連結 [註8]。基本上，Linux 核心 2.6 版以後，硬體檔名已經都可以被系統自動的即時產生了，我們根本不需要手動建立裝置檔案。不過某些情況底下我們可能還是得要手動處理裝置檔案的，例如在某些服務被關到特定目錄下時 (chroot)，就需要這樣做了。此時這個 mknod 就得要知道如何操作才行！

```
[root@study ~]# mknod 裝置檔名 [bcp] [Major] [Minor]
選項與參數：
裝置種類：
    b    ：設定裝置名稱成為一個周邊儲存設備檔案，例如磁碟等；
    c    ：設定裝置名稱成為一個周邊輸入設備檔案，例如滑鼠/鍵盤等；
    p    ：設定裝置名稱成為一個 FIFO 檔案；
Major ：主要裝置代碼；
Minor ：次要裝置代碼；

範例：由上述的介紹我們知道 /dev/vda10 裝置代碼 252, 10，請建立並查閱此裝置
[root@study ~]# mknod /dev/vda10 b 252 10
[root@study ~]# ll /dev/vda10
brw-r--r--. 1 root root 252, 10 Jun 24 23:40 /dev/vda10
# 上面那個 252 與 10 是有意義的，不要隨意設定啊！

範例：建立一個 FIFO 檔案，檔名為 /tmp/testpipe
[root@study ~]# mknod /tmp/testpipe p
[root@study ~]# ll /tmp/testpipe
prw-r--r--. 1 root root 0 Jun 24 23:44 /tmp/testpipe
```

```
# 注意啊！這個檔案可不是一般檔案，不可以隨便就放在這裡！
# 測試完畢之後請刪除這個檔案吧！看一下這個檔案的類型！是 p 喔！^_^
```

```
[root@study ~]# rm /dev/vda10 /tmp/testpipe
rm: remove block special file '/dev/vda10' ? y
rm: remove fifo '/tmp/testpipe' ? y
```

◆ xfs_admin 修改 XFS 檔案系統的 UUID 與 Label name

如果你當初格式化的時候忘記加上標頭名稱，後來想要再次加入時，不需要重複格式化！直接使用這個 xfs_admin 即可。這個指令直接拿來處理 LABEL name 以及 UUID 即可囉！

```
[root@study ~]# xfs_admin [-lu] [-L label] [-U uuid] 裝置檔名
選項與參數：
-l  ：列出這個裝置的 label name
-u  ：列出這個裝置的 UUID
-L  ：設定這個裝置的 Label name
-U  ：設定這個裝置的 UUID 喔！

範例：設定 /dev/vda4 的 label name 為 vbird_xfs，並測試掛載
[root@study ~]# xfs_admin -L vbird_xfs /dev/vda4
writing all SBs
new label = "vbird_xfs"                    # 產生新的 LABEL 名稱囉！
[root@study ~]# xfs_admin -l /dev/vda4
label = "vbird_xfs"
[root@study ~]# mount LABEL=vbird_xfs /data/xfs/

範例：利用 uuidgen 產生新 UUID 來設定 /dev/vda4，並測試掛載
[root@study ~]# umount /dev/vda4          # 使用前，請先卸載！
[root@study ~]# uuidgen
e0fa7252-b374-4a06-987a-3cb14f415488      # 很有趣的指令！可以產生新的 UUID 喔！
[root@study ~]# xfs_admin -u /dev/vda4
UUID = e0a6af55-26e7-4cb7-a515-826a8bd29e90
[root@study ~]# xfs_admin -U e0fa7252-b374-4a06-987a-3cb14f415488 /dev/vda4
Clearing log and setting UUID
writing all SBs
new UUID = e0fa7252-b374-4a06-987a-3cb14f415488
[root@study ~]# mount UUID=e0fa7252-b374-4a06-987a-3cb14f415488 /data/xfs
```

不知道你會不會有這樣的疑問：『鳥哥啊，既然 mount 後面使用裝置檔名 (/dev/vda4) 也可以掛載成功，那你為什麼要用很討厭的很長一串的 UUID 來作為你的掛載時寫入的裝置名稱啊？』問的好！原因是這樣的：『**因為你沒有辦法指定這個磁碟在所有的 Linux 系統中，檔名一定都會是 /dev/vda！**』

舉例來說，我們剛剛使用的隨身碟在鳥哥這個測試系統當中查詢到的檔名是 /dev/sda，但是當這個隨身碟放到其他的已經有 /dev/sda 檔名的 Linux 系統下，它的檔名就會被指定成為 /dev/sdb 或 /dev/sdc 等等。反正，不會是 /dev/sda 了！那我怎麼用同一個指令去掛載這支隨身碟呢？當然有問題吧！但是 UUID 可是很難重複的！看看上面 uuidgen 產生的結果你就知道了！所以你可以確定該名稱不會被重複！這對系統管理上可是相當有幫助的！它也比 LABEL name 要更精準的多呢！^_^

◆ tune2fs 修改 ext4 的 label name 與 UUID

```
[root@study ~]# tune2fs [-l] [-L Label] [-U uuid] 裝置檔名
選項與參數：
-l  ：類似 dumpe2fs -h 的功能～將 superblock 內的資料讀出來～
-L  ：修改 LABEL name
-U  ：修改 UUID 囉！

範例：列出 /dev/vda5 的 label name 之後，將它改成 vbird_ext4
[root@study ~]# dumpe2fs -h /dev/vda5 | grep name
dumpe2fs 1.42.9 (28-Dec-2013)
Filesystem volume name:   <none>    # 果然是沒有設定的！

[root@study ~]# tune2fs -L vbird_ext4 /dev/vda5
[root@study ~]# dumpe2fs -h /dev/vda5 | grep name
Filesystem volume name:   vbird_ext4
[root@study ~]# mount LABEL=vbird_ext4 /data/ext4
```

這個指令的功能其實很廣泛啦～上面鳥哥僅列出很簡單的一些參數而已，更多的用法請自行參考 man tune2fs。

# 7.4 設定開機掛載

手動處理 mount 不是很人性化，我們總是需要讓系統『自動』在開機時進行掛載的！本小節就是在談這玩意兒！另外，從 FTP 伺服器捉下來的映像檔能否不用燒錄就可以讀取內容？我們也需要談談先！

## 7.4.1 開機掛載 /etc/fstab 及 /etc/mtab

剛剛上面說了許多,那麼可不可以在開機的時候就將我要的檔案系統都掛好呢?這樣我就不需要每次進入 Linux 系統都還要在掛載一次呀!當然可以囉!那就直接到 /etc/fstab 裡面去修修就行囉!不過,在開始說明前,這裡要先跟大家說一說系統掛載的一些限制:

◆ 根目錄 / 是必須掛載的,而且一定要先於其他 mount point 被掛載進來。

◆ 其他 mount point 必須為已建立的目錄,可任意指定,但一定要遵守必須的系統目錄架構原則 (FHS)。

◆ 所有 mount point 在同一時間之內,只能掛載一次。

◆ 所有 partition 在同一時間之內,只能掛載一次。

◆ 如若進行卸載,你必須先將工作目錄移到 mount point(及其子目錄) 之外。

讓我們直接查閱一下 /etc/fstab 這個檔案的內容吧!

```
[root@study ~]# cat /etc/fstab
# Device                                      Mount point   filesystem parameters    dump fsck
/dev/mapper/centos-root                       /             xfs        defaults         0 0
UUID=94ac5f77-cb8a-495e-a65b-2ef7442b837c /boot             xfs        defaults         0 0
/dev/mapper/centos-home                       /home         xfs        defaults         0 0
/dev/mapper/centos-swap                       swap          swap       defaults         0 0
```

其實 /etc/fstab (filesystem table) 就是將我們利用 mount 指令進行掛載時,將所有的選項與參數寫入到這個檔案中就是了。除此之外,/etc/fstab 還加入了 dump 這個備份用指令的支援!與開機時是否進行檔案系統檢驗 fsck 等指令有關。這個檔案的內容共有六個欄位,這六個欄位非常的重要!你『一定要背起來』才好!各個欄位的總結資料與詳細資料如下:

> 鳥哥比較龜毛一點,因為某些 distributions 的 /etc/fstab 檔案排列方式蠻醜的,雖然每一欄之間只要以空白字元分開即可,但就是覺得醜,所以通常鳥哥就會自己排列整齊,並加上註解符號(就是 # ),來幫我記憶這些資訊!

[裝置/UUID等]　[掛載點]　[檔案系統]　[檔案系統參數]　[dump]　[fsck]

◆ 第一欄:磁碟裝置檔名/UUID/LABEL name

這個欄位可以填寫的資料主要有三個項目:

■ 檔案系統或磁碟的裝置檔名,如 /dev/vda2 等

- 檔案系統的 UUID 名稱,如 UUID=xxx

- 檔案系統的 LABEL 名稱,例如 LABEL=xxx

因為每個檔案系統都可以有上面三個項目,所以你喜歡哪個項目就填哪個項目!無所謂的!只是從鳥哥測試機的 /etc/fstab 裡面看到的,在掛載點 /boot 使用的已經是 UUID 了喔!那你會說不是還有多個寫 /dev/mapper/xxx 的嗎?怎麼回事啊?因為那個是 LVM 啊!LVM 的檔名在你的系統中也算是獨一無二的,這部分我們在後續章節再來談。不過,如果為了一致性,你還是可以將它改成 UUID 也沒問題喔!(鳥哥還是比較建議使用 UUID 喔!) 要記得使用 blkid 或 xfs_admin 來查詢 UUID 喔!

◆ **第二欄:掛載點 (mount point)**

就是掛載點啊!掛載點是什麼?一定是目錄啊～要知道啊!忘記的話,請回本章稍早之前的資料瞧瞧喔!

◆ **第三欄:磁碟分割槽的檔案系統**

在手動掛載時可以讓系統自動測試掛載,但在這個檔案當中我們必須要手動寫入檔案系統才行!包括 xfs, ext4, vfat, reiserfs, nfs 等等。

◆ **第四欄:檔案系統參數**

記不記得我們在 mount 這個指令中談到很多特殊的檔案系統參數?還有我們使用過的『-o codepage=950』?這些特殊的參數就是寫入在這個欄位啦!雖然之前在 mount 已經提過一次,這裡我們利用表格的方式再彙整一下:

| 參數 | 內容意義 |
|---|---|
| async/sync<br>非同步/同步 | 設定磁碟是否以非同步方式運作!預設為 async(效能較佳) |
| auto/noauto<br>自動/非自動 | 當下達 mount -a 時,此檔案系統是否會被主動測試掛載。預設為 auto。 |
| rw/ro<br>可讀寫/唯讀 | 讓該分割槽以可讀寫或者是唯讀的型態掛載上來,如果你想要分享的資料是不給使用者隨意變更的,這裡也能夠設定為唯讀。則不論在此檔案系統的檔案是否設定 w 權限,都無法寫入喔! |
| exec/noexec<br>可執行/不可執行 | 限制在此檔案系統內是否可以進行『執行』的工作?如果是純粹用來儲存資料的目錄,那麼可以設定為 noexec 會比較安全。不過,這個參數也不能隨便使用,因為你不知道該目錄下是否預設會有執行檔。<br>舉例來說,如果你將 noexec 設定在 /var,當某些軟體將一些執行檔放置於 /var 下時,那就會產生很大的問題喔!因此,建議這個 noexec 最多僅設定於你自訂或分享的一般資料目錄。 |

| 參數 | 內容意義 |
|---|---|
| user/nouser<br>允許/不允許使用者掛載 | 是否允許使用者使用 mount 指令來掛載呢？一般而言，我們當然不希望一般身份的 user 能使用 mount 囉，因為太不安全了，因此這裡應該要設定為 nouser 囉！ |
| suid/nosuid<br>具有/不具有 suid 權限 | 該檔案系統是否允許 SUID 的存在？如果不是執行檔放置目錄，也可以設定為 nosuid 來取消這個功能！ |
| defaults | 同時具有 rw, suid, dev, exec, auto, nouser, async 等參數。基本上，預設情況使用 defaults 設定即可！ |

◆ **第五欄：能否被 dump 備份指令作用**

dump 是一個用來做為備份的指令，不過現在有太多的備份方案了，所以這個項目可以不要理會啦！直接輸入 0 就好了！

◆ **第六欄：是否以 fsck 檢驗磁區**

早期開機的流程中，會有一段時間去檢驗本機的檔案系統，看看檔案系統是否完整 (clean)。不過這個方式使用的主要是透過 fsck 去做的，我們現在用的 xfs 檔案系統就沒有辦法適用，因為 xfs 會自己進行檢驗，不需要額外進行這個動作！所以直接填 0 就好了。

好了，那麼讓我們來處理一下我們的新建的檔案系統，看看能不能開機就掛載呢？

**例題**

假設我們要將 /dev/vda4 每次開機都自動掛載到 /data/xfs，該如何進行？

**答：**首先，請用 nano 將底下這一行寫入 /etc/fstab 最後面中。

```
[root@study ~]# nano /etc/fstab
UUID="e0fa7252-b374-4a06-987a-3cb14f415488"  /data/xfs  xfs  defaults  0 0
```

再來看看 /dev/vda4 是否已經掛載，如果掛載了，請務必卸載再說！

```
[root@study ~]# df
Filesystem              1K-blocks    Used Available Use% Mounted on
/dev/vda4               1038336    32864   1005472    4% /data/xfs
# 竟然不知道何時被掛載了？趕緊給它卸載先！
# 因為，如果要被掛載的檔案系統已經被掛載了(無論掛載在哪個目錄)，那測試就不會進行喔！

[root@study ~]# umount /dev/vda4
```

最後測試一下剛剛我們寫入 /etc/fstab 的語法有沒有錯誤！這點很重要！因為這個檔案如果寫錯了，則你的 Linux 很可能將無法順利開機完成！所以請務必要測試測試喔！

```
[root@study ~]# mount -a
[root@study ~]# df /data/xfs
```

最終有看到 /dev/vda4 被掛載起來的資訊才是成功的掛載了！而且以後每次開機都會順利的
將此檔案系統掛載起來的！現在，你可以下達 reboot 重新開機，然後看一下預設有沒有多
一個 /dev/vda4 呢？

/etc/fstab 是開機時的設定檔，不過，**實際 filesystem 的掛載是記錄到 /etc/mtab 與
/proc/mounts 這兩個檔案當中的**。每次我們在更動 filesystem 的掛載時，也會同時更動這兩
個檔案喔！但是，萬一發生你在 /etc/fstab 輸入的資料錯誤，導致無法順利開機成功，而進
入單人維護模式當中，那時候的 / 可是 read only 的狀態，當然你就無法修改 /etc/fstab，也
無法更新 /etc/mtab 囉～那怎麼辦？沒關係，可以利用底下這一招：

```
[root@study ~]# mount -n -o remount,rw /
```

## 7.4.2　特殊裝置 loop 掛載 (映象檔不燒錄就掛載使用)

如果有光碟映像檔，或者是使用檔案作為磁碟的方式時，那就得要使用特別的方法來將
它掛載起來，不需要燒錄啦！

◆ **掛載光碟/DVD 映象檔**

想像一下如果今天我們從國家高速網路中心 (http://ftp.twaren.net) 或者是崑山科大
(http://ftp.ksu.edu.tw) 下載了 Linux 或者是其他所需光碟/DVD 的映象檔後，難道一定需
要燒錄成為光碟才能夠使用該檔案裡面的資料嗎？當然不是啦！我們可以透過 loop 裝
置來掛載的！

那要如何掛載呢？鳥哥將整個 CentOS 7.x 的 DVD 映象檔捉到測試機上面，然後利用這
個檔案來掛載給大家參考看看囉！

```
[root@study ~]# ll -h /tmp/CentOS-7.0-1406-x86_64-DVD.iso
-rw-r--r--. 1 root root 3.9G Jul  7  2014 /tmp/CentOS-7.0-1406-x86_64-DVD.iso
# 看到上面的結果吧！這個檔案就是映象檔，檔案非常的大吧！

[root@study ~]# mkdir /data/centos_dvd
[root@study ~]# mount -o loop /tmp/CentOS-7.0-1406-x86_64-DVD.iso /data/centos_dvd
[root@study ~]# df /data/centos_dvd
Filesystem      1K-blocks      Used Available Use% Mounted on
/dev/loop0        4050860   4050860         0 100% /data/centos_dvd
# 就是這個項目！.iso 映象檔內的所有資料可以在 /data/centos_dvd 看到！
```

```
[root@study ~]# ll /data/centos_dvd
total 607
-rw-r--r--. 1  500  502     14 Jul  5  2014 CentOS_BuildTag <==瞧！就是DVD的內容啊！
drwxr-xr-x. 3  500  502   2048 Jul  4  2014 EFI
-rw-r--r--. 1  500  502    611 Jul  5  2014 EULA
-rw-r--r--. 1  500  502  18009 Jul  5  2014 GPL
drwxr-xr-x. 3  500  502   2048 Jul  4  2014 images
.....(底下省略).....

[root@study ~]# umount /data/centos_dvd/
# 測試完成！記得將資料給它卸載！同時這個映像檔也被鳥哥刪除了...測試機容量不夠大！
```

非常方便吧！如此一來我們不需要將這個檔案燒錄成為光碟或者是 DVD 就能夠讀取內部的資料了！換句話說，你也可以在這個檔案內『動手腳』去修改檔案的！這也是為什麼很多映象檔提供後，還得要提供驗證碼 (MD5) 給使用者確認該映象檔沒有問題！

◆ **建立大檔案以製作 loop 裝置檔案！**

想一想，既然能夠掛載 DVD 的映象檔，那麼我能不能製作出一個大檔案，然後將這個檔案格式化後掛載呢？好問題！這是個有趣的動作！而且還能夠幫助我們解決很多系統的分割不良的情況呢！舉例來說，如果當初在分割時，你只有分割出一個根目錄，假設你已經沒有多餘的容量可以進行額外的分割的！偏偏根目錄的容量還很大！此時你就能夠製作出一個大檔案，然後將這個檔案掛載！如此一來感覺上你就多了一個分割槽囉！用途非常的廣泛啦！

底下我們在 /srv 下建立一個 512MB 左右的大檔案，然後將這個大檔案格式化並且實際掛載來玩一玩！這樣你會比較清楚鳥哥在講啥！

■ **建立大型檔案**

首先，我們得先有一個大的檔案吧！怎麼建立這個大檔案呢？在 Linux 底下我們有一支很好用的程式 dd ！它可以用來建立空的檔案喔！詳細的說明請先翻到下一章壓縮指令的運用 來查閱，這裡鳥哥僅作一個簡單的範例而已。假設我要建立一個空的檔案在 /srv/loopdev，那可以這樣做：

```
[root@study ~]# dd if=/dev/zero of=/srv/loopdev bs=1M count=512
512+0 records in    <==讀入 512 筆資料
512+0 records out   <==輸出 512 筆資料
536870912 bytes (537 MB) copied, 12.3484 seconds, 43.5 MB/s
# 這個指令的簡單意義如下：
# if    是 input file，輸入檔。那個 /dev/zero 是會一直輸出 0 的裝置！
# of    是 output file，將一堆零寫入到後面接的檔案中。
```

```
# bs      是每個 block 大小，就像檔案系統那樣的 block 意義；
# count  則是總共幾個 bs 的意思。所以 bs*count 就是這個檔案的容量了！

[root@study ~]# ll -h /srv/loopdev
-rw-r--r--. 1 root root 512M Jun 25 19:46 /srv/loopdev
```

dd 就好像在疊磚塊一樣，將 512 塊，每塊 1MB 的磚塊堆疊成為一個大檔案 (/srv/loopdev)！最終就會出現一個 512MB 的檔案！粉簡單吧！

- **大型檔案的格式化**

預設 xfs 不能夠格式化檔案的，所以要格式化檔案得要加入特別的參數才行喔！讓我們來瞧瞧！

```
[root@study ~]# mkfs.xfs -f /srv/loopdev
[root@study ~]# blkid /srv/loopdev
/srv/loopdev: UUID="7dd97bd2-4446-48fd-9d23-a8b03ffdd5ee" TYPE="xfs"
```

其實很簡單啦！所以鳥哥就不輸出格式化的結果了！要注意 UUID 的數值，未來會用到！

- **掛載**

那要如何掛載啊？利用 mount 的特殊參數，那個 -o loop 的參數來處理！

```
[root@study ~]# mount -o loop UUID="7dd97bd2-4446-48fd-9d23-a8b03ffdd5ee" /mnt
[root@study ~]# df /mnt
Filesystem       1K-blocks  Used Available Use% Mounted on
/dev/loop0        520876 26372    494504   6% /mnt
```

透過這個簡單的方法，感覺上你就可以在原本的分割槽在不更動原有的環境下製作出你想要的分割槽就是了！這東西很好用的！尤其是想要玩 Linux 上面的『虛擬機器』的話，也就是以一部 Linux 主機再切割成為數個獨立的主機系統時，類似 VMware 這類的軟體，在 Linux 上使用 xen 這個軟體，它就可以配合這種 loop device 的檔案類型來進行根目錄的掛載，真的非常有用的喔！^_^

比較特別的是，CentOS 7.x 越來越聰明了，現在你不需要下達 -o loop 這個選項與參數，它同樣可以被系統掛上來！連直接輸入 blkid 都會列出這個檔案內部的檔案系統耶！相當有趣！不過，為了考量向下相容性，鳥哥還是建議你加上 loop 比較妥當喔！現在，請將這個檔案系統永遠的自動掛載起來吧！

```
[root@study ~]# nano /etc/fstab
/srv/loopdev  /data/file  xfs  defaults,loop  0 0
# 畢竟系統大多僅查詢 block device 去找出 UUID 而已，因此使用檔案建置的 filesystem，
```

```
# 最好還是使用原本的檔名來處理，應該比較不容易出現錯誤訊息的！

[root@study ~]# umount /mnt
[root@study ~]# mkdir /data/file
[root@study ~]# mount -a
[root@study ~]# df /data/file
Filesystem      1K-blocks   Used Available Use% Mounted on
/dev/loop0       520876 26372    494504   6% /data/file
```

## 7.5　記憶體置換空間 (swap) 之建置

　　以前的年代因為記憶體不足，因此那個可以暫時將記憶體的程序拿到硬碟中暫放的記憶體置換空間 (swap) 就顯得非常的重要！否則，如果突然間某支程式用掉你大部分的記憶體，那你的系統恐怕有損毀的情況發生喔！所以，早期在安裝 Linux 之前，大家常常會告訴你：安裝時一定需要的兩個 partition，一個是根目錄，另外一個就是 swap(記憶體置換空間)。關於記憶體置換空間的解釋在第三章安裝 Linux 內的磁碟分割時有約略提過，請你自行回頭瞧瞧吧！

　　一般來說，如果硬體的配備資源足夠的話，那麼 swap 應該不會被我們的系統所使用到，swap 會被利用到的時刻通常就是實體記憶體不足的情況了。從第零章的計算機概論當中，我們知道 CPU 所讀取的資料都來自於記憶體，那當記憶體不足的時候，為了讓後續的程式可以順利的運作，因此在記憶體中暫不使用的程式與資料就會被挪到 swap 中了。此時記憶體就會空出來給需要執行的程式載入。由於 swap 是用磁碟來暫時放置記憶體中的資訊，所以用到 swap 時，你的主機磁碟燈就會開始閃個不停啊！

　　雖然目前(2015)主機的記憶體都很大，至少都有 4GB 以上囉！因此在個人使用上，你不要設定 swap 在你的 Linux 應該也沒有什麼太大的問題。不過伺服器可就不這麼想了～由於你不會知道何時會有大量來自網路的要求，因此最好還是能夠預留一些 swap 來緩衝一下系統的記憶體用量！至少達到『備而不用』的地步啊！

　　現在想像一個情況，你已經將系統建立起來了，此時卻才發現你沒有建置 swap ～那該如何是好呢？透過本章上面談到的方法，你可以使用如下的方式來建立你的 swap 囉！

◆　**設定一個 swap partition**

◆　**建立一個虛擬記憶體的檔案**

　　不囉唆，就立刻來處理處理吧！

## 7.5.1 使用實體分割槽建置 swap

建立 swap 分割槽的方式也是非常的簡單的！透過底下幾個步驟就搞定囉：

1. 分割：先使用 gdisk 在你的磁碟中分割出一個分割槽給系統作為 swap。由於 Linux 的 gdisk 預設會將分割槽的 ID 設定為 Linux 的檔案系統，所以你可能還得要設定一下 system ID 就是了。

2. 格式化：利用建立 swap 格式的『mkswap 裝置檔名』就能夠格式化該分割槽成為 swap 格式囉。

3. 使用：最後將該 swap 裝置啟動，方法為：『swapon 裝置檔名』。

4. 觀察：最終透過 free 與 swapon -s 這個指令來觀察一下記憶體的用量吧！

不囉唆，立刻來實作看看！既然我們還有多餘的磁碟容量可以分割，那麼讓我們繼續分割出 512MB 的磁碟分割槽吧！然後將這個磁碟分割槽做成 swap 吧！

1. **先進行分割的行為囉！**

```
[root@study ~]# gdisk /dev/vda
Command (? for help): n
Partition number (6-128, default 6):
First sector (34-83886046, default = 69220352) or {+-}size{KMGTP}:
Last sector (69220352-83886046, default = 83886046) or {+-}size{KMGTP}: +512M
Current type is 'Linux filesystem'
Hex code or GUID (L to show codes, Enter = 8300): 8200
Changed type of partition to 'Linux swap'

Command (? for help): p
Number   Start (sector)     End (sector)   Size       Code   Name
   6         69220352         70268927    512.0 MiB   8200   Linux swap   # 重點就是產
生這東西！

Command (? for help): w

Do you want to proceed? (Y/N): y

[root@study ~]# partprobe
[root@study ~]# lsblk
NAME            MAJ:MIN RM  SIZE RO TYPE MOUNTPOINT
vda             252:0    0   40G  0 disk
.....(中間省略).....
```

```
`-vda6              252:6     0   512M  0 part     # 確定這裡是存在的才行！
# 鳥哥有簡化輸出喔！結果可以看到我們多了一個 /dev/vda6 可以使用於 swap 喔！
```

2. **開始建置 swap 格式**

```
[root@study ~]# mkswap /dev/vda6
Setting up swapspace version 1, size = 524284 KiB
no label, UUID=6b17e4ab-9bf9-43d6-88a0-73ab47855f9d
[root@study ~]# blkid /dev/vda6
/dev/vda6: UUID="6b17e4ab-9bf9-43d6-88a0-73ab47855f9d" TYPE="swap"
# 確定格式化成功！且使用 blkid 確實可以抓到這個裝置了喔！
```

3. **開始觀察與載入看看吧！**

```
[root@study ~]# free
            total       used       free     shared  buff/cache   available
Mem:      1275140     227244     330124       7804      717772      875536   # 實體記憶體
Swap:     1048572     101340     947232                                     # swap 相關
# 我有 1275140K 的實體記憶體，使用 227244K 剩餘 330124K，使用掉的記憶體有
# 717772K 用在緩衝/快取的用途中。至於 swap 已經有 1048572K 囉！這樣會看了吧？！

[root@study ~]# swapon /dev/vda6
[root@study ~]# free
            total       used       free     shared  buff/cache   available
Mem:      1275140     227940     329256       7804      717944      874752
Swap:     1572856     101260    1471596              <==有看到增加了沒？

[root@study ~]# swapon -s
Filename                    Type            Size     Used    Priority
/dev/dm-1                   partition       1048572  101260  -1
/dev/vda6                   partition       524284   0       -2
# 上面列出目前使用的 swap 裝置有哪些的意思！

[root@study ~]# nano /etc/fstab
UUID="6b17e4ab-9bf9-43d6-88a0-73ab47855f9d"  swap  swap  defaults  0  0
# 當然要寫入設定檔，只不過不是檔案系統，所以沒有掛載點！第二個欄位寫入 swap 即可。
```

## 7.5.2　使用檔案建置 swap

　　如果是在實體分割槽無法支援的環境下，此時前一小節提到的 loop 裝置建置方法就派
的上用場啦！與實體分割槽不一樣的，這個方法只是利用 dd 去建置一個大檔案而已。多說
無益，我們就再透過檔案建置的方法建立一個 128 MB 的記憶體置換空間吧！

1. **使用 dd 這個指令來新增一個 128MB 的檔案在 /tmp 底下**

```
[root@study ~]# dd if=/dev/zero of=/tmp/swap bs=1M count=128
128+0 records in
128+0 records out
134217728 bytes (134 MB) copied, 1.7066 seconds, 78.6 MB/s

[root@study ~]# ll -h /tmp/swap
-rw-r--r--. 1 root root 128M Jun 26 17:47 /tmp/swap
```

這樣一個 128MB 的檔案就建置妥當。若忘記上述的各項參數的意義，請回前一小節查閱一下囉！

2. **使用 mkswap 將 /tmp/swap 這個檔案格式化為 swap 的檔案格式**

```
[root@study ~]# mkswap /tmp/swap
Setting up swapspace version 1, size = 131068 KiB
no label, UUID=4746c8ce-3f73-4f83-b883-33b12fa7337c
# 這個指令下達時請『特別小心』，因為下錯字元控制，將可能使你的檔案系統掛掉！
```

3. **使用 swapon 來將 /tmp/swap 啟動囉！**

```
[root@study ~]# swapon /tmp/swap
[root@study ~]# swapon -s
Filename          Type        Size     Used     Priority
/dev/dm-1         partition   1048572  100380   -1
/dev/vda6         partition   524284   0        -2
/tmp/swap         file        131068   0        -3
```

4. **使用 swapoff 關掉 swap file，並設定自動啟用**

```
[root@study ~]# nano /etc/fstab
/tmp/swap  swap  swap  defaults  0  0
# 為何這裡不要使用 UUID 呢？這是因為系統僅會查詢區塊裝置 (block device) 不會查詢檔案！
# 所以，這裡千萬不要使用 UUID，不然系統會查不到喔！

[root@study ~]# swapoff /tmp/swap /dev/vda6
[root@study ~]# swapon -s
Filename                      Type        Size     Used     Priority
/dev/dm-1                     partition   1048572  100380   -1
# 確定已經回復到原本的狀態了！然後準備來測試！！

[root@study ~]# swapon -a
```

```
[root@study ~]# swapon -s
# 最終你又會看正確的三個 swap 出現囉!這也才確定你的 /etc/fstab 設定無誤!
```

說實話,swap 在目前的桌上型電腦來講,存在的意義已經不大了!這是因為目前的 x86 主機所含的記憶體實在都太大了 (一般入門級至少也都有 4GB 了),所以,我們的 Linux 系統大概都用不到 swap 這個玩意兒的。不過,如果是針對伺服器或者是工作站這些常年上線的系統來說的話,那麼,無論如何,swap 還是需要建立的。

因為 swap 主要的功能是當實體記憶體不夠時,則某些在記憶體當中所佔的程式會暫時被移動到 swap 當中,讓實體記憶體可以被需要的程式來使用。另外,如果你的主機支援電源管理模式,也就是說,你的 Linux 主機系統可以進入『休眠』模式的話,那麼,運作當中的程式狀態則會被紀錄到 swap 去,以作為『喚醒』主機的狀態依據!另外,有某些程式在運作時,本來就會利用 swap 的特性來存放一些資料段,所以,swap 來是需要建立的!只是不需要太大!

# 7.6 檔案系統的特殊觀察與操作

檔案系統實在是非常有趣的東西,鳥哥學了好幾年還是很多東西不很懂呢!在學習的過程中很多朋友在討論區都有提供一些想法!這些想法將它歸納起來有底下幾點可以參考的資料呢!

## 7.6.1 磁碟空間之浪費問題

我們在前面的 EXT2 data block 介紹中談到了一個 block 只能放置一個檔案,因此太多小檔案將會浪費非常多的磁碟容量。但你有沒有注意到,整個檔案系統中包括 superblock, inode table 與其他中介資料等其實都會浪費磁碟容量喔!所以當我們在 /dev/vda4, /dev/vda5 建立起 xfs/ext4 檔案系統時,一掛載就立刻有很多容量被用掉了!

另外,不知道你有沒有發現到,當你使用 ls -l 去查詢某個目錄下的資料時,第一行都會出現一個『total』的字樣!那是啥東西?其實那就是該目錄下的所有資料所耗用的實際 block 數量 * block 大小的值。我們可以透過 ll -s 來觀察看看上述的意義:

```
[root@study ~]# ll -sh
total 12K
4.0K -rw-------. 1 root root 1.8K May  4 17:57 anaconda-ks.cfg
4.0K -rw-r--r--. 2 root root  451 Jun 10  2014 crontab
   0 lrwxrwxrwx. 1 root root   12 Jun 23 22:31 crontab2 -> /etc/crontab
4.0K -rw-r--r--. 1 root root 1.9K May  4 18:01 initial-setup-ks.cfg
```

```
0 -rw-r--r--. 1 root root    0 Jun 16 01:11 test1
0 drwxr-xr-x. 2 root root    6 Jun 16 01:11 test2
0 -rw-rw-r--. 1 root root    0 Jun 16 01:12 test3
0 drwxrwxr-x. 2 root root    6 Jun 16 01:12 test4
```

從上面的特殊字體部分，那就是每個檔案所使用掉 block 的容量！舉例來說，那個 crontab 雖然僅有 451bytes，不過它卻佔用了整個 block (每個 block 為 4K)，所以將所有的檔案的所有的 block 加總就得到 12Kbytes 那個數值了。如果計算每個檔案實際容量的加總結果，其實只有不到 5K 而已～所以囉，這樣就耗費掉好多容量了！未來大家在討論小磁碟、大磁碟，檔案容量的損耗時，要回想到這個區塊喔！^_^

## 7.6.2　利用 GNU 的 parted 進行分割行為 (Optional)

雖然你可以使用 gdisk/fdisk 很快速的將你的分割槽切割妥當，不過 gdisk 主要針對 GPT 而 fdisk 主要支援 MBR，對 GPT 的支援還不夠！所以使用不同的分割時，得要先查詢到正確的分割表才能用適合的指令，好麻煩！有沒有同時支援的指令呢？有的！那就是 parted 囉！

> 老實說，若不是後來有推出支援 GPT 的 gdisk，鳥哥其實已經愛用 parted 來進行分割行為了！雖然很多指令都需要同時開一個終端機去查 man page，不過至少所有的分割表都能夠支援哩！^_^

parted 可以直接在一行指令列就完成分割，是一個非常好用的指令！它常用的語法如下：

```
[root@study ~]# parted [裝置] [指令 [參數]]
選項與參數：
指令功能：
        新增分割：mkpart [primary|logical|extended] [ext4|vfat|xfs] 開始 結束
        顯示分割：print
        刪除分割：rm [partition]

範例一：以 parted 列出目前本機的分割表資料
[root@study ~]# parted /dev/vda print
Model: Virtio Block Device (virtblk)        <==磁碟介面與型號
Disk /dev/vda: 42.9GB                       <==磁碟檔名與容量
Sector size (logical/physical): 512B/512B   <==每個磁區的大小
Partition Table: gpt                        <==是 GPT 還是 MBR 分割
Disk Flags: pmbr_boot
```

```
Number  Start    End      Size     File system   Name                      Flags
 1      1049kB   3146kB   2097kB                                            bios_grub
 2      3146kB   1077MB   1074MB   xfs
 3      1077MB   33.3GB   32.2GB                                            lvm
 4      33.3GB   34.4GB   1074MB   xfs           Linux filesystem
 5      34.4GB   35.4GB   1074MB   ext4          Microsoft basic data
 6      35.4GB   36.0GB   537MB    linux-swap(v1) Linux swap
[  1  ] [  2  ] [  3  ] [  4  ] [  5  ]          [   6   ]
```

上面是最簡單的 parted 指令功能簡介，你可以使用『 man parted 』，或者是『 parted /dev/vda help mkpart 』去查詢更詳細的資料。比較有趣的地方在於分割表的輸出。我們將上述的分割表示意拆成六部分來說明：

1.  Number：這個就是分割槽的號碼啦！舉例來說，1 號代表的是 /dev/vda1 的意思。
2.  Start：分割的起始位置在這顆磁碟的多少 MB 處？有趣吧！它以容量作為單位喔！
3.  End：此分割的結束位置在這顆磁碟的多少 MB 處？
4.  Size：由上述兩者的分析，得到這個分割槽有多少容量。
5.  File system：分析可能的檔案系統類型為何的意思！
6.  Name：就如同 gdisk 的 System ID 之意。

不過 start 與 end 的單位竟然不一致！好煩～如果你想要固定單位，例如都用 MB 顯示的話，可以這樣做：

```
[root@study ~]# parted /dev/vda unit mb print
```

如果你想要將原本的 MBR 改成 GPT 分割表，或原本的 GPT 分割表改成 MBR 分割表，也能使用 parted ！但是請不要使用 vda 來測試！因為分割表格式不能轉換！因此進行底下的測試後，在該磁碟的系統應該是會損毀的！所以鳥哥拿一顆沒有使用的隨身碟來測試，所以檔名會變成 /dev/sda 喔！再講一次！不要惡搞喔！

```
範例二：將 /dev/sda 這個原本的 MBR 分割表變成 GPT 分割表！(危險！危險！勿亂搞！無法復原！)
[root@study ~]# parted /dev/sda print
Model: ATA QEMU HARDDISK (scsi)
Disk /dev/sda: 2148MB
Sector size (logical/physical): 512B/512B
Partition Table: msdos       # 確實顯示的是 MBR 的 msdos 格式喔！

[root@study ~]# parted /dev/sda mklabel gpt
Warning: The existing disk label on /dev/sda will be destroyed and all data on
```

```
this disk will be lost. Do you want to continue?
Yes/No? y

[root@study ~]# parted /dev/sda print
# 你應該就會看到變成 gpt 的模樣！只是...後續的分割就全部都死掉了！
```

接下來我們嘗試來建立一個全新的分割槽吧！再次的建立一個 512MB 的分割來格式化為 vfat，且掛載於 /data/win 喔！

```
範例三：建立一個約為 512MB 容量的分割槽
[root@study ~]# parted /dev/vda print
.....(前面省略).....
Number  Start    End      Size    File system    Name          Flags
.....(中間省略).....
  6      35.4GB  36.0GB   537MB   linux-swap(v1) Linux swap   # 要先找出來下一個分割
的起始點！

[root@study ~]# parted /dev/vda mkpart primary fat32 36.0GB 36.5GB
# 由於新的分割的起始點在前一個分割的後面，所以當然要先找出前面那個分割的 End 位置！
# 然後再請參考 mkpart 的指令功能，就能夠處理好相關的動作！
[root@study ~]# parted /dev/vda print
.....(前面省略).....
Number  Start    End      Size    File system    Name          Flags
  7      36.0GB  36.5GB   522MB                   primary

[root@study ~]# partprobe
[root@study ~]# lsblk /dev/vda7
NAME MAJ:MIN RM  SIZE RO TYPE MOUNTPOINT
vda7 252:7    0  498M  0 part         # 要確定它是真的存在才行！

[root@study ~]# mkfs -t vfat /dev/vda7
[root@study ~]# blkid /dev/vda7
/dev/vda7: SEC_TYPE="msdos" UUID="6032-BF38" TYPE="vfat"

[root@study ~]# nano /etc/fstab
UUID="6032-BF38" /data/win  vfat defaults   0  0

[root@study ~]# mkdir /data/win
[root@study ~]# mount -a
[root@study ~]# df /data/win
Filesystem      1K-blocks  Used Available Use% Mounted on
/dev/vda7         509672     0    509672   0% /data/win
```

　　事實上，你應該使用 gdisk 來處理 GPT 分割就好了！不過，某些特殊時刻，例如你要自己寫一支腳本，讓你的分割全部一口氣建立，不需要 gdisk 一條一條指令去進行時，那麼 parted 就非常有效果了！因為它可以直接進行 partition 而不需要跟用戶互動！這就是它的最大好處！鳥哥還是建議，至少你要操作過幾次 parted，知道這傢伙的用途！未來有需要再回來查！或使用 man parted 去處理喔！

## 7.7　重點回顧

◆　一個可以被掛載的資料通常稱為『檔案系統, filesystem』而不是分割槽 (partition) 喔！

◆　基本上 Linux 的傳統檔案系統為 Ext2，該檔案系統內的資訊主要有：

　■　superblock：記錄此 filesystem 的整體資訊，包括 inode/block 的總量、使用量、剩餘量，以及檔案系統的格式與相關資訊等。

　■　inode：記錄檔案的屬性，一個檔案佔用一個 inode，同時記錄此檔案的資料所在的 block 號碼。

　■　block：實際記錄檔案的內容，若檔案太大時，會佔用多個 block。

◆　Ext2 檔案系統的資料存取為索引式檔案系統(indexed allocation)。

◆　需要磁碟重組的原因就是檔案寫入的 block 太過於離散了，此時檔案讀取的效能將會變的很差所致。這個時候可以透過磁碟重組將同一個檔案所屬的 blocks 彙整在一起。

◆　Ext2 檔案系統主要有：boot sector, superblock, inode bitmap, block bitmap, inode table, data block 等六大部分。

◆　data block 是用來放置檔案內容資料地方，在 Ext2 檔案系統中所支援的 block 大小有 1K, 2K 及 4K 等三種而已。

◆　inode 記錄檔案的屬性/權限等資料，其他重要項目為：每個 inode 大小均為固定，有 128/256bytes 兩種基本容量。每個檔案都僅會佔用一個 inode 而已；因此檔案系統能夠建立的檔案數量與 inode 的數量有關。

◆　檔案的 block 在記錄檔案的實際資料，目錄的 block 則在記錄該目錄底下檔名與其 inode 號碼的對照表。

◆　日誌式檔案系統 (journal) 會多出一塊記錄區，隨時記載檔案系統的主要活動，可加快系統復原時間。

◆　Linux 檔案系統為增加效能，會讓主記憶體作為大量的磁碟快取。

◆　實體連結只是多了一個檔名對該 inode 號碼的連結而已。

◆　符號連結就類似 Windows 的捷徑功能。

- 磁碟的使用必須要經過：分割、格式化與掛載，分別慣用的指令為：gdisk, mkfs, mount 三個指令。

- 開機自動掛載可參考/etc/fstab 之設定，設定完畢務必使用 mount -a 測試語法正確否。

# 7.8 本章習題 — 第一題一定要做

**情境模擬題一：**

　　復原本章的各例題練習，本章新增非常多 partition，請將這些 partition 刪除，恢復到原本剛安裝好時的狀態。

- 目標：瞭解到刪除分割槽需要注意的各項資訊。

- 前提：本章的各項範例練習你都必須要做過，才會擁有 /dev/vda4 ~ /dev/vda7 出現。

- 需求：熟悉 gdisk, parated, umount, swapoff 等指令。

　　由於本章處理完畢後，將會有許多新增的 partition，所以請刪除掉這兩個 partition。刪除的過程需要注意的是：

1. 需先以 free / swapon -s / mount 等指令查閱，要被處理的檔案系統不可以被使用！如果有被使用，則你必須要使用 umount 卸載檔案系統。如果是記憶體置換空間，則需使用 swapon -s 找出被使用的分割槽，再以 swapoff 去卸載它！

```
[root@study ~]# umount /data/ext4 /data/xfs /data/file /data/win
[root@study ~]# swapoff /dev/vda6 /tmp/swap
```

2. 觀察 /etc/fstab，該檔案新增的行全部刪除或註解！

```
[root@study ~]# nano /etc/fstab
.....(前面省略).....
/dev/mapper/centos-swap swap                    swap    defaults        0 0  # 從這行之後全
刪除
UUID="e0fa7252-b374-4a06-987a-3cb14f415488"  /data/xfs  xfs   defaults      0 0
/srv/loopdev                                 /data/file xfs   defaults,loop 0 0
UUID="6b17e4ab-9bf9-43d6-88a0-73ab47855f9d"  swap       swap  defaults      0 0
/tmp/swap                                    swap       swap  defaults      0 0
UUID="6032-BF38"                             /data/win  vfat  defaults      0 0
```

3. 使用『 gdisk /dev/vda 』刪除，也可以使用『 parted /dev/vda rm 號碼』刪除喔！

```
[root@study ~]# parted /dev/vda rm 7
[root@study ~]# parted /dev/vda rm 6
[root@study ~]# parted /dev/vda rm 5
[root@study ~]# parted /dev/vda rm 4
[root@study ~]# partprobe
[root@study ~]# rm /tmp/swap /srv/loopdev
```

**情境模擬題二：**

　　由於我的系統原本分割的不夠好，我的用戶希望能夠獨立一個 filesystem 附掛在 /srv/myproject 目錄下。那你該如何建立新的 filesystem，並且讓這個 filesystem 每次開機都能夠自動的掛載到 /srv/myproject，且該目錄是給 project 這個群組共用的，其他人不可具有任何權限。且該 filesystem 具有 1GB 的容量。

◆ 目標：理解檔案系統的建置、自動掛載檔案系統與專案開發必須要的權限。

◆ 前提：你需要進行過第六章的情境模擬才可以繼續本章。

◆ 需求：本章的所有概念必須要清楚！

　　那就讓我們開始來處理這個流程吧！

1. 首先，我們必須要使用 gdisk /dev/vda 來建立新的 partition。然後按下『 n 』，按下『Enter』選擇預設的分割槽號碼，再按『Enter』選擇預設的啟始磁柱，按下『+1G』建立 1GB 的磁碟分割槽，再按下『Enter』選擇預設的檔案系統 ID。可以多按一次『p』看看是否正確，若無問題則按下『w』寫入分割表。

2. 避免重新開機，因此使用『 partprobe 』強制核心更新分割表。

3. 建立完畢後，開始進行格式化的動作如下：『mkfs.xfs -f /dev/vda4』，這樣就 OK 了！

4. 開始建立掛載點，利用：『 mkdir /srv/myproject 』來建立即可。

5. 編寫自動掛載的設定檔：『 nano /etc/fstab 』，這個檔案最底下新增一行，內容如下：

```
/dev/vda4 /srv/myproject xfs defaults 0 0
```

6. 測試自動掛載：『 mount -a 』，然後使用『 df /srv/myproject 』觀察看看有無掛載即可！

7. 設定最後的權限，使用：『 chgrp project /srv/myproject 』以及『 chmod 2770 /srv/myproject 』即可。

簡答題部分：

◆ 我們常常說，開機的時候，『發現磁碟有問題』，請問，這個問題的產生是『filesystem 的損毀』，還是『磁碟的損毀』？

◆ 當我有兩個檔案，分別是 file1 與 file2，這兩個檔案互為 hard link 的檔案，請問，若我將 file1 刪除，然後再以類似 vi 的方式重新建立一個名為 file1 的檔案，則 file2 的內容是否會被更動？

# 7.9 參考資料與延伸閱讀

◆ 註 1：根據 The Linux Document Project 的文件所繪製的圖示，詳細的參考文獻可以參考如下連結：

Filesystem How-To: http://tldp.org/HOWTO/Filesystems-HOWTO-6.html

◆ 註 2：參考維基百科所得資料，連結網址如下：

條目：Ext2 介紹 http://en.wikipedia.org/wiki/Ext2

◆ 註 3：PAVE 為一套秀圖軟體，常應用於數值模式的輸出檔案之再處理：

PAVE 使用手冊：http://www.ie.unc.edu/cempd/EDSS/pave_doc/index.shtml

◆ 註 4：詳細的 inode 表格所定義的旗標可以參考如下連結：

John's spec of the second extended filesystem:

http://uranus.it.swin.edu.au/~jn/explore2fs/es2fs.htm

◆ 註 5：其他值得參考的 Ext2 相關檔案系統文章之連結如下：

■ 『Design and Implementation of the Second Extended Filesystem』

http://e2fsprogs.sourceforge.net/ext2intro.html

■ Whitepaper: Red Hat's New Journaling File System: ext3:

http://www.redhat.com/support/wpapers/redhat/ext3/

■ The Second Extended File System - An introduction: http://www.freeos.com/articles/3912/

■ ext3 or ReiserFS? Hans Reiser Says Red Hat's Move Is Understandable

http://www.linuxplanet.com/linuxplanet/reports/3726/1/

■ 檔案系統的比較：維基百科：http://en.wikipedia.org/wiki/Comparison_of_file_systems

■ Ext2/Ext3 檔案系統：http://linux.vbird.org/linux_basic/1010appendix_B.php

◆ 註 6：參考資料為：

■ man xfs 詳細內容

■ xfs 官網：http://xfs.org/docs/xfsdocs-xml-dev/XFS_User_Guide/tmp/en-US/html/index.html

- 註 7：計算 RAID 的 sunit 與 swidth 的方式：

  - 計算 sunit 與 swidth 的方法：http://xfs.org/index.php/XFS_FAQ

  - 計算 raid 與 sunit/swidth 部落客：http://blog.tsunanet.net/2011/08/mkfsxfs-raid10-optimal-performance.html

- 註 8：Linux 核心所支援的硬體之裝置代號(Major, Minor)查詢：
  https://www.kernel.org/doc/Documentation/devices.txt

- 註 9：與 Boot sector 及 Superblock 的探討有關的討論文章：

  - The Second Extended File System: http://www.nongnu.org/ext2-doc/ext2.html

  - Rob's ext2 documentation: http://www.landley.net/code/toybox/ext2.html

# 8

# 檔案與檔案系統的壓縮、打包與備份

在 Linux 底下有相當多的壓縮指令可以運作喔！這些壓縮指令可以讓我們更方便從網路上面下載容量較大的檔案呢！此外，我們知道在 Linux 底下的副檔名是沒有什麼很特殊的意義的，不過，針對這些壓縮指令所做出來的壓縮檔，為了方便記憶，還是會有一些特殊的命名方式啦！就讓我們來看看吧！

# 8.1　壓縮檔案的用途與技術

你是否有過文件檔案太大，導致無法以正常的 email 方式發送出去 (很多 email 都有容量大約 25MB 每封信的限制啊！) ？又或者學校、廠商要求使用 CD 或 DVD 來傳遞歸檔用的資料，但是你的單一檔案卻都比這些傳統的一次性儲存媒體還要大！那怎麼分成多片來燒錄呢？還有，你是否有過要備份某些重要資料，偏偏這些資料量太大了，耗掉了你很多的磁碟空間呢？這個時候，那個好用的『**檔案壓縮**』技術可就派的上用場了！

因為這些比較大型的檔案透過所謂的檔案壓縮技術之後，可以將它的磁碟使用量降低，可以達到減低檔案容量的效果。此外，有的壓縮程式還可以進行容量限制，使一個大型檔案可以分割成為數個小型檔案，以方便軟碟片攜帶呢！

那麼什麼是『檔案壓縮』呢？我們來稍微談一談它的原理好了。目前我們使用的電腦系統中都是使用所謂的 bytes 單位來計量的！不過，事實上，電腦最小的計量單位應該是 bits 才對啊。此外，我們也知道 1 byte = 8 bits。但是如果今天我們只是記憶一個數字，亦即是 1 這個數字呢？它會如何記錄？假設一個 byte 可以看成底下的模樣：

□□□□□□□□

> 由於 1 byte = 8 bits，所以每個 byte 當中會有 8 個空格，而每個空格可以是 0, 1，這裡僅是做為一個約略的介紹，更多的詳細資料請參考第零章的計算機概論吧！

由於我們記錄數字是 1，考慮電腦所謂的二進位喔，如此一來，1 會在最右邊佔據 1 個 bit，而其他的 7 個 bits 將會自動的被填上 0 囉！你看看，其實在這樣的例子中，那 7 個 bits 應該是『空的』才對！不過，為了要滿足目前我們的作業系統資料的存取，所以就會將該資料轉為 byte 的型態來記錄了！而一些聰明的電腦工程師就利用一些複雜的計算方式，將這些沒有使用到的空間『丟』出來，以讓檔案佔用的空間變小！這就是壓縮的技術啦！

另外一種壓縮技術也很有趣，它是將重複的資料進行統計記錄的。舉例來說，如果你的資料為『111....』共有 100 個 1 時，那麼壓縮技術會記錄為『100 個 1』而不是真的有 100 個 1 的位元存在！這樣也能夠精簡檔案記錄的容量呢！非常有趣吧！

簡單的說，你可以將它想成，其實檔案裡面有相當多的『空間』存在，並不是完全填滿的，而『壓縮』的技術就是將這些『空間』填滿，以讓整個檔案佔用的容量下降！不過，這些『壓縮過的檔案』並無法直接被我們的作業系統所使用的，因此，若要使用這些被壓縮過的檔案資料，則必須將它『還原』回來未壓縮前的模樣，那就是所謂的『解壓縮』囉！而至於**壓縮後與壓縮的檔案所佔用的磁碟空間大小，就可以被稱為是『壓縮比』**囉！更多的技術文件或許你可以參考一下：

- RFC 1952 文件：http://www.ietf.org/rfc/rfc1952.txt

- 鳥哥站上的備份：http://linux.vbird.org/linux_basic/0240tarcompress/0240tarcompress _gzip.php

這個『壓縮』與『解壓縮』的動作有什麼好處呢？最大的好處就是壓縮過的檔案容量變小了，所以你的硬碟容量無形之中就可以容納更多的資料。此外，在一些網路資料的傳輸中，也會由於資料量的降低，好讓網路頻寬可以用來做更多的工作！而不是老是卡在一些大型的檔案傳輸上面呢！目前很多的 WWW 網站也是利用檔案壓縮的技術來進行資料的傳送，好讓網站頻寬的可利用率上升喔！

> 上述的 WWW 網站壓縮技術蠻有趣的！它讓你網站上面『看得到的資料』在經過網路傳輸時，使用的是『壓縮過的資料』，等到這些壓縮過的資料到達你的電腦主機時，再進行解壓縮，由於目前的電腦運算速度相當的快速，因此其實在網頁瀏覽的時候，時間都是花在『資料的傳輸』上面，而不是 CPU 的運算啦！如此一來，由於壓縮過的資料量降低了，自然傳送的速度就會增快不少！

若你是一位軟體工程師，那麼相信你也會喜歡將你自己的軟體壓縮之後提供大家下載來使用，畢竟沒有人喜歡自己的網站天天都是頻寬滿載的吧？舉個例子來說，Linux 3.10.81 (CentOS 7 用的延伸版本) 完整的核心大小約有 570 MB 左右，而由於核心主要多是 ASCII code 的純文字型態檔案，這種檔案的『多餘空間』最多了。而一個提供下載的壓縮過的 3.10.81 核心大約僅有 76 MB 左右，差了幾倍呢？你可以自己算一算喔！

## 8.2 Linux 系統常見的壓縮指令

在 Linux 的環境中，壓縮檔案的副檔名大多是：『*.tar, *.tar.gz, *.tgz, *.gz, *.Z, *.bz2, *.xz』，為什麼會有這樣的副檔名呢？不是說 Linux 的副檔名沒有什麼作用嗎？

這是因為 Linux 支援的壓縮指令非常多，且不同的指令所用的壓縮技術並不相同，當然彼此之間可能就無法互通壓縮/解壓縮檔案囉。所以，當你下載到某個壓縮檔時，自然就需要知道該檔案是由哪種壓縮指令所製作出來的，好用來對照著解壓縮啊！也就是說，雖然 Linux 檔案的屬性基本上是與檔名沒有絕對關係的，但是為了幫助我們人類小小的腦袋瓜子，所以適當的副檔名還是必要的！底下我們就列出幾個常見的壓縮檔案副檔名吧：

```
*.Z           compress 程式壓縮的檔案；
*.zip         zip 程式壓縮的檔案；
*.gz          gzip 程式壓縮的檔案；
*.bz2         bzip2 程式壓縮的檔案；
*.xz          xz 程式壓縮的檔案；
*.tar         tar 程式打包的資料，並沒有壓縮過；
*.tar.gz      tar 程式打包的檔案，其中並且經過 gzip 的壓縮
*.tar.bz2     tar 程式打包的檔案，其中並且經過 bzip2 的壓縮
*.tar.xz      tar 程式打包的檔案，其中並且經過 xz 的壓縮
```

Linux 上常見的壓縮指令就是 gzip, bzip2 以及最新的 xz ，至於 compress 已經退流行了。為了支援 windows 常見的 zip，其實 Linux 也早就有 zip 指令了！gzip 是由 GNU 計畫所開發出來的壓縮指令，該指令已經取代了 compress。後來 GNU 又開發出 bzip2 及 xz 這幾個壓縮比更好的壓縮指令！不過，這些指令通常僅能針對一個檔案來壓縮與解壓縮，如此一來，每次壓縮與解壓縮都要一大堆檔案，豈不煩人？此時，那個所謂的『打包軟體, tar』就顯的很重要啦！

這個 tar 可以將很多檔案『打包』成為一個檔案！甚至是目錄也可以這麼玩。不過，單純的 tar 功能僅是『打包』而已，亦即是將很多檔案集結成為一個檔案，事實上，它並沒有提供壓縮的功能，後來，GNU 計畫中，將整個 tar 與壓縮的功能結合在一起，如此一來提供使用者更方便並且更強大的壓縮與打包功能！底下我們就來談一談這些在 Linux 底下基本的壓縮指令吧！

## 8.2.1 gzip, zcat/zmore/zless/zgrep

gzip 可以說是應用度最廣的壓縮指令了！目前 gzip 可以解開 compress, zip 與 gzip 等軟體所壓縮的檔案。至於 gzip 所建立的壓縮檔為 *.gz 的檔名喔！讓我們來看看這個指令的語法吧：

```
[dmtsai@study ~]$ gzip [-cdtv#] 檔名
[dmtsai@study ~]$ zcat 檔名.gz
選項與參數：
-c  ：將壓縮的資料輸出到螢幕上，可透過資料流重導向來處理；
-d  ：解壓縮的參數；
-t  ：可以用來檢驗一個壓縮檔的一致性～看看檔案有無錯誤；
-v  ：可以顯示出原檔案/壓縮檔案的壓縮比等資訊；
-#  ：# 為數字的意思，代表壓縮等級，-1 最快，但是壓縮比最差，-9 最慢，但是壓縮比最好！預設是 -6

範例一：找出 /etc 底下（不含子目錄）容量最大的檔案，並將它複製到 /tmp ，然後以 gzip 壓縮
[dmtsai@study ~]$ ls -ldSr /etc/*    # 忘記選項意義？請自行 man 囉！
```

```
.....(前面省略).....
-rw-r--r--.  1 root root     25213 Jun 10  2014 /etc/dnsmasq.conf
-rw-r--r--.  1 root root     69768 May  4 17:55 /etc/ld.so.cache
-rw-r--r--.  1 root root    670293 Jun  7  2013 /etc/services

[dmtsai@study ~]$ cd /tmp
[dmtsai@study tmp]$ cp /etc/services .
[dmtsai@study tmp]$ gzip -v services
services:         79.7% -- replaced with services.gz
[dmtsai@study tmp]$ ll /etc/services /tmp/services*
-rw-r--r--. 1 root    root   670293 Jun  7  2013 /etc/services
-rw-r--r--. 1 dmtsai dmtsai 136088 Jun 30 18:40 /tmp/services.gz
```

當你使用 gzip 進行壓縮時，**在預設的狀態下原本的檔案會被壓縮成為 .gz 的檔名，原始檔案就不再存在了**。這點與一般習慣使用 windows 做壓縮的朋友所熟悉的情況不同喔！要注意！要注意！此外，使用 gzip 壓縮的檔案在 Windows 系統中，竟然可以被 WinRAR/7zip 這個軟體解壓縮呢！很好用吧！至於其他的用法如下：

範例二：由於 services 是文字檔，請將範例一的壓縮檔的內容讀出來！
```
[dmtsai@study tmp]$ zcat services.gz
# 由於 services 這個原本的檔案是是文字檔，因此我們可以嘗試使用 zcat/zmore/zless 去讀取！
# 此時螢幕上會顯示 servcies.gz 解壓縮之後的原始檔案內容！
```

範例三：將範例一的檔案解壓縮
```
[dmtsai@study tmp]$ gzip -d services.gz
# 鳥哥不要使用 gunzip 這個指令，不好背！使用 gzip -d 來進行解壓縮！
# 與 gzip 相反，gzip -d 會將原本的 .gz 刪除，回復到原本的 services 檔案。
```

範例四：將範例三解開的 services 用最佳的壓縮比壓縮，並保留原本的檔案
```
[dmtsai@study tmp]$ gzip -9 -c services > services.gz
```

範例五：由範例四再次建立的 services.gz 中，找出 http 這個關鍵字在哪幾行？
```
[dmtsai@study tmp]$ zgrep -n 'http' services.gz
14:#       http://www.iana.org/assignments/port-numbers
89:http         80/tcp        www www-http    # WorldWideWeb HTTP
90:http         80/udp        www www-http    # HyperText Transfer Protocol
.....(底下省略).....
```

其實 gzip 的壓縮已經最佳化過了，所以雖然 gzip 提供 1~9 的壓縮等級，不過使用預設的 6 就非常好用了！因此上述的範例四可以不要加入那個 -9 的選項。範例四的重點在那個 -c 與 > 的使用囉！-c 可以將原本要轉成壓縮檔的資料內容，將它變成文字類型從螢幕輸出，然後我們可以透過大於 (>) 這個符號，將原本應該由螢幕輸出的資料，轉成輸出到檔案

而不是螢幕,所以就能夠建立出壓縮檔了。只是檔名也要自己寫,當然最好還是遵循 gzip 的壓縮檔名要求較佳喔!!更多的 > 這個符號的應用,我們會在 bash 章節再次提及!

cat/more/less 可以使用不同的方式來讀取純文字檔,那個 zcat/zmore/zless 則可以對應於 cat/more/less 的方式來讀取純文字檔被壓縮後的壓縮檔!由於 gzip 這個壓縮指令主要想要用來取代 compress 的,所以不但 compress 的壓縮檔案可以使用 gzip 來解開,同時 zcat 這個指令可以同時讀取 compress 與 gzip 的壓縮檔呦!

另外,如果你還想要從文字壓縮檔當中找資料的話,可以透過 egrep 來搜尋關鍵字喔!而不需要將壓縮檔解開才以 grep 進行!這對查詢備份中的文字檔資料相當有用!

> 時至今日,應該也沒有人愛用 compress 這個老老的指令了!因此,這一章已經拿掉了 compress 的介紹~而如果你還有備份資料使用的是 compress 建置出來的 .Z 檔案,那也無須擔心,使用 znew 可以將該檔案轉成 gzip 的格示喔!

## 8.2.2  bzip2, bzcat/bzmore/bzless/bzgrep

若說 gzip 是為了取代 compress 並提供更好的壓縮比而成立的,那麼 bzip2 則是為了取代 gzip 並提供更佳的壓縮比而來的。bzip2 真是很不錯用的東西~這玩意的壓縮比竟然比 gzip 還要好~至於 bzip2 的用法幾乎與 gzip 相同!看看底下的用法吧!

```
[dmtsai@study ~]$ bzip2 [-cdkzv#] 檔名
[dmtsai@study ~]$ bzcat 檔名.bz2
選項與參數:
-c  :將壓縮的過程產生的資料輸出到螢幕上!
-d  :解壓縮的參數
-k  :保留原始檔案,而不會刪除原始的檔案喔!
-z  :壓縮的參數 (預設值,可以不加)
-v  :可以顯示出原檔案/壓縮檔案的壓縮比等資訊;
-#  :與 gzip 同樣的,都是在計算壓縮比的參數,-9 最佳,-1 最快!

範例一:將剛剛 gzip 範例留下來的 /tmp/services 以 bzip2 壓縮
[dmtsai@study tmp]$ bzip2 -v services
  services:  5.409:1,  1.479 bits/byte, 81.51% saved, 670293 in, 123932 out.
[dmtsai@study tmp]$ ls -l services*
-rw-r--r--. 1 dmtsai dmtsai 123932 Jun 30 18:40 services.bz2
-rw-rw-r--. 1 dmtsai dmtsai 135489 Jun 30 18:46 services.gz
# 此時 services 會變成 services.bz2 之外,你也可以發現 bzip2 的壓縮比要較 gzip 好喔!!
# 壓縮率由 gzip 的 79% 提升到 bzip2 的 81% 哩!
```

範例二：將範例一的檔案內容讀出來！
```
[dmtsai@study tmp]$ bzcat services.bz2
```

範例三：將範例一的檔案解壓縮
```
[dmtsai@study tmp]$ bzip2 -d services.bz2
```

範例四：將範例三解開的 services 用最佳的壓縮比壓縮，並保留原本的檔案
```
[dmtsai@study tmp]$ bzip2 -9 -c services > services.bz2
```

看上面的範例，你會發現到 bzip2 連選項與參數都跟 gzip 一模一樣！只是副檔名由 .gz 變成 .bz2 而已！其他的用法都大同小異，所以鳥哥就不一一介紹了！你也可以發現到 bzip2 的壓縮率確實比 gzip 要好些！不過，對於大容量檔案來說，bzip2 壓縮時間會花比較久喔！至少比 gzip 要久的多！這沒辦法～要有更多可用容量，就得要花費相對應的時間！還 OK 啊！

### 8.2.3　xz, xzcat/xzmore/xzless/xzgrep

雖然 bzip2 已經具有很棒的壓縮比，不過顯然某些自由軟體開發者還不滿足，因此後來還推出了 xz 這個壓縮比更高的軟體！這個軟體的用法也跟 gzip/bzip2 幾乎一模一樣！那我們就來瞧一瞧！

```
[dmtsai@study ~]$ xz [-dtlkc#] 檔名
[dmtsai@study ~]$ xcat 檔名.xz
選項與參數：
-d  ：就是解壓縮啊！
-t  ：測試壓縮檔的完整性，看有沒有錯誤
-l  ：列出壓縮檔的相關資訊
-k  ：保留原本的檔案不刪除～
-c  ：同樣的，就是將資料由螢幕上輸出的意思！
-#  ：同樣的，也有較佳的壓縮比的意思！

範例一：將剛剛由 bzip2 所遺留下來的 /tmp/services 透過 xz 來壓縮！
[dmtsai@study tmp]$ xz -v services
services (1/1)
  100 %         97.3 KiB / 654.6 KiB = 0.149

[dmtsai@study tmp]$ ls -l services*
-rw-rw-r--. 1 dmtsai dmtsai 123932 Jun 30 19:09 services.bz2
-rw-rw-r--. 1 dmtsai dmtsai 135489 Jun 30 18:46 services.gz
-rw-r--r--. 1 dmtsai dmtsai  99608 Jun 30 18:40 services.xz
```

```
# 各位觀眾！看到沒有啊！！容量又進一步下降的更多耶！好棒的壓縮比！
```

範例二：列出這個壓縮檔的資訊，然後讀出這個壓縮檔的內容

```
[dmtsai@study tmp]$ xz -l services.xz
Strms  Blocks   Compressed Uncompressed  Ratio  Check   Filename
    1       1      97.3 KiB     654.6 KiB  0.149  CRC64   services.xz
# 竟然可以列出這個檔案的壓縮前後的容量，真是太人性化了！這樣觀察就方便多了！


[dmtsai@study tmp]$ xzcat services.xz
```

範例三：將它解壓縮吧！

```
[dmtsai@study tmp]$ xz -d services.xz
```

範例四：保留原檔案的檔名，並且建立壓縮檔！

```
[dmtsai@study tmp]$ xz -k services
```

雖然 xz 這個壓縮比真的好太多太多了！以鳥哥選擇的這個 services 檔案為範例，它可以將 gzip 壓縮比 (壓縮後/壓縮前) 的 21% 更進一步優化到 15% 耶！差非常非常多！不過，xz 最大的問題是...時間花太久了！如果你曾經使用過 xz 的話，應該會有發現，它的運算時間真的比 gzip 久很多喔！

鳥哥以自己的系統，透過『 time [gzip|bzip2|xz] -c services > services.[gz|bz2|xz] 』去執行運算結果，結果發現這三個指令的執行時間依序是：0.019s, 0.042s, 0.261s，看最後一個數字！差了 10 倍的時間耶！所以，如果你並不覺得時間是你的成本考量，那麼使用 xz 會比較好！如果時間是你的重要成本，那麼 gzip 恐怕是比較適合的壓縮軟體喔！

## 8.3 打包指令：tar

前一小節談到的指令大多僅能針對單一檔案來進行壓縮，雖然 gzip, bzip2, xz 也能夠針對目錄來進行壓縮，不過，這兩個指令對目錄的壓縮指的是『將目錄內的所有檔案 "分別" 進行壓縮』的動作！而不像在 Windows 的系統，可以使用類似 WinRAR 這一類的壓縮軟體來將好多資料『包成一個檔案』的樣式。

這種將多個檔案或目錄包成一個大檔案的指令功能，我們可以稱呼它是一種『打包指令』啦！那 Linux 有沒有這種打包指令呢？是有的！那就是鼎鼎大名的 tar 這個玩意兒了！tar 可以將多個目錄或檔案打包成一個大檔案，同時還可以透過 gzip/bzip2/xz 的支援，將該檔案同時進行壓縮！更有趣的是，由於 tar 的使用太廣泛了，目前 Windows 的 WinRAR 也支援 .tar.gz 檔名的解壓縮呢！很不錯吧！所以底下我們就來玩一玩這個東東！

## 8.3.1 tar

tar 的選項與參數非常的多！我們只講幾個常用的選項，更多選項你可以自行 man tar 查詢囉！

```
[dmtsai@study ~]$ tar [-z|-j|-J] [cv] [-f 待建立的新檔名] filename... <==打包與壓縮
[dmtsai@study ~]$ tar [-z|-j|-J] [tv] [-f 既有的 tar檔名]              <==查看檔名
[dmtsai@study ~]$ tar [-z|-j|-J] [xv] [-f 既有的 tar檔名] [-C 目錄]    <==解壓縮
選項與參數：
-c  ：建立打包檔案，可搭配 -v 來查看過程中被打包的檔名(filename)
-t  ：查看打包檔案的內容含有哪些檔名，重點在查看『檔名』就是了；
-x  ：解打包或解壓縮的功能，可以搭配 -C （大寫）在特定目錄解開
      特別留意的是，-c, -t, -x 不可同時出現在一串指令列中。
-z  ：透過 gzip  的支援進行壓縮/解壓縮：此時檔名最好為 *.tar.gz
-j  ：透過 bzip2 的支援進行壓縮/解壓縮：此時檔名最好為 *.tar.bz2
-J  ：透過 xz   的支援進行壓縮/解壓縮：此時檔名最好為 *.tar.xz
      特別留意，-z, -j, -J 不可以同時出現在一串指令列中
-v  ：在壓縮/解壓縮的過程中，將正在處理的檔名顯示出來！
-f filename：-f 後面要立刻接要被處理的檔名！建議 -f 單獨寫一個選項囉！(比較不會忘記)
-C 目錄     ：這個選項用在解壓縮，若要在特定目錄解壓縮，可以使用這個選項。

其他後續練習會使用到的選項介紹：
-p(小寫)  ：保留備份資料的原本權限與屬性，常用於備份(-c)重要的設定檔
-P(大寫)  ：保留絕對路徑，亦即允許備份資料中含有根目錄存在之意；
--exclude=FILE：在壓縮的過程中，不要將 FILE 打包！
```

其實最簡單的使用 tar 就只要記憶底下的方式即可：

- **壓　縮**：tar -jcv -f filename.tar.bz2 要被壓縮的檔案或目錄名稱

- **查　詢**：tar -jtv -f filename.tar.bz2

- **解壓縮**：tar -jxv -f filename.tar.bz2 -C 欲解壓縮的目錄

那個 filename.tar.bz2 是我們自己取的檔名，tar 並不會主動的產生建立的檔名喔！我們要自訂啦！所以副檔名就顯的很重要了！如果不加 [-z|-j|-J] 的話，檔名最好取為 *.tar 即可。如果是 -j 選項，代表有 bzip2 的支援，因此檔名最好就取為 *.tar.bz2 ，因為 bzip2 會產生 .bz2 的副檔名之故！至於如果是加上了 -z 的 gzip 的支援，那檔名最好取為 *.tar.gz 喔！瞭解乎？

另外，由於『 -f filename 』是緊接在一起的，過去很多文章常會寫成『-jcvf filename』，這樣是對的，但由於選項的順序理論上是可以變換的，所以很多讀者會誤認為『 -jvfc filename』也可以～事實上這樣會導致產生的檔名變成 c！因為 -fc 嘛！所以囉，建議你在學習 tar 時，將『 -f filename 』與其他選項獨立出來，會比較不容易發生問題。

閒話少說，讓我們來測試幾個常用的 tar 方法吧！

◆ **使用 tar 加入 -z, -j 或 -J 的參數備份 /etc/ 目錄**

有事沒事備份一下 /etc 這個目錄是件好事！備份 /etc 最簡單的方法就是使用 tar 囉！讓我們來玩玩先：

```
[dmtsai@study ~]$ su -   # 因為備份 /etc 需要 root 的權限，否則會出現一堆錯誤
[root@study ~]# time tar -zpcv -f /root/etc.tar.gz /etc
tar: Removing leading `/' from member names   <==注意這個警告訊息
/etc/
....(中間省略)....
/etc/hostname
/etc/aliases.db

real    0m0.799s    # 多了 time 會顯示程式運作的時間！看 real 就好了！花去了 0.799s
user    0m0.767s
sys     0m0.046s
# 由於加上 -v 這個選項，因此正在作用中的檔名就會顯示在螢幕上。
# 如果你可以翻到第一頁，會發現出現上面的錯誤訊息！底下會講解。
# 至於 -p 的選項，重點在於『保留原本檔案的權限與屬性』之意。

[root@study ~]# time tar -jpcv -f /root/etc.tar.bz2 /etc
....(前面省略)....
real    0m1.913s
user    0m1.881s
sys     0m0.038s
[root@study ~]# time tar -Jpcv -f /root/etc.tar.xz  /etc
....(前面省略)....
real    0m9.023s
user    0m8.984s
sys     0m0.086s
# 顯示的訊息會跟上面一模一樣囉！不過時間會花比較多！使用了 -J 時，會花更多時間

[root@study ~]# ll /root/etc*
-rw-r--r--. 1 root root 6721809 Jul  1 00:16 /root/etc.tar.bz2
-rw-r--r--. 1 root root 7758826 Jul  1 00:14 /root/etc.tar.gz
-rw-r--r--. 1 root root 5511500 Jul  1 00:16 /root/etc.tar.xz
[root@study ~]# du -sm /etc
28      /etc  # 實際目錄約佔有 28MB 的意思！
```

壓縮比越好當然要花費的運算時間越多！我們從上面可以看到，雖然使用 gzip 的速度相當快，總時間花費不到 1 秒鐘，但是壓縮率最糟糕！如果使用 xz 的話，雖然壓縮比最佳！不過竟然花了 9 秒鐘的時間耶！這還僅是備份 28MBytes 的 /etc 而已，如果備份的資料是很大容量的，那你真的要考量時間成本才行！

至於加上『 **-p** 』這個選項的原因是為了保存原本檔案的權限與屬性！我們曾在第六章的 cp 指令介紹時談到權限與檔案類型(例如連結檔)對複製的不同影響。同樣的，在備份重要的系統資料時，這些原本檔案的權限需要做完整的備份比較好。此時 -p 這個選項就派的上用場了。接下來讓我們看看打包檔案內有什麼資料存在？

◆ **查閱 tar 檔案的資料內容 (可查看檔名)，與備份檔名有否根目錄的意義**

要查看由 tar 所建立的打包檔案內部的檔名非常的簡單！可以這樣做：

```
[root@study ~]# tar -jtv -f /root/etc.tar.bz2
....(前面省略)....
-rw-r--r-- root/root        131 2015-05-25 17:48 etc/locale.conf
-rw-r--r-- root/root         19 2015-05-04 17:56 etc/hostname
-rw-r--r-- root/root      12288 2015-05-04 17:59 etc/aliases.db
```

如果加上 -v 這個選項時，詳細的檔案權限/屬性都會被列出來！如果只是想要知道檔名而已，那麼就將 -v 拿掉即可。從上面的資料我們可以發現一件很有趣的事情，那就是**每個檔名都沒了根目錄了**！這也是上一個練習中出現的那個警告訊息『tar: Removing leading `/' from member names(移除了檔名開頭的 `/' )』所告知的情況！

那為什麼要拿掉根目錄呢？主要是為了安全！我們使用 tar 備份的資料可能會需要解壓縮回來使用，**在 tar 所記錄的檔名 (就是我們剛剛使用 tar -jtvf 所查看到的檔名) 那就是解壓縮後的實際檔名**。如果拿掉了根目錄，假設你將備份資料在 /tmp 解開，那麼解壓縮的檔名就會變成『/tmp/etc/xxx』。但『**如果沒有拿掉根目錄，解壓縮後的檔名就會是絕對路徑，亦即解壓縮後的資料一定會被放置到 /etc/xxx 去！**』如此一來，你的原本的 /etc/ 底下的資料，就會被備份資料所覆蓋過去了！

       你會說：『既然是備份資料，那麼還原回來也沒有什麼問題吧？』想像一個狀況，你備份的資料是兩年前的舊版 CentOS 6.x，你只是想要瞭解一下過去的備份內容究竟有哪些資料而已，結果一解開該檔案，卻發現你目前新版的 CentOS 7.x 底下的 /etc 被舊版的備份資料覆蓋了！此時你該如何是好？大概除了哭哭你也不能做啥事吧？所以囉，當然是拿掉根目錄比較安全一些的。

如果你確定你就是需要備份根目錄到 tar 的檔案中，那可以使用 -P (大寫) 這個選項，請看底下的例子分析：

```
範例：將檔名中的(根)目錄也備份下來，並查看一下備份檔的內容檔名
[root@study ~]# tar -jpPcv -f /root/etc.and.root.tar.bz2 /etc

[root@study ~]# tar -jtf /root/etc.and.root.tar.bz2
/etc/locale.conf
/etc/hostname
/etc/aliases.db
# 這次查閱檔名不含 -v 選項，所以僅有檔名而已！沒有詳細屬性/權限等參數。
```

有發現不同點了吧？如果加上 -P 選項，那麼檔名內的根目錄就會存在喔！不過，鳥哥個人建議，還是不要加上 -P 這個選項來備份！畢竟很多時候，我們備份是為了要未來追蹤問題用的，倒不一定需要還原回原本的系統中！所以拿掉根目錄後，備份資料的應用會比較有彈性！也比較安全呢！

◆ **將備份的資料解壓縮，並考慮特定目錄的解壓縮動作 (-C 選項的應用)**

那如果想要解打包呢？很簡單的動作就是直接進行解打包嘛！

```
[root@study ~]# tar -jxv -f /root/etc.tar.bz2
[root@study ~]# ll
....(前面省略)....
drwxr-xr-x. 131 root root    8192 Jun 26 22:14 etc
....(後面省略)....
```

此時該打包檔案會在『**本目錄下進行解壓縮**』的動作！所以，你等一下就會在家目錄底下發現一個名為 etc 的目錄囉！所以囉，如果你想要將該檔案在 /tmp 底下解開，可以 cd /tmp 後，再下達上述的指令即可。不過，這樣好像很麻煩呢～有沒有更簡單的方法可以『指定欲解開的目錄』呢？有的，可以使用 -C 這個選項喔！舉例來說：

```
[root@study ~]# tar -jxv -f /root/etc.tar.bz2 -C /tmp
[root@study ~]# ll /tmp
....(前面省略)....
drwxr-xr-x. 131 root    root    8192 Jun 26 22:14 etc
....(後面省略)....
```

這樣一來，你就能夠將該檔案在不同的目錄解開囉！鳥哥個人是認為，這個 -C 的選項務必要記憶一下的！好了，處理完畢後，請記得將這兩個目錄刪除一下呢！

```
[root@study ~]# rm -rf /root/etc /tmp/etc
```

再次強調,這個『 rm -rf 』是很危險的指令!下達時請務必要確認一下後面接的檔名。
我們要刪除的是 /root/etc 與 /tmp/etc,你可不要將 /etc/ 刪除掉了!系統會死掉的～
^_^

◆ **僅解開單一檔案的方法**

剛剛上頭我們解壓縮都是將整個打包檔案的內容全部解開!想像一個情況,如果我只想
要解開打包檔案內的其中一個檔案而已,那該如何做呢?很簡單的,你只要使用 -jtv 找
到你要的檔名,然後將該檔名解開即可。我們用底下的例子來說明一下:

```
# 1. 先找到我們要的檔名,假設解開 shadow 檔案好了:
[root@study ~]# tar -jtv -f /root/etc.tar.bz2 | grep 'shadow'
---------- root/root       721 2015-06-17 00:20 etc/gshadow
---------- root/root      1183 2015-06-17 00:20 etc/shadow-
---------- root/root      1210 2015-06-17 00:20 etc/shadow  <==這是我們要的!
---------- root/root       707 2015-06-17 00:20 etc/gshadow-
# 先搜尋重要的檔名!其中那個 grep 是『擷取』關鍵字的功能!我們會在第三篇說明!
# 這裡你先有個概念即可!那個管線 | 配合 grep 可以擷取關鍵字的意思!

# 2. 將該檔案解開!語法與實際作法如下:
[root@study ~]# tar -jxv -f 打包檔.tar.bz2 待解開檔名
[root@study ~]# tar -jxv -f /root/etc.tar.bz2 etc/shadow
etc/shadow
[root@study ~]# ll etc
total 4
----------. 1 root root 1210 Jun 17 00:20 shadow
# 很有趣!此時只會解開一個檔案而已!不過,重點是那個檔名!你要找到正確的檔名。
# 在本例中,你不能寫成 /etc/shadow !因為記錄在 etc.tar.bz2 內的並沒有 / 之故!
```

 在這個練習之前,你可能要先將前面練習所產生的 /root/etc 刪除才行!不然
/root/etc/shadow 會重複存在,而其他的前面實驗的檔案也會存在,那就看不出什麼鬼～

◆ **打包某目錄,但不含該目錄下的某些檔案之作法**

假設我們想要打包 /etc/ /root 這幾個重要的目錄,但卻不想要打包 /root/etc* 開頭的檔
案,因為該檔案都是剛剛我們才建立的備份檔嘛!而且假設這個新的打包檔案要放置成
為 /root/system.tar.bz2 ,當然這個檔案自己不要打包自己 (因為這個檔案放置在 /root 底
下啊!),此時我們可以透過 --exclude 的幫忙!那個 exclude 就是不包含的意思!所以
你可以這樣做:

```
[root@study ~]# tar -jcv  -f /root/system.tar.bz2 --exclude=/root/etc* \
> --exclude=/root/system.tar.bz2  /etc /root
```

上面的指令是一整列的～其實你可以打成：『 tar -jcv -f /root/system.tar.bz2
--exclude=/root/etc* --exclude=/root/system.tar.bz2 /etc /root』，如果想要兩行輸入時，
最後面加上反斜線 (\) 並立刻按下 [enter] ，就能夠到第二行繼續輸入了。這個指令下達
的方式我們會在第三章再仔細說明。透過這個 --exclude="file" 的動作，我們可以將幾個
特殊的檔案或目錄移除在打包之列，讓打包的動作變的更簡便喔！^_^

◆ **僅備份比某個時刻還要新的檔案**

某些情況下你會想要備份新的檔案而已，並不想要備份舊檔案！此時 --newer-mtime 這
個選項就粉重要啦！其實有兩個選項啦，一個是『 --newer 』另一個就是
『 --newer-mtime 』，這兩個選項有何不同呢？我們在 第六章的 touch 介紹中談到過三
種不同的時間參數，當使用 --newer 時，表示後續的日期包含『 mtime 與 ctime 』，而
--newer-mtime 則僅是 mtime 而已！這樣知道了吧！^_^那就讓我們來嘗試處理一下囉！

```
# 1. 先由 find 找出比 /etc/passwd 還要新的檔案
[root@study ~]# find /etc -newer /etc/passwd
....(過程省略)....
# 此時會顯示出比 /etc/passwd 這個檔案的 mtime 還要新的檔名，
# 這個結果在每部主機都不相同！你先自行查閱自己的主機即可，不會跟鳥哥一樣！

[root@study ~]# ll /etc/passwd
-rw-r--r--. 1 root root 2092  Jun 17 00:20 /etc/passwd

# 2. 好了，那麼使用 tar 來進行打包吧！日期為上面看到的 2015/06/17
[root@study ~]# tar -jcv -f /root/etc.newer.then.passwd.tar.bz2 \
> --newer-mtime="2015/06/17" /etc/*
tar: Option --newer-mtime: Treating date `2015/06/17' as 2015-06-17 00:00:00
tar: Removing leading `/' from member names
/etc/abrt/
....(中間省略)....
/etc/alsa/
/etc/yum.repos.d/
....(中間省略)....
tar: /etc/yum.repos.d/CentOS-fasttrack.repo: file is unchanged; not dumped
# 最後行顯示的是『沒有被備份的』，亦即 not dumped 的意思！

# 3. 顯示出檔案即可
[root@study ~]# tar -jtv -f /root/etc.newer.then.passwd.tar.bz2 | grep -v '/$'
# 透過這個指令可以呼叫出 tar.bz2 內的結尾非 / 的檔名！就是我們要的啦！
```

現在你知道這個指令的好用了吧！甚至可以進行差異檔案的記錄與備份呢～這樣子的備份就會顯的更容易囉！你可以這樣想像，如果我在一個月前才進行過一次完整的資料備份，那麼這個月想要備份時，當然可以僅備份上個月進行備份的那個時間點之後的更新的檔案即可！為什麼呢？因為原本的檔案已經有備份了嘛！幹嘛還要進行一次？只要備份新資料即可。這樣可以降低備份的容量啊！

◆ **基本名稱**：tarfile, tarball ？

另外值得一提的是，tar 打包出來的檔案有沒有進行壓縮所得到檔案稱呼不同喔！如果僅是打包而已，就是『 tar -cv -f file.tar 』而已，這個檔案我們稱呼為 tarfile。**如果還有進行壓縮的支援，例如『 tar -jcv -f file.tar.bz2 』時，我們就稱呼為 tarball (tar 球？)！**這只是一個基本的稱謂而已，不過很多書籍與網路都會使用到這個 tarball 的名稱！所以得要跟你介紹介紹。

此外，tar 除了可以將資料打包成為檔案之外，還能夠將檔案打包到某些特別的裝置去，舉例來說，磁帶機 (tape) 就是一個常見的例子。磁帶機由於是一次性讀取/寫入的裝置，因此我們不能夠使用類似 cp 等指令來複製的！那如果想要將 /home, /root, /etc 備份到磁帶機 (/dev/st0) 時，就可以使用：『 tar -cv -f /dev/st0 /home /root /etc 』，很簡單容易吧！磁帶機用在備份 (尤其是企業應用) 是很常見的工作喔！

◆ **特殊應用：利用管線命令與資料流**

在 tar 的使用中，有一種方式最特殊，那就是透過標準輸入輸出的資料流重導向 (standard input/standard output)，以及管線命令 (pipe) 的方式，將待處理的檔案一邊打包一邊解壓縮到目標目錄去。關於資料流重導向與管線命令更詳細的資料我們會在第十章 bash 再跟大家介紹，底下先來看一個例子吧！

```
# 1. 將 /etc 整個目錄一邊打包一邊在 /tmp 解開
[root@study ~]# cd /tmp
[root@study tmp]# tar -cvf - /etc | tar -xvf -
# 這個動作有點像是 cp -r /etc /tmp 啦～依舊是有其有用途的！
# 要注意的地方在於輸出檔變成 - 而輸入檔也變成 - ，又有一個 | 存在～
# 這分別代表 standard output, standard input 與管線命令啦！
# 簡單的想法中，你可以將 - 想成是在記憶體中的一個裝置(緩衝區)。
# 更詳細的資料流與管線命令，請翻到 bash 章節囉！
```

在上面的例子中，我們想要『將 /etc 底下的資料直接 copy 到目前所在的路徑，也就是 /tmp 底下』，但是又覺得使用 cp -r 有點麻煩，那麼就直接以這個打包的方式來打包，其中，指令裡面的 - 就是表示那個被打包的檔案啦！由於我們不想要讓中間檔案存在，所以就以這一個方式來進行複製的行為啦！

◆ **例題：系統備份範例**

系統上有非常多的重要目錄需要進行備份，而且其實我們也不建議你將備份資料放置到 /root 目錄下！假設目前你已經知道重要的目錄有底下這幾個：

- /etc/ (設定檔)
- /home/ (使用者的家目錄)
- /var/spool/mail/ (系統中，所有帳號的郵件信箱)
- /var/spool/cron/ (所有帳號的工作排成設定檔)
- /root (系統管理員的家目錄)

然後我們也知道，由於第七章曾經做過的練習的關係，/home/loop* 不需要備份，而且 /root 底下的壓縮檔也不需要備份，另外假設你要將備份的資料放置到 /backups ，並且該目錄僅有 root 有權限進入！此外，每次備份的檔名都希望不相同，例如使用： backup-system-20150701.tar.bz2 之類的檔名來處理。那你該如何處理這個備份資料呢？(請先動手作看看，再來查看一下底下的參考解答！)

```
# 1. 先處理要放置備份資料的目錄與權限：
[root@study ~]# mkdir /backups
[root@study ~]# chmod 700 /backups
[root@study ~]# ll -d /backups
drwx------. 2 root root 6 Jul  1 17:25 /backups

# 2. 假設今天是 2015/07/01 ，則建立備份的方式如下：
[root@study ~]# tar -jcv -f /backups/backup-system-20150701.tar.bz2 \
> --exclude=/root/*.bz2 --exclude=/root/*.gz --exclude=/home/loop* \
> /etc /home /var/spool/mail /var/spool/cron /root
....(過程省略)....

[root@study ~]# ll -h /backups/
-rw-r--r--. 1 root root 21M Jul  1 17:26 backup-system-20150701.tar.bz2
```

◆ **解壓縮後的 SELinux 課題**

如果，鳥哥是說如果，如果因為某些緣故，所以你的系統必須要以備份的資料來回填到原本的系統中，那麼得要特別注意復原後的系統的 SELinux 問題！尤其是在系統檔上面！例如 /etc 底下的檔案群。SELinux 是比較特別的細部權限設定，相關的介紹我們會在 16 章好好的介紹一下。在這裡，你只要先知道，SELinux 的權限問題『**可能會讓你的系統無法存取某些設定檔內容，導致影響到系統的正常使用權**』。

這兩天 (2015/07) 接到一個網友的 email，他說他使用鳥哥介紹的方法透過 tar 去備份了 /etc 的資料，然後嘗試在另一部系統上面復原回來。復原倒是沒問題，但是復原完畢之後，無論如何就是無法正常的登入系統！明明使用單人維護模式去操作系統時，看起來一切正常～但就是無法順利登入。其實這個問題倒是很常見！大部分原因就是因為 /etc/shadow 這個密碼檔案的 SELinux 類型在還原時被更改了！導致系統的登入程序無法順利的存取它，才造成無法登入的窘境。

那如何處理呢？簡單的處理方式有這幾個：

- 透過各種可行的救援方式登入系統，然後修改 /etc/selinux/config 檔案，將 SELinux 改成 permissive 模式，重新開機後系統就正常了。

- 在第一次復原系統後，不要立即重新開機！先使用 restorecon -Rv /etc 自動修復一下 SELinux 的類型即可。

- 透過各種可行的方式登入系統，建立 /.autorelabel 檔案，重新開機後系統會自動修復 SELinux 的類型，並且又會再次重新開機，之後就正常了！

鳥哥個人是比較偏好第 2 個方法，不過如果忘記了該步驟就重新開機呢？那鳥哥比較偏向使用第 3 個方案來處理，這樣就能夠解決復原後的 SELinux 問題囉！至於更詳細的 SELinux ，我們得要講完程序 (process) 之後，你才會有比較清楚的認知，因此還請慢慢學習，到第 16 章你就知道問題點了！^_^

## 8.4 XFS 檔案系統的備份與還原

使用 tar 通常是針對目錄樹系統來進行備份的工作，那麼如果想要針對整個檔案系統來進行備份與還原呢？由於 CentOS 7 已經使用 XFS 檔案系統作為預設值，所以那個好用的 xfsdump 與 xfsrestore 兩個工具對 CentOS 7 來說，就是挺重要的工具軟體了。底下就讓我們來談一談這個指令的用法吧！

### 8.4.1 XFS 檔案系統備份 xfsdump

其實 xfsdump 的功能頗強！它除了可以進行檔案系統的完整備份 (full backup) 之外，還可以進行累積備份 (Incremental backup) 喔！啥是累積備份呢？這麼說好了，假設你的 /home 是獨立的一個檔案系統，那你在第一次使用 xfsdump 進行完整備份後，等過一段時間的檔案系統自然運作後，你再進行第二次 xfsdump 時，就可以選擇累積備份了！此時新備份的資料只會記錄與第一次完整備份所有差異的檔案而已。看不懂嗎？沒關係！我們用一張簡圖來說明。

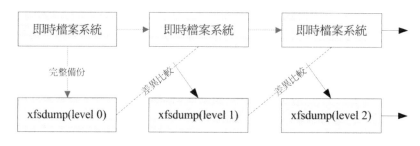

圖 8.4.1　xfsdump 運作時，完整備份與累積備份示意圖

如上圖所示，上方的『即時檔案系統』是一直隨著時間而變化的資料，例如在 /home 裡面的檔案資料會一直變化一樣。而底下的方塊則是 xfsdump 備份起來的資料，**第一次備份一定是完整備份，完整備份在 xfsdump 當中被定義為 level 0 喔！** 等到第二次備份時，/home 檔案系統內的資料已經與 level 0 不一樣了，而 level 1 僅只是比較目前的檔案系統與 level 0 之間的差異後，備份有變化過的檔案而已。至於 level 2 則是與 level 1 進行比較啦！這樣瞭解呼？至於各個 level 的紀錄檔則放置於 /var/lib/xfsdump/inventory 中。

另外，使用 xfsdump 時，請注意底下的限制喔：

- xfsdump 不支援沒有掛載的檔案系統備份！所以只能備份已掛載的！

- xfsdump 必須使用 root 的權限才能操作 (涉及檔案系統的關係)

- xfsdump 只能備份 XFS 檔案系統啊！

- xfsdump 備份下來的資料 (檔案或儲存媒體) 只能讓 xfsrestore 解析

- xfsdump 是透過檔案系統的 UUID 來分辨各個備份檔的，因此不能備份兩個具有相同 UUID 的檔案系統喔！

xfsdump 的選項雖然非常的繁複，不過如果只是想要簡單的操作時，你只要記得底下的幾個選項就很夠用了！

```
[root@study ~]# xfsdump [-L S_label] [-M M_label] [-l #] [-f 備份檔] 待備份資料
[root@study ~]# xfsdump -I
選項與參數：
-L  ：xfsdump 會紀錄每次備份的 session 標頭，這裡可以填針對此檔案系統的簡易說明
-M  ：xfsdump 可以紀錄儲存媒體的標頭，這裡可以填寫此媒體的簡易說明
-l  ：是 L 的小寫，就是指定等級～有 0~9 共 10 個等級喔！(預設為 0，即完整備份)
-f  ：有點類似 tar 啦！後面接產生的檔案，亦可接例如 /dev/st0 裝置檔名或其他一般檔案檔名等
-I  ：從 /var/lib/xfsdump/inventory 列出目前備份的資訊狀態
```

特別注意，xfsdump 預設僅支援檔案系統的備份，並不支援特定目錄的備份～所以你不能用 xfsdump 去備份 /etc ！因為 /etc 從來就不是一個獨立的檔案系統！注意！注意！

◆ **用 xfsdump 備份完整的檔案系統**

現在就讓我們來做幾個範例吧！假設你跟鳥哥一樣有將 /boot 分割出自己的檔案系統，要整個檔案系統備份可以這樣做：

```
# 1. 先確定 /boot 是獨立的檔案系統喔！
[root@study ~]# df -h /boot
Filesystem      Size  Used Avail Use% Mounted on
/dev/vda2      1014M  131M  884M  13% /boot          # 掛載 /boot 的是 /dev/vda 裝置！
# 看！確實是獨立的檔案系統喔！/boot 是掛載點！

# 2. 將完整備份的檔名記錄成為 /srv/boot.dump ：
[root@study ~]# xfsdump -l 0 -L boot_all -M boot_all -f /srv/boot.dump /boot
xfsdump -l 0 -L boot_all -M boot_all -f /srv/boot.dump /boot
xfsdump: using file dump (drive_simple) strategy
xfsdump: version 3.1.4 (dump format 3.0) - type ^C for status and control
xfsdump: level 0 dump of study.centos.vbird:/boot      # 開始備份本機/boot系統
xfsdump: dump date: Wed Jul  1 18:43:04 2015           # 備份的時間
xfsdump: session id: 418b563f-26fa-4c9b-98b7-6f57ea0163b1   # 這次dump的ID
xfsdump: session label: "boot_all"                     # 簡單給予一個名字記憶
xfsdump: ino map phase 1: constructing initial dump list   # 開始備份程序
xfsdump: ino map phase 2: skipping (no pruning necessary)
xfsdump: ino map phase 3: skipping (only one dump stream)
xfsdump: ino map construction complete
xfsdump: estimated dump size: 103188992 bytes
xfsdump: creating dump session media file 0 (media 0, file 0)
xfsdump: dumping ino map
xfsdump: dumping directories
xfsdump: dumping non-directory files
xfsdump: ending media file
xfsdump: media file size 102872168 bytes
xfsdump: dump size (non-dir files) : 102637296 bytes
xfsdump: dump complete: 1 seconds elapsed
xfsdump: Dump Summary:
xfsdump:   stream 0 /srv/boot.dump OK (success)
xfsdump: Dump Status: SUCCESS
# 在指令的下達方面，你也可以不加 -L 及 -M 的，只是那就會進入互動模式，要求你 enter！
# 而執行 xfsdump 的過程中會出現如上的一些訊息，你可以自行仔細的觀察！

[root@study ~]# ll /srv/boot.dump
-rw-r--r--. 1 root root 102872168 Jul  1 18:43 /srv/boot.dump

[root@study ~]# ll /var/lib/xfsdump/inventory
```

```
-rw-r--r--. 1 root root 5080 Jul  1 18:43 506425d2-396a-433d-9968-9b200db0c17c.StObj
-rw-r--r--. 1 root root 312 Jul 1 18:43 94ac5f77-cb8a-495e-a65b-2ef7442b837c.InvIndex
-rw-r--r--. 1 root root  576 Jul 1 18:43 fstab
# 使用了 xfsdump 之後才會有上述 /var/lib/xfsdump/inventory 內的檔案產生喔！
```

這樣很簡單的就建立起來 /srv/boot.dump 檔案，該檔案將整個 /boot/ 檔案系統都備份下來了！並且將備份的相關資訊（檔案系統/時間/session ID 等等）寫入 /var/lib/xfsdump/inventory 中，準備讓下次備份時可以作為一個參考依據。現在讓我們來進行一個測試，檢查看看能否真的建立 level 1 的備份呢？

◆ 用 xfsdump 進行累積備份 (Incremental backups)

你一定得要進行過完整備份後 (-l 0) 才能夠繼續有其他累積備份 (-l 1~9) 的能耐！所以，請確定上面的實作已經完成！接下來讓我們來搞一搞累積備份功能吧！

```
# 0. 看一下有沒有任何檔案系統被 xfsdump 過的資料？
[root@study ~]# xfsdump -I
file system 0:
    fs id:          94ac5f77-cb8a-495e-a65b-2ef7442b837c
    session 0:
        mount point:    study.centos.vbird:/boot
        device:         study.centos.vbird:/dev/vda2
        time:           Wed Jul  1 18:43:04 2015
        session label:  "boot_all"
        session id:     418b563f-26fa-4c9b-98b7-6f57ea0163b1
        level:          0
        resumed:        NO
        subtree:        NO
        streams:        1
        stream 0:
            pathname:       /srv/boot.dump
            start:          ino 132 offset 0
            end:            ino 2138243 offset 0
            interrupted:    NO
            media files:    1
            media file 0:
                mfile index:    0
                mfile type:     data
                mfile size:     102872168
                mfile start:    ino 132 offset 0
                mfile end:      ino 2138243 offset 0
                media label:    "boot_all"
                media id:       a6168ea6-1ca8-44c1-8d88-95c863202eab
```

```
xfsdump: Dump Status: SUCCESS
# 我們可以看到目前僅有一個 session 0 的備份資料而已！而且是 level 0 喔！

# 1. 先惡搞一下，建立一個大約 10 MB 的檔案在 /boot 內：
[root@study ~]# dd if=/dev/zero of=/boot/testing.img bs=1M count=10
10+0 records in
10+0 records out
10485760 bytes (10 MB) copied, 0.166128 seconds, 63.1 MB/s

# 2. 開始建立差異備份檔，此時我們使用 level 1 吧：
[root@study ~]# xfsdump -l 1 -L boot_2 -M boot_2 -f /srv/boot.dump1 /boot
....(中間省略)....

[root@study ~]# ll /srv/boot*
-rw-r--r--. 1 root root 102872168 Jul  1 18:43 /srv/boot.dump
-rw-r--r--. 1 root root  10510952 Jul  1 18:46 /srv/boot.dump1
# 看看檔案大小，豈不是就是剛剛我們所建立的那個大檔案的容量嗎？^_^

# 3. 最後再看一下是否有記錄 level 1 備份的時間點呢？
[root@study ~]# xfsdump -I
file system 0:
    fs id:          94ac5f77-cb8a-495e-a65b-2ef7442b837c
    session 0:
        mount point:    study.centos.vbird:/boot
        device:         study.centos.vbird:/dev/vda2
....(中間省略)....

    session 1:
        mount point:    study.centos.vbird:/boot
        device:         study.centos.vbird:/dev/vda2
        time:           Wed Jul  1 18:46:21 2015
        session label:  "boot_2"
        session id:     c71d1d41-b3bb-48ee-bed6-d77c939c5ee8
        level:          1
        resumed:        NO
        subtree:        NO
        streams:        1
        stream 0:
                pathname:       /srv/boot.dump1
                start:          ino 455518 offset 0
....(底下省略)....
```

透過這個簡單的方式，我們就能夠僅備份差異檔案的部分囉！

## 8.4.2　XFS 檔案系統還原 xfsrestore

備份檔就是在急用時可以回復系統的重要資料，所以有備份當然就得要學學如何復原了！xfsdump 的復原使用的是 xfsrestore 這個指令！這個指令的選項也非常的多～你可以自行 man xfsrestore 瞧瞧！鳥哥在這裡僅作個簡單的介紹囉！

```
[root@study ~]# xfsrestore -I                          <==用來查看備份檔案資料
[root@study ~]# xfsrestore [-f 備份檔] [-L S_label] [-s] 待復原目錄 <==單一檔案全系
統復原
[root@study ~]# xfsrestore [-f 備份檔] -r 待復原目錄       <==透過累積備份檔來復原系統
[root@study ~]# xfsrestore [-f 備份檔] -i 待復原目錄       <==進入互動模式
選項與參數：
-I   ：跟 xfsdump 相同的輸出！可查詢備份資料，包括 Label 名稱與備份時間等
-f   ：後面接的就是備份檔！企業界很有可能會接 /dev/st0 等磁帶機！我們這裡接檔名！
-L   ：就是 Session 的 Label name 喔！可用 -I 查詢到的資料，在這個選項後輸入！
-s   ：需要接某特定目錄，亦即僅復原某一個檔案或目錄之意！
-r   ：如果是用檔案來儲存備份資料，那這個就不需要使用。如果是一個磁帶內有多個檔案，
       需要這東西來達成累積復原
-i   ：進入互動模式，進階管理員使用的！一般我們不太需要操作它！
```

◆ **用 xfsrestore 觀察 xfsdump 後的備份資料內容**

要找出 xfsdump 的內容就使用 xfsrestore -I 來查閱即可！不需要加任何參數！因為 xfsdump 與 xfsrestore 都會到 /var/lib/xfsdump/inventory/ 裡面去撈資料來顯示的！因此兩者輸出是相同的！

```
[root@study ~]# xfsrestore -I
file system 0:
    fs id:         94ac5f77-cb8a-495e-a65b-2ef7442b837c
    session 0:
        mount point:    study.centos.vbird:/boot
        device:         study.centos.vbird:/dev/vda2
        time:           Wed Jul  1 18:43:04 2015
        session label:  "boot_all"
        session id:     418b563f-26fa-4c9b-98b7-6f57ea0163b1
        level:          0
                pathname:       /srv/boot.dump
                        mfile size:     102872168
                        media label:    "boot_all"
    session 1:
        mount point:    study.centos.vbird:/boot
        device:         study.centos.vbird:/dev/vda2
        time:           Wed Jul  1 18:46:21 2015
```

```
        session label:    "boot_2"
        session id:       c71d1d41-b3bb-48ee-bed6-d77c939c5ee8
        level:            1
                pathname:          /srv/boot.dump1
                        mfile size:       10510952
                        media label:      "boot_2"
xfsrestore: Restore Status: SUCCESS
# 鳥哥已經將不重要的項目刪除了，所以上面的輸出是經過經簡化的結果！
# 我們可以看到這個檔案系統是 /boot 載點，然後有兩個備份，一個 level 0 一個 level 1。
# 也看到這兩個備份的資料它的內容大小！更重要的，就是那個 session label 喔！
```

這個查詢重點是找出到底哪個檔案是哪個掛載點？而該備份檔又是什麼 level 等等的！
接下來，讓我們實做一下從備份還原系統吧！

◆ **簡單復原 level 0 的檔案系統**

先來處理一個簡單的任務，就是將 /boot 整個復原到最原本的狀態～你該如何處理？其
實很簡單，我們只要知道想要被復原的那個檔案，以及該檔案的 session label name，
就可以復原啦！我們從上面的觀察已經知道 level 0 的 session label 是『boot_all』囉！
那整個流程是這樣：

```
# 1. 直接將資料給它覆蓋回去即可！
[root@study ~]# xfsrestore -f /srv/boot.dump -L boot_all /boot
xfsrestore: using file dump (drive_simple) strategy
xfsrestore: version 3.1.4 (dump format 3.0) - type ^C for status and control
xfsrestore: using online session inventory
xfsrestore: searching media for directory dump
xfsrestore: examining media file 0
xfsrestore: reading directories
xfsrestore: 8 directories and 327 entries processed
xfsrestore: directory post-processing
xfsrestore: restoring non-directory files
xfsrestore: restore complete: 1 seconds elapsed
xfsrestore: Restore Summary:
xfsrestore:    stream 0 /srv/boot.dump OK (success)    # 是否是正確的檔案啊？
xfsrestore: Restore Status: SUCCESS

# 2. 將備份資料在 /tmp/boot 底下解開！
[root@study ~]# mkdir /tmp/boot
[root@study ~]# xfsrestore -f /srv/boot.dump -L boot_all /tmp/boot
[root@study ~]# du -sm /boot /tmp/boot
109     /boot
99      /tmp/boot
```

```
# 咦!兩者怎麼大小不一致呢?沒關係!我們來檢查看看!

[root@study ~]# diff -r /boot /tmp/boot
Only in /boot: testing.img
# 看吧!原來是 /boot 我們有增加過一個檔案啦!
```

因為原本 /boot 裡面的東西我們沒有刪除,直接復原的結果就是:『同名的檔案會被覆蓋,其他系統內新的檔案會被保留』喔!所以,那個 /boot/testing.img 就會一直在裡頭～如果備份的目的地是新的位置,當然就只有原本備份的資料而已啊!那個 diff -r 可以比較兩個目錄內的檔案差異!透過該指令我們可以找到兩個目錄的差異處!

```
# 3. 僅復原備份檔內的 grub2 到 /tmp/boot2/ 裡頭去!
[root@study ~]# mkdir /tmp/boot2
[root@study ~]# xfsrestore -f /srv/boot.dump -L boot_all -s grub2 /tmp/boot2
```

如果只想要復原某一個目錄或檔案的話,直接加上『 -s 目錄 』這個選項與參數即可!相當簡單好用!

◆ **復原累積備份資料**

其實復原累積備份與復原單一檔案系統相似耶!如果備份資料是由 level 0 -> level 1 -> level 2... 去進行的,當然復原就得要相同的流程來復原!因此噹我們復原了 level 0 之後,接下來當然就要復原 level 1 到系統內啊!我們可以前一個案例復原 /tmp/boot 的情況來繼續往下處理:

```
# 繼續復原 level 1 到 /tmp/boot 當中!
[root@study ~]# xfsrestore -f /srv/boot.dump1 /tmp/boot
```

◆ **僅還原部分檔案的 xfsrestore 互動模式**

剛剛的 -s 可以接部分資料來還原,但是...如果我就根本不知道備份檔裡面有啥檔案,那該如何選擇啊?用猜的喔?又如果要復原的檔案數量太多時,用 -s 似乎也是笨笨的～那怎辦?有沒有比較好的方式呢?有的,就透過 -i 這個互動介面吧!舉例來說,我們想要知道 level 0 的備份資料裡面有哪些東西,然後再少量的還原回來的話!

```
# 1. 先進入備份檔案內,準備找出需要備份的檔名資料,同時預計還原到 /tmp/boot3 當中!
[root@study ~]# mkdir /tmp/boot3
[root@study ~]# xfsrestore -f /srv/boot.dump -i /tmp/boot3
========================== subtree selection dialog ==========================

the following commands are available:
        pwd
        ls [ <path> ]
```

```
         cd [ <path> ]
         add [ <path> ]              # 可以加入復原檔案列表中
         delete [ <path> ]           # 從復原列表拿掉檔名！並非刪除喔！
         extract                     # 開始復原動作！
         quit
         help

 -> ls
         455517 initramfs-3.10.0-229.el7.x86_64kdump.img
            138 initramfs-3.10.0-229.el7.x86_64.img
            141 initrd-plymouth.img
            140 vmlinuz-0-rescue-309eb890d09f440681f596543d95ec7a
            139 initramfs-0-rescue-309eb890d09f440681f596543d95ec7a.img
            137 vmlinuz-3.10.0-229.el7.x86_64
            136 symvers-3.10.0-229.el7.x86_64.gz
            135 config-3.10.0-229.el7.x86_64
            134 System.map-3.10.0-229.el7.x86_64
            133 .vmlinuz-3.10.0-229.el7.x86_64.hmac
        1048704 grub2/
            131 grub/

 -> add grub
 -> add grub2
 -> add config-3.10.0-229.el7.x86_64
 -> extract

[root@study ~]# ls -l /tmp/boot3
-rw-r--r--. 1 root root 123838 Mar  6 19:45 config-3.10.0-229.el7.x86_64
drwxr-xr-x. 2 root root     26 May  4 17:52 grub
drwxr-xr-x. 6 root root    104 Jun 25 00:02 grub2
# 就只會有 3 個檔名被復原，當然，如果檔名是目錄，那底下的子檔案當然也會被還原回來的！
```

事實上，這個 -i 是很有幫助的一個項目！可以從備份檔裡面找出你所需要的資料來復原！相當有趣！當然啦，如果你已經知道檔名，使用 -s 不需要進入備份檔就能夠處理掉這部分了！

## 8.5　光碟寫入工具

事實上，企業還是挺愛用磁帶來進行備份的，容量高、儲存時限長、挺耐摔等等，至於以前很熱門的 DVD/CD 等，則因為儲存速度慢、容量沒有大幅度提昇，所以目前除了行政部門為了『歸檔』而需要的工作之外，這個東東的存在性已經被 USB 隨身碟所取代了。你可能會談到說，不是還有藍光嘛？但這傢伙目前主要應用還是在多媒體影音方面，如果要大容量的儲存，個人建議，還是使用 USB 外接式硬碟，一顆好幾個 TB 給你用，不是更爽嘛？所以，鳥哥是認為，DVD/CD 雖然還是有存在的價值 (例如前面講的歸檔)，不過，越來越少人使用了。

雖然很少使用，不過，某些特別的情況下，沒有這東西又不行～因此，我們還是來介紹一下建立光碟映像檔以及燒錄軟體吧！否則，偶而需要用到時，找不到軟體資料還挺傷腦筋的！文字模式的燒錄行為要怎麼處理呢？通常的作法是這樣的：

- 先將所需要備份的資料建置成為一個映像檔(iso)，利用 mkisofs 指令來處理。
- 將該映像檔燒錄至光碟或 DVD 當中，利用 cdrecord 指令來處理。

底下我們就分別來談談這兩個指令的用法吧！

## 8.5.1　mkisofs：建立映像檔

燒錄可開機與不可開機的光碟，使用的方法不太一樣喔！

◆ **製作一般資料光碟映像檔**

我們從 FTP 站捉下來的 Linux 映像檔 (不管是 CD 還是 DVD) 都得要繼續燒錄成為實體的光碟/DVD 後，才能夠進一步的使用，包括安裝或更新你的 Linux 啦！同樣的道理，你想要利用燒錄機將你的資料燒錄到 DVD 時，也得要先將你的資料包成一個映像檔，這樣才能夠寫入 DVD 片中。而將你的資料包成一個映像檔的方式就透過 mkisofs 這個指令即可。mkisofs 的使用方式如下：

```
[root@study ~]# mkisofs [-o 映像檔] [-Jrv] [-V vol] [-m file] 待備份檔案... \
> -graft-point isodir=systemdir ...
選項與參數：
-o ：後面接你想要產生的那個映像檔檔名。
-J ：產生較相容於 windows 機器的檔名結構，可增加檔名長度到 64 個 unicode 字元
-r ：透過 Rock Ridge 產生支援 Unix/Linux 的檔案資料，可記錄較多的資訊(如 UID/GID等) ；
-v ：顯示建置 ISO 檔案的過程
-V vol  ：建立 Volume，有點像 Windows 在檔案總管內看到的 CD title 的東西
-m file ：-m 為排除檔案 (exclude) 的意思，後面的檔案不備份到映像檔中，也能使用 * 萬用字元喔
-graft-point：graft有轉嫁或移植的意思，相關資料在底下文章內說明。
```

其實 mkisofs 有非常多好用的選項可以選擇，不過如果我們只是想要製作『資料光碟』時，上述的選項也就夠用了。**光碟的格式一般稱為 iso9660，這種格式一般僅支援舊版的 DOS 檔名，亦即檔名只能以 8.3 (檔名 8 個字元，副檔名 3 個字元) 的方式存在。**如

果加上 -r 的選項之後，那麼檔案資訊能夠被記錄的比較完整，可包括 UID/GID 與權限等等！所以，記得加這個 -r 的選項。

此外，一般預設的情況下，**所有要被加到映像檔中的檔案都會被放置到映象檔中的根目錄**，如此一來可能會造成燒錄後的檔案分類不易的情況。所以，你可以使用 -graft-point 這個選項，當你使用這個選項之後，可以利用如下的方法來定義位於映像檔中的目錄，例如：

- 映像檔中的目錄所在＝實際 Linux 檔案系統的目錄所在

- /movies/=/srv/movies/ (在 Linux 的 /srv/movies 內的檔案，加至映像檔中的 /movies/ 目錄)

- /linux/etc=/etc (將 Linux 中的 /etc/ 內的所有資料備份到映像檔中的 /linux/etc/ 目錄中)

我們透過一個簡單的範例來說明一下吧。如果你想要將 /root, /home, /etc 等目錄內的資料通通燒錄起來的話，先得要處理一下映像檔，我們先不使用 -graft-point 的選項來處理這個映像檔試看看：

```
[root@study ~]# mkisofs -r -v -o /tmp/system.img /root /home /etc
I: -input-charset not specified, using utf-8 (detected in locale settings)
genisoimage 1.1.11 (Linux)
Scanning /root
.....(中間省略).....
Scanning /etc/scl/prefixes
Using SYSTE000.;1 for  /system-release-cpe (system-release)        # 被改名子了！
Using CENTO000.;1 for  /centos-release-upstream (centos-release)   # 被改名子了！
Using CRONT000.;1 for  /crontab (crontab)
genisoimage: Error: '/etc/crontab' and '/root/crontab' have the same Rock Ridge name
'crontab'.
Unable to sort directory                                          # 檔名不可一樣啊！
NOTE: multiple source directories have been specified and merged into the root
of the filesystem. Check your program arguments. genisoimage is not tar.
# 看到沒？因為檔名一模一樣，所以就不給你建立 ISO 檔了啦！
# 請先刪除 /root/crontab 這個檔案，然後再重複執行一次 mkisofs 吧！

[root@study ~]# rm /root/crontab
[root@study ~]# mkisofs -r -v -o /tmp/system.img /root /home /etc
.....(前面省略).....
 83.91% done, estimate finish Thu Jul  2 18:48:04 2015
 92.29% done, estimate finish Thu Jul  2 18:48:04 2015
Total translation table size: 0
Total rockridge attributes bytes: 600251
Total directory bytes: 2150400
Path table size(bytes): 12598
```

```
Done with: The File(s)                    Block(s)      58329
Writing:    Ending Padblock               Start Block 59449
Done with: Ending Padblock                Block(s)      150
Max brk space used 548000
59599 extents written (116 MB)

[root@study ~]# ll -h /tmp/system.img
-rw-r--r--. 1 root root 117M Jul  2 18:48 /tmp/system.img

[root@study ~]# mount -o loop /tmp/system.img /mnt
[root@study ~]# df -h /mnt
Filesystem       Size  Used Avail Use% Mounted on
/dev/loop0       117M  117M     0 100% /mnt

[root@study ~]# ls /mnt
abrt          festival        mail.rc                    rsyncd.conf
adjtime       filesystems     makedumpfile.conf.sample   rsyslog.conf
alex          firewalld       man_db.conf                rsyslog.d
# 看吧！一堆資料都放置在一起！包括有的沒有的目錄與檔案等等！

[root@study ~]# umount /mnt
# 測試完畢要記得卸載！
```

由上面的範例我們可以看到，三個目錄 (/root, /home, /etc) 的資料通通放置到了映像檔的最頂層目錄中！真是不方便～尤其由於 /root/etc 的存在，導致那個 /etc 的資料似乎沒有被包含進來的樣子！真不合理～此時我們可以使用 -graft-point 來處理囉！

```
[root@study ~]# mkisofs -r -V 'linux_file' -o /tmp/system.img \
>  -m /root/etc -graft-point /root=/root /home=/home /etc=/etc
[root@study ~]# ll -h /tmp/system.img
-rw-r--r--. 1 root root 92M Jul  2 19:00 /tmp/system.img
# 上面的指令會建立一個大檔案，其中 -graft-point 後面接的就是我們要備份的資料。
# 必須要注意的是那個等號的兩邊，等號左邊是在映像檔內的目錄，右側則是實際的資料。

[root@study ~]# mount -o loop /tmp/system.img /mnt
[root@study ~]# ll /mnt
dr-xr-xr-x. 131 root root 34816 Jun 26 22:14 etc
dr-xr-xr-x.   5 root root  2048 Jun 17 00:20 home
dr-xr-xr-x.   8 root root  4096 Jul  2 18:48 root
# 瞧！資料是分門別類的在各個目錄中喔這樣瞭解乎？最後將資料卸載一下：

[root@study ~]# umount /mnt
```

如果你想要將實際的資料直接倒進 ISO 檔中，那就得要使用這個 -graft-point 來處理處理比較妥當！不然沒有分第一層目錄，後面的資料管理實在是很麻煩。如果你是有自己要製作的資料內容，其實最簡單的方法，就是將所有的資料預先處理到某一個目錄中，再燒錄該目錄即可！例如上述的 /etc, /root, /home 先全部複製到 /srv/cdrom 當中，然後跑到 /srv/cdrom 當中，再使用類似『 mkisofs -r -v -o /tmp/system.img . 』的方式來處理即可！這樣也比較單純～

◆ **製作/修改可開機光碟映像擋**

在鳥哥的研究室中，學生常被要求要製作『一鍵安裝』的安裝光碟！也就是說，得要修改原版的光碟映像檔，改成可以自動載入某些程序的流程，讓這片光碟放入主機光碟機後，只要開機利用光碟片來開機，那就直接安裝系統，不再需要詢問管理員一些有的沒有的！等於是自動化處理啦！那些流程比較麻煩，因為得要知道 kickstart 的相關技術等，那個我們先不談，這裡要談的是，那如何讓這片光碟的內容被修改之後，還可以燒錄成為可開機的模樣呢？

因為鳥哥這部測試機的容量比較小，又僅是測試而已啊，因此鳥哥選擇 CentOS-7-x86_64-Minimal-1503-01.iso 這個最小安裝光碟映像檔來測試給各位瞧瞧！假設你已經到崑山科大 http://ftp.ksu.edu.tw/FTP/CentOS/7/isos/x86_64/ 取得了最小安裝的 Image 檔，而且放在 /home 底下～之後我們要將裡頭的資料進行修改，假設新的映像檔目錄放置於 /srv/newcd 裡面，那你應該要這樣做：

```
# 1. 先觀察一下這片光碟裡面有啥東西？是否是我們需要的光碟系統！
[root@study ~]# isoinfo -d -i /home/CentOS-7-x86_64-Minimal-1503-01.iso
CD-ROM is in ISO 9660 format
System id: LINUX
Volume id: CentOS 7 x86_64
Volume set id:
Publisher id:
Data preparer id:
Application id: GENISOIMAGE ISO 9660/HFS FILESYSTEM CREATOR (C) 1993 E.YOUNGDALE
(C) ...
Copyright File id:
.....(中間省略).....
    Eltorito defaultboot header:
        Bootid 88 (bootable)
        Boot media 0 (No Emulation Boot)
        Load segment 0
        Sys type 0
        Nsect 4
```

```
# 2. 開始掛載這片光碟到 /mnt ，並且將所有資料完整複製到 /srv/newcd 目錄去喔
[root@study ~]# mount /home/CentOS-7-x86_64-Minimal-1503-01.iso /mnt
[root@study ~]# mkdir /srv/newcd
[root@study ~]# rsync -a /mnt/ /srv/newcd
[root@study ~]# ll /srv/newcd/
-rw-r--r--. 1 root root    16 Apr  1 07:11 CentOS_BuildTag
drwxr-xr-x. 3 root root    33 Mar 28 06:34 EFI
-rw-r--r--. 1 root root   215 Mar 28 06:36 EULA
-rw-r--r--. 1 root root 18009 Mar 28 06:36 GPL
drwxr-xr-x. 3 root root    54 Mar 28 06:34 images
drwxr-xr-x. 2 root root  4096 Mar 28 06:34 isolinux
drwxr-xr-x. 2 root root    41 Mar 28 06:34 LiveOS
drwxr-xr-x. 2 root root 20480 Apr  1 07:11 Packages
drwxr-xr-x. 2 root root  4096 Apr  1 07:11 repodata
-rw-r--r--. 1 root root  1690 Mar 28 06:36 RPM-GPG-KEY-CentOS-7
-rw-r--r--. 1 root root  1690 Mar 28 06:36 RPM-GPG-KEY-CentOS-Testing-7
-r--r--r--. 1 root root  2883 Apr  1 07:15 TRANS.TBL
# rsync 可以完整的複製所有的權限屬性等資料，也能夠進行鏡像處理！相當好用的指令喔！
# 這裡先了解一下即可。現在 newcd/ 目錄內已經是完整的映像檔內容！

# 3. 假設已經處理完畢你在 /srv/newcd 裡面所要進行的各項修改行為，準備建立 ISO 檔！
[root@study ~]# ll /srv/newcd/isolinux/
-r--r--r--. 1 root root     2048 Apr  1 07:15 boot.cat       # 開機的型號資料等等
-rw-r--r--. 1 root root       84 Mar 28 06:34 boot.msg
-rw-r--r--. 1 root root      281 Mar 28 06:34 grub.conf
-rw-r--r--. 1 root root 35745476 Mar 28 06:31 initrd.img
-rw-r--r--. 1 root root    24576 Mar 28 06:38 isolinux.bin   # 相當於開機管理程式
-rw-r--r--. 1 root root     3032 Mar 28 06:34 isolinux.cfg
-rw-r--r--. 1 root root   176500 Sep 11  2014 memtest
-rw-r--r--. 1 root root      186 Jul  2  2014 splash.png
-r--r--r--. 1 root root     2438 Apr  1 07:15 TRANS.TBL
-rw-r--r--. 1 root root 33997348 Mar 28 06:33 upgrade.img
-rw-r--r--. 1 root root   153104 Mar  6 13:46 vesamenu.c32
-rwxr-xr-x. 1 root root  5029136 Mar  6 19:45 vmlinuz        # Linux 核心檔案

[root@study ~]# cd /srv/newcd
[root@study newcd]# mkisofs -o /custom.iso -b isolinux/isolinux.bin -c isolinux/
boot.cat -no-emul-boot -V 'CentOS 7 x86_64' -boot-load-size 4 -boot-info-table -R -J
-v -T .
```

此時你就有一個 /custom.img 的檔案存在，可以將該光碟燒錄出來囉！就這麼簡單！

## 8.5.2　cdrecord：光碟燒錄工具

新版的 CentOS 7 使用的是 wodim 這個文字介面指令來進行燒錄的行為。不過為了相容於舊版的 cdrecord 這個指令，因此 wodim 也有連結到 cdrecord 就是了！因此，你還是可以使用 cdrecord 這個指令。不過，鳥哥建議還是改用 wodim 比較乾脆！這個指令常見的選項有底下數個：

```
[root@study ~]# wodim --devices dev=/dev/sr0...          <==查詢燒錄機的 BUS 位置
[root@study ~]# wodim -v dev=/dev/sr0 blank=[fast|all] <==抹除重複讀寫片
[root@study ~]# wodim -v dev=/dev/sr0 -format          <==格式化DVD+RW
[root@study ~]# wodim -v dev=/dev/sr0 [可用選項功能] file.iso
選項與參數：
--devices         ：用在掃瞄磁碟匯流排並找出可用的燒錄機，後續的裝置為 ATA 介面
-v                ：在 cdrecord 運作的過程中，顯示過程而已。
dev=/dev/sr0      ：可以找出此光碟機的 bus 位址，非常重要！
blank=[fast|all]：blank 為抹除可重複寫入的CD/DVD-RW，使用fast較快，all較完整
-format           ：對光碟片進行格式化，但是僅針對 DVD+RW 這種格式的 DVD 而已；
[可用選項功能] 主要是寫入 CD/DVD 時可使用的選項，常見的選項包括有：
   -data     ：指定後面的檔案以資料格式寫入，不是以 CD 音軌(-audio)方式寫入！
   speed=X   ：指定燒錄速度，例如CD可用 speed=40 為40倍數，DVD則可用 speed=4 之類
   -eject    ：指定燒錄完畢後自動退出光碟
   fs=Ym     ：指定多少緩衝記憶體，可用在將映像檔先暫存至緩衝記憶體。預設為 4m，
             一般建議可增加到 8m ，不過，還是得視你的燒錄機而定。
針對 DVD 的選項功能：
   driveropts=burnfree ：打開 Buffer Underrun Free 模式的寫入功能
   -sao                ：支援 DVD-RW 的格式
```

### ◆　偵測你的燒錄機所在位置

文字模式的燒錄確實是比較麻煩的，因為沒有所見即所得的環境嘛！要燒錄首先就得要找到燒錄機才行！而由於早期的燒錄機都是使用 SCSI 介面，因此查詢燒錄機的方法就得要配合著 SCSI 介面的認定來處理了。查詢燒錄機的方式為：

```
[root@study ~]# ll /dev/sr0
brw-rw----+ 1 root cdrom 11, 0 Jun 26 22:14 /dev/sr0 # 一般 Linux 光碟機檔名！


[root@study ~]# wodim --devices dev=/dev/sr0
-----------------------------------------------------------------------
 0  dev='/dev/sr0'      rwrw-- : 'QEMU' 'QEMU DVD-ROM'
-----------------------------------------------------------------------


[root@demo ~]# wodim --devices dev=/dev/sr0
```

```
wodim: Overview of accessible drives (1 found) :
-------------------------------------------------------------------------
 0  dev='/dev/sr0'        rwrw-- : 'ASUS' 'DRW-24D1ST'
-------------------------------------------------------------------------
# 你可以發現到其實鳥哥做了兩個測試！上面的那部主機系統是虛擬機，當然光碟機也是模擬的，沒法用。
# 因此在這裡與底下的 wodim 用法，鳥哥只能使用另一部 Demo 機器測試給大家看了！
```

因為上面那部機器是虛擬機內的虛擬光碟機 (QEMU DVD-ROM)，那個無法塞入真正的
光碟片啦！真討厭～所以鳥哥只好找另一部實體 CentOS 7 的主機系統來測試。因此你
可以看到底下那部使用的就是正統的 ASUS 光碟機了！這樣會查閱了嗎？注意喔，一定
要有 dev=/dev/xxx 那一段，不然系統會告訴你找不到光碟！這真的是很奇怪！不過，
反正我們知道光碟機的檔名為 /dev/sr0 之類的，直接帶入即可。

◆　**進行 CD/DVD 的燒錄動作**

好了，那麼現在要如何將 /tmp/system.img 燒錄到 CD/DVD 裡面去呢？因為要節省空間
與避免浪費，鳥哥拿之前多買的可重複讀寫的 DVD 四倍數 DVD 片來操作！因為是可抹
除的 DVD，因此可能得要在燒錄前先抹除 DVD 片裡面的資料才行喔！

```
# 0. 先抹除光碟的原始內容：(非可重複讀寫則可略過此步驟)
[root@demo ~]# wodim -v dev=/dev/sr0 blank=fast
# 中間會跑出一堆訊息告訴你抹除的進度，而且會有 10 秒鐘的時間等待你的取消！


# 1. 開始燒錄：
[root@demo ~]# wodim -v dev=/dev/sr0 speed=4 -dummy -eject /tmp/system.img
....(前面省略)....
Waiting for reader process to fill input buffer ... input buffer ready.
Starting new track at sector: 0
Track 01:   86 of   86 MB written (fifo 100%) [buf  97%]   4.0x. # 這裡有流程時間！
Track 01: Total bytes read/written: 90937344/90937344 (44403 sectors).
Writing  time:   38.337s                              # 寫入的總時間
Average write speed   1.7x.                           # 換算下來的寫入時間
Min drive buffer fill was 97%
Fixating...
Fixating time:  120.943s
wodim: fifo had 1433 puts and 1433 gets.
wodim: fifo was 0 times empty and 777 times full, min fill was 89%.
# 因為有加上 -eject 這個選項的緣故，因此燒錄完成後，DVD 會被退出光碟機喔！記得推回去！


# 2. 燒錄完畢後，測試掛載一下，檢驗內容：
[root@demo ~]# mount /dev/sr0/mnt
```

```
[root@demo ~]# df -h /mnt
Filesystem             Size  Used Avail Use% Mounted on
Filesystem        Size  Used Avail Use% Mounted on
/dev/sr0          87M   87M     0 100% /mnt

[root@demo ~]# ll /mnt
dr-xr-xr-x. 135 root root 36864 Jun 30 04:00 etc
dr-xr-xr-x.  19 root root  8192 Jul  2 13:16 root

[root@demo ~]# umount /mnt      <==不要忘了卸載
```

基本上，光碟燒錄的指令越來越簡單，雖然有很多的參數可以使用，不過，鳥哥認為，學習上面的語法就很足夠了！一般來說，如果有燒錄的需求，大多還是使用圖形介面的軟體來處理比較妥當～使用文字介面的燒錄，真的大部分都是燒錄資料光碟較多。因此，上面的語法已經足夠工程師的使用囉！

如果你的 Linux 是用來做為伺服器之用的話，那麼無時無刻的去想『如何備份重要資料』是相當重要的！關於備份我們會在第五篇再仔細的談一談，這裡你要會使用這些工具即可！

# 8.6　其他常見的壓縮與備份工具

還有一些很好用的工具得要跟大家介紹介紹，尤其是 dd 這個玩意兒呢！

## 8.6.1　dd

我們在第七章當中的特殊 loop 裝置掛載時使用過 dd 這個指令對吧？不過，這個指令可不只是製作一個檔案而已喔～這個 dd 指令最大的功效，鳥哥認為，應該是在於『備份』啊！因為 dd 可以讀取磁碟裝置的內容(幾乎是直接讀取磁區"sector")，然後將整個裝置備份成一個檔案呢！真的是相當的好用啊～ dd 的用途有很多啦～但是我們僅講一些比較重要的選項，如下：

```
[root@study ~]# dd if="input_file" of="output_file" bs="block_size" count="number"
選項與參數：
if    ：就是 input file 囉～也可以是裝置喔！
of    ：就是 output file 喔～也可以是裝置；
bs    ：規劃的一個 block 的大小，若未指定則預設是 512 bytes(一個 sector 的大小)
count ：多少個 bs 的意思。
```

範例一：將 /etc/passwd 備份到 /tmp/passwd.back 當中

```
[root@study ~]# dd if=/etc/passwd of=/tmp/passwd.back
4+1 records in
4+1 records out
2092 bytes (2.1 kB) copied, 0.000111657 s, 18.7 MB/s
[root@study ~]# ll /etc/passwd /tmp/passwd.back
-rw-r--r--. 1 root root 2092 Jun 17 00:20 /etc/passwd
-rw-r--r--. 1 root root 2092 Jul  2 23:27 /tmp/passwd.back
# 仔細的看一下，我的 /etc/passwd 檔案大小為 2092 bytes，因為我沒有設定 bs ，
# 所以預設是 512 bytes 為一個單位，因此，上面那個 4+1 表示有 4 個完整的 512 bytes，
# 以及未滿 512 bytes 的另一個 block 的意思啦！事實上，感覺好像是 cp 這個指令啦～
```

範例二：將剛剛燒錄的光碟機的內容，再次的備份下來成為映像擋

```
[root@study ~]# dd if=/dev/sr0 of=/tmp/system.iso
177612+0 records in
177612+0 records out
90937344 bytes (91 MB) copied, 22.111 s, 4.1 MB/s
# 要將資料抓下來用這個方法，如果是要將映像檔寫入 USB 磁碟，就會變如下一個範例囉！
```

範例三：假設你的 USB 是 /dev/sda 好了，請將剛剛範例二的 image 燒錄到 USB 磁碟中

```
[root@study ~]# lsblk /dev/sda
NAME MAJ:MIN RM SIZE RO TYPE MOUNTPOINT
sda    8:0    0  2G  0 disk              # 確實是 disk 而且有 2GB 喔！

[root@study ~]# dd if=/tmp/system.iso of=/dev/sda
[root@study ~]# mount /dev/sda /mnt
[root@study ~]# ll /mnt
dr-xr-xr-x. 131 root root 34816 Jun 26 22:14 etc
dr-xr-xr-x.   5 root root  2048 Jun 17 00:20 home
dr-xr-xr-x.   8 root root  4096 Jul  2 18:48 root
# 如果你不想要使用 DVD 來作為開機媒體，那可以將映像檔使用這個 dd 寫入 USB 磁碟，
# 該磁碟就會變成跟可開機光碟一樣的功能！可以讓你用 USB 來安裝 Linux 喔！速度快很多！
```

範例四：將你的 /boot 整個檔案系統透過 dd 備份下來

```
[root@study ~]# df -h /boot
Filesystem       Size  Used Avail Use% Mounted on
/dev/vda2       1014M  149M  866M  15% /boot        # 請注意！備份的容量會到 1G 喔！
[root@study ~]# dd if=/dev/vda2 of=/tmp/vda2.img
[root@study ~]# ll -h /tmp/vda2.img
-rw-r--r--. 1 root root 1.0G Jul  2 23:39 /tmp/vda2.img
# 等於是將整個 /dev/vda2 通通捉下來的意思～所以，檔案容量會跟整顆磁碟的最大量一樣大！
```

　　其實使用 dd 來備份是莫可奈何的情況,很笨耶!因為預設 dd 是一個一個磁區去讀/寫的,而且即使沒有用到的磁區也會倍寫入備份檔中!因此這個檔案會變得跟原本的磁碟一模一樣大!不像使用 xfsdump 只備份檔案系統中有使用到的部分。不過,dd 就是因為不理會檔案系統,單純有啥紀錄啥,因此不論該磁碟內的檔案系統你是否認識,它都可以備份、還原的!所以,鳥哥認為,上述的第三個案例是比較重要的學習喔!

**例題**

你想要將你的 /dev/vda2 進行完整的複製到另一個 partition 上,請使用你的系統上面未分割完畢的容量再建立一個與 /dev/vda2 差不多大小的分割槽 (只能比 /dev/vda2 大,不能比它小!),然後將之進行完整的複製 (包括需要複製 boot sector 的區塊)。

**答:**因為我們的 /dev/sda 也是個測試的 USB 磁碟,可以隨意惡搞!我們剛剛也才測試過將光碟映像檔給它複製進去而已。現在,請你分割 /dev/sda1 出來,然後將 /dev/vda2 完整的拷貝進去 /dev/sda1 吧!

```
# 1. 先進行分割的動作
[root@study ~]# fdisk /dev/sda

Command (m for help): n
Partition type:
   p   primary (0 primary, 0 extended, 4 free)
   e   extended
Select (default p): p
Partition number (1-4, default 1): 1
First sector (2048-4195455, default 2048): Enter
Using default value 2048
Last sector, +sectors or +size{K,M,G} (2048-4195455, default 4195455): Enter
Using default value 4195455
Partition 1 of type Linux and of size 2 GiB is set

Command (m for help): p
   Device Boot      Start         End      Blocks   Id  System
/dev/sda1            2048     4195455     2096704   83  Linux

Command (m for help): w

[root@study ~]# partprobe

# 2. 不需要格式化,直接進行 sector 表面的複製!
[root@study ~]# dd if=/dev/vda2 of=/dev/sda1
2097152+0 records in
```

```
2097152+0 records out
1073741824 bytes (1.1 GB) copied, 71.5395 s, 15.0 MB/s

[root@study ~]# xfs_repair -L /dev/sda1    # 一定要先清除一堆 log 才行！
[root@study ~]# uuidgen                     # 底下兩行在給予一個新的 UUID
896c38d1-bcb5-475f-83f1-172ab38c9a0c
[root@study ~]# xfs_admin -U 896c38d1-bcb5-475f-83f1-172ab38c9a0c /dev/sda1
# 因為 XFS 檔案系統主要使用 UUID 來分辨檔案系統，但我們使用 dd 複製，連 UUID
# 也都複製成為相同！當然就得要使用上述的 xfs_repair 及 xfs_admin 來修訂一下！


[root@study ~]# mount /dev/sda1 /mnt
[root@study ~]# df -h /boot /mnt
Filesystem       Size   Used  Avail Use% Mounted on
/dev/vda2        1014M  149M  866M  15% /boot
/dev/sda1        1014M  149M  866M  15% /mnt
# 這兩個玩意兒會『一模一樣』喔！

# 3. 接下來！讓我們將檔案系統放大吧！！！
[root@study ~]# xfs_growfs /mnt
[root@study ~]# df -h /boot /mnt
Filesystem       Size   Used  Avail Use% Mounted on
/dev/vda2        1014M  149M  866M  15% /boot
/dev/sda1        2.0G   149M  1.9G   8% /mnt

[root@study ~]# umount /mnt
```

非常有趣的範例吧！新分割出來的 partition 不需要經過格式化，因為 dd 可以將原本舊的 partition 上面，將 sector 表面的資料整個複製過來！當然連同 superblock, boot sector, meta data 等等通通也會複製過來！是否很有趣呢？未來你想要建置兩顆一模一樣的磁碟時，只要下達類似：**dd if=/dev/sda of=/dev/sdb**，就能夠讓兩顆磁碟一模一樣，甚至 /dev/sdb 不需要分割與格式化，因為該指令可以將 /dev/sda 內的所有資料，包括 MBR 與 partition table 也複製到 /dev/sdb 說！ ^\_^

話說，用 dd 來處理這方面的事情真的是很方便，你也不需考量到啥有的沒的，通通是磁碟表面的複製而已！不過如果真的用在檔案系統上面，例如上面這個案例，那麼再次掛載時，恐怕得要理解一下每種檔案系統的掛載要求！以上面的案例來說，你就得要先清除 XFS 檔案系統內的 log 之後，重新給予一個跟原本不一樣的 UUID 後，才能夠順利掛載！同時，為了讓系統繼續利用後續沒有用到的磁碟空間，那個 xfs_growfs 就得要理解一下。關於 xfs_growfs 我們會在後續第十四章繼續強調！這裡先理解即可。

## 8.6.2 cpio

這個指令挺有趣的，因為 cpio 可以備份任何東西，包括裝置設備檔案。不過 cpio 有個大問題，那就是 cpio 不會主動的去找檔案來備份！啊！那怎辦？所以囉，一般來說，cpio 得要配合類似 find 等可以找到檔名的指令來告知 cpio 該被備份的資料在哪裡啊！有點小麻煩啦～因為牽涉到我們在第三篇才會談到的資料流重導向說～所以這裡你就先背一下語法，等到第三篇講完你就知道如何使用 cpio 囉！

```
[root@study ~]# cpio -ovcB  > [file|device] <==備份
[root@study ~]# cpio -ivcdu < [file|device] <==還原
[root@study ~]# cpio -ivct  < [file|device] <==查看
備份會使用到的選項與參數：
 -o ：將資料 copy 輸出到檔案或裝置上
 -B ：讓預設的 Blocks 可以增加至 5120 bytes ，預設是 512 bytes ！
      這樣的好處是可以讓大檔案的儲存速度加快(請參考 i-nodes 的觀念)
還原會使用到的選項與參數：
 -i ：將資料自檔案或裝置 copy 出來系統當中
 -d ：自動建立目錄！使用 cpio 所備份的資料內容不見得會在同一層目錄中，因此我們
      必須要讓 cpio 在還原時可以建立新目錄，此時就得要 -d 選項的幫助！
 -u ：自動的將較新的檔案覆蓋較舊的檔案！
 -t ：需配合 -i 選項，可用在"查看"以 cpio 建立的檔案或裝置的內容
一些可共用的選項與參數：
 -v ：讓儲存的過程中檔案名稱可以在螢幕上顯示
 -c ：一種較新的 portable format 方式儲存
```

你應該會發現一件事情，就是上述的選項與指令中怎麼會沒有指定需要備份的資料呢？還有那個大於 (>) 與小於 (<) 符號是怎麼回事啊？因為 cpio 會將資料整個顯示到螢幕上，因此我們可以透過將這些螢幕的資料重新導向 (>) 一個新的檔案！至於還原呢？就是將備份檔案讀進來 cpio (<) 進行處理之意！我們來進行幾個案例你就知道啥是啥了！

```
範例：找出 /boot 底下的所有檔案，然後將它備份到 /tmp/boot.cpio 去！
[root@study ~]# cd /
[root@study /]# find boot -print
boot
boot/grub
boot/grub/splash.xpm.gz
....(以下省略)....
# 透過 find 我們可以找到 boot 底下應該要存在的檔名！包括檔案與目錄！但請千萬不要是絕對路徑！

[root@study /]# find boot | cpio -ocvB > /tmp/boot.cpio
[root@study /]# ll -h /tmp/boot.cpio
-rw-r--r--. 1 root root 108M Jul  3 00:05 /tmp/boot.cpio
```

```
[root@study ~]# file /tmp/boot.cpio
/tmp/boot.cpio: ASCII cpio archive (SVR4 with no CRC)
```

我們使用 find boot 可以找出檔名，然後透過那條管線 (|, 亦即鍵盤上的 shift+\ 的組合)，就能將檔名傳給 cpio 來進行處理！最終會得到 /tmp/boot.cpio 那個檔案喔！你可能會覺得奇怪，為啥鳥哥要先轉換目錄到 / 再去找 boot 呢？為何不能直接找 /boot 呢？**這是因為 cpio 很笨！它不會理會你給的是絕對路徑還是相對路徑的檔名，所以如果你加上絕對路徑的 / 開頭，那麼未來解開的時候，它就一定會覆蓋掉原本的 /boot 耶！那就太危險了！**這個我們在 tar 也稍微講過那個 -P 的選項！！理解吧！好了，那接下來讓我們來進行解壓縮看看。

```
範例：將剛剛的檔案給它在 /root/ 目錄下解開
[root@study ~]# cd ~
[root@study ~]# cpio -idvc < /tmp/boot.cpio
[root@study ~]# ll /root/boot
# 你可以自行比較一下 /root/boot 與 /boot 的內容是否一模一樣！
```

事實上 cpio 可以將系統的資料完整的備份到磁帶機上頭去喔！如果你有磁帶機的話！

◆ **備份**：find / | cpio -ocvB > /dev/st0

◆ **還原**：cpio -idvc < /dev/st0

這個 cpio 好像不怎麼好用呦！但是，它可是備份的時候的一項利器呢！因為它可以備份任何的檔案，包括 /dev 底下的任何裝置檔案！所以它可是相當重要的呢！而由於 cpio 必須要配合其他的程式，例如 find 來建立檔名，所以 cpio 與管線命令及資料流重導向的相關性就相當的重要了！

其實系統裡面已經含有一個使用 cpio 建立的檔案喔！那就是 /boot/initramfs-xxx 這個檔案啦！現在讓我們來將這個檔案解壓縮看看，看你能不能發現該檔案的內容為何？

```
# 1. 我們先來看看該檔案是屬於什麼檔案格式，然後再加以處理：
[root@study ~]# file /boot/initramfs-3.10.0-229.el7.x86_64.img
/boot/initramfs-3.10.0-229.el7.x86_64.img: ASCII cpio archive (SVR4 with no CRC)

[root@study ~]# mkdir /tmp/initramfs
[root@study ~]# cd /tmp/initramfs
[root@study initramfs]# cpio -idvc < /boot/initramfs-3.10.0-229.el7.x86_64.img
.
kernel
kernel/x86
kernel/x86/microcode
kernel/x86/microcode/GenuineIntel.bin
```

```
early_cpio
22 blocks
# 瞧!這樣就將這個檔案解開囉!這樣瞭解乎?
```

## 8.7　重點回顧

◆　壓縮指令為透過一些運算方法去將原本的檔案進行壓縮,以減少檔案所佔用的磁碟容量。壓縮前與壓縮後的檔案所佔用的磁碟容量比值,就可以被稱為是『壓縮比』。

◆　壓縮的好處是可以減少磁碟容量的浪費,在 WWW 網站也可以利用檔案壓縮的技術來進行資料的傳送,好讓網站頻寬的可利用率上升喔。

◆　壓縮檔案的副檔名大多是:『*.gz, *.bz2, *.xz, *.tar, *.tar.gz, *.tar.bz2, *.tar.xz』。

◆　常見的壓縮指令有 gzip, bzip2, xz。壓縮率最佳的是 xz,若可以不計時間成本,建議使用 xz 進行壓縮。

◆　tar 可以用來進行檔案打包,並可支援 gzip, bzip2, xz 的壓縮。

◆　壓　縮:tar -Jcv -f filename.tar.xz 要被壓縮的檔案或目錄名稱。

◆　查　詢:tar -Jtv -f filename.tar.xz。

◆　解壓縮:tar -Jxv -f filename.tar.xz -C 欲解壓縮的目錄。

◆　xfsdump 指令可備份檔案系統或單一目錄。

◆　xfsdump 的備份若針對檔案系統時,可進行 0-9 的 level 差異備份!其中 level 0 為完整備份。

◆　xfsrestore 指令可還原被 xfsdump 建置的備份檔。

◆　要建立光碟燒錄資料時,可透過 mkisofs 指令來建置。

◆　可透過 wodim 來寫入 CD 或 DVD 燒錄機。

◆　dd 可備份完整的 partition 或 disk ,因為 dd 可讀取磁碟的 sector 表面資料。

◆　cpio 為相當優秀的備份指令,不過必須要搭配類似 find 指令來讀入欲備份的檔名資料,方可進行備份動作。

## 8.8 本章習題

情境模擬題一：

　　請將本章練習過程中產生的不必要的檔案刪除，以保持系統容量不要被惡搞！

◆　rm /home/CentOS-7-x86_64-Minimal-1503-01.iso

◆　rm -rf /srv/newcd/

◆　rm /custom.iso

◆　rm -rf /tmp/vda2.img /tmp/boot.cpio /tmp/boot /tmp/boot2 /tmp/boot3

◆　rm -rf /tmp/services* /tmp/system.*

◆　rm -rf /root/etc* /root/system.tar.bz2 /root/boot

情境模擬題二：

　　你想要逐時備份 /home 這個目錄內的資料，又擔心每次備份的資訊太多，因此想要使用 xfsdump 的方式來逐一備份資料到 /backups 這個目錄下。該如何處理？

◆　目標：瞭解到 xfsdump 以及各個不同 level 的作用。

◆　前提：被備份的資料為單一 partition ，亦即本例中的 /home。

　　實際處理的方法其實還挺簡單的！我們可以這樣做看看：

1.　先替該目錄製作一些資料，亦即複製一些東西過去吧！

```
mkdir /home/chapter8; cp -a /etc /boot /home/chapter8
```

2.　開始進行 xfsdump ，記得，一開始是使用 level 0 的完整備份喔！

```
mkdir /backups
xfsdump -l 0 -L home_all -M home_all -f /backups/home.dump /home
```

3.　嘗試將 /home 這個檔案系統加大，將 /var/log/ 的資料複製進去吧！

```
cp -a /var/log/ /home/chapter8
```

　　此時原本的 /home 已經被改變了！繼續進行備份看看！

4. 將 /home 以 level 1 來進行備份：

```
xfsdump -l 1 -L home_1 -M home_1 -f /backups/home.dump.1 /home
ls -l /backups
```

你應該就會看到兩個檔案，其中第二個檔案 (home.dump.1) 會小的多！這樣就搞定囉備份資料！

**情境模擬三：**

假設過了一段時間後，你的 /home 變得怪怪的，你想要將該 filesystem 以剛剛的備份資料還原，此時該如何處理呢？你可以這樣做的：

1. 由於 /home 這個 partition 是用戶只要有登入就會使用，因此你應該無法卸載這個東西！因此，你必須要登出所有一般用戶，然後在 tty2 直接以 root 登入系統，不要使用一般帳號來登入後 su 轉成 root！這樣才有辦法卸載 /home 喔！

2. 先將 /home 卸載，並且將該 partition 重新格式化！

```
df -h /home
/dev/mapper/centos-home 5.0G 245M 4.8G 5% /home
umount /home
mkfs.xfs -f /dev/mapper/centos-home
```

3. 重新掛載原本的 partition，此時該目錄內容應該是空的！

```
mount -a
```

你可以自行使用 df 以及 ls -l /home 查閱一下該目錄的內容，是空的啦！

4. 將完整備份的 level 0 的檔案 /backups/home.dump 還原回來：

```
cd /home
xfsrestore -f /backups/home.dump .
```

此時該目錄的內容為第一次備份的狀態！還需要進行後續的處理才行！

5. 將後續的 level 1 的備份也還原回來：

```
xfsrestore -f /backups/home.dump.1 .
```

此時才是恢復到最後一次備份的階段！如果還有 level 2, level 3 時，就得要一個一個的依序還原才行！

6. 最後刪除本章練習的複製檔

```
rm -rf /home/chapter8
```

## 8.9 參考資料與延伸閱讀

- 台灣學術網路管理文件：Backup Tools in UNIX(Linux)：
  http://nmc.nchu.edu.tw/tanet/backup_tools_in_unix.htm

- 中文 How to 文件計畫 (CLDP)：http://www.linux.org.tw/CLDP/HOWTO/hardware/
  CD-Writing-HOWTO/CD-Writing-HOWTO-3.html

- 熊寶貝工作記錄之：Linux 燒錄實作：
  http://csc.ocean-pioneer.com/docum/linux_burn.html

- PHP5 網管實驗室：http://www.php5.idv.tw/html.php?mod＝article&do＝show&shid＝26

- CentOS 7.x 之 man xfsdump

- CentOS 7.x 之 man xfsrestore

9

# vim 程式編輯器

系統管理員的重要工作就是得要修改與設定某些重要軟體的設定檔，因此至少得要學會一種以上的文字介面的文書編輯器。在所有的 Linux distributions 上頭都會有的一套文書編輯器就是 vi，而且很多軟體預設也是使用 vi 做為它們編輯的介面，因此鳥哥建議你務必要學會使用 vi 這個正規的文書編輯器。此外，vim 是進階版的 vi，vim 不但可以用不同顏色顯示文字內容，還能夠進行諸如 shell script, C program 等程式編輯功能，你可以將 vim 視為一種程式編輯器！鳥哥也是用 vim 編輯鳥站的網頁文章呢！^_^

# 9.1 vi 與 vim

由前面一路走來,我們一直建議使用文字模式來處理 Linux 系統的設定問題,因為不但可以讓你比較容易瞭解到 Linux 的運作狀況,也比較容易瞭解整個設定的基本精神,更能『保證』你的修改可以順利的被運作。所以,**在 Linux 的系統中使用文字編輯器來編輯你的 Linux 參數設定檔,可是一件很重要的事情呦!**也因此呢,系統管理員至少應該要熟悉一種文書處理器的!

> 這裡要再次的強調,不同的 Linux distribution 各有其不同的附加軟體,例如 Red Hat Enterprise Linux 與 Fedora 的 ntsysv 與 setup 等,而 SuSE 則有 YAST 管理工具等等,因此,如果你只會使用此種類型的軟體來控制你的 Linux 系統時,當接管不同的 Linux distributions 時,呵呵!那可就苦惱了!

在 Linux 的世界中,絕大部分的設定檔都是以 ASCII 的純文字形態存在,因此利用簡單的文字編輯軟體就能夠修改設定了!與微軟的 Windows 系統不同的是,如果你用慣了 Microsoft Word 或 Corel Wordperfect 的話,那麼除了 X window 裡面的圖形介面編輯程式(如 xemacs)用起來尚可應付外,在 Linux 的文字模式下,會覺得文書編輯程式都沒有視窗介面來的直觀與方便。

> 什麼是純文字檔?其實檔案記錄的就是 0 與 1,而我們透過編碼系統來將這些 0 與 1 轉成我們認識的文字就是了。在第零章裡面的資料表示方式有較多說明,請自行查閱。ASCII 就是其中一種廣為使用的文字編碼系統,在 ASCII 系統中的圖示與代碼可以參考 http://zh.wikipedia. org/wiki/ASCII 呢!

那麼 Linux 在文字介面下的文書編輯器有哪些呢?其實有非常多喔!常常聽到的就有:emacs, pico, nano, joe, 與 vim 等等[註1]。既然有這麼多文字介面的文書編輯器,那麼我們為什麼一定要學 vi 啊?還有那個 vim 是做啥用的?底下就來談一談先!

## 9.1.1 為何要學 vim?

文書編輯器那麼多,我們之前在第四章也曾經介紹過那簡單好用的 nano,既然已經學會了 nano,幹嘛鳥哥還一直要你學這不是很友善的 vi 呢?其實是有原因的啦!因為:

- 所有的 Unix Like 系統都會內建 vi 文書編輯器，其他的文書編輯器則不一定會存在。

- 很多個別軟體的編輯介面都會主動呼叫 vi (例如未來會談到的 crontab, visudo, edquota 等指令)。

- vim 具有程式編輯的能力，可以主動的以字體顏色辨別語法的正確性，方便程式設計。

- 因為程式簡單，編輯速度相當快速。

其實重點是上述的第二點，因為有太多 Linux 上面的指令都預設使用 vi 作為資料編輯的介面，所以你必須、一定要學會 vi，否則很多指令你根本就無法操作呢！這樣說，有刺激到你務必要學會 vi 的熱情了嗎？^_^

那麼什麼是 vim 呢？其實你可以將 vim 視作 vi 的進階版本，vim 可以用顏色或底線等方式來顯示一些特殊的資訊。舉例來說，當你使用 vim 去編輯一個 C 程式語言的檔案，或者是我們後續會談到的 shell script 腳本程式時，vim 會依據檔案的副檔名或者是檔案內的開頭資訊，判斷該檔案的內容而自動的呼叫該程式的語法判斷式，再以顏色來顯示程式碼與一般資訊。也就是說，這個 vim 是個『程式編輯器』啦！甚至一些 Linux 基礎設定檔內的語法，都能夠用 vim 來檢查呢！例如我們在第七章談到的 /etc/fstab 這個檔案的內容。

簡單的來說，vi 是老式的文書處理器，不過功能已經很齊全了，但是還是有可以進步的地方。vim 則可以說是程式開發者的一項很好用的工具，就連 vim 的官方網站 (http://www.vim.org) 自己也說 vim 是一個『程式開發工具』而不是文書處理軟體～^_^。因為 vim 裡面加入了很多額外的功能，例如支援正規表示法的搜尋架構、多檔案編輯、區塊複製等等。這對於我們在 Linux 上面進行一些設定檔的修訂工作時，是很棒的一項功能呢！

> 什麼時候會使用到 vim 呢？其實鳥哥的整個網站都是在 vim 的環境下一字一字的建立起來的喔！早期鳥哥使用網頁製作軟體在編寫網頁，但是老是發現網頁編輯軟體都不怎麼友善，尤其是寫到 PHP 方面的程式碼時。後來就乾脆不使用所見即所得的編輯軟體，直接使用 vim，然後標籤 (tag) 也都自行用鍵盤輸入！這樣整個檔案也比較乾淨！所以說，鳥哥我是很喜歡 vim 的啦！^_^

底下鳥哥會先就簡單的 vi 做個介紹，然後再跟大家報告一下 vim 的額外功能與用法呢！

# 9.2 vi 的使用

基本上 vi 共分為三種模式，分別是『**一般指令模式**』、『**編輯模式**』與『**指令列命令模式**』。這三種模式的作用分別是：

◆ **一般指令模式** (command mode)

以 vi 打開一個檔案就直接進入一般指令模式了(這是預設的模式，也簡稱為一般模式)。在這個模式中，你可以使用『上下左右』按鍵來移動游標，你可以使用『刪除字元』或『刪除整列』來處理檔案內容，也可以使用『複製、貼上』來處理你的文件資料。

◆ **編輯模式** (insert mode)

在一般指令模式中可以進行刪除、複製、貼上等等的動作，但是卻無法編輯文件內容的！要等到你按下『i, I, o, O, a, A, r, R』等任何一個字母之後才會進入編輯模式。注意了！通常在 Linux 中，按下這些按鍵時，在畫面的左下方會出現『 INSERT 或 REPLACE 』的字樣，此時才可以進行編輯。而如果要回到一般指令模式時，則必須要按下『Esc』這個按鍵即可退出編輯模式。

◆ **指令列命令模式** (command-line mode)

在一般模式當中，輸入『 : / ? 』三個中的任何一個按鈕，就可以將游標移動到最底下那一列。在這個模式當中，可以提供你『搜尋資料』的動作，而讀取、存檔、大量取代字元、離開 vi、顯示行號等等的動作則是在此模式中達成的！

簡單的說，我們可以將這三個模式想成底下的圖示來表示：

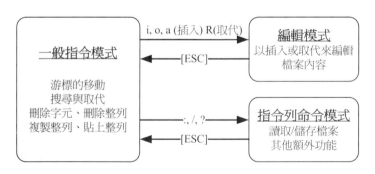

圖 9.2.1 vi 三種模式的相互關係

注意到上面的圖示，你會發現**一般指令模式可與編輯模式及指令列模式切換，但編輯模式與指令列模式之間不可互相切換**喔！這非常重要啦！閒話不多說，我們底下以一個簡單的例子來進行說明吧！

過去鳥哥的前一版本中，一般指令模式被稱為一般模式。但是英文版的 vi/vim 說明中，一般模式其實是『command mode』的意思！中文直譯會變成指令模式啊！之所以稱為指令模式，主因是我們可以在一般模式底下按下很多特殊的指令功能！例如刪除、複製、區塊選擇等等！只是這個模式很容易跟指令列模式 (command-line) 混淆～所以鳥哥過去才稱為一般模式而已。不過真的很容易誤解啦！所以這一版開始，這一模式被鳥哥改為『一般指令模式』了！要尊重英文原文！

## 9.2.1　簡易執行範例

如果你想要使用 vi 來建立一個名為 welcome.txt 的檔案時，你可以這樣做：

1. **使用『 vi filename 』進入一般指令模式**

```
[dmtsai@study ~]$ /bin/vi welcome.txt
# 在 CentOS 7 當中，由於一般帳號預設 vi 已經被 vim 取代了，因此得要輸入絕對路徑來執行才行！
```

直接輸入『 vi 檔名』就能夠進入 vi 的一般指令模式了。不過請注意，由於一般帳號預設已經使用 vim 來取代，因此如上表所示，如果使用一般帳號來測試，得要使用絕對路徑的方式來執行 /bin/vi 才好！另外，請注意，記得 vi 後面一定要加檔名，不管該檔名存在與否！

整個畫面主要分為兩部分，上半部與最底下一列兩者可以視為獨立的。如下圖 9.2.2 所示，圖中那個虛線是不存在的，鳥哥用來說明而已啦！上半部顯示的是檔案的實際內容，最底下一列則是狀態顯示列(如下圖的[New File]資訊)，或者是命令下達列喔！

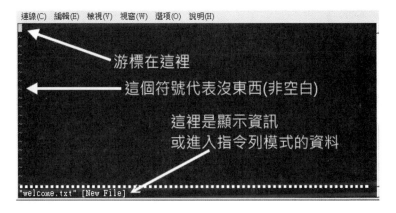

圖 9.2.2　用 vi 開啟一個新檔案

如果你開啟的檔案是舊檔(已經存在的檔案)，則可能會出現如下的資訊：

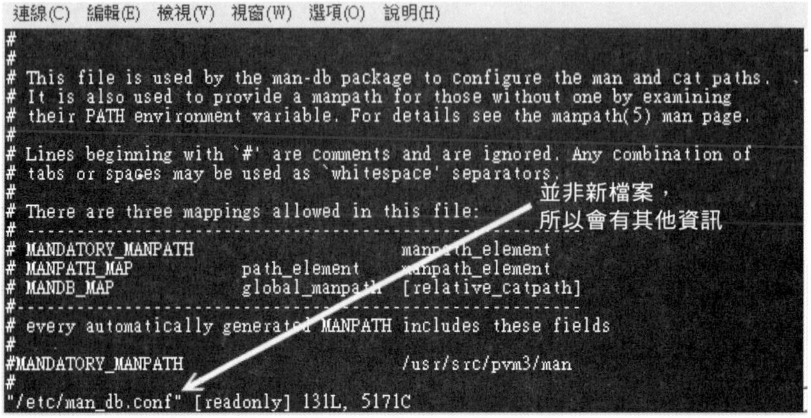

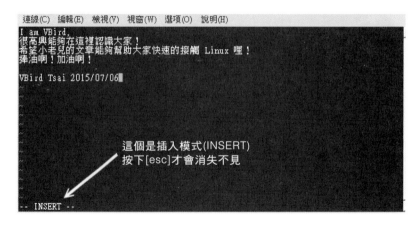

圖 9.2.3　用 vi 開啟一個舊檔案

如上圖 9.2.3 所示，箭頭所指的那個『"/etc/man_db.conf" [readonly] 131L, 5171C』代表的是『現在開啟的檔名為 /etc/man_db.conf，由於啟動者的身份緣故，目前檔案為唯讀狀態，且檔案內有 131 列 以及具有 5171 個字元』的意思！那一列的內容並不是在檔案內，而是 vi 顯示一些資訊的地方喔！此時是在一般指令模式的環境下啦。接下來開始來輸入吧！

2.　**按下 i 進入編輯模式，開始編輯文字**

在一般指令模式之中，只要按下 i, o, a 等字元就可以進入編輯模式了！在編輯模式當中，你可以發現在左下角狀態列中會出現 –INSERT- 的字樣，那就是可以輸入任意字元的提示囉！這個時候，鍵盤上除了 [Esc] 這個按鍵之外，其他的按鍵都可以視作為一般的輸入按鈕了，所以你可以進行任何的編輯囉！

圖 9.2.4　開始用 vi 來進行編輯

3. **按下 [ESC] 按鈕回到一般指令模式**

好了，假設我已經按照上面的樣式給它編輯完畢了，那麼應該要如何退出呢？是的！沒錯！就是給它按下 [Esc] 這個按鈕即可！馬上你就會發現畫面左下角的 – INSERT – 不見了！！

4. **進入指令列模式，檔案儲存並離開 vi 環境**

OK，我們要存檔了，存檔 (write) 並離開 (quit) 的指令很簡單，輸入『:wq』即可存檔離開！(注意了，按下 : 該游標就會移動到最底下一列去！) 這時你在提示字元後面輸入『ls -l』即可看到我們剛剛建立的 welcome.txt 檔案啦！整個圖示有點像底下這樣：

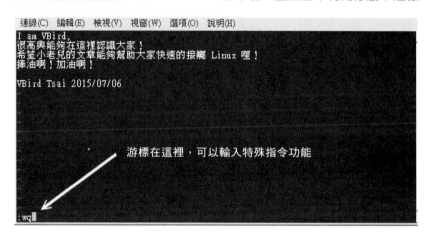

圖 9.2.5　在指令列模式進行儲存及離開 vi 環境

如此一來，你的檔案 welcome.txt 就已經建立起來囉！需要注意的是，如果你的檔案權限不對，例如為 -r--r--r-- 時，那麼可能會無法寫入，此時可以使用『強制寫入』的方式嗎？可以！使用『:wq!』多加一個驚嘆號即可！不過，需要特別注意呦！那個是在『你的權限可以改變』的情況下才能成立的！關於權限的概念，請自行回去翻一下第五章的內容吧！

## 9.2.2　按鍵說明

除了上面簡易範例的 i, [Esc], :wq 之外，其實 vi 還有非常多的按鍵可以使用喔！在介紹之前還是要再次強調，vi 的三種模式只有一般指令模式可以與編輯、指令列模式切換，編輯模式與指令列模式之間並不能切換的！這點在圖 9.2.1 裡面有介紹到，注意去看看喔！底下就來談談 vi 軟體中會用到的按鍵功能吧！

◆ **第一部分：一般指令模式可用的按鈕說明，游標移動、複製貼上、搜尋取代等**

| 移動游標的方法 | |
|---|---|
| h 或 向左方向鍵(←) | 游標向左移動一個字元 |
| j 或 向下方向鍵(↓) | 游標向下移動一個字元 |
| k 或 向上方向鍵(↑) | 游標向上移動一個字元 |
| l 或 向右方向鍵(→) | 游標向右移動一個字元 |
| 如果你將右手放在鍵盤上的話，你會發現 hjkl 是排列在一起的，因此可以使用這四個按鈕來移動游標。如果想要進行多次移動的話，例如向下移動 30 列，可以使用 "30j" 或 "30↓" 的組合按鍵，亦即加上想要進行的次數(數字)後，按下動作即可！ | |
| [ctrl] + [f] | 螢幕『向下』移動一頁，相當於 [Page Down]按鍵 (**常用**) |
| [ctrl] + [b] | 螢幕『向上』移動一頁，相當於 [Page Up] 按鍵 (**常用**) |
| [ctrl] + [d] | 螢幕『向下』移動半頁 |
| [ctrl] + [u] | 螢幕『向上』移動半頁 |
| + | 游標移動到非空白字元的下一列 |
| - | 游標移動到非空白字元的上一列 |
| n<space> | 那個 n 表示『數字』，例如 20。按下數字後再按空白鍵，游標會向右移動這一列的 n 個字元。例如 20<space> 則游標會向後面移動 20 個字元距離。 |
| 0 或功能鍵[Home] | 這是數字『 0 』：移動到這一列的最前面字元處 (**常用**) |
| $ 或功能鍵[End] | 移動到這一列的最後面字元處(**常用**) |
| H | 游標移動到這個螢幕的最上方那一列的第一個字元 |
| M | 游標移動到這個螢幕的中央那一列的第一個字元 |
| L | 游標移動到這個螢幕的最下方那一列的第一個字元 |
| G | 移動到這個檔案的最後一列(**常用**) |
| nG | n 為數字。移動到這個檔案的第 n 列。例如 20G 則會移動到這個檔案的第 20 列(可配合 :set nu) |
| gg | 移動到這個檔案的第一列，相當於 1G 啊！(**常用**) |
| n<Enter> | n 為數字。游標向下移動 n 列(**常用**) |
| 搜尋與取代 | |
| /word | 向游標之下尋找一個名稱為 word 的字串。例如要在檔案內搜尋 vbird 這個字串，就輸入 /vbird 即可！(**常用**) |

| | |
|---|---|
| ?word | 向游標之上尋找一個字串名稱為 word 的字串。 |
| n | 這個 n 是英文按鍵。代表『重複前一個搜尋的動作』。舉例來說，如果剛剛我們執行 /vbird 去向下搜尋 vbird 這個字串，則按下 n 後，會向下繼續搜尋下一個名稱為 vbird 的字串。如果是執行 ?vbird 的話，那麼按下 n 則會向上繼續搜尋名稱為 vbird 的字串！ |
| N | 這個 N 是英文按鍵。與 n 剛好相反，為『反向』進行前一個搜尋動作。例如 /vbird 後，按下 N 則表示『向上』搜尋 vbird。 |
| 使用 /word 配合 n 及 N 是非常有幫助的！可以讓你重複的找到一些你搜尋的關鍵字！ ||
| :n1,n2s/word1/word2/g | n1 與 n2 為數字。在第 n1 與 n2 列之間尋找 word1 這個字串，並將該字串取代為 word2！舉例來說，在 100 到 200 列之間搜尋 vbird 並取代為 VBIRD 則：『:100,200s/vbird/VBIRD/g』。(**常用**) |
| :1,$s/word1/word2/g | 從第一列到最後一列尋找 word1 字串，並將該字串取代為 word2！(**常用**) |
| :1,$s/word1/word2/gc | 從第一列到最後一列尋找 word1 字串，並將該字串取代為 word2！且在取代前顯示提示字元給使用者確認 (confirm) 是否需要取代！(**常用**) |
| **刪除、複製與貼上** ||
| x, X | 在一列字當中，x 為向後刪除一個字元 (相當於 [del] 按鍵)，X 為向前刪除一個字元(相當於 [backspace] 亦即是倒退鍵) (**常用**) |
| nx | n 為數字，連續向後刪除 n 個字元。舉例來說，我要連續刪除 10 個字元，『10x』。 |
| dd | 刪除游標所在的那一整列(**常用**) |
| ndd | n 為數字。刪除游標所在的向下 n 列，例如 20dd 則是刪除 20 列 (**常用**) |
| d1G | 刪除游標所在到第一列的所有資料 |
| dG | 刪除游標所在到最後一列的所有資料 |
| d$ | 刪除游標所在處，到該列的最後一個字元 |
| d0 | 那個是數字的 0，刪除游標所在處，到該列的最前面一個字元 |
| yy | 複製游標所在的那一列(**常用**) |
| nyy | n 為數字。複製游標所在的向下 n 列，例如 20yy 則是複製 20 列(**常用**) |
| y1G | 複製游標所在列到第一列的所有資料 |
| yG | 複製游標所在列到最後一列的所有資料 |

| | |
|---|---|
| y0 | 複製游標所在的那個字元到該列行首的所有資料 |
| y$ | 複製游標所在的那個字元到該列行尾的所有資料 |
| p, P | p 為將已複製的資料在游標下一列貼上，P 則為貼在游標上一列！舉例來說，我目前游標在第 20 列，且已經複製了 10 列資料。則按下 p 後，那 10 列資料會貼在原本的 20 列之後，亦即由 21 列開始貼。但如果是按下 P 呢？那麼原本的第 20 列會被推到變成 30 列。(**常用**) |
| J | 將游標所在列與下一列的資料結合成同一列 |
| c | 重複刪除多個資料，例如向下刪除 10 列，[ 10cj ] |
| u | 復原前一個動作。(**常用**) |
| [ctrl]+r | 重做上一個動作。(**常用**) |
| 這個 u 與 [ctrl]+r 是很常用的指令！一個是復原，另一個則是重做一次～利用這兩個功能按鍵，你的編輯，嘿嘿！很快樂的啦！ | |
| . | 不要懷疑！這就是小數點！意思是重複前一個動作的意思。如果你想要重複刪除、重複貼上等等動作，按下小數點『.』就好了！(**常用**) |

◆ **第二部分：一般指令模式切換到編輯模式的可用的按鈕說明**

| 進入插入或取代的編輯模式 | |
|---|---|
| i, I | 進入插入模式(Insert mode)：<br>i 為『從目前游標所在處插入』，I 為『在目前所在列的第一個非空白字元處開始插入』。(**常用**) |
| a, A | 進入插入模式(Insert mode)：<br>a 為『從目前游標所在的下一個字元處開始插入』，A 為『從游標所在列的最後一個字元處開始插入』。(**常用**) |
| o, O | 進入插入模式(Insert mode)：<br>這是英文字母 o 的大小寫。o 為『在目前游標所在的下一列處插入新的一列』；O 為在目前游標所在處的上一列插入新的一列！(**常用**) |
| r, R | 進入取代模式(Replace mode)：<br>r 只會取代游標所在的那一個字元一次；R 會一直取代游標所在的文字，直到按下 ESC 為止；(**常用**) |
| 上面這些按鍵中，在 vi 畫面的左下角處會出現『--INSERT--』或『--REPLACE--』的字樣。由名稱就知道該動作了吧！！特別注意的是，我們上面也提過了，你想要在檔案裡面輸入字元時，一定要在左下角處看到 INSERT 或 REPLACE 才能輸入喔！ | |
| [Esc] | 退出編輯模式，回到一般指令模式中(**常用**) |

◆ 第三部分：一般指令模式切換到指令列模式的可用按鈕說明

| 指令列模式的儲存、離開等指令 | |
|---|---|
| :w | 將編輯的資料寫入硬碟檔案中(**常用**) |
| :w! | 若檔案屬性為『唯讀』時，強制寫入該檔案。不過，到底能不能寫入，還是跟你對該檔案的檔案權限有關啊！ |
| :q | 離開 vi (**常用**) |
| :q! | 若曾修改過檔案，又不想儲存，使用 ! 為強制離開不儲存檔案。 |
| 注意一下啊，那個驚嘆號 (!) 在 vi 當中，常常具有『強制』的意思～ | |
| :wq | 儲存後離開，若為 :wq! 則為強制儲存後離開 (**常用**) |
| ZZ | 這是大寫的 Z 喔！若檔案沒有更動，則不儲存離開，若檔案已經被更動過，則儲存後離開！ |
| :w [filename] | 將編輯的資料儲存成另一個檔案（類似另存新檔） |
| :r [filename] | 在編輯的資料中，讀入另一個檔案的資料。亦即將 『filename』這個檔案內容加到游標所在列後面 |
| :n1,n2 w [filename] | 將 n1 到 n2 的內容儲存成 filename 這個檔案。 |
| :! command | 暫時離開 vi 到指令列模式下執行 command 的顯示結果！例如『:! ls /home』即可在 vi 當中查看 /home 底下以 ls 輸出的檔案資訊！ |
| vim 環境的變更 | |
| :set nu | 顯示行號，設定之後，會在每一列的字首顯示該列的行號 |
| :set nonu | 與 set nu 相反，為取消行號！ |

特別注意，**在 vi 中，『數字』是很有意義的！數字通常代表重複做幾次的意思！也有可能是代表去到第幾個什麼什麼的意思**。舉例來說，要刪除 50 列，則是用 『50dd』對吧！數字加在動作之前～那我要向下移動 20 列呢？那就是『20j』或者是『20↓』即可。

OK！會這些指令就已經很厲害了，因為常用到的指令也只有不到一半！通常 vi 的指令除了上面鳥哥註明的常用的幾個外，其他是不用背的，你可以做一張簡單的指令表在你的螢幕牆上，一有疑問可以馬上的查詢呦！這也是當初鳥哥使用 vim 的方法啦！

## 9.2.3　一個案例練習

來來來！趕緊測試一下你是否已經熟悉 vi 這個指令呢？請依照底下的需求進行指令動作。(底下的操作為使用 CentOS 7.1 中的 man_db.conf 來做練習的，該檔案你可以在這裡下載：http://linux.vbird.org/linux_basic/0310vi/man_db.conf。) 看看你的顯示結果與鳥哥的結果是否相同啊？

1. 請在 /tmp 這個目錄下建立一個名為 vitest 的目錄。

2. 進入 vitest 這個目錄當中。

3. 將 /etc/man_db.conf 複製到本目錄底下(或由上述的連結下載 man_db.conf 檔案)。

4. 使用 vi 開啟本目錄下的 man_db.conf 這個檔案。

5. 在 vi 中設定一下行號。

6. 移動到第 43 列，向右移動 59 個字元，請問你看到的小括號內是哪個文字？

7. 移動到第一列，並且向下搜尋一下『 gzip 』這個字串，請問它在第幾列？

8. 接著下來，我要將 29 到 41 列之間的『小寫 man 字串』改為『大寫 MAN 字串』，並且一個一個挑選是否需要修改，如何下達指令？如果在挑選過程中一直按『y』，結果會在最後一列出現改變了幾個 man 呢？

9. 修改完之後，突然反悔了，要全部復原，有哪些方法？

10. 我要複製 66 到 71 這 6 列的內容(含有 MANDB_MAP)，並且貼到最後一列之後。

11. 113 到 128 列之間的開頭為 # 符號的註解資料我不要了，要如何刪除？

12. 將這個檔案另存成一個 man.test.config 的檔名。

13. 去到第 25 列，並且刪除 15 個字元，結果出現的第一個單字是什麼？

14. 在第一列新增一列，該列內容輸入『I am a student...』。

15. 儲存後離開吧！

整個步驟可以如下顯示：

1. 『mkdir /tmp/vitest』

2. 『cd /tmp/vitest』

3. 『cp /etc/man_db.conf .』

4. 『/bin/vi man_db.conf』

5. 『:set nu』然後你會在畫面中看到左側出現數字即為行號。

6. 先按下『43G』再按下『59→』會看到『 as 』這個單字在小括號內。

7. 先執行『1G』或『gg』後，直接輸入『/gzip』，則會去到第 93 列才對！

8. 直接下達『 :29,41s/man/MAN/gc 』即可！若一直按『y』最終會出現『在 13 列內置換 13 個字串』的說明。

9. (1)簡單的方法可以一直按『 u 』回復到原始狀態，(2)使用不儲存離開『 :q! 』之後，再重新讀取一次該檔案。

10. 『66G』然後再『6yy』之後最後一列會出現『複製 6 列』之類的說明字樣。按下『 G 』到最後一列，再給它『 p 』貼上 6 列！

11. 因為 113~128 共 16 列，因此『 113G 』 → 『 16dd 』就能刪除 16 列，此時你會發現游標所在 113 列的地方變成 『 # Flags. 』 開頭囉。

12. 『 :w man.test.config 』，你會發現最後一列出現 "man.test.config" [New].. 的字樣。

13. 『25G』 之後，再給它『 15x 』即可刪除 15 個字元，出現『 tree 』的字樣。

14. 先『 1G 』去到第一列，然後按下大寫的『 O 』便新增一列且在插入模式；開始輸入『 I am a student...』後，按下[Esc]回到一般指令模式等待後續工作。

15. 『 :wq 』。

　　如果你的結果都可以查的到，那麼 vi 的使用上面應該沒有太大的問題啦！剩下的問題會是在⋯打字練習⋯。

## 9.2.4　vim 的暫存檔、救援回復與開啟時的警告訊息

　　在目前主要的文書編輯軟體都會有『回復』的功能，亦即當你的系統因為某些原因而導致類似當機的情況時，還可以透過某些特別的機制來讓你將之前未儲存的資料『救』回來！這就是鳥哥這裡所謂的『回復』功能啦！那麼 vim 有沒有回復功能呢？有的！vim 就是透過『暫存檔』來救援的啦！

　　當我們在使用 vim 編輯時，vim 會在與被編輯的檔案的目錄下，**再建立一個名為 .filename.swp 的檔案**。比如說我們在上一個小節談到的編輯 /tmp/vitest/man_db.conf 這個檔案時，vim 會主動的建立 /tmp/vitest/.man_db.conf.swp 的暫存檔，你對 man_db.conf 做的動作就會被記錄到這個 .man_db.conf.swp 當中喔！如果你的系統因為某些原因斷線了，導致你編輯的檔案還沒有儲存，這個時候 .man_db.conf.swp 就能夠發揮救援的功能了！我們來測試一下吧！底下的練習有些部分的指令我們尚未談到，沒關係，你先照著做，後續再回來瞭解囉！

```
[dmtsai@study ~]$ cd /tmp/vitest
[dmtsai@study vitest]$ vim man_db.conf
# 此時會進入到 vim 的畫面，請在 vim 的一般指令模式下按下『 [ctrl]-z 』的組合鍵

[1]+  Stopped                 vim man_db.conf   <==按下 [ctrl]-z 會告訴你這個訊息
```

當我們在 vim 的一般指令模式下按下 [ctrl]-z 的組合按鍵時，你的 vim 會被丟到背景去執行！這部分的功能我們會在第十六章的程序管理當中談到，你這裡先知道一下即可。回到命令提示字元後，接下來我們來模擬將 vim 的工作不正常的中斷吧！

```
[dmtsai@study vitest]$ ls -al
drwxrwxr-x.  2 dmtsai dmtsai    69 Jul  6 23:54 .
drwxrwxrwt. 17 root   root    4096 Jul  6 23:53 ..
-rw-r--r--.  1 dmtsai dmtsai  4850 Jul  6 23:47 man_db.conf
-rw-r--r--.  1 dmtsai dmtsai 16384 Jul  6 23:54 .man_db.conf.swp  <==就是它，暫存檔
-rw-rw-r--.  1 dmtsai dmtsai  5442 Jul  6 23:35 man.test.config

[dmtsai@study vitest]$ kill -9 %1 <==這裡模擬斷線停止 vim 工作
[dmtsai@study vitest]$ ls -al .man_db.conf.swp
-rw-r--r--. 1 dmtsai dmtsai 16384 Jul  6 23:54 .man_db.conf.swp  <==暫存檔還是會存在！
```

那個 kill 可以模擬將系統的 vim 工作刪除的情況，你可以假裝當機了啦！**由於 vim 的工作被不正常的中斷，導致暫存檔無法藉由正常流程來結束，所以暫存檔就不會消失，而繼續保留下來。**此時如果你繼續編輯那個 man_db.conf，會出現什麼情況呢？會出現如下所示的狀態喔：

```
[dmtsai@study vitest]$ vim man_db.conf

E325: ATTENTION   <==錯誤代碼
Found a swap file by the name ".man_db.conf.swp"   <==底下數列說明有暫存檔的存在
          owned by: dmtsai    dated: Mon Jul  6 23:54:16 2015
         file name: /tmp/vitest/man_db.conf   <==這個暫存檔屬於哪個實際的檔案？
          modified: no
         user name: dmtsai    host name: study.centos.vbird
        process ID: 31851
While opening file "man_db.conf"
             dated: Mon Jul  6 23:47:21 2015
```

底下說明可能發生這個錯誤的兩個主要原因與解決方案！
```
(1) Another program may be editing the same file.  If this is the case,
    be careful not to end up with two different instances of the same
    file when making changes.  Quit, or continue with caution.
(2) An edit session for this file crashed.
    If this is the case, use ":recover" or "vim -r man_db.conf"
    to recover the changes (see ":help recovery").
    If you did this already, delete the swap file ".man_db.conf.swp"
    to avoid this message.
```

```
Swap file ".man_db.conf.swp" already exists! 底下說明你可進行的動作
[O]pen Read-Only, (E)dit anyway, (R)ecover, (D)elete it, (Q)uit, (A)bort:█
```

由於暫存檔存在的關係，因此 vim 會主動的判斷你的這個檔案可能有些問題，在上面的圖示中 vim 提示兩點主要的問題與解決方案，分別是這樣的：

◆ **問題一：可能有其他人或程式同時在編輯這個檔案**

由於 Linux 是多人多工的環境，因此很可能有很多人同時在編輯同一個檔案。如果在多人共同編輯的情況下，萬一大家同時儲存，那麼這個檔案的內容將會變的亂七八糟！為了避免這個問題，因此 vim 會出現這個警告視窗！解決的方法則是：

  ■ **找到另外那個程式或人員，請他將該 vim 的工作結束，然後你再繼續處理。**

  ■ 如果你只是要看該檔案的內容並不會有任何修改編輯的行為，那麼**可以選擇開啟成為唯讀(O)檔案，亦即上述畫面反白部分輸入英文『 o 』即可**，其實就是 [O]pen Read-Only 的選項啦！

◆ **問題二：在前一個 vim 的環境中，可能因為某些不知名原因導致 vim 中斷 (crashed)**

這就是常見的不正常結束 vim 產生的後果。解決方案依據不同的情況而不同喔！常見的處理方法為：

  ■ 如果你之前的 vim 處理動作尚未儲存，此時你應該要按下『R』，亦即使用 (R)ecover 的項目，此時 vim 會載入 .man_db.conf.swp 的內容，讓你自己來決定要不要儲存！這樣就能夠救回來你之前未儲存的工作。不過那個 .man_db.conf.swp 並不會在你結束 vim 後自動刪除，所以**你離開 vim 後還得要自行刪除 .man_db.conf.swp 才能避免每次打開這個檔案都會出現這樣的警告！**

  ■ 如果你確定這個暫存檔是沒有用的，那麼你可以直接按下『D』刪除掉這個暫存檔，亦即 (D)elete it 這個項目即可。此時 vim 會載入 man_db.conf，並且將舊的 .man_db.conf.swp 刪除後，建立這次會使用的新的 .man_db.conf.swp 喔！

至於這個發現暫存檔警告訊息的畫面中，有出現六個可用按鈕，各按鈕的說明如下：

◆ [O]pen Read-Only：打開此檔案成為唯讀檔，可以用在你只是想要查閱該檔案內容並不想要進行編輯行為時。一般來說，在上課時，如果你是登入到同學的電腦去看他的設定檔，結果發現其實同學他自己也在編輯時，可以使用這個模式。

◆ (E)dit anyway：還是用正常的方式打開你要編輯的那個檔案，並不會載入暫存檔的內容。不過很容易出現兩個使用者互相改變對方的檔案等問題！不好不好！

◆ (R)ecover：就是載入暫存檔的內容，用在你要救回之前未儲存的工作。不過當你救回來並且儲存離開 vim 後，還是要手動自行刪除那個暫存檔喔！

◆ **(D)elete it**：你確定那個暫存檔是無用的！那麼開啟檔案前會先將這個暫存檔刪除！這個動作其實是比較常做的！因為你可能不確定這個暫存檔是怎麼來的，所以就刪除掉它吧！哈哈！

◆ **(Q)uit**：按下 q 就離開 vim，不會進行任何動作回到命令提示字元。

◆ **(A)bort**：忽略這個編輯行為，感覺上與 quit 非常類似！也會送你回到命令提示字元就是囉！

## 9.3　vim 的額外功能

其實，目前大部分的 distributions 都以 vim 取代 vi 的功能了！如果你使用 vi 後，卻看到畫面的右下角有顯示目前游標所在的行列號碼，那麼你的 vi 已經被 vim 所取代～為什麼要用 vim 呢？因為 vim 具有顏色顯示的功能，並且還支援許多的程式語法 (syntax)，因此，當你使用 vim 編輯程式時 (不論是 C 語言，還是 shell script)，我們的 vim 將可幫你直接進行『程式除錯 (debug)』的功能！真的很不賴吧！ ^\_^

如果你在文字模式下，輸入 alias 時，出現這樣的畫面：

```
[dmtsai@study ~]$ alias
....其他省略....
alias vi='vim'   <==重點在這列啊！
```

這表示當你使用 vi 這個指令時，其實就是執行 vim 啦！如果你沒有這一列，那麼你就必須要使用 vim filename 來啟動 vim 囉！基本上，vim 的一般用法與 vi 完全一模一樣～沒有不同啦！那麼我們就來看看 vim 的畫面是怎樣囉！假設我想要編輯 /etc/services，則輸入『**vim /etc/services**』看看吧：

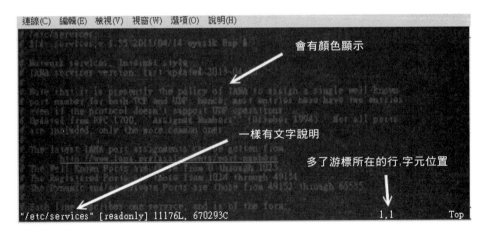

圖 9.3.1　使用 vim 編輯系統設定檔的示範

上面是 vim 的畫面示意圖,在這個畫面中有幾點特色要說明喔:

1. 由於 /etc/services 是系統規劃的設定檔,因此 vim 會進行語法檢驗,所以你會看到畫面中內部主要為深藍色,且深藍色那一列是以註解符號 (#) 為開頭。

2. 畫面中的最底下一列,在左邊顯示該檔案的屬性,包括唯讀檔、內容共有 11176 列與 670293 個字元。

3. 最底下一列的右邊出現的 1,1 表示游標所在為第一列, 第一個字元位置之意(請看上圖中的游標所在)。

所以,如果你向下移動到其他位置時,出現的非註解的資料就會有點像這樣:

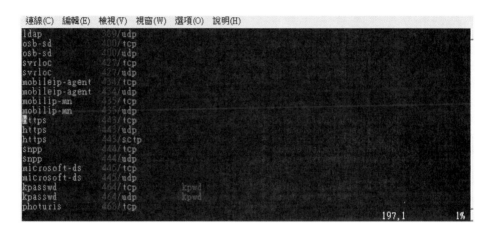

圖 9.3.2　使用 vim 編輯系統設定檔的示範

看到了喔!除了註解之外,其他的列就會有特別的顏色顯示呢!可以避免你打錯字啊!而且,最右下角的 1% 代表目前這個畫面佔整體檔案的 1% 之意!這樣瞭乎?

## 9.3.1　區塊選擇 (Visual Block)

剛剛我們提到的簡單的 vi 操作過程中,幾乎提到的都是以列為單位的操作。那麼如果我想要搞定的是一個區塊範圍呢?舉例來說,像底下這種格式的檔案:

```
192.168.1.1    host1.class.net
192.168.1.2    host2.class.net
192.168.1.3    host3.class.net
192.168.1.4    host4.class.net
.....中間省略......
```

這個檔案我將它放置到 http://linux.vbird.org/linux_basic/0310vi/hosts，你可以自行下載
來看一看這個檔案啊！現在我們來玩一玩這個檔案吧！假設我想要將 host1, host2... 等等複
製起來，並且加到每一列的後面，亦即每一列的結果要是『 192.168.1.2 host2.class.net
host2 』這樣的情況時，在傳統或現代的視窗型編輯器似乎不容易達到這個需求，但是咱們的
vim 是辦的到的喔！那就使用區塊選擇 (Visual Block) 吧！當我們按下 v 或者 V 或者 [ctrl]+v
時，這個時候游標移動過的地方就會開始反白，這三個按鍵的意義分別是：

| 區塊選擇的按鍵意義 | |
| --- | --- |
| v | 字元選擇，會將游標經過的地方反白選擇！ |
| V | 列選擇，會將游標經過的列反白選擇！ |
| [ctrl]+v | 區塊選擇，可以用長方形的方式選擇資料 |
| y | 將反白的地方複製起來 |
| d | 將反白的地方刪除掉 |
| p | 將剛剛複製的區塊，在游標所在處貼上！ |

來實際進行我們需要的動作吧！就是將 host 再加到每一列的最後面，你可以這樣做：

1. 使用 vim hosts 來開啟該檔案，記得該檔案請由上述的連結下載先！

2. 將游標移動到第一列的 host 那個 h 上頭，然後按下 [ctrl]-v，左下角出現區塊示意字
   樣：

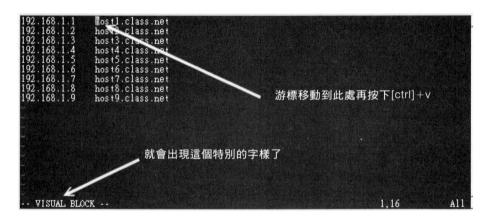

圖 9.3.3　vim 的區塊選擇、複製、貼上等功能操作

3. 將游標移動到最底部，此時游標移動過的區域會反白！如下圖所示：

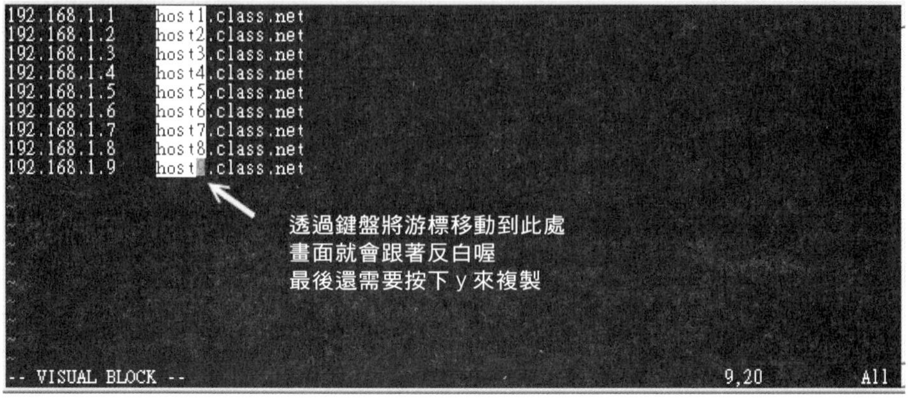

圖 9.3.4　vim 的區塊選擇、複製、貼上等功能操作

4. 此時你可以按下『y』來進行複製，當你按下 y 之後，反白的區塊就會消失不見囉！

5. 最後，將游標移動到第一列的最右邊，並且再用編輯模式向右按兩個空白鍵，回到一般指令模式後，再按下『p』後，你會發現很有趣！如下圖所示：

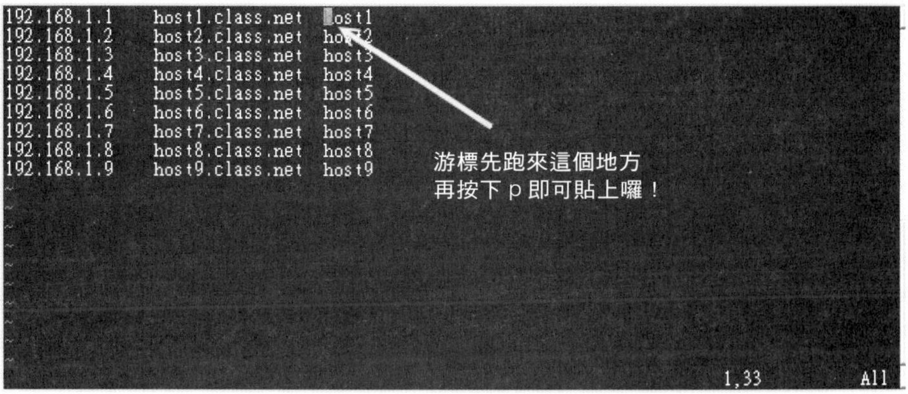

圖 9.3.5　vim 的區塊選擇、複製、貼上等功能操作

　　透過上述的功能，你可以複製一個區塊，並且是貼在某個『區塊的範圍』內，而不是以列為單位來處理你的整份文件喔！鳥哥個人是覺得這玩意兒非常的有幫助啦！至少在進行排列整齊的文字檔案中複製/刪除區塊時，會是一個非常棒的功能！

## 9.3.2　多檔案編輯

　　假設一個例子，你想要將剛剛我們的 hosts 內的 IP 複製到你的 /etc/hosts 這個檔案去，那麼該如何編輯？我們知道在 vi 內可以使用 :r filename 來讀入某個檔案的內容，不過，這樣畢竟是將整個檔案讀入啊！如果我只是想要部分內容呢？呵呵！這個時候多檔案同時編輯就很有用了。我們可以使用 vim 後面同時接好幾個檔案來同時開啟喔！相關的按鍵有：

| 多檔案編輯的按鍵 | |
| --- | --- |
| :n | 編輯下一個檔案 |
| :N | 編輯上一個檔案 |
| :files | 列出目前這個 vim 的開啟的所有檔案 |

在過去，鳥哥想要將 A 檔案內的十條消息『移動』到 B 檔案去，通常要開兩個 vim 視窗來複製，偏偏每個 vim 都是獨立的，因此並沒有辦法在 A 檔案下達『 nyy 』再跑到 B 檔案去『 p 』啦！在這種情況下最常用的方法就是透過滑鼠圈選，複製後貼上。不過這樣一來還是有問題，因為鳥哥超級喜歡使用 [tab] 按鍵進行編排對齊動作，透過滑鼠卻會將 [tab] 轉成空白鍵，這樣內容就不一樣了！此時這個多檔案編輯就派上用場了！

現在你可以做一下練習看看說！假設你要將剛剛鳥哥提供的 hosts 內的前四列 IP 資料複製到你的 /etc/hosts 檔案內，那可以怎麼進行呢？可以這樣啊：

1. 透過『 vim hosts /etc/hosts 』指令來使用一個 vim 開啟兩個檔案。
2. 在 vim 中先使用『 :files 』查看一下編輯的檔案資料有啥？結果如下所示。至於下圖的最後一列顯示的是『按下任意鍵』就會回到 vim 的一般指令模式中！

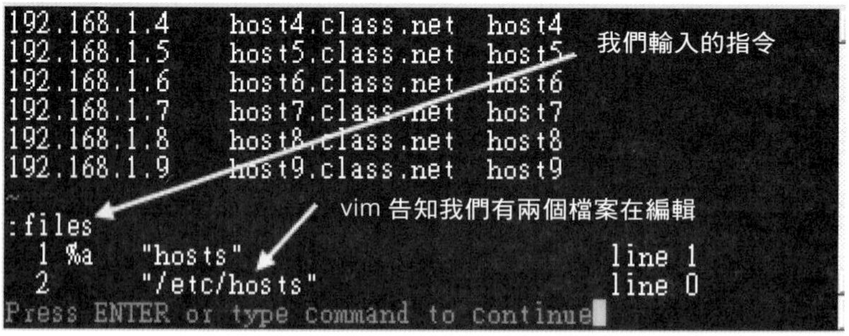

圖 9.3.6　vim 的多檔案編輯中，查看同時編輯的檔案資料

3. 在第一列輸入『 4yy 』複製四列。
4. 在 vim 的環境下輸入『 :n 』會來到第二個編輯的檔案，亦即 /etc/hosts 內。
5. 在 /etc/hosts 下按『 G 』到最後一列，再輸入『 p 』貼上。
6. 按下多次的『 u 』來還原原本的檔案資料。
7. 最終按下『 :q 』來離開 vim 的多檔案編輯吧！

看到了吧？利用多檔案編輯的功能，可以讓你很快速的就將需要的資料複製到正確的檔案內。當然囉，這個功能也可以利用視窗介面來達到，那就是底下要提到的多視窗功能。

### 9.3.3 多視窗功能

在開始這個小節前，先來想像兩個情況：

◆ 當我有一個檔案非常的大，我查閱到後面的資料時，想要『對照』前面的資料，是否需要使用 [ctrl]＋f 與 [ctrl]＋b (或 pageup, pagedown 功能鍵) 來跑前跑後查閱？

◆ 我有兩個需要對照著看的檔案，不想使用前一小節提到的多檔案編輯功能。

在一般視窗介面下的編輯軟體大多有『分割視窗』或者是『凍結視窗』的功能來將一個檔案分割成多個視窗的展現，那麼 vim 能不能達到這個功能啊？可以啊！但是如何分割視窗並放入檔案呢？很簡單啊！在指令列模式輸入『:sp {filename}』即可！那個 filename 可有可無，**如果想要在新視窗啟動另一個檔案，就加入檔名，否則僅輸入 :sp 時，出現的則是同一個檔案在兩個視窗間！**

讓我們來測試一下，你先使用『 vim /etc/man_db.conf 』打開這個檔案，然後『 1G 』去到第一列，之後輸入『 :sp 』再次的打開這個檔案一次，然後再輸入『 G 』，結果會變成底下這樣喔：

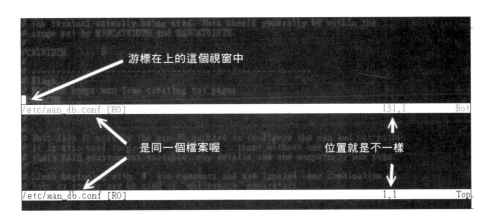

圖 9.3.7　vim 的視窗分割示意圖

萬一你再輸入『:sp /etc/hosts』時，就會變成下圖這樣喔：

圖 9.3.8   vim 的視窗分割示意圖

怎樣？帥吧！兩個檔案同時在一個螢幕上面顯示，你還可以利用『[ctrl]+w+ ↑』及『[ctrl]+w+ ↓』在兩個視窗之間移動呢！這樣的話，複製啊、查閱啊等等的，就變的很簡單囉～分割視窗的相關指令功能有很多，不過你只要記得這幾個就好了：

| 多視窗情況下的按鍵功能 | |
| --- | --- |
| :sp [filename] | 開啟一個新視窗，如果有加 filename，表示在新視窗開啟一個新檔案，否則表示兩個視窗為同一個檔案內容(同步顯示)。 |
| [ctrl]+w+ j<br>[ctrl]+w+ ↓ | 按鍵的按法是：先按下 [ctrl] 不放，再按下 w 後放開所有的按鍵，然後再按下 j (或向下方向鍵)，則游標可移動到下方的視窗。 |
| [ctrl]+w+ k<br>[ctrl]+w+ ↑ | 同上，不過游標移動到上面的視窗。 |
| [ctrl]+w+ q | 其實就是 :q 結束離開啦！舉例來說，如果我想要結束下方的視窗，那麼利用 [ctrl]+w+ ↓ 移動到下方視窗後，按下 :q 即可離開，也可以按下 [ctrl]+w+q 啊！ |

鳥哥第一次玩 vim 的分割視窗時，真是很高興啊！竟然有這種功能！太棒了！^_^

## 9.3.4　vim 的挑字補全功能

我們知道 bash 的環境底下可以按下 [tab] 按鈕來達成指令/參數/檔名的補全功能，而我們也知道很多的程式編輯器，例如鳥哥用來在 windows 系統上面教網頁設計、java script 等很好用的 notepad++ (https://notepad-plus-plus.org/) 這種類的程式編輯器，都會有 (1)可以

進行語法檢驗及 (2)可以根據副檔名來挑字的功能！這兩個功能對於程式設計者來說，是很有幫助的！畢竟偶爾某些特定的關鍵字老是背不起來...

在語法檢驗方面，vim 已經使用顏色來達成了！這部分不用傷腦筋的！比較傷腦筋的應該是在挑字補全上面！就是上面談到的可以根據語法來挑選可能的關鍵字，包括程式語言的語法以及特定的語法關鍵字等等。既然 notepad ++ 都有支援了，沒道理 vim 不支援吧？呵呵！沒錯！是有支援的～只是你可能要多背兩個組合按鈕就是了！

鳥哥建議可以記憶的主要 vim 補齊功能，大致有底下幾個：

| 組合按鈕 | 補齊的內容 |
|---|---|
| [ctrl]+x -> [ctrl]+n | 透過目前正在編輯的這個『檔案的內容文字』作為關鍵字，予以補齊 |
| [ctrl]+x -> [ctrl]+f | 以當前目錄內的『檔名』作為關鍵字，予以補齊 |
| [ctrl]+x -> [ctrl]+o | 以副檔名作為語法補充，以 vim 內建的關鍵字，予以補齊 |

在鳥哥的認知中，比較有用的是第 1, 3 這兩個組合鍵，第一個組合按鍵中，你可能會在同一個檔案裡面重複出現許多相同的關鍵字，那麼就能夠透過這個補全的功能來處理。如果你是想要使用 vim 內建的語法檢驗功能來處理取得關鍵字的補全，那麼第三個項目就很有用了。不過要注意，如果你想要使用第三個功能，就得要注意你編輯的檔案的副檔名。我們底下來做個簡單測試好了。

假設你想要編寫網頁，正要使用到 CSS 的美化功能時，突然想到有個背景的東西要處理，但是突然忘記掉背景的 CSS 關鍵語法，那可以使用如下的模樣來處置！請注意，一定要使用 .html 或 .php 的副檔名，否則 vim 不會呼叫正確的語法檢驗功能喔！因此底下我們建立的檔名為 html.html 囉！

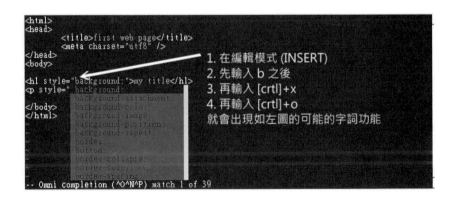

圖 9.3.9　vim 的挑字補全功能

由於網頁通常會支援 CSS 的語法，而 CSS 的美化語法使用的是 style 這個關鍵字，這個關鍵字後面接的就是 CSS 的元素與元素值。若想要取得可能的元素有哪些，例如背景 (background) 的語法中，想要了解有哪些跟它有關的內建元素，如上圖，直接輸入 b 然後按下 [ctrl]+x 再按下 [ctrl]+o 就會出現如上的相關字詞可以選擇，此時你就能夠使用上下按鈕來挑選所需要的關鍵元素！這樣使用上當然方便很多啊！只是要注意，一定要使用正確的副檔名，否則會無法出現任何關鍵字詞喔！

## 9.3.5　vim 環境設定與記錄：~/.vimrc, ~/.viminfo

有沒有發現，如果我們以 vim 軟體來搜尋一個檔案內部的某個字串時，這個字串會被反白，而下次我們再次以 vim 編輯這個檔案時，該搜尋的字串反白情況還是存在呢！甚至於在編輯其他檔案時，如果其他檔案內也存在這個字串，哇！竟然還是主動反白耶！真神奇！另外，當我們重複編輯同一個檔案時，當第二次進入該檔案時，游標竟然就在上次離開的那一列上頭呢！真是好方便啊～但是，怎麼會這樣呢？

**這是因為我們的 vim 會主動的將你曾經做過的行為登錄下來，好讓你下次可以輕鬆的作業啊！那個記錄動作的檔案就是：~/.viminfo！**如果你曾經使用過 vim，那你的家目錄應該會存在這個檔案才對。這個檔案是自動產生的，你不必自行建立。而你在 vim 裡頭所做過的動作，就可以在這個檔案內部查詢到囉～^\_^

此外，每個 distributions 對 vim 的預設環境都不太相同，舉例來說，某些版本在搜尋到關鍵字時並不會高亮度反白，有些版本則會主動的幫你進行縮排的行為。但這些其實都可以自行設定的，那就是 vim 的環境設定囉～ vim 的環境設定參數有很多，如果你想要知道目前的設定值，可以在一般指令模式時輸入『 :set all 』 來查閱，不過.....設定項目實在太多了～所以，鳥哥在這裡僅列出一些平時比較常用的一些簡單的設定值，提供給你參考啊。

所謂的縮排，就是當你按下 Enter 編輯新的一列時，游標不會在行首，而是在與上一列的第一個非空白字元處對齊！

| vim 的環境設定參數 | |
|---|---|
| :set nu<br>:set nonu | 就是設定與取消行號啊！ |
| :set hlsearch<br>:set nohlsearch | hlsearch 就是 high light search(高亮度搜尋)。這個就是設定是否將搜尋的字串反白的設定值。預設值是 hlsearch |

| vim 的環境設定參數 | |
|---|---|
| :set autoindent<br>:set noautoindent | 是否自動縮排？autoindent 就是自動縮排。 |
| :set backup | 是否自動儲存備份檔？一般是 nobackup 的，如果設定 backup 的話，那麼當你更動任何一個檔案時，則原始檔案會被另存成一個檔名為 filename~ 的檔案。舉例來說，我們編輯 hosts，設定 :set backup，那麼當更動 hosts 時，在同目錄下，就會產生 hosts~ 檔名的檔案，記錄原始的 hosts 檔案內容 |
| :set ruler | 還記得我們提到的右下角的一些狀態列說明嗎？這個 ruler 就是在顯示或不顯示該設定值的啦！ |
| :set showmode | 這個則是，是否要顯示 --INSERT-- 之類的字眼在左下角的狀態列。 |
| :set backspace=(012) | 一般來說，如果我們按下 i 進入編輯模式後，可以利用倒退鍵 (backspace) 來刪除任意字元的。但是，某些 distribution 則不許如此。此時，我們就可以透過 backspace 來設定囉～當 backspace 為 2 時，就是可以刪除任意值；0 或 1 時，僅可刪除剛剛輸入的字元，而無法刪除原本就已經存在的文字了！ |
| :set all | 顯示目前所有的環境參數設定值。 |
| :set | 顯示與系統預設值不同的設定參數，一般來說就是你有自行變動過的設定參數啦！ |
| :syntax on<br>:syntax off | 是否依據程式相關語法顯示不同顏色？舉例來說，在編輯一個純文字檔時，如果開頭是以 # 開始，那麼該列就會變成藍色。如果你懂得寫程式，那麼這個 :syntax on 還會主動的幫你除錯呢！但是，如果你僅是編寫純文字檔案，要避免顏色對你的螢幕產生的干擾，則可以取消這個設定。 |
| :set bg=dark<br>:set bg=light | 可用以顯示不同的顏色色調，預設是『 light 』。如果你常常發現註解的字體深藍色實在很不容易看，那麼這裡可以設定為 dark 喔！試看看，會有不同的樣式呢！ |

　　總之，這些設定值很有用處的啦！但是……我是否每次使用 vim 都要重新設定一次各個參數值？這不太合理吧？沒錯啊！所以，我們可以透過設定檔來直接規定我們習慣的 vim 操作環境呢！**整體 vim 的設定值一般是放置在 /etc/vimrc 這個檔案，不過，不建議你修改它！你可以修改 ~/.vimrc 這個檔案** (預設不存在，請你自行手動建立！)，將你所希望的設定值寫入！舉例來說，可以是這樣的一個檔案：

```
[dmtsai@study ~]$ vim ~/.vimrc
"這個檔案的雙引號 (") 是註解
set hlsearch            "高亮度反白
set backspace=2         "可隨時用倒退鍵刪除
set autoindent          "自動縮排
set ruler               "可顯示最後一列的狀態
set showmode            "左下角那一列的狀態
set nu                  "可以在每一列的最前面顯示行號啦!
set bg=dark             "顯示不同的底色色調
syntax on               "進行語法檢驗,顏色顯示。
```

在這個檔案中,使用『 set hlsearch 』或『 :set hlsearch 』,亦即最前面有沒有冒號『 : 』效果都是一樣的!至於雙引號則是註解符號!不要用錯註解符號,否則每次使用 vim 時都會發生警告訊息喔!建立好這個檔案後,當你下次重新以 vim 編輯某個檔案時,該檔案的預設環境設定就是上頭寫的囉~這樣,是否很方便你的操作啊!多多利用 vim 的環境設定功能呢! ^_^

## 9.3.6　vim 常用指令示意圖

為了方便大家查詢在不同的模式下可以使用的 vim 指令,鳥哥查詢了一些 vim 與 Linux 教育訓練手冊,發現底下這張圖非常值得大家參考!可以更快速有效的查詢到需要的功能喔!看看吧!

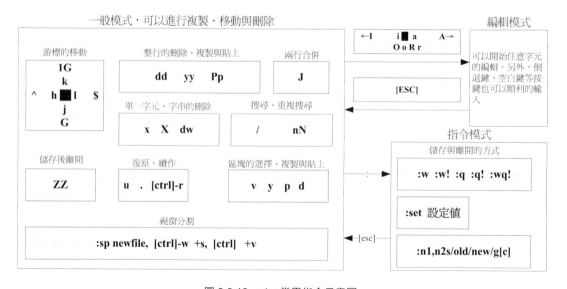

圖 9.3.10　vim 常用指令示意圖

## 9.4　其他 vim 使用注意事項

　　vim 其實不是那麼好學，雖然它的功能確實非常強大！所以底下我們還有一些需要注意的地方要來跟大家分享喔！

### 9.4.1　中文編碼的問題

　　很多朋友常常哀嚎，說他們的 vim 裡面怎麼無法顯示正常的中文啊？其實這很有可能是因為編碼的問題！因為中文編碼有 big5 與 utf8 兩種，如果你的檔案是使用 big5 編碼製作的，但在 vim 的終端介面中你使用的是萬國碼(utf8)，由於編碼的不同，你的中文檔案內容當然就是一堆亂碼了！怎麼辦？這時你得要考慮許多東西啦！有這些：

1. 你的 Linux 系統預設支援的語系資料：這與 /etc/locale.conf 有關。
2. 你的終端介面 (bash) 的語系：這與 LANG, LC_ALL 這幾個變數有關。
3. 你的檔案原本的編碼。
4. 開啟終端機的軟體，例如在 GNOME 底下的視窗介面。

　　事實上最重要的是上頭的第三與第四點，只要這兩點的編碼一致，你就能夠正確的看到與編輯你的中文檔案。否則就會看到一堆亂碼啦！

　　一般來說，中文編碼使用 big5 時，在寫入某些資料庫系統中，在『許、蓋、功』這些字體上面會發生錯誤！所以近期以來大多希望大家能夠使用萬國碼 utf8 來進行中文編碼！但是在中文 Windows 上的軟體常常預設使用 big5 的編碼 (不一定是 windows 系統的問題，有時候是某些中文軟體的預設值之故)，包括鳥哥由於沿用以前的文件資料檔案，也大多使用 big5 的編碼。此時就得要注意上述的這些東東囉。

　　在 Linux 本機前的 tty1~tty6 原本預設就不支援中文編碼，所以不用考慮這個問題！因為你一定會看到亂碼！呵呵！現在鳥哥假設俺的文件檔案內編碼為 big5 時，而且我的環境是使用 Linux 的 GNOME，啟動的終端介面為 GNOME-terminal 軟體，那鳥哥通常是這樣來修正語系編碼的行為：

```
[dmtsai@study ~]$ LANG=zh_TW.big5
[dmtsai@study ~]$ export LC_ALL=zh_TW.big5
```

　　然後在終端介面工具列的『**終端機**』→『**設定字元編碼**』→『**中文 (正體) (BIG5)**』項目點選一下，如果一切都沒有問題了，再用 vim 去開啟那個 big5 編碼的檔案，就沒有問題了！以上！報告完畢！

## 9.4.2　DOS 與 Linux 的斷行字元

我們在第六章裡面談到 cat 這個指令時，曾經提到過 DOS 與 Linux 斷行字元的不同。而我們也可以利用 cat -A 來觀察以 DOS (Windows 系統) 建立的檔案的特殊格式，也可以發現在 DOS 使用的斷行字元為 ^M$，我們稱為 CR 與 LF 兩個符號。而在 Linux 底下，則是僅有 LF ($) 這個斷行符號。這個斷行符號對於 Linux 的影響很大喔！為什麼呢？

我們說過，在 Linux 底下的指令在開始執行時，它的判斷依據是 『Enter』，而 Linux 的 Enter 為 LF 符號，不過，由於 DOS 的斷行符號是 CRLF，也就是多了一個 ^M 的符號出來，在這樣的情況下，如果是一個 shell script 的程式檔案，呵呵～將可能造成『程式無法執行』的狀態～因為它會誤判程式所下達的指令內容啊！這很傷腦筋吧！

那怎麼辦啊？很簡單啊，將格式轉換成為 Linux 即可啊！『廢話』，這當然大家都知道，但是，要以 vi 進入該檔案，然後一個一個刪除每一列的 CR 嗎？當然沒有這麼沒人性啦！我們可以透過簡單的指令來進行格式的轉換啊！

不過，由於我們要操作的指令預設並沒有安裝，鳥哥也無法預期你有沒有網路，因此假設你沒有網路的狀況下，請拿出你的原版光碟，放到光碟機裡頭去，然後使用底下的方式來安裝我們所需要的這個軟體喔！

```
[dmtsai@study ~]$ su -        # 安裝軟體一定要是 root 的權限才行！
[root@study ~]# mount /dev/sr0 /mnt
[root@study ~]# rpm -ivh /mnt/Packages/dos2unix-*
warning: /mnt/Packages/dos2unix-6.0.3-4.el7.x86_64.rpm: Header V3 RSA/SHA256 ....
Preparing...                      ############################### [100%]
Updating / installing...
   1:dos2unix-6.0.3-4.el7         ############################### [100%]
[root@study ~]# umount /mnt
[root@study ~]# exit
```

那就開始來玩一玩這個字元轉換吧！

```
[dmtsai@study ~]$ dos2unix [-kn] file [newfile]
[dmtsai@study ~]$ unix2dos [-kn] file [newfile]
選項與參數：
-k ：保留該檔案原本的 mtime 時間格式 (不更新檔案上次內容經過修訂的時間)
-n ：保留原本的舊檔，將轉換後的內容輸出到新檔案，如：dos2unix -n old new

範例一：將 /etc/man_db.conf 重新複製到 /tmp/vitest/ 底下，並將其修改成為 dos 斷行
[dmtsai@study ~]# cd /tmp/vitest
[dmtsai@study vitest]$ cp -a /etc/man_db.conf .
```

```
[dmtsai@study vitest]$ ll man_db.conf
-rw-r--r--. 1 root root 5171 Jun 10  2014 man_db.conf
[dmtsai@study vitest]$ unix2dos -k man_db.conf
unix2dos: converting file man_db.conf to DOS format ...
# 螢幕會顯示上述的訊息，說明斷行轉為 DOS 格式了！
[dmtsai@study vitest]$ ll man_db.conf
-rw-r--r--. 1 dmtsai dmtsai 5302 Jun 10  2014 man_db.conf
# 斷行字元多了 ^M，所以容量增加了！

範例二：將上述的 man_db.conf 轉成 Linux 斷行字元，並保留舊檔，新檔放於 man_db.conf.linux
[dmtsai@study vitest]$ dos2unix -k -n man_db.conf man_db.conf.linux
dos2unix: converting file man_db.conf to file man_db.conf.linux in Unix format ...
[dmtsai@study vitest]$ ll man_db.conf*
-rw-r--r--. 1 dmtsai dmtsai 5302 Jun 10  2014 man_db.conf
-rw-r--r--. 1 dmtsai dmtsai 5171 Jun 10  2014 man_db.conf.linux
[dmtsai@study vitest]$ file man_db.conf*
man_db.conf:        ASCII text, with CRLF line terminators # 很清楚說明是 CRLF 斷行！
man_db.conf.linux: ASCII text
```

因為斷行字符以及 DOS 與 Linux 作業系統底下一些字符的定義不同，因此，不建議你在 Windows 系統當中將檔案編輯好之後，才上傳到 Linux 系統，會容易發生錯誤問題。而且，如果你在不同的系統之間複製一些純文字檔案時，千萬記得要使用 unix2dos 或 dos2unix 來轉換一下斷行格式啊！

### 9.4.3 語系編碼轉換

很多朋友都會有的問題，就是想要將語系編碼進行轉換啦！舉例來說，想要將 big5 編碼轉成 utf8。這個時候怎麼辦？難不成要每個檔案打開會轉存成 utf8 嗎？不需要這樣做啦！使用 iconv 這個指令即可！鳥哥將之前的 vi 章節做成 big5 編碼的檔案，你可以照底下的連結來下載先：

- http://linux.vbird.org/linux_basic/0310vi/vi.big5

在終端機的環境下你可以使用『 wget 網址』來下載上述的檔案喔！鳥哥將它下載在 /tmp/vitest 目錄下。接下來讓我們來使用 iconv 這個指令來玩一玩編碼轉換吧！

```
[dmtsai@study ~]$ iconv --list
[dmtsai@study ~]$ iconv -f 原本編碼 -t 新編碼 filename [-o newfile]
選項與參數：
--list：列出 iconv 支援的語系資料
-f    ：from，亦即來源之意，後接原本的編碼格式；
```

```
-t      :to,亦即後來的新編碼要是什麼格式;
-o file:如果要保留原本的檔案,那麼使用 -o 新檔名,可以建立新編碼檔案。

範例一:將 /tmp/vitest/vi.big5 轉成 utf8 編碼吧!
[dmtsai@study ~]$ cd /tmp/vitest
[dmtsai@study vitest]$ iconv -f big5 -t utf8 vi.big5 -o vi.utf8
[dmtsai@study vitest]$ file vi*
vi.big5: ISO-8859 text, with CRLF line terminators
vi.utf8: UTF-8 Unicode text, with CRLF line terminators
# 是吧!有明顯的不同吧!^_^
```

這指令支援的語系非常之多,除了正體中文的 big5, utf8 編碼之外,也支援簡體中文的 gb2312,所以對岸的朋友可以簡單的將鳥站的網頁資料下載後,利用這個指令來轉成簡體,就能夠輕鬆的讀取文件資料囉!不過,不要將轉成簡體的檔案又上傳成為你自己的網頁啊!這明明是鳥哥寫的不是嗎?^_^

不過如果是要將正體中文的 utf8 轉成簡體中文的 utf8 編碼時,那就得費些功夫了!舉例來說,如果要將剛剛那個 vi.utf8 轉成簡體的 utf8 時,可以這樣做:

```
[dmtsai@study vitest]$ iconv -f utf8 -t big5 vi.utf8 | \
> iconv -f big5 -t gb2312 | iconv -f gb2312 -t utf8 -o vi.gb.utf8
```

## 9.5　重點回顧

◆ Linux 底下的設定檔多為文字檔,故使用 vim 即可進行設定編輯。

◆ vim 可視為程式編輯器,可用以編輯 shell script, 設定檔等, 避免打錯字。

◆ vi 為所有 unix like 的作業系統都會存在的編輯器,且執行速度快速。

◆ vi 有三種模式,一般指令模式可變換到編輯與指令列模式,但編輯模式與指令列模式不能互換。

◆ 常用的按鍵有 i, [Esc], :wq 等。

◆ vi 的畫面大略可分為兩部分,(1)上半部的本文與(2)最後一行的狀態+指令列模式。

◆ 數字是有意義的,用來說明重複進行幾次動作的意思,如 5yy 為複製 5 列之意。

◆ 游標的移動中,大寫的 G 經常使用,尤其是 1G, G 移動到文章的頭/尾功能!

◆ vi 的取代功能也很棒!:n1,n2s/old/new/g 要特別注意學習起來。

◆ 小數點『 . 』為重複進行前一次動作,也是經常使用的按鍵功能!

◆ 進入編輯模式幾乎只要記住:i, o, R 三個按鈕即可!尤其是新增一列的 o 與取代的 R。

- vim 會主動的建立 swap 暫存檔,所以不要隨意斷線!

- 如果在文章內有對齊的區塊,可以使用 [ctrl]-v 進行複製/貼上/刪除的行為。

- 使用 :sp 功能可以分割視窗。

- 若使用 vim 來撰寫網頁,若需要 CSS 元素資料,可透過 [ctrl]+x, [ctrl]+o 這兩個連續組合按鍵來取得關鍵字。

- vim 的環境設定可以寫入在 ~/.vimrc 檔案中。

- 可以使用 iconv 進行檔案語系編碼的轉換。

- 使用 dos2unix 及 unix2dos 可以變更檔案每一列的行尾斷行字元。

## 9.6　本章練習

**實作題部分:**

在第七章的情境模擬題二的第五點,編寫 /etc/fstab 時,當時使用 nano 這個指令,請嘗試使用 vim 去編輯 /etc/fstab,並且將第七章新增的那一列的 defatuls 改成 default,會出現什麼狀態?離開前請務必要修訂成原本正確的資訊。此外,如果將該列註解 (最前面加 #),你會發現字體顏色也有變化喔!

嘗試在你的系統中,你慣常使用的那個帳號的家目錄下,將本章介紹的 vimrc 內容進行一些常用設定,包括:

- 設定搜尋高亮度反白

- 設定語法檢驗啟動

- 設定預設啟動行號顯示

- 設定有兩行狀態列 (一行狀態+一行指令列) :set laststatus=2

**簡答題部分:**

- 我用 vi 開啟某個檔案後,要在第 34 列向右移動 15 個字元,應該在一般指令模式中下達什麼指令?

- 在 vi 開啟的檔案中,如何去到該檔案的頁首或頁尾?

- 在 vi 開啟的檔案中,如何在游標所在列中,移動到行頭及行尾?

- vi 的一般指令模式情況下,按下『 r 』有什麼功能?

- 在 vi 的環境中,如何將目前正在編輯的檔案另存新檔名為 newfilename?

- 在 linux 底下最常使用的文書編輯器為 vi,請問如何進入編輯模式?

- 在 vi 軟體中,如何由編輯模式跳回一般指令模式?

- 在 vi 環境中,若上下左右鍵無法使用時,請問如何在一般指令模式移動游標?

- 在 vi 的一般指令模式中,如何刪除一列、n 列;如何刪除一個字元?

- 在 vi 的一般指令模式中,如何複製一列、n 列並加以貼上?

- 在 vi 的一般指令模式中如何搜尋 string 這個字串?

- 在 vi 的一般指令模式中,如何取代 word1 成為 word2,而若需要使用者確認機制,又該如何?

- 在 vi 目前的編輯檔案中,在一般指令模式下,如何讀取一個檔案 filename 進來目前這個檔案?

- 在 vi 的一般指令模式中,如何存檔、離開、存檔後離開、強制存檔後離開?

- 在 vi 底下作了很多的編輯動作之後,卻想還原成原來的檔案內容,應該怎麼進行?

- 我在 vi 這個程式當中,不想離開 vi,但是想執行 ls /home 這個指令,vi 有什麼額外的功能可以達到這個目的?

## 9.7 參考資料與延伸閱讀

- 註 1:常見文書編輯器專案計畫連結:
  - emacs: http://www.gnu.org/software/emacs/
  - pico: https://en.wikipedia.org/wiki/Pico_(text_editor)
  - nano: http://sourceforge.net/projects/nano/
  - joe: http://sourceforge.net/projects/joe-editor/
  - vim: http://www.vim.org
  - 常見文書編輯器比較:http://encyclopedia.thefreedictionary.com/List＋of＋text＋editors
  - 維基百科的文書編輯器比較:http://en.wikipedia.org/wiki/Comparison_of_text_editors

- 維基百科:ASCII 的代碼與圖示對應表:http://zh.wikipedia.org/wiki/ASCII

- 關於 vim 是什麼的『中文』說明:http://www.vim.org/6k/features.zh.txt

- vim 補齊功能介紹:http://www.openfoundry.org/en/tech-column/2215

# 10

# 認識與學習 BASH

在 Linux 的環境下，如果你不懂 bash 是什麼，那麼其他的東西就不用學了！因為前面幾章我們使用終端機下達指令的方式，就是透過 bash 的環境來處理的喔！所以說，它很重要吧！bash 的東西非常的多，包括變數的設定與使用、bash 操作環境的建置、資料流重導向的功能，還有那好用的管線命令！好好清一清腦門，準備用功去囉～ ^_^ 這個章節幾乎是所有指令列模式 (command line) 與未來主機維護與管理的重要基礎，一定要好好仔細的閱讀喔！

# 10.1 認識 BASH 這個 Shell

我們在第一章 Linux 是什麼當中提到了：管理整個電腦硬體的其實是作業系統的核心 (kernel)，這個核心是需要被保護的！所以我們一般使用者就只能透過 shell 來跟核心溝通，以讓核心達到我們所想要達到的工作。那麼系統有多少 shell 可用呢？為什麼我們要使用 bash 啊？底下分別來談一談喔！

## 10.1.1 硬體、核心與 Shell

這應該是個蠻有趣的話題：『**什麼是 Shell**』？相信只要摸過電腦，對於作業系統 (不論是 Linux 、Unix 或者是 Windows) 有點概念的朋友們大多聽過這個名詞，因為只要有『作業系統』那麼就離不開 Shell 這個東西。不過，在討論 Shell 之前，我們先來瞭解一下電腦的運作狀況吧！舉個例子來說：**當你要電腦傳輸出來『音樂』的時候，你的電腦需要什麼東西呢？**

1. 硬體：當然就是需要你的硬體有『音效卡晶片』這個配備，否則怎麼會有聲音。
2. 核心管理：作業系統的核心可以支援這個晶片組，當然還需要提供晶片的驅動程式囉。
3. 應用程式：需要使用者 (就是你) 輸入發生聲音的指令囉！

這就是基本的一個輸出聲音所需要的步驟！也就是說，你必須要『輸入』一個指令之後，『硬體』才會透過你下達的指令來工作！那麼硬體如何知道你下達的指令呢？那就是 kernel (核心) 的控制工作了！也就是說，**我們必須要透過『 Shell 』將我們輸入的指令與 Kernel 溝通，好讓 Kernel 可以控制硬體來正確無誤的工作！**基本上，我們可以透過底下這張圖來說明一下：

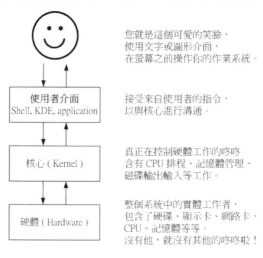

您就是這個可愛的笑臉，
使用文字或圖形介面，
在螢幕之前操作你的作業系統。

接受來自使用者的指令，
以與核心進行溝通。

真正在控制硬體工作的咚咚
含有 CPU 排程、記憶體管理、
磁碟輸出輸入等工作。

整個系統中的實體工作者，
包含了硬碟、顯示卡、網路卡、
CPU、記憶體等等。
沒有他，就沒有其他的咚咚啦！

圖 10.1.1　硬體、核心與使用者的相關性圖示

我們在**第零章內的作業系統小節**曾經提到過，**作業系統其實是一組軟體，由於這組軟體在控制整個硬體與管理系統的活動監測，如果這組軟體能被使用者隨意的操作，若使用者應用不當，將會使得整個系統崩潰！**因為作業系統管理的就是整個硬體功能嘛！所以當然不能夠隨便被一些沒有管理能力的終端用戶隨意使用囉！

但是我們總是需要讓使用者操作系統的，所以就有了在作業系統上面發展的應用程式啦！使用者可以透過應用程式來指揮核心，讓核心達成我們所需要的硬體任務！如果考慮如第零章所提供的作業系統圖示 (圖 0.4.2)，我們可以發現應用程式其實是在最外層，就如同雞蛋的外殼一樣，因此這個東東也就被稱呼為殼程式 (shell) 囉！

其實殼程式的功能只是提供使用者操作系統的一個介面，因此這個殼程式需要可以呼叫其他軟體才好。我們在第四章到第九章提到過很多指令，包括 man, chmod, chown, vi, fdisk, mkfs 等等指令，這些指令都是獨立的應用程式，但是我們可以透過殼程式 (就是指令列模式) 來操作這些應用程式，讓這些應用程式呼叫核心來運作所需的工作哩！這樣對於殼程式是否有了一定的概念了？

> 也就是說，只要能夠操作應用程式的介面都能夠稱為殼程式。狹義的殼程式指的是指令列方面的軟體，包括本章要介紹的 bash 等。廣義的殼程式則包括圖形介面的軟體！因為圖形介面其實也能夠操作各種應用程式來呼叫核心工作啊！不過在本章中，我們主要還是在使用 bash 啦！

## 10.1.2 為何要學文字介面的 shell？

**文字介面的 shell 是很不好學的，但是學了之後好處多多**！所以，在這裡鳥哥要先對你進行一些心理建設，先來瞭解一下為啥學習 shell 是有好處的，這樣你才會有信心繼續玩下去 ^_^

◆ **文字介面的 shell：大家都一樣！**

鳥哥常常聽到這個問題：『**我幹嘛要學習 shell 呢？不是已經有很多的工具可以提供我設定我的主機了？我為何要花這麼多時間去學指令呢？不是以 X Window 按一按幾個按鈕就可以搞定了嗎？**』唉～還是得一再地強調，X Window 還有 Web 介面的設定工具例如 Webmin [註1] 是真的好用的傢伙，它真的可以幫助我們很簡易的設定好我們的主機，甚至是一些很進階的設定都可以幫我們搞定。

但是鳥哥在前面的章節裡面也已經提到過相當多次了，X Window 與 web 介面的工具，它的介面雖然親善，功能雖然強大，但畢竟它是將所有利用到的軟體都整合在一起的一組應用程式而已，並非是一個完整的套件，所以某些時候當你升級或者是使用其他套件管理模組 (例如 tarball 而非 rpm 檔案等等) 時，就會造成設定的困擾了。甚至不同的 distribution 所設計的 X window 介面也都不相同，這樣也造成學習方面的困擾。

文字介面的 shell 就不同了！幾乎各家 distributions 使用的 bash 都是一樣的！如此一來，你就能夠輕輕鬆鬆的轉換不同的 distributions，就像武俠小說裡面提到的『一法通、萬法通！』

◆ **遠端管理：文字介面就是比較快！**

此外，Linux 的管理常常需要透過遠端連線，而連線時**文字介面的傳輸速度一定比較快，而且，較不容易出現斷線或者是資訊外流的問題**，因此，shell 真的是得學習的一項工具。而且，它可以讓你更深入 Linux，更瞭解它，而不是只會按一按滑鼠而已！所謂『天助自助者！』多摸一點文字模式的東西，會讓你與 Linux 更親近呢！

◆ **Linux 的任督二脈：shell 是也！**

有些朋友也很可愛，常會說：『**我學這麼多幹什麼？又不常用，也用不到！**』嘿嘿！有沒有聽過『書到用時方恨少？』當你的主機一切安然無恙的時候，你當然會覺得好像學這麼多的東西一點幫助也沒有呀！萬一，某一天真的不幸給它中標了，你該如何是好？是直接重新安裝？還是先追蹤入侵來源後進行漏洞的修補？或者是乾脆就關站好了？這當然涉及很多的考量，但就以鳥哥的觀點來看，多學一點總是好的，尤其我們可以有備而無患嘛！甚至學的不精也沒有關係，瞭解概念也就 OK 啦！畢竟沒有人要你一定要背這麼多的內容啦！瞭解概念就很了不起了！

此外，**如果你真的有心想要將你的主機管理的好，那麼良好的 shell 程式編寫是一定需要的啦！**就鳥哥自己來說，鳥哥管理的主機雖然還不算多，只有區區不到十部，但是如果每部主機都要花上幾十分鐘來查閱它的登錄檔資訊以及相關的訊息，那麼鳥哥可能會瘋掉！基本上，也太沒有效率了！這個時候，如果能夠藉由 shell 提供的資料流重導向以及管線命令，呵呵！那麼鳥哥分析登錄資訊只要花費不到十分鐘就可以看完所有的主機之重要資訊了！相當的好用呢！

由於學習 shell 的好處真的是多多啦！所以，如果你是個系統管理員，或者有心想要管理系統的話，那麼 shell 與 shell scripts 這個東西真的有必要看一看！因為它就像『打通任督二脈，任何武功都能隨你應用』的說！

## 10.1.3　系統的合法 shell 與 /etc/shells 功能

知道什麼是 Shell 之後，那麼我們來瞭解一下 Linux 使用的是哪一個 shell 呢？什麼！哪一個？難道說 shell 不就是『一個 shell 嗎？』哈哈！那可不！由於早年的 Unix 年代，發展者眾，所以由於 shell 依據發展者的不同就有許多的版本，例如常聽到的 Bourne SHell (sh)、在 Sun 裡頭預設的 C SHell、商業上常用的 K SHell、還有 TCSH 等等，每一種 Shell 都各有其特點。至於 Linux 使用的這一種版本就稱為『 **Bourne Again SHell (簡稱 bash)** 』，這個 Shell 是 Bourne Shell 的增強版本，也是基準於 GNU 的架構下發展出來的呦！

在介紹 shell 的優點之前，先來說一說 shell 的簡單歷史吧[註2]：第一個流行的 shell 是由 Steven Bourne 發展出來的，為了紀念它所以就稱為 Bourne shell，或直接簡稱為 sh！而後來另一個廣為流傳的 shell 是由柏克萊大學的 Bill Joy 設計依附於 BSD 版的 Unix 系統中的 shell，這個 shell 的語法有點類似 C 語言，所以才得名為 C shell，簡稱為 csh！由於在學術界 Sun 主機勢力相當的龐大，而 Sun 主要是 BSD 的分支之一，所以 C shell 也是另一個很重要而且流傳很廣的 shell 之一。

> 由於 Linux 為 C 程式語言撰寫的，很多程式設計師使用 C 來開發軟體，因此 C shell 相對的就很熱門了。另外，還記得我們在第一章、Linux 是什麼提到的吧？Sun 公司的創始人就是 Bill Joy，而 BSD 最早就是 Bill Joy 發展出來的啊。

那麼目前我們的 Linux (以 CentOS 7.x 為例) 有多少我們可以使用的 shells 呢？你可以檢查一下 /etc/shells 這個檔案，至少就有底下這幾個可以用的 shells (鳥哥省略了重複的 shell 了！包括 /bin/sh 等於 /usr/bin/sh 囉！)：

- /bin/sh (已經被 /bin/bash 所取代)
- /bin/bash (就是 Linux 預設的 shell)
- /bin/tcsh (整合 C Shell，提供更多的功能)
- /bin/csh (已經被 /bin/tcsh 所取代)

雖然各家 shell 的功能都差不多，但是在某些語法的下達方面則有所不同，因此建議你還是得要選擇某一種 shell 來熟悉一下較佳。Linux 預設就是使用 bash，所以最初你只要學會 bash 就非常了不起了！^\_^！另外，咦！**為什麼我們系統上合法的 shell 要寫入 /etc/shells 這個檔案啊？**這是因為系統某些服務在運作過程中，會去檢查使用者能夠使用的 shells，而這些 shell 的查詢就是藉由 /etc/shells 這個檔案囉！

舉例來說，某些 FTP 網站會去檢查使用者的可用 shell，而如果你不想要讓這些使用者使用 FTP 以外的主機資源時，可能會給予該使用者一些怪怪的 shell，讓使用者無法以其他服務登入主機。這個時候，你就得將那些怪怪的 shell 寫到 /etc/shells 當中了。舉例來說，我們的 CentOS 7.x 的 /etc/shells 裡頭就有個 /sbin/nologin 檔案的存在，這個就是我們說的怪怪的 shell 囉～

那麼，再想一想，**我這個使用者什麼時候可以取得 shell 來工作呢？還有，我這個使用者預設會取得哪一個 shell 啊？**還記得我們在第四章的在終端介面登入 linux 小節當中提到的登入動作吧？當我登入的時候，系統就會給我一個 shell 讓我來工作了。而這個登入取得的 shell 就記錄在 /etc/passwd 這個檔案內！這個檔案的內容是啥？

```
[dmtsai@study ~]$ cat /etc/passwd
root:x:0:0:root:/root:/bin/bash
bin:x:1:1:bin:/bin:/sbin/nologin
daemon:x:2:2:daemon:/sbin:/sbin/nologin
.....(底下省略).....
```

如上所示，在每一行的最後一個資料，就是你登入後可以取得的預設的 shell 啦！那你也會看到，root 是 /bin/bash，不過，系統帳號 bin 與 daemon 等等，就使用那個怪怪的 /sbin/nologin 囉～關於使用者這部分的內容，我們留在第十三章的帳號管理時提供更多的說明。

## 10.1.4 Bash shell 的功能

既然 /bin/bash 是 Linux 預設的 shell，那麼總是得瞭解一下這個玩意兒吧！bash 是 GNU 計畫中重要的工具軟體之一，目前也是 Linux distributions 的標準 shell。bash 主要相容於 sh，並且依據一些使用者需求而加強的 shell 版本。不論你使用的是那個 distribution，你都難逃需要學習 bash 的宿命啦！那麼這個 shell 有什麼好處，幹嘛 Linux 要使用它作為預設的 shell 呢？bash 主要的優點有底下幾個：

◆ **命令編修能力** (history)

bash 的功能裡頭，鳥哥個人認為相當棒的一個就是『它能記憶使用過的指令！』 這功能真的相當的棒！因為我只要在指令列按『上下鍵』就可以找到前/後一個輸入的指令！而在很多 distribution 裡頭，預設的指令記憶功能可以到達 1000 個！也就是說，你曾經下達過的指令幾乎都被記錄下來了。

這麼多的指令記錄在哪裡呢？在你的家目錄內的 .bash_history 啦！不過，需要留意的是，**~/.bash_history 記錄的是前一次登入以前所執行過的指令，而至於這一**

次登入所執行的指令都被暫存在記憶體中，當你成功的登出系統後，該指令記憶才會記錄到 .bash_history 當中！

這有什麼優點呢？最大的好處就是可以『**查詢曾經做過的舉動！**』如此可以知道你的執行步驟，那麼就可以追蹤你曾下達過的指令，以作為除錯的重要流程！但如此一來也有個煩惱，就是如果被駭客入侵了，那麼他只要翻你曾經執行過的指令，剛好你的指令又跟系統有關 (例如直接輸入 MySQL 的密碼在指令列上面)，那你的伺服器可就傷腦筋了！到底記錄指令的數目越多還是越少越好？這部分是見仁見智啦，沒有一定的答案的。

◆ **命令與檔案補全功能：([tab] 按鍵的好處)**

還記得我們在第四章內的重要的幾個熱鍵小節當中提到的 [tab] 這個按鍵嗎？這個按鍵的功能就是在 bash 裡頭才有的啦！常常在 bash 環境中使用 [tab] 是個很棒的習慣喔！因為至少可以讓你 1)**少打很多字**； 2)**確定輸入的資料是正確的！**使用 [tab] 按鍵的時機依據 [tab] 接在指令後或參數後而有所不同。我們再複習一次：

■ **[tab] 接在一串指令的第一個字的後面，則為命令補全。**

■ **[tab] 接在一串指令的第二個字以後時，則為『檔案補齊』！**

■ **若安裝 bash-completion 軟體，則在某些指令後面使用 [tab] 按鍵時，可以進行『選項/參數的補齊』功能！**

所以說，如果我想要知道我的環境當中所有以 c 為開頭的指令呢？就按下『 c[tab][tab] 』就好啦！^_^是的！真的是很方便的功能，所以，**有事沒事，在 bash shell 底下，多按幾次 [tab] 是一個不錯的習慣啦！**

◆ **命令別名設定功能：(alias)**

假如我需要知道這個目錄底下的所有檔案 (包含隱藏檔) 及所有的檔案屬性，那麼我就必須要下達『 ls -al 』這樣的指令串，唉！真麻煩，有沒有更快的取代方式？呵呵！就使用命令別名呀！例如鳥哥最喜歡直接以 lm 這個自訂的命令來取代上面的命令，也就是說，**lm 會等於 ls -al** 這樣的一個功能，嘿！那麼要如何做呢？就使用 alias 即可！你可以在指令列輸入 alias 就可以知道目前的命令別名有哪些了！也可以直接下達命令來設定別名呦：

```
alias lm='ls -al'
```

◆ **工作控制、前景背景控制：(job control, foreground, background)**

這部分我們在第十六章 Linux 程序控制中再提及！使用前、背景的控制可以讓工作進行的更為順利！至於工作控制(jobs)的用途則更廣，可以讓我們隨時將工作丟到背景中執

行！而不怕不小心使用了 [ctrl] + c 來停掉該程序！真是好樣的！此外，也可以在單一
登入的環境中，達到多工的目的呢！

◆ **程式化腳本：**(shell scripts)

在 DOS 年代還記得將一堆指令寫在一起的所謂的『批次檔』吧？在 Linux 底下的 shell
scripts 則發揮更為強大的功能，可以將你平時管理系統常需要下達的連續指令寫成一個
檔案，該檔案並且可以透過對談互動式的方式來進行主機的偵測工作！也可以藉由
shell 提供的環境變數及相關指令來進行設計，哇！整個設計下來幾乎就是一個小型的
程式語言了！該 scripts 的功能真的是超乎鳥哥的想像之外！以前在 DOS 底下需要程式
語言才能寫的東西，在 Linux 底下使用簡單的 shell scripts 就可以幫你達成了！真的厲
害！這部分我們在第十二章再來談！

◆ **萬用字元：**(Wildcard)

除了完整的字串之外，bash 還支援許多的萬用字元來幫助使用者查詢與指令下達。舉
例來說，想要知道 /usr/bin 底下有多少以 X 為開頭的檔案嗎？使用：『 ls -l /usr/bin/X* 』
就能夠知道囉～此外，還有其他可供利用的萬用字元，這些都能夠加快使用者的操作
呢！

總之，bash 這麼好！不學嗎？怎麼可能！來學吧！ ^_^

## 10.1.5　查詢指令是否為 Bash shell 的內建命令：type

我們在第四章提到關於 Linux 的線上說明文件部分，也就是 man page 的內容，那麼
bash 有沒有什麼說明文件啊？開玩笑～這麼棒的東西怎麼可能沒有說明文件！請你在 shell
的環境下，直接輸入 man bash 瞧一瞧，嘿嘿！不是蓋的吧！讓你看個幾天幾夜也無法看完
的 bash 說明文件，可是很詳盡的資料啊！ ^_^

不過，在這個 bash 的 man page 當中，不知道你是否有察覺到，咦！怎麼這個說明文
件裡面有其他的檔案說明啊？舉例來說，那個 cd 指令的說明就在這個 man page 內？然後
我直接輸入 man cd 時，怎麼出現的畫面中，最上方竟然出現一堆指令的介紹？這是怎麼回
事？為了方便shell 的操作，其實 bash 已經『內建』了很多指令了，例如上面提到的 cd，還
有例如 umask 等等的指令，都是內建在 bash 當中的呢！

那我怎麼知道這個指令是來自於外部指令(指的是其他非 bash 所提供的指令) 或是內建
在 bash 當中的呢？嘿嘿！利用 type 這個指令來觀察即可！舉例來說：

```
[dmtsai@study ~]$ type [-tpa] name
選項與參數：
      :不加任何選項與參數時，type 會顯示出 name 是外部指令還是 bash 內建指令
```

-t ：當加入 -t 參數時，type 會將 name 以底下這些字眼顯示出它的意義：

    file    ：表示為外部指令；

    alias  ：表示該指令為命令別名所設定的名稱；

    builtin：表示該指令為 bash 內建的指令功能；

-p ：如果後面接的 name 為外部指令時，才會顯示完整檔名；

-a ：會由 PATH 變數定義的路徑中，將所有含 name 的指令都列出來，包含 alias

範例一：查詢一下 ls 這個指令是否為 bash 內建？

```
[dmtsai@study ~]$ type ls
ls is aliased to `ls --color=auto' <==未加任何參數，列出 ls 的最主要使用情況
[dmtsai@study ~]$ type -t ls
alias                           <==僅列出 ls 執行時的依據
[dmtsai@study ~]$ type -a ls
ls is aliased to `ls --color=auto' <==最先使用 aliase
ls is /usr/bin/ls               <==還有找到外部指令在 /bin/ls
```

範例二：那麼 cd 呢？

```
[dmtsai@study ~]$ type cd
cd is a shell builtin           <==看到了嗎？cd 是 shell 內建指令
```

透過 type 這個指令我們可以知道每個指令是否為 bash 的內建指令。此外，由於利用 type 搜尋後面的名稱時，如果後面接的名稱並不能以執行檔的狀態被找到，那麼該名稱是不會被顯示出來的。也就是說，type 主要在找出『執行檔』而不是一般檔案檔名喔！呵呵！所以，**這個 type 也可以用來作為類似 which 指令的用途啦！找指令用的！**

## 10.1.6　指令的下達與快速編輯按鈕

我們在第四章的開始下達指令小節已經提到過在 shell 環境下的指令下達方法，如果你忘記了請回到第四章再去回憶一下！這裡不重複說明了。鳥哥這裡僅就反斜線 (\) 來說明一下指令下達的方式囉！

範例：如果指令串太長的話，如何使用兩行來輸出？

```
[dmtsai@study ~]$ cp /var/spool/mail/root /etc/crontab \
> /etc/fstab /root
```

上面這個指令用途是將三個檔案複製到 /root 這個目錄下而已。不過，因為指令太長，於是鳥哥就利用『 \[enter] 』來將 [enter] 這個按鍵『跳脫！』開來，讓 [enter] 按鍵不再具有『開始執行』的功能！好讓指令可以繼續在下一行輸入。**需要特別留意，[enter] 按鍵是緊接著反斜線 (\) 的，兩者中間沒有其他字元。因為 \ 僅跳脫『緊接著的下一個字符』而已！**所以，

萬一我寫成：『 \ [enter] 』，亦即 [enter] 與反斜線中間有一個空格時，則 \ 跳脫的是『空白鍵』而不是 [enter] 按鍵！這個地方請再仔細的看一遍！很重要！

如果順利跳脫 [enter] 後，下一行最前面就會主動出現 > 的符號，你可以繼續輸入指令囉！也就是說，那個 > 是系統自動出現的，你不需要輸入。

另外，當你所需要下達的指令特別長，或者是你輸入了一串錯誤的指令時，你想要快速的將這串指令整個刪除掉，一般來說，我們都是按下刪除鍵的。有沒有其他的快速組合鍵可以協助呢？是有的！常見的有底下這些：

| 組合鍵 | 功能與示範 |
|---|---|
| [ctrl]+u/[ctrl]+k | 分別是從游標處向前刪除指令串 ([ctrl]+u) 及向後刪除指令串 ([ctrl]+k)。 |
| [ctrl]+a/[ctrl]+e | 分別是讓游標移動到整個指令串的最前面 ([ctrl]+a) 或最後面 ([ctrl]+e)。 |

總之，當我們順利的在終端機 (tty) 上面登入後，Linux 就會依據 /etc/passwd 檔案的設定給我們一個 shell (預設是 bash)，然後我們就可以依據上面的指令下達方式來操作 shell，之後，我們就可以透過 man 這個線上查詢來查詢指令的使用方式與參數說明，很不錯吧！那麼我們就趕緊更進一步來操作 bash 這個好玩的東西囉！

# 10.2 Shell 的變數功能

變數是 bash 環境中非常重要的一個玩意兒，我們知道 Linux 是多人多工的環境，每個人登入系統都能取得一個 bash shell，每個人都能夠使用 bash 下達 mail 這個指令來收受『自己』的郵件等等。問題是，bash 是如何得知你的郵件信箱是哪個檔案？這就需要『變數』的幫助啦！所以，你說變數重不重要呢？底下我們將介紹重要的環境變數、變數的取用與設定等資料，呼呼！動動腦時間又來到囉！^_^

## 10.2.1 什麼是變數？

那麼，什麼是『變數』呢？簡單的說，就是讓某一個特定字串代表不固定的內容就是了。舉個大家在國中都會學到的數學例子，那就是：『 $y = ax + b$ 』這東西，**在等號左邊的(y)就是變數，在等號右邊的(ax+b)就是變數內容。要注意的是，左邊是未知數，右邊是已知數喔！講的更簡單一點，我們可以『用一個簡單的 "字眼" 來取代另一個比較複雜或者是容易變動的資料』**。這有什麼好處啊？最大的好處就是『方便！』。

◆ **變數的可變性與方便性**

舉例來說，我們每個帳號的郵件信箱預設是以 MAIL 這個變數來進行存取的，當 dmtsai 這個使用者登入時，他便會取得 MAIL 這個變數，而這個變數的內容其實就是 /var/spool/mail/dmtsai，那如果 vbird 登入呢？他取得的 MAIL 這個變數的內容其實就是 /var/spool/mail/vbird。而我們使用信件讀取指令 mail 來讀取自己的郵件信箱時，嘿嘿，這支程式可以直接讀取 MAIL 這個變數的內容，就能夠自動的分辨出屬於自己的信箱信件囉！這樣一來，設計程式的設計師就真的很方便的啦！

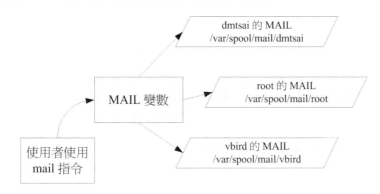

圖 10.2.1　程式、變數與不同使用者的關係

如上圖所示，由於系統已經幫我們規劃好 MAIL 這個變數，所以使用者只要知道 mail 這個指令如何使用即可，mail 會主動的取用 MAIL 這個變數，就能夠如上圖所示的取得自己的郵件信箱了！(注意大小寫，小寫的 mail 是指令，大寫的 MAIL 則是變數名稱喔！)

那麼使用變數真的比較好嗎？這是當然的！想像一個例子，如果 mail 這個指令將 root 收信的郵件信箱 (mailbox) 檔名為 /var/spool/mail/root 直接寫入程式碼中。那麼當 dmtsai 要使用 mail 時，將會取得 /var/spool/mail/root 這個檔案的內容！不合理吧！所以你就需要幫 dmtsai 也設計一個 mail 的程式，將 /var/spool/mail/dmtsai 寫死到 mail 的程式碼當中！天吶！那系統要有多少個 mail 指令啊？反過來說，使用變數就變的很簡單了！因為你不需要更動到程式碼啊！只要將 MAIL 這個變數帶入不同的內容即可讓所有使用者透過 mail 取得自己的信件！當然簡單多了！

◆ **影響 bash 環境操作的變數**

某些特定變數會影響到 bash 的環境喔！舉例來說，我們前面已經提到過很多次的那個 PATH 變數！你能不能在任何目錄下執行某個指令，與 PATH 這個變數有很大的關係。例如你下達 ls 這個指令時，系統就是透過 PATH 這個變數裡面的內容所記錄的路徑順序來搜尋指令的呢！如果在搜尋完 PATH 變數內的路徑還找不到 ls 這個指令時，就會在螢幕上顯示『 command not found 』的錯誤訊息了。

如果說的學理一點，那麼由於在 Linux System 下面，所有的執行緒都是需要一個執行碼，而就如同上面提到的，你『**真正以 shell 來跟 Linux 溝通，是在正確的登入 Linux 之後！**』這個時候你就有一個 bash 的執行程序，也才可以真正的經由 bash 來跟系統溝通囉！而在進入 shell 之前，也正如同上面提到的，由於系統需要一些變數來提供它資料的存取 (或者是一些環境的設定參數值，例如是否要顯示彩色等等的)，所以就有一些所謂的『**環境變數**』需要來讀入系統中了！這些環境變數例如 PATH、HOME、MAIL、SHELL 等等，都是很重要的，為了區別與自訂變數的不同，環境變數通常以大寫字元來表示呢！

◆ **腳本程式設計 (shell script) 的好幫手**

這些還都只是系統預設的變數的目的，如果是個人的設定方面的應用呢：例如你要寫一個大型的 script 時，有些資料因為可能由於使用者習慣的不同而有差異，比如說路徑好了，由於該路徑在 script 被使用在相當多的地方，如果下次換了一部主機，都要修改 script 裡面的所有路徑，那麼我一定會瘋掉！這個時候如果使用變數，而將該變數的定義寫在最前面，後面相關的路徑名稱都以變數來取代，嘿嘿！那麼你只要修改一行就等於修改整篇 script 了！方便的很！所以，良好的程式設計師都會善用變數的定義！

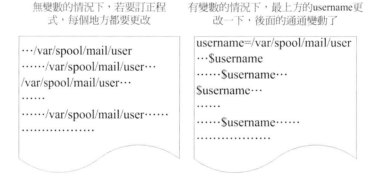

圖 10.2.2　變數應用於 shell script 的示意圖

最後我們就簡單的對『**什麼是變數**』作個簡單定義好了：『**變數就是以一組文字或符號等，來取代一些設定或者是一串保留的資料！**』，例如：我設定了『myname』就是『VBird』，所以當你讀取 myname 這個變數的時候，系統自然就會知道！哈！那就是 VBird 啦！那麼如何『**顯示變數**』呢？這就需要使用到 echo 這個指令啦！

## 10.2.2 變數的取用與設定：echo, 變數設定規則, unset

說的口沫橫飛的，也不知道『變數』與『變數代表的內容』有啥關係？那我們就將『變數』的『內容』拿出來給你瞧瞧好了。你可以利用 echo 這個指令來取用變數，但是，變數在被取用時，前面必須要加上錢字號『 $ 』才行，舉例來說，要知道 PATH 的內容，該如何是好？

◆ **變數的取用**: echo

```
[dmtsai@study ~]$ echo $variable
[dmtsai@study ~]$ echo $PATH
/usr/local/bin:/usr/bin:/usr/local/sbin:/usr/sbin:/home/dmtsai/.local/bin:/
home/dmtsai/bin
[dmtsai@study ~]$ echo ${PATH}   # 近年來，鳥哥比較偏向使用這種格式喔！
```

變數的取用就如同上面的範例，利用 echo 就能夠讀出，只是需要在變數名稱前面加上 $，或者是以 ${變數} 的方式來取用都可以！當然啦，那個 echo 的功能可是很多的，我們這裡單純是拿 echo 來讀出變數的內容而已，更多的 echo 使用，請自行給它 man echo 吧！ ^_^

**例題**

請在螢幕上面顯示出你的環境變數 HOME 與 MAIL：

**答：**

echo $HOME 或者是 echo ${HOME}

echo $MAIL 或者是 echo ${MAIL}

---

現在我們知道了變數與變數內容之間的相關性了，好了，那麼我要如何『設定』或者是『修改』 某個變數的內容啊？很簡單啦！用『等號(=)』連接變數與它的內容就好啦！舉例來說：我要將 myname 這個變數名稱的內容設定為 VBird，那麼：

```
[dmtsai@study ~]$ echo ${myname}
       <==這裡並沒有任何資料～因為這個變數尚未被設定！是空的！
[dmtsai@study ~]$ myname=VBird
[dmtsai@study ~]$ echo ${myname}
VBird   <==出現了！因為這個變數已經被設定了！
```

瞧！如此一來，這個變數名稱 myname 的內容就帶有 VBird 這個資料囉～而由上面的例子當中，我們也可以知道：在 bash 當中，當一個變數名稱尚未被設定時，預設的內容是『空』的。另外，變數在設定時，還是需要符合某些規定的，否則會設定失敗喔！這些規則如下所示啊！

要請各位讀者注意喔，每一種 shell 的語法都不相同～在變數的使用上，bash 在你沒有設定的變數中強迫去 echo 時，它會顯示出空的值。在其他某些 shell 中，隨便去 echo 一個不存在的變數，它是會出現錯誤訊息的喔！要注意！要注意！

◆ **變數的設定規則**

1. **變數與變數內容以一個等號『=』來連結**，如下所示：

   『myname=VBird』

2. **等號兩邊不能直接接空白字元**，如下所示為錯誤：

   『myname = VBird』或『myname=VBird Tsai』

3. 變數名稱只能是英文字母與數字，但是**開頭字元不能是數字**，如下為錯誤：

   『2myname=VBird』

4. 變數內容若有空白字元可使用雙引號『"』或單引號『'』將變數內容結合起來，但

   □ **雙引號內的特殊字元如 $ 等，可以保有原本的特性**，如下所示：

     『var="lang is $LANG"』則『echo $var』可得『lang is zh_TW.UTF-8』

   □ **單引號內的特殊字元則僅為一般字元 (純文字)**，如下所示：

     『var='lang is $LANG'』則『echo $var』可得『lang is $LANG』

5. 可用**跳脫字元『 \ 』**將特殊符號(如 [enter], $, \, 空白字元, '等)變成一般字元，如：

   『myname=VBird\ Tsai』

6. 在一串指令的執行中，還需要藉由其他額外的指令所提供的資訊時，可以**使用反單引號『`指令`』或『$(指令)』**。特別注意，那個 ` 是鍵盤上方的數字鍵 1 左邊那個按鍵，而不是單引號！例如想要取得核心版本的設定：

   『version=$(uname -r)』再『echo $version』可得『3.10.0-229.el7.x86_64』

7. 若該變數為擴增變數內容時，則可用 "$變數名稱" 或 ${變數} 累加內容，如下所示：

   『PATH="$PATH":/home/bin』或『PATH=${PATH}:/home/bin』

8. 若該變數需要在其他子程序執行，則**需要以 export 來使變數變成環境變數**：

   『export PATH』

9. 通常大寫字元為系統預設變數，自行設定變數可以使用小寫字元，方便判斷 (純粹依照使用者興趣與嗜好)。

10. **取消變數的方法為使用 unset**：『unset 變數名稱』例如取消 myname 的設定：『unset myname』

底下讓鳥哥舉幾個例子來讓你試看看，就知道怎麼設定好你的變數囉！

範例一：設定一變數 name，且內容為 VBird
```
[dmtsai@study ~]$ 12name=VBird
bash: 12name=VBird: command not found...    <==螢幕會顯示錯誤！因為不能以數字開頭！
[dmtsai@study ~]$ name = VBird               <==還是錯誤！因為有空白！
[dmtsai@study ~]$ name=VBird                  <==OK 的啦！
```

範例二：承上題，若變數內容為 VBird's name 呢，就是變數內容含有特殊符號時：
```
[dmtsai@study ~]$ name=VBird's name
# 單引號與雙引號必須要成對，在上面的設定中僅有一個單引號，因此當你按下 enter 後，
# 你還可以繼續輸入變數內容。這與我們所需要的功能不同，失敗啦！
# 記得，失敗後要復原請按下 [ctrl]-c 結束！
[dmtsai@study ~]$ name="VBird's name"      <==OK 的啦！
# 指令是由左邊向右找→，先遇到的引號先有用，因此如上所示，單引號變成一般字元！
[dmtsai@study ~]$ name='VBird's name'      <==失敗的啦！
# 因為前兩個單引號已成對，後面就多了一個不成對的單引號了！因此也就失敗了！
[dmtsai@study ~]$ name=VBird\'s\ name      <==OK 的啦！
# 利用反斜線 (\) 跳脫特殊字元，例如單引號與空白鍵，這也是 OK 的啦！
```

範例三：我要在 PATH 這個變數當中『累加』:/home/dmtsai/bin 這個目錄
```
[dmtsai@study ~]$ PATH=$PATH:/home/dmtsai/bin
[dmtsai@study ~]$ PATH="$PATH":/home/dmtsai/bin
[dmtsai@study ~]$ PATH=${PATH}:/home/dmtsai/bin
# 上面這三種格式在 PATH 裡頭的設定都是 OK 的！但是底下的例子就不見得囉！
```

範例四：承範例三，我要將 name 的內容多出 "yes" 呢？
```
[dmtsai@study ~]$ name=$nameyes
# 知道了吧？如果沒有雙引號，那麼變數成了啥？name 的內容是 $nameyes 這個變數！
# 呵呵！我們可沒有設定過 nameyes 這個變數吶！所以，應該是底下這樣才對！
[dmtsai@study ~]$ name="$name"yes
[dmtsai@study ~]$ name=${name}yes     <==以此例較佳！
```

範例五：如何讓我剛剛設定的 name=VBird 可以用在下個 shell 的程序？
```
[dmtsai@study ~]$ name=VBird
[dmtsai@study ~]$ bash          <==進入到所謂的子程序
```

```
[dmtsai@study ~]$ echo $name    <==子程序：再次的 echo 一下；
        <==嘿嘿！並沒有剛剛設定的內容喔！
[dmtsai@study ~]$ exit          <==子程序：離開這個子程序
[dmtsai@study ~]$ export name
[dmtsai@study ~]$ bash          <==進入到所謂的子程序
[dmtsai@study ~]$ echo $name    <==子程序：在此執行！
VBird   <==看吧！出現設定值了！
[dmtsai@study ~]$ exit          <==子程序：離開這個子程序
```

什麼是『子程序』呢？就是說，在我目前這個 shell 的情況下，去啟用另一個新的 shell，新的那個 shell 就是子程序啦！在一般的狀態下，父程序的自訂變數是無法在子程序內使用的。但是透過 export 將變數變成環境變數後，就能夠在子程序底下應用了！很不賴吧！至於程序的相關概念，我們會在第十六章程序管理當中提到的喔！

範例六：如何進入到你目前核心的模組目錄？
```
[dmtsai@study ~]$ cd /lib/modules/`uname -r`/kernel
[dmtsai@study ~]$ cd /lib/modules/$(uname -r)/kernel   # 以此例較佳！
```

每個 Linux 都能夠擁有多個核心版本，且幾乎 distribution 的核心版本都不相同。以 CentOS 7.1 (未更新前) 為例，它的預設核心版本是 3.10.0-229.el7.x86_64，所以核心模組目錄在 /lib/modules/3.10.0-229.el7.x86_64/kernel/ 內。也由於每個 distributions 的這個值都不相同，但是我們卻可以利用 uname -r 這個指令先取得版本資訊。所以囉，就可以透過上面指令當中的內含指令 $(uname -r) 先取得版本輸出到 cd ... 那個指令當中，就能夠順利的進入目前核心的驅動程式所放置的目錄囉！很方便吧！

其實上面的指令可以說是作了兩次動作，亦即是：

1.  先進行反單引號內的動作『uname -r』並得到核心版本為 3.10.0-229.el7.x86_64

2.  將上述的結果帶入原指令，故得指令為：『cd /lib/modules/3.10.0-229.el7.x86_64/kernel/』

> 為什麼鳥哥比較建議記憶 $( command ) 呢？還記得小時候學數學的加減乘除，我們都知道得要先乘除後加減。那如果硬要先加減再乘除呢？當然就是加上括號 () 來處理即可啊！所以囉，這個指令的處理方式也差不多，只是括號左邊得要加個錢字號就是了！

範例七：取消剛剛設定的 name 這個變數內容
```
[dmtsai@study ~]$ unset name
```

根據上面的案例你可以試試看！就可以瞭解變數的設定囉！這個是很重要的呦！請勤加
練習！其中，較為重要的一些特殊符號的使用囉！例如單引號、雙引號、跳脫字元、錢
字號、反單引號等等，底下的例題想一想吧！

**例題**

在變數的設定當中，單引號與雙引號的用途有何不同？

**答**：單引號與雙引號的最大不同在於**雙引號仍然可以保有變數的內容，但單引號內僅能是一**
**般字元，而不會有特殊符號。** 我們以底下的例子做說明：假設你定義了一個變數，
name＝VBird，現在想以 name 這個變數的內容定義出 myname 顯示 VBird its me 這個內容，
要如何訂定呢？

```
[dmtsai@study ~]$ name=VBird
[dmtsai@study ~]$ echo $name
VBird
[dmtsai@study ~]$ myname="$name its me"
[dmtsai@study ~]$ echo $myname
VBird its me
[dmtsai@study ~]$ myname='$name its me'
[dmtsai@study ~]$ echo $myname
$name its me
```

發現了嗎？沒錯！使用了單引號的時候，那麼 $name 將失去原有的變數內容，僅為一般字
元的顯示型態而已！這裡必須要特別小心在意！

**例題**

在指令下達的過程中，反單引號(`)這個符號代表的意義為何？

**答**：在一串指令中，在 ` 之內的指令將會被先執行，而其執行出來的結果將做為外部的輸入
資訊！例如 uname -r 會顯示出目前的核心版本，而我們的核心版本在 /lib/modules 裡面，因
此，你可以先執行 uname -r 找出核心版本，然後再以『 cd 目錄』到該目錄下，當然也可以
執行如同上面範例六的執行內容囉。

另外再舉個例子，我們也知道，locate 指令可以列出所有的相關檔案檔名，但是，如果我想
要知道各個檔案的權限呢？舉例來說，我想要知道每個 crontab 相關檔名的權限：

```
[dmtsai@study ~]$ ls -ld `locate crontab`
[dmtsai@study ~]$ ls -ld $(locate crontab)
```

如此一來，先以 locate 將檔名資料都列出來，再以 ls 指令來處理的意思啦！瞭了嗎？ ^_^

> **例題**
>
> 若你有一個常去的工作目錄名稱為：『/cluster/server/work/taiwan_2015/003/』，如何進行該目錄的簡化？
>
> **答：**在一般的情況下，如果你想要進入上述的目錄得要『cd /cluster/server/work/taiwan_2015/003/』，以鳥哥自己的案例來說，鳥哥跑數值模式常常會設定很長的目錄名稱(避免忘記)，但如此一來變換目錄就很麻煩。此時，鳥哥習慣利用底下的方式來降低指令下達錯誤的問題：
>
> ```
> [dmtsai@study ~]$ work="/cluster/server/work/taiwan_2015/003/"
> [dmtsai@study ~]$ cd $work
> ```
>
> 未來我想要使用其他目錄作為我的模式工作目錄時，只要變更 work 這個變數即可！而這個變數又可以在 bash 的設定檔(~/.bashrc)中直接指定，那我每次登入只要執行『 cd $work 』就能夠去到數值模式模擬的工作目錄了！是否很方便呢？^_^

## 10.2.3  環境變數的功能

環境變數可以幫我們達到很多功能～包括家目錄的變換啊、提示字元的顯示啊、執行檔搜尋的路徑啊等等的，還有很多很多啦！那麼，既然環境變數有那麼多的功能，問一下，目前我的 shell 環境中，有多少預設的環境變數啊？我們可以利用兩個指令來查閱，分別是 env 與 export 呢！

◆ **用 env 觀察環境變數與常見環境變數說明**

```
範例一：列出目前的 shell 環境下的所有環境變數與其內容。
[dmtsai@study ~]$ env
HOSTNAME=study.centos.vbird        <== 這部主機的主機名稱
TERM=xterm                         <== 這個終端機使用的環境是什麼類型
SHELL=/bin/bash                    <== 目前這個環境下，使用的 Shell 是哪一個程式？
HISTSIZE=1000                      <== 『記錄指令的筆數』在 CentOS 預設可記錄 1000 筆
OLDPWD=/home/dmtsai                <== 上一個工作目錄的所在
LC_ALL=en_US.utf8                  <== 由於語系的關係，鳥哥偷偷丟上來的一個設定
USER=dmtsai                        <== 使用者的名稱啊！
LS_COLORS=rs=0:di=01;34:ln=01;36:mh=00:pi=40;33:so=01;35:do=01;35:bd=40;33;01:
cd=40;33;01:or=40;31;01:mi=01;05;37;41:su=37;41:sg=30;43:ca=30;41:tw=30;42:ow=3
4;42:st=37;44:ex=01;32:*.tar=01...  <== 一些顏色顯示
MAIL=/var/spool/mail/dmtsai        <== 這個使用者所取用的 mailbox 位置
PATH=/usr/local/bin:/usr/bin:/usr/local/sbin:/usr/sbin:/home/dmtsai/.local/bin:
/home/dmtsai/bin
```

```
PWD=/home/dmtsai            <== 目前使用者所在的工作目錄（利用 pwd 取出！）
LANG=zh_TW.UTF-8            <== 這個與語系有關，底下會再介紹！
HOME=/home/dmtsai           <== 這個使用者的家目錄啊！
LOGNAME=dmtsai             <== 登入者用來登入的帳號名稱
_=/usr/bin/env             <== 上一次使用的指令的最後一個參數（或指令本身）
```

env 是 environment (環境) 的簡寫啊，上面的例子當中，是列出來所有的環境變數。當然，如果使用 export 也會是一樣的內容～只不過，export 還有其他額外的功能就是了，我們等一下再提這個 export 指令。那麼上面這些變數有些什麼功用呢？底下我們就一個一個來分析分析！

- **HOME**

  代表使用者的家目錄。還記得我們可以使用 cd ～ 去到自己的家目錄嗎？或者利用 cd 就可以直接回到使用者家目錄了。那就是取用這個變數啦～有很多程式都可能會取用到這個變數的值！

- **SHELL**

  告知我們，目前這個環境使用的 SHELL 是哪支程式？Linux 預設使用 /bin/bash 的啦！

- **HISTSIZE**

  這個與『歷史命令』有關，亦即是，我們曾經下達過的指令可以被系統記錄下來，而記錄的『筆數』則是由這個值來設定的。

- **MAIL**

  當我們使用 mail 這個指令在收信時，系統會去讀取的郵件信箱檔案 (mailbox)。

- **PATH**

  就是執行檔搜尋的路徑啦～目錄與目錄中間以冒號(:)分隔，由於檔案的搜尋是依序由 PATH 的變數內的目錄來查詢，所以，目錄的順序也是重要的喔。

- **LANG**

  這個重要！就是語系資料囉～很多訊息都會用到它，舉例來說，當我們在啟動某些 perl 的程式語言檔案時，它會主動的去分析語系資料檔案，如果發現有它無法解析的編碼語系，可能會產生錯誤喔！一般來說，我們中文編碼通常是 zh_TW.Big5 或者是 zh_TW.UTF-8，這兩個編碼偏偏不容易被解譯出來，所以，有的時候，可能需要修訂一下語系資料。這部分我們會在下個小節做介紹的！

■ RANDOM

這個玩意兒就是『隨機亂數』的變數啦！目前大多數的 distributions 都會有亂數產生器，那就是 /dev/random 這個檔案。我們可以透過這個亂數檔案相關的變數 ($RANDOM) 來隨機取得亂數值喔。在 BASH 的環境下，這個 RANDOM 變數的內容，介於 0~32767 之間，所以，你只要 echo $RANDOM 時，系統就會主動的隨機取出一個介於 0~32767 的數值。萬一我想要使用 0~9 之間的數值呢？呵呵～利用 declare 宣告數值類型，然後這樣做就可以了：

```
[dmtsai@study ~]$ declare -i number=$RANDOM*10/32768 ; echo $number
8    <== 此時會隨機取出 0~9 之間的數值喔！
```

大致上是有這些環境變數啦～裡面有些比較重要的參數，在底下我們都會另外進行一些說明的～

◆ 用 set 觀察所有變數 (含環境變數與自訂變數)

bash 可不只有環境變數喔，還有一些與 bash 操作介面有關的變數，以及使用者自己定義的變數存在的。那麼這些變數如何觀察呢？這個時候就得要使用 set 這個指令了。set 除了環境變數之外，還會將其他在 bash 內的變數通通顯示出來哩！資訊很多，底下鳥哥僅列出幾個重要的內容：

```
[dmtsai@study ~]$ set
BASH=/bin/bash                       <== bash 的主程式放置路徑
BASH_VERSINFO=([0]="4" [1]="2" [2]="46" [3]="1" [4]="release" [5]="x86_64-redhat-linux-gnu")
BASH_VERSION='4.2.46(1)-release'     <== 這兩行是 bash 的版本啊！
COLUMNS=90                           <== 在目前的終端機環境下，使用的欄位有幾個字元長度
HISTFILE=/home/dmtsai/.bash_history  <== 歷史命令記錄的放置檔案，隱藏檔
HISTFILESIZE=1000                    <== 存起來(與上個變數有關)的檔案之指令的最大紀錄筆數。
HISTSIZE=1000                        <== 目前環境下，記憶體中記錄的歷史命令最大筆數。
IFS=$' \t\n'                         <== 預設的分隔符號
LINES=20                             <== 目前的終端機下的最大行數
MACHTYPE=x86_64-redhat-linux-gnu     <== 安裝的機器類型
OSTYPE=linux-gnu                     <== 作業系統的類型！
PS1='[\u@\h \W]\$ '                  <== PS1 就厲害了。這個是命令提示字元，也就是我們常見的
                                         [root@www ~]# 或 [dmtsai ~]$ 的設定值！可更動
PS2='> '                            <== 如果你使用跳脫符號 (\) 第二行以後的提示字元也
$                                    <== 目前這個 shell 所使用的 PID
?                                    <== 剛剛執行完指令的回傳值。
...
# 有許多可以使用的函式庫功能被鳥哥取消囉！請自行查閱！
```

一般來說，不論是否為環境變數，只要跟我們目前這個 shell 的操作介面有關的變數，通常都會被設定為大寫字元，也就是說，『**基本上，在 Linux 預設的情況中，使用{大寫的字母}來設定的變數一般為系統內定需要的變數**』。OK！OK！那麼上頭那些變數當中，有哪些是比較重要的？大概有這幾個吧！

- PS1：(提示字元的設定)

   這是 PS1 (數字的 1 不是英文字母)，這個東西就是我們的『**命令提示字元**』喔！當我們每次按下 [enter] 按鍵去執行某個指令後，最後要再次出現提示字元時，就會主動去讀取這個變數值了。上頭 PS1 內顯示的是一些特殊符號，這些特殊符號可以顯示不同的資訊，每個 distributions 的 bash 預設的 PS1 變數內容可能有些許的差異，不要緊，『習慣你自己的習慣』就好了。你可以用 man bash[註3] 去查詢一下 PS1 的相關說明，以理解底下的一些符號意義。

   - \d：可顯示出『星期 月 日』的日期格式，如："Mon Feb 2"。
   - \H：完整的主機名稱。舉例來說，鳥哥的練習機為『study.centos.vbird』。
   - \h：僅取主機名稱在第一個小數點之前的名字，如鳥哥主機則為『study』後面省略。
   - \t：顯示時間，為 24 小時格式的『HH:MM:SS』。
   - \T：顯示時間，為 12 小時格式的『HH:MM:SS』。
   - \A：顯示時間，為 24 小時格式的『HH:MM』。
   - \@：顯示時間，為 12 小時格式的『am/pm』樣式。
   - \u：目前使用者的帳號名稱，如『dmtsai』。
   - \v：BASH 的版本資訊，如鳥哥的測試主機版本為 4.2.46(1)-release，僅取『4.2』顯示。
   - \w：完整的工作目錄名稱，由根目錄寫起的目錄名稱。但家目錄會以 ~ 取代。
   - \W：利用 basename 函數取得工作目錄名稱，所以僅會列出最後一個目錄名。
   - \#：下達的第幾個指令。
   - \$：提示字元，如果是 root 時，提示字元為 #，否則就是 $ 囉～

   好了，讓我們來看看 CentOS 預設的 PS1 內容吧：『[\u@\h \W]\$ 』，現在你知道那些反斜線後的資料意義了吧？要注意喔！那個反斜線後的資料為 PS1 的特殊功能，與 bash 的變數設定沒關係啦！不要搞混了喔！那你現在知道為何你的命令提示字元是：『 [dmtsai@study ~]$ 』了吧？好了，那麼假設我想要有類似底下的提示字元：

   [root@www /home/dmtsai 16:50 #12]#

那個 # 代表第 12 次下達的指令。那麼應該如何設定 PS1 呢？可以這樣啊：

```
[dmtsai@study ~]$ cd /home
[dmtsai@study home]$ PS1='[\u@\h \w \A #\#]\$ '
[dmtsai@study /home 17:02 #85]$
# 看到了嗎？提示字元變了！變的很有趣吧！其中，那個 #85 比較有趣，
# 如果你再隨便輸入幾次 ls 後，該數字就會增加喔！為啥？上面有說明滴！
```

- **$：(關於本 shell 的 PID)**

  錢字號本身也是個變數喔！這個東東代表的是『目前這個 Shell 的執行緒代號』，亦即是所謂的 PID (Process ID)。更多的程序觀念，我們會在第四篇的時候提及。想要知道我們的 shell 的 PID，就可以用：『 echo $$ 』即可！出現的數字就是你的 PID 號碼。

- **?：(關於上個執行指令的回傳值)**

  蝦密？問號也是一個特殊的變數？沒錯！在 bash 裡面這個變數可重要的很！這個變數是：『**上一個執行的指令所回傳的值**』，上面這句話的重點是『上一個指令』與『回傳值』兩個地方。**當我們執行某些指令時，這些指令都會回傳一個執行後的代碼。一般來説，如果成功的執行該指令，則會回傳一個 0 值，如果執行過程發生錯誤，就會回傳『錯誤代碼』才對！**一般就是以非為 0 的數值來取代。我們以底下的例子來看看：

```
[dmtsai@study ~]$ echo $SHELL
/bin/bash                              <==可順利顯示！沒有錯誤！
[dmtsai@study ~]$ echo $?
0                                      <==因為沒問題，所以回傳值為 0
[dmtsai@study ~]$ 12name=VBird
bash: 12name=VBird: command not found...   <==發生錯誤了！bash回報有問題
[dmtsai@study ~]$ echo $?
127                                    <==因為有問題，回傳錯誤代碼(非為0)
# 錯誤代碼回傳值依據軟體而有不同，我們可以利用這個代碼來搜尋錯誤的原因喔！
[dmtsai@study ~]$ echo $?
0
# 咦！怎麼又變成正確了？這是因為 "?" 只與『上一個執行指令』有關，
# 所以，我們上一個指令是執行『 echo $? 』，當然沒有錯誤，所以是 0 沒錯！
```

- **OSTYPE, HOSTTYPE, MACHTYPE：(主機硬體與核心的等級)**

  我們在第零章、計算機概論內的 CPU 等級說明中談過 CPU，目前個人電腦的 CPU 主要分為 32/64 位元，其中 32 位元又可分為 i386, i586, i686，而 64 位元則稱為

x86_64。由於不同等級的 CPU 指令集不太相同，因此你的軟體可能會針對某些 CPU 進行最佳化，以求取較佳的軟體性能。所以軟體就有 i386, i686 及 x86_64 之分。以目前 (2015) 的主流硬體來說，幾乎都是 x86_64 的天下！因此 CentOS 7 開始，已經不支援 i386 相容模式的安裝光碟了～哇嗚！進步的太快了！

要留意的是，較高階的硬體通常會向下相容舊有的軟體，但較高階的軟體可能無法在舊機器上面安裝！我們在第二章就曾說明過，這裡再強調一次，你可以在 x86_64 的硬體上安裝 i386 的 Linux 作業系統，但是你無法在 i686 的硬體上安裝 x86_64 的 Linux 作業系統！這點得要牢記在心！

◆ **export：自訂變數轉成環境變數**

談了 env 與 set 現在知道有所謂的環境變數與自訂變數，那麼這兩者之間有啥差異呢？其實這兩者的差異在於『**該變數是否會被子程序所繼續引用**』啦！唔！那麼啥是父程序？子程序？這就得要瞭解一下指令的下達行為了。

當你登入 Linux 並取得一個 bash 之後，你的 bash 就是一個獨立的程序，這個程序的識別使用的是一個稱為程序識別碼，被稱為 PID 的就是。接下來你在這個 bash 底下所下達的任何指令都是由這個 bash 所衍生出來的，那些被下達的指令就被稱為子程序了。我們可以用底下的圖示來簡單的說明一下父程序與子程序的概念：

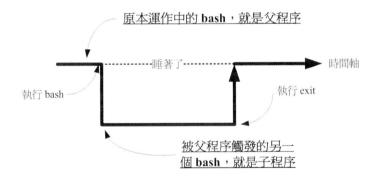

圖 10.2.3　程序相關性示意圖

如上所示，我們在原本的 bash 底下執行另一個 bash，結果操作的環境介面會跑到第二個 bash 去(就是子程序)，那原本的 bash 就會在暫停的情況 (睡著了，就是 sleep)。整個指令運作的環境是實線的部分！若要回到原本的 bash 去，就只有將第二個 bash 結束掉 (下達 exit 或 logout) 才行。更多的程序概念我們會在第四篇談及，這裡只要有這個概念即可。

這個程序概念與變數有啥關係啊？關係可大了！因為**子程序僅會繼承父程序的環境變數，子程序不會繼承父程序的自訂變數**啦！所以你在原本 bash 的自訂變數在進入了子程序後就會消失不見，一直到你離開子程序並回到原本的父程序後，這個變數才會又出現！

換個角度來想，也就是說，如果我能將自訂變數變成環境變數的話，那不就可以讓該變數值繼續存在於子程序了？呵呵！沒錯！此時，那個 export 指令就很有用啦！如你想要讓該變數內容繼續的在子程序中使用，那麼就請執行：

```
[dmtsai@study ~]$ export 變數名稱
```

這東西用在『分享自己的變數設定給後來呼叫的檔案或其他程序』啦！像鳥哥常常在自己的主檔案後面呼叫其他附屬檔案(類似函式的功能)，但是主檔案與附屬檔案內都有相同的變數名稱，若一再重複設定時，要修改也很麻煩，此時只要在原本的第一個檔案內設定好『 export 變數 』，後面所呼叫的檔案就能夠使用這個變數設定了！而不需要重複設定，這非常實用於 shell script 當中喔！如果僅下達 export 而沒有接變數時，那麼此時將會把所有的『環境變數』秀出來喔！例如：

```
[dmtsai@study ~]$ export
declare -x HISTSIZE="1000"
declare -x HOME="/home/dmtsai"
declare -x HOSTNAME="study.centos.vbird"
declare -x LANG="zh_TW.UTF-8"
declare -x LC_ALL="en_US.utf8"
# 後面的鳥哥就都直接省略了！不然....浪費版面～^_^
```

那如何將環境變數轉成自訂變數呢？可以使用本章後續介紹的 declare 呢！

## 10.2.4 影響顯示結果的語系變數 (locale)

還記得我們在第四章裡面提到的語系問題嗎？就是當我們使用 man command 的方式去查詢某個資料的說明檔時，該說明檔的內容可能會因為我們使用的語系不同而產生亂碼。另外，利用 ls 查詢檔案的時間時，也可能會有亂碼出現在時間的部分。那個問題其實就是語系的問題啦。

目前大多數的 Linux distributions 已經都是支援日漸流行的萬國碼了，也都支援大部分的國家語系。那麼我們的 Linux 到底支援了多少的語系呢？這可以由 locale 這個指令來查詢到喔！

```
[dmtsai@study ~]$ locale -a
....(前面省略)....
zh_TW
```

```
zh_TW.big5        <==大五碼的中文編碼
zh_TW.euctw
zh_TW.utf8        <==萬國碼的中文編碼
zu_ZA
zu_ZA.iso88591
zu_ZA.utf8
```

　　正體中文語系至少支援了兩種以上的編碼，一種是目前還是很常見的 big5，另一種則是越來越熱門的 utf-8 編碼。那麼我們如何修訂這些編碼呢？其實可以透過底下這些變數的說：

```
[dmtsai@study ~]$ locale   <==後面不加任何選項與參數即可！
LANG=en_US                          <==主語言的環境
LC_CTYPE="en_US"                    <==字元(文字)辨識的編碼
LC_NUMERIC="en_US"                  <==數字系統的顯示訊息
LC_TIME="en_US"                     <==時間系統的顯示資料
LC_COLLATE="en_US"                  <==字串的比較與排序等
LC_MONETARY="en_US"                 <==幣值格式的顯示等
LC_MESSAGES="en_US"                 <==訊息顯示的內容，如功能表、錯誤訊息等
LC_ALL=                             <==整體語系的環境
....(後面省略)....
```

　　基本上，你可以逐一設定每個與語系有關的變數資料，但事實上，如果其他的語系變數都未設定，**且你有設定 LANG 或者是 LC_ALL 時，則其他的語系變數就會被這兩個變數所取代**！這也是為什麼我們在 Linux 當中，通常說明僅設定 LANG 或 LC_ALL 這兩個變數而已，因為它是最主要的設定變數！好了，那麼你應該要覺得奇怪的是，為什麼在 Linux 主機的終端機介面 (tty1 ～ tty6) 的環境下，如果設定『 LANG=zh_TW.utf8 』這個設定值生效後，使用 man 或者其他訊息輸出時，都會有一堆亂碼，尤其是使用 ls -l 這個參數時？

　　因為在 Linux 主機的終端機介面環境下是無法顯示像中文這麼複雜的編碼文字，所以就會產生亂碼了。也就是如此，我們才會必須要在 tty1 ～ tty6 的環境下，加裝一些中文化介面的軟體，才能夠看到中文啊！不過，如果你是在 MS Windows 主機以遠端連線伺服器的軟體連線到主機的話，那麼，嘿嘿！其實文字介面確實是可以看到中文的。此時反而你得要在 LC_ALL 設定中文編碼才好呢！

　　　無論如何，如果發生一些亂碼的問題，那麼設定系統裡面保有的語系編碼，例如：en_US 或 en_US.utf8 等等的設定，應該就 OK 的啦！好了，那麼系統預設支援多少種語系呢？當我們使用 locale 時，系統是列出目前 Linux 主機內保有的語系檔案，這些語系檔案都放置在：/usr/lib/locale/ 這個目錄中。

你當然可以讓每個使用者自己去調整自己喜好的語系，但是整體系統預設的語系定義在哪裡呢？其實就是在 /etc/locale.conf 囉！這個檔案在 CentOS 7.x 的內容有點像這樣：

```
[dmtsai@study ~]$ cat /etc/locale.conf
LANG=zh_TW.utf8
LC_NUMERIC=zh_TW.UTF-8
LC_TIME=zh_TW.UTF-8
LC_MONETARY=zh_TW.UTF-8
LC_PAPER=zh_TW.UTF-8
LC_MEASUREMENT=zh_TW.UTF-8
```

因為鳥哥在第三章的安裝時選擇的是中文語系安裝畫面，所以這個檔案預設就會使用中文編碼啦！你也可以自行將它改成你想要的語系編碼即可。

> 假設你有一個純文字檔案原本是在 Windows 底下建立的，那麼這個檔案預設可能是 big5 的編碼格式。在你將這個檔案上傳到 Linux 主機後，在 X window 底下打開時，咦！怎麼中文字通通變成亂碼了？別擔心！因為如上所示，Linux 目前大多預設是萬國碼顯示嘛！你只要將開啟該檔案的軟體編碼由 utf8 改成 big5 就能夠看到正確的中文了！

### 例題

鳥哥原本是中文語系，所有顯示的資料通通是中文。但為了網頁顯示的關係，需要將輸出轉成英文 (en_US.utf8) 的語系來展示才行。但鳥哥又不想要寫入設定檔！畢竟是暫時顯示用的～那該如何處理？

答：其實不很難，重點是 LANG 及 LC_ALL 而已！但在 CentOS 7 當中，你要讓 LC_ALL 生效時，得要使用 export 轉成環境變數才行耶！所以就是這樣搞：

```
[dmtsai@study ~]$ locale
LANG=zh_TW.UTF-8
LC_CTYPE="zh_TW.UTF-8"
LC_NUMERIC="zh_TW.UTF-8"
LC_TIME="zh_TW.UTF-8"

[dmtsai@study ~]$ LANG=en_US.utf8; locale
[dmtsai@study ~]$ export LC_ALL=en_US.utf8; locale   # 你就會看到與上頭有不同的語系囉！
```

## 10.2.5　變數的有效範圍

蝦密？變數也有使用的『範圍』？沒錯啊～我們在上頭的 export 指令說明中，就提到了這個概念了。如果在跑程式的時候，有父程序與子程序的不同程序關係時，則『變數』可否被引用與 export 有關。被 export 後的變數，我們可以稱它為『環境變數』！環境變數可以被子程序所引用，但是其他的自訂變數內容就不會存在於子程序中。

在某些不同的書籍會談到『全域變數, global variable』與『區域變數, local variable』。

在鳥哥的這個章節中，基本上你可以這樣看待：

環境變數＝全域變數

自訂變數＝區域變數

在學理方面，為什麼環境變數的資料可以被子程序所引用呢？這是因為記憶體配置的關係！理論上是這樣的：

◆ 當啟動一個 shell，作業系統會分配一記憶區塊給 shell 使用，此記憶體內之變數可讓子程序取用。

◆ 若在父程序利用 export 功能，可以讓自訂變數的內容寫到上述的記憶區塊當中(環境變數)。

◆ 當載入另一個 shell 時 (亦即啟動子程序，而離開原本的父程序了)，子 shell 可以將父 shell 的環境變數所在的記憶區塊導入自己的環境變數區塊當中。

透過這樣的關係，我們就可以讓某些變數在相關的程序之間存在，以幫助自己更方便的操作環境喔！不過要提醒的是，這個『環境變數』與『bash 的操作環境』意思不太一樣，舉例來說，PS1 並不是環境變數，但是這個 PS1 會影響到 bash 的介面 (提示字元嘛)！相關性要釐清喔！ ^_^

## 10.2.6　變數鍵盤讀取、陣列與宣告：read, array, declare

我們上面提到的變數設定功能，都是由指令列直接設定的，那麼，可不可以讓使用者能夠經由鍵盤輸入？什麼意思呢？是否記得某些程式執行的過程當中，會等待使用者輸入 "yes/no" 之類的訊息啊？在 bash 裡面也有相對應的功能喔！此外，我們還可以宣告這個變數的屬性，例如：陣列或者是數字等等的。底下就來看看吧！

◆ read

要讀取來自鍵盤輸入的變數，就是用 read 這個指令了。這個指令最常被用在 shell script 的撰寫當中，想要跟使用者對談？用這個指令就對了。關於 script 的寫法，我們會在第十三章介紹，底下先來瞧一瞧 read 的相關語法吧！

```
[dmtsai@study ~]$ read [-pt] variable
選項與參數：
-p ：後面可以接提示字元！
-t ：後面可以接等待的『秒數！』這個比較有趣～不會一直等待使用者啦！

範例一：讓使用者由鍵盤輸入一內容，將該內容變成名為 atest 的變數
[dmtsai@study ~]$ read atest
This is a test          <==此時游標會等待你輸入！請輸入左側文字看看
[dmtsai@study ~]$ echo ${atest}
This is a test          <==你剛剛輸入的資料已經變成一個變數內容！

範例二：提示使用者 30 秒內輸入自己的大名，將該輸入字串作為名為 named 的變數內容
[dmtsai@study ~]$ read -p "Please keyin your name: " -t 30 named
Please keyin your name: VBird Tsai    <==注意看，會有提示字元喔！
[dmtsai@study ~]$ echo ${named}
VBird Tsai        <==輸入的資料又變成一個變數的內容了！
```

read 之後不加任何參數，直接加上變數名稱，那麼底下就會主動出現一個空白行等待你的輸入(如範例一)。如果加上 -t 後面接秒數，例如上面的範例二，那麼 30 秒之內沒有任何動作時，該指令就會自動略過了～如果是加上 -p，嘿嘿！在輸入的游標前就會有比較多可以用的提示字元給我們參考！在指令的下達裡面，比較美觀啦！ ^_^

◆ declare / typeset

declare 或 typeset 是一樣的功能，就是在『**宣告變數的類型**』。如果使用 declare 後面並沒有接任何參數，那麼 bash 就會主動的將所有的變數名稱與內容通通叫出來，就好像使用 set 一樣啦！那麼 declare 還有什麼語法呢？看看先：

```
[dmtsai@study ~]$ declare [-aixr] variable
選項與參數：
-a ：將後面名為 variable 的變數定義成為陣列 (array) 類型
-i ：將後面名為 variable 的變數定義成為整數數字 (integer) 類型
-x ：用法與 export 一樣，就是將後面的 variable 變成環境變數；
-r ：將變數設定成為 readonly 類型，該變數不可被更改內容，也不能 unset

範例一：讓變數 sum 進行 100+300+50 的加總結果
```

```
[dmtsai@study ~]$ sum=100+300+50
[dmtsai@study ~]$ echo ${sum}
100+300+50    <==咦!怎麼沒有幫我計算加總?因為這是文字型態的變數屬性啊!
[dmtsai@study ~]$ declare -i sum=100+300+50
[dmtsai@study ~]$ echo ${sum}
450           <==瞭乎??
```

由於在預設的情況底下,bash 對於變數有幾個基本的定義:

- 變數類型預設為『字串』,所以若不指定變數類型,則 1+2 為一個『字串』而不是『計算式』。所以上述第一個執行的結果才會出現那個情況的。

- bash 環境中的數值運算,預設最多僅能到達整數形態,所以 1/3 結果是 0。

現在你曉得為啥你需要進行變數宣告了吧?如果需要非字串類型的變數,那就得要進行變數的宣告才行啦!底下繼續來玩些其他的 declare 功能。

範例二:將 sum 變成環境變數
```
[dmtsai@study ~]$ declare -x sum
[dmtsai@study ~]$ export | grep sum
declare -ix sum="450"   <==果然出現了!包括有 i 與 x 的宣告!
```

範例三:讓 sum 變成唯讀屬性,不可更動!
```
[dmtsai@study ~]$ declare -r sum
[dmtsai@study ~]$ sum=tesgting
-bash: sum: readonly variable   <==老天爺～不能改這個變數了!
```

範例四:讓 sum 變成非環境變數的自訂變數吧!
```
[dmtsai@study ~]$ declare +x sum   <== 將 - 變成 + 可以進行『取消』動作
[dmtsai@study ~]$ declare -p sum   <== -p 可以單獨列出變數的類型
declare -ir sum="450" <== 看吧!只剩下 i, r 的類型,不具有 x 囉!
```

declare 也是個很有用的功能～尤其是當我們需要使用到底下的陣列功能時,它也可以幫我們宣告陣列的屬性喔!不過,老話一句,陣列也是在 shell script 比較常用的啦!比較有趣的是,如果你不小心將變數設定為『唯讀』,通常得要登出再登入才能復原該變數的類型了!@_@

- ◆ **陣列 (array) 變數類型**

  某些時候,我們必須使用陣列來宣告一些變數,這有什麼好處啊?在一般人的使用上,果然是看不出來有什麼好處的!不過,如果你曾經寫過程式的話,那才會比較瞭解陣列的意義～陣列對寫數值程式的設計師來說,可是不能錯過學習的重點之一哩!好!不囉唆～那麼要如何設定陣列的變數與內容呢?在 bash 裡頭,陣列的設定方式是:

```
var[index]=content
```

意思是說，我有一個陣列名稱為 var，而這個陣列的內容為 var[1]＝小明，var[2]＝大明，var[3]＝好明 .... 等等，那個 index 就是一些數字啦，重點是用中刮號（[ ]）來設定的。目前我們 bash 提供的是一維陣列。老實說，如果你不必寫一些複雜的程式，那麼這個陣列的地方，可以先略過，等到有需要再來學習即可！因為要製作出陣列，通常與迴圈或者其他判斷式交互使用才有比較高的存在意義！

範例：設定上面提到的 var[1] ～ var[3] 的變數。
```
[dmtsai@study ~]$ var[1]="small min"
[dmtsai@study ~]$ var[2]="big min"
[dmtsai@study ~]$ var[3]="nice min"
[dmtsai@study ~]$ echo "${var[1]}, ${var[2]}, ${var[3]}"
small min, big min, nice min
```

陣列的變數類型比較有趣的地方在於『讀取』，一般來說，**建議直接以 ${陣列} 的方式來讀取**，比較正確無誤的啦！這也是為啥鳥哥一開始就建議你使用 ${變數} 來記憶的原因！

## 10.2.7　與檔案系統及程序的限制關係：ulimit

想像一個狀況：我的 Linux 主機裡面同時登入了十個人，這十個人不知怎麼搞的，同時開啟了 100 個檔案，每個檔案的大小約 10MBytes，請問一下，我的 Linux 主機的記憶體要有多大才夠？10*100*10 ＝ 10000 MBytes ＝ 10GBytes ... 老天爺，這樣，系統不掛點才有鬼哩！為了要預防這個情況的發生，所以**我們的 bash 是可以『限制使用者的某些系統資源』的，包括可以開啟的檔案數量，可以使用的 CPU 時間，可以使用的記憶體總量等等**。如何設定？用 ulimit 吧！

```
[dmtsai@study ~]$ ulimit [-SHacdfltu] [配額]
選項與參數：
-H ：hard limit，嚴格的設定，必定不能超過這個設定的數值；
-S ：soft limit，警告的設定，可以超過這個設定值，但是若超過則有警告訊息。
     在設定上，通常 soft 會比 hard 小，舉例來說，soft 可設定為 80 而 hard
     設定為 100，那麼你可以使用到 90（因為沒有超過 100），但介於 80~100 之間時，
     系統會有警告訊息通知你！
-a ：後面不接任何選項與參數，可列出所有的限制額度；
-c ：當某些程式發生錯誤時，系統可能會將該程式在記憶體中的資訊寫成檔案（除錯用），
     這種檔案就被稱為核心檔案（core file）。此為限制每個核心檔案的最大容量。
-f ：此 shell 可以建立的最大檔案容量（一般可能設定為 2GB）單位為 Kbytes
-d ：程序可使用的最大斷裂記憶體（segment）容量；
```

-l ：可用於鎖定 (lock) 的記憶體量
-t ：可使用的最大 CPU 時間 (單位為秒)
-u ：單一使用者可以使用的最大程序(process)數量。

範例一：列出你目前身份(假設為一般帳號)的所有限制資料數值

```
[dmtsai@study ~]$ ulimit -a
core file size          (blocks, -c) 0              <==只要是 0 就代表沒限制
data seg size           (kbytes, -d) unlimited
scheduling priority            (-e) 0
file size               (blocks, -f) unlimited      <==可建立的單一檔案的大小
pending signals                (-i) 4903
max locked memory       (kbytes, -l) 64
max memory size         (kbytes, -m) unlimited
open files                     (-n) 1024           <==同時可開啟的檔案數量
pipe size            (512 bytes, -p) 8
POSIX message queues     (bytes, -q) 819200
real-time priority             (-r) 0
stack size              (kbytes, -s) 8192
cpu time               (seconds, -t) unlimited
max user processes             (-u) 4096
virtual memory          (kbytes, -v) unlimited
file locks                     (-x) unlimited
```

範例二：限制使用者僅能建立 10MBytes 以下的容量的檔案

```
[dmtsai@study ~]$ ulimit -f 10240
[dmtsai@study ~]$ ulimit -a | grep 'file size'
core file size          (blocks, -c) 0
file size               (blocks, -f) 10240 <==最大量為10240Kbyes，相當10Mbytes

[dmtsai@study ~]$ dd if=/dev/zero of=123 bs=1M count=20
File size limit exceeded (core dumped) <==嘗試建立 20MB 的檔案，結果失敗了！

[dmtsai@study ~]$ rm 123   <==趕快將這個檔案刪除囉！同時你得要登出再次的登入才能解開 10M 的
限制
```

　　還記得我們在第七章 Linux 磁碟檔案系統裡面提到過，單一 filesystem 能夠支援的單一檔案大小與 block 的大小有關。但是檔案系統的限制容量都允許的太大了！如果想要讓使用者建立的檔案不要太大時，我們是可以考慮用 ulimit 來限制使用者可以建立的檔案大小喔！利用 ulimit -f 就可以來設定了！例如上面的範例二，要注意單位喔！單位是 Kbytes。若改天你一直無法建立一個大容量的檔案，記得瞧一瞧 ulimit 的資訊喔！

想要復原 ulimit 的設定最簡單的方法就是登出再登入，否則就是得要重新以 ulimit 設定才行！不過，要注意的是，一般身份使用者如果以 ulimit 設定了 -f 的檔案大小，那麼它『只能繼續減小檔案容量，不能增加檔案容量喔！』另外，若想要管控使用者的 ulimit 限值，可以參考第十三章的 pam 的介紹。

## 10.2.8 變數內容的刪除、取代與替換 (Optional)

變數除了可以直接設定來修改原本的內容之外，有沒有辦法透過簡單的動作來將變數的內容進行微調呢？舉例來說，進行變數內容的刪除、取代與替換等！是可以的！我們可以透過幾個簡單的小步驟來進行變數內容的微調喔！底下就來試試看！

◆ **變數內容的刪除與取代**

變數的內容可以很簡單的透過幾個東東來進行刪除喔！我們使用 PATH 這個變數的內容來做測試好了。請你依序進行底下的幾個例子來玩玩，比較容易感受的到鳥哥在這裡想要表達的意義：

```
範例一：先讓小寫的 path 自訂變數設定的與 PATH 內容相同
[dmtsai@study ~]$ path=${PATH}
[dmtsai@study ~]$ echo ${path}
/usr/local/bin:/usr/bin:/usr/local/sbin:/usr/sbin:/home/dmtsai/.local/bin:
/home/dmtsai/bin

範例二：假設我不喜歡 local/bin，所以要將前 1 個目錄刪除掉，如何顯示？
[dmtsai@study ~]$ echo ${path#/*local/bin:}
/usr/bin:/usr/local/sbin:/usr/sbin:/home/dmtsai/.local/bin:/home/dmtsai/bin
```

上面這個範例很有趣的！它的重點可以用底下這張表格來說明：

```
${variable#/*local/bin:}
```
上面的特殊字體部分是關鍵字！用在這種刪除模式所必須存在的

```
${variable#/*local/bin:}
```
這就是原本的變數名稱，以上面範例二來說，這裡就填寫 path 這個『變數名稱』啦！

```
${variable#/*local/bin:}
```
這是重點！代表『從變數內容的最前面開始向右刪除』，且僅刪除最短的那個

${variable#**/\*local/bin:**}

代表要被刪除的部分，由於 # 代表由前面開始刪除，所以這裡便由開始的 / 寫起。

需要注意的是，我們還可以透過萬用字元 \* 來取代 0 到無窮多個任意字元

以上面範例二的結果來看，path 這個變數被刪除的內容如下所示：

~~/usr/local/bin:~~/usr/bin:/usr/local/sbin:/usr/sbin:/home/dmtsai/.local/bin:
/home/dmtsai/bin

很有趣吧！這樣瞭解了 # 的功能了嗎？接下來讓我們來看看底下的範例三！

範例三：我想要刪除前面所有的目錄，僅保留最後一個目錄

```
[dmtsai@study ~]$ echo ${path#/*:}
```
/usr/bin:/usr/local/sbin:/usr/sbin:/home/dmtsai/.local/bin:/home/dmtsai/bin
\# 由於一個 # 僅刪除掉最短的那個，因此它刪除的情況可以用底下的刪除線來看：
\# ~~/usr/local/bin:~~/usr/bin:/usr/local/sbin:/usr/sbin:/home/dmtsai/.local/bin:
/home/dmtsai/bin

```
[dmtsai@study ~]$ echo ${path##/*:}
```
/home/dmtsai/bin
\# 嘿！多加了一個 # 變成 ## 之後，它變成『刪除掉最長的那個資料』！亦即是：
\# ~~/usr/local/bin:/usr/bin:/usr/local/sbin:/usr/sbin:/home/dmtsai/.local/bin:~~
/home/dmtsai/bin

非常有趣！不是嗎？因為在 PATH 這個變數的內容中，每個目錄都是以冒號『:』隔開的，所以要從頭刪除掉目錄就是介於斜線 (/) 到冒號 (:) 之間的資料！但是 PATH 中不止一個冒號 (:) 啊！所以 # 與 ## 就分別代表：

- **#：符合取代文字的『最短的』那一個**

- **##：符合取代文字的『最長的』那一個**

上面談到的是『從前面開始刪除變數內容』，那麼如果想要『從後面向前刪除變數內容』呢？這個時候就得使用百分比 (%) 符號了！來看看範例四怎麼做吧！

範例四：我想要刪除最後面那個目錄，亦即從 : 到 bin 為止的字串

```
[dmtsai@study ~]$ echo ${path%:*bin}
```
/usr/local/bin:/usr/bin:/usr/local/sbin:/usr/sbin:/home/dmtsai/.local/bin
\# 注意啊！最後面一個目錄不見去！
\# 這個 % 符號代表由最後面開始向前刪除！所以上面得到的結果其實是來自如下：
\# /usr/local/bin:/usr/bin:/usr/local/sbin:/usr/sbin:/home/dmtsai/.local/
bin~~:/home/dmtsai/bin~~

範例五：那如果我只想要保留第一個目錄呢？

```
[dmtsai@study ~]$ echo ${path%%:*bin}
/usr/local/bin
# 同樣的，%% 代表的則是最長的符合字串，所以結果其實是來自如下：
# /usr/local/bin:/usr/bin:/usr/local/sbin:/usr/sbin:/home/dmtsai/.local/
bin:/home/dmtsai/bin
```

> 由於我是想要由變數內容的後面向前面刪除，而我這個變數內容最後面的結尾是
> 『/home/dmtsai/bin』，所以你可以看到上面我刪除的資料最終一定是『bin』，亦即是
> 『:*bin』那個 * 代表萬用字元！至於 % 與 %% 的意義其實與 # 及 ## 類似！這樣理解
> 否？

**例題**

---

假設你是 dmtsai，那你的 MAIL 變數應該是 /var/spool/mail/dmtsai。假設你只想要保留最後
面那個檔名 (dmtsai)，前面的目錄名稱都不要了，如何利用 $MAIL 變數來達成？

**答：**題意其實是這樣『/var/spool/mail/dmtsai』，亦即刪除掉兩條斜線間的所有資料(最長符
合)。這個時候你就可以這樣做即可：

```
[dmtsai@study ~]$ echo ${MAIL##/*/}
```

相反的，如果你只想要拿掉檔名，保留目錄的名稱，亦即是『/var/spool/mail/dmtsai』 (最短符
合)。但假設你並不知道結尾的字母為何，此時你可以利用萬用字元來處理即可，如下所示：

```
[dmtsai@study ~]$ echo ${MAIL%/*}
```

---

　　瞭解了刪除功能後，接下來談談取代吧！繼續玩玩範例六囉！

範例六：將 path 的變數內容內的 sbin 取代成大寫 SBIN：

```
[dmtsai@study ~]$ echo ${path/sbin/SBIN}
/usr/local/bin:/usr/bin:/usr/local/SBIN:/usr/sbin:/home/dmtsai/.local/bin:
/home/dmtsai/bin
# 這個部分就容易理解的多了！關鍵字在於那兩個斜線，兩斜線中間的是舊字串
# 後面的是新字串，所以結果就會出現如上述的特殊字體部分囉！

[dmtsai@study ~]$ echo ${path//sbin/SBIN}
/usr/local/bin:/usr/bin:/usr/local/SBIN:/usr/SBIN:/home/dmtsai/.local/bin:
/home/dmtsai/bin
# 如果是兩條斜線，那麼就變成所有符合的內容都會被取代喔！
```

我們將這部分作個總結說明一下：

| 變數設定方式 | 說明 |
|---|---|
| ${變數#關鍵字} | 若變數內容從頭開始的資料符合『關鍵字』，則將符合的最短資料刪除 |
| ${變數##關鍵字} | 若變數內容從頭開始的資料符合『關鍵字』，則將符合的最長資料刪除 |
| ${變數%關鍵字} | 若變數內容從尾向前的資料符合『關鍵字』，則將符合的最短資料刪除 |
| ${變數%%關鍵字} | 若變數內容從尾向前的資料符合『關鍵字』，則將符合的最長資料刪除 |
| ${變數/舊字串/新字串} | 若變數內容符合『舊字串』則『第一個舊字串會被新字串取代』 |
| ${變數//舊字串/新字串} | 若變數內容符合『舊字串』則『全部的舊字串會被新字串取代』 |

◆ **變數的測試與內容替換**

在某些時刻我們常常需要『判斷』某個變數是否存在，若變數存在則使用既有的設定，若變數不存在則給予一個常用的設定。我們舉底下的例子來說明好了，看看能不能較容易被你所理解呢！

範例一：測試一下是否存在 username 這個變數，若不存在則給予 username 內容為 root
```
[dmtsai@study ~]$ echo ${username}
                <==由於出現空白，所以 username 可能不存在，也可能是空字串
[dmtsai@study ~]$ username=${username-root}
[dmtsai@study ~]$ echo ${username}
root         <==因為 username 沒有設定，所以主動給予名為 root 的內容。
[dmtsai@study ~]$ username="vbird tsai" <==主動設定 username 的內容
[dmtsai@study ~]$ username=${username-root}
[dmtsai@study ~]$ echo ${username}
vbird tsai <==因為 username 已經設定了，所以使用舊有的設定而不以 root 取代
```

在上面的範例中，重點在於減號『-』後面接的關鍵字！基本上你可以這樣理解：

new_var=${old_var-content}
　新的變數，主要用來取代舊變數。新舊變數名稱其實常常是一樣的

new_var=**${**old_var-content**}**
　這是本範例中的關鍵字部分！必須要存在的哩！

new_var=${**old_var**-content}

舊的變數，被測試的項目！

```
new_var=${old_var-content}
```
變數的『內容』，在本範例中，這個部分是在『給予未設定變數的內容』

不過這還是有點問題！因為 username 可能已經被設定為『空字串』了！果真如此的話，那你還可以使用底下的範例來給予 username 的容成為 root 喔！

範例二：若 username 未設定或為空字串，則將 username 內容設定為 root
```
[dmtsai@study ~]$ username=""
[dmtsai@study ~]$ username=${username-root}
[dmtsai@study ~]$ echo ${username}
        <==因為 username 被設定為空字串了！所以當然還是保留為空字串！
[dmtsai@study ~]$ username=${username:-root}
[dmtsai@study ~]$ echo ${username}
root    <==加上『 : 』後若變數內容為空或者是未設定，都能夠以後面的內容替換！
```

在大括號內有沒有冒號『 : 』的差別是很大的！加上冒號後，被測試的變數未被設定或者是已被設定為空字串時，都能夠用後面的內容 (本例中是使用 root 為內容) 來替換與設定！這樣可以瞭解了嗎？除了這樣的測試之外，還有其他的測試方法喔！鳥哥將它整理如下：

底下的例子當中，那個 var 與 str 為變數，我們想要針對 str 是否有設定來決定 var 的值喔！一般來說，str: 代表『str 沒設定或為空的字串時』；至於 str 則僅為『沒有該變數』。

| 變數設定方式 | str 沒有設定 | str 為空字串 | str 已設定非為空字串 |
|---|---|---|---|
| var=${str-expr} | var=expr | var= | var=$str |
| var=${str:-expr} | var=expr | var=expr | var=$str |
| var=${str+expr} | var= | var=expr | var=expr |
| var=${str:+expr} | var= | var= | var=expr |
| var=${str=expr} | str=expr | str 不變 | str 不變 |
| | var=expr | var= | var=$str |
| var=${str:=expr} | str=expr | str=expr | str 不變 |
| | var=expr | var=expr | var=$str |

| 變數設定方式 | str 沒有設定 | str 為空字串 | str 已設定非為空字串 |
|---|---|---|---|
| var=${str?expr} | expr 輸出至 stderr | var= | var=$str |
| var=${str:?expr} | expr 輸出至 stderr | expr 輸出至 stderr | var=$str |

根據上面這張表，我們來進行幾個範例的練習吧！^_^！首先讓我們來測試一下，如果舊變數 (str) 不存在時，我們要給予新變數一個內容，若舊變數存在則新變數內容以舊變數來替換，結果如下：

測試：先假設 str 不存在 (用 unset)，然後測試一下減號 (-) 的用法：
```
[dmtsai@study ~]$ unset str; var=${str-newvar}
[dmtsai@study ~]$ echo "var=${var}, str=${str}"
var=newvar, str=        <==因為 str 不存在，所以 var 為 newvar
```

測試：若 str 已存在，測試一下 var 會變怎樣？：
```
[dmtsai@study ~]$ str="oldvar"; var=${str-newvar}
[dmtsai@study ~]$ echo "var=${var}, str=${str}"
var=oldvar, str=oldvar <==因為 str 存在，所以 var 等於 str 的內容
```

關於減號 (-) 其實上面我們談過了！這裡的測試只是要讓你更加瞭解，這個減號的測試並不會影響到舊變數的內容。如果你想要將舊變數內容也一起替換掉的話，那麼就使用等號 (=) 吧！

測試：先假設 str 不存在 (用 unset)，然後測試一下等號 (=) 的用法：
```
[dmtsai@study ~]$ unset str; var=${str=newvar}
[dmtsai@study ~]$ echo "var=${var}, str=${str}"
var=newvar, str=newvar  <==因為 str 不存在，所以 var/str 均為 newvar
```

測試：如果 str 已存在了，測試一下 var 會變怎樣？
```
[dmtsai@study ~]$ str="oldvar"; var=${str=newvar}
[dmtsai@study ~]$ echo "var=${var}, str=${str}"
var=oldvar, str=oldvar  <==因為 str 存在，所以 var 等於 str 的內容
```

那如果我只是想知道，如果舊變數不存在時，整個測試就告知我『有錯誤』，此時就能夠使用問號『？』的幫忙啦！底下這個測試練習一下先！

測試：若 str 不存在時，則 var 的測試結果直接顯示 "無此變數"
```
[dmtsai@study ~]$ unset str; var=${str?無此變數}
-bash: str: 無此變數    <==因為 str 不存在，所以輸出錯誤訊息
```

測試：若 str 存在時，則 var 的內容會與 str 相同！

```
[dmtsai@study ~]$ str="oldvar"; var=${str?novar}
[dmtsai@study ~]$ echo "var=${var}, str=${str}"
var=oldvar, str=oldvar  <==因為 str 存在，所以 var 等於 str 的內容
```

基本上這種變數的測試也能夠透過 shell script 內的 if...then... 來處理，不過既然 bash 有提供這麼簡單的方法來測試變數，那我們也可以多學一些嘛！不過這種變數測試通常是在程式設計當中比較容易出現，如果這裡看不懂就先略過，未來有用到判斷變數值時，再回來看看吧！^_^

# 10.3 命令別名與歷史命令

我們知道在早期的 DOS 年代，清除螢幕上的資訊可以使用 cls 來清除，但是在 Linux 裡面，我們則是使用 clear 來清除畫面的。那麼可否讓 cls 等於 clear 呢？可以啊！用啥方法？link file 還是什麼的？別急！底下我們介紹不用 link file 的命令別名來達成。那麼什麼又是歷史命令？曾經做過的舉動我們可以將它記錄下來喔！那就是歷史命令囉～底下分別來談一談這兩個玩意兒。

## 10.3.1 命令別名設定：alias, unalias

命令別名是一個很有趣的東西，特別是你的慣用指令特別長的時候！還有，增設預設的選項在一些慣用的指令上面，可以預防一些不小心誤殺檔案的情況發生的時候！舉個例子來說，如果你要查詢隱藏檔，並且需要長的列出與一頁一頁翻看，那麼需要下達『 ls -al | more 』這個指令，鳥哥是覺得很煩啦！要輸入好幾個單字！那可不可以使用 lm 來簡化呢？當然可以，你可以在命令列下面下達：

```
[dmtsai@study ~]$ alias lm='ls -al | more'
```

立刻多出了一個可以執行的指令喔！這個指令名稱為 lm，且其實它是執行 ls -al | more 啊！真是方便。不過，要注意的是：『alias 的定義規則與變數定義規則幾乎相同』，所以你只要在 alias 後面加上你的 {『別名』='指令 選項...'}，以後你只要輸入 lm 就相當於輸入了 ls -al|more 這一串指令！很方便吧！

另外，命令別名的設定還可以取代既有的指令喔！舉例來說，我們知道 root 可以移除 (rm) 任何資料！所以當你以 root 的身份在進行工作時，需要特別小心，但是總有失手的時候，那麼 rm 提供了一個選項來讓我們確認是否要移除該檔案，那就是 -i 這個選項！所以，你可以這樣做：

```
[dmtsai@study ~]$ alias rm='rm -i'
```

那麼以後使用 rm 的時候，就不用太擔心會有錯誤刪除的情況了！這也是命令別名的優點囉！那麼如何知道目前有哪些的命令別名呢？就使用 alias 呀！

```
[dmtsai@study ~]$ alias
alias egrep='egrep --color=auto'
alias fgrep='fgrep --color=auto'
alias grep='grep --color=auto'
alias l.='ls -d .* --color=auto'
alias ll='ls -l --color=auto'
alias lm='ls -al | more'
alias ls='ls --color=auto'
alias rm='rm -i'
alias vi='vim'
alias which='alias | /usr/bin/which --tty-only --read-alias --show-dot --show-tilde'
```

由上面的資料當中，你也會發現一件事情啊，我們在第九章的 vim 程式編輯器裡面提到 vi 與 vim 是不太一樣的，vim 可以多作一些額外的語法檢驗與顏色顯示。一般用戶會有 vi=vim 的命令別名，但是 root 則是單純使用 vi 而已。如果你想要使用 vi 就直接以 vim 來開啟檔案的話，使用『 alias vi='vim' 』這個設定即可。至於如果要取消命令別名的話，那麼就使用 unalias 吧！例如要將剛剛的 lm 命令別名拿掉，就使用：

```
[dmtsai@study ~]$ unalias lm
```

**那麼命令別名與變數有什麼不同呢？**命令別名是『新創一個新的指令，你可以直接下達該指令』的，至於變數則需要使用類似『 echo 』指令才能夠呼叫出變數的內容！這兩者當然不一樣！很多初學者在這裡老是搞不清楚！要注意啊！^_^

### 例題

DOS 年代，列出目錄與檔案就是 dir，而清除螢幕就是 cls，那麼如果我想要在 linux 裡面也使用相同的指令呢？

**答**：很簡單，透過 clear 與 ls 來進行命令別名的建置：

```
alias cls='clear'
alias dir='ls -l'
```

## 10.3.2 歷史命令：history

前面我們提過 bash 有提供指令歷史的服務！那麼如何查詢我們曾經下達過的指令呢？就使用 history 囉！當然，如果覺得 histsory 要輸入的字元太多太麻煩，可以使用命令別名來設定呢！不要跟我說還不會設定呦！^_^

```
[dmtsai@study ~]$ alias h='history'
```

如此則輸入 h 等於輸入 history 囉！好了，我們來談一談 history 的用法吧！

```
[dmtsai@study ~]$ history [n]
[dmtsai@study ~]$ history [-c]
[dmtsai@study ~]$ history [-raw] histfiles
選項與參數：
n  ：數字，意思是『要列出最近的 n 筆命令列表』的意思！
-c ：將目前的 shell 中的所有 history 內容全部消除
-a ：將目前新增的 history 指令新增入 histfiles 中，若沒有加 histfiles，
     則預設寫入 ~/.bash_history
-r ：將 histfiles 的內容讀到目前這個 shell 的 history 記憶中；
-w ：將目前的 history 記憶內容寫入 histfiles 中！

範例一：列出目前記憶體內的所有 history 記憶
[dmtsai@study ~]$ history
# 前面省略
 1017  man bash
 1018  ll
 1019  history
 1020  history
# 列出的資訊當中，共分兩欄，第一欄為該指令在這個 shell 當中的代碼，
# 另一個則是指令本身的內容喔！至於會秀出幾筆指令記錄，則與 HISTSIZE 有關！

範例二：列出目前最近的 3 筆資料
[dmtsai@study ~]$ history 3
 1019  history
 1020  history
 1021  history 3

範例三：立刻將目前的資料寫入 histfile 當中
[dmtsai@study ~]$ history -w
# 在預設的情況下，會將歷史紀錄寫入 ~/.bash_history 當中！
[dmtsai@study ~]$ echo ${HISTSIZE}
1000
```

在正常的情況下，歷史命令的讀取與記錄是這樣的：

◆ 當我們以 bash 登入 Linux 主機之後，系統會主動的由家目錄的 ~/.bash_history 讀取以前曾經下過的指令，那麼 ~/.bash_history 會記錄幾筆資料呢？這就與你 bash 的 HISTFILESIZE 這個變數設定值有關了！

◆ 假設我這次登入主機後，共下達過 100 次指令，『**等我登出時，系統就會將 101~1100 這總共 1000 筆歷史命令更新到 ~/.bash_history 當中。**』也就是說，歷史命令在我登出時，會將最近的 HISTFILESIZE 筆記錄到我的紀錄檔當中啦！

◆ 當然，也可以用 history -w 強制立刻寫入的！那為何用『更新』兩個字呢？因為 ~/.bash_history 記錄的筆數永遠都是 HISTFILESIZE 那麼多，舊的訊息會被主動的拿掉！僅保留最新的！

那麼 history 這個歷史命令只可以讓我查詢命令而已嗎？呵呵！當然不止啊！我們可以利用相關的功能來幫我們執行命令呢！舉例來說囉：

```
[dmtsai@study ~]$ !number
[dmtsai@study ~]$ !command
[dmtsai@study ~]$ !!
選項與參數：
number  ：執行第幾筆指令的意思；
command：由最近的指令向前搜尋『指令串開頭為 command』的那個指令，並執行；
!!      ：就是執行上一個指令(相當於按↑按鍵後，按 Enter)

[dmtsai@study ~]$ history
   66  man rm
   67  alias
   68  man history
   69  history
[dmtsai@study ~]$ !66   <==執行第 66 筆指令
[dmtsai@study ~]$ !!    <==執行上一個指令，本例中亦即 !66
[dmtsai@study ~]$ !al   <==執行最近以 al 為開頭的指令(上頭列出的第 67 個)
```

經過上面的介紹，瞭乎？歷史命令用法可多了！如果我想要執行上一個指令，除了使用上下鍵之外，我可以直接以『!!』來下達上個指令的內容，此外，我也可以直接選擇下達第 n 個指令，『!n』來執行，也可以使用指令標頭，例如『!vi』來執行最近指令開頭是 vi 的指令列！相當的方便而好用！

基本上 history 的用途很大的！但是需要小心安全的問題！尤其是 root 的歷史紀錄檔案，這是 Cracker 的最愛！因為不小心的 root 會將很多的重要資料在執行的過程中會被記錄

在 ~/.bash_history 當中,如果這個檔案被解析的話,後果不堪吶!無論如何,使用 history 配合『!』曾經使用過的指令下達是很有效率的一個指令下達方法!

◆ **同一帳號同時多次登入的 history 寫入問題**

有些朋友在練習 linux 的時候喜歡同時開好幾個 bash 介面,這些 bash 的身份都是 root。這樣會有 ~/.bash_history 的寫入問題嗎?想一想,因為這些 bash 在同時以 root 的身份登入,因此所有的 bash 都有自己的 1000 筆記錄在記憶體中。因為等到登出時 才會更新記錄檔,所以囉,最後登出的那個 bash 才會是最後寫入的資料。唔!如此一 來其他 bash 的指令操作就不會被記錄下來了 (其實有被記錄,只是被後來的最後一個 bash 所覆蓋更新了)。

由於多重登入有這樣的問題,所以很多朋友都習慣單一 bash 登入,再用工作控制 (job control, 第四篇會介紹) 來切換不同工作!這樣才能夠將所有曾經下達過的指令記錄下 來,也才方便未來系統管理員進行指令的 debug 啊!

◆ **無法記錄時間**

歷史命令還有一個問題,那就是無法記錄指令下達的時間。由於這 1000 筆歷史命令是 依序記錄的,但是並沒有記錄時間,所以在查詢方面會有一些不方便。如果讀者們有興 趣,其實可以透過 ~/.bash_logout 來進行 history 的記錄,並加上 date 來增加時間參 數,也是一個可以應用的方向喔!有興趣的朋友可以先看看情境模擬題吧!

鳥哥經常需要設計線上題目給學生考試用,所以需要登入系統去設計環境,設計完 畢後再將該硬碟分派給學生來考試使用。只是,經常很擔心同學不小心輸入 history 就會得知鳥 哥要考試的重點檔案與指令,因此就得要使用 history -c; history -w 來強迫更新紀錄檔了!提供 給你參考!

# 10.4　Bash Shell 的操作環境

是否記得我們登入主機的時候,螢幕上頭會有一些說明文字,告知我們的 Linux 版本啊 什麼的,還有,登入的時候我們還可以給予使用者一些訊息或者歡迎文字呢。此外,我們習 慣的環境變數、命令別名等等的,是否可以登入就主動的幫我設定好?這些都是需要注意 的。另外,這些設定值又可以分為系統整體設定值與各人喜好設定值,僅是一些檔案放置的 地點不同啦!這我們後面也會來談一談的!

### 10.4.1 路徑與指令搜尋順序

我們在第五章與第六章都曾談過『相對路徑與絕對路徑』的關係，在本章的前幾小節也談到了 alias 與 bash 的內建命令。現在我們知道系統裡面其實有不少的 ls 指令，或者是包括內建的 echo 指令，那麼來想一想，如果一個指令 (例如 ls) 被下達時，到底是哪一個 ls 被拿來運作？很有趣吧！基本上，指令運作的順序可以這樣看：

1. **以相對/絕對路徑執行指令，例如『 /bin/ls 』或『 ./ls 』。**
2. **由 alias 找到該指令來執行。**
3. **由 bash 內建的 (builtin) 指令來執行。**
4. **透過 $PATH 這個變數的順序搜尋到的第一個指令來執行。**

舉例來說，你可以下達 /bin/ls 及單純的 ls 看看，會發現使用 ls 有顏色但是 /bin/ls 則沒有顏色。因為 /bin/ls 是直接取用該指令來下達，而 ls 會因為『 alias ls='ls --color=auto' 』這個命令別名而先使用！如果想要瞭解指令搜尋的順序，其實透過 type -a ls 也可以查詢的到啦！上述的順序最好先瞭解喔！

---

**例題**

設定 echo 的命令別名成為 echo -n，然後再觀察 echo 執行的順序。

答：

```
[dmtsai@study ~]$ alias echo='echo -n'
[dmtsai@study ~]$ type -a echo
echo is aliased to `echo -n'
echo is a shell builtin
echo is /usr/bin/echo
```

瞧！很清楚吧！先 alias 再 builtin 再由 $PATH 找到 /bin/echo 囉！

---

### 10.4.2 bash 的進站與歡迎訊息：/etc/issue, /etc/motd

蝦密！bash 也有進站畫面與歡迎訊息喔？真假？真的啊！還記得在終端機介面 (tty1 ～ tty6) 登入的時候，會有幾行提示的字串嗎？那就是進站畫面啊！那個字串寫在哪裡啊？呵呵！在 /etc/issue 裡面啊！先來看看：

```
[dmtsai@study ~]$ cat /etc/issue
\S
Kernel \r on an \m
```

鳥哥是以完全未更新過的 CentOS 7.1 作為範例，裡面預設有三行，較有趣的地方在於 \r 與 \m。就如同 $PS1 這變數一樣，issue 這個檔案的內容也是可以使用反斜線作為變數取用喔！你可以 man issue 配合 man agetty 得到底下的結果：

| issue 內的各代碼意義 |
| --- |
| \d 本地端時間的日期。 |
| \l 顯示第幾個終端機介面。 |
| \m 顯示硬體的等級 (i386/i486/i586/i686...)。 |
| \n 顯示主機的網路名稱。 |
| \O 顯示 domain name。 |
| \r 作業系統的版本 (相當於 uname -r)。 |
| \t 顯示本地端時間的時間。 |
| \s 作業系統的名稱。 |
| \v 作業系統的版本。 |

做一下底下這個練習，看看能不能取得你要的進站畫面？

**例題**

如果你在 tty3 的進站畫面看到如下顯示，該如何設定才能得到如下畫面？

```
CentOS Linux 7 (Core) (terminal: tty3)
Date: 2015-07-08 17:29:19
Kernel 3.10.0-229.el7.x86_64 on an x86_64
Welcome!
```

注意，tty3 在不同的 tty 有不同顯示，日期則是再按下 [enter] 後就會所有不同。

**答**：很簡單，用 root 的身份，並參考上述的反斜線功能去修改 /etc/issue 成為如下模樣即可(共五行)：

```
\S (terminal: \l)
Date: \d \t
Kernel \r on an \m
Welcome!
```

曾有鳥哥的學生在這個 /etc/issue 內修改資料，光是利用簡單的英文字母作出屬於他自己的進站畫面，畫面裡面有他的中文名字呢！非常厲害！也有學生做成類似很大一個『囧』在進站畫面，都非常有趣！

你要注意的是，除了 /etc/issue 之外還有個 /etc/issue.net 呢！這是啥？這個是提供給 telnet 這個遠端登入程式用的。當我們使用 telnet 連接到主機時，主機的登入畫面就會顯示 /etc/issue.net 而不是 /etc/issue 呢！

至於如果**你想要讓使用者登入後取得一些訊息，例如你想要讓大家都知道的訊息，那麼可以將訊息加入 /etc/motd 裡面去**！例如：當登入後，告訴登入者，系統將會在某個固定時間進行維護工作，可以這樣做 (一定要用 root 的身份才能修改喔！)：

```
[root@study ~]# vim /etc/motd
Hello everyone,
Our server will be maintained at 2015/07/10 0:00 ~ 24:00.
Please don't login server at that time. ^_^
```

那麼當你的使用者 (包括所有的一般帳號與 root) 登入主機後，就會顯示這樣的訊息出來：

```
Last login: Wed Jul  8 23:22:25 2015 from 127.0.0.1
Hello everyone,
Our server will be maintained at 2015/07/10 0:00 ~ 24:00.
Please don't login server at that time. ^_^
```

## 10.4.3　bash 的環境設定檔

你是否會覺得奇怪，怎麼我們什麼動作都沒有進行，但是一進入 bash 就取得一堆有用的變數了？這是因為系統有一些環境設定檔案的存在，讓 bash 在啟動時直接讀取這些設定檔，以規劃好 bash 的操作環境啦！而這些設定檔又可以分為全體系統的設定檔以及使用者個人偏好設定檔。要注意的是，我們前幾個小節談到的命令別名啦、自訂的變數啦，在你登出 bash 後就會失效，所以你想要保留你的設定，就得要將這些設定寫入設定檔才行。底下就讓我們來聊聊吧！

◆　login 與 non-login shell

在開始介紹 bash 的設定檔前，我們一定要先知道的就是 login shell 與 non-login shell！重點在於有沒有登入 (login) 啦！

- login shell：取得 bash 時需要完整的登入流程的，就稱為 login shell。舉例來說，你要由 tty1 ~ tty6 登入，需要輸入使用者的帳號與密碼，此時取得的 bash 就稱為『 login shell 』囉。

- non-login shell：取得 bash 介面的方法不需要重複登入的舉動，舉例來說，(1)你以 X window 登入 Linux 後，再以 X 的圖形化介面啟動終端機，此時那個終端介面並沒有需要再次的輸入帳號與密碼，那個 bash 的環境就稱為 non-login shell 了。(2)你在原本的 bash 環境下再次下達 bash 這個指令，同樣的也沒有輸入帳號密碼，那第二個 bash (子程序) 也是 non-login shell。

為什麼要介紹 login, non-login shell 呢？這是因為這兩個取得 bash 的情況中，讀取的設定檔資料並不一樣所致。由於我們需要登入系統，所以先談談 login shell 會讀取哪些設定檔？一般來說，login shell 其實只會讀取這兩個設定檔：

1. /etc/profile：**這是系統整體的設定，你最好不要修改這個檔案。**

2. ~/.bash_profile 或 ~/.bash_login 或 ~/.profile：**屬於使用者個人設定，你要改自己的資料，就寫入這裡！**

那麼，就讓我們來聊一聊這兩個檔案吧！這兩個檔案的內容可是非常繁複的喔！

◆ /etc/profile (login shell 才會讀)

你可以使用 vim 去閱讀一下這個檔案的內容。這個設定檔可以利用使用者的識別碼 (UID) 來決定很多重要的變數資料，這也是**每個使用者登入取得 bash 時一定會讀取的設定檔**！所以如果你想要幫所有使用者設定整體環境，那就是改這裡囉！不過，沒事還是不要隨便改這個檔案喔 這個檔案設定的變數主要有：

- PATH：會依據 UID 決定 PATH 變數要不要含有 sbin 的系統指令目錄。

- MAIL：依據帳號設定好使用者的 mailbox 到 /var/spool/mail/帳號名。

- USER：根據使用者的帳號設定此一變數內容。

- HOSTNAME：依據主機的 hostname 指令決定此一變數內容。

- HISTSIZE：歷史命令記錄筆數。CentOS 7.x 設定為 1000。

- umask：包括 root 預設為 022 而一般用戶為 002 等！

/etc/profile 可不只會做這些事而已，它還會去呼叫外部的設定資料喔！在 CentOS 7.x 預設的情況下，底下這些資料會依序的被呼叫進來：

- /etc/profile.d/*.sh

  其實這是個目錄內的眾多檔案！只要在 /etc/profile.d/ 這個目錄內且副檔名為 .sh，另外，使用者能夠具有 r 的權限，那麼該檔案就會被 /etc/profile 呼叫進來。在 CentOS 7.x 中，這個目錄底下的檔案規範了 bash 操作介面的顏色、語系、ll 與 ls 指令的命令別名、vi 的命令別名、which 的命令別名等等。如果你需要幫所有使用者設定一些共用的命令別名時，可以在這個目錄底下自行建立副檔名為 .sh 的檔案，並將所需要的資料寫入即可喔！

- ■ /etc/locale.conf

  這個檔案是由 /etc/profile.d/lang.sh 呼叫進來的！這也是我們決定 bash 預設使用何種語系的重要設定檔！檔案裡最重要的就是 LANG/LC_ALL 這些個變數的設定啦！我們在前面的 locale 討論過這個檔案囉！自行回去瞧瞧先！

- ■ /usr/share/bash-completion/completions/*

  記得我們上頭談過 [tab] 的妙用吧？除了命令補齊、檔名補齊之外，還可以進行指令的選項/參數補齊功能！那就是從這個目錄裡面找到相對應的指令來處理的！其實這個目錄底下的內容是由 /etc/profile.d/bash_completion.sh 這個檔案載入的啦！

  反正你只要記得，bash 的 login shell 情況下所讀取的整體環境設定檔其實只有 /etc/profile，但是 /etc/profile 還會呼叫出其他的設定檔，所以讓我們的 bash 操作介面變的非常的友善啦！接下來，讓我們來瞧瞧，那麼個人偏好的設定檔又是怎麼回事？

- ◆ ~/.bash_profile (login shell 才會讀)

  bash 在讀完了整體環境設定的 /etc/profile 並藉此呼叫其他設定檔後，接下來則是會讀取使用者的個人設定檔。在 login shell 的 bash 環境中，所讀取的個人偏好設定檔其實主要有三個，依序分別是：

  1. ~/.bash_profile
  2. ~/.bash_login
  3. ~/.profile

  **其實 bash 的 login shell 設定只會讀取上面三個檔案的其中一個，而讀取的順序則是依照上面的順序。** 也就是說，如果 ~/.bash_profile 存在，那麼其他兩個檔案不論有無存在，都不會被讀取。如果 ~/.bash_profile 不存在才會去讀取 ~/.bash_login，而前兩者都不存在才會讀取 ~/.profile 的意思。會有這麼多的檔案，其實是因應其他 shell 轉換過來的使用者的習慣而已。先讓我們來看一下 dmtsai 的 /home/dmtsai/.bash_profile 的內容是怎樣呢？

```
[dmtsai@study ~]$ cat ~/.bash_profile
# .bash_profile

# Get the aliases and functions
if [ -f ~/.bashrc ]; then       <==底下這三行在判斷並讀取 ~/.bashrc
        . ~/.bashrc
fi
```

```
# User specific environment and startup programs
PATH=$PATH:$HOME/.local/bin:$HOME/bin          <==底下這幾行在處理個人化設定
export PATH
```

這個檔案內有設定 PATH 這個變數喔！而且還使用了 export 將 PATH 變成環境變數呢！由於 PATH 在 /etc/profile 當中已經設定過，所以在這裡就以累加的方式增加使用者家目錄下的 ~/bin/ 為額外的執行檔放置目錄。這也就是說，你可以將自己建立的執行檔放置到你自己家目錄下的 ~/bin/ 目錄啦！那就可以直接執行該執行檔而不需要使用絕對/相對路徑來執行該檔案。

這個檔案的內容比較有趣的地方在於 if ... then ... 那一段！那一段程式碼我們會在第十二章 shell script 談到，假設你現在是看不懂的。該段的內容指的是『**判斷家目錄下的 ~/.bashrc 存在否，若存在則讀入 ~/.bashrc 的設定**』。bash 設定檔的讀入方式比較有趣，主要是透過一個指令『 source 』來讀取的！也就是說 ~/.bash_profile 其實會再呼叫 ~/.bashrc 的設定內容喔！最後，我們來看看整個 login shell 的讀取流程：

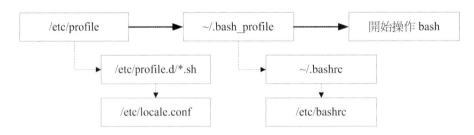

圖 10.4.1　login shell 的設定檔讀取流程

實線的的方向是主線流程，虛線的方向則是被呼叫的設定檔！從上面我們也可以清楚的知道，在 CentOS 的 login shell 環境下，最終被讀取的設定檔是『 ~/.bashrc 』這個檔案喔！所以，你當然可以將自己的偏好設定寫入該檔案即可。底下我們還要討論一下 source 與 ~/.bashrc 喔！

◆　**source：讀入環境設定檔的指令**

由於 /etc/profile 與 ~/.bash_profile 都是在取得 login shell 的時候才會讀取的設定檔，所以，如果你將自己的偏好設定寫入上述的檔案後，通常都是得登出再登入後，該設定才會生效。那麼，能不能直接讀取設定檔而不登出登入呢？可以的！那就得要利用 source 這個指令了！

```
[dmtsai@study ~]$ source 設定檔檔名

範例：將家目錄的 ~/.bashrc 的設定讀入目前的 bash 環境中
[dmtsai@study ~]$ source ~/.bashrc    <==底下這兩個指令是一樣的！
[dmtsai@study ~]$ . ~/.bashrc
```

利用 source 或小數點 (.) 都可以將設定檔的內容讀進來目前的 shell 環境中！舉例來說，我修改了 ~/.bashrc，那麼不需要登出，立即以 source ~/.bashrc 就可以將剛剛最新設定的內容讀進來目前的環境中！很不錯吧！還有，包括 ~/bash_profile 以及 /etc/profile 的設定中，很多時候也都是利用到這個 source (或小數點) 的功能喔！

有沒有可能會使用到不同環境設定檔的時候？有啊！最常發生在一個人的工作環境分為多種情況的時候了！舉個例子來說，在鳥哥的大型主機中，常常需要負責兩到三個不同的案子，每個案子所需要處理的環境變數訂定並不相同，那麼鳥哥就將這兩三個案子分別編寫屬於該案子的環境變數設定檔案，當需要該環境時，就直接『 source 變數檔 』，如此一來，環境變數的設定就變的更簡便而靈活了！

◆　~/.bashrc (non-login shell **會讀**)

談完了 login shell 後，那麼 non-login shell 這種非登入情況取得 bash 操作介面的環境設定檔又是什麼？當你取得 non-login shell 時，該 bash 設定檔僅會讀取 ~/.bashrc 而已啦！那麼預設的 ~/.bashrc 內容是如何？

```
[root@study ~]# cat ~/.bashrc
# .bashrc

# User specific aliases and functions
alias rm='rm -i'                <==使用者的個人設定
alias cp='cp -i'
alias mv='mv -i'

# Source global definitions
if [ -f /etc/bashrc ]; then    <==整體的環境設定
        . /etc/bashrc
fi
```

特別注意一下，由於 root 的身份與一般使用者不同，鳥哥是以 root 的身份取得上述的資料，如果是一般使用者的 ~/.bashrc 會有些許不同。看一下，你會發現在 root 的 ~/.bashrc 中其實已經規範了較為保險的命令別名了。此外，咱們的 CentOS 7.x 還會主動的呼叫 /etc/bashrc 這個檔案喔！為什麼需要呼叫 /etc/bashrc 呢？因為 /etc/bashrc 幫我們的 bash 定義出底下的資料：

- 依據不同的 UID 規範出 umask 的值

- 依據不同的 UID 規範出提示字元 (就是 PS1 變數)

- 呼叫 /etc/profile.d/*.sh 的設定

你要注意的是，這個 /etc/bashrc 是 CentOS 特有的 (其實是 Red Hat 系統特有的)，其他不同的 distributions 可能會放置在不同的檔名就是了。由於這個 ~/.bashrc 會呼叫 /etc/bashrc 及 /etc/profile.d/*.sh，所以，萬一你沒有 ~/.bashrc (可能自己不小心將它刪除了)，那麼你會發現你的 bash 提示字元可能會變成這個樣子：

```
-bash-4.2$ ▌
```

不要太擔心啦！這是正常的，因為你並沒有呼叫 /etc/bashrc 來規範 PS1 變數啦！而且這樣的情況也不會影響你的 bash 使用。如果你想要將命令提示字元捉回來，那麼可以複製 /etc/skel/.bashrc 到你的家目錄，再修訂一下你所想要的內容，並使用 source 去呼叫 ~/.bashrc，那你的命令提示字元就會回來啦！

◆ **其他相關設定檔**

事實上還有一些設定檔可能會影響到你的 bash 操作的，底下就來談一談：

- /etc/man_db.conf

    這個檔案乍看之下好像跟 bash 沒相關性，但是對於系統管理員來說，卻也是很重要的一個檔案！這的檔案的內容『**規範了使用 man 的時候，man page 的路徑到哪裡去尋找！**』所以說的簡單一點，這個檔案規定了下達 man 的時候，該去哪裡查看資料的路徑設定！

    那麼什麼時候要來修改這個檔案呢？如果你是以 tarball 的方式來安裝你的資料，那麼你的 man page 可能會放置在 /usr/local/softpackage/man 裡頭，那個 softpackage 是你的套件名稱，這個時候你就得以手動的方式將該路徑加到 /etc/man_db.conf 裡頭，否則使用 man 的時候就會找不到相關的說明檔囉。

- ~/.bash_history

    還記得我們在歷史命令提到過這個檔案吧？預設的情況下，我們的歷史命令就記錄在這裡啊！而這個檔案能夠記錄幾筆資料，則與 HISTFILESIZE 這個變數有關啊。每次登入 bash 後，bash 會先讀取這個檔案，將所有的歷史指令讀入記憶體，因此，當我們登入 bash 後就可以查知上次使用過哪些指令囉。至於更多的歷史指令，請自行回去參考喔！

- ~/.bash_logout

  這個檔案則記錄了『**當**我登出 bash 後，系統再幫我做完什麼動作後才離開』的意思。你可以去讀取一下這個檔案的內容，預設的情況下，登出時，bash 只是幫我們清掉螢幕的訊息而已。不過，你也可以將一些備份或者是其他你認為重要的工作寫在這個檔案中 (例如清空暫存檔)，那麼當你離開 Linux 的時候，就可以解決一些煩人的事情囉！

## 10.4.4　終端機的環境設定：stty, set

我們在第四章首次登入 Linux 時就提過，可以在 tty1 ～ tty6 這六個文字介面的終端機 (terminal) 環境中登入，登入的時候我們可以取得一些字元設定的功能喔！舉例來說，我們可以利用倒退鍵 (backspace，就是那個←符號的按鍵) 來刪除命令列上的字元，也可以使用 [ctrl]＋c 來強制終止一個指令的運行，當輸入錯誤時，就會有聲音跑出來警告。這是怎麼辦到的呢？很簡單啊！因為登入終端機的時候，會自動的取得一些終端機的輸入環境的設定啊！

事實上，目前我們使用的 Linux distributions 都幫我們作了最棒的使用者環境了，所以大家可以不用擔心操作環境的問題。不過，在某些 Unix like 的機器中，還是可能需要動用一些手腳，才能夠讓我們的輸入比較快樂～舉例來說，利用 [backspace] 刪除，要比利用 [Del] 按鍵來的順手吧！但是某些 Unix 偏偏是以 [del] 來進行字元的刪除啊！所以，這個時候就可以動動手腳囉～

那麼如何查閱目前的一些按鍵內容呢？可以利用 stty (setting tty 終端機的意思) 呢！stty 也可以幫助設定終端機的輸入按鍵代表意義喔！

```
[dmtsai@study ~]$ stty [-a]
選項與參數：
-a ：將目前所有的 stty 參數列出來；

範例一：列出所有的按鍵與按鍵內容
[dmtsai@study ~]$ stty -a
speed 38400 baud; rows 20; columns 90; line = 0;
intr = ^C; quit = ^\; erase = ^?; kill = ^U; eof = ^D; eol = <undef>; eol2 = <undef>;
swtch = <undef>; start = ^Q; stop = ^S; susp = ^Z; rprnt = ^R; werase = ^W; lnext
= ^V; flush = ^O; min = 1; time = 0;
....(以下省略)....
```

我們可以利用 stty -a 來列出目前環境中所有的按鍵列表，在上頭的列表當中，需要注意的是特殊字體那幾個，此外，**如果出現 ^ 表示 [ctrl] 那個按鍵的意思**。舉例來說，intr = ^C 表示利用 [ctrl] + c 來達成的。幾個重要的代表意義是：

◆ intr：送出一個 interrupt (中斷) 的訊號給目前正在 run 的程序 (就是終止囉！)。

◆ quit：送出一個 quit 的訊號給目前正在 run 的程序。

◆ erase：向後刪除字元。

◆ **kill：刪除在目前指令列上的所有文字。**

◆ eof：End of file 的意思，代表『結束輸入』。

◆ **start：在某個程序停止後，重新啟動它的 output。**

◆ **stop：停止目前螢幕的輸出。**

◆ susp：送出一個 terminal stop 的訊號給正在 run 的程序。

記不記得我們在第四章講過幾個 Linux 熱鍵啊？沒錯！就是這個 stty 設定值內的 intr([ctrl]+c) / eof([ctrl]+d) 囉～至於刪除字元，就是 erase 那個設定值啦！如果你想要用 [ctrl]+h 來進行字元的刪除，那麼可以下達：

```
[dmtsai@study ~]$ stty erase ^h    # 這個設定看看就好，不必真的實作！不然還要改回來！
```

那麼從此之後，你的刪除字元就得要使用 [ctrl]+h 囉，按下 [backspace] 則會出現 ^? 字樣呢！如果想要回復利用 [backspace]，就下達 **stty erase ^?** 即可啊！至於更多的 stty 說明，記得參考一下 man stty 的內容喔！

---

**例題**

因為鳥哥的工作經常在 Windows/Linux 之間切換，在 windows 底下，很多軟體預設的儲存快捷按鈕是 [ctrl]+s，所以鳥哥習慣按這個按鈕來處理。不過，在 Linux 底下使用 vim 時，卻也經常不小心就按下 [ctrl]+s！問題來了，按下這個組合鈕之後，整個 vim 就不能動了 (整個畫面鎖死)！請問鳥哥該如何處置？

**答**：參考一下 stty -a 的輸出中，有個 stop 的項目就是按下 [ctrl]+s 的！那麼恢復成 start 就是 [ctrl]+q 啊！因此，嘗試按下 [ctrl]+q 應該就可以讓整個畫面重新恢復正常囉！

---

除了 stty 之外，其實我們的 bash 還有自己的一些終端機設定值呢！那就是利用 set 來設定的！我們之前提到一些變數時，可以利用 set 來顯示，除此之外，其實 set 還可以幫我們設定整個指令輸出/輸入的環境。例如記錄歷史命令、顯示錯誤內容等等。

```
[dmtsai@study ~]$ set [-uvCHhmBx]
```
選項與參數：
-u ：預設不啟用。若啟用後，當使用未設定變數時，會顯示錯誤訊息；
-v ：預設不啟用。若啟用後，在訊息被輸出前，會先顯示訊息的原始內容；
-x ：預設不啟用。若啟用後，在指令被執行前，會顯示指令內容(前面有 ++ 符號)
-h ：預設啟用。與歷史命令有關；
-H ：預設啟用。與歷史命令有關；
-m ：預設啟用。與工作管理有關；
-B ：預設啟用。與刮號 [] 的作用有關；
-C ：預設不啟用。若使用 > 等，則若檔案存在時，該檔案不會被覆蓋。

範例一：顯示目前所有的 set 設定值
```
[dmtsai@study ~]$ echo $-
himBH
```
# 那個 $- 變數內容就是 set 的所有設定啦！bash 預設是 himBH 喔！

範例二：設定 "若使用未定義變數時，則顯示錯誤訊息"
```
[dmtsai@study ~]$ set -u
[dmtsai@study ~]$ echo $vbirding
-bash: vbirding: unbound variable
```
# 預設情況下，未設定/未宣告 的變數都會是『空的』，不過，若設定 -u 參數，
# 那麼當使用未設定的變數時，就會有問題啦！很多的 shell 都預設啟用 -u 參數。
# 若要取消這個參數，輸入 set +u 即可！

範例三：執行前，顯示該指令內容。
```
[dmtsai@study ~]$ set -x
++ printf '\033]0;%s@%s:%s\007' dmtsai study '~'    # 這個是在列出提示字元的控制碼！
[dmtsai@study ~]$ echo ${HOME}
+ echo /home/dmtsai
/home/dmtsai
++ printf '\033]0;%s@%s:%s\007' dmtsai study '~'
```
# 看見否？要輸出的指令都會先被列印到螢幕上喔！前面會多出 + 的符號！

　　另外，其實我們還有其他的按鍵設定功能呢！就是在前一小節提到的 /etc/inputrc 這個
檔案裡面設定。還有例如 /etc/DIR_COLORS* 與 /usr/share/terminfo/* 等，也都是與終端機有
關的環境設定檔案呢！不過，事實上，鳥哥並不建議你修改 tty 的環境呢，這是因為 bash 的
環境已經設定的很親和了，我們不需要額外的設定或者修改，否則反而會產生一些困擾。不
過，寫在這裡的資料，只是希望大家能夠清楚的知道我們的終端機是如何進行設定的喔！
^_^ ！最後，我們將 bash 預設的組合鍵給它彙整如下：

| 組合按鍵 | 執行結果 |
|---|---|
| ctrl + C | 終止目前的命令 |
| ctrl + D | 輸入結束 (EOF)，例如郵件結束的時候； |
| ctrl + M | 就是 Enter 啦！ |
| ctrl + S | 暫停螢幕的輸出 |
| ctrl + Q | 恢復螢幕的輸出 |
| ctrl + U | 在提示字元下，將整列命令刪除 |
| ctrl + Z | 『暫停』目前的命令 |

## 10.4.5　萬用字元與特殊符號

在 bash 的操作環境中還有一個非常有用的功能，那就是萬用字元 (wildcard)！我們利用 bash 處理資料就更方便了！底下我們列出一些常用的萬用字元喔：

| 符號 | 意義 |
|---|---|
| * | 代表『0 個到無窮多個』任意字元 |
| ? | 代表『一定有一個』任意字元 |
| [ ] | 同樣代表『一定有一個在括號內』的字元(非任意字元)。例如 [abcd] 代表『一定有一個字元，可能是 a, b, c, d 這四個任何一個』 |
| [ - ] | 若有減號在中括號內時，代表『在編碼順序內的所有字元』。例如 [0-9] 代表 0 到 9 之間的所有數字，因為數字的語系編碼是連續的！ |
| [^ ] | 若中括號內的第一個字元為指數符號 (^)，那表示『反向選擇』，例如 [^abc] 代表 一定有一個字元，只要是非 a, b, c 的其他字元就接受的意思。 |

接下來讓我們利用萬用字元來玩些東西吧！首先，利用萬用字元配合 ls 找檔名看看：

```
[dmtsai@study ~]$ LANG=C                      <==由於與編碼有關，先設定語系一下

範例一：找出 /etc/ 底下以 cron 為開頭的檔名
[dmtsai@study ~]$ ll -d /etc/cron*       <==加上 -d 是為了僅顯示目錄而已

範例二：找出 /etc/ 底下檔名『剛好是五個字母』的檔名
[dmtsai@study ~]$ ll -d /etc/?????       <==由於 ? 一定有一個，所以五個 ? 就對了
```

範例三：找出 /etc/ 底下檔名含有數字的檔名
```
[dmtsai@study ~]$ ll -d /etc/*[0-9]*   <==記得中括號左右兩邊均需 *
```

範例四：找出 /etc/ 底下，檔名開頭非為小寫字母的檔名：
```
[dmtsai@study ~]$ ll -d /etc/[^a-z]*   <==注意中括號左邊沒有 *
```

範例五：將範例四找到的檔案複製到 /tmp/upper 中
```
[dmtsai@study ~]$ mkdir /tmp/upper; cp -a /etc/[^a-z]* /tmp/upper
```

除了萬用字元之外，bash 環境中的特殊符號有哪些呢？底下我們先彙整一下：

| 符號 | 內容 |
|---|---|
| # | 註解符號：這個最常被使用在 script 當中，視為說明！在後的資料均不執行 |
| \ | 跳脫符號：將『特殊字元或萬用字元』還原成一般字元 |
| \| | 管線 (pipe)：分隔兩個管線命令的界定(後兩節介紹)； |
| ; | 連續指令下達分隔符號：連續性命令的界定 (注意！與管線命令並不相同) |
| ~ | 使用者的家目錄 |
| $ | 取用變數前置字元：亦即是變數之前需要加的變數取代值 |
| & | 工作控制 (job control)：將指令變成背景下工作 |
| ! | 邏輯運算意義上的『非』 not 的意思！ |
| / | 目錄符號：路徑分隔的符號 |
| >, >> | 資料流重導向：輸出導向，分別是『取代』與『累加』 |
| <, << | 資料流重導向：輸入導向 (這兩個留待下節介紹) |
| ' ' | 單引號，不具有變數置換的功能 ($ 變為純文字) |
| " " | 具有變數置換的功能！($ 可保留相關功能) |
| ` ` | 兩個『 ` 』中間為可以先執行的指令，亦可使用 $( ) |
| ( ) | 在中間為子 shell 的起始與結束 |
| { } | 在中間為命令區塊的組合！ |

以上為 bash 環境中常見的特殊符號彙整！理論上，你的『檔名』盡量不要使用到上述的字元啦！

# 10.5　資料流重導向

資料流重導向 (redirect) 由字面上的意思來看，好像就是將『資料給它傳導到其他地方去』的樣子？沒錯～資料流重導向就是將某個指令執行後應該要出現在螢幕上的資料，給它傳輸到其他的地方，例如檔案或者是裝置 (例如印表機之類的)！這玩意兒在 Linux 的文字模式底下可重要的！尤其是如果我們想要將某些資料儲存下來時，就更有用了！

## 10.5.1　什麼是資料流重導向？

什麼是資料流重導向啊？這得要由指令的執行結果談起！一般來說，如果你要執行一個指令，通常它會是這樣的：

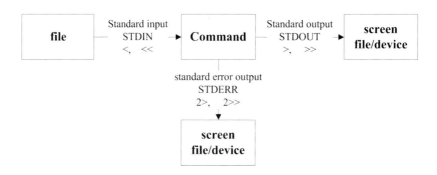

圖 10.5.1　指令執行過程的資料傳輸情況

我們執行一個指令的時候，這個指令可能會由檔案讀入資料，經過處理之後，再將資料輸出到螢幕上。在上圖當中，standard output 與 standard error output 分別代表『標準輸出 (STDOUT)』與『標準錯誤輸出 (STDERR)』，這兩個玩意兒預設都是輸出到螢幕上面來的啊！那麼什麼是標準輸出與標準錯誤輸出呢？

◆ standard output 與 standard error output

簡單的說，標準輸出指的是『指令執行所回傳的正確的訊息』，而標準錯誤輸出可理解為『指令執行失敗後，所回傳的錯誤訊息』。舉個簡單例子來說，我們的系統預設有 /etc/crontab 但卻無 /etc/vbirdsay，此時若下達『 cat /etc/crontab /etc/vbirdsay 』這個指令時，cat 會進行：

- 標準輸出：讀取 /etc/crontab 後，將該檔案內容顯示到螢幕上。
- 標準錯誤輸出：因為無法找到 /etc/vbirdsay，因此在螢幕上顯示錯誤訊息。

不管正確或錯誤的資料都是預設輸出到螢幕上,所以螢幕當然是亂亂的!那能不能透過某些機制將這兩股資料分開呢?當然可以啊!那就是資料流重導向的功能啊!資料流重導向可以將 standard output (簡稱 stdout) 與 standard error output (簡稱 stderr) 分別傳送到其他的檔案或裝置去,而分別傳送所用的特殊字元則如下所示:

1. **標準輸入**(stdin):**代碼為 0,使用 < 或 <<**
2. **標準輸出**(stdout):**代碼為 1,使用 > 或 >>**
3. **標準錯誤輸出**(stderr):**代碼為 2,使用 2> 或 2>>**

為了理解 stdout 與 stderr,我們先來進行一個範例的練習:

```
範例一:觀察你的系統根目錄 (/) 下各目錄的檔名、權限與屬性,並記錄下來
[dmtsai@study ~]$ ll /   <==此時螢幕會顯示出檔名資訊

[dmtsai@study ~]$ ll / > ~/rootfile <==螢幕並無任何資訊
[dmtsai@study ~]$ ll  ~/rootfile <==有個新檔被建立了!
-rw-rw-r--. 1 dmtsai dmtsai 1078 Jul  9 18:51 /home/dmtsai/rootfile
```

怪了!螢幕怎麼會完全沒有資料呢?這是因為原本『 ll / 』所顯示的資料已經被重新導向到 ~/rootfile 檔案中了!那個 ~/rootfile 的檔名可以隨便你取。如果你下達『 cat ~/rootfile 』那就可以看到原本應該在螢幕上面的資料囉。如果我再次下達:『 ll /home > ~/rootfile 』後,那個 ~/rootfile 檔案的內容變成什麼?它將變成『僅有 ll /home 的資料』而已!咦!原本的『 ll / 』資料就不見了嗎?是的!因為該檔案的建立方式是:

1. **該檔案 (本例中是 ~/rootfile) 若不存在,系統會自動的將它建立起來,但是**
2. **當這個檔案存在的時候,那麼系統就會先將這個檔案內容清空,然後再將資料寫入!**
3. **也就是若以 > 輸出到一個已存在的檔案中,那個檔案就會被覆蓋掉囉!**

那如果我想要將資料累加而不想要將舊的資料刪除,那該如何是好?利用兩個大於的符號 (>>) 就好啦!以上面的範例來說,你應該要改成『 ll / >> ~/rootfile 』即可。如此一來,當 (1) ~/rootfile 不存在時系統會主動建立這個檔案;(2)若該檔案已存在,則資料會在該檔案的最下方累加進去!

上面談到的是 standard output 的正確資料,那如果是 standard error output 的錯誤資料呢?那就透過 2> 及 2>> 囉!同樣是覆蓋 (2>) 與累加 (2>>) 的特性!我們在剛剛才談到 stdout 代碼是 1 而 stderr 代碼是 2,所以這個 2> 是很容易理解的,而如果僅存在 > 時,則代表預設的代碼 1 囉!也就是說:

- **1>:以覆蓋的方法將『正確的資料』輸出到指定的檔案或裝置上**
- **1>>:以累加的方法將『正確的資料』輸出到指定的檔案或裝置上**

- 2>：以覆蓋的方法將『錯誤的資料』輸出到指定的檔案或裝置上

- 2>>：以累加的方法將『錯誤的資料』輸出到指定的檔案或裝置上

要注意喔，『1>>』以及『2>>』中間是沒有空格的！OK！有些概念之後讓我們繼續聊一聊這傢伙怎麼應用吧！當你以一般身份執行 find 這個指令的時候，由於權限的問題可能會產生一些錯誤資訊。例如執行『find / -name testing 』時，可能會產生類似『find: /root: Permission denied 』之類的訊息。例如底下這個範例：

```
範例二：利用一般身份帳號搜尋 /home 底下是否有名為 .bashrc 的檔案存在
[dmtsai@study ~]$ find /home -name .bashrc <==身份是 dmtsai 喔！
find: '/home/arod': Permission denied      <== Standard error output
find: '/home/alex': Permission denied      <== Standard error output
/home/dmtsai/.bashrc                        <== Standard output
```

由於 /home 底下還有我們之前建立的帳號存在，那些帳號的家目錄你當然不能進入啊！所以就會有錯誤及正確資料了。好了，那麼假如我想要將資料輸出到 list 這個檔案中呢？執行『find /home -name .bashrc > list 』會有什麼結果？呵呵，你會發現 list 裡面存了剛剛那個『正確』的輸出資料，至於螢幕上還是會有錯誤的訊息出現呢！傷腦筋！如果想要將正確的與錯誤的資料分別存入不同的檔案中需要怎麼做？

```
範例三：承範例二，將 stdout 與 stderr 分存到不同的檔案去
[dmtsai@study ~]$ find /home -name .bashrc > list_right 2> list_error
```

注意喔，此時『螢幕上不會出現任何訊息』！因為剛剛執行的結果中，有 Permission 的那幾行錯誤資訊都會跑到 list_error 這個檔案中，至於正確的輸出資料則會存到 list_right 這個檔案中囉！這樣可以瞭解了嗎？如果有點混亂的話，去休息一下再回來看看吧！

- ◆ /dev/null 垃圾桶黑洞裝置與特殊寫法

  想像一下，如果我知道錯誤訊息會發生，所以要將錯誤訊息忽略掉而不顯示或儲存呢？這個時候黑洞裝置 /dev/null 就很重要了！這個 /dev/null 可以吃掉任何導向這個裝置的資訊喔！將上述的範例修訂一下：

```
範例四：承範例三，將錯誤的資料丟棄，螢幕上顯示正確的資料
[dmtsai@study ~]$ find /home -name .bashrc 2> /dev/null
/home/dmtsai/.bashrc   <==只有 stdout 會顯示到螢幕上，stderr 被丟棄了
```

再想像一下，如果我要將正確與錯誤資料通通寫入同一個檔案去呢？這個時候就得要使用特殊的寫法了！我們同樣用底下的案例來說明：

範例五：將指令的資料全部寫入名為 list 的檔案中

```
[dmtsai@study ~]$ find /home -name .bashrc > list 2> list    <==錯誤
[dmtsai@study ~]$ find /home -name .bashrc > list 2>&1       <==正確
[dmtsai@study ~]$ find /home -name .bashrc &> list           <==正確
```

上述表格第一行錯誤的原因是，**由於兩股資料同時寫入一個檔案，又沒有使用特殊的語法，此時兩股資料可能會交叉寫入該檔案內，造成次序的錯亂**。所以雖然最終 list 檔案還是會產生，但是裡面的資料排列就會怪怪的，而不是原本螢幕上的輸出排序。至於寫入同一個檔案的特殊語法如上表所示，你可以使用 2>&1 也可以使用 &>！一般來說，鳥哥比較習慣使用 2>&1 的語法啦！

◆ standard input：< 與 <<

瞭解了 stderr 與 stdout 後，那麼那個 < 又是什麼呀？呵呵！以最簡單的說法來說，那就是『**將原本需要由鍵盤輸入的資料，改由檔案內容來取代**』的意思。我們先由底下的 cat 指令操作來瞭解一下什麼叫做『鍵盤輸入』吧！

範例六：利用 cat 指令來建立一個檔案的簡單流程

```
[dmtsai@study ~]$ cat > catfile
testing
cat file test
<==這裡按下 [ctrl]+d 來離開

[dmtsai@study ~]$ cat catfile
testing
cat file test
```

由於加入 > 在 cat 後，所以那個 catfile 會被主動的建立，而內容就是剛剛鍵盤上面輸入的那兩行資料了。唔！那我能不能用純文字檔取代鍵盤的輸入，也就是說，**用某個檔案的內容來取代鍵盤的敲擊呢**？可以的！如下所示：

範例七：用 stdin 取代鍵盤的輸入以建立新檔案的簡單流程

```
[dmtsai@study ~]$ cat > catfile < ~/.bashrc
[dmtsai@study ~]$ ll catfile ~/.bashrc
-rw-r--r--. 1 dmtsai dmtsai 231 Mar  6 06:06 /home/dmtsai/.bashrc
-rw-rw-r--. 1 dmtsai dmtsai 231 Jul  9 18:58 catfile
# 注意看，這兩個檔案的大小會一模一樣！幾乎像是使用 cp 來複製一般！
```

這東西非常的有幫助！尤其是用在類似 mail 這種指令的使用上。理解 < 之後，再來則是怪可怕一把的 << 這個連續兩個小於的符號了。它代表的是『結束的輸入字元』的意

思！舉例來講：『我要用 cat 直接將輸入的訊息輸出到 catfile 中，且當由鍵盤輸入 eof 時，該次輸入就結束』，那我可以這樣做：

```
[dmtsai@study ~]$ cat > catfile << "eof"
> This is a test.
> OK now stop
> eof   <==輸入這關鍵字，立刻就結束而不需要輸入 [ctrl]+d

[dmtsai@study ~]$ cat catfile
This is a test.
OK now stop        <==只有這兩行，不會存在關鍵字那一行！
```

看到了嗎？利用 << 右側的控制字元，我們可以終止一次輸入，而不必輸入 [ctrl]+d 來結束哩！這對程式寫作很有幫助喔！好了，那麼為何要使用命令輸出重導向呢？我們來說一說吧！

- 螢幕輸出的資訊很重要，而且我們需要將它存下來的時候。
- 背景執行中的程式，不希望它干擾螢幕正常的輸出結果時。
- 一些系統的例行命令（例如寫在 /etc/crontab 中的檔案）的執行結果，希望它可以存下來時。
- 一些執行命令的可能已知錯誤訊息時，想以『 2> /dev/null 』將它丟掉時。
- 錯誤訊息與正確訊息需要分別輸出時。

當然還有很多的功能的，最簡單的就是網友們常常問到的：『**為何我的 root 都會收到系統 crontab 寄來的錯誤訊息呢**』這個東東是常見的錯誤，而如果我們已經知道這個錯誤訊息是可以忽略的時候，嗯！『 2> errorfile 』這個功能就很重要了吧！瞭解了嗎？

**例題**

假設我要將 echo "error message" 以 standard error output 的格式來輸出，該如何處置？

**答**：既然有 2>&1 來將 2> 轉到 1> 去，那麼應該也會有 1>&2 吧？沒錯！就是這個概念！因此你可以這樣做：

```
[dmtsai@study ~]$ echo "error message" 1>&2
[dmtsai@study ~]$ echo "error message" 2> /dev/null 1>&2
```

你會發現第一條有訊息輸出到螢幕上，第二條則沒有訊息！這表示該訊息已經是透過 2> /dev/null 丟到垃圾桶去了！可以肯定是錯誤訊息囉！^_^

## 10.5.2　命令執行的判斷依據：;, &&, ||

在某些情況下，很多指令我想要一次輸入去執行，而不想要分次執行時，該如何是好？基本上你有兩個選擇，一個是透過第十二章要介紹的 shell script 撰寫腳本去執行，一種則是透過底下的介紹來一次輸入多重指令喔！

◆ **cmd ; cmd (不考慮指令相關性的連續指令下達)**

在某些時候，我們希望可以一次執行多個指令，例如在關機的時候我希望可以先執行兩次 sync 同步化寫入磁碟後才 shutdown 電腦，那麼可以怎麼做呢？這樣做呀：

```
[root@study ~]# sync; sync; shutdown -h now
```

在指令與指令中間利用分號 (;) 來隔開，這樣一來，分號前的指令執行完後就會立刻接著執行後面的指令了。這真是方便啊～再來，換個角度來想，萬一我想要在某個目錄底下建立一個檔案，也就是說，如果該目錄存在的話，那我才建立這個檔案，如果不存在，那就算了。也就是說這兩個指令彼此之間是有相關性的，前一個指令是否成功的執行與後一個指令是否要執行有關！那就得動用到 && 或 || 囉！

◆ **$? (指令回傳值) 與 && 或 ||**

如同上面談到的，兩個指令之間有相依性，而這個相依性主要判斷的地方就在於前一個指令執行的結果是否正確。還記得本章之前我們曾介紹過指令回傳值吧！嘿嘿！沒錯，你真聰明！就是透過這個回傳值啦！再複習一次『**若前一個指令執行的結果為正確，在 Linux 底下會回傳一個 $? = 0 的值**』。那麼我們怎麼透過這個回傳值來判斷後續的指令是否要執行呢？這就得要藉由『 **&&** 』及『 **||** 』的幫忙了！注意喔，**兩個 & 之間是沒有空格的！那個 | 則是 [shift]+[\] 的按鍵結果。**

| 指令下達情況 | 説明 |
|---|---|
| cmd1 && cmd2 | 1. 若 cmd1 執行完畢且正確執行($?=0)，則開始執行 cmd2。<br>2. 若 cmd1 執行完畢且為錯誤 ($?≠0)，則 cmd2 不執行。 |
| cmd1 \|\| cmd2 | 1. 若 cmd1 執行完畢且正確執行($?=0)，則 cmd2 不執行。<br>2. 若 cmd1 執行完畢且為錯誤 ($?≠0)，則開始執行 cmd2。 |

上述的 cmd1 及 cmd2 都是指令。好了，回到我們剛剛假想的情況，就是想要：(1)先判斷一個目錄是否存在；(2)若存在才在該目錄底下建立一個檔案。由於我們尚未介紹如何判斷式 (test) 的使用，在這裡我們使用 ls 以及回傳值來判斷目錄是否存在啦！讓我們進行底下這個練習看看：

範例一：使用 ls 查閱目錄 /tmp/abc 是否存在，若存在則用 touch 建立 /tmp/abc/hehe
```
[dmtsai@study ~]$ ls /tmp/abc && touch /tmp/abc/hehe
ls: cannot access /tmp/abc: No such file or directory
# ls 很乾脆的說明找不到該目錄，但並沒有 touch 的錯誤，表示 touch 並沒有執行

[dmtsai@study ~]$ mkdir /tmp/abc
[dmtsai@study ~]$ ls /tmp/abc && touch /tmp/abc/hehe
[dmtsai@study ~]$ ll /tmp/abc
-rw-rw-r--. 1 dmtsai dmtsai 0 Jul  9 19:16 hehe
```

看到了吧？如果 /tmp/abc 不存在時，touch 就不會被執行，若 /tmp/abc 存在的話，那麼 touch 就會開始執行囉！很不錯用吧！不過，我們還得手動自行建立目錄，傷腦筋～能不能自動判斷，如果沒有該目錄就給予建立呢？參考一下底下的例子先：

範例二：測試 /tmp/abc 是否存在，若不存在則予以建立，若存在就不作任何事情
```
[dmtsai@study ~]$ rm -r /tmp/abc                <==先刪除此目錄以方便測試
[dmtsai@study ~]$ ls /tmp/abc || mkdir /tmp/abc
ls: cannot access /tmp/abc: No such file or directory <==真的不存在喔！
[dmtsai@study ~]$ ll -d /tmp/abc
drwxrwxr-x. 2 dmtsai dmtsai 6 Jul  9 19:17 /tmp/abca   <==結果出現了！有進行 mkdir
```

如果你一再重複『 ls /tmp/abc || mkdir /tmp/abc 』畫面也不會出現重複 mkdir 的錯誤！這是因為 /tmp/abc 已經存在，所以後續的 mkdir 就不會進行！這樣理解否？好了，讓我們再次的討論一下，如果我想要建立 /tmp/abc/hehe 這個檔案，但我並不知道 /tmp/abc 是否存在，那該如何是好？試看看：

範例三：我不清楚 /tmp/abc 是否存在，但就是要建立 /tmp/abc/hehe 檔案
```
[dmtsai@study ~]$ ls /tmp/abc || mkdir /tmp/abc && touch /tmp/abc/hehe
```

上面這個範例三總是會嘗試建立 /tmp/abc/hehe 的喔！不論 /tmp/abc 是否存在。那麼範例三應該如何解釋呢？由於 Linux **底下的指令都是由左往右執行的**，所以範例三有幾種結果我們來分析一下：

- (1)若 /tmp/abc 不存在故回傳 $? ≠ 0，則 (2)因為 || 遇到非為 0 的 $? 故開始 mkdir /tmp/abc，由於 mkdir /tmp/abc 會成功進行，所以回傳 $?=0 (3)因為 && 遇到 $?=0 故會執行 touch /tmp/abc/hehe，最終 hehe 就被建立了。

- (1)若 /tmp/abc 存在故回傳 $?=0，則 (2)因為 || 遇到 0 的 $? 不會進行，此時 $?=0 繼續向後傳，故 (3)因為 && 遇到 $?=0 就開始建立 /tmp/abc/hehe 了！最終 /tmp/abc/hehe 被建立起來。

整個流程圖示如下：

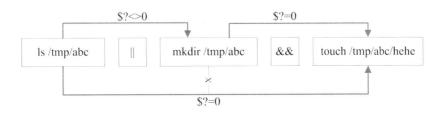

圖 10.5.2　指令依序執行的關係示意圖

上面這張圖顯示的兩股資料中，上方的線段為不存在 /tmp/abc 時所進行的指令行為，下方的線段則是存在 /tmp/abc 所在的指令行為。如上所述，下方線段由於存在 /tmp/abc 所以導致 $?=0，讓中間的 mkdir 就不執行了！並將 $?=0 繼續往後傳給後續的 touch 去利用啦！瞭乎？在任何時刻你都可以拿上面這張圖作為示意！讓我們來想想底下這個例題吧！

**例題**

以 ls 測試 /tmp/vbirding 是否存在，若存在則顯示 "exist"，若不存在，則顯示 "not exist"！

**答：**這又牽涉到邏輯判斷的問題，如果存在就顯示某個資料，若不存在就顯示其他資料，那我可以這樣做：

> **ls /tmp/vbirding && echo "exist" || echo "not exist"**

意思是說，當 ls /tmp/vbirding 執行後，若正確，就執行 echo "exist"，若有問題，就執行 echo "not exist"！那如果寫成如下的狀況會出現什麼？

> **ls /tmp/vbirding || echo "not exist" && echo "exist"**

這其實是有問題的，為什麼呢？由圖 10.5.2 的流程介紹我們知道指令是一個一個往後執行，因此在上面的例子當中，如果 /tmp/vbirding 不存在時，它會進行如下動作：

1. 若 ls /tmp/vbirding 不存在，因此回傳一個非為 0 的數值。
2. 接下來經過 || 的判斷，發現前一個指令回傳非為 0 的數值，因此，程式開始執行 echo "not exist"，而 echo "not exist" 程式肯定可以執行成功，因此會回傳一個 0 值給後面的指令。
3. 經過 && 的判斷，咦！是 0 啊！所以就開始執行 echo "exist"。

所以啊，嘿嘿！第二個例子裡面竟然會同時出現 not exist 與 exist 呢！真神奇～

經過這個例題的練習，你應該會瞭解，**由於指令是一個接著一個去執行的，因此，如果真要使用判斷，那麼這個 && 與 || 的順序就不能搞錯**。一般來說，假設判斷式有三個，也就是：

```
command1 && command2 || command3
```

而且順序通常不會變，因為一般來說，command2 與 command3 會放置肯定可以執行成功的指令，因此，依據上面例題的邏輯分析，你就會曉得為何要如此放置囉～這很有用的啦！而且……考試也很常考～

# 10.6 管線命令 (pipe)

就如同前面所說的，bash 命令執行的時候有輸出的資料會出現！那麼如果這群資料必須要經過幾道手續之後才能得到我們所想要的格式，應該如何來設定？這就牽涉到管線命令的問題了 (pipe)，**管線命令使用的是『 | 』這個界定符號！**另外，**管線命令與『連續下達命令』是不一樣的呦！**這點底下我們會再說明。底下我們先舉一個例子來說明一下簡單的管線命令。

假設我們想要知道 /etc/ 底下有多少檔案，那麼可以利用 ls /etc 來查閱，不過，因為 /etc 底下的檔案太多，導致一口氣就將螢幕塞滿了～不知道前面輸出的內容是啥？此時，我們可以透過 less 指令的協助，利用：

```
[dmtsai@study ~]$ ls -al /etc | less
```

如此一來，使用 ls 指令輸出後的內容，就能夠被 less 讀取，並且利用 less 的功能，我們就能夠前後翻動相關的資訊了！很方便是吧？我們就來瞭解一下這個管線命令『 | 』的用途吧！其實**這個管線命令『 | 』僅能處理經由前面一個指令傳來的正確資訊，也就是 standard output 的資訊，對於 stdandard error 並沒有直接處理的能力**。那麼整體的管線命令可以使用下圖表示：

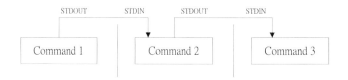

圖 10.6.1　管線命令的處理示意圖

在每個管線後面接的第一個資料必定是『指令』喔！而且**這個指令必須要能夠接受 standard input 的資料**才行，這樣的指令才可以是為『管線命令』，例如 less, more, head, tail

等都是可以接受 standard input 的管線命令啦。至於例如 ls, cp, mv 等就不是管線命令了！因為 ls, cp, mv 並不會接受來自 stdin 的資料。也就是說，管線命令主要有兩個比較需要注意的地方：

◆ **管線命令僅會處理** standard output，**對於** standard error output **會予以忽略。**

◆ **管線命令必須要能夠接受來自前一個指令的資料成為** standard input **繼續處理才行。**

> 想一想，如果你硬要讓 standard error 可以被管線命令所使用，那該如何處理？其實就是透過上一小節的資料流重導向即可！讓 2>&1 加入指令中～就可以讓 2> 變成 1> 囉！了解了嗎？^_^

多說無益，讓我們來玩一些管線命令吧！底下的東東對系統管理非常有幫助喔！

## 10.6.1 擷取命令：cut, grep

什麼是擷取命令啊？說穿了，就是將一段資料經過分析後，取出我們所想要的。或者是經由分析關鍵字，取得我們所想要的那一行！不過，要注意的是，一般來說，**擷取訊息通常是針對『一行一行』來分析的**，並不是整篇訊息分析的喔～底下我們介紹兩個很常用的訊息擷取命令：

◆ cut

cut 不就是『切』嗎？沒錯啦！這個指令可以將一段訊息的某一段給它『切』出來～處理的訊息是以『行』為單位喔！底下我們就來談一談：

```
[dmtsai@study ~]$ cut -d'分隔字元' -f fields  <==用於有特定分隔字元
[dmtsai@study ~]$ cut -c 字元區間              <==用於排列整齊的訊息
選項與參數：
-d ：後面接分隔字元。與 -f 一起使用；
-f ：依據 -d 的分隔字元將一段訊息分割成為數段，用 -f 取出第幾段的意思；
-c ：以字元 (characters) 的單位取出固定字元區間；

範例一：將 PATH 變數取出，我要找出第五個路徑。
[dmtsai@study ~]$ echo ${PATH}
/usr/local/bin:/usr/bin:/usr/local/sbin:/usr/sbin:/home/dmtsai/.local/bin:/home/dmtsai/bin
#      1     |   2   |       3        |     4    |         5          |      6       |

[dmtsai@study ~]$ echo ${PATH} | cut -d ':' -f 5
```

```
# 如同上面的數字顯示，我們是以『 : 』作為分隔，因此會出現 /home/dmtsai/.local/bin
# 那麼如果想要列出第 3 與第 5 呢？，就是這樣：
[dmtsai@study ~]$ echo ${PATH} | cut -d ':' -f 3,5
```

範例二：將 export 輸出的訊息，取得第 12 字元以後的所有字串

```
[dmtsai@study ~]$ export
declare -x HISTCONTROL="ignoredups"
declare -x HISTSIZE="1000"
declare -x HOME="/home/dmtsai"
declare -x HOSTNAME="study.centos.vbird"
.....(其他省略).....
# 注意看，每個資料都是排列整齊的輸出！如果我們不想要『 declare -x 』時，就得這麼做：

[dmtsai@study ~]$ export | cut -c 12-
HISTCONTROL="ignoredups"
HISTSIZE="1000"
HOME="/home/dmtsai"
HOSTNAME="study.centos.vbird"
.....(其他省略).....
# 知道怎麼回事了吧？用 -c 可以處理比較具有格式的輸出資料！
# 我們還可以指定某個範圍的值，例如第 12-20 的字元，就是 cut -c 12-20 等等！
```

範例三：用 last 將顯示的登入者的資訊中，僅留下使用者大名

```
[dmtsai@study ~]$ last
root    pts/1    192.168.201.101  Sat Feb 7 12:35    still logged in
root    pts/1    192.168.201.101  Fri Feb 6 12:13 - 18:46  (06:33)
root    pts/1    192.168.201.254  Thu Feb 5 22:37 - 23:53  (01:16)
# last 可以輸出『帳號/終端機/來源/日期時間』的資料，並且是排列整齊的

[dmtsai@study ~]$ last | cut -d ' ' -f 1
# 由輸出的結果我們可以發現第一個空白分隔的欄位代表帳號，所以使用如上指令：
# 但是因為 root   pts/1 之間空格有好幾個，並非僅有一個，所以，如果要找出
# pts/1 其實不能以 cut -d ' ' -f 1,2 喔！輸出的結果會不是我們想要的。
```

　　cut 主要的用途在於將『同一行裡面的資料進行分解！』最常使用在分析一些數據或文字資料的時候！這是因為有時候我們會以某些字元當作分割的參數，然後來將資料加以切割，以取得我們所需要的資料。鳥哥也很常使用這個功能呢！尤其是在分析 log 檔案的時候！不過，cut 在處理多空格相連的資料時，可能會比較吃力一點，所以某些時刻可能會使用下一章的 awk 來取代的！

◆ grep

剛剛的 cut 是將一行訊息當中，取出某部分我們想要的，而 grep 則是分析一行訊息，若當中有我們所需要的資訊，就將該行拿出來～簡單的語法是這樣的：

```
[dmtsai@study ~]$ grep [-acinv] [--color=auto] '搜尋字串' filename
選項與參數：
-a：將 binary 檔案以 text 檔案的方式搜尋資料
-c：計算找到 '搜尋字串' 的次數
-i：忽略大小寫的不同，所以大小寫視為相同
-n：順便輸出行號
-v：反向選擇，亦即顯示出沒有 '搜尋字串' 內容的那一行！
--color=auto：可以將找到的關鍵字部分加上顏色的顯示喔！
```

範例一：將 last 當中，有出現 root 的那一行就取出來；
```
[dmtsai@study ~]$ last | grep 'root'
```

範例二：與範例一相反，只要沒有 root 的就取出！
```
[dmtsai@study ~]$ last | grep -v 'root'
```

範例三：在 last 的輸出訊息中，只要有 root 就取出，並且僅取第一欄
```
[dmtsai@study ~]$ last | grep 'root' |cut -d ' ' -f1
# 在取出 root 之後，利用上個指令 cut 的處理，就能夠僅取得第一欄囉！
```

範例四：取出 /etc/man_db.conf 內含 MANPATH 的那幾行
```
[dmtsai@study ~]$ grep --color=auto 'MANPATH' /etc/man_db.conf
....(前面省略)....
MANPATH_MAP        /usr/games               /usr/share/man
MANPATH_MAP        /opt/bin                 /opt/man
MANPATH_MAP        /opt/sbin                /opt/man
# 神奇的是，如果加上 --color=auto 的選項，找到的關鍵字部分會用特殊顏色顯示喔！
```

grep 是個很棒的指令喔！它支援的語法實在是太多了～用在正規表示法裡頭，能夠處理的資料實在是多的很～不過，我們這裡先不談正規表示法～下一章再來說明～你先瞭解一下，grep 可以解析一行文字，取得關鍵字，若該行有存在關鍵字，就會整行列出來！另外，CentOS 7 當中，預設的 grep 已經主動加上 --color=auto 在 alias 內了喔！

## 10.6.2 排序命令：sort, wc, uniq

很多時候，我們都會去計算一次資料裡頭的相同型態的資料總數，舉例來說，使用 last 可以查得系統上面有登入主機者的身份。那麼我可以針對每個使用者查出他們的總登入次數

嗎？此時就得要排序與計算之類的指令來輔助了！底下我們介紹幾個好用的排序與統計指令喔！

◆ sort

sort 是很有趣的指令，它可以幫我們進行排序，而且可以依據不同的資料型態來排序喔！例如數字與文字的排序就不一樣。此外，排序的字元與語系的編碼有關，因此，如果你需要排序時，建議使用 LANG=C 來讓語系統一，資料排序比較好一些。

```
[dmtsai@study ~]$ sort [-fbMnrtuk] [file or stdin]
選項與參數：
-f ：忽略大小寫的差異，例如 A 與 a 視為編碼相同；
-b ：忽略最前面的空白字元部分；
-M ：以月份的名字來排序，例如 JAN, DEC 等等的排序方法；
-n ：使用『純數字』進行排序(預設是以文字型態來排序的)；
-r ：反向排序；
-u ：就是 uniq，相同的資料中，僅出現一行代表；
-t ：分隔符號，預設是用 [tab] 鍵來分隔；
-k ：以那個區間 (field) 來進行排序的意思
```

範例一：個人帳號都記錄在 /etc/passwd 下，請將帳號進行排序。
```
[dmtsai@study ~]$ cat /etc/passwd | sort
abrt:x:173:173::/etc/abrt:/sbin/nologin
adm:x:3:4:adm:/var/adm:/sbin/nologin
alex:x:1001:1002::/home/alex:/bin/bash
# 鳥哥省略很多的輸出～由上面的資料看起來，sort 是預設『以第一個』資料來排序，
# 而且預設是以『文字』型態來排序的喔！所以由 a 開始排到最後囉！
```

範例二：/etc/passwd 內容是以 : 來分隔的，我想以第三欄來排序，該如何？
```
[dmtsai@study ~]$ cat /etc/passwd | sort -t ':' -k 3
root:x:0:0:root:/root:/bin/bash
dmtsai:x:1000:1000:dmtsai:/home/dmtsai:/bin/bash
alex:x:1001:1002::/home/alex:/bin/bash
arod:x:1002:1003::/home/arod:/bin/bash
# 看到特殊字體的輸出部分了吧？怎麼會這樣排列啊？呵呵！沒錯啦～
# 如果是以文字型態來排序的話，原本就會是這樣，想要使用數字排序：
# cat /etc/passwd | sort -t ':' -k 3 -n
# 這樣才行啊！用那個 -n 來告知 sort 以數字來排序啊！
```

範例三：利用 last，將輸出的資料僅取帳號，並加以排序
```
[dmtsai@study ~]$ last | cut -d ' ' -f1 | sort
```

sort 同樣是很常用的指令呢！因為我們常常需要比較一些資訊啦！舉個上面的第二個例子來說好了！今天假設你有很多的帳號，而且你想要知道最大的使用者 ID 目前到哪一號了！呵呵！使用 sort 一下子就可以知道答案咯！當然其使用還不止於此啦！有空的話不妨玩一玩！

◆ uniq

如果我排序完成了，想要將重複的資料僅列出一個顯示，可以怎麼做呢？

```
[dmtsai@study ~]$ uniq [-ic]
選項與參數：
-i ：忽略大小寫字元的不同；
-c ：進行計數
```

範例一：使用 last 將帳號列出，僅取出帳號欄，進行排序後僅取出一位；
```
[dmtsai@study ~]$ last | cut -d ' ' -f1 | sort | uniq
```

範例二：承上題，如果我還想要知道每個人的登入總次數呢？
```
[dmtsai@study ~]$ last | cut -d ' ' -f1 | sort | uniq -c
      1
      6 (unknown
     47 dmtsai
      4 reboot
      7 root
      1 wtmp
# 從上面的結果可以發現 reboot 有 4 次，root 登入則有 7 次！大部分是以 dmtsai 來操作！
# wtmp 與第一行的空白都是 last 的預設字元，那兩個可以忽略的！
```

這個指令用來將『重複的行刪除掉只顯示一個』，舉個例子來說，你要知道這個月份登入你主機的使用者有誰，而不在乎他的登入次數，那麼就使用上面的範例，(1)先將所有的資料列出；(2)再將人名獨立出來；(3)經過排序；(4)只顯示一個！由於這個指令是在將重複的東西減少，所以當然需要『配合排序過的檔案』來處理囉！

◆ wc

如果我想要知道 /etc/man_db.conf 這個檔案裡面有多少字？多少行？多少字元的話，可以怎麼做呢？其實可以利用 wc 這個指令來達成喔！它可以幫我們計算輸出的訊息的整體資料！

```
[dmtsai@study ~]$ wc [-lwm]
選項與參數：
-l ：僅列出行；
-w ：僅列出多少字(英文單字)；
```

-m ：多少字元；

範例一：那個 /etc/man_db.conf 裡面到底有多少相關字、行、字元數？
```
[dmtsai@study ~]$ cat /etc/man_db.conf | wc
    131      723      5171
# 輸出的三個數字中，分別代表：『行、字數、字元數』
```

範例二：我知道使用 last 可以輸出登入者，但是 last 最後兩行並非帳號內容，那麼請問，
        我該如何以一行指令串取得登入系統的總人次？
```
[dmtsai@study ~]$ last | grep [a-zA-Z] | grep -v 'wtmp' | grep -v 'reboot' | \
> grep -v 'unknown' |wc -l
# 由於 last 會輸出空白行, wtmp, unknown, reboot 等無關帳號登入的資訊，因此，我利用
# grep 取出非空白行，以及去除上述關鍵字那幾行，再計算行數，就能夠瞭解囉！
```

wc 也可以當作指令？這可不是上洗手間的 WC 呢！這是相當有用的計算檔案內容的一個工具組喔！舉個例子來說，當你要知道目前你的帳號檔案中有多少個帳號時，就使用這個方法：『 cat /etc/passwd | wc -l 』啦！因為 /etc/passwd 裡頭一行代表一個使用者呀！所以知道行數就曉得有多少的帳號在裡頭了！而如果要計算一個檔案裡頭有多少個字元時，就使用 wc -m 這個選項吧！

## 10.6.3  雙向重導向：tee

想個簡單的東西，我們由前一節知道 > 會將資料流整個傳送給檔案或裝置，因此我們除非去讀取該檔案或裝置，否則就無法繼續利用這個資料流。萬一我想要將這個資料流的處理過程中將某段訊息存下來，應該怎麼做？利用 tee 就可以囉～我們可以這樣簡單的看一下：

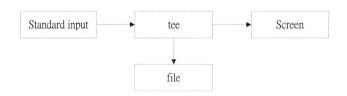

圖 10.6.2  tee 的工作流程示意圖

tee 會同時將資料流分送到檔案去與螢幕 (screen)；而輸出到螢幕的，其實就是 stdout，那就可以讓下個指令繼續處理喔！

```
[dmtsai@study ~]$ tee [-a] file
選項與參數：
```

-a ：以累加 (append) 的方式，將資料加入 file 當中！

```
[dmtsai@study ~]$ last | tee last.list | cut -d " " -f1
# 這個範例可以讓我們將 last 的輸出存一份到 last.list 檔案中；


[dmtsai@study ~]$ ls -l /home | tee ~/homefile | more
# 這個範例則是將 ls 的資料存一份到 ~/homefile，同時螢幕也有輸出訊息！


[dmtsai@study ~]$ ls -l / | tee -a ~/homefile | more
# 要注意！tee 後接的檔案會被覆蓋，若加上 -a 這個選項則能將訊息累加。
```

　　tee 可以讓 standard output 轉存一份到檔案內並將同樣的資料繼續送到螢幕去處理！這樣除了可以讓我們同時分析一份資料並記錄下來之外，還可以作為處理一份資料的中間暫存檔記錄之用！tee 這傢伙在很多選擇/填充的認證考試中很容易考呢！

## 10.6.4　字元轉換命令：tr, col, join, paste, expand

　　我們在 vim 程式編輯器當中，提到過 DOS 斷行字元與 Unix 斷行字元的不同，並且可以使用 dos2unix 與 unix2dos 來完成轉換。好了，那麼思考一下，是否還有其他常用的字元替代？舉例來說，要將大寫改成小寫，或者是將資料中的 [tab] 按鍵轉成空白鍵？還有，如何將兩篇訊息整合成一篇？底下我們就來介紹一下這些字元轉換命令在管線當中的使用方法：

◆　tr

　　tr 可以用來刪除一段訊息當中的文字，或者是進行文字訊息的替換！

```
[dmtsai@study ~]$ tr [-ds] SET1 ...
選項與參數：
-d ：刪除訊息當中的 SET1 這個字串；
-s ：取代掉重複的字元！

範例一：將 last 輸出的訊息中，所有的小寫變成大寫字元：
[dmtsai@study ~]$ last | tr '[a-z]' '[A-Z]'
# 事實上，沒有加上單引號也是可以執行的，如：『 last | tr [a-z] [A-Z] 』

範例二：將 /etc/passwd 輸出的訊息中，將冒號 (:) 刪除
[dmtsai@study ~]$ cat /etc/passwd | tr -d ':'

範例三：將 /etc/passwd 轉存成 dos 斷行到 /root/passwd 中，再將 ^M 符號刪除
[dmtsai@study ~]$ cp /etc/passwd ~/passwd && unix2dos ~/passwd
[dmtsai@study ~]$ file /etc/passwd ~/passwd
```

```
/etc/passwd:            ASCII text
/home/dmtsai/passwd: ASCII text, with CRLF line terminators  <==就是 DOS 斷行
[dmtsai@study ~]$ cat ~/passwd | tr -d '\r' > ~/passwd.linux
# 那個 \r 指的是 DOS 的斷行字元，關於更多的字符，請參考 man tr
[dmtsai@study ~]$ ll /etc/passwd ~/passwd*
-rw-r--r--. 1 root    root    2092 Jun 17 00:20 /etc/passwd
-rw-r--r--. 1 dmtsai dmtsai 2133 Jul  9 22:13 /home/dmtsai/passwd
-rw-rw-r--. 1 dmtsai dmtsai 2092 Jul  9 22:13 /home/dmtsai/passwd.linux
# 處理過後，發現檔案大小與原本的 /etc/passwd 就一致了！
```

其實這個指令也可以寫在『正規表示法』裡頭！因為它也是由正規表示法的方式來取代
資料的！以上面的例子來說，使用 [] 可以設定一串字呢！**也常常用來取代檔案中的怪異
符號**！例如上面第三個例子當中，可以去除 DOS 檔案留下來的 ^M 這個斷行的符號！
這東西相當的有用！相信處理 Linux & Windows 系統中的人們最麻煩的一件事就是這個
事情啦！亦即是 DOS 底下會自動的在每行行尾加入 ^M 這個斷行符號！這個時候除了
以前講過的 dos2unix 之外，我們也可以使用這個 tr 來將 ^M 去除！^M 可以使用 \r 來
代替之！

◆ col

```
 [dmtsai@study ~]$ col [-xb]
選項與參數：
-x ：將 tab 鍵轉換成對等的空白鍵
```

```
範例一：利用 cat -A 顯示出所有特殊按鍵，最後以 col 將 [tab] 轉成空白
[dmtsai@study ~]$ cat -A /etc/man_db.conf  <==此時會看到很多 ^I 的符號，那就是 tab
[dmtsai@study ~]$ cat /etc/man_db.conf | col -x | cat -A | more
# 嘿嘿！如此一來，[tab] 按鍵會被取代成為空白鍵，輸出就美觀多了！
```

雖然 col 有它特殊的用途，不過，很多時候，它可以用來簡單的處理將 [tab] 按鍵取代
成為空白鍵！例如上面的例子當中，如果使用 cat -A 則 [tab] 會以 ^I 來表示。但經過
col -x 的處理，則會將 [tab] 取代成為對等的空白鍵！

◆ join

join 看字面上的意義 (加入/參加) 就可以知道，它是在處理兩個檔案之間的資料，而且，
主要是在處理『**兩個檔案當中，有 "相同資料" 的那一行，才將它加在一起**』的意思。我
們利用底下的簡單例子來說明：

```
[dmtsai@study ~]$ join [-ti12] file1 file2
選項與參數：
```

-t ：join 預設以空白字元分隔資料，並且比對『第一個欄位』的資料，
　　　如果兩個檔案相同，則將兩筆資料聯成一行，且第一個欄位放在第一個！
-i ：忽略大小寫的差異；
-1 ：這個是數字的 1，代表『第一個檔案要用那個欄位來分析』的意思；
-2 ：代表『第二個檔案要用那個欄位來分析』的意思。

範例一：用 root 的身份，將 /etc/passwd 與 /etc/shadow 相關資料整合成一欄

```
[root@study ~]# head -n 3 /etc/passwd /etc/shadow
==> /etc/passwd <==
root:x:0:0:root:/root:/bin/bash
bin:x:1:1:bin:/bin:/sbin/nologin
daemon:x:2:2:daemon:/sbin:/sbin/nologin

==> /etc/shadow <==
root:$6$wtbCCce/PxMeE5wm$KE2IfSJr...:16559:0:99999:7:::
bin:*:16372:0:99999:7:::
daemon:*:16372:0:99999:7:::
# 由輸出的資料可以發現這兩個檔案的最左邊欄位都是相同帳號！且以  :  分隔

[root@study ~]# join -t ':' /etc/passwd /etc/shadow | head -n 3
root:x:0:0:root:/root:/bin/bash:$6$wtbCCce/PxMeE5wm$KE2IfSJr...:16559:0:99999:7:::
bin:x:1:1:bin:/bin:/sbin/nologin:*:16372:0:99999:7:::
daemon:x:2:2:daemon:/sbin:/sbin/nologin:*:16372:0:99999:7:::
# 透過上面這個動作，我們可以將兩個檔案第一欄位相同者整合成一列！
# 第二個檔案的相同欄位並不會顯示(因為已經在最左邊的欄位出現了啊！)
```

範例二：我們知道 /etc/passwd 第四個欄位是 GID，那個 GID 記錄在
　　　　/etc/group 當中的第三個欄位，請問如何將兩個檔案整合？

```
[root@study ~]# head -n 3 /etc/passwd /etc/group
==> /etc/passwd <==
root:x:0:0:root:/root:/bin/bash
bin:x:1:1:bin:/bin:/sbin/nologin
daemon:x:2:2:daemon:/sbin:/sbin/nologin

==> /etc/group <==
root:x:0:
bin:x:1:
daemon:x:2:
# 從上面可以看到，確實有相同的部分喔！趕緊來整合一下！
```

```
[root@study ~]# join -t ':' -1 4 /etc/passwd -2 3 /etc/group | head -n 3
0:root:x:0:root:/root:/bin/bash:root:x:
1:bin:x:1:bin:/bin:/sbin/nologin:bin:x:
2:daemon:x:2:daemon:/sbin:/sbin/nologin:daemon:x:
# 同樣的，相同的欄位部分被移動到最前面了！所以第二個檔案的內容就沒再顯示。
# 請讀者們配合上述顯示兩個檔案的實際內容來比對！
```

這個 join 在處理兩個相關的資料檔案時，就真的是很有幫助的啦！例如上面的案例當中，我的 /etc/passwd, /etc/shadow, /etc/group 都是有相關性的，其中 /etc/passwd, /etc/shadow 以帳號為相關性，至於 /etc/passwd, /etc/group 則以所謂的 GID (帳號的數字定義) 來作為它的相關性。根據這個相關性，我們可以將有關係的資料放置在一起！這在處理資料可是相當有幫助的！但是上面的例子有點難，希望你可以靜下心好好的看一看原因喔！

此外，需要特別注意的是，**在使用 join 之前，你所需要處理的檔案應該要事先經過排序 (sort) 處理**！否則有些比對的項目會被略過呢！特別注意了！

◆ paste

這個 paste 就要比 join 簡單多了！相對於 join 必須要比對兩個檔案的資料相關性，paste 就直接『**將兩行貼在一起，且中間以 [tab] 鍵隔開**』而已！簡單的使用方法：

```
[dmtsai@study ~]$ paste [-d] file1 file2
選項與參數：
-d ：後面可以接分隔字元。預設是以 [tab] 來分隔的！
-  ：如果 file 部分寫成 -，表示來自 standard input 的資料的意思。

範例一：用 root 身份，將 /etc/passwd 與 /etc/shadow 同一行貼在一起
[root@study ~]# paste /etc/passwd /etc/shadow
root:x:0:0:root:/root:/bin/bash
root:$6$wtbCCce/PxMeE5wm$KE2IfSJr...:16559:0:99999:7:::
bin:x:1:1:bin:/bin:/sbin/nologin          bin:*:16372:0:99999:7:::
daemon:x:2:2:daemon:/sbin:/sbin/nologin daemon:*:16372:0:99999:7:::
# 注意喔！同一行中間是以 [tab] 按鍵隔開的！

範例二：先將 /etc/group 讀出(用 cat)，然後與範例一貼上一起！且僅取出前三行
[root@study ~]# cat /etc/group|paste /etc/passwd /etc/shadow -|head -n 3
# 這個例子的重點在那個 - 的使用！那玩意兒常常代表 stdin 喔！
```

◆ expand

這玩意兒就是在將 [tab] 按鍵轉成空白鍵啦～可以這樣玩：

```
[dmtsai@study ~]$ expand [-t] file
選項與參數：
-t ：後面可以接數字。一般來說，一個 tab 按鍵可以用 8 個空白鍵取代。
     我們也可以自行定義一個 [tab] 按鍵代表多少個字元呢！
```

範例一：將 /etc/man_db.conf 內行首為 MANPATH 的字樣就取出；僅取前三行；

```
[dmtsai@study ~]$ grep '^MANPATH' /etc/man_db.conf | head -n 3
MANPATH_MAP     /bin              /usr/share/man
MANPATH_MAP     /usr/bin          /usr/share/man
MANPATH_MAP     /sbin             /usr/share/man
# 行首的代表標誌為 ^，這個我們留待下節介紹！先有概念即可！
```

範例二：承上，如果我想要將所有的符號都列出來？（用 cat）

```
[dmtsai@study ~]$ grep '^MANPATH' /etc/man_db.conf | head -n 3 |cat -A
MANPATH_MAP^I/bin^I^I^I/usr/share/man$
MANPATH_MAP^I/usr/bin^I^I/usr/share/man$
MANPATH_MAP^I/sbin^I^I^I/usr/share/man$
# 發現差別了嗎？沒錯～ [tab] 按鍵可以被 cat -A 顯示成為 ^I
```

範例三：承上，我將 [tab] 按鍵設定成 6 個字元的話？

```
[dmtsai@study ~]$ grep '^MANPATH' /etc/man_db.conf | head -n 3 | expand -t 6 - |
cat -A
MANPATH_MAP /bin         /usr/share/man$
MANPATH_MAP /usr/bin     /usr/share/man$
MANPATH_MAP /sbin        /usr/share/man$
123456123456123456123456123456123456123456123456...
# 仔細看一下上面的數字說明，因為我是以 6 個字元來代表一個 [tab] 的長度，所以，
# MAN... 到 /usr 之間會隔 12 (兩個 [tab]) 個字元喔！如果 tab 改成 9 的話，
# 情況就又不同了！這裡也不好理解～你可以多設定幾個數字來查閱就曉得！
```

expand 也是挺好玩的～它會自動將 [tab] 轉成空白鍵～所以，以上面的例子來說，使用 cat -A 就會查不到 ^I 的字符囉～此外，因為 [tab] 最大的功能就是格式排列整齊！我們轉成空白鍵後，這個空白鍵也會依據我們自己的定義來增加大小～所以，並不是一個 ^I 就會換成 8 個空白喔！這個地方要特別注意的哩！此外，你也可以參考一下 unexpand 這個將空白轉成 [tab] 的指令功能啊！^_^

## 10.6.5 分割命令：split

如果你有檔案太大，導致一些攜帶式裝置無法複製的問題，嘿嘿！找 split 就對了！它可以幫你將一個大檔案，依據檔案大小或行數來分割，就可以將大檔案分割成為小檔案了！快速又有效啊！真不錯～

```
[dmtsai@study ~]$ split [-bl] file PREFIX
選項與參數：
-b ：後面可接欲分割成的檔案大小，可加單位，例如 b, k, m 等；
-l ：以行數來進行分割。
PREFIX：代表前置字元的意思，可作為分割檔案的前導文字。

範例一：我的 /etc/services 有六百多K，若想要分成 300K 一個檔案時？
[dmtsai@study ~]$ cd /tmp; split -b 300k /etc/services services
[dmtsai@study tmp]$ ll -k services*
-rw-rw-r--. 1 dmtsai dmtsai 307200 Jul  9 22:52 servicesaa
-rw-rw-r--. 1 dmtsai dmtsai 307200 Jul  9 22:52 servicesab
-rw-rw-r--. 1 dmtsai dmtsai  55893 Jul  9 22:52 servicesac
# 那個檔名可以隨意取的啦！我們只要寫上前導文字，小檔案就會以
# xxxaa, xxxab, xxxac 等方式來建立小檔案的！

範例二：如何將上面的三個小檔案合成一個檔案，檔名為 servicesback
[dmtsai@study tmp]$ cat services* >> servicesback
# 很簡單吧？就用資料流重導向就好啦！簡單！

範例三：使用 ls -al / 輸出的資訊中，每十行記錄成一個檔案
[dmtsai@study tmp]$ ls -al / | split -l 10 - lsroot
[dmtsai@study tmp]$ wc -l lsroot*
  10 lsrootaa
  10 lsrootab
   4 lsrootac
  24 total
# 重點在那個 - 啦！一般來說，如果需要 stdout/stdin 時，但偏偏又沒有檔案，
# 有的只是 - 時，那麼那個 - 就會被當成 stdin 或 stdout ～
```

在 Windows 作業系統下，你要將檔案分割需要如何做？傷腦筋吧！在 Linux 底下就簡單的多了！你要將檔案分割的話，那麼就使用 -b size 來將一個分割的檔案限制其大小，如果是行數的話，那麼就使用 -l line 來分割！好用的很！如此一來，你就可以輕易的將你的檔案分割成某些軟體能夠支援的最大容量 (例如 gmail 單一信件 25MB 之類的！)，方便你 copy 囉！

## 10.6.6　參數代換：xargs

　　xargs 是在做什麼的呢？就以字面上的意義來看，x 是加減乘除的乘號，args 則是 arguments (參數) 的意思，所以說，**這個玩意兒就是在產生某個指令的參數的意思！** xargs 可以讀入 stdin 的資料，並且以空白字元或斷行字元作為分辨，將 stdin 的資料分隔成為 arguments。因為是以空白字元作為分隔，所以，如果有一些檔名或者是其他意義的名詞內含有空白字元的時候，xargs 可能就會誤判了～它的用法其實也還滿簡單的！就來看一看先！

```
[dmtsai@study ~]$ xargs [-0epn] command
選項與參數：
-0 :如果輸入的 stdin 含有特殊字元，例如 `，\，空白鍵等等字元時，這個 -0 參數
     可以將它還原成一般字元。這個參數可以用於特殊狀態喔！
-e :這個是 EOF (end of file) 的意思。後面可以接一個字串，當 xargs 分析到這個字串時，
     就會停止繼續工作！
-p :在執行每個指令的 argument 時，都會詢問使用者的意思；
-n :後面接次數，每次 command 指令執行時，要使用幾個參數的意思。
當 xargs 後面沒有接任何的指令時，預設是以 echo 來進行輸出喔！
```

範例一：將 /etc/passwd 內的第一欄取出，僅取三行，使用 id 這個指令將每個帳號內容秀出來
```
[dmtsai@study ~]$ id root
uid=0(root) gid=0(root) groups=0(root)     # 這個 id 指令可以查詢使用者的 UID/GID 等


[dmtsai@study ~]$ id $(cut -d ':' -f 1 /etc/passwd | head -n 3)
# 雖然使用 $(cmd) 可以預先取得參數，但可惜的是，id 這個指令『僅』能接受一個參數而已！
# 所以上述的這個指令執行會出現錯誤！根本不會顯示用戶的 ID 啊！


[dmtsai@study ~]$ cut -d ':' -f 1 /etc/passwd | head -n 3 | id
uid=1000(dmtsai) gid=1000(dmtsai) groups=1000(dmtsai),10(wheel)     # 我不是要查自己
# 因為 id 並不是管線命令，因此在上面這個指令執行後，前面的東西通通不見！只會執行 id！


[dmtsai@study ~]$ cut -d ':' -f 1 /etc/passwd | head -n 3 | xargs id
# 依舊會出現錯誤！這是因為 xargs 一口氣將全部的資料通通丟給 id 處理～但 id 就接受 1 個啊


[dmtsai@study ~]$ cut -d ':' -f 1 /etc/passwd | head -n 3 | xargs -n 1 id
uid=0(root) gid=0(root) groups=0(root)
uid=1(bin) gid=1(bin) groups=1(bin)
uid=2(daemon) gid=2(daemon) groups=2(daemon)
# 透過 -n 來處理，一次給予一個參數，因此上述的結果就 OK 正常的顯示囉！
```

範例二：同上，但是每次執行 id 時，都要詢問使用者是否動作？

```
[dmtsai@study ~]$ cut -d ':' -f 1 /etc/passwd | head -n 3 | xargs -p -n 1 id
id root ?...y
uid=0(root) gid=0(root) groups=0(root)
id bin ?...y
.....(底下省略).....
# 呵呵！這個 -p 的選項可以讓使用者的使用過程中，被詢問到每個指令是否執行！

範例三：將所有的 /etc/passwd 內的帳號都以 id 查閱，但查到 sync 就結束指令串
[dmtsai@study ~]$ cut -d ':' -f 1 /etc/passwd | xargs -e'sync' -n 1 id
# 仔細與上面的案例做比較。也同時注意，那個 -e'sync' 是連在一起的，中間沒有空白鍵。
# 上個例子當中，第六個參數是 sync 啊，那麼我們下達 -e'sync' 後，則分析到 sync 這個字串時，
# 後面的其他 stdin 的內容就會被 xargs 捨棄掉了！
```

其實，在 man xargs 裡面就有三四個小範例，你可以自行參考一下內容。此外，xargs 真的是很好用的一個玩意兒！你真的需要好好的參詳參詳！會使用 xargs 的原因是，**很多指令其實並不支援管線命令，因此我們可以透過 xargs 來提供該指令引用 standard input 之用！**舉例來說，我們使用如下的範例來說明：

```
範例四：找出 /usr/sbin 底下具有特殊權限的檔名，並使用 ls -l 列出詳細屬性
[dmtsai@study ~]$ find /usr/sbin -perm /7000 | xargs ls -l
-rwx--s--x. 1 root lock      11208 Jun 10  2014 /usr/sbin/lockdev
-rwsr-xr-x. 1 root root     113400 Mar  6 12:17 /usr/sbin/mount.nfs
-rwxr-sr-x. 1 root root      11208 Mar  6 11:05 /usr/sbin/netreport
.....(底下省略).....
# 聰明的讀者應該會想到使用『 ls -l $(find /usr/sbin -perm /7000) 』來處理這個範例！
# 都 OK！能解決問題的方法，就是好方法！
```

## 10.6.7  關於減號 - 的用途

管線命令在 bash 的連續的處理程序中是相當重要的！另外，在 log file 的分析當中也是相當重要的一環，所以請特別留意！另外，在管線命令當中，常常會使用到前一個指令的 stdout 作為這次的 stdin，某些指令需要用到檔案名稱 (例如 tar) 來進行處理時，該 stdin 與 stdout 可以利用減號 "-" 來替代，舉例來說：

```
[root@study ~]# mkdir /tmp/homeback
[root@study ~]# tar -cvf - /home | tar -xvf - -C /tmp/homeback
```

上面這個例子是說：『我將 /home 裡面的檔案給它打包，但打包的資料不是紀錄到檔案，而是傳送到 stdout；經過管線後，將 tar -cvf - /home 傳送給後面的 tar -xvf - 』。後面的

這個 - 則是取用前一個指令的 stdout，因此，我們就不需要使用 filename 了！這是很常見的例子喔！注意注意！

## 10.7　重點回顧

◆ 由於核心在記憶體中是受保護的區塊，因此我們必須要透過『 Shell 』將我們輸入的指令與 Kernel 溝通，好讓 Kernel 可以控制硬體來正確無誤的工作。

◆ 學習 shell 的原因主要有：文字介面的 shell 在各大 distribution 都一樣；遠端管理時文字介面速度較快； shell 是管理 Linux 系統非常重要的一環，因為 Linux 內很多控制都是以 shell 撰寫的。

◆ 系統合法的 shell 均寫在 /etc/shells 檔案中。

◆ 使用者預設登入取得的 shell 記錄於 /etc/passwd 的最後一個欄位。

◆ bash 的功能主要有：命令編修能力；命令與檔案補全功能；命令別名設定功能；工作控制、前景背景控制；程式化腳本；萬用字元。

◆ type 可以用來找到執行指令為何種類型，亦可用於與 which 相同的功能。

◆ 變數就是以一組文字或符號等，來取代一些設定或者是一串保留的資料。

◆ 變數主要有環境變數與自訂變數，或稱為全域變數與區域變數。

◆ 使用 env 與 export 可觀察環境變數，其中 export 可以將自訂變數轉成環境變數。

◆ set 可以觀察目前 bash 環境下的所有變數。

◆ $? 亦為變數，是前一個指令執行完畢後的回傳值。在 Linux 回傳值為 0 代表執行成功。

◆ locale 可用於觀察語系資料。

◆ 可用 read 讓使用者由鍵盤輸入變數的值。

◆ ulimit 可用以限制使用者使用系統的資源情況。

◆ bash 的設定檔主要分為 login shell 與 non-login shell。login shell 主要讀取 /etc/profile 與 ~/.bash_profile，non-login shell 則僅讀取 ~/.bashrc。

◆ 萬用字元主要有：*, ?, [] 等等。

◆ 資料流重導向透過 >, 2>, < 之類的符號將輸出的資訊轉到其他檔案或裝置去。

◆ 連續命令的下達可透過 ; && || 等符號來處理。

◆ 管線命令的重點是：『管線命令僅會處理 standard output，對於 standard error output 會予以忽略』；『管線命令必須要能夠接受來自前一個指令的資料成為 standard input 繼續處理才行。』。

◆ 本章介紹的管線命令主要有：cut, grep, sort, wc, uniq, tee, tr, col, join, paste, expand, split, xargs 等。

## 10.8　本章習題

**情境模擬題：**

由於 ~/.bash_history 僅能記錄指令，我想要在每次登出時都記錄時間，並將後續的指令 50 筆記錄下來，可以如何處理？

◆ 目標：瞭解 history，並透過資料流重導向的方式記錄歷史命令。

◆ 前提：需要瞭解本章的資料流重導向，以及瞭解 bash 的各個環境設定檔資訊。

其實處理的方式非常簡單，我們可以瞭解 date 可以輸出時間，而利用 ~/.myhistory 來記錄所有歷史記錄，而目前最新的 50 筆歷史記錄可以使用 history 50 來顯示，故可以修改 ~/.bash_logout 成為底下的模樣：

```
[dmtsai@study ~]$ vim ~/.bash_logout
date >> ~/.myhistory
history 50 >> ~/.myhistory
clear
```

**簡答題部分：**

◆ 在 Linux 上可以找到哪些 shell(舉出三個)？那個檔案記錄可用的 shell？而 Linux 預設的 shell 是？

◆ 你輸入一串指令之後，發現前面寫的一長串資料是錯的，你想要刪除游標所在處到最前面的指令串內容，應該如何處理？

◆ 在 shell 環境下，有個提示字元 (prompt)，它可以修改嗎？要改什麼？預設的提示字元內容是？

◆ 如何顯示 HOME 這個環境變數？

◆ 如何得知目前的所有變數與環境變數的設定值？

◆ 我是否可以設定一個變數名稱為 3myhome？

- 在這樣的練習中『A=B』且『B=C』，若我下達『unset $A』，則取消的變數是 A 還是 B？
- 如何取消變數與命令別名的內容？
- 如何設定一個變數名稱為 name 內容為 It's my name？
- bash 環境設定檔主要分為哪兩種類型的讀取？分別讀取哪些重要檔案？
- CentOS 7.x 的 man page 的路徑設定檔案？
- 試說明 ', ", 與 ` 這些符號在變數定義中的用途？
- 跳脫符號 \ 有什麼用途？
- 連續命令中，;, &&, || 有何不同？
- 如何將 last 的結果中，獨立出帳號，並且印出曾經登入過的帳號？
- 請問 foo1 && foo2 | foo3 > foo4，這個指令串當中，foo1/foo2/foo3/foo4 是指令還是檔案？整串指令的意義為？
- 如何秀出在 /bin 底下任何以 a 為開頭的檔案檔名的詳細資料？
- 如何秀出 /bin 底下，檔名為四個字元的檔案？
- 如何秀出 /bin 底下，檔名開頭不是 a-d 的檔案？
- 我想要讓終端機介面的登入提示字元修改成我自己喜好的模樣，應該要改哪裡？(filename)
- 承上題，如果我是想要讓使用者登入後，才顯示歡迎訊息，又應該要改哪裡？

## 10.9 參考資料與延伸閱讀

- 註 1：Webmin 的官方網站：http://www.webmin.com/
- 註 2：關於 shell 的相關歷史可以參考網路農夫兄所整理的優秀文章。不過由於網路農夫兄所建置的網站暫時關閉，因此底下的連結為鳥哥到網路上找到的片段文章連結。若有任何侵權事宜，請來信告知，謝謝：http://linux.vbird.org/linux_basic/0320bash/csh/
- 註 3：使用 man bash，再以 PS1 為關鍵字去查詢，按下數次 n 往後查詢後，可以得到 PS1 的變數說明。
- 在語系資料方面，i18n 是由一些 Linux distribution 貢獻者共同發起的大型計畫，目的在於讓眾多的 Linux distributions 能夠有良好的萬國碼 (Unicode) 語系的支援。詳細的資料可以參考：
    - i18n 的 wiki 介紹：https://en.wikipedia.org/wiki/Internationalization_and_localization

- 康橋大學 Dr Markus Kuhn 的文獻：http://www.cl.cam.ac.uk/~mgk25/unicode.html

- Debian 社群所寫的文件：http://www.debian.org/doc/manuals/intro-i18n/

- GNU 計畫的 BASH 說明：http://www.gnu.org/software/bash/manual/bash.html

- man bash

# 11

# 正規表示法與文件格式化處理

正規表示法 (Regular Expression, RE, 或稱為常規表示法)是透過一些特殊字元的排列,用以『搜尋/取代/刪除』一列或多列文字字串,簡單的說,正規表示法就是用在字串的處理上面的一項『表示式』。正規表示法並不是一個工具程式,而是一個字串處理的標準依據,如果你想要以正規表示法的方式處理字串,就得要使用支援正規表示法的工具程式才行,這類的工具程式很多,例如 vi, sed, awk 等等。

正規表示法對於系統管理員來說實在是很重要!因為系統會產生很多的訊息,這些訊息有的重要有的僅是告知,此時,管理員可以透過正規表示法的功能來將重要訊息擷取出來,並產生便於查閱的報表來簡化管理流程。此外,很多的套裝軟體也都支援正規表示法的分析,例如郵件伺服器的過濾機制(過濾垃圾信件)就是很重要的一個例子。所以,你最好要瞭解正規表示法的相關技能,在未來管理主機時,才能夠更精簡處理你的日常事務!

註:本章節使用者需要多加練習,因為目前很多的套件都是使用正規表示法來達成其『過濾、分析』的目的,為了未來主機管理的便利性,使用者至少要能看的懂正規表示法的意義!

# 11.1 開始之前：什麼是正規表示法？

約略瞭解了 Linux 的基本指令 (BASH) 並且熟悉了 vim 之後，相信你對於敲擊鍵盤的打字與指令下達比較不陌生了吧？接下來，底下要開始介紹一個很重要的觀念，那就是所謂的『**正規表示法** (Regular Expression)』囉！

◆ **什麼是正規表示法？**

任何一個有經驗的系統管理員，都會告訴你：『**正規表示法真是挺重要的！**』為什麼很重要呢？因為日常生活就使用的到啊！舉個例子來說，在你日常使用 vim 作文書處理或程式撰寫時使用到的『搜尋/取代』等等的功能，這些舉動要作的漂亮，就得要配合正規表示法來處理囉！

**簡單的說，正規表示法就是處理字串的方法，它是以行為單位來進行字串的處理行為，正規表示法透過一些特殊符號的輔助，可以讓使用者輕易的達到『搜尋/刪除/取代』某特定字串的處理程序！**

舉例來說，我只想找到 VBird(前面兩個大寫字元) 或 Vbird(僅有一個大寫字元) 這個字樣，但是不要其他的字串 (例如 VBIRD, vbird 等不需要)，該如何辦理？如果在沒有正規表示法的環境中(例如 MS word)，你或許就得要使用忽略大小寫的辦法，或者是分別以 VBird 及 Vbird 搜尋兩遍。但是，忽略大小寫可能會搜尋到 VBIRD/vbird/VbIrD 等等的不需要的字串而造成困擾。

再舉個系統常見的例子好了，假設你發現系統在開機的時候，老是會出現一個關於 mail 程式的錯誤，而開機過程的相關程序都是在 /lib/systemd/system/ 底下，也就是說，在該目錄底下的某個檔案內具有 mail 這個關鍵字，你想要將該檔案捉出來進行查詢修改的動作。此時你怎麼找出來含有這個關鍵字的檔案？你當然可以一個檔案一個檔案的開啟，然後去搜尋 mail 這個關鍵字，只是⋯⋯該目錄底下的檔案可能不止 100 個說～如果瞭解正規表示法的相關技巧，那麼只要一行指令就找出來啦：『grep 'mail' /lib/systemd/system/*』那個 grep 就是支援正規表示法的工具程式之一！如何～很簡單吧！

談到這裡就得要進一步說明了，**正規表示法基本上是一種『表示法』，只要工具程式支援這種表示法，那麼該工具程式就可以用來作為正規表示法的字串處理之用**。例如 vi, grep, awk ,sed 等等工具，因為她們有支援正規表示法，所以，這些工具就可以使用正規表示法的特殊字元來進行字串的處理。但例如 cp, ls 等指令並未支援正規表示法，所以就只能使用 bash 自己本身的萬用字元而已。

◆ **正規表示法對於系統管理員的用途**

那麼為何我需要學習正規表示法呢？對於一般使用者來說，由於使用到正規表示法的機會可能不怎麼多，因此感受不到它的魅力，不過，對於身為系統管理員的你來說，**正規**

表示法則是一個『不可不學的好東西！』怎麼說呢？由於系統如果在繁忙的情況之下，每天產生的訊息資訊會多到你無法想像的地步，而我們也都知道，系統的『錯誤訊息登錄檔案 (第十八章)』的內容記載了系統產生的所有訊息，當然，這包含你的系統是否被『入侵』的記錄資料。

但是系統的資料量太大了，要身為系統管理員的你每天去看這麼多的訊息資料，從千百行的資料裡面找出一行有問題的訊息，呵呵～光是用肉眼去看，想不瘋掉都很難！這個時候，我們就可以透過『正規表示法』的功能，將這些登錄的資訊進行處理，僅取出『有問題』的資訊來進行分析，哈哈！如此一來，你的系統管理工作將會 『快樂得不得了』啊！當然，正規表示法的優點還不止於此，等你有一定程度的瞭解之後，你會愛上它喔！

◆ **正規表示法的廣泛用途**

正規表示法除了可以讓系統管理員管理主機更為便利之外，事實上，由於正規表示法強大的字串處理能力，目前一堆軟體都支援正規表示法呢！最常見的就是『郵件伺服器』啦！

如果你留意網際網路上的消息，那麼應該不難發現，目前造成網路大塞車的主因之一就是『垃圾/廣告信件』了，而如果我們可以在伺服器端，就將這些問題郵件剔除的話，用戶端就會減少很多不必要的頻寬耗損了。那麼如何剔除廣告信件呢？由於廣告信件幾乎都有一定的標題或者是內容，因此，只要每次有來信時，都先將來信的標題與內容進行特殊字串的比對，發現有不良信件就予以剔除！嘿！這個工作怎麼達到啊？就使用正規表示法啊！目前兩大郵件伺服器軟體 sendmail 與 postfix 以及支援郵件伺服器的相關分析軟體，都支援正規表示法的比對功能！

當然還不止於此啦，很多的伺服器軟體都支援正規表示法呢！當然，雖然各家軟體都支援它，不過，這些『字串』的比對還是需要系統管理員來加入比對規則的，所以啦！身為系統管理員的你，為了自身的工作以及用戶端的需求，正規表示法實在是很需要也很值得學習的一項工具呢！

◆ **正規表示法與 Shell 在 Linux 當中的角色定位**

說實在的，我們在學數學的時候，一個很重要、但是粉難的東西是一定要『背』的，那就是九九乘法表，背成功了之後，未來在數學應用的路途上，真是一帆風順啊！這個九九乘法表我們在小學的時候幾乎背了一整年才背下來，並不是這麼好背的呢！但它卻是基礎當中的基礎！你現在一定受惠相當的多呢！ ^_^

而我們談到的這個正規表示法，與前一章的 BASH 就有點像是數學的九九乘法表一樣，是 Linux 基礎當中的基礎，雖然也是最難的部分，不過，如果學成了之後，一定是『大大的有幫助』的！這就好像是金庸小說裡面的學武難關：任督二脈！打通任督二脈之後，武功立刻成倍成長！所以啦，不論是對於系統的認識與系統的管理部分，它都有很棒的輔助啊！請好好的學習這個基礎吧！ ^_^

◆ **延伸的正規表示法**

唔！正規表示法還有分喔？沒錯喔！**正規表示法的字串表示方式依照不同的嚴謹度而分為：基礎正規表示法與延伸正規表示法。**延伸型正規表示法除了簡單的一組字串處理之外，還可以作群組的字串處理，例如進行搜尋 VBird 或 netman 或 lman 的搜尋，注意，是『或(or)』而不是『和(and)』的處理，此時就需要延伸正規表示法的幫助啦！藉由特殊的『 ( 』與『 | 』等字元的協助，就能夠達到這樣的目的！不過，我們在這裡主力僅是介紹最基礎的基礎正規表示法而已啦！好啦！清清腦門，咱們用功去囉！

有一點要向大家報告的，那就是：『**正規表示法與萬用字元是完全不一樣的東西！**』這很重要喔！因為『萬用字元 (wildcard) 代表的是 bash 操作介面的一個功能』，但正規表示法則是一種字串處理的表示方式！這兩者要分的很清楚才行喔！所以，學習本章，請將前一章 bash 的萬用字元意義先忘掉吧！

老實說，鳥哥以前剛接觸正規表示法時，老想著要將這兩者歸納在一起，結果就是...錯誤認知一大堆～所以才會建議你學習本章先忘記萬用字元再來學習吧！

## 11.2 基礎正規表示法

既然正規表示法是處理字串的一種表示方式，那麼**對字元排序有影響的語系資料就會對正規表示法的結果有影響！**此外，正規表示法也需要支援工具程式來輔助才行！所以，我們這裡就先介紹一個最簡單的字串擷取功能的工具程式，那就是 grep 囉！前一章已經介紹過 grep 的相關選項與參數，本章著重在較進階的 grep 選項說明囉！介紹完 grep 的功能之後，就進入正規表示法的特殊字符的處理能力了。

### 11.2.1 語系對正規表示法的影響

為什麼語系的資料會影響到正規表示法的輸出結果呢？我們在第零章計算機概論的文字編碼系統裡面談到，檔案其實記錄的僅有 0 與 1，我們看到的字元文字與數字都是透過編碼表轉換來的。由於不同語系的編碼資料並不相同，所以就會造成資料擷取結果的差異了。舉例來說，在英文大小寫的編碼順序中，zh_TW.big5 及 C 這兩種語系的輸出結果分別如下：

- LANG=C     時：0 1 2 3 4 ... A B C D ... Z a b c d ...z
- LANG=zh_TW 時：0 1 2 3 4 ... a A b B c C d D ... z Z

上面的順序是編碼的順序，我們可以很清楚的發現這兩種語系明顯就是不一樣！如果你想要擷取大寫字元而使用 [A-Z] 時，會發現 LANG=C 確實可以僅捉到大寫字元 (因為是連續的)，但是如果 LANG=zh_TW.big5 時，就會發現到，連同小寫的 b-z 也會被擷取出來！因為就編碼的順序來看，big5 語系可以擷取到『ＡbＢcＣ...zＺ』這一堆字元哩！所以，**使用正規表示法時，需要特別留意當時環境的語系為何，否則可能會發現與別人不相同的擷取結果喔**！

　　由於一般我們在練習正規表示法時，使用的是相容於 POSIX 的標準，因此就使用『 C 』這個語系[註1]！因此，**底下的很多練習都是使用『 LANG=C 』這個語系資料來進行的喔**！另外，為了要避免這樣編碼所造成的英文與數字的擷取問題，因此有些特殊的符號我們得要瞭解一下的！這些符號主要有底下這些意義：[註1]

| 特殊符號 | 代表意義 |
|---|---|
| [:alnum:] | 代表英文大小寫字元及數字，亦即 0-9, A-Z, a-z |
| [:alpha:] | 代表任何英文大小寫字元，亦即 A-Z, a-z |
| [:blank:] | 代表空白鍵與 [tab] 按鍵兩者 |
| [:cntrl:] | 代表鍵盤上面的控制按鍵，亦即包括 CR, LF, Tab, Del.. 等等 |
| [:digit:] | 代表數字而已，亦即 0-9 |
| [:graph:] | 除了空白字元 (空白鍵與 [tab] 按鍵) 外的其他所有按鍵 |
| [:lower:] | 代表小寫字元，亦即 a-z |
| [:print:] | 代表任何可以被列印出來的字元 |
| [:punct:] | 代表標點符號 (punctuation symbol)，亦即："'?!;:#$... |
| [:upper:] | 代表大寫字元，亦即 A-Z |
| [:space:] | 任何會產生空白的字元，包括空白鍵, [tab], CR 等等 |
| [:xdigit:] | 代表 16 進位的數字類型，因此包括：0-9, A-F, a-f 的數字與字元 |

　　尤其上表中的[:alnum:], [:alpha:], [:upper:], [:lower:], [:digit:] 這幾個一定要知道代表什麼意思，因為它要比 a-z 或 A-Z 的用途要確定的很！好了，底下就讓我們開始來玩玩進階版的 grep 吧！

## 11.2.2　grep 的一些進階選項

　　我們在第十章 BASH 裡面的 grep 談論過一些基礎用法，但其實 grep 還有不少的進階用法喔！底下我們僅列出較進階的 grep 選項與參數給大家參考，基礎的 grep 用法請參考前一章的說明囉！

```
[dmtsai@study ~]$ grep [-A] [-B] [--color=auto] '搜尋字串' filename
選項與參數：
-A：後面可加數字，為 after 的意思，除了列出該行外，後續的 n 行也列出來；
```

-B：後面可加數字，為 befer 的意思，除了列出該行外，前面的 n 行也列出來；

--color=auto 可將正確的那個擷取資料列出顏色

範例一：用 dmesg 列出核心訊息，再以 grep 找出內含 qxl 那行

```
[dmtsai@study ~]$ dmesg | grep 'qxl'
[    0.522749] [drm] qxl: 16M of VRAM memory size
[    0.522750] [drm] qxl: 63M of IO pages memory ready (VRAM domain)
[    0.522750] [drm] qxl: 32M of Surface memory size
[    0.650714] fbcon: qxldrmfb (fb0) is primary device
[    0.668487] qxl 0000:00:02.0: fb0: qxldrmfb frame buffer device
# dmesg 可列出核心產生的訊息！包括硬體偵測的流程也會顯示出來。
# 鳥哥使用的顯卡是 QXL 這個虛擬卡，透過 grep 來 qxl 的相關資訊，可發現如上資訊。
```

範例二：承上題，要將捉到的關鍵字顯色，且加上行號來表示：

```
[dmtsai@study ~]$ dmesg | grep -n --color=auto 'qxl'
515:[    0.522749] [drm] qxl: 16M of VRAM memory size
516:[    0.522750] [drm] qxl: 63M of IO pages memory ready (VRAM domain)
517:[    0.522750] [drm] qxl: 32M of Surface memory size
529:[    0.650714] fbcon: qxldrmfb (fb0) is primary device
539:[    0.668487] qxl 0000:00:02.0: fb0: qxldrmfb frame buffer device
# 除了 qxl 會有特殊顏色來表示之外，最前面還有行號喔！其實顏色顯示已經是預設在 alias 當中了！
```

範例三：承上題，在關鍵字所在行的前兩行與後三行也一起捉出來顯示

```
[dmtsai@study ~]$ dmesg | grep -n -A3 -B2 --color=auto 'qxl'
# 你會發現關鍵字之前與之後的數行也被顯示出來！這樣可以讓你將關鍵字前後資料捉出來進行分析啦！
```

grep 是一個很常見也很常用的指令，它最重要的功能就是進行字串資料的比對，然後將符合使用者需求的字串列印出來。需要說明的是『grep **在資料中查尋一個字串時，是以 "整行" 為單位來進行資料的擷取的！**』也就是說，假如一個檔案內有 10 行，其中有兩行具有你所搜尋的字串，則將那兩行顯示在螢幕上，其他的就丟棄了！

在 CentOS 7 當中，預設已經將 --color=auto 加入在 alias 當中了！使用者就可以直接使用有關鍵字顯色的 grep 囉！非常方便！

## 11.2.3 基礎正規表示法練習

要瞭解正規表示法最簡單的方法就是由實際練習去感受啦！所以在彙整正規表示法特殊符號前，我們先以底下這個檔案的內容來進行正規表示法的理解吧！先說明一下，底下的練習大前提是：

◆ **語系已經使用『** export LANG=C; export LC_ALL=C **』的設定值**

◆ **grep 已經使用 alias 設定成為『** grep --color=auto **』**

至於本章的練習用檔案請由底下的連結來下載。需要特別注意的是，底下這個檔案是鳥哥在 MS Windows 系統下編輯的，並且已經特殊處理過，因此，它雖然是純文字檔，但是內含一些 Windows 系統下的軟體常常自行加入的一些特殊字元，例如斷行字元 (^M) 就是一例！所以，你可以直接將底下的文字以 vi 儲存成 regular_express.txt 這個檔案，不過，還是比較建議直接點底下的連結：

http://linux.vbird.org/linux_basic/0330regularex/regular_express.txt

如果你的 Linux 可以直接連上 Internet 的話，那麼使用如下的指令來捉取即可：

wget http://linux.vbird.org/linux_basic/0330regularex/regular_express.txt

至於這個檔案的內容如下：

```
[dmtsai@study ~]$ vi regular_express.txt
"Open Source" is a good mechanism to develop programs.
apple is my favorite food.
Football game is not use feet only.
this dress doesn't fit me.
However, this dress is about $ 3183 dollars.^M
GNU is free air not free beer.^M
Her hair is very beauty.^M
I can't finish the test.^M
Oh! The soup taste good.^M
motorcycle is cheap than car.
This window is clear.
the symbol '*' is represented as start.
Oh!     My god!
The gd software is a library for drafting programs.^M
You are the best is mean you are the no. 1.
The world <Happy> is the same with "glad".
I like dog.
google is the best tools for search keyword.
goooooogle yes!
go! go! Let's go.
# I am VBird
```

這檔案共有 22 行，最底下一行為空白行！現在開始我們一個案例一個案例的來介紹吧！

◆ **例題一、搜尋特定字串**

搜尋特定字串很簡單吧？假設我們要從剛剛的檔案當中取得 the 這個特定字串，最簡單的方式就是這樣：

```
[dmtsai@study ~]$ grep -n 'the' regular_express.txt
8:I can't finish the test.
12:the symbol '*' is represented as start.
15:You are the best is mean you are the no. 1.
16:The world <Happy> is the same with "glad".
18:google is the best tools for search keyword.
```

那如果想要『**反向選擇**』呢？也就是說，當該行沒有 'the' 這個字串時才顯示在螢幕上，那就直接使用：

```
[dmtsai@study ~]$ grep -vn 'the' regular_express.txt
```

你會發現，螢幕上出現的行列為除了 8,12,15,16,18 五行之外的其他行列！接下來，如果你想要取得不論大小寫的 the 這個字串，則：

```
[dmtsai@study ~]$ grep -in 'the' regular_express.txt
8:I can't finish the test.
9:Oh! The soup taste good.
12:the symbol '*' is represented as start.
14:The gd software is a library for drafting programs.
15:You are the best is mean you are the no. 1.
16:The world <Happy> is the same with "glad".
18:google is the best tools for search keyword.
```

除了多兩行 (9, 14 行) 之外，第 16 行也多了一個 The 的關鍵字被擷取到喔！

◆ **例題二、利用中括號 [] 來搜尋集合字元**

如果我想要搜尋 test 或 taste 這兩個單字時，可以發現到，其實她們有共通的 't?st' 存在～這個時候，我可以這樣來搜尋：

```
[dmtsai@study ~]$ grep -n 't[ae]st' regular_express.txt
8:I can't finish the test.
9:Oh! The soup taste good.
```

瞭解了吧？**其實 [] 裡面不論有幾個字元，它都僅代表某『一個』字元**，所以，上面的例子說明了，我需要的字串是『tast』或『test』兩個字串而已！而如果想要搜尋到有 oo 的字元時，則使用：

```
[dmtsai@study ~]$ grep -n 'oo' regular_express.txt
1:"Open Source" is a good mechanism to develop programs.
2:apple is my favorite food.
3:Football game is not use feet only.
9:Oh! The soup taste good.
18:google is the best tools for search keyword.
19:goooooogle yes!
```

但是，如果我不想要 oo 前面有 g 的話呢？此時，可以利用在集合字元的反向選擇 [^] 來達成：

```
[dmtsai@study ~]$ grep -n '[^g]oo' regular_express.txt
2:apple is my favorite food.
3:Football game is not use feet only.
18:google is the best tools for search keyword.
19:goooooogle yes!
```

意思就是說，我需要的是 oo，但是 oo 前面不能是 g 就是了！仔細比較上面兩個表格，你會發現，第 1,9 行不見了，因為 oo 前面出現了 g 所致！第 2,3 行沒有疑問，因為 foo 與 Foo 均可被接受！但是第 18 行明明有 google 的 goo 啊～別忘記了，因為該行後面出現了 tool 的 too 啊！所以該行也被列出來～也就是說，18 行裡面雖然出現了我們所不要的項目 (goo) 但是由於有需要的項目 (too)，因此，是符合字串搜尋的喔！

至於第 19 行，同樣的，因為 goooooogle 裡面的 oo 前面可能是 o，例如：go(ooo)oogle，所以，這一行也是符合需求的！

再來，假設我 oo 前面不想要有小寫字元，所以，我可以這樣寫 [^abcd....z]oo，但是這樣似乎不怎麼方便，由於小寫字元的 ASCII 上編碼的順序是連續的，因此，我們可以將之簡化為底下這樣：

```
[dmtsai@study ~]$ grep -n '[^a-z]oo' regular_express.txt
3:Football game is not use feet only.
```

也就是說，當我們在一組集合字元中，如果該字元組是連續的，例如大寫英文/小寫英文/數字等等，就可以使用[a-z],[A-Z],[0-9]等方式來書寫，那麼如果我們的要求字串是數字與英文呢？呵呵！就將它全部寫在一起，變成：[a-zA-Z0-9]。例如，我們要取得有數字的那一行，就這樣：

```
[dmtsai@study ~]$ grep -n '[0-9]' regular_express.txt
5:However, this dress is about $ 3183 dollars.
15:You are the best is mean you are the no. 1.
```

但由於考慮到語系對於編碼順序的影響，因此除了連續編碼使用減號『 - 』之外，你也可以使用如下的方法來取得前面兩個測試的結果：

```
[dmtsai@study ~]$ grep -n '[^[:lower:]]oo' regular_express.txt
# 那個 [:lower:] 代表的就是 a-z 的意思！請參考前兩小節的說明表格

[dmtsai@study ~]$ grep -n '[[:digit:]]' regular_express.txt
```

啥？上頭在寫啥東西呢？不要害怕！分開來瞧一瞧。我們知道 [:lower:] 就是 a-z 的意思，那麼 [a-z] 當然就是 [[:lower:]] 囉！鳥哥第一次接觸正規表示法的時候，看到兩層中括號差點昏倒～完全看不懂！現在，請注意那個疊代的意義，自然就能夠比較清楚了解囉！

這樣對於 [] 以及 [^] 以及 [] 當中的 - ，還有關於前面表格提到的特殊關鍵字有瞭解了嗎？^_^！

◆ **例題三、行首與行尾字元 ^ $**

我們在例題一當中，可以查詢到一行字串裡面有 the 的，那如果我想要讓 the 只在行首列出呢？這個時候就得要使用定位字元了！我們可以這樣做：

```
[dmtsai@study ~]$ grep -n '^the' regular_express.txt
12:the symbol '*' is represented as start.
```

此時，就只剩下第 12 行，因為只有第 12 行的行首是 the 開頭啊～此外，如果我想要開頭是小寫字元的那一行就列出呢？可以這樣：

```
[dmtsai@study ~]$ grep -n '^[a-z]' regular_express.txt
2:apple is my favorite food.
4:this dress doesn't fit me.
10:motorcycle is cheap than car.
12:the symbol '*' is represented as start.
18:google is the best tools for search keyword.
19:goooooogle yes!
20:go! go! Let's go.
```

你可以發現我們可以捉到第一個字元都不是大寫的！上面的指令也可以用如下的方式來取代的：

```
[dmtsai@study ~]$ grep -n '^[[:lower:]]' regular_express.txt
```

好！那如果我不想要開頭是英文字母，則可以是這樣：

```
[dmtsai@study ~]$ grep -n '^[^a-zA-Z]' regular_express.txt
1:"Open Source" is a good mechanism to develop programs.
```

```
21:# I am VBird
# 指令也可以是：grep -n '^[^[:alpha:]]' regular_express.txt
```

注意到了吧？**那個 ^ 符號，在字元集合符號(括號[])之內與之外是不同的！在 [] 內代表『反向選擇』，在 [] 之外則代表定位在行首的意義！**要分清楚喔！反過來思考，那如果我想要找出來，行尾結束為小數點 (.) 的那一行，該如何處理：

```
[dmtsai@study ~]$ grep -n '\.$' regular_express.txt
1:"Open Source" is a good mechanism to develop programs.
2:apple is my favorite food.
3:Football game is not use feet only.
4:this dress doesn't fit me.
10:motorcycle is cheap than car.
11:This window is clear.
12:the symbol '*' is represented as start.
15:You are the best is mean you are the no. 1.
16:The world <Happy> is the same with "glad".
17:I like dog.
18:google is the best tools for search keyword.
20:go! go! Let's go.
```

特別注意到，因為小數點具有其他意義(底下會介紹)，所以必須要使用跳脫字元(\)來加以解除其特殊意義！不過，你或許會覺得奇怪，但是第 5~9 行最後面也是 . 啊～怎麼無法列印出來？這裡就牽涉到 Windows 平台的軟體對於斷行字元的判斷問題了！我們使用 cat -A 將第五行拿出來看，你會發現：

```
[dmtsai@study ~]$ cat -An regular_express.txt | head -n 10 | tail -n 6
     5  However, this dress is about $ 3183 dollars.^M$
     6  GNU is free air not free beer.^M$
     7  Her hair is very beauty.^M$
     8  I can't finish the test.^M$
     9  Oh! The soup taste good.^M$
    10  motorcycle is cheap than car.$
```

我們在第九章內談到過斷行字元在 Linux 與 Windows 上的差異，在上面的表格中我們可以發現 5~9 行為 Windows 的斷行字元 (^M$)，而正常的 Linux 應該僅有第 10 行顯示的那樣 ($)。所以囉，那個 . 自然就不是緊接在 $ 之前喔！也就捉不到 5~9 行了！這樣可以瞭解 ^ 與 $ 的意義嗎？好了，先不要看底下的解答，自己想一想，那麼如果我想要找出來，哪一行是『空白行』，也就是說，該行並沒有輸入任何資料，該如何搜尋？

```
[dmtsai@study ~]$ grep -n '^$' regular_express.txt
22:
```

因為只有行首跟行尾 (^$)，所以，這樣就可以找出空白行啦！再來，假設你已經知道在一個程式腳本 (shell script) 或者是設定檔當中，空白行與開頭為 # 的那一行是註解，因此如果你要將資料列出給別人參考時，可以將這些資料省略掉以節省保貴的紙張，那麼你可以怎麼做呢？我們以 /etc/rsyslog.conf 這個檔案來作範例，你可以自行參考一下輸出的結果：

```
[dmtsai@study ~]$ cat -n /etc/rsyslog.conf
# 在 CentOS 7 中，結果可以發現有 91 行的輸出，很多空白行與 # 開頭的註解行

[dmtsai@study ~]$ grep -v '^$' /etc/rsyslog.conf | grep -v '^#'
# 結果僅有 14 行，其中第一個『 -v '^$' 』代表『不要空白行』，
# 第二個『 -v '^#' 』代表『不要開頭是 # 的那行』喔！
```

是否節省很多版面啊？另外，你可能也會問，那為何不要出現 # 的符號的那行就直接捨棄呢？沒辦法！因為某些註解是與設定寫在同一行的後面，如果你只是抓 # 就予以去除，那就會將某些設定也同時移除了！那錯誤就大了～

◆ 例題四、任意一個字元 . 與重複字元 *

在第十章 bash 當中，我們知道萬用字元 * 可以用來代表任意(0 或多個)字元，但是**正規表示法並不是萬用字元**，兩者之間是不相同的！至於正規表示法當中的『 . 』則代表『絕對有一個任意字元』的意思！這兩個符號在正規表示法的意義如下：

- . (小數點)：代表『一定有一個任意字元』的意思。
- * (星星號)：代表『重複前一個字元，0 到無窮多次』的意思，為組合形態。

這樣講不好懂，我們直接做個練習吧！假設我需要找出 g??d 的字串，亦即共有四個字元，起頭是 g 而結束是 d，我可以這樣做：

```
[dmtsai@study ~]$ grep -n 'g..d' regular_express.txt
1:"Open Source" is a good mechanism to develop programs.
9:Oh! The soup taste good.
16:The world <Happy> is the same with "glad".
```

因為強調 g 與 d 之間一定要存在兩個字元，因此，第 13 行的 god 與第 14 行的 gd 就不會被列出來啦！再來，如果我想要列出有 oo, ooo, oooo 等等的資料，也就是說，至少要有兩個(含) o 以上，該如何是好？是 o* 還是 oo* 還是 ooo* 呢？雖然你可以試看看結果，不過結果太佔版面了 @_@，所以，我這裡就直接說明。

因為 * 代表的是『**重複 0 個或多個前面的 RE 字符**』的意義，因此，『**o\***』代表的是：『**擁有空字元或一個 o 以上的字元**』，特別注意，因為允許空字元(就是有沒有字元都可以的意思)，因此，『 grep -n 'o\*' regular_express.txt 』將會把所有的資料都列印出來螢幕上！

那如果是『oo\*』呢？則第一個 o 肯定必須要存在，第二個 o 則是可有可無的多個 o，所以，凡是含有 o, oo, ooo, oooo 等等，都可以被列出來～

同理，當我們需要『至少兩個 o 以上的字串』時，就需要 ooo\*，亦即是：

```
[dmtsai@study ~]$ grep -n 'ooo*' regular_express.txt
1:"Open Source" is a good mechanism to develop programs.
2:apple is my favorite food.
3:Football game is not use feet only.
9:Oh! The soup taste good.
18:google is the best tools for search keyword.
19:goooooogle yes!
```

這樣理解 * 的意義了嗎？好了，現在出個練習，如果我想要字串開頭與結尾都是 g，但是兩個 g 之間僅能存在至少一個 o，亦即是 gog, goog, gooog.... 等等，那該如何？

```
[dmtsai@study ~]$ grep -n 'goo*g' regular_express.txt
18:google is the best tools for search keyword.
19:goooooogle yes!
```

如此瞭解了嗎？再來一題，如果我想要找出 g 開頭與 g 結尾的字串，當中的字元可有可無，那該如何是好？是『g\*g』嗎？

```
[dmtsai@study ~]$ grep -n 'g*g' regular_express.txt
1:"Open Source" is a good mechanism to develop programs.
3:Football game is not use feet only.
9:Oh! The soup taste good.
13:Oh!  My god!
14:The gd software is a library for drafting programs.
16:The world <Happy> is the same with "glad".
17:I like dog.
18:google is the best tools for search keyword.
19:goooooogle yes!
20:go! go! Let's go.
```

但測試的結果竟然出現這麼多行？太詭異了吧？其實一點也不詭異，因為 g\*g 裡面的 g\* 代表『空字元或一個以上的 g』在加上後面的 g，因此，整個 RE 的內容就是 g, gg, ggg, gggg，因此，只要該行當中擁有一個以上的 g 就符合所需了！

那該如何得到我們的 g....g 的需求呢？呵呵！就利用任意一個字元『.』啊！亦即是：『g.*g』的作法，因為 * 可以是 0 或多個重複前面的字符，而 . 是任意字元，所以：『.* 就代表零個或多個任意字元』的意思啦！

```
[dmtsai@study ~]$ grep -n 'g.*g' regular_express.txt
1:"Open Source" is a good mechanism to develop programs.
14:The gd software is a library for drafting programs.
18:google is the best tools for search keyword.
19:goooooogle yes!
20:go! go! Let's go.
```

因為是代表 g 開頭與 g 結尾，中間任意字元均可接受，所以，第 1, 14, 20 行是可接受的喔！這個 .* 的 RE 表示任意字元是很常見的，希望大家能夠理解並且熟悉！再出一題，如果我想要找出『任意數字』的行列呢？因為僅有數字，所以就成為：

```
[dmtsai@study ~]$ grep -n '[0-9][0-9]*' regular_express.txt
5:However, this dress is about $ 3183 dollars.
15:You are the best is mean you are the no. 1.
```

雖然使用 grep -n '[0-9]' regular_express.txt 也可以得到相同的結果，但鳥哥希望大家能夠理解上面指令當中 RE 表示法的意義才好！

◆ **例題五、限定連續 RE 字符範圍 {}**

在上個例題當中，我們可以利用 . 與 RE 字符及 * 來設定 0 個到無限多個重複字元，那如果我想要限制一個範圍區間內的重複字元數呢？舉例來說，我想要找出兩個到五個 o 的連續字串，該如何作？這時候就得要使用到限定範圍的字符 {} 了。但**因為 { 與 } 的符號在 shell 是有特殊意義的，因此，我們必須要使用跳脫字符 \ 來讓它失去特殊意義才行**。至於 {} 的語法是這樣的，假設我要找到兩個 o 的字串，可以是：

```
[dmtsai@study ~]$ grep -n 'o\{2\}' regular_express.txt
1:"Open Source" is a good mechanism to develop programs.
2:apple is my favorite food.
3:Football game is not use feet only.
9:Oh! The soup taste good.
18:google is the best tools for search keyword.
19:goooooogle yes!
```

這樣看似乎與 ooo* 的字符沒有什麼差異啊？因為第 19 行有多個 o 依舊也出現了！好，那麼換個搜尋的字串，假設我們要找出 g 後面接 2 到 5 個 o，然後再接一個 g 的字串，它會是這樣：

```
[dmtsai@study ~]$ grep -n 'go\{2,5\}g' regular_express.txt
18:google is the best tools for search keyword.
```

嗯！很好！第 19 行終於沒有被取用了(因為 19 行有 6 個 o 啊！)。那麼，如果我想要的是 2 個 o 以上的 goooo....g 呢？除了可以是 gooo*g，也可以是：

```
[dmtsai@study ~]$ grep -n 'go\{2,\}g' regular_express.txt
18:google is the best tools for search keyword.
19:goooooogle yes!
```

呵呵！就可以找出來啦～

## 11.2.4 　基礎正規表示法字符彙整 (characters)

經過了上面的幾個簡單的範例，我們可以將基礎的正規表示法特殊字符彙整如下：

| RE 字符 | 意義與範例 |
|---|---|
| ^word | 意義：待搜尋的字串(word)在行首！<br>範例：搜尋行首為 # 開始的那一行，並列出行號<br>**grep -n '^#' regular_express.txt** |
| word$ | 意義：待搜尋的字串(word)在行尾！<br>範例：將行尾為 ! 的那一行列印出來，並列出行號<br>**grep -n '!$' regular_express.txt** |
| . | 意義：代表『一定有一個任意字元』的字符！<br>範例：搜尋的字串可以是 (eve) (eae) (eee) (e e)，但不能僅有 (ee)！亦即 e 與 e 中間『一定』僅有一個字元，而空白字元也是字元！<br>**grep -n 'e.e' regular_express.txt** |
| \ | 意義：跳脫字符，將特殊符號的特殊意義去除！<br>範例：搜尋含有單引號 ' 的那一行！<br>**grep -n \' regular_express.txt** |
| * | 意義：重複零個到無窮多個的前一個 RE 字符<br>範例：找出含有 (es) (ess) (esss) 等等的字串，注意，因為 * 可以是 0 個，所以 es 也是符合帶搜尋字串。另外，因為 * 為重複『前一個 RE 字符』的符號，因此，在 * 之前必須要緊接著一個 RE 字符喔！例如任意字元則為『.*』！<br>**grep -n 'ess*' regular_express.txt** |

| RE 字符 | 意義與範例 |
|---|---|
| [list] | 意義：字元集合的 RE 字符，裡面列出想要擷取的字元！<br>範例：搜尋含有 (gl) 或 (gd) 的那一行，需要特別留意的是，在 [] 當中『謹代表一個待搜尋的字元』，例如『a[afl]y』代表搜尋的字串可以是 aay, afy, aly 即 [afl] 代表 a 或 f 或 l 的意思！<br>`grep -n 'g[ld]' regular_express.txt` |
| [n1-n2] | 意義：字元集合的 RE 字符，裡面列出想要擷取的字元範圍！<br>範例：搜尋含有任意數字的那一行！需特別留意，在字元集合 [] 中的減號 - 是有特殊意義的，它代表兩個字元之間的所有連續字元！但這個連續與否與 ASCII 編碼有關，因此，你的編碼需要設定正確(在 bash 當中，需要確定 LANG 與 LANGUAGE 的變數是否正確！) 例如所有大寫字元則為 [A-Z]<br>`grep -n '[A-Z]' regular_express.txt` |
| [ ^ list] | 意義：字元集合的 RE 字符，裡面列出不要的字串或範圍！<br>範例：搜尋的字串可以是 (oog) (ood) 但不能是 (oot)，那個 ^ 在 [] 內時，代表的意義是『反向選擇』的意思。例如，我不要大寫字元，則為 [^A-Z]。但是，需要特別注意的是，如果以 grep -n [^A-Z] regular_express.txt 來搜尋，卻發現該檔案內的所有行都被列出，為什麼？因為這個 [^A-Z] 是『非大寫字元』的意思，因為每一行均有非大寫字元，例如第一行的 "Open Source" 就有 p,e,n,o.... 等等的小寫字<br>`grep -n 'oo[^t]' regular_express.txt` |
| \{n,m\} | 意義：連續 n 到 m 個的『前一個 RE 字符』<br>意義：若為 \{n\} 則是連續 n 個的前一個 RE 字符，<br>意義：若是 \{n,\} 則是連續 n 個以上的前一個 RE 字符！範例：在 g 與 g 之間有 2 個到 3 個的 o 存在的字串，亦即 (goog)(gooog)<br>`grep -n 'go\{2,3\}g' regular_express.txt` |

再次強調：『正規表示法的特殊字元』與一般在指令列輸入指令的『萬用字元』並不相同，例如，在萬用字元當中的 * 代表的是『0 ～ 無限多個字元』的意思，但是在正規表示法當中，* 則是『重複 0 到無窮多個的前一個 RE 字符』的意思～使用的意義並不相同，不要搞混了！

舉例來說，不支援正規表示法的 ls 這個工具中，若我們使用『ls -l *』代表的是任意檔名的檔案，而『ls -l a*』代表的是以 a 為開頭的任何檔名的檔案，但在正規表示法中，我們要找到含有以 a 為開頭的檔案，則必須要這樣：(需搭配支援正規表示法的工具)

```
ls | grep -n '^a.*'
```

---

以 ls -l 配合 grep 找出 /etc/ 底下檔案類型為連結檔屬性的檔名

**答：**由於 ls -l 列出連結檔時標頭會是『 lrwxrwxrwx 』，因此使用如下的指令即可找出結果：

```
ls -l /etc | grep '^l'
```

若僅想要列出幾個檔案，再以『 |wc -l 』 來累加處理即可。

---

## 11.2.5　sed 工具

在瞭解了一些正規表示法的基礎應用之後，再來呢？呵呵～兩個東西可以玩一玩的，那就是 sed 跟底下會介紹的 awk 了！這兩個傢伙可是相當的有用的啊！舉例來說，鳥哥寫的 logfile.sh 分析登錄檔的小程式 (第十八章會談到)，絕大部分分析關鍵字的取用、統計等等，就是用這兩個寶貝蛋來幫我完成的！那麼你說，要不要玩一玩啊？ ^\_^

我們先來談一談 sed 好了，sed 本身也是一個管線命令，可以分析 standard input 的啦！而且 sed 還可以將資料進行取代、刪除、新增、擷取特定行等等的功能呢！很不錯吧～我們先來瞭解一下 sed 的用法，再來聊它的用途好了！

```
[dmtsai@study ~]$ sed [-nefr] [動作]
選項與參數：
-n ：使用安靜(silent)模式。在一般 sed 的用法中，所有來自 STDIN 的資料一般都會被列出到螢幕上。
     但如果加上 -n 參數後，則只有經過 sed 特殊處理的那一行(或者動作)才會被列出來。
-e ：直接在指令列模式上進行 sed 的動作編輯；
-f ：直接將 sed 的動作寫在一個檔案內，-f filename 則可以執行 filename 內的 sed 動作；
-r ：sed 的動作支援的是延伸型正規表示法的語法。(預設是基礎正規表示法語法)
-i ：直接修改讀取的檔案內容，而不是由螢幕輸出。

動作說明：[n1[,n2]]function
n1, n2：不見得會存在，一般代表『選擇進行動作的行數』，舉例來說，如果我的動作
        是需要在 10 到 20 行之間進行的，則『 10,20[動作行為] 』

function 有底下這些東東：
a ：新增，a 的後面可以接字串，而這些字串會在新的一行出現(目前的下一行)～
c ：取代，c 的後面可以接字串，這些字串可以取代 n1,n2 之間的行！
d ：刪除，因為是刪除啊，所以 d 後面通常不接任何東東；
i ：插入，i 的後面可以接字串，而這些字串會在新的一行出現(目前的上一行)；
p ：列印，亦即將某個選擇的資料印出。通常 p 會與參數 sed -n 一起運作～
s ：取代，可以直接進行取代的工作哩！通常這個 s 的動作可以搭配正規表示法！
    例如 1,20s/old/new/g 就是啦！
```

◆ **以行為單位的新增/刪除功能**

sed 光是用看的是看不懂的啦！所以又要來練習了！先來玩玩刪除與新增的功能吧！

範例一：將 /etc/passwd 的內容列出並且列印行號，同時，請將第 2~5 行刪除！

```
[dmtsai@study ~]$ nl /etc/passwd | sed '2,5d'
     1  root:x:0:0:root:/root:/bin/bash
     6  sync:x:5:0:sync:/sbin:/bin/sync
     7  shutdown:x:6:0:shutdown:/sbin:/sbin/shutdown
.....(後面省略).....
```

看到了吧？sed 的動作為 '2,5d'，那個 d 就是刪除！因為 2-5 行給它刪除了，所以顯示的資料就沒有 2-5 行囉～另外，注意一下，原本應該是要下達 sed -e 才對，沒有 -e 也行啦！同時也要注意的是，sed 後面接的動作，請務必以 " 兩個單引號括住喔！

如果題型變化一下，舉例來說，如果只要刪除第 2 行，可以使用『 nl /etc/passwd | sed '2d' 』來達成，至於若是要刪除第 3 到最後一行，則是『 nl /etc/passwd | sed '3,$d' 』的啦，**那個錢字號『 $ 』代表最後一行！**

範例二：承上題，在第二行後(亦即是加在第三行)加上『drink tea?』字樣！

```
[dmtsai@study ~]$ nl /etc/passwd | sed '2a drink tea'
     1  root:x:0:0:root:/root:/bin/bash
     2  bin:x:1:1:bin:/bin:/sbin/nologin
drink tea
     3  daemon:x:2:2:daemon:/sbin:/sbin/nologin
.....(後面省略).....
```

嘿嘿！在 a 後面加上的字串就已將出現在第二行後面囉！那如果是要在第二行前呢？『 nl /etc/passwd | sed '2i drink tea' 』就對啦！就是將『 a 』變成『 i 』即可。增加一行很簡單，那如果是要增將兩行以上呢？

範例三：在第二行後面加入兩行字，例如『Drink tea or .....』與『drink beer?』

```
[dmtsai@study ~]$ nl /etc/passwd | sed '2a Drink tea or ......\
> drink beer ?'
     1  root:x:0:0:root:/root:/bin/bash
     2  bin:x:1:1:bin:/bin:/sbin/nologin
Drink tea or ......
drink beer ?
     3  daemon:x:2:2:daemon:/sbin:/sbin/nologin
.....(後面省略).....
```

這個範例的重點是『我們可以新增不只一行喔！可以新增好幾行』但是每一行之間都必須要以反斜線『 \ 』來進行新行的增加喔！所以，上面的例子中，我們可以發現在第一行的最後面就有 \ 存在啦！在多行新增的情況下，\ 是一定要的喔！

◆ **以行為單位的取代與顯示功能**

剛剛是介紹如何新增與刪除，那麼如果要整行取代呢？看看底下的範例吧：

```
範例四：我想將第2-5行的內容取代成為『No 2-5 number』呢？
[dmtsai@study ~]$ nl /etc/passwd | sed '2,5c No 2-5 number'
     1  root:x:0:0:root:/root:/bin/bash
No 2-5 number
     6  sync:x:5:0:sync:/sbin:/bin/sync
.....(後面省略).....
```

透過這個方法我們就能夠將資料整行取代了！非常容易吧！sed 還有更好用的東東！我們以前想要列出第 11~20 行，得要透過『head -n 20 | tail -n 10』之類的方法來處理，很麻煩啦～sed 則可以簡單的直接取出你想要的那幾行！是透過行號來捉的喔！看看底下的範例先：

```
範例五：僅列出 /etc/passwd 檔案內的第 5-7 行
[dmtsai@study ~]$ nl /etc/passwd | sed -n '5,7p'
     5  lp:x:4:7:lp:/var/spool/lpd:/sbin/nologin
     6  sync:x:5:0:sync:/sbin:/bin/sync
     7  shutdown:x:6:0:shutdown:/sbin:/sbin/shutdown
```

上述的指令中有個重要的選項『 -n 』，按照說明文件，這個 -n 代表的是『安靜模式』！那麼為什麼要使用安靜模式呢？你可以自行下達 sed '5,7p' 就知道了 (5-7 行會重複輸出)！有沒有加上 -n 的參數時，輸出的資料可是差很多的喔！你可以透過這個 sed 的以行為單位的顯示功能，就能夠將某一個檔案內的某些行號捉出來查閱！很棒的功能！不是嗎？

◆ **部分資料的搜尋並取代的功能**

除了整行的處理模式之外，sed 還可以用行為單位進行部分資料的搜尋並取代的功能喔！基本上 sed 的搜尋與取代的與 vi 相當的類似！它有點像這樣：

**sed 's/**要被取代的字串**/**新的字串**/g'**

上表中特殊字體的部分為關鍵字，請記下來！至於三個斜線分成兩欄就是新舊字串的替換啦！我們使用底下這個取得 IP 數據的範例，一段一段的來處理給你瞧瞧，讓你瞭解一下什麼是咱們所謂的搜尋並取代吧！

步驟一：先觀察原始訊息，利用 /sbin/ifconfig 查詢 IP 為何？

```
[dmtsai@study ~]$ /sbin/ifconfig eth0
eth0: flags=4163<UP,BROADCAST,RUNNING,MULTICAST>  mtu 1500
        inet 192.168.1.100  netmask 255.255.255.0  broadcast 192.168.1.255
        inet6 fe80::5054:ff:fedf:e174  prefixlen 64  scopeid 0x20<link>
        ether 52:54:00:df:e1:74  txqueuelen 1000  (Ethernet)
.....（以下省略）.....
# 因為我們還沒有講到 IP，這裡你先有個概念即可啊！我們的重點在第二行，
# 也就是 192.168.1.100 那一行而已！先利用關鍵字捉出那一行！
```

步驟二：利用關鍵字配合 grep 擷取出關鍵的一行資料

```
[dmtsai@study ~]$ /sbin/ifconfig eth0 | grep 'inet '
        inet 192.168.1.100  netmask 255.255.255.0  broadcast 192.168.1.255
# 當場僅剩下一行！要注意，CentOS 7 與 CentOS 6 以前的 ifconfig 指令輸出結果不太相同，
# 鳥哥這個範例主要是針對 CentOS 7 以後的喔！接下來，我們要將開始到 addr: 通通刪除，
# 就是像底下這樣：
# inet 192.168.1.100  netmask 255.255.255.0  broadcast 192.168.1.255
# 上面的刪除關鍵在於『 ^.*inet 』啦！正規表示法出現！^_^
```

步驟三：將 IP 前面的部分予以刪除

```
[dmtsai@study ~]$ /sbin/ifconfig eth0 | grep 'inet ' | sed 's/^.*inet //g'
192.168.1.100  netmask 255.255.255.0  broadcast 192.168.1.255
# 仔細與上個步驟比較一下，前面的部分不見了！接下來則是刪除後續的部分，亦即：
192.168.1.100  netmask 255.255.255.0  broadcast 192.168.1.255
# 此時所需的正規表示法為：『 ' *netmask.*$ 』就是啦！
```

步驟四：將 IP 後面的部分予以刪除

```
[dmtsai@study ~]$ /sbin/ifconfig eth0 | grep 'inet ' | sed 's/^.*inet //g' \
>   | sed 's/ *netmask.*$//g'
192.168.1.100
```

透過這個範例的練習也建議你依據此一步驟來研究你的指令！就是先觀察，然後再一層一層的試做，如果有做不對的地方，就先予以修改，改完之後測試，成功後再往下繼續測試。以鳥哥上面的介紹中，那一大串指令就做了四個步驟！對吧！^_^

讓我們再來繼續研究 sed 與正規表示法的配合練習！假設我只要 MAN 存在的那幾行資料，但是含有 # 在內的註解我不想要，而且空白行我也不要！此時該如何處理呢？可以透過這幾個步驟來實作看看：

步驟一：先使用 grep 將關鍵字 MAN 所在行取出來

```
[dmtsai@study ~]$ cat /etc/man_db.conf | grep 'MAN'
# MANDATORY_MANPATH                     manpath_element
```

```
# MANPATH_MAP              path_element     manpath_element
# MANDB_MAP                global_manpath   [relative_catpath]
# every automatically generated MANPATH includes these fields
....(後面省略)....
```

步驟二：刪除掉註解之後的資料！
```
[dmtsai@study ~]$ cat /etc/man_db.conf | grep 'MAN'| sed 's/#.*$//g'



MANDATORY_MANPATH                          /usr/man
....(後面省略)....
```
# 從上面可以看出來，原本註解的資料都變成空白行啦！所以，接下來要刪除掉空白行

```
[dmtsai@study ~]$ cat /etc/man_db.conf | grep 'MAN'| sed 's/#.*$//g' | sed '/^$/d'
MANDATORY_MANPATH                          /usr/man
MANDATORY_MANPATH                          /usr/share/man
MANDATORY_MANPATH                          /usr/local/share/man
....(後面省略)....
```

◆ **直接修改檔案內容 (危險動作)**

你以為 sed 只有這樣的能耐嗎？那可不！sed 甚至可以直接修改檔案的內容呢！而不必使用管線命令或資料流重導向！不過，由於這個動作會直接修改到原始的檔案，所以請你千萬不要隨便拿系統設定檔來測試喔！我們還是使用你下載的 regular_express.txt 檔案來測試看看吧！

範例六：利用 sed 將 regular_express.txt 內每一行結尾若為 . 則換成 ！
```
[dmtsai@study ~]$ sed -i 's/\.$/\!/g' regular_express.txt
```
# 上頭的 -i 選項可以讓你的 sed 直接去修改後面接的檔案內容而不是由螢幕輸出喔！
# 這個範例是用在取代！請你自行 cat 該檔案去查閱結果囉！

範例七：利用 sed 直接在 regular_express.txt 最後一行加入『# This is a test』
```
[dmtsai@study ~]$ sed -i '$a # This is a test' regular_express.txt
```
# 由於 $ 代表的是最後一行，而 a 的動作是新增，因此該檔案最後新增囉！

sed 的『 -i 』選項可以直接修改檔案內容，這功能非常有幫助！舉例來說，如果你有一個 100 萬行的檔案，你要在第 100 行加某些文字，此時使用 vim 可能會瘋掉！因為檔案太大了！那怎辦？就利用 sed 啊！透過 sed 直接修改/取代的功能，你甚至不需要使用 vim 去修訂！很棒吧！

總之，這個 sed 不錯用啦！而且很多的 shell script 都會使用到這個指令的功能～sed 可以幫助系統管理員管理好日常的工作喔！要仔細的學習呢！

# 11.3 延伸正規表示法

事實上，一般讀者只要瞭解基礎型的正規表示法大概就已經相當足夠了，不過，某些時刻為了要簡化整個指令操作，瞭解一下使用範圍更廣的延伸型正規表示法的表示式會更方便呢！舉個簡單的例子好了，在上節的例題三的最後一個例子中，我們要去除空白行與行首為 # 的行列，使用的是：

```
grep -v '^$' regular_express.txt | grep -v '^#'
```

需要使用到管線命令來搜尋兩次！那麼如果使用延伸型的正規表示法，我們可以簡化為：

```
egrep -v '^$|^#' regular_express.txt
```

延伸型正規表示法可以透過群組功能『 | 』來進行一次搜尋！那個在單引號內的管線意義為『或 or』啦！是否變的更簡單呢？此外，grep 預設僅支援基礎正規表示法，如果要使用延伸型正規表示法，你可以使用 grep -E，不過更建議直接使用 egrep！直接區分指令比較好記憶！其實 egrep 與 grep -E 是類似命令別名的關係啦！

熟悉了正規表示法之後，到這個延伸型的正規表示法，你應該也會想到，不就是多幾個重要的特殊符號嗎？^_^y 是的～所以，我們就直接來說明一下，延伸型正規表示法有哪幾個特殊符號？由於底下的範例還是有使用到 regular_express.txt，不巧的是剛剛我們可能將該檔案修改過了 @_@，所以，請重新下載該檔案來練習喔！

| RE 字符 | 意義與範例 |
|---|---|
| + | 意義：重複『一個或一個以上』的前一個 RE 字符<br>範例：搜尋 (god) (good) (goood)... 等等的字串。那個 o+ 代表『一個以上的 o 』所以，底下的執行成果會將第 1, 9, 13 行列出來。<br>`egrep -n 'go+d' regular_express.txt` |
| ? | 意義：『零個或一個』的前一個 RE 字符<br>範例：搜尋 (gd) (god) 這兩個字串。那個 o? 代表『空的或 1 個 o 』所以，上面的執行成果會將第 13, 14 行列出來。有沒有發現到，這兩個案例（ 'go+d' 與 'go?d' ）的結果集合與 'go*d' 相同？想想看，這是為什麼喔！^_^<br>`egrep -n 'go?d' regular_express.txt` |

| RE 字符 | 意義與範例 |
|---|---|
| \| | 意義：用或（or）的方式找出數個字串<br>範例：搜尋 gd 或 good 這兩個字串，注意，是『或』！所以，第 1,9,14 這三行都可以被列印出來喔！那如果還想要找出 dog 呢？<br>`egrep -n 'gd|good' regular_express.txt`<br>`egrep -n 'gd|good|dog' regular_express.txt` |
| () | 意義：找出『群組』字串<br>範例：搜尋 (glad) 或 (good) 這兩個字串，因為 g 與 d 是重複的，所以，我就可以將 la 與 oo 列於 ( ) 當中，並以 \| 來分隔開來，就可以啦！<br>`egrep -n 'g(la|oo)d' regular_express.txt` |
| () + | 意義：多個重複群組的判別<br>範例：將『AxyzxyzxyzxyzC』用 echo 叫出，然後再使用如下的方法搜尋一下！<br>`echo 'AxyzxyzxyzxyzC' | egrep 'A(xyz)+C'`<br>上面的例子意思是說，我要找開頭是 A 結尾是 C，中間有一個以上的 "xyz" 字串的意思～ |

以上這些就是延伸型的正規表示法的特殊字元。另外，要特別強調的是，那個！在正規表示法當中並不是特殊字元，所以，如果你想要查出來檔案中含有！與 > 的字行時，可以這樣：

```
grep -n '[!>]' regular_express.txt
```

這樣可以瞭解了嗎？常常看到有陷阱的題目寫：『反向選擇這樣對否？'[!a-z]'？』，呵呵！是錯的呦～要 '[^a-z] 才是對的！至於更多關於正規表示法的進階文章，請參考文末的參考資料[註2]

# 11.4　文件的格式化與相關處理

接下來讓我們來將文件進行一些簡單的編排吧！底下這些動作可以將你的訊息進行排版的動作，不需要重新以 vim 去編輯，透過資料流重導向配合底下介紹的 printf 功能，以及 awk 指令，就可以讓你的訊息以你想要的模樣來輸出了！試看看吧！

## 11.4.1　格式化列印：printf

在很多時候，我們可能需要將自己的資料給它格式化輸出的！舉例來說，考試卷分數的輸出，姓名與科目及分數之間，總是可以稍微作個比較漂亮的版面配置吧？例如我想要輸出底下的樣式：

```
Name      Chinese    English    Math    Average
DmTsai        80         60       92     77.33
VBird         75         55       80     70.00
Ken           60         90       70     73.33
```

上表的資料主要分成五個欄位，各個欄位之間可使用 tab 或空白鍵進行分隔。請將上表的資料轉存成為 printf.txt 檔名，等一下我們會利用這個檔案來進行幾個小練習的。因為每個欄位的原始資料長度其實並非如此固定的 (Chinese 長度就是比 Name 要多)，而我就是想要如此表示出這些資料，此時，就得需要列印格式管理員 printf 的幫忙了！printf 可以幫我們將資料輸出的結果格式化，而且而支援一些特殊的字符～底下我們就來看看！

```
[dmtsai@study ~]$ printf '列印格式' 實際內容
選項與參數：
關於格式方面的幾個特殊樣式：
    \a      警告聲音輸出
    \b      倒退鍵(backspace)
    \f      清除螢幕 (form feed)
    \n      輸出新的一行
    \r      亦即 Enter 按鍵
    \t      水平的 [tab] 按鍵
    \v      垂直的 [tab] 按鍵
    \xNN    NN 為兩位數的數字，可以轉換數字成為字元。
關於 C 程式語言內，常見的變數格式
    %ns     那個 n 是數字，s 代表 string，亦即多少個字元；
    %ni     那個 n 是數字，i 代表 integer，亦即多少整數位數；
    %N.nf   那個 n 與 N 都是數字，f 代表 floating (浮點)，如果有小數位數，
            假設我共要十個位數，但小數點有兩位，即為 %10.2f 囉！
```

接下來我們來進行幾個常見的練習。假設所有的資料都是一般文字 (這也是最常見的狀態)，因此最常用來分隔資料的符號就是 [tab] 啦！因為 [tab] 按鍵可以將資料作個整齊的排列！那麼如何利用 printf 呢？參考底下這個範例：

範例一：將剛剛上頭資料的檔案 (printf.txt) 內容僅列出姓名與成績：(用 [tab] 分隔)
```
[dmtsai@study ~]$ printf '%s\t %s\t %s\t %s\t %s\t \n' $(cat printf.txt)
Name    Chinese      English       Math    Average
DmTsai  80      60    92      77.33
```

```
VBird      75         55         80         70.00
Ken        60         90         70         73.33
```

由於 printf 並不是管線命令，因此我們得要透過類似上面的功能，將檔案內容先提出來給 printf 作為後續的資料才行。如上所示，我們將每個資料都以 [tab] 作為分隔，但是由於 Chinese 長度太長，導致 English 中間多了一個 [tab] 來將資料排列整齊！啊～結果就看到資料對齊結果的差異了！

另外，在 printf 後續的那一段格式中，%s 代表一個不固定長度的字串，而字串與字串中間就以 \t 這個 [tab] 分隔符號來處理！你要記得的是，由於 \t 與 %s 中間還有空格，因此每個字串間會有一個 [tab] 與一個空白鍵的分隔喔！

既然每個欄位的長度不固定會造成上述的困擾，那我將每個欄位固定就好啦！沒錯沒錯！這樣想非常好！所以我們就將資料給它進行固定欄位長度的設計吧！

範例二：將上述資料關於第二行以後，分別以字串、整數、小數點來顯示：
```
[dmtsai@study ~]$ printf '%10s %5i %5i %5i %8.2f \n' $(cat printf.txt | grep -v Name)
    DmTsai     80     60     92    77.33
     VBird     75     55     80    70.00
       Ken     60     90     70    73.33
```

上面這一串格式想必你看得很辛苦！沒關係！一個一個來解釋！上面的格式共分為五個欄位，%10s 代表的是一個長度為 10 個字元的字串欄位，%5i 代表的是長度為 5 個字元的數字欄位，至於那個 %8.2f 則代表長度為 8 個字元的具有小數點的欄位，其中小數點有兩個字元寬度。我們可以使用底下的說明來介紹 %8.2f 的意義：

字元寬度：　12345678
%8.2f 意義：00000.00

如上所述，全部的寬度僅有 8 個字元，整數部分佔有 5 個字元，小數點本身 (.) 佔一位，小數點下的位數則有兩位。這種格式經常使用於數值程式的設計中！這樣瞭解乎？自己試看看如果要將小數點位數變成 1 位又該如何處理？

printf 除了可以格式化處理之外，它還可以依據 ASCII 的數字與圖形對應來顯示資料喔[註3]！舉例來說 16 進位的 45 可以得到什麼 ASCII 的顯示圖 (其實是字元啦)？

範例三：列出 16 進位數值 45 代表的字元為何？
```
[dmtsai@study ~]$ printf '\x45\n'
E
# 這東西也很好玩～它可以將數值轉換成為字元，如果你會寫 script 的話，
# 可以自行測試一下，由 20~80 之間的數值代表的字元是啥喔！^_^
```

printf 的使用相當的廣泛喔！包括等一下後面會提到的 awk 以及在 C 程式語言當中使用的螢幕輸出，都是利用 printf 呢！鳥哥這裡也只是列出一些可能會用到的格式而已，有興趣的話，可以自行多做一些測試與練習喔！^_^

列印格式化這個 printf 指令，乍看之下好像也沒有什麼很重要的～不過，如果你需要自行撰寫一些軟體，需要將一些資料在螢幕上頭漂漂亮亮的輸出的話，那麼 printf 可也是一個很棒的工具喔！

## 11.4.2  awk：好用的資料處理工具

awk 也是一個非常棒的資料處理工具！相較於 sed 常常作用於一整個行的處理，awk 則比較傾向於一行當中分成數個『欄位』來處理。因此，awk 相當的適合處理小型的數據資料處理呢！awk 通常運作的模式是這樣的：

```
[dmtsai@study ~]$ awk '條件類型1{動作1} 條件類型2{動作2} ...' filename
```

awk 後面接兩個單引號並加上大括號 {} 來設定想要對資料進行的處理動作。awk 可以處理後續接的檔案，也可以讀取來自前個指令的 standard output。但如前面說的，**awk 主要是處理『每一行的欄位內的資料』**，而預設的『欄位的分隔符號為"空白鍵"或"[tab]鍵"』！舉例來說，我們用 last 可以將登入者的資料取出來，結果如下所示：

```
[dmtsai@study ~]$ last -n 5 <==僅取出前五行
dmtsai   pts/0    192.168.1.100    Tue Jul 14 17:32    still logged in
dmtsai   pts/0    192.168.1.100    Thu Jul  9 23:36 - 02:58  (03:22)
dmtsai   pts/0    192.168.1.100    Thu Jul  9 17:23 - 23:36  (06:12)
dmtsai   pts/0    192.168.1.100    Thu Jul  9 08:02 - 08:17  (00:14)
dmtsai   tty1                      Fri May 29 11:55 - 12:11  (00:15)
```

若我想要取出帳號與登入者的 IP，且帳號與 IP 之間以 [tab] 隔開，則會變成這樣：

```
[dmtsai@study ~]$ last -n 5 | awk '{print $1 "\t" $3}'
dmtsai   192.168.1.100
dmtsai   192.168.1.100
dmtsai   192.168.1.100
dmtsai   192.168.1.100
dmtsai   Fri
```

上表是 awk 最常使用的動作！透過 print 的功能將欄位資料列出來！欄位的分隔則以空白鍵或 [tab] 按鍵來隔開。因為不論哪一行我都要處理，因此，就不需要有 "條件類型" 的限制！我所想要的是第一欄以及第三欄，但是，第五行的內容怪怪的～這是因為資料格式的問題啊！所以囉～使用 awk 的時候，請先確認一下你的資料當中，如果是連續性的資料，請不要有空格或 [tab] 在內，否則，就會像這個例子這樣，會發生誤判喔！

另外，由上面這個例子你也會知道，在 awk 的括號內，**每一行的每個欄位都是有變數名稱的，那就是 $1, $2... 等變數名稱**。以上面的例子來說，dmtsai 是 $1，因為它是第一欄嘛！至於 192.168.1.100 是第三欄，所以它就是 $3 啦！後面以此類推～呵呵！還有個變數喔！那就是 $0，$0 **代表『一整列資料』的意思**～以上面的例子來說，第一行的 $0 代表的就是『dmtsai .... 』那一行啊！由此可知，剛剛上面五行當中，整個 awk 的處理流程是：

1. 讀入第一行，並將第一行的資料填入 $0, $1, $2.... 等變數當中。
2. 依據 "條件類型" 的限制，判斷是否需要進行後面的 "動作"。
3. 做完所有的動作與條件類型。
4. 若還有後續的『行』的資料，則重複上面 1~3 的步驟，直到所有的資料都讀完為止。

經過這樣的步驟，你會曉得，awk 是『**以行為一次處理的單位**』，而『**以欄位為最小的處理單位**』。好了，那麼 awk 怎麼知道我到底這個資料有幾行？有幾欄呢？這就需要 awk 的內建變數的幫忙啦～

| 變數名稱 | 代表意義 |
| --- | --- |
| NF | 每一行 ($0) 擁有的欄位總數 |
| NR | 目前 awk 所處理的是『第幾行』資料 |
| FS | 目前的分隔字元，預設是空白鍵 |

我們繼續以上面 last -n 5 的例子來做說明，如果我想要：

- 列出每一行的帳號(就是 $1)
- 列出目前處理的行數(就是 awk 內的 NR 變數)
- 並且說明，該行有多少欄位(就是 awk 內的 NF 變數)

則可以這樣：

> 要注意喔，awk 後續的所有動作是以單引號『 ' 』括住的，由於單引號與雙引號都必須是成對的，所以，awk 的格式內容如果想要以 print 列印時，記得非變數的文字部分，包含上一小節 printf 提到的格式中，都需要使用雙引號來定義出來喔！因為單引號已經是 awk 的指令固定用法了！

```
[dmtsai@study ~]$ last -n 5| awk '{print $1 "\t lines: " NR "\t columns: " NF}'
dmtsai    lines: 1        columns: 10
dmtsai    lines: 2        columns: 10
dmtsai    lines: 3        columns: 10
dmtsai    lines: 4        columns: 10
dmtsai    lines: 5        columns: 9
# 注意喔，在 awk 內的 NR, NF 等變數要用大寫，且不需要有錢字號 $ 啦！
```

這樣可以瞭解 NR 與 NF 的差別了吧？好了，底下來談一談所謂的 "條件類型" 了吧！

◆ awk 的邏輯運算字元

既然有需要用到 "條件" 的類別，自然就需要一些邏輯運算囉～例如底下這些：

| 運算單元 | 代表意義 |
|---|---|
| > | 大於 |
| < | 小於 |
| >= | 大於或等於 |
| <= | 小於或等於 |
| == | 等於 |
| != | 不等於 |

值得注意的是那個『 == 』的符號，因為：

- 邏輯運算上面亦即所謂的大於、小於、等於等判斷式上面，習慣上是以『 == 』來表示。
- 如果是直接給予一個值，例如變數設定時，就直接使用 = 而已。

好了，我們實際來運用一下邏輯判斷吧！舉例來說，在 /etc/passwd 當中是以冒號 ":" 來作為欄位的分隔，該檔案中第一欄位為帳號，第三欄位則是 UID。那假設我要查閱，第三欄小於 10 以下的數據，並且僅列出帳號與第三欄，那麼可以這樣做：

```
[dmtsai@study ~]$ cat /etc/passwd | awk '{FS=":"} $3 < 10 {print $1 "\t " $3}'
root:x:0:0:root:/root:/bin/bash
bin       1
daemon    2
....(以下省略)....
```

有趣吧！不過，怎麼第一行沒有正確的顯示出來呢？這是因為我們讀入第一行的時候，那些變數 $1, $2... 預設還是以空白鍵為分隔的，所以雖然我們定義了 FS=":" 了，但是卻僅能在第二行後才開始生效。那麼怎麼辦呢？我們可以預先設定 awk 的變數啊！利用 BEGIN 這個關鍵字喔！這樣做：

```
[dmtsai@study ~]$ cat /etc/passwd | awk 'BEGIN {FS=":"} $3 < 10 {print $1 "\t " $3}'
root      0
bin       1
daemon    2
......(以下省略)......
```

很有趣吧！而除了 BEGIN 之外，我們還有 END 呢！另外，如果要用 awk 來進行『計算功能』呢？以底下的例子來看，假設我有一個薪資資料表檔名為 pay.txt，內容是這樣的：

```
Name    1st     2nd     3th
VBird   23000   24000   25000
DMTsai  21000   20000   23000
Bird2   43000   42000   41000
```

如何幫我計算每個人的總額呢？而且我還想要格式化輸出喔！我們可以這樣考慮：

◆ 第一行只是說明，所以第一行不要進行加總 (NR==1 時處理)。

◆ 第二行以後就會有加總的情況出現 (NR>=2 以後處理)。

```
[dmtsai@study ~]$ cat pay.txt | \
> awk 'NR==1{printf "%10s %10s %10s %10s %10s\n",$1,$2,$3,$4,"Total" }
> NR>=2{total = $2 + $3 + $4
> printf "%10s %10d %10d %10d %10.2f\n", $1, $2, $3, $4, total}'
      Name        1st        2nd        3th      Total
     VBird      23000      24000      25000   72000.00
    DMTsai      21000      20000      23000   64000.00
     Bird2      43000      42000      41000  126000.00
```

上面的例子有幾個重要事項應該要先說明的：

◆ awk 的指令間隔：所有 awk 的動作，亦即在 {} 內的動作，如果有需要多個指令輔助時，可利用分號『;』間隔，或者直接以 [enter] 按鍵來隔開每個指令，例如上面的範例中，鳥哥共按了三次 [enter] 喔！

◆ 邏輯運算當中，如果是『等於』的情況，則務必使用兩個等號『==』！

◆ 格式化輸出時，在 printf 的格式設定當中，務必加上 \n，才能進行分行！

◆ 與 bash shell 的變數不同，在 awk 當中，變數可以直接使用，不需加上 $ 符號。

利用 awk 這個玩意兒，就可以幫我們處理很多日常工作了呢！真是好用的很～此外，awk 的輸出格式當中，常常會以 printf 來輔助，所以，最好你對 printf 也稍微熟悉一下比較好啦！另外，awk 的動作內 {} 也是支援 if (條件) 的喔！舉例來說，上面的指令可以修訂成為這樣：

```
[dmtsai@study ~]$ cat pay.txt | \
> awk '{if(NR==1) printf "%10s %10s %10s %10s %10s\n",$1,$2,$3,$4,"Total"}
> NR>=2{total = $2 + $3 + $4
> printf "%10s %10d %10d %10d %10.2f\n", $1, $2, $3, $4, total}'
```

你可以仔細的比對一下上面兩個輸入有啥不同～從中去瞭解兩種語法吧！我個人是比較傾向於使用第一種語法，因為會比較有統一性啊！ ^_^

除此之外，awk 還可以幫我們進行迴圈計算喔！真是相當的好用！不過，那屬於比較進階的單獨課程了，我們這裡就不再多加介紹。如果你有興趣的話，請務必參考延伸閱讀中的相關連結喔[註4]。

## 11.4.3 檔案比對工具

什麼時候會用到檔案的比對啊？通常是『**同一個套裝軟體的不同版本之間，比較設定檔與原始檔的差異**』。很多時候所謂的檔案比對，通常是用在 ASCII 純文字檔的比對上的！那麼比對檔案的指令有哪些？最常見的就是 diff 囉！另外，除了 diff 比對之外，我們還可以藉由 cmp 來比對非純文字檔！同時，也能夠藉由 diff 建立的分析檔，以處理補丁 (patch) 功能的檔案呢！就來玩玩先！

◆ diff

diff 就是用在比對兩個檔案之間的差異的，並且是以行為單位來比對的！一般是用在 ASCII 純文字檔的比對上。由於是以行為比對的單位，因此 **diff 通常是用在同一的檔案 (或軟體)的新舊版本差異上**！舉例來說，假如我們要將 /etc/passwd 處理成為一個新的版本，處理方式為：將第四行刪除，第六行則取代成為『no six line』，新的檔案放置到 /tmp/test 裡面，那麼應該怎麼做？

```
[dmtsai@study ~]$ mkdir -p /tmp/testpw <==先建立測試用的目錄
[dmtsai@study ~]$ cd /tmp/testpw
[dmtsai@study testpw]$ cp /etc/passwd passwd.old
[dmtsai@study testpw]$ cat /etc/passwd | sed -e '4d' -e '6c no six line' > passwd.new
# 注意一下，sed 後面如果要接超過兩個以上的動作時，每個動作前面得加 -e 才行！
# 透過這個動作，在 /tmp/testpw 裡面便有新舊的 passwd 檔案存在了！
```

接下來討論一下關於 diff 的用法吧！

```
[dmtsai@study ~]$ diff [-bBi] from-file to-file
```
選項與參數：

from-file：一個檔名，作為原始比對檔案的檔名；

to-file　：一個檔名，作為目的比對檔案的檔名；

注意，from-file 或 to-file 可以 - 取代，那個 - 代表『Standard input』之意。

-b　：忽略一行當中，僅有多個空白的差異(例如 "about me" 與 "about　　me" 視為相同

-B　：忽略空白行的差異。

-i　：忽略大小寫的不同。

範例一：比對 passwd.old 與 passwd.new 的差異：
```
[dmtsai@study testpw]$ diff passwd.old passwd.new
4d3        <==左邊第四行被刪除 (d) 掉了，基準是右邊的第三行
< adm:x:3:4:adm:/var/adm:/sbin/nologin  <==這邊列出左邊(<)檔案被刪除的那一行內容
6c5        <==左邊檔案的第六行被取代 (c) 成右邊檔案的第五行
< sync:x:5:0:sync:/sbin:/bin/sync   <==左邊(<)檔案第六行內容
---
> no six line             <==右邊(>)檔案第五行內容
# 很聰明吧！用 diff 就把我們剛剛的處理給比對完畢了！
```

用 diff 比對檔案真的是很簡單喔！不過，你不要用 diff 去比對兩個完全不相干的檔案，因為比不出個啥東東！另外，diff 也可以比對整個目錄下的差異喔！舉例來說，我們想要瞭解一下不同的開機執行等級 (runlevel) 內容有啥不同？假設你已經知道執行等級 0 與 5 的啟動腳本分別放置到 /etc/rc0.d 及 /etc/rc5.d，則我們可以將兩個目錄比對一下：

```
[dmtsai@study ~]$ diff /etc/rc0.d/ /etc/rc5.d/
Only in /etc/rc0.d/: K90network
Only in /etc/rc5.d/: S10network
```

我們的 diff 很聰明吧！還可以比對不同目錄下的相同檔名的內容，這樣真的很方便喔～

◆　cmp

相對於 diff 的廣泛用途，cmp 似乎就用的沒有這麼多了～cmp 主要也是在比對兩個檔案，它主要利用『位元組』單位去比對，因此，當然也可以比對 binary file 囉～(還是要再提醒喔，diff 主要是以『行』為單位比對，cmp 則是以『位元組』為單位去比對，這並不相同！)

```
[dmtsai@study ~]$ cmp [-l] file1 file2
```
選項與參數：

-l　：將所有的不同點的位元組處都列出來。因為 cmp 預設僅會輸出第一個發現的不同點。

範例一：用 cmp 比較一下 passwd.old 及 passwd.new
```
[dmtsai@study testpw]$ cmp passwd.old passwd.new
passwd.old passwd.new differ: char 106, line 4
```

看到了嗎？第一個發現的不同點在第四行，而且位元組數是在第 106 個位元組處！這個 cmp 也可以用來比對 binary 啦！^_^

◆ patch

patch 這個指令與 diff 可是有密不可分的關係啊！我們前面提到，diff 可以用來分辨兩個版本之間的差異，舉例來說，剛剛我們所建立的 passwd.old 及 passwd.new 之間就是兩個不同版本的檔案。那麼，如果要『升級』呢？就是**將舊的檔案升級成為新的檔案**時，應該要怎麼做呢？其實也不難啦！就是『先比較先舊版本的差異，並將差異檔製作成為補丁檔，再由補丁檔更新舊檔』即可。舉例來說，我們可以這樣做測試：

範例一：以 /tmp/testpw 內的 passwd.old 與 passwd.new　製作補丁檔案
```
[dmtsai@study testpw]$ diff -Naur passwd.old passwd.new > passwd.patch
[dmtsai@study testpw]$ cat passwd.patch
--- passwd.old  2015-07-14 22:37:43.322535054 +0800   <==新舊檔案的資訊
+++ passwd.new  2015-07-14 22:38:03.010535054 +0800
@@ -1,9 +1,8 @@  <==新舊檔案要修改資料的界定範圍，舊檔在 1-9 行，新檔在 1-8 行
 root:x:0:0:root:/root:/bin/bash
 bin:x:1:1:bin:/bin:/sbin/nologin
 daemon:x:2:2:daemon:/sbin:/sbin/nologin
-adm:x:3:4:adm:/var/adm:/sbin/nologin        <==左側檔案刪除
 lp:x:4:7:lp:/var/spool/lpd:/sbin/nologin
-sync:x:5:0:sync:/sbin:/bin/sync             <==左側檔案刪除
+no six line                                 <==右側新檔加入
 shutdown:x:6:0:shutdown:/sbin:/sbin/shutdown
 hAlt:x:7:0:hAlt:/sbin:/sbin/hAlt
 mail:x:8:12:mail:/var/spool/mail:/sbin/nologin
```

一般來說，使用 diff 製作出來的比較檔案通常使用副檔名為 .patch 囉。至於內容就如同上面介紹的樣子。基本上就是以行為單位，看看哪邊有一樣與不一樣的，找到一樣的地方，然後將不一樣的地方取代掉！以上面表格為例，新檔案看到 - 會刪除，看到 + 會加入！好了，那麼如何將舊的檔案更新成為新的內容呢？就是將 passwd.old 改成與 passwd.new 相同！可以這樣做：

```
# 因為 CentOS 7 預設沒有安裝 patch 這個軟體,因此得要依據之前介紹的方式來安裝一下軟體!
# 請記得拿出原本光碟並放入光碟機當中,這時才能夠使用底下的方式來安裝軟體!
[dmtsai@study ~]$ su -
[root@study ~]# mount /dev/sr0 /mnt
[root@study ~]# rpm -ivh /mnt/Packages/patch-2.*
[root@study ~]# umount /mnt
[root@study ~]# exit
# 透過上述的方式可以安裝好所需要的軟體,且無須上網。接下來讓我們開始操作 patch 囉!


[dmtsai@study ~]$ patch -pN < patch_file      <==更新
[dmtsai@study ~]$ patch -R -pN < patch_file   <==還原
選項與參數:
-p :後面可以接『取消幾層目錄』的意思。
-R :代表還原,將新的檔案還原成原來舊的版本。
```

範例二:將剛剛製作出來的 patch file 用來更新舊版資料
```
[dmtsai@study testpw]$ patch -p0 < passwd.patch
patching file passwd.old
[dmtsai@study testpw]$ ll passwd*
-rw-rw-r--. 1 dmtsai dmtsai 2035 Jul 14 22:38 passwd.new
-rw-r--r--. 1 dmtsai dmtsai 2035 Jul 14 23:30 passwd.old  <==檔案一模一樣!
```

範例三:恢復舊檔案的內容
```
[dmtsai@study testpw]$ patch -R -p0 < passwd.patch
[dmtsai@study testpw]$ ll passwd*
-rw-rw-r--. 1 dmtsai dmtsai 2035 Jul 14 22:38 passwd.new
-rw-r--r--. 1 dmtsai dmtsai 2092 Jul 14 23:31 passwd.old
# 檔案就這樣恢復成為舊版本囉
```

為什麼這裡會使用 -p0 呢?因為我們在比對新舊版的資料時是在同一個目錄下,因此不需要減去目錄啦!如果是使用整體目錄比對 (diff 舊目錄 新目錄) 時,就得要依據建立 patch 檔案所在目錄來進行目錄的刪減囉!

更詳細的 patch 用法我們會在後續的第五篇的原始碼編譯 (第二十一章)再跟大家介紹,這裡僅是介紹給你,我們可以利用 diff 來比對兩個檔案之間的差異,更可進一步利用這個功能來製作修補檔案 (patch file),讓大家更容易進行比對與升級呢!很不賴吧! ^_^

## 11.4.4  檔案列印準備:pr

如果你曾經使用過一些圖形介面的文書處理軟體的話,那麼很容易發現,當我們在列印的時候,可以同時選擇與設定每一頁列印時的標頭吧!也可以設定頁碼呢!那麼,如果我是在 Linux 底下列印純文字檔呢 可不可以具有標題啊?可不可以加入頁碼啊?呵呵!當然可以啊!使用 pr 就能夠達到這個功能了。不過,pr 的參數實在太多了,鳥哥也說不完,一般來說,鳥哥都僅使用最簡單的方式來處理而已。舉例來說,如果想要列印 /etc/man_db.conf 呢?

```
[dmtsai@study ~]$ pr /etc/man_db.conf


2014-06-10 05:35                    /etc/man_db.conf                       Page 1


#
#
# This file is used by the man-db package to configure the man and cat paths.
# It is also used to provide a manpath for those without one by examining
# configure script.
.....(以下省略)......
```

上面特殊字體那一行呢,其實就是使用 pr 處理後所造成的標題啦!標題中會有『檔案時間』、『檔案檔名』及『頁碼』三大項目。更多的 pr 使用,請參考 pr 的說明啊! ^_^

## 11.5　重點回顧

◆　正規表示法就是處理字串的方法,它是以行為單位來進行字串的處理行為。

◆　正規表示法透過一些特殊符號的輔助,可以讓使用者輕易的達到『搜尋/刪除/取代』某特定字串的處理程序。

◆　只要工具程式支援正規表示法,那麼該工具程式就可以用來作為正規表示法的字串處理之用。

◆　正規表示法與萬用字元是完全不一樣的東西!萬用字元 (wildcard) 代表的是 bash 操作介面的一個功能,但正規表示法則是一種字串處理的表示方式!

◆　使用 grep 或其他工具進行正規表示法的字串比對時,因為編碼的問題會有不同的狀態,因此,你最好將 LANG 等變數設定為 C 或者是 en 等英文語系!

◆　grep 與 egrep 在正規表示法裡面是很常見的兩支程式,其中,egrep 支援更嚴謹的正規表示法的語法。

◆　由於編碼系統的不同,不同的語系 (LANG) 會造成正規表示法擷取資料的差異。因此可利用特殊符號如 [:upper:] 來替代編碼範圍較佳。

◆　由於嚴謹度的不同,正規表示法之上還有更嚴謹的延伸正規表示法。

◆ 基礎正規表示法的特殊字符有：*, ., [], [-], [^], ^, $ 等！

◆ 常見的支援正規表示法的工具軟體有：grep , sed, vim 等等。

◆ printf 可以透過一些特殊符號來將資料進行格式化輸出。

◆ awk 可以使用『欄位』為依據，進行資料的重新整理與輸出。

◆ 文件的比對中，可利用 diff 及 cmp 進行比對，其中 diff 主要用在純文字檔案方面的新舊版本比對。

◆ patch 指令可以將舊版資料更新到新版 (主要亦由 diff 建立 patch 的補丁來源檔案)。

## 11.6　本章習題

情境模擬題一：

　　透過 grep 搜尋特殊字串，並配合資料流重導向來處理大量的檔案搜尋問題。

◆ 目標：正確的使用正規表示法。

◆ 前提：需要瞭解資料流重導向，以及透過子指令 $(command) 來處理檔名的搜尋。

　　我們簡單的以搜尋星號 (*) 來處理底下的任務：

1. 利用正規表示法找出系統中含有某些特殊關鍵字的檔案，舉例來說，找出在 /etc 底下含有星號 (*) 的檔案與內容。

　　解決的方法必須要搭配萬用字元，但是星號本身就是正規表示法的字符，因此需要如此進行：

```
[dmtsai@study ~]$ grep '\*' /etc/* 2> /dev/null
```

　　你必須要注意的是，在單引號內的星號是正規表示法的字符，但我們要找的是星號，因此需要加上跳脫字符 (\)。但是在 /etc/* 的那個 * 則是 bash 的萬用字元！代表的是檔案的檔名喔！不過由上述的這個結果中，我們僅能找到 /etc 底下第一層子目錄的資料，無法找到次目錄的資料，如果想要連同完整的 /etc 次目錄資料，就得要這樣做：

```
[dmtsai@study ~]$ grep '\*' $(find /etc -type f ) 2> /dev/null
# 如果只想列出檔名而不要列出內容的話，使用底下的方式來處理即可喔！
[dmtsai@study ~]$ grep -l '\*' $(find /etc -type f ) 2> /dev/null
```

2. 但如果檔案數量太多呢？如同上述的案例，如果要找的是全系統 (/) 呢？你可以這樣做：

```
[dmtsai@study ~]$ grep '\*' $(find / -type f 2> /dev/null )
-bash: /usr/bin/grep: Argument list too long
```

真要命！由於指令列的內容長度是有限制的，因此當搜尋的對象是整個系統時，上述的指令會發生錯誤。那該如何是好？此時我們可以透過管線命令以及 xargs 來處理。舉例來說，讓 grep 每次僅能處理 10 個檔名，此時你可以這樣想：

   a. 先用 find 去找出檔案。

   b. 用 xargs 將這些檔案每次丟 10 個給 grep 來作為參數處理。

   c. grep 實際開始搜尋檔案內容。

所以整個作法就會變成這樣：

```
[dmtsai@study ~]$ find / -type f 2> /dev/null | xargs -n 10 grep '\*'
```

3. 從輸出的結果來看，資料量實在非常龐大！那如果我只是想要知道檔名而已呢？你可以透過 grep 的功能來找到如下的參數！

```
[dmtsai@study ~]$ find / -type f 2> /dev/null | xargs -n 10 grep -l '\*'
```

## 情境模擬題二：

使用管線命令配合正規表示法建立新指令與新變數。我想要建立一個新的指令名為 myip，這個指令能夠將我系統的 IP 捉出來顯示。而我想要有個新變數，變數名為 MYIP，這個變數可以記錄我的 IP。

處理的方式很簡單，我們可以這樣試看看：

1. 首先，我們依據本章內的 ifconfig, sed 與 awk 來取得我們的 IP，指令為：

```
[dmtsai@study ~]$ ifconfig eth0 | grep 'inet ' | sed 's/^.*inet //g'| sed 's/
*netmask.*$//g'
```

2. 再來，我們可以將此指令利用 alias 指定為 myip 喔！如下所示：

```
[dmtsai@study ~]$ alias myip="ifconfig eth0 | grep 'inet ' | sed 's/^.*inet //g' sed
's/ *netmask.*$//g'
```

3. 最終，我們可以透過變數設定來處理 MYIP 喔！

```
[dmtsai@study ~]$ MYIP=$( myip )
```

4. 如果每次登入都要生效，可以將 alias 與 MYIP 的設定那兩行，寫入你的 ~/.bashrc 即可！

簡答題部分：

◆ 我想要知道，在 /etc 底下，只要含有 XYZ 三個字元的任何一個字元的那一行就列出來，要怎樣進行？

◆ 將 /etc/kdump.conf 內容取出後，(1)去除開頭為 # 的行 (2)去除空白行 (3)取出開頭為英文字母的那幾行 (4)最終統計總行數該如何進行？

# 11.7 參考資料與延伸閱讀

◆ 註 1：關於正規表示法與 POSIX 及特殊語法的參考網址可以查詢底下的來源：
維基百科的說明：http://en.wikipedia.org/wiki/Regular_expression
ZYTRAX 網站介紹：http://zytrax.com/tech/web/regex.htm

◆ 註 2：其他關於正規表示法的網站介紹：
洪朝貴老師的網頁：http://www.cyut.edu.tw/~ckhung/b/re/index.php
龍門少尉的窩：http://main.rtfiber.com.tw/~changyj/
PCRE 官方網站：http://perldoc.perl.org/perlre.html

◆ 註 3：關於 ASCII 編碼對照表可參考維基百科的介紹：
維基百科 (ASCII) 條目：http://zh.wikipedia.org/w/index.php?title=ASCII&variant=zh-tw

◆ 註 4：關於 awk 的進階文獻，包括有底下幾個連結：
中研院計算中心 ASPAC 計畫之 awk 程式介紹：鳥哥備份：
http://linux.vbird.org/linux_basic/0330regularex/awk.pdf
這份文件寫的非常棒！歡迎大家多多參考！
Study Area：http://www.study-area.org/linux/system/linux_shell.htm

# 12

# 學習 Shell Scripts

如果你真的很想要走資訊這條路，並且想要管理好屬於你的主機，那麼，別說鳥哥不告訴你，可以自動管理系統的好工具：Shell scripts！這傢伙真的是得要好好學習學習的！基本上，shell script 有點像是早期的批次檔，亦即是將一些指令彙整起來一次執行，但是 Shell script 擁有更強大的功能，那就是它可以進行類似程式 (program) 的撰寫，並且不需要經過編譯 (compile) 就能夠執行，真的很方便。加上我們可透過 shell script 來簡化我們日常的工作管理，而且，整個 Linux 環境中，一些服務 (services) 的啟動都是透過 shell script 的，如果你對於 script 不瞭解，嘿嘿！發生問題時，可真是會求助無門喔！所以，好好的學一學它吧！

# 12.1 什麼是 Shell scripts？

什麼是 shell script (程式化腳本) 呢？就字面上的意義，我們將它分為兩部分。在『shell』部分，我們在第十章的 BASH 當中已經提過了，那是一個文字介面底下讓我們與系統溝通的一個工具介面。那麼『script』是啥？字面上的意義，script 是『腳本、劇本』的意思。整句話是說，shell script 是針對 shell 所寫的『劇本！』。

什麼東西啊？其實，**shell script 是利用 shell 的功能所寫的一個『程式 (program)』，這個程式是使用純文字檔，將一些 shell 的語法與指令(含外部指令)寫在裡面，搭配正規表示法、管線命令與資料流重導向等功能，以達到我們所想要的處理目的。**

所以，簡單的說，shell script 就像是早期 DOS 年代的批次檔 (.bat)，最簡單的功能就是將許多指令彙整寫在一起，讓使用者很輕易的就能夠 one touch 的方法去處理複雜的動作 (執行一個檔案 "shell script"，就能夠一次執行多個指令)。而且 shell script 更提供陣列、迴圈、條件與邏輯判斷等重要功能，讓使用者也可以直接以 shell 來撰寫程式，而不必使用類似 C 程式語言等傳統程式撰寫的語法呢！

這麼說你可以瞭解了嗎？是的！shell script 可以簡單的被看成是批次檔，也可以被說成是一個程式語言，且這個程式語言由於都是利用 shell 與相關工具指令，所以不需要編譯即可執行，且擁有不錯的除錯 (debug) 工具，所以，它可以幫助系統管理員快速的管理好主機。

## 12.1.1 幹嘛學習 shell scripts？

這是個好問題：『我又幹嘛一定要學 shell script？我又不是資訊人，沒有寫程式的概念，那我幹嘛還要學 shell script 呢？不要學可不可以啊？』呵呵～如果 Linux 對你而言，你只是想要『會用』而已，那麼，不需要學 shell script 也還無所謂，這部分先給它跳過去，等到有空的時候，再來好好的瞧一瞧。但是，如果你是真的想要玩清楚 Linux 的來龍去脈，那麼 shell script 就不可不知，為什麼呢？因為：

◆ **自動化管理的重要依據**

不用鳥哥說你也知道，管理一部主機真不是件簡單的事情，每天要進行的任務就有：查詢登錄檔、追蹤流量、監控使用者使用主機狀態、主機各項硬體設備狀態、主機軟體更新查詢、更不要說得應付其他使用者的突然要求了。而這些工作的進行可以分為：(1)自行手動處理，或是 (2)寫個簡單的程式來幫你每日『自動處理分析』這兩種方式，你覺得哪種方式比較好？當然是讓系統自動工作比較好，對吧！呵呵～這就得要良好的 shell script 來幫忙的啦！

◆ **追蹤與管理系統的重要工作**

雖然我們還沒有提到服務啟動的方法，不過，這裡可以先提一下，我們 CentOS 6.x 以前的版本中，系統的服務 (services) 啟動的介面是在 /etc/init.d/ 這個目錄下，目錄下的所有檔案都是 scripts ； 另外，包括開機 (booting) 過程也都是利用 shell script 來幫忙搜尋系統的相關設定資料，然後再代入各個服務的設定參數啊！舉例來說，如果我們想要重新啟動系統登錄檔，可以使用：『/etc/init.d/rsyslogd restart』，那個 rsyslogd 檔案就是 script 啦！

另外，鳥哥曾經在某一代的 Fedora 上面發現，啟動 MySQL 這個資料庫服務時，確實是可以啟動的，但是螢幕上卻老是出現『failure』！後來才發現，原來是啟動 MySQL 那個 script 會主動的以『空的密碼』去嘗試登入 MySQL，但為了安全性鳥哥修改過 MySQL 的密碼囉～當然就登入失敗～後來改了改 script，就略去這個問題啦！如此說來，script 確實是需要學習的啊！

時至今日，雖然 /etc/init.d/* 這個腳本啟動的方式 (systemV) 已經被新一代的 systemd 所取代 (從 CentOS 7 開始)，但是很多的個別服務在管理它們的服務啟動方面，還是使用 shell script 的機制喔！所以，最好還是能夠熟悉啦！

◆ **簡單入侵偵測功能**

當我們的系統有異狀時，大多會將這些異狀記錄在系統記錄器，也就是我們常提到的『系統登錄檔』，那麼我們可以在固定的幾分鐘內主動的去分析系統登錄檔，若察覺有問題，就立刻通報管理員，或者是立刻加強防火牆的設定規則，如此一來，你的主機可就能夠達到『自我保護』的聰明學習功能啦～舉例來說，我們可以通過 shell script 去分析『當該封包嘗試幾次還是連線失敗之後，就予以抵擋住該 IP』之類的舉動，例如鳥哥寫過一個關於抵擋砍站軟體的 shell script，就是用這個想法去達成的呢！

◆ **連續指令單一化**

其實，對於新手而言，script 最簡單的功能就是：『**彙整一些在 command line 下達的連續指令，將它寫入 scripts 當中，而由直接執行 scripts 來啟動一連串的 command line 指令輸入！**』例如：防火牆連續規則 (iptables)，開機載入程序的項目 (就是在 /etc/rc.d/rc.local 裡頭的資料)，等等都是相似的功能啦！其實，說穿了，如果不考慮 program 的部分，那麼 scripts 也可以想成『僅是幫我們把一大串的指令彙整在一個檔案裡面，而直接執行該檔案就可以執行那一串又臭又長的指令段！』就是這麼簡單啦！

◆ **簡易的資料處理**

由前一章正規表示法的 awk 程式說明中，你可以發現，awk 可以用來處理簡單的數據資料呢！例如薪資單的處理啊等等的。shell script 的功能更強大，例如鳥哥曾經用 shell script 直接處理數據資料的比對啊，文字資料的處理啊等等的，撰寫方便，速度又快(因為在 Linux 效能較佳)，真的是很不錯用的啦！

舉例來說，鳥哥每學期都得要以學生的學號來建立他們能夠操作 Linux 的系統帳號，然後每個帳號還得要能夠有磁碟容量的限制 (quota) 以及相關的設定等等，那因為學校的校務系統提供的資料都是一整串學生資訊，並沒有單純的學號欄位，所以鳥哥就得要透過前幾章的方法搭配 shell script 來自動處理相關設定流程，這樣才不會每學期都頭疼一次啊！

◆ 跨平台支援與學習歷程較短

幾乎所有的 Unix Like 上面都可以跑 shell script，連 MS Windows 系列也有相關的 script 模擬器可以用，此外，shell script 的語法是相當親和的，看都看得懂的文字 (雖然是英文)，而不是機器碼，很容易學習～這些都是你可以加以考量的學習點啊！

上面這些都是你考慮學習 shell script 的特點～此外，shell script 還可以簡單的以 vim 來直接編寫，實在是很方便的好東西！所以，還是建議你學習一下啦。

不過，雖然 shell script 號稱是程式 (program)，但實際上，shell script 處理資料的速度上是不太夠的。因為 shell script 用的是外部的指令與 bash shell 的一些預設工具，所以，它常常會去呼叫外部的函式庫，因此，運算速度上面當然比不上傳統的程式語言。所以囉，**shell script 用在系統管理上面是很好的一項工具，但是用在處理大量數值運算上，就不夠好了，因為 Shell scripts 的速度較慢，且使用的 CPU 資源較多，造成主機資源的分配不良。**還好，我們通常利用 shell script 來處理伺服器的偵測，倒是沒有進行大量運算的需求啊！所以不必擔心的啦！

## 12.1.2 第一支 script 的撰寫與執行

如同前面講到的，shell script 其實就是純文字檔，我們可以編輯這個檔案，然後讓這個檔案來幫我們一次執行多個指令，或者是利用一些運算與邏輯判斷來幫我們達成某些功能。所以啦，要編輯這個檔案的內容時，當然就需要具備有 bash 指令下達的相關認識。下達指令需要注意的事項在第四章的開始下達指令小節內已經提過，有疑問請自行回去翻閱。在 shell script 的撰寫中還需要用到底下的注意事項：

1. 指令的執行是從上而下、從左而右的分析與執行。
2. 指令的下達就如同第四章內提到的：指令、選項與參數間的多個空白都會被忽略掉。
3. 空白行也將被忽略掉，並且 [tab] 按鍵所推開的空白同樣視為空白鍵。
4. 如果讀取到一個 Enter 符號 (CR)，就嘗試開始執行該行 (或該串) 命令。
5. 至於如果一行的內容太多，則可以使用『 \[enter] 』來延伸至下一行。
6. 『 # 』可做為註解！任何加在 # 後面的資料將全部被視為註解文字而被忽略！

如此一來，我們在 script 內所撰寫的程式，就會被一行一行的執行。現在我們假設你寫的這個程式檔名是 /home/dmtsai/shell.sh 好了，那如何執行這個檔案？很簡單，可以有底下幾個方法：

◆ **直接指令下達**：shell.sh 檔案必須要具備可讀與可執行 (rx) 的權限，然後：

　　■ **絕對路徑**：使用 /home/dmtsai/shell.sh 來下達指令。

　　■ **相對路徑**：假設工作目錄在 /home/dmtsai/，則使用 ./shell.sh 來執行。

　　■ **變數『PATH』功能**：將 shell.sh 放在 PATH 指定的目錄內，例如：~/bin/。

◆ **以 bash 程式來執行**：透過『 bash shell.sh 』或『 sh shell.sh 』來執行

反正重點就是要讓那個 shell.sh 內的指令可以被執行的意思啦！咦！那我為何需要使用『 ./shell.sh 』來下達指令？忘記了嗎？回去第十章內的指令搜尋順序查看一下，你就會知道原因了！同時，由於 CentOS 預設使用者家目錄下的 ~/bin 目錄會被設定到 ${PATH} 內，所以你也可以將 shell.sh 建立在 /home/dmtsai/bin/ 底下 ( ~/bin 目錄需要自行設定)。此時，若 shell.sh 在 ~/bin 內且具有 rx 的權限，那就直接輸入 shell.sh 即可執行該腳本程式！

那為何『 sh shell.sh 』也可以執行呢？這是因為 /bin/sh 其實就是 /bin/bash (連結檔)，使用 sh shell.sh 亦即告訴系統，我想要直接以 bash 的功能來執行 shell.sh 這個檔案內的相關指令的意思，所以此時你的 shell.sh 只要有 r 的權限即可被執行喔！而我們也可以利用 sh 的參數，如 -n 及 -x 來檢查與追蹤 shell.sh 的語法是否正確呢！ ^_^

◆ **撰寫第一支 script**

在武俠世界中，不論是哪個門派，要學武功要從掃地與蹲馬步做起，那麼要學程式呢？呵呵，肯定是由『秀出 Hello World！』 這個字眼開始的！OK！那麼鳥哥就先寫一支 script 給大家瞧一瞧：

```
[dmtsai@study ~]$ mkdir bin; cd bin
[dmtsai@study bin]$ vim hello.sh
#!/bin/bash
# Program:
#       This program shows "Hello World!" in your screen.
# History:
# 2015/07/16  VBird     First release
PATH=/bin:/sbin:/usr/bin:/usr/sbin:/usr/local/bin:/usr/local/sbin:~/bin
export PATH
echo -e "Hello World! \a \n"
exit 0
```

在本章當中，請將所有撰寫的 script 放置到你家目錄的 ~/bin 這個目錄內，未來比較好管理啦！上面的寫法當中，鳥哥主要將整個程式的撰寫分成數段，大致是這樣：

1. **第一行 #!/bin/bash 在宣告這個 script 使用的 shell 名稱**

   因為我們使用的是 bash，所以，必須要以『 #!/bin/bash 』來宣告這個檔案內的語法使用 bash 的語法！那麼當這個程式被執行時，它就能夠載入 bash 的相關環境設定檔 (一般來說就是 non-login shell 的 ~/.bashrc)，並且執行 bash 來使我們底下的指令能夠執行！這很重要的！(在很多狀況中，如果沒有設定好這一行，那麼該程式很可能會無法執行，因為系統可能無法判斷該程式需要使用什麼 shell 來執行啊！)

2. **程式內容的說明**

   整個 script 當中，除了第一行的『 #! 』是用來宣告 shell 的之外，其他的 # 都是『註解』用途！所以上面的程式當中，第二行以下就是用來說明整個程式的基本資料。一般來說，建議你一定要養成說明該 script 的：1. 內容與功能；2. 版本資訊；3. 作者與聯絡方式； 4. 建檔日期；5. 歷史紀錄 等等。這將有助於未來程式的改寫與 debug 呢！

3. **主要環境變數的宣告**

   建議務必要將一些重要的環境變數設定好，鳥哥個人認為，PATH 與 LANG (如果有使用到輸出相關的資訊時) 是當中最重要的！如此一來，則可讓我們這支程式在進行時，可以直接下達一些外部指令，而不必寫絕對路徑呢！比較方便啦！

4. **主要程式部分**

   就將主要的程式寫好即可！在這個例子當中，就是 echo 那一行啦！

5. **執行成果告知 (定義回傳值)**

   是否記得我們在第十章裡面要討論一個指令的執行成功與否，可以使用 $? 這個變數來觀察～**那麼我們也可以利用 exit 這個指令來讓程式中斷，並且回傳一個數值給系統**。在我們這個例子當中，鳥哥使用 exit 0，這代表**離開 script 並且回傳一個 0 給系統**，所以我執行完這個 script 後，若接著下達 echo $? 則可得到 0 的值喔！更聰明的讀者應該也知道了，呵呵！利用這個 exit n (n 是數字) 的功能，我們還可以自訂錯誤訊息，讓這支程式變得更加的 smart 呢！

   接下來透過剛剛上頭介紹的執行方法來執行看看結果吧！

```
[dmtsai@study bin]$ sh hello.sh
Hello World !
```

你會看到螢幕是這樣，而且應該還會聽到『咚』的一聲，為什麼呢？還記得前一章提到的 printf 吧？用 echo 接著那些特殊的按鍵也可以發生同樣的事情～不過，echo 必須要

加上 -e 的選項才行！呵呵！在你寫完這個小 script 之後，你就可以大聲的說：『我也會寫程式了』！哈哈！很簡單有趣吧～ ^_^

另外，你也可以利用：『chmod a＋x hello.sh; ./hello.sh』來執行這個 script 的呢！

### 12.1.3　撰寫 shell script 的良好習慣建立

一個良好習慣的養成是很重要的～大家在剛開始撰寫程式的時候，最容易忽略這部分，認為程式寫出來就好了，其他的不重要。其實，如果程式的說明能夠更清楚，那麼對你自己是有很大的幫助的。

舉例來說，鳥哥自己為了自己的需求，曾經撰寫了不少的 script 來幫我進行主機 IP 的偵測啊、登錄檔分析與管理啊、自動上傳下載重要設定檔啊等等的，不過，早期就是因為太懶了，管理的主機又太多了，常常同一個程式在不同的主機上面進行更改，到最後，到底哪一支才是最新的都記不起來，而且，重點是，我到底是改了哪裡？為什麼做那樣的修改？都忘的一乾二淨～真要命～

所以，後來鳥哥在寫程式的時候，通常會比較仔細的將程式的設計過程給它記錄下來，而且還會記錄一些歷史紀錄，如此一來，好多了～至少很容易知道我修改了哪些資料，以及程式修改的理念與邏輯概念等等，在維護上面是輕鬆很多很多的喔！

另外，在一些環境的設定上面，畢竟每個人的環境都不相同，為了取得較佳的執行環境，我都會自行先定義好一些一定會被用到的環境變數，例如 PATH 這個玩意兒！這樣比較好啦～所以說，建議你一定要養成良好的 script 撰寫習慣，在每個 script 的檔頭處記錄好：

◆ script 的功能

◆ script 的版本資訊

◆ script 的作者與聯絡方式

◆ script 的版權宣告方式

◆ script 的 History (歷史紀錄)

◆ script 內較特殊的指令，使用『絕對路徑』的方式來下達

◆ script 運作時需要的環境變數預先宣告與設定

除了記錄這些資訊之外，在較為特殊的程式碼部分，個人建議務必要加上註解說明，可以幫助你非常非常多！此外，程式碼的撰寫最好使用巢狀方式，在**包覆的內部程式碼最好能以 [tab] 按鍵的空格向後推**，這樣你的程式碼會顯的非常的漂亮與有條理！在查閱與 debug 上較為輕鬆愉快喔！另外，使用**撰寫 script 的工具最好使用 vim 而不是 vi**，因為 vim 會有額外的語法檢驗機制，能夠在第一階段撰寫時就發現語法方面的問題喔！

## 12.2 簡單的 shell script 練習

在第一支 shell script 撰寫完畢之後，相信你應該具有基本的撰寫功力了。接下來，在開始更深入的程式概念之前，我們先來玩一些簡單的小範例好了。底下的範例中，達成結果的方式相當的多，建議你先自行撰寫看看，寫完之後再與鳥哥寫的內容比對，這樣才能更加深概念喔！好！不囉唆，我們就一個一個來玩吧！

### 12.2.1 簡單範例

底下的範例在很多的腳本程式中都會用到，而底下的範例又都很簡單！值得參考看看喔！

◆ **對談式腳本：變數內容由使用者決定**

很多時候我們需要使用者輸入一些內容，好讓程式可以順利運作。簡單的來說，大家應該都有安裝過軟體的經驗，安裝的時候，它不是會問你『要安裝到那個目錄去』嗎？那個讓使用者輸入資料的動作，就是讓使用者輸入變數內容啦。

你應該還記得在十章 bash 的時候，我們有學到一個 read 指令吧？現在，請你以 read 指令的用途，撰寫一個 script，它可以讓使用者輸入：1. first name 與 2. last name，最後並且在螢幕上顯示：『Your full name is：』的內容：

```
[dmtsai@study bin]$ vim showname.sh
#!/bin/bash
# Program:
#   User inputs his first name and last name.  Program shows his full name.
# History:
# 2015/07/16 VBird     First release
PATH=/bin:/sbin:/usr/bin:/usr/sbin:/usr/local/bin:/usr/local/sbin:~/bin
export PATH

read -p "Please input your first name: " firstname     # 提示使用者輸入
read -p "Please input your last name: " lastname       # 提示使用者輸入
echo -e "\nYour full name is: ${firstname} ${lastname}" # 結果由螢幕輸出
```

將上面這個 showname.sh 執行一下，你就能夠發現使用者自己輸入的變數可以讓程式所取用，並且將它顯示到螢幕上！接下來，如果想要製作一個每次執行都會依據不同的日期而變化結果的腳本呢？

◆ **隨日期變化：利用 date 進行檔案的建立**

想像一個狀況，假設我的伺服器內有資料庫，資料庫每天的資料都不太一樣，因此當我備份時，希望將每天的資料都備份成不同的檔名，這樣才能夠讓舊的資料也能夠保存下來不被覆蓋。哇！不同檔名呢！這真困擾啊？難道要我每天去修改 script？

不需要啊！考慮每天的『日期』並不相同，所以我可以將檔名取成類似：backup.2015-07-16.data，不就可以每天一個不同檔名了嗎？呵呵！確實如此。那個 2015-07-16 怎麼來的？那就是重點啦！接下來出個相關的例子：假設我想要建立三個空的檔案 (透過 touch)，檔名最開頭由使用者輸入決定，假設使用者輸入 filename 好了，那今天的日期是 2015/07/16，我想要以前天、昨天、今天的日期來建立這些檔案，亦即 filename_20150714，filename_20150715，filename_20150716，該如何是好？

```
[dmtsai@study bin]$ vim create_3_filename.sh
#!/bin/bash
# Program:
#    Program creates three files, which named by user's input and date command.
# History:
# 2015/07/16 VBird     First release
PATH=/bin:/sbin:/usr/bin:/usr/sbin:/usr/local/bin:/usr/local/sbin:~/bin
export PATH

# 1. 讓使用者輸入檔案名稱，並取得 fileuser 這個變數；
echo -e "I will use 'touch' command to create 3 files." # 純粹顯示資訊
read -p "Please input your filename: " fileuser          # 提示使用者輸入

# 2. 為了避免使用者隨意按 Enter，利用變數功能分析檔名是否有設定？
filename=${fileuser:-"filename"}                # 開始判斷有否設定檔名

# 3. 開始利用 date 指令來取得所需要的檔名了；
date1=$(date --date='2 days ago' +%Y%m%d)   # 前兩天的日期
date2=$(date --date='1 days ago' +%Y%m%d)   # 前一天的日期
date3=$(date +%Y%m%d)                        # 今天的日期
file1=${filename}${date1}                    # 底下三行在設定檔名
file2=${filename}${date2}
file3=${filename}${date3}

# 4. 將檔名建立吧！
touch "${file1}"                             # 底下三行在建立檔案
touch "${file2}"
touch "${file3}"
```

上面的範例鳥哥使用了很多在第十章介紹過的概念：包括小指令『 $(command) 』的取得訊息、變數的設定功能、變數的累加以及利用 touch 指令輔助！如果你開始執行這個 create_3_filename.sh 之後，你可以進行兩次執行：一次直接按 [enter] 來查閱檔名是啥？一次可以輸入一些字元，這樣可以判斷你的腳本是否設計正確喔！

◆ **數值運算：簡單的加減乘除**

各位看官應該還記得，我們可以使用 declare 來定義變數的類型吧？當變數定義成為整數後才能夠進行加減運算啊！此外，我們也可以利用『 $((計算式)) 』來進行數值運算的。可惜的是，bash shell 裡頭預設僅支援到整數的資料而已。OK！那我們來玩玩看，如果我們要使用者輸入兩個變數，然後將兩個變數的內容相乘，最後輸出相乘的結果，那可以怎麼做？

```
[dmtsai@study bin]$ vim multiplying.sh
#!/bin/bash
# Program:
#     User inputs 2 integer numbers; program will cross these two numbers.
# History:
# 2015/07/16  VBird     First release
PATH=/bin:/sbin:/usr/bin:/usr/sbin:/usr/local/bin:/usr/local/sbin:~/bin
export PATH
echo -e "You SHOULD input 2 numbers, I will multiplying them ! \n"
read -p "first number : " firstnu
read -p "second number :" secnu
total=$((${firstnu}*${secnu}))
echo -e "\nThe result of ${firstnu} x ${secnu} is ==> ${total}"
```

在數值的運算上，我們可以使用『 declare -i total=${firstnu}*${secnu} 』也可以使用上面的方式來進行！基本上，鳥哥比較建議使用這樣的方式來進行運算：

var=$((運算內容))

不但容易記憶，而且也比較方便的多，因為兩個小括號內可以加上空白字元喔！未來你可以使用這種方式來計算的呀！至於數值運算上的處理，則有：『 +, -, *, /, % 』等等。那個 % 是取餘數啦～舉例來說，13 對 3 取餘數，結果是 13=4*3+1，所以餘數是 1 啊！就是：

```
[dmtsai@study bin]$ echo $(( 13 % 3 ))
1
```

這樣瞭解了吧？另外，如果你想要計算含有小數點的資料時，其實可以透過 bc 這個指令的協助喔！例如可以這樣做：

```
[dmtsai@study bin]$ echo "123.123*55.9" | bc
6882.575
```

了解了 bc 的妙用之後，來讓我們測試一下如何計算 pi 這個東西呢？

◆ **數值運算：透過 bc 計算 pi**

其實計算 pi 時，小數點以下位數可以無限制的延伸下去！而 bc 有提供一個運算 pi 的函式，只是想要使用該函式必須要使用 bc -l 來呼叫才行。也因為這個小數點以下位數可以無線延伸運算的特性存在，所以我們可以透過底下這支小腳本來讓使用者輸入一個『小數點為數值』，以讓 pi 能夠更準確！

```
[dmtsai@study bin]$ vim cal_pi.sh
#!/bin/bash
# Program:
#    User input a scale number to calculate pi number.
# History:
# 2015/07/16  VBird     First release
PATH=/bin:/sbin:/usr/bin:/usr/sbin:/usr/local/bin:/usr/local/sbin:~/bin
export PATH
echo -e "This program will calculate pi value. \n"
echo -e "You should input a float number to calculate pi value.\n"
read -p "The scale number (10~10000)？" checking
num=${checking:-"10"}              # 開始判斷有否有輸入數值
echo -e "Starting calcuate pi value.  Be patient."
time echo "scale=${num}; 4*a(1)" | bc -lq
```

上述資料中，那個 4*a(1) 是 bc 主動提供的一個計算 pi 的函數，至於 scale 就是要 bc 計算幾個小數點下位數的意思。當 scale 的數值越大，代表 pi 要被計算的越精確，當然用掉的時間就會越多！因此，你可以嘗試輸入不同的數值看看！不過，最好是不要超過 5000 啦！因為會算很久！如果你要讓你的 CPU 隨時保持在高負載，這個程式算下去你就會知道有多操 CPU 囉！^ _ ^

鳥哥的實驗室中，為了要確認虛擬機的效率問題，所以很多時候需要保持虛擬機在忙碌的狀態～鳥哥的學生就是丟這支程式進去系統跑！但是將 scale 調高一些，那計算就得要花比較多時間～用以達到我們需要 CPU 忙碌的狀態喔！

## 12.2.2 script 的執行方式差異 (source, sh script, ./script)

不同的 script 執行方式會造成不一樣的結果喔！尤其影響 bash 的環境很大呢！腳本的執行方式除了前面小節談到的方式之外，還可以利用 source 或小數點 (.) 來執行喔！那麼這種執行方式有何不同呢？當然是不同的啦！讓我們來說說！

◆ **利用直接執行的方式來執行 script**

當使用前一小節提到的直接指令下達 (不論是絕對路徑/相對路徑還是 ${PATH} 內)，或者是利用 bash (或 sh) 來下達腳本時，該 script 都會使用一個新的 bash 環境來執行腳本內的指令！也就是說，使用這種執行方式時，其實 script 是在子程序的 bash 內執行的！我們在第十章 BASH 內談到 export 的功能時，曾經就父程序/子程序談過一些概念性的問題，重點在於：『**當子程序完成後，在子程序內的各項變數或動作將會結束而不會傳回到父程序中**』！這是什麼意思呢？

我們舉剛剛提到過的 showname.sh 這個腳本來說明好了，這個腳本可以讓使用者自行設定兩個變數，分別是 firstname 與 lastname，想一想，如果你直接執行該指令時，該指令幫你設定的 firstname 會不會生效？看一下底下的執行結果：

```
[dmtsai@study bin]$ echo ${firstname} ${lastname}
    <==確認了，這兩個變數並不存在喔！
[dmtsai@study bin]$ sh showname.sh
Please input your first name：VBird <==這個名字是鳥哥自己輸入的
Please input your last name： Tsai

Your full name is：VBird Tsai        <==看吧！在 script 運作中，這兩個變數有生效
[dmtsai@study bin]$ echo ${firstname} ${lastname}
    <==事實上，這兩個變數在父程序的 bash 中還是不存在的！
```

上面的結果你應該會覺得很奇怪，怎麼我已經利用 showname.sh 設定好的變數竟然在 bash 環境底下無效！怎麼回事呢？如果將程序相關性繪製成圖的話，我們以下圖來說明。當你使用直接執行的方法來處理時，系統會給予一支新的 bash 讓我們來執行 showname.sh 裡面的指令，因此你的 firstname，lastname 等變數其實是在下圖中的子程序 bash 內執行的。當 showname.sh 執行完畢後，子程序 bash 內的所有資料便被移除，因此上表的練習中，在父程序底下 echo ${firstname} 時，就看不到任何東西了！這樣可以理解嗎？

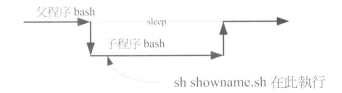

圖 12.2.1 showname.sh 在子程序當中運作的示意圖

◆ **利用 source 來執行腳本：在父程序中執行**

如果你使用 source 來執行指令那就不一樣了！同樣的腳本我們來執行看看：

```
[dmtsai@study bin]$ source showname.sh
Please input your first name：VBird
Please input your last name： Tsai

Your full name is：VBird Tsai
[dmtsai@study bin]$ echo ${firstname} ${lastname}
VBird Tsai   <==嘿嘿！有資料產生喔！
```

竟然生效了！沒錯啊！因為 source 對 script 的執行方式可以使用底下的圖示來說明！showname.sh 會在父程序中執行的，因此各項動作都會在原本的 bash 內生效！這也是為啥你不登出系統而要讓某些寫入 ~/.bashrc 的設定生效時，需要使用『 source ~/.bashrc 』而不能使用『 bash ~/.bashrc 』是一樣的啊！

圖 12.2.2 showname.sh 在父程序當中運作的示意圖

## 12.3 善用判斷式

在第十章中，我們提到過 $? 這個變數所代表的意義，此外，也透過 && 及 || 來作為前一個指令執行回傳值對於後一個指令是否要進行的依據。第十章的討論中，如果想要判斷一個目錄是否存在，當時我們使用的是 ls 這個指令搭配資料流重導向，最後配合 $? 來決定後續的指令進行與否。但是否有更簡單的方式可以來進行『條件判斷』呢？有的～那就是『 test 』這個指令。

## 12.3.1 利用 test 指令的測試功能

當我要檢測系統上面某些檔案或者是相關的屬性時，利用 test 這個指令來工作真是好用得不得了，舉例來說，我要檢查 /dmtsai 是否存在時，使用：

```
[dmtsai@study ~]$ test -e /dmtsai
```

執行結果並不會顯示任何訊息，但最後我們可以透過 $? 或 && 及 || 來展現整個結果呢！例如我們在將上面的例子改寫成這樣：

```
[dmtsai@study ~]$ test -e /dmtsai && echo "exist" || echo "Not exist"
Not exist   <==結果顯示不存在啊！
```

最終的結果可以告知我們是『exist』還是『Not exist』呢！那我知道 -e 是測試一個『東西』在不在，如果還想要測試一下該檔名是啥玩意兒時，還有哪些標誌可以來判斷的呢？呵呵！有底下這些東西喔！

| 測試的標誌 | 代表意義 |
|---|---|
| 1. 關於某個檔名的『檔案類型』判斷，如 test -e filename 表示存在否 ||
| -e | 該『檔名』是否存在？(常用) |
| -f | 該『檔名』是否存在且為檔案(file)？(常用) |
| -d | 該『檔名』是否存在且為目錄(directory)？(常用) |
| -b | 該『檔名』是否存在且為一個 block device 裝置？ |
| -c | 該『檔名』是否存在且為一個 character device 裝置？ |
| -S | 該『檔名』是否存在且為一個 Socket 檔案？ |
| -p | 該『檔名』是否存在且為一個 FIFO (pipe) 檔案？ |
| -L | 該『檔名』是否存在且為一個連結檔？ |
| 2. 關於檔案的權限偵測，如 test -r filename 表示可讀否 (但 root 權限常有例外) ||
| -r | 偵測該檔名是否存在且具有『可讀』的權限？ |
| -w | 偵測該檔名是否存在且具有『可寫』的權限？ |
| -x | 偵測該檔名是否存在且具有『可執行』的權限？ |
| -u | 偵測該檔名是否存在且具有『SUID』的屬性？ |
| -g | 偵測該檔名是否存在且具有『SGID』的屬性？ |
| -k | 偵測該檔名是否存在且具有『Sticky bit』的屬性？ |
| -s | 偵測該檔名是否存在且為『非空白檔案』？ |

| 測試的標誌 | 代表意義 |
|---|---|
| **3. 兩個檔案之間的比較，如：test file1 -nt file2** | |
| -nt | (newer than)判斷 file1 是否比 file2 新 |
| -ot | (older than)判斷 file1 是否比 file2 舊 |
| -ef | 判斷 file1 與 file2 是否為同一檔案，可用在判斷 hard link 的判定上。主要意義在判定，兩個檔案是否均指向同一個 inode 哩！ |
| **4. 關於兩個整數之間的判定，例如 test n1 -eq n2** | |
| -eq | 兩數值相等 (equal) |
| -ne | 兩數值不等 (not equal) |
| -gt | n1 大於 n2 (greater than) |
| -lt | n1 小於 n2 (less than) |
| -ge | n1 大於等於 n2 (greater than or equal) |
| -le | n1 小於等於 n2 (less than or equal) |
| **5. 判定字串的資料** | |
| test -z string | 判定字串是否為 0 ？若 string 為空字串，則為 true |
| test -n string | 判定字串是否非為 0 ？若 string 為空字串，則為 false。註：-n 亦可省略 |
| test str1 == str2 | 判定 str1 是否等於 str2，若相等，則回傳 true |
| test str1 != str2 | 判定 str1 是否不等於 str2，若相等，則回傳 false |
| **6. 多重條件判定，例如：test -r filename -a -x filename** | |
| -a | (and)兩狀況同時成立！例如 test -r file -a -x file，則 file 同時具有 r 與 x 權限時，才回傳 true。 |
| -o | (or)兩狀況任何一個成立！例如 test -r file -o -x file，則 file 具有 r 或 x 權限時，就可回傳 true。 |
| ! | 反相狀態，如 test ! -x file，當 file 不具有 x 時，回傳 true |

OK！現在我們就利用 test 來幫我們寫幾個簡單的例子。首先，判斷一下，讓使用者輸入一個檔名，我們判斷：

1. 這個檔案是否存在，若不存在則給予一個『Filename does not exist』的訊息，並中斷程式。

2. 若這個檔案存在，則判斷它是個檔案或目錄，結果輸出『Filename is regular file』或『Filename is directory』。

3. 判斷一下，執行者的身份對這個檔案或目錄所擁有的權限，並輸出權限資料！

你可以先自行創作看看，然後再跟底下的結果討論討論。注意利用 test 與 && 還有 ||等標誌！

```
[dmtsai@study bin]$ vim file_perm.sh
#!/bin/bash
# Program:
#   User input a filename, program will check the flowing:
#   1.) exist?2.) file/directory?3.) file permissions
# History:
# 2015/07/16 VBird     First release
PATH=/bin:/sbin:/usr/bin:/usr/sbin:/usr/local/bin:/usr/local/sbin:~/bin
export PATH

# 1. 讓使用者輸入檔名，並且判斷使用者是否真的有輸入字串？
echo -e "Please input a filename, I will check the filename's type and permission.
\n\n"
read -p "Input a filename：" filename
test -z ${filename} && echo "You MUST input a filename." && exit 0
# 2. 判斷檔案是否存在？若不存在則顯示訊息並結束腳本
test ! -e ${filename} && echo "The filename '${filename}' DO NOT exist" && exit 0
# 3. 開始判斷檔案類型與屬性
test -f ${filename} && filetype="regulare file"
test -d ${filename} && filetype="directory"
test -r ${filename} && perm="readable"
test -w ${filename} && perm="${perm} writable"
test -x ${filename} && perm="${perm} executable"
# 4. 開始輸出資訊！
echo "The filename：${filename} is a ${filetype}"
echo "And the permissions for you are：${perm}"
```

如果你執行這個腳本後，它會依據你輸入的檔名來進行檢查喔！先看是否存在，再看為檔案或目錄類型，最後判斷權限。但是你必須要注意的是，**由於 root 在很多權限的限制上面都是無效的，所以使用 root 執行這個腳本時，常常會發現與 ls -l 觀察到的結果並不相同！**所以，建議使用一般使用者來執行這個腳本試看看。

## 12.3.2 利用判斷符號 [ ]

除了我們很喜歡使用的 test 之外，其實，我們還可以利用判斷符號『 [ ] 』(就是中括號啦) 來進行資料的判斷呢！舉例來說，如果我想要知道 ${HOME} 這個變數是否為空的，可以這樣做：

```
[dmtsai@study ~]$ [ -z "${HOME}" ] ; echo $?
```

使用中括號必須要特別注意,因為中括號用在很多地方,包括萬用字元與正規表示法等等,所以如果要在 bash 的語法當中使用中括號作為 shell 的判斷式時,必須要注意**中括號的兩端需要有空白字元來分隔喔**!假設我空白鍵使用『□』符號來表示,那麼,在這些地方你都需要有空白鍵:

```
[  "$HOME"  ==  "$MAIL"  ]
[□"$HOME"□==□"$MAIL"□]
 ↑        ↑         ↑           ↑
```

你會發現鳥哥在上面的判斷式當中使用了兩個等號『 == 』。其實在 bash 當中使用一個等號與兩個等號的結果是一樣的!不過在一般慣用程式的寫法中,一個等號代表『變數的設定』,兩個等號則是代表『邏輯判斷 (是與否之意)』。由於我們在中括號內重點在於『判斷』而非『設定變數』,因此鳥哥建議你還是使用兩個等號較佳!

上面的例子在說明,兩個字串 ${HOME} 與 ${MAIL} 是否相同的意思,相當於 test ${HOME} == ${MAIL} 的意思啦!而如果沒有空白分隔,例如 [${HOME}==${MAIL}] 時,我們的 bash 就會顯示錯誤訊息了!這可要很注意啊!所以說,你最好要注意:

◆ **在中括號 [] 內的每個元件都需要有空白鍵來分隔。**

◆ **在中括號內的變數,最好都以雙引號括號起來。**

◆ **在中括號內的常數,最好都以單或雙引號括號起來。**

為什麼要這麼麻煩啊?直接舉例來說,假如我設定了 name="VBird Tsai",然後這樣判定:

```
[dmtsai@study ~]$ name="VBird Tsai"
[dmtsai@study ~]$ [ ${name} == "VBird" ]
bash : [ : too many arguments
```

見鬼了!怎麼會發生錯誤啊?bash 還跟我說錯誤是由於『太多參數 (arguments)』所致!為什麼呢?因為 ${name} 如果沒有使用雙引號刮起來,那麼上面的判定式會變成:

```
[ VBird Tsai == "VBird" ]
```

上面肯定不對嘛!因為一個判斷式僅能有兩個資料的比對,上面 VBird 與 Tsai 還有 "VBird" 就有三個資料!這不是我們要的!我們要的應該是底下這個樣子:

```
[ "VBird Tsai" == "VBird" ]
```

這可是差很多的喔！另外，中括號的使用方法與 test 幾乎一模一樣啊～只是中括號比較常用在條件判斷式 if ..... then ..... fi 的情況中就是了。好，那我們也使用中括號的判斷來做一個小案例好了，案例設定如下：

1. 當執行一個程式的時候，這個程式會讓使用者選擇 Y 或 N。
2. 如果使用者輸入 Y 或 y 時，就顯示『 OK，continue 』。
3. 如果使用者輸入 n 或 N 時，就顯示『 Oh，interrupt！』。
4. 如果不是 Y/y/N/n 之內的其他字元，就顯示『 I don't know what your choice is 』。

   利用中括號、&& 與 || 來繼續吧！

```
[dmtsai@study bin]$ vim ans_yn.sh
#!/bin/bash
# Program:
#    This program shows the user's choice
# History:
# 2015/07/16 VBird     First release
PATH=/bin:/sbin:/usr/bin:/usr/sbin:/usr/local/bin:/usr/local/sbin:~/bin
export PATH

read -p "Please input (Y/N): " yn
[ "${yn}" == "Y" -o "${yn}" == "y" ] && echo "OK, continue" && exit 0
[ "${yn}" == "N" -o "${yn}" == "n" ] && echo "Oh, interrupt!" && exit 0
echo "I don't know what your choice is" && exit 0
```

由於輸入正確 (Yes) 的方法有大小寫之分，不論輸入大寫 Y 或小寫 y 都是可以的，此時判斷式內就得要有兩個判斷才行！由於是任何一個成立即可 (大寫或小寫的 y)，所以這裡使用 -o (或) 連結兩個判斷喔！很有趣吧！利用這個字串判別的方法，我們就可以很輕鬆的將使用者想要進行的工作分門別類呢！接下來，我們再來談一些其他有的沒有的東西吧！

### 12.3.3  Shell script 的預設變數 ($0, $1...)

我們知道指令可以帶有選項與參數，例如 ls -la 可以查看包含隱藏檔的所有屬性與權限。那麼 shell script 能不能在腳本檔名後面帶有參數呢？很有趣喔！舉例來說，如果你想要重新啟動系統的網路，可以這樣做：

```
[dmtsai@study ~]$ file /etc/init.d/network
/etc/init.d/network: Bourne-Again shell script, ASCII text executable
# 使用 file 來查詢後，系統告知這個檔案是個 bash 的可執行 script 喔！
[dmtsai@study ~]$ /etc/init.d/network restart
```

restart 是重新啟動的意思，上面的指令可以『重新啟動 /etc/init.d/network 這支程式』的意思！唔！那麼如果你在 /etc/init.d/network 後面加上 stop 呢？沒錯！就可以直接關閉該服務了！這麼神奇啊？沒錯啊！如果你要依據程式的執行給予一些變數去進行不同的任務時，本章一開始是使用 read 的功能！但 read 功能的問題是你得要手動由鍵盤輸入一些判斷式。如果透過指令後面接參數，那麼一個指令就能夠處理完畢而不需要手動再次輸入一些變數行為！這樣下達指令會比較簡單方便啦！

script 是怎麼達成這個功能的呢？其實 script 針對參數已經有設定好一些變數名稱了！對應如下：

```
/path/to/scriptname  opt1  opt2  opt3  opt4
        $0            $1    $2    $3    $4
```

這樣夠清楚了吧？執行的腳本檔名為 $0 這個變數，第一個接的參數就是 $1 啊～所以，只要我們在 script 裡面善用 $1 的話，就可以很簡單的立即下達某些指令功能了！除了這些數字的變數之外，我們還有一些較為特殊的變數可以在 script 內使用來呼叫這些參數喔！

◆ **$#**：代表後接的參數『個數』，以上表為例這裡顯示為『 4 』。

◆ **$@**：代表『 "$1" "$2" "$3" "$4" 』之意，每個變數是獨立的(用雙引號括起來)。

◆ **$\***：代表『 "$1c$2c$3c$4" 』，其中 c 為分隔字元，預設為空白鍵，所以本例中代表『 "$1 $2 $3 $4" 』之意。

那個 $@ 與 $* 基本上還是有所不同啦！不過，一般使用情況下可以直接記憶 $@ 即可！好了，來做個例子吧～假設我要執行一個可以攜帶參數的 script，執行該腳本後螢幕會顯示如下的資料：

◆ 程式的檔名為何？

◆ 共有幾個參數？

◆ 若參數的個數小於 2，則告知使用者參數數量太少。

◆ 全部的參數內容為何？

◆ 第一個參數為何？

◆ 第二個參數為何

```
[dmtsai@study bin]$ vim how_paras.sh
#!/bin/bash
# Program:
#    Program shows the script name, parameters...
# History:
```

```
# 2015/07/16  VBird      First release
PATH=/bin:/sbin:/usr/bin:/usr/sbin:/usr/local/bin:/usr/local/sbin:~/bin
export PATH

echo "The script name is         ==> ${0}"
echo "Total parameter number is ==> $#"
[ "$#" -lt 2 ] && echo "The number of parameter is less than 2.  Stop here." && exit
echo "Your whole parameter is    ==> '$@'"
echo "The 1st parameter          ==> ${1}"
echo "The 2nd parameter          ==> ${2}"
```

執行結果如下：

```
[dmtsai@study bin]$ sh how_paras.sh theone haha quot
The script name is         ==> how_paras.sh        <==檔名
Total parameter number is ==> 3                    <==果然有三個參數
Your whole parameter is    ==> 'theone haha quot'  <==參數的內容全部
The 1st parameter          ==> theone              <==第一個參數
The 2nd parameter          ==> haha                <==第二個參數
```

◆ shift：造成參數變數號碼偏移

除此之外，腳本後面所接的變數是否能夠進行偏移 (shift) 呢？什麼是偏移啊？我們直接以底下的範例來說明好了，用範例說明比較好解釋！我們將 how_paras.sh 的內容稍作變化一下，用來顯示每次偏移後參數的變化情況：

```
[dmtsai@study bin]$ vim shift_paras.sh
#!/bin/bash
# Program:
#    Program shows the effect of shift function.
# History:
# 2009/02/17  VBird      First release
PATH=/bin:/sbin:/usr/bin:/usr/sbin:/usr/local/bin:/usr/local/sbin:~/bin
export PATH

echo "Total parameter number is ==> $#"
echo "Your whole parameter is    ==> '$@'"
shift    # 進行第一次『一個變數的 shift 』
echo "Total parameter number is ==> $#"
echo "Your whole parameter is    ==> '$@'"
shift 3  # 進行第二次『三個變數的 shift 』
echo "Total parameter number is ==> $#"
echo "Your whole parameter is    ==> '$@'"
```

這玩意的執行成果如下：

```
[dmtsai@study bin]$ sh shift_paras.sh one two three four five six <==給予六個參數
Total parameter number is ==> 6    <==最原始的參數變數情況
Your whole parameter is   ==> 'one two three four five six'
Total parameter number is ==> 5    <==第一次偏移，看底下發現第一個 one 不見了
Your whole parameter is   ==> 'two three four five six'
Total parameter number is ==> 2    <==第二次偏移掉三個，two three four 不見了
Your whole parameter is   ==> 'five six'
```

光看結果你就可以知道啦，那個 shift 會移動變數，而且 shift 後面可以接數字，代表拿掉最前面的幾個參數的意思。上面的執行結果中，第一次進行 shift 後它的顯示情況是『 ~~one~~ two three four five six』，所以就剩下五個啦！第二次直接拿掉三個，就變成『 ~~two three four~~ five six 』啦！這樣這個案例可以瞭解了嗎？理解了 shift 的功能了嗎？

上面這幾個例子都很簡單吧？幾乎都是利用 bash 的相關功能而已～不難啦～底下我們就要使用條件判斷式來進行一些分別功能的設定了，好好瞧一瞧先～

## 12.4 條件判斷式

只要講到『程式』的話，那麼條件判斷式，亦即是『 if then 』這種判別式肯定一定要學習的！因為很多時候，我們都必須要依據某些資料來判斷程式該如何進行。舉例來說，我們在上頭的 ans_yn.sh 討論輸入回應的範例中不是有練習當使用者輸入 Y/N 時，必須要執行不同的訊息輸出嗎？簡單的方式可以利用 && 與 ||，但如果我還想要執行一堆指令呢？那真的得要 if then 來幫忙囉～底下我們就來聊一聊！

### 12.4.1 利用 if .... then

這個 if .... then 是最常見的條件判斷式了～簡單的說，就是當符合某個條件判斷的時候，就予以進行某項工作就是了。這個 if ... then 的判斷還有多層次的情況！我們分別介紹如下：

◆ **單層、簡單條件判斷式**

如果你只有一個判斷式要進行，那麼我們可以簡單的這樣看：

```
if [ 條件判斷式 ]; then
     當條件判斷式成立時，可以進行的指令工作內容；
fi    <==將 if 反過來寫，就成為 fi 啦！結束 if 之意！
```

至於條件判斷式的判斷方法，與前一小節的介紹相同啊！較特別的是，如果我有多個條件要判別時，除了 ans_yn.sh 那個案例所寫的，也就是『將多個條件寫入一個中括號內的情況』之外，我還可以有多個中括號來隔開喔！而括號與括號之間，則以 && 或 || 來隔開，它們的意義是：

- && 代表 AND

- || 代表 or

所以，在使用中括號的判斷式中，&& 及 || 就與指令下達的狀態不同了。舉例來說，ans_yn.sh 裡面的判斷式可以這樣修改：

```
[ "${yn}" == "Y" -o "${yn}" == "y" ]
上式可替換為
[ "${yn}" == "Y" ] || [ "${yn}" == "y" ]
```

之所以這樣改，很多人是習慣問題！很多人則是喜歡一個中括號僅有一個判別式的原因。好了，現在我們來將 ans_yn.sh 這個腳本修改成為 if ... then 的樣式來看看：

```
[dmtsai@study bin]$ cp ans_yn.sh ans_yn-2.sh   <==用複製來修改的比較快！
[dmtsai@study bin]$ vim ans_yn-2.sh
#!/bin/bash
# Program:
#       This program shows the user's choice
# History:
# 2015/07/16    VBird   First release
PATH=/bin:/sbin:/usr/bin:/usr/sbin:/usr/local/bin:/usr/local/sbin:~/bin
export PATH

read -p "Please input (Y/N): " yn

if [ "${yn}" == "Y" ] || [ "${yn}" == "y" ]; then
    echo "OK, continue"
    exit 0
fi
if [ "${yn}" == "N" ] || [ "${yn}" == "n" ]; then
    echo "Oh, interrupt!"
    exit 0
fi
echo "I don't know what your choice is" && exit 0
```

不過，由這個例子看起來，似乎也沒有什麼了不起吧？原本的 ans_yn.sh 還比較簡單呢～但是如果以邏輯概念來看，其實上面的範例中，我們使用了兩個條件判斷呢！明明僅

有一個 ${yn} 的變數,為何需要進行兩次比對呢?此時,多重條件判斷就能夠來測試測試囉!

◆ **多重、複雜條件判斷式**

在同一個資料的判斷中,如果該資料需要進行多種不同的判斷時,應該怎麼做?舉例來說,上面的 ans_yn.sh 腳本中,我們只要進行一次 ${yn} 的判斷就好 (僅進行一次 if),不想要作多次 if 的判斷。此時你就得要知道底下的語法了:

```
# 一個條件判斷,分成功進行與失敗進行 (else)
if [ 條件判斷式 ]; then
    當條件判斷式成立時,可以進行的指令工作內容;
else
    當條件判斷式不成立時,可以進行的指令工作內容;
fi
```

如果考慮更複雜的情況,則可以使用這個語法:

```
# 多個條件判斷 (if ... elif ... elif ... else) 分多種不同情況執行
if [ 條件判斷式一 ]; then
    當條件判斷式一成立時,可以進行的指令工作內容;
elif [ 條件判斷式二 ]; then
    當條件判斷式二成立時,可以進行的指令工作內容;
else
    當條件判斷式一與二均不成立時,可以進行的指令工作內容;
fi
```

你得要注意的是,elif 也是個判斷式,因此出現 elif 後面都要接 then 來處理!但是 else 已經是最後的沒有成立的結果了,所以 else 後面並沒有 then 喔!好!我們來將 ans_yn-2.sh 改寫成這樣:

```
[dmtsai@study bin]$ cp ans_yn-2.sh ans_yn-3.sh
[dmtsai@study bin]$ vim ans_yn-3.sh
#!/bin/bash
# Program:
#       This program shows the user's choice
# History:
# 2015/07/16    VBird   First release
PATH=/bin:/sbin:/usr/bin:/usr/sbin:/usr/local/bin:/usr/local/sbin:~/bin
export PATH

read -p "Please input (Y/N): " yn
```

```
if [ "${yn}" == "Y" ] || [ "${yn}" == "y" ]; then
    echo "OK, continue"
elif [ "${yn}" == "N" ] || [ "${yn}" == "n" ]; then
    echo "Oh, interrupt!"
else
    echo "I don't know what your choice is"
fi
```

是否程式變得很簡單，而且依序判斷，可以避免掉重複判斷的狀況，這樣真的很容易設計程式的啦！^_^ 好了，讓我們再來進行另外一個案例的設計。一般來說，如果你不希望使用者由鍵盤輸入額外的資料時，可以使用上一節提到的參數功能 ($1)！讓使用者在下達指令時就將參數帶進去！現在我們想讓使用者輸入『 hello 』這個關鍵字時，利用參數的方法可以這樣依序設計：

1. 判斷 $1 是否為 hello，如果是的話，就顯示 "Hello，how are you？"。

2. 如果沒有加任何參數，就提示使用者必須要使用的參數下達法。

3. 而如果加入的參數不是 hello，就提醒使用者僅能使用 hello 為參數。

整個程式的撰寫可以是這樣的：

```
[dmtsai@study bin]$ vim hello-2.sh
#!/bin/bash
# Program:
#   Check $1 is equal to "hello"
# History:
# 2015/07/16 VBird    First release
PATH=/bin:/sbin:/usr/bin:/usr/sbin:/usr/local/bin:/usr/local/sbin:~/bin
export PATH

if [ "${1}" == "hello" ]; then
    echo "Hello, how are you？"
elif [ "${1}" == "" ]; then
    echo "You MUST input parameters, ex> {${0} someword}"
else
    echo "The only parameter is 'hello', ex> {${0} hello}"
fi
```

然後你可以執行這支程式，分別在 $1 的位置輸入 hello，沒有輸入與隨意輸入，就可以看到不同的輸出囉～是否還覺得挺簡單的啊！^_^ 事實上，學到這裡，也真的很厲害了～好了，底下我們繼續來玩一些比較大一點的計畫囉～

我們在第十章已經學會了 grep 這個好用的玩意兒，那麼多學一個叫做 netstat 的指令，這個指令可以查詢到目前主機有開啟的網路服務埠口 (service ports)，相關的功能我們會在伺服器架設篇繼續介紹，這裡你只要知道，我可以利用『netstat -tuln』來取得目前主機有啟動的服務，而且取得的資訊有點像這樣：

```
[dmtsai@study ~]$ netstat -tuln
Active Internet connections (only servers)
Proto Recv-Q Send-Q Local Address           Foreign Address         State
tcp        0      0 0.0.0.0:22              0.0.0.0:*               LISTEN
tcp        0      0 127.0.0.1:25            0.0.0.0:*               LISTEN
tcp6       0      0 :::22                   :::*                    LISTEN
tcp6       0      0 ::1:25                  :::*                    LISTEN
udp        0      0 0.0.0.0:123             0.0.0.0:*
udp        0      0 0.0.0.0:5353            0.0.0.0:*
udp        0      0 0.0.0.0:44326           0.0.0.0:*
udp        0      0 127.0.0.1:323           0.0.0.0:*
udp6       0      0 :::123                  :::*
udp6       0      0 ::1:323                 :::*
#封包格式              本地IP:埠口              遠端IP:埠口              是否監聽
```

上面的重點是『Local Address (本地主機的 IP 與埠口對應)』那個欄位，它代表的是本機所啟動的網路服務！IP 的部分說明的是該服務位於那個介面上，若為 127.0.0.1 則是僅針對本機開放，若是 0.0.0.0 或 ::: 則代表對整個 Internet 開放 (更多資訊請參考伺服器架設篇的介紹)。每個埠口 (port) 都有其特定的網路服務，幾個常見的 port 與相關網路服務的關係是：

- 80：WWW
- 22：ssh
- 21：ftp
- 25：mail
- 111：RPC(遠端程序呼叫)
- 631：CUPS(列印服務功能)

假設我的主機有興趣要偵測的是比較常見的 port 21，22，25 及 80 時，那我如何透過 netstat 去偵測我的主機是否有開啟這四個主要的網路服務埠口呢？由於每個服務的關鍵字都是接在冒號『:』後面，所以可以藉由擷取類似『:80』來偵測的！那我就可以簡單的這樣去寫這個程式喔：

```
[dmtsai@study bin]$ vim netstat.sh
```

```
#!/bin/bash
# Program:
#   Using netstat and grep to detect WWW,SSH,FTP and Mail services.
# History:
# 2015/07/16 VBird    First release
PATH=/bin:/sbin:/usr/bin:/usr/sbin:/usr/local/bin:/usr/local/sbin:~/bin
export PATH

# 1. 先作一些告知的動作而已～
echo "Now, I will detect your Linux server's services!"
echo -e "The www, ftp, ssh, and mail(smtp) will be detect ! \n"

# 2. 開始進行一些測試的工作，並且也輸出一些資訊囉！
testfile=/dev/shm/netstat_checking.txt
netstat -tuln > ${testfile}            # 先轉存資料到記憶體當中！不用一直執行 netstat
testing=$(grep ":80 " ${testfile})     # 偵測看 port 80 在否？
if [ "${testing}" != "" ]; then
    echo "WWW is running in your system."
fi
testing=$(grep ":22 " ${testfile})     # 偵測看 port 22 在否？
if [ "${testing}" != "" ]; then
    echo "SSH is running in your system."
fi
testing=$(grep ":21 " ${testfile})     # 偵測看 port 21 在否？
if [ "${testing}" != "" ]; then
    echo "FTP is running in your system."
fi
testing=$(grep ":25 " ${testfile})     # 偵測看 port 25 在否？
if [ "${testing}" != "" ]; then
    echo "Mail is running in your system."
fi
```

實際執行這支程式你就可以看到你的主機有沒有啟動這些服務啦！是否很有趣呢？條件判斷式還可以搞的更複雜！舉例來說，在台灣當兵是國民應盡的義務，不過，在當兵的時候總是很想要退伍的！那你能不能寫個腳本程式來跑，讓使用者輸入他的退伍日期，讓你去幫他計算還有幾天才退伍？

由於日期是要用相減的方式來處置，所以我們可以透過使用 date 顯示日期與時間，將它轉為由 1970-01-01 累積而來的秒數，透過秒數相減來取得剩餘的秒數後，再換算為日數即可。整個腳本的製作流程有點像這樣：

1. 先讓使用者輸入他們的退伍日期。

2. 再由現在日期比對退伍日期。

3. 由兩個日期的比較來顯示『還需要幾天』才能夠退伍的字樣。

似乎挺難的樣子？其實也不會啦，利用『 date --date="YYYYMMDD" +%s 』轉成秒數後，接下來的動作就容易的多了！如果你已經寫完了程式，對照底下的寫法試看看：

```
[dmtsai@study bin]$ vim cal_retired.sh
#!/bin/bash
# Program:
#    You input your demobilization date, I calculate how many days before you
demobilize.
# History:
# 2015/07/16  VBird     First release
PATH=/bin:/sbin:/usr/bin:/usr/sbin:/usr/local/bin:/usr/local/sbin:~/bin
export PATH

# 1. 告知使用者這支程式的用途，並且告知應該如何輸入日期格式？
echo "This program will try to calculate："
echo "How many days before your demobilization date..."
read -p "Please input your demobilization date (YYYYMMDD ex>20150716)：" date2

# 2. 測試一下，這個輸入的內容是否正確？利用正規表示法囉～
date_d=$(echo ${date2} |grep '[0-9]\{8\}')     # 看看是否有八個數字
if [ "${date_d}" == "" ]; then
    echo "You input the wrong date format...."
    exit 1
fi

# 3. 開始計算日期囉～
declare -i date_dem=$(date --date="${date2}" +%s)     # 退伍日期秒數
declare -i date_now=$(date +%s)                        # 現在日期秒數
declare -i date_total_s=$((${date_dem}-${date_now}))   # 剩餘秒數統計
declare -i date_d=$((${date_total_s}/60/60/24))        # 轉為日數
if [ "${date_total_s}" -lt "0" ]; then                 # 判斷是否已退伍
    echo "You had been demobilization before：" $((-1*${date_d})) " ago"
else
    declare -i date_h=$(($((${date_total_s}-${date_d}*60*60*24))/60/60))
    echo "You will demobilize after ${date_d} days and ${date_h} hours."
fi
```

瞧一瞧，這支程式可以幫你計算退伍日期呢～如果是已經退伍的朋友，還可以知道已經退伍多久了～哈哈！很可愛吧～腳本中的 date_d 變數宣告那個 /60/60/24 是來自於一天的總秒數 (24 小時*60 分*60 秒)。瞧～全部的動作都沒有超出我們所學的範圍吧～ ^_^ 還能夠避免使用者輸入錯誤的數字，所以多了一個正規表示法的判斷式呢～這個例子比較難，有興趣想要一探究竟的朋友，可以做一下課後練習題中關於計算生日的那一題喔！～加油！

## 12.4.2 利用 case ..... esac 判斷

上個小節提到的『 if .... then .... fi 』對於變數的判斷是以『比對』的方式來分辨的，如果符合狀態就進行某些行為，並且透過較多層次 (就是 elif ...) 的方式來進行多個變數的程式碼撰寫，譬如 hello-2.sh 那個小程式，就是用這樣的方式來撰寫的囉。好，那麼萬一我有多個既定的變數內容，例如 hello-2.sh 當中，我所需要的變數就是 "hello" 及空字串兩個，那麼我只要針對這兩個變數來設定狀況就好了，對吧？那麼可以使用什麼方式來設計呢？呵呵～就用 case ... in .... esac 吧～，它的語法如下：

```
case  $變數名稱  in          <==關鍵字為 case，還有變數前有錢字號
  "第一個變數內容")           <==每個變數內容建議用雙引號括起來，關鍵字則為小括號 )
    程式段
    ;;                       <==每個類別結尾使用兩個連續的分號來處理！
  "第二個變數內容")
    程式段
    ;;
  *)                         <==最後一個變數內容都會用 * 來代表所有其他值
    不包含第一個變數內容與第二個變數內容的其他程式執行段
    exit 1
    ;;
esac                         <==最終的 case 結尾！『反過來寫』思考一下！
```

要注意的是，這個語法以 case (實際案例之意) 為開頭，結尾自然就是將 case 的英文反過來寫！就成為 esac 囉！不會很難背啦！另外，每一個變數內容的程式段最後都需要兩個分號 (;;) 來代表該程式段落的結束，這挺重要的喔！至於為何需要有 * 這個變數內容在最後呢？這是因為，如果使用者不是輸入變數內容一或二時，我們可以告知使用者相關的資訊啊！廢話少說，我們拿 hello-2.sh 的案例來修改一下，它應該會變成這樣喔：

```
[dmtsai@study bin]$ vim hello-3.sh
#!/bin/bash
# Program:
#    Show "Hello" from $1.... by using case .... esac
# History:
```

```
# 2015/07/16  VBird     First release
PATH=/bin:/sbin:/usr/bin:/usr/sbin:/usr/local/bin:/usr/local/sbin:~/bin
export PATH

case ${1} in
  "hello")
    echo "Hello, how are you？"
    ;;
  "")
    echo "You MUST input parameters, ex> {${0} someword}"
    ;;
  *)     # 其實就相當於萬用字元，0~無窮多個任意字元之意！
    echo "Usage ${0} {hello}"
    ;;
esac
```

在上面這個 hello-3.sh 的案例當中，如果你輸入『 sh hello-3.sh test 』來執行，那麼螢幕
上就會出現『Usage hello-3.sh {hello}』的字樣，告知執行者僅能夠使用 hello 喔～這樣的方
式對於需要某些固定字串來執行的變數內容就顯的更加的方便呢！這種方式你真的要熟悉
喔！這是因為**早期系統的很多服務的啟動 scripts 都是使用這種寫法的 (CentOS 6.x 以前)**。
雖然 CentOS 7 已經使用 systemd，不過仍有數個服務是放在 /etc/init.d/ 目錄下喔！例如有個
名為 netconsole 的服務在該目錄下，那麼你想要重新啟動該服務，是可以這樣做的 (請注
意，要成功執行，還是得要具有 root 身份才行！一般帳號能執行，但不會成功！)：

> /etc/init.d/netconsole restart

重點是那個 restart 啦！如果你使用『 less /etc/init.d/netconsole 』去查閱一下，就會看
到它使用的是 case 語法，並且會規定某些既定的變數內容，你可以直接下達
/etc/init.d/netconsole，該 script 就會告知你有哪些後續接的變數可以使用囉～方便吧！
^_^

一般來說，使用『 case $變數 in 』這個語法中，當中的那個『 $變數 』大致有兩種取得
的方式：

◆ **直接下達式**：例如上面提到的，利用『 script.sh variable 』 的方式來直接給予 $1 這個
變數的內容，這也是在 /etc/init.d 目錄下大多數程式的設計方式。

◆ **互動式**：透過 read 這個指令來讓使用者輸入變數的內容。

這麼說或許你的感受性還不高，好，我們直接寫個程式來玩玩：讓使用者能夠輸入
one，two，three，並且將使用者的變數顯示到螢幕上，如果不是 one，two，three 時，就告
知使用者僅有這三種選擇。

```
[dmtsai@study bin]$ vim show123.sh
#!/bin/bash
# Program:
#   This script only accepts the flowing parameter：one, two or three.
# History:
# 2015/07/17  VBird    First release
PATH=/bin:/sbin:/usr/bin:/usr/sbin:/usr/local/bin:/usr/local/sbin:~/bin
export PATH

echo "This program will print your selection！"
# read -p "Input your choice：" choice      # 暫時取消，可以替換！
# case ${choice} in                         # 暫時取消，可以替換！
case ${1} in                                # 現在使用，可以用上面兩行替換！
  "one")
    echo "Your choice is ONE"
    ;;
  "two")
    echo "Your choice is TWO"
    ;;
  "three")
    echo "Your choice is THREE"
    ;;
  *)
    echo "Usage ${0} {one|two|three}"
    ;;
esac
```

此時，你可以使用『 sh show123.sh two 』的方式來下達指令，就可以收到相對應的回應了。上面使用的是直接下達的方式，而如果使用的是互動式時，那麼將上面第 10、11 行的 "#" 拿掉，並將 12 行加上註解 (#)，就可以讓使用者輸入參數囉～這樣是否很有趣啊？

## 12.4.3　利用 function 功能

什麼是『**函數 (function)**』功能啊？簡單的說，其實，函數可以在 shell script 當中做出一個類似自訂執行指令的東西，最大的功能是，可以簡化我們很多的程式碼～舉例來說，上面的 show123.sh 當中，每個輸入結果 one，two，three 其實輸出的內容都一樣啊～那麼我就可以使用 function 來簡化了！function 的語法是這樣的：

```
function fname() {
    程式段
}
```

那個 fname 就是我們的自訂的執行指令名稱～而程式段就是我們要它執行的內容了。要注意的是，**因為 shell script 的執行方式是由上而下，由左而右，因此在 shell script 當中的 function 的設定一定要在程式的最前面**，這樣才能夠在執行時被找到可用的程式段喔 (這一點與傳統程式語言差異相當大！初次接觸的朋友要小心！)！好～我們將 show123.sh 改寫一下，自訂一個名為 printit 的函數來使用喔：

```
[dmtsai@study bin]$ vim show123-2.sh
#!/bin/bash
# Program:
#   Use function to repeat information.
# History:
# 2015/07/17 VBird    First release
PATH=/bin:/sbin:/usr/bin:/usr/sbin:/usr/local/bin:/usr/local/sbin:~/bin
export PATH

function printit(){
    echo -n "Your choice is "      # 加上 -n 可以不斷行繼續在同一行顯示
}

echo "This program will print your selection！"
case ${1} in
  "one")
    printit; echo ${1} | tr 'a-z' 'A-Z'   # 將參數做大小寫轉換！
    ;;
  "two")
    printit; echo ${1} | tr 'a-z' 'A-Z'
    ;;
  "three")
    printit; echo ${1} | tr 'a-z' 'A-Z'
    ;;
  *)
    echo "Usage ${0} {one|two|three}"
    ;;
esac
```

以上面的例子來說，鳥哥做了一個函數名稱為 printit，所以，當我在後續的程式段裡面，只要執行 printit 的話，就表示我的 shell script 要去執行『 function printit .... 』裡面的那幾個程式段落囉！當然囉，上面這個例子舉得太簡單了，所以你不會覺得 function 有什麼好厲害的，不過，如果某些程式碼一再地在 script 當中重複時，這個 function 可就重要的多囉～不但可以簡化程式碼，而且可以做成類似『模組』的玩意兒，真的很棒啦！

建議讀者可以使用類似 vim 的編輯器到 /etc/init.d/ 目錄下去查閱一下你所看到的檔案，並且自行追蹤一下每個檔案的執行情況，相信會更有心得！

　　另外，function 也是擁有內建變數的～它的內建變數與 shell script 很類似，函數名稱代表 $0，而後續接的變數也是以 $1，$2... 來取代的～這裡很容易搞錯喔～因為『 function fname() { 程式段 } 』內的 $0，$1... 等等與 shell script 的 $0 是不同的。以上面 show123-2.sh 來說，假如我下達：『 sh show123-2.sh one 』這表示在 shell script 內的 $1 為 "one" 這個字串。但是在 printit() 內的 $1 則與這個 one 無關。我們將上面的例子再次的改寫一下，讓你更清楚！

```bash
[dmtsai@study bin]$ vim show123-3.sh
#!/bin/bash
# Program:
#    Use function to repeat information.
# History:
# 2015/07/17  VBird    First release
PATH=/bin:/sbin:/usr/bin:/usr/sbin:/usr/local/bin:/usr/local/sbin:~/bin
export PATH

function printit(){
    echo "Your choice is ${1}"    # 這個 $1 必須要參考底下指令的下達
}

echo "This program will print your selection !"
case ${1} in
  "one")
    printit 1   # 請注意，printit 指令後面還有接參數！
    ;;
  "two")
    printit 2
    ;;
  "three")
    printit 3
    ;;
  *)
    echo "Usage ${0} {one|two|three}"
    ;;
esac
```

在上面的例子當中，如果你輸入『 sh show123-3.sh one 』就會出現『 Your choice is 1 』的字樣～為什麼是 1 呢？因為在程式段落當中，我們是寫了 『printit 1』 那個 1 就會成為 function 當中的 $1 喔～這樣是否理解呢？function 本身其實比較困難一點，如果你還想要進行其他的撰寫的話。不過，我們僅是想要更加瞭解 shell script 而已，所以，這裡看看即可～瞭解原理就好囉～ ^_^

## 12.5 迴圈 (loop)

除了 if...then...fi 這種條件判斷式之外，迴圈可能是程式當中最重要的一環了～**迴圈可以不斷的執行某個程式段落，直到使用者設定的條件達成為止。**所以，重點是那個『條件的達成』是什麼。除了這種依據判斷式達成與否的不定迴圈之外，還有另外一種已經固定要跑多少次的迴圈形態，可稱為固定迴圈的形態呢！底下我們就來談一談：

### 12.5.1 while do done, until do done (不定迴圈)

一般來說，不定迴圈最常見的就是底下這兩種狀態了：

```
while [ condition ]    <==中括號內的狀態就是判斷式
do                     <==do 是迴圈的開始！
    程式段落
done                   <==done 是迴圈的結束
```

while 的中文是『當....時』，所以，這種方式說的是『**當 condition 條件成立時，就進行迴圈，直到 condition 的條件不成立才停止**』的意思。還有另外一種不定迴圈的方式：

```
until [ condition ]
do
    程式段落
done
```

這種方式恰恰與 while 相反，它說的是『**當 condition 條件成立時，就終止迴圈，否則就持續進行迴圈的程式段。**』是否剛好相反啊～我們以 while 來做個簡單的練習好了。假設我要讓使用者輸入 yes 或者是 YES 才結束程式的執行，否則就一直進行告知使用者輸入字串。

```
[dmtsai@study bin]$ vim yes_to_stop.sh
#!/bin/bash
# Program:
#   Repeat question until user input correct answer.
# History:
# 2015/07/17  VBird    First release
```

```
PATH=/bin:/sbin:/usr/bin:/usr/sbin:/usr/local/bin:/usr/local/sbin:~/bin
export PATH

while [ "${yn}" != "yes" -a "${yn}" != "YES" ]
do
    read -p "Please input yes/YES to stop this program: " yn
done
echo "OK! you input the correct answer."
```

上面這個例題的說明是『當 ${yn} 這個變數不是 "yes" 且 ${yn} 也不是 "YES" 時，才進行
迴圈內的程式。』而如果 ${yn} 是 "yes" 或 "YES" 時，就會離開迴圈囉～那如果使用 until 呢？
呵呵有趣囉～它的條件會變成這樣：

```
[dmtsai@study bin]$ vim yes_to_stop-2.sh
#!/bin/bash
# Program:
#    Repeat question until user input correct answer.
# History:
# 2015/07/17 VBird     First release
PATH=/bin:/sbin:/usr/bin:/usr/sbin:/usr/local/bin:/usr/local/sbin:~/bin
export PATH

until [ "${yn}" == "yes" -o "${yn}" == "YES" ]
do
    read -p "Please input yes/YES to stop this program: " yn
done
echo "OK! you input the correct answer."
```

仔細比對一下這兩個東西有啥不同喔！^_^ 再來，如果我想要計算 1+2+3+....+100
這個數據呢？利用迴圈啊～它是這樣的：

```
[dmtsai@study bin]$ vim cal_1_100.sh
#!/bin/bash
# Program:
#    Use loop to calculate "1+2+3+...+100" result.
# History:
# 2015/07/17 VBird     First release
PATH=/bin:/sbin:/usr/bin:/usr/sbin:/usr/local/bin:/usr/local/sbin:~/bin
export PATH

s=0   # 這是加總的數值變數
i=0   # 這是累計的數值，亦即是 1, 2, 3....
```

```
while [ "${i}" != "100" ]
do
    i=$(($i+1))    # 每次 i 都會增加 1
    s=$(($s+$i))   # 每次都會加總一次！
done
echo "The result of '1+2+3+...+100' is ==> $s"
```

嘿嘿！當你執行了『 sh cal_1_100.sh 』之後，就可以得到 5050 這個數據才對啊！這樣瞭呼～那麼讓你自行做一下，如果想要讓使用者自行輸入一個數字，讓程式由 1+2+... 直到你輸入的數字為止，該如何撰寫呢？應該很簡單吧？答案可以參考一下習題練習裡面的一題喔！

## 12.5.2 for...do...done (固定迴圈)

相對於 while，until 的迴圈方式是必須要『符合某個條件』的狀態，for 這種語法，則是『**已經知道要進行幾次迴圈**』的狀態！它的語法是：

```
for var in con1 con2 con3 ...
do
    程式段
done
```

以上面的例子來說，這個 $var 的變數內容在迴圈工作時：

1. 第一次迴圈時，$var 的內容為 con1

2. 第二次迴圈時，$var 的內容為 con2

3. 第三次迴圈時，$var 的內容為 con3

4. ....

我們可以做個簡單的練習。假設我有三種動物，分別是 dog, cat, elephant 三種，我想每一行都輸出這樣：『There are dogs...』之類的字樣，則可以：

```
[dmtsai@study bin]$ vim show_animal.sh
#!/bin/bash
# Program:
#   Using for .... loop to print 3 animals
# History:
# 2015/07/17  VBird    First release
PATH=/bin:/sbin:/usr/bin:/usr/sbin:/usr/local/bin:/usr/local/sbin:~/bin
export PATH
```

```
for animal in dog cat elephant
do
        echo "There are ${animal}s.... "
done
```

等你執行之後就能夠發現這個程式運作的情況啦！讓我們想像另外一種狀況，由於系統上面的各種帳號都是寫在 /etc/passwd 內的第一個欄位，你能不能透過管線命令的 cut 捉出單純的帳號名稱後，以 id 分別檢查使用者的識別碼與特殊參數呢？由於不同的 Linux 系統上面的帳號都不一樣！此時實際去捉 /etc/passwd 並使用迴圈處理，就是一個可行的方案了！程式可以如下：

```
[dmtsai@study bin]$ vim userid.sh
#!/bin/bash
# Program
#       Use id, finger command to check system account's information.
# History
# 2015/07/17    VBird   first release
PATH=/bin:/sbin:/usr/bin:/usr/sbin:/usr/local/bin:/usr/local/sbin:~/bin
export PATH
users=$(cut -d ':' -f1 /etc/passwd)     # 擷取帳號名稱
for username in ${users}                 # 開始迴圈進行！
do
        id ${username}
done
```

執行上面的腳本後，你的系統帳號就會被捉出來檢查啦！這個動作還可以用在每個帳號的刪除、重整上面呢！換個角度來看，如果我現在需要一連串的數字來進行迴圈呢？舉例來說，我想要利用 ping 這個可以判斷網路狀態的指令，來進行網路狀態的實際偵測時，我想要偵測的網域是本機所在的 192.168.1.1～192.168.1.100，由於有 100 台主機，總不會要我在 for 後面輸入 1 到 100 吧？此時你可以這樣做喔！

```
[dmtsai@study bin]$ vim pingip.sh
#!/bin/bash
# Program
#       Use ping command to check the network's PC state.
# History
# 2015/07/17    VBird   first release
PATH=/bin:/sbin:/usr/bin:/usr/sbin:/usr/local/bin:/usr/local/sbin:~/bin
export PATH
network="192.168.1"                      # 先定義一個網域的前面部分！
for sitenu in $(seq 1 100)               # seq 為 sequence(連續) 的縮寫之意
```

```
do
        # 底下的程式在取得 ping 的回傳值是正確的還是失敗的!
        ping -c 1 -w 1 ${network}.${sitenu} &> /dev/null && result=0 || result=1
        # 開始顯示結果是正確的啟動 (UP) 還是錯誤的沒有連通 (DOWN)
        if [ "${result}" == 0 ]; then
                echo "Server ${network}.${sitenu} is UP."
        else
                echo "Server ${network}.${sitenu} is DOWN."
        fi
done
```

　　上面這一串指令執行之後就可以顯示出 192.168.1.1~192.168.1.100 共 100 部主機目前是否能與你的機器連通!如果你的網域與鳥哥所在的位置不同,則直接修改上頭那個 network 的變數內容即可!其實這個範例的重點在 $(seq ..) 那個位置!那個 seq 是連續 (sequence) 的縮寫之意!代表後面接的兩個數值是一直連續的!如此一來,就能夠輕鬆的將連續數字帶入程式中囉!

> 除了使用 $(seq 1 100) 之外,你也可以直接使用 bash 的內建機制來處理喔!可以使用 {1..100} 來取代 $(seq 1 100)!那個大括號內的前面/後面用兩個字元,中間以兩個小數點來代表連續出現的意思!例如要持續輸出 a,b,c...g 的話,就可以使用『 echo {a..g} 』這樣的表示方式!

　　最後,讓我們來玩判斷式加上迴圈的功能!我想要讓使用者輸入某個目錄檔名,然後我找出某目錄內的檔名的權限,該如何是好?呵呵!可以這樣做啦~

```
[dmtsai@study bin]$ vim dir_perm.sh
#!/bin/bash
# Program:
#   User input dir name, I find the permission of files.
# History:
# 2015/07/17 VBird    First release
PATH=/bin:/sbin:/usr/bin:/usr/sbin:/usr/local/bin:/usr/local/sbin:~/bin
export PATH

# 1. 先看看這個目錄是否存在啊?
read -p "Please input a directory:" dir
if [ "${dir}" == "" -o ! -d "${dir}" ]; then
    echo "The ${dir} is NOT exist in your system."
    exit 1
```

```
fi

# 2. 開始測試檔案囉～
filelist=$(ls ${dir})          # 列出所有在該目錄下的檔案名稱
for filename in ${filelist}
do
    perm=""
    test -r "${dir}/${filename}" && perm="${perm} readable"
    test -w "${dir}/${filename}" && perm="${perm} writable"
    test -x "${dir}/${filename}" && perm="${perm} executable"
    echo "The file ${dir}/${filename}'s permission is ${perm} "
done
```

呵呵！很有趣的例子吧～利用這種方式，你可以很輕易的來處理一些檔案的特性呢。接下來，讓我們來玩玩另一種 for 迴圈的功能吧！主要用在數值方面的處理喔！

## 12.5.3　for...do...done 的數值處理

除了上述的方法之外，for 迴圈還有另外一種寫法！語法如下：

```
for (( 初始值; 限制值; 執行步階 ))
do
    程式段
done
```

這種語法適合於數值方式的運算當中，在 for 後面的括號內的三串內容意義為：

◆　**初始值**：某個變數在迴圈當中的起始值，直接以類似 i=1 設定好。

◆　**限制值**：當變數的值在這個限制值的範圍內，就繼續進行迴圈。例如 i<=100。

◆　**執行步階**：每作一次迴圈時，變數的變化量。例如 i=i+1。

值得注意的是，在『執行步階』的設定上，如果每次增加 1，則可以使用類似『i++』的方式，亦即是 i 每次迴圈都會增加一的意思。好，我們以這種方式來進行 1 累加到使用者輸入的迴圈吧！

```
[dmtsai@study bin]$ vim cal_1_100-2.sh
#!/bin/bash
# Program:
#   Try do calculate 1+2+....+${your_input}
# History:
# 2015/07/17  VBird    First release
```

```
PATH=/bin:/sbin:/usr/bin:/usr/sbin:/usr/local/bin:/usr/local/sbin:~/bin
export PATH

read -p "Please input a number, I will count for 1+2+...+your_input:" nu

s=0
for (( i=1; i<=${nu}; i=i+1 ))
do
    s=$((${s}+${i}))
done
echo "The result of '1+2+3+...+${nu}' is ==> ${s}"
```

一樣也是很簡單吧！利用這個 for 則可以直接限制迴圈要進行幾次呢！

## 12.5.4 搭配亂數與陣列的實驗

現在你大概已經能夠掌握 shell script 了！好了！讓我們來做個小實驗！假設你們公司的團隊中，經常為了今天中午要吃啥搞到頭很昏！每次都用猜拳的～好煩喔～有沒有辦法寫支腳本，用腳本搭配亂數來告訴我們，今天中午吃啥好？呵呵！執行這支腳本後，直接跟你說要吃啥～那比猜拳好多了吧？哈哈！

要達成這個任務，首先你得要將全部的店家輸入到一組陣列當中，再透過亂數的處理，去取得可能的數值，再將搭配到該數值的店家秀出來即可！其實也很簡單！讓我們來實驗看看：

```
[dmtsai@study bin]$ vim what_to_eat.sh
#!/bin/bash
# Program:
#    Try do tell you what you may eat.
# History:
# 2015/07/17 VBird    First release
PATH=/bin:/sbin:/usr/bin:/usr/sbin:/usr/local/bin:/usr/local/sbin:~/bin
export PATH

eat[1]="賣噹噹漢堡"           # 寫下你所收集到的店家！
eat[2]="肯爺爺炸雞"
eat[3]="彩虹日式便當"
eat[4]="越油越好吃大雅"
eat[5]="想不出吃啥學餐"
eat[6]="太師父便當"
eat[7]="池上便當"
```

```
eat[8]="懷念火車便當"
eat[9]="一起吃泡麵"
eatnum=9                          # 需要輸入有幾個可用的餐廳數!

check=$(( ${RANDOM} * ${eatnum} / 32767 + 1 ))
echo "your may eat ${eat[${check}]}"
```

立刻執行看看,你就知道該吃啥了!非常有趣吧!不過,這個例子中只選擇一個樣本,不夠看!如果想要每次都秀出 3 個店家呢?而且這個店家不能重複喔!重複當然就沒啥意義了!所以,你可以這樣做!

```
[dmtsai@study bin]$ vim what_to_eat-2.sh
#!/bin/bash
# Program:
#    Try do tell you what you may eat.
# History:
# 2015/07/17 VBird      First release
PATH=/bin:/sbin:/usr/bin:/usr/sbin:/usr/local/bin:/usr/local/sbin:~/bin
export PATH

eat[1]="賣噹噹漢堡"
eat[2]="肯爺爺炸雞"
eat[3]="彩虹日式便當"
eat[4]="越油越好吃大雅"
eat[5]="想不出吃啥學餐"
eat[6]="太師父便當"
eat[7]="池上便當"
eat[8]="懷念火車便當"
eat[9]="一起吃泡麵"
eatnum=9

eated=0
while [ "${eated}" -lt 3 ]; do
        check=$(( ${RANDOM} * ${eatnum} / 32767 + 1 ))
        mycheck=0
        if [ "${eated}" -ge 1 ]; then
                for i in $(seq 1 ${eated} )
                do
                        if [ ${eatedcon[$i]} == $check ]; then
                                mycheck=1
                        fi
                done
```

```
        fi
        if [ ${mycheck} == 0 ]; then
                echo "your may eat ${eat[${check}]}"
                eated=$(( ${eated} + 1 ))
                eatedcon[${eated}]=${check}
        fi
done
```

透過亂數、陣列、迴圈與條件判斷，你可以做出很多很特別的東西！還不用寫傳統程式語言～試看看～挺有趣的呦！

# 12.6   shell script **的追蹤與** debug

scripts 在執行之前，最怕的就是出現語法錯誤的問題了！那麼我們如何 debug 呢？有沒有辦法不需要透過直接執行該 scripts 就可以來判斷是否有問題呢？呵呵！當然是有的！我們就直接以 bash 的相關參數來進行判斷吧！

```
[dmtsai@study ~]$ sh [-nvx] scripts.sh
選項與參數：
-n ：不要執行 script，僅查詢語法的問題；
-v ：再執行 sccript 前，先將 scripts 的內容輸出到螢幕上；
-x ：將使用到的 script 內容顯示到螢幕上，這是很有用的參數！
```

範例一：測試 dir_perm.sh 有無語法的問題？
```
[dmtsai@study ~]$ sh -n dir_perm.sh
# 若語法沒有問題，則不會顯示任何資訊！
```

範例二：將 show_animal.sh 的執行過程全部列出來～
```
[dmtsai@study ~]$ sh -x show_animal.sh
+ PATH=/bin:/sbin:/usr/bin:/usr/sbin:/usr/local/bin:/usr/local/sbin:/root/bin
+ export PATH
+ for animal in dog cat elephant
+ echo 'There are dogs.... '
There are dogs....
+ for animal in dog cat elephant
+ echo 'There are cats.... '
There are cats....
+ for animal in dog cat elephant
+ echo 'There are elephants.... '
There are elephants....
```

請注意，上面範例二中執行的結果並不會有顏色的顯示！鳥哥為了方便說明所以在 + 號之後的資料都加上顏色了！在輸出的訊息中，**在加號後面的資料其實都是指令串，由於 sh -x 的方式來將指令執行過程也顯示出來，如此使用者可以判斷程式碼執行到哪一段時會出現相關的資訊！**這個功能非常的棒！透過顯示完整的指令串，你就能夠依據輸出的錯誤資訊來訂正你的腳本了！

熟悉 sh 的用法，將可以使你在管理 Linux 的過程中得心應手！至於在 Shell scripts 的學習方法上面，需要『**多看、多模仿、並加以修改成自己的樣式！**』是最快的學習手段了！網路上有相當多的朋友在開發一些相當有用的 scripts，若是你可以將對方的 scripts 拿來，並且改成適合自己主機的樣子！那麼學習的效果會是最快的呢！

另外，我們 Linux 系統本來就有很多的服務啟動腳本，如果你想要知道每個 script 所代表的功能是什麼？可以直接以 vim 進入該 script 去查閱一下，通常立刻就知道該 script 的目的了。舉例來說，我們之前一直提到的 /etc/init.d/netconsole，這個 script 是幹嘛用的？利用 vim 去查閱最前面的幾行字，它會出現如下資訊：

```
# netconsole      This loads the netconsole module with the configured parameters.
# chkconfig: - 50 50
# description: Initializes network console logging
# config: /etc/sysconfig/netconsole
```

意思是說，這個腳本在設定網路終端機來應付登入的意思，且設定檔在 /etc/sysconfig/netconsole 設定內！所以，你寫的腳本如果也能夠很清楚的交待，那就太棒了！

另外，本章所有的範例都可以在 http://linux.vbird.org/linux_basic/0340bashshell-scripts/ scripts-20150717.tar.bz2 裡頭找到喔！加油～

## 12.7 重點回顧

◆ shell script 是利用 shell 的功能所寫的一個『程式 (program)』，這個程式是使用純文字檔，將一些 shell 的語法與指令(含外部指令)寫在裡面，搭配正規表示法、管線命令與資料流重導向等功能，以達到我們所想要的處理目的。

◆ shell script 用在系統管理上面是很好的一項工具，但是用在處理大量數值運算上，就不夠好了，因為 Shell scripts 的速度較慢，且使用的 CPU 資源較多，造成主機資源的分配不良。

◆ 在 Shell script 的檔案中，指令的執行是從上而下、從左而右的分析與執行。

◆ shell script 的執行，至少需要有 r 的權限，若需要直接指令下達，則需要擁有 r 與 x 的權限。

◆ 良好的程式撰寫習慣中，第一行要宣告 shell (#!/bin/bash)，第二行以後則宣告程式用途、版本、作者等。

◆ 對談式腳本可用 read 指令達成。

◆ 要建立每次執行腳本都有不同結果的資料，可使用 date 指令利用日期達成。

◆ script 的執行若以 source 來執行時，代表在父程序的 bash 內執行之意！

◆ 若需要進行判斷式，可使用 test 或中括號 ( [] ) 來處理。

◆ 在 script 內，$0, $1, $2...，$@ 是有特殊意義的！

◆ 條件判斷式可使用 if...then 來判斷，若是固定變數內容的情況下，可使用 case $var in ... esac 來處理。

◆ 迴圈主要分為不定迴圈 (while，until) 以及固定迴圈 (for)，配合 do, done 來達成所需任務！

◆ 我們可使用 sh -x script.sh 來進行程式的 debug。

## 12.8　本章習題

底下皆為實作題，請自行撰寫出程式喔！

◆ 請建立一支 script，當你執行該 script 的時候，該 script 可以顯示：1. 你目前的身份 (用 whoami ) 2. 你目前所在的目錄 (用 pwd)。

◆ 請自行建立一支程式，該程式可以用來計算『你還有幾天可以過生日啊？』。

◆ 讓使用者輸入一個數字，程式可以由 1+2+3... 一直累加到使用者輸入的數字為止。

◆ 撰寫一支程式，它的作用是：1.) 先查看一下 /root/test/logical 這個名稱是否存在；2.) 若不存在，則建立一個檔案，使用 touch 來建立，建立完成後離開；3.) 如果存在的話，判斷該名稱是否為檔案，若為檔案則將之刪除後建立一個目錄，檔名為 logical，之後離開；4.) 如果存在的話，而且該名稱為目錄，則移除此目錄！

◆ 我們知道 /etc/passwd 裡面以：來分隔，第一欄為帳號名稱。請寫一支程式，可以將 /etc/passwd 的第一欄取出，而且每一欄都以一行字串『The 1 account is "root" 』來顯示，那個 1 表示行數。

# 13

# Linux 帳號管理與
# ACL 權限設定

要登入 Linux 系統一定要有帳號與密碼才行，否則怎麼登入，你說是吧？不過，不同的使用者應該要擁有不同的權限才行吧？我們還可以透過 user/group 的特殊權限設定，來規範出不同的群組開發專案呢～在 Linux 的環境下，我們可以透過很多方式來限制使用者能夠使用的系統資源，包括 第十章、bash 提到的 ulimit 限制、還有特殊權限限制，如 umask 等等。透過這些舉動，我們可以規範出不同使用者的使用資源。另外，還記得系統管理員的帳號嗎？對！就是 root。請問一下，除了 root 之外，是否可以有其他的系統管理員帳號？為什麼大家都要盡量避免使用數字型態的帳號？如何修改使用者相關的資訊呢？這些我們都得要瞭解瞭解的！

# 13.1　Linux 的帳號與群組

　　管理員的工作中，相當重要的一環就是『管理帳號』啦！因為整個系統都是你在管理的，並且所有一般用戶的帳號申請，都必須要透過你的協助才行！所以你就必須要瞭解一下如何管理好一個伺服器主機的帳號啦！在管理 Linux 主機的帳號時，我們必須先來瞭解一下 Linux 到底是如何辨別每一個使用者的！

## 13.1.1　使用者識別碼：UID 與 GID

　　雖然我們登入 Linux 主機的時候，輸入的是我們的帳號，但是其實 Linux 主機並不會直接認識你的『帳號名稱』的，它僅認識 ID 啊 (ID 就是一組號碼啦)。由於電腦僅認識 0 與 1，所以主機對於數字比較有概念的；至於帳號只是為了讓人們容易記憶而已。而你的 ID 與帳號的對應就在 /etc/passwd 當中哩。

> 　　如果你曾經在網路上下載過 tarball 類型的檔案，那麼應該不難發現，在解壓縮之後的檔案中，檔案擁有者的欄位竟然顯示『不明的數字』？奇怪吧？這沒什麼好奇怪的，因為 Linux 說實在話，它真的只認識代表你身份的號碼而已！

　　那麼到底有幾種 ID 呢？還記得我們在第五章內有提到過，每一個檔案都具有『擁有人與擁有群組』的屬性嗎？沒錯啦～每個登入的使用者至少都會取得兩個 ID，一個是使用者 ID (User ID，簡稱 UID)、一個是群組 ID (Group ID，簡稱 GID)。

　　那麼檔案如何判別它的擁有者與群組呢？其實就是利用 UID 與 GID 啦！每一個檔案都會有所謂的擁有者 ID 與擁有群組 ID，當我們有要顯示檔案屬性的需求時，系統會依據 /etc/passwd 與 /etc/group 的內容，找到 UID / GID 對應的帳號與群組名稱再顯示出來！我們可以作個小實驗，你可以用 root 的身份 vim /etc/passwd，然後將你的一般身份的使用者的 ID 隨便改一個號碼，然後再到你的一般身份的目錄下看看原先該帳號擁有的檔案，你會發現該檔案的擁有人變成了 『數字了』呵呵！這樣可以理解了嗎？來看看底下的例子：

```
# 1. 先查看一下，系統裡面有沒有一個名為 dmtsai 的用戶？
[root@study ~]# id dmtsai
uid=1000(dmtsai) gid=1000(dmtsai) groups=1000(dmtsai),10(wheel)  <==確定有這個帳號喔！

[root@study ~]# ll -d /home/dmtsai
drwx------. 17 dmtsai dmtsai 4096 Jul 17 19:51 /home/dmtsai
# 瞧一瞧，使用者的欄位正是 dmtsai 本身喔！
```

```
# 2. 修改一下，將剛剛我們的 dmtsai 的 1000 UID 改為 2000 看看：
[root@study ~]# vim /etc/passwd
....(前面省略)....
dmtsai:x:2000:1000:dmtsai:/home/dmtsai:/bin/bash <==修改一下特殊字體部分，由 1000 改過來
[root@study ~]# ll -d /home/dmtsai
drwx------. 17 1000 dmtsai 4096 Jul 17 19:51 /home/dmtsai
# 很害怕吧！怎麼變成 1000 了？因為檔案只會記錄 UID 的數字而已！
# 因為我們亂改，所以導致 1000 找不到對應的帳號，因此顯示數字！

# 3. 記得將剛剛的 2000 改回來！
[root@study ~]# vim /etc/passwd
....(前面省略)....
dmtsai:x:1000:1000:dmtsai:/home/dmtsai:/bin/bash  <==『務必一定要』改回來！
```

你一定要瞭解的是，上面的例子僅是在說明 UID 與帳號的對應性，**在一部正常運作的 Linux 主機環境下，上面的動作不可隨便進行**，這是因為系統上已經有很多的資料被建立存在了，隨意修改系統上某些帳號的 UID 很可能會導致某些程式無法進行，這將導致系統無法順利運作的結果，因為權限的問題啊！所以，瞭解了之後，請趕快回到 /etc/passwd 裡面，將數字改回來喔！

> 舉例來說，如果上面的測試最後一個步驟沒有將 2000 改回原本的 UID，那麼當 dmtsai 下次登入時將沒有辦法進入自己的家目錄！因為他的 UID 已經改為 2000，但是他的家目錄 (/home/dmtsai) 卻記錄的是 1000，由於權限是 700，因此他將無法進入原本的家目錄！是否非常嚴重啊？

## 13.1.2  使用者帳號

Linux 系統上面的使用者如果需要登入主機以取得 shell 的環境來工作時，他需要如何進行呢？首先，他必須要在電腦前面利用 tty1～tty6 的終端機提供的 login 介面，並輸入帳號與密碼後才能夠登入。如果是透過網路的話，那至少使用者就得要學習 ssh 這個功能了 (伺服器篇再來談)。那麼你輸入帳號密碼後，系統幫你處理了什麼呢？

1. **先找尋 /etc/passwd 裡面是否有你輸入的帳號？如果沒有則跳出，如果有的話則將該帳號對應的 UID 與 GID (在 /etc/group 中) 讀出來**，另外，該帳號的家目錄與 shell 設定也一併讀出。

2. 再來則是核對密碼表啦！這時 Linux 會進入 /etc/shadow 裡面找出對應的帳號與 UID，然後核對一下你剛剛輸入的密碼與裡頭的密碼是否相符？

3. 如果一切都 OK 的話，就進入 Shell 控管的階段囉！

大致上的情況就像這樣，所以當你要登入你的 Linux 主機的時候，那個 /etc/passwd 與 /etc/shadow 就必須要讓系統讀取啦 (這也是很多攻擊者會將特殊帳號寫到 /etc/passwd 裡頭去的緣故)，所以呢，如果你要備份 Linux 的系統的帳號的話，那麼這兩個檔案就一定需要備份才行呦！

由上面的流程我們也知道，跟使用者帳號有關的有兩個非常重要的檔案，一個是管理使用者 UID/GID 重要參數的 /etc/passwd，一個則是專門管理密碼相關資料的 /etc/shadow 囉！那這兩個檔案的內容就非常值得進行研究啦！底下我們會簡單的介紹這兩個檔案，詳細的說明可以參考 man 5 passwd 及 man 5 shadow[註1]。

◆ /etc/passwd 檔案結構

這個檔案的構造是這樣的：**每一行都代表一個帳號，有幾行就代表有幾個帳號在你的系統中！不過需要特別留意的是，裡頭很多帳號本來就是系統正常運作所必須要的，我們可以簡稱它為系統帳號，例如 bin, daemon, adm, nobody 等等，這些帳號請不要隨意的殺掉它呢！**這個檔案的內容有點像這樣：

> 鳥哥在接觸 Linux 之前曾經碰過 Solaris 系統 (1999 年)，當時鳥哥啥也不清楚！由於『聽說』Linux 上面的帳號越複雜會導致系統越危險！所以鳥哥就將 /etc/passwd 上面的帳號全部刪除到只剩下 root 與鳥哥自己用的一般帳號！結果你猜發生什麼事？那就是....呼叫昇陽的工程師來維護系統 @_@！糗到一個不行！大家不要學啊！

```
[root@study ~]# head -n 4 /etc/passwd
root:x:0:0:root:/root:/bin/bash   <==等一下做為底下說明用
bin:x:1:1:bin:/bin:/sbin/nologin
daemon:x:2:2:daemon:/sbin:/sbin/nologin
adm:x:3:4:adm:/var/adm:/sbin/nologin
```

我們先來看一下每個 Linux 系統都會有的第一行，就是 root 這個系統管理員那一行好了，你可以明顯的看出來，每一行使用『:』分隔開，共有七個東東，分別是：

1. **帳號名稱**

就是帳號啦！用來提供給對數字不太敏感的人類使用來登入系統的！需要用來對應 UID 喔。例如 root 的 UID 對應就是 0 (第三欄位)。

2. **密碼**

    早期 Unix 系統的密碼就是放在這欄位上！但是因為這個檔案的特性是**所有的程式都能夠讀取**，這樣一來很容易造成密碼資料被竊取，因此後來就將這個欄位的密碼資料給它改放到 /etc/shadow 中了。所以這裡你會看到一個『 x 』，呵呵！

3. UID

    這個就是使用者識別碼囉！通常 Linux 對於 UID 有幾個限制需要說給你瞭解一下：

| id 範圍 | 該 ID 使用者特性 |
|---------|-----------------|
| 0<br>(系統管理員) | 當 UID 是 0 時，代表這個帳號是『系統管理員』！所以當你要讓其他的帳號名稱也具有 root 的權限時，將該帳號的 UID 改為 0 即可。這也就是說，一部系統上面的系統管理員不見得只有 root 喔！不過，很不建議有多個帳號的 UID 是 0 啦～容易讓系統管理員混亂！ |
| 1~999<br>(系統帳號) | 保留給系統使用的 ID，其實**除了 0 之外，其他的 UID 權限與特性並沒有不一樣**。預設 1000 以下的數字讓給系統作為保留帳號只是一個習慣。<br><br>由於系統上面啟動的網路服務或背景服務希望使用較小的權限去運作，因此不希望使用 root 的身份去執行這些服務，所以我們就得要提供這些運作中程式的擁有者帳號才行。這些系統帳號通常是不可登入的，所以才會有我們在第十章提到的 /sbin/nologin 這個特殊的 shell 存在。<br><br>根據系統帳號的由來，通常這類帳號又約略被區分為兩種：<br>　■　1~200：由 distributions 自行建立的系統帳號。<br>　■　201~999：若使用者有系統帳號需求時，可以使用的帳號 UID。 |
| 1000~60000<br>(可登入帳號) | 給一般使用者用的。事實上，目前的 linux 核心 (3.10.x 版)已經可以支援到 4294967295 (2^32-1) 這麼大的 UID 號碼喔！ |

上面這樣說明可以瞭解了嗎？是的，UID 為 0 的時候，就是 root 呦！所以請特別留意一下你的 /etc/passwd 檔案！

4. GID

    這個與 /etc/group 有關！其實 /etc/group 的觀念與 /etc/passwd 差不多，只是它是用來規範群組名稱與 GID 的對應而已！

5. **使用者資訊說明欄**

    這個欄位基本上並沒有什麼重要用途，只是用來解釋這個帳號的意義而已！不過，如果你提供使用 finger 的功能時，這個欄位可以提供很多的訊息呢！本章後面的 chfn 指令會來解釋這裡的說明。

6. **家目錄**

這是使用者的家目錄,以上面為例,root 的家目錄在 /root,所以當 root 登入之後,
就會立刻跑到 /root 目錄裡頭啦!呵呵!如果你有個帳號的使用空間特別的大,你
想要將該帳號的家目錄移動到其他的硬碟去該怎麼做?沒有錯!可以在這個欄位進
行修改呦!預設的使用者家目錄在 /home/yourIDname。

7. **Shell**

我們在第十章 BASH 提到很多次,當使用者登入系統後就會取得一個 Shell 來與系
統的核心溝通以進行使用者的操作任務。那為何預設 shell 會使用 bash 呢?就是在
這個欄位指定的囉!這裡比較需要注意的是,有一個 shell 可以用來替代成讓帳號
無法取得 shell 環境的登入動作!那就是 /sbin/nologin 這個東西!這也可以用來製
作純 pop 郵件帳號者的資料呢!

◆ **/etc/shadow 檔案結構**

我們知道很多程式的運作都與權限有關,而權限與 UID/GID 有關!因此各程式當然需要
讀取 /etc/passwd 來瞭解不同帳號的權限。**因此 /etc/passwd 的權限需設定為 -rw-r--r--
這樣的情況**,雖然早期的密碼也有加密過,但卻放置到 /etc/passwd 的第二個欄位上!
這樣一來很容易被有心人士所竊取的,加密過的密碼也能夠透過暴力破解法去 trial and
error (試誤) 找出來!

因為這樣的關係,所以後來發展出將密碼移動到 /etc/shadow 這個檔案分隔開來的技
術,而且還加入很多的密碼限制參數在 /etc/shadow 裡頭呢!在這裡,我們先來瞭解一
下這個檔案的構造吧!鳥哥的 /etc/shadow 檔案有點像這樣:

```
[root@study ~]# head -n 4 /etc/shadow
root:$6$wtbCCce/PxMeE5wm$KE2IfSJr.YLP...:16559:0:99999:7:::   <==底下說明用
bin:*:16372:0:99999:7:::
daemon:*:16372:0:99999:7:::
adm:*:16372:0:99999:7:::
```

基本上,shadow 同樣以『:』作為分隔符號號,如果數一數,會發現共有九個欄位啊,
這九個欄位的用途是這樣的:

1. **帳號名稱**

由於密碼也需要與帳號對應啊~因此,這個檔案的第一欄就是帳號,必須要與
/etc/passwd 相同才行!

2. **密碼**

這個欄位內的資料才是真正的密碼,而且是**經過編碼的密碼 (加密)** 啦!你只會看到
有一些特殊符號的字母就是了!需要特別留意的是,雖然這些加密過的密碼很難被

解出來，但是『很難』不等於『不會』，所以，這個檔案的預設權限是『-rw-------』
或者是『----------』，亦即只有 root 才可以讀寫就是了！你得隨時注意，不要不小心
更動了這個檔案的權限呢！

另外，由於各種密碼編碼的技術不一樣，因此不同的編碼系統會造成這個欄位的長
度不相同。舉例來說，舊式的 DES, MD5 編碼系統產生的密碼長度就與目前慣用的
SHA 不同[註2]！SHA 的密碼長度明顯的比較長些。由於固定的編碼系統產生的密碼長
度必須一致，因此『**當你讓這個欄位的長度改變後，該密碼就會失效(算不出來)**』。
很多軟體透過這個功能，**在此欄位前加上！或 * 改變密碼欄位長度，就會讓密碼『暫
時失效』**了。

3. **最近更動密碼的日期**

   這個欄位記錄了『更動密碼那一天』的日期，不過，很奇怪呀！在我的例子中怎麼
   會是 16559 呢？呵呵，這個是因為計算 Linux 日期的時間是以 1970 年 1 月 1 日作為
   1 而累加的日期，1971 年 1 月 1 日則為 366 啦！得注意一下這個資料呦！上述的
   16559 指的就是 2015-05-04 那一天啦！瞭解乎？而想要瞭解該日期可以使用本章後
   面 chage 指令的幫忙！至於想要知道某個日期的累積日數，可使用如下的程式計
   算：

```
[root@study ~]# echo $(($(date --date="2015/05/04" +%s)/86400+1))
16559
```

   上述指令中，2015/05/04 為你想要計算的日期，86400 為每一天的秒數，%s 為
   1970/01/01 以來的累積總秒數。由於 bash 僅支援整數，因此最終需要加上 1 補齊
   1970/01/01 當天。

4. **密碼不可被更動的天數** (與第 3 欄位相比)

   第四個欄位記錄了：這個帳號的密碼在最近一次被更改後需要經過幾天才可以再被
   變更！如果是 0 的話，表示密碼隨時可以更動的意思。這的限制是為了怕密碼被某
   些人一改再改而設計的！如果設定為 20 天的話，那麼當你設定了密碼之後，20 天
   之內都無法改變這個密碼呦！

5. **密碼需要重新變更的天數** (與第 3 欄位相比)

   經常變更密碼是個好習慣！為了強制要求使用者變更密碼，這個欄位可以指定在最
   近一次更改密碼後，在多少天數內需要再次的變更密碼才行。**你必須要在這個天數
   內重新設定你的密碼，否則這個帳號的密碼將會『變為過期特性』**。而如果像上面
   的 99999 (計算為 273 年) 的話，那就表示，呵呵，密碼的變更沒有強制性之意。

6. **密碼需要變更期限前的警告天數** (與第 5 欄位相比)

當帳號的密碼有效期限快要到的時候 (第 5 欄位),系統會依據這個欄位的設定,發出『警告』言論給這個帳號,提醒他『再過 n 天你的密碼就要過期了,請盡快重新設定你的密碼呦!』,如上面的例子,則是密碼到期之前的 7 天之內,系統會警告該用戶。

7. **密碼過期後的帳號寬限時間 (密碼失效日)** (與第 5 欄位相比)

密碼有效日期為『更新日期(第 3 欄位)』+『重新變更日期(第 5 欄位)』,過了該期限後使用者依舊沒有更新密碼,那該密碼就算過期了。雖然密碼過期但是該帳號還是可以用來進行其他工作的,包括登入系統取得 bash。**不過如果密碼過期了,那當你登入系統時,系統會強制要求你必須要重新設定密碼才能登入繼續使用喔,這就是密碼過期特性。**

那這個欄位的功能是什麼呢?是在密碼過期幾天後,如果使用者還是沒有登入更改密碼,那麼這個帳號的密碼將會『失效』,亦即該帳號再也無法使用該密碼登入了。要注意**密碼過期與密碼失效並不相同**。

8. **帳號失效日期**

這個日期跟第三個欄位一樣,都是使用 1970 年以來的總日數設定。這個欄位表示:**這個帳號在此欄位規定的日期之後,將無法再使用。** 就是所謂的『帳號失效』,此時不論你的密碼是否有過期,這個『帳號』都不能再被使用!這個欄位會被使用通常應該是在『收費服務』的系統中,你可以規定一個日期讓該帳號不能再使用啦!

9. **保留**

最後一個欄位是保留的,看以後有沒有新功能加入。

舉個例子來說好了,假如我的 dmtsai 這個使用者的密碼欄如下所示:

```
dmtsai:$6$M4IphgNP2TmlXaSS$B418YFroYxxmm....:16559:5:60:7:5:16679:
```

這表示什麼呢?先要注意的是 16559 是 2015/05/04。所以 dmtsai 這個使用者的密碼相關意義是:

■ 由於密碼幾乎僅能單向運算(由明碼計算成為密碼,無法由密碼反推回明碼),因此由上表的資料我們**無法得知 dmstai 的實際密碼明文** (第二個欄位)。

■ 此帳號最近一次更動密碼的日期是 2015/05/04 (16559)。

■ 能夠再次修改密碼的時間是 5 天以後,也就是 **2015/05/09 以前 dmtsai 不能修改自己的密碼**;如果使用者還是嘗試要更動自己的密碼,系統就會出現這樣的訊息:

```
You must wait longer to change your password
passwd: Authentication token manipulation error
```

畫面中告訴我們：你必須要等待更久的時間才能夠變更密碼之意啦！

- 由於密碼過期日期定義為 60 天後，亦即累積日數為：16559+60＝16619，經過計算得到此日數代表日期為 2015/07/03。這表示：『**使用者必須要在 2015/05/09 (前 5 天不能改) 到 2015/07/03 之間的 60 天限制內去修改自己的密碼，若 2015/07/03 之後還是沒有變更密碼時，該密碼就宣告為過期**』了！

- 警告日期設為 7 天，亦即是密碼過期日前的 7 天，在本例中則代表 2015/06/26 ～ 2015/07/03 這七天。如果使用者一直沒有更改密碼，那麼在這 7 天中，只要 dmtsai 登入系統就會發現如下的訊息：

```
Warning: your password will expire in 5 days
```

- 如果該帳號一直到 2015/07/03 都沒有更改密碼，那麼密碼就過期了。但是由於有 5 天的寬限天數，因此 **dmtsai 在 2015/07/08 前都還可以使用舊密碼登入主機。不過登入時會出現強制更改密碼的情況**，畫面有點像底下這樣：

```
You are required to change your password immediately (password aged)
WARNING: Your password has expired.
You must change your password now and login again!
Changing password for user dmtsai.
Changing password for dmtsai
(current) UNIX password:
```

你必須要輸入一次舊密碼以及兩次新密碼後，才能夠開始使用系統的各項資源。如果你是在 2015/07/08 以後嘗試以 dmtsai 登入的話，那麼就會出現如下的錯誤訊息且無法登入，因為此時你的密碼就失效去啦！

```
Your account has expired; please contact your system administrator
```

- 如果使用者在 2015/07/03 以前變更過密碼，那麼第 3 個欄位的那個 16559 的天數就會跟著改變，因此，所有的限制日期也會跟著相對變動喔！ ^_^

- 無論使用者如何動作，到了 16679 (大約是 2015/09/01 左右) 該帳號就失效了～

透過這樣的說明，你應該會比較容易理解了吧？由於 shadow 有這樣的重要性，因此可不能隨意修改喔！但在某些情況底下你得要使用各種方法來處理這個檔案的！舉例來說，常常聽到人家說：『我的密碼忘記了』，或者是『我的密碼不曉得被誰改過，跟原先的不一樣了』，這個時候怎麼辦？

- **一般用戶的密碼忘記了**：這個最容易解決，請系統管理員幫忙，他會重新設定好你的密碼而不需要知道你的舊密碼！利用 root 的身份使用 passwd 指令來處理即可。

- **root 密碼忘記了**：這就麻煩了！因為你無法使用 root 的身份登入了嘛！但我們知道 root 的密碼在 /etc/shadow 當中，因此你可以使用各種可行的方法開機進入 Linux 再去修改。例如重新開機進入單人維護模式(第十九章)後，系統會主動的給予 root 權限的 bash 介面，此時再以 passwd 修改密碼即可；或以 Live CD 開機後掛載根目錄去修改 /etc/shadow，將裡面的 root 的密碼欄位清空，再重新開機後 root 將不用密碼即可登入！登入後再趕快以 passwd 指令去設定 root 密碼即可。

曾經聽過一則笑話，某位老師主要是在教授 Linux 作業系統，但是他是兼任的老師，因此對於該系的電腦環境不熟。由於當初安裝該電腦教室 Linux 作業系統的人員已經離職且找不到聯絡方式了，也就是說 root 密碼已經沒有人曉得了！此時該老師就對學生說：『在 Linux 裡面 root 密碼不見了，我們只能重新安裝』...感覺有點無力～又是個被 Windows 制約的人才！

另外，由於 Linux 的新舊版本差異頗大，舊的版本 (CentOS 5.x 以前) 還活在很多伺服器內！因此，如果你想要知道 shadow 是使用哪種加密的機制時，可以透過底下的方法去查詢喔！

```
[root@study ~]# authconfig --test | grep hashing
password hashing algorithm is sha512
# 這就是目前的密碼加密機制！
```

## 13.1.3  關於群組：有效與初始群組、groups, newgrp

認識了帳號相關的兩個檔案 /etc/passwd 與 /etc/shadow 之後，你或許還是會覺得奇怪，那麼群組的設定檔在哪裡？還有，在 /etc/passwd 的第四欄不是所謂的 GID 嗎？那又是啥？呵呵～此時就需要瞭解 /etc/group 與 /etc/gshadow 囉～

◆ **/etc/group 檔案結構**

這個檔案就是在記錄 GID 與群組名稱的對應了～鳥哥測試機的 /etc/group 內容有點像這樣：

```
[root@study ~]# head -n 4 /etc/group
root:x:0:
bin:x:1:
daemon:x:2:
sys:x:3:
```

這個檔案每一行代表一個群組,也是以冒號『:』作為欄位的分隔符號號,共分為四欄,每一欄位的意義是:

1. **群組名稱**

   就是群組名稱啦!同樣用來給人類使用的,基本上需要與第三欄位元的 GID 對應。

2. **群組密碼**

   通常不需要設定,這個設定通常是給『群組管理員』使用的,目前很少有這個機會設定群組管理員啦!同樣的,密碼已經移動到 /etc/gshadow 去,因此這個欄位只會存在一個『x』而已。

3. **GID**

   就是群組的 ID 啊。我們 /etc/passwd 第四個欄位使用的 GID 對應的群組名,就是由這裡對應出來的!

4. **此群組支援的帳號名稱**

   我們知道一個帳號可以加入多個群組,那某個帳號想要加入此群組時,將該帳號填入這個欄位即可。舉例來說,如果我想要讓 dmtsai 與 alex 也加入 root 這個群組,那麼在第一行的最後面加上『dmtsai,alex』,注意不要有空格,使成為『root:x:0:dmtsai,alex』就可以囉~

談完了 /etc/passwd, /etc/shadow, /etc/group 之後,我們可以使用一個簡單的圖示來瞭解一下 UID / GID 與密碼之間的關係,圖示如下。其實重點是 /etc/passwd 啦,其他相關的資料都是根據這個檔案的欄位去找尋出來的。下圖中,root 的 UID 是 0,而 GID 也是 0,去找 /etc/group 可以知道 GID 為 0 時的群組名稱就是 root 哩。至於密碼的尋找中,會找到 /etc/shadow 與 /etc/passwd 內同帳號名稱的那一行,就是密碼相關資料囉。

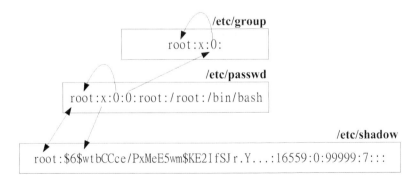

圖 13.1.1　帳號相關檔案之間的 UID/GID 與密碼相關性示意圖

至於在 /etc/group 比較重要的特色在於第四欄啦,因為每個使用者都可以擁有多個支援的群組,這就好比在學校唸書的時候,我們可以加入多個社團一樣!^\_^ 不過這裡你或許會覺得奇怪的,那就是:『**假如我同時加入多個群組,那麼我在作業的時候,到底是以那個群組為準?**』底下我們就來談一談這個『有效群組』的概念。

請注意,新版的 Linux 中,初始群組的用戶群已經不會加入在第四個欄位!例如我們知道 root 這個帳號的主要群組為 root,但是在上面的範例中,你已經不會看到 root 這個『用戶』的名稱在 /etc/group 的 root 那一行的第四個欄位內囉!這點還請留意一下即可!

◆ **有效群組(effective group)與初始群組(initial group)**

還記得每個使用者在他的 /etc/passwd 裡面的第四欄有所謂的 GID 吧?那個 GID 就是所謂的『初始群組 (initial group)』!也就是說,當使用者一登入系統,立刻就擁有這個群組的相關權限的意思。舉例來說,我們上面提到 dmtsai 這個使用者的 /etc/passwd 與 /etc/group 還有 /etc/gshadow 相關的內容如下:

```
[root@study ~]# usermod -a -G users dmtsai    <==先設定好次要群組
[root@study ~]# grep dmtsai /etc/passwd /etc/group /etc/gshadow
/etc/passwd:dmtsai:x:1000:1000:dmtsai:/home/dmtsai:/bin/bash
/etc/group:wheel:x:10:dmtsai       <==次要群組的設定、安裝時指定的
/etc/group:users:x:100:dmtsai      <==次要群組的設定
/etc/group:dmtsai:x:1000:          <==因為是初始群組,所以第四欄位元不需要填入帳號
/etc/gshadow:wheel:::dmtsai        <==次要群組的設定
/etc/gshadow:users:::dmtsai        <==次要群組的設定
/etc/gshadow:dmtsai:!!::
```

仔細看到上面這個表格,在 /etc/passwd 裡面,dmtsai 這個使用者所屬的群組為 GID=1000,搜尋一下 /etc/group 得到 1000 是那個名為 dmtsai 的群組啦!這就是 initial group。因為是初始群組,使用者一登入就會主動取得,不需要在 /etc/group 的第四個欄位寫入該帳號的!

但是非 initial group 的其他群組可就不同了。舉上面這個例子來說,我將 dmtsai 加入 users 這個群組當中,由於 users 這個群組並非是 dmtsai 的初始群組,因此,我必須要在 /etc/group 這個檔案中,找到 users 那一行,並且將 dmtsai 這個帳號加入第四欄,這樣 dmtsai 才能夠加入 users 這個群組啊。

那麼在這個例子當中,因為我的 dmtsai 帳號同時支援 dmtsai, wheel 與 users 這三個群組,因此,在讀取/寫入/執行檔案時,針對群組部分,只要是 users, wheel 與 dmtsai 這三個群組擁有的功能,我 dmtsai 這個使用者都能夠擁有喔!這樣瞭呼?不過,這是針

對已經存在的檔案而言，如果今天我要建立一個新的檔案或者是新的目錄，請問一下，**新檔案的群組是 dmtsai, wheel 還是 users？**呵呵！這就得要檢查一下當時的有效群組了 (effective group)。

◆ groups: **有效與支援群組的觀察**

如果我以 dmtsai 這個使用者的身份登入後，該如何知道我所有支援的群組呢？很簡單啊，直接輸入 groups 就可以了！注意喔，是 groups 有加 s 呢！結果像這樣：

```
[dmtsai@study ~]$ groups
dmtsai wheel users
```

在這個輸出的訊息中，可知道 dmtsai 這個用戶同時屬於 dmtsai, wheel 及 users 這三個群組，而且，**第一個輸出的群組即為有效群組 (effective group)** 了。也就是說，我的有效群組為 dmtsai 啦～此時，如果我以 touch 去建立一個新檔，例如：『 touch test 』，那麼這個檔案的擁有者為 dmtsai，而且群組也是 dmtsai 的啦。

```
[dmtsai@study ~]$ touch test
[dmtsai@study ~]$ ll test
-rw-rw-r--. 1 dmtsai dmtsai 0 Jul 20 19:54 test
```

這樣是否可以瞭解什麼是有效群組了？通常有效群組的作用是在新建檔案啦！那麼有效群組是否能夠變換？

◆ newgrp: **有效群組的切換**

那麼如何變更有效群組呢？就使用 newgrp 啊！不過使用 newgrp 是有限制的，那就是**你想要切換的群組必須是你已經有支援的群組**。舉例來說，dmtsai 可以在 dmtsai/wheel/users 這三個群組間切換有效群組，但是 dmtsai 無法切換有效群組成為 sshd 啦！使用的方式如下：

```
[dmtsai@study ~]$ newgrp users
[dmtsai@study ~]$ groups
users wheel dmtsai
[dmtsai@study ~]$ touch test2
[dmtsai@study ~]$ ll test*
-rw-rw-r--. 1 dmtsai dmtsai 0 Jul 20 19:54 test
-rw-r--r--. 1 dmtsai users  0 Jul 20 19:56 test2
[dmtsai@study ~]$ exit    # 注意！記得離開 newgrp 的環境喔！
```

此時，dmtsai 的有效群組就成為 users 了。我們額外的來討論一下 newgrp 這個指令，這個指令可以變更目前使用者的有效群組，而且是**另外以一個 shell 來提供這個功能**的喔,所以,以上面的例子來說,dmtsai 這個使用者目前是以另一個 shell 登入的,而且新的 shell 給予 dmtsai 有效 GID 為 users 就是了。如果以圖示來看就是如下所示:

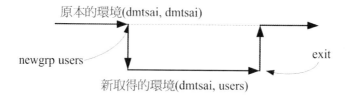

圖 13.1.2 newgrp 的運作示意圖

雖然使用者的環境設定(例如環境變數等等其他資料)不會有影響,但是使用者的『群組權限』將會重新被計算。但是需要注意,由於是新取得一個 shell,因此如果你想要回到原本的環境中,請輸入 exit 回到原本的 shell 喔!

既然如此,也就是說,只要我的用戶有支援的群組就是能夠切換成為有效群組!好了,那麼如何讓一個帳號加入不同的群組就是問題的所在囉。你要加入一個群組有兩個方式,一個是透過系統管理員 (root) 利用 usermod 幫你加入,如果 root 太忙了而且你的系統有設定群組管理員,那麼你可以透過群組管理員以 gpasswd 幫你加入他所管理的群組中!詳細的作法留待下一小節再來介紹囉!

◆ /etc/gshadow

剛剛講了很多關於『有效群組』的概念,另外,也提到 newgrp 這個指令的用法,但是,如果 /etc/gshadow 這個設定沒有搞懂得話,那麼 newgrp 是無法動作的呢!鳥哥測試機的 /etc/gshadow 的內容有點像這樣:

```
[root@study ~]# head -n 4 /etc/gshadow
root:::
bin:::
daemon:::
sys:::
```

這個檔案內同樣還是使用冒號『:』來作為欄位的分隔字元,而且你會發現,這個檔案幾乎與 /etc/group 一模一樣啊!是這樣沒錯~不過,要注意的大概就是第二個欄位吧~第二個欄位是密碼欄,如果密碼欄上面是『!』或空的時,表示該群組不具有群組管理員!至於第四個欄位也就是支援的帳號名稱囉~這四個欄位的意義為:

1. **群組名稱**

2. **密碼欄,同樣的,開頭為!表示無合法密碼,所以無群組管理員**

3. **群組管理員的帳號 (相關資訊在 gpasswd 仲介紹)**

4. **有加入該群組支援的所屬帳號 (與 /etc/group 內容相同!)**

以系統管理員的角度來說，這個 gshadow 最大的功能就是**建立群組管理員**啦！那麼什麼是群組管理員呢？由於系統上面的帳號可能會很多，但是我們 root 可能平時太忙碌，所以當有使用者想要加入某些群組時，root 或許會沒有空管理。此時如果能夠建立群組管理員的話，那麼**該群組管理員就能夠將那個帳號加入自己管理的群組中**！可以免去 root 的忙碌啦！不過，由於目前有類似 sudo 之類的工具，所以這個群組管理員的功能已經很少使用了。我們會在後續的 gpasswd 仲介紹這個實作。

## 13.2　帳號管理

好啦！既然要管理帳號，當然是由新增與移除使用者開始的囉～底下我們就分別來談一談如何新增、移除與更改使用者的相關資訊吧～

### 13.2.1　新增與移除使用者：useradd, 相關設定檔, passwd, usermod, userdel

要如何在 Linux 的系統新增一個使用者啊？呵呵～真是太簡單了～我們登入系統時會輸入 (1)帳號與 (2)密碼，所以建立一個可用的帳號同樣的也需要這兩個資料。那帳號可以使用 useradd 來新建使用者，密碼的給予則使用 passwd 這個指令！這兩個指令下達方法如下：

◆　useradd

```
[root@study ~]# useradd [-u UID] [-g 初始群組] [-G 次要群組] [-mM]\
>  [-c 說明欄] [-d 家目錄絕對路徑] [-s shell] 使用者帳號名
選項與參數：
-u  ：後面接的是 UID，是一組數字。直接指定一個特定的 UID 給這個帳號；
-g  ：後面接的那個群組名稱就是我們上面提到的 initial group 啦～
      該群組的 GID 會被放置到 /etc/passwd 的第四個欄位內。
-G  ：後面接的群組名稱則是這個帳號還可以加入的群組。
      這個選項與參數會修改 /etc/group 內的相關資料喔！
-M  ：強制！不要建立使用者家目錄！(系統帳號預設值)
-m  ：強制！要建立使用者家目錄！(一般帳號預設值)
-c  ：這個就是 /etc/passwd 的第五欄的說明內容啦～可以隨便我們設定的啦～
-d  ：指定某個目錄成為家目錄，而不要使用預設值。務必使用絕對路徑！
-r  ：建立一個系統的帳號，這個帳號的 UID 會有限制 (參考 /etc/login.defs)
-s  ：後面接一個 shell，若沒有指定則預設是 /bin/bash 的啦～
-e  ：後面接一個日期，格式為『YYYY-MM-DD』此項目可寫入 shadow 第八欄位，
      亦即帳號失效日的設定項目囉；
-f  ：後面接 shadow 的第七欄位項目，指定密碼是否會失效。0為立刻失效，
      -1 為永遠不失效(密碼只會過期而強制於登入時重新設定而已。)
```

範例一：完全參考預設值建立一個使用者，名稱為 vbird1

```
[root@study ~]# useradd vbird1
[root@study ~]# ll -d /home/vbird1
drwx------. 3 vbird1 vbird1 74 Jul 20 21:50 /home/vbird1
# 預設會建立使用者家目錄，且權限為 700！這是重點！

[root@study ~]# grep vbird1 /etc/passwd /etc/shadow /etc/group
/etc/passwd:vbird1:x:1003:1004::/home/vbird1:/bin/bash
/etc/shadow:vbird1:!!:16636:0:99999:7:::
/etc/group:vbird1:x:1004:        <==預設會建立一個與帳號一模一樣的群組名
```

其實系統已經幫我們規定好非常多的預設值了，所以我們可以簡單的使用『 useradd 帳號 』來建立使用者即可。CentOS 這些預設值主要會幫我們處理幾個項目：

- **在 /etc/passwd 裡面建立一行與帳號相關的資料，包括建立 UID/GID/家目錄等。**
- **在 /etc/shadow 裡面將此帳號的密碼相關參數填入，但是尚未有密碼。**
- **在 /etc/group 裡面加入一個與帳號名稱一模一樣的群組名稱。**
- **在 /home 底下建立一個與帳號同名的目錄作為使用者家目錄，且權限為 700。**

由於在 /etc/shadow 內僅會有密碼參數而不會有加密過的密碼資料，因此我們在建立使用者帳號時，還需要使用『 passwd 帳號 』來給予密碼才算是完成了使用者建立的流程。如果由於特殊需求而需要改變使用者相關參數時，就得要透過上述表格中的選項來進行建立了，參考底下的案例：

範例二：假設我已知道我的系統當中有個群組名稱為 users，且 UID 1500 並不存在，
        請用 users 為初始群組，以及 uid 為 1500 來建立一個名為 vbird2 的帳號

```
[root@study ~]# useradd -u 1500 -g users vbird2
[root@study ~]# ll -d /home/vbird2
drwx------. 3 vbird2 users 74 Jul 20 21:52 /home/vbird2

[root@study ~]# grep vbird2 /etc/passwd /etc/shadow /etc/group
/etc/passwd:vbird2:x:1500:100::/home/vbird2:/bin/bash
/etc/shadow:vbird2:!!:16636:0:99999:7:::
# 看一下，UID 與 initial group 確實改變成我們需要的了！
```

在這個範例中，我們建立的是指定一個已經存在的群組作為使用者的初始群組，因為群組已經存在，**所以在 /etc/group 裡面就不會主動的建立與帳號同名的群組了**！此外，我們也指定了特殊的 UID 來作為使用者的專屬 UID 喔！瞭解了一般帳號後，我們來瞧瞧那啥是系統帳號 (system account) 吧！

範例三：建立一個系統帳號，名稱為 vbird3

```
[root@study ~]# useradd -r vbird3
[root@study ~]# ll -d /home/vbird3
ls: cannot access /home/vbird3: No such file or directorya    <==不會主動建立家目錄

[root@study ~]# grep vbird3 /etc/passwd /etc/shadow /etc/group
/etc/passwd:vbird3:x:699:699::/home/vbird3:/bin/bash
/etc/shadow:vbird3:!!:16636::::::
/etc/group:vbird3:x:699:
```

我們在談到 UID 的時候曾經說過一般帳號應該是 1000 號以後，那使用者自己建立的系統帳號則一般是小於 1000 號以下的。所以在這裡我們加上 -r 這個選項以後，系統就會主動將帳號與帳號同名群組的 UID/GID 都指定小於 1000 以下，在本案例中則是使用 699(UID) 與 699(GID) 囉！此外，由於系統帳號主要是用來進行運作系統所需服務的權限設定，所以**系統帳號預設都不會主動建立家目錄的**！

由這幾個範例我們也會知道，使用 useradd 建立使用者帳號時，其實會更改不少地方，至少我們就知道底下幾個檔案：

- **使用者帳號與密碼參數方面的檔案**：/etc/passwd, /etc/shadow
- **使用者群組相關方面的檔案**：/etc/group, /etc/gshadow
- **使用者的家目錄**：/home/帳號名稱

那請教一下，你有沒有想過，為何『 useradd vbird1 』會主動在 /home/vbird1 建立起使用者的家目錄？家目錄內有什麼資料且來自哪裡？為何預設使用的是 /bin/bash 這個 shell？為何密碼欄位已經都規範好了 (0:99999:7 那一串)？呵呵！這就得要說明一下 useradd 所使用的參考檔案囉！

◆ useradd 參考檔

其實 useradd 的預設值可以使用底下的方法呼叫出來：

```
[root@study ~]# useradd -D
GROUP=100                 <==預設的群組
HOME=/home                <==預設的家目錄所在目錄
INACTIVE=-1               <==密碼失效日，在 shadow 內的第 7 欄
EXPIRE=                   <==帳號失效日，在 shadow 內的第 8 欄
SHELL=/bin/bash           <==預設的 shell
SKEL=/etc/skel            <==使用者家目錄的內容資料參考目錄
CREATE_MAIL_SPOOL=yes     <==是否主動幫使用者建立郵件信箱(mailbox)
```

這個**資料其實是由** /etc/default/useradd 呼叫出來的！你可以自行用 vim 去觀察該檔案的內容。搭配上頭剛剛談過的範例一的運作結果，上面這些設定項目所造成的行為分別是：

- GROUP=100：**新建帳號的初始群組使用 GID 為 100 者**

  系統上面 GID 為 100 者即是 users 這個群組，此設定項目指的就是讓新設使用者帳號的初始群組為 users 這一個的意思。但是我們知道 CentOS 上面並不是這樣的，在 CentOS 上面預設的群組為與帳號名相同的群組。舉例來說，vbird1 的初始群組為 vbird1。怎麼會這樣啊？這是因為針對群組的角度有兩種不同的機制所致，這兩種機制分別是：

  - **私有群組機制**

    系統會建立一個與帳號一樣的群組給使用者作為初始群組。這種群組的設定機制會比較有保密性，這是因為使用者都有自己的群組，而且家目錄權限將會設定為 700（僅有自己可進入自己的家目錄）之故。使用這種機制將不會參考 GROUP=100 這個設定值。代表性的 distributions 有 RHEL, Fedora, CentOS 等。

  - **公共群組機制**

    就是以 GROUP=100 這個設定值作為新建帳號的初始群組，因此每個帳號都屬於 users 這個群組，且預設家目錄通常的權限會是『 drwxr-xr-x ... username users ... 』，由於每個帳號都屬於 users 群組，因此大家都可以互相分享家目錄內的資料之故。代表 distributions 如 SuSE 等。

  由於我們的 CentOS 使用私有群組機制，因此這個設定項目是不會生效的！不要太緊張啊！

- HOME=/home：**使用者家目錄的基準目錄(basedir)**

  使用者的家目錄通常是與帳號同名的目錄，這個目錄將會擺放在此設定值的目錄後。所以 vbird1 的家目錄就會在 /home/vbird1/ 了！很容易理解吧！

- INACTIVE=-1：**密碼過期後是否會失效的設定值**

  我們在 shadow 檔案結構當中談過，第七個欄位的設定值將會影響到密碼過期後，在多久時間內還可使用舊密碼登入。這個項目就是在指定該日數啦！如果是 0 代表密碼過期立刻失效，如果是 -1 則是代表密碼永遠不會失效，如果是數字，如 30，則代表過期 30 天後才失效。

- EXPIRE=：**帳號失效的日期**

  就是 shadow 內的第八欄位，你可以直接設定帳號在哪個日期後就直接失效，而不理會密碼的問題。通常不會設定此項目，但如果是付費的會員制系統，或許這個欄位可以設定喔！

- **SHELL=/bin/bash：預設使用的 shell 程式檔名**

    系統預設的 shell 就寫在這裡。假如你的系統為 mail server，你希望每個帳號都只能使用 email 的收發信件功能，而不許使用者登入系統取得 shell，那麼可以將這裡設定為 /sbin/nologin，如此一來，新建的使用者預設就無法登入！也免去後續使用 usermod 進行修改的手續！

- **SKEL=/etc/skel：使用者家目錄參考基準目錄**

    這個東東就是指定使用者家目錄的參考基準目錄囉～舉我們的範例一為例，vbird1 家目錄 /home/vbird1 內的各項資料，都是由 /etc/skel 所複製過去的～所以呢，未來如果我想要讓新增使用者時，該使用者的環境變數 ~/.bashrc 就設定妥當的話，你可以到 /etc/skel/.bashrc 去編輯一下，也可以建立 /etc/skel/www 這個目錄，那麼未來新增使用者後，在他的家目錄下就會有 www 那個目錄了！這樣瞭呼？

- **CREATE_MAIL_SPOOL=yes：建立使用者的 mailbox**

    你可以使用『 ll /var/spool/mail/vbird1 』看一下，會發現有這個檔案的存在喔！這就是使用者的郵件信箱！

除了這些基本的帳號設定值之外，UID/GID 還有密碼參數又是在哪裡參考的呢？那就得要看一下 /etc/login.defs 啦！這個檔案的內容有點像底下這樣：

```
MAIL_DIR          /var/spool/mail   <==使用者預設郵件信箱放置目錄


PASS_MAX_DAYS     99999   <==/etc/shadow 內的第 5 欄，多久需變更密碼日數
PASS_MIN_DAYS     0       <==/etc/shadow 內的第 4 欄，多久不可重新設定密碼日數
PASS_MIN_LEN      5       <==密碼最短的字元長度，已被 pam 模組取代，失去效用！
PASS_WARN_AGE     7       <==/etc/shadow 內的第 6 欄，過期前會警告的日數


UID_MIN           1000    <==使用者最小的 UID，意即小於 1000 的 UID 為系統保留
UID_MAX           60000   <==使用者能夠用的最大 UID
SYS_UID_MIN        201    <==保留給使用者自行設定的系統帳號最小值 UID
SYS_UID_MAX        999    <==保留給使用者自行設定的系統帳號最大值 UID
GID_MIN           1000    <==使用者自訂群組的最小 GID，小於 1000 為系統保留
GID_MAX           60000   <==使用者自訂群組的最大 GID
SYS_GID_MIN        201    <==保留給使用者自行設定的系統帳號最小值 GID
SYS_GID_MAX        999    <==保留給使用者自行設定的系統帳號最大值 GID


CREATE_HOME       yes     <==在不加 -M 及 -m 時，是否主動建立使用者家目錄？
UMASK             077     <==使用者家目錄建立的 umask，因此權限會是 700
USERGROUPS_ENAB yes       <==使用 userdel 刪除時，是否會刪除初始群組
ENCRYPT_METHOD SHA512     <==密碼加密的機制使用的是 sha512 這一個機制！
```

這個檔案規範的資料則是如下所示：

- **mailbox 所在目錄**

  使用者的預設 mailbox 檔案放置的目錄在 /var/spool/mail，所以 vbird1 的 mailbox 就是在 /var/spool/mail/vbird1 囉！

- **shadow 密碼第 4, 5, 6 欄位內容**

  透過 PASS_MAX_DAYS 等等設定值來指定的！所以你知道為何預設的 /etc/shadow 內每一行都會有『 0:99999:7 』的存在了嗎？ ^_^ ！不過要注意的是，由於目前我們登入時改用 PAM 模組來進行密碼檢驗，所以那個 PASS_MIN_LEN 是失效的！

- **UID/GID 指定數值**

  雖然 Linux 核心支援的帳號可高達 $2^{32}$ 這麼多個，不過一部主機要作出這麼多帳號在管理上也是很麻煩的！所以在這裡就針對 UID/GID 的範圍進行規範就是了。上表中的 UID_MIN 指的就是可登入系統的一般帳號的最小 UID，至於 UID_MAX 則是最大 UID 之意。

  要注意的是，系統給予一個帳號 UID 時，它是 (1)先參考 UID_MIN 設定值取得最小數值； (2)由 /etc/passwd 搜尋最大的 UID 數值，將 (1) 與 (2) 相比，找出最大的那個再加一就是新帳號的 UID 了。我們上面已經作出 UID 為 1500 的 vbird2，如果再使用『 useradd vbird4 』時，你猜 vbird4 的 UID 會是多少？答案是：1501。所以中間的 1004~1499 的號碼就空下來啦！

  而如果我是想要建立系統用的帳號，所以使用 useradd -r sysaccount 這個 -r 的選項時，就會找『比 201 大但比 1000 小的最大的 UID 』就是了。 ^_^

- **使用者家目錄設定值**

  為何我們系統預設會幫使用者建立家目錄？就是這個『CREATE_HOME = yes』的設定值啦！這個設定值會讓你在使用 useradd 時，主動加入『 -m 』這個產生家目錄的選項啊！如果不想要建立使用者家目錄，就只能強制加上『 -M 』的選項在 useradd 指令執行時啦！至於建立家目錄的權限設定呢？就透過 umask 這個設定值啊！因為是 077 的預設設定，因此使用者家目錄預設權限才會是『 drwx------ 』哩！

- **使用者刪除與密碼設定值**

  使用『USERGROUPS_ENAB yes』這個設定值的功能是：**如果使用 userdel 去刪除一個帳號時，且該帳號所屬的初始群組已經沒有人隸屬於該群組了，那麼就刪除掉該群組**，舉例來說，我們剛剛有建立 vbird4 這個帳號，它會主動建立 vbird4 這個群組。若 vbird4 這個群組並沒有其他帳號將它加入支援的情況下，若使用 userdel vbird4 時，該群組也會被刪除的意思。至於『ENCRYPT_METHOD SHA512』則表示使用 SHA512 來加密密碼明文，而不使用舊式的 MD5[註2]。

現在你知道啦，使用 useradd 這支程式在建立 Linux 上的帳號時，至少會參考：

- /etc/default/useradd

- /etc/login.defs

- /etc/skel/*

這些檔案，不過，最重要的其實是建立 /etc/passwd, /etc/shadow, /etc/group, /etc/gshadow 還有使用者家目錄就是了～所以，如果你瞭解整個系統運作的狀態，也是可以手動直接修改這幾個檔案就是了。OK！帳號建立了，接下來處理一下使用者的密碼吧！

◆ passwd

剛剛我們講到了，使用 useradd 建立了帳號之後，在預設的情況下，該帳號是暫時被封鎖的，也就是說，該帳號是無法登入的，你可以去瞧一瞧 /etc/shadow 內的第二個欄位就曉得囉～那該如何是好？怕什麼？直接給他設定新密碼就好了嘛！對吧～設定密碼就使用 passwd 囉！

```
[root@study ~]# passwd [--stdin] [帳號名稱]  <==所有人均可使用來改自己的密碼
[root@study ~]# passwd [-l] [-u] [--stdin] [-S] \
>  [-n 日數] [-x 日數] [-w 日數] [-i 日期] 帳號 <==root 功能
選項與參數：
--stdin ：可以透過來自前一個管線的資料，作為密碼輸入，對 shell script 有幫助！
-l   ：是 Lock 的意思，會將 /etc/shadow 第二欄最前面加上 ！ 使密碼失效；
-u   ：與 -l 相對，是 Unlock 的意思！
-S   ：列出密碼相關參數，亦即 shadow 檔案內的大部分資訊。
-n   ：後面接天數，shadow 的第 4 欄位，多久不可修改密碼天數
-x   ：後面接天數，shadow 的第 5 欄位，多久內必須要更動密碼
-w   ：後面接天數，shadow 的第 6 欄位，密碼過期前的警告天數
-i   ：後面接『日期』，shadow 的第 7 欄位，密碼失效日期


範例一：請 root 給予 vbird2 密碼
[root@study ~]# passwd vbird2
Changing password for user vbird2.
New UNIX password: <==這裡直接輸入新的密碼，螢幕不會有任何反應
BAD PASSWORD: The password is shorter than 8 characters <==密碼太簡單或過短的錯誤！
Retype new UNIX password:  <==再輸入一次同樣的密碼
passwd: all authentication tokens updated successfully.  <==竟然還是成功修改了！
```

root 果然是最偉大的人物！當我們要給予使用者密碼時，透過 root 來設定即可。root 可以設定各式各樣的密碼，系統幾乎一定會接受！所以你瞧瞧，如同上面的範例一，明明

鳥哥輸入的密碼太短了，但是系統依舊可接受 vbird2 這樣的密碼設定。這個是 root 幫忙設定的結果，那如果是使用者自己要改密碼呢？包括 root 也是這樣修改的喔！

```
範例二：用 vbird2 登入後，修改 vbird2 自己的密碼
[vbird2@study ~]$ passwd    <==後面沒有加帳號，就是改自己的密碼！
Changing password for user vbird2.
Changing password for vbird2
(current) UNIX password: <==這裡輸入『原有的舊密碼』
New UNIX password: <==這裡輸入新密碼
BAD PASSWORD: The password is shorter than 8 characters <==密碼太短！不可以設定！重
新想
New password:   <==這裡輸入新想的密碼
BAD PASSWORD: The password fails the dictionary check - it is based on a dictionary
word
# 同樣的，密碼設定在字典裡面找的到該字串，所以也是不建議！無法通過，再想新的！
New UNIX password: <==這裡再想個新的密碼來輸入吧
Retype new UNIX password: <==通過密碼驗證！所以重複這個密碼的輸入
passwd: all authentication tokens updated successfully. <==有無成功看關鍵字
```

passwd 的使用真的要很注意，尤其是 root 先生啊！鳥哥在課堂上每次講到這裡，說是要幫自己的一般帳號建立密碼時，有一小部分的學生就是會忘記加上帳號，結果就變成改變 root 自己的密碼，最後.... root 密碼就這樣不見去！唉～**要幫一般帳號建立密碼需要使用『 passwd 帳號 』的格式，使用『 passwd 』表示修改自己的密碼**！拜託！千萬不要改錯！

與 root 不同的是，一般帳號在更改密碼時需要先輸入自己的舊密碼 (亦即 current 那一行)，然後再輸入新密碼 (New 那一行)。要注意的是，密碼的規範是非常嚴格的，尤其新的 distributions 大多使用 PAM 模組來進行密碼的檢驗，包括太短、密碼與帳號相同、密碼為字典常見字串等，都會被 PAM 模組檢查出來而拒絕修改密碼，此時會再重複出現『 New 』這個關鍵字！那時請再想個新密碼！若出現『 Retype 』才是你的密碼被接受了！重複輸入新密碼並且看到『 successfully 』這個關鍵字時才是修改密碼成功喔！

與一般使用者不同的是，root 並不需要知道舊密碼就能夠幫使用者或 root 自己建立新密碼！但如此一來有困擾～就是如果你的親密愛人老是告訴你『我的密碼真難記，幫我設定簡單一點的！』時，千萬不要妥協啊！這是為了系統安全...

為何使用者要設訂自己的密碼會這麼麻煩啊？這是因為密碼的安全性啦！如果密碼設定太簡單，一些有心人士就能夠很簡單的猜到你的密碼，如此一來人家就可能使用你的一般帳號登入你的主機或使用其他主機資源，對主機的維護會造成困擾的！所以新的

distributions 是使用較嚴格的 PAM 模組來管理密碼,這個管理的機制寫在 /etc/pam.d/passwd 當中。**而該檔案與密碼有關的測試模組就是使用: pam_cracklib.so,這個模組會檢驗密碼相關的資訊,並且取代 /etc/login.defs 內的 PASS_MIN_LEN 的設定**啦!關於 PAM 我們在本章後面繼續介紹,這裡先談一下,理論上,你的密碼最好符合如下要求:

- **密碼不能與帳號相同。**
- **密碼盡量不要選用字典裡面會出現的字串。**
- **密碼需要超過 8 個字元。**
- **密碼不要使用個人資訊,如身份證、手機號碼、其他電話號碼等。**
- **密碼不要使用簡單的關係式,如 1+1=2,Iamvbird 等。**
- **密碼盡量使用大小寫字元、數字、特殊字元($,_,-等)的組合。**

為了方便系統管理,新版的 passwd 還加入了很多創意選項喔!鳥哥個人認為最好用的大概就是這個『 --stdin 』了!舉例來說,你想要幫 vbird2 變更密碼成為 abc543CC,可以這樣下達指令呢!

範例三:使用 standard input 建立用戶的密碼
```
[root@study ~]# echo "abc543CC" | passwd --stdin vbird2
Changing password for user vbird2.
passwd: all authentication tokens updated successfully.
```

這個動作會直接更新使用者的密碼而不用再次的手動輸入!好處是方便處理,缺點是這個密碼會保留在指令中,未來若系統被攻破,人家可以在 /root/.bash_history 找到這個密碼呢!所以這個動作通常僅用在 shell script 的大量建立使用者帳號當中!要注意的是,這個選項並不存在所有 distributions 版本中,請使用 man passwd 確認你的 distribution 是否有支援此選項喔!

如果你想要讓 vbird2 的密碼具有相當的規則,舉例來說你要讓 vbird2 每 60 天需要變更密碼,密碼過期後 10 天未使用就宣告帳號失效,那該如何處理?

範例四:管理 vbird2 的密碼使具有 60 天變更、密碼過期 10 天後帳號失效的設定
```
[root@study ~]# passwd -S vbird2
vbird2 PS 2015-07-20 0 99999 7 -1 (Password set, SHA512 crypt.)
# 上面說明密碼建立時間 (2015-07-20)、0 最小天數、99999 變更天數、7 警告日數與密碼不會失效
(-1)

[root@study ~]# passwd -x 60 -i 10 vbird2
[root@study ~]# passwd -S vbird2
vbird2 PS 2015-07-20 0 60 7 10 (Password set, SHA512 crypt.)
```

那如果我想要讓某個帳號暫時無法使用密碼登入主機呢？舉例來說，vbird2 這傢夥最近老是胡亂在主機亂來，所以我想要暫時讓她無法登入的話，最簡單的方法就是讓她的密碼變成不合法 (shadow 第 2 欄位長度變掉)！處理的方法就更簡單的！

範例五：讓 vbird2 的帳號失效，觀察完畢後再讓她失效
```
[root@study ~]# passwd -l vbird2
[root@study ~]# passwd -S vbird2
vbird2 LK 2015-07-20 0 60 7 10 (Password locked.)
# 嘿嘿！狀態變成『 LK, Lock 』了啦！無法登入喔！
[root@study ~]# grep vbird2 /etc/shadow
vbird2:!!$6$iWWO6T46$uYStdkB7QjcUpJaCLB.OOp...:16636:0:60:7:10::
# 其實只是在這裡加上 !! 而已！


[root@study ~]# passwd -u vbird2
[root@study ~]# grep vbird2 /etc/shadow
vbird2:$6$iWWO6T46$uYStdkB7QjcUpJaCLB.OOp...:16636:0:60:7:10::
# 密碼欄位恢復正常！
```

是否很有趣啊！你可以自行管理一下你的帳號的密碼相關參數喔！接下來讓我們用更簡單的方法來查閱密碼參數喔！

◆ chage

除了使用 passwd -S 之外，有沒有更詳細的密碼參數顯示功能呢？有的！那就是 chage 了！它的用法如下：

```
[root@study ~]# chage [-ldEImMW] 帳號名
選項與參數：
-l ：列出該帳號的詳細密碼參數；
-d ：後面接日期，修改 shadow 第三欄位(最近一次更改密碼的日期)，格式 YYYY-MM-DD
-E ：後面接日期，修改 shadow 第八欄位(帳號失效日)，格式 YYYY-MM-DD
-I ：後面接天數，修改 shadow 第七欄位(密碼失效日期)
-m ：後面接天數，修改 shadow 第四欄位(密碼最短保留天數)
-M ：後面接天數，修改 shadow 第五欄位元(密碼多久需要進行變更)
-W ：後面接天數，修改 shadow 第六欄位(密碼過期前警告日期)
```

範例一：列出 vbird2 的詳細密碼參數
```
[root@study ~]# chage -l vbird2
Last password change                                    : Jul 20, 2015
Password expires                                        : Sep 18, 2015
Password inactive                                       : Sep 28, 2015
Account expires                                         : never
Minimum number of days between password change          : 0
```

```
Maximum number of days between password change      : 60
Number of days of warning before password expires   : 7
```

我們在 passwd 的介紹中談到了處理 vbird2 這個帳號的密碼屬性流程，使用 passwd -S 卻無法看到很清楚的說明。如果使用 chage 那可就明白多了！如上表所示，我們可以清楚的知道 vbird2 的詳細參數呢！如果想要修改其他的設定值，就自己參考上面的選項，或者自行 man chage 一下吧！ ^_^

chage 有一個功能很不錯喔！如果你想要讓『**使用者在第一次登入時，強制她們一定要更改密碼後才能夠使用系統資源**』，可以利用如下的方法來處理的！

範例二：建立一個名為 agetest 的帳號，該帳號第一次登入後使用預設密碼，但必須要更改過密碼後，
　　　　使用新密碼才能夠登入系統使用 bash 環境

```
[root@study ~]# useradd agetest
[root@study ~]# echo "agetest" | passwd --stdin agetest
[root@study ~]# chage -d 0 agetest
[root@study ~]# chage -l agetest | head -n 3
Last password change                  : password must be changed
Password expires                      : password must be changed
Password inactive                     : password must be changed
# 此時此帳號的密碼建立時間會被改為 1970/1/1，所以會有問題！
```

範例三：嘗試以 agetest 登入的情況

```
You are required to change your password immediately (root enforced)
WARNING: Your password has expired.
You must change your password now and login again!
Changing password for user agetest.
Changing password for agetest
(current) UNIX password:    <==這個帳號被強制要求必須要改密碼！
```

非常有趣吧！你會發現 agetest 這個帳號在第一次登入時可以使用與帳號同名的密碼登入，但登入時就會被要求立刻更改密碼，更改密碼完成後就會被踢出系統。再次登入時就能夠使用新密碼登入了！這個功能對學校老師非常有幫助！因為我們不想要知道學生的密碼，那麼在初次上課時就使用與學號相同的帳號/密碼給學生，讓她們登入時自行設定她們的密碼，如此一來就能夠避免其他同學隨意使用別人的帳號，也能夠保證學生知道如何更改自己的密碼！

◆ usermod

所謂這『人有失手，馬有亂蹄』，你說是吧？所以囉，當然有的時候會『不小心手滑了一下』在 useradd 的時候加入了錯誤的設定資料。或者是，在使用 useradd 後，發現某些地方還可以進行細部修改。此時，當然我們可以直接到 /etc/passwd 或 /etc/shadow

去修改相對應欄位的資料，不過，Linux 也有提供相關的指令讓大家來進行帳號相關資料的微調呢～那就是 usermod 囉～

```
[root@study ~]# usermod [-cdegGlsuLU] username
選項與參數：
-c ：後面接帳號的說明，即 /etc/passwd 第五欄的說明欄，可以加入一些帳號的說明。
-d ：後面接帳號的家目錄，即修改 /etc/passwd 的第六欄；
-e ：後面接日期，格式是 YYYY-MM-DD 也就是在 /etc/shadow 內的第八個欄位資料啦！
-f ：後面接天數，為 shadow 的第七欄位。
-g ：後面接初始群組，修改 /etc/passwd 的第四個欄位，亦即是 GID 的欄位！
-G ：後面接次要群組，修改這個使用者能夠支援的群組，修改的是 /etc/group 囉～
-a ：與 -G 合用，可『增加次要群組的支援』而非『設定』喔！
-l ：後面接帳號名稱。亦即是修改帳號名稱，/etc/passwd 的第一欄！
-s ：後面接 Shell 的實際檔案，例如 /bin/bash 或 /bin/csh 等等。
-u ：後面接 UID 數字啦！即 /etc/passwd 第三欄的資料；
-L ：暫時將使用者的密碼凍結，讓他無法登入。其實僅改 /etc/shadow 的密碼欄。
-U ：將 /etc/shadow 密碼欄的 ! 拿掉，解凍啦！
```

如果你仔細的比對，會發現 usermod 的選項與 useradd 非常類似！這是因為 usermod 也是用來微調 useradd 增加的使用者參數嘛！不過 usermod 還是有新增的選項，那就是 -L 與 -U，不過這兩個選項其實與 passwd 的 -l, -u 是相同的！而且也不見得會存在所有的 distribution 當中！接下來，讓我們談談一些變更參數的實例吧！

範例一：修改使用者 vbird2 的說明欄，加上『VBird's test』的說明。
```
[root@study ~]# usermod -c "VBird's test" vbird2
[root@study ~]# grep vbird2 /etc/passwd
vbird2:x:1500:100:VBird's test:/home/vbird2:/bin/bash
```

範例二：使用者 vbird2 這個帳號在 2015/12/31 失效。
```
[root@study ~]# usermod -e "2015-12-31" vbird2
[root@study ~]# chage -l vbird2 | grep 'Account expires'
Account expires                  : Dec 31, 2015
```

範例三：我們建立 vbird3 這個系統帳號時並沒有給予家目錄，請建立他的家目錄
```
[root@study ~]# ll -d ~vbird3
ls: cannot access /home/vbird3: No such file or directory   <==確認一下，確實沒有家
目錄的存在！
[root@study ~]# cp -a /etc/skel /home/vbird3
[root@study ~]# chown -R vbird3:vbird3 /home/vbird3
[root@study ~]# chmod 700 /home/vbird3
[root@study ~]# ll -a ~vbird3
drwx------.  3 vbird3 vbird3   74 May  4 17:51 .   <==使用者家目錄權限
```

```
drwxr-xr-x. 10 root    root   4096 Jul 20 22:51 ..
-rw-r--r--.  1 vbird3 vbird3   18 Mar  6 06:06 .bash_logout
-rw-r--r--.  1 vbird3 vbird3  193 Mar  6 06:06 .bash_profile
-rw-r--r--.  1 vbird3 vbird3  231 Mar  6 06:06 .bashrc
drwxr-xr-x.  4 vbird3 vbird3   37 May  4 17:51 .mozilla
# 使用 chown -R 是為了連同家目錄底下的使用者/群組屬性都一起變更的意思；
# 使用 chmod 沒有 -R，是因為我們僅要修改目錄的權限而非內部檔案的權限！
```

◆ userdel

這個功能就太簡單了，目的在刪除使用者的相關資料，而使用者的資料有：

- **使用者帳號/密碼相關參數**：/etc/passwd, /etc/shadow
- **使用者群組相關參數**：/etc/group, /etc/gshadow
- **使用者個人檔案資料**：/home/username, /var/spool/mail/username..

整個指令的語法非常簡單：

```
[root@study ~]# userdel [-r] username
選項與參數：
-r   :連同使用者的家目錄也一起刪除

範例一：刪除 vbird2，連同家目錄一起刪除
[root@study ~]# userdel -r vbird2
```

這個指令下達的時候要小心了！通常我們要移除一個帳號的時候，你可以手動的將 /etc/passwd 與 /etc/shadow 裡頭的該帳號取消即可！一般而言，如果該帳號只是『**暫時不啟用**』的話，那麼將 /etc/shadow 裡頭帳號失效日期 (第八欄位) 設定為 0 就可以讓該帳號無法使用，但是所有跟該帳號相關的資料都會留下來！使用 userdel 的時機通常是『**你真的確定不要讓該用戶在主機上面使用任何資料了！**』。

另外，其實使用者如果在系統上面操作過一陣子了，那麼該使用者其實在系統內可能會含有其他檔案的。舉例來說，他的郵件信箱 (mailbox) 或者是例行性工作排程 (crontab, 十五章) 之類的檔案。所以，如果想要完整的將某個帳號完整的移除，最好可以在下達 userdel -r username 之前，先以『find / -user username』查出整個系統內屬於 username 的檔案，然後再加以刪除吧！

## 13.2.2 使用者功能

不論是 useradd/usermod/userdel，那都是系統管理員所能夠使用的指令，如果我是一般身份使用者，那麼我是否除了密碼之外，就無法更改其他的資料呢？當然不是啦！這裡我們介紹幾個一般身份使用者常用的帳號資料變更與查詢指令囉！

◆ id

id 這個指令則可以查詢某人或自己的相關 UID/GID 等等的資訊，它的參數也不少，不過，都不需要記～反正使用 id 就全部都列出囉！另外，也回想一下，我們在前一章談到的迴圈時，就有用過這個指令喔！^_^

```
[root@study ~]# id [username]
```

```
範例一：查閱 root 自己的相關 ID 資訊！
[root@study ~]# id
uid=0(root) gid=0(root) groups=0(root) context=unconfined_u:unconfined_r:unconfined_t:
s0-s0:c0.c1023
# 上面資訊其實是同一行的資料！包括會顯示 UID/GID 以及支援的所有群組！
# 至於後面那個 context=... 則是 SELinux 的內容，先不要理會它！

範例二：查閱一下 vbird1 吧～
[root@study ~]# id vbird1
uid=1003(vbird1) gid=1004(vbird1) groups=1004(vbird1)

[root@study ~]# id vbird100
id: vbird100: No such user  <== id 這個指令也可以用來判斷系統上面有無某帳號！
```

◆ finger

finger 的中文字面意義是：『手指』或者是『指紋』的意思。這個 finger 可以查閱很多使用者相關的資訊喔！大部分都是在 /etc/passwd 這個檔案裡面的資訊啦！不過，這個指令有點危險，所以新的版本中已經預設不安裝這個軟體！好啦！現在繼續來安裝軟體先～記得第九章 dos2unix 的安裝方式！假設你已經將光碟機或光碟映射檔掛載在 /mnt 底下了，所以：

```
[root@study ~]# df -hT /mnt
Filesystem     Type     Size  Used Avail Use% Mounted on
/dev/sr0       iso9660  7.1G  7.1G     0 100% /mnt     # 先確定是有掛載光碟的啦！

[root@study ~]# rpm -ivh /mnt/Packages/finger-[0-9]*
```

我們就先來檢查檢查使用者資訊吧！

```
[root@study ~]# finger [-s] username
選項與參數：
-s  ：僅列出使用者的帳號、全名、終端機代號與登入時間等等；
-m  ：列出與後面接的帳號相同者，而不是利用部分比對 (包括全名部分)
```

範例一：觀察 vbird1 的使用者相關帳號屬性

```
[root@study ~]# finger vbird1
Login: vbird1                            Name:
Directory: /home/vbird1                  Shell: /bin/bash
Never logged in.
No mail.
No Plan.
```

由於 finger 類似指紋的功能，它會將使用者的相關屬性列出來！如上表所示，其實它列出來的幾乎都是 /etc/passwd 檔案裡面的東西。列出的資訊說明如下：

- Login：為使用者帳號，亦即 /etc/passwd 內的第一欄位。
- Name：為全名，亦即 /etc/passwd 內的第五欄位(或稱為註解)。
- Directory：就是家目錄了。
- Shell：就是使用的 Shell 檔案所在。
- Never logged in.：figner 還會調查使用者登入主機的情況喔！
- No mail.：調查 /var/spool/mail 當中的信箱資料。
- No Plan.：調查 ~vbird1/.plan 檔案，並將該檔案取出來說明！

不過是否能夠查閱到 Mail 與 Plan 則與權限有關了！因為 Mail / Plan 都是與使用者自己的權限設定有關，root 當然可以查閱到使用者的這些資訊，但是 vbird1 就不見得能夠查到 vbird3 的資訊，因為 /var/spool/mail/vbird3 與 /home/vbird3/ 的權限分別是 660, 700，那 vbird1 當然就無法查閱的到！這樣解釋可以理解吧？此外，我們可以建立自己想要執行的預定計畫，當然，最多是給自己看的！可以這樣做：

範例二：利用 vbird1 建立自己的計畫檔

```
[vbird1@study ~]$ echo "I will study Linux during this year." > ~/.plan
[vbird1@study ~]$ finger vbird1
Login: vbird1                            Name:
Directory: /home/vbird1                  Shell: /bin/bash
Last login Mon Jul 20 23:06 (CST) on pts/0
No mail.
Plan:
I will study Linux during this year.
```

範例三：找出目前在系統上面登入的使用者與登入時間

```
[vbird1@study ~]$ finger
Login     Name      Tty      Idle  Login Time   Office    Office Phone  Host
dmtsai    dmtsai    tty2     11d   Jul  7 23:07
dmtsai    dmtsai    pts/0          Jul 20 17:59
```

在範例三當中，我們發現輸出的資訊還會有 Office, Office Phone 等資訊，那這些資訊要如何記錄呢？底下我們會介紹 chfn 這個指令！來看看如何修改使用者的 finger 資料吧！

◆ chfn

chfn 有點像是：change finger 的意思！這玩意的使用方法如下：

```
[root@study ~]# chfn [-foph] [帳號名]
選項與參數：
-f ：後面接完整的大名；
-o ：你辦公室的房間號碼；
-p ：辦公室的電話號碼；
-h ：家裡的電話號碼！


範例一：vbird1 自己更改一下自己的相關資訊！
[vbird1@study ~]$ chfn
Changing finger information for vbird1.
Name []: VBird Tsai test          <==輸入你想要呈現的全名
Office []: DIC in KSU             <==辦公室號碼
Office Phone []: 06-2727175#356   <==辦公室電話
Home Phone []: 06-1234567          <==家裡電話號碼

Password:   <==確認身份，所以輸入自己的密碼
Finger information changed.

[vbird1@study ~]$ grep vbird1 /etc/passwd
vbird1:x:1003:1004:VBird Tsai test,DIC in KSU,06-2727175#356,06-1234567:/home/
vbird1:/bin/bash
# 其實就是改到第五個欄位，該欄位裡面用多個『 , 』分隔就是了！

[vbird1@study ~]$ finger vbird1
Login: vbird1                          Name: VBird Tsai test
Directory: /home/vbird1                Shell: /bin/bash
Office: DIC in KSU, 06-2727175#356     Home Phone: 06-1234567
Last login Mon Jul 20 23:12 (CST) on pts/0
No mail.
Plan:
I will study Linux during this year.
# 就是上面特殊字體呈現的那些地方是由 chfn 所修改出來的！
```

這個指令說實在的，除非是你的主機有很多的用戶，否則倒真是用不著這個程式！這就有點像是 bbs 裡頭更改你『個人屬性』的那一個資料啦！不過還是可以自己玩一玩！尤其是用來提醒自己相關資料啦！^_^

◆ chsh

這就是 change shell 的簡寫！使用方法就更簡單了！

```
[vbird1@study ~]$ chsh [-ls]
選項與參數：
-l   ：列出目前系統上面可用的 shell，其實就是 /etc/shells 的內容！
-s   ：設定修改自己的 Shell 囉
```

```
範例一：用 vbird1 的身份列出系統上所有合法的 shell，並且指定 csh 為自己的 shell
[vbird1@study ~]$ chsh -l
/bin/sh
/bin/bash
/sbin/nologin    <==所謂：合法不可登入的 Shell 就是這玩意！
/usr/bin/sh
/usr/bin/bash
/usr/sbin/nologin
/bin/tcsh
/bin/csh         <==這就是 C shell 啦！
# 其實上面的資訊就是我們在 bash 中談到的 /etc/shells 啦！

[vbird1@study ~]$ chsh -s /bin/csh; grep vbird1 /etc/passwd
Changing shell for vbird1.
Password:   <==確認身份，請輸入 vbird1 的密碼
Shell changed.
vbird1:x:1003:1004:VBird Tsai test,DIC in KSU,06-2727175#356,06-1234567:/home/
vbird1:/bin/csh

[vbird1@study ~]$ chsh -s /bin/bash
# 測試完畢後，立刻改回來！

[vbird1@study ~]$ ll $(which chsh)
-rws--x--x. 1 root root 23856 Mar  6 13:59 /bin/chsh
```

不論是 chfn 與 chsh，都是能夠讓一般使用者修改 /etc/passwd 這個系統檔的！所以你猜猜，這兩個檔案的權限是什麼？一定是 SUID 的功能啦！看到這裡，想到前面！這就是 Linux 的學習方法～ ^_^

## 13.2.3 新增與移除群組

OK！瞭解了帳號的新增、刪除、更動與查詢後，再來我們可以聊一聊群組的相關內容了。基本上，群組的內容都與這兩個檔案有關：/etc/group, /etc/gshadow。群組的內容其實

很簡單,都是上面兩個檔案的新增、修改與移除而已,不過,如果再加上有效群組的概念,那麼 newgrp 與 gpasswd 則不可不知呢!

◆ groupadd

```
[root@study ~]# groupadd [-g gid] [-r] 群組名稱
選項與參數:
-g :後面接某個特定的 GID,用來直接給予某個 GID ~
-r :建立系統群組啦!與 /etc/login.defs 內的 GID_MIN 有關。

範例一:新建一個群組,名稱為 group1
[root@study ~]# groupadd group1
[root@study ~]# grep group1 /etc/group /etc/gshadow
/etc/group:group1:x:1503:
/etc/gshadow:group1:!::
# 群組的 GID 也是會由 1000 以上最大 GID+1 來決定!
```

曾經有某些版本的教育訓練手冊談到,為了讓使用者的 UID/GID 成對,她們建議**新建的與使用者私有群組無關的其他群組時,使用小於 1000 以下的 GID 為宜**。也就是說,如果要建立群組的話,最好能夠使用『 groupadd -r 群組名』的方式來建立啦!不過,這見仁見智啦!看你自己的抉擇囉!

◆ groupmod

跟 usermod 類似的,這個指令僅是在進行 group 相關參數的修改而已。

```
[root@study ~]# groupmod [-g gid] [-n group_name] 群組名
選項與參數:
-g :修改既有的 GID 數字;
-n :修改既有的群組名稱

範例一:將剛剛上個指令建立的 group1 名稱改為 mygroup,GID 為 201
[root@study ~]# groupmod -g 201 -n mygroup group1
[root@study ~]# grep mygroup /etc/group /etc/gshadow
/etc/group:mygroup:x:201:
/etc/gshadow:mygroup:!::
```

不過,還是那句老話,不要隨意的更動 GID,容易造成系統資源的錯亂喔!

◆ groupdel

呼呼!groupdel 自然就是在刪除群組的囉~用法很簡單:

```
[root@study ~]# groupdel [groupname]
```

範例一：將剛剛的 `mygroup` 刪除！
```
[root@study ~]# groupdel mygroup
```

範例二：若要刪除 vbird1 這個群組的話？
```
[root@study ~]# groupdel vbird1
groupdel: cannot remove the primary group of user 'vbird1'
```

為什麼 mygroup 可以刪除，但是 vbird1 就不能刪除呢？原因很簡單，『**有某個帳號 (/etc/passwd) 的 initial group 使用該群組！**』如果查閱一下，你會發現在 /etc/passwd 內的 vbird1 第四欄的 GID 就是 /etc/group 內的 vbird1 那個群組的 GID，所以囉，當然無法刪除～否則 vbird1 這個使用者登入系統後，就會找不到 GID，那可是會造成很大的困擾的！那麼如果硬要刪除 vbird1 這個群組呢？你『**必須要確認 /etc/passwd 內的帳號沒有任何人使用該群組作為 initial group** 』才行喔！所以，你可以：

■  修改 vbird1 的 GID，或者是，

■  刪除 vbird1 這個使用者

◆  **gpasswd：群組管理員功能**

如果系統管理員太忙碌了，導致某些帳號想要加入某個專案時找不到人幫忙！這個時候可以建立『群組管理員』喔！什麼是群組管理員呢？就是讓某個群組具有一個管理員，這個群組管理員可以管理哪些帳號可以加入/移出該群組！那要如何『建立一個群組管理員』呢？就得要透過 gpasswd 囉！

```
# 關於系統管理員(root)做的動作：
[root@study ~]# gpasswd groupname
[root@study ~]# gpasswd [-A user1,...] [-M user3,...] groupname
[root@study ~]# gpasswd [-rR] groupname
選項與參數：
     ：若沒有任何參數時，表示給予 groupname 一個密碼(/etc/gshadow)
-A   ：將 groupname 的主控權交由後面的使用者管理(該群組的管理員)
-M   ：將某些帳號加入這個群組當中！
-r   ：將 groupname 的密碼移除
-R   ：讓 groupname 的密碼欄失效

# 關於群組管理員(Group administrator)做的動作：
[someone@study ~]$ gpasswd [-ad] user groupname
選項與參數：
-a   ：將某位使用者加入到 groupname 這個群組當中！
-d   ：將某位使用者移除出 groupname 這個群組當中。
```

範例一：建立一個新群組，名稱為 testgroup 且群組交由 vbird1 管理：

```
[root@study ~]# groupadd testgroup      <==先建立群組
[root@study ~]# gpasswd testgroup       <==給這個群組一個密碼吧！
Changing the password for group testgroup
New Password:
Re-enter new password:
# 輸入兩次密碼就對了！
[root@study ~]# gpasswd -A vbird1 testgroup    <==加入群組管理員為 vbird1
[root@study ~]# grep testgroup /etc/group /etc/gshadow
/etc/group:testgroup:x:1503:
/etc/gshadow:testgroup:$6$MnmChP3D$mrUn.Vo.buDjObMm8F2emTkvGSeu...:vbird1:
# 很有趣吧！此時 vbird1 則擁有 testgroup 的主控權喔！身份有點像板主啦！
```

範例二：以 vbird1 登入系統，並且讓他加入 vbird1, vbird3 成為 testgroup 成員

```
[vbird1@study ~]$ id
uid=1003(vbird1) gid=1004(vbird1) groups=1004(vbird1) ...
# 看得出來，vbird1 尚未加入 testgroup 群組喔！

[vbird1@study ~]$ gpasswd -a vbird1 testgroup
[vbird1@study ~]$ gpasswd -a vbird3 testgroup
[vbird1@study ~]$ grep testgroup /etc/group
testgroup:x:1503:vbird1,vbird3
```

很有趣的一個小實驗吧！我們可以讓 testgroup 成為一個可以公開的群組，然後建立起群組管理員，群組管理員可以有多個。在這個案例中，我將 vbird1 設定為 testgroup 的群組管理員，所以 vbird1 就可以自行增加群組成員囉～呼呼！然後，該群組成員就能夠使用 newgrp 囉～

## 13.2.4  帳號管理實例

帳號管理不是隨意建置幾個帳號就算了！有時候我們需要考量到一部主機上面可能有多個帳號在協同工作！舉例來說，在大學任教時，我們學校的專題生是需要分組的，這些同一組的同學間必須要能夠互相修改對方的資料檔案，但是同時這些同學又需要保留自己的私密資料，因此直接公開家目錄是不適宜的。那該如何是好？為此，我們底下提供幾個例子來讓大家思考看看囉：

**任務一**：單純的完成上頭交代的任務，假設我們需要的帳號資料如下，你該如何實作？

| 帳號名稱 | 帳號全名 | 支援次要群組 | 是否可登入主機 | 密碼 |
|---|---|---|---|---|
| myuser1 | 1st user | mygroup1 | 可以 | password |
| myuser2 | 2nd user | mygroup1 | 可以 | password |
| myuser3 | 3rd user | 無額外支援 | 不可以 | password |

處理的方法如下所示：

```
# 先處理帳號相關屬性的資料：
[root@study ~]# groupadd mygroup1
[root@study ~]# useradd -G mygroup1 -c "1st user" myuser1
[root@study ~]# useradd -G mygroup1 -c "2nd user" myuser2
[root@study ~]# useradd -c "3rd user" -s /sbin/nologin myuser3

# 再處理帳號的密碼相關屬性的資料：
[root@study ~]# echo "password" | passwd --stdin myuser1
[root@study ~]# echo "password" | passwd --stdin myuser2
[root@study ~]# echo "password" | passwd --stdin myuser3
```

要注意的地方主要有：myuser1 與 myuser2 都有支援次要群組，但該群組不見得會存在，因此需要先手動建立它！然後 myuser3 是『不可登入系統』的帳號，因此需要使用 /sbin/nologin 這個 shell 來給予，這樣該帳號就無法登入囉！這樣是否理解啊！接下來再來討論比較難一些的環境！如果是專題環境該如何製作？

**任務二**：我的使用者 pro1, pro2, pro3 是同一個專案計畫的開發人員，我想要讓這三個用戶在同一個目錄底下工作，但這三個用戶還是擁有自己的家目錄與基本的私有群組。假設我要讓這個專案計畫在 /srv/projecta 目錄下開發，可以如何進行？

```
# 1. 假設這三個帳號都尚未建立，可先建立一個名為 projecta 的群組，
#    再讓這三個用戶加入其次要群組的支援即可：
[root@study ~]# groupadd projecta
[root@study ~]# useradd -G projecta -c "projecta user" pro1
[root@study ~]# useradd -G projecta -c "projecta user" pro2
[root@study ~]# useradd -G projecta -c "projecta user" pro3
[root@study ~]# echo "password" | passwd --stdin pro1
[root@study ~]# echo "password" | passwd --stdin pro2
[root@study ~]# echo "password" | passwd --stdin pro3
```

```
# 2. 開始建立此專案的開發目錄:
[root@study ~]# mkdir /srv/projecta
[root@study ~]# chgrp projecta /srv/projecta
[root@study ~]# chmod 2770 /srv/projecta
[root@study ~]# ll -d /srv/projecta
drwxrws---. 2 root projecta 6 Jul 20 23:32 /srv/projecta
```

由於此專案計畫只能夠給 pro1, pro2, pro3 三個人使用,所以 /srv/projecta 的權限設定一定要正確才行!所以該目錄群組一定是 projecta,但是權限怎麼會是 2770 呢還記得第六章談到的 SGID 吧?為了讓三個使用者能夠互相修改對方的檔案,這個 SGID 是必須要存在的喔!如果連這裡都能夠理解,嘿嘿!你的帳號管理已經有一定程度的概念囉!^_^

但接下來有個困擾的問題發生了!假如任務一的 myuser1 是 projecta 這個專案的助理,他需要這個專案的內容,但是他『不可以修改』專案目錄內的任何資料!那該如何是好?你或許可以這樣做:

◆ 將 myuser1 加入 projecta 這個群組的支援,但是這樣會讓 myuser1 具有完整的 /srv/projecta 的使用權限,myuser1 是可以刪除該目錄下的任何資料的!這樣是有問題的。

◆ 將 /srv/projecta 的權限改為 2775,讓 myuser1 可以進入查閱資料。但此時會發生所有其他人均可進入該目錄查閱的困擾!這也不是我們要的環境。

真要命!傳統的 Linux 權限無法針對某個個人設定專屬的權限嗎?其實是可以啦!接下來我們就來談談這個功能吧!

## 13.2.5 使用外部身份認證系統

在談 ACL 之前,我們再來談一個概念性的操作~因為我們目前沒有伺服器可供練習....

有時候,除了本機的帳號之外,我們可能還會使用到其他外部的身份驗證伺服器所提供的驗證身份的功能!舉例來說,windows 底下有個很有名的身份驗證系統,稱為 Active Directory (AD)的東西,還有 Linux 為了提供不同主機使用同一組帳號密碼,也會使用到 LDAP, NIS 等伺服器提供的身份驗證等等!

如果你的 Linux 主機要使用到上面提到的這些外部身份驗證系統時,可能就得要額外的設定一些資料了!為了簡化使用者的操作流程,所以 CentOS 提供一支名為 authconfig-tui 的指令給我們參考,這個指令的執行結果如下:

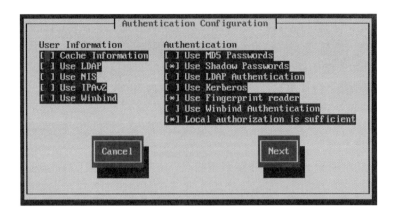

圖 13.2.1　使用外部身份驗證伺服器的方式

你可以在該畫面中使用 [tab] 按鈕在各個項目中間切換，不過，因為我們沒有適用的伺服器可以測試，因此這裡僅是提供一個參考的依據，未來如果談到伺服器章節時，你要如果談到伺服器章節時，服器有印象，處理外部身份驗證的方式可以透過 authconfig-tui 就好了！上圖中最多可供操作的，大概僅有支援 MD5 這個早期的密碼格式就是了！此外，不要隨便將已經啟用的項目 (上頭有星號 * 的項目) 取消喔！可能某些帳號會失效...

## 13.3　主機的細部權限規劃：ACL 的使用

從第五章開始，我們就一直強調 Linux 的權限概念是非常重要的！但是傳統的權限僅有三種身份 (owner, group, others) 搭配三種權限 (r,w,x) 而已，並沒有辦法單純的針對某一個使用者或某一個群組來設定特定的權限需求，例如前一小節最後的那個任務！此時就得要使用 ACL 這個機制啦！這玩意挺有趣的，底下我們就來談一談：

### 13.3.1　什麼是 ACL 與如何支援啟動 ACL？

ACL 是 Access Control List 的縮寫，主要的目的是在提供傳統的 owner,group,others 的 read,write,execute 權限之外的細部權限設定。ACL 可以針對單一使用者，單一檔案或目錄來進行 r,w,x 的權限規範，對於需要特殊權限的使用狀況非常有幫助。

那 ACL 主要可以針對哪些方面來控制權限呢？它主要可以針對幾個項目：

◆ 使用者 (user)：可以針對使用者來設定權限。

◆ 群組 (group)：針對群組為對象來設定其權限。

◆ 預設屬性 (mask)：還可以針對在該目錄下在建立新檔案/目錄時，規範新資料的預設權限。

也就是說，如果你有一個目錄，需要給一堆人使用，每個人或每個群組所需要的權限並不相同時，在過去，傳統的 Linux 三種身份的三種權限是無法達到的，因為基本上，傳統的 Linux 權限只能針對一個用戶、一個群組及非此群組的其他人設定權限而已，無法針對單一用戶或個人來設計權限。而 ACL 就是為了要改變這個問題啊！好了，稍微瞭解之後，再來看看如何讓你的檔案系統可以支援 ACL 吧！

◆ **如何啟動 ACL？**

事實上，原本 ACL 是 unix-like 作業系統的額外支援項目，但因為近年以來 Linux 系統對權限細部設定的熱切需求，因此目前 ACL 幾乎已經預設加入在所有常見的 Linux 檔案系統的掛載參數中 (ext2/ext3/ext4/xfs 等等)！所以你無須進行任何動作，ACL 就可以被你使用囉！不過，如果你不放心系統是否真的有支援 ACL 的話，那麼就來檢查一下核心掛載時顯示的資訊吧！

```
[root@study ~]# dmesg | grep -i acl
[    0.330377] systemd[1]: systemd 208 running in system mode. (+PAM +LIBWRAP +AUDIT
+SELINUX +IMA +SYSVINIT +LIBCRYPTSETUP +GCRYPT +ACL +XZ)
[    0.878265] SGI XFS with ACLs, security attributes, large block/inode numbers, no
debug enabled
```

瞧！至少 xfs 已經支援這個 ACL 的功能囉！

## 13.3.2　ACL 的設定技巧：getfacl, setfacl

好了，既然知道我們的 filesystem 有支援 ACL 之後，接下來該如何設定與觀察 ACL 呢？很簡單，利用這兩個指令就可以了：

◆ getfacl：取得某個檔案/目錄的 ACL 設定項目。

◆ setfacl：設定某個目錄/檔案的 ACL 規範。

先讓我們來瞧一瞧 setfacl 如何使用吧！

◆ **setfacl 指令用法介紹及最簡單的『 u:帳號:權限 』設定**

```
[root@study ~]# setfacl [-bkRd] [{-m|-x} acl參數] 目標檔名
選項與參數：
-m ：設定後續的 acl 參數給檔案使用，不可與 -x 合用；
-x ：刪除後續的 acl 參數，不可與 -m 合用；
-b ：移除『所有的』 ACL 設定參數；
-k ：移除『預設的』 ACL 參數，關於所謂的『預設』參數於後續範例仲介紹；
-R ：遞迴設定 acl，亦即包括次目錄都會被設定起來；
-d ：設定『預設 acl 參數』的意思！只對目錄有效，在該目錄新建的資料會引用此預設值
```

上面談到的是 acl 的選項功能，那麼如何設定 ACL 的特殊權限呢？特殊權限的設定方法有很多，我們先來談談最常見的，就是針對單一使用者的設定方式：

```
# 1. 針對特定使用者的方式：
# 設定規範：『 u:[使用者帳號列表]:[rwx] 』，例如針對 vbird1 的權限規範 rx ：
[root@study ~]# touch acl_test1
[root@study ~]# ll acl_test1
-rw-r--r--. 1 root root 0 Jul 21 17:33 acl_test1
[root@study ~]# setfacl -m u:vbird1:rx acl_test1
[root@study ~]# ll acl_test1
-rw-r-xr--+ 1 root root 0 Jul 21 17:33 acl_test1
# 權限部分多了個 +，且與原本的權限 (644) 看起來差異很大！但要如何查閱呢？

[root@study ~]# setfacl -m u::rwx acl_test1
[root@study ~]# ll acl_test1
-rwxr-xr--+ 1 root root 0 Jul 21 17:33 acl_test1
# 設定值中的 u 後面無使用者列表，代表設定該檔案擁有者，所以上面顯示 root 的權限成為 rwx 了！
```

上述動作為最簡單的 ACL 設定，利用『 u:使用者:權限 』的方式來設定的啦！設定前請加上 -m 這個選項。如果一個檔案設定了 ACL 參數後，它的權限部分就會多出一個 + 號了！但是此時你看到的權限與實際權限可能就會有點誤差！那要如何觀察呢？就透過 getfacl 吧！

◆ getfacl 指令用法

```
[root@study ~]# getfacl filename
選項與參數：
getfacl 的選項幾乎與 setfacl 相同！所以鳥哥這裡就免去了選項的說明啊！

# 請列出剛剛我們設定的 acl_test1 的權限內容：
[root@study ~]# getfacl acl_test1
# file: acl_test1      <==說明檔名而已！
# owner: root          <==說明此檔案的擁有者，亦即 ls -l 看到的第三使用者欄位
# group: root          <==此檔案的所屬群組，亦即 ls -l 看到的第四群組欄位
user::rwx              <==使用者列表欄是空的，代表檔案擁有者的權限
user:vbird1:r-x        <==針對 vbird1 的權限設定為 rx，與擁有者並不同！
group::r--             <==針對檔案群組的權限設定僅有 r
mask::r-x              <==此檔案預設的有效權限 (mask)
other::r--             <==其他人擁有的權限囉！
```

上面的資料非常容易查閱吧？顯示的資料前面加上 # 的，代表這個檔案的預設屬性，包括檔名、檔案擁有者與檔案所屬群組。底下出現的 user, group, mask, other 則是屬於不同使用者、群組與有效權限(mask)的設定值。以上面的結果來看，我們剛剛設定的 vbird1 對於這個檔案具有 r 與 x 的權限啦！這樣看的懂嗎？如果看的懂的話，接下來讓我們在測試其他類型的 setfacl 設定吧！

◆ **特定的單一群組的權限設定：『 g:群組名:權限 』**

```
# 2. 針對特定群組的方式：
# 設定規範：『 g:[群組列表]:[rwx] 』，例如針對 mygroup1 的權限規範 rx ：
[root@study ~]# setfacl -m g:mygroup1:rx acl_test1
[root@study ~]# getfacl acl_test1
# file: acl_test1
# owner: root
# group: root
user::rwx
user:vbird1:r-x
group::r--
group:mygroup1:r-x   <==這裡就是新增的部分！多了這個群組的權限設定！
mask::r-x
other::r--
```

◆ **針對有效權限設定：『 m:權限 』**

基本上，群組與使用者的設定並沒有什麼太大的差異啦！如上表所示，非常容易瞭解意義。不過，你應該會覺得奇怪的是，那個 mask 是什麼東西啊？其實它有點像是『有效權限』的意思！它的意義是：**使用者或群組所設定的權限必須要存在於 mask 的權限設定範圍內才會生效**，此即『**有效權限 (effective permission)』** 我們舉個例子來看，如下所示：

```
# 3. 針對有效權限 mask 的設定方式：
# 設定規範：『 m:[rwx] 』，例如針對剛剛的檔案規範為僅有 r ：
[root@study ~]# setfacl -m m:r acl_test1
[root@study ~]# getfacl acl_test1
# file: acl_test1
# owner: root
# group: root
user::rwx
user:vbird1:r-x        #effective:r-- <==vbird1+mask均存在者，僅有 r 而已，x 不會生效
group::r--
group:mygroup1:r-x     #effective:r--
mask::r--
other::r--
```

你瞧，vbird1 與 mask 的集合發現僅有 r 存在，因此 vbird1 僅具有 r 的權限而已，並不存在 x 權限！這就是 mask 的功能了！我們可以透過使用 mask 來規範最大允許的權限，就能夠避免不小心開放某些權限給其他使用者或群組了。不過，通常鳥哥都是將 mask 設定為 rwx 啦！然後再分別依據不同的使用者/群組去規範她們的權限就是了。

**例題**

將前一小節任務二中 /srv/projecta 這個目錄，讓 myuser1 可以進入查閱，但 myuser1 不具有修改的權力。

**答：**由於 myuser1 是獨立的使用者與群組，因此無法使用傳統的 Linux 權限設定。此時使用 ACL 的設定如下：

```
# 1. 先測試看看，使用 myuser1 能否進入該目錄？
[myuser1@study ~]$ cd /srv/projecta
-bash: cd: /srv/projecta: Permission denied   <==確實不可進入！

# 2. 開始用 root 的身份來設定一下該目錄的權限吧！
[root@study ~]# setfacl -m u:myuser1:rx /srv/projecta
[root@study ~]# getfacl /srv/projecta
# file: srv/projecta
# owner: root
# group: projecta
# flags: -s-
user::rwx
user:myuser1:r-x   <==還是要看看有沒有設定成功喔！
group::rwx
mask::rwx
other::---

# 3. 還是得要使用 myuser1 去測試看看結果！
[myuser1@study ~]$ cd /srv/projecta
[myuser1@study projecta]$ ll -a
drwxrwxs---+ 2 root projecta 4096 Feb 27 11:29 .   <==確實可以查詢檔名
drwxr-xr-x  4 root root     4096 Feb 27 11:29 ..

[myuser1@study projecta]$ touch testing
touch: cannot touch `testing': Permission denied <==確實不可以寫入！
```

請注意，上述的 1, 3 步驟使用 myuser1 的身份，2 步驟才是使用 root 去設定的！

上面的設定我們就完成了之前任務二的後續需求喔！這麼簡單呢！接下來讓我們來測試一下，如果我用 root 或者是 pro1 的身份去 /srv/projecta 增加檔案或目錄時，該檔案或目錄是否能夠具有 ACL 的設定？意思就是說，**ACL 的權限設定是否能夠被次目錄所『繼承？』**先試看看：

```
[root@study ~]# cd /srv/projecta
[root@study ~]# touch abc1
[root@study ~]# mkdir abc2
[root@study ~]# ll -d abc*
-rw-r--r--. 1 root projecta 0 Jul 21 17:49 abc1
drwxr-sr-x. 2 root projecta 6 Jul 21 17:49 abc2
```

你可以明顯的發現，權限後面都沒有 +，代表這個 acl 屬性並沒有繼承喔！如果你想要讓 acl 在目錄底下的資料都有繼承的功能，那就得如下這樣做了！

◆ **使用預設權限設定目錄未來檔案的 ACL 權限繼承『 d:[u|g]:[user|group]:權限 』**

```
# 4. 針對預設權限的設定方式：
# 設定規範：『 d:[ug]:使用者列表:[rwx] 』

# 讓 myuser1 在 /srv/projecta 底下一直具有 rx 的預設權限！
[root@study ~]# setfacl -m d:u:myuser1:rx /srv/projecta
[root@study ~]# getfacl /srv/projecta
# file: srv/projecta
# owner: root
# group: projecta
# flags: -s-
user::rwx
user:myuser1:r-x
group::rwx
mask::rwx
other::---
default:user::rwx
default:user:myuser1:r-x
default:group::rwx
default:mask::rwx
default:other::---

[root@study ~]# cd /srv/projecta
[root@study projecta]# touch zzz1
[root@study projecta]# mkdir zzz2
[root@study projecta]# ll -d zzz*
```

```
-rw-rw----+ 1 root projecta 0 Jul 21 17:50 zzz1
drwxrws---+ 2 root projecta 6 Jul 21 17:51 zzz2
# 看吧！確實有繼承喔！然後我們使用 getfacl 再次確認看看！

[root@study projecta]# getfacl zzz2
# file: zzz2
# owner: root
# group: projecta
# flags: -s-
user::rwx
user:myuser1:r-x
group::rwx
mask::rwx
other::---
default:user::rwx
default:user:myuser1:r-x
default:group::rwx
default:mask::rwx
default:other::---
```

透過這個『針對目錄來設定的預設 ACL 權限設定值』的項目，我們可以讓這些屬性繼承到次目錄底下呢！非常方便啊！那如果想要讓 ACL 的屬性全部消失又要如何處理？透過『 setfacl -b 檔名 』即可啦！太簡單了！鳥哥就不另外介紹了！請自行測試測試吧！

**例題**

針對剛剛的 /srv/projecta 目錄的權限設定中，我需要 1)取消 myuser1 的設定(連同預設值)，以及 2)我不能讓 pro3 這個用戶使用該目錄，亦即 pro3 在該目錄下無任何權限，該如何設定？

**答：**取消全部的 ACL 設定可以使用 -b 來處理，但單一設定值的取消，就得要透過 -x 才行了！所以你應該這樣做：

```
# 1.1 找到針對 myuser1 的設定值
[root@study ~]# getfacl /srv/projecta | grep myuser1
user:myuser1:r-x
default:user:myuser1:r-x

# 1.2 針對每個設定值來處理，注意，取消某個帳號的 ACL 時，不需要加上權限項目！
[root@study ~]# setfacl -x u:myuser1 /srv/projecta
[root@study ~]# setfacl -x d:u:myuser1 /srv/projecta
```

```
# 2.1 開始讓 pro3 這個用戶無法使用該目錄囉!
[root@study ~]# setfacl -m u:pro3:- /srv/projecta
```

只需要留意,當設定一個用戶/群組沒有任何權限的 ACL 語法中,在權限的欄位不可留白,而是應該加上一個減號 (-) 才是正確的作法!

# 13.4　使用者身份切換

什麼?在 Linux 系統當中還要作身份的變換?這是為啥?可能有底下幾個原因啦!

◆ **使用一般帳號:系統平日操作的好習慣**

事實上,為了安全的緣故,一些老人家都會建議你,盡量以一般身份使用者來操作 Linux 的日常作業!等到需要設定系統環境時,才變換身份成為 root 來進行系統管理,相對比較安全啦!避免作錯一些嚴重的指令,例如恐怖的『 rm -rf / 』(千萬作不得!)

◆ **用較低權限啟動系統服務**

相對於系統安全,有的時候,我們必須要以某些系統帳號來進行程式的執行。舉例來說,Linux 主機上面的一套軟體,名稱為 apache,我們可以額外建立一個名為 apache 的使用者來啟動 apache 軟體啊,如此一來,如果這個程式被攻破,至少系統還不致於就損毀了~

◆ **軟體本身的限制**

在遠古時代的 telnet 程式中,該程式預設是不許使用 root 的身份登入的,telnet 會判斷登入者的 UID,若 UID 為 0 的話,那就直接拒絕登入了。所以,你只能使用一般使用者來登入 Linux 伺服器。此外,ssh[註3]也可以設定拒絕 root 登入喔!那如果你有系統設定需求該如何是好啊?就變換身份啊!

由於上述考量,所以我們都是使用一般帳號登入系統的,等有需要進行系統維護或軟體更新時才轉為 root 的身份來動作。那如何讓一般使用者轉變身份成為 root 呢?主要有兩種方式喔:

◆ 以『 su - 』直接將身份變成 root 即可,但是**這個指令卻需要 root 的密碼**,也就是說,如果你要以 su 變成 root 的話,你的一般使用者就必須要有 root 的密碼才行。

◆ 以『 sudo 指令 』執行 root 的指令串,由於 sudo 需要事先設定妥當,且 sudo 需要輸入使用者自己的密碼,因此多人共管同一部主機時,sudo 要比 su 來的好喔!至少 root 密碼不會流出去!

底下我們就來說一說 su 跟 sudo 的用法啦!

### 13.4.1 su

su 是最簡單的身份切換指令了，它可以進行任何身份的切換唷！方法如下：

```
[root@study ~]# su [-lm] [-c 指令] [username]
```
選項與參數：
- `-`　　：單純使用 - 如『 su - 』代表使用 login-shell 的變數檔案讀取方式來登入系統；
　　　　　若使用者名稱沒有加上去，則代表切換為 root 的身份。
- `-l`　：與 - 類似，但後面需要加欲切換的使用者帳號！也是 login-shell 的方式。
- `-m`　：-m 與 -p 是一樣的，表示『使用目前的環境設定，而不讀取新使用者的設定檔』
- `-c`　：僅進行一次指令，所以 -c 後面可以加上指令喔！

　　上表的解釋當中有出現之前第十章談過的 login-shell 設定檔讀取方式，如果你忘記那是啥東西，請先回去第十章瞧瞧再回來吧！這個 su 的用法當中，有沒有加上那個減號『 - 』差很多喔！因為涉及 login-shell 與 non-login shell 的變數讀取方法。這裡讓我們以一個小例子來說明吧！

```
範例一：假設你原本是 dmtsai 的身份，想要使用 non-login shell 的方式變成 root
[dmtsai@study ~]$ su            <==注意提示字元，是 dmtsai 的身份喔！
Password:                       <==這裡輸入 root 的密碼喔！
[root@study dmtsai]# id         <==提示字元的目錄是 dmtsai 喔！
uid=0(root) gid=0(root) groups=0(root) context=unconf....  <==確實是 root 的身份！
[root@study dmtsai]# env | grep 'dmtsai'
USER=dmtsai                                     <==竟然還是 dmtsai 這傢夥！
PATH=...:/home/dmtsai/.local/bin:/home/dmtsai/bin    <==這個影響最大！
MAIL=/var/spool/mail/dmtsai                     <==收到的 mailbox 是 vbird1
PWD=/home/dmtsai                                <==並非 root 的家目錄
LOGNAME=dmtsai
# 雖然你的 UID 已經是具有 root 的身份，但是看到上面的輸出訊息嗎？
# 還是有一堆變數為原本 dmtsai 的身份，所以很多資料還是無法直接利用。
[root@study dmtsai]# exit    <==這樣可以離開 su 的環境！
```

　　單純使用『 su 』切換成為 root 的身份，**讀取的變數設定方式為 non-login shell 的方式，這種方式很多原本的變數不會被改變**，尤其是我們之前談過很多次的 PATH 這個變數，由於沒有改變成為 root 的環境，因此很多 root 慣用的指令就只能使用絕對路徑來執行咯。其他的還有 MAIL 這個變數，你輸入 mail 時，收到的郵件竟然還是 dmtsai 的，而不是 root 本身的郵件！是否覺得很奇怪啊！所以切換身份時，請務必使用如下的範例二：

```
範例二：使用 login shell 的方式切換為 root 的身份並觀察變數
[dmtsai@study ~]$ su -
Password:    <==這裡輸入 root 的密碼喔！
[root@study ~]# env | grep root
```

```
USER=root
MAIL=/var/spool/mail/root
PATH=/usr/local/sbin:/usr/local/bin:/sbin:/bin:/usr/sbin:/usr/bin:/root/bin
PWD=/root
HOME=/root
LOGNAME=root
# 瞭解差異了吧？下次變換成為 root 時，記得最好使用 su - 喔！
[root@study ~]# exit    <==這樣可以離開 su 的環境！
```

上述的作法是讓使用者的身份變成 root 並開始操作系統，如果想要離開 root 的身份則得要利用 exit 離開才行。那我如果只是想要執行『一個只有 root 才能進行的指令，且執行完畢就恢復原本的身份』呢？那就可以加上 -c 這個選項囉！請參考底下範例三！

```
範例三：dmtsai 想要執行『 head -n 3 /etc/shadow 』一次，且已知 root 密碼
[dmtsai@study ~]$ head -n 3 /etc/shadow
head: cannot open `/etc/shadow' for reading: Permission denied
[dmtsai@study ~]$ su - -c "head -n 3 /etc/shadow"
Password: <==這裡輸入 root 的密碼喔！
root:$6$wtbCCce/PxMeE5wm$KE2IfSJr.YLP7Rcai6oa/T7KF...:16559:0:99999:7:::
bin:*:16372:0:99999:7:::
daemon:*:16372:0:99999:7:::
[dmtsai@study ~]$ <==注意看，身份還是 dmtsai 喔！繼續使用舊的身份進行系統操作！
```

由於 /etc/shadow 權限的關係，該檔案僅有 root 可以查閱。為了查閱該檔案，所以我們必須要使用 root 的身份工作。但我只想要進行一次該指令而已，此時就使用類似上面的語法吧！好，那接下來，如果我是 root 或者是其他人，想要變更成為某些特殊帳號，可以使用如下的方法來切換喔！

```
範例四：原本是 dmtsai 這個使用者，想要變換身份成為 vbird1 時？
[dmtsai@study ~]$ su -l vbird1
Password: <==這裡輸入 vbird1 的密碼喔！
[vbird1@study ~]$ su -
Password: <==這裡輸入 root 的密碼喔！
[root@study ~]# id sshd
uid=74(sshd) gid=74(sshd) groups=74(sshd) ... <==確實有存在此人
[root@study ~]# su -l sshd
This account is currently not available.    <==竟然說此人無法切換？
[root@study ~]# finger sshd
Login: sshd                          Name: Privilege-separated SSH
Directory: /var/empty/sshd           Shell: /sbin/nologin
[root@study ~]# exit    <==離開第二次的 su
```

```
[vbird1@study ~]$ exit    <==離開第一次的 su
[dmtsai@study ~]$ exit    <==這才是最初的環境!
```

su 就這樣簡單的介紹完畢,總結一下它的用法是這樣的:

◆ 若要完整的切換到新使用者的環境,必須要使用『 su - username 』或『 su -l username 』,才會連同 PATH/USER/MAIL 等變數都轉成新使用者的環境。

◆ 如果僅想要執行一次 root 的指令,可以利用『 su - -c "指令串" 』的方式來處理。

◆ 使用 root 切換成為任何使用者時,並不需要輸入新使用者的密碼。

雖然使用 su 很方便啦,不過缺點是,**當我的主機是多人共管的環境時,如果大家都要使用 su 來切換成為 root 的身份,那麼不就每個人都得要知道 root 的密碼**,這樣密碼太多人知道可能會流出去,很不妥當呢!怎辦?透過 sudo 來處理即可!

## 13.4.2　sudo

相對於 su 需要瞭解新切換的使用者密碼 (常常是需要 root 的密碼),sudo 的執行則僅需要自己的密碼即可!甚至可以設定不需要密碼即可執行 sudo 呢!由於 sudo 可以讓你以其他用戶的身份執行指令 (通常是使用 root 的身份來執行指令),因此**並非所有人都能夠執行 sudo,而是僅有規範到 /etc/sudoers 內的用戶才能夠執行 sudo 這個指令**喔!說的這麼神奇,底下就來瞧瞧那 sudo 如何使用?

　　事實上,一般用戶能夠具有 sudo 的使用權,就是管理員事先審核通過後,才開放 sudo 的使用權的!因此,除非是信任用戶,否則一般用戶預設是不能操作 sudo 的喔!

◆ **sudo 的指令用法**

由於**一開始系統預設僅有 root 可以執行 sudo**,因此底下的範例我們先以 root 的身份來執行,等到談到 visudo 時,再以一般使用者來討論其他 sudo 的用法吧!sudo 的語法如下:

　　還記得在安裝 CentOS 7 的第三章時,在設定一般帳號的項目中,有個『讓這位使用者成為管理員』的選項吧?如果你有勾選該選項的話,那除了 root 之外,該一般用戶確實是可以使用 sudo 的喔(以鳥哥的例子來說,dmtsai 預設竟然可以使用 sudo 了!)!這是因為建立帳號的時候,預設將此用戶加入 sudo 的支援中了!詳情本章稍後告知!

```
[root@study ~]# sudo [-b] [-u 新使用者帳號]
選項與參數：
-b  ：將後續的指令放到背景中讓系統自行執行，而不與目前的 shell 產生影響
-u  ：後面可以接欲切換的使用者，若無此項則代表切換身份為 root。

範例一：你想要以 sshd 的身份在 /tmp 底下建立一個名為 mysshd 的檔案
[root@study ~]# sudo -u sshd touch /tmp/mysshd
[root@study ~]# ll /tmp/mysshd
-rw-r--r--. 1 sshd sshd 0 Jul 21 23:37 /tmp/mysshd
# 特別留意，這個檔案的權限是由 sshd 所建立的情況喔！

範例二：你想要以 vbird1 的身份建立 ~vbird1/www 並於其中建立 index.html 檔案
[root@study ~]# sudo -u vbird1 sh -c "mkdir ~vbird1/www; cd ~vbird1/www; \
> echo 'This is index.html file' > index.html"
[root@study ~]# ll -a ~vbird1/www
drwxr-xr-x. 2 vbird1 vbird1   23 Jul 21 23:38 .
drwx------. 6 vbird1 vbird1 4096 Jul 21 23:38 ..
-rw-r--r--. 1 vbird1 vbird1   24 Jul 21 23:38 index.html
# 要注意，建立者的身份是 vbird1，且我們使用 sh -c "一串指令" 來執行的！
```

sudo 可以讓你切換身份來進行某項任務，例如上面的兩個範例。範例一中，我們的 root 使用 sshd 的權限去進行某項任務！要注意，因為我們無法使用『 su - sshd 』去切換系統帳號 (因為系統帳號的 shell 是 /sbin/nologin)，這個時候 sudo 真是它 X 的好用了！立刻以 sshd 的權限在 /tmp 底下建立檔案！查閱一下檔案權限你就瞭解意義啦！至於範例二則更使用多重指令串 (透過分號 ; 來延續指令進行)，使用 sh -c 的方法來執行一連串的指令，如此真是好方便！

但是 sudo 預設僅有 root 能使用啊！為什麼呢？因為 sudo 的執行是這樣的流程：

1. **當使用者執行 sudo 時，系統於 /etc/sudoers 檔案中搜尋該使用者是否有執行 sudo 的權限。**

2. **若使用者具有可執行 sudo 的權限後，便讓使用者『輸入使用者自己的密碼』來確認。**

3. **若密碼輸入成功，便開始進行 sudo 後續接的指令(但 root 執行 sudo 時，不需要輸入密碼)。**

4. **若欲切換的身份與執行者身份相同，那也不需要輸入密碼。**

所以說，sudo 執行的重點是：『**能否使用 sudo 必須要看 /etc/sudoers 的設定值，而可使用 sudo 者是透過輸入使用者自己的密碼來執行後續的指令串**』喔！由於能否使用與 /etc/sudoers 有關，所以我們當然要去編輯 sudoers 檔案啦！不過，因為該檔案的內容是有一定的規範的，因此直接使用 vi 去編輯是不好的。此時，我們得要透過 visudo 去修改這個檔案喔！

◆ visudo 與 /etc/sudoers

從上面的說明我們可以知道，**除了 root 之外的其他帳號，若想要使用 sudo 執行屬於 root 的權限指令，則 root 需要先使用 visudo 去修改 /etc/sudoers，讓該帳號能夠使用全部或部分的 root 指令功能**。為什麼要使用 visudo 呢？這是因為 /etc/sudoers 是有設定語法的，如果設定錯誤那會造成無法使用 sudo 指令的不良後果。因此才會使用 visudo 去修改，並在結束離開修改畫面時，系統會去檢驗 /etc/sudoers 的語法就是了。

一般來說，visudo 的設定方式有幾種簡單的方法喔，底下我們以幾個簡單的例子來分別說明：

I. **單一使用者可進行 root 所有指令，與 sudoers 檔案語法**

假如我們要讓 vbird1 這個帳號可以使用 root 的任何指令，基本上有兩種作法，第一種是直接透過修改 /etc/sudoers，方法如下：

```
[root@study ~]# visudo
....(前面省略)....
root    ALL=(ALL)        ALL   <==找到這一行，大約在 98 行左右
vbird1  ALL=(ALL)        ALL   <==這一行是你要新增的！
....(底下省略)....
```

有趣吧！其實 visudo 只是利用 vi 將 /etc/sudoers 檔案呼叫出來進行修改而已，所以這個檔案就是 /etc/sudoers 啦！這個檔案的設定其實很簡單，如上面所示，如果你找到 98 行 (有 root 設定的那行) 左右，看到的資料就是：

```
使用者帳號   登入者的來源主機名稱=(可切換的身份)   可下達的指令
root                        ALL=(ALL)           ALL   <==這是預設值
```

上面這一行的四個元件意義是：

1. 『使用者帳號』：系統的哪個帳號可以使用 sudo 這個指令的意思。

2. 『登入者的來源主機名稱』：當這個帳號由哪部主機連線到本 Linux 主機，意思是這個帳號可能是由哪一部網路主機連線過來的，這個設定值可以指定用戶端電腦(信任的來源的意思)。預設值 root 可來自任何一部網路主機。

3. 『(可切換的身份)』：這個帳號可以切換成什麼身份來下達後續的指令，預設 root 可以切換成任何人。

4. 『可下達的指令』：可用該身份下達什麼指令？**這個指令請務必使用絕對路徑撰寫**。預設 root 可以切換任何身份且進行任何指令之意。

那個 ALL 是特殊的關鍵字，代表任何身份、主機或指令的意思。所以，我想讓 vbird1 可以進行任何身份的任何指令，就如同上表特殊字體寫的那樣，其實就是複

製上述預設值那一行，再將 root 改成 vbird1 即可啊！此時『vbird1 不論來自哪部主機登入，它可以變換身份成為任何人，且可以進行系統上面的任何指令』之意。修改完請儲存後離開 vi，並以 vbird1 登入系統後，進行如下的測試看看：

```
[vbird1@study ~]$ tail -n 1 /etc/shadow  <==注意！身份是 vbird1
tail: cannot open `/etc/shadow' for reading: Permission denied
# 因為不是 root 嘛！所以當然不能查詢 /etc/shadow

[vbird1@study ~]$ sudo tail -n 1 /etc/shadow <==透過 sudo

We trust you have received the usual lecture from the local System
Administrator. It usually boils down to these three things:

    #1) Respect the privacy of others.   <==這裡僅是一些說明與警示項目
    #2) Think before you type.
    #3) With great power comes great responsibility.

[sudo] password for vbird1: <==注意啊！這裡輸入的是『 vbird1 自己的密碼 』
pro3:$6$DMilzaKr$OeHeTDQPHzDOz/u5Cyhq1Q1dy...:16636:0:99999:7:::
# 看！vbird1 竟然可以查詢 shadow！
```

注意到了吧！vbird1 輸入自己的密碼就能夠執行 root 的指令！所以，系統管理員當然要瞭解 vbird1 這個用戶的『操守』才行！否則隨便設定一個使用者，他惡搞系統怎辦？另外，一個一個設定太麻煩了，能不能使用群組的方式來設定呢？參考底下的第二種方式吧。

II. **利用 wheel 群組以及免密碼的功能處理 visudo**

我們在本章前面曾經建立過 pro1, pro2, pro3，這三個用戶能否透過群組的功能讓這三個人可以管理系統？可以的，而且很簡單！同樣我們使用實際案例來說明：

```
[root@study ~]# visudo  <==同樣的，請使用 root 先設定
....(前面省略)....
%wheel      ALL=(ALL)      ALL <==大約在 106 行左右，請將這行的 # 拿掉！
# 在最左邊加上 %，代表後面接的是一個『群組』之意！改完請儲存後離開

[root@study ~]# usermod -a -G wheel pro1 <==將 pro1 加入 wheel 的支援
```

上面的設定值會造成『任何加入 wheel 這個群組的使用者，就能夠使用 sudo 切換任何身份來操作任何指令』的意思。你當然可以將 wheel 換成你自己想要的群組名。接下來，請分別切換身份成為 pro1 及 pro2 試看看 sudo 的運作。

```
[pro1@study ~]$ sudo tail -n 1 /etc/shadow  <==注意身份是 pro1
....(前面省略)....
[sudo] password for pro1:  <==輸入 pro1 的密碼喔!
pro3:$6$DMilzaKr$OeHeTDQPHzDOz/u5Cyhq1Q1dy...:16636:0:99999:7:::

[pro2@study ~]$ sudo tail -n 1 /etc/shadow  <==注意身份是 pro2
[sudo] password for pro2:  <==輸入 pro2 的密碼喔!
pro2 is not in the sudoers file.  This incident will be reported.
# 仔細看錯誤訊息它是說這個 pro2 不在 /etc/sudoers 的設定中!
```

這樣理解群組了吧?如果你想要讓 pro3 也支援這個 sudo 的話,不需要重新使用 visudo,只要利用 usermod 去修改 pro3 的群組支援,讓 pro3 用戶加入 wheel 群組當中,那他就能夠進行 sudo 囉!好了!那麼現在你知道為啥在安裝時建立的用戶,就是那個 dmstai 預設可以使用 sudo 了嗎?請使用『 id dmtsai 』看看,這個用戶是否有加入 wheel 群組呢?嘿嘿!瞭解乎?

> 從 CentOS 7 開始,在 sudoers 檔案中,預設已經開放 %wheel 那一行囉!以前的 CentOS 舊版本都是沒有啟用的呢!

簡單吧!不過,既然我們都信任這些 sudo 的用戶了,能否提供『不需要密碼即可使用 sudo 』呢?就透過如下的方式:

```
[root@study ~]# visudo  <==同樣的,請使用 root 先設定
....(前面省略)....
%wheel      ALL=(ALL)    NOPASSWD: ALL <==大約在 109 行左右,請將 # 拿掉!
# 在最左邊加上 %,代表後面接的是一個『群組』之意!改完請儲存後離開
```

重點是那個 NOPASSWD 啦!該關鍵字是免除密碼輸入的意思喔!

### III. 有限制的指令操作

上面兩點都會讓使用者能夠利用 root 的身份進行任何事情!這樣總是不太好~如果我想要讓使用者僅能夠進行部分系統任務,比方說,系統上面的 myuser1 僅能夠幫 root 修改其他使用者的密碼時,亦即『當使用者僅能使用 passwd 這個指令幫忙 root 修改其他用戶的密碼』時,你該如何撰寫呢?可以這樣做:

```
[root@study ~]# visudo  <==注意是 root 身份
myuser1      ALL=(root)    /usr/bin/passwd  <==最後指令務必用絕對路徑
```

上面的設定值指的是『myuser1 可以切換成為 root 使用 passwd 這個指令』的意思。其中要注意的是：**指令欄位元必須要填寫絕對路徑**才行！否則 visudo 會出現語法錯誤的狀況發生！此外，上面的設定是有問題的！我們使用底下的指令操作來讓你瞭解：

```
[myuser1@study ~]$ sudo passwd myuser3   <==注意，身份是 myuser1
[sudo] password for myuser1:   <==輸入 myuser1 的密碼
Changing password for user myuser3.  <==底下改的是 myuser3 的密碼喔！這樣是正確的
New password:
Retype new password:
passwd: all authentication tokens updated successfully.

[myuser1@study ~]$ sudo passwd
Changing password for user root.   <==見鬼！怎麼會去改 root 的密碼？
```

恐怖啊！我們竟然讓 root 的密碼被 myuser1 給改變了！下次 root 回來竟無法登入系統...欲哭無淚～怎辦？所以我們必須要限制使用者的指令參數！修改的方法為將上述的那行改一改先：

```
[root@study ~]# visudo   <==注意是 root 身份
myuser1  ALL=(root)   !/usr/bin/passwd, /usr/bin/passwd [A-Za-z]*, !/usr/bin
/passwd root   <==這是同一行
```

在設定值中加上驚嘆號『！』代表『不可執行』的意思。因此上面這一行會變成：可以執行『passwd 任意字元』，但是『passwd』與『passwd root』這兩個指令例外！如此一來 myuser1 就無法改變 root 的密碼了！這樣這位使用者可以具有 root 的能力幫助你修改其他用戶的密碼，而且也不能隨意改變 root 的密碼！很有用處的！

IV. **透過別名建置** visudo

如上述第三點，如果我有 15 個用戶需要加入剛剛的管理員行列，那麼我是否要將上述那長長的設定寫入 15 行啊？而且如果想要修改命令或者是新增命令時，那我每行都需要重新設定，很麻煩ㄟ！有沒有更簡單的方式？是有的！透過別名即可！我們 visudo 的別名可以是『指令別名、帳號別名、主機別名』等。不過這裡我們僅介紹帳號別名，其他的設定值有興趣的話，可以自行玩玩！

假設我的 pro1, pro2, pro3 與 myuser1, myuser2 要加入上述的密碼管理員的 sudo 列表中，那我可以創立一個帳號別名稱為 ADMPW 的名稱，然後將這個名稱處理一下即可。處理的方式如下：

```
[root@study ~]# visudo   <==注意是 root 身份
User_Alias ADMPW = pro1, pro2, pro3, myuser1, myuser2
Cmnd_Alias ADMPWCOM = !/usr/bin/passwd, /usr/bin/passwd [A-Za-z]*, !/usr/bin/
passwd root     <==這是同一行
ADMPW   ALL=(root)   ADMPWCOM
```

我透過 User_Alias 建立出一個新帳號，這個帳號名稱一定要使用大寫字元來處理，包括 Cmnd_Alias(命令別名)、Host_Alias(來源主機名稱別名) 都需要使用大寫字元的！這個 ADMPW 代表後面接的那些實際帳號。而該帳號能夠進行的指令就如同 ADMPWCOM 後面所指定的那樣！上表最後一行則寫入這兩個別名 (帳號與指令別名)，未來要修改時，我只要修改 User_Alias 以及 Cmnd_Alias 這兩行即可！設定方面會比較簡單有彈性喔！

### V. sudo 的時間間隔問題

或許你已經發現了，那就是，如果我使用同一個帳號在短時間內重複操作 sudo 來運作指令的話，在第二次執行 sudo 時，並不需要輸入自己的密碼！sudo 還是會正確的運作喔！為什麼呢？第一次執行 sudo 需要輸入密碼，是擔心由於使用者暫時離開座位，但有人跑來你的座位使用你的帳號操作系統之故。所以需要你輸入一次密碼重新確認一次身份。

兩次執行 sudo 的間隔在五分鐘內，那麼再次執行 sudo 時就不需要再次輸入密碼了，這是因為系統相信你在五分鐘內不會離開你的作業，所以執行 sudo 的是同一個人！呼呼！真是很人性化的設計啊～ ^_^ 。**不過如果兩次 sudo 操作的間隔超過 5 分鐘，那就得要重新輸入一次你的密碼了**[註4]。

### VI. sudo 搭配 su 的使用方式

很多時候我們需要大量執行很多 root 的工作，所以一直使用 sudo 覺得很煩ㄟ！那有沒有辦法使用 sudo 搭配 su，一口氣將身份轉為 root，而且還用使用者自己的密碼來變成 root 呢？是有的！而且方法簡單的會讓你想笑！我們建立一個 ADMINS 帳號別名，然後這樣做：

```
[root@study ~]# visudo
User_Alias  ADMINS = pro1, pro2, pro3, myuser1
ADMINS ALL=(root)   /bin/su -
```

接下來，上述的 pro1, pro2, pro3, myuser1 這四個人，只要輸入『 sudo su - 』並且輸入『自己的密碼』後，立刻變成 root 的身份！不但 root 密碼不會外流，使用者的管理也變的非常方便！這也是實務上面多人共管一部主機時常常使用的技巧呢！這樣管理確實方便，不過還是要強調一下大前提，那就是『**這些你加入的使用者，全部都是你能夠信任的用戶**』！

## 13.5　使用者的特殊 shell 與 PAM 模組

我們前面一直談到的大多是一般身份使用者與系統管理員 (root) 的相關操作，而且大多是討論關於可登入系統的帳號來說。那麼換個角度想，如果我今天想要建立的，是一個『**僅能使用 mail server 相關郵件服務的帳號，而該帳號並不能登入 Linux 主機**』呢？如果不能給予該帳號一個密碼，那麼該帳號就無法使用系統的各項資源，當然也包括 mail 的資源，而如果給予一個密碼，那麼該帳號就可能可以登入 Linux 主機啊！呵呵～傷腦筋吧～所以，底下讓我們來談一談這些有趣的話題囉！

另外，在本章之前談到過 /etc/login.defs 檔案中，關於密碼長度應該預設是 5 個字串長度，但是我們上面也談到，該設定值已經被 PAM 模組所取代了，那麼 PAM 是什麼？為什麼它可以影響我們使用者的登入呢？這裡也要來談談的！

### 13.5.1　特殊的 shell, /sbin/nologin

在本章一開頭的 passwd 檔案結構裡面我們就談過系統帳號這玩意兒，這玩意兒的 shell 就是使用 /sbin/nologin，重點在於系統帳號是不需要登入的！所以我們就給他這個無法登入的合法 shell。使用了這個 shell 的用戶即使有了密碼，你想要登入時他也無法登入，因為會出現如下的訊息喔：

```
This account is currently not available.
```

我們所謂的『無法登入』指的僅是：『這個使用者無法使用 bash 或其他 shell 來登入系統』而已，並不是說這個帳號就無法使用其他的系統資源喔！舉例來說，各個系統帳號，列印工作由 lp 這個帳號在管理，WWW 服務由 apache 這個帳號在管理，他們都可以進行系統程式的工作，但是『就是無法登入主機取得互動的 shell』而已啦！^_^

換個角度來想，如果我的 Linux 主機提供的是郵件服務，所以說，在這部 Linux 主機上面的帳號，其實大部分都是用來收受主機的信件而已，並不需要登入主機的呢！這個時候，我們就可以考慮讓單純使用 mail 的帳號以 /sbin/nologin 做為他們的 shell，這樣，最起碼當我的主機被嘗試想要登入系統以取得 shell 環境時，可以拒絕該帳號呢！

另外，如果我想要讓某個具有 /sbin/nologin 的使用者知道，他們不能登入主機時，其實我可以建立『 /etc/nologin.txt 』這個檔案，並且在這個檔案內說明不能登入的原因，那麼下次當這個使用者想要登入系統時，螢幕上出現的就會是 /etc/nologin.txt 這個檔案的內容，而不是預設的內容了！

例題

當使用者嘗試利用純 mail 帳號 (例如 myuser3) 時，利用 /etc/nologin.txt 告知使用者不要利用
該帳號登入系統。

答：直接以 vim 編輯該檔案，內容可以是這樣：

```
[root@study ~]# vim /etc/nologin.txt
This account is system account or mail account.
Please DO NOT use this account to login my Linux server.
```

想要測試時，可以使用 myuser3 (此帳號的 shell 是 /sbin/nologin) 來測試看看！

```
[root@study ~]# su - myuser3
This account is system account or mail account.
Please DO NOT use this account to login my Linux server.
```

結果會發現與原本的預設訊息不一樣喔！ ^_^

## 13.5.2　PAM 模組簡介

　　在過去，我們想要對一個使用者進行認證 (authentication)，得要要求使用者輸入帳號密
碼，然後透過自行撰寫的程式來判斷該帳號密碼是否正確。也因為如此，我們常常得使用不
同的機制來判斷帳號密碼，所以搞的一部主機上面擁有多個各別的認證系統，也造成帳號密
碼可能不同步的驗證問題！為瞭解決這個問題因此有了 PAM (Pluggable Authentication
Modules, 嵌入式模組) 的機制！

　　**PAM 可以說是一套應用程式介面 (Application Programming Interface, API)，它提供了
一連串的驗證機制，只要使用者將驗證階段的需求告知 PAM 後，PAM 就能夠回報使用者驗
證的結果 (成功或失敗)**。由於 PAM 僅是一套驗證的機制，又可以提供給其他程式所呼叫引
用，因此不論你使用什麼程式，都可以使用 PAM 來進行驗證，如此一來，就能夠讓帳號密
碼或者是其他方式的驗證具有一致的結果！也讓程式設計師方便處理驗證的問題喔！[註5]

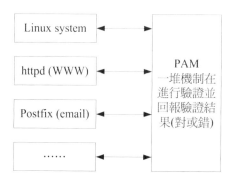

圖 13.5.1　PAM 模組與其他程式的相關性

　　如上述的圖示，PAM 是一個獨立的 API 存在，只要任何程式有需求時，可以向 PAM 發出驗證要求的通知，PAM 經過一連串的驗證後，將驗證的結果回報給該程式，然後該程式就能夠利用驗證的結果來進行可登入或顯示其他無法使用的訊息。這也就是說，你可以在寫程式的時候將 PAM 模組的功能加入，就能夠利用 PAM 的驗證功能囉。因此目前很多程式都會利用 PAM 喔！所以我們才要來學習它啊！

　　PAM 用來進行驗證的資料稱為模組 (Modules)，每個 PAM 模組的功能都不太相同。舉例來說，還記得我們在本章使用 passwd 指令時，如果隨便輸入字典上面找的到的字串，passwd 就會回報錯誤資訊了！這是為什麼呢？這就是 PAM 的 pam_cracklib.so 模組的功能！它能夠判斷該密碼是否在字典裡面！並回報給密碼修改程式，此時就能夠瞭解你的密碼強度了。

　　所以，當你有任何需要判斷是否在字典當中的密碼字串時，就可以使用 pam_cracklib.so 這個模組來驗證！並根據驗證的回報結果來撰寫你的程式呢！這樣說，可以理解 PAM 的功能了吧？

### 13.5.3　PAM 模組設定語法

　　PAM 藉由一個與程式相同檔名的設定檔來進行一連串的認證分析需求。我們同樣以 passwd 這個指令的呼叫 PAM 來說明好了。當你執行 passwd 後，這支程式呼叫 PAM 的流程是：

1. **使用者開始執行 /usr/bin/passwd 這支程式，並輸入密碼。**
2. **passwd 呼叫 PAM 模組進行驗證。**
3. **PAM 模組會到 /etc/pam.d/ 找尋與程式 (passwd) 同名的設定檔。**
4. **依據 /etc/pam.d/passwd 內的設定，引用相關的 PAM 模組逐步進行驗證分析。**

5. 將驗證結果 (成功、失敗以及其他訊息) 回傳給 passwd 這支程式。

6. passwd 這支程式會根據 PAM 回傳的結果決定下一個動作 (重新輸入新密碼或者通過驗證)！

　　從上頭的說明，我們會知道重點其實是 /etc/pam.d/ 裡面的設定檔，以及設定檔所呼叫的 PAM 模組進行的驗證工作！既然一直談到 passwd 這個密碼修改指令，那我們就來看看 /etc/pam.d/passwd 這個設定檔的內容是怎樣吧！

```
[root@study ~]# cat /etc/pam.d/passwd
#%PAM-1.0   <==PAM版本的說明而已！
auth        include     system-auth   <==每一行都是一個驗證的過程
account     include     system-auth
password    substack    system-auth
-password   optional    pam_gnome_keyring.so use_authtok
password    substack    postlogin
驗證類別    控制標準    PAM 模組與該模組的參數
```

　　在這個設定檔當中，除了第一行宣告 PAM 版本之外，其他任何『 # 』開頭的都是註解，而每一行都是一個獨立的驗證流程，每一行可以區分為三個欄位，分別是驗證類別(type)、控制標準(flag)、PAM 的模組與該模組的參數。底下我們先來談談驗證類別與控制標準這兩項資料吧！

> 你會發現在我們上面的表格當中出現的是『 include (包括) 』這個關鍵字，它代表的是『請呼叫後面的檔案來作為這個類別的驗證』，所以，上述的每一行都要重複呼叫 /etc/pam.d/system-auth 那個檔案來進行驗證的意思！

◆ **第一個欄位：驗證類別 (Type)**

驗證類別主要分為四種，分別說明如下：

■ **auth**

是 authentication (認證) 的縮寫，所以這種類別主要用來檢驗使用者的身份驗證，這種類別通常是需要密碼來檢驗的，所以後續接的模組是用來檢驗使用者的身份。

■ **account**

account (帳號) 則大部分是在進行 authorization (授權)，這種類別則主要在檢驗使用者是否具有正確的使用權限，舉例來說，當你使用一個過期的密碼來登入時，當然就無法正確的登入了。

■ session

session 是會議期間的意思,所以 session 管理的就是使用者在這次登入 (或使用這個指令) 期間,PAM 所給予的環境設定。這個類別通常用在記錄使用者登入與登出時的資訊!例如,如果你常常使用 su 或者是 sudo 指令的話,那麼應該可以在 /var/log/secure 裡面發現很多關於 pam 的說明,而且記載的資料是『session open, session close』的資訊!

■ password

password 就是密碼嘛!所以這種類別主要在提供驗證的修訂工作,舉例來說,就是修改/變更密碼啦!

**這四個驗證的類型通常是有順序的**,不過也有例外就是了。會有順序的原因是,(1)我們總是得要先驗證身份 (auth) 後,(2)系統才能夠藉由使用者的身份給予適當的授權與權限設定 (account),而且(3)登入與登出期間的環境才需要設定,也才需要記錄登入與登出的資訊 (session)。如果在運作期間需要密碼修訂時,(4)才給予 password 的類別。這樣說起來,自然是需要有點順序吧!

◆ **第二個欄位:驗證的控制旗標 (control flag)**

那麼『驗證的控制旗標(control flag)』又是什麼?簡單的說,它就是『驗證通過的標準』啦!這個欄位在管控該驗證的放行方式,主要也分為四種控制方式:

■ required

此驗證若成功則帶有 success (成功) 的標誌,若失敗則帶有 failure 的標誌,但不論成功或失敗都會繼續後續的驗證流程。由於後續的驗證流程可以繼續進行,因此相當有利於資料的登錄 (log),這也是 PAM 最常使用 required 的原因。

■ requisite

若驗證失敗則立刻回報原程式 failure 的標誌,並終止後續的驗證流程。若驗證成功則帶有 success 的標誌並繼續後續的驗證流程。這個項目與 required 最大的差異,就在於失敗的時候還要不要繼續驗證下去?由於 requisite 是失敗就終止,因此失敗時所產生的 PAM 資訊就無法透過後續的模組來記錄了。

■ sufficient

若驗證成功則立刻回傳 success 給原程式,並終止後續的驗證流程;若驗證失敗則帶有 failure 標誌並繼續後續的驗證流程。這玩意兒與 requisits 剛好相反!

■ optional

這個模組控制項目大多是在顯示訊息而已,並不是用在驗證方面的。

如果將這些控制旗標以圖示的方式配合成功與否的條件繪圖，會有點像底下這樣：

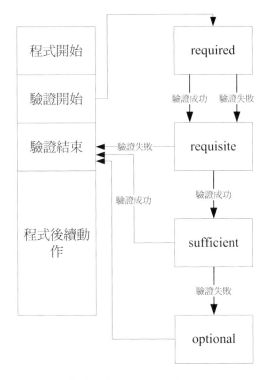

圖 13.5.2　PAM 控制旗標所造成的回報流程

程式運作過程中遇到驗證時才會去呼叫 PAM，而 PAM 驗證又分很多類型與控制，不同的控制旗標所回報的訊息並不相同。如上圖所示，requisite 失敗就回報了並不會繼續，而 sufficient 則是成功就回報了也不會繼續。至於驗證結束後所回報的資訊通常是『succes 或 failure』而已，後續的流程還需要該程式的判斷來繼續執行才行。

## 13.5.4　常用模組簡介

談完了設定檔的語法後，現在讓我們來查閱一下 CentOS 5.x 提供的 PAM 預設檔案的內容是啥吧！由於我們常常需要透過各種方式登入 (login) 系統，因此就來看看登入所需要的 PAM 流程為何：

```
[root@study ~]# cat /etc/pam.d/login
#%PAM-1.0
auth [user_unknown=ignore success=ok ignore=ignore default=bad] pam_securetty.so
auth       substack        system-auth
auth       include         postlogin
```

```
account       required       pam_nologin.so
account       include        system-auth
password      include        system-auth
# pam_selinux.so close should be the first session rule
session       required       pam_selinux.so close
session       required       pam_loginuid.so
session       optional       pam_console.so
# pam_selinux.so open should only be followed by sessions to be executed in the user
context
session       required       pam_selinux.so open
session       required       pam_namespace.so
session       optional       pam_keyinit.so force revoke
session       include        system-auth
session       include        postlogin
-session      optional       pam_ck_connector.so
# 我們可以看到，其實 login 也呼叫多次的 system-auth，所以底下列出該設定檔

[root@study ~]# cat /etc/pam.d/system-auth
#%PAM-1.0
# This file is auto-generated.
# User changes will be destroyed the next time authconfig is run.
auth          required       pam_env.so
auth          sufficient     pam_fprintd.so
auth          sufficient     pam_unix.so nullok try_first_pass
auth          requisite      pam_succeed_if.so uid >= 1000 quiet_success
auth          required       pam_deny.so

account       required       pam_unix.so
account       sufficient     pam_localuser.so
account       sufficient     pam_succeed_if.so uid < 1000 quiet
account       required       pam_permit.so

password      requisite      pam_pwquality.so try_first_pass local_users_only retry=3
authtok_type=
password      sufficient     pam_unix.so sha512 shadow nullok try_first_pass use_authtok
password      required       pam_deny.so

session       optional       pam_keyinit.so revoke
session       required       pam_limits.so
-session      optional       pam_systemd.so
session       [success=1 default=ignore] pam_succeed_if.so service in crond quiet
```

```
use_uid
session      required      pam_unix.so
```

上面這個表格當中使用到非常多的 PAM 模組，每個模組的功能都不太相同，詳細的模組情報可以在你的系統中找到：

◆ /etc/pam.d/*：**每個程式個別的 PAM 設定檔。**

◆ /lib64/security/*：**PAM 模組檔案的實際放置目錄。**

◆ /etc/security/*：**其他 PAM 環境的設定檔。**

◆ /usr/share/doc/pam-*/：**詳細的 PAM 說明文件。**

例如鳥哥使用未 update 過的 CentOS 7.1，pam_nologin 說明文件檔在：/usr/share/doc/pam-1.1.8/txts/README.pam_nologin。你可以自行查閱一下該模組的功能。鳥哥這裡僅簡單介紹幾個較常使用的模組，詳細的資訊還得要你努力查閱參考書呢！^_^

◆ pam_securetty.so

限制系統管理員 (root) 只能夠從安全的 (secure) 終端機登入；那什麼是終端機？例如 tty1, tty2 等就是傳統的終端機裝置名稱。那麼**安全的終端機設定呢？就寫在 /etc/securetty 這個檔案中**。你可以查閱一下該檔案，就知道為什麼 root 可以從 tty1~tty7 登入，但卻無法透過 telnet 登入 Linux 主機了！

◆ pam_nologin.so

這個模組可以限制一般使用者是否能夠登入主機之用。當 **/etc/nologin 這個檔案存在時，則所有一般使用者均無法再登入系統了！**若 /etc/nologin 存在，則一般使用者在登入時，在他們的終端機上會將該檔案的內容顯示出來！所以，正常的情況下，這個檔案應該是不能存在系統中的。但這個模組對 root 以及已經登入系統中的一般帳號並沒有影響。(注意喔！這與 /etc/nologin.txt 並不相同！)

◆ pam_selinux.so

SELinux 是個針對程式來進行細部管理權限的功能，SELinux 這玩意兒我們會在第十六章的時候再來詳細談論。由於 SELinux 會影響到使用者執行程式的權限，因此我們利用 PAM 模組，將 SELinux 暫時關閉，等到驗證通過後，再予以啟動！

◆ pam_console.so

當系統出現某些問題，或者是某些時刻你需要使用特殊的終端介面 (例如 RS232 之類的終端連線設備) 登入主機時，這個模組可以幫助處理一些檔案權限的問題，讓使用者可以透過特殊終端介面 (console) 順利的登入系統。

◆ pam_loginuid.so

我們知道系統帳號與一般帳號的 UID 是不同的！一般帳號 UID 均大於 1000 才合理。因此，為了驗證使用者的 UID 真的是我們所需要的數值，可以使用這個模組來進行規範！

◆ pam_env.so

用來設定環境變數的一個模組，如果你有需要額外的環境變數設定，可以參考 /etc/security/pam_env.conf 這個檔案的詳細說明。

◆ pam_unix.so

這是個很複雜且重要的模組，這個模組可以用在驗證階段的認證功能，可以用在授權階段的帳號授權管理，可以用在會議階段的登錄檔記錄等，甚至也可以用在密碼更新階段的檢驗！非常豐富的功能！這個模組在早期使用得相當頻繁喔！

◆ pam_pwquality.so

可以用來檢驗密碼的強度！包括密碼是否在字典中，密碼輸入幾次都失敗就斷掉此次連線等功能，都是這模組提供的！最早之前其實使用的是 pam_cracklib.so 這個模組，後來改成 pam_pwquality.so 這個模組，但此模組完全相容於 pam_cracklib.so，同時提供了 /etc/security/pwquality.conf 這個檔案可以額外指定預設值！比較容易處理修改！

◆ pam_limits.so

還記得我們在第十章談到的 ulimit 嗎？其實那就是這個模組提供的能力！還有更多細部的設定可以參考：/etc/security/limits.conf 內的說明。

瞭解了這些模組的大致功能後，言歸正傳，討論一下 login 的 PAM 驗證機制流程是這樣的：

1. 驗證階段 (auth)：首先，(a)會先經過 pam_securetty.so 判斷，如果使用者是 root 時，則會參考 /etc/securetty 的設定； 接下來(b)經過 pam_env.so 設定額外的環境變數；再 (c)透過 pam_unix.so 檢驗密碼，若通過則回報 login 程式；若不通過則(d)繼續往下以 pam_succeed_if.so 判斷 UID 是否大於 1000，若小於 1000 則回報失敗，否則再往下 (e) 以 pam_deny.so 拒絕連線。

2. 授權階段 (account)：(a)先以 pam_nologin.so 判斷 /etc/nologin 是否存在，若存在則不許一般使用者登入； (b)接下來以 pam_unix.so 及 pam_localuser.so 進行帳號管理，再 以 (c) pam_succeed_if.so 判斷 UID 是否小於 1000，若小於 1000 則不記錄登錄資訊。(d) 最後以 pam_permit.so 允許該帳號登入。

3. 密碼階段 (password)：(a)先以 pam_pwquality.so 設定密碼僅能嘗試錯誤 3 次；(b)接下來以 pam_unix.so 透過 sha512, shadow 等功能進行密碼檢驗，若通過則回報 login 程式，若不通過則 (c)以 pam_deny.so 拒絕登入。

4. 會議階段 (session)：(a)先以 pam_selinux.so 暫時關閉 SELinux；(b)使用 pam_limits.so 設定好使用者能夠操作的系統資源； (c)登入成功後開始記錄相關資訊在登錄檔中； (d) 以 pam_loginuid.so 規範不同的 UID 權限；(e)開啟 pam_selinux.so 的功能。

總之，就是依據驗證類別 (type) 來看，然後先由 login 的設定值去查閱，如果出現 『 include system-auth 』 就轉到 system-auth 檔案中的相同類別，去取得額外的驗證流程就是了。然後再到下一個驗證類別，最終將所有的驗證跑完！就結束這次的 PAM 驗證啦！

經過這樣的驗證流程，現在你知道為啥 /etc/nologin 存在會有問題，也會知道為何你使用一些遠端連線機制時，老是無法使用 root 登入的問題了吧？沒錯！這都是 PAM 模組提供的功能啦！

**例題**

為什麼 root 無法以 telnet 直接登入系統，但是卻能夠使用 ssh 直接登入？

**答：**一般來說，telnet 會引用 login 的 PAM 模組，而 login 的驗證階段會有 /etc/securetty 的限制！由於遠端連線屬於 pts/n (n 為數字) 的動態終端機介面裝置名稱，並沒有寫入到 /etc/securetty，因此 root 無法以 telnet 登入遠端主機。至於 ssh 使用的是 /etc/pam.d/sshd 這個模組，你可以查閱一下該模組，由於該模組的驗證階段並沒有加入 pam_securetty，因此就沒有 /etc/securetty 的限制！故可以從遠端直接連線到伺服器端。

另外，關於 telnet 與 ssh 的細部說明，請參考鳥哥的 Linux 私房菜伺服器篇。

## 13.5.5　其他相關檔案

除了前一小節談到的 /etc/securetty 會影響到 root 可登入的安全終端機，/etc/nologin 會影響到一般使用者是否能夠登入的功能之外，我們也知道 PAM 相關的設定檔在 /etc/pam.d，說明文件在 /usr/share/doc/pam-(版本)，模組實際在 /lib64/security/。那麼還有沒有相關的 PAM 檔案呢？是有的，主要都在 /etc/security 這個目錄內！我們底下介紹幾個可能會用到的設定檔喔！

◆ limits.conf

我們在第十章談到的 ulimit 功能中，除了修改使用者的 ~/.bashrc 設定檔之外，其實系統管理員可以統一藉由 PAM 來管理的！那就是 /etc/security/limits.conf 這個檔案的設定了。這個檔案的設定很簡單，你可以自行參考一下該檔案內容。我們這裡僅作個簡單的介紹：

範例一：vbird1 這個用戶只能建立 100MB 的檔案，且大於 90MB 會警告
```
[root@study ~]# vim /etc/security/limits.conf
vbird1    soft      fsize              90000
vbird1    hard      fsize             100000
#帳號     限制依據      限制項目     限制值
# 第一欄位為帳號，或者是群組！若為群組則前面需要加上 @，例如 @projecta
# 第二欄位為限制的依據，是嚴格(hard)，還是僅為警告(soft)；
# 第三欄位為相關限制，此例中限制檔案容量，
# 第四欄位為限制的值，在此例中單位為 KB。
# 若以 vbird1 登入後，進行如下的操作則會有相關的限制出現！

[vbird1@study ~]$ ulimit -a
....(前面省略)....
file size              (blocks, -f) 90000
....(後面省略)....


[vbird1@study ~]$ dd if=/dev/zero of=test bs=1M count=110
File size limit exceeded
[vbird1@study ~]$ ll --block-size=K test
-rw-rw-r--. 1 vbird1 vbird1 90000K Jul 22 01:33 test
# 果然有限制到了

範例二：限制 pro1 這個群組，每次僅能有一個使用者登入系統 (maxlogins)
[root@study ~]# vim /etc/security/limits.conf
@pro1     hard     maxlogins    1
# 如果要使用群組功能的話，這個功能似乎對初始群組才有效喔！而如果你嘗試多個 pro1 的登入時，
# 第二個以後就無法登入了。而且在 /var/log/secure 檔案中還會出現如下的資訊：
# pam_limits(login:session): Too many logins (max 1) for pro1
```

這個檔案挺有趣的，而且是設定完成就生效了，你不用重新啟動任何服務的！但是 PAM 有個特殊的地方，由於它是在程式呼叫時才予以設定的，因此你修改完成的資料，對於已登入系統中的使用者是沒有效果的，要等他再次登入時才會生效喔！另外，上述的設定請在測試完成後立刻註解掉，否則下次這兩個使用者登入就會發生些許問題啦！^_^

◆ /var/log/secure, /var/log/messages

如果發生任何無法登入或者是產生一些你無法預期的錯誤時，由於 PAM 模組都會將資料記載在 /var/log/secure 當中，所以發生了問題請務必到該檔案內去查詢一下問題點！舉例來說，我們在 limits.conf 的介紹內的範例二，就有談到多重登入的錯誤可以到 /var/log/secure 內查閱了！這樣你也就知道為何第二個 pro1 無法登入啦！^_^

# 13.6 Linux 主機上的使用者訊息傳遞

談了這麼多的帳號問題，總是該要談一談，那麼如何針對系統上面的使用者進行查詢吧？想幾個狀態，如果你在 Linux 上面操作時，剛好有其他的使用者也登入主機，你想要跟他對談，該如何是好？你想要知道某個帳號的相關資訊，該如何查閱？呼呼！底下我們就來聊一聊～

## 13.6.1 查詢使用者：w, who, last, lastlog

如何查詢一個使用者的相關資料呢？這還不簡單，我們之前就提過了 id, finger 等指令了，都可以讓你瞭解到一個使用者的相關資訊啦！那麼想要知道使用者到底啥時候登入呢？最簡單可以使用 last 檢查啊！這個玩意兒我們也在 第十章 bash 提過了，你可以自行前往參考啊！簡單的很。

> 早期的 Red Hat 系統的版本中，last 僅會列出當月的登入者資訊，不過在我們的 CentOS 5.x 版以後，last 可以列出從系統建立之後到目前為止的所有登入者資訊！這是因為登錄檔輪替的設定不同所致。詳細的說明可以參考後續的第十八章登錄檔簡介。

那如果你想要知道目前已登入在系統上面的使用者呢？可以透過 w 或 who 來查詢喔！如下範例所示：

```
[root@study ~]# w
 01:49:18 up 25 days,  3:34,  3 users,  load average: 0.00, 0.01, 0.05
USER     TTY      FROM             LOGIN@   IDLE   JCPU   PCPU WHAT
dmtsai   tty2                      07Jul15 12days  0.03s  0.03s -bash
dmtsai   pts/0    172.16.200.254   00:18    6.00s  0.31s  0.11s sshd: dmtsai [priv]
# 第一行顯示目前的時間、開機 (up) 多久，幾個使用者在系統上平均負載等；
# 第二行只是各個項目的說明，
# 第三行以後，每行代表一個使用者。如上所示，dmtsai 登入並取得終端機名 tty2 之意。

[root@study ~]# who
dmtsai   tty2         2015-07-07 23:07
dmtsai   pts/0        2015-07-22 00:18 (192.168.1.100)
```

另外，如果你想要知道每個帳號的最近登入的時間，則可以使用 lastlog 這個指令喔！lastlog 會去讀取 /var/log/lastlog 檔案，結果將資料輸出如下表：

```
[root@study ~]# lastlog
Username         Port     From           Latest
root             pts/0                   Wed Jul 22 00:26:08 +0800 2015
bin                                      **Never logged in**
....(中間省略)....
dmtsai           pts/1    192.168.1.100  Wed Jul 22 01:08:07 +0800 2015
vbird1           pts/0                   Wed Jul 22 01:32:17 +0800 2015
pro3                                     **Never logged in**
....(以下省略)....
```

這樣就能夠知道每個帳號的最近登入的時間囉～ ^_^

## 13.6.2 使用者對談：write, mesg, wall

那麼我是否可以跟系統上面的使用者談天說地呢？當然可以啦！利用 write 這個指令即可。write 可以直接將訊息傳給接收者囉！舉例來說，我們的 Linux 目前有 vbird1 與 root 兩個人在線上，我的 root 要跟 vbird1 講話，可以這樣做：

```
[root@study ~]# write 使用者帳號 [使用者所在終端介面]

[root@study ~]# who
vbird1    tty3        2015-07-22 01:55   <==有看到 vbird1 在線上
root      tty4        2015-07-22 01:56

[root@study ~]# write vbird1 pts/2
Hello, there:
Please don't do anything wrong...   <==這兩行是 root 寫的資訊！
# 結束時，請按下 [ctrl]-d 來結束輸入。此時在 vbird1 的畫面中，會出現：

Message from root@study.centos.vbird on tty4 at 01:57 ...
Hello, there:
Please don't do anything wrong...
EOF
```

怪怪～立刻會有訊息回應給 vbird1！不過......當時 vbird1 正在查資料，哇！這些訊息會立刻打斷 vbird1 原本的工作喔！所以，如果 vbird1 這個人不想要接受任何訊息，直接下達這個動作：

```
[vbird1@study ~]$ mesg n
[vbird1@study ~]$ mesg
is n
```

不過，這個 mesg 的功能對 root 傳送來的訊息沒有抵擋的能力！所以如果是 root 傳送訊息，vbird1 還是得要收下。但是如果 root 的 mesg 是 n 的，那麼 vbird1 寫給 root 的資訊會變這樣：

```
[vbird1@study ~]$ write root
write: root has messages disabled
```

瞭解乎？如果想要解開的話，再次下達『 mesg y 』就好啦！想要知道目前的 mesg 狀態，直接下達『 mesg 』即可！瞭呼？相對於 write 是僅針對一個使用者來傳『簡訊』，我們還可以『對所有系統上面的使用者傳送簡訊 (廣播)』哩～如何下達？用 wall 即可啊！它的語法也是很簡單的喔！

```
[root@study ~]# wall "I will shutdown my linux server..."
```

然後你就會發現所有的人都會收到這個簡訊呢！連發送者自己也會收到耶！

### 13.6.3　使用者郵件信箱：mail

使用 wall, write 畢竟要等到使用者在線上才能夠進行，有沒有其他方式來聯絡啊？不是說每個 Linux 主機上面的使用者都具有一個 mailbox 嗎？我們可否寄信給使用者啊！呵呵！當然可以啊！我們可以寄、收 mailbox 內的信件呢！一般來說，mailbox 都會放置在 /var/spool/mail 裡面，一個帳號一個 mailbox (檔案)。舉例來說，我的 vbird1 就具有 /var/spool/mail/vbird1 這個 mailbox 喔！

那麼我該如何寄出信件呢？就直接使用 mail 這個指令即可！這個指令的用法很簡單的，直接這樣下達：『 mail -s "**郵件標題**" username@localhost 』即可！一般來說，如果是寄給本機上的使用者，基本上，連『 @localhost 』都不用寫啦！舉例來說，我以 root 寄信給 vbird1，信件標題是『 nice to meet you 』，則：

```
[root@study ~]# mail -s "nice to meet you" vbird1
Hello, D.M. Tsai
Nice to meet you in the network.
You are so nice.  byebye!
.          <==這裡很重要喔，結束時，最後一行輸入小數點 . 即可！
EOT
[root@study ~]#   <==出現提示字元，表示輸入完畢了！
```

如此一來，你就已經寄出一封信給 vbird1 這位使用者囉，而且，該信件標題為：nice to meet you，信件內容就如同上面提到的。不過，你或許會覺得 mail 這個程式不好用～因為在信件編寫的過程中，如果寫錯字而按下 Enter 進入次行，前一行的資料很難刪除ㄟ！那怎麼辦？沒關係啦！我們使用資料流重導向啊！呵呵！利用那個小於的符號（ < ）就可以達到取代鍵盤輸入的要求了。也就是說，你可以先用 vi 將信件內容編好，然後再以 mail -s "nice to meet you" vbird1 < filename 來將檔案內容傳輸即可。

**例題**

請將你的家目錄下的環境變數檔 (~/.bashrc) 寄給自己！

**答**：`mail -s "bashrc file content" dmtsai < ~/.bashrc`

**例題**

透過管線命令直接將 ls -al ~ 的內容傳給 root 自己！

**答**：`ls -al ~ | mail -s "myfile" root`

剛剛上面提到的是關於『寄信』的問題，那麼如果是要收信呢？呵呵！同樣的使用 mail 啊！假設我以 vbird1 的身份登入主機，然後輸入 mail 後，會得到什麼？

```
[vbird1@study ~]$ mail
Heirloom Mail version 12.5 7/5/10.  Type ? for help.
"/var/spool/mail/vbird1": 1 message 1 new
>N  1 root                  Wed Jul 22 02:09   20/671   "nice to meet you"
&    <==這裡可以輸入很多的指令，如果要查閱，輸入 ? 即可！
```

在 mail 當中的提示字元是 & 符號喔，別搞錯了～輸入 mail 之後，我可以看到我有一封信件，這封信件的前面那個 > 代表目前處理的信件，而在大於符號的右邊那個 N 代表該封信件尚未讀過，如果我想要知道這個 mail 內部的指令有哪些，可以在 & 之後輸入『 ? 』，就可以看到如下的畫面：

```
& ?
                mail commands
type <message list>              type messages
next                             goto and type next message
from <message list>              give head lines of messages
headers                          print out active message headers
delete <message list>            delete messages
undelete <message list>          undelete messages
save <message list> folder       append messages to folder and mark as saved
copy <message list> folder       append messages to folder without marking them
write <message list> file        append message texts to file, save attachments
preserve <message list>          keep incoming messages in mailbox even if saved
```

```
Reply <message list>              reply to message senders
reply <message list>              reply to message senders and all recipients
mail addresses                    mail to specific recipients
file folder                       change to another folder
quit                              quit and apply changes to folder
xit                               quit and discard changes made to folder
!                                 shell escape
cd <directory>                    chdir to directory or home if none given
list                              list names of all available commands
```

<message list> 指的是每封郵件的左邊那個數字啦！而幾個比較常見的指令是：

| 指令 | 意義 |
|------|------|
| h | 列出信件標頭；如果要查閱 40 封信件左右的信件標頭，可以輸入『 h 40 』 |
| d | 刪除後續接的信件號碼，刪除單封是『 d10 』，刪除 20~40 封則為『 d20-40 』。不過，這個動作要生效的話，必須要配合 q 這個指令才行(參考底下說明)！ |
| s | 將信件儲存成檔案。例如我要將第 5 封信件的內容存成 ~/mail.file:『 s 5 ~/mail.file』 |
| x | 或者輸入 exit 都可以。這個是『不作任何動作離開 mail 程式』的意思。不論你剛剛刪除了什麼信件，或者讀過什麼，使用 exit 都會直接離開 mail，所以剛剛進行的刪除與閱讀工作都會無效。如果你只是查閱一下郵件而已的話，一般來說，建議使用這個離開啦！除非你真的要刪除某些信件。 |
| q | 相對於 exit 是不動作離開，q 則會實際進行你剛剛所執行的任何動作 (尤其是刪除！) |

舊版的 CentOS 在使用 mail 讀信後，透過 q 離開始，會將已讀信件移動到 ~/mbox 中，不過目前 CentOS 7 已經不這麼做了！所以離開 mail 可以輕鬆愉快的使用 q 了呢！

## 13.7　CentOS 7 環境下大量建置帳號的方法

系統上面如果有一堆帳號存在，你怎麼判斷某些帳號是否存在一些問題？這時需要哪些軟體的協助處理比較好？另外，如果你跟鳥哥一樣，在開學之初或期末之後，經常有需要大量建立帳號、刪除帳號的需求時，那麼是否要使用 useradd 一行一行指令去建立？此外，如果還有需要使用到下一章會介紹到的 quota (磁碟配額) 時，那是否還要額外使用其他機制來建立這些限制值？既然已經學過 shell script 了，當然寫支腳本讓它將所有的動作做完最輕鬆吧！所以囉，底下我們就來聊一聊，如何檢查帳號以及建立這個腳本要怎麼進行比較好？

### 13.7.1 一些帳號相關的檢查工具

先來檢查看看使用者的家目錄、密碼等資料有沒有問題？這時會使用到的主要有 pwck 以及 pwconv / pwuconv 等，讓我們來瞭解一下先！

◆ pwck

pwck 這個指令在檢查 /etc/passwd 這個帳號設定檔內的資訊，與實際的家目錄是否存在等資訊，還可以比對 /etc/passwd /etc/shadow 的資訊是否一致，另外，如果 /etc/passwd 內的資料欄位錯誤時，會提示使用者修訂。一般來說，我只是利用這個玩意兒來檢查我的輸入是否正確就是了。

```
[root@study ~]# pwck
user 'ftp': directory '/var/ftp' does not exist
user 'avahi-autoipd': directory '/var/lib/avahi-autoipd' does not exist
user 'pulse': directory '/var/run/pulse' does not exist
pwck: no changes
```

瞧！上面僅是告知我，這些帳號並沒有家目錄，由於那些帳號絕大部分都是系統帳號，確實也不需要家目錄的，所以，那是『正常的錯誤！』呵呵！不理它。^_^。相對應的群組檢查可以使用 grpck 這個指令的啦！

◆ pwconv

這個指令主要的目的是在『將 /etc/passwd 內的帳號與密碼，移動到 /etc/shadow 當中！』早期的 Unix 系統當中並沒有 /etc/shadow 呢，所以，使用者的登入密碼早期是在 /etc/passwd 的第二欄，後來為了系統安全，才將密碼資料移動到 /etc/shadow 內的。使用 pwconv 後，可以：

■ 比對 /etc/passwd 及 /etc/shadow，若 /etc/passwd 內存在的帳號並沒有對應的 /etc/shadow 密碼時，則 pwconv 會去 /etc/login.defs 取用相關的密碼資料，並建立該帳號的 /etc/shadow 資料。

■ 若 /etc/passwd 內存在加密後的密碼資料時，則 pwconv 會將該密碼欄移動到 /etc/shadow 內，並將原本的 /etc/passwd 內相對應的密碼欄變成 x！

一般來說，如果你正常使用 useradd 增加使用者時，使用 pwconv 並不會有任何的動作，因為 /etc/passwd 與 /etc/shadow 並不會有上述兩點問題啊！^_^不過，如果手動設定帳號，這個 pwconv 就很重要囉！

◆ pwunconv

相對於 pwconv，pwunconv 則是『將 /etc/shadow 內的密碼欄資料寫回 /etc/passwd 當中，並且刪除 /etc/shadow 檔案。』這個指令說實在的，最好不要使用啦！因為它會將你的 /etc/shadow 刪除喔！如果你忘記備份，又不會使用 pwconv 的話，粉嚴重呢！

◆ chpasswd

chpasswd 是個挺有趣的指令，它可以『讀入未加密前的密碼，並且經過加密後，將加密後的密碼寫入 /etc/shadow 當中。』這個指令很常被使用在大量建置帳號的情況中喔！它可以由 Standard input 讀入資料，每筆資料的格式是『 username:password 』。舉例來說，我的系統當中有個使用者帳號為 vbird3，我想要更新他的密碼 (update)，假如他的密碼是 abcdefg 的話，那麼我可以這樣做：

```
[root@study ~]# echo "vbird3:abcdefg" | chpasswd
```

神奇吧！這樣就可以更新了呢！在預設的情況中，chpasswd 會去讀取 /etc/login.defs 檔案內的加密機制，我們 CentOS 7.x 用的是 SHA512，因此 chpasswd 就預設會使用 SHA512 來加密！如果你想要使用不同的加密機制，那就得要使用 -c 以及 -e 等方式來處理了！不過從 CentOS 5.x 開始之後，passwd 已經預設加入了 --stdin 的選項，因此這個 chpasswd 就變得英雄無用武之地了！不過，在其他非 Red Hat 衍生的 Linux 版本中，或許還是可以參考這個指令功能來大量建置帳號喔！

## 13.7.2 大量建置帳號範本 (適用 passwd --stdin 選項)

由於 CentOS 7.x 的 passwd 已經提供了 --stdin 的功能，因此如果我們可以提供帳號密碼的話，那麼就能夠很簡單的建置起我們的帳號密碼了。底下鳥哥製作一個簡單的 script 來執行新增用戶的功能喔！

```
[root@study ~]# vim accountadd.sh
#!/bin/bash
# This shell script will create amount of linux login accounts for you.
# 1. check the "accountadd.txt" file exist? you must create that file manually.
#    one account name one line in the "accountadd.txt" file.
# 2. use openssl to create users password.
# 3. User must change his password in his first login.
# 4. more options check the following url:
# http://linux.vbird.org/linux_basic/0410accountmanager.php#manual_amount
# 2015/07/22    VBird
export PATH=/bin:/sbin:/usr/bin:/usr/sbin

# 0. userinput
```

```
usergroup=""              # if your account need secondary group, add here.
pwmech="openssl"          # "openssl" or "account" is needed.
homeperm="no"             # if "yes" then I will modify home dir permission to 711

# 1. check the accountadd.txt file
action="${1}"             # "create" is useradd and "delete" is userdel.
if [ ! -f accountadd.txt ]; then
    echo "There is no accountadd.txt file, stop here."
    exit 1
fi

[ "${usergroup}" != "" ] && groupadd -r ${usergroup}
rm -f outputpw.txt
usernames=$(cat accountadd.txt)

for username in ${usernames}
do
    case ${action} in
        "create")
            [ "${usergroup}" != "" ] && usegrp=" -G ${usergroup} " || usegrp=""
            useradd ${usegrp} ${username}                # 新增帳號
            [ "${pwmech}" == "openssl" ] && usepw=$(openssl rand -base64 6) || \
            usepw=${username}
            echo ${usepw} | passwd --stdin ${username}   # 建立密碼
            chage -d 0 ${username}                       # 強制登入修改密碼
            [ "${homeperm}" == "yes" ] && chmod 711 /home/${username}
            echo "username=${username}, password=${usepw}" >> outputpw.txt
            ;;
        "delete")
            echo "deleting ${username}"
            userdel -r ${username}
            ;;
        *)
            echo "Usage: $0 [create|delete]"
            ;;
    esac
done
```

接下來只要建立 accountadd.txt 這個檔案即可！鳥哥建立這個檔案裡面共有 5 行，你可以自行建立該檔案！內容每一行一個帳號。而是否需要修改密碼？是否與帳號相同的資訊等等，你可以自由選擇！若使用 openssl 自動猜密碼時，使用者的密碼請由 outputpw.txt 去撈～鳥哥最常作的方法，就是將該檔案列印出來，用裁紙機一個帳號一條，交給同學即可！

```
[root@study ~]# vim accountadd.txt
std01
std02
std03
std04
std05

[root@study ~]# sh accountadd.sh create
Changing password for user std01.
passwd: all authentication tokens updated successfully.
....(後面省略)....
```

這支簡單的腳本你可以按如下的連結下載：

◆ http://linux.vbird.org/linux_basic/0410accountmanager/accountadd.sh

## 13.8 重點回顧

◆ Linux 作業系統上面，關於帳號與群組，其實記錄的是 UID/GID 的數字而已。

◆ 使用者的帳號/群組與 UID/GID 的對應，參考 /etc/passwd 及 /etc/group 兩個檔案。

◆ /etc/passwd 檔案結構以冒號隔開，共分為七個欄位，分別是『帳號名稱、密碼、UID、GID、全名、家目錄、shell』。

◆ UID 只有 0 與非為 0 兩種，非為 0 則為一般帳號。一般帳號又分為系統帳號 (1~999) 及可登入者帳號 (大於 1000)。

◆ 帳號的密碼已經移動到 /etc/shadow 檔案中，該檔案權限為僅有 root 可以更動。該檔案分為九個欄位，內容為『帳號名稱、加密密碼、密碼更動日期、密碼最小可變動日期、密碼最大需變動日期、密碼過期前警告日數、密碼失效天數、帳號失效日、保留未使用』。

◆ 使用者可以支援多個群組，其中在新建檔案時會影響新檔案群組者，為有效群組。而寫入 /etc/passwd 的第四個欄位者，稱為初始群組。

◆ 與使用者建立、更改參數、刪除有關的指令為：useradd, usermod, userdel 等，密碼建立則為 passwd。

◆ 與群組建立、修改、刪除有關的指令為：groupadd, groupmod, groupdel 等。

◆ 群組的觀察與有效群組的切換分別為：groups 及 newgrp 指令。

◆ useradd 指令作用參考的檔案有：/etc/default/useradd, /etc/login.defs, /etc/skel/ 等等。

◆ 觀察使用者詳細的密碼參數，可以使用『 chage -l 帳號 』來處理。

- 使用者自行修改參數的指令有：chsh, chfn 等，觀察指令則有：id, finger 等。

- ACL 的功能需要檔案系統有支援，CentOS 7 預設的 XFS 確實有支援 ACL 功能！

- ACL 可進行單一個人或群組的權限管理，但 ACL 的啟動需要有檔案系統的支援。

- ACL 的設定可使用 setfacl，查閱則使用 getfacl。

- 身份切換可使用 su，亦可使用 sudo，但使用 sudo 者，必須先以 visudo 設定可使用的指令。

- PAM 模組可進行某些程式的驗證程式！與 PAM 模組有關的設定檔位於 /etc/pam.d/* 及 /etc/security/*。

- 系統上面帳號登入情況的查詢，可使用 w, who, last, lastlog 等。

- 線上與使用者交談可使用 write, wall，離線狀態下可使用 mail 傳送郵件！

## 13.9　本章習題

**情境模擬題：**

想將本伺服器的帳號分開管理，分為單純郵件使用，與可登入系統帳號兩種。其中若為純郵件帳號時，將該帳號加入 mail 為初始群組，且此帳號不可使用 bash 等 shell 登入系統。若為可登入帳號時，將該帳號加入 youcan 這個次要群組。

- 目標：瞭解 /sbin/nologin 的用途。

- 前提：可自行觀察使用者是否已經建立等問題。

- 需求：需已瞭解 useradd, groupadd 等指令的用法。

解決方案如下：

1. 預先查看一下兩個群組是否存在？

```
[root@study ~]# grep mail /etc/group
[root@study ~]# grep youcan /etc/group
[root@study ~]# groupadd youcan
```

可發現 youcan 尚未被建立，因此如上表所示，我們主動去建立這個群組囉。

2. 開始建立三個郵件帳號，此帳號名稱為 pop1, pop2, pop3，且密碼與帳號相同。可使用如下的程式來處理：

```
[root@study ~]# vim popuser.sh
#!/bin/bash
for username in pop1 pop2 pop3
```

```
do
        useradd -g mail -s /sbin/nologin -M $username
        echo $username | passwd --stdin $username
done
[root@study ~]# sh popuser.sh
```

3. 開始建立一般帳號，只是這些一般帳號必須要能夠登入，並且需要使用次要群組的支援！所以：

```
[root@study ~]# vim loginuser.sh
#!/bin/bash
for username in youlog1 youlog2 youlog3
do
        useradd -G youcan -s /bin/bash -m $username
        echo $username | passwd --stdin $username
done
[root@study ~]# sh loginuser.sh
```

4. 這樣就將帳號分開管理了！非常簡單吧！

## 簡答題部分：

◆ root 的 UID 與 GID 是多少？而基於這個理由，我要讓 test 這個帳號具有 root 的權限，應該怎麼做？

◆ 假設我是一個系統管理員，我有一個用戶最近不乖，所以我想暫時將他的帳號停掉，讓他近期無法進行任何動作，等到未來他乖一點之後，我再將他的帳號啟用，請問：我可以怎麼做比較好？

◆ 我在使用 useradd 的時候，新增的帳號裡面的 UID, GID 還有其他相關的密碼控制，都是在哪幾個檔案裡面設定的？

◆ 我希望我在設定每個帳號的時候( 使用 useradd )，預設情況中，他們的家目錄就含有一個名稱為 www 的子目錄，我應該怎麼做比較好？

◆ 簡單說明系統帳號與一般使用者帳號的差別？

◆ 簡單說明，為何 CentOS 建立使用者時，它會主動的幫使用者建立一個群組，而不是使用 /etc/default/useradd 的設定？

◆ 如何建立一個使用者名稱 alex，他所屬群組為 alexgroup，預計使用 csh，他的全名為 "Alex Tsai"，且還得要加入 users 群組當中！

◆ 由於種種因素，導致你的使用者家目錄以後都需要被放置到 /account 這個目錄下。請問，我該如何作，可以讓使用 useradd 時，預設的家目錄就指向 /account？

◆ 我想要讓 dmtsai 這個使用者，加入 vbird1, vbird2, vbird3 這三個群組，且不影響 dmtsai 原本已經支援的次要群組時，該如何動作？

# 13.10　參考資料與延伸閱讀

◆ 註 1：最完整與詳細的密碼檔說明，可參考各 distribution 內部的 man page。本文中以 CentOS 7.x 的『 man 5 passwd 』及『 man 5 shadow 』的內容說明。

◆ 註 2：MD5, DES, SHA 均為加密的機制，詳細的解釋可參考維基百科的說明：

   ■ MD5：http://zh.wikipedia.org/wiki/MD5

   ■ DES：http://en.wikipedia.org/wiki/Data_Encryption_Standard

   ■ SHA 家族：https://en.wikipedia.org/wiki/Secure_Hash_Algorithm

   在早期的 Linux 版本中，主要使用 MD5 加密演算法，近期則使用 SHA512 作為預設演算法。

◆ 註 3：telnet 與 ssh 都是可以由遠端用戶主機連線到 Linux 伺服器的一種機制！詳細資料可查詢鳥站文章：遠端連線伺服器：http://linux.vbird.org/linux_server/0310telnetssh.php

◆ 註 4：詳細的說明請參考 man sudo，然後以 5 作為關鍵字搜尋看看即可瞭解。

◆ 註 5：詳細的 PAM 說明可以參考如下連結：

   維基百科：http://en.wikipedia.org/wiki/Pluggable_Authentication_Modules

   Linux-PAM 網頁：http://www.kernel.org/pub/linux/libs/pam/

# 14

# 磁碟配額 (Quota) 與進階檔案 系統管理

如果你的 Linux 伺服器有多個用戶經常存取資料時,為了維護所有使用者在硬碟容量的公平使用,磁碟配額 (Quota) 就是一項非常有用的工具!另外,如果你的用戶常常抱怨磁碟容量不夠用,那麼更進階的檔案系統就得要學習學習。本章我們會介紹磁碟陣列 (RAID) 及邏輯捲軸檔案系統 (LVM),這些工具都可以幫助你管理與維護使用者可用的磁碟容量喔!

# 14.1 磁碟配額 (Quota) 的應用與實作

Quota 這個玩意兒就字面上的意思來看，就是有多少『限額』的意思啦！如果是用在零用錢上面，就是類似『**有多少零用錢一個月**』的意思之類的。如果是在電腦主機的磁碟使用量上呢？以 Linux 來說，就是有多少容量限制的意思囉。我們可以使用 quota 來讓磁碟的容量使用較為公平，底下我們會介紹什麼是 quota，然後以一個完整的範例來介紹quota 的實作喔！

## 14.1.1 什麼是 Quota？

在 Linux 系統中，由於是多人多工的環境，所以會有多人共同使用一個硬碟空間的情況發生，如果其中有少數幾個使用者大量的佔掉了硬碟空間的話，那勢必壓縮其他使用者的使用權力！因此管理員應該適當的限制硬碟的容量給使用者，以妥善的分配系統資源！避免有人抗議呀！

舉例來說，我們使用者的預設家目錄都是在 /home 底下，如果 /home 是個獨立的partition，假設這個分割槽有 10G 好了，而 /home 底下共有 30 個帳號，也就是說，每個使用者平均應該會有 333MB 的空間才對。偏偏有個使用者在他的家目錄底下塞了好多支影片，佔掉了 8GB 的空間，想想看，是否造成其他正常使用者的不便呢？如果想要讓磁碟的容量公平的分配，這個時候就得要靠 quota 的幫忙囉！

◆ Quota 的一般用途[註1]

quota 比較常使用的幾個情況是：

■ 針對 WWW server，例如：**每個人的網頁空間的容量限制！**

■ 針對 mail server，例如：**每個人的郵件空間限制。**

■ 針對 file server，例如：**每個人最大的可用網路硬碟空間 (教學環境中最常見！)。**

上頭講的是針對網路服務的設計，如果是針對 Linux 系統主機上面的設定那麼使用的方向有底下這一些：

■ **限制某一群組所能使用的最大磁碟配額 (使用群組限制)**

你可以將你的主機上的使用者分門別類，有點像是目前很流行的付費與免付費會員制的情況，你比較喜好的那一群的使用配額就可以給高一些！呵呵！^_^...

■ **限制某一使用者的最大磁碟配額 (使用使用者限制)**

在限制了群組之後，你也可以再繼續針對個人來進行限制，使得同一群組之下還可以有更公平的分配！

■ **限制某一目錄 (directory，project) 的最大磁碟配額**

在舊版的 CentOS 當中，使用的預設檔案系統為 EXT 家族，這種檔案系統的磁碟配額主要是針對整個檔案系統來處理，所以大多針對『掛載點』進行設計。新的 xfs 可以使用 project 這種模式，就能夠針對個別的目錄 (非檔案系統喔) 來設計磁碟配額耶！超棒的！

大概有這些實際的用途啦！基本上，quota 就是在回報管理員磁碟使用率以及讓管理員管理磁碟使用情況的一個工具就是了！比較特別的是，XFS 的 quota 是整合到檔案系統內，並不是其他外掛的程式來管理的，因此，透過 quota 來直接回報磁碟使用率，要比 unix 工具來的快速！舉例來說，du 這東西會重新計算目錄下的磁碟使用率，但 xfs 可以透過 xfs_quota 來直接回報各目錄使用率，速度上是快非常多！

◆ Quota 的使用限制

雖然 quota 很好用，但是使用上還是有些限制要先瞭解的：

■ **在 EXT 檔案系統家族僅能針對整個 filesystem**

EXT 檔案系統家族在進行 quota 限制的時候，它僅能針對整個檔案系統來進行設計，無法針對某個單一的目錄來設計它的磁碟配額。因此，如果你想要使用不同的檔案系統進行 quota 時，請先搞清楚該檔案系統支援的情況喔！因為 XFS 已經可以使用 project 模式來設計不同目錄的磁碟配額。

■ **核心必須支援 quota**

Linux 核心必須有支援 quota 這個功能才行：如果你是使用 CentOS 7.x 的預設核心，嘿嘿！那恭喜你了，你的系統已經預設有支援 quota 這個功能囉！如果你是自行編譯核心的，那麼請特別留意你是否已經『真的』開啟了 quota 這個功能？否則底下的功夫將全部都視為『白工』。

■ **只對一般身份使用者有效**

這就有趣了！並不是所有在 Linux 上面的帳號都可以設定 quota 呢，例如 root 就不能設定 quota，因為整個系統所有的資料幾乎都是它的啊！ ^_^

■ **若啟用 SELinux，非所有目錄均可設定 quota**

新版的 CentOS 預設都有啟用 SELinux 這個核心功能，該功能會加強某些細部的權限控制！由於擔心管理員不小心設定錯誤，因此預設的情況下，quota 似乎僅能針對 /home 進行設定而已～因此，如果你要針對其他不同的目錄進行設定，請參考到後續章節查閱解開 SELinux 限制的方法喔！這就不是 quota 的問題了…

新版的 CentOS 使用的 xfs 確實比較有趣！不但無須額外的 quota 紀錄檔，也能夠針對檔案系統內的不同目錄進行配置！相當有趣！只是**不同的檔案系統在 quota 的處理情況上不太相同，因此這裡要特別強調，進行 quota 前，先確認你的檔案系統吧！**

- ◆ **Quota 的規範設定項目**

  quota 這玩意兒針對 XFS filesystem 的限制項目主要分為底下幾個部分：

  - ■ **分別針對使用者、群組或個別目錄** (user，group & project)

    XFS 檔案系統的 quota 限制中，主要是針對群組、個人或單獨的目錄進行磁碟使用率的限制！

  - ■ **容量限制或檔案數量限制** (block 或 inode)

    我們在第七章談到檔案系統中，說到檔案系統主要規劃為存放屬性的 inode 與實際檔案資料的 block 區塊，Quota 既然是管理檔案系統，所以當然也可以管理 inode 或 block 囉！這兩個管理的功能為：

    - □ **限制 inode 用量：可以管理使用者可以建立的『檔案數量』。**
    - □ **限制 block 用量：管理使用者磁碟容量的限制，較常見為這種方式。**

  - ■ **柔性勸導與硬性規定** (soft/hard)

    既然是規範，當然就有限制值。不管是 inode/block，限制值都有兩個，分別是 soft 與 hard。通常 hard 限制值要比 soft 還要高。舉例來說，若限制項目為 block，可以限制 hard 為 500MBytes 而 soft 為 400MBytes。這兩個限值的意義為：

    - □ **hard：表示使用者的用量絕對不會超過這個限制值，以上面的設定為例，使用者所能使用的磁碟容量絕對不會超過 500Mbytes，若超過這個值則系統會鎖住該用戶的磁碟使用權。**
    - □ **soft：表示使用者在低於 soft 限值時 (此例中為 400Mbytes)，可以正常使用磁碟，但若超過 soft 且低於 hard 的限值 (介於 400~500Mbytes 之間時)，每次使用者登入系統時，系統會主動發出磁碟即將爆滿的警告訊息，且會給予一個寬限時間 (grace time)。不過，若使用者在寬限時間倒數期間就將容量再次降低於 soft 限值之下，則寬限時間會停止。**

  - ■ **會倒數計時的寬限時間** (grace time)

    剛剛上面就談到寬限時間了！這個寬限時間只有在使用者的磁碟用量介於 soft 到 hard 之間時，才會出現且會倒數的一個束束！由於達到 hard 限值時，使用者的磁碟使用權可能會被鎖住。為了擔心使用者沒有注意到這個磁碟配額的問題，因此設計了 soft。當你的磁碟用量即將到達 hard 且超過 soft 時，系統會給予警告，但也會給一段時間讓使用者自行管理磁碟。一般預設的寬限時間為七天，如果七天內你都不進行任何磁碟管理，那麼 soft **限制值會即刻取代** hard **限值來作為** quota **的限制。**

以上面設定的例子來說，假設你的容量高達 450MBytes 了，那七天的寬限時間就會開始倒數，若七天內你都不進行任何刪除檔案的動作來替你的磁碟用量瘦身，那麼七天後你的磁碟最大用量將變成 400MBytes (那個 soft 的限制值)，此時你的磁碟使用權就會被鎖住而無法新增檔案了。

整個 soft，hard，grace time 的相關性我們可以用底下的圖示來說明：

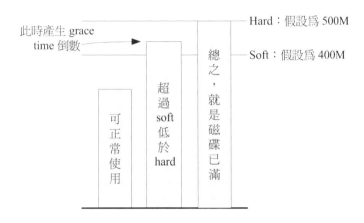

圖 14.1.1　soft，hard，grace time 的相關性

圖中的長條圖為使用者的磁碟容量，soft/hard 分別是限制值。只要小於 400M 就一切 OK，若高於 soft 就出現 grace time 並倒數且等待使用者自行處理，若到達 hard 的限制值，那我們就搬張小板凳等著看好戲啦！嘿嘿！^_^ 這樣圖示有清楚一點了嗎？

## 14.1.2　一個 XFS 檔案系統的 Quota 實作範例

坐而言不如起而行啊，所以這裡我們使用一個範例來設計一下如何處理 Quota 的設定流程。

◆ **目的與帳號**：現在我想要讓我的專題生五個為一組，這五個人的帳號分別是 myquota1, myquota2, myquota3, myquota4, myquota5，這五個用戶的密碼都是 password，且這五個用戶所屬的初始群組都是 myquotagrp。其他的帳號屬性則使用預設值。

◆ **帳號的磁碟容量限制值**：我想讓這五個用戶都能夠取得 300MBytes 的磁碟使用量(hard)，檔案數量則不予限制。此外，只要容量使用率超過 250MBytes，就予以警告 (soft)。

◆ **群組的限額 (option 1)**：由於我的系統裡面還有其他用戶存在，因此我僅承認 myquotagrp 這個群組最多僅能使用 1GBytes 的容量。這也就是說，如果 myquota1, myquota2, myquota3 都用了 280MBytes 的容量了，那麼其他兩人最多只能使用 (1000MB - 280x3 = 160MB) 的磁碟容量囉！這就是使用者與群組同時設定時會產生的後果。

◆ **共享目錄限額 (option 2)**：另一種設定方式，每個用戶還是具有自己獨立的容量限止，但是這五個人的專題共用目錄在 /home/myquota 這裡，該目錄請設定為其他人沒有任何權限的共享目錄空間，僅有 myquotagrp 群組擁有全部的權限。且無論如何，該目錄最多僅能夠接受 500MBytes 的容量。請注意，**群組 (group) 的限制與目錄 (directory/project) 無法同時並存喔**！所以底下的流程中，我們會先以群組來設計，然後再以目錄限制來進一步說明！

◆ **寬限時間的限制**：最後，我希望每個使用者在超過 soft 限制值之後，都還能夠有 14 天的寬限時間。

好了，那你怎麼規範帳號以及相關的 Quota 設定呢？首先，在這個小節我們先來將帳號相關的屬性、參數及其他環境搞定再說吧！

```
# 製作帳號環境時，由於有五個帳號，因此鳥哥使用 script 來建立環境！
[root@study ~]# vim addaccount.sh
#!/bin/bash
# 使用 script 來建立實驗 quota 所需的環境
groupadd myquotagrp
for username in myquota1 myquota2 myquota3 myquota4 myquota5
do
    useradd -g myquotagrp $username
    echo "password" | passwd --stdin $username
done
mkdir /home/myquota
chgrp myquotagrp /home/myquota
chmod 2770 /home/myquota

[root@study ~]# sh addaccount.sh
```

接下來，就讓我們來實作 Quota 的練習吧！

## 14.1.3 實作 Quota 流程-1：檔案系統的支援與觀察

前面我們就談到，要使用 Quota 必須要核心與檔案系統支援才行！假設你已經使用了預設支援 Quota 的核心，那麼接下來就是要啟動檔案系統的支援啦！但是要注意，我們這邊是以 XFS 檔案系統為例的，如果你使用的是 EXT 家族，請找前一版的書籍說明喔！此外，**不要在根目錄底下進行 quota 設計**喔！因為檔案系統會變得太複雜！因此，底下我們是以 /home 這個 xfs 檔案系統為例的！當然啦，首先就是要來檢查看看！

```
[root@study ~]# df -hT /home
Filesystem               Type  Size  Used Avail Use% Mounted on
/dev/mapper/centos-home  xfs   5.0G   67M  5.0G   2% /home
```

從上面的資料來看，鳥哥這部主機的 /home 確實是獨立的 filesystem，而且確實是使用了 xfs 檔案系統！所以可以使用底下的流程囉！此外，由於 VFAT 檔案系統並不支援 Linux Quota 功能，所以我們得要使用 mount 查詢一下 /home 的檔案系統為何才行啊！

在過去的版本中，管理員似乎可以透過 mount -o remount 的機制來重新掛載啟動 quota 的功能，不過 XFS 檔案系統的 quota 似乎是在掛載之初就宣告了，因此無法使用 remount 來重新啟動 quota 功能，一定得要寫入 /etc/fstab 當中，或者是在初始掛載過程中加入這個項目，否則不會生效喔！那就來瞧瞧鳥哥改了 fstab 成為怎樣吧！

```
[root@study ~]# vim /etc/fstab
/dev/mapper/centos-home  /home  xfs  defaults,usrquota,grpquota  0 0
# 其他項目鳥哥並沒有列出來！重點在於第四欄位！於 default 後面加上兩個參數！

[root@study ~]# umount /home
[root@study ~]# mount -a
[root@study ~]# mount | grep home
/dev/mapper/centos-home on /home type xfs (rw,relatime,seclabel,attr2,inode64,
usrquota,grpquota)
```

基本上，針對 quota 限制的項目主要有三項，如下所示：

◆ uquota/usrquota/quota：針對使用者帳號的設定

◆ gquota/grpquota：針對群組的設定

◆ pquota/prjquota：針對單一目錄的設定，但是不可與 grpquota 同時存在！

還是要再次的強調，修改完 /etc/fstab 後，務必要測試一下！若有發生錯誤得要趕緊處理！因為這個檔案如果修改錯誤，是會造成無法開機完全的情況啊！切記切記！最好使用 vim 來修改啦！因為會有語法的檢驗，就不會讓你寫錯字了！此外，由於一般用戶的家目錄在 /home 裡面，因此針對這個項目的卸載時，一定要將所有一般帳號的身份登出，否則肯定無法卸載喔！留意留意！

## 14.1.4 實作 Quota 流程-2：觀察 Quota 報告資料

製作檔案系統支援之後，當然得要來瞧一瞧到底有沒有正確的將 quota 的管理資料列出來才好！這時我們得要使用 xfs_quota 這個指令才行！這個指令真的是挺復雜的，因為全部的 quota 實作都是這個指令耶！所以裡面的參數有夠多！不過稍微觀察一下即可！先讓我們來談談觀察目前 quota 的報告內容吧！

```
[root@study ~]# xfs_quota -x -c "指令" [掛載點]
選項與參數：
-x ：專家模式，後續才能夠加入 -c 的指令參數喔！
-c ：後面加的就是指令，這個小節我們先來談談數據回報的指令
指令：
        print ：單純的列出目前主機內的檔案系統參數等資料
        df    ：與原本的 df 一樣的功能，可以加上 -b (block) -i (inode) -h (加上單位) 等
        report：列出目前的 quota 項目，有 -ugr (user/group/project) 及 -bi 等資料
        state ：說明目前支援 quota 的檔案系統的資訊，有沒有起動相關項目等
```

範例一：列出目前系統的各的檔案系統，以及檔案系統的 quota 掛載參數支援

```
[root@study ~]# xfs_quota -x -c "print"
Filesystem              Pathname
/                       /dev/mapper/centos-root
/srv/myproject          /dev/vda4
/boot                   /dev/vda2
/home                   /dev/mapper/centos-home (uquota,gquota) # 所以這裡就有顯示支援囉
```

範例二：列出目前 /home 這個支援 quota 的載點檔案系統使用情況

```
[root@study ~]# xfs_quota -x -c "df -h" /home
Filesystem      Size    Used    Avail   Use%  Pathname
/dev/mapper/centos-home
                5.0G    67.0M   4.9G    1%    /home
# 如上所示，其實跟原本的 df 差不多啦！只是會更正確就是了。
```

範例三：列出目前 /home 的所有用戶的 quota 限制值

```
[root@study ~]# xfs_quota -x -c "report -ubih" /home
User quota on /home (/dev/mapper/centos-home)
                        Blocks                          Inodes
User ID    Used    Soft    Hard Warn/Grace     Used    Soft    Hard Warn/Grace
---------- -------------------------------- --------------------------------
root         4K      0       0  00 [------]       4      0       0  00 [------]
dmtsai     34.0M     0       0  00 [------]     432      0       0  00 [------]
.....(中間省略).....
myquota1    12K      0       0  00 [------]       7      0       0  00 [------]
myquota2    12K      0       0  00 [------]       7      0       0  00 [------]
myquota3    12K      0       0  00 [------]       7      0       0  00 [------]
myquota4    12K      0       0  00 [------]       7      0       0  00 [------]
myquota5    12K      0       0  00 [------]       7      0       0  00 [------]
# 所以列出了所有用戶的目前的檔案使用情況，並且列出設定值。注意，最上面的 Block
# 代表這個是 block 容量限制，而 inode 則是檔案數量限制喔！另外，soft/hard 若為 0，代表沒限制
```

範例四：列出目前支援的 quota 檔案系統是否有起動了 quota 功能？

```
[root@study ~]# xfs_quota -x -c "state"
User quota state on /home (/dev/mapper/centos-home)
  Accounting: ON     # 有啟用計算功能
  Enforcement: ON    # 有實際 quota 管制的功能
  Inode: #1568 (4 blocks, 4 extents)  # 上面四行說明的是有啟動 user 的限制能力
Group quota state on /home (/dev/mapper/centos-home)
  Accounting: ON
  Enforcement: ON
  Inode: #1569 (5 blocks, 5 extents)  # 上面四行說明的是有啟動 group 的限制能力
Project quota state on /home (/dev/mapper/centos-home)
  Accounting: OFF
  Enforcement: OFF
  Inode: #1569 (5 blocks, 5 extents)   # 上面四行說明的是 project 並未支援
Blocks grace time: [7 days 00:00:30]  # 底下則是 grace time 的項目
Inodes grace time: [7 days 00:00:30]
ReAltime Blocks grace time: [7 days 00:00:30]
```

在預設的情況下，xfs_quota 的 report 指令會將支援的 user/group/prject 相關資料列出來，如果只是想要某個特定的項目，例如我們上面要求僅列出用戶的資料時，就在 report 後面加上 -u 即可喔！這樣就能夠觀察目前的相關設定資訊了。要注意，限制的項目有 block/inode 同時可以針對每個項目來設定 soft/hard 喔！接下來實際的設定看看吧！

## 14.1.5 實作 Quota 流程-3：限制值設定方式

確認檔案系統的 quota 支援順利啟用後，也能夠觀察到相關的 quota 限制，接下來就是要實際的給予用戶/群組限制囉！回去瞧瞧，我們需要每個用戶 250M/300M 的容量限制，群組共 950M/1G 的容量限制，同時 grace time 設定為 14 天喔！實際的語法與設定流程來瞧瞧：

```
[root@study ~]# xfs_quota -x -c "limit [-ug] b[soft|hard]=N i[soft|hard]=N name"
[root@study ~]# xfs_quota -x -c "timer [-ug] [-bir] Ndays"
選項與參數：
limit ：實際限制的項目，可以針對 user/group 來限制，限制的項目有
        bsoft/bhard ：block 的 soft/hard 限制值，可以加單位
        isoft/ihard ：inode 的 soft/hard 限制值
        name        ：就是用戶/群組的名稱啊！
timer ：用來設定 grace time 的項目喔，也是可以針對 user/group 以及 block/inode 設定
範例一：設定好用戶們的 block 限制值 (題目中沒有要限制 inode 啦！)
[root@study ~]# xfs_quota -x -c "limit -u bsoft=250M bhard=300M myquota1" /home
[root@study ~]# xfs_quota -x -c "limit -u bsoft=250M bhard=300M myquota2" /home
[root@study ~]# xfs_quota -x -c "limit -u bsoft=250M bhard=300M myquota3" /home
[root@study ~]# xfs_quota -x -c "limit -u bsoft=250M bhard=300M myquota4" /home
```

```
[root@study ~]# xfs_quota -x -c "limit -u bsoft=250M bhard=300M myquota5" /home
[root@study ~]# xfs_quota -x -c "report -ubih" /home
User quota on /home (/dev/mapper/centos-home)
                        Blocks                              Inodes
User ID      Used    Soft   Hard Warn/Grace     Used    Soft   Hard Warn/Grace
---------- -------------------------------- --------------------------------
myquota1     12K    250M   300M  00 [------]       7       0      0  00 [------]
```
範例二：設定好 myquotagrp 的 block 限制值
```
[root@study ~]# xfs_quota -x -c "limit -g bsoft=950M bhard=1G myquotagrp" /home
[root@study ~]# xfs_quota -x -c "report -gbih" /home
Group quota on /home (/dev/mapper/centos-home)
                        Blocks                              Inodes
Group ID     Used    Soft   Hard Warn/Grace     Used    Soft   Hard Warn/Grace
---------- -------------------------------- --------------------------------
myquotagrp   60K    950M     1G  00 [------]      36       0      0  00 [------]
```
範例三：設定一下 grace time 變成 14 天吧！
```
[root@study ~]# xfs_quota -x -c "timer -ug -b 14days" /home
[root@study ~]# xfs_quota -x -c "state" /home
User quota state on /home (/dev/mapper/centos-home)
.....(中間省略).....
Blocks grace time: [14 days 00:00:30]
Inodes grace time: [7 days 00:00:30]
ReAltime Blocks grace time: [7 days 00:00:30]
```
範例四：以 myquota1 用戶測試 quota 是否真的實際運作呢？
```
[root@study ~]# su - myquota1
[myquota1@study ~]$ dd if=/dev/zero of=123.img bs=1M count=310
dd: error writing '123.img': Disk quota exceeded
300+0 records in
299+0 records out
314552320 bytes (315 MB) copied, 0.181088 s, 1.7 GB/s
[myquota1@study ~]$ ll -h
-rw-r--r--. 1 myquota1 myquotagrp 300M Jul 24 21:38 123.img
[myquota1@study ~]$ exit
[root@study ~]# xfs_quota -x -c "report -ubh" /home
User quota on /home (/dev/mapper/centos-home)
                        Blocks
User ID      Used    Soft   Hard Warn/Grace
---------- --------------------------------
myquota1     300M   250M   300M  00 [13 days]
myquota2     12K    250M   300M  00 [------]
```
# 因為 myquota1 的磁碟用量已經破表，所以當然就會出現那個可怕的 grace time 囉！

這樣就直接製做好 quota 囉！看起來也是挺簡單啦！

## 14.1.6 實作 Quota 流程-4：project 的限制 (針對目錄限制) (Optional)

現在讓我們來想一想，如果需要限制的是目錄而不是群組時，那該如何處理呢？舉例來說，我們要限制的是 /home/myquota 這個目錄本身，而不是針對 myquotagrp 這個群組啊！這兩種設定方法的意義不同喔！例如，前一個小節談到的測試範例來說，myquota1 已經消耗了 300M 的容量，而 /home/myquota 其實還沒有任何的使用量 (因為在 myquota1 的家目錄做的 dd 指令)。不過如果你使用了 xfs_quota -x -c "report -h" /home 這個指令來查看，就會發現其實 myquotagrp 已經用掉了 300M 了！如此一來，對於目錄的限制來說，就不會有效果！

為了解決這個問題，因此我們這個小節要來設定那個很有趣的 project 項目！只是這個項目不可以跟 group 同時設定喔！因此我們得要取消 group 設定並且加入 project 設定才行。那就來實驗看看。

◆ **修改 /etc/fstab 內的檔案系統支援參數**

首先，要將 grpquota 的參數取消，然後加入 prjquota，並且卸載 /home 再重新掛載才行！那就來測試看看！

```
# 1. 先修改 /etc/fstab 的參數，並啟動檔案系統的支援
[root@study ~]# vim /etc/fstab
/dev/mapper/centos-home /home xfs  defaults, usrquota, grpquota,prjquota  0 0
# 記得，grpquota 與 prjquota 不可同時設定喔！所以上面刪除 grpquota 加入 prjquota
[root@study ~]# umount /home
[root@study ~]# mount -a
[root@study ~]# xfs_quota -x -c "state"
User quota state on /home (/dev/mapper/centos-home)
  Accounting: ON
  Enforcement: ON
  Inode: #1568 (4 blocks, 4 extents)
Group quota state on /home (/dev/mapper/centos-home)
  Accounting: OFF           <==已經取消囉！
  Enforcement: OFF
  Inode: N/A
Project quota state on /home (/dev/mapper/centos-home)
  Accounting: ON            <==確實啟動囉！
  Enforcement: ON
  Inode: N/A
Blocks grace time: [7 days 00:00:30]
Inodes grace time: [7 days 00:00:30]
ReAltime Blocks grace time: [7 days 00:00:30]
```

◆ **規範目錄、專案名稱(project)與專案 ID**

目錄的設定比較奇怪，它必須要指定一個所謂的『專案名稱、專案識別碼』來規範才行！而且還需要用到兩個設定檔！這個讓鳥哥覺得比較怪一些就是了。現在，我們要規範的目錄是 /home/myquota 目錄，這個目錄我們給個 myquotaproject 的專案名稱，這個專案名稱給個 11 的識別碼，這個都是自己指定的，若不喜歡就自己指定另一個吧！鳥哥的指定方式如下：

```
# 2.1 指定專案識別碼與目錄的對應在 /etc/projects
[root@study ~]# echo "11:/home/myquota" >> /etc/projects
# 2.2 規範專案名稱與識別碼的對應在 /etc/projid
[root@study ~]# echo "myquotaproject:11" >> /etc/projid
# 2.3 初始化專案名稱
[root@study ~]# xfs_quota -x -c "project -s myquotaproject"
Setting up project myquotaproject (path /home/myquota)...
Processed 1 (/etc/projects and cmdline) paths for project myquotaproject with recursion
depth infinite (-1).      # 會閃過這些訊息！是 OK 的！別擔心！
[root@study ~]# xfs_quota -x -c "print " /home
Filesystem              Pathname
/home                   /dev/mapper/centos-home (uquota, pquota)
/home/myquota           /dev/mapper/centos-home (project 11, myquotaproject)
# 這個 print 功能很不錯！可以完整的查看到相對應的各項檔案系統與 project 目錄對應！
[root@study ~]# xfs_quota -x -c "report -pbih " /home
Project quota on /home (/dev/mapper/centos-home)
                          Blocks                              Inodes
Project ID        Used   Soft   Hard Warn/Grace     Used   Soft   Hard Warn/Grace
---------- -------------------------------- --------------------------------
myquotaproject      0      0      0 00 [------]        1      0      0 00 [------]
# 喔耶！確定有抓到這個專案名稱囉！接下來準備設定吧！
```

◆ **實際設定規範與測試**

依據本章的說明，我們要將 /home/myquota 指定為 500M 的容量限制，那假設到 450M 為 soft 的限制好了！那麼設定就會變成這樣囉：

```
# 3.1 先來設定好這個 project 吧！設定的方式同樣使用 limit 的 bsoft/bhard 喔！：
[root@study ~]# xfs_quota -x -c "limit -p bsoft=450M bhard=500M myquotaproject" /home
[root@study ~]# xfs_quota -x -c "report -pbih " /home
Project quota on /home (/dev/mapper/centos-home)
                          Blocks                              Inodes
Project ID        Used   Soft   Hard Warn/Grace     Used   Soft   Hard Warn/Grace
---------- -------------------------------- --------------------------------
myquotaproject      0   450M   500M 00 [------]        1      0      0 00 [------]
```

```
[root@study ~]# dd if=/dev/zero of=/home/myquota/123.img bs=1M count=510
dd: error writing '/home/myquota/123.img': No space left on device
501+0 records in
500+0 records out
524288000 bytes (524 MB) copied, 0.96296 s, 544 MB/s
# 你看！連 root 在該目錄底下建立檔案時，也會被擋掉耶！這才是完整的針對目錄的規範嘛！讚！
```

　　這樣就設定好了囉！未來如果你還想要針對某些個目錄進行限制，那麼就修改 /etc/projects，/etc/projid 設定一下規範，然後直接處理目錄的初始化與設定，就完成設定了！好簡單！

　　當鳥哥跟同事分享這個 project 的功能時，強者我同事蔡董大大說，剛剛好！他有些朋友要求在 WWW 的服務中，要針對某些目錄進行容量的限制！但是因為容量之前僅針對用戶進行限制，如此一來，由於 WWW 服務都是一個名為 httpd 的帳號管理的，因此所有 WWW 服務所產生的檔案資料，就全部屬於 httpd 這個帳號，那就無法針對某些特定的目錄進行限制了。**有了這個 project 之後，就能夠針對不同的目錄做容量限制！而不用管在裡頭建立檔案的檔案擁有者！**哇！這真是太棒了！實務應用給各位了解囉！^_^

## 14.1.7　XFS quota 的管理與額外指令對照表

　　不管多完美的系統，總是需要可能的突發狀況應付手段啊！所以，接下來我們就來談談，那麼萬一如果你需要暫停 quota 的限制，或者是重新啟動 quota 的限制時，該如何處理呢？還是使用 xfs_quota 啦！增加幾個內部指令即可：

◆ disable：暫時取消 quota 的限制，但其實系統還是在計算 quota 中，只是沒有管制而已！應該算最有用的功能囉！

◆ enable：就是回復到正常管制的狀態中，與 disable 可以互相取消、啟用！

◆ off：完全關閉 quota 的限制，使用了這個狀態後，你只有卸載再重新掛載才能夠再次的啟動 quota 喔！也就是說，用了 off 狀態後，你無法使用 enable 再次復原 quota 的管制喔！注意不要亂用這個狀態！一般建議用 disable 即可，除非你需要執行 remove 的動作！

◆ remove：必須要在 off 的狀態下才能夠執行的指令～這個 remove 可以『移除』quota 的限制設定，例如要取消 project 的設定，無須重新設定為 0 喔！只要 remove -p 就可以了！

　　現在就讓我們來測試一下管理的方式吧！

```
# 1. 暫時關閉 XFS 檔案系統的 quota 限制功能
[root@study ~]# xfs_quota -x -c "disable -up" /home
[root@study ~]# xfs_quota -x -c "state" /home
User quota state on /home (/dev/mapper/centos-home)
  Accounting: ON
  Enforcement: OFF     <== 意思就是有在計算，但沒有強制管制的意思
  Inode: #1568 (4 blocks, 4 extents)
Group quota state on /home (/dev/mapper/centos-home)
  Accounting: OFF
  Enforcement: OFF
  Inode: N/A
Project quota state on /home (/dev/mapper/centos-home)
  Accounting: ON
  Enforcement: OFF
  Inode: N/A
Blocks grace time: [7 days 00:00:30]
Inodes grace time: [7 days 00:00:30]
ReAltime Blocks grace time: [7 days 00:00:30]
[root@study ~]# dd if=/dev/zero of=/home/myquota/123.img bs=1M count=520
520+0 records in
520+0 records out   # 見鬼！竟然沒有任何錯誤發生了！
545259520 bytes (545 MB) copied, 0.308407 s, 180 MB/s
[root@study ~]# xfs_quota -x -c "report -pbh" /home
Project quota on /home (/dev/mapper/centos-home)
                          Blocks
Project ID       Used   Soft   Hard  Warn/Grace
---------- --------------------------------
myquotaproject   520M   450M   500M  00 [-none-]
# 其實，還真的有超過耶！只是因為 disable 的關係，所以沒有強制限制住就是了！
[root@study ~]# xfs_quota -x -c "enable -up" /home   # 重新啟動 quota 限制
[root@study ~]# dd if=/dev/zero of=/home/myquota/123.img bs=1M count=520
dd: error writing '/home/myquota/123.img': No space left on device
# 又開始有限制！這就是 enable/disable 的相關對應功能喔！暫時關閉/啟動用的！
# 完全關閉 quota 的限制行為吧！同時取消 project 的功能試看看！
[root@study ~]# xfs_quota -x -c "off -up" /home
[root@study ~]# xfs_quota -x -c "enable -up" /home
XFS_QUOTAON: Function not implemented
# 你瞧瞧！沒有辦法重新啟動！因為已經完全的關閉了 quota 的功能！所以得要 umouont/mount 才行！
[root@study ~]# umount /home; mount -a
# 這個時候使用 report 以及 state 時，管制限制的內容又重新回來了！好！來瞧瞧如何移除project
[root@study ~]# xfs_quota -x -c "off -up" /home
[root@study ~]# xfs_quota -x -c "remove -p" /home
```

```
[root@study ~]# umount /home; mount -a
[root@study ~]# xfs_quota -x -c "report -phb" /home
Project quota on /home (/dev/mapper/centos-home)
                        Blocks
Project ID      Used  Soft  Hard Warn/Grace
----------  ------------------------------
myquotaproject  500M     0     0 00 [------]
# 嘿嘿！全部歸零！就是『移除』所有限制值的意思！
```

請注意上表中最後一個練習，那個 remove -p 是『移除所有的 project 控制列表』的意思！也就是說，如果你有在 /home 設定多個 project 的限制，那麼 remove 會刪的一個也不留喔！如果想要回復設定值，那...只能一個一個重新設定回去了！沒有好辦法！

上面就是 XFS 檔案系統的簡易 quota 處理流程～那如果你是使用 EXT 家族呢？能不能使用 quota 呢？除了參考上一版的文件之外，鳥哥這裡也列出相關的參考指令/設定檔案給你對照參考！沒學過的可以看看流程，有學過的可以對照瞭解！ ^_^

| 設定流程項目 | XFS 檔案系統 | EXT 家族 |
|---|---|---|
| /etc/fstab 參數設定 | usrquota/grpquota/prjquota | usrquota/grpquota |
| quota 設定檔 | 不需要 | quotacheck |
| 設定用戶/群組限制值 | xfs_quota -x -c "limit..." | edquota 或 setquota |
| 設定 grace time | xfs_quota -x -c "timer..." | edquota |
| 設定目錄限制值 | xfs_quota -x -c "limit..." | 無 |
| 觀察報告 | xfs_quota -x -c "report..." | repquota 或 quota |
| 啟動與關閉 quota 限制 | xfs_quota -x -c "[disable\|enable]..." | quotaoff，quotaon |
| 發送警告信給用戶 | 目前版本尚未支援 | warnquota |

## 14.1.8　不更動既有系統的 quota 實例

想一想，如果你的主機原先沒有想到要設定成為郵件主機，所以並沒有規劃將郵件信箱所在的 /var/spool/mail/ 目錄獨立成為一個 partition，然後目前你的主機已經沒有辦法新增或分割出任何新的分割槽了。那我們知道 quota 的支援與檔案系統有關，所以並無法跨檔案系統來設計 quota 的 project 功能啊！因此，你是否就無法針對 mail 的使用量給予 quota 的限制呢？

此外，如果你想要讓使用者的郵件信箱與家目錄的總體磁碟使用量為固定，那又該如何是好？由於 /home 及 /var/spool/mail 根本不可能是同一個 filesystem (除非是都不分割，使用根目錄，才有可能整合在一起)，所以，該如何進行這樣的 quota 限制呢？

其實沒有那麼難啦！既然 quota 是針對 filesystem 來進行限制，假設你又已經有 /home 這個獨立的分割槽了，那麼你只要：

1. 將 /var/spool/mail 這個目錄完整的移動到 /home 底下。
2. 利用 ln -s /home/mail /var/spool/mail 來建立連結資料。
3. 將 /home 進行 quota 限額設定。

只要這樣的一個小步驟，嘿嘿！你家主機的郵件就有一定的限額囉！當然囉！你也可以依據不同的使用者與群組來設定 quota 然後同樣的以上面的方式來進行 link 的動作！嘿嘿嘿！就有不同的限額針對不同的使用者提出囉！很方便吧！^_^

> 朋友們需要注意的是，由於目前新的 distributions 大多有使用 SELinux 的機制，因此你要進行如同上面的目錄搬移時，在許多情況下可能會有使用上的限制喔！或許你得要先暫時關閉 SELinux 才能測試，也或許你得要自行修改 SELinux 的規則才行喔！

## 14.2　軟體磁碟陣列 (Software RAID)

在過去鳥哥還年輕的時代，我們能使用的硬碟容量都不大，幾十 GB 的容量就是大硬碟了！但是某些情況下，我們需要很大容量的儲存空間，例如鳥哥在跑的空氣品質模式所輸出的資料檔案一個案例通常需要好幾 GB，連續跑個幾個案例，磁碟容量就不夠用了。此時我該如何是好？其實可以透過一種儲存機制，稱為磁碟陣列 (RAID) 的就是了。這種機制的功能是什麼？它有哪些等級？什麼是硬體、軟體磁碟陣列？Linux 支援什麼樣的軟體磁碟陣列？底下就讓我們來談談！

### 14.2.1　什麼是 RAID？

磁碟陣列全名是『 Redundant Arrays of Inexpensive Disks，RAID 』，英翻中的意思是：容錯式廉價磁碟陣列。RAID 可以透過一個技術(軟體或硬體)，將多個較小的磁碟整合成為一個較大的磁碟裝置；　而這個較大的磁碟功能可不只是儲存而已，它還具有資料保護的功能呢。整個 RAID 由於選擇的等級 (level) 不同，而使得整合後的磁碟具有不同的功能，基本常見的 level 有這幾種[註2]：

◆ **RAID-0 (等量模式，stripe)：效能最佳**

這種模式如果使用相同型號與容量的磁碟來組成時，效果較佳。這種模式的 RAID 會將磁碟先切出等量的區塊 (名為 chunk，一般可設定 4K~1M 之間)，然後當一個檔案要寫入 RAID 時，該檔案會依據 chunk 的大小切割好，之後再依序放到各個磁碟裡面去。由於每個磁碟會交錯的存放資料，因此當你的資料要寫入 RAID 時，資料會被等量的放置在各個磁碟上面。舉例來說，你有兩顆磁碟組成 RAID-0，當你有 100MB 的資料要寫入時，每個磁碟會各被分配到 50MB 的儲存量。RAID-0 的示意圖如下所示：

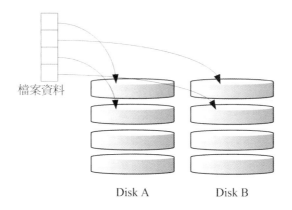

檔案資料

Disk A          Disk B

圖 14.2.1   RAID-0 的磁碟寫入示意圖

上圖的意思是，在組成 RAID-0 時，每顆磁碟 (Disk A 與 Disk B) 都會先被區隔成為小區塊 (chunk)。當有資料要寫入 RAID 時，資料會先被切割成符合小區塊的大小，然後再依序一個一個的放置到不同的磁碟去。由於資料已經先被切割並且依序放置到不同的磁碟上面，因此每顆磁碟所負責的資料量都降低了！照這樣的情況來看，**越多顆磁碟組成的 RAID-0 效能會越好，因為每顆負責的資料量就更低了**！這表示我的資料可以分散讓多顆磁碟來儲存，當然效能會變的更好啊！此外，磁碟總容量也變大了！因為每顆磁碟的容量最終會加總成為 RAID-0 的總容量喔！

只是使用此等級你必須要自行負擔資料損毀的風險，由上圖我們知道檔案是被切割成為適合每顆磁碟分割區塊的大小，然後再依序放置到各個磁碟中。想一想，如果某一顆磁碟損毀了，那麼檔案資料將缺一塊，此時這個檔案就損毀了。由於每個檔案都是這樣存放的，因此 **RAID-0 只要有任何一顆磁碟損毀，在 RAID 上面的所有資料都會遺失而無法讀取**。

另外，如果使用不同容量的磁碟來組成 RAID-0 時，由於資料是一直等量的依序放置到不同磁碟中，當小容量磁碟的區塊被用完了，那麼所有的資料都將被寫入到最大的那顆磁碟去。舉例來說，我用 200G 與 500G 組成 RAID-0，那麼最初的 400GB 資料可同時寫入兩顆磁碟 (各消耗 200G 的容量)，後來再加入的資料就只能寫入 500G 的那顆磁碟中了。此時的效能就變差了，因為只剩下一顆可以存放資料嘛！

◆ RAID-1 (映射模式，mirror)：完整備份

這種模式也是需要相同的磁碟容量的，最好是一模一樣的磁碟啦！如果是不同容量的磁碟組成 RAID-1 時，那麼總容量將以最小的那一顆磁碟為主！這種模式主要是『**讓同一份**

資料，完整的保存在兩顆磁碟上頭』。舉例來說，如果我有一個 100MB 的檔案，且我僅有兩顆磁碟組成 RAID-1 時，那麼這兩顆磁碟將會同步寫入 100MB 到它們的儲存空間去。因此，**整體 RAID 的容量幾乎少了 50%。**由於兩顆硬碟內容一模一樣，好像鏡子映照出來一樣，所以我們也稱它為 mirror 模式囉～

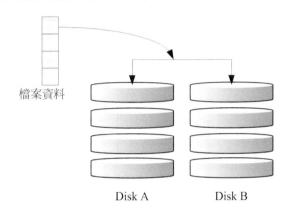

檔案資料

Disk A       Disk B

圖 14.2.2　RAID-1 的磁碟寫入示意圖

如上圖所示，一份資料傳送到 RAID-1 之後會被分為兩股，並分別寫入到各個磁碟裡頭去。由於同一份資料會被分別寫入到其他不同磁碟，因此如果要寫入 100MB 時，資料傳送到 I/O 匯流排後會被複製多份到各個磁碟，結果就是資料量感覺變大了！因此在大量寫入 RAID-1 的情況下，寫入的效能可能會變的非常差 (因為我們只有一個南橋啊！)。好在如果你使用的是硬體 RAID (磁碟陣列卡) 時，磁碟陣列卡會主動的複製一份而不使用系統的 I/O 匯流排，效能方面則還可以。如果使用軟體磁碟陣列，可能效能就不好了。

由於兩顆磁碟內的資料一模一樣，所以任何一顆硬碟損毀時，你的資料還是可以完整的保留下來的！所以我們可以說，**RAID-1 最大的優點大概就在於資料的備份吧！不過由於磁碟容量有一半用在備份，因此總容量會是全部磁碟容量的一半而已。**雖然 RAID-1 的寫入效能不佳，不過讀取的效能則還可以啦！這是因為資料有兩份在不同的磁碟上面，如果多個 processes 在讀取同一筆資料時，RAID 會自行取得最佳的讀取平衡。

◆ RAID 1+0，RAID 0+1

RAID-0 的效能佳但是資料不安全，RAID-1 的資料安全但是效能不佳，那麼能不能將這兩者整合起來設定 RAID 呢？可以啊！那就是 RAID 1+0 或 RAID 0+1。所謂的 RAID 1+0 就是：(1)先讓兩顆磁碟組成 RAID 1，並且這樣的設定共有兩組； (2)將這兩組 RAID 1 再組成一組 RAID 0。這就是 RAID 1+0 囉！反過來說，RAID 0+1 就是先組成 RAID-0 再組成 RAID-1 的意思。

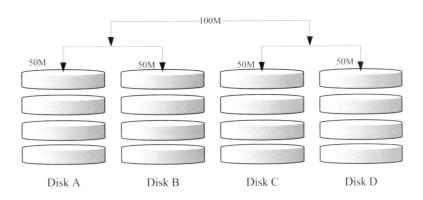

圖 14.2.3　RAID-1+0 的磁碟寫入示意圖

如上圖所示，Disk A + Disk B 組成第一組 RAID 1，Disk C + Disk D 組成第二組 RAID 1，然後這兩組再整合成為一組 RAID 0。如果我有 100MB 的資料要寫入，則由於 RAID 0 的關係，兩組 RAID 1 都會寫入 50MB，又由於 RAID 1 的關係，因此每顆磁碟就會寫入 50MB 而已。如此一來不論哪一組 RAID 1 的磁碟損毀，由於是 RAID 1 的映像資料，因此就不會有任何問題發生了！這也是目前儲存設備廠商最推薦的方法！

為何會推薦 RAID 1+0 呢？想像你有 20 顆磁碟組成的系統，每兩顆組成一個 RAID1，因此你就有總共 10 組可以自己復原的系統了！然後將這 10 組再組成一個新的 RAID0，速度立刻拉升 10 倍了！同時要注意，因為每組 RAID1 是個別獨立存在的，因此任何一顆磁碟損毀，資料都是從另一顆磁碟直接複製過來重建，並不像RAID5/RAID6必須要整組 RAID 的磁碟共同重建一顆獨立的磁碟系統！效能上差非常多！而且 RAID 1 與 RAID 0 是不需要經過計算的 (striping)！讀寫效能也比其他的 RAID 等級好太多了！

◆ **RAID 5：效能與資料備份的均衡考量**

RAID-5 至少需要三顆以上的磁碟才能夠組成這種類型的磁碟陣列。這種磁碟陣列的資料寫入有點類似 RAID-0，不過每個循環的寫入過程中 (striping)，在每顆磁碟還加入一個同位檢查資料 (Parity)，這個資料會記錄其他磁碟的備份資料，用於當有磁碟損毀時的救援。RAID-5 讀寫的情況有點像底下這樣：

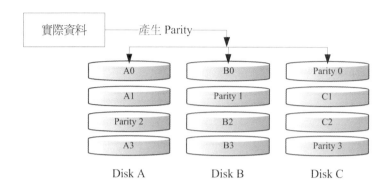

圖 14.2.4　RAID-5 的磁碟寫入示意圖

如上圖所示，每個循環寫入時，都會有部分的同位檢查碼 (parity) 被記錄起來，並且記錄的同位檢查碼每次都記錄在不同的磁碟，因此，任何一個磁碟損毀時都能夠藉由其他磁碟的檢查碼來重建原本磁碟內的資料喔！不過需要注意的是，由於有同位檢查碼，因此 **RAID 5 的總容量會是整體磁碟數量減一顆。以上圖為例，原本的 3 顆磁碟只會剩下 (3-1)=2 顆磁碟的容量。而且當損毀的磁碟數量大於等於兩顆時，這整組 RAID 5 的資料就損毀了。因為 RAID 5 預設僅能支援一顆磁碟的損毀情況。**

在讀寫效能的比較上，讀取的效能還不賴！與 RAID-0 有的比！不過寫的效能就不見得能夠增加很多！這是因為要寫入 RAID 5 的資料還得要經過計算同位檢查碼 (parity) 的關係。由於加上這個計算的動作，所以寫入的效能與系統的硬體關係較大！尤其當使用軟體磁碟陣列時，同位檢查碼是透過 CPU 去計算而非專職的磁碟陣列卡，因此效能方面還需要評估。

另外，由於 RAID 5 僅能支援一顆磁碟的損毀，因此近來還有發展出另外一種等級，就是 RAID 6，這個 RAID 6 則使用兩顆磁碟的容量作為 parity 的儲存，因此整體的磁碟容量就會少兩顆，但是允許出錯的磁碟數量就可以達到兩顆了！也就是在 RAID 6 的情況下，同時兩顆磁碟損毀時，資料還是可以救回來！

◆ **Spare Disk：預備磁碟的功能**

當磁碟陣列的磁碟損毀時，就得要將壞掉的磁碟拔除，然後換一顆新的磁碟。換成新磁碟並且順利啟動磁碟陣列後，磁碟陣列就會開始主動的重建 (rebuild) 原本壞掉的那顆磁碟資料到新的磁碟上！然後你磁碟陣列上面的資料就復原了！這就是磁碟陣列的優點。不過，我們還是得要動手拔插硬碟，除非你的系統有支援熱拔插，否則通常得要關機才能這麼做。

為了讓系統可以即時的在壞掉硬碟時主動的重建，因此就需要預備磁碟 (spare disk) 的輔助。所謂的 spare disk 就是一顆或多顆沒有包含在原本磁碟陣列等級中的磁碟，這顆磁碟平時並不會被磁碟陣列所使用，當磁碟陣列有任何磁碟損毀時，則這顆 spare disk

會被主動的拉進磁碟陣列中，並將壞掉的那顆硬碟移出磁碟陣列！然後立即重建資料系統。如此你的系統則可以永保安康啊！若你的磁碟陣列有支援熱拔插那就更完美了！直接將壞掉的那顆磁碟拔除換一顆新的，再將那顆新的設定成為 spare disk，就完成了！

舉例來說，鳥哥之前所待的研究室有一個磁碟陣列可允許 16 顆磁碟的數量，不過我們只安裝了 10 顆磁碟作為 RAID 5。每顆磁碟的容量為 250GB，我們用了一顆磁碟作為 spare disk，並將其他的 9 顆設定為一個 RAID 5，因此這個磁碟陣列的總容量為：(9-1)*250G＝2000G。運作了一兩年後真的有一顆磁碟壞掉了，我們後來看燈號才發現！不過對系統沒有影響呢！因為 spare disk 主動的加入支援，壞掉的那顆拔掉換顆新的，並重新設定成為 spare 後，系統內的資料還是完整無缺的！嘿嘿！真不錯！

◆ 磁碟陣列的優點

說的口沫橫飛，重點在哪裡呢？其實你的系統如果需要磁碟陣列的話，其實重點在於：

1. **資料安全與可靠性：指的並非網路資訊安全，而是當硬體 (指磁碟) 損毀時，資料是否還能夠安全的救援或使用之意。**

2. **讀寫效能：例如 RAID 0 可以加強讀寫效能，讓你的系統 I/O 部分得以改善。**

3. **容量：可以讓多顆磁碟組合起來，故單一檔案系統可以有相當大的容量。**

尤其資料的可靠性與完整性更是使用 RAID 的考量重點！畢竟硬體壞掉換掉就好了，軟體資料損毀那可不是鬧著玩的！所以企業界為何需要大量的 RAID 來做為檔案系統的硬體基準，現在你有點瞭解了吧？那依據這三個重點，我們來列表看看上面幾個重要的 RAID 等級各有哪些優點吧！假設有 n 顆磁碟組成的 RAID 設定喔！

| 項目 | RAID0 | RAID1 | RAID10 | RAID5 | RAID6 |
|---|---|---|---|---|---|
| 最少磁碟數 | 2 | 2 | 4 | 3 | 4 |
| 最大容錯磁碟數(1) | 無 | n-1 | n/2 | 1 | 2 |
| 資料安全性(1) | 完全沒有 | 最佳 | 最佳 | 好 | 比 RAID5 好 |
| 理論寫入效能(2) | n | 1 | n/2 | <n-1 | <n-2 |
| 理論讀出效能(2) | n | n | n | <n-1 | <n-2 |
| 可用容量(3) | n | 1 | n/2 | n-1 | n-2 |
| 一般應用 | 強調效能但資料不重要的環境 | 資料與備份 | 伺服器、雲系統常用 | 資料與備份 | 資料與備份 |

註：因為 RAID5，RAID6 讀寫都需要經過 parity 的計算機制，因此讀/寫效能都不會剛好滿足於使用的磁碟數量喔！

另外，根據使用的情況不同，一般推薦的磁碟陣列等級也不太一樣。以鳥哥為例，在鳥哥的跑空氣品質模式之後的輸出資料，動輒幾百 GB 的單一大檔案資料，這些情況鳥哥會選擇放在 RAID6 的陣列環境下，這是考量到資料保全與總容量的應用，因為 RAID 6 的效能已經足以應付模式讀入所需的環境。

近年來鳥哥也比較積極在作一些雲程式環境的設計，在雲環境下，確保每個虛擬機器能夠快速的反應以及提供資料保全是最重要的部分！因此效能方面比較弱的 RAID5/RAID6 是不考慮的，總結來說，大概就剩下 RAID10 能夠滿足雲環境的效能需求了。在某些更特別的環境下，如果搭配 SSD 那才更具有效能上的優勢哩！

## 14.2.2　software, hardware RAID

為何磁碟陣列又分為硬體與軟體呢？所謂的硬體磁碟陣列 (hardware RAID) 是透過磁碟陣列卡來達成陣列的目的。磁碟陣列卡上面有一塊專門的晶片在處理 RAID 的任務，因此在效能方面會比較好。在很多任務 (例如 RAID 5 的同位檢查碼計算) 磁碟陣列並不會重複消耗原本系統的 I/O 匯流排，理論上效能會較佳。此外目前一般的中高階磁碟陣列卡都支援熱拔插，亦即在不關機的情況下抽換損壞的磁碟，對於系統的復原與資料的可靠性方面非常的好用。

不過一塊好的磁碟陣列卡動不動就上萬元台幣，便宜的在主機板上面『附贈』的磁碟陣列功能可能又不支援某些高階功能，例如低階主機板若有磁碟陣列晶片，通常僅支援到 RAID0 與 RAID1，鳥哥喜歡的 RAID6 並沒有支援。此外，作業系統也必須要擁有磁碟陣列卡的驅動程式，才能夠正確的捉到磁碟陣列所產生的磁碟機！

由於磁碟陣列有很多優秀的功能，然而硬體磁碟陣列卡偏偏又貴的很～因此就有發展出利用軟體來模擬磁碟陣列的功能，這就是所謂的軟體磁碟陣列 (software RAID)。軟體磁碟陣列主要是透過軟體來模擬陣列的任務，因此會損耗較多的系統資源，比如說 CPU 的運算與 I/O 匯流排的資源等。不過目前我們的個人電腦實在已經非常快速了，因此以前的速度限制現在已不存在！所以我們可以來玩一玩軟體磁碟陣列！

我們的 CentOS 提供的軟體磁碟陣列為 mdadm 這套軟體，這套軟體會**以 partition 或 disk 為磁碟的單位**，也就是說，你不需要兩顆以上的磁碟，只要有兩個以上的分割槽 (partition) 就能夠設計你的磁碟陣列了。此外，mdadm 支援剛剛我們前面提到的 RAID0/RAID1/RAID5/spare disk 等！而且提供的管理機制還可以達到類似熱拔插的功能，可以線上 (檔案系統正常使用) 進行分割槽的抽換！使用上也非常的方便呢！

另外你必須要知道的是，硬體磁碟陣列在 Linux 底下看起來就是一顆實際的大磁碟，因此硬體磁碟陣列的裝置檔名為 /dev/sd[a-p]，因為使用到 SCSI 的模組之故。至於**軟體磁碟陣列則是系統模擬的，因此使用的裝置檔名是系統的裝置檔，檔名為 /dev/md0，**

/dev/md1...，兩者的裝置檔名並不相同！不要搞混了喔！因為很多朋友常常覺得奇怪，怎麼他的 RAID 檔名跟我們這裡測試的軟體 RAID 檔名不同，所以這裡特別強調說明喔！

> Intel 的南橋附贈的磁碟陣列功能，在 windows 底下似乎是完整的磁碟陣列，但是在 Linux 底下則被視為是軟體磁碟陣列的一種！因此如果你有設定過 Intel 的南橋晶片磁碟陣列，那在 Linux 底下反而還會是 /dev/md126，/dev/md127 等等裝置檔名，而它的分割槽竟然是 /dev/md126p1，/dev/md126p2... 之類的喔！比較特別，所以這裡加強說明！

## 14.2.3 軟體磁碟陣列的設定

軟體磁碟陣列的設定很簡單呢！簡單到讓你很想笑喔！因為你只要使用一個指令即可！那就是 mdadm 這個指令。這個指令在建立 RAID 的語法有點像這樣：

```
[root@study ~]# mdadm --detail /dev/md0
[root@study ~]# mdadm --create /dev/md[0-9] --auto=yes --level=[015] --chunk=NK \
> --raid-devices=N --spare-devices=N /dev/sdx /dev/hdx...
選項與參數：
--create        ：為建立 RAID 的選項；
--auto=yes      ：決定建立後面接的軟體磁碟陣列裝置，亦即 /dev/md0, /dev/md1...
--chunk=Nk      ：決定這個裝置的 chunk 大小，也可以當成 stripe 大小，一般是 64K 或 512K。
--raid-devices=N ：使用幾個磁碟 (partition) 作為磁碟陣列的裝置
--spare-devices=N ：使用幾個磁碟作為備用 (spare) 裝置
--level=[015]   ：設定這組磁碟陣列的等級。支援很多，不過建議只要用 0, 1, 5 即可
--detail        ：後面所接的那個磁碟陣列裝置的詳細資訊
```

上面的語法中，最後面會接許多的裝置檔名，這些裝置檔名可以是整顆磁碟，例如 /dev/sdb，也可以是分割槽，例如 /dev/sdb1 之類。不過，這些裝置檔名的總數必須要等於 --raid-devices 與 --spare-devices 的個數總和才行！鳥哥利用我的測試機來建置一個 RAID 5 的軟體磁碟陣列給你瞧瞧！底下是鳥哥希望做成的 RAID 5 環境：

- 利用 4 個 partition 組成 RAID 5。
- 每個 partition 約為 1GB 大小，需確定每個 partition 一樣大較佳。
- 利用 1 個 partition 設定為 spare disk。
- chunk 設定為 256K 這麼大即可！
- 這個 spare disk 的大小與其他 RAID 所需 partition 一樣大！
- 將此 RAID 5 裝置掛載到 /srv/raid 目錄下。

最終我需要 5 個 1GB 的 partition。在鳥哥的測試機中，根據前面的章節實做下來，包括課後的情境模擬題目，目前應該還有 8GB 可供利用！因此就利用這部測試機的 /dev/vda 切出 5 個 1G 的分割槽。實際的流程鳥哥就不一一展示了，自己透過 gdisk /dev/vda 實作一下！最終這部測試機的結果應該如下所示：

```
[root@study ~]# gdisk -l /dev/vda
Number  Start (sector)    End (sector)  Size       Code  Name
   1         2048             6143      2.0 MiB    EF02
   2         6144          2103295      1024.0 MiB 0700
   3      2103296         65026047      30.0 GiB   8E00
   4     65026048         67123199      1024.0 MiB 8300  Linux filesystem
   5     67123200         69220351      1024.0 MiB FD00  Linux RAID
   6     69220352         71317503      1024.0 MiB FD00  Linux RAID
   7     71317504         73414655      1024.0 MiB FD00  Linux RAID
   8     73414656         75511807      1024.0 MiB FD00  Linux RAID
   9     75511808         77608959      1024.0 MiB FD00  Linux RAID
# 上面特殊字體的部分就是我們需要的那 5 個 partition 囉！注意注意！
[root@study ~]# lsblk
NAME               MAJ:MIN RM  SIZE RO TYPE MOUNTPOINT
vda                252:0    0   40G  0 disk
|-vda1             252:1    0    2M  0 part
|-vda2             252:2    0    1G  0 part /boot
|-vda3             252:3    0   30G  0 part
| |-centos-root    253:0    0   10G  0 lvm  /
| |-centos-swap    253:1    0    1G  0 lvm  [SWAP]
| `-centos-home    253:2    0    5G  0 lvm  /home
|-vda4             252:4    0    1G  0 part /srv/myproject
|-vda5             252:5    0    1G  0 part
|-vda6             252:6    0    1G  0 part
|-vda7             252:7    0    1G  0 part
|-vda8             252:8    0    1G  0 part
`-vda9             252:9    0    1G  0 part
```

◆ **以 mdadm 建置 RAID**

接下來就簡單啦！透過 mdadm 來建立磁碟陣列先！

```
[root@study ~]# mdadm --create /dev/md0 --auto=yes --level=5 --chunk=256K \
> --raid-devices=4 --spare-devices=1 /dev/vda{5, 6, 7, 8, 9}
mdadm: /dev/vda5 appears to contain an ext2fs file system
       size=1048576K  mtime=Thu Jun 25 00:35:01 2015    # 某些時刻會出現！沒關係
Continue creating array?y
mdadm: Defaulting to version 1.2 metadata
```

```
mdadm: array /dev/md0 started.
# 詳細的參數說明請回去前面看看囉！這裡我透過 {} 將重複的項目簡化！
# 此外，因為鳥哥這個系統經常在建置測試的環境，因此系統可能會抓到之前的 filesystem
# 所以就會出現如上前兩行的訊息！那沒關係的！直接按下 y 即可刪除舊系統
[root@study ~]# mdadm --detail /dev/md0
/dev/md0:                                           # RAID 的裝置檔名
          Version : 1.2
    Creation Time : Mon Jul 27 15:17:20 2015        # 建置 RAID 的時間
       Raid Level : raid5                           # 這就是 RAID5 等級！
       Array Size : 3142656 (3.00 GiB 3.22 GB)      # 整組 RAID 的可用容量
    Used Dev Size : 1047552 (1023.17 MiB 1072.69 MB) # 每顆磁碟(裝置)的容量
     Raid Devices : 4                               # 組成 RAID 的磁碟數量
    Total Devices : 5                               # 包括 spare 的總磁碟數
      Persistence : Superblock is persistent
      Update Time : Mon Jul 27 15:17:31 2015
            State : clean                           # 目前這個磁碟陣列的使用狀態
   Active Devices : 4                               # 啟動(active)的裝置數量
  Working Devices : 5                               # 目前使用於此陣列的裝置數
   Failed Devices : 0                               # 損壞的裝置數
    Spare Devices : 1                               # 預備磁碟的數量
           Layout : left-symmetric
       Chunk Size : 256K                            # 就是 chunk 的小區塊容量
             Name : study.centos.vbird:0  (local to host study.centos.vbird)
             UUID : 2256da5f:4870775e:cf2fe320:4dfabbc6
           Events : 18
    Number   Major   Minor   RaidDevice State
       0      252       5        0      active sync   /dev/vda5
       1      252       6        1      active sync   /dev/vda6
       2      252       7        2      active sync   /dev/vda7
       5      252       8        3      active sync   /dev/vda8
       4      252       9        -      spare         /dev/vda9
# 最後五行就是這五個裝置目前的情況，包括四個 active sync 一個 spare ！
# 至於 RaidDevice 指的則是此 RAID 內的磁碟順序
```

由於磁碟陣列的建置需要一些時間，所以你最好等待數分鐘後再使用『 mdadm --detail /dev/md0 』去查閱你的磁碟陣列詳細資訊！否則有可能看到某些磁碟正在『spare rebuilding』之類的建置字樣！透過上面的指令，你就能夠建立一個 RAID5 且含有一顆 spare disk 的磁碟陣列囉！非常簡單吧！除了指令之外，你也可以查閱如下的檔案來看看系統軟體磁碟陣列的情況：

```
[root@study ~]# cat /proc/mdstat
Personalities : [raid6] [raid5] [raid4]
md0 : active raid5 vda8[5] vda9[4](S) vda7[2] vda6[1] vda5[0]  <==第一行
      3142656 blocks super 1.2 level 5, 256k chunk, algorithm 2 [4/4] [UUUU]
unused devices: <none>
```

上述的資料比較重要的在特別指出的第一行與第二行部分[註3]：

- 第一行部分：指出 md0 為 raid5，且使用了 vda8，vda7，vda6，vda5 等四顆磁碟裝置。每個裝置後面的中括號 [] 內的數字為此磁碟在 RAID 中的順序 (RaidDevice)；至於 vda9 後面的 [S] 則代表 vda9 為 spare 之意。

- 第二行：此磁碟陣列擁有 3142656 個 block(每個 block 單位為 1K)，所以總容量約為 3GB，使用 RAID 5 等級，寫入磁碟的小區塊 (chunk) 大小為 256K，使用 algorithm 2 磁碟陣列演算法。[m/n] 代表此陣列需要 m 個裝置，且 n 個裝置正常運作。因此本 md0 需要 4 個裝置且這 4 個裝置均正常運作。後面的 [UUUU] 代表的是四個所需的裝置 (就是 [m/n] 裡面的 m) 的啟動情況，U 代表正常運作，若為 _ 則代表不正常。

這兩種方法都可以知道目前的磁碟陣列狀態啦！

◆ **格式化與掛載使用 RAID**

接下來就是開始使用格式化工具啦！這部分就需要注意喔！因為涉及到 xfs 檔案系統的優化！還記得第七章的內容吧？我們這裡的參數為：

- srtipe (chunk) 容量為 256K，所以 su=256k。

- 共有 4 顆組成 RAID5，因此容量少一顆，所以 sw=3 喔！

- 由上面兩項計算出資料寬度為：256K*3=768k。

所以整體來說，要優化這個 XFS 檔案系統就變成這樣：

```
[root@study ~]# mkfs.xfs -f -d su=256k, sw=3 -r extsize=768k /dev/md0
# 有趣吧！是 /dev/md0 做為裝置被格式化呢！
[root@study ~]# mkdir /srv/raid
[root@study ~]# mount /dev/md0 /srv/raid
[root@study ~]# df -Th /srv/raid
Filesystem      Type  Size  Used Avail Use% Mounted on
/dev/md0        xfs   3.0G  33M  3.0G   2% /srv/raid
# 看吧！多了一個 /dev/md0 的裝置，而且真的可以讓你使用呢！還不賴！
```

## 14.2.4 模擬 RAID 錯誤的救援模式

俗話說『天有不測風雲、人有旦夕禍福』，誰也不知道你的磁碟陣列內的裝置啥時會出差錯，因此，瞭解一下軟體磁碟陣列的救援還是必須的！底下我們就來玩一玩救援的機制吧！首先來瞭解一下 mdadm 這方面的語法：

```
[root@study ~]# mdadm --manage /dev/md[0-9] [--add 裝置] [--remove 裝置] [--fail 裝置]
選項與參數：
--add    ：會將後面的裝置加入到這個 md 中！
--remove ：會將後面的裝置由這個 md 中移除
--fail   ：會將後面的裝置設定成為出錯的狀態
```

◆ **設定磁碟為錯誤** (fault)

首先，我們來處理一下，該如何讓一個磁碟變成錯誤，然後讓 spare disk 自動的開始重建系統呢？

```
# 0. 先複製一些東西到 /srv/raid 去，假設這個 RAID 已經在使用了
[root@study ~]# cp -a /etc /var/log /srv/raid
[root@study ~]# df -Th /srv/raid ; du -sm /srv/raid/*
Filesystem      Type  Size  Used Avail Use% Mounted on
/dev/md0        xfs   3.0G  144M  2.9G   5% /srv/raid
28      /srv/raid/etc  <==看吧！確實有資料在裡面喔！
51      /srv/raid/log
# 1. 假設 /dev/vda7 這個裝置出錯了！實際模擬的方式：
[root@study ~]# mdadm --manage /dev/md0 --fail /dev/vda7
mdadm: set /dev/vda7 faulty in /dev/md0      # 設定成為錯誤的裝置囉！
/dev/md0:
.....(中間省略).....
    Update Time : Mon Jul 27 15:32:50 2015
          State : clean, degraded, recovering
 Active Devices : 3
Working Devices : 4
 Failed Devices : 1         <==出錯的磁碟有一個！
  Spare Devices : 1
.....(中間省略).....
    Number   Major   Minor   RaidDevice State
       0      252       5        0      active sync   /dev/vda5
       1      252       6        1      active sync   /dev/vda6
       4      252       9        2      spare rebuilding   /dev/vda9
       5      252       8        3      active sync   /dev/vda8
       2      252       7        -      faulty   /dev/vda7
# 看到沒！這的動作要快做才會看到！/dev/vda9 啟動了而 /dev/vda7 死掉了
```

上面的畫面你得要快速的連續輸入那些 mdadm 的指令才看的到！因為你的 RAID 5 正在重建系統！若你等待一段時間再輸入後面的觀察指令，則會看到如下的畫面了：

```
# 2. 已經藉由 spare disk 重建完畢的 RAID 5 情況
[root@study ~]# mdadm --detail /dev/md0
....(前面省略)....
    Number   Major   Minor   RaidDevice State
       0      252      5         0      active sync   /dev/vda5
       1      252      6         1      active sync   /dev/vda6
       4      252      9         2      active sync   /dev/vda9
       5      252      8         3      active sync   /dev/vda8
       2      252      7         -      faulty        /dev/vda7
```

看吧！又恢復正常了！真好！我們的 /srv/raid 檔案系統是完整的！並不需要卸載！很棒吧！

◆ **將出錯的磁碟移除並加入新磁碟**

因為我們的系統那個 /dev/vda7 實際上沒有壞掉啊！只是用來模擬而已啊！因此，如果有新的磁碟要替換，其實替換的名稱會一樣啊！也就是我們需要：

1. 先從 /dev/md0 陣列中移除 /dev/vda7 這顆『磁碟』。
2. 整個 Linux 系統關機，拔出 /dev/vda7 這顆『磁碟』，並安裝上新的 /dev/vda7『磁碟』，之後開機。
3. 將新的 /dev/vda7 放入 /dev/md0 陣列當中！

```
# 3. 拔除『舊的』/dev/vda7 磁碟
[root@study ~]# mdadm --manage /dev/md0 --remove /dev/vda7
# 假設接下來你就進行了上面談到的第 2,3 個步驟，然後重新開機成功了！
# 4. 安裝『新的』/dev/vda7 磁碟
[root@study ~]# mdadm --manage /dev/md0 --add /dev/vda7
[root@study ~]# mdadm --detail /dev/md0
....(前面省略)....
    Number   Major   Minor   RaidDevice State
       0      252      5         0      active sync   /dev/vda5
       1      252      6         1      active sync   /dev/vda6
       4      252      9         2      active sync   /dev/vda9
       5      252      8         3      active sync   /dev/vda8
       6      252      7         -      spare         /dev/vda7
```

嘿嘿！你的磁碟陣列內的資料不但一直存在，而且你可以一直順利的運作 /srv/raid 內的資料，即使 /dev/vda7 損毀了！然後透過管理的功能就能夠加入新磁碟且拔除壞掉的磁碟！注意，這一切都是在上線 (on-line) 的情況下進行！所以，你說這樣的東東好不好用啊！^\_^

## 14.2.5　開機自動啟動 RAID 並自動掛載

新的 distribution 大多會自己搜尋 /dev/md[0-9] 然後在開機的時候給予設定好所需要的功能。不過鳥哥還是建議你，修改一下設定檔吧！^\_^。software RAID 也是有設定檔的，這個設定檔在 /etc/mdadm.conf！這個設定檔內容很簡單，你只要知道 /dev/md0 的 UUID 就能夠設定這個檔案啦！這裡鳥哥僅介紹它最簡單的語法：

```
[root@study ~]# mdadm --detail /dev/md0 | grep -i uuid
         UUID : 2256da5f:4870775e:cf2fe320:4dfabbc6
# 後面那一串資料，就是這個裝置向系統註冊的 UUID 識別碼！
# 開始設定 mdadm.conf
[root@study ~]# vim /etc/mdadm.conf
ARRAY /dev/md0 UUID=2256da5f:4870775e:cf2fe320:4dfabbc6
#      RAID裝置        識別碼內容
# 開始設定開機自動掛載並測試
[root@study ~]# blkid /dev/md0
/dev/md0: UUID="494cb3e1-5659-4efc-873d-d0758baec523" TYPE="xfs"
[root@study ~]# vim /etc/fstab
UUID=494cb3e1-5659-4efc-873d-d0758baec523  /srv/raid xfs defaults 0 0
[root@study ~]# umount /dev/md0; mount -a
[root@study ~]# df -Th /srv/raid
Filesystem     Type  Size  Used Avail Use% Mounted on
/dev/md0       xfs   3.0G  111M  2.9G   4% /srv/raid
# 你得確定可以順利掛載，並且沒有發生任何錯誤！
```

如果到這裡都沒有出現任何問題！接下來就請 reboot 你的系統並等待看看能否順利的啟動吧！^\_^

## 14.2.6　關閉軟體 RAID (重要！)

除非你未來就是要使用這顆 software RAID (/dev/md0)，否則你勢必要跟鳥哥一樣，將這個 /dev/md0 關閉！因為它畢竟是我們在這個測試機上面的練習裝置啊！為什麼要關掉它呢？因為這個 /dev/md0 其實還是使用到我們系統的磁碟分割槽，在鳥哥的例子裡面就是 /dev/vda{5，6，7，8，9}，如果你只是將 /dev/md0 卸載，然後忘記將 RAID 關閉，結果就是....未來你在重新分割 /dev/vdaX 時可能會出現一些莫名的錯誤狀況啦！所以才需要關閉

software RAID 的步驟!那如何關閉呢?也是簡單到爆炸!(請注意,確認你的 /dev/md0 確實不要用且要關閉了才進行底下的玩意兒)

```
# 1. 先卸載且刪除設定檔內與這個 /dev/md0 有關的設定:
[root@study ~]# umount /srv/raid
[root@study ~]# vim /etc/fstab
UUID=494cb3e1-5659-4efc-873d-d0758baec523  /srv/raid xfs defaults 0 0
# 將這一行刪除掉!或者是註解掉也可以!
# 2. 先覆蓋掉 RAID 的 metadata 以及 XFS 的 superblock,才關閉 /dev/md0 的方法
[root@study ~]# dd if=/dev/zero of=/dev/md0 bs=1M count=50
[root@study ~]# mdadm --stop /dev/md0
mdadm: stopped /dev/md0   <==不囉唆!這樣就關閉了!
[root@study ~]# dd if=/dev/zero of=/dev/vda5 bs=1M count=10
[root@study ~]# dd if=/dev/zero of=/dev/vda6 bs=1M count=10
[root@study ~]# dd if=/dev/zero of=/dev/vda7 bs=1M count=10
[root@study ~]# dd if=/dev/zero of=/dev/vda8 bs=1M count=10
[root@study ~]# dd if=/dev/zero of=/dev/vda9 bs=1M count=10
[root@study ~]# cat /proc/mdstat
Personalities : [raid6] [raid5] [raid4]
unused devices: <none>  <==看吧!確實不存在任何陣列裝置!
[root@study ~]# vim /etc/mdadm.conf
#ARRAY /dev/md0 UUID=2256da5f:4870775e:ef2fe320:4dfabbe6
# 一樣啦!刪除它或是註解它!
```

你可能會問,鳥哥啊,為啥上面會有數個 dd 的指令啊?幹嘛?這是因為 RAID 的相關資料其實也會存一份在磁碟當中,因此,如果你只是將設定檔移除,同時關閉了 RAID,但是分割槽並沒有重新規劃過,那麼重新開機過後,系統還是會將這顆磁碟陣列建立起來,只是名稱可能會變成 /dev/md127 就是了!因此,移除掉 Software RAID 時,上述的 dd 指令不要忘記!但是...千千萬萬不要 dd 到錯誤的磁碟~那可是會欲哭無淚耶~

> 　　在這個練習中,鳥哥使用同一顆磁碟進行軟體 RAID 的實驗。不過朋友們要注意的是,如果真的要實作軟體磁碟陣列,最好是由多顆不同的磁碟來組成較佳!因為這樣才能夠使用到不同磁碟的讀寫,效能才會好!而資料分配在不同的磁碟,當某顆磁碟損毀時資料才能夠藉由其他磁碟挽救回來!這點得特別留意呢!

## 14.3　邏輯捲軸管理員 (Logical Volume Manager)

想像一個情況，你在當初規劃主機的時候將 /home 只給它 50G，等到使用者眾多之後導致這個 filesystem 不夠大，此時你能怎麼做？多數的朋友都是這樣：再加一顆新硬碟，然後重新分割、格式化，將 /home 的資料完整的複製過來，然後將原本的 partition 卸載重新掛載新的 partition。啊！好忙碌啊！若是第二次分割卻給的容量太多！導致很多磁碟容量被浪費了！你想要將這個 partition 縮小時，又該如何作？將上述的流程再搞一遍！唉～煩死了，尤其複製很花時間ㄟ～有沒有更簡單的方法呢？有的！那就是我們這個小節要介紹的 LVM 這玩意兒！

LVM 的重點在於『**可以彈性的調整 filesystem 的容量！**』而並非在於效能與資料保全上面。需要檔案的讀寫效能或者是資料的可靠性，請參考前面的 RAID 小節。**LVM 可以整合多個實體 partition 在一起，讓這些 partitions 看起來就像是一個磁碟一樣！而且，還可以在未來新增或移除其他的實體 partition 到這個 LVM 管理的磁碟當中。**如此一來，整個磁碟空間的使用上，實在是相當的具有彈性啊！既然 LVM 這麼好用，那就讓我們來瞧瞧這玩意吧！

### 14.3.1　什麼是 LVM：PV, PE, VG, LV 的意義？

LVM 的全名是 Logical Volume Manager，中文可以翻譯作邏輯捲軸管理員。之所以稱為『捲軸』可能是因為可以將 filesystem 像捲軸一樣伸長或縮短之故吧！LVM 的作法是將幾個實體的 partitions (或 disk) 透過軟體組合成為一塊看起來是獨立的大磁碟 (VG)，然後將這塊大磁碟再經過分割成為可使用分割槽 (LV)，最終就能夠掛載使用了。但是為什麼這樣的系統可以進行 filesystem 的擴充或縮小呢？其實與一個稱為 PE 的項目有關！底下我們就得要針對這幾個項目來好好聊聊！

◆ Physical Volume，PV，**實體捲軸**

我們實際的 partition (或 Disk) 需要調整系統識別碼 (system ID) 成為 8e (LVM 的識別碼)，然後再經過 pvcreate 的指令將它轉成 LVM 最底層的實體捲軸 (PV)，之後才能夠將這些 PV 加以利用！調整 system ID 的方是就是透過 gdisk 啦！

◆ Volume Group，VG，**捲軸群組**

所謂的 LVM 大磁碟就是將許多 PV 整合成這個 VG 的東西就是啦！所以 VG 就是 LVM 組合起來的大磁碟！這麼想就好了。那麼這個大磁碟最大可以到多少容量呢？這與底下要說明的 PE 以及 LVM 的格式版本有關喔～在預設的情況下，使用 32 位元的 Linux 系統時，基本上 LV 最大僅能支援到 65534 個 PE 而已，若使用預設的 PE 為 4MB 的情況下，最大容量則僅能達到約 256GB 而已～不過，這個問題在 64 位元的 Linux 系統上面已經不存在了！LV 幾乎沒有啥容量限制了！

◆ **Physical Extent，PE，實體範圍區塊**

LVM 預設使用 4MB 的 PE 區塊，而 LVM 的 LV 在 32 位元系統上最多僅能含有 65534 個 PE (lvm1 的格式)，因此預設的 LVM 的 LV 會有 4M*65534/(1024M/G)=256G。這個 PE 很有趣喔！它是整個 LVM 最小的儲存區塊，也就是說，其實我們的檔案資料都是藉由寫入 PE 來處理的。簡單的說，**這個 PE 就有點像檔案系統裡面的 block 大小啦**。這樣說應該就比較好理解了吧？所以調整 PE 會影響到 LVM 的最大容量喔！不過，在 CentOS 6.x 以後，由於直接使用 lvm2 的各項格式功能，以及系統轉為 64 位元，因此這個限制已經不存在了。

◆ **Logical Volume，LV，邏輯捲軸**

最終的 VG 還會被切成 LV，這個 LV 就是最後可以被格式化使用的類似分割槽的東束了！那麼 LV 是否可以隨意指定大小呢？當然不可以！既然 PE 是整個 LVM 的最小儲存單位，那麼 LV 的大小就與在此 LV 內的 PE 總數有關。為了方便使用者利用 LVM 來管理其系統，因此 LV 的裝置檔名通常指定為『 /dev/vgname/lvname 』的樣式！

此外，我們剛剛有談到 LVM 可彈性的變更 filesystem 的容量，那是如何辦到的？其實它就是透過『交換 PE』來進行資料轉換，將原本 LV 內的 PE 移轉到其他裝置中以降低 LV 容量，或將其他裝置的 PE 加到此 LV 中以加大容量！VG、LV 與 PE 的關係有點像下圖：

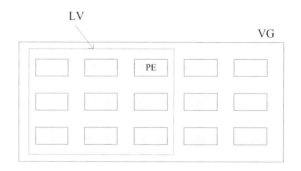

圖 14.3.1　PE 與 VG 的相關性圖示

如上圖所示，VG 內的 PE 會分給虛線部分的 LV，如果未來這個 VG 要擴充的話，加上其他的 PV 即可。而最重要的 LV 如果要擴充的話，也是透過加入 VG 內沒有使用到的 PE 來擴充的！

◆ **實作流程**

透過 PV，VG，LV 的規劃之後，再利用 mkfs 就可以將你的 LV 格式化成為可以利用的檔案系統了！而且這個檔案系統的容量在未來還能夠進行擴充或減少，而且裡面的資料還不會被影響！實在是很『福氣啦！』那實作方面要如何進行呢？很簡單呢！整個流程由基礎到最終的結果可以這樣看：

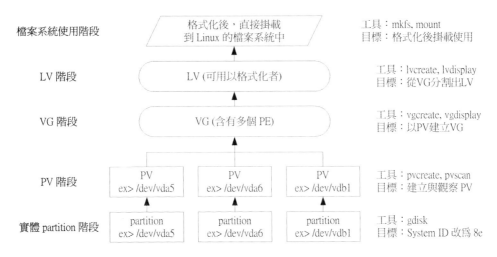

圖 14.3.2　LVM 各元件的實現流程圖示

如此一來,我們就可以利用 LV 這個玩意兒來進行系統的掛載了。不過,你應該要覺得奇怪的是,**那麼我的資料寫入這個 LV 時,到底它是怎麼寫入硬碟當中的**?呵呵!好問題～其實,依據寫入機制的不同,而有兩種方式:

- 線性模式 (linear):假如我將 /dev/vda1,/dev/vdb1 這兩個 partition 加入到 VG 當中,並且整個 VG 只有一個 LV 時,那麼所謂的線性模式就是:當 /dev/vda1 的容量用完之後,/dev/vdb1 的硬碟才會被使用到,這也是我們所建議的模式。

- 交錯模式 (triped):那什麼是交錯模式?很簡單啊,就是我將一筆資料拆成兩部分,分別寫入 /dev/vda1 與 /dev/vdb1 的意思,感覺上有點像 RAID 0 啦!如此一來,一份資料用兩顆硬碟來寫入,理論上,讀寫的效能會比較好。

基本上,**LVM 最主要的用處是在實現一個可以彈性調整容量的檔案系統上,而不是在建立一個效能為主的磁碟上**,所以,我們應該利用的是 LVM 可以彈性管理整個 partition 大小的用途上,而不是著眼在效能上的。因此,LVM 預設的讀寫模式是線性模式啦!如果你使用 triped 模式,要注意,當任何一個 partition『歸天』時,所有的資料都會『損毀』的!所以啦,不是很適合使用這種模式啦!如果要強調效能與備份,那麼就直接使用 RAID 即可,不需要用到 LVM 啊!

## 14.3.2　LVM 實作流程

　　LVM 必須要核心有支援且需要安裝 lvm2 這個軟體,好家在的是,CentOS 與其他較新的 distributions 已經預設將 lvm 的支援與軟體都安裝妥當了!所以你不需要擔心這方面的問題!用就對了!

假設你剛剛也是透過同樣的方法來處理鳥哥的測試機 RAID 實作，那麼現在應該有 5 個可用的分割槽才對！不過，建議你還是得要修改一下 system ID 比較好！將 RAID 的 fd 改為 LVM 的 8e 吧！現在，我們實作 LVM 有點像底下的模樣：

- 使用 4 個 partition，每個 partition 的容量均為 1GB 左右，且 system ID 需要為 8e。
- 全部的 partition 整合成為一個 VG，VG 名稱設定為 vbirdvg；且 PE 的人小為 16MB。
- 建立一個名為 vbirdlv 的 LV，容量大約 2G 好了！
- 最終這個 LV 格式化為 xfs 的檔案系統，且掛載在 /srv/lvm 中。

◆ **0. Disk 階段 (實際的磁碟)**

鳥哥就不仔細的介紹實體分割了，請你自行參考第七章的 gdisk 來達成底下的範例：

```
[root@study ~]# gdisk -l /dev/vda
Number  Start (sector)    End (sector)  Size        Code  Name
   1          2048            6143   2.0 MiB     EF02
   2          6144         2103295   1024.0 MiB  0700
   3       2103296        65026047   30.0 GiB    8E00
   4      65026048        67123199   1024.0 MiB  8300  Linux filesystem
   5      67123200        69220351   1024.0 MiB  8E00  Linux LVM
   6      69220352        71317503   1024.0 MiB  8E00  Linux LVM
   7      71317504        73414655   1024.0 MiB  8E00  Linux LVM
   8      73414656        75511807   1024.0 MiB  8E00  Linux LVM
   9      75511808        77608959   1024.0 MiB  8E00  Linux LVM
# 其實 system ID 不改變也沒關係！只是為了讓我們管理員清楚知道該 partition 的內容，
# 所以這裡建議還是修訂成正確的磁碟內容較佳。
```

上面的 /dev/vda{5，6，7，8} 這 4 個分割槽就是我們的實體分割槽！也就是底下會實際用到的資訊！至於 /dev/vda9 則先保留下來不使用。注意看，那個 8e 的出現會導致 system 變成『 Linux LVM 』哩！其實沒有設定成為 8e 也沒關係，不過某些 LVM 的偵測指令可能會偵測不到該 partition 就是了！接下來，就一個一個的處理各流程吧！

◆ **1. PV 階段**

要建立 PV 其實很簡單，只要直接使用 pvcreate 即可！我們來談一談與 PV 有關的指令吧！

- pvcreate：將實體 partition 建立成為 PV。
- pvscan：搜尋目前系統裡面任何具有 PV 的磁碟。
- pvdisplay：顯示出目前系統上面的 PV 狀態。
- pvremove：將 PV 屬性移除，讓該 partition 不具有 PV 屬性。

那就直接來瞧一瞧吧！

```
# 1. 檢查有無 PV 在系統上，然後將 /dev/vda{5-8} 建立成為 PV 格式
[root@study ~]# pvscan
  PV /dev/vda3   VG centos   lvm2 [30.00 GiB / 14.00 GiB free]
  Total: 1 [30.00 GiB] / in use: 1 [30.00 GiB] / in no VG: 0 [0      ]
# 其實安裝的時候，我們就有使用 LVM 了喔！所以會有 /dev/vda3 存在的！
[root@study ~]# pvcreate /dev/vda{5,6,7,8}
  Physical volume "/dev/vda5" successfully created
  Physical volume "/dev/vda6" successfully created
  Physical volume "/dev/vda7" successfully created
  Physical volume "/dev/vda8" successfully created
# 這個指令可以一口氣建立這四個 partition 成為 PV 啦！注意大括號的用途
[root@study ~]# pvscan
  PV /dev/vda3   VG centos   lvm2 [30.00 GiB / 14.00 GiB free]
  PV /dev/vda8               lvm2 [1.00 GiB]
  PV /dev/vda5               lvm2 [1.00 GiB]
  PV /dev/vda7               lvm2 [1.00 GiB]
  PV /dev/vda6               lvm2 [1.00 GiB]
  Total: 5 [34.00 GiB] / in use: 1 [30.00 GiB] / in no VG: 4 [4.00 GiB]
# 這就分別顯示每個 PV 的資訊與系統所有 PV 的資訊。尤其最後一行，顯示的是：
# 整體 PV 的量 / 已經被使用到 VG 的 PV 量 / 剩餘的 PV 量
# 2. 更詳細的列示出系統上面每個 PV 的個別資訊：
[root@study ~]# pvdisplay /dev/vda5
  "/dev/vda5" is a new physical volume of "1.00 GiB"
  --- NEW Physical volume ---
  PV Name               /dev/vda5   <==實際的 partition 裝置名稱
  VG Name                           <==因為尚未分配出去，所以空白！
  PV Size               1.00 GiB    <==就是容量說明
  Allocatable           NO          <==是否已被分配，結果是 NO
  PE Size               0           <==在此 PV 內的 PE 大小
  Total PE              0           <==共分割出幾個 PE
  Free PE               0           <==沒被 LV 用掉的 PE
  Allocated PE          0           <==尚可分配出去的 PE 數量
  PV UUID               Cb717z-1Shq-6WXf-ewEj-qg0W-MieW-oAZTR6
# 由於 PE 是在建立 VG 時才給予的參數，因此在這裡看到的 PV 裡頭的 PE 都會是 0
# 而且也沒有多餘的 PE 可供分配 (allocatable)。
```

講是很難，作是很簡單！這樣就將 PV 建立了起來囉！簡單到不行吧！ ^_^ 繼續來玩 VG 去！

◆ **2. VG 階段**

建立 VG 及 VG 相關的指令也不少，我們來看看：

- ■ vgcreate：就是主要建立 VG 的指令啦！它的參數比較多，等一下介紹。

- ■ vgscan：搜尋系統上面是否有 VG 存在？

- ■ vgdisplay：顯示目前系統上面的 VG 狀態。

- ■ vgextend：在 VG 內增加額外的 PV。

- ■ vgreduce：在 VG 內移除 PV。

- ■ vgchange：設定 VG 是否啟動 (active)。

- ■ vgremove：刪除一個 VG 啊！

與 PV 不同的是，VG 的名稱是自訂的！我們知道 PV 的名稱其實就是 partition 的裝置檔名，但是這個 VG 名稱則可以隨便你自己取啊！在底下的例子當中，我將 VG 名稱取名為 vbirdvg。建立這個 VG 的流程是這樣的：

```
[root@study ~]# vgcreate [-s N[mgt]] VG名稱 PV名稱
選項與參數：
-s ：後面接 PE 的大小 (size)，單位可以是 m, g, t （大小寫均可）
# 1. 將 /dev/vda5-7 建立成為一個 VG，且指定 PE 為 16MB 喔！
[root@study ~]# vgcreate -s 16M vbirdvg /dev/vda{5,6,7}
  Volume group "vbirdvg" successfully created
[root@study ~]# vgscan
  Reading all physical volumes.  This may take a while...
  Found volume group "vbirdvg" using metadata type lvm2  # 我們手動製作的
  Found volume group "centos" using metadata type lvm2   # 之前系統安裝時作的
[root@study ~]# pvscan
  PV /dev/vda5   VG vbirdvg   lvm2 [1008.00 MiB / 1008.00 MiB free]
  PV /dev/vda6   VG vbirdvg   lvm2 [1008.00 MiB / 1008.00 MiB free]
  PV /dev/vda7   VG vbirdvg   lvm2 [1008.00 MiB / 1008.00 MiB free]
  PV /dev/vda3   VG centos    lvm2 [30.00 GiB / 14.00 GiB free]
  PV /dev/vda8                lvm2 [1.00 GiB]
  Total: 5 [33.95 GiB] / in use: 4 [32.95 GiB] / in no VG: 1 [1.00 GiB]
# 嘿嘿！發現沒！有三個 PV 被用去，剩下 1 個 /dev/vda8 的 PV 沒被用掉！
[root@study ~]# vgdisplay vbirdvg
  --- Volume group ---
  VG Name                 vbirdvg
  System ID
  Format                  lvm2
  Metadata Areas          3
  Metadata Sequence No    1
```

```
 VG Access             read/write
 VG Status             resizable
 MAX LV                0
 Cur LV                0
 Open LV               0
 Max PV                0
 Cur PV                3
 Act PV                3
 VG Size               2.95 GiB          <==整體的 VG 容量有這麼大
 PE Size               16.00 MiB         <==內部每個 PE 的大小
 Total PE              189               <==總共的 PE 數量共有這麼多！
 Alloc PE / Size       0 / 0
 Free  PE / Size       189 / 2.95 GiB    <==尚可配置給 LV 的 PE數量/總容量有這麼多！
 VG UUID               Rx7zdR-y2cY-HuIZ-Yd2s-odU8-AkTW-okk4Ea
# 最後那三行指的就是 PE 能夠使用的情況！由於尚未切出 LV，因此所有的 PE 均可自由使用。
```

這樣就建立一個 VG 了！假設我們要增加這個 VG 的容量，因為我們還有 /dev/vda8 嘛！此時你可以這樣做：

```
# 2. 將剩餘的 PV (/dev/vda8) 丟給 vbirdvg 吧！
[root@study ~]# vgextend vbirdvg /dev/vda8
  Volume group "vbirdvg" successfully extended
[root@study ~]# vgdisplay vbirdvg
....(前面省略)....
 VG Size               3.94 GiB
 PE Size               16.00 MiB
 Total PE              252
 Alloc PE / Size       0 / 0
 Free  PE / Size       252 / 3.94 GiB
# 基本上，不難吧！這樣就可以抽換整個 VG 的大小啊！
```

我們多了一個裝置喔！接下來為這個 vbirdvg 進行分割吧！透過 LV 功能來處理！

◆ **3. LV 階段**

創造出 VG 這個大磁碟之後，再來就是要建立分割區啦！這個分割區就是所謂的 LV 囉！假設我要將剛剛那個 vbirdvg 磁碟，分割成為 vbirdlv，整個 VG 的容量都被分配到 vbirdlv 裡面去！先來看看能使用的指令後，就直接工作了先！

- lvcreate：建立 LV 啦！

- lvscan：查詢系統上面的 LV。

- lvdisplay：顯示系統上面的 LV 狀態啊！

- lvextend：在 LV 裡面增加容量！

- lvreduce：在 LV 裡面減少容量。

- lvremove：刪除一個 LV ！

- lvresize：對 LV 進行容量大小的調整！

```
[root@study ~]# lvcreate [-L N[mgt]] [-n LV名稱] VG名稱
[root@study ~]# lvcreate [-l N] [-n LV名稱] VG名稱
選項與參數：
-L  ：後面接容量，容量的單位可以是 M，G，T 等，要注意的是，最小單位為 PE，
      因此這個數量必須要是 PE 的倍數，若不相符，系統會自行計算最相近的容量。
-l  ：後面可以接 PE 的『個數』，而不是數量。若要這麼做，得要自行計算 PE 數。
-n  ：後面接的就是 LV 的名稱啦！
更多的說明應該可以自行查閱吧！man lvcreate
# 1. 將 vbirdvg 分 2GB 給 vbirdlv 喔！
[root@study ~]# lvcreate -L 2G -n vbirdlv vbirdvg
  Logical volume "vbirdlv" created
# 由於本案例中每個 PE 為 16M，如果要用 PE 的數量來處理的話，那使用下面的指令也 OK喔！
# lvcreate -l 128 -n vbirdlv vbirdvg
[root@study ~]# lvscan
  ACTIVE           '/dev/vbirdvg/vbirdlv' [2.00 GiB] inherit   <==新增加的一個 LV 囉！
  ACTIVE           '/dev/centos/root' [10.00 GiB] inherit
  ACTIVE           '/dev/centos/home' [5.00 GiB] inherit
  ACTIVE           '/dev/centos/swap' [1.00 GiB] inherit
[root@study ~]# lvdisplay /dev/vbirdvg/vbirdlv
  --- Logical volume ---
  LV Path                /dev/vbirdvg/vbirdlv    # 這個是 LV 的全名喔！
  LV Name                vbirdlv
  VG Name                vbirdvg
  LV UUID                QJJrTC-66sm-878Y-o2DC-nN37-2nFR-0BwMmn
  LV Write Access        read/write
  LV Creation host, time study.centos.vbird, 2015-07-28 02:22:49 +0800
  LV Status              available
  # open                 0
  LV Size                2.00 GiB                # 容量就是這麼大！
  Current LE             128
  Segments               3
  Allocation             inherit
  Read ahead sectors     auto
  - currently set to     8192
  Block device           253:3
```

如此一來,整個 LV partition 也準備好啦!接下來,就是針對這個 LV 來處理啦!要特別注意的是,VG 的名稱為 vbirdvg,但是 LV 的名稱必須使用全名!亦即是 /dev/vbirdvg/vbirdlv 才對喔!後續的處理都是這樣的!這點初次接觸 LVM 的朋友很容易搞錯!

◆ **檔案系統階段**

這個部分鳥哥我就不再多加解釋了!直接來進行吧!

```
# 1. 格式化、掛載與觀察我們的 LV 吧!
[root@study ~]# mkfs.xfs /dev/vbirdvg/vbirdlv <==注意 LV 全名!
[root@study ~]# mkdir /srv/lvm
[root@study ~]# mount /dev/vbirdvg/vbirdlv /srv/lvm
[root@study ~]# df -Th /srv/lvm
Filesystem                    Type  Size  Used Avail Use% Mounted on
/dev/mapper/vbirdvg-vbirdlv xfs   2.0G   33M  2.0G   2% /srv/lvm
[root@study ~]# cp -a /etc /var/log /srv/lvm
[root@study ~]# df -Th /srv/lvm
Filesystem                    Type  Size  Used Avail Use% Mounted on
/dev/mapper/vbirdvg-vbirdlv xfs   2.0G  152M  1.9G   8% /srv/lvm  <==確定是可用的
```

透過這樣的功能,我們現在已經建置好一個 LV 了!你可以自由的應用 /srv/lvm 內的所有資源!

## 14.3.3 放大 LV 容量

我們不是說 LVM 最大的特色就是彈性調整磁碟容量嗎?好!那我們就來處理一下,如果要放大 LV 的容量時,該如何進行完整的步驟呢?其實一點都不難喔!如果你回去看圖 14.3.2 的話,那麼你會知道放大檔案系統時,需要底下這些流程的:

1. **VG 階段需要有剩餘的容量**:因為需要放大檔案系統,所以需要放大 LV,但是若沒有多的 VG 容量,那麼更上層的 LV 與檔案系統就無法放大的。因此,你得要用盡各種方法來產生多的 VG 容量才行。一般來說,如果 VG 容量不足,最簡單的方法就是再加硬碟!然後將該硬碟使用上面講過的 pvcreate 及 vgextend 增加到該 VG 內即可!

2. **LV 階段產生更多的可用容量**:如果 VG 的剩餘容量足夠了,此時就可以利用 lvresize 這個指令來將剩餘容量加入到所需要增加的 LV 裝置內!過程相當簡單!

3. **檔案系統階段的放大**:我們的 Linux 實際使用的其實不是 LV 啊!而是 LV 這個裝置內的檔案系統!所以一切最終還是要以檔案系統為依歸!目前在 Linux 環境下,鳥哥測試過可以放大的檔案系統有 XFS 以及 EXT 家族!至於縮小僅有 EXT 家族,目前 XFS 檔案系統並不支援檔案系統的容量縮小喔!要注意!要注意!XFS 放大檔案系統透過簡單的 xfs_growfs 指令即可!

其中最後一個步驟最重要！我們在第七章當中知道，整個檔案系統在最初格式化的時候就建立了 inode/block/superblock 等資訊，要改變這些資訊是很難的！不過因為檔案系統格式化的時候建置的是多個 block group，因此我們可以透過在檔案系統當中增加 block group 的方式來增減檔案系統的量！而增減 block group 就是利用 xfs_growfs 囉！所以最後一步是針對檔案系統來處理的，前面幾步則是針對 LVM 的實際容量大小！

因此，嚴格說起來，放大檔案系統並不是沒有進行『格式化』喔！放大檔案系統時，格式化的位置在於該裝置後來新增的部分，裝置的前面已經存在的檔案系統則沒有變化。而新增的格式化過的資料，再反饋回原本的 supberblock 這樣而已！

讓我們來實作個範例，假設我們想要針對 /srv/lvm 再增加 500M 的容量，該如何處置？

```
# 1. 由前面的過程我們知道 /srv/lvm 是 /dev/vbirdvg/vbirdlv 這個裝置，所以檢查 vbirdvg 吧！
[root@study ~]# vgdisplay vbirdvg
  --- Volume group ---
  VG Name               vbirdvg
  System ID
  Format                lvm2
  Metadata Areas        4
  Metadata Sequence No  3
  VG Access             read/write
  VG Status             resizable
  MAX LV                0
  Cur LV                1
  Open LV               1
  Max PV                0
  Cur PV                4
  Act PV                4
  VG Size               3.94 GiB
  PE Size               16.00 MiB
  Total PE              252
  Alloc PE / Size       128 / 2.00 GiB
  Free  PE / Size       124 / 1.94 GiB      # 看起來剩餘容量確實超過 500M 的！
  VG UUID               Rx7zdR-y2cY-HuIZ-Yd2s-odU8-AkTW-okk4Ea
# 既然 VG 的容量夠大了！所以直接來放大 LV 吧！！
# 2. 放大 LV 吧！利用 lvresize 的功能來增加！
[root@study ~]# lvresize -L +500M /dev/vbirdvg/vbirdlv
  Rounding size to boundary between physical extents: 512.00 MiB
  Size of logical volume vbirdvg/vbirdlv changed from 2.00 GiB (128 extents) to 2.50 GiB
```

```
(160 extents).
  Logical volume vbirdlv successfully resized
# 這樣就增加了 LV 了喔！lvresize 的語法很簡單，基本上同樣透過 -l 或 -L 來增加！
# 若要增加則使用 +，若要減少則使用 - ！詳細的選項請參考 man lvresize 囉！
[root@study ~]# lvscan
  ACTIVE                '/dev/vbirdvg/vbirdlv' [2.50 GiB] inherit
  ACTIVE                '/dev/centos/root' [10.00 GiB] inherit
  ACTIVE                '/dev/centos/home' [5.00 GiB] inherit
  ACTIVE                '/dev/centos/swap' [1.00 GiB] inherit
# 可以發現 /dev/vbirdvg/vbirdlv 容量由 2G 增加到 2.5G 囉！
[root@study ~]# df -Th /srv/lvm
Filesystem                    Type  Size  Used Avail Use% Mounted on
/dev/mapper/vbirdvg-vbirdlv xfs   2.0G  111M  1.9G   6% /srv/lvm
```

看到了吧？最終的結果中 LV 真的有放大到 2.5GB 喔！但是檔案系統卻沒有相對增加！而且，我們的 LVM 可以線上直接處理，並不需要特別給它 umount 哩！真是人性化！但是還是得要處理一下檔案系統的容量啦！開始觀察一下檔案系統，然後使用 xfs_growfs 來處理一下吧！

```
# 3.1 先看一下原本的檔案系統內的 superblock 記錄情況吧！
[root@study ~]# xfs_info /srv/lvm
meta-data=/dev/mapper/vbirdvg-vbirdlv isize=256    agcount=4, agsize=131072 blks
         =                        sectsz=512   attr=2, projid32bit=1
         =                        crc=0        finobt=0
data     =                        bsize=4096   blocks=524288, imaxpct=25
         =                        sunit=0      swidth=0 blks
naming   =version 2               bsize=4096   ascii-ci=0 ftype=0
log      =internal                bsize=4096   blocks=2560, version=2
         =                        sectsz=512   sunit=0 blks, lazy-count=1
reAltime =none                    extsz=4096   blocks=0, rtextents=0
[root@study ~]# xfs_growfs /srv/lvm    # 這一步驟才是最重要的！
[root@study ~]# xfs_info /srv/lvm
meta-data=/dev/mapper/vbirdvg-vbirdlv isize=256    agcount=5, agsize=131072 blks
         =                        sectsz=512   attr=2, projid32bit=1
         =                        crc=0        finobt=0
data     =                        bsize=4096   blocks=655360, imaxpct=25
         =                        sunit=0      swidth=0 blks
naming   =version 2               bsize=4096   ascii-ci=0 ftype=0
log      =internal                bsize=4096   blocks=2560, version=2
         =                        sectsz=512   sunit=0 blks, lazy-count=1
reAltime =none                    extsz=4096   blocks=0, rtextents=0
[root@study ~]# df -Th /srv/lvm
```

```
Filesystem                    Type  Size  Used Avail Use% Mounted on
/dev/mapper/vbirdvg-vbirdlv xfs   2.5G  111M  2.4G   5% /srv/lvm
[root@study ~]# ls -l /srv/lvm
drwxr-xr-x. 131 root root 8192 Jul 28 00:12 etc
drwxr-xr-x.  16 root root 4096 Jul 28 00:01 log
# 剛剛複製進去的資料可還是存在的喔！並沒有消失不見！
```

在上表中，注意看兩次 xfs_info 的結果，你會發現到 1)整個 block group (agcount) 的數量增加一個！那個 block group 就是紀錄新的裝置容量之檔案系統所在！而你也會 2)發現整體的 block 數量增加了！這樣整個檔案系統就給它放大了！同時，使用 df 去查閱時，就真的看到增加的量了吧！檔案系統的放大可以在 On-line 的環境下實作耶！超棒的！

最後，請注意！目前的 XFS 檔案系統中，並沒有縮小檔案系統容量的設計！也就是說，檔案系統只能放大不能縮小喔！如果你想要保有放大、縮小的本事，那還請回去使用 EXT 家族最新的 EXT4 檔案系統囉！XFS 目前是辦不到的！

## 14.3.4 使用 LVM thin Volume 讓 LVM 動態自動調整磁碟使用率

想像一個情況，你有個目錄未來會使用到大約 5T 的容量，但是目前你的磁碟僅有 3T，問題是，接下來的兩個月你的系統都還不會超過 3T 的容量，不過你想要讓用戶知道，就是他最多有 5T 可以使用就是了！而且在一個月內你確實可以將系統提升到 5T 以上的容量啊！你又不想要在提升容量後才放大到 5T！那可以怎麼辦？呵呵！這時可以考慮『實際用多少才分配多少容量給 LV 的 LVM Thin Volume』功能！

另外，再想像一個環境，如果你需要有 3 個 10GB 的磁碟來進行某些測試，問題是你的環境僅有 5GB 的剩餘容量，再傳統的 LVM 環境下，LV 的容量是一開始就分配好的，因此你當然沒有辦法在這樣的環境中產生出 3 個 10GB 的裝置啊！而且更嘔的是，那個 10GB 的裝置其實每個實際使用率都沒有超過 10%，也就是總用量目前僅會到 3GB 而已！但...我實際就有 5GB 的容量啊！為何不給我做出 3 個只用 1GB 的 10GB 裝置呢？有啊！就還是 LVM thin Volume 啊！

什麼是 LVM thin Volume 呢？這東西其實挺好玩的，它的概念是：先建立一個可以實支實付、用多少容量才分配實際寫入多少容量的磁碟容量儲存池 (thin pool)，然後再由這個 thin pool 去產生一個『指定要固定容量大小的 LV 裝置』，這個 LV 就有趣了！雖然你會看到『宣告上，它的容量可能有 10GB，但實際上，該裝置用到多少容量時，才會從 thin pool 去實際取得所需要的容量』！就如同上面的環境說的，可能我們的 thin pool 僅有 1GB 的容量，但是可以分配給一個 10GB 的 LV 裝置！而該裝置實際使用到 500M 時，整個 thin pool 才分配 500M 給該 LV 的意思！當然啦！在所有由 thin pool 所分配出來的 LV 裝置中，總實際使用量絕不能超過 thin pool 的最大實際容量啊！如這個案例說的，thin pool 僅有 1GB，那所有的由這個 thin pool 建置出來的 LV 裝置內的實際用量，就絕不能超過 1GB 啊！

　　我們來實作個環境好了！剛剛鳥哥的 vbirdvg 應該還有剩餘容量，那麼請這樣做看看：

1. 由 vbirdvg 的剩餘容量取出 1GB 來做出一個名為 vbirdtpool 的 thin pool LV 裝置，這就是所謂的磁碟容量儲存池 (thin pool)。

2. 由 vbirdvg 內的 vbirdtpool 產生一個名為 vbirdthin1 的 10GB LV 裝置。

3. 將此裝置實際格式化為 xfs 檔案系統，並且掛載於 /srv/thin 目錄內！

　　話不多說，我們來實驗看看！

```
# 1. 先以 lvcreate 來建立 vbirdtpool 這個 thin pool 裝置：
[root@study ~]# lvcreate -L 1G -T vbirdvg/vbirdtpool    # 最重要的建置指令
[root@study ~]# lvdisplay /dev/vbirdvg/vbirdtpool
  --- Logical volume ---
  LV Name                vbirdtpool
  VG Name                vbirdvg
  LV UUID                p3sLAg-Z8jT-tBuT-wmEL-1wKZ-jrGP-0xmLtk
  LV Write Access        read/write
  LV Creation host, time study.centos.vbird, 2015-07-28 18:27:32 +0800
  LV Pool metadata       vbirdtpool_tmeta
  LV Pool data           vbirdtpool_tdata
  LV Status              available
  # open                 0
  LV Size                1.00 GiB     # 總共可分配出去的容量
  Allocated pool data    0.00%        # 已分配的容量百分比
  Allocated metadata     0.24%        # 已分配的中介資料百分比
  Current LE             64
  Segments               1
  Allocation             inherit
  Read ahead sectors     auto
  - currently set to     8192
  Block device           253:6
# 非常有趣吧！竟然在 LV 裝置中還可以有再分配 (Allocated) 的項目耶！果然是儲存池！
[root@study ~]# lvs vbirdvg    # 語法為 lvs VGname
  LV          VG       Attr       LSize Pool Origin Data%  Meta%  Move Log
  vbirdlv     vbirdvg  -wi-ao---- 2.50g
  vbirdtpool  vbirdvg  twi-a-tz-- 1.00g              0.00   0.24
# 這個 lvs 指令的輸出更加簡單明瞭！直接看比較清晰！
# 2. 開始建立 vbirdthin1 這個有 10GB 的裝置，注意！必須使用 --thin 與 vbirdtpool 連結喔！
[root@study ~]# lvcreate -V 10G -T vbirdvg/vbirdtpool -n vbirdthin1
[root@study ~]# lvs vbirdvg
```

```
  LV          VG        Attr       LSize   Pool        Origin Data%  Meta%  Move Log
  vbirdlv     vbirdvg   -wi-ao----  2.50g
  vbirdthin1  vbirdvg   Vwi-a-tz-- 10.00g  vbirdtpool          0.00
  vbirdtpool  vbirdvg   twi-aotz--  1.00g                      0.00   0.27
# 很有趣吧！明明連 vbirdvg 這個 VG 都沒有足夠大到 10GB 的容量，透過 thin pool
# 竟然就產生了 10GB 的 vbirdthin1 這個裝置了！好有趣！
# 3. 開始建立檔案系統
[root@study ~]# mkfs.xfs /dev/vbirdvg/vbirdthin1
[root@study ~]# mkdir /srv/thin
[root@study ~]# mount /dev/vbirdvg/vbirdthin1 /srv/thin
[root@study ~]# df -Th /srv/thin
Filesystem                      Type  Size  Used Avail Use% Mounted on
/dev/mapper/vbirdvg-vbirdthin1 xfs   10G    33M   10G   1% /srv/thin
# 真的有 10GB 耶！！
# 4. 測試一下容量的使用！建立 500MB 的檔案，但不可超過 1GB 的測試為宜！
[root@study ~]# dd if=/dev/zero of=/srv/thin/test.img bs=1M count=500
[root@study ~]# lvs vbirdvg
  LV          VG        Attr       LSize   Pool        Origin Data%  Meta%  Move Log
  vbirdlv     vbirdvg   -wi-ao----  2.50g
  vbirdthin1  vbirdvg   Vwi-aotz-- 10.00g  vbirdtpool          4.99
  vbirdtpool  vbirdvg   twi-aotz--  1.00g                     49.93   1.81
# 很要命！這時已經分配出 49% 以上的容量了！而 vbirdthin1 卻只看到用掉 5% 而已！
# 所以鳥哥認為，這個 thin pool 非常好用！但是在管理上，得要特別特別的留意！
```

這就是用多少算多少的 thin pool 實作方式！基本上，用來騙人挺嚇人的！小小的一個磁碟可以模擬出好多容量！但實際上，真的可用容量就是實際的磁碟儲存池內的容量！如果突破該容量，這個 thin pool 可是會爆炸而讓資料損毀的！要注意！要注意！

## 14.3.5　LVM 的 LV 磁碟快照

現在你知道 LVM 的好處咯，未來如果你有想要增加某個 LVM 的容量時，就可以透過這個放大的功能來處理。那麼 LVM 除了這些功能之外，還有什麼能力呢？其實它還有一個重要的能力，那就是 LV 磁碟的快照 (snapshot)。什麼是 LV 磁碟快照啊？**快照就是將當時的系統資訊記錄下來，就好像照相記錄一般！未來若有任何資料更動了，則原始資料會被搬移到快照區，沒有被更動的區域則由快照區與檔案系統共享。**用講的好像很難懂，我們用圖解說明一下好了：

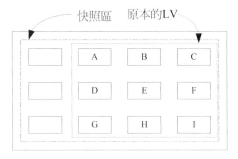

此時的A～I的PE為共用區域　　　　　A更動過，快照區保留舊A，未更動的
B～I部分的PE為共用區

圖 14.3.3　LVM 快照區域的備份示意圖

左圖為最初建置 LV 磁碟快照區的狀況，LVM 會預留一個區域 (左圖的左側三個 PE 區塊) 作為資料存放處。此時快照區內並沒有任何資料，而**快照區與系統區共享所有的 PE 資料，因此你會看到快照區的內容與檔案系統是一模一樣的**。等到系統運作一陣子後，假設 A 區域的資料被更動了 (上面右圖所示)，**則更動前系統會將該區域的資料移動到快照區**，所以在右圖的快照區被佔用了一塊 PE 成為 A，而其他 B 到 I 的區塊則還是與檔案系統共用！

照這樣的情況來看，LVM 的磁碟快照是非常棒的『備份工具』，因為它只有備份有被更動到的資料，檔案系統內沒有被變更的資料依舊保持在原本的區塊內，但是 LVM 快照功能會知道那些資料放置在哪裡，因此『快照』當時的檔案系統就得以『備份』下來，且快照所佔用的容量又非常小！所以你說，這不是很棒的工具又是什麼？

那麼快照區要如何建立與使用呢？首先，由於快照區與原本的 LV 共用很多 PE 區塊，因此**快照區與被快照的 LV 必須要在同一個 VG 上頭**。

另外，或許你跟鳥哥一樣，會想到說：『咦！我們能不能使用 thin pool 的功能來製作快照』呢？老實說，是可以的！不過使用上面的限制非常的多！包括最好要在同一個 thin pool 內的原始 LV 磁碟，如果為非 thin pool 內的原始 LV 磁碟快照，則該磁碟快照『不可以寫入』，亦即 LV 磁碟要設定成唯讀才行！同時，使用 thin pool 做出來的快照，通常都是不可啟動 (inactive) 的預設情況，啟動又有點麻煩～所以，至少目前 (CentOS 7.x) 的環境下，鳥哥還不是很建議你使用 thin pool 快照喔！

底下我們針對傳統 LV 磁碟進行快照的建置，大致流程為：

- 預計被拿來備份的原始 LV 為 /dev/vbirdvg/vbirdlv 這個東西～
- 使用傳統方式快照建置，原始碟為 /dev/vbirdvg/vbirdlv，快照名稱為 vbirdsnap1，容量為 vbirdvg 的所有剩餘容量。

◆ **傳統快照區的建立**

```
# 1. 先觀察 VG 還剩下多少剩餘容量
[root@study ~]# vgdisplay vbirdvg
....(其他省略)....
  Total PE              252
  Alloc PE / Size       226 / 3.53 GiB
  Free  PE / Size       26 / 416.00 MiB
# 就只有剩下 26 個 PE 了！全部分配給 vbirdsnap1 囉！
# 2. 利用 lvcreate 建立 vbirdlv 的快照區，快照被取名為 vbirdsnap1，且給予 26 個 PE
[root@study ~]# lvcreate -s -l 26 -n vbirdsnap1 /dev/vbirdvg/vbirdlv
  Logical volume "vbirdsnap1" created
# 上述的指令中最重要的是那個 -s 的選項！代表是 snapshot 快照功能之意！
# -n 後面接快照區的裝置名稱，/dev/.... 則是要被快照的 LV 完整檔名。
# -l 後面則是接使用多少個 PE 來作為這個快照區使用。
[root@study ~]# lvdisplay /dev/vbirdvg/vbirdsnap1
  --- Logical volume ---
  LV Path                /dev/vbirdvg/vbirdsnap1
  LV Name                vbirdsnap1
  VG Name                vbirdvg
  LV UUID                I3m3Oc-RIvC-unag-DiiA-iQgI-I3z9-OOaOzR
  LV Write Access        read/write
  LV Creation host, time study.centos.vbird, 2015-07-28 19:21:44 +0800
  LV snapshot status     active destination for vbirdlv
  LV Status              available
  # open                 0
  LV Size                2.50 GiB         # 原始碟，就是 vbirdlv 的原始容量
  Current LE             160
  COW-table size         416.00 MiB       # 這個快照能夠紀錄的最大容量！
  COW-table LE           26
  Allocated to snapshot  0.00%            # 目前已經被用掉的容量！
  Snapshot chunk size    4.00 KiB
  Segments               1
  Allocation             inherit
  Read ahead sectors     auto
  - currently set to     8192
  Block device           253:11
```

你看看！這個 /dev/vbirdvg/vbirdsnap1 快照區就被建立起來了！而且它的 VG 量竟然與原本的 /dev/vbirdvg/vbirdlv 相同！也就是說，如果你真的掛載這個裝置時，看到的資料會跟原本的 vbirdlv 相同喔！我們就來測試看看：

```
[root@study ~]# mkdir /srv/snapshot1
[root@study ~]# mount -o nouuid /dev/vbirdvg/vbirdsnap1 /srv/snapshot1
```

```
[root@study ~]# df -Th /srv/lvm /srv/snapshot1
Filesystem                      Type  Size  Used Avail Use% Mounted on
/dev/mapper/vbirdvg-vbirdlv     xfs   2.5G  111M  2.4G   5% /srv/lvm
/dev/mapper/vbirdvg-vbirdsnap1 xfs   2.5G  111M  2.4G   5% /srv/snapshot1
# 有沒有看到！這兩個東東竟然是一模一樣喔！我們根本沒有動過
# /dev/vbirdvg/vbirdsnap1 對吧！不過這裡面會主動記錄原 vbirdlv 的內容！
```

因為 XFS 不允許相同的 UUID 檔案系統的掛載，因此我們得要加上那個 nouuid 的參數，讓檔案系統忽略相同的 UUID 所造成的問題！沒辦法啊！因為快照出來的檔案系統當然是會一模一樣的！

◆ **利用快照區復原系統**

首先，我們來玩一下，如何利用快照區復原系統吧！不過你要注意的是，**你要復原的資料量不能夠高於快照區所能負載的實際容量**。由於原始資料會被搬移到快照區，如果你的快照區不夠大，若原始資料被更動的實際資料量比快照區大，那麼快照區當然容納不了，這時候快照功能會失效喔！

我們的 /srv/lvm 已經有 /srv/lvm/etc, /srv/lvm/log 等目錄了，接下來我們將這個檔案系統的內容作個變更，然後再以快照區資料還原看看：

```
# 1. 先將原本的 /dev/vbirdvg/vbirdlv 內容作些變更，增增減減一些目錄吧！
[root@study ~]# df -Th /srv/lvm /srv/snapshot1
Filesystem                      Type  Size  Used Avail Use% Mounted on
/dev/mapper/vbirdvg-vbirdlv     xfs   2.5G  111M  2.4G   5% /srv/lvm
/dev/mapper/vbirdvg-vbirdsnap1 xfs   2.5G  111M  2.4G   5% /srv/snapshot1
[root@study ~]# cp -a /usr/share/doc /srv/lvm
[root@study ~]# rm -rf /srv/lvm/log
[root@study ~]# rm -rf /srv/lvm/etc/sysconfig
[root@study ~]# df -Th /srv/lvm /srv/snapshot1
Filesystem                      Type  Size  Used Avail Use% Mounted on
/dev/mapper/vbirdvg-vbirdlv     xfs   2.5G  146M  2.4G   6% /srv/lvm
/dev/mapper/vbirdvg-vbirdsnap1 xfs   2.5G  111M  2.4G   5% /srv/snapshot1
[root@study ~]# ll /srv/lvm /srv/snapshot1
/srv/lvm:
total 60
drwxr-xr-x. 887 root root 28672 Jul 20 23:03 doc
drwxr-xr-x. 131 root root  8192 Jul 28 00:12 etc
/srv/snapshot1:
total 16
drwxr-xr-x. 131 root root 8192 Jul 28 00:12 etc
drwxr-xr-x.  16 root root 4096 Jul 28 00:01 log
# 兩個目錄的內容看起來已經不太一樣了喔！檢測一下快照 LV 吧！
```

```
[root@study ~]# lvdisplay /dev/vbirdvg/vbirdsnap1
  --- Logical volume ---
  LV Path                /dev/vbirdvg/vbirdsnap1
....(中間省略)....
  Allocated to snapshot  21.47%
# 鳥哥僅列出最重要的部分！就是全部的容量已經被用掉了 21.4% 囉！
# 2. 利用快照區將原本的 filesystem 備份，我們使用 xfsdump 來處理！
[root@study ~]# xfsdump -l 0 -L lvm1 -M lvm1 -f /home/lvm.dump /srv/snapshot1
# 此時你就會有一個備份資料，亦即是 /home/lvm.dump 了！
```

為什麼要備份呢？為什麼不可以直接格式化 /dev/vbirdvg/vbirdlv 然後將 /dev/vbirdvg/vbirdsnap1 直接複製給 vbirdlv 呢？要知道 vbirdsnap1 其實是 vbirdlv 的快照，因此如果你格式化整個 vbirdlv 時，原本的檔案系統所有資料都會被搬移到 vbirdsnap1。那如果 vbirdsnap1 的容量不夠大 (通常也真的不夠大)，那麼部分資料將無法複製到 vbirdsnap1 內，資料當然無法全部還原啊！所以才要在上面表格中製作出一個備份檔案的！瞭解乎？

而快照還有另外一個功能，就是你可以比對 /srv/lvm 與 /srv/snapshot1 的內容，就能夠發現到最近你到底改了啥東東！這樣也是很不賴啊！你說是吧！^_^！接下來讓我們準備還原 vbirdlv 的內容吧！

```
# 3. 將 vbirdsnap1 卸載並移除 (因為裡面的內容已經備份起來了)
[root@study ~]# umount /srv/snapshot1
[root@study ~]# lvremove /dev/vbirdvg/vbirdsnap1
Do you really want to remove active logical volume "vbirdsnap1"？[y/n]: y
  Logical volume "vbirdsnap1" successfully removed
[root@study ~]# umount /srv/lvm
[root@study ~]# mkfs.xfs -f /dev/vbirdvg/vbirdlv
[root@study ~]# mount /dev/vbirdvg/vbirdlv /srv/lvm
[root@study ~]# xfsrestore -f /home/lvm.dump -L lvm1 /srv/lvm
[root@study ~]# ll /srv/lvm
drwxr-xr-x. 131 root root 8192 Jul 28 00:12 etc
drwxr-xr-x.  16 root root 4096 Jul 28 00:01 log
# 是否與最初的內容相同啊！這就是透過快照來還原的一個簡單的方法囉！
```

◆ **利用快照區進行各項練習與測試的任務，再以原系統還原快照**

換個角度來想想，**我們將原本的 vbirdlv 當作備份資料**，然後將 vbirdsnap1 **當作實際在運作中的資料，任何測試的動作都在 vbirdsnap1 這個快照區當中測試，那麼當測試完畢要將測試的資料刪除時，只要將快照區刪去即可！而要複製一個 vbirdlv 的系統，再作另外一個快照區即可**！這樣是否非常方便啊！這對於教學環境中每年都要幫學生製作一個練習環境主機的測試，非常有幫助呢！

以前鳥哥老是覺得使用 LVM 的快照來進行備份不太合理，因為還要製作一個備份檔！後來仔細研究並參考徐秉義老師的教材[註4]後，才發現 LVM 的快照實在是一個棒到不行的工具！尤其是在虛擬機器當中建置多份給同學使用的測試環境，你只要有一個基礎的環境保持住，其他的環境使用快照來提供即可。即時同學將系統搞爛了，你只要將快照區刪除，再重建一個快照區！這樣環境就恢復了！天吶！實在是太棒了！^_^

## 14.3.6 LVM 相關指令彙整與 LVM 的關閉

好了，我們將上述用過的一些指令給它彙整一下，提供給你參考參考：

| 任務 | PV 階段 | VG 階段 | LV 階段 | filesystem (XFS / EXT4) | |
|---|---|---|---|---|---|
| 搜尋(scan) | pvscan | vgscan | lvscan | lsblk，blkid | |
| 建立(create) | pvcreate | vgcreate | lvcreate | mkfs.xfs | mkfs.ext4 |
| 列出(display) | pvdisplay | vgdisplay | lvdisplay | df，mount | |
| 增加(extend) | | vgextend | lvextend (lvresize) | xfs_growfs | resize2fs |
| 減少(reduce) | | vgreduce | lvreduce (lvresize) | 不支援 | resize2fs |
| 刪除(remove) | pvremove | vgremove | lvremove | umount，重新格式化 | |
| 改變容量 (resize) | | | lvresize | xfs_growfs | resize2fs |
| 改變屬性 (attribute) | pvchange | vgchange | lvchange | /etc/fstab，remount | |

至於檔案系統階段 (filesystem 的格式化處理) 部分，還需要以 xfs_growfs 來修訂檔案系統實際的大小才行啊！^_^。至於雖然 LVM 可以彈性的管理你的磁碟容量，但是要注意，如果你想要使用 LVM 管理你的硬碟時，那麼在安裝的時候就得要做好 LVM 的規劃了，否則未來還是需要先以傳統的磁碟增加方式來增加後，移動資料後，才能夠進行 LVM 的使用啊！

會玩 LVM 還不行！你必須要會移除系統內的 LVM 喔！因為你的實體 partition 已經被使用到 LVM 去，如果你還沒有將 LVM 關閉就直接將那些 partition 刪除或轉為其他用途的話，系統是會發生很大的問題的！所以囉，你必須要知道如何將 LVM 的裝置關閉並移除才行！會不會很難呢？其實不會啦！依據以下的流程來處理即可：

1. 先卸載系統上面的 LVM 檔案系統 (包括快照與所有 LV)。

2. 使用 lvremove 移除 LV。

3. 使用 vgchange -a n VGname 讓 VGname 這個 VG 不具有 Active 的標誌。

4. 使用 vgremove 移除 VG。

5. 使用 pvremove 移除 PV。

6. 最後，使用 fdisk 修改 ID 回來啊！

　　好吧！那就實際的將我們之前建立的所有 LVM 資料給刪除吧！

```
[root@study ~]# umount /srv/lvm /srv/thin /srv/snapshot1
[root@study ~]# lvs vbirdvg
  LV          VG        Attr       LSize  Pool        Origin Data%  Meta%  Move Log
  vbirdlv     vbirdvg   -wi-a----- 2.50g
  vbirdthin1  vbirdvg   Vwi-a-tz-- 10.00g vbirdtpool         4.99
  vbirdtpool  vbirdvg   twi-aotz-- 1.00g                     49.93  1.81
# 要注意！先刪除 vbirdthin1 --> vbirdtpool --> vbirdlv 比較好！
[root@study ~]# lvremove /dev/vbirdvg/vbirdthin1 /dev/vbirdvg/vbirdtpool
[root@study ~]# lvremove /dev/vbirdvg/vbirdlv
[root@study ~]# vgchange -a n vbirdvg
  0 logical volume(s) in volume group "vbirdvg" now active
[root@study ~]# vgremove vbirdvg
  Volume group "vbirdvg" successfully removed
[root@study ~]# pvremove /dev/vda{5,6,7,8}
```

　　最後再用 gdisk 將磁碟的 ID 給它改回來 83 就好啦！整個過程就這樣的啦！ ^_^

# 14.4　重點回顧

◆ Quota 可公平的分配系統上面的磁碟容量給使用者；分配的資源可以是磁碟容量(block) 或可建立檔案數量 (inode)。

◆ Quota 的限制可以有 soft/hard/grace time 等重要項目。

◆ Quota 是針對整個 filesystem 進行限制，XFS 檔案系統可以限制目錄！

◆ Quota 的使用必須要核心與檔案系統均支援。檔案系統的參數必須含有 usrquota, grpquota, prjquota。

◆ Quota 的 xfs_quota 實作的指令有 report, print, limit, timer... 等指令。

◆ 磁碟陣列 (RAID) 有硬體與軟體之分，Linux 作業系統可支援軟體磁碟陣列，透過 mdadm 套件來達成。

- 磁碟陣列建置的考量依據為『容量』、『效能』、『資料可靠性』等。
- 磁碟陣列所建置的等級常見有的 raid0, raid1, raid1+0, raid5 及 raid6。
- 硬體磁碟陣列的裝置檔名與 SCSI 相同,至於 software RAID 則為 /dev/md[0-9]。
- 軟體磁碟陣列的狀態可藉由 /proc/mdstat 檔案來瞭解。
- LVM 強調的是『彈性的變化檔案系統的容量』。
- 與 LVM 有關的元件有:PV/VG/PE/LV 等元件,可以被格式化者為 LV。
- LVM 擁有快照功能,快照可以記錄 LV 的資料內容,並與原有的 LV 共享未更動的資料,備份與還原就變的很簡單。
- XFS 透過 xfs_growfs 指令,可以彈性的調整檔案系統的大小。

## 14.5　本章習題

**情境模擬題:**

　　由於 LVM 可以彈性調整 filesystem 的大小,但是缺點是可能沒有加速與硬體備份(與快照不同)的功能。而磁碟陣列則具有效能與備份的功能,但是無法提供類似 LVM 的優點。在此情境中,我們想利用『在 RAID 上面建置 LVM』的功能,以達到兩者兼顧的能力。

- 目標:測試在 RAID 磁碟上面架構 LVM 系統。
- 需求:需要具有磁碟管理的能力,包括 RAID 與 LVM。
- 前提:會用到本章建立出來的 /dev/vda5, /dev/vda6, /dev/vda7 三個分割槽!

　　那要如何處理呢?如下的流程一個步驟一個步驟的實施看看吧:

1. 重新處理系統,我們在這個練習當中,需要 /dev/vda5, /dev/vda6, /dev/vda7 建置成一個 RAID5 的 /dev/md0 磁碟!詳細的作法這裡就不談了!你得要使用 gdisk 來處理成為如下的模樣:

```
[root@study ~]# gdisk -l /dev/vda
Number  Start (sector)    End (sector)  Size        Code  Name
   1          2048            6143       2.0 MiB     EF02
   2          6144         2103295    1024.0 MiB     0700
   3       2103296        65026047      30.0 GiB     8E00
   4      65026048        67123199    1024.0 MiB     8300  Linux filesystem
   5      67123200        69220351    1024.0 MiB     FD00  Linux RAID
   6      69220352        71317503    1024.0 MiB     FD00  Linux RAID
   7      71317504        73414655    1024.0 MiB     FD00  Linux RAID
```

2. 開始使用 mdadm 來建立一個簡單的 RAID5 陣列！簡易的流程如下：

```
[root@study ~]# mdadm --create /dev/md0 --auto=yes  --level=5  \
> --raid-devices=3 /dev/vda{5, 6, 7}
[root@study ~]# mdadm --detail /dev/md0 | grep -i uuid
         UUID : efc7add0:d12ee9ca:e5cb0baa:fbdae4e6
[root@study ~]# vim /etc/mdadm.conf
ARRAY /dev/md0 UUID=efc7add0:d12ee9ca:e5cb0baa:fbdae4e6
```

若無出現任何錯誤訊息，此時你已經具有 /dev/md0 這個磁碟陣列裝置了！接下來讓我們處理 LVM 吧！

3. 開始處理 LVM，現在我們假設所有的參數都使用預設值，包括 PE，然後 VG 名為 raidvg，LV 名為 raidlv，底下為基本的流程：

```
[root@study ~]# pvcreate /dev/md0                  <==建立 PV
[root@study ~]# vgcreate raidvg /dev/md0           <==建立 VG
[root@study ~]# lvcreate -L 1.5G -n raidlv raidvg  <==建立 LM
[root@study ~]# lvscan
  ACTIVE            '/dev/raidvg/raidlv' [1.50 GiB] inherit
```

這樣就搞定了 LVM 了！而且這個 LVM 是架構在 /dev/md0 上面的喔！然後就是檔案系統的建立與掛載了！

4. 嘗試建立成為 XFS 檔案系統，且掛載到 /srv/raidlvm 目錄下：

```
[root@study ~]# mkfs.xfs /dev/raidvg/raidlv
[root@study ~]# blkid /dev/raidvg/raidlv
/dev/raidvg/raidlv: UUID="4f6a587d-3257-4049-afca-7da1d405117d" TYPE="xfs"
[root@study ~]# vim /etc/fstab
UUID="4f6a587d-3257-4049-afca-7da1d405117d" /srv/raidlvm xfs    defaults 0 0
[root@study ~]# mkdir /srv/raidlvm
[root@study ~]# mount -a
[root@study ~]# df -Th /srv/raidlvm
Filesystem                 Type  Size  Used Avail Use% Mounted on
/dev/mapper/raidvg-raidlv xfs   1.5G   33M  1.5G   3% /srv/raidlvm
```

5. 上述就是 LVM 架構在 RAID 上面的技巧，之後的動作都能夠使用本章的其他管理方式來管理，包括 RAID 熱拔插機制、LVM 放大縮小機制等等。

簡答題部分：

◆ 在前一章的第一個大量新增帳號範例中，如果我想要讓每個用戶均具有 soft/hard 各為 40MB/50MB 的容量時，應該如何修改這個 script？

◆ 如果我想要讓 RAID 具有保護資料的功能，防止因為硬體損毀而導致資料的遺失，那我 應該要選擇的 RAID 等級可能有哪些？(請以本章談到的等級來思考即可)

◆ 在預設的 LVM 設定中，請問 LVM 能否具有『備份』的功能？

◆ 如果你的電腦主機有提供 RAID 0 的功能，你將你的三顆硬碟全部在 BIOS 階段使用 RAID 晶片整合成為一顆大磁碟，則此磁碟在 Linux 系統當中的檔名為何？

# 14.6　參考資料與延伸閱讀

◆ 註 1：相關的 XFS 檔案系統的 quota 說明，可以參考底下的文件：

XFS 官網說明：http://xfs.org/docs/xfsdocs-xml-dev/XFS_User_Guide/tmp/en-US/html/ xfs-quotas.html

◆ 註 2：若想對 RAID 有更深入的認識，可以參考底下的連結與書目：

http://www.tldp.org/HOWTO/Software-RAID-HOWTO.html

楊振和、『作業系統導論：第十一章』、學貫出版社，2006

◆ 註 3：詳細的 mdstat 說明也可以參考如下網頁：

https://raid.wiki.kernel.org/index.php/Mdstat

◆ 註 4：徐秉義老師在網管人雜誌的文章，文章篇名分別是：

■ 磁碟管理：SoftRAID 與 LVM 綜合實做應用 (上)

■ 磁碟管理：SoftRAID 與 LVM 綜合實做應用 (下)

目前文章已經找不到了～可能需要 google 一下舊文章的備份才能看到了！

# 15

# 例行性工作排程 (crontab)

學習了基礎篇也一陣子了，你會發現到為什麼系統常常會主動的進行一些任務？
這些任務到底是誰在設定工作的？如果你想要讓自己設計的備份程式可以自動的
在系統底下執行，而不需要手動來啟動它，又該如何處置？這些例行的工作可能
又分為『單一』工作與『循環』工作，在系統內又是哪些服務在負責？還有還有，
如果你想要每年在老婆的生日前一天就發出一封信件提醒自己不要忘記，可以辦
的到嗎？嘿嘿！這些種種要如何處理，就看看這一章先！

# 15.1　什麼是例行性工作排程？

每個人或多或少都有一些約會或者是工作，**有的工作是例行性的**，例如每年一次的加薪、每個月一次的工作報告、每週一次的午餐會報、每天需要的打卡等等；　**有的工作則是臨時發生的**，例如剛好總公司有高官來訪，需要你準備演講器材等等！用在生活上面，例如每年的愛人的生日、每天的起床時間等等、還有突發性的 3C 用品大降價 (啊！真希望天天都有！) 等等囉。

像上面這些例行性工作，通常你得要記錄在行事曆上面才能避免忘記！不過，由於我們常常在電腦前面的緣故，如果電腦系統能夠主動的通知我們的話，那麼不就輕鬆多了！嘿嘿！這個時候 Linux 的例行性工作排程就可以派上場了！在不考慮硬體與我們伺服器的連結狀態下，我們的 Linux 可以幫你提醒很多任務，例如：每一天早上 8:00 鐘要伺服器連接上音響，並啟動音樂來喚你起床；而中午 12:00 希望 Linux 可以發一封信到你的郵件信箱，提醒你可以去吃午餐了；　另外，在每年的你愛人生日的前一天，先發封信提醒你，以免忘記這麼重要的一天。

那麼 Linux 的例行性工作是如何進行排程的呢？所謂的排程就是將這些工作安排執行的流程之意！咱們的 Linux 排程就是透過 crontab 與 at 這兩個東西！這兩個玩意兒有啥異同？就讓我們來瞧瞧先！

## 15.1.1　Linux 工作排程的種類：at, cron

從上面的說明當中，我們可以很清楚的發現兩種工作排程的方式：

◆　一種是例行性的，就是每隔一定的週期要來辦的事項。

◆　一種是突發性的，就是這次做完以後就沒有的那一種 ( 3C 大降價...)。

那麼在 Linux 底下如何達到這兩個功能呢？那就得使用 at 與 crontab 這兩個好東西囉！

◆　at：at 是個可以處理僅執行一次就結束排程的指令，不過要執行 at 時，必須要有 atd 這個服務 (第十七章) 的支援才行。在某些新版的 distributions 中，atd 可能預設並沒有啟動，那麼 at 這個指令就會失效呢！不過我們的 CentOS 預設是啟動的！

◆　crontab：crontab 這個指令所設定的工作將會循環的一直進行下去！可循環的時間為分鐘、小時、每週、每月或每年等。crontab 除了可以使用指令執行外，亦可編輯 /etc/crontab 來支援。至於讓 crontab 可以生效的服務則是 crond 這個服務喔！

底下我們先來談一談 Linux 的系統到底在做什麼事情，怎麼有若干多的工作排程在進行呢？然後再回來談一談 at 與 crontab 這兩個好東西！

## 15.1.2 CentOS Linux 系統上常見的例行性工作

如果你曾經使用過 Linux 一陣子了，那麼你大概會發現到 Linux 會主動的幫我們進行一些工作呢！比方說自動的進行線上更新 (on-line update)、自動的進行 updatedb (第六章談到的 locate 指令) 更新檔名資料庫、自動的作登錄檔分析 (所以 root 常常會收到標題為 logwatch 的信件) 等等。這是由於系統要正常運作的話，某些在背景底下的工作必須要定時進行的緣故。基本上 Linux 系統常見的例行性任務有：

◆ **進行登錄檔的輪替 (log rotate)**

Linux 會主動的將系統所發生的各種資訊都記錄下來，這就是登錄檔 (第十八章)。由於系統會一直記錄登錄資訊，所以登錄檔將會越來越大！我們知道大型檔案不但佔容量還會造成讀寫效能的困擾，因此適時的將登錄檔資料挪一挪，讓舊的資料與新的資料分別存放，則比較可以有效的記錄登錄資訊。這就是 log rotate 的任務！這也是系統必要的例行任務。

◆ **登錄檔分析 logwatch 的任務**

如果系統發生了軟體問題、硬體錯誤、資安問題等，絕大部分的錯誤資訊都會被記錄到登錄檔中，因此系統管理員的重要任務之一就是分析登錄檔。但你不可能手動透過 vim 等軟體去檢視登錄檔，因為資料太複雜了！我們的 CentOS 提供了一支程式『 logwatch 』來主動分析登錄資訊，所以你會發現，你的 root 老是會收到標題為 logwatch 的信件，那是正常的！你最好也能夠看看該信件的內容喔！

◆ **建立 locate 的資料庫**

在第六章我們談到的 locate 指令時，我們知道該指令是透過已經存在的檔名資料庫來進行系統上檔名的查詢。我們的檔名資料庫是放置到 /var/lib/mlocate/ 中。問題是，這個資料庫怎麼會自動更新啊？嘿嘿！這就是系統的例行性工作所產生的效果啦！系統會主動的進行 updatedb 喔！

◆ **man page 查詢資料庫的建立**

與 locate 資料庫類似的，可提供快速查詢的 man page db 也是個資料庫，但如果要使用 man page 資料庫時，就得要執行 mandb 才能夠建立好啊！而這個 man page 資料庫也是透過系統的例行性工作排程來自動執行的哩！

◆ **RPM 軟體登錄檔的建立**

RPM (第二十二章) 是一種軟體管理的機制。由於系統可能會常常變更軟體，包括軟體的新安裝、非經常性更新等，都會造成軟體檔名的差異。為了方便未來追蹤，系統也幫我們將檔名作個排序的記錄呢！有時候系統也會透過排程來幫忙 RPM 資料庫的重新建置喔！

◆ **移除暫存檔**

某些軟體在運作中會產生一些暫存檔,但是當這個軟體關閉時,這些暫存檔可能並不會主動的被移除。有些暫存檔則有時間性,如果超過一段時間後,這個暫存檔就沒有效用了,此時移除這些暫存檔就是一件重要的工作!否則磁碟容量會被耗光。系統透過例行性工作排程執行名為 tmpwatch 的指令來刪除這些暫存檔呢!

◆ **與網路服務有關的分析行為**

如果你有安裝類似 WWW 伺服器軟體 (一個名為 apache 的軟體),那麼你的 Linux 系統通常就會主動的分析該軟體的登錄檔。同時某些憑證與認證的網路資訊是否過期的問題,我們的 Linux 系統也會很親和的幫你進行自動檢查!

其實你的系統會進行的例行性工作與你安裝的軟體多寡有關,如果你安裝過多的軟體,某些服務功能的軟體都會附上分析工具,那麼你的系統就會多出一些例行性工作囉!像鳥哥的主機還多加了很多自己撰寫的分析工具,以及其他第三方協力軟體的分析軟體,嘿嘿!俺的 Linux 工作量可是非常大的哩!因為有這麼多的工作需要進行,所以我們當然得要瞭解例行性工作的處理方式囉!

# 15.2 僅執行一次的工作排程

首先,我們先來談談單一工作排程的運作,那就是 at 這個指令的運作!

## 15.2.1 atd 的啟動與 at 運作的方式

要使用單一工作排程時,我們的 Linux 系統上面必須要有負責這個排程的服務,那就是 atd 這個玩意兒。不過並非所有的 Linux distributions 都預設會把它打開的,所以呢,某些時刻我們必須要手動將它啟用才行。啟用的方法很簡單,就是這樣:

```
[root@study ~]# systemctl restart atd    # 重新啟動 atd 這個服務
[root@study ~]# systemctl enable atd     # 讓這個服務開機就自動啟動
[root@study ~]# systemctl status atd     # 查閱一下 atd 目前的狀態
atd.service - Job spooling tools
   Loaded: loaded (/usr/lib/systemd/system/atd.service; enabled)     # 是否開機啟動
   Active: active (running) since Thu 2015-07-30 19:21:21 CST; 23s ago # 是否正在運作中
 Main PID: 26503 (atd)
   CGroup: /system.slice/atd.service
           └─26503 /usr/sbin/atd -f
Jul 30 19:21:21 study.centos.vbird systemd[1]: Starting Job spooling tools...
Jul 30 19:21:21 study.centos.vbird systemd[1]: Started Job spooling tools.
```

重點就是要看到上表中的特殊字體，包括『 enabled 』以及『 running 』時，這才是 atd 真的有在運作的意思喔！這部分我們在第十七章會談及。

◆ **at 的運作方式**

既然是工作排程，那麼應該會有產生工作的方式，並且將這些工作排進行程表中囉！OK！那麼產生工作的方式是怎麼進行的？事實上，**我們使用 at 這個指令來產生所要運作的工作，並將這個工作以文字檔的方式寫入 /var/spool/at/ 目錄內，該工作便能等待 atd 這個服務的取用與執行了。**就這麼簡單。

不過，並不是所有的人都可以進行 at 工作排程喔！為什麼？因為安全的理由啊～很多主機被所謂的『綁架』後，最常發現的就是它們的系統當中多了很多的怪客程式 (cracker program)，這些程式非常可能運用工作排程來執行或蒐集系統資訊，並定時的回報給怪客團體！所以囉，除非是你認可的帳號，否則先不要讓它們使用 at 吧！那怎麼達到使用 at 的列管呢？

我們可以利用 /etc/at.allow 與 /etc/at.deny 這兩個檔案來進行 at 的使用限制呢！加上這兩個檔案後，at 的工作情況其實是這樣的：

1. **先找尋 /etc/at.allow 這個檔案，寫在這個檔案中的使用者才能使用 at ，沒有在這個檔案中的使用者則不能使用 at (即使沒有寫在 at.deny 當中)。**

2. **如果 /etc/at.allow 不存在，就尋找 /etc/at.deny 這個檔案，若寫在這個 at.deny 的使用者則不能使用 at ，而沒有在這個 at.deny 檔案中的使用者，就可以使用 at 咯。**

3. **如果兩個檔案都不存在，那麼只有 root 可以使用 at 這個指令。**

透過這個說明，我們知道 /etc/at.allow 是管理較為嚴格的方式，而 /etc/at.deny 則較為鬆散 (因為帳號沒有在該檔案中，就能夠執行 at 了)。在一般的 distributions 當中，由於假設系統上的所有用戶都是可信任的，因此系統通常會保留一個空的 /etc/at.deny 檔案，意思是允許所有人使用 at 指令的意思 (你可以自行檢查一下該檔案)。不過，萬一你不希望有某些使用者使用 at 的話，將那個使用者的帳號寫入 /etc/at.deny 即可！一個帳號寫一行。

## 15.2.2 實際運作單一工作排程

單一工作排程的進行就使用 at 這個指令囉！這個指令的運作非常簡單！將 at 加上一個時間即可！基本的語法如下：

```
[root@study ~]# at [-mldv] TIME
[root@study ~]# at -c 工作號碼
選項與參數：
-m  ：當 at 的工作完成後，即使沒有輸出訊息，亦以 email 通知使用者該工作已完成。
```

-l ：at -l 相當於 atq，列出目前系統上面的所有該使用者的 at 排程；

-d ：at -d 相當於 atrm ，可以取消一個在 at 排程中的工作；

-v ：可以使用較明顯的時間格式列出 at 排程中的工作列表；

-c ：可以列出後面接的該項工作的實際指令內容。

TIME：時間格式，這裡可以定義出『什麼時候要進行 at 這項工作』的時間，格式有：

　HH.MM　　　　　　　　ex> 04:00

　　在今日的 HH:MM 時刻進行，若該時刻已超過，則明天的 HH:MM 進行此工作。

　HH:MM YYYY-MM-DD　　ex> 04:00 2015-07-30

　　強制規定在某年某月的某一天的特殊時刻進行該工作！

　HH:MM[am|pm] [Month] [Date]　　ex> 04pm July 30-

　　也是一樣，強制在某年某月某日的某時刻進行！

　HH:MM[am|pm] + number [minutes|hours|days|weeks]

　　ex> now + 5 minutesex> 04pm + 3 days

　　就是說，在某個時間點『再加幾個時間後』才進行。

　　老實說，這個 at 指令的下達最重要的地方在於『時間』的指定了！鳥哥喜歡使用『now + ...』的方式來定義現在過多少時間再進行工作，但有時也需要定義特定的時間點來進行！底下的範例先看看囉！

```
範例一：再過五分鐘後，將 /root/.bashrc 寄給 root 自己
[root@study ~]# at now + 5 minutes   <==記得單位要加 s 喔！
at> /bin/mail -s "testing at job" root < /root/.bashrc
at> <EOT>   <==這裡輸入 [ctrl] + d 就會出現 <EOF> 的字樣！代表結束！
job 2 at Thu Jul 30 19:35:00 2015
# 上面這行資訊在說明，第 2 個 at 工作將在 2015/07/30 的 19:35 進行！
# 而執行 at 會進入所謂的 at shell 環境，讓你下達多重指令等待運作！
範例二：將上述的第 2 項工作內容列出來查閱
[root@study ~]# at -c 2
#!/bin/sh                 <==就是透過 bash shell 的啦！
# atrun uid=0 gid=0
# mail root 0
umask 22
....(中間省略許多的環境變數項目)....
cd /etc/cron\.d || {
        echo 'Execution directory inaccessible' >&2
        exit 1
}
${SHELL:-/bin/sh} << 'marcinDELIMITER410efc26'
/bin/mail -s "testing at job" root < /root/.bashrc   # 這一行最重要！
marcinDELIMITER410efc26
# 你可以看到指令執行的目錄 (/root)，還有多個環境變數與實際的指令內容啦！
範例三：由於機房預計於 2015/08/05 停電，我想要在 2015/08/04 23:00 關機？
```

```
[root@study ~]# at 23:00 2015-08-04
at> /bin/sync
at> /bin/sync
at> /sbin/shutdown -h now
at> <EOT>
job 3 at Tue Aug  4 23:00:00 2015
# 你瞧瞧！ at 還可以在一個工作內輸入多個指令呢！不錯吧！
```

事實上，當我們使用 at 時會進入一個 at shell 的環境來讓使用者下達工作指令，此時，**建議你最好使用絕對路徑來下達你的指令，比較不會有問題喔**！由於指令的下達與 PATH 變數有關，同時與當時的工作目錄也有關連 (如果有牽涉到檔案的話)，因此使用絕對路徑來下達指令，會是比較一勞永逸的方法。為什麼呢？舉例來說，你在 /tmp 下達『 at now 』然後輸入『 mail -s "test" root < .bashrc 』，問一下，那個 .bashrc 的檔案會是在哪裡？答案是『 /tmp/.bashrc 』！因為 at 在運作時，**會跑到當時下達 at 指令的那個工作目錄**的緣故啊！

有些朋友會希望『我要在某某時刻，在我的終端機顯示出 Hello 的字樣』，然後就在 at 裡面下達這樣的資訊『 echo "Hello" 』。等到時間到了，卻發現沒有任何訊息在螢幕上顯示，這是啥原因啊？**這是因為 at 的執行與終端機環境無關，而所有 standard output/standard error output 都會傳送到執行者的 mailbox 去**啦！所以在終端機當然看不到任何資訊。那怎辦？沒關係，可以透過終端機的裝置來處理！假如你在 tty1 登入，則可以使用『 echo "Hello" > /dev/tty1 』來取代。

> 要注意的是，如果在 at shell 內的指令並沒有任何的訊息輸出，那麼 at 預設不會發 email 給執行者的。如果你想要讓 at 無論如何都發一封 email 告知你是否執行了指令，那麼可以使用『 at -m 時間格式 』來下達指令喔！at 就會傳送一個訊息給執行者，而不論該指令執行有無訊息輸出了！

at 有另外一個很棒的優點，那就是『背景執行』的功能了！什麼是背景執行啊？很難瞭解嗎？其實與 bash 的 nohup (第十六章) 類似啦！鳥哥提我自己的幾個例子來給你聽聽，你就瞭了！

- **離線繼續工作的任務**：鳥哥初次接觸 Unix 為的是要跑空氣品質模式，那是一種大型的程式，這個程式在當時的硬體底下跑，一個案例要跑 3 天！由於鳥哥也要進行其他研究工作，因此常常使用 Windows 98 (你沒看錯！鳥哥是老人...) 來連線到 Unix 工作站跑那個 3 天的案例！結果你也該知道，Windows 98 連開三天而不當機的機率是很低的~@_@~而當機時，所有在 Windows 上的連線都會中斷！包括鳥哥在跑的那個程式也中斷了~嗚嗚~明明再三個鐘頭就跑完的程式，由於當機害我又得跑 3 天！

- 另一個常用的時刻則是例如上面的範例三，由於某個突發狀況導致你必須要進行某項工作時，這個 at 就很好用啦！

由於 at 工作排程的使用上，系統會將該項 at 工作獨立出你的 bash 環境中，直接交給系統的 atd 程式來接管，因此，當你下達了 at 的工作之後就可以立刻離線了，剩下的工作就完全交給 Linux 管理即可！所以囉，如果有長時間的網路工作時，嘿嘿！使用 at 可以讓你免除網路斷線後的困擾喔！^_^

◆ at 工作的管理

那麼萬一我下達了 at 之後，才發現指令輸入錯誤，該如何是好？就將它移除啊！利用 atq 與 atrm 吧！

```
[root@study ~]# atq
[root@study ~]# atrm (jobnumber)
範例一：查詢目前主機上面有多少的 at 工作排程？
[root@study ~]# atq
3       Tue Aug  4 23:00:00 2015 a root
# 上面說的是：『在 2015/08/04 的 23:00 有一項工作，該項工作指令下達者為
# root』而且，該項工作的工作號碼 (jobnumber) 為 3 號喔！
範例二：將上述的第 3 個工作移除！
[root@study ~]# atrm 3
[root@study ~]# atq
# 沒有任何資訊，表示該工作被移除了！
```

如此一來，你可以利用 atq 來查詢，利用 atrm 來刪除錯誤的指令，利用 at 來直接下達單一工作排程！很簡單吧！不過，有個問題需要處理一下。**如果你是在一個非常忙碌的系統下運作 at ，能不能指定你的工作在系統較閒的時候才進行呢？**可以的，那就使用 batch 指令吧！

◆ batch：系統有空時才進行背景任務

其實 batch 是利用 at 來進行指令的下達啦！只是加入一些控制參數而已。這個 batch 神奇的地方在於：**它會在 CPU 的工作負載小於 0.8 的時候，才進行你所下達的工作任務**啦！那什麼是工作負載 0.8 呢？這個工作負載的意思是：CPU 在單一時間點所負責的工作數量。不是 CPU 的使用率喔！舉例來說，如果我有一支程式它需要一直使用 CPU 的運算功能，那麼此時 CPU 的使用率可能到達 100% ，但是 CPU 的工作負載則是趨近於『 1 』，因為 CPU 僅負責一個工作嘛！如果同時執行這樣的程式兩支呢？CPU 的使用率還是 100% ，但是工作負載則變成 2 了！瞭解乎？

所以也就是說，當 CPU 的工作負載越大，代表 CPU 必須要在不同的工作之間進行頻繁的工作切換。這樣的 CPU 運作情況我們在第零章有談過，忘記的話請回去瞧瞧！因為

一直切換工作，所以會導致系統忙碌啊！系統如果很忙碌，還要額外進行 at ，不太合理！所以才有 batch 指令的產生！

在 CentOS 7 底下的 batch 已經不再支援時間參數了，因此 batch 可以拿來作為判斷是否要立刻執行背景程式的依據！我們底下來實驗一下 batch 好了！為了產生 CPU 較高的工作負載，因此我們用了 12 章裡面計算 pi 的腳本，連續執行 4 次這支程式，來模擬高負載，然後來玩一玩 batch 的工作現象：

```
範例一：請執行 pi 的計算，然後在系統閒置時，執行 updatdb 的任務
[root@study ~]# echo "scale=100000; 4*a(1)" | bc -lq &
[root@study ~]# echo "scale=100000; 4*a(1)" | bc -lq &
[root@study ~]# echo "scale=100000; 4*a(1)" | bc -lq &
[root@study ~]# echo "scale=100000; 4*a(1)" | bc -lq &
# 然後等待個大約數十秒的時間，之後再來確認一下工作負載的情況！
[root@study ~]# uptime
 19:56:45 up 2 days, 19:54,  2 users,  load average: 3.93, 2.23, 0.96
[root@study ~]# batch
at> /usr/bin/updatedb
at> <EOT>
job 4 at Thu Jul 30 19:57:00 2015
[root@study ~]# date;atq
Thu Jul 30 19:57:47 CST 2015
4       Thu Jul 30 19:57:00 2015 b root
# 可以看得到，明明時間已經超過了，卻沒有實際執行 at 的任務！
[root@study ~]# jobs
[1]    Running                  echo "scale=100000; 4*a(1)" | bc -lq &
[2]    Running                  echo "scale=100000; 4*a(1)" | bc -lq &
[3]-   Running                  echo "scale=100000; 4*a(1)" | bc -lq &
[4]+   Running                  echo "scale=100000; 4*a(1)" | bc -lq &
[root@study ~]# kill -9 %1 %2 %3 %4
# 這時先用 jobs 找出背景工作，再使用 kill 刪除掉四個背景工作後，慢慢等待工作負載的下降
[root@study ~]# uptime; atq
 20:01:33 up 2 days, 19:59,  2 users,  load average: 0.89, 2.29, 1.40
4       Thu Jul 30 19:57:00 2015 b root
[root@study ~]# uptime; atq
 20:02:52 up 2 days, 20:01,  2 users,  load average: 0.23, 1.75, 1.28
# 在 19:59 時，由於 loading 還是高於 0.8，因此 atq 可以看得到 at job 還是持續再等待當中
# 但是到了 20:01 時，loading 降低到 0.8 以下了，所以 atq 就執行完畢囉！
```

使用 uptime 可以觀察到 1, 5, 15 分鐘的『平均工作負載』量，因為是平均值，所以當我們如上表刪除掉四個工作後，工作負載不會立即降低，需要一小段時間讓這個 1 分鐘平

均值慢慢回復到接近 0 啊！當小於 0.8 之後的『整分鐘時間』時，atd 就會將 batch 的工作執行掉了！

什麼是『整分鐘時間』呢？不論是 at 還是底下要介紹的 crontab，它們最小的時間單位是『分鐘』，所以，基本上，它們的工作是『每分鐘檢查一次』來處理的！就是整分 (秒為 0 的時候)，這樣瞭解乎？同時，你會發現其實 batch 也是使用 atq/atrm 來管理的！

# 15.3　循環執行的例行性工作排程

相對於 at 是僅執行一次的工作，**循環執行的例行性工作排程則是由 cron (crond) 這個系統服務來控制的。**剛剛談過 Linux 系統上面原本就有非常多的例行性工作，因此這個系統服務是預設啟動的。另外，由於使用者自己也可以進行例行性工作排程，所以囉，Linux 也提供使用者控制例行性工作排程的指令 (crontab)。底下我們分別來聊一聊囉！

## 15.3.1　使用者的設定

使用者想要建立循環型工作排程時，使用的是 crontab 這個指令啦～不過，為了安全性的問題，與 at 同樣的，我們可以限制使用 crontab 的使用者帳號喔！使用的限制資料有：

◆ /etc/cron.allow

將可以使用 crontab 的帳號寫入其中，若不在這個檔案內的使用者則不可使用 crontab。

◆ /etc/cron.deny

將不可以使用 crontab 的帳號寫入其中，若未記錄到這個檔案當中的使用者，就可以使用 crontab。

與 at 很像吧！同樣的，以優先順序來說，/etc/cron.allow 比 /etc/cron.deny 要優先，而判斷上面，這兩個檔案只選擇一個來限制而已，因此，建議你只要保留一個即可，免得影響自己在設定上面的判斷！一般來說，系統預設是保留 /etc/cron.deny，你可以將不想讓它執行 crontab 的那個使用者寫入 /etc/cron.deny 當中，一個帳號一行！

**當使用者使用 crontab 這個指令來建立工作排程之後，該項工作就會被紀錄到 /var/spool/cron/ 裡面去了，而且是以帳號來作為判別的喔！**舉例來說，dmtsai 使用 crontab 後，它的工作會被紀錄到 /var/spool/cron/dmtsai 裡頭去！但請注意，**不要使用 vi 直接編輯該檔案，因為可能由於輸入語法錯誤，會導致無法執行 cron 喔！**另外，cron 執行的每一項工作都會被紀錄到 /var/log/cron 這個登錄檔中，所以囉，如果你的 Linux 不知道有否被植入木馬時，也可以搜尋一下 /var/log/cron 這個登錄檔呢！

好了，那麼我們就來聊一聊 crontab 的語法吧！

```
[root@study ~]# crontab [-u username] [-l|-e|-r]
選項與參數：
-u  ：只有 root 才能進行這個任務，亦即幫其他使用者建立/移除 crontab 工作排程；
-e  ：編輯 crontab 的工作內容
-l  ：查閱 crontab 的工作內容
-r  ：移除所有的 crontab 的工作內容，若僅要移除一項，請用 -e 去編輯。
範例一：用 dmtsai 的身份在每天的 12:00 發信給自己
[dmtsai@study ~]$ crontab -e
# 此時會進入 vi 的編輯畫面讓你編輯工作！注意到，每項工作都是一行。
0   12  *  *  * mail -s "at 12:00" dmtsai < /home/dmtsai/.bashrc
#分 時 日 月 週|<==============指令串=======================>|
```

預設情況下，任何使用者只要不被列入 /etc/cron.deny 當中，那麼他就可以直接下達『 crontab -e 』去編輯自己的例行性命令了！整個過程就如同上面提到的，會進入 vi 的編輯畫面，然後以一個工作一行來編輯，編輯完畢之後輸入『 :wq 』儲存後離開 vi 就可以了！而每項工作 (每行) 的格式都是具有六個欄位，這六個欄位的意義為：

| 代表意義 | 分鐘 | 小時 | 日期 | 月份 | 週 | 指令 |
|---|---|---|---|---|---|---|
| 數字範圍 | 0-59 | 0-23 | 1-31 | 1-12 | 0-7 | 呀就指令啊 |

比較有趣的是那個『週』喔！週的數字為 0 或 7 時，都代表『星期天』的意思！另外，還有一些輔助的字符，大概有底下這些：

| 特殊字符 | 代表意義 |
|---|---|
| *(星號) | 代表任何時刻都接受的意思！舉例來說，範例一內那個日、月、週都是 * ，就代表著『不論何月、何日的禮拜幾的 12:00 都執行後續指令』的意思！ |
| ,(逗號) | 代表分隔時段的意思。舉例來說，如果要下達的工作是 3:00 與 6:00 時，就會是：0 3,6 * * * command<br>時間參數還是有五欄，不過第二欄是 3,6 ，代表 3 與 6 都適用！ |
| -(減號) | 代表一段時間範圍內，舉例來說，8 點到 12 點之間的每小時的 20 分都進行一項工作：20 8-12 * * * command<br>仔細看到第二欄變成 8-12 喔！代表 8,9,10,11,12 都適用的意思！ |
| /n(斜線) | 那個 n 代表數字，亦即是『每隔 n 單位間隔』的意思，例如每五分鐘進行一次，則：*/5 * * * * command<br>很簡單吧！用 * 與 /5 來搭配，也可以寫成 0-59/5 ，相同意思！ |

我們就來搭配幾個例子練習看看吧！底下的案例請實際用 dmtsai 這個身份作看看喔！後續的動作才能夠搭配起來！

**例題**

假若你的女朋友生日是 5 月 2 日，你想要在 5 月 1 日的 23:59 發一封信給他，這封信的內容已經寫在 /home/dmtsai/lover.txt 內了，該如何進行？

答：直接下達 crontab -e 之後，編輯成為：

```
59 23 1 5 * mail kiki < /home/dmtsai/lover.txt
```

那樣的話，每年 kiki 都會收到你的這封信喔！（當然囉，信的內容就要每年變一變啦！）

**例題**

假如每五分鐘需要執行 /home/dmtsai/test.sh 一次，又該如何？

答：同樣使用 crontab -e 進入編輯：

```
*/5 * * * * /home/dmtsai/test.sh
```

那個 crontab 每個人都只有一個檔案存在，就是在 /var/spool/cron 裡面啊！還有建議你：『**指令下達時，最好使用絕對路徑，這樣比較不會找不到執行檔喔！**』

**例題**

假如你每星期六都與朋友有約，那麼想要每個星期五下午 4:30 告訴你朋友星期六的約會不要忘記，則：

答：還是使用 crontab -e 啊！

```
30 16 * * 5 mail friend@his.server.name < /home/dmtsai/friend.txt
```

真的是很簡單吧！呵呵！那麼，該如何查詢使用者目前的 crontab 內容呢？我們可以這樣來看看：

```
[dmtsai@study ~]$ crontab -l
0 12 * * * mail -s "at 12:00" dmtsai < /home/dmtsai/.bashrc
59 23 1 5 * mail kiki < /home/dmtsai/lover.txt
*/5 * * * * /home/dmtsai/test.sh
30 16 * * 5 mail friend@his.server.name < /home/dmtsai/friend.txt
# 注意，若僅想要移除一項工作而已的話，必須要用 crontab -e 去編輯～
```

```
# 如果想要全部的工作都移除，才使用 crontab -r 喔！
[dmtsai@study ~]$ crontab -r
[dmtsai@study ~]$ crontab -l
no crontab for dmtsai
```

看到了嗎？crontab『整個內容都不見了！』所以請注意：『如果只是要刪除某個 crontab 的工作項目，那麼請使用 crontab -e 來重新編輯即可！』如果使用 -r 的參數，是會將所有的 crontab 資料內容都刪掉的！千萬注意了！

## 15.3.2 系統的設定檔：/etc/crontab, /etc/cron.d/*

這個『 crontab -e 』是針對使用者的 cron 來設計的，如果是『系統的例行性任務』時，該怎麼辦呢？是否還是需要以 crontab -e 來管理你的例行性工作排程呢？當然不需要，你只要編輯 /etc/crontab 這個檔案就可以啦！有一點需要特別注意喔！那就是 crontab -e 這個 crontab 其實是 /usr/bin/crontab 這個執行檔，但是 /etc/crontab 可是一個『純文字檔』喔！你可以 root 的身份編輯一下這個檔案哩！

基本上，cron 這個服務的最低偵測限制是『分鐘』，所以『 cron 會每分鐘去讀取一次 /etc/crontab 與 /var/spool/cron 裡面的資料內容 』，因此，只要你編輯完 /etc/crontab 這個檔案，並且將它儲存之後，那麼 cron 的設定就自動的會來執行了！

> 在 Linux 底下的 crontab 會自動的幫我們每分鐘重新讀取一次 /etc/crontab 的例行工作事項，但是某些原因或者是其他的 Unix 系統中，由於 crontab 是讀到記憶體當中的，所以在你修改完 /etc/crontab 之後，可能並不會馬上執行，這個時候請重新啟動 crond 這個服務吧！『 systemctl restart crond 』

廢話少說，我們就來看一下這個 /etc/crontab 的內容吧！

```
[root@study ~]# cat /etc/crontab
SHELL=/bin/bash                        <==使用哪種 shell 介面
PATH=/sbin:/bin:/usr/sbin:/usr/bin     <==執行檔搜尋路徑
MAILTO=root                            <==若有額外STDOUT，以 email將資料送給誰
# Example of job definition:
# .--------------- minute (0 - 59)
# |  .------------- hour (0 - 23)
# |  |  .---------- day of month (1 - 31)
# |  |  |  .------- month (1 - 12) OR jan,feb,mar,apr ...
# |  |  |  |  .---- day of week (0 - 6) (Sunday=0 or 7) OR sun,mon,tue,wed,thu,fri,sat
```

```
# |   |   |   |   |
# *   *   *   *   * user-name   command to be executed
```

看到這個檔案的內容你大概就瞭解了吧！呵呵，沒錯！這個檔案與將剛剛我們下達 crontab -e 的內容幾乎完全一模一樣！只是有幾個地方不太相同：

- MAILTO=root

  這個項目是說，當 /etc/crontab 這個檔案中的例行性工作的指令發生錯誤時，或者是該工作的執行結果有 STDOUT/STDERR 時，會將錯誤訊息或者是螢幕顯示的訊息傳給誰？預設當然是由系統直接寄發一封 mail 給 root 啦！不過，由於 root 並無法在用戶端中以 POP3 之類的軟體收信，因此，鳥哥通常都將這個 e-mail 改成自己的帳號，好讓我隨時瞭解系統的狀況！例如：MAILTO=dmtsai@my.host.name

- PATH=....

  還記得我們在第十章的 BASH 當中一直提到的執行檔路徑問題吧！沒錯啦！這裡就是輸入執行檔的搜尋路徑！使用預設的路徑設定就已經很足夠了！

- 『分 時 日 月 周 身份 指令』七個欄位的設定

  這個 /etc/crontab 裡面可以設定的基本語法與 crontab -e 不太相同喔！前面同樣是分、時、日、月、周五個欄位，但是在五個欄位後面接的並不是指令，而是一個新的欄位，那就是『**執行後面那串指令的身份**』為何！這與使用者的 crontab -e 不相同。由於使用者自己的 crontab 並不需要指定身份，但 /etc/crontab 裡面當然要指定身份啦！以上表的內容來說，系統預設的例行性工作是以 root 的身份來進行的。

◆ crond 服務讀取設定檔的位置

一般來說，crond 預設有三個地方會有執行腳本設定檔，它們分別是：

- /etc/crontab
- /etc/cron.d/*
- /var/spool/cron/*

這三個地方中，跟系統的運作比較有關係的兩個設定檔是放在 /etc/crontab 檔案內以及 /etc/cron.d/* 目錄內的檔案，另外一個是跟用戶自己的工作比較有關的設定檔，就是放在 /var/spool/cron/ 裡面的檔案群。現在我們已經知道了 /var/spool/cron 以及 /etc/crontab 的內容，那現在來瞧瞧 /etc/cron.d 裡面的東西吧！

```
[root@study ~]# ls -l /etc/cron.d
-rw-r--r--. 1 root root 128 Jul 30  2014 0hourly
-rw-r--r--. 1 root root 108 Mar  6 10:12 raid-check
-rw-------. 1 root root 235 Mar  6 13:45 sysstat
```

```
-rw-r--r--. 1 root root 187 Jan 28  2014 unbound-anchor
# 其實說真的，除了 /etc/crontab 之外，crond 的設定檔還不少耶！上面就有四個設定！
# 先讓我們來瞧瞧 0hourly 這個設定檔的內容吧！
[root@study ~]# cat /etc/cron.d/0hourly
# Run the hourly jobs
SHELL=/bin/bash
PATH=/sbin:/bin:/usr/sbin:/usr/bin
MAILTO=root
01 * * * * root run-parts /etc/cron.hourly
# 瞧一瞧，內容跟 /etc/crontab 幾乎一模一樣！但實際上是有設定值喔！就是最後一行！
```

如果你想要自己開發新的軟體，該軟體要擁有自己的 crontab 定時指令時，就可以將
『分、時、日、月、周、身份、指令』的設定檔放置到 /etc/cron.d/ 目錄下！在此目錄下
的檔案是『crontab 的設定檔腳本』。

> 以鳥哥來說，現在鳥哥有在開發一些虛擬化教室的軟體，該軟體需要定時清除一些
> 垃圾防火牆規則，那鳥哥就是將要執行的時間與指令設計好，然後直接將設定寫入到
> /etc/cron.d/newfile 即可！未來如果這個軟體要升級，直接將該檔案覆蓋成新檔案即可！比起手
> 動去分析 /etc/crontab 要單純的多！

另外，請注意一下上面表格中提到的最後一行，每個整點的一分會執行『 run-parts
/etc/cron.hourly 』這個指令～咦！那什麼是 run-parts 呢？如果你有去分析一下這個執行
檔，會發現它就是 shell script，**run-parts 腳本會在大約 5 分鐘內隨機選一個時間來執行
/etc/cron.hourly 目錄內的所有執行檔！因此，放在 /etc/cron.hourly/ 的檔案，必須是能
被直接執行的指令腳本，而不是分、時、日、月、周的設定值喔！注意注意！**

也就是說，除了自己指定分、時、日、月、周加上指令路徑的 crond 設定檔之外，你也
可以直接將指令放置到(或連結到)/etc/cron.hourly/ 目錄下，則該指令就會被 crond 在每
小時的 1 分開始後的 5 分鐘內，隨機取一個時間點來執行囉！你無須手動去指定分、
時、日、月、周就是了。

但是眼尖的朋友可能還會發現，除了可以直接將指令放到 /etc/cron.hourly/ 讓系統每小時
定時執行之外，在 /etc/ 底下其實還有 /etc/cron.daily/, /etc/cron.weekly/,
/etc/cron.monthly/，那三個目錄是代表每日、每週、每月各執行一次的意思嗎？嘿嘿！
厲害喔！沒錯～是這樣～不過，跟 /etc/cron.hourly/ 不太一樣的是，那三個目錄是由
anacron 所執行的，而 anacron 的執行方式則是放在 /etc/cron.hourly/0anacron 裡面耶～
跟前幾代 anacron 是單獨的 service 不太一樣喔！這部分留待下個小節再來討論。

最後，讓我們總結一下吧：

- 個人化的行為使用『 crontab -e 』：如果你是依據個人需求來建立的例行工作排程，建議直接使用 crontab -e 來建立你的工作排程較佳！這樣也能保障你的指令行為不會被大家看到 (/etc/crontab 是大家都能讀取的權限喔！)。

- 系統維護管理使用『 vim /etc/crontab 』：如果你這個例行工作排程是系統的重要工作，為了讓自己管理方便，同時容易追蹤，建議直接寫入 /etc/crontab 較佳！

- 自己開發軟體使用『 vim /etc/cron.d/newfile 』：如果你是想要自己開發軟體，那當然最好就是使用全新的設定檔，並且放置於 /etc/cron.d/ 目錄內即可。

- 固定每小時、每日、每週、每天執行的特別工作：如果與系統維護有關，還是建議放置到 /etc/crontab 中來集中管理較好。如果想要偷懶，或者是一定要再某個週期內進行的任務，也可以放置到上面談到的幾個目錄中，直接寫入指令即可！

## 15.3.3 一些注意事項

有的時候，我們以系統的 cron 來進行例行性工作的建立時，要注意一些使用方面的特性。舉例來說，如果我們有四個工作都是五分鐘要進行一次的，那麼是否這四個動作全部都在同一個時間點進行？如果同時進行，該四個動作又很耗系統資源，如此一來，每五分鐘的某個時刻不是會讓系統忙得要死？呵呵！此時好好的分配一些執行時間就 OK 啦！所以，注意一下：

◆ **資源分配不均的問題**

當大量使用 crontab 的時候，總是會有問題發生的，最嚴重的問題就是『系統資源分配不均』的問題，以鳥哥的系統為例，我有偵測主機流量的資訊，包括：

- 流量
- 區域內其他 PC 的流量偵測
- CPU 使用率
- RAM 使用率
- 線上人數即時偵測

如果每個流程都在同一個時間啟動的話，那麼在某個時段時，我的系統會變的相當的繁忙，所以，這個時候就必須要分別設定啦！我可以這樣做：

```
[root@study ~]# vim /etc/crontab
1,6,11,16,21,26,31,36,41,46,51,56 * * * * root  CMD1
2,7,12,17,22,27,32,37,42,47,52,57 * * * * root  CMD2
3,8,13,18,23,28,33,38,43,48,53,58 * * * * root  CMD3
4,9,14,19,24,29,34,39,44,49,54,59 * * * * root  CMD4
```

看到了沒？那個『 , 』分隔的時候，請注意，不要有空白字元！（連續的意思）如此一來，則可以將每五分鐘工作的流程分別在不同的時刻來工作！則可以讓系統的執行較為順暢呦！

♦ **取消不要的輸出項目**

另外一個困擾發生在『**當有執行成果或者是執行的項目中有輸出的資料時，該資料將會 mail 給 MAILTO 設定的帳號** 』，好啦，那麼當有一個排程一直出錯（例如 DNS 的偵測系統當中，若 DNS 上層主機掛掉，那麼你就會一直收到錯誤訊息！）怎麼辦？呵呵！還記得第十章談到的資料流重導向吧？直接以『資料流重導向』將輸出的結果輸出到 /dev/null 這個垃圾桶當中就好了！

♦ **安全的檢驗**

很多時候被植入木馬都是以例行命令的方式植入的，所以可以藉由檢查 /var/log/cron 的內容來視察是否有『非你設定的 cron 被執行了？』這個時候就需要小心一點囉！

♦ **週與日月不可同時並存**

另一個需要注意的地方在於：『你可以分別以週或者是日月為單位作為循環，但你不可使用「幾月幾號且為星期幾」的模式工作』。這個意思是說，你不可以這樣編寫一個工作排程：

```
30 12 11 9 5 root echo "just test"    <==這是錯誤的寫法
```

本來你以為九月十一號且為星期五才會進行這項工作，無奈的是，系統可能會判定每個星期五作一次，或每年的 9 月 11 號分別進行，如此一來與你當初的規劃就不一樣了～所以囉，得要注意這個地方！

> 根據某些人的說法，這個月日、周不可並存的問題已經在新版中被克服了～不過，鳥哥並沒有實際去驗證它！目前也不打算驗證它！因為，周就是周，月日就月日，單一執行點就單一執行點，無須使用 crontab 去設定固定的日期啊！你說是吧？

## 15.4　可喚醒停機期間的工作任務

想像一個環境，你的 Linux 伺服器有一個工作是需要在每週的星期天凌晨 2 點進行，但是很不巧的，星期六停電了～所以你得要星期一才能進公司去啟動伺服器。那麼請問，這個星期天的工作排程還要不要進行？因為你開機的時候已經是星期一，所以星期天的工作當然不會被進行，對吧！

問題是，若是該工作非常重要 (例如例行備份)，所以其實你還是希望在下個星期天之前的某天還是進行一下比較好～那你該怎辦？自己手動執行？如果你跟鳥哥一樣是個記憶力超差的傢伙，那麼肯定『記不起來某個重要工作要進行』的啦！這時候就得要靠 anacron 這個指令的功能了！這傢伙可以主動幫你進行時間到了但卻沒有執行的排程喔！

### 15.4.1　什麼是 anacron？

anacron 並不是用來取代 crontab 的，anacron 存在的目的就在於我們上頭提到的，在處理非 24 小時一直啟動的 Linux 系統的 crontab 的執行！以及因為某些原因導致的超過時間而沒有被執行的排程工作。

其實 anacron 也是每個小時被 crond 執行一次，然後 anacron 再去檢測相關的排程任務有沒有被執行，如果有超過期限的工作在，就執行該排程任務，執行完畢或無須執行任何排程時，anacron 就停止了。

由於 anacron 預設會以一天、七天、一個月為期去偵測系統未進行的 crontab 任務，因此對於某些特殊的使用環境非常有幫助。舉例來說，如果你的 Linux 主機是放在公司給同仁使用的，因為週末假日大家都不在所以也沒有必要開啟，因此你的 Linux 是週末都會關機兩天的。但是 crontab 大多在每天的凌晨以及週日的早上進行各項任務，偏偏你又關機了，此時系統很多 crontab 的任務就無法進行。anacron 剛好可以解決這個問題！

那麼 anacron 又是怎麼知道我們的系統啥時關機的呢？這就得要使用 anacron 讀取的時間記錄檔 (timestamps) 了！anacron 會去分析現在的時間與時間記錄檔所記載的上次執行 anacron 的時間，兩者比較後若發現有差異，那就是在某些時刻沒有進行 crontab 囉！此時 anacron 就會開始執行未進行的 crontab 任務了！

### 15.4.2　anacron 與 /etc/anacrontab

anacron 其實是一支程式並非一個服務！這支程式在 CentOS 當中已經進入 crontab 的排程喔！同時 anacron 會每個小時被主動執行一次喔！咦！每個小時？所以 anacron 的設定檔應該放置在 /etc/cron.hourly 嗎？嘿嘿！你真內行～趕緊來瞧一瞧：

```
[root@study ~]# cat /etc/cron.hourly/0anacron
#!/bin/sh
# Check whether 0anacron was run today already
if test -r /var/spool/anacron/cron.daily; then
    day=`cat /var/spool/anacron/cron.daily`
fi
if [ `date +%Y%m%d` = "$day" ]; then
```

```
     exit 0;
fi
# 上面的語法在檢驗前一次執行 anacron 時的時間戳記！
# Do not run jobs when on battery power
if test -x /usr/bin/on_ac_power; then
     /usr/bin/on_ac_power >/dev/null 2>&1
     if test $? -eq 1; then
     exit 0
     fi
fi
/usr/sbin/anacron -s
# 所以其實也僅是執行 anacron -s 的指令！因此我們得來談談這支程式！
```

基本上，anacron 的語法如下：

```
[root@study ~]# anacron [-sfn] [job]..
[root@study ~]# anacron -u [job]..
選項與參數：
-s  ：開始一連續的執行各項工作 (job)，會依據時間記錄檔的資料判斷是否進行；
-f  ：強制進行，而不去判斷時間記錄檔的時間戳記；
-n  ：立刻進行未進行的任務，而不延遲 (delay) 等待時間；
-u  ：僅更新時間記錄檔的時間戳記，不進行任何工作。
job ：由 /etc/anacrontab 定義的各項工作名稱。
```

在我們的 CentOS 中，anacron 的進行其實是在每個小時都會被抓出來執行一次，但是為了擔心 anacron 誤判時間參數，因此 /etc/cron.hourly/ 裡面的 anacron 才會在檔名之前加個 0 (0anacron)，讓 anacron 最先進行！就是為了讓時間戳記先更新！以避免 anacron 誤判 crontab 尚未進行任何工作的意思。

接下來我們看一下 anacron 的設定檔：/etc/anacrontab 的內容好了：

```
[root@study ~]# cat /etc/anacrontab
SHELL=/bin/sh
PATH=/sbin:/bin:/usr/sbin:/usr/bin
MAILTO=root
RANDOM_DELAY=45              # 隨機給予最大延遲時間，單位是分鐘
START_HOURS_RANGE=3-22      # 延遲多少個小時內應該要執行的任務時間
1        5          cron.daily          nice run-parts /etc/cron.daily
7        25         cron.weekly         nice run-parts /etc/cron.weekly
@monthly 45         cron.monthly        nice run-parts /etc/cron.monthly
天數      延遲時間     工作名稱定義           實際要進行的指令串
# 天數單位為天；延遲時間單位為分鐘；工作名稱定義可自訂，指令串則通常與 crontab 的設定相同！
```

```
[root@study ~]# more /var/spool/anacron/*
::::::::::::::
/var/spool/anacron/cron.daily
::::::::::::::
20150731
::::::::::::::
/var/spool/anacron/cron.monthly
::::::::::::::
20150703
::::::::::::::
/var/spool/anacron/cron.weekly
::::::::::::::
20150727
# 上面則是三個工作名稱的時間記錄檔以及記錄的時間戳記
```

我們拿 /etc/cron.daily/ 那一行的設定來說明好了。那四個欄位的意義分別是：

◆ 天數：anacron 執行當下與時間戳記 (/var/spool/anacron/ 內的時間紀錄檔) 相差的天數，若超過此天數，就準備開始執行，若沒有超過此天數，則不予執行後續的指令。

◆ 延遲時間：若確定超過天數導致要執行排程工作了，那麼請延遲執行的時間，因為擔心立即啟動會有其他資源衝突的問題吧！

◆ 工作名稱定義：這個沒啥意義，就只是會在 /var/log/cron 裡頭記載該項任務的名稱這樣！通常與後續的目錄資源名稱相同即可。

◆ 實際要進行的指令串：有沒有跟 0hourly 很像啊！沒錯！相同的作法啊！透過 run-parts 來處理的！

根據上面的設定檔內容，我們大概知道 anacron 的執行流程應該是這樣的 (以 cron.daily 為例)：

1. 由 /etc/anacrontab 分析到 cron.daily 這項工作名稱的天數為 1 天。
2. 由 /var/spool/anacron/cron.daily 取出最近一次執行 anacron 的時間戳記。
3. 由上個步驟與目前的時間比較，若差異天數為 1 天以上 (含 1 天)，就準備進行指令。
4. 若準備進行指令，根據 /etc/anacrontab 的設定，將延遲 5 分鐘 + 3 小時(看 START_HOURS_RANGE 的設定)。
5. 延遲時間過後，開始執行後續指令，亦即『 run-parts /etc/cron.daily 』這串指令。
6. 執行完畢後，anacron 程式結束。

如此一來，放置在 /etc/cron.daily/ 內的任務就會在一天後一定會被執行的！因為 anacron 是每個小時被執行一次嘛！所以，現在你知道**為什麼隔了一陣子才將 CentOS 開**

機，開機過後約 1 小時左右系統會有一小段時間的忙碌！而且硬碟會跑個不停！那就是因為 anacron 正在執行過去 /etc/cron.daily/, /etc/cron.weekly/, /etc/cron.monthly/ 裡頭的未進行的各項工作排程啦！這樣對 anacron 有沒有概念了呢？^_^

最後，我們來總結一下本章談到的許多設定檔與目錄的關係吧！這樣我們才能了解 crond 與 anacron 的關係：

1. crond 會主動去讀取 /etc/crontab, /var/spool/cron/*, /etc/cron.d/* 等設定檔，並依據『分、時、日、月、周』的時間設定去各項工作排程。

2. 根據 /etc/cron.d/0hourly 的設定，主動去 /etc/cron.hourly/ 目錄下，執行所有在該目錄下的執行檔。

3. 因為 /etc/cron.hourly/0anacron 這個指令檔的緣故，主動的每小時執行 anacron ，並呼叫 /etc/anacrontab 的設定檔。

4. 根據 /etc/anacrontab 的設定，依據每天、每週、每月去分析 /etc/cron.daily/, /etc/cron.weekly/, /etc/cron.monthly/ 內的執行檔，以進行固定週期需要執行的指令。

也就是說，如果你每個週日的需要執行的動作是放置於 /etc/crontab 的話，那麼該動作只要過期了就過期了，並不會被抓回來重新執行。但如果是放置在 /etc/cron.weekly/ 目錄下，那麼該工作就會定期，幾乎一定會在一週內執行一次～如果你關機超過一週，那麼一開機後的數個小時內，該工作就會主動的被執行喔！真的嗎？對啦！因為 /etc/anacrontab 的定義啦！

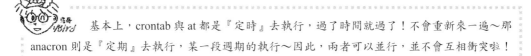

基本上，crontab 與 at 都是『定時』去執行，過了時間就過了！不會重新來一遍～那 anacron 則是『定期』去執行，某一段週期的執行～因此，兩者可以並行，並不會互相衝突啦！

## 15.5　重點回顧

◆ 系統可以透過 at 這個指令來排程單一工作的任務！『at TIME』為指令下達的方法，當 at 進入排程後，系統執行該排程工作時，會到下達時的目錄進行任務。

◆ at 的執行必須要有 atd 服務的支援，且 /etc/at.deny 為控制是否能夠執行的使用者帳號。

◆ 透過 atq, atrm 可以查詢與刪除 at 的工作排程。

◆ batch 與 at 相同，不過 batch 可在 CPU 工作負載小於 0.8 時才進行後續的工作排程。

◆ 系統的循環例行性工作排程使用 crond 這個服務，同時利用 crontab -e 及 /etc/crontab 進行排程的安排。

◆ crontab -e 設定項目分為六欄，『分、時、日、月、周、指令』為其設定依據。

◆ /etc/crontab 設定分為七欄，『分、時、日、月、周、執行者、指令』為其設定依據。

◆ anacron 配合 /etc/anacrontab 的設定，可以喚醒停機期間系統未進行的 crontab 任務！

## 15.6　本章習題

簡答題：

◆ 今天假設我有一個指令程式，名稱為：ping.sh 這個檔名！我想要讓系統每三分鐘執行這個檔案一次，但是偏偏這個檔案會有很多的訊息顯示出來，所以我的 root 帳號每天都會收到差不多四百多封的信件，光是收信就差不多快要瘋掉了！那麼請問應該怎麼設定比較好呢？

◆ 你預計要在 2016 年的 2 月 14 日寄出一封給 kiki ，只有該年才寄出！該如何下達指令？

◆ 下達 crontab -e 之後，如果輸入這一行，代表什麼意思？

　　* 15 * * 1-5 /usr/local/bin/tea_time.sh

◆ 我用 vi 編輯 /etc/crontab 這個檔案，我編輯的那一行是這樣的：

　　25 00 * * 0 /usr/local/bin/backup.sh

　　這一行代表的意義是什麼？

◆ 請問，你的系統每天、每週、每個月各有進行什麼工作？

◆ 每個星期六凌晨三點去系統搜尋一下內有 SUID/SGID 的任何檔案！並將結果輸出到 /tmp/uidgid.files

# 16

# 程序管理與 SELinux 初探

一個程式被載入到記憶體當中運作，那麼在記憶體內的那個資料就被稱為程序 (process)。程序是作業系統上非常重要的概念，所有系統上面跑的資料都會以程序的型態存在。那麼系統的程序有哪些狀態？不同的狀態會如何影響系統的運作？程序之間是否可以互相控管等等的，這些都是我們所必須要知道的項目。另外與程序有關的還有 SELinux 這個加強檔案存取安全性的東東，也必須要做個瞭解呢！

# 16.1 什麼是程序 (process)？

由前面一連幾個章節的資料看來，我們一直強調在 Linux 底下所有的指令與你能夠進行的動作都與權限有關，而系統如何判定你的權限呢？當然就是第十三章帳號管理當中提到的 UID/GID 的相關概念，以及檔案的屬性相關性囉！再進一步來解釋，你現在大概知道，在 Linux 系統當中：『**觸發任何一個事件時，系統都會將它定義成為一個程序，並且給予這個程序一個 ID，稱為 PID，同時依據啟發這個程序的使用者與相關屬性關係，給予這個 PID 一組有效的權限設定。**』從此以後，這個 PID 能夠在系統上面進行的動作，就與這個 PID 的權限有關了！

看這個定義似乎沒有什麼很奇怪的地方，不過，你得要瞭解什麼叫做『觸發事件』才行啊！我們在什麼情況下會觸發一個事件？而同一個事件可否被觸發多次？呵呵！來瞭解瞭解先！

## 16.1.1 程序與程式 (process & program)

我們如何產生一個程序呢？其實很簡單啦，就是『執行一個程式或指令』就可以觸發一個事件而取得一個 PID 囉！我們說過，系統應該是僅認識 binary file 的，那麼當我們要讓系統工作的時候，當然就是需要啟動一個 binary file 囉，那個 binary file 就是程式 (program) 啦！

那我們知道，每個程式都有三組人馬的權限，每組人馬都具有 r/w/x 的權限，所以：『不同的使用者身份執行這個 program 時，系統給予的權限也都不相同！』舉例來說，我們可以利用 touch 來建立一個空的檔案，當 root 執行這個 touch 指令時，它取得的是 UID/GID = 0/0 的權限，而當 dmtsai (UID/GID=501/501) 執行這個 touch 時，它的權限就跟 root 不同啦！我們將這個概念繪製成圖示來瞧瞧如下：

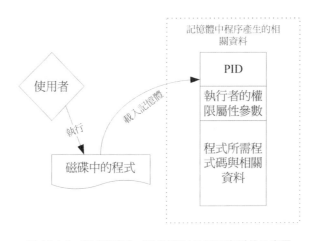

圖 16.1.1　程式被載入成為程序以及相關資料的示意圖

如上圖所示，程式一般是放置在實體磁碟中，然後透過使用者的執行來觸發。觸發後會載入到記憶體中成為一個個體，那就是程序。為了作業系統可管理這個程序，因此程序有給予執行者的權限/屬性等參數，並包括程式所需要的指令碼與資料或檔案資料等，最後再給予一個 PID。系統就是透過這個 PID 來判斷該 process 是否具有權限進行工作的！它是很重要的哩！

舉個更常見的例子，我們要操作系統的時候，通常是利用連線程式或者直接在主機前面登入，然後取得我們的 shell 對吧！那麼，我們的 shell 是 bash 對吧，這個 bash 在 /bin/bash 對吧，那麼同時間的每個人登入都是執行 /bin/bash 對吧！不過，每個人取得的權限就是不同！也就是說，我們可以這樣看：

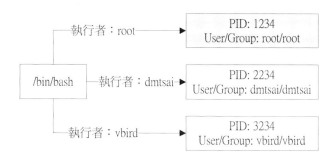

圖 16.1.2　程式與程序之間的差異

也就是說，當我們登入並執行 bash 時，系統已經給我們一個 PID 了，這個 PID 就是依據登入者的 UID/GID (/etc/passwd) 來的啦～以上面的圖 16.1.2 配合圖 16.1.1 來做說明的話，我們知道 /bin/bash 是一個程式 (program)，當 dmtsai 登入後，他取得一個 PID 號碼為 2234 的程序，這個程序的 User/Group 都是 dmtsai，而當這個程式進行其他作業時，例如上面提到的 touch 這個指令時，那麼由這個程序**衍生出來的其他程序在一般狀態下，也會沿用這個程序的相關權限**的！

讓我們將程式與程序作個總結：

■　程式 (program)：通常為 binary program，放置在儲存媒體中 (如硬碟、光碟、軟碟、磁帶等)，為實體檔案的型態存在。

■　程序 (process)：程式被觸發後，執行者的權限與屬性、程式的程式碼與所需資料等都會被載入記憶體中，作業系統並給予這個記憶體內的單元一個識別碼 (PID)，可以說，程序就是一個正在運作中的程式。

◆　子程序與父程序

在上面的說明裡面，我們有提到所謂的『衍生出來的程序』，那是個啥東東？這樣說好了，當我們登入系統後，會取得一個 bash 的 shell，然後，我們用這個 bash 提供的介面去執行另一個指令，例如 /usr/bin/passwd 或者是 touch 等等，那些另外執行的指令也會被觸發成為 PID，呵呵！那個後來執行指令才產生的 PID 就是『子程序』了，而在我們原本的 bash 環境下，就稱為『父程序』了！借用我們在第十章 Bash 談到的 export 所用的圖示好了：

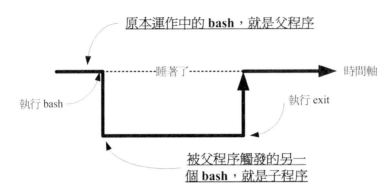

圖 16.1.3　程序相關係之示意圖

所以你必須要知道，程式彼此之間是有相關性的！以上面的圖示來看，連續執行兩個 bash 後，第二個 bash 的父程序就是前一個 bash。因為每個程序都有一個 PID，那某個程序的父程序該如何判斷？就透過 Parent PID (PPID) 來判斷即可。此外，由第十章的 export 內容我們也探討過環境變數的繼承問題，子程序可以取得父程序的環境變數啦！讓我們來進行底下的練習，以瞭解什麼是子程序/父程序。

**例題**

請在目前的 bash 環境下，再觸發一次 bash，並以『 ps -l 』這個指令觀察程序相關的輸出資訊。

**答：**直接執行 bash，會進入到子程序的環境中，然後輸入 ps -l 後，出現：

```
F S   UID   PID  PPID  C PRI  NI ADDR SZ WCHAN  TTY          TIME CMD
0 S  1000 13928 13927  0  80   0 - 29038 wait   pts/0    00:00:00 bash
0 S  1000 13970 13928  1  80   0 - 29033 wait   pts/0    00:00:00 bash
0 R  1000 14000 13970  0  80   0 - 30319 -      pts/0    00:00:00 ps
```

有看到那個 PID 與 PPID 嗎？第一個 bash 的 PID 與第二個 bash 的 PPID 都是 13928 啊，因為第二個 bash 是來自於第一個所產生的嘛！另外，每部主機的程式啟動狀態都不一樣，所以在你的系統上面看到的 PID 與我這裡的顯示一定不同！那是正常的！詳細的 ps 指令我們會在本章稍後介紹，這裡你只要知道 ps -l 可以查閱到相關的程序資訊即可。

很多朋友常常會發現：『咦！明明我將有問題的程序關閉了，怎麼過一陣子它又自動的產生？而且新產生的那個程序的 PID 與原先的還不一樣，這是怎麼回事呢？』不要懷疑，如果不是 crontab 工作排程的影響，肯定有一支父程序存在，所以你殺掉子程序後，父程序就會主動再生一支！那怎麼辦？正所謂這：『擒賊先擒王』，找出那支父程序，然後將它刪除就對啦！

◆ **fork and exec：程序呼叫的流程**

其實子程序與父程序之間的關係還挺複雜的，最大的複雜點在於程序互相之間的呼叫。**在 Linux 的程序呼叫通常稱為 fork-and-exec 的流程**[註1]**！程序都會藉由父程序以複製 (fork) 的方式產生一個一模一樣的子程序，然後被複製出來的子程序再以 exec 的方式來執行實際要進行的程式，最終就成為一個子程序的存在**。整個流程有點像底下這張圖：

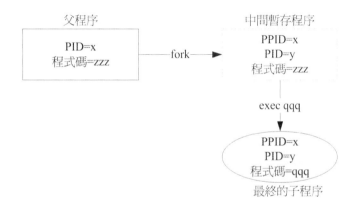

圖 16.1.4 　程序使用 fork and exec 呼叫的情況示意圖

(1)系統先以 fork 的方式複製一個與父程序相同的暫存程序，這個程序與父程序唯一的差別就是 PID 不同！但是這個暫存程序還會多一個 PPID 的參數，PPID 如前所述，就是父程序的程序識別碼啦！然後(2)暫存程序開始以 exec 的方式載入實際要執行的程式，以上述圖示來講，新的程式名稱為 qqq，最終子程序的程式碼就會變成 qqq 了！這樣瞭解乎！

◆ **系統或網路服務：常駐在記憶體的程序**

如果就我們之前學到的一些指令資料來看，其實我們下達的指令都很簡單，包括用 ls 顯示檔案啊、用 touch 建立檔案啊、rm/mkdir/cp/mv 等指令管理檔案啊、chmod/chown/passwd 等等的指令來管理權限等等的，不過，這些指令都是執行完就結束了。也就是說，該項指令被觸發後所產生的 PID 很快就會終止呢！那有沒有一直在執行的程序啊？當然有啊！而且多的是呢！

舉個簡單的例子來說好了，我們知道系統每分鐘都會去掃瞄 /etc/crontab 以及相關的設定檔，來進行工作排程吧？那麼那個工作排程是誰負責的？當然不是鳥哥啊！呵呵！是

crond 這個程式所管理的，**我們將它啟動在背景當中一直持續不斷的運作，**套句鳥哥以前 DOS 年代常常說的一句話，那就是『常駐在記憶體當中的程序』啦！

常駐在記憶體當中的程序通常都是負責一些系統所提供的功能以服務使用者各項任務，因此**這些常駐程式就會被我們稱為：服務 (daemon)**。系統的服務非常的多，不過主要大致分成系統本身所需要的服務，例如剛剛提到的 crond 及 atd，還有 rsyslogd 等等的。還有一些則是負責網路連線的服務，例如 Apache，named，postfix，vsftpd... 等等的。這些網路服務比較有趣的地方，在於這些程式被執行後，它會啟動一個可以負責網路監聽的埠口 (port)，以提供外部用戶端 (client) 的連線要求。

> 以 crontab 來說，它的主要執行程式名稱應該是 cron 或 at 才對，為啥要加個 d 在後面？而成為 crond, atd 呢？就是因為 Linux 希望我們可以簡單的判斷該程式是否為 daemon，所以，一般 daemon 類型的程式都會加上 d 在檔名後頭～包括伺服器篇我們會看到的 httpd，vsftpd 等等都是。^_^

## 16.1.2 Linux 的多人多工環境

我們現在知道了，其實在 Linux 底下執行一個指令時，系統會將相關的權限、屬性、程式碼與資料等均載入記憶體，並給予這個單元一個程序識別碼 (PID)，最終該指令可以進行的任務則與這個 PID 的權限有關。根據這個說明，我們就可以簡單的瞭解，為什麼 Linux 這麼多用戶，但是卻每個人都可以擁有自己的環境了吧！^_^ 底下我們來談談 Linux 多人多工環境的特色：

◆ **多人環境**

Linux 最棒的地方就在於它的多人多工環境了！那麼什麼是『多人多工』？在 Linux 系統上面具有多種不同的帳號，每種帳號都有都有其特殊的權限，只有一個人具有至高無上的權力，那就是 root (系統管理員)。除了 root 之外，其他人都必須要受一些限制的！而每個人進入 Linux 的環境設定都可以隨著每個人的喜好來設定 (還記得我們在第十章 BASH 提過的 ~/.bashrc 吧？對了！就是那個光！)！現在知道為什麼了吧？因為每個人登入後取得的 shell 的 PID 不同嘛！

◆ **多工行為**

我們在第零章談到 CPU 的速度，目前的 CPU 速度可高達幾個 GHz。這代表 CPU 每秒鐘可以運作 $10^9$ 這麼多次指令。我們的 Linux 可以讓 CPU 在各個工作間進行切換，也就是說，其實每個工作都僅佔去 CPU 的幾個指令次數，所以 CPU 每秒就能夠在各個程序之間進行切換啦！誰叫 CPU 可以在一秒鐘進行這麼多次的指令運作。

CPU 切換程序的工作，與這些工作進入到 CPU 運作的排程 (CPU 排程，非 crontab 排程) 會影響到系統的整體效能！目前 Linux 使用的多工切換行為是非常棒的一個機制，幾乎可以將 PC 的性能整個壓榨出來！由於效能非常好，因此當多人同時登入系統時，其實會感受到整部主機好像就為了你存在一般！這就是多人多工的環境啦！[註2]

◆ **多重登入環境的七個基本終端視窗**

在 Linux 當中，預設提供了六個文字介面登入視窗，以及一個圖形介面，你可以使用 [alt]＋[F1].....[F7] 來切換不同的終端機介面，而且每個終端機介面的登入者還可以不同人！很炫吧！這個東西可就很有用啦！尤其是在某個程序死掉的時候！

其實，這也是多工環境下所產生的一個情況啦！我們的 Linux 預設會啟動六個終端機登入環境的程式，所以我們就會有六個終端機介面。你也可以減少啊！就是減少啟動的終端機程式就好了。未來我們在開機管理流程 (第十九章) 會再仔細的介紹的！

◆ **特殊的程序管理行為**

以前的鳥哥笨笨的，總是以為使用 Windows 98 就可以啦！後來，因為工作的關係，需要使用 Unix 系統，想說我只要在工作機前面就好，才不要跑來跑去的到 Unix 工作站前面去呢！所以就使用 Windows 連到我的 Unix 工作站工作！好死不死，我一個程序跑下來要 2~3 天，唉～偏偏常常到了第 2.5 天的時候，Windows 98 就給它掛點去！當初真的是給它怕死了～

後來因為換了新電腦，用了隨機版的 Windows 2000，呵呵，這東西真不錯 (指對單人而言)，在當機的時候，它可以僅將錯誤的程序踢掉，而不干擾其他的程序進行，呵呵！從此以後，就不用擔心會當機連連囉！不過，2000 畢竟還不夠好，因為有的時候還是會死當！

那麼 Linux 會有這樣的問題嗎？老實說，Linux 幾乎可以說絕對不會當機的！因為它可以在任何時候，將某個被困住的程序殺掉，然後再重新執行該程序而不用重新開機！夠炫吧！那麼如果我在 Linux 下以文字介面登入，在螢幕當中顯示錯誤訊息後就掛了～動都不能動，該如何是好！？這個時候那預設的七個視窗就幫上忙啦！你可以隨意的再按 [alt]＋[F1].....[F7] 來切換到其他的終端機介面，然後以 ps -aux 找出剛剛的錯誤程序，然後給它 kill 一下，哈哈，回到剛剛的終端機介面！嗯～棒！又回復正常囉！

為什麼可以這樣做呢？我們剛剛不是提過嗎？每個程序之間可能是獨立的，也可能有相依性，只要到獨立的程序當中，刪除有問題的那個程序，當然它就可以被系統移除掉啦！＾＿＾

◆ **bash 環境下的工作管理 (job control)**

我們在上一個小節有提到所謂的『父程序、子程序』的關係，那我們登入 bash 之後，就是取得一個名為 bash 的 PID 了，而在這個環境底下所執行的其他指令，就幾乎都是所謂的子程序了。那麼,在這個單一的 bash 介面下,我可不可以進行多個工作啊?當然可以啦!可以『同時』進行喔!舉例來說,我可以這樣做:

```
[root@study ~]# cp file1 file2 &
```

在這一串指令中,重點在那個 & 的功能,它表示將 file1 這個檔案複製為 file2,且放置於背景中執行,也就是說執行這一個命令之後,在這一個終端介面仍然可以做其他的工作!而當這一個指令 (cp file1 file2) 執行完畢之後,系統將會在你的終端介面顯示完成的消息!很便利喔!

◆ **多人多工的系統資源分配問題考慮**

多人多工確實有很多的好處,但其實也有管理上的困擾,因為使用者越來越多,將導致你管理上的困擾哩!另外,由於使用者日盛,當使用者達到一定的人數後,通常你的機器便需要升級了,因為 CPU 的運算與 RAM 的大小可能就會不敷使用!

舉個例子來說,鳥哥之前的網站管理的有點不太好,因為使用了一個很複雜的人數統計程式,這個程式會一直去取用 MySQL 資料庫的資料,偏偏因為流量大,造成 MySQL 很忙碌。在這樣的情況下,當鳥哥要登入去寫網頁資料,或者要去使用討論區的資源時,哇!慢的很!簡直就是『龜速』啊!後來終於將這個程式停止不用了,以自己寫的一個小程式來取代,呵呵!這樣才讓 CPU 的負載 (loading) 整個降下來~用起來順暢多了! ^_^

# 16.2 工作管理 (job control)

這個工作管理 (job control) 是用在 bash 環境下的,也就是說:『**當我們登入系統取得 bash shell 之後,在單一終端機介面下同時進行多個工作的行為管理** 』。舉例來說,我們在登入 bash 後,想要一邊複製檔案、一邊進行資料搜尋、一邊進行編譯,還可以一邊進行 vim 程式撰寫!當然我們可以重複登入那六個文字介面的終端機環境中,不過,能不能在一個 bash 內達成?當然可以啊!就是使用 job control 啦! ^_^

## 16.2.1 什麼是工作管理?

從上面的說明當中,你應該要瞭解的是:『**進行工作管理的行為中,其實每個工作都是目前 bash 的子程序,亦即彼此之間是有相關性的。我們無法以 job control 的方式由 tty1 的環境去管理 tty2 的 bash!**』 這個概念請你得先建立起來,後續的範例介紹之後,你就會清楚的瞭解囉!

或許你會覺得很奇怪啊,既然我可以在六個終端介面登入,那何必使用 job control 呢?真是脫褲子放屁,多此一舉啊!不要忘記了呢,我們可以在 /etc/security/limits.conf (第十三章) 裡面設定使用者同時可以登入的連線數,在這樣的情況下,某些使用者可能僅能以一個連線來工作呢！所以囉，你就得要瞭解一下這種工作管理的模式了！此外，這個章節內容也會牽涉到很多的資料流重導向，所以，如果忘記的話，務必回到第十章 BASH Shell 看一看喔！

由於假設我們只有一個終端介面，因此在**可以出現提示字元讓你操作的環境就稱為前景 (foreground)，至於其他工作就可以讓你放入背景 (background) 去暫停或運作**。要注意的是，放入背景的工作想要運作時，它必須不能夠與使用者互動。舉例來說，vim 絕對不可能在背景裡面執行 (running) 的！因為你沒有輸入資料它就不會跑啊！而且**放入背景的工作是不可以使用 [ctrl]+c 來終止的**！

總之，要進行 bash 的 job control 必須要注意到的限制是：

◆ 這些工作所觸發的程序必須來自於你 shell 的子程序(只管理自己的 bash)。

◆ 前景：你可以控制與下達指令的這個環境稱為前景的工作 (foreground)。

◆ 背景：可以自行運作的工作，你無法使用 [ctrl]+c 終止它，可使用 bg/fg 呼叫該工作。

◆ 背景中『執行』的程序不能等待 terminal/shell 的輸入(input)。

接下來讓我們實際來管理這些工作吧！

## 16.2.2　job control 的管理

如前所述，bash 只能夠管理自己的工作而不能管理其他 bash 的工作，所以即使你是 root 也不能夠將別人的 bash 底下的 job 給它拿過來執行。此外，又分前景與背景，然後在背景裡面的工作狀態又可以分為『暫停 (stop)』與『運作中 (running)』。那實際進行 job 控制的指令有哪些？底下就來談談。

◆ **直接將指令丟到背景中『執行』的 &**

如同前面提到的，我們在只有一個 bash 的環境下，如果想要同時進行多個工作，那麼可以將某些工作直接丟到背景環境當中，讓我們可以繼續操作前景的工作！那麼如何將工作丟到背景中？最簡單的方法就是利用『 & 』這個玩意兒了！舉個簡單的例子，我們要將 /etc/ 整個備份成為 /tmp/etc.tar.gz 且不想要等待，那麼可以這樣做：

```
[root@study ~]# tar -zpcf /tmp/etc.tar.gz /etc &
[1] 14432   <== [job number] PID
[root@study ~]# tar：Removing leading `/' from member names
# 在中括號內的號碼為工作號碼 (job number)，該號碼與 bash 的控制有關。
# 後續的 14432 則是這個工作在系統中的 PID。至於後續出現的資料是 tar 執行的資料流，
# 由於我們沒有加上資料流重導向，所以會影響畫面！不過不會影響前景的操作喔！
```

仔細的瞧一瞧，我在輸入一個指令後，在該指令的最後面加上一個『 & 』代表將該指令丟到背景中，此時 bash 會給予這個指令一個『工作號碼(job number)』，就是那個 [1] 啦！至於後面那個 14432 則是該指令所觸發的『 PID 』了！而且，有趣的是，我們可以繼續操作 bash 呢！很不賴吧！不過，那麼丟到背景中的工作什麼時候完成？完成的時候會顯示什麼？如果你輸入幾個指令後，突然出現這個資料：

```
[1]+  Done                    tar -zpcf /tmp/etc.tar.gz /etc
```

就代表 [1] 這個工作已經完成 (Done)，該工作的指令則是接在後面那一串指令列。這樣瞭解了吧！另外，這個 & 代表：『將工作丟到背景中去執行』喔！注意到那個『執行』的字眼！此外，這樣的情況最大的好處是：不怕被 [ctrl]+c 中斷的啦！此外，將工作丟到背景當中要特別注意資料的流向喔！包括上面的訊息就有出現錯誤訊息，導致我的前景被影響。雖然只要按下 [enter] 就會出現提示字元。但如果我將剛剛那個指令改成：

```
[root@study ~]# tar -zpcvf /tmp/etc.tar.gz /etc &
```

情況會怎樣？在背景當中執行的指令，如果有 stdout 及 stderr 時，它的資料依舊是輸出到螢幕上面的，所以，我們會無法看到提示字元，當然也就無法好好的掌握前景工作。同時由於是背景工作的 tar，此時你怎麼按下 [ctrl]+c 也無法停止螢幕被搞的花花綠綠的！所以囉，最佳的狀況就是利用資料流重導向，將輸出資料傳送至某個檔案中。舉例來說，我可以這樣做：

```
[root@study ~]# tar -zpcvf /tmp/etc.tar.gz /etc > /tmp/log.txt 2>&1 &
[1] 14547
[root@study ~]#
```

呵呵！如此一來，輸出的資訊都給它傳送到 /tmp/log.txt 當中，當然就不會影響到我們前景的作業了。這樣說，你應該可以更清楚資料流重導向的重要性了吧！ ^_^

> 工作號碼 (job number) 只與你這個 bash 環境有關，但是它既然是個指令觸發的東東，所以當然一定是一個程序，因此你會觀察到有 job number 也搭配一個 PID ！

◆ 將『目前』的工作丟到背景中『暫停』：[ctrl]-z

想個情況：如果我正在使用 vim，卻發現我有個檔案不知道放在哪裡，需要到 bash 環境下進行搜尋，此時是否要結束 vim 呢？呵呵！當然不需要啊！只要暫時將 vim 給它丟到背景當中等待即可。例如以下的案例：

```
[root@study ~]# vim  ~/.bashrc
# 在 vim 的一般模式下,按下 [ctrl]-z 這兩個按鍵
[1]+  Stopped                  vim ~/.bashrc
[root@study ~]#   <==順利取得了前景的操控權!
[root@study ~]# find / -print
....(輸出省略)....
# 此時螢幕會非常的忙碌!因為螢幕上會顯示所有的檔名。請按下 [ctrl]-z 暫停
[2]+  Stopped                  find / -print
```

在 vim 的一般模式下,按下 [ctrl] 及 z 這兩個按鍵,螢幕上會出現 [1],表示這是第一個工作,而**那個 + 代表最近一個被丟進背景的工作,且目前在背景下預設會被取用的那個工作 (與 fg 這個指令有關)!而那個 Stopped 則代表目前這個工作的狀態。在預設的情況下,使用 [ctrl]-z 丟到背景當中的工作都是『暫停』的狀態喔!**

◆ **觀察目前的背景工作狀態:jobs**

```
[root@study ~]# jobs [-lrs]
選項與參數:
-l  :除了列出 job number 與指令串之外,同時列出 PID 的號碼;
-r  :僅列出正在背景 run 的工作;
-s  :僅列出正在背景當中暫停 (stop) 的工作。

範例一:觀察目前的 bash 當中,所有的工作,與對應的 PID
[root@study ~]# jobs -l
[1]- 14566 Stopped                  vim ~/.bashrc
[2]+ 14567 Stopped                  find / -print
```

如果想要知道目前有多少的工作在背景當中,就用 jobs 這個指令吧!一般來說,直接下達 jobs 即可!不過,如果你還想要知道該 job number 的 PID 號碼,可以加上 -l 這個參數啦!在輸出的資訊當中,例如上表,仔細看到那個 + - 號喔!那個 + 代表預設的取用工作。所以說:『**目前我有兩個工作在背景當中,兩個工作都是暫停的,而如果我僅輸入 fg 時,那麼那個 [2] 會被拿到前景當中來處理**』!

其實 **+ 代表最近被放到背景的工作號碼,- 代表最近最後第二個被放置到背景中的工作號碼。**而超過最後第三個以後的工作,就不會有 +/- 符號存在了!

◆ **將背景工作拿到前景來處理:fg**

剛剛提到的都是將工作丟到背景當中去執行的,那麼有沒有可以將背景工作拿到前景來處理的?有啊!就是那個 fg (foreground) 啦!舉例來說,我們想要將上頭範例當中的工作拿出來處理時:

```
[root@study ~]# fg %jobnumber
選項與參數：
%jobnumber ：jobnumber 為工作號碼(數字)。注意，那個 % 是可有可無的！

範例一：先以 jobs 觀察工作，再將工作取出：
[root@study ~]# jobs -l
[1]- 14566 Stopped                    vim ~/.bashrc
[2]+ 14567 Stopped                    find / -print
[root@study ~]# fg        <==預設取出那個 + 的工作，亦即 [2]。立即按下[ctrl]-z
[root@study ~]# fg %1     <==直接規定取出的那個工作號碼！再按下[ctrl]-z
[root@study ~]# jobs -l
[1]+ 14566 Stopped                    vim ~/.bashrc
[2]- 14567 Stopped                    find / -print
```

經過 fg 指令就能夠將背景工作拿到前景來處理囉！不過比較有趣的是最後一個顯示的結果，我們會發現 + 出現在第一個工作後！怎麼會這樣啊？這是因為你剛剛利用 fg %1 將第一號工作捉到前景後又放回背景，此時最後一個被放入背景的將變成 vi 那個指令動作，所以當然 [1] 後面就會出現 + 了！瞭解乎！另外，如果輸入『 fg - 』則代表將 - 號的那個工作號碼拿出來，上面就是 [2]- 那個工作號碼啦！

◆ **讓工作在背景下的狀態變成運作中：bg**

我們剛剛提到，那個 [ctrl]-z 可以將目前的工作丟到背景底下去『暫停』，那麼如何讓一個工作在背景底下『 Run 』呢？我們可以在底下這個案例當中來測試！注意喔！底下的測試要進行的快一點！ ^_^

```
範例一：一執行 find / -perm /7000 > /tmp/text.txt 後，立刻丟到背景去暫停！
[root@study ~]# find / -perm /7000 > /tmp/text.txt
# 此時，請立刻按下 [ctrl]-z 暫停！
[3]+ Stopped                         find / -perm /7000 > /tmp/text.txt

範例二：讓該工作在背景下進行，並且觀察它！！
[root@study ~]# jobs ; bg %3 ; jobs
[1]   Stopped                       vim ~/.bashrc
[2]-  Stopped                       find / -print
[3]+  Stopped                       find / -perm /7000 > /tmp/text.txt
[3]+ find / -perm /7000 > /tmp/text.txt &
[1]-  Stopped                       vim ~/.bashrc
[2]+  Stopped                       find / -print
[3]   Running                       find / -perm /7000 > /tmp/text.txt &
```

看到哪裡有差異嗎？呼呼！沒錯！就是那個狀態列～以經由 Stopping 變成了 Running 囉！看到差異點，嘿嘿！指令列最後方多了一個 & 的符號囉！代表該工作被啟動在背景當中了啦！ ^_^

◆ **管理背景當中的工作：kill**

剛剛我們可以讓一個已經在背景當中的工作繼續工作，也可以讓該工作以 fg 拿到前景來，那麼，如果想要將該工作直接移除呢？或者是將該工作重新啟動呢？這個時候就得需要給予該工作一個訊號 (signal)，讓它知道該怎麼做才好啊！此時，kill 這個指令就派上用場啦！

```
[root@study ~]# kill -signal %jobnumber
[root@study ~]# kill -l
選項與參數：
-l   ：這個是 L 的小寫，列出目前 kill 能夠使用的訊號 (signal) 有哪些？
signal ：代表給予後面接的那個工作什麼樣的指示囉！用 man 7 signal 可知：
  -1  ：重新讀取一次參數的設定檔 (類似 reload)；
  -2  ：代表與由鍵盤輸入 [ctrl]-c 同樣的動作；
  -9  ：立刻強制刪除一個工作；
  -15 ：以正常的程序方式終止一項工作。與 -9 是不一樣的。
```

範例一：找出目前的 bash 環境下的背景工作，並將該工作『強制刪除』。

```
[root@study ~]# jobs
[1]+  Stopped                 vim ~/.bashrc
[2]   Stopped                 find / -print
[root@study ~]# kill -9 %2; jobs
[1]+  Stopped                 vim ~/.bashrc
[2]   Killed                  find / -print
# 再過幾秒你再下達 jobs 一次，就會發現 2 號工作不見了！因為被移除了！
```

範例二：找出目前的 bash 環境下的背景工作，並將該工作『正常終止』掉。

```
[root@study ~]# jobs
[1]+  Stopped                 vim ~/.bashrc
[root@study ~]# kill -SIGTERM %1
# -SIGTERM 與 -15 是一樣的！你可以使用 kill -l 來查閱！
# 不過在這個案例中，vim 的工作無法被結束喔！因為它無法透過 kill 正常終止的意思！
```

特別留意一下，-9 這個 signal 通常是用在『強制刪除一個不正常的工作』時所使用的，-15 則是以正常步驟結束一項工作(15 也是預設值)，兩者之間並不相同呦！舉上面的例子來說，我用 vim 的時候，不是會產生一個 .filename.swp 的檔案嗎？那麼，當使用 -15 這個 signal 時，vim 會嘗試以正常的步驟來結束掉該 vi 的工作，所以 .filename.swp 會主動的被移除。但若是使用 -9 這個 signal 時，由於該 vim 工作會被強制移除掉，因此，.filename.swp 就會繼續存在檔案系統當中。這樣你應該可以稍微分辨一下了吧？

不過，畢竟正常的作法中，你應該先使用 fg 來取回前景控制權，然後再離開 vim 才對～因此，以上面的範例二為例，其實 kill 確實無法使用 -15 正常的結束掉 vim 的動作喔！此時還是不建議使用 -9 啦！因為你知道如何正常結束該程序不是嗎？通常使用 -9 是因為某些程式你真的不知道怎麼透過正常手段去終止它，這才用到 -9 的！

其實，kill 的妙用是很無窮的啦！它搭配 signal 所詳列的資訊 (用 man 7 signal 去查閱相關資料) 可以讓你有效的管理工作與程序 (Process)，此外，那個 killall 也是同樣的用法！至於常用的 signal 你至少需要瞭解 1，9，15 這三個 signal 的意義才好。此外，signal 除了以數值來表示之外，也可以使用訊號名稱喔！舉例來說，上面的範例二就是一個例子啦！至於 signal number 與名稱的對應，呵呵，使用 kill -l 就知道啦(L 的小寫)！

另外，kill 後面接的數字預設會是 PID，如果想要管理 bash 的工作控制，就得要加上 % 數字 了，這點也得特別留意才行喔！

## 16.2.3 離線管理問題

要注意的是，我們在工作管理當中提到的『背景』指的是在終端機模式下可以避免 [ctrl]-c 中斷的一個情境，你可以說那個是 bash 的背景，並不是放到系統的背景去喔！所以，工作管理的背景依舊與終端機有關啦！在這樣的情況下，如果你是以遠端連線方式連接到你的 Linux 主機，並且將工作以 & 的方式放到背景去，請問，在工作尚未結束的情況下你離線了，該工作還會繼續進行嗎？答案是『否』！不會繼續進行，而是會被中斷掉。

那怎麼辦？如果我的工作需要進行一大段時間，我又不能放置在背景底下，那該如何處理呢？首先，你可以參考前一章的 at 來處理即可！因為 at 是將工作放置到系統背景，而與終端機無關。如果不想要使用 at 的話，那你也可以嘗試使用 nohup 這個指令來處理喔！這個 nohup 可以讓你在離線或登出系統後，還能夠讓工作繼續進行。它的語法有點像這樣：

```
[root@study ~]# nohup [指令與參數]    <==在終端機前景中工作
[root@study ~]# nohup [指令與參數] & <==在終端機背景中工作
```

有夠好簡單的指令吧！上述指令需要注意的是，nohup 並不支援 bash 內建的指令，因此你的指令必須要是外部指令才行。我們來嘗試玩一下底下的任務吧！

```
# 1. 先編輯一支會『睡著 500 秒』的程式：
[root@study ~]# vim sleep500.sh
#!/bin/bash
/bin/sleep 500s
/bin/echo "I have slept 500 seconds."
```

```
# 2. 丟到背景中去執行，並且立刻登出系統：
[root@study ~]# chmod a+x sleep500.sh
[root@study ~]# nohup ./sleep500.sh &
[2] 14812
[root@study ~]#  nohup:ignoring input and appending output to `nohup.out' <==會
告知這個訊息！
[root@study ~]# exit
```

如果你再次登入的話，再使用 pstree 去查閱你的程序，會發現 sleep500.sh 還在執行中喔！並不會被中斷掉！這樣瞭解意思了嗎？由於我們的程式最後會輸出一個訊息，但是 nohup 與終端機其實無關了，因此這個訊息的輸出就會被導向『 ~/nohup.out 』，所以你才會看到上述指令中，當你輸入 nohup 後，會出現那個提示訊息囉。

如果你想要讓在背景的工作在你登出後還能夠繼續的執行，那麼使用 nohup 搭配 & 是不錯的運作情境喔！可以參考看看！

# 16.3  程序管理

本章一開始就提到所謂的『程序』的概念，包括程序的觸發、子程序與父程序的相關性等等，此外，還有那個『程序的相依性』以及所謂的『殭屍程序』等等需要說明的呢！為什麼程序管理這麼重要呢？這是因為：

◆  首先，本章一開始就談到的，我們在操作系統時的各項工作其實都是經過某個 PID 來達成的 (包括你的 bash 環境)，因此，能不能進行某項工作，就與該程序的權限有關了。

◆  再來，如果你的 Linux 系統是個很忙碌的系統，那麼當整個系統資源快要被使用光時，你是否能夠找出最耗系統的那個程序，然後刪除該程序，讓系統恢復正常呢？

◆  此外，如果由於某個程式寫的不好，導致產生一個有問題的程序在記憶體當中，你又該如何找出它，然後將它移除呢？

◆  如果同時有五六項工作在你的系統當中運作，但其中有一項工作才是最重要的，該如何讓那一項重要的工作被最優先執行呢？

所以囉，一個稱職的系統管理員，必須要熟悉程序的管理流程才行，否則當系統發生問題時，還真是很難解決問題呢！底下我們會先介紹如何觀察程序與程序的狀態，然後再加以程序控制囉！

## 16.3.1 程序的觀察

既然程序這麼重要,那麼我們如何查閱系統上面正在運作當中的程序呢?很簡單啊!利用靜態的 ps 或者是動態的 top,還能以 pstree 來查閱程序樹之間的關係喔!

◆ ps:將某個時間點的程序運作情況擷取下來

```
[root@study ~]# ps aux   <==觀察系統所有的程序資料
[root@study ~]# ps -lA   <==也是能夠觀察所有系統的資料
[root@study ~]# ps axjf  <==連同部分程序樹狀態
選項與參數:
-A  :所有的 process 均顯示出來,與 -e 具有同樣的效用;
-a  :不與 terminal 有關的所有 process ;
-u  :有效使用者 (effective user) 相關的 process ;
x   :通常與 a 這個參數一起使用,可列出較完整資訊。
輸出格式規劃:
l   :較長、較詳細的將該 PID 的資訊列出;
j   :工作的格式 (jobs format)
-f  :做一個更為完整的輸出。
```

鳥哥個人認為 ps 這個指令的 man page 不是很好查閱,因為很多不同的 Unix 都使用這個 ps 來查閱程序狀態,為了要符合不同版本的需求,所以這個 man page 寫的非常的龐大!因此,通常鳥哥都會建議你,直接背兩個比較不同的選項,**一個是只能查閱自己 bash 程序的『 ps -l 』一個則是可以查閱所有系統運作的程序『 ps aux 』**!注意,你沒看錯,是『 ps aux 』沒有那個減號 (-)!先來看看關於自己 bash 程序狀態的觀察:

■ 僅觀察自己的 bash 相關程序:ps -l

```
範例一:將目前屬於你自己這次登入的 PID 與相關資訊列示出來(只與自己的 bash 有關)
[root@study ~]# ps -l
F S   UID    PID   PPID  C PRI  NI ADDR SZ WCHAN   TTY          TIME CMD
4 S     0  14830  13970  0  80   0 - 52686 poll_s  pts/0    00:00:00 sudo
4 S     0  14835  14830  0  80   0 - 50511 wait    pts/0    00:00:00 su
4 S     0  14836  14835  0  80   0 - 29035 wait    pts/0    00:00:00 bash
0 R     0  15011  14836  0  80   0 - 30319 -       pts/0    00:00:00 ps
# 還記得鳥哥說過,非必要不要使用 root 直接登入吧?從這個 ps -l 的分析,你也可以發現,
# 鳥哥其實是使用 sudo 才轉成 root 的身份~否則連測試機,鳥哥都是使用一般帳號登入的!
```

系統整體的程序運作是非常的多的,但如果使用 ps -l 則僅列出與你的操作環境 (bash) 有關的程序而已,亦即最上層的父程序會是你自己的 bash 而沒有延伸到 systemd (後續會交待!) 這支程序去!那麼 ps -l 秀出來的資料有哪些呢?我們就來觀察看看:

- ▢ F：代表這個程序旗標 (process flags)，說明這個程序的總結權限，常見號碼有：

  - ▢ 若為 4 表示此程序的權限為 root。

  - ▢ 若為 1 則表示此子程序僅進行複製 (fork) 而沒有實際執行 (exec)。

- ▢ S：代表這個程序的狀態 (STAT)，主要的狀態有：

  - ▢ **R (Running)：該程式正在運作中。**

  - ▢ **S (Sleep)：該程式目前正在睡眠狀態 (idle)，但可以被喚醒 (signal)。**

  - ▢ **D ：不可被喚醒的睡眠狀態，通常這支程式可能在等待 I/O 的情況 (ex>列印)。**

  - ▢ **T ：停止狀態 (stop)，可能是在工作控制 (背景暫停) 或除錯 (traced) 狀態。**

  - ▢ **Z (Zombie)：僵屍狀態，程序已經終止但卻無法被移除至記憶體外。**

- ▢ UID/PID/PPID：代表『此程序被該 UID 所擁有/程序的 PID 號碼/此程序的父程序 PID 號碼』。

- ▢ C：代表 CPU 使用率，單位為百分比。

- ▢ PRI/NI：Priority/Nice 的縮寫，代表此程序被 CPU 所執行的優先順序，數值越小代表該程序越快被 CPU 執行。詳細的 PRI 與 NI 將在下一小節說明。

- ▢ ADDR/SZ/WCHAN：都與記憶體有關，ADDR 是 kernel function，指出該程序在記憶體的哪個部分，如果是個 running 的程序，一般就會顯示『 - 』/ SZ 代表此程序用掉多少記憶體 / WCHAN 表示目前程序是否運作中，同樣的，若為 - 表示正在運作中。

- ▢ TTY：登入者的終端機位置，若為遠端登入則使用動態終端介面 (pts/n)。

- ▢ TIME：使用掉的 CPU 時間，注意，是此程序實際花費 CPU 運作的時間，而不是系統時間。

- ▢ CMD：就是 command 的縮寫，造成此程序的觸發程式之指令為何。

所以你看到的 ps -l 輸出訊息中，它說明的是：『bash 的程式屬於 UID 為 0 的使用者，狀態為睡眠 (sleep)，之所以為睡眠是因為它觸發了 ps (狀態為 run) 之故。此程序的 PID 為 14836，優先執行順序為 80，下達 bash 所取得的終端介面為 pts/0，運作狀態為等待 (wait)。』這樣已經夠清楚了吧？你自己嘗試解析一下那麼 ps 那一行代表的意義為何呢？ ^ _ ^

接下來讓我們使用 ps 來觀察一下系統內所有的程序狀態吧！

◆ **觀察系統所有程序**：ps aux

範例二：列出目前所有的正在記憶體當中的程序：

```
[root@study ~]# ps aux
USER       PID %CPU %MEM    VSZ   RSS TTY      STAT START   TIME COMMAND
```

```
root        1 0.0  0.2 60636 7948 ?     Ss  Aug04   0:01 /usr/lib/systemd/systemd ...
root        2 0.0  0.0     0     0 ?      S  Aug04   0:00 [kthreadd]
.....(中間省略).....
root    14830 0.0  0.1 210744 3988 pts/0  S  Aug04   0:00 sudo su -
root    14835 0.0  0.1 202044 2996 pts/0  S  Aug04   0:00 su -
root    14836 0.0  0.1 116140 2960 pts/0  S  Aug04   0:00 -bash
.....(中間省略).....
root    18459 0.0  0.0 123372 1380 pts/0 R+  00:25   0:00 ps aux
```

你會發現 ps -l 與 ps aux 顯示的項目並不相同！在 ps aux 顯示的項目中，各欄位的意義為：

- USER：該 process 屬於那個使用者帳號的？

- PID ：該 process 的程序識別碼。

- %CPU：該 process 使用掉的 CPU 資源百分比。

- %MEM：該 process 所佔用的實體記憶體百分比。

- VSZ ：該 process 使用掉的虛擬記憶體量 (Kbytes)。

- RSS ：該 process 佔用的固定的記憶體量 (Kbytes)。

- TTY ：該 process 是在那個終端機上面運作，若與終端機無關則顯示？，另外，tty1-tty6 是本機上面的登入者程序，若為 pts/0 等等的，則表示為由網路連接進主機的程序。

- STAT：該程序目前的狀態，狀態顯示與 ps -l 的 S 旗標相同 (R/S/T/Z)。

- START：該 process 被觸發啟動的時間。

- TIME ：該 process 實際使用 CPU 運作的時間。

- COMMAND：該程序的實際指令為何？

一般來說，ps aux 會依照 PID 的順序來排序顯示，我們還是以 14836 那個 PID 那行來說明！該行的意義為『 root 執行的 bash PID 為 14836，佔用了 0.1% 的記憶體容量百分比，狀態為休眠 (S)，該程序啟動的時間為 8 月 4 號，因此啟動太久了，所以沒有列出實際的時間點。且取得的終端機環境為 pts/1。』與 ps aux 看到的其實是同一個程序啦！這樣可以理解嗎？讓我們繼續使用 ps 來觀察一下其他的資訊吧！

範例三：以範例一的顯示內容，顯示出所有的程序：

```
[root@study ~]# ps -1A
F S   UID   PID  PPID  C PRI  NI ADDR SZ WCHAN  TTY        TIME CMD
4 S     0     1     0  0  80   0 - 15159 ep_pol ?      00:00:01 systemd
1 S     0     2     0  0  80   0 -     0 kthrea ?      00:00:00 kthreadd
1 S     0     3     2  0  80   0 -     0 smpboo ?      00:00:00 ksoftirqd/0
```

....(以下省略)....
# 你會發現每個欄位與 ps -l 的輸出情況相同,但顯示的程序則包括系統所有的程序。

範例四:列出類似程序樹的程序顯示:

```
[root@study ~]# ps axjf
  PPID   PID  PGID   SID TTY     TPGID STAT   UID   TIME COMMAND
     0     2     0     0 ?          -1 S        0   0:00 [kthreadd]
     2     3     0     0 ?          -1 S        0   0:00  \_ [ksoftirqd/0]
.....(中間省略).....
     1  1326  1326  1326 ?         -1 Ss        0   0:00 /usr/sbin/sshd -D
  1326 13923 13923 13923 ?         -1 Ss        0   0:00  \_ sshd:dmtsai [priv]
 13923 13927 13923 13923 ?         -1 S      1000   0:00      \_ sshd:dmtsai@pts/0
 13927 13928 13928 13928 pts/0  18703 Ss     1000   0:00          \_ -bash
 13928 13970 13970 13928 pts/0  18703 S      1000   0:00              \_ bash
 13970 14830 14830 13928 pts/0  18703 S         0   0:00                  \_ sudo su -
 14830 14835 14830 13928 pts/0  18703 S         0   0:00                      \_ su -
 14835 14836 14836 13928 pts/0  18703 S         0   0:00                          \_ -bash
.....(後面省略).....
```

看出來了吧?其實鳥哥在進行一些測試時,都是以網路連線進虛擬機來測試的,所以囉,你會發現其實程序之間是有相關性的啦!不過,其實還可以使用 pstree 來達成這個程序樹喔!以上面的例子來看,鳥哥是透過 sshd 提供的網路服務取得一個程序,該程序提供 bash 給我使用,而我透過 bash 再去執行 ps axjf!這樣可以看的懂了嗎?其他各欄位的意義請 man ps (雖然真的很難 man 的出來!) 囉!

範例五:找出與 cron 與 rsyslog 這兩個服務有關的 PID 號碼?

```
[root@study ~]# ps aux | egrep '(cron|rsyslog)'
root     742 0.0 0.1 208012 4088 ?    Ssl  Aug04 0:00 /usr/sbin/rsyslogd -n
root    1338 0.0 0.0 126304 1704 ?    Ss   Aug04 0:00 /usr/sbin/crond -n
root   18740 0.0 0.0 112644  980 pts/0 S+  00:49 0:00 grep -E --color=auto (cron|rsyslog)
# 所以號碼是 742 及 1338 這兩個囉!就是這樣找的啦!
```

除此之外,我們必須要知道的是『僵屍 (zombie) 』程序是什麼?通常,造成僵屍程序的成因是因為該程序應該已經執行完畢,或者是因故應該要終止了,但是該程序的父程序卻無法完整的將該程序結束掉,而造成那個程序一直存在記憶體當中。如果你發現在某個程序的 CMD 後面還接上 <defunct> 時,就代表該程序是僵屍程序啦,例如:

```
apache  8683  0.0  0.9 83384 9992 ?  Z  14:33  0:00 /usr/sbin/httpd <defunct>
```

當系統不穩定的時候就容易造成所謂的僵屍程序，可能是因為程式寫的不好啦，或者是使用者的操作習慣不良等等所造成。如果你發現系統中很多僵屍程序時，記得啊！要找出該程序的父程序，然後好好的做個追蹤，好好的進行主機的環境最佳化啊！看看有什麼地方需要改善的，不要只是直接將它 kill 掉而已呢！不然的話，萬一它一直產生，那可就麻煩了！@_@

事實上，通常僵屍程序都已經無法控管，而直接是交給 systemd 這支程式來負責了，偏偏 systemd 是系統第一支執行的程式，它是所有程式的父程式！我們無法殺掉該程式的 (殺掉它，系統就死掉了！)，所以囉，如果產生僵屍程序，而系統過一陣子還沒有辦法透過核心非經常性的特殊處理來將該程序刪除時，那你只好透過 reboot 的方式來將該程序抹去了！

◆ **top：動態觀察程序的變化**

相對於 ps 是擷取一個時間點的程序狀態，top 則可以持續偵測程序運作的狀態！使用方式如下：

```
[root@study ~]# top [-d 數字] | top [-bnp]
選項與參數：
-d  ：後面可以接秒數，就是整個程序畫面更新的秒數。預設是 5 秒；
-b  ：以批次的方式執行 top，還有更多的參數可以使用喔！
       通常會搭配資料流重導向來將批次的結果輸出成為檔案。
-n  ：與 -b 搭配，意義是，需要進行幾次 top 的輸出結果。
-p  ：指定某些個 PID 來進行觀察監測而已。
在 top 執行過程當中可以使用的按鍵指令：
   ？：顯示在 top 當中可以輸入的按鍵指令；
   P  ：以 CPU 的使用資源排序顯示；
   M  ：以 Memory 的使用資源排序顯示；
   N  ：以 PID 來排序喔！
   T  ：由該 Process 使用的 CPU 時間累積 (TIME+) 排序。
   k  ：給予某個 PID 一個訊號  (signal)
   r  ：給予某個 PID 重新制訂一個 nice 值。
   q  ：離開 top 軟體的按鍵。
```

其實 top 的功能非常多！可以用的按鍵也非常的多！可以參考 man top 的內部說明文件！鳥哥這裡僅是列出一些鳥哥自己常用的選項而已。接下來讓我們實際觀察一下如何使用 top 與 top 的畫面吧！

```
範例一：每兩秒鐘更新一次 top，觀察整體資訊：
[root@study ~]# top -d 2
top - 00:53:59 up  6:07,  3 users,  load average：0.00, 0.01, 0.05
Tasks：179 total,   2 running, 177 sleeping,   0 stopped,   0 zombie
```

```
%Cpu(s): 0.0 us,  0.0 sy,  0.0 ni,100.0 id,  0.0 wa,  0.0 hi,  0.0 si,  0.0 st
KiB Mem : 2916388 total,  1839140 free,   353712 used,   723536 buff/cache
KiB Swap: 1048572 total,  1048572 free,        0 used.  2318680 avail Mem
      <==如果加入 k 或 r 時，就會有相關的字樣出現在這裡喔！
  PID USER      PR  NI    VIRT    RES    SHR S  %CPU %MEM     TIME+ COMMAND
18804 root      20   0  130028   1872   1276 R   0.5  0.1   0:00.02 top
    1 root      20   0   60636   7948   2656 S   0.0  0.3   0:01.70 systemd
    2 root      20   0       0      0      0 S   0.0  0.0   0:00.01 kthreadd
    3 root      20   0       0      0      0 S   0.0  0.0   0:00.00 ksoftirqd/0
```

top 也是個挺不錯的程序觀察工具！但不同於 ps 是靜態的結果輸出，top 這個程式可以持續的監測整個系統的程序工作狀態。在預設的情況下，每次更新程序資源的時間為 5 秒，不過，可以使用 -d 來進行修改。top 主要分為兩個畫面，上面的畫面為整個系統的資源使用狀態，基本上總共有六行，顯示的內容依序是：

- 第一行(top...)：這一行顯示的資訊分別為：
    - 目前的時間，亦即是 00:53:59 那個項目。
    - 開機到目前為止所經過的時間，亦即是 up 6:07，那個項目。
    - 已經登入系統的使用者人數，亦即是 3 users，項目。
    - 系統在 1，5，15 分鐘的平均工作負載。我們在第十五章談到的 batch 工作方式為負載小於 0.8 就是這個負載囉！代表的是 1，5，15 分鐘，系統平均要負責運作幾個程序(工作)的意思。越小代表系統越閒置，若高於 1 得要注意你的系統程序是否太過繁複了！
- 第二行(Tasks...)：顯示的是目前程序的總量與個別程序在什麼狀態(running，sleeping，stopped，zombie)。比較需要注意的是最後的 zombie 那個數值，如果不是 0！好好看看到底是那個 process 變成僵屍了吧？
- 第三行(%Cpus...)：顯示的是 CPU 的整體負載，每個項目可使用？查閱。需要特別注意的是 wa 項目，那個項目代表的是 I/O wait，通常你的系統會變慢都是 I/O 產生的問題比較大！因此這裡得要注意這個項目耗用 CPU 的資源喔！另外，如果是多核心的設備，可以按下數字鍵『1』來切換成不同 CPU 的負載率。
- 第四行與第五行：表示目前的實體記憶體與虛擬記憶體 (Mem/Swap) 的使用情況。再次重申，要注意的是 swap 的使用量要盡量的少！如果 swap 被用的很大量，表示系統的實體記憶體實在不足！
- 第六行：這個是當在 top 程式當中輸入指令時，顯示狀態的地方。

至於 top 下半部分的畫面，則是每個 process 使用的資源情況。比較需要注意的是：

- PID ：每個 process 的 ID 啦！

- USER：該 process 所屬的使用者。

- PR ：Priority 的簡寫，程序的優先執行順序，越小越早被執行。

- NI ：Nice 的簡寫，與 Priority 有關，也是越小越早被執行。

- %CPU：CPU 的使用率。

- %MEM：記憶體的使用率。

- TIME＋：CPU 使用時間的累加。

top 預設使用 CPU 使用率 (%CPU) 作為排序的重點，如果你想要使用記憶體使用率排序，則可以按下『M』，若要回復則按下『P』即可。如果想要離開 top 則按下『q』吧！如果你想要將 top 的結果輸出成為檔案時，可以這樣做：

範例二：將 top 的資訊進行 2 次，然後將結果輸出到 /tmp/top.txt
```
[root@study ~]# top -b -n 2 > /tmp/.txt
# 這樣一來，嘿嘿！就可以將 top 的資訊存到 /tmp/top.txt 檔案中了。
```

這玩意兒很有趣！可以幫助你將某個時段 top 觀察到的結果存成檔案，可以用在你想要在系統背景底下執行。由於是背景底下執行，與終端機的螢幕大小無關，因此可以得到全部的程序畫面！那如果你想要觀察的程序 CPU 與記憶體使用率都很低，結果老是無法在第一行顯示時，該怎辦？我們可以僅觀察單一程序喔！如下所示：

範例三：我們自己的 bash PID 可由 $$ 變數取得，請使用 top 持續觀察該 PID
```
[root@study ~]# echo $$
14836    <==就是這個數字！它是我們 bash 的 PID
[root@study ~]# top -d 2 -p 14836
top - 01:00:53 up  6:14,  3 users,  load average：0.00, 0.01, 0.05
Tasks：  1 total,   0 running,   1 sleeping,   0 stopped,   0 zombie
%Cpu(s)： 0.0 us,  0.1 sy,  0.0 ni, 99.9 id,  0.0 wa,  0.0 hi,  0.0 si,  0.0 st
KiB Mem ： 2916388 total,  1839264 free,   353424 used,   723700 buff/cache
KiB Swap： 1048572 total,  1048572 free,        0 used.  2318848 avail Mem

  PID USER      PR  NI    VIRT    RES    SHR S  %CPU %MEM     TIME+ COMMAND
14836 root      20   0  116272   3136   1848 S   0.0  0.1   0:00.07 bash
```

看到沒！就只會有一支程序給你看！很容易觀察吧！好，那麼如果我想要在 top 底下進行一些動作呢？比方說，修改 NI 這個數值呢？可以這樣做：

範例四：承上題，上面的 NI 值是 0，想要改成 10 的話？
```
# 在範例三的 top 畫面當中直接按下 r 之後，會出現如下的圖樣！
```

```
top - 01:02:01 up  6:15,  3 users,  load average：0.00, 0.01, 0.05
Tasks： 1 total,   0 running,  1 sleeping,   0 stopped,   0 zombie
%Cpu(s)： 0.1 us,  0.0 sy,  0.0 ni, 99.9 id,  0.0 wa,  0.0 hi,  0.0 si,  0.0 st
KiB Mem : 2916388 total, 1839140 free,    353576 used,    723672 buff/cache
KiB Swap: 1048572 total, 1048572 free,         0 used. 2318724 avail Mem
PID to renice [default pid = 14836] 14836
  PID USER      PR  NI    VIRT    RES    SHR S  %CPU %MEM     TIME+ COMMAND
14836 root      20   0  116272   3136   1848 S   0.0  0.1   0:00.07 bash
```

在你完成上面的動作後，在狀態列會出現如下的資訊：

```
Renice PID 14836 to value 10    <==這是 nice 值
  PID USER      PR  NI    VIRT    RES    SHR S  %CPU %MEM     TIME+ COMMAND
```

接下來你就會看到如下的顯示畫面！

```
top - 01:04:13 up  6:17,  3 users,  load average：0.00, 0.01, 0.05
Tasks： 1 total,   0 running,  1 sleeping,   0 stopped,   0 zombie
%Cpu(s)： 0.0 us,  0.0 sy,  0.0 ni,100.0 id,  0.0 wa,  0.0 hi,  0.0 si,  0.0 st
KiB Mem : 2916388 total, 1838676 free,    354020 used,    723692 buff/cache
KiB Swap: 1048572 total, 1048572 free,         0 used. 2318256 avail Mem

  PID USER      PR  NI    VIRT    RES    SHR S  %CPU %MEM     TIME+ COMMAND
14836 root      30  10  116272   3136   1848 S   0.0  0.1   0:00.07 bash
```

看到不同處了吧？底線的地方就是修改了之後所產生的效果！一般來說，如果鳥哥想要找出最損耗 CPU 資源的那個程序時，大多使用的就是 top 這支程式啦！然後強制以 CPU 使用資源來排序 (在 top 當中按下 P 即可)，就可以很快的知道啦！^_^。多多愛用這個好用的東西喔！

◆ pstree

```
[root@study ~]# pstree [-A|U] [-up]
選項與參數：
-A  ：各程序樹之間的連接以 ASCII 字元來連接；
-U  ：各程序樹之間的連接以萬國碼的字元來連接。在某些終端介面下可能會有錯誤；
-p  ：並同時列出每個 process 的 PID；
-u  ：並同時列出每個 process 的所屬帳號名稱。
```

範例一：列出目前系統上面所有的程序樹的相關性：

```
[root@study ~]# pstree -A
systemd-+-ModemManager---2*[{ModemManager}]       # 這行是 ModenManager 與其子程序
        |-NetworkManager---3*[{NetworkManager}]    # 前面有數字，代表子程序的數量！
```

```
....(中間省略)....
        |-sshd---sshd---sshd---bash---bash---sudo---su---bash---pstree <==我們指
令執行的相依性
....(底下省略)....
# 注意一下，為了節省版面，所以鳥哥已經刪去很多程序了！

範例二：承上題，同時秀出 PID 與 users
[root@study ~]# pstree -Aup
systemd(1)-+-ModemManager(745)-+-{ModemManager}(785)
           |                    `-{ModemManager}(790)
           |-NetworkManager(870)-+-{NetworkManager}(907)
           |                     |-{NetworkManager}(911)
           |                     `-{NetworkManager}(914)
....(中間省略)....
           |-sshd(1326)---sshd(13923)---sshd(13927,dmtsai)---bash(13928)---
....(底下省略)....
# 在括號 () 內的即是 PID 以及該程序的 owner 喔！一般來說，如果該程序的所有人與父程序同，
# 就不會列出，但是如果與父程序不一樣，那就會列出該程序的擁有者！看上面 13927 就轉變成 dmtsai 了
```

如果要找程序之間的相關性，這個 pstree 真是好用到不行！直接輸入 pstree 可以查到
程序相關性，如上表所示，還會使用線段將相關性程序連結起來哩！一般連結符號可以
使用 ASCII 碼即可，但有時因為語系問題會主動的以 Unicode 的符號來連結，但因為可
能終端機無法支援該編碼，或許會造成亂碼問題。因此可以加上 -A 選項來克服此類線
段亂碼問題。

由 pstree 的輸出我們也可以很清楚的知道，**所有的程序都是依附在 systemd 這支程序
底下的！仔細看一下，這支程序的 PID 是一號喔！因為它是由 Linux 核心所主動呼叫的
第一支程式！所以 PID 就是一號了**。這也是我們剛剛提到僵屍程序時有提到，為啥發
生僵屍程序需要重新開機？因為 systemd 要重新啟動，而重新啟動 systemd 就是
reboot 囉！

如果還想要知道 PID 與所屬使用者，加上 -u 及 -p 兩個參數即可。我們前面不是一直提
到，如果子程序掛點或者是老是砍不掉子程序時，該如何找到父程序嗎？呵呵！用這個
pstree 就對了！^_^

## 16.3.2 程序的管理

程序之間是可以互相控制的！舉例來說，你可以關閉、重新啟動伺服器軟體，伺服器軟
體本身是個程序，你既然可以讓她關閉或啟動，當然就是可以控制該程序啦！**那麼程序是如
何互相管理的呢？其實是透過給予該程序一個訊號 (signal) 去告知該程序你想要讓她作什
麼**！因此這個訊號就很重要啦！

我們也在本章之前的 bash 工作管理當中提到過，要給予某個已經存在背景中的工作某些動作時，是直接給予一個訊號給該工作號碼即可。那麼到底有多少 signal 呢？你可以使用 kill -l (小寫的 L ) 或者是 man 7 signal 都可以查詢到！主要的訊號代號與名稱對應及內容是：

| 代號 | 名稱 | 內容 |
|------|------|------|
| 1 | SIGHUP | 啟動被終止的程序，可讓該 PID 重新讀取自己的設定檔，類似重新啟動。 |
| 2 | SIGINT | 相當於用鍵盤輸入 [ctrl]-c 來中斷一個程序的進行。 |
| 9 | SIGKILL | 代表強制中斷一個程序的進行，如果該程序進行到一半，那麼尚未完成的部分可能會有『半產品』產生，類似 vim 會有 .filename.swp 保留下來。 |
| 15 | SIGTERM | 以正常的結束程序來終止該程序。由於是正常的終止，所以後續的動作會將它完成。不過，如果該程序已經發生問題，就是無法使用正常的方法終止時，輸入這個 signal 也是沒有用的。 |
| 19 | SIGSTOP | 相當於用鍵盤輸入 [ctrl]-z 來暫停一個程序的進行。 |

上面僅是常見的 signal 而已，更多的訊號資訊請自行 man 7 signal 吧！一般來說，你只要記得『1，9，15』這三個號碼的意義即可。那麼我們如何傳送一個訊號給某個程序呢？就透過 kill 或 killall 吧！底下分別來看看：

◆ kill -signal PID

kill 可以幫我們將這個 signal 傳送給某個工作 (%jobnumber) 或者是某個 PID (直接輸入數字)。要再次強調的是：**kill 後面直接加數字與加上 %number 的情況是不同的！**這個很重要喔！因為工作控制中有 1 號工作，但是 PID 1 號則是專指『 systemd 』這支程式！你怎麼可以將 systemd 關閉呢？關閉 systemd，你的系統就當掉了啊！所以記得那個 % 是專門用在工作控制的喔！我們就活用一下 kill 與剛剛上面提到的 ps 來做個簡單的練習吧！

**例題**

以 ps 找出 rsyslogd 這個程序的 PID 後，再使用 kill 傳送訊息，使得 rsyslogd 可以重新讀取設定檔。

**答**：由於需要重新讀取設定檔，因此 signal 是 1 號。至於找出 rsyslogd 的 PID 可以是這樣做：

```
ps aux | grep 'rsyslogd' | grep -v 'grep'| awk '{print $2}'
```

接下來則是實際使用 kill -1 PID，因此，整串指令會是這樣：

```
kill -SIGHUP $(ps aux | grep 'rsyslogd' | grep -v 'grep'| awk '{print $2}')
```

如果要確認有沒有重新啟動 syslog，可以參考登錄檔的內容，使用如下指令查閱：

```
tail -5 /var/log/messages
```

如 果 你 有 看 到 類 似 『 Aug 5 01:25:02 study rsyslogd : [origin software="rsyslogd" swVersion="7.4.7" x-pid="742" x-info="http://www.rsyslog.com"] rsyslogd was HUPed』之類 的字樣，就是表示 rsyslogd 在 8/5 有重新啟動 (restart) 過了！

瞭解了這個用法以後，如果未來你想要將某個莫名其妙的登入者的連線刪除的話，就可 以透過使用 pstree -p 找到相關程序，然後再以 kill -9 將該程序刪除，該條連線就會被踢 掉了！這樣很簡單吧！

◆ killall -signal 指令名稱

由於 kill 後面必須要加上 PID (或者是 job number)，所以，通常 kill 都會配合 ps，pstree 等指令，因為我們必須要找到相對應的那個程序的 ID 嘛！但是，如此一來，很麻煩～ 有沒有可以利用『下達指令的名稱』來給予訊號的？舉例來說，能不能直接將 rsyslogd 這 個程序給予一個 SIGHUP 的訊號呢？可以的！用 killall 吧！

```
[root@study ~]# killall [-iIe] [command name]
選項與參數：
-i  : interactive 的意思，互動式的，若需要刪除時，會出現提示字元給使用者；
-e  : exact 的意思，表示『後面接的 command name 要一致』，但整個完整的指令
      不能超過 15 個字元。
-I  : 指令名稱(可能含參數)忽略大小寫。

範例一：給予 rsyslogd 這個指令啟動的 PID 一個 SIGHUP 的訊號
[root@study ~]# killall -1 rsyslogd
# 如果用 ps aux 仔細看一下，若包含所有參數，則 /usr/sbin/rsyslogd -n 才是最完整的！

範例二：強制終止所有以 httpd 啟動的程序 (其實並沒有此程序在系統內)
[root@study ~]# killall -9 httpd

範例三：依次詢問每個 bash 程式是否需要被終止運作！
[root@study ~]# killall -i -9 bash
Signal bash(13888) ? (y/N) n <==這個不殺！
Signal bash(13928) ? (y/N) n <==這個不殺！
Signal bash(13970) ? (y/N) n <==這個不殺！
```

Signal bash(14836)？(y/N) **y** <==這個殺掉！
# 具有互動的功能！可以詢問你是否要刪除 bash 這個程式。要注意，若沒有 -i 的參數，
# 所有的 bash 都會被這個 root 給殺掉！包括 root 自己的 bash 喔！^_^

總之，要刪除某個程序，我們可以使用 PID 或者是啟動該程序的指令名稱，而如果要刪除某個服務呢？呵呵！最簡單的方法就是利用 killall，因為它可以將系統當中所有以某個指令名稱啟動的程序全部刪除。舉例來說，上面的範例二當中，系統內所有以 httpd 啟動的程序，就會通通的被刪除啦！^_^

### 16.3.3　關於程序的執行順序

我們知道 Linux 是多人多工的環境，由 top 的輸出結果我們也發現，系統同時間有非常多的程序在運行中，只是絕大部分的程序都在休眠 (sleeping) 狀態而已。想一想，如果所有的程序同時被喚醒，那麼 CPU 應該要先處理那個程序呢？也就是說，那個程序被執行的優先序比較高？這就得要考慮到程序的優先執行序 (Priority) 與 CPU 排程囉！

> CPU 排程與前一章的例行性工作排程並不一樣。CPU 排程指的是每支程序被 CPU 運作的演算規則，而例行性工作排程則是將某支程式安排在某個時間再交由系統執行。CPU 排程與作業系統較具有相關性！

◆ **Priority 與 Nice 值**

我們知道 CPU 一秒鐘可以運作多達數 G 的微指令次數，透過核心的 CPU 排程可以讓各程序被 CPU 所切換運作，因此每個程序在一秒鐘內或多或少都會被 CPU 執行部分的指令碼。如果程序都是集中在一個佇列中等待 CPU 的運作，而不具有優先順序之分，也就是像我們去遊樂場玩熱門遊戲需要排隊一樣，每個人都是照順序來！你玩過一遍後還想再玩 (沒有執行完畢)，請到後面繼續排隊等待。情況有點像底下這樣：

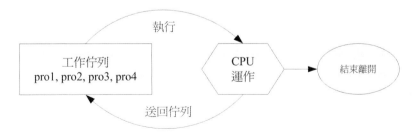

圖 16.3.1　並沒有優先順序的程序佇列示意圖

上圖中假設 pro1，pro2 是緊急的程序，pro3，pro4 是一般的程序，在這樣的環境中，由於不具有優先順序，唉啊！pro1，pro2 還是得要繼續等待而沒有優待呢！如果 pro3，pro4 的工作又臭又長！那麼緊急的 pro1，pro2 就得要等待個老半天才能夠完成！真麻煩啊！所以囉，我們想要將程序分優先順序啦！如果優先序較高則運作次數可以較多次，而不需要與較慢優先的程序搶位置！我們可以將程序的優先順序與 CPU 排程進行如下圖的解釋：

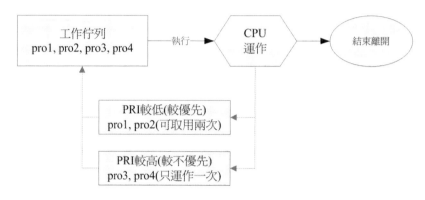

圖 16.3.2　具有優先順序的程序佇列示意圖

如上圖所示，具高優先權的 pro1，pro2 可以被取用兩次，而較不重要的 pro3，pro4 則運作次數較少。如此一來 pro1，pro2 就可以較快被完成啦！要注意，上圖僅是示意圖，並非較優先者一定會被運作兩次啦！為了要達到上述的功能，我們 Linux 給予程序一個所謂的『優先執行序 (priority，PRI)』，這個 **PRI 值越低代表越優先的意思。不過這個 PRI 值是由核心動態調整的，使用者無法直接調整 PRI 值的**。先來瞧瞧 PRI 曾在哪裡出現？

```
[root@study ~]# ps -l
F S   UID   PID  PPID  C PRI  NI ADDR SZ WCHAN  TTY          TIME CMD
4 S     0 14836 14835  0  90  10 - 29068 wait   pts/0    00:00:00 bash
0 R     0 19848 14836  0  90  10 - 30319 -      pts/0    00:00:00 ps
# 你應該要好奇，怎麼我的 NI 已經是 10 了？還記得剛剛 top 的測試嗎？我們在那邊就有改過一次喔！
```

由於 PRI 是核心動態調整的，我們使用者也無權去干涉 PRI！那如果你想要調整程序的優先執行序時，就得要透過 Nice 值了！Nice 值就是上表的 NI 啦！一般來說，PRI 與 NI 的相關性如下：

$$PRI(new) = PRI(old) + nice$$

不過你要特別留意到，如果原本的 PRI 是 50，並不是我們給予一個 nice = 5，就會讓 PRI 變成 55 喔！因為 PRI 是系統『動態』決定的，所以，雖然 nice 值是可以影響 PRI，不過，最終的 PRI 仍是要經過系統分析後才會決定的。另外，nice 值是有正負的喔，而既然 PRI 越小越早被執行,所以,**當 nice 值為負值時,那麼該程序就會降低 PRI 值,亦即會變的較優先被處理**。此外,你必須要留意到:

- nice 值可調整的範圍為 -20 ~ 19。
- root 可隨意調整自己或他人程序的 Nice 值,且範圍為 -20 ~ 19。
- 一般使用者僅可調整自己程序的 Nice 值,且範圍僅為 0 ~ 19 (避免一般用戶搶佔系統資源)。
- 一般使用者僅可將 nice 值越調越高,例如本來 nice 為 5,則未來僅能調整到大於 5。

這也就是說,要調整某個程序的優先執行序,就是『調整該程序的 nice 值』啦!那麼如何給予某個程序 nice 值呢?有兩種方式,分別是:

- **一開始執行程式就立即給予一個特定的 nice 值:用 nice 指令。**
- **調整某個已經存在的 PID 的 nice 值:用 renice 指令。**

◆ nice :新執行的指令即給予新的 nice 值。

```
[root@study ~]# nice [-n 數字] command
選項與參數:
-n   :後面接一個數值,數值的範圍 -20 ~ 19。

範例一:用 root 給一個 nice 值為 -5,用於執行 vim,並觀察該程序!
[root@study ~]# nice -n -5 vim &
[1] 19865
[root@study ~]# ps -l
F S   UID   PID  PPID  C PRI  NI ADDR SZ WCHAN  TTY          TIME CMD
4 S     0 14836 14835  0  90  10 - 29068 wait   pts/0    00:00:00 bash
4 T     0 19865 14836  0  85   5 - 37757 signal pts/0    00:00:00 vim
0 R     0 19866 14836  0  90  10 - 30319 -      pts/0    00:00:00 ps
# 原本的 bash PRI 為 90 ,所以 vim 預設應為 90。不過由於給予 nice  為 -5,
# 因此 vim 的 PRI 降低了!RPI 與 NI 各減 5!但不一定每次都是正好相同喔!因為核心會動態調整

[root@study ~]# kill -9 %1 <==測試完畢將 vim 關閉
```

就如同前面說的,nice 是用來調整程序的執行優先順序!這裡只是一個執行的範例罷了!通常什麼時候要將 nice 值調大呢?舉例來說,系統的背景工作中,某些比較不重要的程序之進行:例如備份工作!由於備份工作相當的耗系統資源,這個時候就可以將備份的指令之 nice 值調大一些,可以使系統的資源分配的更為公平!

◆ renice：已存在程序的 nice 重新調整

```
[root@study ~]# renice [number] PID
選項與參數：
PID ：某個程序的 ID 啊！

範例一：找出自己的 bash PID，並將該 PID 的 nice 調整到 -5
[root@study ~]# ps -l
F S   UID   PID  PPID  C PRI  NI ADDR SZ WCHAN   TTY        TIME CMD
4 S     0 14836 14835  0  90  10 - 29068 wait    pts/0  00:00:00 bash
0 R     0 19900 14836  0  90  10 - 30319 -       pts/0  00:00:00 ps

[root@study ~]# renice -5 14836
14836 (process ID) old priority 10, new priority -5

[root@study ~]# ps -l
F S   UID   PID  PPID  C PRI  NI ADDR SZ WCHAN   TTY        TIME CMD
4 S     0 14836 14835  0  75  -5 - 29068 wait    pts/0  00:00:00 bash
0 R     0 19910 14836  0  75  -5 - 30319 -       pts/0  00:00:00 ps
```

如果要調整的是已經存在的某個程序的話，那麼就得要使用 renice 了。使用的方法很簡單，renice 後面接上數值及 PID 即可。因為後面接的是 PID，所以你務必要以 ps 或者其他程序觀察的指令去找出 PID 才行啊！

由上面這個範例當中我們也看的出來，雖然修改的是 bash 那個程序，但是該程序所觸發的 ps 指令當中的 nice 也會繼承而為 -5 喔！瞭解了吧！整個 nice 值是可以在父程序 --> 子程序之間傳遞的呢！另外，除了 renice 之外，其實那個 top 同樣也是可以調整 nice 值的！

## 16.3.4 系統資源的觀察

除了系統的程序之外，我們還必須就系統的一些資源進行檢查啊！舉例來說，我們使用 top 可以看到很多系統的資源對吧！那麼，還有沒有其他的工具可以查閱的？當然有啊！底下這些工具指令可以玩一玩！

◆ free：觀察記憶體使用情況

```
[root@study ~]# free [-b|-k|-m|-g|-h] [-t] [-s N -c N]
選項與參數：
-b ：直接輸入 free 時，顯示的單位是 Kbytes，我們可以使用 b(bytes)，m(Mbytes)
     k(Kbytes)，及 g(Gbytes) 來顯示單位喔！也可以直接讓系統自己指定單位 (-h)
-t ：在輸出的最終結果，顯示實體記憶體與 swap 的總量。
```

-s ：可以讓系統每幾秒鐘輸出一次，不間斷的一直輸出的意思！對於系統觀察挺有效！
-c ：與 -s 同時處理～讓 free 列出幾次的意思～

範例一：顯示目前系統的記憶體容量
```
[root@study ~]# free -m
              total        used        free      shared  buff/cache   available
Mem：          2848         346        1794           8         706        2263
Swap：         1023           0        1023
```

仔細看看，我的系統當中有 2848MB 左右的實體記憶體，我的 swap 有 1GB 左右，那我使用 free -m 以 MBytes 來顯示時，就會出現上面的資訊。Mem 那一行顯示的是實體記憶體的量，Swap 則是記憶體置換空間的量。total 是總量，used 是已被使用的量，free則是剩餘可用的量。後面的 shared/buffers/cached 則是在已被使用的量當中，用來作為緩衝及快取的量，這些 shared/buffers/cached 的用量中，在系統比較忙碌時，可以被釋出而繼續利用！因此後面就有一個 available (可用的) 數值！

請看上頭範例一的輸出，我們可以發現這部測試機根本沒有什麼特別的服務，但是竟然有 706MB 左右的 cache 耶！因為鳥哥在測試過程中還是有讀/寫/執行很多的檔案嘛！這些檔案就會被系統暫時快取下來，等待下次運作時可以更快速的取出之意！也就是說，系統是『很有效率的將所有的記憶體用光光』，目的是為了讓系統的存取效能加速啦！

很多朋友都會問到這個問題『我的系統明明很輕鬆，為何記憶體會被用光光？』現在瞭了吧？被用光是正常的！而需要注意的反而是 swap 的量。一般來說，swap 最好不要被使用，尤其 swap 最好不要被使用超過 20% 以上，如果你發現 swap 的用量超過20%，那麼，最好還是買實體記憶體來插吧！因為，Swap 的效能跟實體記憶體實在差很多，而系統會使用到 swap，絕對是因為實體記憶體不足了才會這樣做的！如此，瞭解吧！

> Linux 系統為了要加速系統效能，所以會將最常使用到的或者是最近使用到的檔案資料快取 (cache) 下來，這樣未來系統要使用該檔案時，就直接由記憶體中搜尋取出，而不需要重新讀取硬碟，速度上面當然就加快了！因此，實體記憶體被用光是正常的喔！

◆ uname：查閱系統與核心相關資訊

```
[root@study ~]# uname [-asrmpi]
```
選項與參數：
-a ：所有系統相關的資訊，包括底下的資料都會被列出來；
-s ：系統核心名稱
-r ：核心的版本

-m ：本系統的硬體名稱，例如 i686 或 x86_64 等；
-p ：CPU 的類型，與 -m 類似，只是顯示的是 CPU 的類型！
-i ：硬體的平台 (ix86)

範例一：輸出系統的基本資訊
```
[root@study ~]# uname -a
Linux study.centos.vbird 3.10.0-229.el7.x86_64 #1 SMP Fri Mar 6 11:36:42 UTC 2015
x86_64 x86_64 x86_64 GNU/Linux
```

這個東東我們前面使用過很多次了喔！uname 可以列出目前系統的核心版本、主要硬體平台以及 CPU 類型等等的資訊。以上面範例一的狀態來說，我的 Linux 主機使用的核心名稱為 Linux，而主機名稱為 study.centos.vbird，核心的版本為 3.10.0-229.el7.x86_64，該核心版本建立的日期為 2015-3-6，適用的硬體平台為 x86_64 以上等級的硬體平台喔。

◆ uptime：**觀察系統啟動時間與工作負載**

這個指令很單純呢！就是顯示出目前系統已經開機多久的時間，以及 1，5，15 分鐘的平均負載就是了。還記得 top 吧？沒錯啦！這個 uptime 可以顯示出 top 畫面的最上面一行！

```
[root@study ~]# uptime
 02:35:27 up  7:48,  3 users,  load average：0.00, 0.01, 0.05
# top 這個指令已經談過相關資訊，不再聊！
```

◆ netstat ：**追蹤網路或插槽檔**

這個 netstat 也是挺好玩的，其實這個指令比較常被用在網路的監控方面，不過，在程序管理方面也是需要瞭解的啦！這個指令的執行如下所示：基本上，netstat 的輸出分為兩大部分，分別是網路與系統自己的程序相關性部分：

```
[root@study ~]# netstat -[atunlp]
選項與參數：
-a ：將目前系統上所有的連線、監聽、Socket 資料都列出來
-t ：列出 tcp 網路封包的資料
-u ：列出 udp 網路封包的資料
-n ：不以程序的服務名稱，以埠號 (port number) 來顯示；
-l ：列出目前正在網路監聽 (listen) 的服務；
-p ：列出該網路服務的程序 PID
```

範例一：列出目前系統已經建立的網路連線與 unix socket 狀態
```
[root@study ~]# netstat
Active Internet connections (w/o servers) <==與網路較相關的部分
```

```
Proto Recv-Q Send-Q Local Address        Foreign Address       State
tcp        0        0 172.16.15.100:ssh   172.16.220.234:48300   ESTABLISHED
Active UNIX domain sockets (w/o servers)  <==與本機的程序自己的相關性(非網路)
Proto RefCnt Flags       Type        State        I-Node  Path
unix  2      [ ]         DGRAM                     1902    @/org/freedesktop/
ystemd1/notify
unix  2      [ ]         DGRAM                     1944    /run/systemd/shutdownd
....(中間省略)....
unix  3      [ ]         STREAM      CONNECTED     25425   @/tmp/.X11-unix/X0
unix  3      [ ]         STREAM      CONNECTED     28893
unix  3      [ ]         STREAM      CONNECTED     21262
```

在上面的結果當中，顯示了兩個部分，分別是網路的連線以及 linux 上面的 socket 程序相關性部分。我們先來看看網際網路連線情況的部分：

- Proto：網路的封包協定，主要分為 TCP 與 UDP 封包，相關資料請參考伺服器篇。

- Recv-Q：非由使用者程式連結到此 socket 的複製的總 bytes 數。

- Send-Q：非由遠端主機傳送過來的 acknowledged 總 bytes 數。

- Local Address：本地端的 IP:port 情況。

- Foreign Address：遠端主機的 IP:port 情況。

- State：連線狀態，主要有建立 (ESTABLISED) 及監聽 (LISTEN)。

我們看上面僅有一條連線的資料，它的意義是：『透過 TCP 封包的連線，遠端的 172.16.220.234:48300 連線到本地端的 172.16.15.100:ssh，這條連線狀態是建立 (ESTABLISHED) 的狀態！』至於更多的網路環境說明，就得到鳥哥的另一本伺服器篇查閱囉！

除了網路上的連線之外，其實 Linux 系統上面的程序是可以接收不同程序所發送來的資訊，那就是 Linux 上頭的插槽檔 (socket file)。我們在第五章的檔案種類有稍微提到 socket 檔案，但當時未談到程序的概念，所以沒有深入談論。socket file 可以溝通兩個程序之間的資訊，因此程序可以取得對方傳送過來的資料。由於有 socket file，因此類似 X Window 這種需要透過網路連接的軟體，目前新版的 distributions 就以 socket 來進行視窗介面的連線溝通了。上表中 socket file 的輸出欄位有：

- Proto：一般就是 unix 啦。

- RefCnt：連接到此 socket 的程序數量。

- Flags：連線的旗標。

- Type：socket 存取的類型。主要有確認連線的 STREAM 與不需確認的 DGRAM 兩種。

■ State：若為 CONNECTED 表示多個程序之間已經連線建立。

■ Path：連接到此 socket 的相關程式的路徑！或者是相關資料輸出的路徑。

以上表的輸出為例，最後那三行在 /tmp/.xx 底下的資料，就是 X Window 視窗介面的相關程序啦！而 PATH 指向的就是這些程序要交換資料的插槽檔案囉！好！那麼 netstat 可以幫我們進行什麼任務呢？很多喔！我們先來看看，利用 netstat 去看看我們的哪些程序有啟動哪些網路的『後門』呢？

```
範例二：找出目前系統上已在監聽的網路連線及其 PID
[root@study ~]# netstat -tulnp
Active Internet connections (only servers)
Proto Recv-Q Send-Q Local Address       Foreign Address    State    PID/Program name
tcp     0      0 0.0.0.0:22          0.0.0.0:*          LISTEN   1326/sshd
tcp     0      0 127.0.0.1:25        0.0.0.0:*          LISTEN   2349/master
tcp6    0      0 :::22               :::*               LISTEN   1326/sshd
tcp6    0      0 ::1:25              :::*               LISTEN   2349/master
udp     0      0 0.0.0.0:123         0.0.0.0:*                   751/chronyd
udp     0      0 127.0.0.1:323       0.0.0.0:*                   751/chronyd
udp     0      0 0.0.0.0:57808       0.0.0.0:*                   743/avahi-daemon:r
udp     0      0 0.0.0.0:5353        0.0.0.0:*                   743/avahi-daemon:r
udp6    0      0 :::123              :::*                        751/chronyd
udp6    0      0 ::1:323             :::*                        751/chronyd
# 除了可以列出監聽網路的介面與狀態之外，最後一個欄位還能夠顯示此服務的
# PID 號碼以及程序的指令名稱喔！例如上頭的 1326 就是該 PID

範例三：將上述的 0.0.0.0:57808 那個網路服務關閉的話？
[root@study ~]# kill -9 743
[root@study ~]# killall -9 avahi-daemon
```

很多朋友常常有疑問，那就是，我的主機目前到底開了幾個門(ports)！其實，不論主機提供什麼樣的服務，一定必須要有相對應的 program 在主機上面執行才行啊！舉例來說，我們鳥園的 Linux 主機提供的就是 WWW 服務，那麼我的主機當然有一個程式在提供 WWW 的服務啊！那就是 Apache 這個軟體所提供的啦！^_^。所以，當我執行了這個程式之後，我的系統自然就可以提供 WWW 的服務了。那如何關閉啊？就關掉該程式所觸發的那個程序就好了！例如上面的範例三所提供的例子啊！不過，這個是非正規的作法喔！正規的作法，請查閱下一章的說明呦！

◆ dmesg：分析核心產生的訊息

系統在開機的時候，核心會去偵測系統的硬體，你的某些硬體到底有沒有被捉到，那就與這個時候的偵測有關。但是這些偵測的過程要不是沒有顯示在螢幕上，就是很飛快的

在螢幕上一閃而逝！能不能把核心偵測的訊息捉出來瞧瞧？可以的，那就使用 dmesg 吧！

所有核心偵測的訊息，不管是開機時候還是系統運作過程中，反正只要是核心產生的訊息，都會被記錄到記憶體中的某個保護區段。dmesg 這個指令就能夠將該區段的訊息讀出來的！因為訊息實在太多了，所以執行時可以加入這個管線指令『 | more 』來使畫面暫停！

範例一：輸出所有的核心開機時的資訊
```
[root@study ~]# dmesg | more
```

範例二：搜尋開機的時候，硬碟的相關資訊為何？
```
[root@study ~]# dmesg | grep -i vda
[    0.758551]  vda：vda1 vda2 vda3 vda4 vda5 vda6 vda7 vda8 vda9
[    3.964134] XFS (vda2)：Mounting V4 Filesystem
....(底下省略)....
```

由範例二就知道我這部主機的硬碟的格式是什麼了吧！

◆ **vmstat ：偵測系統資源變化**

如果你想要動態的瞭解一下系統資源的運作，那麼這個 vmstat 確實可以玩一玩！vmstat 可以偵測『 CPU / 記憶體 / 磁碟輸入輸出狀態 』等等，如果你想要瞭解一部繁忙的系統到底是哪個環節最累人，可以使用 vmstat 分析看看。底下是常見的選項與參數說明：

```
[root@study ~]# vmstat [-a] [延遲 [總計偵測次數]] <==CPU/記憶體等資訊
[root@study ~]# vmstat [-fs]                      <==記憶體相關
[root@study ~]# vmstat [-S 單位]                  <==設定顯示數據的單位
[root@study ~]# vmstat [-d]                       <==與磁碟有關
[root@study ~]# vmstat [-p 分割槽]                <==與磁碟有關
選項與參數：
-a  ：使用 inactive/active(活躍與否) 取代 buffer/cache 的記憶體輸出資訊；
-f  ：開機到目前為止，系統複製 (fork) 的程序數；
-s  ：將一些事件 (開機至目前為止) 導致的記憶體變化情況列表說明；
-S  ：後面可以接單位，讓顯示的資料有單位。例如 K/M 取代 bytes 的容量；
-d  ：列出磁碟的讀寫總量統計表
-p  ：後面列出分割槽，可顯示該分割槽的讀寫總量統計表
```

範例一：統計目前主機 CPU 狀態，每秒一次，共計三次！
```
[root@study ~]# vmstat 1 3
procs -----------memory---------- ---swap-- -----io---- -system-- ------cpu-----
 r  b   swpd   free   buff  cache   si   so    bi    bo   in   cs us sy id wa st
```

| 1 | 0 | 0 | 1838092 | 1504 | 722216 | 0 | 0 | 4 | 1 | 6 | 9 | 0 | 0 | 100 | 0 | 0 |
| 0 | 0 | 0 | 1838092 | 1504 | 722200 | 0 | 0 | 0 | 0 | 13 | 23 | 0 | 0 | 100 | 0 | 0 |
| 0 | 0 | 0 | 1838092 | 1504 | 722200 | 0 | 0 | 0 | 0 | 25 | 46 | 0 | 0 | 100 | 0 | 0 |

利用 vmstat 甚至可以進行追蹤喔！你可以使用類似『 vmstat 5 』代表每五秒鐘更新一次，且無窮的更新！直到你按下 [ctrl]-c 為止。如果你想要即時的知道系統資源的運作狀態，這個指令就不能不知道！那麼上面的表格各項欄位的意義為何？基本說明如下：

■ 程序欄位 (procs) 的項目分別為：

r ：等待運作中的程序數量；b：不可被喚醒的程序數量。這兩個項目越多，代表系統越忙碌 (因為系統太忙，所以很多程序就無法被執行或一直在等待而無法被喚醒之故)。

■ 記憶體欄位 (memory) 項目分別為：

swpd：虛擬記憶體被使用的容量； free：未被使用的記憶體容量； buff：用於緩衝記憶體； cache：用於快取記憶體。這部分則與 free 是相同的。

■ 記憶體置換空間 (swap) 的項目分別為：

si：由磁碟中將程序取出的量； so：由於記憶體不足而將沒用到的程序寫入到磁碟的 swap 的容量。如果 si/so 的數值太大，表示記憶體內的資料常常得在磁碟與主記憶體之間傳來傳去，系統效能會很差！

■ 磁碟讀寫 (io) 的項目分別為：

bi：由磁碟讀入的區塊數量； bo：寫入到磁碟去的區塊數量。如果這部分的值越高，代表系統的 I/O 非常忙碌！

■ 系統 (system) 的項目分別為：

in：每秒被中斷的程序次數； cs：每秒鐘進行的事件切換次數；這兩個數值越大，代表系統與周邊設備的溝通非常頻繁！這些周邊設備當然包括磁碟、網路卡、時間鐘等。

■ CPU 的項目分別為：

us：非核心層的 CPU 使用狀態； sy：核心層所使用的 CPU 狀態； id：閒置的狀態； wa：等待 I/O 所耗費的 CPU 狀態； st：被虛擬機器 (virtual machine) 所盜用的 CPU 使用狀態 (2.6.11 以後才支援)。

由於鳥哥的機器是測試機，所以並沒有什麼 I/O 或者是 CPU 忙碌的情況。如果改天你的伺服器非常忙碌時，記得使用 vmstat 去看看，到底是哪個部分的資源被使用的最為頻繁！一般來說，如果 I/O 部分很忙碌的話，你的系統會變的非常慢！讓我們再來看看，那麼磁碟的部分該如何觀察：

範例二：系統上面所有的磁碟的讀寫狀態

```
[root@study ~]# vmstat -d
disk- ------------reads------------ ------------writes----------- -----IO------
       total merged sectors     ms  total merged sectors     ms   cur   sec
vda    21928      0  992587  47490   7239   2225  258449  13331     0    26
sda      395      1    3168    213      0      0       0      0     0     0
sr0        0      0       0      0      0      0       0      0     0     0
dm-0   19139      0  949575  44608   7672      0  202251  16264     0    25
dm-1     336      0    2688    327      0      0       0      0     0     0
md0      212      0    1221      0     14      0    4306      0     0     0
dm-2     218      0    9922    565     54      0    4672    128     0     0
dm-3     179      0     957    182     11      0    4306     68     0     0
```

詳細的各欄位就請諸位大德查閱一下 man vmstat 囉！反正與讀寫有關啦！這樣瞭解乎！

# 16.4 特殊檔案與程序

我們在第六章曾經談到特殊權限的 SUID/SGID/SBIT，雖然第六章已經將這三種特殊權限作了詳細的解釋，不過，我們依舊要來探討的是，那麼到底這些權限對於你的『程序』是如何影響的？此外，程序可能會會使用到系統資源，舉例來說，磁碟就是其中一項資源。哪天你在 umount 磁碟時，系統老是出現『 device is busy 』的字樣～到底是怎麼回事啊？我們底下就來談一談這些和程序有關係的細節部分：

## 16.4.1 具有 SUID/SGID 權限的指令執行狀態

SUID 的權限其實與程序的相關性非常的大！為什麼呢？先來看看 SUID 的程式是如何被一般使用者執行，且具有什麼特色呢？

◆ SUID 權限僅對二進位程式(binary program)有效。

◆ 執行者對於該程式需要具有 x 的可執行權限。

◆ 本權限僅在執行該程式的過程中有效 (run-time)。

◆ 執行者將具有該程式擁有者 (owner) 的權限。

所以說，整個 SUID 的權限會生效是由於『具有該權限的程式被觸發』，而我們知道一個程式被觸發會變成程序，所以囉，執行者可以具有程式擁有者的權限就是在該程式變成程序的那個時候啦！第六章我們還沒談到程序的概念，所以你或許那時候會覺得很奇怪，為啥執行了 passwd 後你就具有 root 的權限呢？不都是一般使用者執行的嗎？這是因為你在觸發

passwd 後，會取得一個新的程序與 PID，該 PID 產生時透過 SUID 來給予該 PID 特殊的權限設定啦！我們使用 dmtsai 登入系統且執行 passwd 後，透過工作控制來理解一下！

```
[dmtsai@study ~]$ passwd
Changing password for user dmtsai.
Changing password for dmtsai
(current) UNIX password：<==這裡按下 [ctrl]-z 並且按下 [enter]
[1]+  Stopped                 passwd

[dmtsai@study ~]$ pstree -uA
systemd-+-ModemManager---2*[{ModemManager}]
....(中間省略)....
        |-sshd---sshd---sshd(dmtsai)---bash-+-passwd(root)
        |                                   `-pstree
....(底下省略)....
```

從上表的結果我們可以發現，底線的部分是屬於 dmtsai 這個一般帳號的權限，特殊字體的則是 root 的權限！但你看到了，passwd 確實是由 bash 衍生出來的！不過就是權限不一樣！透過這樣的解析，你也會比較清楚為何不同程式所產生的權限不同了吧！這是由於『SUID 程式運作過程中產生的程序』的關係啦！

那麼既然 SUID/SGID 的權限是比較可怕的，你該如何查詢整個系統的 SUID/SGID 的檔案呢？應該是還不會忘記吧？使用 find 即可啊！

```
find / -perm /6000
```

## 16.4.2  /proc/* 代表的意義

其實，我們之前提到的所謂的程序都是在記憶體當中嘛！而記憶體當中的資料又都是寫入到 /proc/* 這個目錄下的，所以囉，我們當然可以直接觀察 /proc 這個目錄當中的檔案啊！如果你觀察過 /proc 這個目錄的話，應該會發現它有點像這樣：

```
[root@study ~]# ll /proc
dr-xr-xr-x. 8 root          root          0 Aug  4 18:46 1
dr-xr-xr-x. 8 root          root          0 Aug  4 18:46 10
dr-xr-xr-x. 8 root          root          0 Aug  4 18:47 10548
....(中間省略)....
-r--r--r--. 1 root          root          0 Aug  5 17:48 uptime
-r--r--r--. 1 root          root          0 Aug  5 17:48 version
-r--------. 1 root          root          0 Aug  5 17:48 vmallocinfo
-r--r--r--. 1 root          root          0 Aug  5 17:48 vmstat
-r--r--r--. 1 root          root          0 Aug  5 17:48 zoneinfo
```

基本上，目前主機上面的各個程序的 PID 都是以目錄的型態存在於 /proc 當中。舉例來說，我們開機所執行的第一支程式 systemd 它的 PID 是 1，這個 PID 的所有相關資訊都寫入在 /proc/1/* 當中！若我們直接觀察 PID 為 1 的資料好了，它有點像這樣：

```
[root@study ~]# ll /proc/1
dr-xr-xr-x. 2 root root 0 Aug  4 19:25 attr
-rw-r--r--. 1 root root 0 Aug  4 19:25 autogroup
-r--------. 1 root root 0 Aug  4 19:25 auxv
-r--r--r--. 1 root root 0 Aug  4 18:46 cgroup
--w-------. 1 root root 0 Aug  4 19:25 clear_refs
-r--r--r--. 1 root root 0 Aug  4 18:46 cmdline    <==就是指令串
-r--------. 1 root root 0 Aug  4 18:46 environ    <==一些環境變數
lrwxrwxrwx. 1 root root 0 Aug  4 18:46 exe
....(以下省略)....
```

裡面的資料還挺多的，不過，比較有趣的其實是兩個檔案，分別是：

◆ cmdline：這個程序被啟動的指令串。

◆ environ：這個程序的環境變數內容。

很有趣吧！如果你查閱一下 cmdline 的話，就會發現：

```
[root@study ~]# cat /proc/1/cmdline
/usr/lib/systemd/systemd--switched-root--system--deserialize24
```

就是這個指令、選項與參數啟動 systemd 的啦！這還是跟某個特定的 PID 有關的內容呢，如果是針對整個 Linux 系統相關的參數呢？那就是在 /proc 目錄底下的檔案啦！相關的檔案與對應的內容是這樣的：[註3]

| 檔名 | 檔案內容 |
|---|---|
| /proc/cmdline | 載入 kernel 時所下達的相關指令與參數！查閱此檔案，可瞭解指令是如何啟動的！ |
| /proc/cpuinfo | 本機的 CPU 的相關資訊，包含時脈、類型與運算功能等。 |
| /proc/devices | 這個檔案記錄了系統各個主要裝置的主要裝置代號，與 mknod 有關呢！ |
| /proc/filesystems | 目前系統已經載入的檔案系統囉！ |
| /proc/interrupts | 目前系統上面的 IRQ 分配狀態。 |
| /proc/ioports | 目前系統上面各個裝置所配置的 I/O 位址。 |
| /proc/kcore | 這個就是記憶體的大小啦！好大對吧！但是不要讀它啦！ |

| 檔名 | 檔案內容 |
|---|---|
| /proc/loadavg | 還記得 top 以及 uptime 吧？沒錯！上頭的三個平均數值就是記錄在此！ |
| /proc/meminfo | 使用 free 列出的記憶體資訊，嘿嘿！在這裡也能夠查閱到！ |
| /proc/modules | 目前我們的 Linux 已經載入的模組列表，也可以想成是驅動程式啦！ |
| /proc/mounts | 系統已經掛載的資料，就是用 mount 這個指令呼叫出來的資料啦！ |
| /proc/swaps | 到底系統掛載入的記憶體在哪裡？呵呵！使用掉的 partition 就記錄在此啦！ |
| /proc/partitions | 使用 fdisk -l 會出現目前所有的 partition 吧？在這個檔案當中也有紀錄喔！ |
| /proc/uptime | 就是用 uptime 的時候，會出現的資訊啦！ |
| /proc/version | 核心的版本，就是用 uname -a 顯示的內容啦！ |
| /proc/bus/* | 一些匯流排的裝置，還有 USB 的裝置也記錄在此喔！ |

其實，上面這些檔案鳥哥在此建議你可以使用 cat 去查閱看看，不必深入瞭解，不過，觀看過檔案內容後，畢竟會比較有感覺啦！如果未來你想要自行撰寫某些工具軟體，那麼這個目錄底下的相關檔案可能會對你有點幫助的喔！

### 16.4.3  查詢已開啟檔案或已執行程序開啟之檔案

其實還有一些與程序相關的指令可以值得參考與應用的，我們來談一談：

◆ **fuser：藉由檔案(或檔案系統)找出正在使用該檔案的程序**

有的時候我想要知道我的程序到底在這次啟動過程中開啟了多少檔案，可以利用 fuser 來觀察啦！舉例來說，你如果卸載時發現系統通知：『 device is busy 』，那表示這個檔案系統正在忙碌中，表示有某支程序有利用到該檔案系統啦！那麼你就可以利用 fuser 來追蹤囉！fuser 語法有點像這樣：

```
[root@study ~]# fuser [-umv] [-k [i] [-signal]] file/dir
選項與參數：
-u  ：除了程序的 PID 之外，同時列出該程序的擁有者；
-m  ：後面接的那個檔名會主動的上提到該檔案系統的最頂層，對 umount 不成功很有效！
-v  ：可以列出每個檔案與程序還有指令的完整相關性！
-k  ：找出使用該檔案/目錄的 PID，並試圖以 SIGKILL 這個訊號給予該 PID；
-i  ：必須與 -k 配合，在刪除 PID 之前會先詢問使用者意願！
-signal：例如 -1 -15 等等，若不加的話，預設是 SIGKILL (-9) 囉！
```

範例一：找出目前所在目錄的使用 PID/所屬帳號/權限 為何？
```
[root@study ~]# fuser -uv .
                        USER          PID ACCESS COMMAND
/root:                  root        13888 ..c.. (root)bash
                        root        31743 ..c.. (root)bash
```

看到輸出的結果沒？它說『.』底下有兩個 PID 分別為 13888，31743 的程序，該程序屬於 root 且指令為 bash。比較有趣的是那個 ACCESS 的項目，那個項目代表的意義為：

- c ：此程序在當前的目錄下(非次目錄)。
- e ：可被觸發為執行狀態。
- f ：是一個被開啟的檔案。
- r ：代表頂層目錄 (root directory) 。
- F ：該檔案被開啟了，不過在等待回應中。
- m ：可能為分享的動態函式庫。

那如果你想要查閱某個檔案系統底下有多少程序正在佔用該檔案系統時，那個 -m 的選項就很有幫助了！讓我們來做幾個簡單的測試，包括實體的檔案系統掛載與 /proc 這個虛擬檔案系統的內容，看看有多少的程序對這些掛載點或其他目錄的使用狀態吧！

範例二：找到所有使用到 /proc 這個檔案系統的程序吧！
```
[root@study ~]# fuser -uv /proc
/proc:                  root        kernel mount (root)/proc
                        rtkit          768 .rc.. (rtkit)rtkit-daemon
# 資料量還不會很多，雖然這個目錄很繁忙～沒關係！我們可以繼續這樣做，看看其他的程序！
[root@study ~]# fuser -mvu /proc
                        USER          PID ACCESS COMMAND
/proc:                  root        kernel mount (root)/proc
                        root            1 f.... (root)systemd
                        root            2 ...e. (root)kthreadd
.....(底下省略).....
# 有這幾支程序在進行 /proc 檔案系統的存取喔！這樣清楚了嗎？
```

範例三：找到所有使用到 /home 這個檔案系統的程序吧！
```
[root@study ~]# echo $$
31743   # 先確認一下，自己的 bash PID 號碼吧！
[root@study ~]# cd /home
[root@study home]# fuser -muv .
                        USER          PID ACCESS COMMAND
```

```
/home:              root      kernel mount (root)/home
                    dmtsai    31535 ..c.. (dmtsai)bash
                    root      31571 ..c.. (root)passwd
                    root      31737 ..c.. (root)sudo
                    root      31743 ..c.. (root)bash      # 果然，自己的 PID 在啊！
[root@study home]# cd ~
[root@study ~]# umount /home
umount：/home：target is busy.
        (In some cases useful info about processes that use
         the device is found by lsof(8) or fuser(1))
# 從 fuser 的結果可以知道，總共有五支 process 在該目錄下運作，那即使 root 離開了 /home，
# 當然還是無法 umount 的！那要怎辦？哈哈！可以透過如下方法一個一個刪除～
[root@study ~]# fuser -mki /home
/home:              31535c 31571c 31737c   # 你會發現，PID 跟上面查到的相同！
Kill process 31535？(y/N)  # 這裡會問你要不要刪除！當然不要亂刪除啦！通通取消！
```

既然可以針對整個檔案系統，那麼能不能僅針對單一檔案啊？當然可以囉！看一下底下的案例先：

```
範例四：找到 /run 底下屬於 FIFO 類型的檔案，並且找出存取該檔案的程序
[root@study ~]# find /run -type p
.....(前面省略).....
/run/systemd/sessions/165.ref
/run/systemd/sessions/1.ref
/run/systemd/sessions/c1.ref    # 隨便抓個項目！就是這個好了！來測試一下！

[root@study ~]# fuser -uv /run/systemd/sessions/c1.ref
                  USER        PID ACCESS COMMAND
/run/systemd/sessions/c1.ref:
                  root        763 f.... (root)systemd-logind
                  root       5450 F.... (root)gdm-session-wor
# 通常系統的 FIFO 檔案都會放置到 /run 底下，透過這個方式來追蹤該檔案被存取的 process！
# 也能夠曉得系統有多忙碌啊！呵呵！
```

如何？很有趣的一個指令吧！透過這個 fuser 我們可以找出使用該檔案、目錄的程序，藉以觀察的啦！它的重點與 ps，pstree 不同。fuser 可以讓我們瞭解到某個檔案 (或檔案系統) 目前正在被哪些程序所利用！

◆ lsof ：列出被程序所開啟的檔案檔名

相對於 fuser 是由檔案或者裝置去找出使用該檔案或裝置的程序，反過來說，如何查出某個程序開啟或者使用的檔案與裝置呢？呼呼！那就是使用 lsof 囉～

```
[root@study ~]# lsof [-aUu] [+d]
選項與參數：
-a  ：多項資料需要『同時成立』才顯示出結果時！
-U  ：僅列出 Unix like 系統的 socket 檔案類型；
-u  ：後面接 username，列出該使用者相關程序所開啟的檔案；
+d  ：後面接目錄，亦即找出某個目錄底下已經被開啟的檔案！
```

範例一：列出目前系統上面所有已經被開啟的檔案與裝置：

```
[root@study ~]# lsof
COMMAND   PID  TID    USER   FD    TYPE   DEVICE   SIZE/OFF    NODE NAME
systemd   1           root   cwd   DIR    253,0    4096        128 /
systemd   1           root   rtd   DIR    253,0    4096        128 /
systemd   1           root   txt   REG    253,0    1230920     967763 /usr/lib/systemd/
systemd
....(底下省略)....
# 注意到了嗎？是的，在預設的情況下，lsof 會將目前系統上面已經開啟的
# 檔案全部列出來～所以，畫面多的嚇人啊！你可以注意到，第一個檔案 systemd 執行的
# 地方就在根目錄，而根目錄，嘿嘿！所在的 inode 也有顯示出來喔！
```

範例二：僅列出關於 root 的所有程序開啟的 socket 檔案

```
[root@study ~]# lsof -u root -a -U
COMMAND     PID USER  FD   TYPE          DEVICE SIZE/OFF  NODE  NAME
systemd       1 root  3u   unix 0xffff8800b7756580   0t0  13715 socket
systemd       1 root  9u   unix 0xffff8800b7756d00   0t0   1903 /run/systemd/private
.....(中間省略).....
Xorg       4496 root  1u   unix 0xffff8800ab107480   0t0  25981 @/tmp/.X11-unix/X0
Xorg       4496 root  3u   unix 0xffff8800ab107840   0t0  25982 /tmp/.X11-unix/X0
Xorg       4496 root  16u  unix 0xffff8800b7754f00   0t0  25174 @/tmp/.X11-unix/X0
.....(底下省略).....
# 注意到那個 -a 吧！如果你分別輸入 lsof -u root 及 lsof -U，會有啥資訊？
# 使用 lsof -u root -U 及 lsof -u root -a -U，呵呵！都不同啦！
# -a 的用途就是在解決同時需要兩個項目都成立時啊！^_^
```

範例三：請列出目前系統上面所有的被啟動的周邊裝置

```
[root@study ~]# lsof +d /dev
COMMAND     PID        USER   FD   TYPE       DEVICE SIZE/OFF NODE NAME
systemd       1        root   0u   CHR        1,3       0t0  1028 /dev/null
systemd       1        root   1u   CHR        1,3       0t0  1028 /dev/null
# 看吧！因為裝置都在 /dev 裡面嘛！所以囉，使用搜尋目錄即可啊！
```

範例四：秀出屬於 root 的 bash 這支程式所開啟的檔案

```
[root@study ~]# lsof -u root | grep bash
```

```
ksmtuned      781 root   txt    REG    253,0    960384    33867220 /usr/bin/bash
bash        13888 root   cwd    DIR    253,0      4096    50331777 /root
bash        13888 root   rtd    DIR    253,0      4096         128 /
bash        13888 root   txt    REG    253,0    960384    33867220 /usr/bin/bash
bash        13888 root   mem    REG  253,0 106065056   17331169 /usr/lib/locale/locale-archive
....(底下省略)....
```

這個指令可以找出你想要知道的某個程序是否有啟用哪些資訊？例如上頭提到的範例四的執行結果呢！^_^

◆ **pidof：找出某支正在執行的程式的 PID**

```
[root@study ~]# pidof [-sx] program_name
選項與參數：
-s  ：僅列出一個 PID 而不列出所有的 PID
-x  ：同時列出該 program name 可能的 PPID 那個程序的 PID

範例一：列出目前系統上面 systemd 以及 rsyslogd 這兩個程式的 PID
[root@study ~]# pidof systemd rsyslogd
1 742
# 理論上，應該會有兩個 PID 才對。上面的顯示也是出現了兩個 PID 喔。
# 分別是 systemd 及 rsyslogd 這兩支程式的 PID 啦。
```

很簡單的用法吧，透過這個 pidof 指令，並且配合 ps aux 與正規表示法，就可以很輕易的找到你所想要的程序內容了呢。如果要找的是 bash，那就 pidof bash，立刻列出一堆 PID 號碼了～

## 16.5　SELinux 初探

從進入了 CentOS 5.x 之後的 CentOS 版本中 (當然包括 CentOS 7)，SELinux 已經是個非常完備的核心模組了！尤其 CentOS 提供了很多管理 SELinux 的指令與機制，因此在整體架構上面是單純且容易操作管理的！所以，在沒有自行開發網路服務軟體以及使用其他第三方協力軟體的情況下，也就是全部使用 CentOS 官方提供的軟體來使用我們伺服器的情況下，建議大家不要關閉 SELinux 了喔！讓我們來仔細的玩玩這傢伙吧！

### 16.5.1　什麼是 SELinux？

什麼是 SELinux 呢？**其實它是『 Security Enhanced Linux 』的縮寫，字面上的意義就是安全強化的 Linux 之意**！那麼所謂的『安全強化』是強化哪個部分？是網路資安還是權限管理？底下就讓我們來談談吧！

◆ **當初設計的目標：避免資源的誤用**

SELinux 是由美國國家安全局 (NSA) 開發的，當初開發這玩意兒的目的是因為**很多企業界發現，通常系統出現問題的原因大部分都在於『內部員工的資源誤用』所導致的，實際由外部發動的攻擊反而沒有這麼嚴重**。那麼什麼是『員工資源誤用』呢？舉例來說，如果有個不是很懂系統的系統管理員為了自己設定的方便，將網頁所在目錄 /var/www/html/ 的權限設定為 drwxrwxrwx 時，你覺得會有什麼事情發生？

現在我們知道所有的系統資源都是透過程序來進行存取的，那麼 /var/www/html/ 如果設定為 777，代表所有程序均可對該目錄存取，萬一你真的有啟動 WWW 伺服器軟體，那麼該軟體所觸發的程序將可以寫入該目錄，而該程序卻是對整個 Internet 提供服務的！只要有心人接觸到這支程序，而且該程序剛好又有提供使用者進行寫入的功能，那麼外部的人很可能就會對你的系統寫入些莫名其妙的東西！那可真是不得了！一個小小的 777 問題可是大大的！

為了控管這方面的權限與程序的問題，所以美國國家安全局就著手處理作業系統這方面的控管。由於 Linux 是自由軟體，程式碼都是公開的，因此她們便使用 Linux 來作為研究的目標，最後更將研究的結果整合到 Linux 核心裡面去，那就是 SELinux 啦！所以說，SELinux 是整合到核心的一個模組喔！更多的 SELinux 相關說明可以參考：

▨ http://www.nsa.gov/research/selinux/

這也就是說：**其實 SELinux 是在進行程序、檔案等細部權限設定依據的一個核心模組！由於啟動網路服務的也是程序，因此剛好也能夠控制網路服務能否存取系統資源的一道關卡！**所以，在講到 SELinux 對系統的存取控制之前，我們得先來回顧一下之前談到的系統檔案權限與使用者之間的關係。因為先談完這個你才會知道為何需要 SELinux 的啦！

◆ **傳統的檔案權限與帳號關係：自主式存取控制，DAC**

我們第十三章的內容，知道系統的帳號主要分為系統管理員 (root) 與一般用戶，而這兩種身份能否使用系統上面的檔案資源則與 rwx 的權限設定有關。不過你要注意的是，各種權限設定對 root 是無效的。因此，當某個程序想要對檔案進行存取時，系統就會根據該程序的擁有者/群組，並比對檔案的權限，若通過權限檢查，就可以存取該檔案了。

這種存取檔案系統的方式被稱為『**自主式存取控制 (Discretionary Access Control，DAC)**』，基本上，就是依據程序的擁有者與檔案資源的 rwx 權限來決定有無存取的能力。不過這種 DAC 的存取控制有幾個困擾，那就是：

▨ **root 具有最高的權限**：如果不小心某支程序被有心人士取得，且該程序屬於 root 的權限，那麼這支程序就可以在系統上進行任何資源的存取！真是要命！

■ **使用者可以取得程序來變更檔案資源的存取權限**：如果你不小心將某個目錄的權限設定
為 777，由於對任何人的權限會變成 rwx，因此該目錄就會被任何人所任意存取！

這些問題是非常嚴重的！尤其是當你的系統是被某些漫不經心的系統管理員所掌控時！
她們甚至覺得目錄權限調為 777 也沒有什麼了不起的危險哩...

◆ **以政策規則訂定特定程序讀取特定檔案：委任式存取控制，MAC**

現在我們知道 DAC 的困擾就是當使用者取得程序後，他可以藉由這支程序與自己預設
的權限來處理他自己的檔案資源。萬一這個使用者對 Linux 系統不熟，那就很可能會有
資源誤用的問題產生。為了避免 DAC 容易發生的問題，因此 SELinux 導入了委任式存
取控制 (Mandatory Access Control，MAC) 的方法！

委任式存取控制 (MAC) 有趣啦！它可以針對特定的程序與特定的檔案資源來進行權限
的控管！也就是說，即使你是 root，那麼在使用不同的程序時，你所能取得的權限並不
一定是 root，而得要看當時該程序的設定而定。如此一來，我們針對控制的『主體』變
成了『程序』而不是使用者喔！此外，這個主體程序也不能任意使用系統檔案資源，因
為每個檔案資源也有針對該主體程序設定可取用的權限！如此一來，控制項目就細的多
了！但整個系統程序那麼多、檔案那麼多，一項一項控制可就沒完沒了！所以 SELinux
也提供一些預設的政策 (Policy)，並在該政策內提供多個規則 (rule)，讓你可以選擇是否
啟用該控制規則！

在委任式存取控制的設定下，我們的程序能夠活動的空間就變小了！舉例來說，WWW 伺
服器軟體的達成程序為 httpd 這支程式，而預設情況下，httpd 僅能在 /var/www/ 這個目錄
底下存取檔案，如果 httpd 這個程序想要到其他目錄去存取資料時，除了規則設定要開放
外，目標目錄也得要設定成 httpd 可讀取的模式 (type) 才行喔！限制非常多！所以，即使
不小心 httpd 被 cracker 取得了控制權，它也無權瀏覽 /etc/shadow 等重要的設定檔喔！

簡單的來說，針對 Apache 這個 WWW 網路服務使用 DAC 或 MAC 的結果來說，兩者間
的關係可以使用下圖來說明。底下這個圖示取自 Red Hat 訓練教材，真的是很不錯～所
以被鳥哥借用來說明一下！

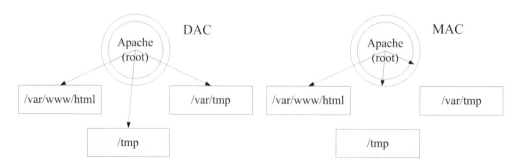

圖 16.5.1　使用 DAC/MAC 產生的不同結果，以 Apache 為例說明

左圖是沒有 SELinux 的 DAC 存取結果，apache 這支 root 所主導的程序，可以在這三個目錄內作任何檔案的新建與修改～相當麻煩～右邊則是加上 SELinux 的 MAC 管理的結果，SELinux 僅會針對 Apache 這個『process』放行部分的目錄，其他的非正規目錄就不會放行給 Apache 使用！因此不管你是誰，就是不能穿透 MAC 的框框！這樣有比較了解乎？

## 16.5.2　SELinux 的運作模式

再次的重複說明一下，SELinux 是透過 MAC 的方式來控管程序，它控制的主體是程序，而目標則是該程序能否讀取的『檔案資源』！所以先來說明一下這些東東的相關性啦！[註4]

◆ **主體 (Subject)**

SELinux 主要想要管理的就是程序，因此你可以將『主體』跟本章談到的 process 劃上等號。

◆ **目標 (Object)**

主體程序能否存取的『目標資源』一般就是檔案系統。因此這個目標項目可以等檔案系統劃上等號。

◆ **政策 (Policy)**

由於程序與檔案數量龐大，因此 SELinux 會依據某些服務來制訂基本的存取安全性政策。這些政策內還會有詳細的規則 (rule) 來指定不同的服務開放某些資源的存取與否。在目前的 CentOS 7.x 裡面僅有提供三個主要的政策，分別是：

- targeted：**針對網路服務限制較多，針對本機限制較少，是預設的政策。**
- minimum：**由 target 修訂而來，僅針對選擇的程序來保護！**
- mls：**完整的 SELinux 限制，限制方面較為嚴格。**

建議使用預設的 targeted 政策即可。

◆ **安全性本文 (security context)**

我們剛剛談到了主體、目標與政策面，但是主體能不能存取目標除了政策指定之外，**主體與目標的安全性本文必須一致才能夠順利存取**。這個安全性本文 (security context) 有點類似檔案系統的 rwx 啦！安全性本文的內容與設定是非常重要的！如果設定錯誤，你的某些服務(主體程序)就無法存取檔案系統(目標資源)，當然就會一直出現『權限不符』的錯誤訊息了！

由於 SELinux 重點在保護程序讀取檔案系統的權限，因此我們將上述的幾個說明搭配起來，繪製成底下的流程圖，比較好理解：

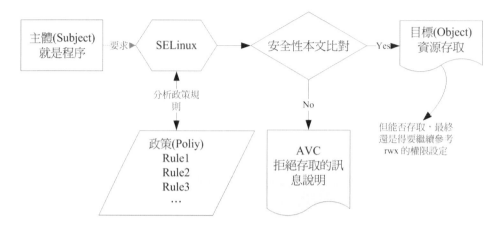

圖 16.5.2　SELinux 運作的各元件之相關性(本圖參考小州老師的上課講義)

　　上圖的重點在『主體』如何取得『目標』的資源存取權限！由上圖我們可以發現，(1)主體程序必須要通過 SELinux 政策內的規則放行後，就可以與目標資源進行安全性本文的比對，(2)若比對失敗則無法存取目標，若比對成功則可以開始存取目標。問題是，最終能否存取目標還是與檔案系統的 rwx 權限設定有關喔！如此一來，加入了 SELinux 之後，出現權限不符的情況時，你就得要一步一步的分析可能的問題了！

◆　**安全性本文 (Security Context)**

CentOS 7.x 的 target 政策已經幫我們制訂好非常多的規則了，因此你只要知道如何開啟/關閉某項規則的放行與否即可。那個安全性本文比較麻煩！因為你可能需要自行設定檔案的安全性本文呢！為何需要自行設定啊？舉例來說，你不也常常進行檔案的 rwx 的重新設定嗎？這個**安全性本文你就將它想成 SELinux 內必備的 rwx 就是了**！這樣比較好理解啦。

安全性本文存在於主體程序中與目標檔案資源中。程序在記憶體內，所以安全性本文可以存入是沒問題。那檔案的安全性本文是記錄在哪裡呢？事實上，**安全性本文是放置到檔案的 inode 內的**，因此主體程序想要讀取目標檔案資源時，同樣需要讀取 inode，這 inode 內就可以比對安全性本文以及 rwx 等權限值是否正確，而給予適當的讀取權限依據。

那麼安全性本文到底是什麼樣的存在呢？我們先來看看 /root 底下的檔案的安全性本文好了。觀察安全性本文可使用『 ls -Z 』去觀察如下：(注意：你必須已經啟動了 SELinux 才行！若尚未啟動，這部分請稍微看過一遍即可。底下會介紹如何啟動 SELinux 喔！)

```
# 先來觀察一下 root 家目錄底下的『檔案的 SELinux 相關資訊』
[root@study ~]# ls -Z
-rw-------. root root system_u:object_r:admin_home_t:s0       anaconda-ks.cfg
```

```
-rw-r--r--. root root system_u:object_r:admin_home_t:s0      initial-setup-ks.cfg
-rw-r--r--. root root unconfined_u:object_r:admin_home_t:s0 regular_express.txt
# 上述特殊字體的部分，就是安全性本文的內容！鳥哥僅列出數個預設的檔案而已，
# 本書學習過程中所寫下的檔案則沒有列在上頭喔！
```

如上所示，安全性本文主要用冒號分為三個欄位，這三個欄位的意義為：

```
Identify:role:type
身份識別:角色:類型
```

這三個欄位的意義仔細的說明一下吧：

- **身份識別** (Identify)

  相當於帳號方面的身份識別！主要的身份識別常見有底下幾種常見的類型：

  - unconfined_u：不受限的用戶，也就是說，該檔案來自於不受限的程序所產生的！一般來說，我們使用可登入帳號來取得 bash 之後，預設的 bash 環境是不受 SELinux 管制的～因為 bash 並不是什麼特別的網路服務！因此，在這個不受 SELinux 所限制的 bash 程序所產生的檔案，其身份識別大多就是 unconfined_u 這個『不受限』用戶囉！

  - system_u：系統用戶，大部分就是系統自己產生的檔案囉！

  基本上，如果是系統或軟體本身所提供的檔案，大多就是 system_u 這個身份名稱，而如果是我們用戶透過 bash 自己建立的檔案，大多則是不受限的 unconfined_u 身份～如果是網路服務所產生的檔案，或者是系統服務運作過程產生的檔案，則大部分的識別就會是 system_u 囉！

  因為鳥哥這邊教大家使用文字介面來產生許多的資料，因此你看上面的三個檔案中，系統安裝主動產生的 anaconda-ks.cfs 及 initial-setup-ks.cfg 就會是 system_u，而我們自己從網路上面抓下來的 regular_express.txt 就會是 unconfined_u 這個識別啊！

- **角色** (Role)

  透過角色欄位，我們可以知道這個資料是屬於程序、檔案資源還是代表使用者。一般的角色有：

  - object_r：代表的是檔案或目錄等檔案資源，這應該是最常見的囉。

  - system_r：代表的就是程序啦！不過，一般使用者也會被指定成為 system_r 喔！

  你也會發現角色的欄位最後面使用『 _r 』來結尾！因為是 role 的意思嘛！

- **類型 (Type) (最重要！)**

  在預設的 targeted 政策中，Identify 與 Role 欄位基本上是不重要的！重要的在於這個類型 (type) 欄位！基本上，一個主體程序能不能讀取到這個檔案資源，與類型欄位有關！而類型欄位在檔案與程序的定義不太相同，分別是：

    - **type**：在檔案資源 (Object) 上面稱為類型 (Type)。

    - **domain**：在主體程序 (Subject) 則稱為領域 (domain) 了！

  domain 需要與 type 搭配，則該程序才能夠順利的讀取檔案資源啦！

- **程序與檔案 SELinux type 欄位的相關性**

  那麼這三個欄位如何利用呢？首先我們來瞧瞧主體程序在這三個欄位的意義為何！透過身份識別與角色欄位的定義，我們可以約略知道某個程序所代表的意義喔！先來動手瞧一瞧目前系統中的程序在 SELinux 底下的安全本文為何？

```
# 再來觀察一下系統『程序的 SELinux 相關資訊』
[root@study ~]# ps -eZ
LABEL                            PID TTY        TIME CMD
system_u:system_r:init_t:s0        1 ?       00:00:03 systemd
system_u:system_r:kernel_t:s0      2 ?       00:00:00 kthreadd
system_u:system_r:kernel_t:s0      3 ?       00:00:00 ksoftirqd/0
.....(中間省略).....
unconfined_u:unconfined_r:unconfined_t:s0-s0:c0.c1023 31513 ? 00:00:00 sshd
unconfined_u:unconfined_r:unconfined_t:s0-s0:c0.c1023 31535 pts/0 00:00:00 bash
# 基本上程序主要就分為兩大類，一種是系統有受限的 system_u:system_r，另一種則可能是用戶自己
# 比較不受限的程序 (通常是本機用戶自己執行的程式)，亦即是 unconfined_u:unconfined_r
```

基本上，這些對應資料在 targeted 政策下的對應如下：

| 身份識別 | 角色 | 該對應在 targeted 的意義 |
|---|---|---|
| unconfined_u | unconfined_r | 一般可登入使用者的程序囉！比較沒有受限的程序之意！大多數都是用戶已經順利登入系統 (不論是網路還是本機登入來取得可用的 shell) 後，所用來操作系統的程序！如 bash，X window 相關軟體等。 |
| system_u | system_r | 由於為系統帳號，因此是非交談式的系統運作程序，大多數的系統程序均是這種類型！ |

但就如上所述，在預設的 target 政策下，**其實最重要的欄位是類型欄位 (type)，主體與目標之間是否具有可以讀寫的權限，與程序的 domain 及檔案的 type 有關**！這兩者的關係我們可以使用 crond 以及它的設定檔來說明！亦即是 /usr/sbin/crond，/etc/crontab，/etc/cron.d 等檔案來說明。首先，看看這幾個東東的安全性本文內容先：

```
# 1. 先看看 crond 這個『程序』的安全本文內容：
[root@study ~]# ps -eZ | grep cron
system_u:system_r:crond_t:s0-s0:c0.c1023 1338 ? 00:00:01 crond
system_u:system_r:crond_t:s0-s0:c0.c1023 1340 ? 00:00:00 atd
# 這個安全本文的類型名稱為 crond_t 格式！

# 2. 再來瞧瞧執行檔、設定檔等等的安全本文內容為何！
[root@study ~]# ll -Zd /usr/sbin/crond /etc/crontab /etc/cron.d
drwxr-xr-x. root root system_u:object_r:system_cron_spool_t:s0 /etc/cron.d
-rw-r--r--. root root system_u:object_r:system_cron_spool_t:s0 /etc/crontab
-rwxr-xr-x. root root system_u:object_r:crond_exec_t:s0 /usr/sbin/crond
```

當我們執行 /usr/sbin/crond 之後，這個程式變成的程序的 domain 類型會是 crond_t 這一個～而這個 crond_t 能夠讀取的設定檔則為 system_cron_spool_t 這種的類型。因此不論 /etc/crontab，/etc/cron.d 以及 /var/spool/cron 都會是相關的 SELinux 類型 (/var/spool/cron 為 user_cron_spool_t)。文字看起來不太容易了解，我們使用圖示來說明這幾個東西的關係！

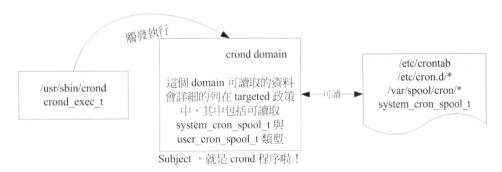

圖 16.5.3　主體程序取得的 domain 與目標檔案資源的 type 相互關係以 crond 為例

上圖的意義我們可以這樣看的：

1. **首先，我們觸發一個可執行的目標檔案，那就是具有 crond_exec_t 這個類型的 /usr/sbin/crond 檔案。**

2. **該檔案的類型會讓這個檔案所造成的主體程序 (Subject) 具有 crond 這個領域 (domain)，我們的政策針對這個領域已經制定了許多規則，其中包括這個領域可以讀取的目標資源類型。**

3. 由於 crond domain 被設定為可以讀取 system_cron_spool_t 這個類型的目標檔案 (Object)，因此你的設定檔放到 /etc/cron.d/ 目錄下，就能夠被 crond 那支程序所讀取了。

4　但最終能不能讀到正確的資料，還得要看 rwx 是否符合 Linux 權限的規範！

上述的流程告訴我們幾個重點，第一個是政策內需要制訂詳細的 domain/type 相關性；第二個是若檔案的 type 設定錯誤，那麼即使權限設定為 rwx 全開的 777，該主體程序也無法讀取目標檔案資源的啦！不過如此一來，也就可以避免使用者將他的家目錄設定為 777 時所造成的權限困擾。

真的是這樣嗎？沒關係～讓我們來做個測試練習吧！就是，萬一你的 crond 設定檔的 SELinux 並不是 system_cron_spool_t 時，該設定檔真的可以順利的被讀取運作嗎？來看看底下的範例！

```
# 1. 先假設你因為不熟的緣故，因此是在『root 家目錄』建立一個如下的 cron 設定：
[root@study ~]# vim checktime
10 * * * * root sleep 60s

# 2. 檢查後才發現檔案放錯目錄了，又不想要保留副本，因此使用 mv 移動到正確目錄：
[root@study ~]# mv checktime /etc/cron.d
[root@study ~]# ll /etc/cron.d/checktime
-rw-r--r--. 1 root root 27 Aug  7 18:41 /etc/cron.d/checktime
# 仔細看喔，權限是 644，確定沒有問題！任何程序都能夠讀取喔！

# 3. 強制重新啟動 crond，然後偷看一下登錄檔，看看有沒有問題發生！
[root@study ~]# systemctl restart crond
[root@study ~]# tail /var/log/cron
Aug  7 18:46:01 study crond[28174]: ((null)) Unauthorized SELinux context=system_u:
 system_r:system_cronjob_t:s0-s0:c0.c1023 file_context=unconfined_u:object_r:admin_
 home_t:s0 (/etc/cron.d/checktime)
Aug  7 18:46:01 study crond[28174]: (root) FAILED (loading cron table)
# 上面的意思是，有錯誤！因為原本的安全本文與檔案的實際安全本文無法搭配的緣故！
```

你瞧瞧～從上面的測試案例來看，我們的設定檔確實沒有辦法被 crond 這個服務所讀取喔！而原因在登錄檔內就有說明，主要就是來自 SELinux 安全本文 (context) type 的不同所致喔！沒辦法讀就沒辦法讀，先放著～後面再來學怎麼處理這問題吧！

### 16.5.3　SELinux 三種模式的啟動、關閉與觀察

並非所有的 Linux distributions 都支援 SELinux 的，所以你必須要先觀察一下你的系統版本為何！鳥哥這裡介紹的 CentOS 7.x 本身就有支援 SELinux 啦！所以你不需要自行編譯 SELinux 到你的 Linux 核心中！目前 SELinux 依據啟動與否，共有三種模式，分別如下：

◆　**enforcing**：強制模式，代表 SELinux 運作中，且已經正確的開始限制 domain/type 了。

◆　**permissive**：寬容模式：代表 SELinux 運作中，不過僅會有警告訊息並不會實際限制 domain/type 的存取。這種模式可以運來作為 SELinux 的 debug 之用。

◆　**disabled**：關閉，SELinux 並沒有實際運作。

這三種模式跟圖 16.5.2 之間的關係如何呢？我們前面不是談過主體程序需要經過政策規則、安全本文比對之後，加上 rwx 的權限規範，若一切合理才會讓程序順利的讀取檔案嗎？那麼這個 SELinux 的三種模式與上面談到的政策規則、安全本文的關係為何呢？我們還是使用圖示加上流程來讓大家理解一下：

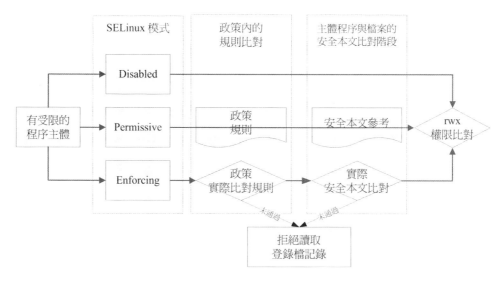

圖 16.5.4　SELinux 的三種類型與實際運作流程圖示意

就如上圖所示，首先，你得要知道，並不是所有的程序都會被 SELinux 所管制，因此最左邊會出現一個所謂的『有受限的程序主體』！那如何觀察有沒有受限 (confined )呢？很簡單啊！就透過 ps -eZ 去擷取！舉例來說，我們來找一找 crond 與 bash 這兩支程序是否有被限制吧？

```
[root@study ~]# ps -eZ | grep -E 'cron|bash'
system_u:system_r:crond_t:s0-s0:c0.c1023 1340 ? 00:00:00 atd
```

```
unconfined_u:unconfined_r:unconfined_t:s0-s0:c0.c1023 13888 tty2 00:00:00 bash
unconfined_u:unconfined_r:unconfined_t:s0-s0:c0.c1023 28054 pts/0 00:00:00 bash
unconfined_u:unconfined_r:unconfined_t:s0-s0:c0.c1023 28094 pts/0 00:00:00 bash
system_u:system_r:crond_t:s0-s0:c0.c1023 28174 ? 00:00:00 crond
```

如前所述，因為在目前 target 這個政策底下，只有第三個類型 (type) 欄位會有影響，因此我們上表僅列出第三個欄位的資料而已。我們可以看到，crond 確實是有受限的主體程序，而 bash 因為是本機程序，因此就是不受限 (unconfined_t) 的類型！也就是說，bash 是不需要經過圖 16.5.4 的流程，而是直接去判斷 rwx 而已。

了解了受限的主體程序的意義之後，再來了解一下，三種模式的運作吧！首先，如果是 Disabled 的模式，那麼 SELinux 將不會運作，當然受限的程序也不會經過 SELinux，也是直接去判斷 rwx 而已。那如果是寬容 (permissive) 模式呢？這種模式也是不會將主體程序抵擋 (所以箭頭是可以直接穿透的喔！)，不過萬一沒有通過政策規則，或者是安全本文的比對時，那麼該讀寫動作將會被紀錄起來 (log)，可作為未來檢查問題的判斷依據。

至於最終那個 Enforcing 模式，就是實際將受限主體進入規則比對、安全本文比對的流程，若失敗，就直接抵擋主體程序的讀寫行為，並且將它記錄下來。如果通通沒問題，這才進入到 rwx 權限的判斷喔！這樣可以理解三種模式的行為了嗎？

那你怎麼知道目前的 SELinux 模式呢？就透過 getenforce 吧！

```
[root@study ~]# getenforce
Enforcing   <==諾！就顯示出目前的模式為 Enforcing 囉！
```

另外，我們又如何知道 SELinux 的政策 (Policy) 為何呢？這時可以使用 sestatus 來觀察：

```
[root@study ~]# sestatus [-vb]
選項與參數：
-v  ：檢查列於 /etc/sestatus.conf 內的檔案與程序的安全性本文內容；
-b  ：將目前政策的規則布林值列出，亦即某些規則 (rule) 是否要啟動 (0/1) 之意；

範例一：列出目前的 SELinux 使用哪個政策 (Policy)？
[root@study ~]# sestatus
SELinux status：                 enabled              <==是否啟動 SELinux
SELinuxfs mount：                /sys/fs/selinux      <==SELinux 的相關檔案資料掛載點
SELinux root directory：         /etc/selinux         <==SELinux 的根目錄所在
Loaded policy name：             targeted             <==目前的政策為何？
Current mode：                   enforcing            <==目前的模式
Mode from config file：          enforcing            <==目前設定檔內規範的 SELinux 模式
```

```
Policy MLS status:                 enabled        <==是否含有 MLS 的模式機制
Policy deny_unknown status:        allowed        <==是否預設抵擋未知的主體程序
Max kernel policy version:         28
```

如上所示，目前是啟動的，而且是 Enforcing 模式，而由設定檔查詢得知亦為 Enforcing 模式。此外，目前的預設政策為 targeted 這一個。你應該要有疑問的是，SELinux 的設定檔是哪個檔案啊？其實就是 /etc/selinux/config 這個檔案喔！我們來看看內容：

```
[root@study ~]# vim /etc/selinux/config
SELINUX=enforcing        <==調整 enforcing|disabled|permissive
SELINUXTYPE=targeted   <==目前僅有 targeted，mls，minimum 三種政策
```

若有需要修改預設政策的話，就直接改 SELINUX=enforcing 那一行即可喔！

◆ **SELinux 的啟動與關閉**

上面是預設的政策與啟動的模式！你要注意的是，如果改變了政策則需要重新開機；如果由 enforcing 或 permissive 改成 disabled，或由 disabled 改成其他兩個，那也必須要重新開機。這是因為 SELinux 是整合到核心裡面去的，你只可以在 SELinux 運作下切換成為強制 (enforcing) 或寬容 (permissive) 模式，不能夠直接關閉 SELinux 的！如果剛剛你發現 getenforce 出現 disabled 時，請到上述檔案修改成為 enforcing 然後重新開機吧！

不過你要注意的是，如果從 disable 轉到啟動 SELinux 的模式時，由於系統必須要針對檔案寫入安全性本文的資訊，因此開機過程會花費不少時間在等待重新寫入 SELinux 安全性本文 (有時也稱為 SELinux Label)，而且在寫完之後還得要再次的重新開機一次喔！你必須要等待粉長一段時間！等到下次開機成功後，再使用 getenforce 或 sestatus 來觀察看看有否成功的啟動到 Enforcing 的模式囉！

如果你已經在 Enforcing 的模式，但是可能由於一些設定的問題導致 SELinux 讓某些服務無法正常的運作，此時你可以將 Enforcing 的模式改為寬容 (permissive) 的模式，讓 SELinux 只會警告無法順利連線的訊息，而不是直接抵擋主體程序的讀取權限。讓 SELinux 模式在 enforcing 與 permissive 之間切換的方法為：

```
[root@study ~]# setenforce [0|1]
選項與參數：
0 ：轉成 permissive 寬容模式；
1 ：轉成 Enforcing 強制模式

範例一：將 SELinux 在 Enforcing 與 permissive 之間切換與觀察
[root@study ~]# setenforce 0
[root@study ~]# getenforce
```

```
Permissive
[root@study ~]# setenforce 1
[root@study ~]# getenforce
Enforcing
```

不過請注意，setenforce 無法在 Disabled 的模式底下進行模式的切換喔！

在某些特殊的情況底下，你從 Disabled 切換成 Enforcing 之後，竟然有一堆服務無法順利啟動，都會跟你說在 /lib/xxx 裡面的資料沒有權限讀取，所以啟動失敗。這大多是由於在重新寫入 SELinux type (Relabel) 出錯之故，使用 Permissive 就沒有這個錯誤。那如何處理呢？最簡單的方法就是在 Permissive 的狀態下，使用『 restorecon -Rv / 』重新還原所有 SELinux 的類型，就能夠處理這個錯誤！

## 16.5.4  SELinux 政策內的規則管理

從圖 16.5.4 裡面，我們知道 SELinux 的三種模式是會影響到主體程序的放行與否。如果是進入 Enforcing 模式，那麼接著下來會影響到主體程序的，當然就是第二關：『 target 政策內的各項規則 (rules) 』了！好了，那麼我們怎麼知道目前這個政策裡面到底有多少會影響到主體程序的規則呢？很簡單，就透過 getsebool 來瞧一瞧即可。

◆ **SELinux 各個規則的布林值查詢 getsebool**

如果想要查詢系統上面全部規則的啟動與否 (on/off，亦即布林值)，很簡單的透過 sestatus -b 或 getsebool -a 均可！

```
[root@study ~]# getsebool [-a] [規則的名稱]
選項與參數：
-a  ：列出目前系統上面的所有 SELinux 規則的布林值為開啟或關閉值

範例一：查詢本系統內所有的布林值設定狀況
[root@study ~]# getsebool -a
abrt_anon_write --> off
abrt_handle_event --> off
....(中間省略)....
cron_can_relabel --> off                 # 這個跟 cornd 比較有關！
cron_userdomain_transition --> on
....(中間省略)....
httpd_enable_homedirs --> off            # 這當然就是跟網頁，亦即 http 有關的囉！
....(底下省略)....
```

```
# 這麼多的 SELinux 規則喔！每個規則後面都列出現在是允許放行還是不許放行的布林值喔！
```

◆ SELinux 各個規則規範的主體程序能夠讀取的檔案 SELinux type 查詢 seinfo，sesearch

我們現在知道有這麼多的 SELinux 規則，但是每個規則內到底是在限制什麼東西？如果你想要知道的話，那就得要使用 seinfo 等工具！這些工具並沒有在我們安裝時就安裝了，因此請拿出原版光碟，放到光碟機，鳥哥假設你將原版光碟掛載到 /mnt 底下，那麼接下來這麼作，先安裝好我們所需要的軟體才行！

```
[root@study ~]# yum install /mnt/Packages/setools-console-*
```

很快的安裝完畢之後，我們就可以來使用 seinfo，sesearch 等指令了！

```
[root@study ~]# seinfo [-Atrub]
選項與參數：
-A   ：列出 SELinux 的狀態、規則布林值、身份識別、角色、類別等所有資訊
-u   ：列出 SELinux 的所有身份識別 (user) 種類
-r   ：列出 SELinux 的所有角色 (role) 種類
-t   ：列出 SELinux 的所有類別 (type) 種類
-b   ：列出所有規則的種類 （布林值）

範例一：列出 SELinux 在此政策下的統計狀態
[root@study ~]# seinfo
Statistics for policy file：/sys/fs/selinux/policy
Policy Version & Type：v.28 (binary, mls)

    Classes：           83    Permissions：      255
    Sensitivities：      1    Categories：       1024
    Types：            4620   Attributes：       357
    Users：              8    Roles：             14
    Booleans：          295   Cond. Expr.：      346
    Allow：          102249   Neverallow：         0
    Auditallow：        160   Dontaudit：        8413
    Type_trans：      16863   Type_change：       74
    Type_member：        35   Role allow：        30
    Role_trans：        412   Range_trans：      5439
....(底下省略)....
# 從上面我們可以看到這個政策是 targeted，此政策的安全本文類別有 4620 個；
# 而各種 SELinux 的規則 (Booleans) 共制訂了 295 條！
```

我們在 16.5.2 裡面簡單的談到了幾個身份識別 (user) 以及角色 (role) 而已，如果你想要查詢目前所有的身份識別與角色，就使用『 seinfo -u 』及『 seinfo -r 』就可以知道了！至於簡單的統計資料，就直接輸入 seinfo 即可！但是上面還是沒有談到規則相關的東西

耶～沒關係～一個一個來～我們在 16.5.1 的最後面談到 /etc/cron.d/checktime 的 SELinux type 類型不太對～那我們也知道 crond 這個程序的 type 是 crond_t，能不能找一下 crond_t 能夠讀取的檔案 SELinux type 有哪些呢？

```
[root@study ~]# sesearch [-A] [-s 主體類別] [-t 目標類別] [-b 布林值]
選項與參數：
-A  ：列出後面資料中，允許『讀取或放行』的相關資料
-t  ：後面還要接類別，例如 -t httpd_t
-b  ：後面還要接SELinux的規則，例如 -b httpd_enable_ftp_server
```

範例一：找出 crond_t 這個主體程序能夠讀取的檔案 SELinux type

```
[root@study ~]# sesearch -A -s crond_t | grep spool
   allow crond_t system_cron_spool_t : file { ioctl read write create getattr ..
   allow crond_t system_cron_spool_t : dir { ioctl read getattr lock search op..
   allow crond_t user_cron_spool_t : file { ioctl read write create getattr se..
   allow crond_t user_cron_spool_t : dir { ioctl read write getattr lock add_n..
   allow crond_t user_cron_spool_t : lnk_file { read getattr } ;
# allow 後面接主體程序以及檔案的 SELinux type，上面的資料是擷取出來的，
# 意思是說，crond_t 可以讀取 system_cron_spool_t 的檔案/目錄類型～等等！
```

範例二：找出 crond_t 是否能夠讀取 /etc/cron.d/checktime 這個我們自訂的設定檔？

```
[root@study ~]# ll -Z /etc/cron.d/checktime
-rw-r--r--. root root unconfined_u:object_r:admin_home_t:s0 /etc/cron.d/checktime
# 兩個重點，一個是 SELinux type 為 admin_home_t，一個是檔案 (file)

[root@study ~]# sesearch -A -s crond_t | grep admin_home_t
   allow domain admin_home_t : dir { getattr search open } ;
   allow domain admin_home_t : lnk_file { read getattr } ;
   allow crond_t admin_home_t : dir { ioctl read getattr lock search open } ;
   allow crond_t admin_home_t : lnk_file { read getattr } ;
# 仔細看！看仔細～雖然有 crond_t admin_home_t 存在，但是這是總體的資訊，
# 並沒有針對某些規則的尋找～所以還是不確定 checktime 能否被讀取。但是，基本上就是 SELinux
# type 出問題～因此才會無法讀取的！
```

所以，現在我們知道 /etc/cron.d/checktime 這個我們自己複製過去的檔案會沒有辦法被讀取的原因，就是因為 SELinux type 錯誤啦！根本就無法被讀取～好～那現在我們來查一查，那 getsebool -a 裡面看到的 httpd_enable_homedirs 到底是什麼？又是規範了哪些主體程序能夠讀取的 SELinux type 呢？

```
[root@study ~]# semanage boolean -l | grep httpd_enable_homedirs
SELinux boolean                 State  Default Description
httpd_enable_homedirs           (off , off)  Allow httpd to enable homedirs
```

```
# httpd_enable_homedirs 的功能是允許 httpd 程序去讀取使用者家目錄的意思～

[root@study ~]# sesearch -A -b httpd_enable_homedirs
範例三：列出 httpd_enable_homedirs 這個規則當中，主體程序能夠讀取的檔案 SELinux type
Found 43 semantic av rules:
   allow httpd_t home_root_t :dir { ioctl read getattr lock search open } ;
   allow httpd_t home_root_t :lnk_file { read getattr } ;
   allow httpd_t user_home_type :dir { getattr search open } ;
   allow httpd_t user_home_type :lnk_file { read getattr } ;
....(後面省略)....
# 從上面的資料才可以理解，在這個規則中，主要是放行 httpd_t 能否讀取使用者家目錄的檔案！
# 所以，如果這個規則沒有啟動，基本上，httpd_t 這種程序就無法讀取使用者家目錄下的檔案！
```

◆ **修改 SELinux 規則的布林值 setsebool**

那麼如果查詢到某個 SELinux rule，並且以 sesearch 知道該規則的用途後，想要關閉或啟動它，又該如何處置？

```
[root@study ~]# setsebool  [-P]  『規則名稱』  [0|1]
選項與參數：
-P   :直接將設定值寫入設定檔，該設定資料未來會生效的！

範例一：查詢 httpd_enable_homedirs 這個規則的狀態，並且修改這個規則成為不同的布林值
[root@study ~]# getsebool httpd_enable_homedirs
httpd_enable_homedirs --> off  <==結果是 off，依題意給它啟動看看！

[root@study ~]# setsebool -P httpd_enable_homedirs 1 # 會跑很久很久！請耐心等待！
[root@study ~]# getsebool httpd_enable_homedirs
httpd_enable_homedirs --> on
```

這個 setsebool 最好記得一定要加上 -P 的選項！因為這樣才能將此設定寫入設定檔！這是非常棒的工具組！你一定要知道如何使用 getsebool 與 setsebool 才行！

## 16.5.5 SELinux 安全本文的修改

再次的回到圖 16.5.4 上頭去，現在我們知道 SELinux 對受限的主體程序有沒有影響，第一關考慮 SELinux 的三種類型，第二關考慮 SELinux 的政策規則是否放行，第三關則是開始比對 SELinux type 啦！從剛剛 16.5.4 小節我們也知道可以透過 sesearch 來找到主體程序與檔案的 SELinux type 關係！好，現在總算要來修改檔案的 SELinux type，以讓主體程序能夠讀到正確的檔案啊！這時就得要幾個重要的小東西了～來瞧瞧～

◆ 使用 chcon 手動修改檔案的 SELinux type

```
[root@study ~]# chcon [-R] [-t type] [-u user] [-r role] 檔案
[root@study ~]# chcon [-R] --reference=範例檔 檔案
選項與參數:
-R    :連同該目錄下的次目錄也同時修改;
-t    :後面接安全性本文的類型欄位!例如 httpd_sys_content_t ;
-u    :後面接身份識別,例如 system_u; (不重要)
-r    :後面街角色,例如 system_r;        (不重要)
-v    :若有變化成功,請將變動的結果列出來
--reference=範例檔:拿某個檔案當範例來修改後續接的檔案的類型!
```

```
範例一:查詢一下 /etc/hosts 的 SELinux type,並將該類型套用到 /etc/cron.d/checktime 上
[root@study ~]# ll -Z /etc/hosts
-rw-r--r--. root root system_u:object_r:net_conf_t:s0  /etc/hosts
[root@study ~]# chcon -v -t net_conf_t /etc/cron.d/checktime
changing security context of '/etc/cron.d/checktime'
[root@study ~]# ll -Z /etc/cron.d/checktime
-rw-r--r--. root root unconfined_u:object_r:net_conf_t:s0 /etc/cron.d/checktime
```

```
範例二:直接以 /etc/shadow SELinux type 套用到 /etc/cron.d/checktime 上!
[root@study ~]# chcon -v --reference=/etc/shadow /etc/cron.d/checktime
[root@study ~]# ll -Z /etc/shadow /etc/cron.d/checktime
-rw-r--r--. root root system_u:object_r:shadow_t:s0   /etc/cron.d/checktime
----------. root root system_u:object_r:shadow_t:s0   /etc/shadow
```

上面的練習『都沒有正確的解答!』因為正確的 SELinux type 應該就是要以 /etc/cron.d/ 底下的檔案為標準來處理才對啊~好了~既然如此~能不能讓 SELinux 自己解決預設目錄下的 SELinux type 呢?可以!就用 restorecon 吧!

◆ 使用 restorecon 讓檔案恢復正確的 SELinux type

```
[root@study ~]# restorecon [-Rv] 檔案或目錄
選項與參數:
-R    :連同次目錄一起修改;
-v    :將過程顯示到螢幕上
```

```
範例三:將 /etc/cron.d/ 底下的檔案通通恢復成預設的 SELinux type!
[root@study ~]# restorecon -Rv /etc/cron.d
restorecon reset /etc/cron.d/checktime context system_u:object_r:shadow_t:s0->
system_u:object_r:system_cron_spool_t:s0
# 上面這兩行其實是同一行喔!表示將 checktime 由 shadow_t 改為 system_cron_spool_t
```

範例四：重新啟動 crond 看看有沒有正確啟動 checktime 囉！？
```
[root@study ~]# systemctl restart crond
[root@study ~]# tail /var/log/cron
# 再去瞧瞧這個 /var/log/cron 的內容，應該就沒有錯誤訊息了
```

其實，鳥哥幾乎已經忘了 chcon 這個指令了！因為 restorecon 主動的回復預設的 SELinux type 要簡單很多！而且可以一口氣恢復整個目錄下的檔案！所以，鳥哥建議你幾乎只要記得 restorecon 搭配 -Rv 同時加上某個目錄這樣的指令串即可～修改 SELinux 的 type 就變得非常的輕鬆囉！

◆ **semanage 預設目錄的安全性本文查詢與修改**

你應該要覺得奇怪，為什麼 restorecon 可以『恢復』原本的 SELinux type 呢？那肯定就是有個地方在紀錄每個檔案/目錄的 SELinux 預設類型囉？沒錯！是這樣～那要如何 (1) 查詢預設的 SELinux type 以及 (2)如何增加/修改/刪除預設的 SELinux type 呢？很簡單～透過 semanage 即可！它是這樣使用的：

```
[root@study ~]# semanage {login|user|port|interface|fcontext|translation} -l
[root@study ~]# semanage fcontext -{a|d|m} [-frst] file_spec
選項與參數：
fcontext ：主要用在安全性本文方面的用途，-l 為查詢的意思；
-a ：增加的意思，你可以增加一些目錄的預設安全性本文類型設定；
-m ：修改的意思；
-d ：刪除的意思。
```

範例一：查詢一下 /etc /etc/cron.d 的預設 SELinux type 為何？
```
[root@study ~]# semanage fcontext -l | grep -E '^/etc |^/etc/cron'
SELinux fcontext          type          Context
/etc                      all files     system_u:object_r:etc_t:s0
/etc/cron\.d(/.*)?         all files     system_u:object_r:system_cron_spool_t:s0
```

看到上面輸出的最後一行，那也是為啥我們直接使用 vim 去 /etc/cron.d 底下建立新檔案時，預設的 SELinux type 就是正確的！同時，我們也會知道使用 restorecon 回復正確的 SELinux type 時，系統會去判斷預設的類型為何的依據。現在讓我們來想一想，如果 (當然是假的！不可能這麼幹) 我們要建立一個 /srv/mycron 的目錄，這個目錄預設也是需要變成 system_cron_spool_t 時，我們應該要如何處理呢？基本上可以這樣做：

```
# 1. 先建立 /srv/mycron 同時在內部放入設定檔，同時觀察 SELinux type
[root@study ~]# mkdir /srv/mycron
[root@study ~]# cp /etc/cron.d/checktime /srv/mycron
[root@study ~]# ll -dZ /srv/mycron /srv/mycron/checktime
```

```
drwxr-xr-x. root root unconfined_u:object_r:var_t:s0   /srv/mycron
-rw-r--r--. root root unconfined_u:object_r:var_t:s0   /srv/mycron/checktime

# 2. 觀察一下上層 /srv 的 SELinux type
[root@study ~]# semanage fcontext -l | grep '^/srv'
SELinux fcontext            type            Context
/srv                        all files       system_u:object_r:var_t:s0
# 怪不得 mycron 會是 var_t 囉！

# 3. 將 mycron 預設值改為 system_cron_spool_t 囉！
[root@study ~]# semanage fcontext -a -t system_cron_spool_t "/srv/mycron(/.*)?"
[root@study ~]# semanage fcontext -l | grep '^/srv/mycron'
SELinux fcontext            type            Context
/srv/mycron(/.*)?           all files       system_u:object_r:system_cron_spool_t:s0

# 4. 恢復 /srv/mycron 以及子目錄相關的 SELinux type 喔！
[root@study ~]# restorecon -Rv /srv/mycron
[root@study ~]# ll -dZ /srv/mycron /srv/mycron/*
drwxr-xr-x. root root unconfined_u:object_r:system_cron_spool_t:s0 /srv/mycron
-rw-r--r--. root root unconfined_u:object_r:system_cron_spool_t:s0 /srv/mycron/
checktime
```
# 有了預設值，未來就不會不小心被亂改了！這樣比較妥當些～

semanage 的功能很多，不過鳥哥主要用到的僅有 fcontext 這個項目的動作而已。如上所示，你可以使用 semanage 來查詢所有的目錄預設值，也能夠使用它來增加預設值的設定！如果你學會這些基礎的工具，那麼 SELinux 對你來說，也不是什麼太難的東東囉！

## 16.5.6　一個網路服務案例及登錄檔協助

本章在 SELinux 小節當中談到的各個指令中，尤其是 setsebool，chcon，restorecon 等，都是為了當你的某些網路服務無法正常提供相關功能時，才需要進行修改的一些指令動作。但是，我們怎麼知道哪個時候才需要進行這些指令的修改啊？我們怎麼知道系統因為 SELinux 的問題導致網路服務不對勁啊？如果都要靠用戶端連線失敗才來哭訴，那也太沒有效率了！所以，我們的 CentOS 7.x 有提供幾支偵測的服務在登錄 SELinux 產生的錯誤喔！那就是 auditd 與 setroubleshootd。

◆ **setroubleshoot --> 錯誤訊息寫入 /var/log/messages**

幾乎所有 SELinux 相關的程式都會以 se 為開頭，這個服務也是以 se 為開頭！而 troubleshoot 大家都知道是錯誤克服，因此這個 setroubleshoot 自然就得要啟動它啦！

這個服務會將關於 SELinux 的錯誤訊息與克服方法記錄到 /var/log/messages 與 /var/log/setroubleshoot/* 裡頭，所以你一定得要啟動這個服務才好。啟動這個服務之前當然就是得要安裝它啦！這玩意兒總共需要兩個軟體，分別是 setroublshoot 與 setroubleshoot-server，如果你沒有安裝，請自行使用 yum 安裝吧！

此外，原本的 SELinux 資訊本來是以兩個服務來記錄的，分別是 auditd 與 setroubleshootd。既然是同樣的資訊，因此 CentOS 6.x (含 7.x) 以後將兩者整合在 auditd 當中啦！所以，並沒有 setroubleshootd 的服務存在了喔！因此，當你安裝好了 setroubleshoot-server 之後，請記得要重新啟動 auditd，否則 setroubleshootd 的功能不會被啟動的。

事實上，CentOS 7.x 對 setroubleshootd 的運作方式是：(1)先由 auditd 去呼叫 audispd 服務，(2)然後 audispd 服務去啟動 sedispatch 程式，(3)sedispatch 再將原本的 auditd 訊息轉成 setroubleshootd 的訊息，進一步儲存下來的！

```
[root@study ~]# rpm -qa | grep setroubleshoot
setroubleshoot-plugins-3.0.59-1.el7.noarch
setroubleshoot-3.2.17-3.el7.x86_64
setroubleshoot-server-3.2.17-3.el7.x86_64
```

在預設的情況下，這個 setroubleshoot 應該都是會安裝的！是否正確安裝可以使用上述的表格指令去查詢。萬一沒有安裝，請使用 yum install 去安裝吧！再說一遍，安裝完畢最好重新啟動 auditd 這個服務喔！不過，剛剛裝好且順利啟動後，setroubleshoot 還是不會有作用，為啥？因為我們並沒有任何受限的網路服務主體程序在運作啊！所以，底下我們將使用一個簡單的 FTP 伺服器軟體為例，讓你了解到我們上頭講到的許多重點的應用！

◆ **實例狀況說明：透過 vsftpd 這個 FTP 伺服器來存取系統上的檔案**

現在的年輕小伙子們傳資料都用 line，FB，dropbox，google 雲端磁碟等等，不過在網路早期傳送大容量的檔案，還是以 FTP 這個協定為主！現在為了速度，經常有 p2p 的軟體提供大容量檔案的傳輸，但以鳥哥這個老人家來說，可能 FTP 傳送資料還是比較有保障... 在 CentOS 7.x 的環境下，達成 FTP 的預設伺服器軟體主要是 vsftpd 這一支喔！

詳細的 FTP 協定我們在伺服器篇再來談，這裡只是簡單的利用 vsftpd 這個軟體與 FTP 的協定來講解 SELinux 的問題與錯誤克服而已。不過既然要使用到 FTP 協定，一些簡單的知識還是得要存在才好！否則等一下我們沒有辦法了解為啥要這麼做！首先，你得要知道，用戶端需要使用『FTP 帳號登入 FTP 伺服器』才行！而有一個稱為『匿名

(anonymous)』的帳號可以登入系統！但是這個匿名的帳號登入後，只能存取某一個特定的目錄，而無法脫離該目錄～！

在 vsftpd 中，一般用戶與匿名者的家目錄說明如下：

- 匿名者：如果使用瀏覽器來連線到 FTP 伺服器的話，那預設就是使用匿名者登入系統。而匿名者的家目錄預設是在 /var/ftp 當中！同時，匿名者在家目錄下只能下載資料，不能上傳資料到 FTP 伺服器。同時，匿名者無法離開 FTP 伺服器的 /var/ftp 目錄喔！

- 一般 FTP 帳號：在預設的情況下，所有 UID 大於 1000 的帳號，都可以使用 FTP 來登入系統！而登入系統之後，所有的帳號都能夠取得自己家目錄底下的檔案資料！當然預設是可以上傳、下載檔案的！

為了避免跟之前章節的用戶產生誤解的情況，這裡我們先建立一個名為 ftptest 的帳號，且帳號密碼為 myftp123，先來建立一下吧！

```
[root@study ~]# useradd -s /sbin/nologin ftptest
[root@study ~]# echo "myftp123" | passwd --stdin ftptest
```

接下來當然就是安裝 vsftpd 這支伺服器軟體，同時啟動這支服務，另外，我們也希望未來開機都能夠啟動這支服務！因此需要這樣做 (鳥哥假設你的 CentOS 7.x 的原版光碟已經掛載於 /mnt 了喔！)：

```
[root@study ~]# yum install /mnt/Packages/vsftpd-3*
[root@study ~]# systemctl start vsftpd
[root@study ~]# systemctl enable vsftpd
[root@study ~]# netstat -tlnp
Active Internet connections (only servers)
Proto Recv-Q Send-Q Local Address      Foreign Address    State     PID/Program name
tcp       0      0 0.0.0.0:22          0.0.0.0:*          LISTEN    1326/sshd
tcp       0      0 127.0.0.1:25        0.0.0.0:*          LISTEN    2349/master
tcp6      0      0 :::21               :::*               LISTEN    6256/vsftpd
tcp6      0      0 :::22               :::*               LISTEN    1326/sshd
tcp6      0      0 ::1:25              :::*               LISTEN    2349/master
# 要注意看，上面的特殊字體那行有出現，才代表 vsftpd 這支服務有啟動喔！！
```

◆ **匿名者無法下載的問題**

現在讓我們來模擬一些 FTP 的常用狀態！假設你想要將 /etc/securetty 以及主要的 /etc/sysctl.conf 放置給所有人下載，那麼你可能會這樣做！

```
[root@study ~]# cp -a /etc/securetty /etc/sysctl.conf /var/ftp/pub
[root@study ~]# ll /var/ftp/pub
-rw-------. 1 root root 221 Oct 29  2014 securetty        # 先假設你沒有看到這個問題！
```

```
-rw-r--r--. 1 root root 225 Mar  6 11:05 sysctl.conf
```

一般來說，預設要給用戶下載的 FTP 檔案會放置到上面表格當中的 /var/ftp/pub 目錄喔！現在讓我們使用簡單的終端機瀏覽器 curl 來觀察看看！看你能不能查詢到上述兩個檔案的內容呢？

```
# 1. 先看看 FTP 根目錄底下有什麼檔案存在？
[root@study ~]# curl ftp://localhost
drwxr-xr-x    2 0        0              40 Aug 08 00:51 pub
# 確實有存在一個名為 pub 的檔案喔！那就是在 /var/ftp 底下的 pub 囉！

# 2. 再往下看看，能不能看到 pub 內的檔案呢？
[root@study ~]# curl ftp://localhost/pub/    # 因為是目錄，要加上 / 才好！
-rw-------    1 0        0             221 Oct 29  2014 securetty
-rw-r--r--    1 0        0             225 Mar 06 03:05 sysctl.conf

# 3. 承上，繼續看一下 sysctl.conf 的內容好了！
[root@study ~]# curl ftp://localhost/pub/sysctl.conf
# System default settings live in /usr/lib/sysctl.d/00-system.conf.
# To override those settings, enter new settings here, or in an /etc/sysctl.d/<name>.conf file
#
# For more information, see sysctl.conf(5) and sysctl.d(5).
# 真的有看到這個檔案的內容喔！所以確定是可以讓 vsftpd 讀取到這檔案的！

# 4. 再來瞧瞧 securetty 好了！
[root@study ~]# curl ftp://localhost/pub/securetty
curl: (78) RETR response: 550
# 看不到耶！但是，基本的原因應該是權限問題喔！因為 vsftpd 預設放在 /var/ftp/pub 內的資料，
# 不論什麼 SELinux type 幾乎都可以被讀取的才對喔！所以要這樣處理！

# 5. 修訂權限之後再一次觀察 securetty 看看！
[root@study ~]# chmod a+r /var/ftp/pub/securetty
[root@study ~]# curl ftp://localhost/pub/securetty
# 此時你就可以看到實際的檔案內容囉！

# 6. 修訂 SELinux type 的內容 (非必備)
[root@study ~]# restorecon -Rv /var/ftp
```

上面這個例子在告訴你，要先從權限的角度來瞧一瞧，如果無法被讀取，可能就是因為沒有 r 或沒有 rx 囉！並不一定是由 SELinux 引起的！了解乎？好～再來瞧瞧如果是一般帳號呢？如何登入？

◆ **無法從家目錄下載檔案的問題分析與解決**

我們前面建立了 ftptest 帳號，那如何使用文字介面來登入呢？就使用如下的方式來處理。同時請注意，因為文字型的 FTP 用戶端軟體，預設會將用戶丟到根目錄而不是家目錄，因此，你的 URL 可能需要修訂如下：

```
# 0. 為了讓 curl 這個文字瀏覽器可以傳輸資料，我們先建立一些資料在 ftptest 家目錄
[root@study ~]# echo "testing" > ~ftptest/test.txt
[root@study ~]# cp -a /etc/hosts /etc/sysctl.conf ~ftptest/
[root@study ~]# ll ~ftptest/
-rw-r--r--. 1 root root 158 Jun  7  2013 hosts
-rw-r--r--. 1 root root 225 Mar  6 11:05 sysctl.conf
-rw-r--r--. 1 root root   8 Aug  9 01:05 test.txt


# 1. 一般帳號直接登入 FTP 伺服器，同時變換目錄到家目錄去！
[root@study ~]# curl ftp://ftptest:myftp123@localhost/~/
-rw-r--r--    1 0        0             158 Jun 07  2013 hosts
-rw-r--r--    1 0        0             225 Mar 06 03:05 sysctl.conf
-rw-r--r--    1 0        0               8 Aug 08 17:05 test.txt
# 真的有資料～看檔案最左邊的權限也是沒問題，所以，來讀一下 test.txt 的內容看看


# 2. 開始下載 test.txt，sysctl.conf 等有權限可以閱讀的檔案看看！
[root@study ~]# curl ftp://ftptest:myftp123@localhost/~/test.txt
curl：(78) RETR response：550
# 竟然說沒有權限！明明我們的 rwx 是正常沒問題！那是否有可能是 SELinux 造成的？


# 3. 先將 SELinux 從 Enforce 轉成 Permissive 看看情況！同時觀察登錄檔
[root@study ~]# setenforce 0
[root@study ~]# curl ftp://ftptest:myftp123@localhost/~/test.txt
testing
[root@study ~]# setenforce 1   # 確定問題後，一定要轉成 Enforcing 啊！
# 確定有資料內容！所以，確定就是 SELinux 造成無法讀取的問題～那怎辦？要改規則？還是改 type？
# 因為都不知道，所以，就檢查一下登錄檔看看有沒有相關的資訊可以提供給我們處理！


[root@study ~]# vim /var/log/messages
Aug  9 02:55:58 station3-39 setroubleshoot：SELinux is preventing /usr/sbin/vsftpd
 from lock access on the file /home/ftptest/test.txt. For complete SELinux messages.
 run sealert -l 3a57aad3-a128-461b-966a-5bb2b0ffa0f9
Aug  9 02:55:58 station3-39 python：SELinux is preventing /usr/sbin/vsftpd from
 lock access on the file /home/ftptest/test.txt.

*****  Plugin catchall_boolean (47.5 confidence) suggests   ******************
```

```
If you want to allow ftp to home dir
Then you must tell SELinux about this by enabling the 'ftp_home_dir' boolean.
You can read 'None' man page for more details.
Do
setsebool -P ftp_home_dir 1


***** Plugin catchall_boolean (47.5 confidence) suggests   *******************

If you want to allow ftpd to full access
Then you must tell SELinux about this by enabling the 'ftpd_full_access' boolean.
You can read 'None' man page for more details.
Do
setsebool -P ftpd_full_access 1

***** Plugin catchall (6.38 confidence) suggests   **************************
.....(底下省略).....
```
# 基本上，你會看到有個特殊字體的部分，就是 sealert 那一行。雖然底下已經列出可能的解決方案了，
# 就是一堆底線那些東西。至少就有三個解決方案（最後一個沒列出來），哪種才是正確的？
# 為了了解正確的解決方案，我們還是還執行一下 sealert 那行吧！看看情況再說！

# 4. 透過 sealert 的解決方案來處理問題
```
[root@study ~]# sealert -l 3a57aad3-a128-461b-966a-5bb2b0ffa0f9
SELinux is preventing /usr/sbin/vsftpd from lock access on the file /home/ftptest/test.txt.
```
# 底下說有 47.5% 的機率是由於這個原因所發生，並且可以使用 setsebool 去解決的意思！
```
***** Plugin catchall_boolean (47.5 confidence) suggests   *******************

If you want to allow ftp to home dir
Then you must tell SELinux about this by enabling the 'ftp_home_dir' boolean.
You can read 'None' man page for more details.
Do
setsebool -P ftp_home_dir 1
```
# 底下說也是有 47.5% 的機率是由此產生的！
```
***** Plugin catchall_boolean (47.5 confidence) suggests   *******************

If you want to allow ftpd to full access
Then you must tell SELinux about this by enabling the 'ftpd_full_access' boolean.
You can read 'None' man page for more details.
Do
setsebool -P ftpd_full_access 1
```

\# 底下說，僅有 6.38% 的可信度是由這個情況產生的！
\*\*\*\*\* Plugin catchall (6.38 confidence) suggests \*\*\*\*\*\*\*\*\*\*\*\*\*\*\*\*\*\*\*\*\*\*\*\*\*\*\*\*

If you believe that vsftpd should be allowed lock access on the test.txt file by default.
Then you should report this as a bug.
You can generate a local policy module to allow this access.
Do
allow this access for now by executing:
\# grep vsftpd /var/log/audit/audit.log | audit2allow -M mypol
\# semodule -i mypol.pp

\# 底下就重要了！是整個問題發生的主因～最好還是稍微瞧一瞧！
Additional Information:

| | |
|---|---|
| **Source Context** | **system_u:system_r:ftpd_t:s0-s0:c0.c1023** |
| **Target Context** | **unconfined_u:object_r:user_home_t:s0** |
| Target Objects | /home/ftptest/test.txt [ file ] |
| Source | vsftpd |
| Source Path | /usr/sbin/vsftpd |
| Port | <Unknown> |
| Host | station3-39.gocloud.vm |
| Source RPM Packages | vsftpd-3.0.2-9.el7.x86_64 |
| Target RPM Packages | |
| Policy RPM | selinux-policy-3.13.1-23.el7.noarch |
| Selinux Enabled | True |
| Policy Type | targeted |
| Enforcing Mode | Permissive |
| Host Name | station3-39.gocloud.vm |
| Platform | Linux station3-39.gocloud.vm 3.10.0-229.el7.x86_64 |
| | #1 SMP Fri Mar 6 11:36:42 UTC 2015 x86_64 x86_64 |
| Alert Count | 3 |
| First Seen | 2015-08-09 01:00:12 CST |
| Last Seen | 2015-08-09 02:55:57 CST |
| Local ID | 3a57aad3-a128-461b-966a-5bb2b0ffa0f9 |

Raw Audit Messages
type=AVC msg=audit(1439060157.358:635) : avc : denied { lock } for pid=5029 comm="vsftpd"
path="/home/ftptest/test.txt" dev="dm-2" ino=141 scontext=system_u:system_r:ftpd_t:s0-s0:
c0.c1023 tcontext=unconfined_u:object_r:user_home_t:s0 tclass=file

type=SYSCALL msg=audit(1439060157.358:635) : arch=x86_64 syscall=fcntl success=yes exit=0
a0=4 a1=7 a2=7fffceb8cbb0 a3=0 items=0 ppid=5024 pid=5029 auid=4294967295 uid=1001 gid=1001
euid=1001 suid=1001 fsuid=1001 egid=1001 sgid=1001 fsgid=1001 tty=(none) ses=4294967295

```
comm=vsftpd exe=/usr/sbin/vsftpd subj=system_u:system_r:ftpd_t:s0-s0:c0.c1023 key=(null)
```

Hash：vsftpd,ftpd_t,user_home_t,file,lock

經過上面的測試，現在我們知道主要的問題發生在 SELinux 的 type 不是 vsftpd_t 所能讀取的原因～經過仔細觀察 test.txt 檔案的類型，我們知道它原本就是家目錄，因此是 user_home_t 也沒啥了不起的啊！是正確的～因此，分析兩個比較可信 (47.5%) 的解決方案後，可能是與 ftp_home_dir 比較有關啊！所以，我們應該不需要修改 SELinux type，修改的應該是 SELinux rules 才對！所以，這樣做看看：

```
# 1. 先確認一下 SELinux 的模式，然後再瞧一瞧能否下載 test.txt，最終使用處理方式來解決～
[root@study ~]# getenforce
Enforcing
[root@study ~]# curl ftp://ftptest:myftp123@localhost/~/test.txt
curl：(78) RETR response：550
# 確定還是無法讀取的喔！
[root@study ~]# setsebool -P ftp_home_dir 1
[root@study ~]# curl ftp://ftptest:myftp123@localhost/~/test.txt
testing
# OK！太讚了！處理完畢！現在使用者可以在自己的家目錄上傳/下載檔案了！

# 2. 開始下載其他檔案試看看囉！
[root@study ~]# curl ftp://ftptest:myftp123@localhost/~/sysctl.conf
# System default settings live in /usr/lib/sysctl.d/00-system.conf.
# To override those settings, enter new settings here, or in an /etc/sysctl.d/<name>.conf file
#
# For more information, see sysctl.conf(5) and sysctl.d(5).
```

沒問題喔！透過修改 SELinux rule 的布林值，現在我們就可以使用一般帳號在 FTP 服務來上傳/下載資料囉！非常愉快吧！那萬一我們還有其他的目錄也想要透過 FTP 來提供這個 ftptest 用戶上傳與下載呢？往下瞧瞧～

#### ◆ 一般帳號用戶從非正規目錄上傳/下載檔案

假設我們還想要提供 /srv/gogogo 這個目錄給 ftptest 用戶使用，那又該如何處理呢？假設我們都沒有考慮 SELinux，那就是這樣的情況：

```
# 1. 先處理好所需要的目錄資料
[root@study ~]# mkdir /srv/gogogo
[root@study ~]# chgrp ftptest /srv/gogogo
[root@study ~]# echo "test" > /srv/gogogo/test.txt
```

```
# 2. 開始直接使用 ftp 觀察一下資料！
[root@study ~]# curl ftp://ftptest:myftp123@localhost//srv/gogogo/test.txt
curl：(78) RETR response：550
# 有問題喔！來瞧瞧登錄檔怎麼說！
[root@study ~]# grep sealert /var/log/messages | tail
Aug  9 04:23:12 station3-39 setroubleshoot：SELinux is preventing /usr/sbin/vsftpd
 from read access on the file test.txt. For complete SELinux messages. run sealert -l
 08d3c0a2-5160-49ab-b199-47a51a5fc8dd
[root@study ~]# sealert -l 08d3c0a2-5160-49ab-b199-47a51a5fc8dd
SELinux is preventing /usr/sbin/vsftpd from read access on the file test.txt.

# 雖然這個可信度比較高～不過，因為會全部放行 FTP，所以不太考慮！
*****  Plugin catchall_boolean (57.6 confidence) suggests   ******************
If you want to allow ftpd to full access
Then you must tell SELinux about this by enabling the 'ftpd_full_access' boolean.
You can read 'None' man page for more details.
Do
setsebool -P ftpd_full_access 1

 因為是非正規目錄的使用，所以這邊加上預設 SELinux type 恐怕會是比較正確的選擇！
*****  Plugin catchall_labels (36.2 confidence) suggests   ******************
If you want to allow vsftpd to have read access on the test.txt file
Then you need to change the label on test.txt
Do
# semanage fcontext -a -t FILE_TYPE 'test.txt'
where FILE_TYPE is one of the following: NetworkManager_tmp_t, abrt_helper_exec_t,
 abrt_tmp_t, abrt_upload_watch_tmp_t, abrt_var_cache_t, abrt_var_run_t,
 admin_crontab_tmp_t, afs_cache_t, alsa_home_t, alsa_tmp_t, amanda_tmp_t,
 antivirus_home_t, antivirus_tmp_t, apcupsd_tmp_t, ...
Then execute:
restorecon -v 'test.txt'

*****  Plugin catchall (7.64 confidence) suggests   **************************
If you believe that vsftpd should be allowed read access on the test.txt file by
default.
Then you should report this as a bug.
You can generate a local policy module to allow this access.
Do
allow this access for now by executing:
# grep vsftpd /var/log/audit/audit.log | audit2allow -M mypol
# semodule -i mypol.pp
```

```
Additional Information:
Source Context               system_u:system_r:ftpd_t:s0-s0:c0.c1023
Target Context               unconfined_u:object_r:var_t:s0
Target Objects               test.txt [ file ]
Source                       vsftpd
.....(底下省略).....
```

因為是非正規目錄啊，所以感覺上似乎與 semanage 那一行的解決方案比較相關～接下來就是要找到 FTP 的 SELinux type 來解決囉！所以，讓我們查一下 FTP 相關的資料囉！

```
# 3. 先查看一下 /var/ftp 這個地方的 SELinux type 吧！
[root@study ~]# ll -Zd /var/ftp
drwxr-xr-x. root root system_u:object_r:public_content_t:s0 /var/ftp
# 4. 以 sealert 建議的方法來處理好 SELinux type 囉！
[root@study ~]# semanage fcontext -a -t public_content_t "/srv/gogogo(/.*)?"
[root@study ~]# restorecon -Rv /srv/gogogo
[root@study ~]# curl ftp://ftptest:myftp123@localhost//srv/gogogo/test.txt
test
# 喔耶！終於再次搞定喔！
```

在這個範例中，我們是修改了 SELinux type 喔！與前一個修改 SELinux rule 不太一樣！要理解理解喔！

◆ **無法變更 FTP 連線埠口問題分析與解決**

在某些情況下，可能你的伺服器軟體需要開放在非正規的埠口，舉例來說，如果因為某些政策問題，導致 FTP 啟動的正常的 21 號埠口無法使用，因此你想要啟用在 555 號埠口時，該如何處理呢？基本上，既然 SELinux 的主體程序大多是被受限的網路服務，沒道理不限制放行的埠口啊！所以，很可能會出問題～那就得要想想辦法才行！

```
# 1. 先處理 vsftpd 的設定檔，加入換 port 的參數才行！
[root@study ~]# vim /etc/vsftpd/vsftpd.conf
# 請按下大寫的 G 跑到最後一行，然後新增加底下這行設定！前面不可以留白！
listen_port=555

# 2. 重新啟動 vsftpd 並且觀察登錄檔的變化！
[root@study ~]# systemctl restart vsftpd
[root@study ~]# grep sealert /var/log/messages
Aug  9 06:34:46 station3-39 setroubleshoot:SELinux is preventing /usr/sbin/vsftpd
 from name_bind access on the tcp_socket port 555. For complete SELinux messages.
```

```
run sealert -l 288118e7-c386-4086-9fed-2fe78865c704
```

[root@study ~]# **sealert -l 288118e7-c386-4086-9fed-2fe78865c704**
SELinux is preventing /usr/sbin/vsftpd from name_bind access on the tcp_socket port
555.

\*\*\*\*\*  Plugin bind_ports (92.2 confidence) suggests   \*\*\*\*\*\*\*\*\*\*\*\*\*\*\*\*\*\*\*\*\*\*\*\*

If you want to allow /usr/sbin/vsftpd to bind to network port 555
Then you need to modify the port type.
Do
# **semanage port -a -t PORT_TYPE -p tcp 555**
    where PORT_TYPE is one of the following: certmaster_port_t, cluster_port_t,
 ephemeral_port_t, ftp_data_port_t, **ftp_port_t**, hadoop_datanode_port_t,
 hplip_port_t, port_t, postgrey_port_t, unreserved_port_t.
.....(後面省略).....
# 看一下信任度,高達 92.2% 耶!幾乎就是這傢伙~因此不必再看~就是它了!比較重要的是,
# 解決方案裡面,那個 PORT_TYPE 有很多選擇~但我們是要開啟 FTP 埠口嘛!所以,
# 就由後續資料找到 ftp_port_t 那個項目囉!帶入實驗看看!
# 3. 實際帶入 SELinux 埠口修訂後,在重新啟動 vsftpd 看看
[root@study ~]# **semanage port -a -t ftp_port_t -p tcp 555**
[root@study ~]# **systemctl restart vsftpd**
[root@study ~]# **netstat -tlnp**
Active Internet connections (only servers)
Proto Recv-Q Send-Q Local Address      Foreign Address     State      PID/Program name
tcp       0      0 0.0.0.0:22         0.0.0.0:*           LISTEN     1167/sshd
tcp       0      0 127.0.0.1:25       0.0.0.0:*           LISTEN     1598/master
**tcp6      0      0 :::555            :::*               LISTEN     8436/vsftpd**
tcp6      0      0 :::22             :::*               LISTEN     1167/sshd
tcp6      0      0 ::1:25            :::*               LISTEN     1598/master

# 4. 實驗看看這個 port 能不能用?
[root@study ~]# **curl ftp://localhost:555/pub/**
-rw-r--r--    1 0        0            221 Oct 29  2014 securetty
-rw-r--r--    1 0        0            225 Mar 06 03:05 sysctl.conf
```

透過上面的幾個小練習,你會知道在正規或非正規的環境下,如何處理你的 SELinux 問
題哩!仔細研究看看囉!
```

# 16.6　重點回顧

◆ 程式 (program)：通常為 binary program，放置在儲存媒體中 (如硬碟、光碟、軟碟、磁帶等)，為實體檔案的型態存在。

◆ 程序 (process)：程式被觸發後，執行者的權限與屬性、程式的程式碼與所需資料等都會被載入記憶體中，作業系統並給予這個記憶體內的單元一個識別碼 (PID)，可以說，程序就是一個正在運作中的程式。

◆ 程式彼此之間是有相關性的，故有父程序與子程序之分。而 Linux 系統所有程序的父程序就是 init 這個 PID 為 1 號的程序。

◆ 在 Linux 的程序呼叫通常稱為 fork-and-exec 的流程！程序都會藉由父程序以複製 (fork) 的方式產生一個一模一樣的子程序，然後被複製出來的子程序再以 exec 的方式來執行實際要進行的程式，最終就會成為一個子程序的存在。

◆ 常駐在記憶體當中的程序通常都是負責一些系統所提供的功能以服務使用者各項任務，因此這些常駐程式就會被我們稱為：服務 (daemon)。

◆ 在工作管理 (job control) 中，可以出現提示字元讓你操作的環境就稱為前景 (foreground)，至於其他工作就可以讓你放入背景 (background) 去暫停或運作。

◆ 與 job control 有關的按鍵與關鍵字有：&, [ctrl]-z, jobs, fg, bg, kill %n 等。

◆ 程序管理的觀察指令有：ps, top, pstree 等等。

◆ 程序之間是可以互相控制的，傳遞的訊息 (signal) 主要透過 kill 這個指令在處理。

◆ 程序是有優先順序的，該項目為 Priority，但 PRI 是核心動態調整的，使用者只能使用 nice 值去微調 PRI。

◆ nice 的給予可以有：nice, renice, top 等指令。

◆ vmstat 為相當好用的系統資源使用情況觀察指令。

◆ SELinux 當初的設計是為了避免使用者資源的誤用，而 SELinux 使用的是 MAC 委任式存取設定。

◆ SELinux 的運作中，重點在於主體程序 (Subject) 能否存取目標檔案資源 (Object)，這中間牽涉到政策 (Policy) 內的規則，以及實際的安全性本文類別 (type)。

◆ 安全性本文的一般設定為：『Identify:role:type』其中又以 type 最重要。

◆ SELinux 的模式有：enforcing, permissive, disabled 三種，而啟動的政策 (Policy) 主要是 targeted。

◆ SELinux 啟動與關閉的設定檔在：/etc/selinux/config。

- SELinux 的啟動與觀察：getenforce, sestatus 等指令。
- 重設 SELinux 的安全性本文可使用 restorecon 與 chcon。
- 在 SELinux 有啟動時，必備的服務至少要啟動 auditd 這個！
- 若要管理預設的 SELinux 布林值，可使用 getsebool, setsebool 來管理！

## 16.7　本章習題

- 簡單說明什麼是程式 (program) 而什麼是程序 (process)？
- 我今天想要查詢 /etc/crontab 與 crontab 這個程式的用法與寫法，請問我該如何線上查詢？
- 我要如何查詢 crond 這個 daemon 的 PID 與它的 PRI 值呢？
- 我要如何修改 crond 這個 PID 的優先執行序？
- 我是一般身份使用者，我是否可以調整不屬於我的程序的 nice 值？此外，如果我調整了我自己的程序的 nice 值到 10，是否可以將它調回 5 呢？
- 我要怎麼知道我的網路卡在開機的過程中有沒有被捉到？

## 16.8　參考資料與延伸閱讀

- 註 1：關於 fork-and-exec 的說明可以參考如下網頁與書籍：

  吳賢明老師維護的網站：http://nmc.nchu.edu.tw/linux/process.htm

  楊振和、作業系統導論、第三章、學貫出版社
- 註 2：對 Linux 核心有興趣的話，可以先看看底下的連結：

  http://www.linux.org.tw/CLDP/OLD/INFO-SHEET-2.html
- 註 3：來自 Linux Journal 的關於 /proc 的說明：http://www.linuxjournal.com/article/177
- 註 4：關於 SELinux 相關的網站與文件資料：

  美國國家安全局的 SELinux 簡介：http://www.nsa.gov/research/selinux/

  陳永昇、『企業級 Linux 系統管理寶典』、學貫行銷股份有限公司

  Fedora SELinux 說明：http://fedoraproject.org/wiki/SELinux/SecurityContext

  美國國家安全局對 SELinux 的白皮書：

  http://www.nsa.gov/research/_files/selinux/papers/

  module/t1.shtml

# 17

# 認識系統服務 (daemons)

在 Unix-Like 的系統中，你會常常聽到 daemon 這個字眼！那麼什麼是傳說中的 daemon 呢？這些 daemon 放在什麼地方？它的功能是什麼？該如何啟動這些 daemon ？又如何有效的將這些 daemon 管理妥當？此外，要如何視察這些 daemon 開了多少個 ports ？又這些 ports 要如何關閉？還有還有，曉得你系統的這些 port 各代表的是什麼服務嗎？這些都是最基礎需要注意的呢！尤其是在架設網站之前，這裡的觀念就顯的更重要了。

從 CentOS 7.x 這一版之後，傳統的 init 已經被捨棄，取而代之的是 systemd 這個傢伙～這傢伙跟之前的 init 有什麼差異？優缺點為何？如何管理不同種類的服務類型？以及如何取代原本的『執行等級』等等，很重要的改變喔！

# 17.1 什麼是 daemon 與服務 (service)？

我們在第十六章就曾經談過『服務』這東西！當時的說明是『常駐在記憶體中的程序，且可以提供一些系統或網路功能，那就是服務』。而服務一般的英文說法是『 service 』。

但如果你常常上網去查看一些資料的話，尤其是 Unix-Like 的相關作業系統，應該常常看到『請啟動某某 daemon 來提供某某功能』，唔！那麼 daemon 與 service 有關囉？否則為什麼都能夠提供某些系統或網路功能？此外，這個 daemon 是什麼東西呀？daemon 的字面上的意思就是『守護神、惡魔？』還真是有點奇怪呦！ ^_^"

簡單的說，系統為了某些功能必須要提供一些服務 (不論是系統本身還是網路方面)，這個服務就稱為 service。但是 service 的提供總是需要程式的運作吧！否則如何執行呢？所以達成這個 service 的程式我們就稱呼它為 daemon 囉！舉例來說，達成循環型例行性工作排程服務 (service) 的程式為 crond 這個 daemon 啦！這樣說比較容易理解了吧！

> 你不必去區分什麼是 daemon 與 service ！事實上，你可以將這兩者視為相同！因為達成某個服務是需要一支 daemon 在背景中運作，沒有這支 daemon 就不會有 service ！所以不需要分的太清楚啦！

一般來說，當我們以文字模式或圖形模式 (非單人維護模式) 完整開機進入 Linux 主機後，系統已經提供我們很多的服務了！包括列印服務、工作排程服務、郵件管理服務等等；那麼這些服務是如何被啟動的？它們的工作型態如何？底下我們就來談一談囉！

> daemon 既然是一支程式執行後的程序，那麼 daemon 所處的那個原本的程式通常是如何命名的呢 (daemon 程式的命名方式)。每一個服務的開發者，當初在開發他們的服務時，都有特別的故事啦！不過，無論如何，這些服務的名稱被建立之後，被掛上 Linux 使用時，通常在服務的名稱之後會加上一個 d，例如例行性命令的建立的 at，與 cron 這兩個服務，它的程式檔名會被取為 atd 與 crond，這個 d 代表的就是 daemon 的意思。所以，在第十六章中，我們使用了 ps 與 top 來觀察程序時，都會發現到很多的 {xxx}d 的程式，呵呵！通常那就是一些 daemon 的程序囉！

## 17.1.1 早期 System V 的 init 管理行為中 daemon 的主要分類 (Optional)

還記得我們在第一章談到過 Unix 的 system V 版本吧？那個很純種的 Unix 版本～在那種年代底下，我們啟動系統服務的管理方式被稱為 SysV 的 init 腳本程式的處理方式！亦即系統核心第一支呼叫的程式是 init，然後 init 去喚起所有的系統所需要的服務，不論是本機服務還是網路服務就是了。

基本上 init 的管理機制有幾個特色如下：

◆ **服務的啟動、關閉與觀察等方式**

所有的服務啟動腳本通通放置於 /etc/init.d/ 底下，基本上都是使用 bash shell script 所寫成的腳本程式，需要啟動、關閉、重新啟動、觀察狀態時，可以透過如下的方式來處理：

- 啟動：/etc/init.d/daemon start
- 關閉：/etc/init.d/daemon stop
- 重新啟動：/etc/init.d/daemon restart
- 狀態觀察：/etc/init.d/daemon status

◆ **服務啟動的分類**

init 服務的分類中，依據服務是獨立啟動或被一支總管程式管理而分為兩大類：

- 獨立啟動模式 (stand alone)：服務獨立啟動，該服務直接常駐於記憶體中，提供本機或用戶的服務行為，反應速度快。

- 總管程式 (super daemon)：由特殊的 xinetd 或 inetd 這兩個總管程式提供 socket 對應或 port 對應的管理。當沒有用戶要求某 socket 或 port 時，所需要的服務是不會被啟動的。若有用戶要求時，xinetd 總管才會去喚醒相對應的服務程式。當該要求結束時，這個服務也會被結束掉～因為透過 xinetd 所總管，因此這個傢伙就被稱為 super daemon。好處是可以透過 super daemon 來進行服務的時程、連線需求等的控制，缺點是喚醒服務需要一點時間的延遲。

◆ **服務的相依性問題**

服務是可能會有相依性的～例如，你要啟動網路服務，但是系統沒有網路，那怎麼可能可以喚醒網路服務呢？如果你需要連線到外部取得認證伺服器的連線，但該連線需要另一個 A 服務的需求，問題是，A 服務沒有啟動，因此，你的認證服務就不可能會成功啟動的！這就是所謂的服務相依性問題。init **在管理員自己手動處理這些服務時，是沒有辦法協助相依服務的喚醒的**！

◆ **執行等級的分類**

上面說到 init 是開機後核心主動呼叫的，然後 init 可以根據使用者自訂的執行等級 (runlevel) 來喚醒不同的服務，以進入不同的操作介面。基本上 Linux 提供 7 個執行等級，分別是 0，1，2...6，比較重要的是 1)單人維護模式、3)純文字模式、5)文字加圖形介面。而各個執行等級的啟動腳本是透過 /etc/rc.d/rc[0-6]/SXXdaemon 連結到 /etc/init.d/daemon，連結檔名 (SXXdaemon) 的功能為：S 為啟動該服務，XX 是數字，為啟動的順序。由於有 SXX 的設定，因此在開機時可以『依序執行』所有需要的服務，同時也能解決相依服務的問題。這點與管理員自己手動處理不太一樣就是了。

◆ **制定執行等級預設要啟動的服務**

若要建立如上提到的 SXXdaemon 的話，不需要管理員手動建立連結檔，透過如下的指令可以來處理預設啟動、預設不啟動、觀察預設啟動否的行為：

- 預設要啟動：chkconfig daemon on

- 預設不啟動：chkconfig daemon off

- 觀察預設為啟動否：chkconfig --list daemon

◆ **執行等級的切換行為**

當你要從純文字介面 (runlevel 3) 切換到圖形介面 (runlevel 5)，不需要手動啟動、關閉該執行等級的相關服務，只要『init 5』即可切換，init 這小子會主動去分析 /etc/rc.d/rc[35].d/ 這兩個目錄內的腳本，然後啟動轉換 runlevel 中需要的服務～就完成整體的 runlevel 切換。

基本上 init 主要的功能都寫在上頭了，重要的指令包括 daemon 本身自己的腳本 (/etc/init.d/daemon)、xinetd 這個特殊的總管程式 (super daemon)、設定預設開機啟動的 chkconfig，以及會影響到執行等級的 init N 等。雖然 CentOS 7 已經不使用 init 來管理服務了，不過因為考量到某些腳本沒有辦法直接塞入 systemd 的處理，因此這些腳本還是被保留下來，所以，我們在這裡還是稍微介紹了一下。更多更詳細的資料就請自己查詢舊版本囉！如下就是一個可以參考的版本：

- http://linux.vbird.org/linux_basic/0560daemons/0560daemons-centos5.php

## 17.1.2 systemd 使用的 unit 分類

從 CentOS 7.x 以後，Red Hat 系列的 distribution 放棄沿用多年的 System V 開機啟動服務的流程，就是前一小節提到的 init 啟動腳本的方法，改用 systemd 這個啟動服務管理機制～那麼 systemd 有什麼好處呢？

◆ **平行處理所有服務，加速開機流程**

舊的 init 啟動腳本是『一項一項任務依序啟動』的模式，因此不相依的服務也是得要一個一個的等待。但目前我們的硬體主機系統與作業系統幾乎都支援多核心架構了，沒道理未相依的服務不能同時啟動啊！systemd 就是可以讓所有的服務同時啟動，因此你會發現到，系統啟動的速度變快了！

◆ **一經要求就回應的 on-demand 啟動方式**

systemd 全部就是僅有一支 systemd 服務搭配 systemctl 指令來處理，無須其他額外的指令來支援。不像 systemV 還要 init，chkconfig，service... 等等指令。此外，systemd 由於常駐記憶體，因此任何要求 (on-demand) 都可以立即處理後續的 daemon 啟動的任務。

◆ **服務相依性的自我檢查**

由於 systemd 可以自訂服務相依性的檢查，因此如果 B 服務是架構在 A 服務上面啟動的，那當你在沒有啟動 A 服務的情況下僅手動啟動 B 服務時，systemd 會自動幫你啟動 A 服務喔！這樣就可以免去管理員得要一項一項服務去分析的麻煩～(如果讀者不是新手，應該會有印象，當你沒有啟動網路，但卻啟動 NIS/NFS 時，那個開機時的 timeout 甚至可達到 10~30 分鐘...)

◆ **依 daemon 功能分類**

systemd 旗下管理的服務非常多，包山包海啦～為了釐清所有服務的功能，因此，首先 systemd 先定義所有的服務為一個服務單位 (unit)，並將該 unit 歸類到不同的服務類型 (type) 去。舊的 init 僅分為 stand alone 與 super daemon 實在不夠看，systemd 將服務單位 (unit) 區分為 service，socket，target，path，snapshot，timer 等多種不同的類型 (type)，方便管理員的分類與記憶。

◆ **將多個 daemons 集合成為一個群組**

如同 systemV 的 init 裡頭有個 runlevel 的特色，systemd 亦將許多的功能集合成為一個所謂的 target 項目，這個項目主要在設計操作環境的建置，所以是集合了許多的 daemons，亦即是執行某個 target 就是執行好多個 daemon 的意思！

◆ **向下相容舊有的 init 服務腳本**

基本上，systemd 是可以相容於 init 的啟動腳本的，因此，舊的 init 啟動腳本也能夠透過 systemd 來管理，只是更進階的 systemd 功能就沒有辦法支援就是了。

雖然如此，不過 systemd 也是有些地方無法完全取代 init 的！包括：

◆ 在 runlevel 的對應上，大概僅有 runlevel 1，3，5 有對應到 systemd 的某些 target 類型而已，沒有全部對應。

- 全部的 systemd 都用 systemctl 這個管理程式管理，而 systemctl 支援的語法有限制，不像 /etc/init.d/daemon 就是純腳本可以自訂參數，systemctl 不可自訂參數。

- 如果某個服務啟動是管理員自己手動執行啟動，而不是使用 systemctl 去啟動的 (例如你自己手動輸入 crond 以啟動 crond 服務)，那麼 systemd 將無法偵測到該服務，而無法進一步管理。

- systemd 啟動過程中，無法與管理員透過 standard input 傳入訊息！因此，自行撰寫 systemd 的啟動設定時，務必要取消互動機制～(連透過啟動時傳進的標準輸入訊息也要避免！)

不過，光是同步啟動服務腳本這個功能就可以節省你很多開機的時間～同時 systemd 還有很多特殊的服務類型 (type) 可以提供更多有趣的功能！確實值得學一學～而且 CentOS 7 已經用了 systemd 了！想不學也不行啊～哈哈哈！好～既然要學，首先就得要針對 systemd 管理的 unit 來了解一下。

- **systemd 的設定檔放置目錄**

基本上，systemd 將過去所謂的 daemon 執行腳本通通稱為一個服務單位 (unit)，而每種服務單位依據功能來區分時，就分類為不同的類型 (type)。基本的類型有包括系統服務、資料監聽與交換的插槽檔服務 (socket)、儲存系統狀態的快照類型、提供不同類似執行等級分類的操作環境 (target) 等等。哇！這麼多類型，那設定時會不會很麻煩呢？其實還好，因為設定檔都放置在底下的目錄中：

- /usr/lib/systemd/system/：每個服務最主要的啟動腳本設定，有點類似以前的 /etc/init.d 底下的檔案。

- /run/systemd/system/：系統執行過程中所產生的服務腳本，這些腳本的優先序要比 /usr/lib/systemd/system/ 高！

- /etc/systemd/system/：管理員依據主機系統的需求所建立的執行腳本，其實這個目錄有點像以前 /etc/rc.d/rc5.d/Sxx 之類的功能！執行優先序又比 /run/systemd/system/ 高喔！

也就是說，到底系統開機會不會執行某些服務其實是看 /etc/systemd/system/ 底下的設定，所以該目錄底下就是一大堆連結檔。而實際執行的 systemd 啟動腳本設定檔，其實都是放置在 /usr/lib/systemd/system/ 底下的喔！因此如果你想要修改某個服務啟動的設定，應該要去 /usr/lib/systemd/system/ 底下修改才對！/etc/systemd/system/ 僅是連結到正確的執行腳本設定檔而已。所以想要看執行腳本設定，應該就得要到 /usr/lib/systemd/system/ 底下去查閱才對！

◆ **systemd 的 unit 類型分類說明**

那 /usr/lib/systemd/system/ 以下的資料如何區分上述所謂的不同的類型 (type) 呢？很簡單！看副檔名！舉例來說，我們來瞧瞧上一章談到的 vsftpd 這個範例的啟動腳本設定，還有 crond 與純文字模式的 multi-user 設定：

```
[root@study ~]# ll /usr/lib/systemd/system/ | grep -E '(vsftpd|multi|cron)'
-rw-r--r--. 1 root root   284  7月 30  2014 crond.service
-rw-r--r--. 1 root root   567  3月   6 06:51 multipathd.service
-rw-r--r--. 1 root root   524  3月   6 13:48 multi-user.target
drwxr-xr-x. 2 root root  4096  5月  4 17:52 multi-user.target.wants
lrwxrwxrwx. 1 root root    17  5月  4 17:52 runlevel2.target -> multi-user.target
lrwxrwxrwx. 1 root root    17  5月  4 17:52 runlevel3.target -> multi-user.target
lrwxrwxrwx. 1 root root    17  5月  4 17:52 runlevel4.target -> multi-user.target
-rw-r--r--. 1 root root   171  6月 10  2014 vsftpd.service
-rw-r--r--. 1 root root   184  6月 10  2014 vsftpd@.service
-rw-r--r--. 1 root root    89  6月 10  2014 vsftpd.target
# 比較重要的是上頭提供的那三行特殊字體的部分！
```

所以我們可以知道 vsftpd 與 crond 其實算是系統服務 (service)，而 multi-user 要算是執行環境相關的類型 (target type)。根據這些副檔名的類型，我們大概可以找到幾種比較常見的 systemd 的服務類型如下：

| 副檔名 | 主要服務功能 |
|---|---|
| .service | 一般服務類型 (service unit)：主要是系統服務，包括伺服器本身所需要的本機服務以及網路服務都是！比較經常被使用到的服務大多是這種類型！所以，這也是最常見的類型了！ |
| .socket | 內部程序資料交換的插槽服務 (socket unit)：主要是 IPC (Inter-process communication) 的傳輸訊息插槽檔 (socket file) 功能。這種類型的服務通常在監控訊息傳遞的插槽檔，當有透過此插槽檔傳遞訊息來說要連結服務時，就依據當時的狀態將該用戶的要求傳送到對應的 daemon，若 daemon 尚未啟動，則啟動該 daemon 後再傳送用戶的要求。<br><br>使用 socket 類型的服務一般是比較不會被用到的服務，因此在開機時通常會稍微延遲啟動的時間 (因為比較沒有這麼常用嘛！)。一般用於本機服務比較多，例如我們的圖形介面很多的軟體都是透過 socket 來進行本機程序資料交換的行為。(這與早期的 xinetd 這個 super daemon 有部分的相似喔！) |
| .target | 執行環境類型 (target unit)：其實是一群 unit 的集合，例如上面表格中談到的 multi-user.target 其實就是一堆服務的集合～也就是說，選擇執行 multi-user.target 就是執行一堆其他 .service 或/及 .socket 之類的服務就是了！ |

| 副檔名 | 主要服務功能 |
|---|---|
| .mount<br>.automount | 檔案系統掛載相關的服務 (automount unit / mount unit)：例如來自網路的自動掛載、NFS 檔案系統掛載等與檔案系統相關性較高的程序管理。 |
| .path | 偵測特定檔案或目錄類型 (path unit)：某些服務需要偵測某些特定的目錄來提供佇列服務，例如最常見的列印服務，就是透過偵測列印佇列目錄來啟動列印功能！這時就得要 .path 的服務類型支援了！ |
| .timer | 循環執行的服務 (timer unit)：這個東西有點類似 anacrontab 喔！不過是由 systemd 主動提供的，比 anacrontab 更加有彈性！ |

其中又以 .service 的系統服務類型最常見了！因為我們一堆網路服務都是透過這種類型來設計的啊！接下來，讓我們來談談如何管理這些服務的啟動與關閉。

# 17.2 透過 systemctl 管理服務

基本上，systemd 這個啟動服務的機制，主要是透過一支名為 systemctl 的指令來處理的！跟以前 systemV 需要 service / chkconfig / setup / init 等指令來協助不同，systemd 就是僅有 systemctl 這個指令來處理而已呦！所以全部的行為都好要使用 systemctl 的意思啦！有沒有很難？其實習慣了之後，鳥哥是覺得 systemctl 還挺好用的！ ^_^

## 17.2.1 透過 systemctl 管理單一服務 (service unit) 的 啟動/開機啟動與觀察狀態

在開始這個小節之前，鳥哥要先來跟大家報告一下，那就是：**一般來說，服務的啟動有兩個階段，一個是『開機的時候設定要不要啟動這個服務』，以及『你現在要不要啟動這個服務』**，這兩者之間有很大的差異喔！舉個例子來說，假如我們現在要『立刻取消 atd 這個服務』時，正規的方法 (不要用 kill) 要怎麼處理？

```
[root@study ~]# systemctl [command] [unit]
command 主要有：
start    ：立刻啟動後面接的 unit
stop     ：立刻關閉後面接的 unit
restart  ：立刻關閉後啟動後面接的 unit，亦即執行 stop 再 start 的意思
reload   ：不關閉後面接的 unit 的情況下，重新載入設定檔，讓設定生效
enable   ：設定下次開機時，後面接的 unit 會被啟動
disable  ：設定下次開機時，後面接的 unit 不會被啟動
status   ：目前後面接的這個 unit 的狀態，會列出有沒有正在執行、開機預設執行否、登錄等資訊等！
is-active：目前有沒有正在運作中
```

is-enable ：開機時有沒有預設要啟用這個 unit

範例一：看看目前 atd 這個服務的狀態為何？
```
[root@study ~]# systemctl status atd.service
atd.service - Job spooling tools
   Loaded：loaded (/usr/lib/systemd/system/atd.service; enabled)
   Active：active (running) since Mon 2015-08-10 19:17:09 CST; 5h 42min ago
 Main PID：1350 (atd)
   CGroup：/system.slice/atd.service
           └─1350 /usr/sbin/atd -f

Aug 10 19:17:09 study.centos.vbird systemd[1]：Started Job spooling tools.
# 重點在第二、三行喔～
# Loaded：這行在說明，開機的時候這個 unit 會不會啟動，enabled 為開機啟動，disabled 不會啟動
# Active：現在這個 unit 的狀態是正在執行 (running) 或沒有執行 (dead)
# 後面幾行則是說明這個 unit 程序的 PID 狀態以及最後一行顯示這個服務的登錄檔資訊！
# 登錄檔資訊格式為：『時間』 『訊息發送主機』 『哪一個服務的訊息』 『實際訊息內容』
# 所以上面的顯示訊息是：這個 atd 預設開機就啟動，而且現在正在運作的意思！
```

範例二：正常關閉這個 atd 服務
```
[root@study ~]# systemctl stop atd.service
[root@study ~]# systemctl status atd.service
atd.service - Job spooling tools
   Loaded：loaded (/usr/lib/systemd/system/atd.service; enabled)
   Active：inactive (dead) since Tue 2015-08-11 01:04:55 CST; 4s ago
  Process：1350 ExecStart=/usr/sbin/atd -f $OPTS (code=exited, status=0/SUCCESS)
 Main PID：1350 (code=exited, status=0/SUCCESS)
Aug 10 19:17:09 study.centos.vbird systemd[1]：Started Job spooling tools.
Aug 11 01:04:55 study.centos.vbird systemd[1]：Stopping Job spooling tools...
Aug 11 01:04:55 study.centos.vbird systemd[1]：Stopped Job spooling tools.
# 目前這個 unit 下次開機還是會啟動，但是現在是沒在運作的狀態中！同時，
# 最後兩行為新增加的登錄訊息，告訴我們目前的系統狀態喔！
```

　　上面的範例中，我們已經關掉了 atd 囉！這樣做才是對的！不應該使用 kill 的方式來關掉一個正常的服務喔！否則 systemctl 會無法繼續監控該服務的！那就比較麻煩。而使用 systemtctl status atd 的輸出結果中，第 2，3 兩行很重要～因為那個是告知我們該 unit 下次開機會不會預設啟動，以及目前啟動的狀態！相當重要！最底下是這個 unit 的登錄檔～如果你的這個 unit 曾經出錯過，觀察這個地方也是相當重要的！

那麼現在問個問題，你的 atd 現在是關閉的，未來重新開機後，這個服務會不會再次的啟動呢？答案是？當然會！因為上面出現的第二行中，它是 enabled 的啊！這樣理解所謂的『現在的狀態』跟『開機時預設的狀態』兩者的差異了嗎？

好！再回到 systemctl status atd.service 的第三行，不是有個 Active 的 daemon 現在狀態嗎？除了 running 跟 dead 之外，有沒有其他的狀態呢？有的～基本上有幾個常見的狀態：

- active (running)：正有一支或多支程序正在系統中執行的意思，舉例來說，正在執行中的 vsftpd 就是這種模式。

- active (exited)：僅執行一次就正常結束的服務，目前並沒有任何程序在系統中執行。舉例來說，開機或者是掛載時才會進行一次的 quotaon 功能，就是這種模式！quotaon 不須一直執行～只須執行一次之後，就交給檔案系統去自行處理囉！通常用 bash shell 寫的小型服務，大多是屬於這種類型 (無須常駐記憶體)。

- active (waiting)：正在執行當中，不過還再等待其他的事件才能繼續處理。舉例來說，列印的佇列相關服務就是這種狀態！雖然正在啟動中，不過，也需要真的有佇列進來 (列印工作) 這樣它才會繼續喚醒印表機服務來進行下一步列印的功能。

- inactive：這個服務目前沒有運作的意思。

既然 daemon 目前的狀態就有這麼多種了，那麼 daemon 的預設狀態有沒有可能除了 enable/disable 之外，還有其他的情況呢？當然有！

- enabled：這個 daemon 將在開機時被執行。

- disabled：這個 daemon 在開機時不會被執行。

- static：這個 daemon 不可以自己啟動 (enable 不可)，不過可能會被其他的 enabled 的服務來喚醒 (相依屬性的服務)。

- mask：這個 daemon 無論如何都無法被啟動！因為已經被強制註銷 (非刪除)。可透過 systemctl unmask 方式改回原本狀態。

◆ **服務啟動/關閉與觀察的練習**

例題

找到系統中名為 chronyd 的服務，觀察此服務的狀態，觀察完畢後，將此服務設定為：1)開機不會啟動 2)現在狀況是關閉的情況！

**答**：我們直接使用指令的方式來查詢與設定看看：

```
# 1. 觀察一下狀態，確認是否為關閉/未啟動呢？
[root@study ~]# systemctl status chronyd.service
```

```
hronyd.service - NTP client/server
   Loaded：loaded (/usr/lib/systemd/system/chronyd.service; enabled)
   Active：active (running) since Mon 2015-08-10 19:17:07 CST; 24h ago
.....(底下省略).....

# 2. 由上面知道目前是啟動的,因此立刻將它關閉,同時開機不會啟動才行!
[root@study ~]# systemctl stop chronyd.service
[root@study ~]# systemctl disable chronyd.service
rm '/etc/systemd/system/multi-user.target.wants/chronyd.service'
# 看得很清楚～其實就是從 /etc/systemd/system 底下刪除一條連結檔案而已～

[root@study ~]# systemctl status chronyd.service
chronyd.service - NTP client/server
   Loaded：loaded (/usr/lib/systemd/system/chronyd.service; disabled)
   Active：inactive (dead)
# 如此則將 chronyd 這個服務完整的關閉了!
```

　　上面是一個很簡單的練習,你先不要知道 chronyd 是啥東西,只要知道透過這個方式,可以將一個服務關閉就是了!好!那再來一個練習,看看有沒有問題呢?

**例題**

因為我根本沒有印表機安裝在伺服器上,目前也沒有網路印表機,因此我想要將 cups 服務整個關閉,是否可以呢?

**答:**同樣的,眼見為憑,我們就動手做看看:

```
# 1. 先看看 cups 的服務是開還是關?
[root@study ~]# systemctl status cups.service
cups.service - CUPS Printing Service
   Loaded：loaded (/usr/lib/systemd/system/cups.service; enabled)
   Active：inactive (dead) since Tue 2015-08-11 19:19:20 CST; 3h 29min ago
# 有趣得很!竟然是 enable 但是卻是 inactive 耶!相當特別!

# 2. 那就直接關閉,同時確認沒有啟動喔!
[root@study ~]# systemctl stop    cups.service
[root@study ~]# systemctl disable cups.service
rm '/etc/systemd/system/multi-user.target.wants/cups.path'
rm '/etc/systemd/system/sockets.target.wants/cups.socket'
rm '/etc/systemd/system/printer.target.wants/cups.service'
# 也是非常特別!竟然一口氣取消掉三個連結檔!也就是說,這三個檔案可能是有相依性的問題喔!
```

```
[root@study ~]# netstat -tlunp | grep cups
# 現在應該不會出現任何資料！因為根本沒有 cups 的任務在執行當中～所以不會有 port 產生

# 3. 嘗試啟動 cups.socket 監聽用戶端的需求喔！
[root@study ~]# systemctl start cups.socket
[root@study ~]# systemctl status cups.service cups.socket cups.path
cups.service - CUPS Printing Service
   Loaded：loaded (/usr/lib/systemd/system/cups.service; disabled)
   Active：inactive (dead) since Tue 2015-08-11 22:57:50 CST; 3min 41s ago
cups.socket - CUPS Printing Service Sockets
   Loaded：loaded (/usr/lib/systemd/system/cups.socket; disabled)
   Active：active (listening) since Tue 2015-08-11 22:56:14 CST; 5min ago
cups.path - CUPS Printer Service Spool
   Loaded：loaded (/usr/lib/systemd/system/cups.path; disabled)
   Active：inactive (dead)
# 確定僅有 cups.socket 在啟動，其他的並沒有啟動的狀態！
#

 4. 嘗試使用 lp 這個指令來列印看看？
[root@study ~]# echo "testing" | lp
lp：Error - no default destination available. # 實際上就是沒有印表機！所以有錯誤也沒關
係！
[root@study ~]# systemctl status cups.service
cups.service - CUPS Printing Service
   Loaded：loaded (/usr/lib/systemd/system/cups.service; disabled)
   Active：active (running) since Tue 2015-08-11 23:03:18 CST; 34s ago
[root@study ~]# netstat -tlunp | grep cups
tcp        0      0 127.0.0.1:631     0.0.0.0:*      LISTEN      25881/cupsd
tcp6       0      0 ::1:631           :::*           LISTEN      25881/cupsd
# 見鬼！竟然 cups 自動被啟動了！明明我們都沒有驅動它啊！怎麼回事啊？
```

上面這個範例的練習在讓你了解一下，很多服務彼此之間是有相依性的！cups 是一種列印服務，這個列印服務會啟用 port 631 來提供網路印表機的列印功能。但是其實我們無須一直啟動 631 埠口吧？因此，多了一個名為 cups.socket 的服務，這個服務可以在『用戶有需要列印時，才會主動喚醒 cups.service 』的意思！因此，如果你僅是 disable/stop cups.service 而忘記了其他兩個服務的話，那麼當有用戶向其他兩個 cups.path，cups.socket 提出要求時，cups.service 就會被喚醒！所以，你關掉也沒用！

◆ **強迫服務註銷 (mask) 的練習**

比較正規的作法是，要關閉 cups.service 時，連同其他兩個會喚醒 service 的 cups.socket 與 cups.path 通通關閉，那就沒事了！比較不正規的作法是，那就強迫 cups.service 註銷吧！透過 mask 的方式來將這個服務註銷看看！

```
# 1. 保持剛剛的狀態，關閉 cups.service，啟動 cups.socket，然後註銷 cups.servcie
[root@study ~]# systemctl stop cups.service
[root@study ~]# systemctl mask cups.service
ln -s '/dev/null' '/etc/systemd/system/cups.service'
# 喔耶～其實這個 mask 註銷的動作，只是讓啟動的腳本變成空的裝置而已！

[root@study ~]# systemctl status cups.service
cups.service
   Loaded：masked (/dev/null)
   Active：inactive (dead) since Tue 2015-08-11 23:14:16 CST; 52s ago

[root@study ~]# systemctl start cups.service
Failed to issue method call：Unit cups.service is masked.   # 再也無法喚醒！
```

上面的範例你可以仔細推敲一下～原來整個啟動的腳本設定檔被連結到 /dev/null 這個空裝置～因此，無論如何你是再也無法啟動這個 cups.service 了！透過這個 mask 功能，你就可以不必管其他相依服務可能會啟動到這個想要關閉的服務了！雖然是非正規，不過很有效！ ^_^

那如何取消註銷呢？當然就是 unmask 即可啊！

```
[root@study ~]# systemctl unmask cups.service
rm '/etc/systemd/system/cups.service'
[root@study ~]# systemctl status cups.service
cups.service - CUPS Printing Service
   Loaded：loaded (/usr/lib/systemd/system/cups.service; disabled)
   Active：inactive (dead) since Tue 2015-08-11 23:14:16 CST; 4min 35s ago
# 好佳在有恢復正常！
```

## 17.2.2 透過 systemctl 觀察系統上所有的服務

上一小節談到的是單一服務的啟動/關閉/觀察，以及相依服務要註銷的功能。那系統上面有多少的服務存在呢？這個時候就得要透過 list-units 及 list-unit-files 來觀察了！細部的用法如下：

```
[root@study ~]# systemctl [command] [--type=TYPE] [--all]
command:
    list-units       :依據 unit 列出目前有啟動的 unit。若加上 --all 才會列出沒啟動的。
    list-unit-files :依據 /usr/lib/systemd/system/ 內的檔案,將所有檔案列表說明。
--type=TYPE:就是之前提到的 unit type,主要有 service,socket,target 等
```

範例一:列出系統上面有啟動的 unit

```
[root@study ~]# systemctl
UNIT                        LOAD    ACTIVE SUB     DESCRIPTION
sys-devices-pc...:0:1:... loaded active plugged QEMU_HARDDISK
sys-devices-pc...0:1-0... loaded active plugged QEMU_HARDDISK
sys-devices-pc...0:0-1... loaded active plugged QEMU_DVD-ROM
.....(中間省略).....
vsftpd.service              loaded active running Vsftpd ftp daemon
.....(中間省略).....
cups.socket                 loaded failed failed  CUPS Printing Service Sockets
.....(中間省略).....
LOAD   = Reflects whether the unit definition was properly loaded.
ACTIVE = The high-level unit activation state, i.e. generalization of SUB.
SUB    = The low-level unit activation state, values depend on unit type.

141 loaded units listed. Pass --all to see loaded but inactive units, too.
To show all installed unit files use 'systemctl list-unit-files'.
# 列出的項目中,主要的意義是:
# UNIT     :項目的名稱,包括各個 unit 的類別 (看副檔名)
# LOAD     :開機時是否會被載入,預設 systemctl 顯示的是有載入的項目而已喔!
# ACTIVE :目前的狀態,須與後續的 SUB 搭配!就是我們用 systemctl status 觀察時,active 的
項目!
# DESCRIPTION  :詳細描述囉
# cups 比較有趣,因為剛剛被我們玩過,所以 ACTIVE 竟然是 failed 的喔!被玩死了!^_^
# 另外,systemctl 都不加參數,其實預設就是 list-units 的意思!
```

範例二:列出所有已經安裝的 unit 有哪些?

```
[root@study ~]# systemctl list-unit-files
UNIT FILE                                STATE
proc-sys-fs-binfmt_misc.automount        static
dev-hugepages.mount                      static
dev-mqueue.mount                         static
proc-fs-nfsd.mount                       static
.....(中間省略).....
systemd-tmpfiles-clean.timer             static
```

```
336 unit files listed.
```

使用 systemctl list-unit-files 會將系統上所有的服務通通列出來～而不像 list-units 僅以 unit 分類作大致的說明。至於 STATE 狀態就是前兩個小節談到的開機是否會載入的那個狀態項目囉！主要有 enabled / disabled / mask / static 等等。

假設我不想要知道這麼多的 unit 項目，我只想要知道 service 這種類別的 daemon 而已，而且不論是否已經啟動，通通要列出來！那該如何是好？

```
[root@study ~]# systemctl list-units --type=service --all
# 只剩下 *.service 的項目才會出現喔！
```

範例一：查詢系統上是否有以 cpu 為名的服務？
```
[root@study ~]# systemctl list-units --type=service --all | grep cpu
cpupower.service  loaded inactive dead    Configure CPU power related settings
# 確實有喔！可以改變 CPU 電源管理機制的服務哩！
```

## 17.2.3  透過 systemctl 管理不同的操作環境 (target unit)

透過上個小節我們知道系統上所有的 systemd 的 unit 觀察的方式，那麼可否列出跟操作介面比較有關的 target 項目呢？很簡單啊！就這樣搞一下：

```
[root@study ~]# systemctl list-units --type=target --all
UNIT                     LOAD   ACTIVE   SUB    DESCRIPTION
basic.target             loaded active   active Basic System
cryptsetup.target        loaded active   active Encrypted Volumes
emergency.target         loaded inactive dead   Emergency Mode
final.target             loaded inactive dead   Final Step
getty.target             loaded active   active Login Prompts
graphical.target         loaded active   active Graphical Interface
local-fs-pre.target      loaded active   active Local File Systems (Pre)
local-fs.target          loaded active   active Local File Systems
multi-user.target        loaded active   active Multi-User System
network-online.target    loaded inactive dead   Network is Online
network.target           loaded active   active Network
nss-user-lookup.target   loaded inactive dead   User and Group Name Lookups
paths.target             loaded active   active Paths
remote-fs-pre.target     loaded active   active Remote File Systems (Pre)
remote-fs.target         loaded active   active Remote File Systems
rescue.target            loaded inactive dead   Rescue Mode
shutdown.target          loaded inactive dead   Shutdown
```

```
slices.target          loaded active    active Slices
sockets.target         loaded active    active Sockets
sound.target           loaded active    active Sound Card
swap.target            loaded active    active Swap
sysinit.target         loaded active    active System Initialization
syslog.target          not-found inactive dead   syslog.target
time-sync.target       loaded inactive dead   System Time Synchronized
timers.target          loaded active    active Timers
umount.target          loaded inactive dead   Unmount All Filesystems

LOAD   = Reflects whether the unit definition was properly loaded.
ACTIVE = The high-level unit activation state, i.e. generalization of SUB.
SUB    = The low-level unit activation state, values depend on unit type.

26 loaded units listed.
To show all installed unit files use 'systemctl list-unit-files'.
```

喔！在我們的 CentOS 7.1 的預設情況下，就有 26 個 target unit 耶！而跟操作介面相關性比較高的 target 主要有底下幾個：

◆ graphical.target：就是文字加上圖形介面，這個項目已經包含了底下的 multi-user.target 項目！

◆ multi-user.target：純文字模式！

◆ rescue.target：在無法使用 root 登入的情況下，systemd 在開機時會多加一個額外的暫時系統，與你原本的系統無關。這時你可以取得 root 的權限來維護你的系統。但是這是額外系統，因此可能需要動到 chroot 的方式來取得你原有的系統喔！再後續的章節我們再來談！

◆ emergency.target：緊急處理系統的錯誤，還是需要使用 root 登入的情況，在無法使用 rescue.target 時，可以嘗試使用這種模式！

◆ shutdown.target：就是關機的流程。

◆ getty.target：可以設定你需要幾個 tty 之類的，如果想要降低 tty 的項目，可以修改這個東西的設定檔！

正常的模式是 multi-user.target 以及 graphical.target 兩個，救援方面的模式主要是 rescue.target 以及更嚴重的 emergency.target。如果要修改可提供登入的 tty 數量，則修改 getty.target 項目。基本上，我們最常使用的當然就是 multi-user 以及 graphical 囉！那麼我如何知道目前的模式是哪一種？又得要如何修改呢？底下來玩一玩吧！

```
[root@study ~]# systemctl [command] [unit.target]
選項與參數：
command:
    get-default ：取得目前的 target
    set-default ：設定後面接的 target 成為預設的操作模式
    isolate     ：切換到後面接的模式
```

範例一：我們的測試機器預設是圖形介面，先觀察是否真為圖形模式，再將預設模式轉為文字介面

```
[root@study ~]# systemctl get-default
graphical.target  # 果然是圖形介面喔！
[root@study ~]# systemctl set-default multi-user.target
[root@study ~]# systemctl get-default
multi-user.target
```

範例二：在不重新開機的情況下，將目前的操作環境改為純文字模式，關掉圖形介面

```
[root@study ~]# systemctl isolate multi-user.target
```

範例三：若需要重新取得圖形介面呢？

```
[root@study ~]# systemctl isolate graphical.target
```

　　要注意，改變 graphical.target 以及 multi-user.target 是透過 isolate 來處理的！鳥哥剛剛接觸到 systemd 的時候，在 multi-user.target 環境下轉成 graphical.target 時，可以透過 systemctl start graphical.target 喔！然後鳥哥就以為關閉圖形介面即可回到 multi-user.target 的！但使用 systemctl stop graphical.target 卻完全不理鳥哥～這才發現錯了...在 service 部分用 start/stop/restart 才對，在 target 項目則請使用 isolate (隔離不同的操作模式) 才對！

　　在正常的切換情況下，使用上述 isolate 的方式即可。不過為了方便起見，systemd 也提供了數個簡單的指令給我們切換操作模式之用喔！大致上如下所示：

```
[root@study ~]# systemctl poweroff     系統關機
[root@study ~]# systemctl reboot       重新開機
[root@study ~]# systemctl suspend      進入暫停模式
[root@study ~]# systemctl hibernate    進入休眠模式
[root@study ~]# systemctl rescue       強制進入救援模式
[root@study ~]# systemctl emergency    強制進入緊急救援模式
```

　　關機、重新開機、救援與緊急模式這沒啥問題，那麼什麼是暫停與休眠模式呢？

◆ suspend：暫停模式會將系統的狀態資料保存到記憶體中，然後關閉掉大部分的系統硬體，當然，並沒有實際關機喔！當使用者按下喚醒機器的按鈕，系統資料會重記憶體中回復，然後重新驅動被大部分關閉的硬體，就開始正常運作！喚醒的速度較快。

◆ hibernate：休眠模式則是將系統狀態保存到硬碟當中，保存完畢後，將電腦關機。當使用者嘗試喚醒系統時，系統會開始正常運作，然後將保存在硬碟中的系統狀態恢復回來。因為資料是由硬碟讀出，因此喚醒的效能與你的硬碟速度有關。

## 17.2.4 透過 systemctl 分析各服務之間的相依性

我們在本章一開始談到 systemd 的時候就有談到相依性的問題克服，那麼，如何追蹤某一個 unit 的相依性呢？舉例來說好了，我們怎麼知道 graphical.target 會用到 multi-user.target 呢？那 graphical.target 底下還有哪些東西呢？底下我們就來談一談：

```
[root@study ~]# systemctl list-dependencies [unit] [--reverse]
選項與參數：
--reverse ：反向追蹤誰使用這個 unit 的意思！

範例一：列出目前的 target 環境下，用到什麼特別的 unit
[root@study ~]# systemctl get-default
multi-user.target

[root@study ~]# systemctl list-dependencies
default.target
├─abrt-ccpp.service
├─abrt-oops.service
├─vsftpd.service
├─basic.target
│ ├─alsa-restore.service
│ ├─alsa-state.service
.....(中間省略).....
│ ├─sockets.target
│ │ ├─avahi-daemon.socket
│ │ ├─dbus.socket
.....(中間省略).....
│ ├─sysinit.target
│ │ ├─dev-hugepages.mount
│ │ ├─dev-mqueue.mount
.....(中間省略).....
│ └─timers.target
│   └─systemd-tmpfiles-clean.timer
├─getty.target
│ └─getty@tty1.service
└─remote-fs.target
```

因為我們前一小節的練習將預設的操作模式變成 multi-user.target 了，因此這邊使用 list-dependencies 時，所列出的 default.target 其實是 multi-user.target 的內容啦！根據線條連線的流程，我們也能夠知道，multi-user.target 其實還會用到 basic.target + getty.target + remote-fs.target 三大項目，而 basic.target 又用到了 sockets.target + sysinit.target + timers.target... 等一堆～所以囉，從這邊就能夠清楚的查詢到每種 target 模式底下還有的相依模式。那麼如果要查出誰會用到 multi-user.target 呢？就這麼作！

```
[root@study ~]# systemctl list-dependencies --reverse
default.target
└─graphical.target
```

reverse 本來就是反向的意思，所以加上這個選項，代表『誰還會用到我的服務』的意思～所以看得出來，multi-user.target 主要是被 graphical.target 所使用喔！好～那再來，graphical.target 又使用了多少的服務呢？可以這樣看：

```
[root@study ~]# systemctl list-dependencies graphical.target
graphical.target
├─accounts-daemon.service
├─gdm.service
├─network.service
├─rtkit-daemon.service
├─systemd-update-utmp-runlevel.service
└─multi-user.target
  ├─abrt-ccpp.service
  ├─abrt-oops.service
.....(底下省略).....
```

所以可以看得出來，graphical.target 就是在 multi-user.target 底下再加上 accounts-daemon，gdm，network，rtkit-deamon，systemd-update-utmp-runlevel 等服務而已！這樣會看了嗎？了解 daemon 之間的相關性也是很重要的喔！出問題時，可以找到正確的服務相依流程！

## 17.2.5 與 systemd 的 daemon 運作過程相關的目錄簡介

我們在前幾小節曾經談過比較重要的 systemd 啟動腳本設定檔在 /usr/lib/systemd/system/，/etc/systemd/system/ 目錄下，那還有哪些目錄跟系統的 daemon 運作有關呢？基本上是這樣的：

◆ /usr/lib/systemd/system/

使用 CentOS 官方提供的軟體安裝後，預設的啟動腳本設定檔都放在這裡，這裡的資料
盡量不要修改～要修改時，請到 /etc/systemd/system 底下修改較佳！

◆ /run/systemd/system/

系統執行過程中所產生的服務腳本，這些腳本的優先序要比 /usr/lib/systemd/system/
高！

◆ /etc/systemd/system/

管理員依據主機系統的需求所建立的執行腳本，其實這個目錄有點像以前
/etc/rc.d/rc5.d/Sxx 之類的功能！執行優先序又比 /run/systemd/system/ 高喔！

◆ /etc/sysconfig/*

幾乎所有的服務都會將初始化的一些選項設定寫入到這個目錄下，舉例來說，mandb
所要更新的 man page 索引中，需要加入的參數就寫入到此目錄下的 man-db 當中喔！
而網路的設定則寫在 /etc/sysconfig/network-scripts/ 這個目錄內。所以，這個目錄內的
檔案也是挺重要的。

◆ /var/lib/

一些會產生資料的服務都會將它的資料寫入到 /var/lib/ 目錄中。舉例來說，資料庫管理
系統 Mariadb 的資料庫預設就是寫入 /var/lib/mysql/ 這個目錄下啦！

◆ /run/

放置了好多 daemon 的暫存檔，包括 lock file 以及 PID file 等等。

我們知道 systemd 裡頭有很多的本機會用到的 socket 服務，裡頭可能會產生很多的
socket file ～那你怎麼知道這些 socket file 放置在哪裡呢？很簡單！還是透過 systemctl 來
管理！

```
[root@study ~]# systemctl list-sockets
LISTEN                    UNIT                          ACTIVATES
/dev/initctl              systemd-initctl.socket        systemd-initctl.service
/dev/log                  systemd-journald.socket       systemd-journald.service
/run/dmeventd-client      dm-event.socket               dm-event.service
/run/dmeventd-server      dm-event.socket               dm-event.service
/run/lvm/lvmetad.socket   lvm2-lvmetad.socket           lvm2-lvmetad.service
/run/systemd/journal/socket    systemd-journald.socket  systemd-journald.service
/run/systemd/journal/stdout    systemd-journald.socket  systemd-journald.service
/run/systemd/shutdownd    systemd-shutdownd.socket      systemd-shutdownd.service
/run/udev/control         systemd-udevd-control.socket  systemd-udevd.service
/var/run/avahi-daemon/socket   avahi-daemon.socket      avahi-daemon.service
```

```
/var/run/cups/cups.sock          cups.socket              cups.service
/var/run/dbus/system_bus_socket dbus.socket              dbus.service
/var/run/rpcbind.sock            rpcbind.socket           rpcbind.service
@ISCSIADM_ABSTRACT_NAMESPACE     iscsid.socket            iscsid.service
@ISCSID_UIP_ABSTRACT_NAMESPACE   iscsiuio.socket          iscsiuio.service
kobject-uevent 1                 systemd-udevd-kernel.socket systemd-udevd.service
16 sockets listed.
Pass --all to see loaded but inactive sockets, too.
```

這樣很清楚的就能夠知道正在監聽本機服務需求的 socket file 所在的檔名位置囉！

◆ **網路服務與埠口對應簡介**

從第十六章與前一小節對服務的說明後，你應該要知道的是，系統所有的功能都是某些程序所提供的，而程序則是透過觸發程式而產生的。同樣的，系統提供的網路服務當然也是這樣的！只是由於網路牽涉到 TCP/IP 的概念，所以顯的比較複雜一些就是了。

玩過網際網路 (Internet) 的朋友應該知道 IP 這玩意兒，大家都說 IP 就是代表你的主機在網際網路上面的『門牌號碼』。但是你的主機總是可以提供非常多的網路服務而不止一項功能而已，但我們僅有一個 IP 呢！當用戶端連線過來我們的主機時，我們主機是如何分辨不同的服務要求呢？那就是透過埠號 (port number) 啦！埠號簡單的想像，它就是你家門牌上面的第幾層樓！這個 IP 與 port 就是網際網路連線的最重要機制之一囉。我們拿底下的網址來說明：

■ http://ftp.ksu.edu.tw/

■ ftp://ftp.ksu.edu.tw/

有沒有發現，兩個網址都是指向 ftp.ksu.edu.tw 這個崑山科大的 FTP 網站，但是瀏覽器上面顯示的結果卻是不一樣的？是啊！這是因為我們指向不同的服務嘛！一個是 http 這個 WWW 的服務，一個則是 ftp 這個檔案傳輸服務，當然顯示的結果就不同了。

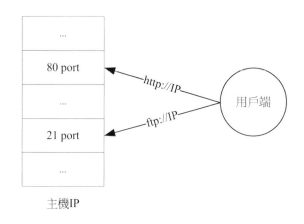

圖 17.2.1　port 與 daemon 的對應

事實上，為了統一整個網際網路的埠號對應服務的功能，好讓所有的主機都能夠使用相同的機制來提供服務與要求服務，所以就有了『通訊協定』這玩意兒。也就是說，有些約定俗成的服務都放置在同一個埠號上面啦！舉例來說，網址列上面的 http 會讓瀏覽器向 WWW 伺服器的 80 埠號進行連線的要求！而 WWW 伺服器也會將 httpd 這個軟體啟動在 port 80，這樣兩者才能夠達成連線的！

嗯！那麼想一想，系統上面有沒有什麼設定可以讓服務與埠號對應在一起呢？那就是 /etc/services 啦！

```
[root@study ~]# cat /etc/services
....(前面省略)....
ftp             21/tcp
ftp             21/udp          fsp fspd
ssh             22/tcp                                  # The Secure Shell (SSH) Protocol
ssh             22/udp                                  # The Secure Shell (SSH) Protocol
....(中間省略)....
http            80/tcp          www www-http            # WorldWideWeb HTTP
http            80/udp          www www-http            # HyperText Transfer Protocol
....(底下省略)....
# 這個檔案的內容是以底下的方式來編排的：
# <daemon name>    <port/封包協定>    <該服務的說明>
```

像上面說的是，第一欄為 daemon 的名稱、第二欄為該 daemon 所使用的埠號與網路資料封包協定，封包協定主要為可靠連線的 TCP 封包以及較快速但為非連線導向的 UDP 封包。舉個例子說，那個遠端連線機制使用的是 ssh 這個服務，而這個服務的使用的埠號為 22！就是這樣啊！

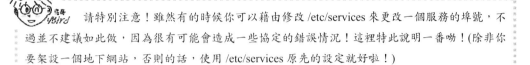

## 17.2.6 關閉網路服務

當你第一次使用 systemctl 去觀察本機伺服器啟動的服務時，不知道有沒有嚇一跳呢？怎麼隨隨便便 CentOS 7.x 就給我啟動了幾乎 100 多個以上的 daemon？會不會有事啊？沒關係啦！因為 systemd 將許多原本不被列為 daemon 的程序都納入到 systemd 自己的管轄監測範圍內，因此就多了很多 daemon 存在！那些大部分都屬於 Linux 系統基礎運作所需要的環境，沒有什麼特別需求的話，最好都不要更動啦！除非你自己知道自己需要什麼。

除了本機服務之外，其實你一定要觀察的，反而是網路服務喔！雖然網路服務預設有 SELinux 管理，不過，在鳥哥的立場上，我還是建議非必要的網路服務就關閉它！那麼什麼是網路服務呢？基本上，會產生一個網路監聽埠口 (port) 的程序，你就可以稱它是個網路服務了！那麼如何觀察網路埠口？就這樣追蹤啊！

```
[root@study ~]# netstat -tlunp
Proto Recv-Q Send-Q Local Address     Foreign Address   State    PID/Program name
tcp      0       0 0.0.0.0:22         0.0.0.0:*         LISTEN   1340/sshd
tcp      0       0 127.0.0.1:25       0.0.0.0:*         LISTEN   2387/master
tcp6     0       0 :::555             :::*             LISTEN   29113/vsftpd
tcp6     0       0 :::22              :::*             LISTEN   1340/sshd
tcp6     0       0 ::1:25             :::*             LISTEN   2387/master
udp      0       0 0.0.0.0:5353       0.0.0.0:*                  750/avahi-daemon:r
udp      0       0 0.0.0.0:36540      0.0.0.0:*                  750/avahi-daemon:r
```

如上表所示，我們的系統上至少開了 22，25，555，5353，36540 這幾個埠口～而其中 5353，36540 是由 avahi-daemon 這個東西所啟動的！接下來我們使用 systemctl 去觀察一下，到底有沒有 avahi-daemon 為開頭的服務呢？

```
[root@study ~]# systemctl list-units --all | grep avahi-daemon
avahi-daemon.service   loaded active   running   Avahi mDNS/DNS-SD Stack
avahi-daemon.socket    loaded active   running   Avahi mDNS/DNS-SD Stack Activation
Socket
```

透過追查，知道這個 avahi-daemon 的目的是在區域網路進行類似網芳的搜尋，因此這個服務可以協助你在區網內隨時了解隨插即用的裝置！包括筆記型電腦等，只要連上你的區網，你就能夠知道誰進來了。問題是，你可能不要這個協定啊！所以，那就關閉它吧！

```
[root@study ~]# systemctl stop avahi-daemon.service
[root@study ~]# systemctl stop avahi-daemon.socket
[root@study ~]# systemctl disable avahi-daemon.service avahi-daemon.socket
[root@study ~]# netstat -tlunp
Proto Recv-Q Send-Q Local Address         Foreign Address      State     PID/Program name
tcp        0      0 0.0.0.0:22            0.0.0.0:*            LISTEN    1340/sshd
tcp        0      0 127.0.0.1:25         0.0.0.0:*            LISTEN    2387/master
tcp6       0      0 :::555               :::*                LISTEN    29113/vsftpd
tcp6       0      0 :::22                :::*                LISTEN    1340/sshd
tcp6       0      0 ::1:25               :::*                LISTEN    2387/master
```

一般來說，你的本機伺服器至少需要 25 號埠口，而 22 號埠口則最好加上防火牆來管理遠端連線登入比較妥當～因此，上面的埠口中，除了 555 是我們上一章因為測試而產生的之外，這樣的系統能夠被爬牆的機會已經少很多了！^_^！OK！現在如果你的系統裡面有一堆網路埠口在監聽，而你根本不知道那是幹麻用的，鳥哥建議你，現在就透過上面的方式，關閉它吧！

# 17.3 systemctl 針對 service 類型的設定檔

以前，我們如果想要建立系統服務，就得要到 /etc/init.d/ 底下去建立相對應的 bash shell script 來處理。那麼現在 systemd 的環境底下，如果我們想要設定相關的服務啟動環境，那應該如何處理呢？這就是本小節的任務囉！

## 17.3.1 systemctl 設定檔相關目錄簡介

現在我們知道服務的管理是透過 systemd，而 systemd 的設定檔大部分放置於 /usr/lib/systemd/system/ 目錄內。但是 Red Hat 官方文件指出，該目錄的檔案主要是原本軟體所提供的設定，建議不要修改！而要修改的位置應該放置於 /etc/systemd/system/ 目錄內。舉例來說，如果你想要額外修改 vsftpd.service 的話，它們建議要放置到哪些地方呢？

◆ /usr/lib/systemd/system/**vsftpd.service**：官方釋出的預設設定檔。

◆ /etc/systemd/system/**vsftpd.service.d**/custom.conf：在 /etc/systemd/system 底下建立與設定檔相同檔名的目錄，但是要加上 .d 的副檔名。然後在該目錄下建立設定檔即可。

另外,設定檔最好附檔名取名為 .conf 較佳!在這個目錄下的檔案會『累加其他設定』進入 /usr/lib/systemd/system/vsftpd.service 內喔!

◆ /etc/systemd/system/**vsftpd.service.wants**/*:此目錄內的檔案為連結檔,設定相依服務的連結。意思是啟動了 vsftpd.service 之後,最好再加上這目錄底下建議的服務。

◆ /etc/systemd/system/**vsftpd.service.requires**/*:此目錄內的檔案為連結檔,設定相依服務的連結。意思是在啟動 vsftpd.service 之前,需要事先啟動哪些服務的意思。

基本上,在設定檔裡面你都可以自由設定相依服務的檢查,並且設定加入到哪些 target 裡頭去。但是如果是已經存在的設定檔,或者是官方提供的設定檔,Red Hat 是建議你不要修改原設定,而是到上面提到的幾個目錄去進行額外的客製化設定比較好!當然,這見仁見智~如果你硬要修改原始的 /usr/lib/systemd/system 底下的設定檔,那也是 OK 沒問題的!並且也能夠減少許多設定檔的增加~鳥哥自己認為,這樣也不錯!反正,就完全是個人喜好囉~

## 17.3.2 systemctl 設定檔的設定項目簡介

了解了設定檔的相關目錄與檔案之後,再來,當然得要了解一下設定檔本身的內容了!讓我們先來瞧一瞧 sshd.service 的內容好了!原本想拿 vsftpd.service 來講解,不過該檔案的內容比較陽春,還是看一下設定項目多一些的 sshd.service 好了!

```
[root@study ~]# cat /usr/lib/systemd/system/sshd.service
[Unit]              # 這個項目與此 unit 的解釋、執行服務相依性有關
Description=OpenSSH server daemon
After=network.target sshd-keygen.service
Wants=sshd-keygen.service

[Service]           # 這個項目與實際執行的指令參數有關
EnvironmentFile=/etc/sysconfig/sshd
ExecStart=/usr/sbin/sshd -D $OPTIONS
ExecReload=/bin/kill -HUP $MAINPID
KillMode=process
Restart=on-failure
RestartSec=42s

[Install]           # 這個項目說明此 unit 要掛載哪個 target 底下
WantedBy=multi-user.target
```

分析上面的設定檔,我們大概能夠將整個設定分為三個部分,就是:

◆ [Unit]:unit 本身的說明,以及與其他相依 daemon 的設定,包括在什麼服務之後才啟動此 unit 之類的設定值。

◆ [Service]，[Socket]，[Timer]，[Mount]，[Path]..：不同的 unit type 就得要使用相對應的設定項目。我們拿的是 sshd.service 來當範本，所以這邊就使用 [Service] 來設定。這個項目內主要在規範服務啟動的腳本、環境設定檔檔名、重新啟動的方式等等。

◆ [Install]：這個項目就是將此 unit 安裝到哪個 target 裡面去的意思！

至於設定檔內有些設定規則還是得要說明一下：

◆ 設定項目通常是可以重複的，例如我可以重複設定兩個 After 在設定檔中，不過，後面的設定會取代前面的喔！因此，如果你想要將設定值歸零，可以使用類似『 After= 』的設定，亦即該項目的等號後面什麼都沒有，就將該設定歸零了 (reset)。

◆ 如果設定參數需要有『是/否』的項目 (布林值，boolean)，你可以使用 1, yes, true, on 代表啟動，用 0, no, false, off 代表關閉！隨你喜好選擇囉！

◆ 空白行、開頭為 # 或 ; 的那一行，都代表註解！

每個部分裡面還有很多的設定細項，我們使用一個簡單的表格來說明每個項目好了！

### [Unit] 部分

| 設定參數 | 參數意義說明 |
| --- | --- |
| Description | 就是當我們使用 systemctl list-units 時，會輸出給管理員看的簡易說明！當然，使用 systemctl status 輸出的此服務的說明，也是這個項目！ |
| Documentation | 這個項目在提供管理員能夠進行進一步的文件查詢的功能！提供的文件可以是如下的資料：<br>■ Documentation=http://www....<br>■ Documentation=man:sshd(8)<br>■ Documentation=file:/etc/ssh/sshd_config |
| After | 說明此 unit 是在哪個 daemon 啟動之後才啟動的意思！基本上僅是說明服務啟動的順序而已，並沒有強制要求裡頭的服務一定要啟動後此 unit 才能啟動。以 sshd.service 的內容為例，該檔案提到 After 後面有 network.target 以及 sshd-keygen.service，但是若這兩個 unit 沒有啟動而強制啟動 sshd.service 的話，那麼 sshd.service 應該還是能夠啟動的！這與 Requires 的設定是有差異的喔！ |
| Before | 與 After 的意義相反，是在什麼服務啟動前最好啟動這個服務的意思。不過這僅是規範服務啟動的順序，並非強制要求的意思。 |
| Requires | 明確的定義此 unit 需要在哪個 daemon 啟動後才能夠啟動！就是設定相依服務啦！如果在此項設定的前導服務沒有啟動，那麼此 unit 就不會被啟動！ |

| 設定參數 | 參數意義說明 |
|---|---|
| Wants | 與 Requires 剛好相反，規範的是這個 unit 之後最好還要啟動什麼服務比較好的意思！不過，並沒有明確的規範就是了！主要的目的是希望建立讓使用者比較好操作的環境。因此，這個 Wants 後面接的服務如果沒有啟動，其實不會影響到這個 unit 本身！ |
| Conflicts | 代表衝突的服務！亦即這個項目後面接的服務如果有啟動，那麼我們這個 unit 本身就不能啟動！我們 unit 有啟動，則此項目後的服務就不能啟動！反正就是衝突性的檢查啦！ |

接下來了解一下在 [Service] 當中有哪些項目可以使用！

## [Service] 部分

| 設定參數 | 參數意義說明 |
|---|---|
| Type | 說明這個 daemon 啟動的方式，會影響到 ExecStart 喔！一般來說，有底下幾種類型<br><br>■ simple：預設值，這個 daemon 主要由 ExecStart 接的指令串來啟動，啟動後常駐於記憶體中。<br><br>■ forking：由 ExecStart 啟動的程序透過 spawns 延伸出其他子程序來作為此 daemon 的主要服務。原生的父程序在啟動結束後就會終止運作。傳統的 unit 服務大多屬於這種項目，例如 httpd 這個 WWW 服務，當 httpd 的程序因為運作過久因此即將終結了，則 systemd 會再重新生出另一個子程序持續運作後，再將父程序刪除。據說這樣的效能比較好！！<br><br>■ oneshot：與 simple 類似，不過這個程序在工作完畢後就結束了，不會常駐在記憶體中。<br><br>■ dbus：與 simple 類似，但這個 daemon 必須要在取得一個 D-Bus 的名稱後，才會繼續運作！因此設定這個項目時，通常也要設定 BusName= 才行！<br><br>■ idle：與 simple 類似，意思是，要執行這個 daemon 必須要所有的工作都順利執行完畢後才會執行。這類的 daemon 通常是開機到最後才執行即可的服務！<br><br>比較重要的項目大概是 simple，forking 與 oneshot 了！畢竟很多服務需要子程序 (forking)，而有更多的動作只需要在開機的時候執行一次 (oneshot)，例如檔案系統的檢查與掛載啊等等的。 |
| EnvironmentFile | 可以指定啟動腳本的環境設定檔！例如 sshd.service 的設定檔寫入到 /etc/sysconfig/sshd 當中！你也可以使用 Environment= 後面接多個不同的 Shell 變數來給予設定！ |

| 設定參數 | 參數意義說明 |
|---|---|
| ExecStart | 就是實際執行此 daemon 的指令或腳本程式。你也可以使用 ExecStartPre (之前) 以及 ExecStartPost (之後) 兩個設定項目來在實際啟動服務前，進行額外的指令行為。但是你得要特別注意的是，指令串僅接受『指令 參數 參數...』的格式，不能接受 < , > , >> , | , & 等特殊字符，很多的 bash 語法也不支援喔！所以，要使用這些特殊的字符時，最好直接寫入到指令腳本裡面去！不過，上述的語法也不是完全不能用，亦即，若要支援比較完整的 bash 語法，那你得要使用 Type=oneshot 才行喔！其他的 Type 才不能支援這些字符。 |
| ExecStop | 與 systemctl stop 的執行有關，關閉此服務時所進行的指令。 |
| ExecReload | 與 systemctl reload 有關的指令行為 |
| Restart | 當設定 Restart=1 時，則當此 daemon 服務終止後，會再次的啟動此服務。舉例來說，如果你在 tty2 使用文字介面登入，操作完畢後登出，基本上，這個時候 tty2 就已經結束服務了。但是你會看到螢幕又立刻產生一個新的 tty2 的登入畫面等待你的登入！那就是 Restart 的功能！除非使用 systemctl 強制將此服務關閉，否則這個服務會源源不絕的一直重複產生！ |
| RemainAfterExit | 當設定為 RemainAfterExit=1 時，則當這個 daemon 所屬的所有程序都終止之後，此服務會再嘗試啟動。這對於 Type=oneshot 的服務很有幫助！ |
| TimeoutSec | 若這個服務在啟動或者是關閉時，因為某些緣故導致無法順利『正常啟動或正常結束』的情況下，則我們要等多久才進入『強制結束』的狀態！ |
| KillMode | 可以是 process，control-group，none 的其中一種，如果是 process 則 daemon 終止時，只會終止主要的程序 (ExecStart 接的後面那串指令) ，如果是 control-group 時，則由此 daemon 所產生的其他 control-group 的程序，也都會被關閉。如果是 none 的話，則沒有程序會被關閉喔！ |
| RestartSec | 與 Restart 有點相關性，如果這個服務被關閉，然後需要重新啟動時，大概要 sleep 多少時間再重新啟動的意思。預設是 100ms (毫秒)。 |

最後，再來看看那個 Install 內還有哪些項目可用？

## [Install] 部分

| 設定參數 | 參數意義說明 |
|---|---|
| WantedBy | 這個設定後面接的大部分是 *.target unit ！意思是，這個 unit 本身是附掛在哪一個 target unit 底下的！一般來說，大多的服務性質的 unit 都是附掛在 multi-user.target 底下！ |

| 設定參數 | 參數意義說明 |
|---|---|
| Also | 當目前這個 unit 本身被 enable 時，Also 後面接的 unit 也請 enable 的意思！也就是具有相依性的服務可以寫在這裡呢！ |
| Alias | 進行一個連結的別名的意思！當 systemctl enable 相關的服務時，則此服務會進行連結檔的建立！以 multi-user.target 為例，這個傢伙是用來作為預設操作環境 default.target 的規劃，因此當你設定用成 default.target 時，這個 /etc/systemd/system/default.target 就會連結到 /usr/lib/systemd/system/multi-user.target 囉！ |

大致的項目就有這些，接下來讓我們根據上面這些資料來進行一些簡易的操作吧！

### 17.3.3　兩個 vsftpd 運作的實例

我們在上一章將 vsftpd 的 port 改成 555 號了。不過，因為某些原因，所以你可能需要使用到兩個埠口，分別是正常的 21 以及特殊的 555！這兩個 port 都啟用的情況下，你可能就得要使用到兩個設定檔以及兩個啟動腳本設定了！現在假設是這樣：

◆ 預設的 port 21：使用 /etc/vsftpd/vsftpd.conf 設定檔，以及 /usr/lib/systemd/system/vsftpd.service 設定腳本。

◆ 特殊的 port 555：使用 /etc/vsftpd/vsftpd2.conf 設定檔，以及 /etc/systemd/system/vsftpd2.service 設定腳本。

我們可以這樣做：

```
# 1. 先建立好所需要的設定檔
[root@study ~]# cd /etc/vsftpd
[root@study vsftpd]# cp vsftpd.conf vsftpd2.conf
[root@study vsftpd]# vim vsftpd.conf
#listen_port=555

[root@study vsftpd]# diff vsftpd.conf vsftpd2.conf
128c128
< #listen_port=555
---
> listen_port=555
# 注意這兩個設定檔的差別喔！只有這一行不同而已！

# 2. 開始處理啟動腳本設定
[root@study vsftpd]# cd /etc/systemd/system
[root@study system]# cp /usr/lib/systemd/system/vsftpd.service vsftpd2.service
```

```
[root@study system]# vim vsftpd2.service
[Unit]
Description=Vsftpd second ftp daemon
After=network.target

[Service]
Type=forking
ExecStart=/usr/sbin/vsftpd /etc/vsftpd/vsftpd2.conf

[Install]
WantedBy=multi-user.target
# 重點在改了 vsftpd2.conf 這個設定檔喔！

# 3. 重新載入 systemd 的腳本設定檔內容
[root@study system]# systemctl daemon-reload
[root@study system]# systemctl list-unit-files --all | grep vsftpd
vsftpd.service                              enabled
vsftpd2.service                             disabled
vsftpd@.service                             disabled
vsftpd.target                               disabled

[root@study system]# systemctl status vsftpd2.service
vsftpd2.service - Vsftpd second ftp daemon
   Loaded : loaded (/etc/systemd/system/vsftpd2.service; disabled)
   Active : inactive (dead)

[root@study system]# systemctl restart vsftpd.service vsftpd2.service
[root@study system]# systemctl enable  vsftpd.service vsftpd2.service
[root@study system]# systemctl status  vsftpd.service vsftpd2.service
vsftpd.service - Vsftpd ftp daemon
   Loaded : loaded (/usr/lib/systemd/system/vsftpd.service; enabled)
   Active : active (running) since Wed 2015-08-12 22:00:17 CST; 35s ago
 Main PID : 12670 (vsftpd)
   CGroup : /system.slice/vsftpd.service
            └─12670 /usr/sbin/vsftpd /etc/vsftpd/vsftpd.conf

Aug 12 22:00:17 study.centos.vbird systemd[1] : Started Vsftpd ftp daemon.

vsftpd2.service - Vsftpd second ftp daemon
   Loaded : loaded (/etc/systemd/system/vsftpd2.service; enabled)
   Active : active (running) since Wed 2015-08-12 22:00:17 CST; 35s ago
 Main PID : 12672 (vsftpd)
```

```
    CGroup：/system.slice/vsftpd2.service
          └─12672 /usr/sbin/vsftpd /etc/vsftpd/vsftpd2.conf

[root@study system]# netstat -tlnp
Active Internet connections (only servers)
Proto Recv-Q Send-Q Local Address     Foreign Address    State     PID/Program name
tcp       0      0 0.0.0.0:22         0.0.0.0:*          LISTEN    1340/sshd
tcp       0      0 127.0.0.1:25       0.0.0.0:*          LISTEN    2387/master
tcp6      0      0 :::555             :::*               LISTEN    12672/vsftpd
tcp6      0      0 :::21              :::*               LISTEN    12670/vsftpd
tcp6      0      0 :::22              :::*               LISTEN    1340/sshd
tcp6      0      0 ::1:25             :::*               LISTEN    2387/master
```

很簡單的將你的 systemd 所管理的 vsftpd 做了另一個服務！未來如果有相同的需求，同樣的方法做一遍即可！

## 17.3.4　多重的重複設定方式：以 getty 為例

我們的 CentOS 7 開機完成後，不是說有 6 個終端機可以使用嗎？就是那個 tty1~tty6 的啊！那個東西是由 agetty 這個指令達成的。OK！那麼這個終端機的功能又是從哪個項目所提供的呢？其實，那個東東涉及很多層面，主要管理的是 getty.target 這個 target unit，不過，實際產生 tty1~tty6 的則是由 getty@.service 所提供的！咦！那個 @ 是啥東西？

先來查閱一下 /usr/lib/systemd/system/getty@.service 的內容好了：

```
[root@study ~]# cat //usr/lib/systemd/system/getty@.service
[Unit]
Description=Getty on %I
Documentation=man:agetty(8) man:systemd-getty-generator(8)
Documentation=http://0pointer.de/blog/projects/serial-console.html
After=systemd-user-sessions.service plymouth-quit-wait.service
After=rc-local.service
Before=getty.target
ConditionPathExists=/dev/tty0

[Service]
ExecStart=-/sbin/agetty --noclear %I $TERM
Type=idle
Restart=always
RestartSec=0
UtmpIdentifier=%I
```

```
TTYPath=/dev/%I
TTYReset=yes
TTYVHangup=yes
TTYVTDisallocate=yes
KillMode=process
IgnoreSIGPIPE=no
SendSIGHUP=yes

[Install]
WantedBy=getty.target
```

比較重要的當然就是 ExecStart 項目囉！那麼我們去 man agetty 時，發現到它的語法應該是『agetty --noclear tty1』之類的字樣，因此，我們如果要啟動六個 tty 的時候，基本上應該要有六個啟動設定檔。亦即是可能會用到 getty1.service，getty2.service...getty6.service 才對！哇！這樣控管很麻煩啊～所以，才會出現這個 @ 的項目啦！咦！這個 @ 到底怎麼回事呢？我們先來看看 getty@.service 的上游，亦即是 getty.target 這個東西的內容好了！

```
[root@study ~]# systemctl show getty.target
# 那個 show 的指令可以將 getty.target 的預設設定值也取出來顯示！
Names=getty.target
Wants=getty@tty1.service
WantedBy=multi-user.target
Conflicts=shutdown.target
Before=multi-user.target
After=getty@tty1.service getty@tty2.service getty@tty3.service getty@tty4.
service getty@tty6.service getty@tty5.service
.....(後面省略).....
```

你會發現，咦！怎麼會多出六個怪異的 service 呢？我們拿 getty@tty1.service 來說明一下好了！當我們執行完 getty.target 之後，它會持續要求 getty@tty1.service 等六個服務繼續啟動。那我們的 systemd 就會這麼做：

◆ 先看 /usr/lib/systemd/system/，/etc/systemd/system/ 有沒有 getty@tty1.service 的設定，若有就執行，若沒有則執行下一步。

◆ 找 getty@.service 的設定，若有則將 @ 後面的資料帶入成 %I 的變數，進入 getty@.service 執行！

這也就是說，其實 getty@tty1.service 實際上是不存在的！它主要是透過 getty@.service 來執行～也就是說，getty@.service 的目的是為了要簡化多個執行的啟動設定，它的命名方式是這樣的：

```
原始檔案：執行服務名稱@.service
執行檔案：執行服務名稱@範例名稱.service
```

因此當有範例名稱帶入時，則會有一個新的服務名稱產生出來！你再回頭看看 getty@.service 的啟動腳本：

```
ExecStart=-/sbin/agetty --noclear %I $TERM
```

上表中那個 %I 指的就是『範例名稱』！根據 getty.target 的資訊輸出來看，getty@tty1.service 的 %I 就是 tty1 囉！因此執行腳本就會變成『/sbin/agetty --noclear tty1 』！所以我們才有辦法以一個設定檔來啟動多個 tty1 給用戶登入囉！

◆ **將 tty 的數量由 6 個降低到 4 個**

現在你應該要感到困擾的是，那麼『6 個 tty 是誰規定的』為什麼不是 5 個還是 7 個？這是因為 systemd 的登入設定檔 /etc/systemd/logind.conf 裡面規範的啦！假如你想要讓 tty 數量降低到剩下 4 個的話，那麼可以這樣實驗看看：

```
# 1. 修改預設的 logind.conf 內容，將原本 6 個虛擬終端機改成 4 個
[root@study ~]# vim /etc/systemd/logind.conf
[Login]
NAutoVTs=4
ReserveVT=0
# 原本是 6 個而且還註解，請取消註解，然後改成 4 吧！

# 2. 關閉不小心啟動的 tty5，tty6 並重新啟動 getty.target 囉！
[root@study ~]# systemctl stop getty@tty5.service
[root@study ~]# systemctl stop getty@tty6.service
[root@study ~]# systemctl restart systemd-logind.service
```

現在你再到桌面環境下，按下 [ctrl]+[alt]+[F1]~[F6] 就會發現，只剩下四個可用的 tty 囉！後面的 tty5，tty6 已經被放棄了！不再被啟動喔！好！那麼我暫時需要啟動 tty8 時，又該如何處理呢？需要重新建立一個腳本嗎？不需要啦！可以這樣做！

```
[root@study ~]# systemctl start getty@tty8.service
```

無須額外建立其他的啟動服務設定檔喔！

◆ **暫時新增 vsftpd 到 2121 埠口**

不知道你有沒有發現，其實在 /usr/lib/systemd/system 底下還有個特別的 vsftpd@.service 喔！來看看它的內容：

```
[root@study ~]# cat /usr/lib/systemd/system/vsftpd@.service
[Unit]
Description=Vsftpd ftp daemon
After=network.target
PartOf=vsftpd.target

[Service]
Type=forking
ExecStart=/usr/sbin/vsftpd /etc/vsftpd/%i.conf

[Install]
WantedBy=vsftpd.target
```

根據前面 getty@.service 的說明，我們知道在啟動的腳本設定當中，%i 或 %I 就是代表 @ 後面接的範例檔名的意思！那我能不能建立 vsftpd3.conf 檔案，然後透過該檔案來啟動新的服務呢？就來玩玩看！

```
# 1. 根據 vsftpd@.service 的建議，於 /etc/vsftpd/ 底下先建立新的設定檔
[root@study ~]# cd /etc/vsftpd
[root@study vsftpd]# cp vsftpd.conf vsftpd3.conf
[root@study vsftpd]# vim vsftpd3.conf
listen_port=2121

# 2. 暫時啟動這個服務，不要永久啟動它！
[root@study vsftpd]# systemctl start vsftpd@vsftpd3.service
[root@study vsftpd]# systemctl status vsftpd@vsftpd3.service
vsftpd@vsftpd3.service - Vsftpd ftp daemon
   Loaded : loaded (/usr/lib/systemd/system/vsftpd@.service; disabled)
   Active : active (running) since Thu 2015-08-13 01:34:05 CST; 5s ago

[root@study vsftpd]# netstat -tlnp
Active Internet connections (only servers)
Proto Recv-Q Send-Q Local Address    Foreign Address    State     PID/Program name
tcp6      0      0 :::2121          :::*               LISTEN    16404/vsftpd
tcp6      0      0 :::555           :::*               LISTEN    12672/vsftpd
tcp6      0      0 :::21            :::*               LISTEN    12670/vsftpd
```

因為我們啟用了 vsftpd@vsftpd3.service，代表要使用的設定檔在 /etc/vsftpd/ vsftpd3.conf 的意思！所以可以直接透過 vsftpd@.service 而無須重新設定啟動腳本！這樣是否比前幾個小節的方法還要簡便呢？^_^。透過這個方式，你就可以使用到新的設定檔囉！只是你得要注意到 @ 這個東西就是了！^_^

聰明的讀者可能立刻發現一件事,為啥這次 FTP 增加了 2121 埠口卻不用修改 SELinux 呢?這是因為預設啟動小於 1024 號碼以下的埠口時,需要使用到 root 的權限,因此小於 1024 以下埠口的啟動較可怕。而這次範例中,我們使用 2121 埠口,它對於系統的影響可能小一些 (其實一樣可怕!),所以就忽略了 SELinux 的限制了!

## 17.3.5 自己的服務自己做

我們來模擬自己作一個服務吧!假設我要作一支可以備份自己系統的服務,這支腳本我放在 /backups 底下,內容有點像這樣:

```
[root@study ~]# vim /backups/backup.sh
#!/bin/bash

source="/etc /home /root /var/lib /var/spool/{cron,at,mail}"
target="/backups/backup-system-$(date +%Y-%m-%d).tar.gz"
[ ! -d /backups ] && mkdir /backups
tar -zcvf ${target} ${source} &> /backups/backup.log

[root@study ~]# chmod a+x /backups/backup.sh
[root@study ~]# ll /backups/backup.sh
-rwxr-xr-x. 1 root root 220 Aug 13 01:57 /backups/backup.sh
# 記得要有可執行的權限才可以喔!
```

接下來,我們要如何設計一支名為 backup.service 的啟動腳本設定呢?可以這樣做喔!

```
[root@study ~]# vim /etc/systemd/system/backup.service
[Unit]
Description=backup my server
Requires=atd.service

[Service]
Type=simple
ExecStart=/bin/bash -c " echo /backups/backup.sh | at now"

[Install]
WantedBy=multi-user.target
# 因為 ExecStart 裡面有用到 at 這個指令,因此,atd.service 就是一定要的服務!

[root@study ~]# systemctl daemon-reload
```

```
[root@study ~]# systemctl start backup.service
[root@study ~]# systemctl status backup.service
backup.service - backup my server
   Loaded：loaded (/etc/systemd/system/backup.service; disabled)
   Active：inactive (dead)

Aug 13 07:50:31 study.centos.vbird systemd[1]：Starting backup my server...
Aug 13 07:50:31 study.centos.vbird bash[20490]：job 8 at Thu Aug 13 07:50:00 2015
Aug 13 07:50:31 study.centos.vbird systemd[1]：Started backup my server.
# 為什麼 Active 是 inactive 呢？這是因為我們的服務僅是一個簡單的 script 啊！
# 因此執行完畢就完畢了，不會繼續存在記憶體中喔！
```

　　完成上述的動作之後，以後你都可以直接使用 systemctl start backup.service 進行系統的備份了！而且會直接丟進 atd 的管理中，你就無須自己手動用 at 去處理這項任務了～好像還不賴喔！^_^

　　這樣自己做一個服務好像也不難啊！^_^！自己動手玩玩看吧！

# 17.4　systemctl 針對 timer 的設定檔

　　有時候，某些服務你想要定期執行，或者是開機後執行，或者是什麼服務啟動多久後執行等等的。在過去，我們大概都是使用 crond 這個服務來定期處理，不過，既然現在有一直常駐在記憶體當中的 systemd 這個好用的東西，加上這 systemd 有個協力服務，名為 timers.target 的傢伙，這傢伙可以協助定期處理各種任務！那麼，除了 crond 之外，如何使用 systemd 內建的 time 來處理各種任務呢？這就是本小節的重點囉！

◆ **systemd.timer 的優勢**

　　在 archlinux 的官網 wiki 上面有提到，為啥要使用 systemd.timer 呢？

- 由於所有的 systemd 的服務產生的資訊都會被紀錄 (log)，因此比 crond 在 debug 上面要更清楚方便的多。

- 各項 timer 的工作可以跟 systemd 的服務相結合。

- 各項 timer 的工作可以跟 control group (cgroup，用來取代 /etc/secure/limit.conf 的功能) 結合，來限制該工作的資源利用。

　　雖然還是有些弱點啦～例如 systemd 的 timer 並沒有 email 通知的功能 (除非自己寫一個)，也沒有類似 anacron 的一段時間內的隨機取樣功能 (random_delay)，不過，總體來說，還是挺不錯的！此外，相對於 crond 最小的單位到分，systemd 是可以到秒甚至是毫秒的單位哩！相當有趣！

◆ **任務需求**

基本上，想要使用 systemd 的 timer 功能，你必須要有幾個要件：

■ 系統的 timer.target 一定要啟動

■ 要有個 sname.service 的服務存在 (sname 是你自己指定的名稱)

■ 要有個 sname.timer 的時間啟動服務存在

滿足上面的需求就 OK 了！有沒有什麼案例可以來實作看看？這樣說好了，我們上個小節不是才自己做了個 backup.service 的服務嗎？那麼能不能將這個 backup.service 用在定期執行上面呢？好啊！那就來測試看看！

◆ **sname.timer 的設定值**

你可以到 /etc/systemd/system 底下去建立這個 *.timer 檔，那這個檔案的內容要項有哪些東西呢？基本設定主要有底下這些：(man systemd.timer & man systemd.time)

**[Timer] 部分**

| 設定參數 | 參數意義說明 |
|---|---|
| OnActiveSec | 當 timers.target 啟動多久之後才執行這支 unit |
| OnBootSec | 當開機完成後多久之後才執行 |
| OnStartupSec | 當 systemd 第一次啟動之後過多久才執行 |
| OnUnitActiveSec | 這個 timer 設定檔所管理的那個 unit 服務在最後一次啟動後，隔多久後再執行一次的意思 |
| OnUnitInactiveSec | 這個 timer 設定檔所管理的那個 unit 服務在最後一次停止後，隔多久再執行一次的意思。 |
| OnCalendar | 使用實際時間 (非循環時間) 的方式來啟動服務的意思！至於時間的格式後續再來談。 |
| Unit | 一般來說不太需要設定，因此如同上面剛剛提到的，基本上我們設定都是 sname.server + sname.timer，那如果你的 sname 並不相同時，那在 .timer 的檔案中，就得要指定是哪一個 service unit 囉！ |
| Persistent | 當使用 OnCalendar 的設定時，指定該功能要不要持續進行的意思。通常是設定為 yes，比較能夠滿足類似 anacron 的功能喔！ |

基本的項目僅有這些而已，在設定上其實並不困難啦！

◆ **使用於 OnCalendar 的時間**

如果你想要從 crontab 轉成這個 timer 功能的話，那麼對於時間設定的格式就得要了解了解～基本上的格式如下所示：

```
語法：英文周名    YYYY-MM-DD   HH:MM:SS
範例：Thu         2015-08-13   13:40:00
```

上面談的是基本的語法，你也可以直接使用間隔時間來處理！常用的間隔時間單位有：

- us 或 usec：微秒 ($10^{-6}$ 秒)

- ms 或 msec：毫秒 ($10^{-3}$ 秒)

- s, sec, second, seconds

- m, min, minute, minutes

- h, hr, hour, hours

- d, day, days

- w, week, weeks

- month, months

- y, year, years

常見的使用範例有：

```
隔 3 小時：          3h  或 3hr 或 3hours
隔 300 分鐘過 10 秒： 10s 300m
隔 5 天又 100 分鐘：  100m 5day
# 通常英文的寫法，小單位寫前面，大單位寫後面～所以先秒、再分、再小時、再天數等～
```

此外，你也可以使用英文常用的口語化日期代表，例如 today, tomorrow 等！假設今天是 2015-08-13 13:50:00 的話，那麼：

| 英文口語 | 實際的時間格式代表 |
| --- | --- |
| now | Thu 2015-08-13 13:50:00 |
| today | Thu 2015-08-13 00:00:00 |
| tomorrow | Thu 2015-08-14 00:00:00 |
| hourly | *-*-* *:00:00 |
| daily | *-*-* 00:00:00 |
| weekly | Mon *-*-* 00:00:00 |
| monthly | *-*-01 00:00:00 |
| +3h10m | Thu 2015-08-13 17:00:00 |
| 2015-08-16 | Sun 2015-08-16 00:00:00 |

#### ◆ 一個循環時間運作的案例

現在假設這樣：

▨ 開機後 2 小時開始執行一次這個 backup.service

▨ 自從第一次執行後，未來我每兩天要執行一次 backup.service

好了，那麼應該如何處理這個腳本呢？可以這樣做喔！

```
[root@study ~]# vim /etc/systemd/system/backup.timer
[Unit]
Description=backup my server timer

[Timer]
OnBootSec=2hrs
OnUnitActiveSec=2days

[Install]
WantedBy=multi-user.target
# 只要這樣設定就夠了！儲存離開吧！


[root@study ~]# systemctl daemon-reload
[root@study ~]# systemctl enable backup.timer
[root@study ~]# systemctl restart backup.timer
[root@study ~]# systemctl list-unit-files | grep backup
backup.service          disabled    # 這個不需要啟動！只要 enable backup.timer 即可！
backup.timer            enabled


[root@study ~]# systemctl show timers.target
ConditionTimestamp=Thu 2015-08-13 14:31:11 CST    # timer 這個 unit 啟動的時間！


[root@study ~]# systemctl show backup.service
ExecMainExitTimestamp=Thu 2015-08-13 14:50:19 CST # backup.service 上次執行的時間


[root@study ~]# systemctl show backup.timer
NextElapseUSecMonotonic=2d 19min 11.540653s         # 下一次執行距離 timers.target 的時間
```

如上表所示，我上次執行 backup.service 的時間是在 2015-08-13 14:50，由於設定兩個小時執行一次，因此下次應該是 2015-08-15 14:50 執行才對！由於 timer 是由 timers.target 這個 unit 所管理的，而這個 timers.target 的啟動時間是在 2015-08-13 14:31，要注意，最終 backup.timer 所紀錄的下次執行時間，其實是與 timers.target 所紀錄的時間差！因此是『 2015-08-15 14:50 - 2015-08-13 14:31 』才對！所以時間差就是 2d 19min 囉！

◆ **一個固定日期運作的案例**

上面的案例是固定週期運作一次，那如果我希望不管上面如何運作了，我都希望星期天凌晨 2 點運作這個備份程式一遍呢？請注意，因為已經存在 backup.timer 了！所以，這裡我用 backup2.timer 來做區隔喔！

```
[root@study ~]# vim /etc/systemd/system/backup2.timer
[Unit]
Description=backup my server timer2

[Timer]
OnCalendar=Sun *-*-* 02:00:00
Persistent=true
Unit=backup.service

[Install]
WantedBy=multi-user.target

[root@study ~]# systemctl daemon-reload
[root@study ~]# systemctl enable backup2.timer
[root@study ~]# systemctl start backup2.timer
[root@study ~]# systemctl show backup2.timer
NextElapseUSecReAltime=45y 7month 1w 6d 10h 30min
```

與循環時間運作差異比較大的地方，在於這個 OnCalendar 的方法對照的時間並不是 times.target 的啟動時間，而是 Unix 標準時間！亦即是 1970-01-01 00:00:00 去比較的！因此，當你看到最後出現的 NextElapseUSecReAltime 時，哇！下一次執行還要 45 年 + 7 個月 + 1 周 + 6 天 + 10 小時過 30 分～剛看到的時候，鳥哥確實因此揉了揉眼睛～確定沒有看錯...這才了解原來比對的是『日曆時間』而不是某個 unit 的啟動時間啊！呵呵！

透過這樣的方式，你就可以使用 systemd 的 timer 來製作屬於你的時程規劃服務囉！

# 17.5 CentOS 7.x 預設啟動的服務簡易說明

隨著 Linux 上面軟體支援性越來越多，加上自由軟體蓬勃的發展，我們可以在 Linux 上面用的 daemons 真的越來越多了。所以，想要寫完所有的 daemons 介紹幾乎是不可能的，因此，鳥哥這裡僅介紹幾個很常見的 daemons 而已，更多的資訊呢，就得要麻煩你自己使用 systemctl list-unit-files --type＝service 去查詢囉！底下的建議主要是針對 Linux 單機伺服器的角色來說明的，不是桌上型的環境喔！

| CentOS 7.x 預設啟動的服務內容 | |
|---|---|
| 設定參數 | 參數意義說明 |
| abrtd | (**系統**)abrtd 服務可以提供使用者一些方式,讓使用者可以針對不同的應用軟體去設計錯誤登錄的機制,當軟體產生問題時,使用者就可以根據 abrtd 的登錄檔來進行錯誤克服的行為。還有其他的 abrt-xxx.service 均是使用這個服務來加強應用程式 debug 任務的。 |
| accounts-daemon (可關閉) | (**系統**)使用 accountsservice 計畫所提供的一系列 D-Bus 介面來進行使用者帳號資訊的查詢。基本上是與 useradd,usermod,userdel 等軟體有關。 |
| alsa-X (可關閉) | (**系統**)開頭為 alsa 的服務有不少,這些服務大部分都與音效有關!一般來說,伺服器且不開圖形介面的話,這些服務可以關閉! |
| atd | (**系統**)單一的例行性工作排程,詳細說明請參考第十五章。抵擋機制的設定檔在 /etc/at.{allow,deny} 喔! |
| auditd | (**系統**)還記得前一章的 SELinux 所需服務吧?這就是其中一項,可以讓系統需 SELinux 稽核的訊息寫入 /var/log/audit/audit.log 中。 |
| avahi-daemon (可關閉) | (**系統**)也是一個用戶端的服務,可以透過 Zeroconf 自動的分析與管理網路。Zeroconf 較常用在筆記型電腦與行動裝置上,所以我們可以先關閉它啦! |
| brandbot rhel-* | (**系統**)這些服務大多用於開機過程中所需要的各種偵測環境的腳本,同時也提供網路介面的啟動與關閉。基本上,你不要關閉掉這些服務比較妥當! |
| chronyd ntpd ntpdate | (**系統**)都是網路校正時間的服務!一般來說,你可能需要的僅有 ch |
| cpupower | (**系統**)提供 CPU 的運作規範~可以參考 /etc/sysconfig/cpupower 得到更多的資訊!這傢伙與你的 CPU 使用情況有關喔! |
| crond | (**系統**)系統設定檔為 /etc/crontab,詳細資料可參考第十五章的說明。 |
| cups (可關閉) | (**系統/網路**)用來管理印表機的服務,可以提供網路連線的功能,有點類似列印伺服器的功能哩!你可以在 Linux 本機上面以瀏覽器的 http://localhost:631 來管理印表機喔!由於我們目前沒有印表機,所以可以暫時關閉它。 |
| dbus | (**系統**)使用 D-Bus 的方式在不同的應用程式之間傳送訊息,使用的方向例如應用程式間的訊息傳遞、每個使用者登入時提供的訊息 |

| CentOS 7.x 預設啟動的服務內容 | |
|---|---|
| 設定參數 | 參數意義說明 |
| | 資料等。 |
| dm-event<br>multipathd | (系統)監控裝置對應表 (device mapper) 的主要服務,當然不能關掉啊!否則就無法讓 Linux 使用我們的週邊裝置與儲存裝置了! |
| dmraid-activation<br>mdmonitor | (系統)用來啟動 Software RAID 的重要服務!最好不要關閉啦!雖然你可能沒有 RAID。 |
| dracut-shutdown | (系統)用來處理 initramfs 的相關行為,這與開機流程相關性較高~ |
| ebtables | (系統/網路)透過類似 iptables 這種防火牆規則的設定方式,設計網路卡作為橋接時的封包分析政策。其實就是防火牆。不過與底下談到的防火牆應用不太一樣。如果沒有使用虛擬化,或者啟用了 firewalld,這個服務可以不啟動。 |
| emergency<br>rescue | (系統)進入緊急模式或者是救援模式的服務 |
| firewalld | (系統/網路)就是防火牆!以前有 iptables 與 ip6tables 等防火牆機制,新的 firewalld 搭配 firewall-cmd 指令,可以快速的建置好你的防火牆系統喔!因此,從 CentOS 7.1 以後,iptables 服務的啟動腳本已經被忽略了!請使用 firewalld 來取代 iptables 服務喔! |
| gdm | (系統)GNOME 的登入管理員,就是圖形介面上一個很重要的登入管理服務! |
| getty@ | (系統)就是要在本機系統產生幾個文字介面 (tty) 登入的服務囉! |
| hyper*<br>ksm*<br>libvirt*<br>vmtoolsd | (系統)跟建立虛擬機器有關的許多服務!如果你不玩虛擬機,那麼這些服務可以先關閉。此外,如果你的 Linux 本來就在虛擬機的環境下,那這些服務對你就沒有用!因為這些服務是讓實體機器來建立虛擬機的! |
| irqbalance | (系統)如果你的系統是多核心的硬體,那麼這個服務要啟動,因為它可以自動的分配系統中斷 (IRQ) 之類的硬體資源。 |
| iscsi* | (系統)可以掛載來自網路磁碟機的服務!這個服務可以在系統內模擬好貴的 SAN 網路磁碟。如果你確定系統上面沒有掛載這種網路磁碟,也可以將它關閉的。 |
| kdump<br>(可關閉) | (系統)在安裝 CentOS 的章節就談過這東西,主要是 Linux 核心如果出錯時,用來紀錄記憶體的東西。鳥哥覺得不需要啟動它!除非你是核心駭客! |
| lvm2-* | (系統)跟 LVM 相關性較高的許多服務,當然也不能關!不然系統上面的 LVM2 就沒人管了! |

| CentOS 7.x 預設啟動的服務內容 | |
|---|---|
| 設定參數 | 參數意義說明 |
| microcode | **(系統)**Intel 的 CPU 會提供一個外掛的微指令集提供系統運作，不過，如果你沒有下載 Intel 相關的指令集檔案，那麼這個服務不需要啟動的，也不會影響系統運作。 |
| ModemManager<br>network<br>NetworkManager* | **(系統/網路)**主要就是數據機、網路設定等服務！進入 CentOS 7 之後，系統似乎不太希望我們使用 network 服務了，比較建議的是使用 NetworkManager 搭配 nmcli 指令來處理網路設定～所以，反而是 NetworkManager 要開，而 network 不用開哩！ |
| quotaon | **(系統)**啟動 Quota 要用到的服務喔！ |
| rc-local | **(系統)**相容於 /etc/rc.d/rc.local 的呼叫方式！只是，你必須要讓 /etc/rc.d/rc.local 具有 x 的權限後，這個服務才能真的運作！否則，你寫入 /etc/rc.d/rc.local 的腳本還是不會運作的喔！ |
| rsyslog | **( 系統 )**這個服務可以記錄系統所產生的各項訊息，包括 /var/log/messages 內的幾個重要的登錄檔啊。 |
| sysstat | **(系統)**事實上，我們的系統有支名為 sar 的指令會記載某些時間點下，系統的資源使用情況，包括 CPU/流量/輸入輸出量等，當 sysstat 服務啟動後，這些紀錄的資料才能夠寫入到紀錄檔 (log) 裡面去！ |
| systemd-* | **(系統)**大概都是屬於系統運作過程所需要的服務，沒必要都不要更動它的預設狀態！ |
| plymount*<br>upower | **(系統)**與圖形介面的使用相關性較高的一些服務！沒啟動圖形介面時，這些服務可以暫時不管它！ |

　　上面的服務是 CentOS 7.x 預設有啟動的，這些預設啟動的服務很多是針對桌上型電腦所設計的，所以囉，如果你的 Linux 主機用途是在伺服器上面的話，那麼有很多服務是可以關閉的啦！如果你還有某些不明白的服務想要關閉的，請務必要搞清楚該服務的功能為何喔！舉例來說，那個 rsyslog 就不能關閉，如果你關掉它的話，系統就不會記錄登錄檔，那你的系統所產生的警告訊息就無法記錄起來，你將無法進行 debug 喔！

　　底下鳥哥繼續說明一些可能在你的系統當中的服務，只是預設並沒有啟動這個服務就是了。只是說明一下，各服務的用途還是需要你自行查詢相關的文章囉。

| 其他服務的簡易說明 | |
|---|---|
| **服務名稱** | **功能簡介** |
| dovecot | **(網路)**可以設定 POP3/IMAP 等收受信件的服務，如果你的 Linux 主機是 email server 才需要這個服務，否則不需要啟動它啦！ |
| httpd | **(網路)**這個服務可以讓你的 Linux 伺服器成為 www server 喔！ |
| named | **(網路)**這是領域名稱伺服器 (Domain Name System) 的服務，這個服務非常重要，但是設定非常困難！目前應該不需要這個服務啦！ |
| nfs<br>nfs-server | **(網路)**這就是 Network Filesystem，是 Unix-Like 之間互相作為網路磁碟機的一個功能。 |
| smb<br>nmb | **(網路)**這個服務可以讓 Linux 模擬成為 Windows 上面的網路上的芳鄰。如果你的 Linux 主機想要做為 Windows 用戶端的網路磁碟機伺服器，這玩意兒得要好好玩一玩。 |
| vsftpd | **(網路)**作為檔案傳輸伺服器 (FTP) 的服務。 |
| sshd | **(網路)**這個是遠端連線伺服器的軟體功能，這個通訊協定比 telnet 好的地方在於 sshd 在傳送資料時可以進行加密喔！這個服務不要關閉它啦！ |
| rpcbind | **(網路)**達成 RPC 協定的重要服務！包括 NFS，NIS 等等都需要這東西的協助！ |
| postfix | **(網路)**寄件的郵件主機～因為系統還是會產生很多 email 訊息！例如 crond / atd 就會傳送 email 給本機用戶！所以這個服務千萬不能關！即使你不是 mail server 也是要啟用這服務才行！ |

# 17.6 重點回顧

- 早期的服務管理使用 systemV 的機制，透過 /etc/init.d/*，service，chkconfig，setup 等指令來管理服務的啟動/關閉/預設啟動。

- 從 CentOS 7.x 開始，採用 systemd 的機制，此機制最大功能為平行處理，並採單一指令管理 (systemctl)，開機速度加快！

- systemd 將各服務定義為 unit，而 unit 又分類為 service, socket, target, path, timer 等不同的類別，方便管理與維護。

- 啟動/關閉/重新啟動的方式為：systemctl [start|stop|restart] unit.service。

- 設定預設啟動/預設不啟動的方式為：systemctl [enable|disable] unit.service。

◆ 查詢系統所有啟動的服務用 systemctl list-units --type＝service 而查詢所有的服務 (含不啟動) 使用 systemctl list-unit-files --type＝service。

◆ systemd 取消了以前的 runlevel 概念 (雖然還是有相容的 target)，轉而使用不同的 target 操作環境。常見操作環境為 multi-user.targer 與 graphical.target。不重新開機而轉不同的操作環境使用 systemctl isolate unit.target，而設定預設環境則使用 systemctl set-default unit.target。

◆ systemctl 系統預設的設定檔主要放在 /usr/lib/systemd/system，管理員若要修改或自行設計時，則建議放在 /etc/systemd/system/ 目錄下。

◆ 管理員應使用 man systemd.unit，man systemd.service，man systemd.timer 查詢 /etc/systemd/system/ 底下設定檔的語法，並使用 systemctl daemon-reload 載入後，才能自行撰寫服務與管理服務喔！

◆ 除了 atd 與 crond 之外，可以 透過 systemd.timer 亦即 timers.target 的功能，來使用 systemd 的時間管理功能。

◆ 一些不需要的服務可以關閉喔！

## 17.7 本章習題

情境模擬題：

透過設定、啟動、觀察等機制，完整的瞭解一個服務的啟動與觀察現象。

◆ 目標：瞭解 daemon 的控管機制，以 sshd daemon 為例。

◆ 前提：需要對本章已經瞭解，尤其是 systemd 的管理 部分。

◆ 需求：已經有 sshd 這個服務，但沒有修改過埠口！

在本情境中，我們使用 sshd 這個服務來觀察，主要是假設 sshd 要開立第二個服務，這個第二個服務的 port 放行於 222，那該如何處理？可以這樣做看看：

1. 基本上 sshd 幾乎是一定會安裝的服務！只是我們還是來確認看看好了！

```
[root@study ~]# systemctl status sshd.service
sshd.service - OpenSSH server daemon
   Loaded：loaded (/usr/lib/systemd/system/sshd.service; enabled)
   Active：active (running) since Thu 2015-08-13 14:31:12 CST; 20h ago

[root@study ~]# cat /usr/lib/systemd/system/sshd.service
[Unit]
Description=OpenSSH server daemon
```

```
After=network.target sshd-keygen.service
Wants=sshd-keygen.service

[Service]
EnvironmentFile=/etc/sysconfig/sshd
ExecStart=/usr/sbin/sshd -D $OPTIONS
ExecReload=/bin/kill -HUP $MAINPID
KillMode=process
Restart=on-failure
RestartSec=42s

[Install]
WantedBy=multi-user.target
```

2. 透過觀察 man sshd，我們可以查詢到 sshd 的設定檔位於 /etc/ssh/sshd_config 這個檔案內！再 man sshd_config 也能知道原來埠口是使用 Port 來規範的！因此，我想要建立第二個設定檔，檔名假設為 /etc/ssh/sshd2_config 這樣！

```
[root@study ~]# cd /etc/ssh
[root@study ssh]# cp sshd_config sshd2_config
[root@study ssh]# vim sshd2_config
Port 222
# 隨意找個地方加上這個設定值！你可以在檔案的最下方加入這行也 OK 喔！
```

3. 接下來開始修改啟動腳本服務檔！

```
[root@study ~]# cd /etc/systemd/system
[root@study system]# cp /usr/lib/systemd/system/sshd.service sshd2.service
[root@study system]# vim sshd2.service
[Unit]
Description=OpenSSH server daemon 2
After=network.target sshd-keygen.service
Wants=sshd-keygen.service

[Service]
EnvironmentFile=/etc/sysconfig/sshd
ExecStart=/usr/sbin/sshd -f /etc/ssh/sshd2_config -D $OPTIONS
ExecReload=/bin/kill -HUP $MAINPID
KillMode=process
Restart=on-failure
RestartSec=42s
```

```
[Install]
WantedBy=multi-user.target

[root@study system]# systemctl daemon-reload
[root@study system]# systemctl enable sshd2
[root@study system]# systemctl start sshd2
[root@study system]# tail -n 20 /var/log/messages
# semanage port -a -t PORT_TYPE -p tcp 222
    where PORT_TYPE is one of the following：ssh_port_t, vnc_port_t,
xserver_port_t.
```
# 認真的看！你會看到上面這兩句！也就是 SELinux 的埠口問題！請解決！

```
[root@study system]# semanage port -a -t ssh_port_t -p tcp 222
[root@study system]# systemctl start sshd2
[root@study system]# netstat -tlnp | grep ssh
tcp        0      0 0.0.0.0:22      0.0.0.0:*      LISTEN      1300/sshd
tcp        0      0 0.0.0.0:222     0.0.0.0:*      LISTEN      15275/sshd
tcp6       0      0 :::22           :::*           LISTEN      1300/sshd
tcp6       0      0 :::222          :::*           LISTEN      15275/sshd
```

## 簡答題部分：

◆ 使用 netstat -tul 與 netstat -tunl 有什麼差異？為何會這樣？

◆ 你能否找出來，啟動 port 3306 這個埠口的服務為何？

◆ 你可以透過哪些指令查詢到目前系統預設開機會啟動的服務？

◆ 承上，那麼哪些服務『目前』是在啟動的狀態？

# 17.8　參考資料與延伸閱讀

◆ freedesktop.org 的重要介紹：http://www.freedesktop.org/wiki/Software/systemd/

◆ Red Hat 官網的介紹：

https://access.redhat.com/documentation/en-US/Red_Hat_Enterprise_Linux/7

/html/System_Administrators_Guide/chap-Managing_Services_with_systemd.html

◆ man systemd.unit，man systemd.service，man systemd.kill，man systemd.timer，man systemd.time

- ◆ 關於 timer 的相關介紹：

  - archlinux.org：https://wiki.archlinux.org/index.php/Systemd/Timers

  - Janson's Blog：http://jason.the-graham.com/2013/03/06/how-to-use-systemd-timers/

  - freedesktop.org：http://www.freedesktop.org/software/systemd/man/systemd.timer.html

# 18

# 認識與分析登錄檔

當你的 Linux 系統出現不明原因的問題時，很多人都告訴你，你要查閱一下登錄檔才能夠知道系統出了什麼問題了，所以說，了解登錄檔是很重要的事情呢。登錄檔可以記錄系統在什麼時間、哪個主機、哪個服務、出現了什麼訊息等資訊，這些資訊也包括使用者識別資料、系統故障排除須知等資訊。如果你能夠善用這些登錄檔資訊的話，你的系統出現錯誤時，你將可以在第一時間發現，而且也能夠從中找到解決的方案，而不是昏頭轉向的亂問人呢。此外，登錄檔所記錄的資訊量是非常大的，要人眼分析實在很困難。此時利用 shell script 或者是其他軟體提供的分析工具來處理複雜的登錄檔，可以幫助你很多很多喔！

# 18.1 什麼是登錄檔？

『詳細而確實的分析以及備份系統的登錄檔』是一個系統管理員應該要進行的任務之一。那麼什麼是登錄檔呢？簡單的說，就是**記錄系統活動資訊的幾個檔案**，例如：何時、何地 (來源 IP)、何人 (什麼服務名稱)、做了什麼動作 (訊息登錄囉)。換句話說就是：**記錄系統在什麼時候由哪個程序做了什麼樣的行為時，發生了何種的事件等等。**

## 18.1.1 CentOS 7 登錄檔簡易說明

要知道的是，我們的 Linux 主機在背景之下有相當多的 daemons 同時在工作著，這些工作中的程序總是會顯示一些訊息，這些顯示的訊息最終會被記載到登錄檔當中啦。也就是說，記錄這些系統的重要訊息就是登錄檔的工作啦！

◆ **登錄檔的重要性**

為什麼說登錄檔很重要，重要到系統管理員需要隨時注意它呢？我們可以這麼說：

■ **解決系統方面的錯誤**

用 Linux 這麼久了，你應該偶而會發現系統可能會出現一些錯誤，包括硬體捉不到或者是某些系統服務無法順利運作的情況。此時你該如何是好？由於系統會將硬體偵測過程記錄在登錄檔內，你只要透過查詢登錄檔就能夠瞭解系統做了啥事！並且由第十六章我們也知道 SELinux 與登錄檔的關係更加的強烈！所以囉，查詢登錄檔可以克服一些系統問題啦！

■ **解決網路服務的問題**

你可能在做完了某些網路服務的設定後，卻一直無法順利啟動該服務，此時該怎辦？去廟裡面拜拜抽籤嗎？三太子大大可能無法告訴你要怎麼處理呢！由於網路服務的各種問題通常都會被寫入特別的登錄檔，其實你只要查詢登錄檔就會知道出了什麼差錯，還不需要請示三太子大大啦！舉例來說，如果你無法啟動郵件伺服器 (postfix)，那麼查詢一下 /var/log/maillog 通常可以得到不錯的解答！

■ **過往事件記錄簿**

這個東西相當的重要！例如：你發現 WWW 服務 (httpd 軟體) 在某個時刻流量特別大，你想要瞭解為什麼時，可以透過登錄檔去找出該時段是哪些 IP 在連線與查詢的網頁資料為何，就能夠知道原因。此外，萬一哪天你的系統被入侵，並且被利用來攻擊他人的主機，由於被攻擊主機會記錄攻擊者，因此你的 IP 就會被對方記錄。這個時候你要如何告知對方你的主機是由於被入侵所導致的問題，並且協助對方繼續往惡意來源追查呢？呵呵！此時登錄檔可是相當重要的呢！

*所以我們常說『天助自助者』是真的啦！你可以透過(1)查看螢幕上面的錯誤訊息與 (2)登錄檔的錯誤資訊，幾乎可以解決大部分的 Linux 問題！*

◆ **Linux 常見的登錄檔檔名**

登錄檔可以幫助我們瞭解很多系統重要的事件，包括登入者的部分資訊，因此**登錄檔的權限通常是設定為僅有 root 能夠讀取而已**。而由於登錄檔可以記載系統這麼多的詳細資訊，所以啦，一個有經驗的主機管理員會隨時隨地查閱一下自己的登錄檔，以隨時掌握系統的最新脈動！那麼常見的幾個登錄檔有哪些呢？一般而言，有下面幾個：

■ /var/log/boot.log

開機的時候系統核心會去偵測與啟動硬體，接下來開始各種核心支援的功能啟動等。這些流程都會記錄在 /var/log/boot.log 裡面哩！不過這個檔案只會存在這次開機啟動的資訊，前次開機的資訊並不會被保留下來！

■ /var/log/cron

還記得第十五章例行性工作排程吧？你的 crontab 排程有沒有實際被進行？進行過程有沒有發生錯誤？你的 /etc/crontab 是否撰寫正確？在這個登錄檔內查詢看看。

■ /var/log/dmesg

記錄系統在開機的時候核心偵測過程所產生的各項資訊。由於 CentOS 預設將開機時核心的硬體偵測過程取消顯示，因此額外將資料記錄一份在這個檔案中。

■ /var/log/lastlog

可以記錄系統上面所有的帳號最近一次登入系統時的相關資訊。第十三章講到的 lastlog 指令就是利用這個檔案的記錄資訊來顯示的。

■ /var/log/maillog **或** /var/log/mail/*

記錄郵件的往來資訊，其實主要是記錄 postfix (SMTP 協定提供者) 與 dovecot (POP3 協定提供者) 所產生的訊息啦。SMTP 是發信所使用的通訊協定，POP3 則是收信使用的通訊協定。postfix 與 dovecot 則分別是兩套達成通訊協定的軟體。

■ /var/log/messages

這個檔案相當的重要，幾乎系統發生的錯誤訊息 (或者是重要的資訊) 都會記錄在這個檔案中；如果系統發生莫名的錯誤時，這個檔案是一定要查閱的登錄檔之一。

- /var/log/secure

  基本上，只要牽涉到『需要輸入帳號密碼』的軟體，那麼當登入時 (不管登入正確或錯誤) 都會被記錄在此檔案中。包括系統的 login 程式、圖形介面登入所使用的 gdm 程式、su, sudo 等程式、還有網路連線的 ssh, telnet 等程式，登入資訊都會被記載在這裡。

- /var/log/wtmp, /var/log/faillog

  這兩個檔案可以記錄正確登入系統者的帳號資訊 (wtmp) 與錯誤登入時所使用的帳號資訊 (faillog) ！我們在第十章談到的 last 就是讀取 wtmp 來顯示的，這對於追蹤一般帳號者的使用行為很有幫助！

- /var/log/httpd/*, /var/log/samba/*

  不同的網路服務會使用它們自己的登錄檔案來記載它們自己產生的各項訊息！上述的目錄內則是個別服務所制訂的登錄檔。

常見的登錄檔就是這幾個，但是不同的 Linux distributions ，通常登錄檔的檔名不會相同 (除了 /var/log/messages 之外 )。所以說，你還是得要查閱你 Linux 主機上面的登錄檔設定資料，才能知道你的登錄檔主要檔名喔！

◆ **登錄檔所需相關服務 (daemon) 與程式**

那麼這些登錄檔是怎麼產生的呢？基本上有兩種方式，一種是由軟體開發商自行定義寫入的登錄檔與相關格式，例如 WWW 軟體 apache 就是這樣處理的。另一種則是由 Linux distribution 提供的登錄檔管理服務來統一管理。你只要將訊息丟給這個服務後，它就會自己分門別類的將各種訊息放置到相關的登錄檔去！CentOS 提供 rsyslog.service 這個服務來統一管理登錄檔喔！

不過要注意的是，如果你任憑登錄檔持續記錄的話，由於系統產生的資訊天天都有，那麼你的登錄檔的容量將會長大到無法無天～如果你的登錄檔容量太大時，可能會導致大檔案讀寫效率不佳的問題 (因為要從磁碟讀入記憶體，越大的檔案消耗記憶體量越多)。所以囉，你需要對登錄檔備份與更新。那...需要手動處理喔？當然不需要，我們可以透過 logrotate (登錄檔輪替) 這玩意兒來自動化處理登錄檔容量與更新的問題喔！

所謂的 logrotate 基本上，就是將舊的登錄檔更改名稱，然後建立一個空的登錄檔，如此一來，新的登錄檔將重新開始記錄，然後只要將舊的登錄檔留下一陣子，嗯！那就可以達到將登錄檔『輪轉』的目的啦！此外，如果舊的記錄 (大概要保存幾個月吧！) 保存了一段時間沒有問題，那麼就可以讓系統自動的將它砍掉，免得佔掉很多寶貴的硬碟空間說！

總結一下，針對登錄檔所需的功能，我們需要的服務與程式有：

- systemd-journald.service：最主要的訊息收受者，由 systemd 提供的。
- rsyslog.service：主要登錄系統與網路等服務的訊息。
- logrotate：主要在進行登錄檔的輪替功能。

由於我們著眼點在於想要瞭解系統上面軟體所產生的各項資訊，因此本章主要針對 rsyslog.service 與 logrotate 來介紹。接著下來我們來談一談怎麼樣規劃這兩個玩意兒。就由 rsyslog.service 這支程式先談起吧！畢竟得先有登錄檔，才可以進行 logrotate 呀！你說是吧！

◆ **CentOS 7.x 使用 systemd 提供的 journalctl 日誌管理**

CentOS 7 除了保有既有的 rsyslog.service 之外，其實最上游還使用了 systemd 自己的登錄檔日誌管理功能喔！它使用的是 systemd-journald.service 這個服務來支援的。基本上，系統由 systemd 所管理，那所有經由 systemd 啟動的服務，如果再啟動或結束的過程中發生一些問題或者是正常的訊息，就會將該訊息由 systemd-journald.service 以二進位的方式記錄下來，之後再將這個訊息發送給 rsyslog.service 作進一步的記載。

systemd-journald.service 的記錄主要都放置於記憶體中，因此在存取方面效能比較好～我們也能夠透過 journalctl 以及 systemctl status unit.service 來查看各個不同服務的登錄檔！這有個好處，就是登錄檔可以隨著個別服務讓你查閱，在單一服務的處理上面，要比跑到 /var/log/messages 去大海撈針來的簡易很多！不過，因為 system-journald.service 裡面的很多觀念還是沿用 rsyslog.service 相關的資訊，所以，本章還是先從 rsyslog.service 先談起，談完之後再以 journalctl 進一步了解 systemd 是怎麼去記錄登錄檔日誌功能的呦！

## 18.1.2 登錄檔內容的一般格式

一般來說，系統產生的訊息經過記錄下來的資料中，每條訊息均會記錄底下的幾個重要資料：

- **事件發生的日期與時間。**
- **發生此事件的主機名稱。**
- **啟動此事件的服務名稱 (如 systemd，CROND 等) 或指令與函式名稱 (如 su，login..)。**
- **該訊息的實際資料內容。**

當然，這些資訊的『詳細度』是可以修改的，而且，這些資訊可以作為系統除錯之用呢！我們拿登錄時一定會記載帳號資訊的 /var/log/secure 為例好了：

```
[root@study ~]# cat /var/log/secure
Aug 17 18:38:06 study login：pam_unix(login:session)：session opened for user root
by LOGIN(uid=0)
Aug 17 18:38:06 study login：ROOT LOGIN ON tty1
Aug 17 18:38:19 study login：pam_unix(login:session)：session closed for user root
Aug 18 23:45:17 study sshd[18913]：Accepted password for dmtsai from 192.168.1.200
port 41524 ssh2
Aug 18 23:45:17 study sshd[18913]：pam_unix(sshd:session)：session opened for user
dmtsai by (uid=0)
Aug 18 23:50:25 study sudo：dmtsai ：TTY=pts/0 ; PWD=/home/dmtsai ; USER=root ;
COMMAND=/bin/su -
Aug 18 23:50:25 study su：pam_unix(su-l:session)：session opened for user root by
dmtsai(uid=0)
|--日期/時間---|--H--|-服務與相關函數-|----------訊息說明------>
```

我們拿第一筆資料 (共兩行) 來說明好了，該資料是說：『**在 08/17 的 18:38 左右，在名為 study 的這部主機系統上，由 login 這個程式產生的訊息，內容顯示 root 在 tty1 登入了，而相關的權限給予是透過 pam_unix 模組處理的 (共兩行資料)。**』有夠清楚吧！那請你自行翻譯一下後面的幾條訊息內容是什麼喔！

其實還有很多的資訊值得查閱的呢！尤其是 /var/log/messages 的內容。記得一個好的系統管理員，要常常去『巡視』登錄檔的內容喔！尤其是發生底下幾種情況時：

- 當你覺得系統似乎不太正常時。
- 某個 daemon 老是無法正常啟動時。
- 某個使用者老是無法登入時。
- 某個 daemon 執行過程老是不順暢時。

還有很多啦！反正覺得系統不太正常，就得要查詢查詢登錄檔就是了。

提供一個鳥哥常做的檢查方式。當我老是無法成功的啟動某個服務時，我會在最後一次啟動該服務後，立即檢查登錄檔，先 (1)找到現在時間所登錄的資訊『第一欄位』；(2)找到我想要查詢的那個服務『第三欄位』，(3)最後再仔細的查閱第四欄位的資訊，來藉以找到錯誤點。

另外，不知道你會不會覺得很奇怪？為什麼登錄檔就是登錄本機的資料啊～那怎麼登錄檔格式中，第二個欄位項目是『主機名稱』啊？這是因為登錄檔可以做成登錄檔伺服器，可以收集來自其他伺服器的登錄檔資料喔！所以囉，為了瞭解到該訊息主要是來自於哪一部主機，當然得要有第二個欄位項目說明該資訊來自哪一部主機名稱囉！

## 18.2　rsyslog.service：記錄登錄檔的服務

上一小節提到說 Linux 的登錄檔主要是由 rsyslog.service 在負責，那麼你的 Linux 是否有啟動 rsyslog 呢？而且是否有設定開機時啟動呢？呵呵！檢查一下先：

```
[root@study ~]# ps aux | grep rsyslog
USER   PID %CPU %MEM    VSZ    RSS TTY    STAT START   TIME COMMAND
root   750  0.0  0.1 208012   4732 ?     Ssl  Aug17   0:00 /usr/sbin/rsyslogd -n
# 瞧！確實有啟動的！daemon 執行檔名為 rsyslogd 喔！

[root@study ~]# systemctl status rsyslog.service
rsyslog.service - System Logging Service
   Loaded：loaded (/usr/lib/systemd/system/rsyslog.service; enabled)
   Active：active (running) since Mon 2015-08-17 18:37:58 CST; 2 days ago
 Main PID：750 (rsyslogd)
   CGroup：/system.slice/rsyslog.service
           └─750 /usr/sbin/rsyslogd -n
# 也有啟動這個服務，也有預設開機時也要啟動這個服務！OK！正常沒問題！！
```

看到 rsyslog.service 這個服務名稱了吧？所以知道它已經在系統中工作囉！好了，既然本章主要是講登錄檔的服務，那麼 rsyslog.service 的設定檔在哪裡？如何設定？如果你的 Linux 主機想要當作整個區網的登錄檔伺服器時，又該如何設定？底下就讓我們來玩玩這玩意！

### 18.2.1　rsyslog.service 的設定檔：/etc/rsyslog.conf

什麼？登錄檔還有設定檔？喔！不是啦～是 rsyslogd 這個 daemon 的設定檔啦！我們現在知道 rsyslogd 可以負責主機產生的各個資訊的登錄，而這些資訊本身是有『嚴重等級』之分的，而且，這些資料最終要傳送到哪個檔案去是可以修改的呢，所以我們才會在一開頭的地方講說，每個 Linux distributions 放置的登錄檔檔名可能會有所差異啊！

基本上，rsyslogd 針對各種服務與訊息記錄在某些檔案的設定檔就是 /etc/rsyslog.conf，這個檔案規定了『**(1)什麼服務 (2)的什麼等級訊息 (3)需要被記錄在哪裡(裝置或檔案)**』這三個東東，所以設定的語法會是這樣：

服務名稱[.=!]訊息等級　　　 訊息記錄的檔名或裝置或主機
\# 底下以 mail 這個服務產生的 info 等級為例：
**mail.info　　　　　 /var/log/maillog_info**
\# 這一行說明：mail 服務產生的大於等於 info 等級的訊息，都記錄到
\# /var/log/maillog_info 檔案中的意思。

我們將上面的資料簡單的分為三部分來說明：

◆ **服務名稱**

rsyslogd 主要還是透過 Linux 核心提供的 syslog 相關規範來設定資料的分類的，Linux 的 syslog 本身有規範一些服務訊息，你可以透過這些服務來儲存系統的訊息。Linux 核心的 syslog 認識的服務類型主要有底下這些：(可使用 man 3 syslog 查詢到相關的資訊，或查詢 syslog.h 這個檔案來了解的！)

| 相對序號 | 服務類別 | 說明 |
|---|---|---|
| 0 | kern(kernel) | 就是核心 (kernel) 產生的訊息，大部分都是硬體偵測以及核心功能的啟用 |
| 1 | user | 在使用者層級所產生的資訊，例如後續會介紹到的用戶使用 logger 指令來記錄登錄檔的功能 |
| 2 | mail | 只要與郵件收發有關的訊息記錄都屬於這個； |
| 3 | daemon | 主要是系統的服務所產生的資訊，例如 systemd 就是這個有關的訊息！ |
| 4 | auth | 主要與認證/授權有關的機制，例如 login，ssh，su 等需要帳號/密碼的東西； |
| 5 | syslog | 就是由 syslog 相關協定產生的資訊，其實就是 rsyslogd 這支程式本身產生的資訊啊！ |
| 6 | lpr | 亦即是列印相關的訊息啊！ |
| 7 | news | 與新聞群組伺服器有關的東西； |
| 8 | uucp | 全名為 Unix to Unix Copy Protocol，早期用於 unix 系統間的程序資料交換； |
| 9 | cron | 就是例行性工作排程 cron/at 等產生訊息記錄的地方； |
| 10 | authpriv | 與 auth 類似，但記錄較多帳號私人的資訊，包括 pam 模組的運作等！ |
| 11 | ftp | 與 FTP 通訊協定有關的訊息輸出！ |
| 16~23 | local0 ~ local7 | 保留給本機用戶使用的一些登錄檔訊息，較常與終端機互動。 |

上面談到的都是 Linux 核心的 syslog 函數自行制訂的服務名稱，軟體開發商可以透過呼叫上述的服務名稱來記錄他們的軟體。舉例來說，sendmail 與 postfix 及 dovecot 都是與郵件有關的軟體，這些軟體在設計登錄檔記錄時，都會主動呼叫 syslog 內的 mail 服務名稱 (LOG_MAIL)。所以上述三個軟體 (sendmail，postfix，dovecot) 產生的訊息在 syslog 看起來，就會『是 mail』類型的服務了。我們可以將這個概念繪製如底下的圖示來理解：

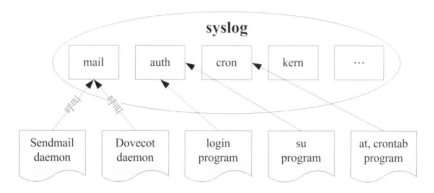

圖 18.2.1　syslog 所制訂的服務名稱與軟體呼叫的方式

另外，每種服務所產生的資料量其實差異是很大的，舉例來說，mail 的登錄檔訊息多的要命，每一封信件進入後，mail 至少需要記錄『寄信人的資訊；與收信者的訊息』等等；而如果是用來做為工作站主機的，那麼登入者 (利用 login 登錄主機處理事情) 的數量一定不少，那個 authpriv 所管轄的內容可就多的要命了。

為了讓不同的資訊放置到不同的檔案當中，好讓我們分門別類的進行登錄檔的管理，所以囉，將各種類別的服務之登錄檔，記錄在不同的檔案裡面，就是我們 /etc/rsyslog.conf 所要作的規範了！

◆ **訊息等級**

同一個服務所產生的訊息也是有差別的，有啟動時僅通知系統而已的一般訊息 (information)，有出現還不致於影響到正常運作的警告訊息 (warn)，還有系統硬體發生嚴重錯誤時，所產生的重大問題訊息 (error 等等)；訊息到底有多少種嚴重的等級呢？基本上，Linux 核心的 syslog 將訊息分為七個主要的等級，根據 syslog.h 的定義，訊息名稱與數值的對應如下：

| 等級數值 | 等級名稱 | 說明 |
|---|---|---|
| 7 | debug | 用來 debug (除錯) 時產生的訊息資料； |
| 6 | info | 僅是一些基本的訊息說明而已； |
| 5 | notice | 雖然是正常資訊，但比 info 還需要被注意到的一些資訊內容； |

| 等級數值 | 等級名稱 | 說明 |
|:---:|:---:|:---|
| 4 | warning<br>(warn) | 警示的訊息，可能有問題，但是還不致於影響到某個 daemon 運作的資訊；基本上，info，notice，warn 這三個訊息都是在告知一些基本資訊而已，應該還不致於造成一些系統運作困擾； |
| 3 | err<br>(error) | 一些重大的錯誤訊息，例如設定檔的某些設定值造成該服務服法啟動的資訊說明，通常藉由 err 的錯誤告知，應該可以瞭解到該服務無法啟動的問題呢！ |
| 2 | crit | 比 error 還要嚴重的錯誤資訊，這個 crit 是臨界點 (critical) 的縮寫，這個錯誤已經很嚴重了喔！ |
| 1 | alert | 警告警告，已經很有問題的等級，比 crit 還要嚴重！ |
| 0 | emerg<br>(panic) | 疼痛等級，意指系統已經幾乎要當機的狀態！很嚴重的錯誤資訊了。通常大概只有硬體出問題，導致整個核心無法順利運作，就會出現這樣的等級的訊息吧！ |

基本上，在 0(emerg) 到 6(info) 的等級之間，等級數值越高代表越沒事，等級靠近 0 則代表事情大條了！除了 0 到 6 之外還有兩個比較特殊的等級，那就是 **debug(錯誤偵測等級)** 與 **none (不需登錄等級)** 兩個，當我們想要作一些錯誤偵測，或者是忽略掉某些服務的資訊時，就用這兩個東東吧！

特別留意一下在訊息等級之前還有 [.=!] 的連結符號喔！它代表的意思是這樣的：

- **.** ：代表『比後面還要嚴重的等級 (含該等級) 都被記錄下來』的意思，例如：mail.info 代表只要是 mail 的資訊，而且該資訊等級嚴重於 info (含 info 本身)時，就會被記錄下來的意思。

- **.=**：代表所需要的等級就是後面接的等級而已，其他的不要！

- **.!**：代表不等於，亦即是除了該等級外的其他等級都記錄。

一般來說，我們比較常使用的是『.』這個連結符號啦！ ^_^

◆ **訊息記錄的檔名或裝置或主機**

再來則是這個訊息要放置在哪裡的設定了。通常我們使用的都是記錄的檔案啦！但是也可以輸出到裝置呦！例如印表機之類的！也可以記錄到不同的主機上頭去呢！底下就是一些常見的放置處：

- **檔案的絕對路徑**：通常就是放在 /var/log 裡頭的檔案啦！

- **印表機或其他**：例如 /dev/lp0 這個印表機裝置

- **使用者名稱**：顯示給使用者囉！

- 遠端主機：例如 @study.vbird.tsai 當然啦，要對方主機也能支援才行！

- *：代表『目前在線上的所有人』，類似 wall 這個指令的意義！

◆ **服務、daemon 與函數名稱**

看完上面的說明，相信你一定會越來越迷糊！啊！怎麼會有 syslog，rsyslogd，rsyslog.service！見鬼～名稱都不相同！那是啥東西？基本上，這幾個東西你應該要這樣看：

| | |
|---|---|
| syslog | 這個是 Linux 核心所提供的登錄檔設計指引，所有的要求大概都寫入道一個名為 syslog.h 的標頭檔案中。如果你想要開發與登錄檔有關的軟體，那你就得要依循這個 syslog 函數的要求去設計才行！可以使用 man 3 syslog 去查詢一下相關的資料！ |
| rsyslogd | 為了要達成實際上進行訊息的分類所開發的一套軟體，所以，這就是最基本的 daemon 程式！ |
| rsyslog.service | 為了加入 systemd 的控制，因此 rsyslogd 的開發者設計的啟動服務腳本設定！ |

這樣簡單的分類，應該比較容易了解名稱上面的意義了吧？早期 CentOS 5.x 以前，要達成 syslog 的功能是由一支名為 syslogd 的 daemon 來完成的，從 CentOS 6 以來 (包含 CentOS 7) 則是透過 rsyslogd 這個 daemon 囉！

◆ **rsyslog.conf 語法練習**

基本上，整個 rsyslog.conf 設定檔的內容參數大概就只是這樣而已，底下我們來思考一些例題，好讓你可以更清楚的知道如何設定 rsyslogd 啊！

**例題**

如果我要將我的 mail 相關的資料給它寫入 /var/log/maillog 當中，那麼在 /etc/rsyslog.conf 的語法如何設計？

**答：**基本的寫法是這樣的：

```
mail.info      /var/log/maillog
```

注意到上面喔，當我們的等級使用 info 時，那麼『任何嚴重於 info 等級(含 info 這個等級)之上的訊息，都會被寫入到後面接的檔案之中！』這樣可以瞭解嗎？也就是說，我們可以將所有 mail 的登錄資訊都記錄在 /var/log/maillog 裡面的意思啦！

例題

我要將新聞群組資料 (news) 及例行性工作排程 (cron) 的訊息都寫入到一個稱為 /var/log/cronnews 的檔案中，但是這兩個程序的警告訊息則額外的記錄在 /var/log/cronnews.warn 中，那該如何設定我的 rsyslog.conf 呢？

**答：**很簡單啦！既然是兩個程序，那麼只好以分號來隔開了，此外，由於第二個指定檔案中，我只要記錄警告訊息，因此設定上需要指定『.=』這個符號，所以語法成為了：

```
news.*;cron.*            /var/log/cronnews
news.=warn;cron.=warn    /var/log/cronnews.warn
```

上面那個『.=』就是在指定等級的意思啦！由於指定了等級，因此，只有這個等級的訊息才會被記錄在這個檔案裡面呢！此外你也必須要注意，news 與 cron 的警告訊息也會寫入 /var/log/cronnews 內喔！

例題

我的 messages 這個檔案需要記錄所有的資訊，但是就是不想要記錄 cron，mail 及 news 的資訊，那麼應該怎麼寫才好？

**答：**可以有兩種寫法，分別是：

```
*.*;news,cron,mail.none              /var/log/messages
*.*;news.none;cron.none;mail.none    /var/log/messages
```

使用『,』分隔時，那麼等級只要接在最後一個即可，如果是以『;』來分的話，那麼就需要將服務與等級都寫上去囉！這樣會設定了吧！

◆ CentOS 7.x 預設的 rsyslog.conf 內容

瞭解語法之後，我們來看一看 rsyslogd 有哪些系統服務已經在記錄了呢？就是瞧一瞧 /etc/rsyslog.conf 這個檔案的預設內容囉！(注意！如果需要將該行做為註解時，那麼就加上 # 符號就可以啦)

```
# 來自 CentOS 7.x 的相關資料
[root@study ~]# vim /etc/rsyslog.conf
 1 #kern.*                                              /dev/console
 2 *.info;mail.none;authpriv.none;cron.none             /var/log/messages
 3 authpriv.*                                           /var/log/secure
 4 mail.*                                              -/var/log/maillog
 5 cron.*                                               /var/log/cron
```

```
6 *.emerg                                          :omusrmsg:*
7 uucp,news.crit                                   /var/log/spooler
8 local7.*                                          /var/log/boot.log
```

上面總共僅有 8 行設定值，每一行的意義是這樣的：

1.  #kern.*：只要是核心產生的訊息，全部都送到 console(終端機) 去。console 通常是由外部裝置連接到系統而來，舉例來說，很多封閉型主機 (沒有鍵盤、螢幕的系統) 可以透過連接 RS232 連接口將訊息傳輸到外部的系統中，例如以筆記型電腦連接到封閉主機的 RS232 插口。這個項目通常應該是用在系統出現嚴重問題而無法使用預設的螢幕觀察系統時，可以透過這個項目來連接取得核心的訊息。(註1)

2.  *.info;mail.none;authpriv.none;cron.none：由於 mail，authpriv，cron 等類別產生的訊息較多，且已經寫入底下的數個檔案中，因此在 /var/log/messages 裡面就不記錄這些項目。除此之外的其他訊息都寫入 /var/log/messages 中。這也是為啥我們說這個 messages 檔案很重要的緣故！

3.  authpriv.*：認證方面的訊息均寫入 /var/log/secure 檔案。

4.  mail.*：郵件方面的訊息則均寫入 /var/log/maillog 檔案。

5.  cron.*：例行性工作排程均寫入 /var/log/cron 檔案。

6.  *.emerg：當產生最嚴重的錯誤等級時，將該等級的訊息以 wall 的方式廣播給所有在系統登入的帳號得知，要這麼做的原因是希望在線的使用者能夠趕緊通知系統管理員來處理這麼可怕的錯誤問題。

7.  uucp,news.crit：uucp 是早期 Unix-like 系統進行資料傳遞的通訊協定，後來常用在新聞群組的用途中。news 則是新聞群組。當新聞群組方面的資訊有嚴重錯誤時就寫入 /var/log/spooler 檔案中。

8.  local7.*：將本機開機時應該顯示到螢幕的訊息寫入到 /var/log/boot.log 檔案中。

在上面的第四行關於 mail 的記錄中，**在記錄的檔案 /var/log/maillog 前面還有個減號『 - 』是幹嘛用的？由於郵件所產生的訊息比較多，因此我們希望郵件產生的訊息先儲存在速度較快的記憶體中 (buffer) ，等到資料量夠大了才一次性的將所有資料都填入磁碟內，**這樣將有助於登錄檔的存取性能。只不過由於訊息是暫存在記憶體內，因此若不正常關機導致登錄資訊未回填到登錄檔中，可能會造成部分資料的遺失。

此外，每個 Linux distributions 的 rsyslog.conf 設定差異是頗大的，如果你想要找到相對應的登錄資訊時，可得要查閱一下 /etc/rsyslog.conf 這個檔案才行！否則可能會發生分析到錯誤的資訊喔！舉例來說，鳥哥有自己寫一支分析登錄檔的 script，這個 script 是依據 Red Hat 系統預設的登錄檔所寫的，因此不同的 distributions 想要使用這支程式時，就得要自行設計與修改一下 /etc/rsyslog.conf 才行喔！否則就可能會分析到錯誤的資訊囉。那麼如果你有自己的需要而得要修訂登錄檔時，該如何進行？

◆ **自行增加登錄檔檔案功能**

如果你有其他的需求，所以需要特殊的檔案來幫你記錄時，呵呵！別客氣，千萬給它記錄在 /etc/rsyslog.conf 當中，如此一來，你就可以重複的將許多的資訊記錄在不同的檔案當中，以方便你的管理呢！讓我們來作個練習題吧！如果你想要讓『所有的資訊』都額外寫入到 /var/log/admin.log 這個檔案時，你可以怎麼做呢？先自己想一想，並且作一下，再來看看底下的作法啦！

```
# 1. 先設定好所要建立的檔案設置！
[root@study ~]# vim /etc/rsyslog.conf
# Add by VBird 2015/08/19        <==再次強調，自己修改的時候加入一些說明
*.info        /var/log/admin.log  <==有用的是這行啦！

# 2. 重新啟動 rsyslogd 呢！
[root@study ~]# systemctl restart rsyslog.service
[root@study ~]# ll /var/log/admin.log
-rw-r--r--. 1 root root 325 Aug 20 00:54 /var/log/admin.log
# 瞧吧！建立了這個登錄檔出現囉！
```

很簡單吧！如此一來，所有的資訊都會寫入 /var/log/admin.log 裡面了！

## 18.2.2 登錄檔的安全性設置

好了，由上一個小節裡面我們知道了 rsyslog.conf 的設定，也知道了登錄檔內容的重要性了，所以，如果幻想你是一個很厲害的駭客，想利用他人的電腦幹壞事，然後又不想留下證據，你會怎麼做？對啦！就是離開的時候將屁股擦乾淨，將所有可能的訊息都給它抹煞掉，所以**第一個動腦筋的地方就是登錄檔的清除工作啦**～如果你的登錄檔不見了，那該怎辦？

哇！鳥哥教人家幹壞事……喂！不要亂講話～俺的意思是，如果改天你發現你的登錄檔不翼而飛了，或者是發現你的登錄檔似乎不太對勁的時候，最常發現的就是網友常常會回報說，他的 /var/log 這個目錄『不見了！』不要笑！這是真的事情！請記得，『趕快清查你的系統！』

傷腦筋呢！有沒有辦法防止登錄檔被刪除？或者是被 root 自己不小心變更呢？有呀！拔掉網路線或電源線就好了……呵呵！別擔心，基本上，我們可以透過一個隱藏的屬性來設定你的登錄檔，成為『**只可以增加資料，但是不能被刪除**』的狀態，那麼或許可以達到些許的保護！不過，如果你的 root 帳號被破解了，那麼底下的設定還是無法保護的，因為你要記

得『 root 是可以在系統上面進行任何事情的 』，因此，請將你的 root 這個帳號的密碼設定的安全一些！千萬不要輕忽這個問題呢！

> 為什麼登錄檔還要防止被自己 (root) 不小心所修改過呢？鳥哥在教 Linux 的課程時，我的學生常常會舉手說：『老師，我的登錄檔不能記錄資訊了！糟糕！是不是被入侵了啊？』怪怪！明明是電腦教室的主機，使用的是 Private IP 而且學校計中還有抵擋機制，不可能被攻擊吧？查詢了才知道原來同學很喜歡使用『 :wq 』來離開 vim 的環境，但是 rsyslogd 的登錄檔只要『被編輯過』就無法繼續記錄！所以才會導致不能記錄的問題。此時你得要 (1)改變使用 vim 的習慣；(2)重新啟動 rsyslog.service 讓它再繼續提供服務才行喔！

　　既然如此，那麼我們就來處理一下隱藏屬性的東東吧！我們在第六章談到過 lsattr 與 chattr 這兩個東西啦！如果將一個檔案以 chattr 設定 i 這個屬性時，那麼該檔案連 root 都不能殺掉！而且也不能新增資料，嗯！真安全！但是，如此一來登錄檔的功能豈不是也就消失了？因為沒有辦法寫入呀！所以囉，**我們要使用的是 a 這個屬性**！你的登錄檔如果設定了這個屬性的話，那麼 **它將只能被增加，而不能被刪除**！嗯！這個項目就非常的符合我們登錄檔的需求啦！因此，你可以這樣的增加你的登錄檔的隱藏屬性。

> 請注意，底下的這個 chattr 的設定狀態：『僅適合已經對 Linux 系統很有概念的朋友』來設定，對於新手來說，建議你直接使用系統的預設值就好了，免得到最後登錄檔無法寫入～那就比較糗一點！@_@

```
[root@study ~]# chattr +a /var/log/admin.log
[root@study ~]# lsattr /var/log/admin.log
-----a---------- /var/log/admin.log
```

　　加入了這個屬性之後，你的 /var/log/admin.log 登錄檔從此就僅能被增加，而不能被刪除，直到 root 以『 chattr -a /var/log/admin.log 』取消這個 a 的參數之後，才能被刪除或移動喔！

　　雖然，為了你登錄檔的資訊安全，這個 chattr 的 +a 旗標可以幫助你維護好這個檔案，不過，如果你的系統已經被取得 root 的權限，而既然 root 可以下達 chattr -a 來取消這個旗標，所以囉，還是有風險的啦！此外，前面也稍微提到，新手最好還是先不要增加這個旗標，很容易由於自己的忘記，導致系統的重要訊息無法記錄呢。

基本上，鳥哥認為，這個旗標最大的用處除了在保護你登錄檔的資料外，它還可以幫助你避免掉不小心寫入登錄檔的狀況喔。要注意的是，當『**你不小心 "手動" 更動過登錄檔後，例如那個 /var/log/messages ，你不小心用 vi 開啟它，離開卻下達 :wq 的參數，呵呵！那麼該檔案未來將不會再繼續進行登錄動作！**』這個問題真的很常發生！由於你以 vi 儲存了登錄檔，則 rsyslogd 會誤判為該檔案已被更動過，將導致 rsyslogd 不再寫入該檔案新的內容～很傷腦筋的！

要讓該登錄檔可以繼續寫入，你只要重新啟動 rsyslogd.service 即可。不過，總是比較麻煩。所以啊，如果你針對登錄檔下達 chattr +a 的參數，嘿嘿！未來你就不需要害怕不小心更動到該檔案了！因為無法寫入嘛！除了可以新增之外～ ^_^

不過，也因為這個 +a 的屬性讓該檔案無法被刪除與修改，所以囉，當我們進行登錄檔案輪替時 (logrotate) ，將會無法移動該登錄檔的檔名呢！所以會造成很大的困擾。這個困擾雖然可以使用 logrotate 的設定檔來解決，但是，還是先將登錄檔的 +a 旗標拿掉吧！

```
[root@study ~]# chattr -a /var/log/admin.log
```

## 18.2.3 登錄檔伺服器的設定

我們在之前稍微提到的，在 rsyslog.conf 檔案當中，可以將登錄資料傳送到印表機或者是遠端主機上面去。這樣做有什麼意義呢？如果你將登錄資訊直接傳送到印表機上面的話，那麼萬一不小心你的系統被 cracker 所入侵，它也將你的 /var/log/ 砍掉了，怎麼辦？沒關係啊！反正你已經將重要資料直接以印表機記錄起來了，嘿嘿！它是無法逃開的啦！ ^_^

再想像一個環境，你的辦公室內有十部 Linux 主機，每一部負責一個網路服務，你為了要瞭解每部主機的狀態，因此，你常常需要登入這十部主機去查閱你的登錄檔～哇！光用想的，每天要進入十部主機去查資料，想到就煩～沒關係～這個時候我們可以讓某一部主機當成 『登錄檔伺服器』，用它來記錄所有的十部 linux 主機的資訊，嘿嘿！這樣我就直接進入一部主機就可以了！省時又省事，真方便～

那要怎麼達到這樣的功能呢？很簡單啦，我們 CentOS 7.x 預設的 rsyslogd 本身就已經具有這個登錄檔伺服器的功能了，只是預設並沒有啟動該功能而已。你可以透過 man rsyslogd 去查詢一下相關的選項就能夠知道啦！既然是登錄檔伺服器，那麼我們的 Linux 主機當然會啟動一個埠口來監聽了，那個預設的埠口就是 UDP 或 TCP 的 port 514 喔！

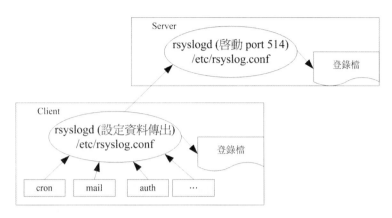

圖 18.2.2　登錄檔伺服器的架構

如上圖所示，伺服器會啟動監聽的埠口，用戶端則將登錄檔再轉出一份送到伺服器去。而既然是登錄檔『伺服器』，所以當然有伺服器與用戶端 (client) 囉！這兩者的設定分別是這樣的：

```
# 1. Server 端：修改 rsyslogd 的啟動設定檔，在 /etc/rsyslog.conf 內！
[root@study ~]# vim /etc/rsyslog.conf
# 找到底下這幾行：
# Provides UDP syslog reception
#$ModLoad imudp
#$UDPServerRun 514

# Provides TCP syslog reception
#$ModLoad imtcp
#$InputTCPServerRun 514
# 上面的是 UDP 埠口，底下的是 TCP 埠口！如果你的網路狀態很穩定，就用 UDP 即可。
# 不過，如果你想要讓資料比較穩定傳輸，那麼建議使用 TCP 囉！所以修改底下兩行即可！
$ModLoad imtcp
$InputTCPServerRun 514

# 2. 重新啟動與觀察 rsyslogd 喔！
[root@study ~]# systemctl restart rsyslog.service
[root@study ~]# netstat -ltnp | grep syslog
Proto Recv-Q Send-Q Local Address   Foreign Address    State      PID/Program name
tcp        0      0 0.0.0.0:514     0.0.0.0:*          LISTEN     2145/rsyslogd
tcp6       0      0 :::514          :::*               LISTEN     2145/rsyslogd

# 嘿嘿！你的登錄檔主機已經設定妥當囉！很簡單吧！
```

透過這個簡單的動作，你的 Linux 主機已經可以接收來自其他主機的登錄資訊了！當然啦，你必須要知道網路方面的相關基礎，這裡鳥哥只是先介紹，未來瞭解了網路相關資訊後，再回頭來這裡瞧一瞧先！^_^

至於 client 端的設定就簡單多了！只要指定某個資訊傳送到這部主機即可！舉例來說，我們的登錄檔伺服器 IP 為 192.168.1.100 ，而 client 端希望所有的資料都送給主機，所以，可以在 /etc/rsyslog.conf 裡面新增這樣的一行：

```
[root@study ~]# vim /etc/rsyslog.conf
*.*         @@192.168.1.100
#*.*        @192.168.1.100   # 若用 UDP 傳輸，設定要變這樣！

[root@study ~]# systemctl restart rsyslog.service
```

再重新啟動 rsyslog.service 後，立刻就搞定了！而未來主機上面的登錄檔當中，每一行的『主機名稱』就會顯示來自不同主機的資訊了。很簡單吧！^_^不過你得要特別注意，使用 TCP 傳輸與 UDP 傳輸的設定不太一樣！請依據你的登錄檔伺服器的設定值來選擇你的用戶端語法喔！接下來，讓我們來談一談，那麼如何針對登錄檔來進行輪替 (rotate) 呢？

# 18.3 登錄檔的輪替 (logrotate)

假設我們已經將登錄資料寫入了記錄檔中了，也已經利用 chattr 設定了 +a 這個屬性了，那麼該如何進行 logrotate 的工作呢？這裡請特別留意的是：『rsyslogd 利用的是 daemon 的方式來啟動的，當有需求的時候立刻就會被執行的，但是 logrotate 卻是在規定的時間到了之後才來進行登錄檔的輪替，所以這個 logrotate 程序當然就是掛在 cron 底下進行的呦！』 仔細看一下 /etc/cron.daily/ 裡面的檔案，嘿嘿～ 看到了吧！/etc/cron.daily/logrotate 就是記錄了每天要進行的登錄檔輪替的行為啦！^_^底下我們就來談一談怎麼樣設計這個 logrotate 吧！

## 18.3.1 logrotate 的設定檔

既然 logrotate 主要是針對登錄檔來進行輪替的動作，所以囉，它當然必須要記載『在什麼狀態下才將登錄檔進行輪替』的設定啊！那麼 logrotate 這個程式的參數設定檔在哪裡呢？呵呵！那就是：

◆ /etc/logrotate.conf

◆ /etc/logrotate.d/

那個 logrotate.conf 才是主要的參數檔案,至於 logrotate.d 是一個目錄,該目錄裡面的所有檔案都會被主動的讀入 /etc/logrotate.conf 當中來進行!另外,在 /etc/logrotate.d/ 裡面的檔案中,如果沒有規定到的一些細部設定,則以 /etc/logrotate.conf 這個檔案的規定來指定為預設值!

好了,剛剛我們提到 logrotate 的主要功能就是將舊的登錄檔案移動成舊檔,並且重新建立一個新的空的檔案來記錄,它的執行結果有點類似底下的圖示:

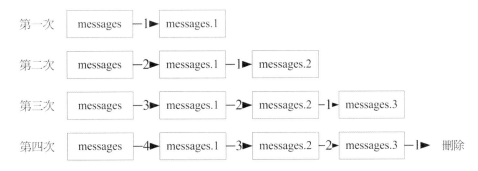

圖 18.3.1　登錄檔進行 logrotate 的結果

由上面的圖示我們可以清楚的知道,當第一次執行完 rotate 之後,原本的 messages 會變成 messages.1 而且會製造一個空的 messages 給系統來儲存登錄檔。而第二次執行之後,則 messages.1 會變成 messages.2 而 messages 會變成 messages.1 ,又造成一個空的 messages 來儲存登錄檔!那麼如果我們僅設定保留三個登錄檔而已的話,那麼執行第四次時,則 messages.3 這個檔案就會被刪除,並由後面的較新的保存登錄檔所取代!基本的工作就是這樣啦!

不過近年來磁碟空間容量比較大了,加上管理員又擔心登錄檔資料真的給它不見去,因此,你可能已經發現到,最近的登錄檔輪替後的檔名已經會加上日期參數,然後源源不絕的保留在你的系統上耶~雖然這個設定是可以修訂的,不過,鳥哥也真的希望保留日期的檔名延伸記錄,真的比較不用擔心未來要找問題時,登錄檔卻已經 GG 了...

那麼多久進行一次這樣的 logrotate 工作呢?這些都記錄在 logrotate.conf 裡面,我們來看一下預設的 logrotate 的內容吧!

```
[root@study ~]# vim /etc/logrotate.conf
# 底下的設定是 "logrotate 的預設設定值" ,如果個別的檔案設定了其他的參數,
# 則將以個別的檔案設定為主,若該檔案沒有設定到的參數則以這個檔案的內容為預設值!

weekly      <==預設每個禮拜對登錄檔進行一次 rotate 的工作
```

```
rotate  4   <==保留幾個登錄檔呢？預設是保留四個！
create      <==由於登錄檔被更名，因此建立一個新的來繼續儲存之意！
dateext     <==就是這個設定值！可以讓被輪替的檔案名稱加上日期作為檔名喔！
#compress   <==被更動的登錄檔是否需要壓縮？如果登錄檔太大則可考慮此參數啟動

include /etc/logrotate.d
# 將 /etc/logrotate.d/ 這個目錄中的所有檔案都讀進來執行 rotate 的工作！

/var/log/wtmp {          <==僅針對 /var/log/wtmp 所設定的參數
    monthly              <==每個月一次，取代每週！
    create 0664 root utmp <==指定新建檔案的權限與所屬帳號/群組
    minsize 1M           <==檔案容量一定要超過 1M 後才進行 rotate（略過時間參數）
    rotate 1             <==僅保留一個，亦即僅有 wtmp.1 保留而已。
}
# 這個 wtmp 可記錄登入者與系統重新開機時的時間與來源主機及登入期間的時間。
# 由於具有 minsize 的參數，因此不見得每個月一定會進行一次喔！要看檔案容量。
# 由於僅保留一個登錄檔而已，不滿意的話可以將它改成 rotate 5 吧！
```

由這個檔案的設定我們可以知道 /etc/logrotate.d 其實就是由 /etc/logrotate.conf 所規劃出來的目錄，所以，其實我們可以將所有的資料都給它寫入 /etc/logrotate.conf 即可，但是這樣一來這個檔案就實在是太複雜了，尤其是當我們使用很多的服務在系統上面時，每個服務都要去修改 /etc/logrotate.conf 的設定也似乎不太合理～所以，如果獨立出來一個目錄，那麼每個以 RPM 打包方式所建立的服務的登錄檔輪替設定，就可以獨自成為一個檔案，並且放置到 /etc/logrotate.d/ 當中即可，真是方便又合理的做法啊！ ^_^

一般來說，這個 /etc/logrotate.conf 是『預設的輪替狀態』而已，我們的各個服務都可以擁有自己的登錄檔輪替設定，你也可以自行修改成自己喜歡的樣式啊！例如，如果你的系統的空間夠大，並且擔心除錯以及駭客的問題，那麼可以：

◆ 將 rotate 4 改成 rotate 9 左右，以保存較多的備份檔案。不過如果已經加上 dateext 的參數，那這個項目就不用更動了！

◆ 大部分的登錄檔不需要 compress 囉！但是空間太小就需要 compress ！尤其是很佔硬碟空間的 httpd 更需要 compress 的！

好了，上面我們大致介紹了 /var/log/wtmp 這個檔案的設定，現在你知道了 logrotate.conf 的設定語法是：

```
登錄檔的絕對路徑檔名 ... {
        個別的參數設定值，如 monthly，compress 等等
}
```

底下我們再以 /etc/logrotate.d/syslog 這個輪替 rsyslog.service 服務的檔案，來看看該如何設定它的 rotate 呢？

```
[root@study ~]# vim /etc/logrotate.d/syslog
/var/log/cron
/var/log/maillog
/var/log/messages
/var/log/secure
/var/log/spooler
{
    sharedscripts
    postrotate
        /bin/kill -HUP `cat /var/run/syslogd.pid 2> /dev/null` 2> /dev/null || true
    endscript
}
```

在上面的語法當中，我們知道正確的 logrotate 的寫法為：

◆ **檔名**：被處理的登錄檔絕對路徑檔名寫在前面，可以使用空白字元分隔多個登錄檔。

◆ **參數**：上述檔名進行輪替的參數使用 { } 包括起來。

◆ **執行腳本**：可呼叫外部指令來進行額外的命令下達，這個設定需與 sharedscripts ....
endscript 設定合用才行。至於可用的環境為：

■ prerotate：在啟動 logrotate 之前進行的指令，例如修改登錄檔的屬性等動作。

■ postrotate：在做完 logrotate 之後啟動的指令，例如重新啟動 (kill -HUP) 某個服務！

■ Prerotate 與 postrotate 對於已加上特殊屬性的檔案處理上面，是相當重要的執行程序！

那麼 /etc/logrotate.d/syslog 內設定的 5 個檔案的輪替功能就變成了：

◆ 該設定只對 /var/log/ 內的 cron，maillog，messages，secure，spooler 有效。

◆ 登錄檔輪替每週一次、保留四個、且輪替下來的登錄檔不進行壓縮(未更改預設值)。

◆ 輪替完畢後 (postrotate) 取得 syslog 的 PID 後，以 kill -HUP 重新啟動 syslogd。

假設我們有針對 /var/log/messages 這個檔案增加 chattr +a 的屬性時，依據 logrotate 的工作原理，我們知道，這個 /var/log/messages 將會被更名成為 /var/log/messages.1 才是。但是由於加上這個 +a 的參數啊，所以更名是不可能成功的！那怎麼辦呢？呵呵！就利用 prerotate 與 postrotate 來進行登錄檔輪替前、後所需要作的動作啊！果真如此時，那麼你可以這樣修改一下這個檔案喔！

```
[root@study ~]# vim /etc/logrotate.d/syslog
/var/log/cron
/var/log/maillog
/var/log/messages
/var/log/secure
/var/log/spooler
{
    sharedscripts
    prerotate
        /usr/bin/chattr -a /var/log/messages
    endscript
    sharedscripts
    postrotate
        /bin/kill -HUP `cat /var/run/syslogd.pid 2> /dev/null` 2> /dev/null || true
        /usr/bin/chattr +a /var/log/messages
    endscript
}
```

看到否？就是先給它去掉 a 這個屬性，讓登錄檔 /var/log/messages 可以進行輪替的動作，然後執行了輪替之後，再給它加入這個屬性！請特別留意的是，那個 /bin/kill -HUP ... 的意義，這一行的目的在於將系統的 rsyslogd 重新以其參數檔 (rsyslog.conf) 的資料讀入一次！也可以想成是 reload 的意思啦！由於我們建立了一個新的空的記錄檔，如果不執行此一行來重新啟動服務的話，那麼記錄的時候將會發生錯誤呦！(請回到第十六章讀一下 kill 後面的 signal 的內容說明)

## 18.3.2　實際測試 logrotate 的動作

好了，設定完成之後，我們來測試看看這樣的設定是否可行呢？給它執行底下的指令：

```
[root@study ~]# logrotate [-vf] logfile
選項與參數：
-v  ：啟動顯示模式，會顯示 logrotate 運作的過程喔！
-f  ：不論是否符合設定檔的資料，強制每個登錄檔都進行 rotate 的動作！

範例一：執行一次 logrotate 看看整個流程為何？
[root@study ~]# logrotate -v /etc/logrotate.conf
reading config file /etc/logrotate.conf   <==讀取主要設定檔
including /etc/logrotate.d                 <==呼叫外部的設定
reading config file chrony                 <==就是外部設定啊！
....(中間省略)....
Handling 18 logs                           <==共有 18 個登錄檔被記錄
```

```
....(中間省略)....
rotating pattern：/var/log/cron
/var/log/maillog
/var/log/messages
/var/log/secure
/var/log/spooler
 weekly (52 rotations)
empty log files are not rotated，old logs are removed
considering log /var/log/cron
  log does not need rotating
considering log /var/log/maillog
  log does not need rotating
considering log /var/log/messages        <==開始處理 messages
  log does not need rotating             <==因為時間未到，不需要更動！
....(底下省略)....
```

範例二：強制進行 logrotate 的動作
```
[root@study ~]# logrotate -vf /etc/logrotate.conf
....(前面省略)....
rotating log /var/log/messages，log->rotateCount is 52
dateext suffix '-20150820'
glob pattern '-[0-9][0-9][0-9][0-9][0-9][0-9][0-9][0-9]'
compressing log with：/bin/gzip
....(底下省略)....
# 看到否？整個 rotate 的動作就是這樣一步一步進行的～

[root@study ~]# ll /var/log/messages*; lsattr /var/log/messages
-rw-------. 1 root root    143 Aug 20 01:45 /var/log/messages
-rw-------. 1 root root 167125 Aug 20 01:40 /var/log/messages-20150820
-----a---------- /var/log/messages  <==主動加入 a 的隱藏屬性囉！
```

　　上面那個 -f 具有『強制執行』的意思，如果一切的設定都沒有問題的話，那麼理論上，你的 /var/log 這個目錄就會起變化囉！而且應該不會出現錯誤訊息才對！嘿嘿！這樣就 OK 了！很棒不是嗎？！

　　由於 logrotate 的工作已經加入 crontab 裡頭了！所以現在每天系統都會自動的給它查看 logrotate 囉！不用擔心的啦！只是要注意一下那個 /var/log/messages 裡頭是否常常有類似底下的字眼：

```
Aug 20 01:45:34 study rsyslogd：[origin software="rsyslogd" swVersion="7.4.7"
x-pid="2145" x-info="http://www.rsyslog.com"] rsyslogd was HUPed
```

這說明的是 rsyslogd 重新啟動的時間啦 (就是因為 /etc/logrotate.d/syslog 的設定之緣故！) 底下我們來進行一些例題的練習，讓你更詳細的瞭解 logrotate 的功用啊！

## 18.3.3 自訂登錄檔的輪替功能

假設前提是這樣的，前一小節當中，假設你已經建立了 /var/log/admin.log 這個檔案，現在，你想要將該檔案加上 +a 這個隱藏標籤，而且設定底下的相關資訊：

◆ 登錄檔輪替一個月進行一次。

◆ 該登錄檔若大於 10MB 時，則主動進行輪替，不需要考慮一個月的期限。

◆ 保存五個備份檔案。

◆ 備份檔案需要壓縮。

那你可以怎麼樣設定呢？呵呵～很簡單啊！看看底下的動作吧！

```
# 1. 先建立 +a 這個屬性啊！
[root@study ~]# chattr +a /var/log/admin.log
[root@study ~]# lsattr /var/log/admin.log
-----a---------- /var/log/admin.log
[root@study ~]# mv /var/log/admin.log /var/log/admin.log.1
mv：cannot move `/var/log/admin.log' to `/var/log/admin.log.1'：Operation not permitted
# 這裡確定了加入 a 的隱藏屬性！所以 root 無法移動此登錄檔！

# 2. 開始建立 logrotate 的設定檔，增加一個檔案在 /etc/logrotate.d 內就對了！
[root@study ~]# vim /etc/logrotate.d/admin
# This configuration is from VBird 2015/08/19
/var/log/admin.log {
        monthly    <==每個月進行一次
        size=10M   <==檔案容量大於 10M 則開始處置
        rotate 5   <==保留五個！
        compress   <==進行壓縮工作！
        sharedscripts
        prerotate
                /usr/bin/chattr -a /var/log/admin.log
        endscript
        sharedscripts
        postrotate
            /bin/kill -HUP `cat /var/run/syslogd.pid 2> /dev/null` 2> /dev/null || true
            /usr/bin/chattr +a /var/log/admin.log
        endscript
}
```

# 3. 測試一下 logrotate 相關功能的資訊顯示：
[root@study ~]# **logrotate -v /etc/logrotate.conf**
....(前面省略)....
rotating pattern：/var/log/admin.log  10485760 bytes (5 rotations)
empty log files are rotated，old logs are removed
considering log /var/log/admin.log
  log does not need rotating
not running prerotate script，since no logs will be rotated
not running postrotate script，since no logs were rotated
....(底下省略)....
# 因為還不足一個月，檔案也沒有大於 10M，所以不需進行輪替！

# 4. 測試一下強制 logrotate 與相關功能的資訊顯示：
[root@study ~]# **logrotate -vf /etc/logrotate.d/admin**
reading config file /etc/logrotate.d/admin
reading config file /etc/logrotate.d/admin

Handling 1 logs

rotating pattern：/var/log/admin.log  forced from command line (5 rotations)
empty log files are rotated，old logs are removed
considering log /var/log/admin.log
  log needs rotating
rotating log /var/log/admin.log，log->rotateCount is 5
dateext suffix '-20150820'
glob pattern '-[0-9][0-9][0-9][0-9][0-9][0-9][0-9][0-9]'
renaming /var/log/admin.log.5.gz to /var/log/admin.log.6.gz (rotatecount 5,
logstart 1，i 5)，old log /var/log/admin.log.5.gz does not exist
renaming /var/log/admin.log.4.gz to /var/log/admin.log.5.gz (rotatecount 5,
logstart 1，i 4)，old log /var/log/admin.log.4.gz does not exist
renaming /var/log/admin.log.3.gz to /var/log/admin.log.4.gz (rotatecount 5,
logstart 1，i 3)，old log /var/log/admin.log.3.gz does not exist
renaming /var/log/admin.log.2.gz to /var/log/admin.log.3.gz (rotatecount 5,
logstart 1，i 2)，old log /var/log/admin.log.2.gz does not exist
renaming /var/log/admin.log.1.gz to /var/log/admin.log.2.gz (rotatecount 5,
logstart 1，i 1)，old log /var/log/admin.log.1.gz does not exist
renaming /var/log/admin.log.0.gz to /var/log/admin.log.1.gz (rotatecount 5,
logstart 1，i 0)，old log /var/log/admin.log.0.gz does not exist
log /var/log/admin.log.6.gz doesn't exist -- won't try to dispose of it
running prerotate script
fscreate context set to system_u:object_r:var_log_t:s0

```
renaming /var/log/admin.log to /var/log/admin.log.1
running postrotate script
compressing log with : /bin/gzip

[root@study ~]# lsattr /var/log/admin.log*
-----a---------- /var/log/admin.log
---------------- /var/log/admin.log.1.gz  <==有壓縮過喔！
```

看到了嗎？透過這個方式，我們可以建立起屬於自己的 logrotate 設定檔案，很簡便吧！尤其是要注意的，/etc/rsylog.conf 與 /etc/logrotate.d/* 檔案常常要搭配起來，例如剛剛我們提到的兩個案例中所建立的 /var/log/admin.log 就是一個很好的例子～建立後，還要使用 logrotate 來輪替啊！ ^_^

# 18.4　systemd-journald.service 簡介

過去只有 rsyslogd 的年代中，由於 rsyslogd 必須要開機完成並且執行了 rsyslogd 這個 daemon 之後，登錄檔才會開始記錄。所以，核心還得要自己產生一個 klogd 的服務，才能將系統在開機過程、啟動服務的過程中的資訊記錄下來，然後等 rsyslogd 啟動後才傳送給它來處理～

現在有了 systemd 之後，由於這玩意兒是核心喚醒的，然後又是第一支執行的軟體，它可以主動呼叫 systemd-journald 來協助記載登錄檔～因此在開機過程中的所有資訊，包括啟動服務與服務若啟動失敗的情況等等，都可以直接被記錄到 systemd-journald 裡頭去！

不過 systemd-journald 由於是使用於記憶體的登錄檔記錄方式，因此重新開機過後，開機前的登錄檔資訊當然就不會被記載了。為此，我們還是建議啟動 rsyslogd 來協助分類記錄！也就是說，systemd-journald 用來管理與查詢這次開機後的登錄資訊，而 rsyslogd 可以用來記錄以前及現在的所以資料到磁碟檔案中，方便未來進行查詢喔！

> 雖然 systemd-journald 所記錄的資料其實是在記憶體中，但是系統還是利用檔案的型態將它記錄到 /run/log/ 底下！不過我們從前面幾章也知道，/run 在 CentOS 7 其實是記憶體內的資料，所以重新開機過後，這個 /run/log 底下的資料當然就被刷新，舊的當然就不再存在了！

## 18.4.1　使用 journalctl 觀察登錄資訊

那麼 systemd-journald.service 的資料要如何叫出來查閱呢？很簡單！就透過 journalctl 即可！讓我們來瞧瞧這個指令可以做些什麼事？

```
[root@study ~]# journalctl [-nrpf] [--since TIME] [--until TIME] _optional
```
選項與參數：

預設會秀出全部的 log 內容，從舊的輸出到最新的訊息

-n ：秀出最近的幾行的意思～找最新的資訊相當有用

-r ：反向輸出，從最新的輸出到最舊的資料

-p ：秀出後面所接的訊息重要性排序！請參考前一小節的 rsyslogd 資訊

-f ：類似 tail -f 的功能，持續顯示 journal 日誌的內容(即時監測時相當有幫助！)

--since --until：設定開始與結束的時間，讓在該期間的資料輸出而已

_SYSTEMD_UNIT=unit.service ：只輸出 unit.service 的資訊而已

_COMM=bash ：只輸出與 bash 有關的資訊

_PID=pid ：只輸出 PID 號碼的資訊

_UID=uid ：只輸出 UID 為 uid 的資訊

SYSLOG_FACILITY=[0-23] ：使用 syslog.h 規範的服務相對序號來呼叫出正確的資料！


範例一：秀出目前系統中所有的 journal 日誌資料

```
[root@study ~]# journalctl
-- Logs begin at Mon 2015-08-17 18:37:52 CST，end at Wed 2015-08-19 00:01:01 CST. --
Aug 17 18:37:52 study.centos.vbird systemd-journal[105]：Runtime journal is using 8.0M
(max  142.4M，leaving 213.6M of free 1.3G，current limit 142.4M).
Aug 17 18:37:52 study.centos.vbird systemd-journal[105]：Runtime journal is using 8.0M
(max 142.4M，leaving 213.6M of free 1.3G，current limit 142.4M).
Aug 17 18:37:52 study.centos.vbird kernel：Initializing cgroup subsys cpuset
Aug 17 18:37:52 study.centos.vbird kernel：Initializing cgroup subsys cpu
.....(中間省略).....
Aug 19 00:01:01 study.centos.vbird run-parts(/etc/cron.hourly)[19268]：finished
0anacron
Aug 19 00:01:01 study.centos.vbird run-parts(/etc/cron.hourly)[19270]：starting
0yum-hourly.cron
Aug 19 00:01:01 study.centos.vbird run-parts(/etc/cron.hourly)[19274]：finished
0yum-hourly.cron
# 從這次開機以來的所有資料都會顯示出來！透過 less 一頁頁翻動給管理員查閱！資料量相當大！
```

範例二：(1)僅顯示出 2015/08/18 整天以及(2)僅今天及(3)僅昨天的日誌資料內容

```
[root@study ~]# journalctl --since "2015-08-18 00:00:00" --until "2015-08-19 00:00:00"
[root@study ~]# journalctl --since today
[root@study ~]# journalctl --since yesterday --until today
```

範例三：只找出 crond.service 的資料，同時只列出最新的 10 筆即可

```
[root@study ~]# journalctl _SYSTEMD_UNIT=crond.service -n 10
```

範例四：找出 su，login 執行的登錄檔，同時只列出最新的 10 筆即可

```
[root@study ~]# journalctl _COMM=su _COMM=login -n 10
```

範例五：找出訊息嚴重等級為錯誤 (error) 的訊息！
```
[root@study ~]# journalctl -p err
```

範例六：找出跟登錄服務 (auth，authpriv) 有關的登錄檔訊息
```
[root@study ~]# journalctl SYSLOG_FACILITY=4 SYSLOG_FACILITY=10
# 更多關於 syslog_facility 的資料，請參考 18.2.1 小節的內容囉！
```

　　基本上，有 journalctl 就真的可以搞定你的訊息資料囉！全部的資料都在這裡面耶～再來假設一下，你想要了解到登錄檔的即時變化，那又該如何處置呢？現在，請開兩個終端機，讓我們來處理處理！

```
# 第一號終端機，請使用底下的方式持續偵測系統！
[root@study ~]# journalctl -f
# 這時系統會好像卡住～其實不是卡住啦！是類似 tail -f 在持續的顯示登錄檔資訊的！

# 第二號終端機，使用底下的方式隨便發一封 email 給系統上的帳號！
[root@study ~]# echo "testing" | mail -s 'tset' dmtsai
# 這時，你會發現到第一號終端機竟然一直輸出一些訊息吧！沒錯！這就對了！
```

　　如果你有一些必須要偵測的行為，可以使用這種方式來即時了解到系統出現的訊息～而取消 journalctl -f 的方法，就是 [ctrl]+c 啊！

## 18.4.2　logger 指令的應用

　　上面談到的是叫出登錄檔給我們查閱，那換個角度想，『如果你想要讓你的資料儲存到登錄檔當中』呢？那該如何是好？這時就得要使用 logger 這個好用的傢伙了！這個傢伙可以傳輸很多資訊，不過，我們只使用最簡單的本機資訊傳遞～更多的用法就請你自行 man logger 囉！

```
[root@study ~]# logger [-p 服務名稱.等級] "訊息"
選項與參數：
服務名稱.等級  ：這個項目請參考 rsyslogd 的本章後續小節的介紹；

範例一：指定一下，讓 dmtsai 使用 logger 來傳送資料到登錄檔內
[root@study ~]# logger -p user.info "I will check logger command"
[root@study ~]# journalctl SYSLOG_FACILITY=1 -n 3
-- Logs begin at Mon 2015-08-17 18:37:52 CST，end at Wed 2015-08-19 18:03:17 CST. --
Aug 19 18:01:01 study.centos.vbird run-parts(/etc/cron.hourly)[29710]：starting
0yum-hourly.cron
Aug 19 18:01:01 study.centos.vbird run-parts(/etc/cron.hourly)[29714]：finished
```

```
0yum-hourly.cron
Aug 19 18:03:17 study.centos.vbird dmtsai[29753]：I will check logger command
```

現在，讓我們來瞧一瞧，如果我們之錢寫的 backup.service 服務中，如果使用手動的方式來備份，亦即是使用 "/backups/backup.sh log" 來執行備份時，那麼就透過 logger 來記錄備份的開始與結束的時間！該如何是好呢？這樣做看看！

```
[root@study ~]# vim /backups/backup.sh
#!/bin/bash

if [ "${1}" == "log" ]; then
        logger -p syslog.info "backup.sh is starting"
fi
source="/etc /home /root /var/lib /var/spool/{cron,at,mail}"
target="/backups/backup-system-$(date +%Y-%m-%d).tar.gz"
[ !-d /backups ] && mkdir /backups
tar -zcvf ${target} ${source} &> /backups/backup.log
if [ "${1}" == "log" ]; then
        logger -p syslog.info "backup.sh is finished"
fi

[root@study ~]# /backups/backup.sh log
[root@study ~]# journalctl SYSLOG_FACILITY=5 -n 3
Aug 19 18:09:37 study.centos.vbird dmtsai[29850]：backup.sh is starting
Aug 19 18:09:54 study.centos.vbird dmtsai[29855]：backup.sh is finished
```

透過這個玩意兒，我們也能夠將資料自行處置到登錄檔當中囉！

## 18.4.3 保存 journal 的方式

再強調一次，這個 systemd-journald.servicd 的訊息是不會放到下一次開機後的，所以，重新開機後，那之前的記錄通通會遺失。雖然我們大概都有啟動 rsyslogd 這個服務來進行後續的登錄檔放置，不過如果你比較喜歡 journalctl 的存取方式，那麼可以將這些資料儲存下來喔！

基本上，systemd-journald.service 的設定檔主要參考 /etc/systemd/journald.conf 的內容，詳細的參數你可以參考 man 5 journald.conf 的資料。因為預設的情況底下，設定檔的內容應該已經符合我們的需求，所以這邊鳥哥就不再修改設定檔了。只是如果想要保存你的 journalctl 所讀取的登錄檔，那麼就得要建立一個 /var/log/journal 的目錄，並且處理一下該目錄的權限，那麼未來重新啟動 systemd-journald.service 之後，日誌登錄檔就會主動的複製一份到 /var/log/journal 目錄下囉！

```
# 1. 先處理所需要的目錄與相關權限設定
[root@study ~]# mkdir /var/log/journal
[root@study ~]# chown root:systemd-journal /var/log/journal
[root@study ~]# chmod 2775 /var/log/journal

# 2. 重新啟動 systemd-journald 並且觀察備份的日誌資料！
[root@study ~]# systemctl restart systemd-journald.service
[root@study ~]# ll /var/log/journal/
drwxr-sr-x. 2 root systemd-journal 27 Aug 20 02:37 309eb890d09f440681f596543d95ec7a
```

你得要注意的是，因為現在整個日誌登錄檔的容量會持續長大，因此你最好還是觀察一下你系統能用的總容量喔！避免不小心檔案系統的容量被灌爆！此外，未來在 /run/log 底下就沒有相關的日誌可以觀察了！因為移動到 /var/log/journal 底下來囉！

其實鳥哥是這樣想的，既然我們還有 rsyslog.service 以及 logrotate 的存在，因此這個 systemd-journald.service 產生的登錄檔，個人建議最好還是放置到 /run/log 的記憶體當中，以加快存取的速度！而既然 rsyslog.service 可以存放我們的登錄檔，似乎也沒有必要再保存一份 journal 登錄檔到系統當中就是了。單純的建議！如何處理，依照你的需求即可喔！

# 18.5  分析登錄檔

登錄檔的分析是很重要的！你可以自行以 vim 或者是 journalctl 進入登錄檔去查閱相關的資訊。而系統也提供一些軟體可以讓你從登錄檔中取得資料，例如之前談過的 last、lastlog、dmesg 等等指令。不過，這些資料畢竟都非常的分散，如果你想要一口氣讀取所有的登錄資訊，其實有點困擾的。不過，好在 CentOS 有提供 logwatch 這個登錄檔分析程式，你可以藉由該程式來瞭解登錄檔資訊。此外，鳥哥也依據 Red Hat 系統的 journalctl 搭配 syslog 函數寫了一支小程式給大家使用喔！

## 18.5.1  CentOS 預設提供的 logwatch

雖然有一些有用的系統指令，不過，要瞭解系統的狀態，還是得要分析整個登錄檔才行～事實上，目前已經有相當多的登錄檔分析工具，例如 CentOS 7.x 上面預設的 logwatch 這個套件所提供的分析工具，它會每天分析一次登錄檔案，並且將資料以 email 的格式寄送給 root 呢！你也可以直接到 logwatch 的官方網站上面看看：

◆ http://www.logwatch.org/

不過在我們的安裝方式裡面，預設並沒有安裝 logwatch 就是了！所以，我們先來安裝一下 logwatch 這套軟體再說。假設你已經將 CentOS 7.1 的原版光碟掛載在 /mnt 當中了，那使用底下的方式來處理即可：

```
[root@study ~]# yum install /mnt/Packages/perl-5.*.rpm
>   /mnt/Packages/perl-Date-Manip-*.rpm \
>   /mnt/Packages/perl-Sys-CPU-*.rpm \
>   /mnt/Packages/perl-Sys-MemInfo-*.rpm \
>   /mnt/Packages/logwatch-*.rpm
# 得要安裝數個軟體才能夠順利的安裝好 logwatch 喔！當然，如果你有網路，直接安裝就好了！

[root@study ~]# ll /etc/cron.daily/0logwatch
-rwxr-xr-x. 1 root root 434 Jun 10  2014 /etc/cron.daily/0logwatch

[root@study ~]# /etc/cron.daily/0logwatch
```

安裝完畢以後，logwatch 就已經寫入 cron 的運作當中了！詳細的執行方式你可以參考上表中 0logwatch 檔案內容來處理，未來則每天會送出一封 email 給 root 查閱就是了。因為我們剛剛安裝，那可以來分析一下嗎？很簡單啦！你就直接執行 0logwatch 即可啊！如上表最後一個指令的示意。因為鳥哥的測試機目前的服務很少，所以產生的資訊量也不多，因此執行的速度很快。比較忙的系統資訊量比較大，分析過程會花去一小段時間。如果順利執行完畢，那請用 root 的身份去讀一下 email 囉！

```
[root@study ~]# mail
Heirloom Mail version 12.5 7/5/10.  Type ? for help.
"/var/spool/mail/root" : 5 messages 2 new 4 unread
>N  4 root                 Thu Jul 30 19:35   29/763    "testing at job"
 N  5 logwatch@study.cento Thu Aug 20 17:55  97/3045  "Logwatch for study.centos.vbird (Linux)"
& 5
Message  5:
From root@study.centos.vbird  Thu Aug 20 17:55:23 2015
Return-Path : <root@study.centos.vbird>
X-Original-To : root
Delivered-To : root@study.centos.vbird
To : root@study.centos.vbird
From : logwatch@study.centos.vbird
Subject : Logwatch for study.centos.vbird (Linux)
Auto-Submitted : auto-generated
Precedence : bulk
Content-Type : text/plain; charset="iso-8859-1"
```

```
Date：Thu，20 Aug 2015 17:55:23 +0800 (CST)
Status：R

# logwatch 會先說明分析的時間與 logwatch 版本等等資訊
 ################## Logwatch 7.4.0 (03/01/11) ####################
        Processing Initiated：Thu Aug 20 17:55:23 2015
        Date Range Processed：yesterday
                            ( 2015-Aug-19 )
                            Period is day.
        Detail Level of Output：0
        Type of Output/Format：mail / text
        Logfiles for Host：study.centos.vbird
 ####################################################################


# 開始一項一項的資料進行分析！分析得很有道理啊！
-------------------- pam_unix Begin -----------------------
su-l:
   Sessions Opened:
      dmtsai -> root：2 Time(s)
--------------------- pam_unix End ------------------------
-------------------- Postfix Begin ------------------------
     894   Bytes accepted                              894
     894   Bytes delivered                             894
  =======   =================================================
     2     Accepted                                100.00%
  --------   -------------------------------------------------
     2     Total                                   100.00%
  =======   =================================================
     2     Removed from queue
     2     Delivered
--------------------- Postfix End -------------------------
-------------------- SSHD Begin --------------------------
Users logging in through sshd:
   dmtsai:
      192.168.1.200：2 times
Received disconnect:
   11：disconnected by user  ：1 Time(s)
---------------------- SSHD End --------------------------
-------------------- Sudo (secure-log) Begin ----------------
dmtsai => root
-------------
/bin/su                        -   2 Time(s).
```

```
---------------------- Sudo (secure-log) End ----------------------

# 當然也得說明一下目前系統的磁碟使用狀態喔!
---------------------- Disk Space Begin ----------------------
Filesystem                   Size  Used Avail Use% Mounted on
/dev/mapper/centos-root      10G   3.7G  6.3G  37% /
devtmpfs                     1.4G     0  1.4G   0% /dev
/dev/vda2                    1014M 141M  874M  14% /boot
/dev/vda4                    1014M  33M  982M   4% /srv/myproject
/dev/mapper/centos-home      5.0G  642M  4.4G  13% /home
/dev/mapper/raidvg-raidlv    1.5G   33M  1.5G   3% /srv/raidlvm
---------------------- Disk Space End ----------------------
```

由於鳥哥的測試用主機尚未啟動許多服務,所以分析的項目很少。若你的系統已經啟動許多服務的話,那麼分析的項目理應會多很多才對。

## 18.5.2 鳥哥自己寫的登錄檔分析工具

雖然已經有了類似 logwatch 的工具,但是鳥哥自己想要分析的資料畢竟與對方不同~所以囉,鳥哥就自己寫了一支小程式 (shell script 的語法) 用來分析自己的登錄檔,這支程式分析的登錄檔主要由 journalctl 所產生,而且只會抓前一天的登錄檔來分析而已~若比對 rsyslog.service 所產生的登錄檔,則主要用到底下幾個對應的檔名 (雖然真的沒用到! ^_^):

◆ /var/log/secure

◆ /var/log/messages

◆ /var/log/maillog

當然啦,還不只這些啦,包括各個主要常見的服務,如 pop3,mail,ftp,su 等會使用到 pam 的服務,都可以透過鳥哥寫的這個小程式來分析與處理呢~整個資料還會輸出一些系統資訊。如果你想要使用這個程式的話,歡迎下載:

◆ http://linux.vbird.org//linux_basic/0570syslog//logfile_centos7.tar.gz

安裝的方法也很簡單,你只要將上述的檔案在根目錄底下解壓縮,自然就會將 cron 排程與相對應的檔案放到正確的目錄去。基本上鳥哥會用到的目錄有 /etc/cron.d 以及 /root/bin/logfile 而已!鳥哥已經寫了一個 crontab 在檔案中,設定每日 00:10 去分析一次系統登錄檔。不過請注意,這次鳥哥使用的登錄檔真的是來自於 journalctl ,所以 CentOS 6 以前的版本千萬不要使用喔!現在假設我將下載的檔案放在根目錄:

```
[root@study ~]# tar -zxvf /logfile_centos7.tar.gz -C /
[root@study ~]# cat /etc/cron.d/vbirdlogfile
10 0 * * * root /bin/bash /root/bin/logfile/logfile.sh &> /dev/null

[root@study ~]# sh /root/bin/logfile/logfile.sh
# 開始嘗試分析系統的登錄檔，依據你的登錄檔大小，分析的時間不固定！

[root@study ~]# mail
# 自己找到剛剛輸出的結果，該結果的輸出有點像底下這樣：
Heirloom Mail version 12.5 7/5/10.  Type ? for help.
"/var/spool/mail/root": 9 messages 4 new 7 unread
 N  8 root  Thu Aug 20 19:26  60/2653  "study.centos.vbird logfile analysis results"
>N  9 root  Thu Aug 20 19:37  59/2612  "study.centos.vbird logfile analysis results"
& 9


# 先看看你的硬體與作業系統的相關情況，尤其是 partition 的使用量更需要隨時注意！
=============== system summary ==================================
Linux kernel    : Linux version 3.10.0-229.el7.x86_64 (builder@kbuilder.dev.centos.org)
CPU informatin  : 2 Intel(R) Xeon(R) CPU E5-2650 v3 @ 2.30GHz
CPU speed       : 2299.996 MHz
hostname is     : study.centos.vbird
Network IP      : 192.168.1.100
Check time      : 2015/August/20 19:37:25 ( Thursday )
Summary date    : Aug 20
Up times        : 3 days，59 min,
Filesystem summary:
        Filesystem              Type     Size  Used Avail Use% Mounted on
        /dev/mapper/centos-root xfs       10G  3.7G  6.3G  37% /
        devtmpfs                devtmpfs 1.4G     0  1.4G   0% /dev
        tmpfs                   tmpfs    1.4G   48K  1.4G   1% /dev/shm
        tmpfs                   tmpfs    1.4G  8.7M  1.4G   1% /run
        tmpfs                   tmpfs    1.4G     0  1.4G   0% /sys/fs/cgroup
        /dev/vda2               xfs     1014M  141M  874M  14% /boot
        /dev/vda4               xfs     1014M   33M  982M   4% /srv/myproject
        /dev/mapper/centos-home xfs      5.0G  642M  4.4G  13% /home
        /dev/mapper/raidvg-raidlv xfs    1.5G   33M  1.5G   3% /srv/raidlvm
        /dev/sr0                iso9660  7.1G  7.1G     0 100% /mnt

# 這個程式會將針對 internet 與內部監聽的埠口分開來顯示！
================= Ports 的相關分析資訊 ======================
主機啟用的 port 與相關的 process owner：
對外部介面開放的 ports (PID|owner|command)
```

```
tcp 21|(root)|/usr/sbin/vsftpd /etc/vsftpd/vsftpd.conf
tcp 22|(root)|/usr/sbin/sshd -D
tcp 25|(root)|/usr/libexec/postfix/master -w
tcp 222|(root)|/usr/sbin/sshd -f /etc/ssh/sshd2_config -D
tcp 514|(root)|/usr/sbin/rsyslogd -n
tcp 555|(root)|/usr/sbin/vsftpd /etc/vsftpd/vsftpd2.conf

# 以下針對有啟動的服務個別進行分析！
================ SSH 的登錄檔資訊彙整 ======================
今日沒有使用 SSH 的紀錄

================ Postfix 的登錄檔資訊彙整 ==================
使用者信箱受信次數：
```

　　目前鳥哥都是透過這支程式去分析自己管理的主機，然後再據以瞭解系統狀況，如果有特殊狀況則即時進行系統處理！而且鳥哥都是將上述的 email 調整成自己可以在 Internet 上面讀到的郵件，這樣我每天都可以收到正確的登錄檔分析資訊哩！

# 18.6　重點回顧

◆ 登錄檔可以記錄一個事件的何時、何地、何人、何事等四大資訊，故系統有問題時務必查詢登錄檔。

◆ 系統的登錄檔預設都集中放置到 /var/log/ 目錄內，其中又以 messages 記錄的資訊最多！

◆ 登錄檔記錄的主要服務與程式為：systemd-journald.service，rsyslog.service，rsyslogd。

◆ rsyslogd 的設定檔在 /etc/rsyslog.conf，內容語法為：『服務名稱.等級 記載裝置或檔案』。

◆ 透過 linux 的 syslog 函數查詢，了解上述服務名稱有 kernel，user，mail...從 0 到 23 的服務序號。

◆ 承上，等級從不嚴重到嚴重依序有 info，notice，warning，error，critical，alert，emergency 等。

◆ rsyslogd 本身有提供登錄檔伺服器的功能，透過修改 /etc/rsyslog.conf 內容即可達成。

◆ logrotate 程式利用 crontab 來進行登錄檔的輪替功能。

◆ logrotate 的設定檔為 /etc/logrotate.conf，而額外的設定則可寫入 /etc/logrotate.d/* 內。

◆ 新的 CentOS 7 由於內建 systemd-journald.service 的功能，可以使用 journalctl 直接從記憶體讀出登錄檔，查詢效能較佳。

◆ logwatch 為 CentOS 7 預設提供的一個登錄檔分析軟體。

## 18.7　本章習題

實作題部分：

◆ 請在你的 CentOS 7.x 上面，依照鳥哥提供的 logfile.sh 去安裝，並將結果取出分析看看。

簡答題部分：

◆ 如果你想要將 auth 這個服務的結果中，只要訊息等級高於 warn 就給予發送 email 到 root 的信箱，該如何處理？

◆ 啟動系統登錄資訊時，需要啟動哪兩個 daemon 呢？

◆ rsyslogd 以及 logrotate 個別透過什麼機制來執行？

## 18.8　參考資料與延伸閱讀

◆ 註 1：關於 console 的說明可以參考底下的連結：

http://en.wikipedia.org/wiki/Console

http://publib.boulder.ibm.com/infocenter/systems/index.jsp?topic=/com.ibm.aix.files/doc/aixfiles/console.htm

◆ 關於 logfile 也有網友提供英文版喔：

http://phorum.vbird.org/viewtopic.php?f=10&t=34996&p=148198

# 19

# 開機流程、模組管理與 Loader

系統開機其實是一項非常複雜的程序,因為核心得要偵測硬體並載入適當的驅動程式後,接下來則必須要呼叫程序來準備好系統運作的環境,以讓使用者能夠順利的操作整部主機系統。如果你能夠理解開機的原理,那麼將有助於你在系統出問題時能夠很快速的修復系統喔!而且還能夠順利的配置多重作業系統的多重開機問題。為了多重開機的問題,你就不能不學學 grub2 這個 Linux 底下優秀的開機管理程式 (boot loader)。而在系統運作期間,你也得要學會管理核心模組呢!

# 19.1 Linux 的開機流程分析

如果想要多重開機,那要怎麼安裝系統?如果你的 root 密碼忘記了,那要如何救援?如果你的預設登入模式為圖形介面,那要如何在開機時直接指定進入純文字模式?如果你因為 /etc/fstab 設定錯誤,導致無法順利掛載根目錄,那要如何在不重灌的情況下修訂你的 /etc/fstab 讓它變成正常?這些都需要瞭解開機流程,那你說,這東西重不重要啊?

## 19.1.1 開機流程一覽

既然開機是很嚴肅的一件事,那我們就來瞭解一下整個開機的過程吧!好讓大家比較容易發現開機過程裡面可能會發生問題的地方,以及出現問題後的解決之道!不過,由於開機的過程中,那個開機管理程式 (Boot Loader) 使用的軟體可能不一樣,例如目前各大 Linux distributions 的主流為 grub2,但早期 Linux 預設是使用 grub1 或 LILO,台灣地區則很多朋友喜歡使用 spfdisk。但無論如何,我們總是得要瞭解整個 boot loader 的工作情況,才能瞭解為何進行多重開機的設定時,老是聽人家講要先安裝 Windows 再安裝 Linux 的原因~

假設以個人電腦架設的 Linux 主機為例 (先回到第零章計算機概論看看相關的硬體常識喔),當你按下電源按鍵後電腦硬體會主動的讀取 BIOS 或 UEFI BIOS 來載入硬體資訊及進行硬體系統的自我測試,之後系統會主動的去讀取第一個可開機的裝置 (由 BIOS 設定的),此時就可以讀入開機管理程式了。

開機管理程式可以指定使用哪個核心檔案來開機,並實際載入核心到記憶體當中解壓縮與執行,此時核心就能夠開始在記憶體內活動,並偵測所有硬體資訊與載入適當的驅動程式來使整部主機開始運作,等到**核心偵測硬體與載入驅動程式完畢後,一個最陽春的作業系統就開始在你的 PC 上面跑了。**

主機系統開始運作後,此時 Linux 才會呼叫外部程式開始準備軟體執行的環境,並且實際的載入所有系統運作所需要的軟體程式哩!最後系統就會開始等待你的登入與操作啦!簡單來說,系統開機的經過可以彙整成底下的流程的:

1. **載入 BIOS 的硬體資訊與進行自我測試,並依據設定取得第一個可開機的裝置。**
2. **讀取並執行第一個開機裝置內 MBR 的 boot Loader (亦即是 grub2,spfdisk 等程式)。**
3. **依據 boot loader 的設定載入 Kernel,Kernel 會開始偵測硬體與載入驅動程式。**
4. **在硬體驅動成功後,Kernel 會主動呼叫 systemd 程式,並以 default.target 流程開機。**
   - systemd 執行 sysinit.target 初始化系統及 basic.target 準備作業系統。
   - systemd 啟動 multi-user.target 下的本機與伺服器服務。

- systemd 執行 multi-user.target 下的 /etc/rc.d/rc.local 檔案。

- systemd 執行 multi-user.target 下的 getty.target 及登入服務。

- systemd 執行 graphical 需要的服務。

大概的流程就是上面寫的那個樣子啦，你會發現 systemd 這個傢伙佔的比重非常重！所以我們才會在第十六章的 pstree 指令中談到這傢伙。那每一個程序的內容主要是在幹嘛呢？底下就分別來談一談吧！

## 19.1.2　BIOS，boot loader 與 kernel 載入

我們在第二章曾經談過簡單的開機流程與 MBR 的功能，以及大容量磁碟需要使用的 GPT 分割表格式等。詳細的資料請再次回到第二章好好的閱讀一下，我們這裡為了講解方便起見，將後續會用到的專有名詞先做個綜合解釋：

- **BIOS：不論傳統 BIOS 還是 UEFI BIOS 都會被簡稱為 BIOS。**

- **MBR：雖然分割表有傳統 MBR 以及新式 GPT，不過 GPT 也有保留一塊相容 MBR 的區塊，因此，底下的說明在安裝 boot loader 的部分，鳥哥還是簡稱為 MBR 喔！總之，MBR 就代表該磁碟的最前面可安裝 boot loader 的那個區塊就對了！**

◆　**BIOS，開機自我測試與 MBR/GPT**

我們在第零章的計算機概論就曾談過電腦主機架構，在個人電腦架構下，你想要啟動整部系統首先就得要讓系統去載入 BIOS (Basic Input Output System)，並透過 BIOS 程式去載入 CMOS 的資訊，並且藉由 CMOS 內的設定值取得主機的各項硬體設定，例如 CPU 與周邊設備的溝通時脈啊、開機裝置的搜尋順序啊、硬碟的大小與類型啊、系統時間啊、各周邊匯流排的是否啟動 Plug and Play (PnP，隨插即用裝置) 啊、各周邊設備的 I/O 位址啊、以及與 CPU 溝通的 IRQ 岔斷等等的資訊。

在取得這些資訊後，BIOS 還會進行開機自我測試 (Power-on Self Test，POST)[註1]。然後開始執行硬體偵測的初始化，並設定 PnP 裝置，之後再定義出可開機的裝置順序，接下來就會開始進行開機裝置的資料讀取了。

由於我們的系統軟體大多放置到硬碟中嘛！所以 BIOS 會指定開機的裝置好讓我們可以讀取磁碟中的作業系統核心檔案。但由於不同的作業系統它的檔案系統格式不相同，因此我們必須要以一個開機管理程式來處理核心檔案載入 (load) 的問題，因此這個**開機管理程式就被稱為 Boot Loader 了。那這個 Boot Loader 程式安裝在哪裡呢？就在開機裝置的第一個磁區 (sector) 內，也就是我們一直談到的 MBR (Master Boot Record，主要開機記錄區)**。

那你會不會覺得很奇怪啊？既然核心檔案需要 loader 來讀取，那每個作業系統的 loader 都不相同，這樣的話 BIOS 又是如何讀取 MBR 內的 loader 呢？很有趣的問題吧！其實 BIOS 是透過硬體的 INT 13 中斷功能來讀取 MBR 的，也就是說，只要 BIOS 能夠偵測的到你的磁碟 (不論該磁碟是 SATA 還是 SAS 介面)，那它就有辦法透過 INT 13 這條通道來讀取該磁碟的第一個磁區內的 MBR 軟體啦！[註2] 這樣 boot loader 也就能夠被執行囉！

我們知道每顆硬碟的最前面區塊含有 MBR 或 GPT 分割表的提供 loader 的區塊，那麼如果我的主機上面有兩顆硬碟的話，系統會去哪顆硬碟的最前面區塊讀取 boot loader 呢？這個就得要看 BIOS 的設定了。基本上，我們常常講的『系統的 MBR』其實指的是 第一個開機裝置的 MBR 才對！所以，改天如果你要將開機管理程式安裝到某顆硬碟的 MBR 時，要特別注意當時系統的『第一個開機裝置』是哪個，否則會安裝到錯誤的硬碟上面的 MBR 喔！重要重要！

◆ Boot Loader 的功能

剛剛說到 Loader 的最主要功能是要認識作業系統的檔案格式並據以載入核心到主記憶體中去執行。由於不同作業系統的檔案格式不一致，因此每種作業系統都有自己的 boot loader 啦！用自己的 loader 才有辦法載入核心檔案嘛！那問題就來啦，你應該有聽說過多重作業系統吧？也就是在一部主機上面安裝多種不同的作業系統。既然你 (1) 必須要使用自己的 loader 才能夠載入屬於自己的作業系統核心，而 (2)系統的 MBR 只有一個，那你怎麼會有辦法同時在一部主機上面安裝 Windows 與 Linux 呢？

這就得要回到第七章的磁碟檔案系統去回憶一下檔案系統功能了。其實每個檔案系統 (filesystem，或者是 partition) 都會保留一塊開機磁區 (boot sector) 提供作業系統安裝 boot loader ，而通常作業系統預設都會安裝一份 loader 到它根目錄所在的檔案系統的 boot sector 上。如果我們在一部主機上面安裝 Windows 與 Linux 後，該 boot sector，boot loader 與 MBR 的相關性會有點像下圖：

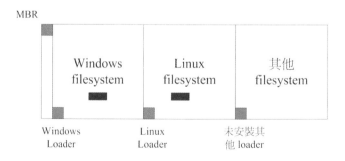

圖 19.1.1　boot loader 安裝在 MBR，boot sector 與作業系統的關係

如上圖所示，每個作業系統預設是會安裝一套 boot loader 到它自己的檔案系統中 (就是每個 filesystem 左下角的方框)，而在 Linux 系統安裝時，你可以選擇將 boot loader 安裝到 MBR 去，也可以選擇不安裝。如果選擇安裝到 MBR 的話，那理論上你在 MBR 與 boot sector 都會保有一份 boot loader 程式的。至於 Windows 安裝時，它預設會主動的將 MBR 與 boot sector 都裝上一份 boot loader！所以啦，你會發現安裝多重作業系統時，你的 MBR 常常會被不同的作業系統的 boot loader 所覆蓋啦！^_^

我們剛剛提到的兩個問題還是沒有解決啊！雖然各個作業系統都可以安裝一份 boot loader 到它們的 boot sector 中，這樣做業系統可以透過自己的 boot loader 來載入核心了。問題是系統的 MBR 只有一個哩！你要怎麼執行 boot sector 裡面的 loader 啊？這個我們得要回憶一下第二章約略提過的 boot loader 的功能了。boot loader 主要的功能如下：

- **提供選單**：使用者可以選擇不同的開機項目，這也是多重開機的重要功能！
- **載入核心檔案**：直接指向可開機的程式區段來開始作業系統。
- **轉交其他 loader**：將開機管理功能轉交給其他 loader 負責。

由於具有選單功能，因此我們可以選擇不同的核心來開機。而由於具有控制權轉交的功能，因此我們可以載入其他 boot sector 內的 loader 啦！不過 Windows 的 loader 預設不具有控制權轉交的功能，因此你不能使用 Windows 的 loader 來載入 Linux 的 loader 喔！這也是為啥第二章談到 MBR 與多重開機時，會特別強調先裝 Windows 再裝 Linux 的緣故。我們將上述的三個功能以底下的圖示來解釋你就看的懂了！(與第二章的圖示也非常類似啦！)

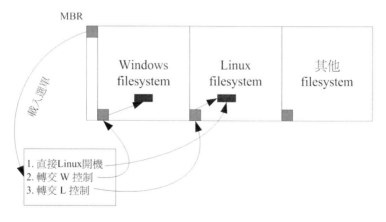

圖 19.1.2　開機管理程式的選單功能與控制權轉交功能示意圖

如上圖所示，我的 MBR 使用 Linux 的 grub2 這個開機管理程式，並且裡面假設已經有了三個選單，第一個選單可以直接指向 Linux 的核心檔案並且直接載入核心來開機；第二個選單可以將開機管理程式控制權交給 Windows 來管理，此時 Windows 的 loader 會接管開機流程，這個時候它就能夠啟動 windows 了。第三個選單則是使用 Linux 在 boot sector 內的開機管理程式，此時就會跳出另一個 grub2 的選單啦！瞭解了嗎？

- 選單一：MBR(grub2) --> kernel file --> booting
- 選單二：MBR(grub2) --> boot sector(Windows loader) --> Windows kernel --> booting
- 選單三：MBR(grub2) --> boot sector(grub2) --> kernel file --> booting

而最終 boot loader 的功能就是『**載入 kernel 檔案**』啦！

◆ **載入核心偵測硬體與 initramfs 的功能**

當我們藉由 boot loader 的管理而開始讀取核心檔案後，接下來，Linux 就會將核心解壓縮到主記憶體當中，並且利用核心的功能，開始測試與驅動各個周邊裝置，包括儲存裝置、CPU、網路卡、音效卡等等。此時 **Linux 核心會以自己的功能重新偵測一次硬體，而不一定會使用 BIOS 偵測到的硬體資訊喔！也就是說，核心此時才開始接管 BIOS 後的工作了。**那麼核心檔案在哪裡啊？一般來說，它會被放置到 /boot 裡面，並且取名為 /boot/vmlinuz 才對！

```
[root@study ~]# ls --format=single-column -F /boot
config-3.10.0-229.el7.x86_64          <==此版本核心被編譯時選擇的功能與模組設定檔
grub/                                 <==舊版 grub1，不需要理會這目錄了！
grub2/                                <==就是開機管理程式 grub2 相關資料目錄
initramfs-0-rescue-309eb890d3d95ec7a.img <==底下幾個為虛擬檔案系統檔！這一個是用來救援的！
initramfs-3.10.0-229.el7.x86_64.img   <==正常開機會用到的虛擬檔案系統
initramfs-3.10.0-229.el7.x86_64kdump.img <==核心出問題時會用到的虛擬檔案系統
System.map-3.10.0-229.el7.x86_64      <==核心功能放置到記憶體位址的對應表
vmlinuz-0-rescue-309eb890d09543d95ec7a* <==救援用的核心檔案
vmlinuz-3.10.0-229.el7.x86_64*        <==就是核心檔案啦！最重要者！
```

從上表中的特殊字體，我們也可以知道 CentOs 7.x 的 Linux 核心為 3.10.0-229.el7.x86_64 這個版本！為了硬體開發商與其他核心功能開發者的便利，因此 Linux 核心是可以透過動態載入核心模組的 (就請想成驅動程式即可)，這些核心模組就放置在 /lib/modules/ 目錄內。**由於模組放置到磁碟根目錄內 (要記得 /lib 不可以與 / 分別放在不同的 partition！)，因此在開機的過程中核心必須要掛載根目錄，這樣才能夠讀取核心模組提供載入驅動程式的功能。**而且為了擔心影響到磁碟內的檔案系統，因此開機過程中根目錄是以唯讀的方式來掛載的喔。

一般來說，非必要的功能且可以編譯成為模組的核心功能，目前的 Linux distributions 都會將它編譯成為模組。因此 **USB，SATA，SCSI... 等磁碟裝置的驅動程式通常都是以模組的方式來存在的**。現在來思考一種情況，假設你的 linux 是安裝在 SATA 磁碟上面的，你可以透過 BIOS 的 INT 13 取得 boot loader 與 kernel 檔案來開機，然後 kernel 會開始接管系統並且偵測硬體及嘗試掛載根目錄來取得額外的驅動程式。

問題是，**核心根本不認識 SATA 磁碟，所以需要載入 SATA 磁碟的驅動程式，否則根本就無法掛載根目錄。但是 SATA 的驅動程式在 /lib/modules 內，你根本無法掛載根目錄又怎麼讀取到 /lib/modules/ 內的驅動程式？** 是吧！非常的兩難吧！在這個情況之下，你的 Linux 是無法順利開機的！那怎辦？沒關係，我們可以透過虛擬檔案系統來處理這個問題。

**虛擬檔案系統 (Initial RAM Disk 或 Initial RAM Filesystem) 一般使用的檔名為 /boot/initrd 或 /boot/initramfs**，這個檔案的特色是，它也能夠透過 boot loader 來載入到記憶體中，然後這個檔案會被解壓縮並且在記憶體當中模擬成一個根目錄，且此模擬在記憶體當中的檔案系統能夠提供一支可執行的程式，透過該程式來**載入開機過程中所最需要的核心模組**，通常這些模組就是 USB，RAID，LVM，SCSI 等檔案系統與磁碟介面的驅動程式啦！等載入完成後，會幫助核心重新呼叫 systemd 來開始後續的正常開機流程。

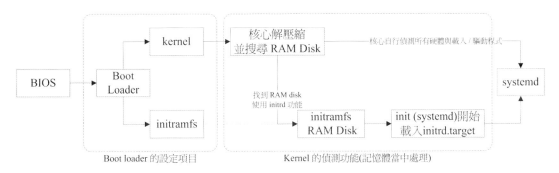

圖 19.1.3　BIOS 與 boot loader 及核心載入流程示意圖

如上圖所示，boot loader 可以載入 kernel 與 initramfs，然後在記憶體中讓 initramfs 解壓縮成為根目錄，kernel 就能夠藉此載入適當的驅動程式，最終釋放虛擬檔案系統，並掛載實際的根目錄檔案系統，就能夠開始後續的正常開機流程。更詳細的 initramfs 說明，你可以自行使用 man initrd 去查閱看看。底下讓我們來瞭解一下 CentOS 7.x 的 initramfs 檔案內容有什麼吧！ ^ _ ^

```
# 1. 先來直接看一下 initramfs 裡面的內容有些啥資料？
[root@study ~]# lsinitrd /boot/initramfs-3.10.0-229.el7.x86_64.img
# 首先會呼叫出 initramfs 最前面檔頭的許多資料介紹，這部分會佔用一些容量！
Image：/boot/initramfs-3.10.0-229.el7.x86_64.img：18M
========================================================================
Early CPIO image
========================================================================
```

```
drwxr-xr-x 3 root root     0 May  4 17:56 .
-rw-r--r-- 1 root root     2 May  4 17:56 early_cpio
drwxr-xr-x 3 root root     0 May  4 17:56 kernel
drwxr-xr-x 3 root root     0 May  4 17:56 kernel/x86
drwxr-xr-x 2 root root     0 May  4 17:56 kernel/x86/microcode
-rw-r--r-- 1 root root 10240 May  4 17:56 kernel/x86/microcode/GenuineIntel.bin
==============================================================================
Version：dracut-033-240.el7

Arguments：-f

dracut modules：  # 開始一堆模組的載入行為
bash
nss-softokn
.....(中間省略).....
==============================================================================
drwxr-xr-x 12 root   root       0 May  4 17:56 .
crw-r--r--  1 root   root 5,   1 May  4 17:56 dev/console
crw-r--r--  1 root   root 1,  11 May  4 17:56 dev/kmsg
crw-r--r--  1 root   root 1,   3 May  4 17:56 dev/null
.....(中間省略).....
lrwxrwxrwx  1 root   root      23 May  4 17:56 init -> usr/lib/systemd/systemd
.....(中間省略).....
drwxr-xr-x  2 root   root       0 May  4 17:56 var/lib/lldpad
lrwxrwxrwx  1 root   root      11 May  4 17:56 var/lock -> ../run/lock
lrwxrwxrwx  1 root   root      10 May  4 17:56 var/log -> ../run/log
lrwxrwxrwx  1 root   root       6 May  4 17:56 var/run -> ../run
==============================================================================
# 最後則會列出這個 initramfs 裡頭的所有檔案！也就是說，這個 initramfs 檔案大概存著兩部分，
# 先是檔頭宣告的許多檔案部分，再來才是真的會被核心取用的全部附加的檔案資料！
```

　　從上面我們大概知道了這個 initramfs 裡頭含有兩大區塊，一個是事先宣告的一些資料，包括 kernel/x86/microcode/GenuineIntel.bin 這些東西。在這些資料後面，才是真的我們的核心會去讀取的重要檔案～如果看一下檔案的內容，你會發現到 init 那支程式已經被 systemd 所取代囉！這樣理解否？好～如果你想要進一步將這個檔案解開的話，那得要先將前面的 kernel/x86/microcode/GenuineIntel.bin 之前的檔案先去除掉，這樣才能夠順利的解開。因此，得要這樣進行：

```
# 1. 先將 /boot 底下的檔案進行去除前面不需要的檔頭資料部分。
[root@study ~]# mkdir /tmp/initramfs
[root@study ~]# cd /tmp/initramfs
```

```
[root@study initramfs]# dd if=/boot/initramfs-3.10.0-229.el7.x86_64.img of=initramfs.gz \
> bs=11264 skip=1
[root@study initramfs]# ll initramfs.gz; file initramfs.gz
-rw-r--r--. 1 root root 18558166 Aug 24 19:38 initramfs.gz
initramfs.gz：gzip compressed data, from Unix, last modified：Mon May  4 17:56:47
2015, max compression

# 2. 從上面看到檔案是 gzip 壓縮檔，所以將它解壓縮後，再查閱一下檔案的類型！
[root@study initramfs]# gzip -d initramfs.gz
[root@study initramfs]# file initramfs
initramfs：ASCII cpio archive (SVR4 with no CRC)

# 3. 解開後又產生一個 cpio 檔案，得要將它用 cpio 的方法解開！加上不要絕對路徑的參數較保險！
[root@study initramfs]# cpio -i -d -H newc --no-absolute-filenames < initramfs
[root@study initramfs]# ll
lrwxrwxrwx.  1 root root        7 Aug 24 19:40 bin -> usr/bin
drwxr-xr-x.  2 root root       42 Aug 24 19:40 dev
drwxr-xr-x. 12 root root     4096 Aug 24 19:40 etc
lrwxrwxrwx.  1 root root       23 Aug 24 19:40 init -> usr/lib/systemd/systemd
-rw-r--r--.  1 root root 42263552 Aug 24 19:38 initramfs
lrwxrwxrwx.  1 root root        7 Aug 24 19:40 lib -> usr/lib
lrwxrwxrwx.  1 root root        9 Aug 24 19:40 lib64 -> usr/lib64
drwxr-xr-x.  2 root root        6 Aug 24 19:40 proc
drwxr-xr-x.  2 root root        6 Aug 24 19:40 root
drwxr-xr-x.  2 root root        6 Aug 24 19:40 run
lrwxrwxrwx.  1 root root        8 Aug 24 19:40 sbin -> usr/sbin
-rwxr-xr-x.  1 root root     3041 Aug 24 19:40 shutdown
drwxr-xr-x.  2 root root        6 Aug 24 19:40 sys
drwxr-xr-x.  2 root root        6 Aug 24 19:40 sysroot
drwxr-xr-x.  2 root root        6 Aug 24 19:40 tmp
drwxr-xr-x.  7 root root       61 Aug 24 19:40 usr
drwxr-xr-x.  3 root root       47 Aug 24 19:40 var
# 看吧！上面幾乎就像是一個小型的檔案系統根目錄耶！這樣就能讓 kernel 去掛載了！

# 4. 接下來瞧一瞧到底這個小型的檔案系統中，systemd 是要以哪個 target 來執行開機呢？
[root@study initramfs]# ll usr/lib/systemd/system/default.target
lrwxrwxrwx. 1 root root 13 Aug 24 19:40 usr/lib/systemd/system/default.target ->
initrd.target

# 5. 最終，讓我們瞧一瞧系統內預設的 initrd.target 相依的所有服務資料吧！
[root@study initramfs]# systemctl list-dependencies initrd.target
```

```
initrd.target
├─dracut-cmdline.service
.....(中間省略).....
├─basic.target
| ├─alsa-restore.service
.....(中間省略).....
| ├─slices.target
| | ├─-.slice
| | └─system.slice
| ├─sockets.target
| | ├─dbus.socket
.....(中間省略).....
| | └─systemd-udevd-kernel.socket
| ├─sysinit.target
| | ├─dev-hugepages.mount
.....(中間省略).....
| | ├─local-fs.target
| | | ├─-.mount
| | | ├─boot.mount
.....(中間省略).....
| | └─swap.target
| |   ├─dev-centos-swap.swap
.....(中間省略).....
| |   └─dev-mapper-centos\x2dswap.swap
| └─timers.target
|   └─systemd-tmpfiles-clean.timer
├─initrd-fs.target
└─initrd-root-fs.target
# 依舊透過 systemd 的方式，一個一個的將所有的偵測與服務載入系統中！
```

透過上面解開 initramfs 的結果，你會知道其實 initramfs 就是一個小型的根目錄，這個小型根目錄裡面也是透過 systemd 來進行管理，同時觀察 default.target 的連結，會發現其實這個小型系統就是透過 initrd.target 來開機，而 initrd.target 也是需要讀入一堆例如 basic.target，sysinit.target 等等的硬體偵測、核心功能啟用的流程，然後開始讓系統順利運作。最終才又卸載 initramfs 的小型檔案系統，實際掛載系統的根目錄！

此外，initramfs 並沒有包山包海，它僅是帶入開機過程會用到的核心模組而已。所以如果你在 initramfs 裡面去找 modules 這個關鍵字的話，就可以發現主要的核心模組大概就是 SCSI、virtio、RAID 等等跟磁碟相關性比較高的模組就是了！現在由於磁碟大部分都是使用 SATA 這玩意兒，並沒有 IDE 的格式囉！所以，沒有 initramfs 的話，你的 Linux 幾乎就是不能順利開機的啦！除非你將 SATA 的模組直接編譯到核心去了！^_^

在核心完整的載入後，你的主機應該就開始正確的運作了，接下來，就是要開始執行系統的第一支程式：systemd！

## 19.1.3 第一支程式 systemd 及使用 default.target 進入開機程序分析

在核心載入完畢、進行完硬體偵測與驅動程式載入後，此時你的主機硬體應該已經準備就緒了 (ready)，此時核心會主動的呼叫第一支程式，那就是 systemd 囉。這也是為啥第十六章的 pstree 指令介紹時，你會發現 systemd 的 PID 號碼是一號啦。systemd 最主要的功能就是準備軟體執行的環境，包括系統的主機名稱、網路設定、語系處理、檔案系統格式及其他服務的啟動等。而所有的動作都會透過 systemd 的預設啟動服務集合，亦即是 /etc/systemd/system/default.target 來規劃。另外，systemd 已經捨棄沿用多年的 system V 的 runlevel 了喔！

◆ **常見的操作環境 target 與相容於 runlevel 的等級**

可以作為預設的操作環境 (default.target) 的主要項目有：multi-user.target 以及 graphical.target 這兩個。當然還有某些比較特殊的操作環境，包括在第十七章裡面談到的 rescue.target，emergency.target，shutdown.target 等等，以及本章在 initramfs 裡面談到的 initrd.target 囉！

但是過去的 systemV 使用的是一個稱為 runlevel (執行等級) 的概念來啟動系統的，systemd 為了相容於舊式的 systemV 操作行為，所以也將 runlevel 與操作環境做個結合喔！你可以使用底下的方式來查詢兩者間的對應：

```
[root@study ~]# ll -d /usr/lib/systemd/system/runlevel*.target | cut -c 28-
May  4 17:52 /usr/lib/systemd/system/runlevel0.target -> poweroff.target
May  4 17:52 /usr/lib/systemd/system/runlevel1.target -> rescue.target
May  4 17:52 /usr/lib/systemd/system/runlevel2.target -> multi-user.target
May  4 17:52 /usr/lib/systemd/system/runlevel3.target -> multi-user.target
May  4 17:52 /usr/lib/systemd/system/runlevel4.target -> multi-user.target
May  4 17:52 /usr/lib/systemd/system/runlevel5.target -> graphical.target
May  4 17:52 /usr/lib/systemd/system/runlevel6.target -> reboot.target
```

如果你之前已經使用過 systemV 的方式來管理系統的話，那應該會知道切換執行等級可以使用『 init 3 』轉成文字介面，『 init 5 』轉成圖形介面吧？這個 init 程式依舊是保留下來的，只是 init 3 會相當於 systemctl isolate multi-user.target 就是了！如果做個完整的疊代，這兩個東西的對應為：

| SystemV | systemd |
|---------|---------|
| init 0 | systemctl poweroff |
| init 1 | systemctl rescue |
| init [234] | systemctl isolate multi-user.target |
| init 5 | systemctl isolate graphical.target |
| init 6 | systemctl reboot |

- **systemd 的處理流程**

    如前所述,當我們取得了 /etc/systemd/system/default.target 這一個預設操作介面的設定之後,接下來系統幫我們做了什麼呢?首先,它會連結到 /usr/lib/systemd/system/ 這個目錄下去取得 multi-user.target 或 graphical.target 這兩個其中的一 (當然,鳥哥說的是正常的進入 Linux 操作環境的情況下!),假設我們是使用 graphical.target 好了,接著下來 systemd 會去找兩個地方的設定,就是如下的目錄:

    - /etc/systemd/system/graphical.target.wants/:使用者設定載入的 unit

    - /usr/lib/systemd/system/graphical.target.wants/:系統預設載入的 unit

    然後再由 /usr/lib/systemd/system/graphical.target 這個設定檔內發現如下的資料:

```
[root@study ~]# cat /usr/lib/systemd/system/graphical.target
[Unit]
Description=Graphical Interface
Documentation=man:systemd.special(7)
Requires=multi-user.target
After=multi-user.target
Conflicts=rescue.target
Wants=display-manager.service
AllowIsolate=yes

[Install]
Alias=default.target
```

    這表示 graphical.target 必須要完成 multi-user.target 之後才能夠進行,而進行完 graphical.target 之後,還得要啟動 display-manager.service 才行的意思。好了!那麼透過同樣的方式,我們來找找 multi-user.target 要執行完畢得要載入的項目有哪些呢?

```
# 先來看看 multi-user.target 設定檔內規範了相依的操作環境有哪些呢?
[root@study ~]# cat /usr/lib/systemd/system/multi-user.target
[Unit]
```

```
Description=Multi-User System
Documentation=man:systemd.special(7)
Requires=basic.target
Conflicts=rescue.service rescue.target
After=basic.target rescue.service rescue.target
AllowIsolate=yes

[Install]
Alias=default.target
```

# 然後看看系統預設要載入的 unit 有哪些？
```
[root@study ~]# ls /usr/lib/systemd/system/multi-user.target.wants
brandbot.path    plymouth-quit.service          systemd-logind.service
dbus.service     plymouth-quit-wait.service     systemd-user-sessions.service
getty.target     systemd-ask-password-wall.path
```

# 使用者自訂要載入的 unit 又有哪些呢？
```
[root@study ~]# ls /etc/systemd/system/multi-user.target.wants
abrt-ccpp.service    crond.service          mdmonitor.service      sshd.service
abrtd.service        hypervkvpd.service     ModemManager.service   sysstat.service
abrt-oops.service    hypervvssd.service     NetworkManager.service tuned.service
abrt-vmcore.service  irqbalance.service     postfix.service        vmtoolsd.service
abrt-xorg.service    kdump.service          remote-fs.target       vsftpd2.service
atd.service          ksm.service            rngd.service           vsftpd.service
auditd.service       ksmtuned.service       rsyslog.service
backup2.timer        libstoragemgmt.service smartd.service
backup.timer         libvirtd.service       sshd2.service
```

透過上面的結果，我們又能知道 multi-usre.target 需要在 basic.target 運作完畢才能夠載入上述的許多 unit 哩！然後再去 basic.target 裡頭找資料等等～最終這些資料就可以透過『 systemctl list-dependencies graphical.target 』這個指令來列出所有的相關性的服務囉！這就是 systemd 的呼叫所需要的服務的流程喔！

> 要知道系統的服務啟用的流程，最簡單的方法就是『 systemctl list-dependencies graphical.target 』這個指令！只是，如果你想要知道背後的設定檔意義，那就是分別去找出 /etc 與 /usr/lib 底下的 graphical.target.wants/ 目錄下的資料就對了！當然，設定檔腳本裡面的 Requires 這個設定值所代表的服務，也是需要是先載入喔！

約略分析一下『systemctl list-dependencies graphical.target』所輸出的相依屬性服務，基本上我們 CentOS 7.x 的 systemd 開機流程大約是這樣：

1.  local-fs.target + swap.target：這兩個 target 主要在掛載本機 /etc/fstab 裡面所規範的檔案系統與相關的記憶體置換空間。

2.  sysinit.target：這個 target 主要在偵測硬體，載入所需要的核心模組等動作。

3.  basic.target：載入主要的週邊硬體驅動程式與防火牆相關任務。

4.  multi-user.target 底下的其他一般系統或網路服務的載入。

5.  圖形介面相關服務如 gdm.service 等其他服務的載入。

除了第一步驟 local-fs.target，swap.target 是透過 /etc/fstab 來進行掛載的行為之外，那其他的 target 有做啥動作呢？簡單得來說說！

## 19.1.4 systemd 執行 sysinit.target 初始化系統、basic.target 準備系統

如果你自己使用『systemctl list-dependencies sysinit.target』來瞧瞧的話，那就會看到很多相依的服務！這些服務你應該要一個一個去查詢看看設定腳本的內容，就能夠大致理解每個服務的意義。基本上，我們可以將這些服務歸類成幾個大項就是了：

◆ 特殊檔案系統裝置的掛載：包括 dev-hugepages.mount dev-mqueue.mount 等掛載服務，主要在掛載跟巨量記憶體分頁使用與訊息佇列的功能。掛載成功後，會在 /dev 底下建立 /dev/hugepages/，/dev/mqueue/ 等目錄。

◆ 特殊檔案系統的啟用：包括磁碟陣列、網路磁碟 (iscsi)、LVM 檔案系統、檔案系統對照服務 (multipath) 等等，也會在這裡被偵測與使用到！

◆ 開機過程的訊息傳遞與動畫執行：使用 plymouthd 服務搭配 plymouth 指令來傳遞動畫與訊息。

◆ 日誌式登錄檔的使用：就是 systemd-journald 這個服務的啟用啊！

◆ 載入額外的核心模組：透過 /etc/modules-load.d/*.conf 檔案的設定，讓核心額外載入管理員所需要的核心模組！

◆ 載入額外的核心參數設定：包括 /etc/sysctl.conf 以及 /etc/sysctl.d/*.conf 內部設定！

◆ 啟動系統的亂數產生器：亂數產生器可以幫助系統進行一些密碼加密演算的功能。

◆ 設定終端機 (console) 字形。

◆ 啟動動態裝置管理員：就是 udevd 這個傢伙！用在動態對應實際裝置存取與裝置檔名對應的一個服務！相當重要喔！也是在這裡啟動的！

不論你即將使用哪種操作環境來使用系統，這個 sysinit.target 幾乎都是必要的工作！從上面你也可以看的出來，基本的核心功能、檔案系統、檔案系統裝置的驅動等等，都在這個時刻處理完畢～所以，這個 sysinit.target 的階段是挺重要的喔！

執行完 sysinit.target 之後，再來則是 basic.target 這個項目了。sysinit.target 在初始化系統，而這個 basic .target 則是一個最陽春的作業系統了！這個 basic.target 的階段主要啟動的服務大概有這些：

◆ 載入 alsa 音效驅動程式：這個 alsa 是個音效相關的驅動程式，會讓你的系統有音效產生囉。

◆ 載入 firewalld 防火牆：CentOS 7.x 以後使用 firewalld 取代 iptables 的防火牆設定，雖然最終都是使用 iptables 的架構，不過在設定上面差很多喔！

◆ 載入 CPU 的微指令功能。

◆ 啟動與設定 SELinux 的安全本文：如果由 disable 的狀態改成 enable 的狀態，或者是管理員設定強制重新設定一次 SELinux 的安全本文，也在這個階段處理喔！

◆ 將目前的開機過程所產生的開機資訊寫入到 /var/log/dmesg 當中。

◆ 由 /etc/sysconfig/modules/*.modules 及 /etc/rc.modules 載入管理員指定的模組！

◆ 載入 systemd 支援的 timer 功能。

◆ 在這個階段完成之後，你的系統已經可以順利的運作！就差一堆你需要的登入服務、網路服務、本機認證服務等等的 service 類別囉！於是就可以進入下個服務啟動的階段了！

## 19.1.5　systemd 啟動 multi-user.target 下的服務

在載入核心驅動硬體後，經過 sysinit.target 的初始化流程讓系統可以存取之後，加上 basic.target 讓系統成為作業系統的基礎，之後就是伺服器要順利運作時，需要的各種主機服務以及提供伺服器功能的網路服務的啟動了。這些服務的啟動則大多是附掛在 multi-user.target 這個操作環境底下，你可以到 /etc/systemd/system/multi-user.target.wants/ 裡頭去瞧瞧預設要被啟動的服務喔！

也就是說，一般來說服務的啟動腳本設定都是放在底下的目錄內：

◆ /usr/lib/systemd/system (系統預設的服務啟動腳本設定)

◆ /etc/systemd/system (管理員自己開發與設定的腳本設定)

而使用者針對主機的本機服務與伺服器網路服務的各項 unit 若要 enable 的話，就是將它放到 /etc/systemd/system/multi-user.target.wants/ 這個目錄底下做個連結～這樣就可以在開機的時候去啟動它。這時回想一下，你在第十七章使用 systemctl enable/disable 時，系統的回應是什麼呢？再次回想一下：

```
# 將 vsftpd.service 先 disable 再 enable 看看輸出的資訊為何？
[root@study ~]# systemctl disable vsftpd.service
rm '/etc/systemd/system/multi-user.target.wants/vsftpd.service'

[root@study ~]# systemctl enable vsftpd.service
ln -s '/usr/lib/systemd/system/vsftpd.service' '/etc/systemd/system/multi-user.target.
 wants/vsftpd.service'
```

有沒有發現亮點了？不是從 /etc/systemd/system/multi-user.target.wants/ 裡面刪除連結檔，就是建立連結檔～這樣說，理解吧？你當然不需要手動作這些連結，而是使用 systemctl 來處理即可！另外，這些程序除非在腳本設定裡面原本就有規範服務的相依性，這樣才會有順序的啟動之外，大多數的服務都是同時啟動的！這就是 systemd 的多工囉。

◆ **相容 systemV 的 rc-local.service**

另外，過去用過 Linux 的朋友大概都知道，當系統完成開機後，還想要讓系統額外執行某些程式的話，可以將該程式指令或腳本的絕對路徑名稱寫入到 /etc/rc.d/rc.local 這個檔案去！新的 systemd 機制中，他建議直接寫一個 systemd 的啟動腳本設定檔到 /etc/systemd/system 底下，然後使用 systemctl enable 的方式來設定啟用它，而不要直接使用 rc.local 這個檔案啦！

但是像鳥哥這種老人家就是喜歡將開機後要立刻執行的許多管理員自己的腳本，將它寫入到 /etc/rc.d/rc.local 去嘛！那新版的 systemd 有沒有支援呢？當然有！那就是 rc-local.service 這個服務的功能了！這個服務不需要啟動，它會自己判斷 /etc/rc.d/rc.local 是否具有可執行的權限來判斷要不要啟動這個服務！你可以這樣檢查看看：

```
# 1. 先看一下 /etc/rc.d/rc.local 的權限，然後檢查 multi-user.target 有沒有這個服務
[root@study ~]# ll /etc/rc.d/rc.local
-rw-r--r--. 1 root root 473 Mar  6 13:48 /etc/rc.d/rc.local

[root@study ~]# systemctl status rc-local.service
rc-local.service - /etc/rc.d/rc.local Compatibility
   Loaded：loaded (/usr/lib/systemd/system/rc-local.service; static)
   Active：inactive (dead)

[root@study ~]# systemctl list-dependencies multi-user.target | grep rc-local
# 明明就有這個服務，但是 rc.local 不具有可執行 (x) 的權限，因此這個服務不會被執行
```

```
# 2. 加入可執行權限後，再看一下 rc-local 是否可被啟用！
[root@study ~]# chmod a+x /etc/rc.d/rc.local; ll /etc/rc.d/rc.local
-rwxr-xr-x. 1 root root 473 Mar  6 13:48 /etc/rc.d/rc.local

[root@study ~]# systemctl daemon-reload
[root@study ~]# systemctl list-dependencies multi-user.target | grep rc-local
├─rc-local.service    # 這個服務確實被記錄到啟動的環境下囉！
```

透過這個 chmod a+x /etc/rc.d/rc.local 的步驟，你的許多腳本就可以放在 /etc/rc.d/rc.local 這個檔案內，系統在每次開機都會去執行這檔案內的指令喔！非常簡單吧！

◆ **提供 tty 介面與登入的服務**

在 multi-user.target 底下還有個 getty.target 的操作介面項目喔！這個項目就是我們在第十七章用來舉例的 tty 終端機介面的個數案例。能不能提供適當的登入服務也是 multi-user.target 底下的內容！包括 systemd-logind.service，systemd-user-sessions.service 等服務。

比較有趣的地方是，由於服務都是同步運作，不一定哪個服務先啟動完畢。如果 getty 服務先啟動完畢時，你會發現到有可用的終端機嘗試讓你登入系統了。問題是，如果 systemd-logind.service 或 systemd-user-sessions.service 服務尚未執行完畢的話，那麼你還是無法登入系統的。

> 有些比較急性子的夥伴在啟動 CentOS 7.x 時，看到螢幕出現 tty1 可以讓他登入了～但是一開始輸入正確的帳密卻無法登入系統！總要隔了數十秒之後才能夠順利的登入！知道原因了嗎？^_^

## 19.1.6 systemd 啟動 graphical.target 底下的服務

如果你的 default.target 是 multi-user.target 的話，那麼這個步驟就不會進行。反之，如果是 graphical.target 的話，那麼 systemd 就會開始載入用戶管理服務與圖形介面管理員 (window display manager，DM) 等，啟動圖形介面來讓用戶以圖形介面登入系統喔！如果你對於 graphical.target 多了哪些服務有興趣，那就來檢查看看：

```
[root@study ~]# systemctl list-dependencies graphical.target
graphical.target
├─accounts-daemon.service
├─gdm.service
```

```
├─network.service
├─rtkit-daemon.service
├─systemd-update-utmp-runlevel.service
└─multi-user.target
  ├─abrt-ccpp.service
.....(底下省略).....
```

事實上就是多了上面列出來的這些服務而已～大多數都是圖形介面帳號管理的功能，至於實際讓用戶可以登入的服務，倒是那個 gdm.service 哩！如果你去瞧瞧 gdm.service 的內容，就會發現最重要的執行檔是 /usr/sbin/gdm 喔！那就是讓使用者可以利用圖形介面登入的最重要服務囉！我們未來講到 X 視窗介面時再來聊聊 gdm 這玩意兒喔！

到此為止，systemd 就已經完整的處理完畢，你可以使用圖形介面或文字介面的方式來登入系統，系統也順利的開機完畢，也能夠將你寫入到 /etc/rc.d/rc.local 的腳本實際執行一次囉。那如果預設是圖形介面 (graphical.target) 但是想要關掉而進入文字介面 (multi-user.target) 呢？很簡單啊！19.1.3 小節就談過了，使用『 systemctl isolate multi-user.target 』即可！如果使用『 init 3 』呢？也是可以啦！只是系統實際執行的還是『 systemctl isolate multi-user.target 』就是了！^_^

## 19.1.7 開機過程會用到的主要設定檔

基本上，systemd 有自己的設定檔處理方式，不過為了相容於 systemV ，其實很多的服務腳本設定還是會讀取位於 /etc/sysconfig/ 底下的環境設定檔！底下我們就來談談幾個常見的比較重要的設定檔囉！

◆ **關於模組**：/etc/modprobe.d/*.conf 及 /etc/modules-load.d/*.conf

還記得我們在 sysinit.target 系統初始化 當中談到的載入使用者自訂模組的地方嗎？其實有兩個地方可以處理模組載入的問題，包括：

■ /etc/modules-load.d/*.conf：單純要核心載入模組的位置。

■ /etc/modprobe.d/*.conf：可以加上模組參數的位置。

基本上 systemd 已經幫我們將開機會用到的驅動程式全部載入了，因此這個部分你應該無須更動才對！不過，如果你有某些特定的參數要處理時，應該就得要在這裡進行了。舉例來說，我們在第十七章曾經談過 vsftpd 這個服務對吧！而且當時將這個服務的埠口更改到 555 這個號碼上去了！那我們可能需要修改防火牆設定，其中一個針對 FTP 很重要的防火牆模組為 nf_conntrack_ftp，因此，你可以將這個模組寫入到系統開機流程中，例如：

```
[root@study ~]# vim /etc/modules-load.d/vbird.conf
nf_conntrack_ftp
```

一個模組 (驅動程式) 寫一行～然後，上述的模組基本上是針對預設 FTP 埠口，亦即 port
21 所設定的，如果需要調整到 port 555 的話，得要外帶參數才行！模組外加參數的設
定方式得要寫入到另一個地方喔！

```
[root@study ~]# vim /etc/modprobe.d/vbird.conf
options nf_conntrack_ftp ports=555
```

之後重新開機就能夠順利的載入並且處理好這個模組了。不過，如果你不想要開機測
試，想現在處理呢？有個方式可以來進行看看：

```
[root@study ~]# lsmod | grep nf_conntrack_ftp
# 沒東西！因為還沒有載入這個模組！所以不會出現任何訊息！

[root@study ~]# systemctl restart systemd-modules-load.service
[root@study ~]# lsmod | grep nf_conntrack_ftp
nf_conntrack_ftp      18638   0
nf_conntrack         105702   1 nf_conntrack_ftp
```

透過上述的方式，你就可以在開機的時候將你所需要的驅動程式載入或者是調整這些模
組的外加參數囉！

◆ /etc/sysconfig/*

還有哪些常見的環境設定檔呢？我們找幾個比較重要的來談談：

■ authconfig

這個檔案主要在規範使用者的身份認證的機制，包括是否使用本機的
/etc/passwd，/etc/shadow 等，以及 /etc/shadow 密碼記錄使用何種加密演算法，
還有是否使用外部密碼伺服器提供的帳號驗證 (NIS，LDAP) 等。系統預設使用
SHA512 加密演算法，並且不使用外部的身份驗證機制；另外，不建議手動修改這
個檔案喔！你應該使用『 authconfig-tui 』指令來修改較佳！

■ cpupower

如果你有啟動 cpupower.service 服務時，它就會讀取這個設定檔。主要是 Linux 核
心如何操作 CPU 的原則。一般來說，啟動 cpupower.service 之後，系統會讓 CPU
以最大效能的方式來運作，否則預設就是用多少算多少的模式來處理的。

■ firewalld，iptables-config，iptables-config，ebtables-config

與防火牆服務的啟動外帶的參數有關，這些資料我們會在伺服器篇慢慢再來討論。

■ network-scripts/

至於 network-scripts 裡面的檔案，則是主要用在設定網路卡～這部分我們在伺服器架設篇才會提到！

# 19.2　核心與核心模組

談完了整個開機的流程，你應該會知道，在整個開機的過程當中，是否能夠成功的驅動我們主機的硬體配備，是核心 (kernel) 的工作！而核心一般都是壓縮檔，因此在使用核心之前，就得要將它解壓縮後，才能載入主記憶體當中。

另外，為了應付日新月異的硬體，目前的核心都是具有『可讀取模組化驅動程式』的功能，亦即是所謂的『 modules (模組化)』的功能啦！所謂的模組化可以將它想成是一個『外掛程式』，該外掛程式可能由硬體開發廠商提供，也有可能我們的核心本來就支援～不過，較新的硬體，通常都需要硬體開發商提供驅動程式模組啦！

那麼核心與核心模組放在哪？

◆ 核心：/boot/vmlinuz 或 /boot/vmlinuz-version。

◆ 核心解壓縮所需 RAM Disk：/boot/initramfs (/boot/initramfs-version)。

◆ 核心模組：/lib/modules/version/kernel 或 /lib/modules/$(uname -r)/kernel。

◆ 核心原始碼：/usr/src/linux 或 /usr/src/kernels/ (要安裝才會有，預設不安裝)。

如果該核心被順利的載入系統當中了，那麼就會有幾個資訊紀錄下來：

◆ 核心版本：/proc/version

◆ 系統核心功能：/proc/sys/kernel/

問題來啦，如果我有個新的硬體，偏偏我的作業系統不支援，該怎麼辦？很簡單啊！

◆ 重新編譯核心，並加入最新的硬體驅動程式原始碼。

◆ 將該硬體的驅動程式編譯成為模組，在開機時載入該模組。

上面第一點還很好理解，反正就是重新編譯核心就是了。不過，核心編譯很不容易啊！我們會在後續章節約略介紹核心編譯的整個程序。比較有趣的則是將該硬體的驅動程式編譯成為模組啦！關於編譯的方法，可以參考後續的第二十一章、原始碼與 tarball 的介紹。我們這個章節僅是說明一下，如果想要載入一個已經存在的模組時，該如何是好？

## 19.2.1　核心模組與相依性

　　既然要處理核心模組，自然就得要瞭解瞭解我們核心提供的模組之間的相關性啦！基本上，核心模組的放置處是在 /lib/modules/$(uname -r)/kernel 當中，裡面主要還分成幾個目錄：

| | |
|---|---|
| arch | ：與硬體平台有關的項目，例如 CPU 的等級等等； |
| crypto | ：核心所支援的加密的技術，例如 md5 或者是 des 等等； |
| drivers | ：一些硬體的驅動程式，例如顯示卡、網路卡、PCI 相關硬體等等； |
| fs | ：核心所支援的 filesystems ，例如 vfat，reiserfs，nfs 等等； |
| lib | ：一些函式庫； |
| net | ：與網路有關的各項協定資料，還有防火牆模組 (net/ipv4/netfilter/*) 等等； |
| sound | ：與音效有關的各項模組； |

　　如果要我們一個一個的去檢查這些模組的主要資訊，然後定義出它們的相依性，我們可能會瘋掉吧！所以說，我們的 Linux 當然會提供一些模組相依性的解決方案囉～對啦！那就是檢查 /lib/modules/$(uname -r)/modules.dep 這個檔案啦！它記錄了在核心支援的模組的各項相依性。

　　那麼這個檔案如何建立呢？挺簡單！利用 depmod 這個指令就可以達到建立該檔案的需求了！

```
[root@study ~]# depmod [-Ane]
選項與參數：
-A  ：不加任何參數時，depmod 會主動的去分析目前核心的模組，並且重新寫入
      /lib/modules/$(uname -r)/modules.dep 當中。若加入 -A 參數時，則 depmod
      會去搜尋比 modules.dep 內還要新的模組，如果真找到新模組，才會更新。
-n  ：不寫入 modules.dep ，而是將結果輸出到螢幕上(standard out)；
-e  ：顯示出目前已載入的不可執行的模組名稱
```

範例一：若我做好一個網路卡驅動程式，檔名為 a.ko，該如何更新核心相依性？
```
[root@study ~]# cp a.ko /lib/modules/$(uname -r)/kernel/drivers/net
[root@study ~]# depmod
```

　　以上面的範例一為例，我們的 kernel 核心模組副檔名一定是 .ko 結尾的，當你使用 depmod 之後，該程式會跑到模組標準放置目錄 /lib/modules/$(uname -r)/kernel ，並依據相關目錄的定義將全部的模組捉出來分析，最終才將分析的結果寫入 modules.dep 檔案中的吶！這個檔案很重要喔！因為它會影響到本章稍後會介紹的 modprobe 指令的應用！

## 19.2.2 核心模組的觀察

那你到底曉不曉得目前核心載入了多少的模組呢？粉簡單啦！利用 lsmod 即可！

```
[root@study ~]# lsmod
Module                  Size   Used by
nf_conntrack_ftp        18638  0
nf_conntrack            105702 1 nf_conntrack_ftp
....(中間省略)....
qxl                     73766  1
drm_kms_helper          98226  1 qxl
ttm                     93488  1 qxl
drm                     311588 4 qxl,ttm,drm_kms_helper  # drm 還被 qxl，ttm..等模組使用
....(底下省略)....
```

使用 lsmod 之後，系統會顯示出目前已經存在於核心當中的模組，顯示的內容包括有：

◆ **模組名稱**(Module)

◆ **模組的大小**(size)

◆ **此模組是否被其他模組所使用** (Used by)

也就是說，模組其實真的有相依性喔！舉上表為例，nf_conntrack 先被載入後，nf_conntrack_ftp 這個模組才能夠進一步的載入系統中！這兩者間是有相依性的。包括鳥哥測試機使用的是虛擬機，用到的顯示卡是 qxl 這個模組，該模組也同時使用了好多額外的附屬模組喔！那麼，那個 drm 是啥鬼？要如何瞭解呢？就用 modinfo 吧！

```
[root@study ~]# modinfo [-adln] [module_name|filename]
選項與參數：
-a  ：僅列出作者名稱；
-d  ：僅列出該 modules 的說明 (description)；
-l  ：僅列出授權 (license)；
-n  ：僅列出該模組的詳細路徑。
```

範例一：由上個表格當中，請列出 drm 這個模組的相關資訊：
```
[root@study ~]# modinfo drm
filename：       /lib/modules/3.10.0-229.el7.x86_64/kernel/drivers/gpu/drm/drm.ko
license：        GPL and additional rights
description：    DRM shared core routines
author：         Gareth Hughes, Leif Delgass, José Fonseca, Jon Smirl
rhelversion：    7.1
srcversion：     66683E37FDD905C9FFD7931
depends：        i2c-core
```

```
intree :        Y
vermagic :      3.10.0-229.el7.x86_64 SMP mod_unload modversions
signer :        CentOS Linux kernel signing key
sig_key :       A6:2A:0E:1D:6A:6E:48:4E:9B:FD:73:68:AF:34:08:10:48:E5:35:E5
sig_hashalgo :  sha256
.....(底下省略).....
# 可以看到這個模組的來源，以及該模組的簡易說明！


範例二：我有一個模組名稱為 a.ko ，請問該模組的資訊為？
[root@study ~]# modinfo a.ko
....(省略)....
```

事實上，這個 modinfo 除了可以『查閱在核心內的模組』之外，還可以檢查『某個模組檔案』，因此，如果你想要知道某個檔案代表的意義為何，利用 modinfo 加上完整檔名吧！看看就曉得是啥玩意兒囉！ ^\_^

## 19.2.3　核心模組的載入與移除

好了，如果我想要自行手動載入模組，又該如何是好？有很多方法啦，最簡單而且建議的，是使用 modprobe 這個指令來載入模組，這是因為 modprobe 會主動的去搜尋 modules.dep 的內容，先克服了模組的相依性後，才決定需要載入的模組有哪些，很方便。至於 insmod 則完全由使用者自行載入一個完整檔名的模組，並不會主動的分析模組相依性啊！

```
[root@study ~]# insmod [/full/path/module_name] [parameters]

範例一：請嘗試載入 cifs.ko 這個『檔案系統』模組
[root@study ~]# insmod /lib/modules/$(uname -r)/kernel/fs/fat/fat.ko
[root@study ~]# lsmod | grep fat
fat              65913  0
```

insmod 立刻就將該模組載入囉～但是 insmod 後面接的模組必須要是完整的『檔名』才行！那如何移除這個模組呢？

```
[root@study ~]# rmmod [-fw] module_name
選項與參數：
-f  ：強制將該模組移除掉，不論是否正被使用；

範例一：將剛剛載入的 fat 模組移除！
[root@study ~]# rmmod fat

範例二：請載入 vfat 這個『檔案系統』模組
```

```
[root@study ~]# insmod /lib/modules/$(uname -r)/kernel/fs/vfat/vfat.ko
insmod：ERROR：could not load module /lib/modules/3.10.0-229.el7.x86_64/kernel/fs/vfat/
 vfat.ko：No such file or directory
# 無法載入 vfat 這個模組啊！傷腦筋！
```

　　使用 insmod 與 rmmod 的問題就是，你必須要自行找到模組的完整檔名才行，而且如同上述範例二的結果，萬一模組有相依屬性的問題時，你將無法直接載入或移除該模組呢！所以近年來我們都建議直接使用 modprobe 來處理模組載入的問題，這個指令的用法是：

```
[root@study ~]# modprobe [-cfr] module_name
選項與參數：
-c    ：列出目前系統所有的模組！(更詳細的代號對應表)
-f    ：強制載入該模組；
-r    ：類似 rmmod ，就是移除某個模組囉～

範例一：載入 vfat 模組
[root@study ~]# modprobe vfat
# 很方便吧！不需要知道完整的模組檔名，這是因為該完整檔名已經記錄到
# /lib/modules/`uname -r`/modules.dep 當中的緣故啊！如果要移除的話：
[root@study ~]# modprobe -r vfat
```

　　使用 modprobe 真的是要比 insmod 方便很多！因為它是直接去搜尋 modules.dep 的紀錄，所以囉，當然可以克服模組的相依性問題，而且還不需要知道該模組的詳細路徑呢！好方便！^_^

**例題**

嘗試使用 modprobe 載入 cifs 這個模組，並且觀察該模組的相關模組是哪個？

**答：**我們使用 modprobe 來載入，再以 lsmod 來觀察與 grep 擷取關鍵字看看：

```
[root@study ~]# modprobe cifs
[root@study ~]# lsmod | grep cifs
cifs                   456500  0
dns_resolver            13140  1 cifs    <==竟然還有使用到 dns_resolver 哩！

[root@study ~]# modprobe -r cifs <==測試完移除此模組
```

### 19.2.4 核心模組的額外參數設定：/etc/modprobe.d/*conf

如果有某些特殊的需求導致你必須要讓核心模組加上某些參數時，請回到 19.1.7 小節瞧一瞧！應該會有啟發喔！重點就是要自己建立副檔名為 .conf 的檔案，透過 options 來帶入核心模組參數囉！

## 19.3 Boot Loader：Grub2

在看完了前面的整個開機流程，以及核心模組的整理之後，你應該會發現到一件事情，那就是『 boot loader 是載入核心的重要工具』啊！沒有 boot loader 的話，那麼 kernel 根本就沒有辦法被系統載入的呢！所以，底下我們會先談一談 boot loader 的功能，然後再講一講現階段 Linux 裡頭最主流的 grub2 這個 boot loader 吧！

另外，你也得要知道，目前新版的 CentOS 7.x 已經將沿用多年的 grub 換成了 grub2 了！這個 grub2 版本在設定與安裝上面跟之前的 grub 有點不那麼相同，所以，在後續的章節中，得要瞭解一下新的 grub2 的設定方式才行喔！如果你是新接觸者，那沒關係～直接看就 OK 了！

### 19.3.1 boot loader 的兩個 stage

我們在第一小節開機流程的地方曾經講過，在 BIOS 讀完資訊後，接下來就是會到第一個開機裝置的 MBR 去讀取 boot loader 了。這個 boot loader 可以具有選單功能、直接載入核心檔案以及控制權移交的功能等，系統必須要有 loader 才有辦法載入該作業系統的核心就是了。但是我們都知道，**MBR 是整個硬碟的第一個 sector 內的一個區塊，充其量整個大小也才 446 bytes 而已。**即使是 GPT 也沒有很大的磁區來儲存 loader 的資料。我們的 loader 功能這麼強，光是程式碼與設定資料不可能只佔這麼一點點的容量吧？那如何安裝？

為了解決這個問題，所以 Linux 將 boot loader 的程式碼執行與設定值載入分成兩個階段 (stage) 來執行：

◆ Stage 1：**執行 boot loader 主程式**

第一階段為執行 boot loader 的主程式，這個主程式必須要被安裝在開機區，亦即是 MBR 或者是 boot sector 。但如前所述，因為 MBR 實在太小了，所以，MBR 或 boot sector 通常僅安裝 boot loader 的最小主程式，並沒有安裝 loader 的相關設定檔。

◆ Stage 2：**主程式載入設定檔**

第二階段為透過 boot loader 載入所有設定檔與相關的環境參數檔案 (包括檔案系統定義與主要設定檔 grub.cfg)，一般來說，設定檔都在 /boot 底下。

那麼這些設定檔是放在哪裡啊？這些與 grub2 有關的檔案都放置到 /boot/grub2 中，那我們就來看看有哪些檔案吧！

```
[root@study ~]# ls -l /boot/grub2
-rw-r--r--.  device.map          <==grub2 的裝置對應檔(底下會談到)
drwxr-xr-x.  fonts               <==開機過程中的畫面會使用到的字型資料
-rw-r--r--.  grub.cfg            <==grub2 的主設定檔！相當重要！
-rw-r--r--.  grubenv             <==一些環境區塊的符號
drwxr-xr-x.  i386-pc             <==針對一般 x86 PC 所需要的 grub2 的相關模組
drwxr-xr-x.  locale              <==就是語系相關的資料囉
drwxr-xr-x.  themes              <==一些開機主題畫面資料

[root@study ~]# ls -l /boot/grub2/i386-pc
-rw-r--r--.  acpi.mod            <==電源管理有關的模組
-rw-r--r--.  ata.mod             <==磁碟有關的模組
-rw-r--r--.  chain.mod           <==進行 loader 控制權移交的相關模組
-rw-r--r--.  command.lst         <==一些指令相關性的列表
-rw-r--r--.  efiemu32.o          <==底下幾個則是與 uefi BIOS 相關的模組
-rw-r--r--.  efiemu64.o
-rw-r--r--.  efiemu.mod
-rw-r--r--.  ext2.mod            <==EXT 檔案系統家族相關模組
-rw-r--r--.  fat.mod             <==FAT 檔案系統模組
-rw-r--r--.  gcry_sha256.mod     <==常見的加密模組
-rw-r--r--.  gcry_sha512.mod
-rw-r--r--.  iso9660.mod         <==光碟檔案系統模組
-rw-r--r--.  lvm.mod             <==LVM 檔案系統模組
-rw-r--r--.  mdraid09.mod        <==軟體磁碟陣列模組
-rw-r--r--.  minix.mod           <==MINIX 相關檔案系統模組
-rw-r--r--.  msdospart.mod       <==一般 MBR 分割表
-rw-r--r--.  part_gpt.mod        <==GPT 分割表
-rw-r--r--.  part_msdos.mod      <==MBR 分割表
-rw-r--r--.  scsi.mod            <==SCSI 相關模組
-rw-r--r--.  usb_keyboard.mod    <==底下兩個為 USB 相關模組
-rw-r--r--.  usb.mod
-rw-r--r--.  vga.mod             <==VGA 顯示卡相關模組
-rw-r--r--.  xfs.mod             <==XFS 檔案系統模組
# 鳥哥這裡只拿一些模組作說明，沒有全部的檔案都列上來喔！
```

從上面的說明你可以知道 /boot/grub2/ 目錄下最重要的就是設定檔 (grub2.cfg) 以及各種檔案系統的定義！我們的 loader 讀取了這種檔案系統定義資料後，就能夠認識檔案系統並讀取在該檔案系統內的核心檔案囉。

所以從上面的檔案來看，grub2 認識的檔案系統與磁碟分割格式真的非常多喔！正因為如此，所以 grub2 才會取代 Lilo / grub 這個老牌的 boot loader 嘛！好了，接下來就來瞧瞧設定檔內有啥設定值吧！

## 19.3.2 grub2 的設定檔 /boot/grub2/grub.cfg 初探

grub2 的優點挺多的，包括有：

◆ 認識與支援較多的檔案系統，並且可以使用 grub2 的主程式直接在檔案系統中搜尋核心檔名。

◆ 開機的時候，可以『自行編輯與修改開機設定項目』，類似 bash 的指令模式。

◆ 可以動態搜尋設定檔，而不需要在修改設定檔後重新安裝 grub2 。亦即是我們只要修改完 /boot/grub2/grub.cfg 裡頭的設定後，下次開機就生效了！

上面第三點其實就是 Stage 1，Stage 2 分別安裝在 MBR (主程式) 與檔案系統當中 (設定檔與定義檔) 的原因啦！好了，接下來，讓我們好好瞭解一下 grub2 的設定檔：/boot/grub2/grub.cfg 這玩意兒吧！

◆ **磁碟與分割槽在 grub2 中的代號**

安裝在 MBR 的 grub2 主程式，最重要的任務之一就是**從磁碟當中載入核心檔案**，以讓核心能夠順利的驅動整個系統的硬體。所以囉，grub2 必須要認識硬碟才行啊！那麼 grub2 到底是如何認識硬碟的呢？嘿嘿！grub2 對硬碟的代號設定與傳統的 Linux 磁碟代號可完全是不同的！grub2 對硬碟的識別使用的是如下的代號：

```
(hd0,1)         # 一般的預設語法，由 grub2 自動判斷分割格式
(hd0,msdos1)    # 此磁碟的分割為傳統的 MBR 模式
(hd0,gpt1)      # 此磁碟的分割為 GPT 模式
```

夠神了吧？跟 /dev/sda1 風馬牛不相干～怎麼辦啊？其實只要注意幾個東西即可，那就是：

■ **硬碟代號以小括號 ( ) 包起來。**

■ **硬碟以 hd 表示，後面會接一組數字。**

■ **以『搜尋順序』做為硬碟的編號！(這個重要！)。**

■ **第一個搜尋到的硬碟為 0 號，第二個為 1 號，以此類推。**

■ **每顆硬碟的第一個 partition 代號為 1 ，依序類推。**

所以說，第一顆『搜尋到的硬碟』代號為：『(hd0)』，而該顆硬碟的第一號分割槽為『(hd0,1)』，這樣說瞭解了吧？另外，為了區分不同的分割格式，因此磁碟後面的分割號碼可以使用類似 msdos1 與 gpt1 的方式來調整！最終要記得的是，磁碟的號碼是由 0 開始編號，分割槽的號碼則與 Linux 一樣，是由 1 號開始編號！兩者不同喔！

跟舊版的 grub 有點不一樣，因為舊版的 grub 不論磁碟還是分割槽的起始號碼都是 0 號，而 grub2 在分割槽的部分是以 1 號開始編喔！此外，由於 BIOS 可以調整磁碟的開機順序，因此上述的磁碟對應的 (hdN) 那個號碼 N 是可能會變動的喔！這要先有概念才行！

所以說，整個硬碟代號為：

| 硬碟搜尋順序 | 在 Grub2 當中的代號 |
|---|---|
| 第一顆(MBR) | (hd0) (hd0,msdos1) (hd0,msdos2) (hd0,msdos3).... |
| 第二顆(GPT) | (hd1) (hd1,gpt1) (hd1,gpt2) (hd1,gpt3).... |
| 第三顆 | (hd2) (hd2,1) (hd2,2) (hd2,3).... |

這樣應該比較好看出來了吧？第一顆硬碟的 MBR 安裝處的硬碟代號就是『(hd0)』，而第一顆硬碟的第一個分割槽的 boot sector 代號就是『(hd0,msdos1)』第一顆硬碟的第一個邏輯分割槽的 boot sector 代號為『(hd0,msdos5)』瞭了吧！

例題

假設你的系統僅有一顆 SATA 硬碟，請說明該硬碟的第一個邏輯分割槽在 Linux 與 grub2 當中的檔名與代號：

答：因為是 SATA 磁碟，加上使用邏輯分割槽，因此 Linux 當中的檔名為 /dev/sda5 才對 (1~4 保留給 primary 與 extended 使用)。至於 grub2 當中的磁碟代號則由於僅有一顆磁碟，因此代號會是『(hd0,msdos5)』或簡易的寫法『(hd0,5)』才對。

◆ /boot/grub2/grub.cfg 設定檔(重點在瞭解，不要隨便改！)

瞭解了 grub2 當中最麻煩的硬碟代號後，接下來，我們就可以瞧一瞧設定檔的內容了。先看一下鳥哥的 CentOS 內的 /boot/grub2/grub.cfg 好了：

```
[root@study ~]# vim /boot/grub2/grub.cfg
# 開始是 /etc/grub.d/00_header 這個腳本執行的結果展示，主要與基礎設定與環境有關
### BEGIN /etc/grub.d/00_header ###
```

```
set pager=1

if [ -s $prefix/grubenv ]; then
  load_env
fi
.....(中間省略).....
if [ x$feature_timeout_style = xy ] ; then
  set timeout_style=menu
  set timeout=5
# Fallback normal timeout code in case the timeout_style feature is
# unavailable.
else
  set timeout=5
fi
### END /etc/grub.d/00_header ###

# 開始執行 /etc/grub.d/10_linux，主要針對實際的 Linux 核心檔案的開機環境
### BEGIN /etc/grub.d/10_linux ###
menuentry 'CentOS Linux 7 (Core), with Linux 3.10.0-229.el7.x86_64' --class rhel fedora \
  --class gnu-linux --class gnu --class os --unrestricted $menuentry_id_option  \
  'gnulinux-3.10.0-229.el7.x86_64-advanced-299bdc5b-de6d-486a-a0d2-375402aaab27' {
        load_video
        set gfxpayload=keep
        insmod gzio
        insmod part_gpt
        insmod xfs
        set root='hd0,gpt2'
        if [ x$feature_platform_search_hint = xy ]; then
          search --no-floppy --fs-uuid --set=root --hint='hd0,gpt2'  94ac5f77-cb8a..
        else
          search --no-floppy --fs-uuid --set=root 94ac5f77-cb8a-495e-a65b-2ef7442b837c
        fi
        linux16 /vmlinuz-3.10.0-229.el7.x86_64 root=/dev/mapper/centos-root ro  \
                rd.lvm.lv=centos/root rd.lvm.lv=centos/swap crashkernel=auto rhgb quiet \
                LANG=zh_TW.UTF-8
        initrd16 /initramfs-3.10.0-229.el7.x86_64.img
}
### END /etc/grub.d/10_linux ###
.....(中間省略).....

### BEGIN /etc/grub.d/30_os-prober ###
### END /etc/grub.d/30_os-prober ###
```

```
### BEGIN /etc/grub.d/40_custom ###
### END /etc/grub.d/40_custom ###
.....(底下省略).....
```

基本上，grub2 不希望你自己修改 grub.cfg 這個設定檔，取而代之的是修改幾個特定的設定檔之後，由 grub2-mkconfig 這個指令來產生新的 grub.cfg 檔案。不過，你還是得要瞭解一下 grub2.cfg 的大致內容。

在 grub.cfg 最開始的部分，其實大多是環境設定與預設值設定等，比較重要的當然是預設由哪個選項開機 (set default) 以及預設的秒數 (set timeout)，再來則是每一個選單的設定，就是在『 menuentry 』這個設定值之後的項目囉！在鳥哥預設的設定檔當中，其實是有兩個 menuentry 的，也就是說，鳥哥的測試機在開機的時候應該就會有兩個可以選擇的選單的意思囉！

在 menuentry 之後會有幾個項目的規範，包括『 --class，--unrestricted --id 』等等的指定項目，之後透過『 { } 』將這個選單會用到的資料框起來，在選擇這個選單之後就會進行括號內的動作的意思。如果真的點選了這個選單，那 grub2 首先會載入模組，例如上表中的『 load_video，insmod gzio，insmod part_gpt，insmod xfs 』等等的項目，都是在載入要讀取核心檔案所需要的磁碟、分割槽、檔案系統、解壓縮等等的驅動程式。之後就是三個比較重要的項目：

- set root='hd0,gpt2'

  這 root 是指定 grub2 設定檔所在的那個裝置。以我們的測試機來說，當初安裝的時候分割出 / 與 /boot 兩個裝置唷，而 grub2 是在 /boot/grub2 這個位置上，而這個位置的磁碟檔名為 /dev/vda2，因此完整的 grub2 磁碟名稱就是 (hd0,2) 囉！因為我們的系統用的是 GTP 的磁碟分割格式，因此全名就是『 hd0,gpt2 』！這樣說，有沒有聽懂啊？

- linux16 /vmlinuz-... root=/dev/mapper/centos-root ...

  這個就是 Linux 核心檔案以及核心執行時所下達的參數。你應該會覺得比較怪的是，我們的核心檔案不是 /boot/vmlinuz-xxx 嗎？怎麼這裡的設定會是在根目錄呢？這個跟上面的 root 有關啦！大部分的系統大多有 /boot 這個分割槽，如果 /boot 沒有分割，那會是怎麼回事呢？我們用底下的疊代來說明一下：

  □　如果沒有 /boot 分割，僅有 / 分割：所以檔名會這樣變化喔：

  　　/boot/vmlinuz-xxx --> (/)/boot/vmlinuz-xxx --> (hd0,msdos1)/boot/vmlinuz-xxx

□ 　如果 /boot 是獨立分割，則檔名的變化會是這樣：

/boot/vmlinuz-xxx --> (/boot)/vmlinuz-xxx --> (hd0,msdos1)/vmlinuz-xxx

因此，這個 linux16 後面接的檔名得要跟上面的 root 搭配在一起，才是完整的絕對路徑檔名喔！看懂了嗎？至於 linux16 /vmlinuz-xxx root=/file/name 那個 **root 指的是『 linux 檔案系統中，根目錄是在哪個裝置上』的意思**！從本章一開始的開機流程中，我們就知道核心會主動去掛載根目錄，並且從根目錄中讀取設定檔，再進一步開始開機流程。所以，核心檔案後面一定要接根目錄的裝置啊！這樣理解吧！我們從 /etc/fstab 裡面也知道根目錄的掛載可以是裝置檔名、UUID 與 LABEL 名稱，因此這個 root 後面也是可以帶入類似 root=UUID=1111.2222.33... 之類的模式喔！

■ initrd16 /initramfs-3.10...

這個就是 initramfs 所在的檔名，跟 linux16 那個 vmlinuz-xxx 相同，這個檔名也是需要搭配『 set root=xxx 』那個項目的裝置，才會得到正確的位置喔！注意注意！

## 19.3.3　grub2 設定檔維護 /etc/default/grub 與 /etc/grub.d

前一個小節我們談到的是 grub2 的主設定檔 grub.cfg 約略的內容，但是因為該檔案的內容太過複雜，資料量非常龐大，grub2 官方說明不建議我們手動修改！而是應該要透過 /etc/default/grub 這個主要環境設定檔與 /etc/grub.d/ 目錄內的相關設定檔來處理比較妥當！我們先來聊聊 /etc/default/grub 這個主要環境設定檔好了！

◆ /etc/default/grub 主要環境設定檔

這個主設定檔的內容大概是長這樣：

```
[root@study ~]# cat /etc/default/grub
GRUB_TIMEOUT=5                          # 指定預設倒數讀秒的秒數
GRUB_DEFAULT=saved                      # 指定預設由哪一個選單來開機，預設開機選單之意
GRUB_DISABLE_SUBMENU=true               # 是否要隱藏次選單，通常是藏起來的好！
GRUB_TERMINAL_OUTPUT="console"          # 指定資料輸出的終端機格式，預設是透過文字終端機
GRUB_CMDLINE_LINUX="rd.lvm.lv=centos/root rd.lvm.lv=centos/swap crashkernel=auto rhgb quiet"
                                        # 就是在 menuentry 括號內的 linux16 後續的核心參數
GRUB_DISABLE_RECOVERY="true"            # 取消救援選單的製作
```

有興趣的夥伴請自行 info grub 並且找到 6.1 的章節閱讀一下～我們底下主要談的是幾個重要的設定項目而已。現在來說說處理的項目重點吧！

- 倒數時間參數：GRUB_TIMEOUT

  這個設定值相當簡單，後面就是接你要倒數的秒數即可～例如要等待 30 秒，就在這邊改成『GRUB_TIMEOUT=30』即可！如果不想等待則輸入 0，如果一定要使用者選擇，則填 -1 即可！

- 是否隱藏選單項目：GRUB_TIMEOUT_STYLE

  這個項目可選擇的設定值有 menu，countdown，hidden 等等。如果沒有設定，預設是 menu 的意思。這個項目主要是在設定要不要顯示選單！如果你不想要讓使用者看到選單，這裡可以設定為 countdown！那 countdown 與 hidden 有啥差異呢？countdown 會在螢幕上顯示剩餘的等待秒數，而 hidden 則空空如也～除非你有特定的需求，否則這裡一般鳥哥建議設定為 menu 較佳啦！

- 訊息輸出的終端機模式：GRUB_TERMINAL_OUTPUT

  這個項目是指定輸出的畫面應該使用哪一個終端機來顯示的意思，主要的設定值有『console，serial，gfxterm，vga_text』等等。除非有特別的需求，否則一般使用 console 即可！

- 預設開機選單項目：GRUB_DEFAULT

  這個項目在指定要用哪一個選單 (menuentry) 來作為預設開機項目的意思。能使用的設定值包括有『saved，數字，title 名，ID 名』等等。假設你有三筆 menuentry 的項目大約像這樣：

```
menuentry '1st linux system' --id 1st-linux-system { ...}
menuentry '2nd linux system' --id 2nd-linux-system { ...}
menuentry '3rd win system' --id 3rd-win-system { ...}
```

  幾個常見的設定值是這樣的：

```
[root@study ~]#
GRUB_DEFAULT=1
    代表使用第二個 menuentry 開機，因為數字的編號是以 0 號開始編的！
GRUB_DEFAULT=3rd-win-system
    代表使用第三個 menuentry 開機，因為裡頭代表的是 ID 的項目！它會找到 --id 喔！
GRUB_DEFAULT=saved
    代表使用 grub2-set-default 來設定哪一個 menuentry 為預設值的意思。通常預設為 0
```

  一般來說，預設就是以第一個開機選單來作為預設項目，如果想要有不同的選單設定，可以在這個項目填選所需要的 --id 即可。當然啦，你的 id 就應該不要重複囉！

- 核心的外加參數功能：GRUB_CMDLINE_LINUX

  如果你的核心在啟動的時候還需要加入額外的參數，就在這裡加入吧！舉例來說，如果你除了預設的核心參數之外，還需要讓你的磁碟讀寫機制為 deadline 這個機制時，可以這樣處理：

  ```
  GRUB_CMDLINE_LINUX=".... crashkernel=auto rhgb quiet elevator=deadline"
  ```

  在暨有的項目之後加上如同上表的設定，這樣就可以在開機時額外的加入磁碟讀寫的機制項目設定了！

  這個主要環境設定檔編寫完畢之後，必須要使用 grub2-mkconfig 來重建 grub.cfg 才行喔！因為主設定檔就是 grub.cfg 而已，我們是透過許多腳本的協力來完成 grub.cfg 的自動建置。當然囉，額外自己設定的項目，就是寫入 /etc/default/grub 檔案內就是了。我們來測試一下底下調整項目，看看你會不會修訂主要環境設定檔了呢？

### 例題

假設你需要 (1)開機選單等待 40 秒鐘、(2)預設用第一個選單開機、(3)選單請顯示出來不要隱藏、(4)核心外帶『elevator＝deadline』的參數值，那應該要如何處理 grub.cfg 呢？

**答**：直接編輯主要環境設定檔後，再以 grub2-mkconfig 來重建 grub.cfg 喔！

```
# 1. 先編輯主要環境設定檔：
[root@study ~]# vim /etc/default/grub
GRUB_TIMEOUT=40
GRUB_DEFAULT=0
GRUB_TIMEOUT_STYLE=menu
GRUB_DISABLE_SUBMENU=true
GRUB_TERMINAL_OUTPUT="console"
GRUB_CMDLINE_LINUX="rd.lvm.lv=centos/root rd.lvm.lv=centos/swap crashkernel=auto
rhgb quiet elevator=deadline"
GRUB_DISABLE_RECOVERY="true"

# 2. 開始重新建置 grub.cfg ！
[root@study ~]# grub2-mkconfig -o /boot/grub2/grub.cfg
Generating grub configuration file ...
Found linux image：/boot/vmlinuz-3.10.0-229.el7.x86_64
Found initrd image：/boot/initramfs-3.10.0-229.el7.x86_64.img
Found linux image：/boot/vmlinuz-0-rescue-309eb890d09f440681f596543d95ec7a
Found initrd image：
/boot/initramfs-0-rescue-309eb890d09f440681f596543d95ec7a.img
done
```

```
# 3. 檢查看看 grub.cfg 的內容是否真的是改變了？
[root@study ~]# grep timeout /boot/grub2/grub.cfg
  set timeout_style=menu
  set timeout=40

[root@study ~]# grep default /boot/grub2/grub.cfg
  set default="0"

[root@study ~]# grep linux16 /boot/grub2/grub.cfg
        linux16 /vmlinuz-3.10.0-229.el7.x86_64 root=/dev/.... elevator=deadline
        linux16 /vmlinuz-0-rescue-309eb890d09f440681f5965.... elevator=deadline
```

◆ **選單建置的腳本 /etc/grub.d/\***

你應該會覺得很奇怪，grub2-mkconfig 執行之後，螢幕怎麼會主動的去抓到 linux 的核心，還能夠找到對應核心版本的 initramfs 呢？怎麼這麼厲害？其實 grub2-mkconfig 會去分析 /etc/grub.d/* 裡面的檔案，然後執行該檔案來建置 grub.cfg 的啦！所以囉，/etc/grub.d/* 裡面的檔案就顯得很重要了。一般來說，該目錄下會有這些檔案存在：

■ 00_header：主要在建立初始的顯示項目，包括需要載入的模組分析、螢幕終端機的格式、倒數秒數、選單是否需要隱藏等等，大部分在 /etc/default/grub 裡面所設定的變數，大概都會在這個腳本當中被利用來重建 grub.cfg。

■ 10_linux：根據分析 /boot 底下的檔案，嘗試找到正確的 linux 核心與讀取這個核心需要的檔案系統模組與參數等，都在這個腳本運作後找到並設定到 grub.cfg 當中。因為這個腳本會將所有在 /boot 底下的每一個核心檔案都對應到一個選單，因此核心檔案數量越多，你的開機選單項目就越多了。如果未來你不想要舊的核心出現在選單上，那可以透過移除舊核心來處理即可。

■ 30_os-prober：這個腳本預設會到系統上找其他的 partition 裡面可能含有的作業系統，然後將該作業系統做成選單來處理就是了。如果你不想要讓其他的作業系統被偵測到並拿來開機，那可以在 /etc/default/grub 裡面加上『GRUB_DISABLE_OS_PROBER=true』取消這個檔案的運作。

■ 40_custom：如果你還有其他想要自己手動加上去的選單項目，或者是其他的需求，那麼建議在這裡補充即可！

所以，一般來說，我們會更動到的就是僅有 40_custom 這個檔案即可。那這個檔案內容也大多在放置管理員自己想要加進來的選單項目就是了。好了，那問題來了，我們知道 menuentry 就是一個選單，那後續的項目有哪些東西呢？簡單的說，就是這個 menuentry 有幾種常見的設定？亦即是 menuentry 的功能啦！常見的有這幾樣：

■ **直接指定核心開機**

基本上如果是 Linux 的核心要直接被用來開機，那麼你應該要透過 grub2-mkconfig 去抓 10_linux 這個腳本直接製作即可，因此這個部分你不太需要記憶！因為在 grub.cfg 當中就已經是系統能夠捉到的正確的核心開機選單了！不過如果你有比較特別的參數需要進行呢？這時候你可以這樣做：(1)先到 grub.cfg 當中取得你要製作的那個核心的選單項目，然後將它複製到 40_custom 當中 (2)再到 40_custom 當中依據你的需求修改即可。

這麼說或許你很納悶，我們來做個實際練習好了：

**例題**

如果你想要使用第一個原有的 menuentry 取出來後，增加一個選單，該選單可以強制 systemd 使用 graphical.target 來啟動 Linux 系統，讓該選單一定可以使用圖形介面而不用理會 default.target 的連結，該如何設計？

**答**：當核心外帶參數中，有個『 systemd.unit=??？』的外帶參數可以指定特定的 target 開機！因此我們先到 grub.cfg 當中，去複製第一個 menuentry，然後進行如下的設定：

```
[root@study ~]# vim /etc/grub.d/40_custom
menuentry 'My graphical CentOS, with Linux 3.10.0-229.el7.x86_64' --class rhel
fedora --class gnu-linux --class gnu --class os --unrestricted --id 'mygraphical' {
        load_video
        set gfxpayload=keep
        insmod gzio
        insmod part_gpt
        insmod xfs
        set root='hd0,gpt2'
        if [ x$feature_platform_search_hint = xy ]; then
          search --no-floppy --fs-uuid --set=root --hint='hd0,gpt2'  94ac5f77-cb8a..
        else
          search --no-floppy --fs-uuid --set=root 94ac5f77-cb8a-495e-a65b-2ef7442b837c
        fi
        linux16 /vmlinuz-3.10.0-229.el7.x86_64 root=/dev/mapper/centos-root ro
                rd.lvm.lv=centos/root rd.lvm.lv=centos/swap crashkernel=auto
                rhgb quiet elevator=deadline systemd.unit=graphical.target
        initrd16 /initramfs-3.10.0-229.el7.x86_64.img
}
# 請注意，上面的資料都是從 grub.cfg 裡面複製過來的，增加的項目僅有特殊字體的部分而已！
# 同時考量畫面寬度，該項目稍微被變動過，請依據你的環境來設定喔！
```

```
[root@study ~]# grub2-mkconfig -o /boot/grub2/grub.cfg
```

當你再次 reboot 時，系統就會多出一個選單給你選擇了！而且選擇該選單之後，你的系統就可以直接進入圖形介面 (如果有安裝相關的 X window 軟體時)，而不必考量 default.target 是啥東西了！瞭解乎？

---

- 透過 chainloader 的方式移交 loader 控制權

  所謂的 chain loader (開機管理程式的鏈結) 僅是在將控制權交給下一個 boot loader 而已，所以 grub2 並不需要認識與找出 kernel 的檔名 ，『**它只是將 boot 的控制權交給下一個 boot sector 或 MBR 內的 boot loader 而已** 』所以通常它也不需要去查驗下一個 boot loader 的檔案系統！

  一般來說，chain loader 的設定只要兩個就夠了，一個是預計要前往的 boot sector 所在的分割槽代號，另一個則是設定 chainloader 在那個分割槽的 boot sector (第一個磁區) 上！假設我的 Windows 分割槽在 /dev/sda1 ，且我又只有一顆硬碟，那麼要 grub 將控制權交給 windows 的 loader 只要這樣就夠了：

```
menuentry "Windows" {
        insmod chain      # 你得要先載入 chainloader 的模組對吧？
        insmod ntfs       # 建議加入 windows 所在的檔案系統模組較佳！
        set root=(hd0,1)  # 是在哪一個分割槽～最重要的項目！
        chainloader +1    # 請去 boot sector 將 loader 軟體讀出來的意思！
}
```

  透過這個項目我們就可以讓 grub2 交出控制權了！

**例題**

假設你的測試系統上面使用 MBR 分割槽，並且出現如下的資料：

```
[root@study ~]# fdisk -l /dev/vda
   Device Boot      Start         End      Blocks   Id  System
/dev/vda1            2048    10487807     5242880   83  Linux
/dev/vda2    *   10487808   178259967    83886080    7  HPFS/NTFS/exFAT
/dev/vda3      178259968   241174527    31457280   83  Linux
```

其中 /dev/vda2 使用是 windows 7 的作業系統。現在我需要增加兩個開機選項，一個是取得 windows 7 的開機選單，一個是回到 MBR 的預設環境，應該如何處理呢？

**答**：windows 7 在 /dev/vda2 亦即是 hd0,msdos2 這個地方，而 MBR 則是 hd0 即可，不需要加上分割槽啊！因此整個設定會變這樣：

```
[root@study ~]# vim /etc/grub.d/40_custom
menuentry 'Go to Windows 7' --id 'win7' {
        insmod chain
        insmod ntfs
        set root=(hd0,msdos2)
        chainloader +1
}
menuentry 'Go to MBR' --id 'mbr' {
        insmod chain
        set root=(hd0)
        chainloader +1
}

[root@study ~]# grub2-mkconfig -o /boot/grub2/grub.cfg
```

另外，如果每次都想要讓 windows 變成預設的開機選項，那麼在 /etc/default/grub 當中設定好『 GRUB_DEFAULT=win7 』然後再次 grub2-mkconfig 這樣即可啦！不要去算 menuentry 的順序喔！透過 --id 內容來處理即可！

## 19.3.4　initramfs 的重要性與建立新 initramfs 檔案

我們在本章稍早之前『 boot loader 與 kernel 載入』的地方已經提到過 initramfs 這玩意兒，它的目的在於提供開機過程中所需要的最重要核心模組，以讓系統開機過程可以順利完成。會需要 initramfs 的原因，是因為核心模組放置於 /lib/modules/$(uname -r)/kernel/ 當中，這些模組必須要根目錄 (/) 被掛載時才能夠被讀取。但是如果核心本身不具備磁碟的驅動程式時，當然無法掛載根目錄，也就沒有辦法取得驅動程式，因此造成兩難的地步。

initramfs 可以將 /lib/modules/.... 內的『開機過程當中一定需要的模組』包成一個檔案 (檔名就是 initramfs)，然後在開機時透過主機的 INT 13 硬體功能將該檔案讀出來解壓縮，並且 initramfs 在記憶體內會模擬成為根目錄，由於此虛擬檔案系統 (Initial RAM Disk) 主要包含磁碟與檔案系統的模組，因此我們的核心最後就能夠認識實際的磁碟，那就能夠進行實際根目錄的掛載啦！所以說：『**initramfs 內所包含的模組大多是與開機過程有關，而主要以檔案系統及硬碟模組 (如 usb，SCSI 等) 為主**』的啦！

一般來說，需要 initramfs 的時刻為：

- **根目錄所在磁碟為 SATA、USB 或 SCSI 等連接介面。**
- **根目錄所在檔案系統為 LVM，RAID 等特殊格式。**
- **根目錄所在檔案系統為非傳統 Linux 認識的檔案系統時。**
- **其他必須要在核心載入時提供的模組。**

之前鳥哥忽略 initrd 這個檔案的重要性，是因為鳥哥很窮... ^_^。因為鳥哥的 Linux 主機都是較早期的硬體，使用的是 IDE 介面的硬碟，而且並沒有使用 LVM 等特殊格式的檔案系統，而 Linux 核心本身就認識 IDE 介面的磁碟，因此不需要 initramfs 也可以順利開機完成的。自從 SATA 硬碟流行起來後，沒有 initramfs 就沒辦法開機了！因為 SATA 硬碟使用的是 SCSI 模組來驅動的，而 Linux 預設將 SCSI 功能編譯成為模組....

一般來說，各 distribution 提供的核心都會附上 initramfs 檔案，但如果你有特殊需要所以想重製 initramfs 檔案的話，可以使用 dracut / mkinitrd 來處理的。這個檔案的處理方式很簡單，man dracut 或 man mkinitrd 就知道了！^_^。CentOS 7 應該要使用 dracut 才對，不過 mkinitrd 還是有保留下來，兩者隨便你玩！鳥哥這裡主要是介紹 dracut 就是了！

```
[root@study ~]# dracut [-fv] [--add-drivers 列表] initramfs檔名 核心版本
選項與參數：
-f    ：強迫編譯出 initramfs ，如果 initramfs 檔案已經存在，則覆蓋掉舊檔案
-f    ：顯示 dracut 的運作過程
--add-drivers 列表：在原本的預設核心模組中，增加某些你想要的模組！模組位於核心所在目錄
                   /lib/modules/$(uname -r)/kernel/*
initramfs檔名    ：就是你需要的檔名！開頭最好就是 initramfs，後面接版本與功能
核心版本         ：預設當然是目前運作中的核心版本，不過你也可以手動輸入其他不同版本！
其實 dracut 還有很多功能，例如底下的幾個參數也可以參考看看：
--modules    ：將 dracut 所提供的開機所需模組 (核心核模組) 載入，可用模組在底下的目錄內
               /usr/lib/dracut/modules.d/
--gzip|--bzip2|--xz：嘗試使用哪一種壓縮方式來進行 initramfs 壓縮。預設使用 gzip 喔！
--filesystems ：加入某些額外的檔案系統支援！

範例一：以 dracut 的預設功能建立一個 initramfs 虛擬磁碟檔案
[root@study ~]# dracut -v initramfs-test.img $(uname -r)
Executing：/sbin/dracut -v initramfs-test.img 3.10.0-229.el7.x86_64
*** Including module：bash ***                    # 先載入 dracut 本身的模組支援
*** Including module：nss-softokn ***
*** Including modules done ***
```

```
.....(中間省略)..... # 底下兩行在處理核心模組
*** Installing kernel module dependencies and firmware ***
*** Installing kernel module dependencies and firmware done ***
.....(中間省略).....
*** Generating early-microcode cpio image ***       # 建立微指令集
*** Constructing GenuineIntel.bin ****
*** Store current command line parameters ***
*** Creating image file ***                         # 開始建立 initramfs 囉!
*** Creating image file done ***
```

範例二:額外加入 e1000e 網卡驅動與 ext4/nfs 檔案系統在新的 initramfs 內
```
[root@study ~]# dracut -v --add-drivers "e1000e" --filesystems "ext4 nfs" \
> initramfs-new.img $(uname -r)
[root@study ~]# lsinitrd initramfs-new.img  | grep -E '(e1000|ext4|nfs)'
 usr/lib/modules/3.10.0-229.el7.x86_64/kernel/drivers/net/ethernet/intel/e1000e
 usr/lib/modules/3.10.0-229.el7.x86_64/kernel/drivers/net/ethernet/intel/e1000e/e1000e.ko
 usr/lib/modules/3.10.0-229.el7.x86_64/kernel/fs/ext4
 usr/lib/modules/3.10.0-229.el7.x86_64/kernel/fs/ext4/ext4.ko
 usr/lib/modules/3.10.0-229.el7.x86_64/kernel/fs/nfs
 usr/lib/modules/3.10.0-229.el7.x86_64/kernel/fs/nfs/nfs.ko
# 你可以看得到,新增的模組現在正在新的 initramfs 當中了呢!很愉快喔!
```

initramfs 建立完成之後,同時核心也處理完畢後,我們就可以使用 grub2 來建立選單了!底下繼續瞧一瞧吧!

## 19.3.5　測試與安裝 grub2

如果你的 Linux 主機本來就是使用 grub2 作為 loader 的話,那麼你就不需要重新安裝 grub2 了,因為 grub2 本來就會主動去讀取設定檔啊!你說是吧!但如果你的 Linux 原來使用的並非 grub2,那麼就需要來安裝啦!如何安裝呢?首先,你必須要使用 grub-install 將一些必要的檔案複製到 /boot/grub2 裡面去,你應該這樣做的:

```
[root@study ~]# grub2-install [--boot-directory=DIR] INSTALL_DEVICE
選項與參數:
--boot-directory=DIR 那個 DIR 為實際的目錄,使用 grub2-install 預設會將
  grub2 所有的檔案都複製到 /boot/grub2/*  ,如果想要複製到其他目錄與裝置去,
  就得要用這個參數。
INSTALL_DEVICE 安裝的裝置代號啦!
```

範例一:將 grub2 安裝在目前系統的 MBR 底下,我的系統為 /dev/vda:
```
[root@study ~]# grub2-install /dev/vda
```

```
# 因為原本 /dev/vda 就是使用 grub2 ，所以似乎不會出現什麼特別的訊息。
# 如果去查閱一下 /boot/grub2 的內容，會發現所有的檔案都更新了，因為我們重裝了！
# 但是注意到，我們並沒有設定檔喔！那要自己建立！
```

基本上，grub2-install 大概僅能安裝 grub2 主程式與相關軟體到 /boot/grub2/ 那個目錄去，如果後面的裝置填的是整個系統 (/dev/vda，/dev/sda...)，那 loader 的程式才會寫入到 MBR 裡面去。如果是 XFS 檔案系統的 /dev/vda2 裝置的話 (個別 partition)，那 grub2-install 就會告訴你，該檔案系統並不支援 grub2 的安裝喔！也就是你不能用 grub2-install 將你的主程式寫入到 boot sector 裡頭去的意思啦！那怎辦？沒關係，來強迫寫入一下看看！

```
# 嘗試看一下你的系統中有沒有其他的 xfs 檔案系統，且為傳統的 partition 類型？
[root@study ~]# df -T |grep -i xfs
/dev/mapper/centos-root    xfs      10475520 4128728  6346792  40% /
/dev/mapper/centos-home    xfs       5232640  665544  4567096  13% /home
/dev/mapper/raidvg-raidlv  xfs       1558528   33056  1525472   3% /srv/raidlvm
/dev/vda2                  xfs       1038336  144152   894184  14% /boot
/dev/vda4                  xfs       1038336   63088   975248   7% /srv/myproject
# 看起來僅有 /dev/vda4 比較適合做個練習的模樣了！來瞧瞧先！


# 將 grub2 的主程式安裝到 /dev/vda4 去看看！
[root@study ~]# grub2-install /dev/vda4
Installing for i386-pc platform.
grub2-install：error：hostdisk//dev/vda appears to contain a xfs filesystem which isn't
   known to reserve space for DOS-style boot.  Installing GRUB there could result in
   FILESYSTEM DESTRUCTION if valuable data is overwritten by grub-setup (--skip-fs-probe
   disables this check, use at your own risk).
# 說是 xfs 恐怕不能支援你的 boot sector 概念！這個應該是誤判！所以我們還是給它強制裝一下！

[root@study ~]# grub2-install --skip-fs-probe /dev/vda4
Installing for i386-pc platform.
grub2-install：warning：File system 'xfs' doesn't support embedding.
grub2-install：warning：Embedding is not possible.  GRUB can only be installed in this
   setup by using blocklists.  However, blocklists are UNRELIABLE and their use is
   discouraged..
grub2-install：error：will not proceed with blocklists.
# 還是失敗！因為還是擔心 xfs 被搞死～好！沒問題！加個 --force 與 --recheck 重新處理一遍！

[root@study ~]# grub2-install --force --recheck --skip-fs-probe /dev/vda4
Installing for i386-pc platform.
grub2-install：warning：File system 'xfs' doesn't support embedding.
grub2-install：warning：Embedding is not possible.  GRUB can only be installed in this
   setup by using blocklists.  However, blocklists are UNRELIABLE and their use is
```

```
     discouraged..
Installation finished. No error reported.
# 注意看！原本是無法安裝的錯誤，現在僅有 warning 警告訊息，所以這樣就安裝到 partition 上了！
```

上面這樣就將 grub2 的主程式安裝到 /dev/vda4 以及重新安裝到 MBR 裡面去了。現在來思考一下，我們知道 grub2 主程式會去找 grub.cfg 這個檔案，大多是在 /boot/grub2/grub.cfg 裡面，那有趣了，我們的 MBR 與 /dev/vda4 都是到 /boot/grub2/grub.cfg 去抓設定嗎？如果是多重作業系統那怎辦？呵呵！這就需要重新進入新系統才能夠安裝啦！舉個例子來說囉：

假設你的測試系統上面使用 MBR 分割槽，並且出現如下的資料：

```
[root@study ~]# fdisk -l /dev/vda
   Device Boot      Start         End      Blocks   Id  System
/dev/vda1            2048    10487807     5242880   83  Linux
/dev/vda2     *   10487808   178259967    83886080    7  HPFS/NTFS/exFAT
/dev/vda3       178259968   241174527    31457280   83  Linux
```

其中 /dev/vda1，/dev/vda3 是兩個 CentOS 7 系統，而 /dev/vda2 則是 windows 7 系統。安裝的流程是依序 /dev/vda1 --> /dev/vda2 --> /dev/vda3。因此，安裝好而且重新開機後，系統其實是預設進入 /dev/vda3 這個 CentOS 7 的系統的。此時 MBR 會去讀取的設定檔在 (/dev/vda3)/boot/grub2/grub.cfg 才對。

因為 /dev/vda1 應該是用來管理開機選單的，而 /dev/vda2 及 /dev/vda3 在規劃中就是用來讓學生操作的，因此預設情況下，/dev/vda1 內的 CentOS 系統應該只會在開機的時候用到而已，或者是出問題時會找它來使用。至於 /dev/vda3 及 /dev/vda2 則可能因為學生的誤用，因此未來可能會升級或刪除或重灌等。那你如何讓系統永遠都是使用 /dev/vda1 開機呢？

**答：** 因為 MBR 的 boot loader 應該要去 (/dev/vda1)/boot/grub2/grub.cfg 讀取相關設定才是正常的！所以，你可以使用幾種基本的方式來處理：

◆ 因為 CentOS 7 會主動找到其他作業系統，因此你可以在 /dev/vda3 的開機選單中找到 /dev/vda1 的開機選項，請用該選項進入系統，你就能夠進入 /dev/vda1 了！

◆ 假設沒能抓到 /dev/vda1，那你可以在 /dev/vda3 底下使用 chroot 來進入 /dev/vda1 喔！

◆ 使用救援光碟去抓到正確的 /dev/vda1，然後取得 /dev/vda1 的系統喔！

等到進入系統後，修改 /etc/default/grub 及 /etc/grub.d/40_custom 之後，使用 grub2-mkconfig -o /boot/grub2/grub.cfg，然後重新 grub2-install /dev/vda 就能夠讓你的 MBR 去取得 /dev/vda1 內的設定檔囉！

例題

依據 19.3.3 小節的第一個練習,我們的測試機目前為 40 秒倒數,且有一個強制進入圖形介面的『 My graphical CentOS7 』選單!現在我們想要多加兩個選單,一個是回到 MBR 的 chainloader,一個是使用 /dev/vda4 的 chainloader,該如何處理?

**答:**因為沒有必要重新安裝 grub2 ,直接修改即可。修改 40_custom 成為這樣:

```
[root@study ~]# vim /etc/grub.d/40_custom
# 最底下加入這兩個項目即可!
menuentry 'Goto MBR' {
        insmod chain
        insmod part_gpt
        set root=(hd0)
        chainloader +1
}
menuentry 'Goto /dev/vda4' {
        insmod chain
        insmod part_gpt
        set root=(hd0.gpt4)
        chainloader +1
}

[root@study ~]# grub2-mkconfig -o /boot/grub2/grub.cfg
```

最後總結一下:

1. **如果是從其他** boot loader **轉成** grub2 **時,得先使用** grub2-install **安裝** grub2 **設定檔。**
2. **承上,如果安裝到** partition **時,可能需要加上額外的許多參數才能夠順利安裝上去!**
3. **開始編輯** /etc/default/grub **及** /etc/grub.d/* **這幾個重要的設定檔。**
4. **使用** grub2-mkconfig -o /boot/grub2/grub.cfg **來建立開機的設定檔!**

## 19.3.6 開機前的額外功能修改

事實上,前幾個小節設定好之後,你的 grub2 就已經在你的 Linux 系統上面了,而且同時存在於 MBR 與 boot sector 當中呢!所以,我們已經可以重新開機來查閱看看啦!另外,如果你正在進行開機,那麼請注意,我們可以在預設選單 (鳥哥的範例當中是 40 秒) 按下任意鍵,還可以進行 grub2 的『線上編修』功能喔!真是棒啊!先來看看開機畫面吧!

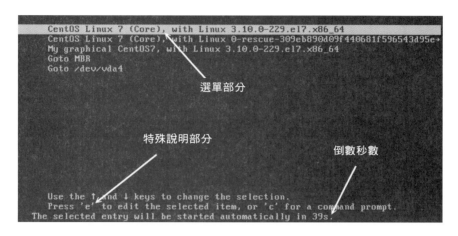

圖 19.3.1　grub2 開機畫面示意圖

　　由於預設選單就沒有隱藏，因此你會直接看到這 5 個選單而已，同時會有讀秒的東東在倒數。選單部分的畫面其實就是 menuentry 後面的文字啦！你現在知道如何修改 menuentry 後面的文字了吧！^_^。然後如果你點選了『Goto MBR』與『Goto /dev/vda4』時，怪了！怎麼發現到選單又重新回來了呢？這是因為這兩個 Goto 的選單都是重新讀取主設定檔，而 MBR 與 /dev/vda4 設定檔的讀取都是來自 (/dev/vda2)/boot/grub2/grub.cfg 的緣故！因此這個畫面就會重複出現了！這樣瞭解乎？

　　另外，如果你再仔細看的話，會發現到上圖中底部還有一些細部的選項，似乎有個 'e' edit 的樣子！沒錯～grub2 支援線上編修指令喔！這是個很有用的功能！假如剛剛你將 grub.cfg 的內容寫錯了，導致出現無法開機的問題時，我們可以查閱該 menuentry 選單的內容並加以修改喔！舉例來說，我想要知道第一個選單的實際內容時，將反白光棒移動到第一個選單，再按下 'e' 會進入如下畫面：

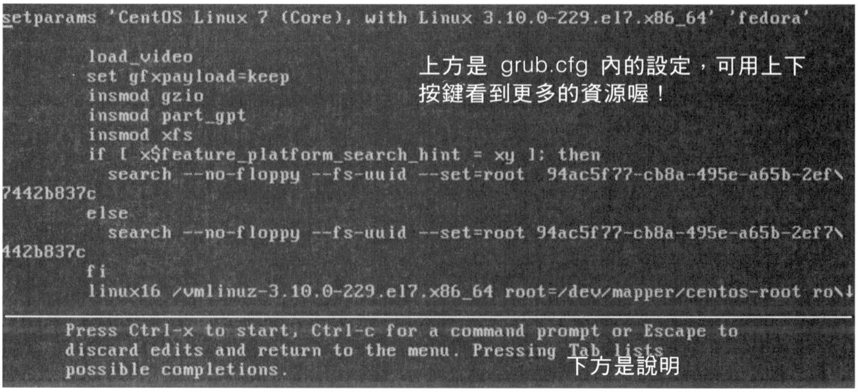

圖 19.3.2　grub2 額外的指令編輯模式

因為 CentOS 7 預設沒有提供美美的底圖給我們使用，因此這裡會看到無法分辨的兩個區塊！事實上它真的是兩個區塊，上方是實際你可以編輯的內容區段，仔細看，這不就是我們在 grub.cfg 裡面設定的東西嗎？沒錯！此時你還可以繼續進一步修改喔！用上/下/左/右按鍵到你想要編輯的地方，直接刪除、新增即可！

至於下方畫面則僅是一些編輯說明，重點在告訴你，編輯完畢之後，若想要取消而回到前一個畫面，請使用 [ctrl]+c 或者是 [esc] 回去，若是修改完畢，想要直接開機時，請使用 [ctrl]+x 來開機囉！

### 例題

現在我想要讓系統開機的過程中，讓這個系統進入救援模式 (rescue) ，而不想要進入系統後使用 systemctl rescue 時，該如何處理？

**答：**仔細看到圖 19.3.2 的畫面，按下『向下』的方向鍵，直到出現 linux16 那一行，然後在那一行的最後面加上 systemd.unit=rescue.target ，畫面有點像這樣：

```
        fi
        linux16 /vmlinuz-3.10.0-229.el7.x86_64 root=/dev/mapper/centos-root ro\
rd.lvm.lv=centos/root rd.lvm.lv=centos/swap crashkernel=auto rhgb quiet eleva\
tor=deadline systemd.unit=rescue.target
        initrd16 /initramfs-3.10.0-229.el7.x86_64.img
```

然後再按下 [ctrl]+x 來進入系統，就能夠取得 rescue 的環境了！登入後有點像這樣：

```
                        for 0xbffff000-0xc0000000, requested 0x10, got 0x0
[    2.099313] intel_rapl: no valid rapl domains found in package 0
Welcome to rescue mode! Type "systemctl default" or ^D to enter default mode.
Type "journalctl -xb" to view system logs. Type "systemctl reboot" to reboot.
Give root password for maintenance
(or type Control-D to continue):  ←         在這裡輸入 root 密碼
[root@study ~]# runlevel
N 1
[root@study ~]# _
```

接著下來你就可以開始救援系統囉！

你可能會覺得很訝異！早期 SystemV 的系統中，進入 runlevel 1 的狀態是不需要輸入 root 密碼的，在 systemd 的年代，哇！！竟然需要密碼才能夠進入救援模式耶！而且是強制要有 root 密碼耶！如果你是 root 密碼忘記要救援，救個鬼啊～還是需要 root 密碼啊！那怎辦？沒關係～本章稍後會告訴你應該要如何處理的啦！

## 19.3.7　關於開機畫面與終端機畫面的圖形顯示方式

如果你想要讓你的開機畫面使用圖形顯示方式，例如使用中文來顯示你的畫面啊！因為我們預設的 locale 語系就是 zh_TW.utf8 嘛！所以理論上 grub2 會顯是中文出來才對啊！有沒有辦法達成呢？是有的～透過圖形顯是的方法即可！不過，我們得要重新修改 grub.cfg 才行喔！依據底下的方式來處理：

```
# 先改重要的設定檔
[root@study ~]# vim /etc/default/grub
.....(前面省略).....
GRUB_TERMINAL=gfxterm           # 設定主要的終端機顯示為圖形介面！
GRUB_GFXMODE=1024x768x24        # 圖形介面的 X, Y, 彩度資料
GRUB_GFXPAYLOAD_LINUX=keep      # 保留圖形介面，不要使用 text 喔！
# 重新建立設定檔
[root@study ~]# grub2-mkconfig -o /boot/grub2/grub.cfg
```

再次的重新開機，這時你會看到有點像底下的模樣的畫面喔！

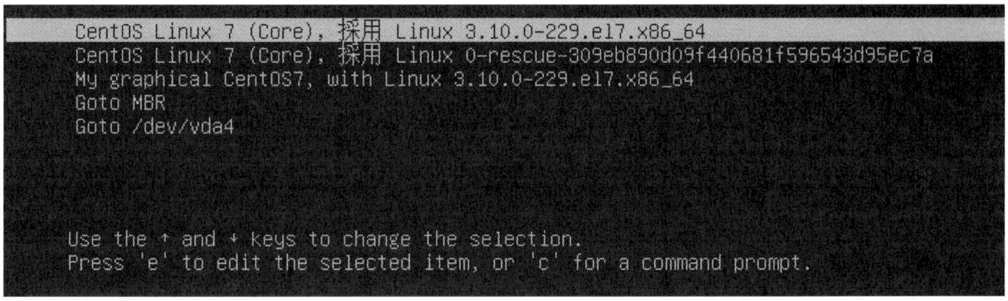

圖 19.3.3　使用圖形顯示模式的開機畫面

看到沒有？上圖中有繁體中文喔！中文喔喔喔喔喔喔～真是開心啊！未來如果你有需要在你的開機選單當中加入許多屬於你自己的公司/企業的畫面，那就太容易囉！^_^

## 19.3.8　為個別選單加上密碼

想像一個環境，如果你管理的是一間電腦教室，這間電腦教室因為可對外開放，但是你又擔心某些 partition 被學生不小心的弄亂，因此你可能會想要將某些開機選單作個保護。這個時候，為每個選單作個加密的密碼就是個可行的方案啦！

另外，從本章前面的 19.3.6 小節介紹的開機過程中，你會知道使用者可以在開機的過程中於 grub2 內選擇進入某個選單，以及進入 grub2 指令模式去修改選單的參數資料等。也就是說，主要的 grub2 控制有：(1)grub2 **的選單指令列修改與** (2)**進入選擇的選單開機流程**。

好了，如剛剛談到的電腦教室案例，你要怎麼讓某些密碼可以完整的掌控 grub2 的所有功能，某些密碼則只能進入個別的選單開機呢？這就得要牽涉到 grub2 的帳號機制了！

◆ **grub2 的帳號、密碼與選單設定**

grub2 有點在模擬 Linux 的帳號管理方案喔！因為在 grub2 的選單管理中，有針對兩種身份進行密碼設定：

- superusers：**設定系統管理員與相關參數還有密碼等，使用這個密碼的用戶，將可在 grub2 內具有所有修改的權限。但一旦設定了這個 superusers 的參數，則所有的指令修改將會被變成受限制的！**

- users：**設定一般帳號的相關參數與密碼，可以設定多個用戶喔！使用這個密碼的用戶可以選擇要進入某些選單項目。不過，選單項目也得要搭配相對的帳號才行喔！(一般來說，使用這種密碼的帳號並不能修改選單的內容，僅能選擇進入選單去開機而已)**

這樣說可能你不是很容易看得懂，我們使用底下的一個範例來說明你就知道怎麼處理了。另外，底下的範例是單純給讀者們看看而已的～不能夠直接用在我們的測試機器裡面喔！

**例題**

假設你的系統有三個各別的作業系統，分別安裝在 (hd0,1)，(hd0,2)，(hd0,3) 當中。假設 (hd0,1) 是所有人都可以選擇進入的系統，(hd0,2) 是只有系統管理員可以進入的系統，(hd0,3)則是另一個一般用戶與系統管理員可以進入的系統。另外，假設系統管理員的帳號/密碼設定為 vbird/abcd1234，而一般帳號為 dmtsai/dcba4321 ，那該如何設定？

**答：**如果依據上述的說明，其實沒有用到 Linux 的 linux16 與 initrd16 的項目，只需要 chainloader 的項目而已！因此，整個 grub.cfg 會有點像底下這樣喔：

```
# 第一個部分是先設定好管理員與一般帳號的帳號名稱與密碼項目！

set superusers="vbird"     # 這裡是設定系統管理員的帳號名稱為啥的意思！
password vbird abcd1234     # 當然要給予這個帳號密碼啊！
password dmtsai dcba4321    # 沒有輸入 superuses 的其他帳號，當然就是判定為一般帳號

menuentry "大家都可以選擇我來開機喔！" --unrestricted {
        set root=(hd0,1)
        chainloader +1
}

menuentry "只有管理員的密碼才有辦法使用" --users "" {
        set root=(hd0,2)
        chainloader +1
```

```
}

menuentry "只有管理員與 dmtsai 才有辦法使用喔!" --users dmtsai {
        set root=(hd0,3)
        chainloader +1
}
```

如上表所示,你得要使用 superuses 來指定哪個帳號是管理員!另外,這個帳號與 Linux 的實體帳號無關,這僅是用來判斷密碼所代表的意義而已。而密碼的給予有兩種語法:

- password_pbkdf2 帳號 『使用 grub2-mkpasswd-pbkdf2 所產生的密碼』

- password 帳號 『沒加密的明碼』

有了帳號與密碼之後,在來就是在個別的選單上面加上是否要取消限制 (--unrestricted) 或者是給予哪個用戶 (--users) 的設定項目。同時請注意喔,所有的系統管理員所屬的密碼應該是能夠修改所有的選單,因此你無須在第三個選單上面加入 vbird 這個管理員帳號!這樣說你就可以瞭解了吧?

你很可能會這樣說:『瞭解個頭啦!怎麼可能會瞭解!前面不是才說過:「不要手動去修改 grub.cfg」嗎?這裡怎麼直接列出 grub.cfg 的內容?上面這些項目我是要在哪些環境設定檔裡面修改啦?』呵呵~你真內行,沒有被騙耶~好厲害~好厲害!

◆ **grub2 密碼設定的檔案位置與加密的密碼**

還記得我們在前幾小節談到主要的環境設定是在 /etc/grub.d/* 裡面吧?裡面的檔案檔名有用數字開頭,那些數字照順序,就是 grub.cfg 的來源順序了。因此最早被讀的應該是 00_header,但是那個檔案的內容挺重要的,所以 CentOS 7 不建議你改它~那要改誰?就自己建立一個名為 01_users 的檔案即可!要注意是兩個數字開頭接著底線的檔名才行喔!然後將帳號與密碼參數給它補進去!

現在讓我們將 vbird 與 dmtsai 的密碼加密,實際在我們的測試機器上面建置起來吧!

```
# 1. 先取得 vbird 與 dmtsai 的密碼。底下我僅以 vbird 來說明而已!
[root@study ~]# grub2-mkpasswd-pbkdf2
Enter password:    # 這裡輸入你的密碼
Reenter password:  # 再一次輸入密碼
PBKDF2 hash of your password is grub.pbkdf2.sha512.10000.9A2EBF7A1F484...
# 上面特殊字體從 grub.pbkdf2.... 的那一行,全部的資料就是你的密碼喔!複製下來!

# 2. 將密碼與帳號寫入到 01_users 檔案內
```

```
[root@study ~]# vim /etc/grub.d/01_users
cat << eof
set superusers="vbird"
password_pbkdf2 vbird grub.pbkdf2.sha512.10000.9A2EBF7A1F484904FF3681F..
password_pbkdf2 dmtsai grub.pbkdf2.sha512.10000.B59584C33BC12F3C9DB8B18BE..
eof
# 請特別注意，在 /etc/grub.d/* 底下的檔案是『執行腳本』檔，是要被執行的！
# 因此不能直接寫帳密，而是透過 cat 或 echo 等指令方式來將帳密資料顯示出來才行喔！

# 3. 因為 /etc/grub.d/ 底下應該是執行檔，所以剛剛建立的 01_users 當然要給予執行權限
[root@study ~]# chmod a+x /etc/grub.d/01_users
[root@study ~]# ll /etc/grub.d/01_users
-rwxr-xr-x. 1 root root 649 Aug 31 19:42 /etc/grub.d/01_users
```

很快的，你就已經將密碼建置妥當了！接下來就來聊一聊，那麼每個 menuentry 要如何
修改呢？

◆ **為個別的選單設定帳號密碼的使用模式**

回想一下我們之前的設定，目前測試機器的 Linux 系統選單應該有五個：

■ 來自 /etc/grub.d/10_linux 這個檔案主動偵測的兩個 menuentry。

■ 來自 /etc/grub.d/40_custom 這個我們自己設定的三個 menuentry。

在 40_custom 內的設定，我們可以針對每個 menuentry 去調整，而且該調整是固定
的，不會隨便被更改。至於 10_linux 檔案中，則每個 menuentry 的設定都會依據
10_linux 的資料去變更，也就是由 10_linux 偵測到的核心開機選單都會是相同的意思。

因為我們已經在 01_users 檔案內設定了 set superusers="vbird" 這個設定值，因此每個
選單內的參數除了知道 vbird 密碼的人之外，已經不能隨便修改了喔！所以，選擇
10_linux 製作出來的選單開機，應該就算正常開機，所以，我們預設不要使用密碼好
了！剛剛好 10_linux 的 menuentry 設定值就是這樣：

```
[root@study ~]# vim /etc/grub.d/10_linux
.....(前面省略).....
CLASS="--class gnu-linux --class gnu --class os --unrestricted"
# 這一行大約在 29 行左右，你可以利用 unrestricted 去搜尋即可！
# 預設已經不受限制 (--unrestricted) 了！如果想要受限制，在這裡將 --unrestricted
# 改成你要使用的 --users "帳號名稱" 即可！不過，還是不建議修改啦！
```

現在我們假設在 40_custom 裡面要增加一個可以進入救援模式 (rescue) 的環境，並且
放置到最後一個選單中，同時僅有知道 dmtsai 的密碼者才能夠使用，那你應該這樣
做：

```
[root@study ~]# vim /etc/grub.d/40_custom
.....(前面省略).....
menuentry 'Rescue CentOS7，with Linux 3.10.0-229.el7.x86_64' --users dmtsai {
        load_video
        set gfxpayload=keep
        insmod gzio
        insmod part_gpt
        insmod xfs
        set root='hd0,gpt2'
        if [ x$feature_platform_search_hint = xy ]; then
          search --no-floppy --fs-uuid --set=root --hint='hd0,gpt2'  94ac5f77-cb8a-...
        else
          search --no-floppy --fs-uuid --set=root 94ac5f77-cb8a-495e-a65b-2ef7442b837c
        fi
        linux16 /vmlinuz-3.10.0-229.el7.x86_64 root=/dev/mapper/centos-root ro rd.lvm.lv
            =centos/root rd.lvm.lv=centos/swap crashkernel=auto rhgb quiet
            systemd.unit=rescue.target
        initrd16 /initramfs-3.10.0-229.el7.x86_64.img
}

[root@study ~]# grub2-mkconfig -o /boot/grub2/grub.cfg
```

最後一步當然不要忘記重建你的 grub.cfg 囉！然後重新開機測試一下，如果一切順利，
你會發現如下的畫面：

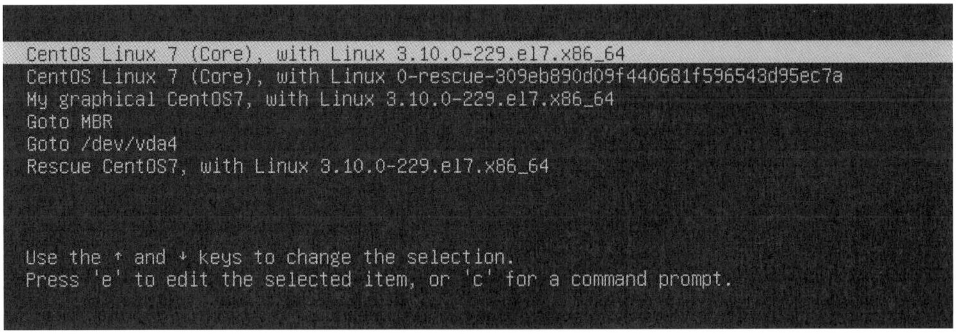

```
CentOS Linux 7 (Core), with Linux 3.10.0-229.el7.x86_64
CentOS Linux 7 (Core), with Linux 0-rescue-309eb890d09f440681f596543d95ec7a
My graphical CentOS7, with Linux 3.10.0-229.el7.x86_64
Goto MBR
Goto /dev/vda4
Rescue CentOS7, with Linux 3.10.0-229.el7.x86_64



Use the ↑ and ↓ keys to change the selection.
Press 'e' to edit the selected item, or 'c' for a command prompt.
```

圖 19.3.4　預設的選單環境

你直接在 1，2，3 選單上面按下 enter 就可以順利的繼續開機，而不用輸入任何的密
碼，這是因為有 --unrestricted 參數的關係。第 4，5 選單中，如果你按下 enter 的話，
就會出現如下畫面：

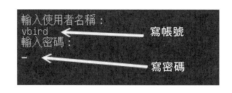

圖 19.3.5　需要輸入帳號密碼的環境

你可能會懷疑，怪了！為啥 4，5 需要輸入密碼才行？而且一定要 vbird 這個系統管理員的密碼才可接受？使用 dmstai 就不可以！**這是因為我們在 4，5 忘記加上 --users 也忘記加上 --restricted 了！因此這兩個項目『一定要系統管理員』才能夠進入與修改。**

最後，你在第 6 個選單上面輸入 e 來想要修改參數時，輸入的帳密確實是 dmtsai 的帳密，但是，就是無法修改參數耶！怎麼回事啊？我們前面講過了，grub2 兩個基本的功能 (1)修改參數與 (2)進入選單開機模式，只有系統管理員能夠修改參數，一般用戶只能選擇可用的開機選單啦！這樣說，終於理解了吧？哈哈！

### 例題

我的預設選單裡面沒有加上 --unrestricted 項目，同時已經設定了 set superusers="vbird" 了，那請教一下，開機的時候能不能順利開機 (沒有輸入帳密的情況下？)

**答：**因為沒有寫上 --unrestricted 的項目，同時又加上了 superusers="vbird" 的設定項目，這表示『 grub.cfg 內的所有參數都已經受到限制』了，所以，當倒數讀秒結束後，系統會叫出帳號密碼輸入的視窗給你填寫，如果沒有填寫就會一直卡住了！因此無法順利開機喔！

## 19.4　開機過程的問題解決

很多時候，我們可能因為做了某些設定，或者是因為不正常關機 (例如未經通知的停電等等) 而導致系統的 filesystem 錯亂，此時，Linux 可能無法順利開機成功，那怎麼辦呢？難道要重灌？當然不需要啦！進入 rescue 模式去處理處理，應該就 OK 的啦！底下我們就來談一談如何處理幾個常見的問題！

### 19.4.1　忘記 root 密碼的解決之道

大家都知道鳥哥的記憶力不佳，容易忘東忘西的，那如果連 root 的密碼都忘記了，怎麼辦？其實在 Linux 環境中 root 密碼忘記時還是可以救回來的！只要能夠進入並且掛載 / ，然後重新設定一下 root 的密碼，就救回來啦！

　　只是新版的 systemd 的管理機制中，預設的 rescue 模式是無法直接取得 root 權限的喔！還是得要使用 root 的密碼才能夠登入 rescure 環境耶！天哪！那怎辦？沒關係，還是有辦法滴～透過一個名為『rd.break』的核心參數來處理即可喔！只是需要注意的是，rd.break 是在 Ram Disk 裡面的作業系統狀態，因此你不能直接取得原本的 linux 系統操作環境。所以，還需要 chroot 的支援！更由於 SELinux 的問題，你可能還得要加上某些特殊的流程才能順利的搞定 root 密碼的救援喔！

　　現在就讓我們來實作一下吧！(1)按下 systemctl reboot 來重新開機，(2)進入到開機畫面，在可以開機的選單上按下 e 來進入編輯模式，然後就在 linux16 的那個核心項目上面使用這個參數來處理：

圖 19.4.1　透過 rd.break 嘗試救援 root 密碼

　　改完之後按下 [ctrl]+x 開始開機，開機完成後螢幕會出現如下的類似畫面，此時請注意，你應該是在 RAM Disk 的環境，並不是原本的環境，因此根目錄底下的東西跟你原本的系統無關喔！而且，你的系統應該會被掛載到 /sysroot 目錄下，因此，你得要這樣做：

```
Generating "/run/initramfs/rdsosreport.txt"

Enter emergency mode. Exit the shell to continue.
Type "journalctl" to view system logs.
You might want to save "/run/initramfs/rdsosreport.txt" to a USB stick or /boot
after mounting them and attach it to a bug report.

switch_root:/#              # 無須輸入密碼即可取得 root 權限！
switch_root:/# mount        # 檢查一下掛載點！一定會發現 /sysroot 才是對的！
.....(前面省略).....
/dev/mapper/centos-root on /sysroot type xfs (ro,relatime,attr,inode64,noquota)

switch_root:/# mount -o remount,rw /sysroot   # 要先讓它掛載成可讀寫！
switch_root:/# chroot /sysroot                 # 實際切換了根目錄的所在！取回你的環境了！
```

```
sh-4.2# echo "your_root_new_pw" | passwd --stdin root
sh-4.2# touch /.autorelabel                    # 很重要！變回 SELinux 的安全本文～
sh-4.2# exit

switch_root:/# reboot
```

上述的流程你應該沒啥大問題才對～比較不懂的，應該是 (1)chroot 是啥？(2)為何需要 /.autorelabel 這個檔案？

◆ **chroot 目錄**：代表將你的根目錄『暫時』切換到 chroot 之後所接的目錄。因此，以上表為例，那個 /sysroot 將會被暫時作為根目錄，而我們知道那個目錄其實就是最原先的系統根目錄，所以你當然就能夠用來處理你的檔案系統與相關的帳號管理囉！

◆ **為何需要 /.autorelabel**：在 rd.break 的 RAM Disk 環境下，系統是沒有 SELinux 的，而你剛剛更改了 /etc/shadow (因為改密碼啊！)，所以『這個檔案的 SELinux 安全本文的特性將會被取消』喔！如果你沒有讓系統於開機時自動的回復 SELinux 的安全本文，你的系統將產生『無法登入』的問題 (在 SELinux 為 Enforcing 的模式下！)加上 /.autorelabel 就是要讓系統在開機的時候自動的使用預設的 SELinux type 重新寫入 SELinux 安全本文到每個檔案去！。

不過加上 /.autorelabel 之後，系統在開機就會重新寫入 SELinux 的 type 到每個檔案，因此會花不少的時間喔！如果你不想要花太多時間，還有個方法可以處理：

◆ **在 rd.break 模式下，修改完 root 密碼後，將 /etc/selinux/config 內的 SELinux 類型改為 permissive。**

◆ **重新開機後，使用 root 的身份下達『 restorecon -Rv /etc 』僅修改 /etc 底下的檔案。**

◆ **重新修改 /etc/selinux/config 改回 enforcing ，然後『 setenforce 1 』即可！**

## 19.4.2 直接開機就以 root 執行 bash 的方法

除了上述的 rd.break 之外，我們還可以直接開機取得系統根目錄後，讓系統直接丟一個 bash 給我們使用喔！使用的方法很簡單，就同樣在開機的過程中，同在 linux16 的那一行，最後面不要使用 rd.break 而是使用『 init=/bin/bash 』即可！最後開機完成就會丟一個 bash 給我們！同樣不需要 root 密碼而有 root 權限！

但是要完整的操作該系統是不可能的，因為我們將 PID 一號更改為 bash 啦！所以，最多還是用在救援方面就是了！而且，同樣的，要操作該系統你還是得要 remount 根目錄才行啊！否則無法更改檔案系統啦！基本上，這個系統的處理方法你應該是要這樣做的：

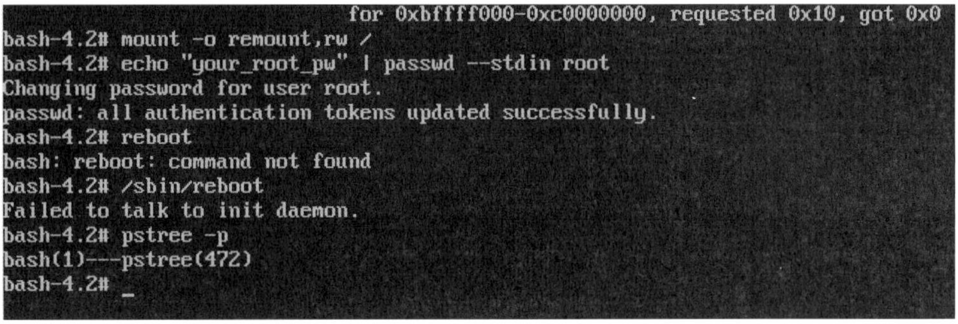

```
                                for 0xbffff000-0xc0000000, requested 0x10, got 0x0
bash-4.2# mount -o remount,rw /
bash-4.2# echo "your_root_pw" | passwd --stdin root
Changing password for user root.
passwd: all authentication tokens updated successfully.
bash-4.2# reboot
bash: reboot: command not found
bash-4.2# /sbin/reboot
Failed to talk to init daemon.
bash-4.2# pstree -p
bash(1)---pstree(472)
bash-4.2# _
```

圖 19.4.2　直接開機使用 bash 的方法

　　如上圖的完整截圖，你會發現由於是最預設的 bash 環境，所以連 PATH 都僅有 /bin 而已～所以你不能下達 reboot！同時，由於沒有 systemd 或者是 init 的存在，所以真的使用絕對路徑來下達 reboot 時，系統也是無法協助你重新開機啦！此時只能按下 reset 或者是強制關機後，才能再次開機！所以...感覺上還是 rd.break 比較保險...

　　同時請注意，鳥哥上面刻意忘記處理 /.autorelabel 的檔案建置～你如果按照鳥哥上述的方法實作的話，嘿嘿！此時應該是無法登入的喔！請重新開機進入 rd.break 模式，然後使用 SELinux 改為 permissive 的方法來實驗看看。等到可以順利以 root 登入系統後，使用 restorecon -Rv /etc 來瞧一瞧，應該會像底下這樣：

```
[root@study ~]# getenforce
Permissive

[root@study ~]# restorecon -Rv /etc
restorecon reset /etc/shadow context system_u:object_r:unlabeled_t:s0
   ->system_u:object_r:shadow_t:s0
restorecon reset /etc/selinux/config context system_u:object_r:unlabeled_t:s0
   ->system_u:object_r:selinux_config_t:s0

[root@study ~]# vim /etc/selinux/config
SELINUX=enforcing

[root@study ~]# setenforce 1
```

## 19.4.3　因檔案系統錯誤而無法開機

如果因為設定錯誤導致無法開機時,要怎麼辦啊?這就更簡單了!最容易出錯的設定而導致無法順利開機的步驟,通常就是 /etc/fstab 這個檔案了,尤其是使用者在實作 Quota/LVM/RAID 時,最容易寫錯參數,又沒有經過 mount -a 來測試掛載,就立刻直接重新開機,真要命!無法開機成功怎麼辦?這種情況的問題大多如下面的畫面所示:

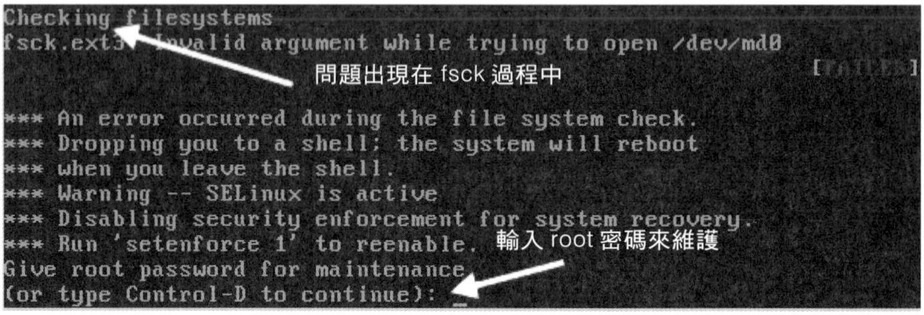

圖 19.4.3　檔案系統錯誤的示意圖

看到最後兩行,它說可以輸入 root 的密碼繼續加以救援喔!那請輸入 root 的密碼來取得 bash 並以 mount -o remount,rw / 將根目錄掛載成可讀寫後,繼續處理吧!其實會造成上述畫面可能的原因除了 /etc/fstab 編輯錯誤之外,如果你曾經不正常關機後,也可能導致檔案系統不一致 (Inconsistent) 的情況,也有可能會出現相同的問題啊!如果是磁區錯亂的情況,請看到上圖中的第二行處,fsck 告知其實是 /dev/md0 出錯,此時你就應該要利用 fsck.ext3 去檢測 /dev/md0 才是!等到系統發現錯誤,並且出現『clear [Y/N]』時,輸入『y』吧!

當然啦,如果是 XFS 檔案系統的話,可能就得要使用 xfs_repair 這個指令來處理。這個 fsck/xfs_repair 的過程可能會很長,而且如果你的 partition 上面的 filesystem 有過多的資料損毀時,即使 fsck/xfs_repair 完成後,可能因為傷到系統槽,導致某些關鍵系統檔案資料的損毀,那麼依舊是無法進入 Linux 的。此時,就好就是將系統當中的重要資料複製出來,然後重新安裝,並且檢驗一下,是否實體硬碟有損傷的現象才好!不過一般來說,不太可能會這樣啦~通常都是檔案系統處理完畢後,就能夠順利再次進入 Linux 了。

## 19.5　重點回顧

◆　Linux 不可隨意關機,否則容易造成檔案系統錯亂或者是其他無法開機的問題。

◆　開機流程主要是:BIOS、MBR、Loader、kernel+initramfs、systemd 等流程。

◆　Loader 具有提供選單、載入核心檔案、轉交控制權給其他 loader 等功能。

◆ boot loader 可以安裝在 MBR 或者是每個分割槽的 boot sector 區域中。

◆ initramfs 可以提供核心在開機過程中所需要的最重要的模組，通常與磁碟及檔案系統有關的模組。

◆ systemd 的設定檔為主要來自 /etc/systemd/system/default.target 項目。

◆ 額外的裝置與模組對應，可寫入 /etc/modprobe.d/*.conf 中。

◆ 核心模組的管理可使用 lsmod，modinfo，rmmod，insmod，modprobe 等指令。

◆ modprobe 主要參考 /lib/modules/$(uanem -r)/modules.dep 的設定來載入與卸載核心模組。

◆ grub2 的設定檔與相關檔案系統定義檔大多放置於 /boot/grub2 目錄中，設定檔名為 grub.cfg。

◆ grub2 對磁碟的代號設定與 Linux 不同，主要透過偵測的順序來給予設定。如 (hd0) 及 (hd0,1) 等。

◆ grub.cfg 內每個選單與 menuentry 有關，而直接指定核心開機時，至少需要 linux16 及 initrd16 兩個項目。

◆ grub.cfg 內設定 loader 控制權移交時，最重要者為 chainloader +1 這個項目。

◆ 若想要重建 initramfs，可使用 dracut 或 mkinitrd 處理。

◆ 重新安裝 grub2 到 MBR 或 boot sector 時，可以利用 grub2-install 來處理。

◆ 若想要進入救援模式，可於開機選單過程中，在 linux16 的項目後面加入『 rd.break 』或『 init=/bin/bash 』等方式來進入救援模式。

◆ 我們可以對 grub2 的個別選單給予不同的密碼。

## 19.6　本章習題

**情境模擬題：**

利用救援光碟來處理系統的錯誤導致無法開機的問題。

◆ 目標：瞭解救援光碟的功能。

◆ 前提：瞭解 grub 的原理，並且知道如何使用 chroot 功能。

◆ 需求：打字可以再加快一點啊！ ^_^

假設你的系統出問題而無法順利開機，此時拿出原版光碟，然後重新以光碟來啟動你的系統。然後你應該要這樣做的：

1. 利用光碟開機時，看到開機項目後，請選擇『Troubleshooting』項目 → 『Rescue a CentOS system』項目，按下 Enter 就開始開機程序。

2. 然後就進入救援光碟模式的檔案系統搜尋了！這個救援光碟會去找出目前你的主機裡面與 CentOS 7.x 相關的作業系統，並將該作業系統彙整成為一個 chroot 的環境等待你的處置！但是它會有三個模式可以選擇，分別是『continue』繼續成為可讀寫掛載；『Read-Only』將偵測到的作業系統變成唯讀掛載；『Skip』略過這次的救援動作。在這裡我們選擇『 Continue 』吧！

3. 如果你有安裝多個 CentOS 7.x 的作業系統 (多重作業系統的實作)，那就會出現選單讓你選擇想要處理的根目錄是哪個！選擇完畢就請按 Enter 吧！

4. 然後系統會將偵測到的資訊通知你！一般來說，可能會在螢幕上顯示類似這樣的訊息：『 chroot /mnt/sysimage』此時請按下 OK 吧！

5. 按下 OK 後，系統會丟給你一個 shell 使用，先用 df 看一下掛載情況是否正確？若不正確請手動掛載其他未被掛載的 partition 。等到一切搞定後，利用 chroot /mnt/sysimage 來轉成你原本的作業系統環境吧！等到你將一切出問題的地方都搞定，請 reboot 系統，且取出光碟，用硬碟開機吧！

## 簡答題部分：

◆ 因為 root 密碼忘記，我使用 rd.break 的核心參數重新開機，並且修改完 root 密碼，重新開機後可以順利開機完畢，但是我使用所有的帳號卻都無法登入系統！為何會如此？可能原因為何？

◆ 萬一不幸，我的一些模組沒有辦法讓 Linux 的核心捉到，但是偏偏這個核心明明就有支援該模組，我要讓該模組在開機的時候就被載入，那麼應該寫入那個檔案？

◆ 如何在 grub2 開機過程當中，指定以『 multi-user.target 』來開機？

◆ 如果你不小心先安裝 Linux 再安裝 Windows 導致 boot loader 無法找到 Linux 的開機選單，該如何挽救？

# 19.7　參考資料與延伸閱讀

◆ 註 1：BIOS 的 POST 功能解釋：http://en.wikipedia.org/wiki/Power-on_self-test

◆ 註 2：BIOS 的 INT 13 硬體中斷解釋：http://en.wikipedia.org/wiki/INT_13

◆ 註 3：關於 splash 的相關說明：http://ruslug.rutgers.edu/~mcgrof/grub-images/

◆ 註 4：一些 grub 出錯時的解決之道：

http://wiki.linuxquestions.org/wiki/GRUB_boot_menu

http://forums.gentoo.org/viewtopic.php?t=122656&highlight=grub+error+collection

◆ info grub (尤其是 6.1 的段落，在講解 /etc/default/grub 的設定項目)

◆ GNU 官方網站關於 grub 的說明文件：

http://www.gnu.org/software/grub/manual/html_node/

◆ 純文字螢幕解析度的修改方法：

http://phorum.study-area.org/viewtopic.php?t=14776

# 20

# 基礎系統設定與備份策略

新的 CentOS 7 有針對不同的服務提供了相當大量的指令列設定模式，因此過去
那個 setup 似乎沒有什麼用了！取而代之的是許多加入了 bash-complete 提供了
不少參數補全的設定工具！甚至包括網路設定也是透過這個機制哩！我們這個小
章節主要就是在介紹如何透過這些基本的指令來設定系統就是了。另外，萬一不
幸你的 Linux 被駭客入侵了、或是你的 Linux 系統由於硬體關係 (不論是天災還是
人禍) 而掛掉了！這個時候，請問如何快速的回復你的系統呢？呵呵！當然囉，
如果有備份資料的話，那麼回復系統所花費的時間與成本將降低相當的多！平時
最好就養成備份的習慣，以免突然間的系統損毀造成手足無措！此外，哪些檔案
最需要備份呢？又，備份是需要完整的備份還是僅備份重要資料即可？嗯！確實
需要考慮看看呦！

# 20.1 系統基本設定

我們的 CentOS 7 系統其實有很多東西需要來設定的，包括之前稍微談過的語系、日期、時間、網路設定等等。CentOS 6.x 以前有個名為 setup 的軟體將許多的設定做成類圖形介面，連防火牆都可以這樣搞定！不過這個功能在 CentOS 7 已經式微～這是因為 CentOS 7 已經將很多的軟體指令作的還不賴，又加入了 bash-complete 的功能，指令下達確實還 OK 啦！如果不習慣指令，很多的圖形介面也可以使用～因此，setup 的需求就減少很多了！底下我們會介紹基本的系統設定需求，其實也是將之前章節裡面稍微談過個資料做個彙整就是了！

## 20.1.1 網路設定 (手動設定與 DHCP 自動取得)

網路其實是又可愛又麻煩的玩意兒，如果你是網路管理員，那麼你必須要瞭解區域網路內的 IP，gateway，netmask 等參數，如果還想要連上 Internet ，那麼就得要理解 DNS 代表的意義為何。如果你的單位想要擁有自己的網域名稱，那麼架設 DNS 伺服器則是不可或缺的。總之，要設定網路伺服器之前，你得要先理解網路基礎就是了！沒有人願意自己的伺服器老是被攻擊或者是網路問題層出不窮吧！ ^_^

但鳥哥這裡的網路介紹僅止於當你是一部單機的 Linux 用戶端，而非伺服器！所以你的各項網路參數只要找到網路管理員，或者是找到你的 ISP (Internet Service Provider) ，向他詢問**網路參數的取得方式**以及**實際的網路參數**即可。通常網路參數的取得方式在台灣常見的有底下這幾種：

1. **手動設定固定 IP**

   常見於學術網路的伺服器設定、公司行號內的特定座位等。這種方式你必須要取得底下的幾個參數才能夠讓你的 Linux 上網的：

   - IP
   - **子網路遮罩** (netmask)
   - **通訊閘** (gateway)
   - **DNS 主機的 IP** (通常會有兩個，若記不住的話，硬背 168.95.1.1 即可)

2. **網路參數可自動取得** (dhcp **協定自動取得**)

   常見於 IP 分享器後端的主機，或者是利用電視線路的纜線上網 (cable modem)，或者是學校宿舍的網路環境等。這種網路參數取得方式就被稱為 dhcp ，你啥事都不需要知道，只要知道設定上網方式為 dhcp 即可。

3. **台灣的光纖到府與 ADSL 寬頻撥接**

不論你的 IP 是固定的還是每次撥接都不相同 (被稱為浮動式 IP)，只要是透過光纖到府或寬頻數據機『撥接上網』的，就是使用這種方式。撥接上網雖然還是使用網路卡連接到數據機上，不過，系統最終會產生一個替代數據機的網路介面 (ppp0) ，那個 ppp0 也是一個實體網路介面啦！

不過，因為台灣目前所謂的『光世代』寬頻上網的方式所提供的數據機中，內部已經涵蓋了 IP 分享與自動撥接功能，因此，其實你在數據機後面也還是只需要『自動取得 IP』的方式來取得網路參數即可喔！

瞭解了網路參數的取得方法後，你還得要知道一下我們透過啥硬體連上 Internet 的呢？其實就是網路卡嘛。目前的主流網卡為使用乙太網路協定所開發出來的乙太網卡 (Ethernet)，因此我們 Linux 就稱呼這種網路介面為 ethN (N 為數字)。舉例來說，鳥哥的這部測試機上面有一張乙太網卡，因此鳥哥這部主機的網路介面就是 eth0 囉 (第一張為 0 號開始)。

不過新的 CentOS 7 開始對於網卡的編號則有另一套規則，網卡的介面代號現在與網卡的來源有關～基本上的網卡名稱會是這樣分類的：

◆ eno1：代表由主機板 BIOS 內建的網卡

◆ ens1：代表由主機板 BIOS 內建的 PCI-E 介面的網卡

◆ enp2s0：代表 PCI-E 介面的獨立網卡，可能會有多個插孔，因此會有 s0，s1... 的編號～

◆ eth0：如果上述的名稱都不適用，就回到原本的預設網卡編號

其實不管什麼網卡名稱啦！想要知道你有多少網卡，直接下達『 ifconfig -a 』全部列出來即可！此外，CentOS 7 也希望我們不要手動修改設定檔，直接使用所謂的 nmcli 這個指令來設定網路參數即可～因為鳥哥的測試機器是虛擬機，所以上述的網卡代號只有 eth0 能夠支援～你得要自己看自己的系統上面的網卡代號才行喔！

◆ **手動設定 IP 網路參數**

假設你已經向你的 ISP 取得你的網路參數，基本上的網路參數需要這些資料的：

■ method：manual (手動設定)

■ IP：172.16.1.1

■ netmask：255.255.0.0

■ gateway：172.16.200.254

■ DNS：172.16.200.254

- hostname：study.centos.vbird

上面的資料除了 hostname 是可以暫時不理會的之外，如果你要上網，就得要有上面的這些資料才行啊！然後透過 nmcli 來處理！你得要先知道的是，nmcli 是透過一個名為『連線代號』的名稱來設定是否要上網，而每個『連線代號』會有個『網卡代號』，這兩個東西通常設定成相同就是了。那就來先查查看目前系統上預設有什麼連線代號吧！

```
[root@study ~]# nmcli connection show [網卡代號]
[root@study ~]# nmcli connection show
NAME   UUID                                  TYPE            DEVICE
eth0   505a7445-2aac-45c8-92df-dc10317cec22  802-3-ethernet  eth0
# NAME    就是連線代號，通常與後面的網卡 DEVICE 會一樣！
# UUID    這個是特殊的裝置識別，保留就好不要理它！
# TYPE    就是網卡的類型，通常就是乙太網卡！
# DEVICE  當然就是網卡名稱囉！
# 從上面我們會知道有個 eth0 的連線代號，那麼來查察這個連線代號的設定為何？

[root@study ~]# nmcli connection show eth0
connection.id：                   eth0
connection.uuid：                 505a7445-2aac-45c8-92df-dc10317cec22
connection.interface-name：       eth0
connection.type：                 802-3-ethernet
connection.autoconnect：          yes
.....(中間省略).....
ipv4.method：                     manual
ipv4.dns:
ipv4.dns-search:
ipv4.addresses：                  192.168.1.100/24
ipv4.gateway：                    --
.....(中間省略).....
IP4.ADDRESS[1]：                  192.168.1.100/24
IP4.GATEWAY:
IP6.ADDRESS[1]：                  fe80::5054:ff:fedf:e174/64
IP6.GATEWAY:
```

如上表的輸出，最底下的大寫的 IP4，IP6 指的是目前的實際使用的網路參數，最上面的 connection 開頭的部分則指的是連線的狀態！比較重要的參數鳥哥將它列出來如下：

- connection.autoconnect [yes|no]：是否於開機時啟動這個連線，預設通常是 yes 才對！

- ipv4.method [auto|manual]：自動還是手動設定網路參數的意思

- ipv4.dns [dns_server_ip]：就是填寫 DNS 的 IP 位址～

- ipv4.addresses [IP/Netmask]：就是 IP 與 netmask 的集合，中間用斜線 / 來隔開～

- ipv4.gateway [gw_ip]：就是 gateway 的 IP 位址！

所以，根據上面的設定項目，我們來將網路參數設定好吧！

```
[root@study ~]# nmcli connection modify eth0 \
>   connection.autoconnect yes \
>   ipv4.method manual \
>   ipv4.addresses 172.16.1.1/16 \
>   ipv4.gateway 172.16.200.254 \
>   ipv4.dns 172.16.200.254
# 上面只是『修改了設定檔』而已，要實際生效還得要啟動 (up) 這個 eth0 連線介面才行喔！

[root@study ~]# nmcli connection up eth0
[root@study ~]# nmcli connection show eth0
.....(前面省略).....
IP4.ADDRESS[1] :                        172.16.1.1/16
IP4.GATEWAY :                           172.16.200.254
IP4.DNS[1] :                            172.16.200.254
IP6.ADDRESS[1] :                        fe80::5054:ff:fedf:e174/64
IP6.GATEWAY :
```

最終執行『 nmcli connection show eth0 』然後看最下方，是否為正確的設定值呢？如果是的話，那就萬事 OK 啦！

◆ **自動取得 IP 參數**

如果你的網路是由自動取得的 DHCP 協定所分配的，那就太棒了！上述的所有功能你通通不需要背～只需要知道 ipv4.method 那個項目填成 auto 即可！所以來查察，如果變成自動取得，網路設定要如何處理呢？

```
[root@study ~]# nmcli connection modify eth0 \
>   connection.autoconnect yes \
>   ipv4.method auto

[root@study ~]# nmcli connection up eth0
[root@study ~]# nmcli connection show eth0
IP4.ADDRESS[1] :                        172.16.2.76/16
IP4.ADDRESS[2] :                        172.16.1.1/16
IP4.GATEWAY :                           172.16.200.254
IP4.DNS[1] :                            172.16.200.254
```

自動取得 IP 要簡單太多了！同時下達 modify 之後，整個設定檔就寫入了！因此你無須使用 vim 去重新改寫與設定！鳥哥是認為，nmcli 確實不錯用喔！另外，上面的參數中，那個 connection...，ipv4... 等等的，你也可以使用 [tab] 去呼叫出來喔！也就是說，nmcli 有支援 bash-complete 的功能，所以指令下達也很方便的！

◆ **修改主機名稱**

主機名稱的修改就得要透過 hostnamectl 這個指令來處理了！

```
[root@study ~]# hostnamectl [set-hostname 你的主機名]

# 1. 顯示目前的主機名稱與相關資訊
[root@study ~]# hostnamectl
   Static hostname：study.centos.vbird            # 這就是主機名稱
         Icon name：computer
           Chassis：n/a
        Machine ID：309eb890d09f440681f596543d95ec7a
           Boot ID：b2de392ff1f74e568829c716a7166ecd
    Virtualization：kvm
  Operating System：CentOS Linux 7 (Core)         # 作業系統名稱！
       CPE OS Name：cpe:/o:centos:centos:7
            Kernel：Linux 3.10.0-229.el7.x86_64   # 核心版本也提供！
      Architecture：x86_64                        # 硬體等級也提供！

# 2. 嘗試修改主機名稱為 www.centos.vbird 之後再改回來～
[root@study ~]# hostnamectl set-hostname www.centos.vbird
[root@study ~]# cat /etc/hostname
www.centos.vbird
[root@study ~]# hostnamectl set-hostname study.centos.vbird
```

## 20.1.2 日期與時間設定

在第四章的 date 指令解釋中，我們曾經談過這家伙可以進行日期、時間的設定。不過，如果要改時區呢？例如台灣時區改成日本時區之類的，該如何處理？另外，真的設定了時間，那麼下次開機可以是正確的時間嗎？還是舊的時間？我們也知道有『網路校時』這個功能，那如果有網路的話，可以透過這家伙來校時嗎？這就來談談。

◆ **時區的顯示與設定**

因為地球是圓的，每個時刻每個地區的時間可能都不一樣。為了統一時間，所以有個所謂的『GMT、格林威治時間』這個時區！同時，在太平洋上面還有一條看不見的『換日線』哩！台灣地區就比格林威治時間多了 8 小時，因為我們會比較早看到太陽啦！那我怎麼知道目前的時區設定是正確的呢？就透過 timedatectl 這個指令吧！

```
[root@study ~]# timedatectl [commamd]
選項與參數：
list-timezones ：列出系統上所有支援的時區名稱
set-timezone   ：設定時區位置
set-time       ：設定時間
set-ntp        ：設定網路校時系統

# 1. 顯示目前的時區與時間等資訊
[root@study ~]# timedatectl
      Local time：Tue 2015-09-01 19:50:09 CST   # 本地時間
  Universal time：Tue 2015-09-01 11:50:09 UTC   # UTC 時間，可稱為格林威治標準時間
        RTC time：Tue 2015-09-01 11:50:12
        Timezone：Asia/Taipei (CST, +0800)        # 就是時區囉！
     NTP enabled：no
NTP synchronized：no
 RTC in local TZ：no
      DST active：n/a

# 2. 顯示出是否有 New_York 時區？若有，則請將目前的時區更新一下
[root@study ~]# timedatectl list-timezones | grep -i new
America/New_York
America/North_Dakota/New_Salem
[root@study ~]# timedatectl set-timezone "America/New_York"
[root@study ~]# timedatectl
      Local time：Tue 2015-09-01 07:53:24 EDT
  Universal time：Tue 2015-09-01 11:53:24 UTC
        RTC time：Tue 2015-09-01 11:53:28
        Timezone：America/New_York (EDT, -0400)

[root@study ~]# timedatectl set-timezone "Asia/Taipei"
# 最後還是要記得改回來台灣時區喔！不要忘記了！
```

◆ **時間的調整**

由於鳥哥的測試機使用的是虛擬機，預設虛擬機使用的是 UTC 時間而不是本地時間，所以在預設的情況下，測試機每次開機都會快上 8 小時... 所以就需要來調整一下時間囉！時間的格式可以是『 yyyy-mm-dd HH:MM 』的格式！比較方便記憶喔！

```
# 1. 將時間調整到正確的時間點上！
[root@study ~]# timedatectl set-time "2015-09-01 12:02"
```

過去我們使用 date 去修改日期後，還得要使用 hwclock 去訂正 BIOS 記錄的時間～現在透過 timedatectl 一口氣幫我們全部搞定，方便又輕鬆！

◆ **用 ntpdate 手動網路校時**

其實鳥哥真的不太愛讓系統自動網路校時，比較喜歡自己手動網路校時。當然啦，寫入 crontab 也是不錯的想法～因為系統預設的自動校時會啟動 NTP 協定相關的軟體，會多開好幾個 port ～想到就不喜歡的緣故啦！沒啥特別的意思～那如何手動網路校時呢？很簡單，透過 ntpdate 這個指令即可！

```
[root@study ~]# ntpdate tock.stdtime.gov.tw
 1 Sep 13:15:16 ntpdate[21171] : step time server 211.22.103.157 offset -0.794360 sec

[root@study ~]# hwclock -w
```

上述的 tock.stdtime.gov.tw 指的是台灣地區國家標準實驗室提供的時間伺服器，如果你在台灣本島上，建議使用台灣提供的時間伺服器來更新你的伺服器時間，速度會比較快些～至於 hwclock 則是將正確的時間寫入你的 BIOS 時間記錄內！如果確認可以執行，未來應該可以使用 crontab 來更新系統時間吧！

## 20.1.3  語系設定

我們在第四章知道有個 LANG 與 locale 的指令能夠查詢目前的語系資料與變數，也知道 /etc/locale.conf 其實就是語系的設定檔。此外，你還得要知道的是，系統的語系與你目前軟體的語系資料可能是可以不一樣的！如果想要知道目前『系統語系』的話，除了呼叫設定檔之外，也能夠使用 localectl 來查閱：

```
[root@study ~]# localectl
   System Locale : LANG=zh_TW.utf8              # 底下這些資料就是『系統語系』
                   LC_NUMERIC=zh_TW.UTF-8
                   LC_TIME=zh_TW.UTF-8
                   LC_MONETARY=zh_TW.UTF-8
                   LC_PAPER=zh_TW.UTF-8
                   LC_MEASUREMENT=zh_TW.UTF-8
      VC Keymap : cn
     X11 Layout : cn
    X11 Options : grp:ctrl_shift_toggle

[root@study ~]# locale
LANG=zh_TW.utf8                  # 底下的則是『當前這個軟體的語系』資料！
LC_CTYPE="en_US.utf8"
LC_NUMERIC="en_US.utf8"
```

```
.....(中間省略).....
LC_ALL=en_US.utf8
```

從上面的兩個指令結果你會發現到，系統的語系其實是中文的萬國碼 (zh_TW.UTF8) 這個語系。不過鳥哥為了目前的教學文件製作，需要取消中文的顯示，而以較為單純的英文語系來處理～因此使用 locale 指令時，就可以發現『鳥哥的 bash 使用的語系環境為 en_US.utf8』這一個！我們知道直接輸入的 locale 查詢到的語系，就是目前這個 bash 預設顯示的語言，那你應該會覺得怪，那系統語系 (localectl) 顯示的語系用在哪？

其實鳥哥一登入系統時，取得的語系確實是 zh_TW.utf8 這一個的，只是透過『 export LC_ALL=en_US.utf8 』來切換為英文語系而已。此外，如果你有啟用圖形介面登入的話，那麼預設的顯示語系也是透過這個 localectl 所輸出的系統語系喔！

**例題**

如果你跟著鳥哥的測試機器一路走來，圖形介面將會是中文萬國碼的提示登入字元。如何改成英文語系的登入介面？

**答：**就是將 locale 改成 en_US.utf8 之後，再轉成圖形介面即可！

```
[root@study ~]# localectl set-locale LANG=en_US.utf8
[root@study ~]# systemctl isolate multi-user.target
[root@study ~]# systemctl isolate graphical.target
```

接下來你就可以看到英文的登入畫面提示了！未來的預設語系也都會是英文介面喔！

## 20.1.4 防火牆簡易設定

有網路沒有防火牆還挺奇怪的，所以這個小節我們簡單的來談談防火牆的一點點資料好了！

防火牆其實是一種網路資料的過濾方式，它可以依據你伺服器啟動的服務來設定是否放行，也能夠針對你信任的用戶來放行！這部分應該要對網路有點概念之後才來談比較好，所以詳細的資料會寫入在伺服器篇的內容。由於目前 CentOS 7 的預設防火牆機制為 firewalld，它的管理介面主要是透過指令列 firewall-cmd 這個詳細的指令～既然我們還沒有談到更多的防火牆與網路規則，想要瞭解 firewall-cmd 有點難！所以這個小節我們僅使用圖形介面來介紹防火牆的相關資料而已！

　　要啟動防火牆的圖形管理介面，你當然就得要先登入 X 才行！然後到『應用程式』-->『雜項』-->『防火牆』給它點下去，如下面的圖示：

圖 20.1.1　防火牆啟動的連結畫面

之後出現的圖形管理介面會有點像底下這樣：

圖 20.1.2　防火牆圖形管理介面示意圖

◆ **組態：『執行時期』與『永久記錄』的差異**

如圖 20.1.2 的箭頭 1 處，基本上，防火牆的規則擬定大概有兩種情況，一種是『暫時用來執行』的規則，一種則是『永久記錄』的規則。一般來說，剛剛啟動防火牆時，這兩種規則會一模一樣。不過，後來可能你會暫時測試而加上幾條規則，如果該規則沒有寫入『永久記錄』區的話，那下次重新載入防火牆時，該規則就會消失喔！所以請特別注意：『**不要只是在執行階段增加規則設定，而是必須要在永久記錄區增加規則才行！**』。

◆ **界域 (zone)：依據不同的環境所設計的網路界域 (zone)**

玩過網路後，你可能會聽過所謂的本機網路、NAT 與 DMZ 等網域，同時，可能還有可信任的 (trusted) 網域，或者是應該被抵擋 (drop/block) 的網域等等。這些網域各有其功能～早期的 iptables 防火牆服務，所有的規則你都得要自己手動來撰寫，然後規則的細分得要自己去規劃，所以很可能會導致一堆無法理解的規則。

新的 firewalld 服務就預先設計這些可能會被用到的網路環境，裡面的規則除了 public (公開網域) 這個界域 (zone) 之外，其他的界域則暫時為沒有啟動的狀況。因此，在預設的情況下，如圖 20.1.2 當中的 2 號箭頭與 3 號箭頭處，你只要考慮 public 那個項目即可！其他的領域等到讀完伺服器篇之後再來討論。所以，再說一次～你只要考慮 public 這個 zone 即可喔！

◆ **相關設定項目**

接下來圖 20.1.2 4 號箭頭的地方就是重點啦！防火牆規則通常需要設定的地方有：

▪ 服務：一般來說，如果你的 Linux server 是作為 Internet 的伺服器，提供的是比較一般的服務，那麼只要處理『服務』項目即可。預設你的伺服器已經提供了 ssh 與 dhcpv6-client 的服務埠口喔！

▪ 連接埠：如果你提供的服務所啟用的埠口並不是正規的埠口，舉例來說，為了玩 systemd 與 SELinux 我們曾經將 ssh 的埠口調整到 222 ，同時也曾經將 ftp 的埠口調整到 555 對吧！那如果你想要讓人家連進來，就不能只開放上面的『服務』項目，連這個『連接埠』的地方也需要調整才行！另外，如果有某些比較特別的服務是 CentOS 預設沒有提供的，所以『服務』當然也就沒有存在！這時你也可以直接透過連接埠來搞定它！

▪ 豐富規則(rich rule)：如果你有『整個網域』需要放行或者是拒絕的時候，那麼前兩個項目就沒有辦法適用，這時就得要這個項目來處理了。不過鳥哥測試了 7.1 這一版的設定，似乎怪怪的～因此，底下我們會以 firewall-cmd 來增加這一個項目的設定。

▪ 介面：就是這個界域主要是針對哪一個網路卡來做規範的意思，我們只有一張網卡，所以當然就是 eth0 囉！

至於『偽裝』、『連接埠轉送』、『ICMP 過濾器』、『來源』等等我們就不介紹了！畢竟那個是網路的東西，還不是在基礎篇應該要告訴你的項目。好了！現在假設我們的 Linux server 是要作為底下的幾個重要的服務與相關的網域功能，你該如何設定防火牆呢？

■ 要作為 ssh, www, ftp, https 等等正規埠口的服務。

■ 同時與前幾章搭配，還需要放行 port 222 與 port 555 喔！

■ 區域網路 192.168.1.0/24 這一段我們目前想要直接放行這段網域對我們伺服器的連線。

請注意，因為未來都要持續生效，所以請一定要去到『永久』的防火牆設定項目裡頭去處理！不然只有這次開機期間會生效而已～注意注意！好了，首先就來處理一下正規的服務埠口的放行吧！不過因為永久的設定比較重要，因此你得要先經過授權認證才行！如下圖所示。

圖 20.1.3　永久的設定需要權限的認證

注意如下圖所示，你要先確認箭頭 1, 2, 3 的地方是正確的，然後再直接勾選 ftp, http, https, ssh 即可！因為 ssh 預設已經被勾選，所以鳥哥僅截圖上頭的項目而已！比較特別的是，勾選就生效～沒有『確認』按鈕喔！呵呵！相當有趣！

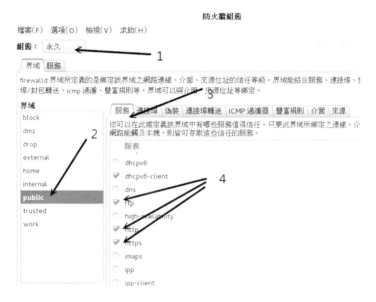

圖 20.1.4 　以圖形介面的方式放行正規服務的防火牆設定

接下來按下『連接埠』的頁面，如下圖所示，按下『加入』之後在出現的視窗當中填寫你需要的埠口號碼，通常也就是 tcp 協定保留它不動！之後按下『確定』就好了！

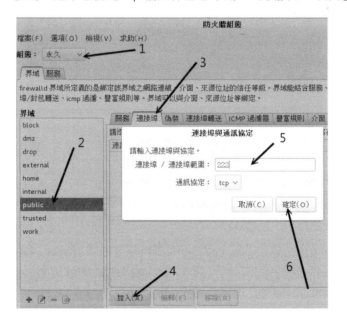

圖 20.1.5 　以圖形介面的方式放行部分非正規埠口的防火牆設定

因為我們有兩個埠口要增加，所以請實作兩次產生 222 與 555 的埠口如下：

圖 20.1.6　以圖形介面的方式放行部分非正規埠口的防火牆設定

最後一個要處理的是區域網路的放行，我們剛剛談到這個部分恐怕目前的圖形介面軟體
有點怪異～所以，這時你可以這樣下達指令即可！注意，下列的指令全部都是必要參
數，只有 IP 網段的部分可以變動掉即可！

```
[root@study ~]# firewall-cmd --permanent --add-rich-rule='rule family="ipv4" \
>   source address="192.168.1.0/24" accept'
success
[root@study ~]# firewall-cmd --reload
```

最後一行很重要喔！我們上面的圖示通通是作用於『永久』設定中，只是變更設定檔，
要讓這些設定實際生效，那麼就得要使用上面的 reload 項目，讓防火牆系統整個完整
的再載入一下～那就 OK 囉！這樣會使用簡易的防火牆設定了嗎？ ^_^

## 20.2　伺服器硬體資料的收集

　　『工欲善其事，必先利其器』，這是一句大家耳熟能詳的古人名言，在我們的資訊設備
上面也是一樣的啊！在現在 (2015) 正好是 DDR3 切換到 DDR4 的時間點，假設你的伺服器硬
體剛剛好記憶體不太夠，想要加記憶體，那請教一下，你的主機板插槽還夠嗎？你的記憶體
需要 DDR3 還是 DDR4 呢？你的主機能不能吃到 8G 以上的單條記憶體？這就需要檢查一下
系統囉！不想拆機殼吧？那怎辦？用軟體去查啦！此外，磁碟會不會出問題？你怎麼知道哪
一顆磁碟出問題了？這就重要啦！

## 20.2.1 以系統內建 dmidecode 解析硬體配備

系統有個名為 dmidecode 的軟體，這個軟體挺有趣的，它可以解析 CPU 型號、主機板型號與記憶體相關的型號等等～相當的有幫助！尤其是在升級配備上面！現在讓我們來查一查鳥哥的虛擬機裡頭有啥東西吧！

```
[root@study ~]# dmidecode -t type
選項與參數：
詳細的 type 項目請 man dmidecode 查詢更多的資料，這裡僅列出比較常用的項目：
1 ：詳細的系統資料，含主機板的型號與硬體的基礎資料等
4 ：CPU 的相關資料，包括倍頻、外頻、核心數、核心緒數等
9 ：系統的相關插槽格式，包括 PCI，PCI-E 等等的插槽規格說明
17：每一個記憶體插槽的規格，若內有記憶體，則列出該記憶體的容量與型號

範例一：秀出整個系統的硬體資訊，例如主機板型號等等
[root@study ~]# dmidecode -t 1
# dmidecode 2.12
SMBIOS 2.4 present.

Handle 0x0100, DMI type 1, 27 bytes
System Information
        Manufacturer：Red Hat
        Product Name：KVM
        Version：RHEL 6.6.0 PC
        Serial Number：Not Specified
        UUID：AA3CB5D1-4F42-45F7-8DBF-575445D3887F
        Wake-up Type：Power Switch
        SKU Number：Not Specified
        Family：Red Hat Enterprise Linux

範例二：那記憶體相關的資料呢？
[root@study ~]# dmidecode -t 17
# dmidecode 2.12
SMBIOS 2.4 present.

Handle 0x1100, DMI type 17, 21 bytes
Memory Device
        Array Handle：0x1000
        Error Information Handle：0x0000
        Total Width：64 bits
        Data Width：64 bits
        Size：3072 MB
```

```
Form Factor：DIMM
Set：None
Locator：DIMM 0
Bank Locator：Not Specified
Type：RAM
Type Detail：None
```

因為我們的系統是虛擬機，否則的話，你的主機板型號、每一支安插的記憶體容量等等，都會被列出來在上述的畫面中喔！這樣可以讓你瞭解系統的所有主要硬體配備為何！

> 因為某些緣故，鳥哥獲得了一部機架式的伺服器，不過該伺服器就是記憶體不夠。又因為某些緣故有朋友要送 ECC 的低電壓記憶體給鳥哥！太開心了！不過為了擔心記憶體與主機板不相容，所以就使用了 dmidecode 去查主機板型號，再到原廠網站查詢相關主機板規格，這才確認可以使用！感謝各位親愛的朋友啊！！

## 20.2.2 硬體資源的收集與分析

現在我們知道系統硬體是由作業系統核心所管理的，由第十九章的開機流程分析中，我們也知道 Linux kernel 在開機時就能夠偵測主機硬體並載入適當的模組來驅動硬體了。而核心所偵測到的各項硬體裝置，後來就會被記錄在 /proc 與 /sys 當中了。包括 /proc/cpuinfo，/proc/partitions，/proc/interrupts 等等。更多的 /proc 內容介紹，先回到第十六章的程序管理瞧一瞧先！

> 其實核心所偵測到的硬體可能並非完全正確喔！因為它僅是『使用最適當的模組來驅動這個硬體』而已，所以有時候難免會誤判啦 (雖然機率非常之低)！那你可能想要以最新最正確的模組來驅動你的硬體，此時，重新編譯核心是一條可以達成的道路。不過，現在的 Linux 系統並沒有很建議你一定要重新編譯核心就是了。

那除了直接呼叫出 /proc 底下的檔案內容之外，其實 Linux 有提供幾個簡單的指令來將核心所偵測到的硬體叫出來的～常見的指令有底下這些：

◆ gdisk：第七章曾經談過，可以使用 gdisk -l 將分割表列出。

◆ dmesg：第十六章談過，觀察核心運作過程當中所顯示的各項訊息記錄。

◆ vmstat：第十六章談過，可分析系統 (CPU/RAM/IO) 目前的狀態。

◆ lspci：列出整個 PC 系統的 PCI 介面裝置！很有用的指令。

◆ lsusb：列出目前系統上面各個 USB 埠口的狀態，與連接的 USB 裝置。

◆ iostat：與 vmstat 類似，可即時列出整個 CPU 與周邊設備的 Input/Output 狀態。

lspci, lsusb, iostat 是本章新談到的指令，尤其如果你想要知道主機板與各周邊相關設備時，那個 lspci 真是不可多得的好工具！而如果你想要知道目前 USB 插槽的使用情況以及偵測到的 USB 裝置，那個 lsusb 則好用到爆！至於 iostat 則是一個即時分析軟體，與 vmstat 有異曲同工之妙！

基本上，想要知道你 Linux 主機的硬體配備，最好的方法還是直接拆開機殼去查看上面的資訊 (這也是為何第零章會談計概啊)！如果環境因素導致你無法直接拆開主機的話，那麼直接 lspci 是很棒的一的方法：

◆ lspci

```
[root@study ~]# lspci [-vvn]
選項與參數：
-v   :顯示更多的 PCI 介面裝置的詳細資訊；
-vv  :比 -v 還要更詳細的細部資訊；
-n   :直接觀察 PCI 的 ID 而不是廠商名稱


範例一：查閱你系統內的 PCI 匯流排相關裝置：
[root@study ~]# lspci
00:00.0 Host bridge：Intel Corporation 440FX - 82441FX PMC [Natoma] (rev 02)
00:01.0 ISA bridge：Intel Corporation 82371SB PIIX3 ISA [Natoma/Triton II]
00:01.1 IDE interface：Intel Corporation 82371SB PIIX3 IDE [Natoma/Triton II]
00:01.2 USB controller：Intel Corporation 82371SB PIIX3 USB [Natoma/Triton II] (rev 01)
00:01.3 Bridge：Intel Corporation 82371AB/EB/MB PIIX4 ACPI (rev 03)
00:02.0 VGA compatible controller：Red Hat, Inc. QXL paravirtual graphic card (rev 04)
00:03.0 Ethernet controller：Red Hat, Inc Virtio network device
00:04.0 SCSI storage controller：Red Hat, Inc Virtio block device
00:05.0 RAM memory：Red Hat, Inc Virtio memory balloon
00:06.0 Audio device：Intel Corporation 82801FB/FBM/FR/FW/FRW (ICH6 Family) High Definition Audio
        Controller (rev 01)
00:1d.0 USB controller：Intel Corporation 82801I (ICH9 Family) USB UHCI Controller #1 (rev 03)
00:1d.1 USB controller：Intel Corporation 82801I (ICH9 Family) USB UHCI Controller #2 (rev 03)
00:1d.2 USB controller：Intel Corporation 82801I (ICH9 Family) USB UHCI Controller #3 (rev 03)
00:1d.7 USB controller：Intel Corporation 82801I (ICH9 Family) USB2 EHCI Controller #1 (rev 03)
# 不必加任何的參數，就能夠顯示出目前主機上面的各個 PCI 介面的裝置呢！
```

不必加上任何選項，就能夠顯示出目前的硬體配備為何。上面就是鳥哥的測試機所使用的主機配備。包括使用 Intel 晶片的模擬主機板、南橋使用 ICH9 的控制晶片、附掛 QXL 的顯示卡、使用虛擬化的 Virtio 網路卡等等。你瞧瞧！很清楚，不是嘛。

如果你還想要瞭解某個設備的詳細資訊時,可以加上 -v 或 -vv 來顯示更多的資訊喔!舉例來說,鳥哥想要知道那個乙太網路卡更詳細的資訊時,可以使用如下的選項來處理:

```
[root@study ~]# lspci -s 00:03.0 -vv
```

-s 後面接的那個怪東西每個設備的匯流排、插槽與相關函數功能啦!那個是我們硬體偵測所得到的數據囉!你可以對照底下這個檔案來瞭解該串數據的意義:

- /usr/share/hwdata/pci.ids

其實那個就是 PCI 的標準 ID 與廠牌名稱的對應表啦!此外,剛剛我們使用 lspci 時,其實所有的資料都是由 /proc/bus/pci/ 目錄下的資料所取出的呢!瞭解了吧!^_^ 不過,由於硬體的發展太過迅速,所以你的 pci.ids 檔案可能會落伍了~那怎辦?沒關係~可以使用底下的方式來線上更新你的對應檔:

```
[root@study ~]# update-pciids
```

◆ lsusb

剛剛談到的是 PCI 介面裝置,如果是想要知道系統接了多少個 USB 裝置呢?那就使用 lsusb 吧!這個指令也是很簡單的!

```
[root@study ~]# lsusb [-t]
選項與參數:
-t  :使用類似樹狀目錄來顯示各個 USB 埠口的相關性

範例一:列出目前鳥哥的測試用主機 USB 各埠口狀態
[root@study ~]# lsusb
Bus 002 Device 002：ID 0627:0001 Adomax Technology Co., Ltd
Bus 001 Device 001：ID 1d6b:0002 Linux Foundation 2.0 root hub
Bus 002 Device 001：ID 1d6b:0001 Linux Foundation 1.1 root hub
# 如上所示,鳥哥的主機在 Bus 002 有接了一個設備,
# 該設備的 ID 是 0627:0001,對應的廠商與產品為 Adomax 的設備。
```

確實非常清楚吧!其中比較有趣的就屬那個 ID 號碼與廠商型號對照了!那也是寫入在 /usr/share/hwdata/pci.ids 的東西,你也可以自行去查詢一下喔!

◆ iostat

剛剛那個 lspci 找到的是目前主機上面的硬體配備,那麼整部機器的儲存設備,主要是磁碟對吧!請問,你磁碟由開機到現在,已經存取多少資料呢?這個時候就得要 iostat 這個指令的幫忙了!

預設 CentOS 並沒有安裝這個軟體，因此你必須要先安裝它才行！如果你已經有網路了，那麼使用『 yum install sysstat 』先來安裝此軟體吧！否則無法進行如下的測試喔！

```
[root@study ~]# iostat [-c|-d] [-k|-m] [-t] [間隔秒數] [偵測次數]
選項與參數：
-c  ：僅顯示 CPU 的狀態；
-d  ：僅顯示儲存設備的狀態，不可與 -c 一起用；
-k  ：預設顯示的是 block ，這裡可以改成 K bytes 的大小來顯示；
-m  ：與 -k 類似，只是以 MB 的單位來顯示結果。
-t  ：顯示日期出來；
```

範例一：顯示一下目前整個系統的 CPU 與儲存設備的狀態
```
[root@study ~]# iostat
Linux 3.10.0-229.el7.x86_64 (study.centos.vbird)  09/02/2015  _x86_64_  (4 CPU)

avg-cpu:  %user   %nice %system %iowait  %steal   %idle
           0.08    0.01    0.02    0.00    0.01   99.88
Device:            tps    kB_read/s    kB_wrtn/s    kB_read    kB_wrtn
vda               0.46         5.42         3.16     973670     568007
scd0              0.00         0.00         0.00        154          0
sda               0.01         0.03         0.00       4826          0
dm-0              0.23         4.59         3.09     825092     555621
# 瞧！上面數據總共分為上下兩部分，上半部顯示的是 CPU 的當下資訊；
# 下面數據則是顯示儲存裝置包括 /dev/vda 的相關數據，它的數據意義：
# tps        ：平均每秒鐘的傳送次數！與資料傳輸『次數』有關，非容量！
# kB_read/s  ：開機到現在平均的讀取單位；
# kB_wrtn/s  ：開機到現在平均的寫入單位；
# kB_read    ：開機到現在，總共讀出來的檔案單位；
# kB_wrtn    ：開機到現在，總共寫入的檔案單位；
```

範例二：僅針對 vda ，每兩秒鐘偵測一次，並且共偵測三次儲存裝置
```
[root@study ~]# iostat -d 2 3 vda
Linux 3.10.0-229.el7.x86_64 (study.centos.vbird)  09/02/2015  _x86_64_  (4 CPU)

Device:            tps    kB_read/s    kB_wrtn/s    kB_read    kB_wrtn
vda               0.46         5.41         3.16     973682     568148

Device:            tps    kB_read/s    kB_wrtn/s    kB_read    kB_wrtn
vda               1.00         0.00         0.50          0          1
```

```
Device:          tps     kB_read/s     kB_wrtn/s     kB_read     kB_wrtn
vda             0.00          0.00          0.00           0           0
# 仔細看一下，如果是有偵測次數的情況，那麼第一次顯示的是『從開機到現在的數據』，
# 第二次以後所顯示的資料則代表兩次偵測之間的系統傳輸值！舉例來說，上面的資訊中，
# 第二次顯示的資料，則是兩秒鐘內(本案例)系統的總傳輸量與平均值。
```

透過 lspci 及 iostat 可以約略的瞭解到目前系統的狀態還有目前的主機硬體資料呢！

### 20.2.3 瞭解磁碟的健康狀態

其實 Linux server 最重要的就是『資料安全』了！而資料都是放在磁碟當中的，所以囉，無時無刻瞭解一下你的磁碟健康狀況，應該是個好習慣吧！問題是，你怎麼知道你的磁碟是好是壞啊？這時就得要來談一個 smartd 的服務了！

SMART 其實是『Self-Monitoring，Analysis and Reporting Technology System』的縮寫，主要用來監測目前常見的 ATA 與 SCSI 介面的磁碟，只是，要被監測的磁碟也必須要支援 SMART 的協定才行！否則 smartd 就無法去下達指令，讓磁碟進行自我健康檢查～比較可惜的是，我們虛擬機的磁碟格式並不支援 smartd，所以無法用來作為測試！不過剛剛好鳥哥還有另外一顆用作 IDE 介面的 2G 磁碟，這個就能夠用來作為測試了！(/dev/sda)！

smartd 提供一支指令名為 smartctl，這個指令功能非常多！不過我們底下只想要介紹數個基本的操作，讓各位瞭解一下如何確認你的磁碟是好是壞！

```
# 1. 用 smartctl 來顯示完整的 /dev/sda 的資訊
[root@study ~]# smartctl -a /dev/sda
smartctl 6.2 2013-07-26 r3841 [x86_64-linux-3.10.0-229.el7.x86_64] (local build)
Copyright (C) 2002-13, Bruce Allen, Christian Franke, www.smartmontools.org

# 首先來輸出一下這部磁碟的整體資訊狀況！包括製造商、序號、格式、SMART 支援度等等！
=== START OF INFORMATION SECTION ===
Device Model:     QEMU HARDDISK
Serial Number:    QM00002
Firmware Version: 0.12.1
User Capacity:    2,148,073,472 bytes [2.14 GB]
Sector Size:      512 bytes logical/physical
Device is:        Not in smartctl database [for details use:-P showall]
ATA Version is:   ATA/ATAPI-7, ATA/ATAPI-5 published, ANSI NCITS 340-2000
Local Time is:    Wed Sep  2 18:10:38 2015 CST
SMART support is:Available - device has SMART capability.
SMART support is:Enabled
```

```
=== START OF READ SMART DATA SECTION ===
SMART overall-heAlth self-assessment test result：PASSED

# 接下來則是一堆基礎說明！鳥哥這裡先略過這段資料喔！
General SMART Values:
Offline data collection status：(0x82) Offline data collection activity
                                       was completed without error.
                                       Auto Offline Data Collection：Enabled.
.....（中間省略）.....
# 再來則是有沒有曾經發生過磁碟錯亂的問題登錄！
SMART Error Log Version：1
No Errors Logged

# 當你下達過磁碟自我檢測的過程，就會被記錄在這裡了！
SMART Self-test log structure revision number 1
Num Test_Description    Status            Remaining LifeTime(hours) LBA_of_first_error
# 1  Short offline       Completed without error    00%       4660         -
# 2  Short offline       Completed without error    00%       4660         -

# 2. 命令磁碟進行一次自我檢測的動作，然後再次觀察磁碟狀態！
[root@study ~]# smartctl -t short /dev/sda
[root@study ~]# smartctl -a /dev/sda
.....（前面省略）.....
# 底下會多出一個第三筆的測試資訊！看一下 Status 的狀態，沒有問題就是好消息！
SMART Self-test log structure revision number 1
Num Test_Description    Status            Remaining LifeTime(hours) LBA_of_first_error
# 1  Short offline       Completed without error    00%       4660         -
# 2  Short offline       Completed without error    00%       4660         -
# 3  Short offline       Completed without error    00%       4660         -
```

　　不過要特別強調的是，因為進行磁碟自我檢查時，可能磁碟的 I/O 狀態會比較頻繁，因此不建議在系統忙碌的時候進行喔！否則系統的效能是可能會被影響的哩！要注意！要注意！

# 20.3 備份要點

備份是個很重要的工作，很多人總是在系統損毀的時候才在哀嚎說：『我的資料啊！天那…！』此時才會發現備份資料的可愛！但是備份其實也非常可怕！因為你的重要資料都在備份檔裡面，如果這個備份被竊取或遺失，其實對你的系統資安影響也非常大！同時，備份使用的媒體選擇也非常多樣，但是各種儲存媒體各有其功能與優劣，所以當然得要選擇囉！閒詁少說，來談談備份吧！

## 20.3.1 備份資料的考量

老實說，**備份是系統損毀時等待救援的救星**！因為你需要重新安裝系統時，備份的好壞會影響到你系統復原的進度！不過，我們想先知道的是，系統為什麼會損毀啊？是人為的還是怎樣產生的啊？事實上，**系統有可能由於不預期的傷害而導致系統發生錯誤**！什麼是不預期的傷害呢？這是由於系統可能因為不預期的硬體損壞，例如硬碟壞掉等等，或者是軟體問題導致系統出錯，包括人為的操作不當或是其他不明因素等等所致。底下我們就來談談系統損壞的情況與為何需要備份吧！

◆ **造成系統損毀的問題-硬體問題**

基本上，『**電腦是一個相當不可靠的機器**』這句話在大部分的時間內還是成立的！常常會聽到說『要電腦正常的工作，最重要的是要去拜拜！』嘿嘿！不要笑！這還是真的哩！尤其是在日前一些電腦周邊硬體的生產良率 (就是將硬體產生出來之後，經過測試，發現可正常工作的與不能正常工作的硬體總數之比值) 越來越差的情況之下，電腦的不穩定狀態實在是越來越嚴重了！

一般來說，會造成系統損毀的硬體元件應該要算硬碟吧！因為其他的元件壞掉時，雖然會影響到系統的運作，不過至少我們的資料還是存在硬碟當中的啊！為了避免這個困擾，於是乎有可備份用的 RAID1，RAID5，RAID6 等磁碟陣列的應用啊！但是如果是 RAID 控制晶片壞掉呢？這就麻煩了～所以說，如果有 RAID 系統時，鳥哥個人還是覺得需要進行額外的備份才好的！如果資料夠重要的話。

◆ **造成系統損毀的問題-軟體與人的問題**

根據分析，**其實系統的軟體傷害最嚴重的就屬使用者的操作不當啦**！像以前 Google 還沒有這麼厲害時，人們都到討論區去問問題，某些高手高手高高手被小白煩的不勝其擾，總是會回答：『喔！你的系統有問題喔！那請 rm -rf / 看看出現什麼狀況！做完再回來！』…你真的做下去就死定了！如果你的系統有這種小白管理員呢？敢不備份喔？

軟體傷害除了來自主機上的使用者操作不當之外，最常見的可能是資安攻擊事件了。假如你的 Linux 系統上面某些 Internet 的服務軟體是最新的！這也意味著可能是『相對最安全的』，但是，這個世界目前的閒人是相當多的，你不知道什麼時候會有所謂的『駭客軟體』被提供出來，萬一你在 Internet 上面的服務程序被攻擊，導致你的 Linux 系統全毀，這個時候怎麼辦？當然是要復原系統吧？

那如何復原被傷害的系統呢？『**重新安裝就好啦！**』或許你會這麼說，但是，像鳥哥管理的幾個網站的資料，尤其是 MySQL 資料庫的資料，這些都是彌足珍貴的經驗資料，萬一被損毀而救不回來的時候，不是很可惜嗎？這個還好哩，萬一你是某家銀行的話，那麼資料的損毀可就不是能夠等閒視之的！關係的可是數千甚至上萬人的身家財產！這就是備份的重要性了！它可以最起碼的稍微保障我們的資料有另外一份 copy 的備援以達到『**安全回復**』的基本要求！

◆ **主機角色不同，備份任務也不同**

由於軟硬體的問題都可能造成系統的損毀，所以備份當然就很重要啦！問題是，每一部主機都需要備份嗎？多久備份一次呢？要備份什麼資料呢？

早期有 ghost 這套單機備份軟體，近期以來有台灣國家高速網路中心發展的再生龍 (clonzilla) 軟體，這些軟體的共同特性就是可以將你系統上面的磁碟資料完整的複製起來，變成一個大檔案，你可以透過現在便宜到爆炸的 USB 外接磁碟來備份出來，未來復原時，只要將 USB 安插到系統裡面，就幾乎可以進行裸機復原了哩！

但是，萬一你的主機有提供 Internet 方面的服務呢？又該如何備份啊！舉個例子來說，像是我們 Study Area 團隊的討論區網站 http://phorum.study-area.org 提供的是類似 BBS 的討論文章，雖然資料量不大，但是由於討論區的文件是天天在增加的，每天都有相當多的資訊流入，由於某些資訊都是屬於重要的人物之留言，這個時候，我們能夠讓機器死掉嗎？或者是能夠一季三個月才備份一次嗎？這個備份頻率需求的考量是非常重要的！

再提到 2002 年左右鳥哥的討論區曾經掛點的問題，以及 2003 年初 Study-Area 討論區掛點的問題，討論區一旦掛點的話，該資料庫內容如果損毀到無法救回來，嘿嘿！要曉得討論區可不是一個人的心血耶！有的時候 (像 Study-Area 討論區) 是一群熱心 Linux 的朋友們互相建立交流起來的資料流通網，如果死掉了，那麼不是讓這些熱血青年的熱情付之一炬了嗎？所以囉，建立備份的策略 (頻率、媒體、方法等) 是相當的重要的。

◆ **備份因素考量**

由於電腦 (尤其是目前的電腦，操作頻率太高、硬體良率太差、使用者操作習慣不良、『某些』作業系統的當機率太高....) 的穩定性較差，所以囉！備份的工作就越來越重要了！那麼一般我們在備份時考慮的因素有哪些呢？

■ **備份哪些檔案**

哪些資料對系統或使用者來說是重要的？那些資料就是值得備份的資料！例如 /etc/* 及 /home/* 等。

■ **選擇什麼備份的媒介**

是可讀寫光碟、另一顆硬碟、同一顆硬碟的不同 partition、還是使用網路備援系統？哪一種的速度最快，最便宜，可將資料保存最久？這都可以考慮的。

■ **考慮備份的方式**

是以完整備份 (類似 ghost) 來備份所有資料，還是使用差異備份僅備份有被更動過的資料即可？

■ **備份的頻率**

例如 Mariadb 資料庫是否天天備份、若完整備份，需要多久進行一次？

■ **備份使用的工具為何**

是利用 tar、cpio、dd 還是 dump 等等的備份工具？

底下我們就來談一談這些問題的解決之道吧！ ^_^

## 20.3.2 哪些 Linux 資料具有備份的意義？

一般來說，鳥哥比較喜歡備份最重要的檔案而已 (關鍵資料備份)，而不是整個系統都備份起來 (完整備份，Full backup)！那麼哪些檔案是有必要備份的呢？具有備份意義的檔案通常可以粗分為兩大類，**一類是系統基本設定資訊、一類則是類似網路服務的內容資料**。那麼各有哪些檔案需要備份的呢？我們就來稍微分析一下。

◆ **作業系統本身需要備份的檔案**

這方面的檔案主要跟『帳號與系統設定檔』有關係！主要有哪些帳號的檔案需要備份呢？就是 /etc/passwd, /etc/shadow，/etc/group，/etc/gshadow，**/home 底下的使用者家目錄等等**，而由於 Linux 預設的重要參數檔都在 /etc/ 底下，所以只要將這個目錄備份下來的話，那麼幾乎所有的設定檔都可以被保存的！

至於 /home 目錄是一般用戶的家目錄，自然也需要來備份一番！再來，由於使用者會有郵件吧！所以呢，這個 /var/spool/mail/ 內容也需要備份呦！另外，由於如果你曾經自行更動過核心，那麼 /boot 裡頭的資訊也就很重要囉！所以囉，這方面的資料你必須要備份的檔案為：

■ **/etc/ 整個目錄**

■ **/home/ 整個目錄**

- /var/spool/mail/

- /var/spoll/{at|cron}/

- /boot/

- /root/

- **如果你自行安裝過其他的軟體，那麼 /usr/local/ 或 /opt 也最好備份一下！**

- **網路服務的資料庫方面**

  這部分的資料可就多而且複雜了，首先是這些網路服務軟體的設定檔部分，如果你的網路軟體安裝都是以原廠提供的為主，那麼你的設定檔案大多是在 /etc 底下，所以這個就沒啥大問題！但若你的套件大多來自於自行的安裝，那麼 /usr/local 這個目錄可就相當的重要了！

  再來，每種服務提供的資料都不相同，這些資料很多都是人們提供的！舉例來說，你的 WWW 伺服器總是需要有人提供網頁檔案吧？否則瀏覽器來是要看啥東東？你的討論區總是得要寫入資料庫系統吧？否則討論的資料如何更新與記載？所以，使用者主動提供的檔案，以及服務運作過程會產生的資料，都需要被考慮來備份。若我們假設我們提供的服務軟體都是使用原廠的 RPM 安裝的！所以要備份的資料檔案有：

  - **軟體本身的設定檔案，例如：/etc/ 整個目錄，/usr/local/ 整個目錄**

  - **軟體服務提供的資料，以 WWW 及 Mariadb 為例**

    **WWW 資料：/var/www 整個目錄或 /srv/www 整個目錄，及系統的使用者家目錄**

    **Mariadb ：/var/lib/mysql 整個目錄**

  - **其他在 Linux 主機上面提供的服務之資料庫檔案！**

- **推薦需要備份的目錄**

  由上面的介紹來看的話，如果你的硬體或者是由於經費的關係而無法全部的資料都予以備份時，鳥哥建議你至少需要備份這些目錄呦！

  - /etc

  - /home

  - /root

  - /var/spool/mail/，/var/spool/cron/，/var/spool/at/

  - /var/lib/

◆ **不需要備份的目錄**

有些資料是不需要備份的啦！例如我們在第五章檔案權限與目錄配置裡頭提到的 /proc 這個目錄是在記錄目前系統上面正在跑的程序，這個資料根本就不需要備份的呢！此外，外掛的機器，例如 /mnt 或 /media 裡面都是掛載了其他的硬碟裝置、光碟機、軟碟機等等，這些也不需要備份吧？所以囉！底下有些目錄可以不需要備份啦！

- /dev ：這個隨便你要不要備份

- /proc，/sys，/run：這個真的不需要備份啦！

- /mnt，/media：如果你沒有在這個目錄內放置你自己系統的東西，也不需要備份

- /tmp ：幹嘛存暫存檔！不需要備份！

## 20.3.3 備份用儲存媒體的選擇

用來儲存備份資料的媒體非常的多樣化，那該如何選擇呢？在選擇之前我們先來講個小故事先！

◆ **一個實際發生的故事**

在備份的時候，選擇一個『**資料存放的地方**』也是很需要考慮的一個因素！什麼叫做資料存放的地方呢？講個最簡單的例子好了，我們知道說，較為大型的機器都會使用 tape 這一種磁帶機來備份資料，早期如果是一般個人電腦的話，很可能是使用類似 Mo 這一種可讀寫式光碟片來存取資料！近來因為 USB 介面的大容量磁碟機越來越便宜且速度越來越快，所以幾乎取代了上述的總總儲存媒體了！但是你不要忘記了幾個重要的因素，那就是萬一你的 Linux 主機被偷了呢？

這不是不可能的，之前鳥哥在成大唸書時 (2000 年前後)，隔壁校區的研究室曾經遭小偷，裡面所有的電腦都被偷走了！包括『Mo 片』，當他們發現的時候，一開始以為是硬體被偷走了，還好，他們都有習慣進行備份，但是很不幸的，這一次連『備份的 MO 都被拿走了！』怎麼辦？！只能道德勸說小偷先生能夠良心發現的將硬碟拿回來囉！唉～真慘....

◆ **異地備援系統**

這個時候，所謂的『**異地備援系統**』就顯的相當的重要了！什麼是異地備援呀！說的太文言了！呵！簡單的說，就是將你的系統資料『備份』到其他的地方去，例如說我的機器在台南，但是我還有另一部機器在高雄老家，這樣的話，我可以將台南機器上面重要的資料都給它定期的自動的透過網路傳輸回去！也可以將家裡重要的資料給它丟到台南來！這樣的最大優點是可以在台南的機器死掉的時候，即使是遭小偷，也可以有一個『萬一』的備份所在！

有沒有缺點啊？有啊！缺點就是～**頻寬嚴重的不足**！在這種狀態下，所能採取的策略大概就是『**僅將最重要的資料給它傳輸回去囉！**』至於一些只要系統從新安裝就可以回復的東東！那就沒有這個必要了！當然囉，如果你的網路是屬於雙向 100Mbps 或 300Mbps 那就另當一回事，想完整備份將資料丟到另一地去，也是很可行的啦！只是鳥哥沒有那麼好命...住家附近連 100/40 Mbps 的網路頻寬都沒有...

◆ **儲存媒體的考量**

在此同時，我們再來談一談，那麼除了異地備援這個『**相對較為安全的備份**』方法之外，還有沒有其他的方法可以儲存備份的呢？畢竟這種網路備援系統實在是太耗頻寬了！那麼怎麼辦？喔～那就只好使用近端的裝置來備份囉！這也是目前我們最常見到的備份方法！

在過去我們使用的儲存媒體可能有 Tape，Mo，Zip，CD-RW，DVD-RW，外接式磁碟等等，近年來由於磁碟容量不斷上提，加上已經有便宜的桌上型 NAS 儲存設備，這些 NAS 儲存設備就等於是一部小型 Linux server，裡面還能夠提供客製化的服務，包括不同的連接介面與傳輸協定，因此，你只要記得，就是買還能夠自我容錯的 NAS 設備來備份就對了！

在**經費充足的情況考量**之下，鳥哥相當建議你使用外接式的 NAS 設備，所謂的 NAS 其實就是一台內嵌 Linux 或 unix-like 的小型伺服器，可能提供硬體或軟體的磁碟陣列，讓你可以架設 RAID10 或 RAID5,6 等的等級，所以 NAS 本身的資料就已經有保障！然後跟你預計要備份的 Linux server 透過網路連線，你的資料就可以直接傳輸到 NAS 上頭去了！其他以前需要考量的注意事項，幾乎都不再有限制～最多就是擔心 NAS 的硬體壞掉而已～

若經費不足怎辦，現在隨便磁碟都有 4TB 以上的容量，拿一顆磁碟透過外接式 USB 介面，搭配 USB 3.0 來傳輸～隨便都能夠進行備份了！雖然這樣的處理方式最怕的是單顆磁碟損毀，不過，如果擔心的話，買兩三顆來互相輪流備份，也能夠處理掉這個問題！因為目前的資料量越來越大，實在沒啥意義再使用類似 DVD 之類的儲存設備來備份了！

如果你想要有比較長時間的備份儲存，同時也比較擔心碰撞的問題，目前企業界還是很多人會喜歡使用 Tape 來儲存就是了！不過聽業界的朋友說，磁帶就是比較怕被消磁以及發霉的問題～否則，這家伙倒是很受企業備份的喜好需求！

## 20.4　備份的種類、頻率與工具的選擇

講了好多口水了，還是沒有講到重點，真是的....好了，再來提到那個備份的種類，因為想要選擇什麼儲存媒體與相關備份工具，都與備份使用的方式有關！那麼備份有哪些方式

呢？一般可以粗略分為『累積備份』與『差異備份』這兩種<sup>(註1)</sup>。當然啦，如果你在系統出錯時想要重新安裝到更新的系統時，僅備份關鍵資料也就可以了！

## 20.4.1　完整備份之累積備份 (Incremental backup)

備份不就是將重要資料複製出來即可嗎？幹嘛需要完整備份 (Full backup) 呢？如果你的主機是負責相當重要的服務，因此如果有不明原因的當機事件造成系統損毀時，你希望在最短的時間內復原系統。此時，如果僅備份關鍵資料時，那麼你得要在系統出錯後，再去找新的 Linux distribution 來安裝，安裝完畢後還得要考慮到資料新舊版本的差異問題，還得要進行資料的移植與系統服務的重新建立等等，等到建立妥當後，還得要進行相關測試！這種種的工作可至少得要花上一個星期以上的工作天才能夠處理妥當！所以，僅有關鍵資料是不夠的！

#### ◆　還原的考量

但反過來講，如果是完整備份的話呢？若硬體出問題導致系統損毀時，只要將完整備份拿出來，整個給它傾倒回去硬碟，所有事情就搞定了！有些時候 (例如使用 dd 指令) 甚至連系統都不需要重新安裝！反正整個系統都給它倒回去，連同重要的 Linux 系統檔案等，所以當然也就不需要重新安裝啊！因此，很多企業用來提供重要服務的主機都會使用完整備份，若所提供的服務真的非常重要時，甚至會再架設一部一模一樣的機器呢！如此一來，若是原本的機器出問題，那就立刻將備份的機器拿出來接管！以使企業的網路服務不會中斷哩！

那你知道完整備份的定義了吧？沒錯！完整備份就是將根目錄 (/) 整個系統通通備份下來的意思！不過，在某些場合底下，完整備份也可以是備份一個檔案系統 (filesystem)！例如 /dev/sda1 或 /dev/md0 或 /dev/myvg/mylv 之類的檔案系統就是了。

#### ◆　累積備份的原則

雖然完整備份在還原方面有相當良好的表現，但是我們都知道系統用的越久，資料量就會越大！如此一來，完整備份所需要花費的時間與儲存媒體的使用就會相當麻煩～所以，完整備份並不會也不太可能每天都進行的！那你想要每天都備份資料該如何進行呢？有兩種方式啦，一種是本小節會談到的累積備份，一種則是下個小節談到的差異備份。

所謂的累積備份，指的是在**系統在進行完第一次完整備份後，經過一段時間的運作，比較系統與備份檔之間的差異，僅備份有差異的檔案而已。而第二次累積備份則與第一次累積備份的資料比較，也是僅備份有差異的資料而已**。如此一來，由於僅備份有差異的資料，因此備份的資料量小且快速！備份也很有效率！我們可以從下圖來說明：

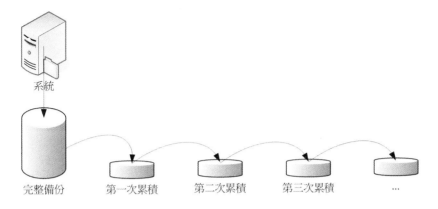

圖 20.4.1　累積備份 (incremental backup) 操作示意圖

假如我在星期一作好完整備份，則星期二的累積備份是系統與完整備份間的差異資料；星期三的備份是系統與星期二的差異資料，星期四的備份則是系統與星期三的差異資料。那你得要注意的是，星期二的資料是完整備份加第一次累積備份，星期三的資料是完整備份加第一次累積與第二次累積備份，星期四的資料則是星期一的完整備份加第一次加第二次加第三次累積備份。由於每次都僅與前一次的備份資料比較而已，因此備份的資料量就會少很多！

**那如何還原**？經過上面的分析，我們也會知道累積備份的還原方面比較麻煩！假設你的系統在星期五的時候掛點了！那你要如何還原？首先，你必須要還原星期一的完整備份，然後還原星期二的累積備份，再依序還原星期三、星期四的累積備份才算完全復原！那如果你是經過了九次的累積備份，就得要還原到第九次的階段，才是最完整的還原程序！

◆ **累積備份使用的備份軟體**

完整備份常用的工具有 dd，cpio，xfsdump/xfsrestore 等等。因為這些工具都能夠備份裝置與特殊檔案！dd 可以直接讀取磁碟的磁區 (sector) 而不理會檔案系統，是相當良好的備份工具！不過缺點就是慢很多！cpio 是能夠備份所有檔名，不過，得要配合 find 或其他找檔名的指令才能夠處理妥當。以上兩個都能夠進行完整備份，但累積備份就得要額外使用腳本程式來處理。可以直接進行累積備份的就是 xfsdump 這個指令囉！詳細的指令與參數用法，請前往第八章查閱，這裡僅列出幾個簡單的範例而已。

```
# 1. 用 dd 來將 /dev/sda 備份到完全一模一樣的 /dev/sdb 硬碟上：
[root@study ~]# dd if=/dev/sda of=/dev/sdb
# 由於 dd 是讀取磁區，所以 /dev/sdb 這顆磁碟可以不必格式化！非常的方便！
# 只是你會非常非常久！因為 dd 的速度比較慢！
```

```
# 2. 使用 cpio 來備份與還原整個系統,假設儲存媒體為 SATA 磁帶機:
[root@study ~]# find / -print | cpio -covB > /dev/st0   <==備份到磁帶機
[root@study ~]# cpio -iduv < /dev/st0                    <==還原
```

假設 /home 為一個獨立的檔案系統,而 /backupdata 也是一個獨立的用來備份的檔案系統,那如何使用 dump 將 /home 完整的備份到 /backupdata 上呢?可以像底下這樣進行看看:

```
# 1. 完整備份
[root@study ~]# xfsdump -l 0 -L 'full' -M 'full' -f /backupdata/home.dump /home

# 2. 第一次進行累積備份
[root@study ~]# xfsdump -l 1 -L 'full-1' -M 'full-1' -f /backupdata/home.dump1 /home
```

除了這些指令之外,其實 tar 也可以用來進行完整備份啦!舉例來說,/backupdata 是個獨立的檔案系統,你想要將整個系統通通備份起來時,可以這樣考慮:將不必要的 /proc,/mnt,/tmp 等目錄不備份,其他的資料則予以備份:

```
[root@study ~]# tar --exclude /proc --exclude /mnt --exclude /tmp \
> --exclude /backupdata -jcvp -f /backupdata/system.tar.bz2 /
```

## 20.4.2 完整備份之差異備份 (Differential backup)

差異備份與累積備份有點類似,也是需要進行第一次的完整備份後才能夠進行。只是差異備份指的是:**每次的備份都是與原始的完整備份比較的結果。**所以系統運作的越久,離完整備份時間越長,那麼該次的差異備份資料可能就會越大!差異備份的示意圖如下所示:

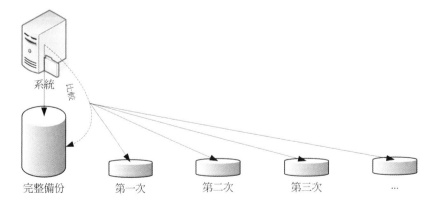

圖 20.4.2 差異備份 (differential backup) 操作示意圖

差異備份常用的工具與累積備份差不多！因為都需要完整備份嘛！如果使用 xfsdump 來備份的話，那麼每次備份的等級 (level) 就都會是 level 1 的意思啦！當然啦，你也可以透過 tar 的 -N 選項來備份喔！如下所示：

```
[root@study ~]# tar -N '2015-09-01' -jpcv -f /backupdata/home.tar.bz2 /home
# 只有在比 2015-09-01 還要新的檔案，在 /home 底下的檔案才會被打包進 home.bz2 中！
# 有點奇怪的是，目錄還是會被記錄下來，只是目錄內的舊檔案就不會備份。
```

此外，你也可以透過 rsync 來進行鏡像備份喔！這個 rsync 可以對兩個目錄進行鏡像 (mirror)，算是一個非常快速的備份工具！簡單的指令語法為：

```
[root@study ~]# rsync -av 來源目錄 目標目錄

# 1. 將 /home/ 鏡像到 /backupdata/home/ 去
[root@study ~]# rsync -av /home /backupdata/
# 此時會在 /backupdata 底下產生 home 這個目錄來！
[root@study ~]# rsync -av /home /backupdata/
# 再次進行會快很多！如果資料沒有更動，幾乎不會進行任何動作！
```

根據分析[註2]，差異備份所使用的磁碟容量可能會比累積備份來的大，但是差異備份的還原較快，因為只需要還原完整備份與最近一次的差異備份即可。無論如何，請依據你自己的喜好來選擇備份的方式吧！

### 20.4.3 關鍵資料備份

完整備份雖然有許多好處，但就是需要花費很多時間！所以，如果在主機提供的服務並不是一定要 24 小時提供的前提下，我們可以僅備份重要的關鍵資料即可。由於主機即使當機個一兩天可能也不會影響到你的正常生活時，僅備份關鍵資料就好啦！不需要整個系統都備份。僅備份關鍵資料是有許多好處的！由於完整備份可能是在系統運作期間進行，不但會花費非常多時間，而且**如果備份當時系統已經被攻破，那你備份的資料是有問題的，那還原回去也是有問題的系統啊！**

如果僅是備份關鍵資料而已，那麼由於系統的絕大部分執行檔都可以後來重新安裝，因此若你的系統不是因為硬體問題，而是因為軟體問題而導致系統被攻破或損毀時，直接捉取最新的 Linux distribution，然後重新安裝，然後再將系統資料 (如帳號/密碼與家目錄等等) 與服務資料 (如 www/email/crontab/ftp 等等) 一個一個的填回去！那你的系統不但保持在最新的狀態，同時也可以趁機處理一下與重新溫習一下系統設定！是很不錯的呦！

不過，備份關鍵資料最麻煩的地方其實就是在還原啦！上述的還原方式是你必須要很熟悉系統運作，否則還原得要花費很多時間的！尤其近來的 Linux 強調安全性，所以加入

SELinux 了，你如果要從舊版的 Linux 升級到新版時，原本若沒有 SELinux 而換成新版則需要啟動 SELinux 時，那個除錯的時間會花很長一段日子哩！鳥哥認為這是僅備份關鍵資料的一些優缺點啦～

備份關鍵資料鳥哥最愛使用 tar 來處理了！如果想要分門別類的將各種不同的服務在不同的時間備份使用不同檔名，配合 date 指令是非常好用的工具！例如底下的案例是依據日期來備份 mariadb 的資料庫喔！

```
[root@study ~]# tar -jpcvf mysql.`date +%Y-%m-%d`.tar.bz2 /var/lib/mysql
```

備份是非常重要的工作，你可不希望想到才進行吧？交給系統自動處理就對啦！請自己撰寫 script ，配合 crontab 去執行吧！這樣子，備份會很輕鬆喔！

> 事實上除了這些基本的 Linux 備份還原工具之外，如果你還想要嘗試裸機復原的功能，那可以使用台灣國家高速網路中心開發的再生龍軟體！這個軟體相當棒！鳥哥目前服務的單位也是透過這個軟體來處理整間電腦教室的復原工作喔！這個軟體也有單機版，也挺好用的！有興趣的朋友得要自行處理軟體的使用喔：
>
> ■ http://clonezilla.nchc.org.tw/

## 20.5　鳥哥的備份策略

每部主機的任務都不相同，重要的資料也不相同，重要性也不一樣，因此，每個人的備份思考角度都不一樣！有些備份策略是非常有趣的，包括使用多個磁帶機與磁帶來自動備份企業資料哩[註3]。

就鳥哥的想法來說，鳥哥並沒有想要將整個系統完整的備份下來，因為太耗時間了！而且就鳥哥的立場而言，似乎也沒有這個必要，所以通常鳥哥只備份較為重要的檔案而已！不過，由於鳥哥需要備份 /home 與網頁資料，如果天天都備份，我想，系統遲早會受不了 (因為這兩個部分就已經佔去數 10 GB 的硬碟空間...)，所以鳥哥就將我的備份分為兩大部分，一個是每日備份經常性變動的重要資料，一個則是每週備份就不常變動的資訊。這個時候我就寫了兩個簡單的 scripts ，分別來儲存這些資料。

所以針對鳥哥的『鳥站』來說，我的備份策略是這樣的：

1. **主機硬體：使用一個獨立的 filesystem 來儲存備份資料，此 filesystem 掛載到 /backup 當中。**

2. **每日進行**：目前僅備份 MySQL 資料庫。

3. **每週進行**：包括 /home, /var, /etc, /boot, /usr/local 等目錄與特殊服務的目錄。

4. **自動處理**：這方面利用 /etc/crontab 來自動提供備份的進行。

5. **異地備援**：每月定期的將資料分別 (a)燒錄到光碟上面 (b)使用網路傳輸到另一部機器上面。

那就來看看鳥哥是怎麼備份的吧！ ^_^

## 20.5.1 每週系統備份的 script

底下提供鳥哥的備份的 scripts ，希望對大家有點幫助！鳥哥假設你已經知道如何掛載一個新的 filesystem 到 /backup 去，所以格式化與掛載這裡就不再強調囉。

```
[root@study ~]# vi /backup/backupwk.sh
#!/bin/bash
# =====================================================================
# 使用者參數輸入位置：
# basedir=你用來儲存此腳本所預計備份的資料之目錄 (請獨立檔案系統)
basedir=/backup/weekly   <==你只要改這裡就好了！


# =====================================================================
# 底下請不要修改了！用預設值即可！
PATH=/bin:/usr/bin:/sbin:/usr/sbin; export PATH
export LANG=C


# 設定要備份的服務的設定檔，以及備份的目錄
named=$basedir/named
postfixd=$basedir/postfix
vsftpd=$basedir/vsftp
sshd=$basedir/ssh
sambad=$basedir/samba
wwwd=$basedir/www
others=$basedir/others
userinfod=$basedir/userinfo
# 判斷目錄是否存在，若不存在則予以建立。
for dirs in $named $postfixd $vsftpd $sshd $sambad $wwwd $others $userinfod
do
        [ ! -d "$dirs" ] && mkdir -p $dirs
done

# 1. 將系統主要的服務之設定檔分別備份下來，同時也備份 /etc 全部。
```

```
cp -a /var/named/chroot/{etc,var}      $named
cp -a /etc/postfix /etc/dovecot.conf $postfixd
cp -a /etc/vsftpd/*               $vsftpd
cp -a /etc/ssh/*            $sshd
cp -a /etc/samba/*         $sambad
cp -a /etc/{my.cnf,php.ini,httpd}    $wwwd
cd /var/lib
  tar -jpc -f $wwwd/mysql.tar.bz2     mysql
cd /var/www
  tar -jpc -f $wwwd/html.tar.bz2     html cgi-bin
cd /
  tar -jpc -f $others/etc.tar.bz2    etc
cd /usr/
  tar -jpc -f $others/local.tar.bz2  local

# 2. 關於使用者參數方面
cp -a /etc/{passwd,shadow,group} $userinfod
cd /var/spool
  tar -jpc -f $userinfod/mail.tar.bz2 mail
cd /
  tar -jpc -f $userinfod/home.tar.bz2 home
cd /var/spool
  tar -jpc -f $userinfod/cron.tar.bz2 cron at
[root@study ~]# chmod 700 /backup/backupwk.sh
[root@study ~]# /backup/backupwk.sh  <==記得自己試跑看看！
```

上面的 script 主要均使用 CentOS 7.x (理論上，Red Hat 系列的 Linux 都適用) 預設的服務與目錄，如果你有設定某些服務的資料在不同的目錄時，那麼上面的 script 是還需要修改的！不要只是拿來用而已喔！上面 script 可以在底下的連結取得。

◆ http://linux.vbird.org/linux_basic/0580backup/backupwk-0.1.sh

## 20.5.2 每日備份資料的 script

再來，繼續提供一下每日備份資料的腳本程式！請注意，鳥哥這裡僅有提供 Mariadb 的資料庫備份目錄，與 WWW 的類似留言版程式使用的 CGI 程式與寫入的資料而已。如果你還有其他的資料需要每日備份，請自行照樣造句囉！ ^_^

```
[root@study ~]# vi /backup/backupday.sh
#!/bin/bash
# =======================================================
# 請輸入，你想讓備份資料放置到那個獨立的目錄去
```

```
basedir=/backup/daily/    <==你只要改這裡就可以了！

# ===========================================================
PATH=/bin:/usr/bin:/sbin:/usr/sbin; export PATH
export LANG=C
basefile1=$basedir/mysql.$(date +%Y-%m-%d).tar.bz2
basefile2=$basedir/cgi-bin.$(date +%Y-%m-%d).tar.bz2
[ !-d "$basedir" ] && mkdir $basedir

# 1. MysQL (資料庫目錄在 /var/lib/mysql)
cd /var/lib
  tar -jpc -f $basefile1 mysql

# 2. WWW 的 CGI 程式 (如果有使用 CGI 程式的話)
cd /var/www
  tar -jpc -f $basefile2 cgi-bin

[root@study ~]# chmod 700 /backup/backupday.sh
[root@study ~]# /backup/backupday.sh  <==記得自己試跑看看！
```

上面的腳本可以在底下的連結取得。這樣一來每天的 Mariadb 資料庫就可以自動的被記錄在 /backup/daily/ 目錄裡頭啦！而且還是檔案名稱會自動改變的呦！呵呵！我很喜歡！OK！再來就是開始讓系統自己跑啦！怎麼跑？就是 /etc/crontab 呀！提供一下我的相關設定呦！

◆ http://linux.vbird.org/linux_basic/0580backup/backupday.sh

```
[root@study ~]# vi /etc/crontab
# 加入這兩行即可 (請注意你的檔案目錄！不要照抄呦！)
30 3 * * 0 root /backup/backupwk.sh
30 2 * * * root /backup/backupday.sh
```

這樣系統就會自動的在每天的 2:30 進行 Mariadb 的備份，而在每個星期日的 3:30 進行重要檔案的備份！呵呵！你說，是不是很容易呢！但是請千萬記得呦！還要將 /backup/ 當中的資料 copy 出來才行耶！否則整部系統死掉的時候...那可不是鬧著玩的！所以鳥哥大約一個月到兩個月之間，會將 /backup 目錄內的資料使用 DVD 複製一下，然後將 DVD 放置在家中保存！這個 DVD 很重要的喔！不可以遺失，否則系統的重要資料 (尤其是帳號資訊) 流出去可不是鬧著玩的！

有些時候，你在進行備份時，被備份的檔案可能同時間被其他的網路服務所修改喔！舉例來說，當你備份 Mariadb 資料庫時，剛好有人利用你的資料庫發表文章，此時，可能會發生一些錯誤的訊息。要避免這類的問題時，可以在備份前，將該服務先關掉，備份完成後，再啟動該服務即可！感謝討論區 duncanlo 提供這個方法！

### 20.5.3 遠端備援的 script

如果你有控管兩部以上的 Linux 主機時，那麼互相將對方的重要資料保存一份在自己的系統中也是個不錯的想法！那怎麼保存啊？使用 USB 複製來去嗎？當然不是啦！你可以透過網路來處置啦！我們假設你已經有一部主機，這部主機的 IP 是 192.168.1.100，而且這部主機已經提供了 sshd 這個網路服務了，接下來你可以這樣做：

◆ **使用 rsync 上傳備份資料**

要使用 rsync 你必須要在你的伺服器上面取得某個帳號使用權後，並讓該帳號可以不用密碼即可登入才行！這部分得要先參考伺服器篇的遠端連線伺服器才行！假設你已經設定好 dmtsai 這個帳號可以不用密碼即可登入遠端伺服器，而同樣的你要讓 /backup/weekly/ 整個備份到 /home/backup/weekly 底下時，可以簡單這樣做：

```
[root@study ~]# vi /backup/rsync.sh
#!/bin/bash
remotedir=/home/backup/
basedir=/backup/weekly
host=127.0.0.1
id=dmtsai

# 底下為程式階段！不需要修改喔！
rsync -av -e ssh $basedir ${id}@${host}:${remotedir}
```

由於 rsync 可以透過 ssh 來進行鏡像備份，所以沒有變更的檔案將不需要上傳的！相當的好用呢！好了！大家趕緊寫一個適合自己的備份 script 來進行備份的行為吧！重要重要喔！

因為 rsync 搭配 sshd 真的很好用！加上它本身就有加密～近期以來大家對於資料在網路上面跑都非常的在乎安全性，所以鳥哥就取消了 FTP 的傳輸方式囉～

## 20.6 災難復原的考量

之所以要備份當然就是預防系統掛點啦！如果系統真的掛點的話，那麼你該如何還原系統呢？

◆ **硬體損毀，且具有完整備份的資料時**

由於是硬體損毀，所以我們不需要考慮系統軟體的不穩定問題，所以可以直接將完整的系統復原回去即可。首先，你必須要先處理好你的硬體，舉例來說，將你的硬碟作個適當的處理，譬如建置成為磁碟陣列之類的。然後依據你的備份狀態來復原。舉例來說，如果是使用差異備份，那麼將完整備份復原後，將最後一次的差異備份復原回去，你的系統就恢復了！非常簡單吧！

◆ **由於軟體的問題產生的被攻破資安事件**

由於系統的損毀是因為被攻擊，此時即使你恢復到正常的系統，那麼這個系統既然會被攻破，沒道理你還原成舊系統就不會被再次攻破！所以，此時完整備份的復原可能不是個好方式喔！最好是需要這樣進行啦：

1. 先拔除網路線，最好將系統進行完整備份到其他媒體上，以備未來查驗
2. 開始查閱登錄檔，嘗試找出各種可能的問題
3. 開始安裝新系統 (最好找最新的 distribution)
4. 進行系統的升級，與防火牆相關機制的制訂
5. 根據 2 的錯誤，在安裝完成新系統後，將那些 bug 修復
6. 進行各項服務與相關資料的恢復
7. 正式上線提供服務，並且開始測試

軟體資安事件造成的問題可大可小，一般來說，標準流程都是建議你將出問題的系統備份下來，如果被追蹤到你的主機曾經攻擊過別人的話，那麼你至少可以拿出備份資料來佐證說，你是被攻擊者，而不是主動攻擊別人的壞人啊！然後，記得一定要找出問題點並予以克服，不然的話，你的系統將一再地被攻擊啊！那樣可就傷腦筋囉～

## 20.7　重點回顧

◆ 網際網路 (Internet) 就是 TCP/IP，而 IP 的取得需與 ISP 要求。一般常見的取得 IP 的方法有：(1)手動直接設定 (2)自動取得 (dhcp) (3)撥接取得 (4)cable 寬頻 等方式。

◆ 主機的網路設定要成功，必須要有底下的資料：(1)IP (2)Netmask (3)gateway (4)DNS 伺服器 等項目。

◆ 本章新增硬體資訊的收集指令有：lspci, lsusb, iostat 等。

◆ 備份是系統損毀時等待救援的救星，但造成系統損毀的因素可能有硬體與軟體等原因。

◆ 由於主機的任務不同，備份的資料與頻率等考量參數也不相同。

◆ 常見的備份考慮因素有：關鍵檔案、儲存媒體、備份方式(完整/關鍵)、備份頻率、使用的備份工具等。

◆ 常見的關鍵資料有：/etc, /home, /var/spool/mail, /boot, /root 等等。

◆ 儲存媒體的選擇方式，需要考慮的地方有：備份速度、媒體的容量、經費與媒體的可靠性等。

◆ 與完整備份有關的備份策略主要有：累積備份與差異備份。

◆ 累積備份可具有較小的儲存資料量、備份速度快速等。但是在還原方面則比差異備份的還原慢。

◆ 完整備份的策略中，常用的工具有 dd, cpio, tar, xfsdump 等等。

## 20.8　本章習題

簡答題部分：

◆ 如果你想要知道整個系統的周邊硬體裝置，可以使用哪個指令查詢？

◆ 承上題，那麼如果單純只想要知道 USB 裝置呢？又該如何查詢？

◆ (挑戰題)如果你的網路設定妥當了，但是卻老是發現網路不通，你覺得應該如何進行測試？

◆ 挑戰題：嘗試將你在學習本書所進行的各項任務備份下來，然後刪除你的系統，接下來重新安裝最新的 CentOS 7.x ，再將你備份的資料復原回來，看看能否成功的讓你的系統回復到之前的狀態呢？

◆ 挑戰題：查詢一下何謂企鵝龍軟體，討論一下該軟體的還原機制是屬於累積備份？還是完整備份？

◆ 常用的完整備份 (full backup) 工具指令有哪些？

◆ 你所看到的常見的儲存設備有哪些？

## 20.9　參考資料與延伸閱讀

◆ 註 1：維基百科的備份說明：http://en.wikipedia.org/wiki/Incremental_backup

◆ 註 2：關於 differential 與 incremental 備份的優缺點說明：

http://www.backupschedule.net/databackup/differentialbackup.html

◆ 註 3：一些備份計畫的實施：http://en.wikipedia.org/wiki/Backup_rotation_scheme

# 21

# 軟體安裝：原始碼與 Tarball

我們在第一章、Linux 是什麼當中提到了 GNU 計畫與 GPL 授權所產生的自由軟體與開放源碼等東東。不過，前面的章節都還沒有提到真正的開放源碼是什麼的訊息！在這一章當中，我們將藉由 Linux 作業系統裡面的執行檔，來理解什麼是可執行的程式，以及瞭解什麼是編譯器。另外，與程式息息相關的函式庫 (library) 的資訊也需要瞭解一番！不過，在這個章節當中，鳥哥並不是要你成為一個開放源碼的程式設計師，而是希望你可以瞭解如何將開放源碼的程式設計、加入函式庫的原理、透過編譯而成為可以執行 的 binary program，最後該執行檔可被我們所使用的一連串過程！

瞭解上面的東東有什麼好處呢？因為在 Linux 的世界裡面，由於客製化的關係，有時候我們需要自行安裝軟體在自己的 Linux 系統上面，所以如果你有簡單的程式編譯概念，那麼將很容易進行軟體的安裝。甚至在發生軟體編譯過程中的錯誤時，你也可以自行作一些簡易的修訂呢！而最傳統的軟體安裝過程，自然就是由原始碼編譯而來的囉！所以，在這裡我們將介紹最原始的軟體管理方式：使用 Tarball 來安裝與升級管理我們的軟體喔！

# 21.1　開放源碼的軟體安裝與升級簡介

如果鳥哥想要在我的 Linux 伺服器上面跑網頁伺服器 (WWW server) 這項服務，那麼我應該要做些什麼事呢？當然就一定需要『**安裝網頁伺服器的軟體**』囉！如果鳥哥的伺服器上面沒有這個軟體的話，那當然也就無法啟用 WWW 的服務啦！所以啦，想要在你的 Linux 上面進行一些有的沒的功能，學會『**如何安裝軟體**』是很重要的一個課題！

咦！安裝軟體有什麼難的？在 W 牌的作業系統上面安裝軟體時，不是只要一直給它按『下一步』就可以安裝妥當了嗎？話是這樣說沒錯啦，不過，也由於如此，所以在 Windows 系統上面的軟體都是一模一樣的，也就是說，你『**無法修改該軟體的原始程式碼**』，因此，萬一你想要增加或者減少該軟體的某些功能時，大概只能求助於當初發行該軟體的廠商了！(這就是所謂的商機嗎？)

或許你會說：『唉呦！我不過是一般人，不會用到多餘的功能，所以不太可能會更動到程式碼的部分吧？』如果你這麼想的話，很抱歉～是有問題的！怎麼說呢？像目前網路上面的病毒、黑客軟體、臭蟲程式等等，都可能對你的主機上面的某些軟體造成影響，導致主機的當機或者是其他資料損毀等等的傷害。如果你可以藉由安全資訊單位所提供的修訂方式進行修改，那麼你將可以很快速的自行修補好該軟體的漏洞，而不必一定要等到軟體開發商提供修補的程式包哩！要知道，**提早補洞**是很重要的一件事。

> 並不是軟體開發商故意要搞出一個有問題的軟體，而是某些程式碼當初設計時可能沒有考量周全，或者是程式碼與作業系統的權限設定並不相同，所導致的一些漏洞。當然，也有可能是 cracker 透過某些攻擊程式測試到程式的不周全所致。無論如何，只要有網路存在的一天，可以想像的到，程式的漏洞永遠補不完！但能補多少就補多少吧！

這樣說可以瞭解 Linux 的優點了嗎？沒錯！因為 **Linux 上面的軟體幾乎都是經過 GPL 的授權**，所以每個軟體幾乎均提供原始程式碼，並且你可以自行修改該程式碼，以符合你個人的需求呢！很棒吧！這就是開放源碼的優點囉！不過，到底什麼是開放源碼？這些程式碼是什麼東東？又 Linux 上面可以執行的相關軟體檔案與開放源碼之間是如何轉換的？不同版本的 Linux 之間能不能使用同一個執行檔？或者是該執行檔需要由原始程式碼的部分重新進行轉換？這些都是需要釐清觀念的。底下我們先就原始程式碼與可執行檔來進行說明。

## 21.1.1 什麼是開放源碼、編譯器與可執行檔？

在討論程式碼是什麼之前，我們先來談論一下什麼是可執行檔？我們說過，在 Linux 系統上面，一個檔案能不能被執行看的是有沒有可執行的那個權限 (具有 x permission)，不過，**Linux 系統上真正認識的可執行檔其實是二進位檔案 (binary program)**，例如/usr/bin/passwd，/bin/touch 這些個檔案即為二進位程式碼。

或許你會說 shell scripts 不是也可以執行嗎？其實 shell scripts 只是利用 shell (例如 bash) 這支程式的功能進行一些判斷式，而最終執行的除了 bash 提供的功能外，仍是呼叫一些已經編譯好的二進位程式來執行的呢！當然啦，bash 本身也是一支二進位程式啊！那麼我怎麼知道一個檔案是否為 binary 呢？還記得我們在第六章裡面提到的 file 這個指令的功能嗎？對啦！用它就是了！我們現在來測試一下：

```
# 先以系統的檔案測試看看：
[root@study ~]# file /bin/bash
/bin/bash：ELF 64-bit LSB executable，x86-64，version 1 (SYSV)，dynamically linked
  (uses shared libs)，for GNU/Linux 2.6.32，BuildID[sha1]=0x7e60e...stripped
# 如果是系統提供的 /etc/init.d/network 呢？
[root@study ~]# file /etc/init.d/network
/etc/init.d/network：Bourne-Again shell script，ASCII text executable
```

看到了吧！如果是 binary 而且是可以執行的時候，它就會顯示執行檔類別 (ELF 64-bit LSB executable)，同時會說明是否使用**動態函式庫 (shared libs)**，而如果是一般的 script，那它就會顯示出 text executables 之類的字樣！

> 事實上，network 的資料顯示出 Bourne-Again ... 那一行，是因為你的 scripts 上面第一行有宣告 #!/bin/bash 的緣故，如果你將 script 的第一行拿掉，那麼不管 /etc/init.d/network 的權限為何，它其實顯示的是 ASCII 文字檔的資訊喔！

既然 Linux 作業系統真正認識的其實是 binary program，那麼我們是如何做出這樣的一支 binary 的程式呢？首先，我們必須要寫程式，用什麼東西寫程式？就是一般的文書處理器啊！鳥哥都喜歡使用 vim 來進行程式的撰寫，寫完的程式就是所謂的原始程式碼囉！**這個程式碼檔案其實就是一般的純文字檔**。在完成這個原始碼檔案的編寫之後，再來就是要將這個檔案『**編譯**』成為作業系統看的懂得 binary program 囉！而要編譯自然就需要『**編譯器**』來動作，經過編譯器的編譯與連結之後，就會產生一支可以執行的 binary program 囉。

舉個例子來說，在 Linux 上面最標準的程式語言為 C，所以我使用 C 的語法進行原始程式碼的書寫，寫完之後，以 Linux 上標準的 C 語言編譯器 gcc 這支程式來編譯，就可以製作一支可以執行的 binary program 囉。整個的流程有點像這樣：

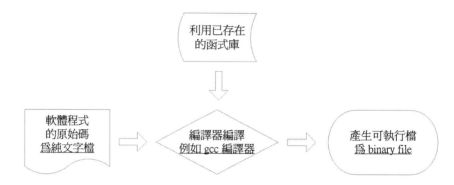

圖 21.1.1　利用 gcc 編譯器進行程式的編譯流程示意圖

事實上，在編譯的過程當中還會產生所謂的**目標檔 (Object file)**，這些檔案是以 *.o 的副檔名樣式存在的！至於 C 語言的原始碼檔案通常以 *.c 作為副檔名。此外，有的時候，我們會在程式當中『引用、呼叫』其他的外部副程式，或者是利用其他軟體提供的『函數功能』，這個時候，我們就必須要在編譯的過程當中，將該函式庫給它加進去，如此一來，編譯器就可以將所有的程式碼與函式庫作一個連結 (Link) 以產生正確的執行檔囉。

總之，我們可以這麼說：

◆ 開放源碼：就是程式碼，寫給人類看的程式語言，但機器並不認識，所以無法執行。

◆ 編譯器：將程式碼轉譯成為機器看的懂得語言，就類似翻譯者的角色。

◆ 可執行檔：經過編譯器變成二進位程式後，機器看的懂所以可以執行的檔案。

## 21.1.2　什麼是函式庫？

在前一小節的圖 21.1.1 示意圖中，在編譯的過程裡面有提到函式庫這東西。什麼是函式庫呢？先舉個例子來說：我們的 Linux 系統上通常已經提供一個可以進行身份驗證的模組，就是在第十三章提到的 PAM 模組。這個 PAM 提供的功能可以讓很多的程式在被執行的時候，除了可以驗證使用者登入的資訊外，還可以將身份確認的資料記錄在登錄檔裡面，以方便系統管理員的追蹤！

既然有這麼好用的功能，那如果我要編寫具有身份認證功能的程式時，直接引用該 PAM 的功能就好啦，如此一來，我就不需要重新設計認證機制囉！也就是說，只要在我寫的程式碼裡面，設定去呼叫 PAM 的函式功能，我的程式就可以利用 Linux 原本就有的身份認證的程序咯！除此之外，其實我們的 Linux 核心也提供了相當多的函式庫來給硬體開發者利用喔。

函式庫又分為動態與靜態函式庫，這兩個東東的分別我們在後面的小節再加以說明。這裡我們以一個簡單的流程圖，來示意一支有呼叫外部函式庫的程式的執行情況。

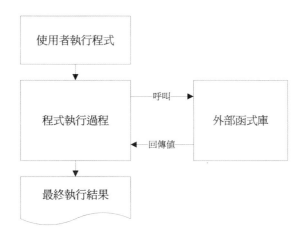

圖 21.1.2　程式執行時引用外部動態函式庫的示意圖

很簡單的示意圖啊！^_^！而如果要在程式裡面加入引用的函式庫，就需要如圖 21.1.1 所示，亦即在編譯的過程當中，就需要加入函式庫的相關設定囉。事實上，Linux 的核心提供很多的核心相關函式庫與外部參數，這些核心功能在設計硬體的驅動程式的時候是相當有用的資訊，這些核心相關資訊大多放置在 /usr/include，/usr/lib，/usr/lib64 裡面哩！我們在本章的後續小節再來探討。反正我們可以簡單的這麼想：

◆　函式庫：就類似副程式的角色，可以被呼叫來執行的一段功能函數。

### 21.1.3　什麼是 make 與 configure ？

事實上，使用類似 gcc 的編譯器來進行編譯的過程並不簡單，因為一套軟體並不會僅有一支程式，而是有一堆程式碼檔案。所以除了每個主程式與副程式均需要寫上一筆編譯過程的指令外，還需要寫上最終的連結程序。程式碼小的時候還好，如果是類似 WWW 伺服器軟體 (例如 Apache) ，或者是類似核心的原始碼，動則數百 MBytes 的資料量，編譯指令會寫到瘋掉～這個時候，我們就可以使用 make 這個指令的相關功能來進行編譯過程的指令簡化了！

當執行 make 時，make 會在當時的目錄下搜尋 Makefile (or makefile) 這個文字檔，而 Makefile 裡面則記錄了原始碼如何編譯的詳細資訊！make 會自動的判別原始碼是否經過變動了，而自動更新執行檔，是軟體工程師相當好用的一個輔助工具呢！

咦！make 是一支程式，會去找 Makefile，那 Makefile 怎麼寫？通常軟體開發商都會寫一支偵測程式來偵測使用者的作業環境，以及該作業環境是否有軟體開發商所需要的其他功能，該偵測程式偵測完畢後，就會主動的建立這個 Makefile 的規則檔案啦！通常這支偵測程式的檔名為 configure 或者是 config。

咦！那為什麼要偵測作業環境呢？在第一章當中，不是曾經提過其實每個 Linux distribution 都使用同樣的核心嗎？但你得要注意，不同版本的核心所使用的系統呼叫可能不相同，而且每個軟體所需要的相依的函式庫也不相同，同時，軟體開發商不會僅針對 Linux 開發，而是會針對整個 Unix-Like 做開發啊！所以他也必須要偵測該作業系統平台有沒有提供合適的編譯器才行！所以當然要偵測環境啊！一般來說，偵測程式會偵測的資料大約有底下這些：

- **是否有適合的編譯器可以編譯本軟體的程式碼。**
- **是否已經存在本軟體所需要的函式庫，或其他需要的相依軟體。**
- **作業系統平台是否適合本軟體，包括 Linux 的核心版本。**
- **核心的表頭定義檔 (header include) 是否存在 (驅動程式必須要的偵測)。**

至於 make 與 configure 運作流程的相關性，我們可以使用底下的圖示來示意一下啊！下圖中，你要進行的任務其實只有兩個，一個是執行 configure 來建立 Makefile，這個步驟一定要成功！成功之後再以 make 來呼叫所需要的資料來編譯即可！非常簡單！

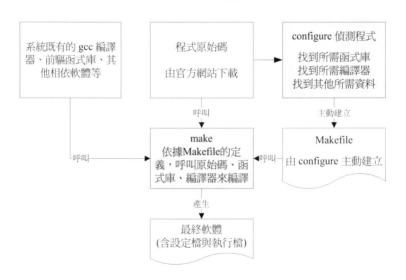

圖 21.1.3　透過 configure 與 make 進行編譯示意圖

由於不同的 Linux distribution 的函式庫檔案所放置的路徑，或者是函式庫的檔名訂定，或者是預設安裝的編譯器，以及核心的版本都不相同，因此理論上，你無法在 CentOS 7.x 上面編譯出 binary program 後，還將它拿到 SuSE 上面執行，這個動作通常是不可能成功的！因為呼叫的目標函式庫位置可能不同 (參考圖 21.1.2)，核心版本更不可能相同！所以能夠執行的情況是微乎其微！所以同一套軟體要在不同的平台上面執行時，必須要重複編譯！所以才需要原始碼嘛！瞭解乎！詳細的 make 用法與 Makefile 規則，在後續的小節裡面再探討囉！

## 21.1.4　什麼是 Tarball 的軟體？

從前面幾個小節的說明來看，我們知道所謂的原始程式碼，其實就是一些寫滿了程式碼的純文字檔案。那我們在第八章壓縮指令的介紹當中，也瞭解了純文字檔在網路上其實是很浪費頻寬的一種檔案格式！所以啦，如果能夠將這些原始碼透過檔案的打包與壓縮技術來將檔案的數量與容量減小，不但讓使用者容易下載，軟體開發商的網站頻寬也能夠節省很多很多啊！這就是 Tarball 檔案的由來囉！

 想一想，一個核心的原始碼檔案大約要 300~500 MB 以上，如果每個人都去下載這樣的一個核心檔案，呵呵！那麼網路頻寬不被吃的死翹翹才怪呢！

所謂的 Tarball 檔案，其實就是將軟體的所有原始碼檔案先以 tar 打包，然後再以壓縮技術來壓縮，通常最常見的就是以 gzip 來壓縮了。因為利用了 tar 與 gzip 的功能，所以 **tarball 檔案一般的副檔名就會寫成 \*.tar.gz 或者是簡寫為 \*.tgz 囉**！不過，近來由於 bzip2 與 xz 的壓縮率較佳，所以 Tarball 漸漸的以 bzip2 及 xz 的壓縮技術來取代 gzip 囉！因此檔名也會變成 \*.tar.bz2，\*.tar.xz 之類的哩。所以說，Tarball 是一個軟體包，你將它解壓縮之後，裡面的檔案通常就會有：

- **原始程式碼檔案。**
- **偵測程式檔案** (可能是 configure 或 config 等檔名)。
- **本軟體的簡易說明與安裝說明** (INSTALL 或 README)。

其中最重要的是那個 INSTALL 或者是 README 這兩個檔案，通常你只要能夠參考這兩個檔案，Tarball 軟體的安裝是很簡單的啦！我們在後面的章節會再繼續介紹 Tarball 這個玩意兒。

## 21.1.5 如何安裝與升級軟體？

將原始碼作了一個簡單的介紹，也知道了系統其實認識的可執行檔是 binary program 之後，好了，得要聊一聊，那麼怎麼安裝與升級一個 Tarball 的軟體？為什麼要安裝一個新的軟體呢？當然是因為我們的主機上面沒有該軟體囉！那麼，為何要升級呢？原因可能有底下這些：

◆ **需要新的功能，但舊有主機的舊版軟體並沒有，所以需要升級到新版的軟體。**

◆ **舊版本的軟體上面可能有資安上的顧慮，所以需要更新到新版的軟體。**

◆ **舊版的軟體執行效能不彰，或者執行的能力不能讓管理者滿足。**

在上面的需求當中，尤其需要注意的是第二點，當一個軟體有安全上的顧慮時，千萬不要懷疑，趕緊更新軟體吧！否則造成網路危機，那可不是鬧著玩的！那麼更新的方法有哪些呢？基本上更新的方法可以分為兩大類，分別是：

◆ **直接以原始碼透過編譯來安裝與升級。**

◆ **直接以編譯好的 binary program 來安裝與升級。**

上面第一點很簡單，就是直接以 Tarball 在自己的機器上面進行偵測、編譯、安裝與設定等等動作來升級就是了。不過，這樣的動作雖然讓使用者在安裝過程當中具有很高的彈性，但畢竟是比較麻煩一點，如果 Linux distribution 廠商能夠針對自己的作業平台先進行編譯等過程，再將編譯好的 binary program 釋出的話，那由於我的系統與該 Linux distribution 的環境是相同的，所以它所釋出的 binary program 就可以在我的機器上面直接安裝啦！省略了偵測與編譯等等繁雜的過程呢！

這個預先編譯好程式的機制存在於很多 distribution 喔，包括有 **Red Hat 系統 (含 Fedora/CentOS 系列) 發展的 RPM 軟體管理機制與 yum 線上更新模式；Debian 使用的 dpkg 軟體管理機制與 APT 線上更新模式等等**。

由於 CentOS 系統是依循標準的 Linux distribution，所以可以使用 Tarball 直接進行編譯的安裝與升級，當然也可以使用 RPM 相關的機制來進行安裝與升級囉！本章節主要針對 Tarball，至於 RPM 則留待下個章節再來介紹呢！

好了，那麼一個軟體的 Tarball 是如何安裝的呢？基本流程是這樣的啦：

1. **將 Tarball 由廠商的網頁下載下來。**
2. **將 Tarball 解開，產生很多的原始碼檔案。**
3. **開始以 gcc 進行原始碼的編譯 (會產生目標檔 object files)。**

4. **然後以 gcc 進行函式庫、主、副程式的連結，以形成主要的 binary file。**

5. **將上述的 binary file 以及相關的設定檔安裝至自己的主機上面。**

上面第 3，4 步驟當中，我們可以透過 make 這個指令的功能來簡化它，所以整個步驟其實是很簡單的啦！只不過你就得需要至少有 gcc 以及 make 這兩個軟體在你的 Linux 系統裡面才行喔！詳細的過程以及需要的軟體我們在後面的章節繼續來介紹的啦！

# 21.2　使用傳統程式語言進行編譯的簡單範例

經過上面的介紹之後，你應該比較清楚的知道原始碼、編譯器、函式庫與執行檔之間的相關性了。不過，詳細的流程可能還是不很清楚，所以，在這裡我們以一個簡單的程式範例來說明整個編譯的過程喔！趕緊進入 Linux 系統，實地的操作一下底下的範例呢！

## 21.2.1　單一程式：印出 Hello World

我們以 Linux 上面最常見的 C 語言來撰寫第一支程式！第一支程式最常作的就是..... 在螢幕上面印出『Hello World！』的字樣～當然，這裡我們是以簡單的 C 語言來撰寫，如果你對於 C 有興趣的話，那麼請自行購買相關的書籍喔！^_^ 好了，不囉唆，立刻編輯第一支程式吧！

> 請先確認你的 Linux 系統裡面已經安裝了 gcc 了喔！如果尚未安裝 gcc 的話，請先參考下一節的 RPM 安裝法，先安裝好 gcc 之後，再回來閱讀本章。如果你已經有網路了，那麼直接使用『 yum groupinstall "Development Tools" 』預先安裝好所需的所有軟體即可。rpm 與 yum 均會在下一章介紹。

◆　**編輯程式碼，亦即原始碼**

```
[root@study ~]# vim hello.c    <==用 C 語言寫的程式副檔名建議用 .c
#include <stdio.h>
int main(void)
{
        printf("Hello World\n");
}
```

上面是用 C 語言的語法寫成的一個程式檔案。第一行的那個『 # 』並不是註解喔！如果你擔心輸入錯誤，請到底下的連結下載這個檔案：

■　http://linux.vbird.org/linux_basic/0520source/hello.c

◆ **開始編譯與測試執行**

```
[root@study ~]# gcc hello.c
[root@study ~]# ll hello.c a.out
-rwxr-xr-x. 1 root root 8503 Sep  4 11:33 a.out      <==此時會產生這個檔名
-rw-r--r--. 1 root root   71 Sep  4 11:32 hello.c

[root@study ~]# ./a.out
Hello World  <==呵呵！成果出現了！
```

在預設的狀態下，如果我們直接以 gcc 編譯原始碼，並且沒有加上任何參數，則**執行檔
的檔名會被自動設定為 a.out 這個檔案名稱**！所以你就能夠直接執行 ./a.out 這個執行檔
啦！上面的例子很簡單吧！那個 hello.c 就是原始碼，而 gcc 就是編譯器，至於 a.out 就
是編譯成功的可執行 binary program 囉！咦！那如果我想要產生目標檔 (object file) 來進
行其他的動作，而且執行檔的檔名也不要用預設的 a.out ，那該如何是好？其實你可以
將上面的第 2 個步驟改成這樣：

```
[root@study ~]# gcc -c hello.c
[root@study ~]# ll hello*
-rw-r--r--. 1 root root   71 Sep  4 11:32 hello.c
-rw-r--r--. 1 root root 1496 Sep  4 11:34 hello.o  <==就是被產生的目標檔
[root@study ~]# gcc -o hello hello.o
[root@study ~]# ll hello*
-rwxr-xr-x. 1 root root 8503 Sep  4 11:35 hello  <==這就是可執行檔！-o 的結果
-rw-r--r--. 1 root root   71 Sep  4 11:32 hello.c
-rw-r--r--. 1 root root 1496 Sep  4 11:34 hello.o
[root@study ~]# ./hello
Hello World
```

這個步驟主要是利用 hello.o 這個目標檔製作出一個名為 hello 的執行檔，詳細的 gcc 語
法我們會在後續章節中繼續介紹！透過這個動作後，我們可以得到 hello 及 hello.o 兩個
檔案，真正可以執行的是 hello 這個 binary program 喔！或許你會覺得，咦！只要一個
動作作出 a.out 就好了，幹嘛還要先製作目標檔再做成執行檔呢？呵呵！透過下個範
例，你就可以知道為什麼啦！

## 21.2.2 主、副程式連結：副程式的編譯

如果我們在一個主程式裡面又呼叫了另一個副程式呢？這是很常見的一個程式寫法，因
為可以簡化整個程式的易讀性！在底下的例子當中，我們以 thanks.c 這個主程式去呼叫
thanks_2.c 這個副程式，寫法很簡單：

◆ **撰寫所需要的主、副程式**

```
# 1. 編輯主程式：
[root@study ~]# vim thanks.c
#include <stdio.h>
int main(void)
{
        printf("Hello World\n");
        thanks_2();
}
# 上面的 thanks_2(); 那一行就是呼叫副程式啦！


[root@study ~]# vim thanks_2.c
#include <stdio.h>
void thanks_2(void)
{
        printf("Thank you!\n");
}
```

上面這兩個檔案你可以到底下下載：

■ http://linux.vbird.org/linux_basic/0520source/thanks.c

■ http://linux.vbird.org/linux_basic/0520source/thanks_2.c

◆ **進行程式的編譯與連結 (Link)**

```
# 2. 開始將原始碼編譯成為可執行的 binary file :
[root@study ~]# gcc -c thanks.c thanks_2.c
[root@study ~]# ll thanks*
-rw-r--r--. 1 root root   75 Sep  4 11:43 thanks_2.c
-rw-r--r--. 1 root root 1496 Sep  4 11:43 thanks_2.o   <==編譯產生的！
-rw-r--r--. 1 root root   91 Sep  4 11:42 thanks.c
-rw-r--r--. 1 root root 1560 Sep  4 11:43 thanks.o     <==編譯產生的！

[root@study ~]# gcc -o thanks thanks.o thanks_2.o
[root@study ~]# ll thanks*
-rwxr-xr-x. 1 root root 8572 Sep  4 11:44 thanks       <==最終結果會產生這玩意兒

# 3. 執行一下這個檔案：
[root@study ~]# ./thanks
Hello World
Thank you!
```

知道為什麼要製作出目標檔了嗎？由於我們的原始碼檔案有時並非僅只有一個檔案，所以我們無法直接進行編譯。這個時候就需要先產生目標檔，然後再以連結製作成為 binary 可執行檔。另外，**如果有一天，你更新了 thanks_2.c 這個檔案的內容，則你只要重新編譯 thanks_2.c 來產生新的 thanks_2.o ，然後再以連結製作出新的 binary 可執行檔即可！而不必重新編譯其他沒有更動過的原始碼檔案。**這對於軟體開發者來說，是一個很重要的功能，因為有時候要將偌大的原始碼全部編譯完成，會花很長的一段時間呢！

此外，如果你想要讓程式在執行的時候具有比較好的效能，或者是其他的除錯功能時，可以在編譯的過程裡面加入適當的參數，例如底下的例子：

```
[root@study ~]# gcc -O -c thanks.c thanks_2.c  <== -O 為產生最佳化的參數

[root@study ~]# gcc -Wall -c thanks.c thanks_2.c
thanks.c: In function 'main':
thanks.c:5:9: warning: implicit declaration of function 'thanks_2' [-Wimplicit
-function-declaration]
        thanks_2();
        ^
thanks.c:6:1: warning: control reaches end of non-void function [-Wreturn-type]
 }
 ^
# -Wall 為產生更詳細的編譯過程資訊。上面的訊息為警告訊息 (warning) 所以不用理會也沒有關係！
```

至於更多的 gcc 額外參數功能，就得要 man gcc 囉～呵呵！可多的跟天書一樣～

## 21.2.3 呼叫外部函式庫：加入連結的函式庫

剛剛我們都僅只是在螢幕上面印出一些字眼而已，如果說要計算數學公式呢？例如我們想要計算出三角函數裡面的 sin (90 度角)。要注意的是，大多數的程式語言都是使用徑度而不是一般我們在計算的『角度』，180 度角約等於 3.14 徑度！嗯！那我們就來寫一下這個程式吧！

```
[root@study ~]# vim sin.c
#include <stdio.h>
#include <math.h>
int main(void)
{
        float value;
        value = sin ( 3.14 / 2 );
        printf("%f\n",value);
}
```

上面這個檔案的內容可以在底下取得！

■　http://linux.vbird.org/linux_basic/0520source/sin.c

那要如何編譯這支程式呢？我們先直接編譯看看：

```
[root@study ~]# gcc sin.c
# 新的 GCC 會主動將函數抓進來給你用，所以只要加上 include <math.h> 就好了！
```

新版的 GCC 會主動幫你將所需要的函式庫抓進來編譯，所以不會出現怪異的錯誤訊息！事實上，數學函式庫使用的是 libm.so 這個函式庫，你最好在編譯的時候將這個函式庫納進去比較好～另外要注意，這個函式庫放置的地方是系統預設會去找的 /lib , /lib64 ，所以你無須使用底下的 -L 去加入搜尋的目錄！而 libm.so 在編譯的寫法上，使用的是 -lm (lib 簡寫為 l 喔！) 喔！因此就變成：

◆　**編譯時加入額外函式庫連結的方式**

```
[root@study ~]# gcc sin.c -lm -L/lib -L/lib64   <==重點在 -lm
[root@study ~]# ./a.out                         <==嘗試執行新檔案！
1.000000
```

特別注意，使用 gcc 編譯時所加入的那個 -lm 是有意義的，它可以拆開成兩部分來看：

■　**-l**：是『**加入某個函式庫(library)**』的意思。

■　**m**：則是 libm.so 這個函式庫，其中，lib 與副檔名(.a 或 .so)不需要寫。

所以 -lm 表示使用 libm.so (或 libm.a) 這個函式庫的意思～至於那個 -L 後面接的路徑呢？這表示：『**我要的函式庫 libm.so 請到 /lib 或 /lib64 裡面搜尋！**』。

上面的說明很清楚了吧！不過，要注意的是，由於 Linux 預設是將函式庫放置在 /lib 與 /lib64 當中，所以你沒有寫 -L/lib 與 -L/lib64 也沒有關係的！不過，萬一哪天你使用的函式庫並非放置在這兩個目錄下，那麼 -L/path 就很重要了！否則會找不到函式庫喔！

除了連結的函式庫之外，你或許已經發現一個奇怪的地方，那就是在我們的 sin.c 當中第一行『 **#include <stdio.h>** 』，這行說的是要將一些定義資料由 stdio.h 這個檔案讀入，這包括 printf 的相關設定。這個檔案其實是放置在 /usr/include/stdio.h 的！那麼萬一這個檔案並非放置在這裡呢？那麼我們就可以使用底下的方式來定義出要讀取的 include 檔案放置的目錄：

```
[root@study ~]# gcc sin.c -lm -I/usr/include
```

-I/path 後面接的路徑( Path )就是設定要去搜尋相關的 include 檔案的目錄啦！不過，同樣的，預設值是放置在 /usr/include 底下，除非你的 include 檔案放置在其他路徑，否則也可以略過這個項目！

透過上面的幾個小範例，你應該對於 gcc 以及原始碼有一定程度的認識了，再接下來，我們來稍微整理一下 gcc 的簡易使用方法吧！

## 21.2.4　gcc 的簡易用法 (編譯、參數與鏈結)

前面說過，gcc 為 Linux 上面最標準的編譯器，這個 gcc 是由 GNU 計畫所維護的，有興趣的朋友請自行前往參考。既然 gcc 對於 Linux 上的 Open source 是這麼樣的重要，所以底下我們就列舉幾個 gcc 常見的參數，如此一來大家應該更容易瞭解原始碼的各項功能吧！

```
# 僅將原始碼編譯成為目標檔，並不製作連結等功能：
[root@study ~]# gcc -c hello.c
# 會自動的產生 hello.o 這個檔案，但是並不會產生 binary 執行檔。

# 在編譯的時候，依據作業環境給予最佳化執行速度
[root@study ~]# gcc -O hello.c -c
# 會自動的產生 hello.o 這個檔案，並且進行最佳化喔！

# 在進行 binary file 製作時，將連結的函式庫與相關的路徑填入
[root@study ~]# gcc sin.c -lm -L/lib -I/usr/include
# 這個指令較常下達在最終連結成 binary file 的時候，
# -lm 指的是 libm.so 或 libm.a 這個函式庫檔案；
# -L 後面接的路徑是剛剛上面那個函式庫的搜尋目錄；
# -I 後面接的是原始碼內的 include 檔案之所在目錄。

# 將編譯的結果輸出成某個特定檔名
[root@study ~]# gcc -o hello hello.c
# -o 後面接的是要輸出的 binary file 檔名

# 在編譯的時候，輸出較多的訊息說明
[root@study ~]# gcc -o hello hello.c -Wall
# 加入 -Wall 之後，程式的編譯會變的較為嚴謹一點，所以警告訊息也會顯示出來！
```

比較重要的大概就是這一些。**另外，我們通常稱 -Wall 或者 -O 這些非必要的參數為旗標 (FLAGS)，因為我們使用的是 C 程式語言，所以有時候也會簡稱這些旗標為 CFLAGS**，這些變數偶爾會被使用的喔！尤其是在後頭會介紹的 make 相關的用法時，更是重要的很吶！^\_^

## 21.3  用 make 進行巨集編譯

在本章一開始我們提到過 make 的功能是可以簡化編譯過程裡面所下達的指令，同時還具有很多很方便的功能！那麼底下咱們就來試看看使用 make 簡化下達編譯指令的流程吧！

### 21.3.1  為什麼要用 make？

先來想像一個案例，假設我的執行檔裡面包含了四個原始碼檔案，分別是 main.c haha.c sin_value.c cos_value.c 這四個檔案，這四個檔案的目的是：

◆ main.c：主要的目的是讓使用者輸入角度資料與呼叫其他三支副程式。

◆ haha.c：輸出一堆有的沒有的訊息而已。

◆ sin_value.c：計算使用者輸入的角度(360) sin 數值。

◆ cos_value.c：計算使用者輸入的角度(360) cos 數值。

這四個檔案你可以到 http://linux.vbird.org/linux_basic/0520source/main.tgz 來下載。由於這四個檔案裡面包含了相關性，並且還用到數學函式在裡面，所以如果你想要讓這個程式可以跑，那麼就需要這樣編譯：

```
# 1. 先進行目標檔的編譯，最終會有四個 *.o 的檔名出現：
[root@study ~]# gcc -c main.c
[root@study ~]# gcc -c haha.c
[root@study ~]# gcc -c sin_value.c
[root@study ~]# gcc -c cos_value.c

# 2. 再進行連結成為執行檔，並加入 libm 的數學函式，以產生 main 執行檔：
[root@study ~]# gcc -o main main.o haha.o sin_value.o cos_value.o -lm

# 3. 本程式的執行結果，必須輸入姓名、360 度角的角度值來計算：
[root@study ~]# ./main
Please input your name:VBird   <==這裡先輸入名字
Please enter the degree angle (ex> 90):30   <==輸入以 360 度角為主的角度
Hi，Dear VBird，nice to meet you.   <==這三行為輸出的結果喔！
The Sin is: 0.50
The Cos is: 0.87
```

編譯的過程需要進行好多動作啊！而且如果要重新編譯，則上述的流程得要重新來一遍，光是找出這些指令就夠煩人的了！如果可以的話，能不能一個步驟就給它完成上面所有的動作呢？那就利用 make 這個工具吧！先試看看在這個目錄下建立一個名為 makefile 的檔案，內容如下：

```
# 1. 先編輯 makefile 這個規則檔，內容只要作出 main 這個執行檔
[root@study ~]# vim makefile
main:main.o haha.o sin_value.o cos_value.o
    gcc -o main main.o haha.o sin_value.o cos_value.o -lm
# 注意：第二行的 gcc 之前是 <tab> 按鍵產生的空格喔！

# 2. 嘗試使用 makefile 制訂的規則進行編譯的行為：
[root@study ~]# rm -f main *.o    <==先將之前的目標檔去除
[root@study ~]# make
cc    -c -o main.o main.c
cc    -c -o haha.o haha.c
cc    -c -o sin_value.o sin_value.c
cc    -c -o cos_value.o cos_value.c
gcc -o main main.o haha.o sin_value.o cos_value.o -lm
# 此時 make 會去讀取 makefile 的內容，並根據內容直接去給它編譯相關的檔案囉！

# 3. 在不刪除任何檔案的情況下，重新執行一次編譯的動作：
[root@study ~]# make
make:`main' is up to date.
# 看到了吧！是否很方便呢！只會進行更新 (update) 的動作而已。
```

或許你會說：『如果我建立一個 shell script 來將上面的所有動作都集結在一起，不是具有同樣的效果嗎？』呵呵！效果當然不一樣，以上面的測試為例，我們僅寫出 main 需要的目標檔，結果 make 會主動的去判斷每個目標檔相關的原始碼檔案，並直接予以編譯，最後再直接進行連結的動作！真的是很方便啊！此外，如果我們更動過某些原始碼檔案，則 make 也可以主動的判斷哪一個原始碼與相關的目標檔檔案有更新過，並僅更新該檔案，如此一來，將可大大的節省很多編譯的時間呢！要知道，某些程式在進行編譯的行為時，會消耗很多的 CPU 資源呢！所以說，make 有這些好處：

◆ 簡化編譯時所需要下達的指令。

◆ 若在編譯完成之後，修改了某個原始碼檔案，則 make 僅會針對被修改了的檔案進行編譯，其他的 object file 不會被更動。

◆ 最後可以依照相依性來更新 (update) 執行檔。

既然 make 有這麼多的優點，那麼我們當然就得好好的瞭解一下 make 這個令人關心的傢伙啦！而 make 裡面最需要注意的大概就是那個規則檔案，也就是 makefile 這個檔案的語法啦！所以底下我們就針對 makefile 的語法來加以介紹囉。

## 21.3.2　makefile 的基本語法與變數

make 的語法可是相當的多而複雜的，有興趣的話可以到 GNU[註1]去查閱相關的說明，鳥哥這裡僅列出一些基本的規則，重點在於讓讀者們未來在接觸原始碼時，不會太緊張啊！好了，基本的 makefile 規則是這樣的：

```
標的(target)：目標檔1 目標檔2
<tab>    gcc -o 欲建立的執行檔 目標檔1 目標檔2
```

那個標的 (target) 就是我們想要建立的資訊，而目標檔就是具有相關性的 object files，那建立執行檔的語法就是以 <tab> 按鍵開頭的那一行！特別給它留意喔，『**命令列必須要以 tab 按鍵作為開頭**』才行！它的規則基本上是這樣的：

◆　在 makefile 當中的 # 代表註解。

◆　<tab> 需要在命令行 (例如 gcc 這個編譯器指令) 的第一個字元。

◆　標的 (target) 與相依檔案(就是目標檔)之間需以 『:』隔開。

同樣的，我們以剛剛上一個小節的範例進一步說明，如果我想要有兩個以上的執行動作時，例如下達一個指令就直接清除掉所有的目標檔與執行檔，該如何製作呢？

```
# 1. 先編輯 makefile 來建立新的規則，此規則的標的名稱為 clean ：
[root@study ~]# vi makefile
main:main.o haha.o sin_value.o cos_value.o
        gcc -o main main.o haha.o sin_value.o cos_value.o -lm
clean:
        rm -f main main.o haha.o sin_value.o cos_value.o

# 2. 以新的標的 (clean) 測試看看執行 make 的結果：
[root@study ~]# make clean    <==就是這裡！透過 make 以 clean 為標的
rm -rf main main.o haha.o sin_value.o cos_value.o
```

如此一來，我們的 makefile 裡面就具有至少兩個標的，分別是 main 與 clean，如果我們想要建立 main 的話，輸入『make main』，如果想要清除有的沒的，輸入『make clean』即可啊！而如果想要先清除目標檔再編譯 main 這個程式的話，就可以這樣輸入：『make clean main』，如下所示：

```
[root@study ~]# make clean main
rm -rf main main.o haha.o sin_value.o cos_value.o
cc    -c -o main.o main.c
cc    -c -o haha.o haha.c
cc    -c -o sin_value.o sin_value.c
cc    -c -o cos_value.o cos_value.c
gcc -o main main.o haha.o sin_value.o cos_value.o -lm
```

這樣就很清楚了吧！但是，你是否會覺得，咦！makefile 裡面怎麼重複的資料這麼多啊！沒錯！所以我們可以再藉由 shell script 那時學到的『變數』來更簡化 makefile 喔：

```
[root@study ~]# vi makefile
LIBS = -lm
OBJS = main.o haha.o sin_value.o cos_value.o
main: ${OBJS}
        gcc -o main ${OBJS} ${LIBS}
clean:
        rm -f main ${OBJS}
```

與 bash shell script 的語法有點不太相同，變數的基本語法為：

1. **變數與變數內容以『=』隔開，同時兩邊可以具有空格。**
2. **變數左邊不可以有 <tab> ，例如上面範例的第一行 LIBS 左邊不可以是 <tab>。**
3. **變數與變數內容在『=』兩邊不能具有『:』。**
4. **在習慣上，變數最好是以『大寫字母』為主。**
5. **運用變數時，以 ${變數} 或 $(變數) 使用。**
6. **在該 shell 的環境變數是可以被套用的，例如提到的 CFLAGS 這個變數！**
7. **在指令列模式也可以給予變數。**

由於 gcc 在進行編譯的行為時，會主動的去讀取 CFLAGS 這個環境變數，所以，你可以直接在 shell 定義出這個環境變數，也可以在 makefile 檔案裡面去定義，更可以在指令列當中給予這個東東呢！例如：

```
[root@study ~]# CFLAGS="-Wall" make clean main
# 這個動作在上 make 進行編譯時，會去取用 CFLAGS 的變數內容！
```

也可以這樣：

```
[root@study ~]# vi makefile
LIBS = -lm
OBJS = main.o haha.o sin_value.o cos_value.o
```

```
CFLAGS = -Wall
main:${OBJS}
        gcc -o main ${OBJS} ${LIBS}
clean:
        rm -f main ${OBJS}
```

咦！我可以利用指令列進行環境變數的輸入，也可以在檔案內直接指定環境變數，那萬一這個 CFLAGS 的內容在指令列與 makefile 裡面並不相同時，以那個方式輸入的為主？呵呵！問了個好問題啊！環境變數取用的規則是這樣的：

1. make 指令列後面加上的環境變數為優先。

2. makefile 裡面指定的環境變數第二。

3. shell 原本具有的環境變數第三。

此外，還有一些特殊的變數需要瞭解的喔：

◆ $@：代表目前的標的(target)

所以我也可以將 makefile 改成：

```
[root@study ~]# vi makefile
LIBS = -lm
OBJS = main.o haha.o sin_value.o cos_value.o
CFLAGS = -Wall
main:${OBJS}
    gcc -o $@ ${OBJS} ${LIBS}    <==那個 $@ 就是 main ！
clean:
    rm -f main ${OBJS}
```

這樣是否稍微瞭解了 makefile (也可能是 Makefile) 的基本語法？這對於你未來自行修改原始碼的編譯規則時，是很有幫助的喔！^_^

## 21.4  Tarball 的管理與建議

在我們知道了原始碼的相關資訊之後，再來要瞭解的自然就是如何使用具有原始碼的 Tarball 來建立一個屬於自己的軟體囉！從前面幾個小節的說明當中，我們曉得**其實 Tarball 的安裝是可以跨平台的，因為 C 語言的程式碼在各個平台上面是可以共通的**，只是需要的編譯器可能並不相同而已。例如 Linux 上面用 gcc 而 Windows 上面也有相關的 C 編譯器啊～所以呢，同樣的一組原始碼，既可以在 CentOS Linux 上面編譯，也可以在 SuSE Linux 上面編譯，當然，也可以在大部分的 Unix 平台上面編譯成功的！

如果萬一沒有編譯成功怎麼辦？很簡單啊，透過修改小部分的程式碼 (通常是因為很小部分的異動而已) 就可以進行跨平台的移植了！也就是說，剛剛我們在 Linux 底下寫的程式『**理論上，是可以在 Windows 上面編譯的！**』這就是原始碼的好處啦！所以說，如果朋友們想要學習程式語言的話，鳥哥個人是比較建議學習『**具有跨平台能力的程式語言**』，例如 C 就是很不錯的一個！

唉啊！又扯遠了～趕緊拉回來繼續說明我們的 Tarball 啦！

## 21.4.1 使用原始碼管理軟體所需要的基礎軟體

從原始碼的說明我們曉得要製作一個 binary program 需要很多東東的呢！這包括底下這些基礎的軟體：

◆ **gcc 或 cc 等 C 語言編譯器** (compiler)

沒有編譯器怎麼進行編譯的動作？所以 C compiler 是一定要有的。不過 Linux 上面有眾多的編譯器，其中當然以 GNU 的 gcc 是首選的自由軟體編譯器囉！事實上很多在 Linux 平台上面發展的軟體的原始碼，原本就是以 gcc 為底來設計的呢。

◆ **make 及 autoconfig 等軟體**

一般來說，以 Tarball 方式釋出的軟體當中，為了簡化編譯的流程，通常都是配合前幾個小節提到的 make 這個指令來依據目標檔案的相依性而進行編譯。但是我們也知道說 make 需要 makefile 這個檔案的規則，那由於不同的系統裡面可能具有的基礎軟體環境並不相同，所以就需要偵測使用者的作業環境，好自行建立一個 makefile 檔案。這個自行偵測的小程式也必須要藉由 autoconfig 這個相關的軟體來輔助才行。

◆ **需要 Kernel 提供的 Library 以及相關的 Include 檔案**

從前面的原始碼編譯過程，我們曉得函式庫 (library) 的重要性，同時也曉得有 include 檔案的存在。很多的軟體在發展的時候都是直接取用系統核心提供的函式庫與 include 檔案的，這樣才可以與這個作業系統相容啊！尤其是在『**驅動程式方面的模組**』，例如網路卡、音效卡、USB 等驅動程式在安裝的時候，常常是需要核心提供的相關資訊的。在 Red Hat 的系統當中 (包含 Fedora/CentOS 等系列)，這個核心相關的功能通常都是被包含在 **kernel-source** 或 **kernel-header** 這些軟體名稱當中，所以記得要安裝這些軟體喔！

雖然 Tarball 的安裝上面相當的簡單，如同我們前面幾個小節的例子，只要順著開發商提供的 README 與 INSTALL 檔案所載明的步驟來進行，安裝是很容易的。但是我們卻還是常常會在 BBS 或者是新聞群組當中發現這些留言：『我在執行某個程式的偵測檔案時，它都會告訴我沒有 gcc 這個軟體，這是怎麼回事？』還有：『我沒有辦法使用 make 耶！這是什麼問題？』呵呵！這就是沒有安裝上面提到的那些基礎軟體啦！

咦！為什麼使用者不安裝這些軟體啊？這是因為目前的 Linux distribution 大多已經偏向於桌上型電腦的使用 (非伺服器端)，他們希望使用者能夠按照廠商自己的希望來安裝相關的軟體即可，所以通常『預設』是沒有安裝 gcc 或者是 make 等軟體的。所以啦，**如果你希望未來可以自行安裝一些以 Tarball 方式釋出的軟體時，記得請自行挑選想要安裝的軟體名稱喔**！例如在 CentOS 或者是 Red Hat 當中記得選擇 Development Tools 以及 Kernel Source Development 等相關字眼的軟體群集呢。

**那萬一我已經安裝好一部 Linux 主機，但是使用的是預設值所安裝的軟體，所以沒有 make，gcc 等東東，該如何是好**？呵呵！問題其實不大啦，目前使用最廣泛的 CentOS/Fedora 或者是 Red Hat 大多是以 RPM (下一章會介紹) 來安裝軟體的，所以，你只要拿出當初安裝 Linux 時的原版光碟，然後以下一章介紹的 RPM 來一個一個的加入到你的 Linux 主機裡面就好啦！很簡單的啦！尤其現在又有 yum 這玩意兒，更方便呐！

在 CentOS 當中，如果你已經有網路可以連上 Internet 的話，那麼就可以使用下一章會談到的 yum 囉！透過 yum 的軟體群組安裝功能，你可以這樣做：

◆ 如果是要安裝 gcc 等軟體發展工具，請使用『 yum groupinstall "Development Tools" 』。

◆ 若待安裝的軟體需要圖形介面支援，一般還需要『 yum groupinstall "X Software Development" 』。

◆ 若安裝的軟體較舊，可能需要『 yum groupinstall "Legacy Software Development" 』。

大概就是這樣，更多的資訊請參考下一章的介紹喔。

## 21.4.2　Tarball 安裝的基本步驟

我們提過以 Tarball 方式釋出的軟體是需要重新編譯可執行的 binary program 的。而 Tarball 是以 tar 這個指令來打包與壓縮的檔案，所以啦，當然就需要先將 Tarball 解壓縮，然後到原始碼所在的目錄下進行 makefile 的建立，再以 make 來進行編譯與安裝的動作啊！所以整個安裝的基礎動作大多是這樣的：

1. **取得原始檔**：將 tarball 檔案在 /usr/local/src 目錄下解壓縮。
2. **取得步驟流程**：進入新建立的目錄底下，去查閱 INSTALL 與 README 等相關檔案內容 (很重要的步驟！)。
3. **相依屬性軟體安裝**：根據 INSTALL/README 的內容查看並安裝好一些相依的軟體 (非必要)。

4. **建立 makefile：以自動偵測程式 (configure 或 config) 偵測作業環境，並建立 Makefile 這個檔案。**

5. **編譯：以 make 這個程式並使用該目錄下的 Makefile 做為它的參數設定檔，來進行 make (編譯或其他) 的動作。**

6. **安裝：以 make 這個程式，並以 Makefile 這個參數設定檔，依據 install 這個標的 (target) 的指定來安裝到正確的路徑！**

注意到上面的第二個步驟，通常在每個軟體在釋出的時候，都會附上 INSTALL 或者是 README 這種檔名的說明檔，這些說明檔請『**確實詳細的**』閱讀過一遍，通常這些檔案會記錄這個軟體的安裝要求、軟體的工作項目、與軟體的安裝參數設定及技巧等，只要仔細的讀完這些檔案，基本上，要安裝好 tarball 的檔案，都不會有什麼大問題囉。

至於 makefile 在製作出來之後，裡頭會有相當多的標的 (target)，最常見的就是 install 與 clean 囉！通常『make clean』代表著將目標檔 (object file) 清除掉，『make』則是將原始碼進行編譯而已。注意喔！編譯完成的可執行檔與相關的設定檔還在原始碼所在的目錄當中喔！因此，最後要進行『make install』來將編譯完成的所有東東都給它安裝到正確的路徑去，這樣就可以使用該軟體啦！

OK！我們底下約略提一下大部分的 tarball 軟體之安裝的指令下達方式：

1. **./configure**

   這個步驟就是在**建立 Makefile 這個檔案**囉！通常程式開發者會寫一支 scripts 來檢查你的 Linux 系統、相關的軟體屬性等等，這個步驟相當的重要，因為未來你的安裝資訊都是這一步驟內完成的！另外，這個步驟的相關資訊應該要參考一下該目錄下的 README 或 INSTALL 相關的檔案！

2. **make clean**

   make 會讀取 Makefile 中關於 clean 的工作。這個步驟不一定會有，但是希望執行一下，因為它**可以去除目標檔案**！因為誰也不確定原始碼裡面到底有沒有包含上次編譯過的目標檔案 (*.o) 存在，所以當然還是清除一下比較妥當的。至少等一下新編譯出來的執行檔我們可以確定是使用自己的機器所編譯完成的嘛！

3. **make**

   make 會依據 Makefile 當中的預設工作進行編譯的行為！編譯的工作主要是進行 gcc 來將原始碼編譯成為可以被執行的 object files，但是這些 object files 通常還需要一些函式庫之類的 link 後，才能產生一個完整的執行檔！使用 make 就是要將原始碼編譯成為可以被執行的可執行檔，而這個可執行檔會放置在目前所在的目錄之下，尚未被安裝到預定安裝的目錄中。

4. make install

通常這就是最後的安裝步驟了，make 會依據 Makefile 這個檔案裡面關於 install 的項目，將上一個步驟所編譯完成的資料給它安裝到預定的目錄中，就完成安裝啦！

請注意，上面的步驟是一步一步來進行的，而**其中只要一個步驟無法成功，那麼後續的步驟就完全沒有辦法進行的！**因此，要確定每一的步驟都是成功的才可以！舉個例子來說，萬一今天你在 ./configure 就不成功了，那麼就表示 Makefile 無法被建立起來，要知道，後面的步驟都是根據 Makefile 來進行的，既然無法建立 Makefile，後續的步驟當然無法成功囉！

另外，如果在 make 無法成功的話，那就表示原始檔案無法被編譯成可執行檔，那麼 make install 主要是將編譯完成的檔案給它放置到檔案系統中的，既然都沒有可用的執行檔了，怎麼進行安裝？所以囉，要每一個步驟都正確無誤才能往下繼續做！此外，如果安裝成功，並且是安裝在獨立的一個目錄中，例如 /usr/local/packages 這個目錄中好了，那麼你就必須手動的將這個軟體的 man page 給它寫入 /etc/man_db.conf 裡面去。

## 21.4.3　一般 Tarball 軟體安裝的建議事項 (如何移除？升級？)

或許你已經發現了也說不定，那就是**為什麼前一個小節裡面，Tarball 要在 /usr/local/src 裡面解壓縮呢**？基本上，在預設的情況下，原本的 Linux distribution 釋出安裝的軟體大多是在 /usr 裡面的，而使用者自行安裝的軟體則建議放置在 /usr/local 裡面。這是考量到管理使用者所安裝軟體的便利性。

怎麼說呢？我們曉得幾乎每個軟體都會提供線上說明的服務，那就是 info 與 man 的功能。在預設的情況下，man 會去搜尋 /usr/local/man 裡面的說明文件，因此，如果我們將軟體安裝在 /usr/local 底下的話，那麼自然安裝完成之後，該軟體的說明文件就可以被找到了。此外，如果你所管理的主機其實是由多人共同管理的，或者是如同學校裡面，一部主機是由學生管理的，但是學生總會畢業吧？所以需要進行交接，如果大家都將軟體安裝在 /usr/local 底下，那麼管理上不就顯的特別的容易嗎！

所以囉，通常我們會建議大家將自己安裝的軟體放置在 /usr/local 下，至於原始碼 (Tarball)則建議放置在 /usr/local/src (src 為 source 的縮寫)底下啊。

再來，讓我們先來看一看 Linux distribution 預設的安裝軟體的路徑會用到哪些？我們以 apache 這個軟體來說明的話 (apache 是 WWW 伺服器軟體，詳細的資料請參考伺服器架設篇。你的系統不見得有裝這個軟體)：

◆ /etc/httpd

◆ /usr/lib

◆ /usr/bin

◆ /usr/share/man

我們會發現軟體的內容大致上是擺在 etc，lib，bin，man 等目錄當中，分別代表『**設定檔、函式庫、執行檔、線上說明檔**』。好了，那麼你是以 tarball 來安裝時呢？如果是放在預設的 /usr/local 裡面，由於 /usr/local 原本就預設這幾個目錄了，所以你的資料就會被放在：

◆ /usr/local/etc

◆ /usr/local/bin

◆ /usr/local/lib

◆ /usr/local/man

但是如果你每個軟體都選擇在這個預設的路徑下安裝的話，那麼所有的軟體的檔案都將放置在這四個目錄當中，因此，如果你都安裝在這個目錄下的話，那麼未來再想要升級或移除的時候，就會比較難以追查檔案的來源囉！而如果你在安裝的時候選擇的是單獨的目錄，例如我將 apache 安裝在 /usr/local/apache 當中，那麼你的檔案目錄就會變成：

◆ /usr/local/apache/etc

◆ /usr/local/apache/bin

◆ /usr/local/apache/lib

◆ /usr/local/apache/man

呵呵！單一軟體的檔案都在同一個目錄之下，那麼要移除該軟體就簡單的多了！**只要將該目錄移除即可視為該軟體已經被移除囉**！以上面為例，我想要移除 apache 只要下達『**rm -rf /usr/local/apache**』 就算移除這個軟體啦！當然囉，實際安裝的時候還是得視該軟體的 Makefile 裡頭的 install 資訊才能知道到底它的安裝情況為何的。因為例如 sendmail 的安裝就很麻煩......

這個方式雖然有利於軟體的移除，但不曉得你有沒有發現，我們在執行某些指令的時候，與該指令是否在 PATH 這個環境變數所記錄的路徑有關，以上面為例，我的 /usr/local/apache/bin 肯定是不在 PATH 裡面的，所以執行 apache 的指令就得要利用絕對路徑了，否則就得將這個 /usr/local/apache/bin 加入 PATH 裡面。另外，那個 /usr/local/apache/man 也需要加入 man page 搜尋的路徑當中啊！

除此之外，Tarball 在升級的時候也是挺困擾的，怎麼說呢？我們還是以 apache 來說明好了。WWW 伺服器為了考慮互動性，所以通常會將 PHP＋MySQL＋Apache 一起安裝起來(詳細的資訊請參考伺服器架設篇) ，果真如此的話，那麼每個軟體在安裝的時候『**都有一定**

**的順序與程序！』**因為它們三者之間具有相關性，所以安裝時必須要三者同時考慮到它們的函式庫與相關的編譯參數。

假設今天我只要升級 PHP 呢？有的時候因為只有涉及動態函式庫的升級，那麼我只要升級 PHP 即可！其他的部分或許影響不大。但是如果今天 PHP 需要重新編譯的模組比較多，那麼可能會連帶的，連 Apache 這個程式也需要重新編譯過才行！真是有點給它頭痛的！沒辦法啦！使用 tarball 確實有它的優點啦，但是在這方面，確實也有它一定的傷腦筋程度。

由於 Tarball 在升級與安裝上面具有這些特色，亦即 Tarball 在反安裝上面具有比較高的難度 (如果你沒有好好規劃的話～)，所以，為了方便 Tarball 的管理，通常鳥哥會這樣建議使用者：

1. **最好將 tarball 的原始資料解壓縮到 /usr/local/src 當中。**
2. **安裝時，最好安裝到 /usr/local 這個預設路徑下。**
3. **考慮未來的反安裝步驟，最好可以將每個軟體單獨的安裝在 /usr/local 底下。**
4. **為安裝到單獨目錄的軟體之 man page 加入 man path 搜尋：**

   如果你安裝的軟體放置到 /usr/local/software/ ，那麼 man page 搜尋的設定中，可能就得要在 /etc/man_db.conf 內的 40~50 行左右處，寫入如下的一行：

   MANPATH_MAP /usr/local/software/bin /usr/local/software/man

   這樣才可以使用 man 來查詢該軟體的線上文件囉！

> 時至今日，老實說，真的不太需要有 tarball 的安裝了！CentOS/Fedora 有個 RPM 補遺計畫，就是俗稱的 EPEL 計畫，相關網址說明如下：https://fedoraproject.org/wiki/EPEL～一般學界會用到的軟體都在裡頭～除非你要用的軟體是專屬軟體 (要錢的) 或者是比較冷門的軟體，否則都有好心的網友幫我們打包好了啦！^_^

## 21.4.4　一個簡單的範例、利用 ntp 來示範

讀萬卷書不如行萬里路啊！所以當然我們就來給它測試看看，看你是否真的瞭解了如何利用 Tarball 來安裝軟體呢？我們利用時間伺服器 (network time protocol) ntp 這個軟體來測試安裝看看。先請到 http://www.ntp.org/downloads.html 這個目錄去下載檔案，請下載最新版本的檔案即可。或者直接到鳥哥的網站下載 2015/06 公告釋出的穩定版本：

http://linux.vbird.org/linux_basic/0520source/ntp-4.2.8p3.tar.gz

假設我對這個軟體的要求是這樣的：

- 假設 ntp-4.*.*.tar.gz 這個檔案放置在 /root 這個目錄下。

- 原始碼請解開在 /usr/local/src 底下。

- 我要安裝到 /usr/local/ntp 這個目錄中。

那麼你可以依照底下的步驟來安裝測試看看 (如果可以的話，請你不要參考底下的文件資料，先自行安裝過一遍這個軟體，然後再來對照一下鳥哥的步驟喔！)。

◆ **解壓縮下載的 tarball，並參閱 README/INSTALL 檔案**

```
[root@study ~]# cd /usr/local/src    <==切換目錄
[root@study src]# tar -zxvf /root/ntp-4.2.8p3.tar.gz  <==解壓縮到此目錄
ntp-4.2.8p3/            <==會建立這個目錄喔！
ntp-4.2.8p3/CommitLog
....(底下省略)....
[root@study src]# cd ntp-4.2.8p3
[root@study ntp-4.2.8p3]# vi INSTALL   <==記得 README 也要看一下！
# 特別看一下 28 行到 54 行之間的安裝簡介！可以瞭解如何安裝的流程喔！
```

◆ **檢查 configure 支援參數，並實際建置 makefile 規則檔**

```
[root@study ntp*]# ./configure --help | more  <==查詢可用的參數有哪些
  --prefix=PREFIX        install architecture-independent files in PREFIX
  --enable-all-clocks    + include all suitable non-PARSE clocks:
  --enable-parse-clocks  - include all suitable PARSE clocks:
# 上面列出的是比較重要的，或者是你可能需要的參數功能！

[root@study ntp*]# ./configure --prefix=/usr/local/ntp \
>  --enable-all-clocks --enable-parse-clocks  <==開始建立makefile
checking for a BSD-compatible install... /usr/bin/install -c
checking whether build environment is sane... yes
....(中間省略)....
checking for gcc... gcc          <==也有找到 gcc 編譯器了！
....(中間省略)....
config.status：creating Makefile  <==現在知道這個重要性了吧？
config.status：creating config.h
config.status：creating evconfig-private.h
config.status：executing depfiles commands
config.status：executing libtool commands
```

一般來說 configure 設定參數較重要的就是那個 --prefix=/path 了，--prefix 後面接的路徑就是『**這個軟體未來要安裝到那個目錄去？**』如果你沒有指定 --prefix=/path 這個參數，通常預設參數就是 /usr/local 至於其他的參數意義就得要參考 ./configure --help 了！這個動作完成之後會產生 makefile 或 Makefile 這個檔案。當然啦，這個偵測檢查的過程會顯示在螢幕上，**特別留意關於 gcc 的檢查**，還有最重要的是**最後需要成功的建立起 Makefile 才行**！

◆ **最後開始編譯與安裝囉！**

```
[root@study ntp*]# make clean; make
[root@study ntp*]# make check
[root@study ntp*]# make install
# 將資料給它安裝在 /usr/local/ntp 底下
```

整個動作就這麼簡單，你完成了嗎？完成之後到 /usr/local/ntp 你發現了什麼？

## 21.4.5 利用 patch 更新原始碼

我們在本章一開始介紹了為何需要進行軟體的升級，這是很重要的喔！那假如我是以 Tarball 來進行某個軟體的安裝，那麼是否當我要升級這個軟體時，就得要下載這個軟體的完整全新的 Tarball 呢？舉個例子來說，鳥哥的討論區 http://phorum.vbird.org 這個網址，這個討論區是以 phpBB 這個軟體來架設的，而鳥哥的討論區版本為 3.1.4 ，目前 (2015/09) 最新釋出的版本則是 phpbb 3.1.5 。那我是否需要下載全新的 phpbb3.1.5.tar.gz 這個檔案來更新原本的舊程式呢？

事實上，當我們發現一些軟體的漏洞，通常是某一段程式碼寫的不好所致。因此，所謂的『更新原始碼』常常是只有更改部分檔案的小部分內容而已。既然如此的話，那麼我們是否可以就那些被更動的檔案來進行修改就可以咯？也就是說，舊版本到新版本間沒有更動過的檔案就不要理它，僅將有修訂過的檔案部分來處理即可。

這有什麼好處呢？首先，沒有更動過的檔案的目標檔 (object file) 根本就不需要重新編譯，而且有更動過的檔案又可以利用 make 來自動 update (更新)，如此一來，我們原先的設定 (makefile 檔案裡面的規則) 將不需要重新改寫或偵測！可以節省很多寶貴的時間呢 (例如後續章節會提到的核心的編譯！)

從上面的說明當中，我們可以發現，如果可以將舊版的原始碼資料改寫成新版的版本，那麼就能直接編譯了，而不需要將全部的新版 Tarball 重新下載一次呢！可以節省頻寬與時間說！那麼如何改寫原始碼？難道要我們一個檔案一個檔案去參考然後修訂嗎？當然沒有這麼沒人性！

我們在第十一章、正規表示法的時候有提到一個比對檔案的指令，那就是 diff，這個指令可以將『**兩個檔案之間的差異性列出來**』呢！那我們也知道新舊版本的檔案之間，其實只有修改一些程式碼而已，那麼我們可以透過 diff 比對出新舊版本之間的文字差異，然後再以相關的指令來將舊版的檔案更新嗎？呵呵！當然可以啦！那就是 patch 這個指令啦！很多的軟體開發商在更新了原始碼之後，幾乎都會釋出所謂的 patch file，也就是直接將原始碼 update 而已的一個方式喔！我們底下以一個簡單的範例來說明給你瞭解喔！

關於 diff 與 patch 的基本用法我們在第十一章都談過了，所以這裡不再就這兩個指令的語法進行介紹，請回去參閱該章的內容。這裡我們來舉個案例解釋一下好了。假設我們剛剛計算三角函數的程式 (main) 歷經多次改版，0.1 版僅會簡單的輸出，0.2 版的輸出就會含有角度值，因此這兩個版本的內容不相同。如下所示，兩個檔案的意義為：

- http://linux.vbird.org/linux_basic/0520source/main-0.1.tgz ：main 的 0.1 版。
- http://linux.vbird.org/linux_basic/0520source/main_0.1_to_0.2.patch ：main 由 0.1 升級到 0.2 的 patch file。

請你先下載這兩個檔案，並且解壓縮到你的 /root 底下。你會發現系統產生一個名為 main-0.1 的目錄。該目錄內含有五個檔案，就是剛剛的程式加上一個 Makefile 的規則檔案。你可以到該目錄下去看看 Makefile 的內容，在這一版當中含有 main 與 clean 兩個標的功能而已。至於 0.2 版則加入了 install 與 uninstall 的規則設定。接下來，請看一下我們的作法囉：

◆ **測試舊版程式的功能**

```
[root@study ~]# tar -zxvf main-0.1.tgz
[root@study ~]# cd main-0.1
[root@study main-0.1]# make clean main
[root@study main-0.1]# ./main
version 0.1
Please input your name：VBird
Please enter the degree angle (ex> 90)：45
Hi，Dear VBird，nice to meet you.
The Sin is： 0.71
The Cos is： 0.71
```

與之前的結果非常類似，只是鳥哥將 Makefile 直接給你了！但如果你下達 make install 時，系統會告知沒有 install 的 target 啊！而且版本是 0.1 也告知了。那麼如何更新到 0.2 版呢？透過這個 patch 檔案吧！這個檔案的內容有點像這樣：

◆   查閱 patch file 內容

```
[root@study main-0.1]# vim ~/main_0.1_to_0.2.patch
diff -Naur main-0.1/cos_value.c main-0.2/cos_value.c
--- main-0.1/cos_value.c        2015-09-04 14:46:59.200444001 +0800
+++ main-0.2/cos_value.c        2015-09-04 14:47:10.215444000 +0800
@@ -7,5 +7,5 @@
 {
        float value;
....(底下省略)....
```

上面表格內有個底線的部分，那代表使用 diff 去比較時，被比較的兩個檔案所在路徑，
這個路徑非常的重要喔！因為 patch 的基本語法如下：

```
patch -p數字 < patch_file
```

特別留意那個『 -p 數字』，那是與 patch_file 裡面列出的檔名有關的資訊。假如在 patch
_file 第一行寫的是這樣：

```
*** /home/guest/example/expatch.old
```

那麼當我下達『 patch -p0 < patch_file 』時，則更新的檔案是『 /home/guest/example/
expatch.old 』，如果『 patch -p1 < patch_file』，則更新的檔案為『home/guest/example/
expatch.old』，如果『patch -p4 < patch_file』則更新『expatch.old』，也就是說，-pxx
**那個 xx 代表『拿掉幾個斜線(/)』的意思！**這樣可以理解了嗎？好了，根據剛剛上頭的資
料，我們可以發現比較的檔案是在 main-0.1/xxx 與 main-0.2/xxx ，所以說，如果你是在
main-0.1 底下，並且想要處理更新時，就得要拿掉一個目錄 (因為並沒有 main-0.2 的目
錄存在，我們是在當前的目錄進行更新的！)，因此使用的是 -p1 才對喔！所以：

◆   更新原始碼，並且重新編譯程式！

```
[root@study main-0.1]# patch -p1 < ../main_0.1_to_0.2.patch
patching file cos_value.c
patching file main.c
patching file Makefile
patching file sin_value.c
# 請注意，鳥哥目前所在目錄是在 main-0.1 底下喔！注意與 patch 檔案的相對路徑！
# 雖然有五個檔案，但其實只有四個檔案有修改過喔！上面顯示有改過的檔案！

[root@study main-0.1]# make clean main
[root@study main-0.1]# ./main
```

```
version 0.2
Please input your name：VBird
Please enter the degree angle (ex> 90)：45
Hi，Dear VBird，nice to meet you.
The sin(45.000000) is: 0.71
The cos(45.000000) is: 0.71
# 你可以發現，輸出的結果中版本變了，輸出資訊多了括號 () 喔！

[root@study main-0.1]# make install    <==將它安裝到 /usr/local/bin 給大家用
cp -a main /usr/local/bin
[root@study main-0.1]# main            <==直接輸入指令可執行！
[root@study main-0.1]# make uninstall  <==移除此軟體！
rm -f /usr/local/bin/main
```

很有趣的練習吧！所以你只要下載 patch file 就能夠對你的軟體原始碼更新了！**只不過更新了原始碼並非軟體就更新！你還是得要將該軟體進行編譯後，才會是最終正確的軟體喔！因為 patch 的功能主要僅只是更新原始碼檔案而已！**切記切記！此外，如果你 patch 錯誤呢？沒關係的！我們的 patch 是可以還原的啊！透過『 patch -R < ../main_0.1 _to_0.2.patch 』就可以還原啦！很有趣吧！

**例題**

如果我有一個很舊版的軟體，這個軟體已經更新到很新的版本，例如核心，那麼我可以使用 patch file 來更新嗎？

**答：**這個問題挺有趣的，首先，你必須要確定舊版本與新版本之間『確實有釋出 patch file 』才行，以 kernel 2.2.xx 及 2.4.xx 來說，這兩者基本上的架構已經不同了，所以兩者間是無法以 patch file 來更新的。不過，2.4.xx 與 2.4.yy 就可以更新了。不過，因為 kernel 每次推出的 patch 檔案都僅針對前一個版本而已，所以假設要由 kernel 2.4.20 升級到 2.4.26 ，就必須要使用 patch 2.4.21，2.4.22，2.4.23，2.4.24，2.4.25，2.4.26 六個檔案來『依序更新』才行喔！當然，如果有朋友幫你比對過 2.4.20 與 2.4.26 ，那你自然就可以使用該 patch file 來直接一次更新囉！

## 21.5  函式庫管理

在我們的 Linux 作業系統當中，函式庫是很重要的一個項目。因為**很多的軟體之間都會互相取用彼此提供的函式庫來進行特殊功能的運作**，例如很多需要驗證身份的程式都習慣利用 PAM 這個模組提供的驗證機制來實作，而很多網路連線機制則習慣利用 SSL 函式庫來進行連線加密的機制。所以說，函式庫的利用是很重要的。不過，函式庫又依照是否被編譯到程式內部而分為動態與靜態函式庫，這兩者之間有何差異？哪一種函式庫比較好？底下我們就來談一談先！

## 21.5.1 動態與靜態函式庫

首先我們要知道的是，函式庫的類型有哪些？依據函式庫被使用的類型而分為兩大類，分別是靜態 (Static) 與動態 (Dynamic) 函式庫兩類。底下我們來談一談這兩種類行的函式庫吧！

◆ **靜態函式庫的特色**

■ **副檔名：**(副檔名為 .a)

這類的函式庫通常副檔名為 libxxx.a 的類型。

■ **編譯行為**

這類函式庫在編譯的時候會直接整合到執行程式當中，所以**利用靜態函式庫編譯成的檔案會比較大一些喔**。

■ **獨立執行的狀態**

這類函式庫最大的優點，就是編譯成功的可執行檔**可以獨立執行**，而不需要再向外部要求讀取函式庫的內容 (請參照動態函式庫的說明)。

■ **升級難易度**

雖然執行檔可以獨立執行，但因為函式庫是直接整合到執行檔中，因此若函式庫升級時，整個執行檔必須要重新編譯才能將新版的函式庫整合到程式當中。也就是說，在升級方面，只要函式庫升級了，所有將此函式庫納入的程式都需要重新編譯！

◆ **動態函式庫的特色**

■ **副檔名：**(副檔名為 .so)

這類函式庫通常副檔名為 libxxx.so 的類型。

■ **編譯行為**

動態函式庫與靜態函式庫的編譯行為差異挺大的。與靜態函式庫被整個捉到程式中不同的，動態函式庫在編譯的時候，在程式裡面只有一個『**指向 (Pointer)**』的位置而已。也就是說，動態函式庫的內容並沒有被整合到執行檔當中，而是當執行檔要使用到函式庫的機制時，程式才會去讀取函式庫來使用。由於執行檔當中僅具有指向動態函式庫所在的指標而已，並不包含函式庫的內容，所以**它的檔案會比較小一點**。

■ **獨立執行的狀態**

這類型的函式庫所編譯出來的程式**不能被獨立執行**，因為當我們使用到函式庫的機制時，程式才會去讀取函式庫，所以函式庫檔案『**必須要存在**』才行，而且，函式庫的『**所在目錄也不能改變**』，因為我們的可執行檔裡面僅有『指標』亦即當要取用該動態函式庫時，程式會主動去某個路徑下讀取，呵呵！所以動態函式庫可不能隨意移動或刪除，會影響很多相依的程式軟體喔！

■ **升級難易度**

雖然這類型的執行檔無法獨立運作，然而由於是具有指向的功能，所以，當函式庫升級後，執行檔根本不需要進行重新編譯的行為，因為執行檔會直接指向新的函式庫檔案 (前提是函式庫新舊版本的檔名相同喔！)。

目前的 Linux distribution 比較傾向於使用動態函式庫，因為如同上面提到的最重要的一點，就是函式庫的升級方便！由於 Linux 系統裡面的軟體相依性太複雜了，如果使用太多的靜態函式庫，那麼升級某一個函式庫時，都會對整個系統造成很大的衝擊！因為其他相依的執行檔也要同時重新編譯啊！這個時候動態函式庫可就有用多了，因為只要動態函式庫升級就好，其他的軟體根本無須變動。

那麼這些函式庫放置在哪裡呢？絕大多數的函式庫都放置在：/lib64，/lib 目錄下！此外，Linux 系統裡面很多的函式庫其實 kernel 就提供了，那麼 kernel 的函式庫放在哪裡？呵呵！就是在 /lib/modules 裡面啦！裡面的資料可多著呢！不過要注意的是，**不同版本的核心提供的函式庫差異性是挺大的，所以 kernel 2.4.xx 版本的系統不要想將核心換成 2.6.xx 喔！很容易由於函式庫的不同而導致很多原本可以執行的軟體無法順利運作呢！**

## 21.5.2　ldconfig 與 /etc/ld.so.conf

在瞭解了動態與靜態函式庫，也知道我們目前的 Linux 大多是將函式庫做成動態函式庫之後，再來要知道的就是，那有沒有辦法增加函式庫的讀取效能？我們知道記憶體的存取速度是硬碟的好幾倍，所以，**如果我們將常用到的動態函式庫先載入記憶體當中 (快取，cache)，如此一來，當軟體要取用動態函式庫時，就不需要從頭由硬碟裡面讀出囉！這樣不就可以增進動態函式庫的讀取速度**？沒錯，是這樣的！這個時候就需要 ldconfig 與 /etc/ld.so.conf 的協助了。

如何將動態函式庫載入快取記憶體當中呢？

1. 首先，我們必須要在 /etc/ld.so.conf 裡面寫下『**想要讀入快取記憶體當中的動態函式庫所在的目錄**』，注意喔，**是目錄而不是檔案**。

2. 接下來則是利用 ldconfig 這個執行檔將 /etc/ld.so.conf 的資料讀入快取當中。

3. 同時也將資料記錄一份在 /etc/ld.so.cache 這個檔案當中吶！

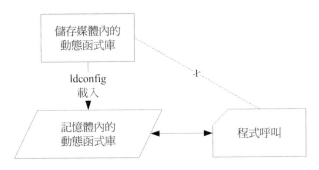

圖 21.5.1　使用 ldconfig 預載入動態函式庫到記憶體中

　　事實上，ldconfig 還可以用來判斷動態函式庫的連結資訊呢！趕緊利用 CentOS 來測試看看。假設你想要將目前你系統下的 mariadb 函式庫加入到快取當中時，可以這樣做：

```
[root@study ~]# ldconfig [-f conf] [ -C cache]
[root@study ~]# ldconfig [-p]
選項與參數：
-f conf ：那個 conf 指的是某個檔案名稱，也就是說，使用 conf 作為 libarary
          函式庫的取得路徑，而不以 /etc/ld.so.conf 為預設值
-C cache：那個 cache 指的是某個檔案名稱，也就是說，使用 cache 作為快取暫存
          的函式庫資料，而不以 /etc/ld.so.cache 為預設值
-p      ：列出目前有的所有函式庫資料內容 (在 /etc/ld.so.cache 內的資料！)


範例一：假設我的 Mariadb 資料庫函式庫在 /usr/lib64/mysql 當中，如何讀進 cache ？
[root@study ~]# vim /etc/ld.so.conf.d/vbird.conf
/usr/lib64/mysql    <==這一行新增的啦！


[root@study ~]# ldconfig   <==畫面上不會顯示任何的資訊，不要太緊張！正常的！


[root@study ~]# ldconfig -p
924 libs found in cache `/etc/ld.so.cache'
        p11-kit-trust.so (libc6,x86-64) => /lib64/p11-kit-trust.so
        libzapojit-0.0.so.0 (libc6,x86-64) => /lib64/libzapojit-0.0.so.0
....(底下省略)....
#       函式庫名稱 => 該函式庫實際路徑
```

　　透過上面的動作，我們可以將 Mariadb 的相關函式庫給它讀入快取當中，這樣可以加快函式庫讀取的效率呢！在某些時候，你可能會自行加入某些 Tarball 安裝的動態函式庫，而你想要讓這些動態函式庫的相關連結可以被讀入到快取當中，這個時候你可以將動態函式庫所在的目錄名稱寫入 /etc/ld.so.conf.d/yourfile.conf 當中，然後執行 ldconfig 就可以啦！

## 21.5.3 程式的動態函式庫解析：ldd

說了這麼多，那麼我如何判斷某個可執行的 binary 檔案含有什麼動態函式庫呢？很簡單，利用 ldd 就可以曉得了！例如我想要知道 /usr/bin/passwd 這個程式含有的動態函式庫有哪些，可以這樣做：

```
[root@study ~]# ldd [-vdr] [filename]
選項與參數：
-v ：列出所有內容資訊；
-d ：重新將資料有遺失的 link 點秀出來！
-r ：將 ELF 有關的錯誤內容秀出來！

範例一：找出 /usr/bin/passwd 這個檔案的函式庫資料
[root@study ~]# ldd /usr/bin/passwd
....(前面省略)....
        libpam.so.0 => /lib64/libpam.so.0 (0x00007f5e683dd000)          <==PAM 模組
        libpam_misc.so.0 => /lib64/libpam_misc.so.0 (0x00007f5e681d8000)
        libaudit.so.1 => /lib64/libaudit.so.1 (0x00007f5e67fb1000)      <==SELinux
        libselinux.so.1 => /lib64/libselinux.so.1 (0x00007f5e67d8c000)  <==SELinux
....(底下省略)....
# 我們前言的部分不是一直提到 passwd 有使用到 pam 的模組嗎！怎麼知道？
# 利用 ldd 查看一下這個檔案，看到 libpam.so 了吧？這就是 pam 提供的函式庫

範例二：找出 /lib64/libc.so.6 這個函式的相關其他函式庫！
[root@study ~]# ldd -v /lib64/libc.so.6
        /lib64/ld-linux-x86-64.so.2 (0x00007f7acc68f000)
        linux-vdso.so.1 =>  (0x00007fffa975b000)

        Version information: <==使用 -v 選項，增加顯示其他版本資訊！
        /lib64/libc.so.6:
                ld-linux-x86-64.so.2 (GLIBC_2.3) => /lib64/ld-linux-x86-64.so.2
                ld-linux-x86-64.so.2 (GLIBC_PRIVATE) => /lib64/ld-linux-x86-64.so.2
```

未來如果你常常升級安裝 RPM 的軟體時 (下一章節會介紹)，應該常常會發現那個『**相依屬性**』的問題吧！沒錯！我們可以先以 ldd 來視察『**相依函式庫**』之間的相關性！以先取得瞭解！例如上面的例子中，我們檢查了 libc.so.6 這個在 /lib64 當中的函式庫，結果發現它其實還跟 ld-linux-x86-64.so.2 有關！所以我們就需要來瞭解一下，那個檔案到底是什麼軟體的函式庫呀？使用 -v 這個參數還可以得知該函式庫來自於哪一個軟體！像上面的資料中，就可以得到該 libc.so.6 其實可以支援 GLIBC_2.3 等的版本！

# 21.6　檢驗軟體正確性

前面提到很多升級與安裝需要注意的事項，因為我們需要克服很多的程式漏洞，所以需要前往 Linux distribution 或者是某些軟體開發商的網站，下載最新並且較安全的軟體檔案來安裝才行。好了，那麼『**有沒有可能我們下載的檔案本身就有問題？**』 是可能的！因為 cracker 無所不在，很多的軟體開發商已經公布過他們的網頁所放置的檔案曾經被竄改過！那怎麼辦？連下載原版的資料都可能有問題了？難道沒有辦法判斷檔案的正確性嗎？

這個時候我們就要透過**每個檔案獨特的指紋驗證資料**了！因為每個檔案的內容與檔案大小都不相同，所以如果一個檔案被修改之後，必然會有部分的資訊不一樣！利用這個特性，我們可以使用 MD5/sha1 或更嚴密的 sha256 等指紋驗證機制來判斷該檔案有沒有被更動過！舉個例子來說，在每個 CentOS 7.x 原版光碟的下載點都會有提供幾個特別的檔案，你可以先到底下的連結看看：

◆　http://ftp.ksu.edu.tw/FTP/CentOS/7/isos/x86_64/

仔細看喔，上述的 URL 裡面除了有所有光碟的下載點之外，還有提供剛剛說到的 md5，sha1，sha256 等指紋驗證機制喔！透過這個編碼的比對，我們就可以曉得下載的檔案是否有問題。那麼萬一 CentOS 提供的光碟映象檔被下載之後，讓有心人士偷偷修改過，再轉到 Internet 上面流傳，那麼你下載的這個檔案偏偏不是原廠提供的，呵呵！你能保證該檔案的內容完全沒有問題嗎？當然不能對不對！是的，這個時候就有 md5sum，sha1sum，sha256sum 這幾檔案指紋的東東出現啦！說說它的用法吧！

## 21.6.1　md5sum / sha1sum / sha256sum

目前有多種機制可以計算檔案的指紋碼，我們選擇使用較為廣泛的 MD5，SHA1 或 SHA256 加密機制來處理，例如上面連結中 CentOS 7.x 的相關指紋確認。不過 ISO 檔案實在太大了，下載來確認實在很浪費頻寬。所以我們拿前一個小節談到的 NTP 軟體來檢查看看好了。記得我們下載的 NTP 軟體版本為 4.2.8p3 這一版，在官網上面僅有提供 md5sum 的資料而已，在下載頁面的 MD5 資料為：

```
b98b0cbb72f6df04608e1dd5f313808b  ntp-4.2.8p3.tar.gz
```

如何確認我們下載的檔案是正確沒問題的呢？這樣處理一下：

```
[root@study ~]# md5sum/sha1sum/sha256sum [-bct] filename
[root@study ~]# md5sum/sha1sum/sha256sum [--status|--warn] --check filename
選項與參數：
-b ：使用 binary 的讀檔方式，預設為 Windows/DOS 檔案型態的讀取方式；
```

-c ：檢驗檔案指紋；

-t ：以文字型態來讀取檔案指紋。

範例一：將剛剛的檔案下載後，測試看看指紋碼

```
[root@study ~]# md5sum ntp-4.2.8p3.tar.gz
b98b0cbb72f6df04608e1dd5f313808b  ntp-4.2.8p3.tar.gz
# 看！顯示的編碼是否與上面相同呢？趕緊測試看看！
```

　　一般而言，每個系統裡面的檔案內容大概都不相同，例如你的系統中的 /etc/passwd 這個登入資訊檔與我的一定不一樣，因為我們的使用者與密碼、Shell 及家目錄等大概都不相同，所以由 md5sum 這個檔案指紋分析程式所自行計算出來的指紋表當然就不相同囉！

　　好了，那麼如何應用這個東西呢？基本上，你必須要在你的 Linux 系統上為你的這些重要的檔案進行指紋資料庫的建立 (好像在做戶口調查！)，將底下這些檔案建立資料庫：

◆ /etc/passwd

◆ /etc/shadow (假如你不讓使用者改密碼了)

◆ /etc/group

◆ /usr/bin/passwd

◆ /sbin/rpcbind

◆ /bin/login (這個也很容易被駭！)

◆ /bin/ls

◆ /bin/ps

◆ /bin/top

　　這幾個檔案最容易被修改了！因為很多木馬程式執行的時候，還是會有所謂的『執行序，PID』為了怕被 root 追查出來，所以它們都會修改這些檢查排程的檔案，如果你可以替這些檔案建立指紋資料庫 (就是使用 md5sum 檢查一次，將該檔案指紋記錄下來，然後常常以 shell script 的方式由程式自行來檢查指紋表是否不同了！)，那麼對於檔案系統會比較安全啦！

## 21.7　重點回顧

◆ 原始碼其實大多是純文字檔，需要透過編譯器的編譯動作後，才能夠製作出 Linux 系統能夠認識的可執行的 binary file。

◆ 開放原始碼可以加速軟體的更新速度，讓軟體效能更快、漏洞修補更即時。

◆ 在 Linux 系統當中，最標準的 C 語言編譯器為 gcc。

◆ 在編譯的過程當中，可以藉由其他軟體提供的函式庫來使用該軟體的相關機制與功能。

◆ 為了簡化編譯過程當中的複雜的指令輸入，可以藉由 make 與 makefile 規則定義，來簡化程式的更新、編譯與連結等動作。

◆ Tarball 為使用 tar 與 gzip/bzip2/xz 壓縮功能所打包與壓縮的，具有原始碼的檔案。

◆ 一般而言，要使用 Tarball 管理 Linux 系統上的軟體，最好需要 gcc，make，autoconfig，kernel source，kernel header 等前驅軟體才行，所以在安裝 Linux 之初，最好就能夠選擇 Software development 以及 kernel development 之類的群組。

◆ 函式庫有動態函式庫與靜態函式庫，動態函式庫在升級上具有較佳的優勢。動態函式庫的副檔名為 *.so 而靜態則是 *.a。

◆ patch 的主要功能在更新原始碼，所以更新原始碼之後，還需要進行重新編譯的動作才行。

◆ 可以利用 ldconfig 與 /etc/ld.so.conf /etc/ld.so.conf.d/*.conf 來製作動態函式庫的連結與快取！

◆ 透過 MD5/SHA1/SHA256 的編碼可以判斷下載的檔案是否為原本廠商所釋出的檔案。

## 21.8　本章習題

**情境模擬題：**

請依照底下的方式來建置你的系統的重要檔案指紋碼，並每日比對此重要工作。

1. 將 /etc/{passwd,shadow,group} 以及系統上面所有的 SUID/SGID 檔案建立檔案列表，該列表檔名為『 important.file 』。

```
[root@study ~]# ls /etc/{passwd,shadow,group} > important.file
[root@study ~]# find /usr/sbin /usr/bin -perm /6000 >> important.file
```

2. 透過這個檔名列表，以名為 md5.checkfile.sh 的檔名去建立指紋碼，並將該指紋碼檔案『 finger1.file 』設定成為不可修改的屬性。

```
[root@study ~]# vim md5.checkfile.sh
#!/bin/bash
for filename in $(cat important.file)
do
        md5sum $filename >> finger1.file
done
```

```
[root@study ~]# sh md5.checkfile.sh
[root@study ~]# chattr +i finger1.file
```

3. 透過相同的機制去建立後續的分析資料為 finger_new.file，並將兩者進行比對，若有問題則提供 email 給 root 查閱：

```
[root@study ~]# vim md5.checkfile.sh
#!/bin/bash
if [ "$1" == "new" ]; then
    for filename in $(cat important.file)
    do
        md5sum $filename >> finger1.file
    done
    echo "New file finger1.file is created."
    exit 0
fi
if [ !-f finger1.file ]; then
    echo "file:finger1.file NOT exist."
    exit 1
fi

[ -f finger_new.file ] && rm finger_new.file
for filename in $(cat important.file)
do
    md5sum $filename >> finger_new.file
done

testing=$(diff finger1.file finger_new.file)
if [ "$testing" != "" ]; then
    diff finger1.file finger_new.file | mail -s 'finger trouble..' root
fi

[root@study ~]# vim /etc/crontab
30 2 * * * root cd /root; sh md5.checkfile.sh
```

如此一來，每天系統會主動的去分析你認為重要的檔案之指紋資料，然後再加以分析，看看有沒有被更動過。不過，如果該變動是正常的，例如 CentOS 自動的升級時，那麼你就得要刪除 finger1.file，再重新建置一個新的指紋資料庫才行！否則你會每天收到有問題信件的回報喔！

## 21.9　參考資料與延伸閱讀

◆　註 1：GNU 的 make 網頁：http://www.gnu.org/software/make/manual/make.html

◆　幾種常見加密機制的全名：

md5 (Message-Digest algorithm 5) http://en.wikipedia.org/wiki/MD5

sha (Secure Hash Algorithm) http://en.wikipedia.org/wiki/SHA_hash_functions

des (Data Encryption Standard) http://en.wikipedia.org/wiki/Data_Encryption_Standard

◆　洪朝貴老師的 C 程式語言：http://www.cyut.edu.tw/~ckhung/b/c/

# 22

# 軟體安裝：RPM、 SRPM 與 YUM

雖然使用原始碼進行軟體編譯可以具有客製化的設定，但對於 Linux distribution 的發佈商來說，則有軟體管理不易的問題，畢竟不是每個人都會進行原始碼編譯 的。如果能夠將軟體預先在相同的硬體與作業系統上面編譯好才發佈的話，不就 能夠讓相同的 distribution 具有完全一致的軟體版本嗎？如果再加上簡易的安裝/ 移除/管理等機制的話，對於軟體控管就會簡易的多。有這種東西嗎？有的，那 就是 RPM 與 YUM 這兩個好用的東東。既然這麼好用，我們當然不能錯過學習機 會囉！趕緊來參詳參詳！

# 22.1　軟體管理員簡介

　　在前一章我們提到以原始碼的方式來安裝軟體，也就是利用廠商釋出的 Tarball 來進行軟體的安裝。不過，你應該很容易發現，那就是每次安裝軟體都需要偵測作業系統與環境、設定編譯參數、實際的編譯、最後還要依據個人喜好的方式來安裝軟體到定位。這過程是真的很麻煩的，而且對於不熟整個系統的朋友來說，還真是累人啊！

　　那有沒有想過，如果我的 Linux 系統與廠商的系統一模一樣，那麼在廠商的系統上面編譯出來的執行檔，自然也就可以在我的系統上面跑囉！也就是說，**廠商先在他們的系統上面編譯好了我們使用者所需要的軟體，然後將這個編譯好的可執行的軟體直接釋出給使用者來安裝**，如此一來，由於我們本來就使用廠商的 Linux distribution，所以當然系統 (硬體與作業系統) 是一樣的，那麼使用廠商提供的編譯過的可執行檔就沒有問題啦！說的比較白話一些，那就是利用類似 Windows 的安裝方式，由程式開發者直接在已知的系統上面編譯好，再將該程式直接給使用者來安裝，如此而已。

　　那麼如果在安裝的時候還可以加上一些與這些程式相關的資訊，將它建立成為資料庫，那不就可以進行安裝、反安裝、升級與驗證等等的相關功能囉 (類似 Windows 底下的『新增移除程式』)？確實如此，在 Linux 上面至少就有兩種常見的這方面的軟體管理員，分別是 RPM 與 Debian 的 dpkg。我們的 CentOS 主要是以 RPM 為主，但也不能不知道 dpkg 啦！所以底下就來約略介紹一下這兩個玩意兒。

## 22.1.1　Linux 界的兩大主流：RPM 與 DPKG

　　由於自由軟體的蓬勃發展，加上大型 Unix-Like 主機的強大效能，讓很多軟體開發者將他們的軟體使用 Tarball 來釋出。後來 Linux 發展起來後，由一些企業或社群將這些軟體收集起來製作成為 distributions 以發佈這好用的 Linux 作業系統。但後來發現到，這些 distribution 的軟體管理實在傷腦筋，如果軟體有漏洞時，又該如何修補呢？使用 tarball 的方式來管理嗎？又常常不曉得到底我們安裝過了哪些程式？因此，一些社群與企業就開始思考 Linux 的軟體管理方式。

　　如同剛剛談過的方式，Linux 開發商先在固定的硬體平台與作業系統平台上面將需要安裝或升級的軟體編譯好，然後將這個軟體的所有相關檔案打包成為一個特殊格式的檔案，在這個軟體檔案內還包含了預先偵測系統與相依軟體的腳本，並提供記載該軟體提供的所有檔案資訊等。最終將這個軟體檔案釋出。**用戶端取得這個檔案後，只要透過特定的指令來安裝，那麼該軟體檔案就會依照內部的腳本來偵測相依的前驅軟體是否存在，若安裝的環境符合需求，那就會開始安裝**，安裝完成後還會將該軟體的資訊寫入軟體管理機制中，以達成未來可以進行升級、移除等動作呢！

目前在 Linux 界軟體安裝方式最常見的有兩種，分別是：

◆ dpkg

這個機制最早是由 Debian Linux 社群所開發出來的，透過 dpkg 的機制，Debian 提供的軟體就能夠簡單的安裝起來，同時還能提供安裝後的軟體資訊，實在非常不錯。只要是衍生於 Debian 的其他 Linux distributions 大多使用 dpkg 這個機制來管理軟體的，包括 B2D，Ubuntu 等等。

◆ RPM

這個機制最早是由 Red Hat 這家公司開發出來的，後來實在很好用，因此很多 distributions 就使用這個機制來作為軟體安裝的管理方式。包括 Fedora, CentOS, SuSE 等等知名的開發商都是用這東東。

如前所述，不論 dpkg/rpm 這些機制或多或少都會有軟體屬性相依的問題，那該如何解決呢？其實前面不是談到過每個軟體檔案都有提供相依屬性的檢查嗎？那麼如果我們將相依屬性的資料做成列表，等到實際軟體安裝時，若發生有相依屬性的軟體狀況時，例如安裝 A 需要先安裝 B 與 C，而安裝 B 則需要安裝 D 與 E 時，那麼當你要安裝 A，透過相依屬性列表，管理機制自動去取得 B，C，D，E 來同時安裝，不就解決了屬性相依的問題嗎？

沒錯！你真聰明！目前新的 Linux 開發商都有提供這樣的『線上升級』機制，透過這個機制，原版光碟就只有第一次安裝時需要用到而已，其他時候只要有網路，你就能夠取得原本開發商所提供的任何軟體了呢！在 dpkg 管理機制上就開發出 APT 的線上升級機制，RPM 則依開發商的不同，有 Red Hat 系統的 yum，SuSE 系統的 Yast Online Update (YOU) 等。

| distribution 代表 | 軟體管理機制 | 使用指令 | 線上升級機制(指令) |
|---|---|---|---|
| Red Hat/Fedora | RPM | rpm，rpmbuild | YUM (yum) |
| Debian/Ubuntu | DPKG | dpkg | APT (apt-get) |

我們這裡使用的是 CentOS 系統嘛！所以說：**使用的軟體管理機制為 RPM 機制，而用來作為線上升級的方式則為** yum！底下就讓我們來談談 RPM 與 YUM 的相關說明吧！

## 22.1.2 什麼是 RPM 與 SRPM？

RPM 全名是『 RedHat Package Manager 』簡稱則為 RPM 啦！顧名思義，當初這個軟體管理的機制是由 Red Hat 這家公司發展出來的。RPM 是以一種資料庫記錄的方式來將你所需要的軟體安裝到你的 Linux 系統的一套管理機制。

它最大的特點就是將你要安裝的軟體先編譯過，並且打包成為 RPM 機制的包裝檔案，透過包裝好的軟體裡頭預設的資料庫記錄，記錄這個軟體要安裝的時候必須具備的相依屬性軟體，當安裝在你的 Linux 主機時，RPM 會先依照軟體裡頭的資料查詢 Linux 主機的相依屬性軟體是否滿足，若滿足則予以安裝，若不滿足則不予安裝。那麼安裝的時候就將該軟體的資訊整個寫入 RPM 的資料庫中，以便未來的查詢、驗證與反安裝！這樣一來的優點是：

1. **由於已經編譯完成並且打包完畢，所以軟體傳輸與安裝上很方便 (不需要再重新編譯)。**
2. **由於軟體的資訊都已經記錄在 Linux 主機的資料庫上，很方便查詢、升級與反安裝。**

但是這也造成些許的困擾。由於 RPM 檔案是已經包裝好的資料，也就是說，裡面的資料已經都『編譯完成』了！所以，**該軟體檔案幾乎只能安裝在原本預設的硬體與作業系統版本中。**也就是說，你的主機系統環境必須要與當初建立這個軟體檔案的主機環境相同才行！舉例來說，rp-pppoe 這個 ADSL 撥接軟體，它必須要在 ppp 這個軟體存在的環境下才能進行安裝！如果你的主機並沒有 ppp 這個軟體，那麼很抱歉，除非你先安裝 ppp 否則 rp-pppoe 就是不讓你安裝的 (當然你可以強制安裝，但是通常都會有點問題發生就是了！)。

所以，**通常不同的 distribution 所釋出的 RPM 檔案，並不能用在其他的 distributions 上。**舉例來說，Red Hat 釋出的 RPM 檔案，通常無法直接在 SuSE 上面進行安裝的。更有甚者，相同 distribution 的不同版本之間也無法互通，例如 CentOS 6.x 的 RPM 檔案就無法直接套用在 CentOS 7.x！因此，這樣可以發現這些軟體管理機制的問題是：

1. **軟體檔案安裝的環境必須與打包時的環境需求一致或相當。**
2. **需要滿足軟體的相依屬性需求。**
3. **反安裝時需要特別小心，最底層的軟體不可先移除，否則可能造成整個系統的問題！**

那怎麼辦？如果我真的想要安裝其他 distributions 提供的好用的 RPM 軟體檔案時？呵呵！還好，還有 SRPM 這個東西！**SRPM 是什麼呢？顧名思義，它是 Source RPM 的意思，也就是這個 RPM 檔案裡面含有原始碼哩！**特別注意的是，這個 SRPM **所提供的軟體內容『並沒有經過編譯』**，它提供的是原始碼喔！

通常 SRPM 的副檔名是以 \*\*\*.src.rpm 這種格式來命名的。不過，既然 SRPM 提供的是原始碼，那麼為什麼我們不使用 Tarball 直接來安裝就好了？這是因為 SRPM 雖然內容是原始碼，但是它仍然含有該軟體所需要的相依性軟體說明、以及所有 RPM 檔案所提供的資料。同時，它與 RPM 不同的是，它也提供了參數設定檔 (就是 configure 與 makefile)。所以，如果我們下載的是 SRPM ，那麼要安裝該軟體時，你就必須要：

◆ **先將該軟體以 RPM 管理的方式編譯，此時 SRPM 會被編譯成為 RPM 檔案。**
◆ **然後將編譯完成的 RPM 檔案安裝到 Linux 系統當中。**

怪了，怎麼 SRPM 這麼麻煩吶！還要重新編譯一次，那麼我們直接使用 RPM 來安裝不就好了？通常一個軟體在釋出的時候，都會同時釋出該軟體的 RPM 與 SRPM。我們現在知道 RPM 檔案必須要在相同的 Linux 環境下才能夠安裝，而 SRPM 既然是原始碼的格式，自然**我們就可以透過修改 SRPM 內的參數設定檔，然後重新編譯產生能適合我們 Linux 環境的 RPM 檔案**，如此一來，不就可以將該軟體安裝到我們的系統當中，而不必與原作者打包的 Linux 環境相同了？這就是 SRPM 的用處了！

| 檔案格式 | 檔名格式 | 直接安裝與否 | 內含程式類型 | 可否修改參數並編譯 |
|---|---|---|---|---|
| RPM | xxx.rpm | 可 | 已編譯 | 不可 |
| SRPM | xxx.src.rpm | 不可 | 未編譯之原始碼 | 可 |

為何說 CentOS 是『社群維護的企業版』呢？Red Hat 公司的 RHEL 釋出後，連帶會將 SRPM 釋出。社群的朋友就將這些 SRPM 收集起來並重新編譯成為所需要的軟體，再重複釋出成為 CentOS，所以才能號稱與 Red Hat 的 RHEL 企業版同步啊！真要感謝 SRPM 哩！如果你想要理解 CentOS 是如何編譯一支程式的，也能夠透過學習 SRPM 內含的編譯參數，來學習的啊！

## 22.1.3 什麼是 i386, i586, i686, noarch, x86_64？

從上面的說明，現在我們知道 RPM 與 SRPM 的格式分別為：

```
xxxxxxxxx.rpm    <==RPM 的格式，已經經過編譯且包裝完成的 rpm 檔案；
xxxxx.src.rpm    <==SRPM的格式，包含未編譯的原始碼資訊。
```

那麼我們怎麼知道這個軟體的版本、適用的平台、編譯釋出的次數呢？只要透過檔名就可以知道了！例如 rp-pppoe-3.11-5.el7.x86_64.rpm 這的檔案的意義為：

```
rp-pppoe -    3.11   -   5    .el7.x86_64  .rpm
軟體名稱    軟體的版本資訊 釋出的次數 適合的硬體平台 副檔名
```

除了後面適合的硬體平台與副檔名外，主要是以『-』來隔開各個部分，這樣子可以很清楚的發現該軟體的名稱、版本資訊、打包次數與操作的硬體平台！好了，來談一談每個不同的地方吧：

◆ **軟體名稱**

當然就是每一個軟體的名稱了！上面的範例就是 rp-pppoe。

◆ **版本資訊**

每一次更新版本就需要有一個版本的資訊，否則如何知道這一版是新是舊？這裡通常又分為主版本跟次版本。以上面為例，主版本為 3，在主版本的架構下更動部分原始碼內容，而釋出一個新的版本，就是次版本啦！以上面為例，就是 11 囉！所以版本名就為 3.11。

◆ **釋出版本次數**

通常就是編譯的次數啦！那麼為何需要重複的編譯呢？這是由於同一版的軟體中，可能由於有某些 bug 或者是安全上的顧慮，所以必須要進行小幅度的 patch 或重設一些編譯參數。設定完成之後重新編譯並打包成 RPM 檔案！因此就有不同的打包數出現了！

◆ **操作硬體平台**

這是個很好玩的地方，由於 RPM 可以適用在不同的操作平台上，但是不同的平台設定的參數還是有所差異性！並且，我們可以針對比較高階的 CPU 來進行最佳化參數的設定，這樣才能夠使用高階 CPU 所帶來的硬體加速功能。所以就有所謂的 i386，i586，i686，x86_64 與 noarch 等的檔案名稱出現了！

| 平台名稱 | 適合平台說明 |
| --- | --- |
| i386 | 幾乎適用於所有的 x86 平台，不論是舊的 pentum 或者是新的 Intel Core 2 與 K8 系列的 CPU 等等，都可以正常的工作！那個 i 指的是 Intel 相容的 CPU 的意思，至於 386 不用說，就是 CPU 的等級啦！ |
| i586 | 就是針對 586 等級的電腦進行最佳化編譯。那是哪些 CPU 呢？包括 pentum 第一代 MMX CPU，AMD 的 K5，K6 系列 CPU (socket 7 插腳) 等等的 CPU 都算是這個等級； |
| i686 | 在 pentun II 以後的 Intel 系列 CPU，及 K7 以後等級的 CPU 都屬於這個 686 等級！由於目前市面上幾乎僅剩 P-II 以後等級的硬體平台，因此很多 distributions 都直接釋出這種等級的 RPM 檔案。 |
| x86_64 | 針對 64 位元的 CPU 進行最佳化編譯設定，包括 Intel 的 Core 2 以上等級 CPU，以及 AMD 的 Athlon64 以後等級的 CPU，都屬於這一類型的硬體平台。 |
| noarch | 就是沒有任何硬體等級上的限制。一般來說，這種類型的 RPM 檔案，裡面應該沒有 binary program 存在，較常出現的就是屬於 shell script 方面的軟體。 |

截至目前為止 (2015)，就算是舊的個人電腦系統，堪用與能用的設備大概都至少是 Intel Core 2 以上等級的電腦主機，泰半都是 64 位元的系統了！因此目前 CentOS 7 僅推出 x86_64 的軟體版本，並沒有提供 i686 以下等級的軟體了！如果你的系統還是很老舊的機器，那才有可能不支援 64 位元的 Linux 系統。此外，目前僅存的軟體版本大概也只剩下 i686 及 x86_64 還有不分版本的 noarch 而已，i386 只有在某些很特別的軟體上才看到的到啦！

受惠於目前 x86 系統的支援方面，新的 CPU 都能夠執行舊型 CPU 所支援的軟體，也就是說硬體方面都可以向下相容的，因此**最低等級的 i386 軟體可以安裝在所有的 x86 硬體平台上面**，不論是 32 位元還是 64 位元。但是反過來說就不行了。舉例來說，目前硬體大多是 64 位元的等級，因此你可以在該硬體上面安裝 x86_64 或 i386 等級的 RPM 軟體。但在你的舊型主機，例如 P-III/P-4 32 位元機器上面，就不能夠安裝 x86_64 的軟體！

根據上面的說明，其實我們只要選擇 i686 版本來安裝在你的 x86 硬體上面就肯定沒問題。但是如果強調效能的話，還是選擇搭配你的硬體的 RPM 檔案吧！畢竟該軟體才有針對你的 CPU 硬體平台進行過參數最佳化的編譯嘛！

## 22.1.4　RPM 的優點

由於 RPM 是透過預先編譯並打包成為 RPM 檔案格式後，再加以安裝的一種方式，並且還能夠進行資料庫的記載。所以 RPM 有以下的優點：

◆ **RPM 內含已經編譯過的程式與設定檔等資料，可以讓使用者免除重新編譯的困擾。**

◆ **RPM 在被安裝之前，會先檢查系統的硬碟容量、作業系統版本等，可避免檔案被錯誤安裝。**

◆ **RPM 檔案本身提供軟體版本資訊、相依屬性軟體名稱、軟體用途說明、軟體所含檔案等資訊，便於瞭解軟體。**

◆ **RPM 管理的方式使用資料庫記錄 RPM 檔案的相關參數，便於升級、移除、查詢與驗證。**

為什麼 RPM 在使用上很方便呢？我們前面提過，RPM 這個軟體管理員所處理的軟體，是由軟體提供者在特定的 Linux 作業平台上面將該軟體編譯完成並且打包好。那使用者只要拿到這個打包好的軟體，然後將裡頭的檔案放置到應該要擺放的目錄，不就完成安裝囉？對啦！就是這樣！

但是有沒有想過，我們在前一章裡面提過的，有些軟體是有相關性的，例如要安裝網路卡驅動程式，就得要有 kernel source 與 gcc 及 make 等軟體。那麼我們的 RPM 軟體是否一定可以安裝完成呢？如果該軟體安裝之後，卻找不到它相關的前驅軟體，那不是挺麻煩的嗎？因為安裝好的軟體也無法使用啊！

為了解決這種具有相關性的軟體之間的問題 (就是所謂的軟體相依屬性)，RPM 就在提供打包的軟體時，同時加入一些訊息登錄的功能，這些訊息包括軟體的版本、打包軟體者、相依屬性的其他軟體、本軟體的功能說明、本軟體的所有檔案記錄等等，然後在 Linux 系統上面亦建立一個 RPM 軟體資料庫，如此一來，當你要安裝某個以 RPM 型態提供的軟體時，在安裝的過程中，RPM 會去檢驗一下資料庫裡面是否已經存在相關的軟體了，如果資料庫顯示不存在，那麼這個 RPM 檔案『預設』就不能安裝。呵呵！沒有錯，這個就是 RPM 類型的檔案最為人所詬病的『**軟體的屬性相依**』問題啦！

## 22.1.5　RPM 屬性相依的克服方式：YUM 線上升級

為了重複利用既有的軟體功能，因此很多軟體都會以函式庫的方式釋出部分功能，以方便其他軟體的呼叫應用，例如 PAM 模組的驗證功能。此外，為了節省使用者的資料量，目前的 distributions 在釋出軟體時，都會將軟體的內容分為一般使用與開發使用 (development) 兩大類。所以你才會常常看到有類似 pam-x.x.rpm 與 pam-devel-x.x.rpm 之類的檔名啊！而預設情況下，大部分的 software-devel-x.x.rpm 都不會安裝，因為終端用戶大部分不會去開發軟體嘛！

因為有上述的現象，因此 RPM 軟體檔案就會有所謂的屬性相依的問題產生 (其實所有的軟體管理幾乎都有這方面的情況存在)。那有沒有辦法解決啊？前面不是談到 RPM 軟體檔案內部會記錄相依屬性的資料嗎？那想一想，要是我將這些相依屬性的軟體先列表，在有要安裝軟體需求的時候，先到這個列表去找，同時與系統內已安裝的軟體相比較，沒安裝到的相依軟體就一口氣同時安裝起來，那不就解決了相依屬性的問題了嗎？有沒有這種機制啊？有啊！那就是 YUM 機制的由來！

CentOS (1)先將釋出的軟體放置到 YUM 伺服器內，然後(2)分析這些軟體的相依屬性問題，將軟體內的記錄資訊寫下來 (header)。然後再將這些資訊分析後記錄成軟體相關性的清單列表。這些列表資料與軟體所在的本機或網路位置可以稱呼為容器或軟體倉庫或軟體庫 (repository)。當用戶端有軟體安裝的需求時，用戶端主機會主動的向網路上面的 yum 伺服器的軟體庫網址下載清單列表，然後透過清單列表的資料與本機 RPM 資料庫已存在的軟體資料相比較，就能夠一口氣安裝所有需要的具有相依屬性的軟體了。整個流程可以簡單的如下圖說明：

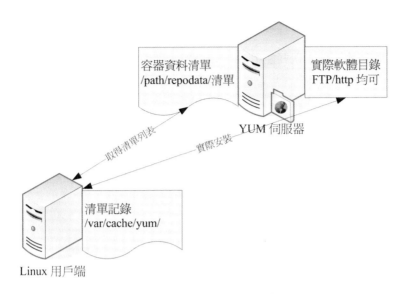

圖 22.1.1　YUM 使用的流程示意圖

　　　　　所以軟體倉庫內的清單會記載每個檔案的相依屬性關係，以及所有檔案的網路位置 (URL)！由於記錄了詳細的軟體網路位置，所以有需要的時候，當然就會自動的從網路下載該軟體囉！

　　當用戶端有升級、安裝的需求時，yum 會向軟體庫要求清單的更新，等到清單更新到本機的 /var/cache/yum 裡面後，等一下更新時就會用這個本機清單與本機的 RPM 資料庫進行比較，這樣就知道該下載什麼軟體。接下來 yum 會跑到軟體庫伺服器 (yum server) 下載所需要的軟體 (因為有記錄軟體所在的網址)，然後再透過 RPM 的機制開始安裝軟體啦！這就是整個流程！談到最後，還是需要動到 RPM 的啦！所以下個小節就讓我們來談談 RPM 這東東吧！

　　　　　為什麼要做出『軟體庫』呢？由於 yum 伺服器提供的 RPM 檔案內容可能有所差異，舉例來說，原廠釋出的資料有 (1)原版資料；(2)更新資料 (update)；(3)特殊資料 (例如第三方協力軟體，或某些特殊功能的軟體)。這些軟體檔案基本上不會放置到一起，那如何分辨這些軟體功能呢？就用『軟體庫』的概念來處理的啦！不同的『軟體庫』網址，可以放置不同的功能的軟體之意！

## 22.2 RPM 軟體管理程式：rpm

RPM 的使用其實不難，只要使用 rpm 這個指令即可！鳥哥最喜歡的就是 rpm 指令的查詢功能了，可以讓我很輕易的就知道某個系統有沒有安裝鳥哥要的軟體呢！此外，我們最好還是得要知道一下，到底 RPM 類型的檔案它們是將軟體的相關檔案放置在哪裡呢？還有，我們說的那個 RPM 的資料庫又是放置在哪裡呢？

> 事實上，下一小節要講的 yum 就可以直接用來進行安裝的動作，基本上 rpm 這個指令真的就只剩下查詢與檢驗的功能囉！所以，查詢與檢驗還是要學的，至於安裝，透過 yum 就好了！

### 22.2.1 RPM 預設安裝的路徑

一般來說，RPM 類型的檔案在安裝的時候，會先去讀取檔案內記載的設定參數內容，然後將該資料用來比對 Linux 系統的環境，以找出是否有屬性相依的軟體尚未安裝的問題。例如 Openssh 這個連線軟體需要透過 Openssl 這個加密軟體的幫忙，所以得先安裝 openssl 才能裝 openssh 的意思。那你的環境如果沒有 openssl，你就無法安裝 openssh 的意思啦。

若環境檢查合格了，那麼 RPM 檔案就開始被安裝到你的 Linux 系統上。安裝完畢後，該軟體相關的資訊就會被寫入 /var/lib/rpm/ 目錄下的資料庫檔案中了。上面這個目錄內的資料很重要喔！因為未來如果我們有任何軟體升級的需求，版本之間的比較就是來自於這個資料庫，而如果你想要查詢系統已經安裝的軟體，也是從這裡查詢的！同時，目前的 RPM 也提供數位簽章資訊，這些數位簽章也是在這個目錄內記錄的呢！所以說，這個目錄得要注意不要被刪除了啊！

那麼軟體內的檔案到底是放置到哪裡去啊？當然與檔案系統有關對吧！我們在第五章的目錄配置談過每個目錄的意義，這裡再次的強調囉：

| | |
|---|---|
| /etc | 一些設定檔放置的目錄，例如 /etc/crontab |
| /usr/bin | 一些可執行檔案 |
| /usr/lib | 一些程式使用的動態函式庫 |
| /usr/share/doc | 一些基本的軟體使用手冊與說明檔 |
| /usr/share/man | 一些 man page 檔案 |

好了，底下我們就來針對每個 RPM 的相關指令來進行說明囉！

## 22.2.2 RPM 安裝 (install)

因為安裝軟體是 root 的工作，因此你得要是 root 的身份才能夠操作 rpm 這指令的。用 rpm 來安裝很簡單啦！假設我要安裝一個檔名為 rp-pppoe-3.11-5.el7.x86_64.rpm 的檔案，那麼我可以這樣：(假設原版光碟已經放在 /mnt 底下了)

```
[root@study ~]# rpm -i /mnt/Packages/rp-pppoe-3.11-5.el7.x86_64.rpm
```

不過，這樣的參數其實無法顯示安裝的進度，所以，通常我們會這樣下達安裝指令：

```
[root@study ~]# rpm -ivh package_name
選項與參數：
-i ：install 的意思
-v ：查看更細部的安裝資訊畫面
-h ：以安裝資訊列顯示安裝進度

範例一：安裝原版光碟上的 rp-pppoe 軟體
[root@study ~]# rpm -ivh /mnt/Packages/rp-pppoe-3.11-5.el7.x86_64.rpm
Preparing...                          ################################# [100%]
Updating / installing...
   1:rp-pppoe-3.11-5.el7               ################################# [100%]

範例二、一口氣安裝兩個以上的軟體時：
[root@study ~]# rpm -ivh a.i386.rpm b.i386.rpm *.rpm
# 後面直接接上許多的軟體檔案！

範例三、直接由網路上面的某個檔案安裝，以網址來安裝：
[root@study ~]# rpm -ivh http://website.name/path/pkgname.rpm
```

另外，如果我們在安裝的過程當中發現問題，或者已經知道會發生的問題，而還是『執意』要安裝這個軟體時，可以使用如下的參數『強制』安裝上去：

### rpm 安裝時常用的選項與參數說明

| 可下達的選項 | 代表意義 |
| --- | --- |
| --nodeps | **使用時機**：當發生軟體屬性相依問題而無法安裝，但你執意安裝時<br>**危險性**：軟體會有相依性的原因是因為彼此會使用到對方的機制或功能，如果強制安裝而不考慮軟體的屬性相依，則可能會造成該軟體的無法正常使用！ |

| 可下達的選項 | 代表意義 |
|---|---|
| --replacefiles | **使用時機：**如果在安裝的過程當中出現了『某個檔案已經被安裝在你的系統上面』的資訊，又或許出現版本不合的訊息 (confilcting files) 時，可以使用這個參數來直接覆蓋檔案。<br><br>**危險性：**覆蓋的動作是無法復原的！所以，你必須要很清楚的知道被覆蓋的檔案是真的可以被覆蓋喔！否則會欲哭無淚！ |
| --replacepkgs | **使用時機：**重新安裝某個已經安裝過的軟體！如果你要安裝一堆 RPM 軟體檔案時，可以使用 rpm -ivh *.rpm ，但若某些軟體已經安裝過了，此時系統會出現『某軟體已安裝』的資訊，導致無法繼續安裝。此時可使用這個選項來重複安裝喔！ |
| --force | **使用時機：**這個參數其實就是 --replacefiles 與 --replacepkgs 的綜合體！ |
| --test | **使用時機：**想要測試一下該軟體是否可以被安裝到使用者的 Linux 環境當中，可找出是否有屬性相依的問題。範例為：<br><br>rpm -ivh pkgname.i386.rpm --test |
| --justdb | **使用時機：**由於 RPM 資料庫破損或者是某些緣故產生錯誤時，可使用這個選項來更新軟體在資料庫內的相關資訊。 |
| --nosignature | **使用時機：**想要略過數位簽章的檢查時，可以使用這個選項。 |
| --prefix 新路徑 | **使用時機：**要將軟體安裝到其他非正規目錄時。舉例來說，你想要將某軟體安裝到 /usr/local 而非正規的 /bin，/etc 等目錄，就可以使用『 --prefix /usr/local 』來處理了。 |
| --noscripts | **使用時機：**不想讓該軟體在安裝過程中自行執行某些系統指令。<br><br>**說明：**RPM 的優點除了可以將檔案放置到定位之外，還可以自動執行一些前置作業的指令，例如資料庫的初始化。如果你不想要讓 RPM 幫你自動執行這一類型的指令，就加上它吧！ |

　　一般來說，rpm 的安裝選項與參數大約就是這些了。通常鳥哥建議直接使用 -ivh 就好了，如果安裝的過程中發現問題，一個一個去將問題找出來，盡量不要使用『 **暴力安裝法** 』，就是透過 --force 去強制安裝！因為可能會發生很多不可預期的問題呢！除非你很清楚的知道使用上面的參數後，安裝的結果是你預期的！

**例題**

在沒有網路的前提下，你想要安裝一個名為 pam-devel 的軟體，你手邊只有原版光碟，該如何是好？

**答：**你可以透過掛載原版光碟來進行資料的查詢與安裝。請將原版光碟放入光碟機，底下我們嘗試將光碟掛載到 /mnt 當中，並據以處理軟體的下載囉：

◆ 掛載光碟，使用：mount /dev/sr0 /mnt

◆ 找出檔案的實際路徑：find /mnt -name 'pam-devel*'

◆ 測試此軟體是否具有相依性：rpm -ivh pam-devel... --test

◆ 直接安裝：rpm -ivh pam-devel...

◆ 卸載光碟：umount /mnt

在鳥哥的系統中，剛好這個軟體並沒有屬性相依的問題，因此最後一個步驟可以順利的進行下去呢！

## 22.2.3 RPM 升級與更新 (upgrade/freshen)

使用 RPM 來升級真是太簡單了！就以 -Uvh 或 -Fvh 來升級即可，而 -Uvh 與 -Fvh 可以用的選項與參數，跟 install 是一樣的。不過，-U 與 -F 的意義還是不太一樣的，基本的差別是這樣的：

| -Uvh | 後面接的軟體即使沒有安裝過，則系統將予以直接安裝； 若後面接的軟體有安裝過舊版，則系統自動更新至新版； |
|------|----------------------------------------------------------------------------------------|
| -Fvh | 如果後面接的軟體並未安裝到你的 Linux 系統上，則該軟體不會被安裝；亦即只有已安裝至你 Linux 系統內的軟體會被『升級』！ |

由上面的說明來看，如果你想要大量的升級系統舊版本的軟體時，使用 -Fvh 則是比較好的作法，因為沒有安裝的軟體才不會被不小心安裝進系統中。但是需要注意的是，如果你使用的是 -Fvh，偏偏你的機器上尚無這一個軟體，那麼很抱歉，該軟體並不會被安裝在你的 Linux 主機上面，所以請重新以 ivh 來安裝吧！

早期沒有 yum 的環境底下，同時網路頻寬也很糟糕的狀況下，通常有的朋友在進行整個作業系統的舊版軟體修補時，喜歡這麼進行：

1. **先到各發展商的 errata 網站或者是國內的 FTP 映像站捉下來最新的 RPM 檔案。**

2. **使用 -Fvh 來將你的系統內曾安裝過的軟體進行修補與升級！(真是方便呀！)**

所以，在不曉得 yum 功能的情況下，你依舊可以到 CentOS 的映設站台下載 updates 資料，然後利用上述的方法來一口氣升級！當然囉，升級也是可以利用 --nodeps/--force 等等的參數啦！不過，現在既然有 yum 的機制在，這個笨方法當然也就不再需要了！

## 22.2.4 RPM 查詢 (query)

　　RPM 在查詢的時候，其實查詢的地方是在 /var/lib/rpm/ 這個目錄下的資料庫檔案啦！另外，RPM 也可以查詢未安裝的 RPM 檔案內的資訊喔！那如何去查詢呢？我們先來談談可用的選項有哪些？

```
[root@study ~]# rpm -qa                         <==已安裝軟體
[root@study ~]# rpm -q[licdR] 已安裝的軟體名稱      <==已安裝軟體
[root@study ~]# rpm -qf 存在於系統上面的某個檔名     <==已安裝軟體
[root@study ~]# rpm -qp[licdR] 未安裝的某個檔案名稱   <==查閱RPM檔案
選項與參數：
查詢已安裝軟體的資訊：
-q    ：僅查詢，後面接的軟體名稱是否有安裝；
-qa   ：列出所有的，已經安裝在本機 Linux 系統上面的所有軟體名稱；
-qi   ：列出該軟體的詳細資訊 (information)，包含開發商、版本與說明等；
-ql   ：列出該軟體所有的檔案與目錄所在完整檔名 (list)；
-qc   ：列出該軟體的所有設定檔 (找出在 /etc/ 底下的檔名而已)
-qd   ：列出該軟體的所有說明檔 (找出與 man 有關的檔案而已)
-qR   ：列出與該軟體有關的相依軟體所含的檔案 (Required 的意思)
-qf   ：由後面接的檔案名稱，找出該檔案屬於哪一個已安裝的軟體；
-q --scripts：列出是否含有安裝後需要執行的腳本檔，可用以 debug 喔！
查詢某個 RPM 檔案內含有的資訊：
-qp[icdlR]：注意 -qp 後面接的所有參數以上面的說明一致。但用途僅在於找出
            某個 RPM 檔案內的資訊，而非已安裝的軟體資訊！注意！
```

　　在查詢的部分，所有的參數之前都需要加上 -q 才是所謂的查詢！查詢主要分為兩部分，一個是查已安裝到系統上面的的軟體資訊，這部分的資訊都是由 /var/lib/rpm/ 所提供。另一個則是查某個 rpm 檔案內容，等於是由 RPM 檔案內找出一些要寫入資料庫內的資訊就是了，這部分就得要使用 -qp (p 是 package 的意思)。那就來看看幾個簡單的範例吧！

```
範例一：找出你的 Linux 是否有安裝 logrotate 這個軟體？
[root@study ~]# rpm -q logrotate
logrotate-3.8.6-4.el7.x86_64
[root@study ~]# rpm -q logrotating
package logrotating is not installed
# 注意到，系統會去找是否有安裝後面接的軟體名稱。注意，不必要加上版本喔！
# 至於顯示的結果，一看就知道有沒有安裝啦！

範例二：列出上題當中，屬於該軟體所提供的所有目錄與檔案：
[root@study ~]# rpm -ql logrotate
/etc/cron.daily/logrotate
/etc/logrotate.conf
```

....（以下省略）....
# 可以看出該軟體到底提供了多少的檔案與目錄，也可以追蹤軟體的資料。

範例三：列出 logrotate 這個軟體的相關說明資料：

```
[root@study ~]# rpm -qi logrotate
Name        : logrotate                                    # 軟體名稱
Version     : 3.8.6                                        # 軟體的版本
Release     : 4.el7                                        # 釋出的版本
Architecture: x86_64                                       # 編譯時所針對的硬體等級
Install Date: Mon 04 May 2015 05:52:36 PM CST              # 這個軟體安裝到本系統的時間
Group       : System Environment/Base                      # 軟體是放再哪一個軟體群組中
Size        : 102451                                       # 軟體的大小
License     : GPL+                                         # 釋出的授權方式
Signature   : RSA/SHA256, Fri 04 Jul 2014 11:34:56 AM CST, Key ID 24c6a8a7f4a80eb5
Source RPM  : logrotate-3.8.6-4.el7.src.rpm                # 這就是 SRPM 的檔名
Build Date  : Tue 10 Jun 2014 05:58:02 AM CST              # 軟體編譯打包的時間
Build Host  : worker1.bsys.centos.org                      # 在哪一部主機上面編譯的
Relocations : (not relocatable)
Packager    : CentOS BuildSystem <http://bugs.centos.org>
Vendor      : CentOS
URL         : https://fedorahosted.org/logrotate/
Summary     : Rotates, compresses, removes and mails system log files
Description :                                              # 這個是詳細的描述！
The logrotate utility is designed to simplify the administration of
log files on a system which generates a lot of log files.  Logrotate
allows for the automatic rotation compression, removal and mailing of
log files.  Logrotate can be set to handle a log file daily, weekly,
monthly or when the log file gets to a certain size.  Normally,
logrotate runs as a daily cron job.

Install the logrotate package if you need a utility to deal with the
log files on your system.
# 列出該軟體的 information （資訊），裡面的資訊可多著呢，包括了軟體名稱、
# 版本、開發商、SRPM檔案名稱、打包次數、簡單說明資訊、軟體打包者、
# 安裝日期等等！如果想要詳細的知道該軟體的資料，用這個參數來瞭解一下
```

範例四：分別僅找出 logrotate 的設定檔與說明檔

```
[root@study ~]# rpm -qc logrotate
[root@study ~]# rpm -qd logrotate
```

範例五：若要成功安裝 logrotate ，它還需要什麼檔案的幫忙？

```
[root@study ~]# rpm -qR logrotate
```

```
/bin/sh
config(logrotate) = 3.8.6-4.el7
coreutils >= 5.92
....(以下省略)....
# 由這裡看起來，呵呵～還需要很多檔案的支援才行喔！
```

範例六：由上面的範例五，找出 /bin/sh 是那個軟體提供的？
```
[root@study ~]# rpm -qf /bin/sh
bash-4.2.46-12.el7.x86_64
# 這個參數後面接的可是『檔案』吶！不像前面都是接軟體喔！
# 這個功能在查詢系統的某個檔案屬於哪一個軟體所有的。
```

範例七：假設我有下載一個 RPM 檔案，想要知道該檔案的需求檔案，該如何？
```
[root@study ~]# rpm -qpR filename.i386.rpm
# 加上 -qpR ，找出該檔案需求的資料！
```

　　常見的查詢就是這些了！要特別說明的是，在查詢本機上面的 RPM 軟體相關資訊時，不需要加上版本的名稱，只要加上軟體名稱即可！因為它會由 /var/lib/rpm 這個資料庫裡面去查詢，所以我們可以不需要加上版本名稱。但是查詢某個 RPM 檔案就不同了，我們必須要列出整個檔案的完整檔名才行～這一點朋友們常常會搞錯。底下我們就來做幾個簡單的練習吧！

## 例題

1. 我想要知道我的系統當中，以 c 開頭的軟體有幾個，如何實作？
2. 我的 WWW 伺服器為 Apache ，我知道它使用的 RPM 軟體檔名為 httpd 。現在，我想要知道這個軟體的所有設定檔放置在何處，可以怎麼做？
3. 承上題，如果查出來的設定檔案已經被我改過，但是我忘記了曾經修改過哪些地方，所以想要直接重新安裝一次該軟體，該如何做？
4. 如果我誤砍了某個重要檔案，例如 /etc/crontab，偏偏不曉得它屬於哪一個軟體，該怎麼辦？

答：

1.　　rpm -qa | grep ^c | wc -l

2.　　rpm -qc httpd

3.　　**假設該軟體在網路上的網址為：**

　　http://web.site.name/path/httpd-x.x.xx.i386.rpm

　　**則我可以這樣做：**

　　rpm -ivh http://web.site.name/path/httpd-x.x.xx.i386.rpm --replacepkgs

4. 雖然已經沒有這個檔案了，不過沒有關係，因為 RPM 有記錄在 /var/lib/rpm 當中的資料庫啊！所以直接下達：

rpm -qf /etc/crontab

**就可以知道是哪個軟體囉！重新安裝一次該軟體即可！**

## 22.2.5 RPM 驗證與數位簽章 (Verify/signature)

驗證 (Verify) 的功能主要在於提供系統管理員一個有用的管理機制！作用的方式是『**使用 /var/lib/rpm 底下的資料庫內容來比對目前 Linux 系統的環境下的所有軟體檔案** 』也就是說，當你有資料不小心遺失，或者是因為你誤殺了某個軟體的檔案，或者是不小心不知道修改到某一個軟體的檔案內容，就用這個簡單的方法來驗證一下原本的檔案系統吧！好讓你瞭解這一陣子到底是修改到哪些檔案資料了！驗證的方式很簡單：

```
[root@study ~]# rpm -Va
[root@study ~]# rpm -V  已安裝的軟體名稱
[root@study ~]# rpm -Vp 某個 RPM 檔案的檔名
[root@study ~]# rpm -Vf 在系統上面的某個檔案
選項與參數：
-V  ：後面加的是軟體名稱，若該軟體所含的檔案被更動過，才會列出來；
-Va ：列出目前系統上面所有可能被更動過的檔案；
-Vp ：後面加的是檔案名稱，列出該軟體內可能被更動過的檔案；
-Vf ：列出某個檔案是否被更動過～

範例一：列出你的 Linux 內的 logrotate 這個軟體是否被更動過？
[root@study ~]# rpm -V logrotate
# 如果沒有出現任何訊息，恭喜你，該軟體所提供的檔案沒有被更動過。
# 如果有出現任何訊息，才是有出現狀況啊！

範例二：查詢一下，你的 /etc/crontab 是否有被更動過？
[root@study ~]# rpm -Vf /etc/crontab
.......T.  c /etc/crontab
# 瞧！因為有被更動過，所以會列出被更動過的資訊類型！
```

好了，那麼我怎麼知道到底我的檔案被更動過的內容是什麼？例如上面的範例二。呵呵！簡單的說明一下吧！例如，我們檢查一下 logrotate 這個軟體：

```
[root@study ~]# rpm -ql logrotate
/etc/cron.daily/logrotate
/etc/logrotate.conf
```

```
/etc/logrotate.d
/usr/sbin/logrotate
/usr/share/doc/logrotate-3.8.6
/usr/share/doc/logrotate-3.8.6/CHANGES
/usr/share/doc/logrotate-3.8.6/COPYING
/usr/share/man/man5/logrotate.conf.5.gz
/usr/share/man/man8/logrotate.8.gz
/var/lib/logrotate.status
# 呵呵！共有 10 個檔案啊！請修改 /etc/logrotate.conf 內的 rotate 變成 5

[root@study ~]# rpm -V logrotate
..5....T.  c /etc/logrotate.conf
```

你會發現在檔名之前有個 c ，然後就是一堆奇怪的文字了。那個 c 代表的是 configuration ，就是設定檔的意思。至於最前面的幾個資訊是：

◆ S ：(file Size differs) 檔案的容量大小是否被改變

◆ M ：(Mode differs) 檔案的類型或檔案的屬性 (rwx) 是否被改變？如是否可執行等參數已被改變

◆ 5 ：(MD5 sum differs) MD5 這一種指紋碼的內容已經不同

◆ D ：(Device major/minor number mis-match) 裝置的主/次代碼已經改變

◆ L ：(readLink(2) path mis-match) Link 路徑已被改變

◆ U ：(User ownership differs) 檔案的所屬人已被改變

◆ G ：(Group ownership differs) 檔案的所屬群組已被改變

◆ T ：(mTime differs) 檔案的建立時間已被改變

◆ P ：(caPabilities differ) 功能已經被改變

所以，如果當一個設定檔所有的資訊都被更動過，那麼它的顯示就會是：

```
SM5DLUGTP c filename
```

至於那個 c 代表的是『 Config file 』的意思，也就是檔案的類型，檔案類型有底下這幾類：

◆ c ：設定檔 (config file)

◆ d ：文件資料檔 (documentation)

◆ g ：鬼檔案～通常是該檔案不被某個軟體所包含，較少發生！(ghost file)

- ◆ l ：授權檔案 (license file)
- ◆ r ：讀我檔案 (read me)

經過驗證的功能，你就可以知道那個檔案被更動過。那麼如果該檔案的變更是『預期中的』，那麼就沒有什麼大問題，但是如果該檔案是『非預期的』，那麼是否被入侵了呢？呵呵！得注意注意囉！一般來說，設定檔 (configure) 被更動過是很正常的，萬一你的 binary program 被更動過呢？那就得要特別特別小心啊！

> 雖說家醜不可外揚，不過有件事情還是跟大家分享一下的好。鳥哥之前的主機曾經由於安裝一套軟體，導致被攻擊成為跳板。會發現的原因是系統中只要出現 *.patch 的副檔名時，使用 ls -l 就是顯示不出來該檔名 (該檔名確實存在)。找了好久，用了好多工具都找不出問題，最終利用 rpm -Va 找出來，原來好多 binary program 被更動過，連 init 都被惡搞！此時，趕緊重新安裝 Linux 並移除那套軟體，之後就比較正常了。所以說，這個 rpm -Va 是個好功能喔！

- ◆ **數位簽章** (digital signature)

談完了軟體的驗證後，不知道你有沒有發現一個問題，那就是，驗證只能驗證軟體內的資訊與 /var/lib/rpm/ 裡面的資料庫資訊而已，如果該軟體檔案所提供的資料本身就有問題，那你使用驗證的手段也無法確定該軟體的正確性啊！那如何解決呢？在 Tarball 與檔案的驗證方面，我們可以使用前一章談到的 md5 指紋碼來檢查，不過，連指紋碼也可能會被竄改的嘛！那怎辦？沒關係，我們可以透過數位簽章來檢驗軟體的來源的！

就像你自己的簽名一樣，我們的軟體開發商原廠所推出的軟體也會有一個廠商自己的簽章系統！只是這個簽章被數位化了而已。廠商可以數位簽章系統產生一個專屬於該軟體的簽章，並將該簽章的公鑰 (public key) 釋出。當你要安裝一個 RPM 檔案時：

1. **首先你必須要先安裝原廠釋出的公鑰檔案。**
2. **實際安裝原廠的 RPM 軟體時，rpm 指令會去讀取 RPM 檔案的簽章資訊，與本機系統內的簽章資訊比對。**
3. **若簽章相同則予以安裝，若找不到相關的簽章資訊時，則給予警告並且停止安裝喔。**

我們 CentOS 使用的數位簽章系統為 GNU 計畫的 GnuPG (GNU Privacy Guard，GPG)[註1]。GPG 可以透過雜湊運算，算出獨一無二的專屬金鑰系統或者是數位簽章系統，有興趣的朋友可以參考文末的延伸閱讀，去瞭解一下 GPG 加密的機制喔！這裡我們僅簡單的說明數位簽章在 RPM 檔案上的應用而已。而根據上面的說明，我們也會知道首先必須要安裝原廠釋出的 GPG 數位簽章的公鑰檔案啊！CentOS 的數位簽章位於：

```
[root@study ~]# ll /etc/pki/rpm-gpg/RPM-GPG-KEY-CentOS-7
-rw-r--r--. 1 root root 1690 Apr  1 06:27 /etc/pki/rpm-gpg/RPM-GPG-KEY-CentOS-7
[root@study ~]# cat /etc/pki/rpm-gpg/RPM-GPG-KEY-CentOS-7
-----BEGIN PGP PUBLIC KEY BLOCK-----
Version：GnuPG v1.4.5 (GNU/Linux)

mQINBFOn/0sBEADLDyZ+DQHkcTHDQSE0a0B2iYAEXwpPvs67cJ4tmhe/iMOyVMh9
....(中間省略)....
-----END PGP PUBLIC KEY BLOCK-----
```

從上面的輸出，你會知道該數位簽章碼其實僅是一個亂數而已，這個亂數對於數位簽章有
意義而已，我們看不懂啦！那麼這個檔案如何安裝呢？透過底下的方式來安裝即可喔！

```
[root@study ~]# rpm --import /etc/pki/rpm-gpg/RPM-GPG-KEY-CentOS-7
```

由於不同版本 GPG 金鑰檔案放置的位置可能不同，不過檔名大多是以 GPG-KEY 來說
明的，因此你可以簡單的使用 locate 或 find 來找尋，如以下的方式來搜尋即可：

```
[root@study ~]# locate GPG-KEY
[root@study ~]# find /etc -name '*GPG-KEY*'
```

那安裝完成之後，這個金鑰的內容會以什麼方式呈現呢？基本上都是使用 pubkey 作
為軟體的名稱的！那我們先列出金鑰軟體名稱後，再以 -qi 的方式來查詢看看該軟體
的資訊為何：

```
[root@study ~]# rpm -qa | grep pubkey
gpg-pubkey-f4a80eb5-53a7ff4b
[root@study ~]# rpm -qi gpg-pubkey-f4a80eb5-53a7ff4b
Name        : gpg-pubkey
Version     : f4a80eb5
Release     : 53a7ff4b
Architecture: (none)
Install Date: Fri 04 Sep 2015 11:30:46 AM CST
Group       : Public Keys
Size        : 0
License     : pubkey
Signature   : (none)
Source RPM  : (none)
Build Date  : Mon 23 Jun 2014 06:19:55 PM CST
Build Host  : localhost
Relocations : (not relocatable)
Packager    : CentOS-7 Key (CentOS 7 Official Signing Key) <security@centos.org>
```

```
Summary    : gpg(CentOS-7 Key (CentOS 7 Official Signing Key) <security@centos.org>)
Description :
-----BEGIN PGP PUBLIC KEY BLOCK-----
Version：rpm-4.11.1 (NSS-3)
....(底下省略)....
```

重點就是最後面出現的那一串亂碼啦！那可是作為數位簽章非常重要的一環哩！如果你忘記加上數位簽章，很可能很多原版軟體就不能讓你安裝囉～除非你利用 rpm 時選擇略過數位簽章的選項。

## 22.2.6 RPM 反安裝與重建資料庫 (erase/rebuilddb)

反安裝就是將軟體解除安裝啦！要注意的是，『解安裝的過程一定要由最上層往下解除』，以 rp-pppoe 為例，這一個軟體主要是依據 ppp 這個軟體來安裝的，所以當你要解除 ppp 的時候，就必須要先解除 rp-pppoe 才行！否則就會發生結構上的問題啦！這個可以由建築物來說明，如果你要拆除五、六樓，那麼當然要由六樓拆起，否則先拆的是第五樓時，那麼上面的樓層難道會懸空？

移除的選項很簡單，就透過 -e 即可移除。不過，很常發生軟體屬性相依導致無法移除某些軟體的問題！我們以底下的例子來說明：

```
# 1. 找出與 pam 有關的軟體名稱，並嘗試移除 pam 這個軟體：
[root@study ~]# rpm -qa | grep pam
fprintd-pam-0.5.0-4.0.el7_0.x86_64
pam-1.1.8-12.el7.x86_64
gnome-keyring-pam-3.8.2-10.el7.x86_64
pam-devel-1.1.8-12.el7.x86_64
pam_krb5-2.4.8-4.el7.x86_64
[root@study ~]# rpm -e pam
error：Failed dependencies：<==這裡提到的是相依性的問題
        libpam.so.0()(64bit) is needed by (installed) systemd-libs-208-20.el7.x86_64
        libpam.so.0()(64bit) is needed by (installed) libpwquality-1.2.3-4.el7.x86_64
....(以下省略)....

# 2. 若僅移除 pam-devel 這個之前範例安裝上的軟體呢？
[root@study ~]# rpm -e pam-devel   <==不會出現任何訊息！
[root@study ~]# rpm -q pam-devel
package pam-devel is not installed
```

從範例一我們知道 pam 所提供的函式庫是讓非常多其他軟體使用的，因此你不能移除 pam，除非將其他相依軟體一口氣也全部移除！你當然也能加 --nodeps 來強制移除，不過，如此一來所有會用到 pam 函式庫的軟體，都將成為無法運作的程式，我想，你的主機也只好準備停機休假了吧！至於範例二中，由於 pam-devel 是依附於 pam 的開發工具，你可以單獨安裝與單獨移除啦！

由於 RPM 檔案常常會安裝/移除/升級等，某些動作或許可能會導致 RPM 資料庫 /var/lib/rpm/ 內的檔案破損。果真如此的話，那你該如何是好？別擔心，我們可以使用 --rebuilddb 這個選項來重建一下資料庫喔！作法如下：

```
[root@study ~]# rpm --rebuilddb    <==重建資料庫
```

## 22.3　YUM 線上升級機制

我們在本章一開始的地方談到過 yum 這玩意兒，這個 yum 是透過分析 RPM 的標頭資料後，根據各軟體的相關性製作出屬性相依時的解決方案，然後可以自動處理軟體的相依屬性問題，以解決軟體安裝或移除與升級的問題。詳細的 yum 伺服器與用戶端之間的溝通，可以再回到前面的部分查閱一下圖 22.1.1 的說明。

由於 distribution 必須要先釋出軟體，然後將軟體放置於 yum 伺服器上面，以提供用戶端來要求安裝與升級之用的。因此我們想要使用 yum 的功能時，必須要先找到適合的 yum server 才行啊！而每個 yum server 可能都會提供許多不同的軟體功能，那就是我們之前談到的『軟體庫』啦！因此，你必須要前往 yum server 查詢到相關的軟體庫網址後，再繼續處理後續的設定事宜。

事實上 CentOS 在釋出軟體時已經製作出多部映射站台 (mirror site) 提供全世界的軟體更新之用。所以，理論上我們不需要處理任何設定值，只要能夠連上 Internet ，就可以使用 yum 囉！底下就讓我們來玩玩看吧！

### 22.3.1　利用 yum 進行查詢、安裝、升級與移除功能

yum 的使用真是非常簡單，就是透過 yum 這個指令啊！那麼這個指令怎麼用呢？用法很簡單，就讓我們來簡單的談談：

◆ **查詢功能**：yum [list|info|search|provides|whatprovides] **參數**

如果想要查詢利用 yum 來查詢原版 distribution 所提供的軟體，或已知某軟體的名稱，想知道該軟體的功能，可以利用 yum 相關的參數為：

```
[root@study ~]# yum [option] [查詢工作項目] [相關參數]
選項與參數：
```

[option]：主要的選項，包括有：

  -y  ：當 yum 要等待使用者輸入時，這個選項可以自動提供 yes 的回應；

  --installroot=/some/path ：將該軟體安裝在 /some/path 而不使用預設路徑

[查詢工作項目] [相關參數]：這方面的參數有：

  search  ：搜尋某個軟體名稱或者是描述 (description) 的重要關鍵字；

  list    ：列出目前 yum 所管理的所有的軟體名稱與版本，有點類似 rpm -qa；

  info    ：同上，不過有點類似 rpm -qai 的執行結果；

  provides：從檔案去搜尋軟體！類似 rpm -qf 的功能！


範例一：搜尋磁碟陣列 (raid) 相關的軟體有哪些？

```
[root@study ~]# yum search raid
Loaded plugins：fastestmirror，langpacks      # yum 系統自己找出最近的 yum server
Loading mirror speeds from cached hostfile  # 找出速度最快的那一部 yum server
 * base：ftp.twaren.net                       # 底下三個軟體庫，且來源為該伺服器！
 * extras：ftp.twaren.net
 * updates：ftp.twaren.net
....(前面省略)....
dmraid-events-logwatch.x86_64 ：dmraid logwatch-based email reporting
dmraid-events.x86_64 ：dmevent_tool (Device-mapper event tool) and DSO
iprutils.x86_64 ：Utilities for the IBM Power Linux RAID adapters
mdadm.x86_64 ：The mdadm program controls Linux md devices (software RAID arrays)
....(後面省略)....
# 在冒號 (:)  左邊的是軟體名稱，右邊的則是在 RPM 內的 name 設定 (軟體名)
# 瞧！上面的結果，這不就是與 RAID 有關的軟體嗎？如果想瞭解 mdadm 的軟體內容呢？
```

範例二：找出 mdadm 這個軟體的功能為何

```
[root@study ~]# yum info mdadm
Installed Packages          <==這說明該軟體是已經安裝的了
Name        : mdadm         <==這個軟體的名稱
Arch        : x86_64        <==這個軟體的編譯架構
Version     : 3.3.2         <==此軟體的版本
Release     : 2.el7         <==釋出的版本
Size        : 920 k         <==此軟體的檔案總容量
Repo        : installed     <==軟體庫回報說已安裝的
From repo   : anaconda
Summary     : The mdadm program controls Linux md devices (software RAID arrays)
URL         : http://www.kernel.org/pub/linux/utils/raid/mdadm/
License     : GPLv2+
Description : The mdadm program is used to create, manage, and monitor Linux MD (software
            : RAID) devices. As such, it provides similar functionality to the raidtools
            : package.  However, mdadm is a single program, and it can perform
```

```
            :almost all functions without a configuration file, though a configuration
            :file can be used to help with some common tasks.
```

\# 不要跟我說，上面說些啥？自己找字典翻一翻吧！拜託拜託！

範例三：列出 yum 伺服器上面提供的所有軟體名稱

```
[root@study ~]# yum list
Installed Packages    <==已安裝軟體
GConf2.x86_64                          3.2.6-8.el7                    @anaconda
LibRaw.x86_64                          0.14.8-5.el7.20120830git98d925 @base
ModemManager.x86_64                    1.1.0-6.git20130913.el7        @anaconda
....(中間省略)....
Available Packages    <==還可以安裝的其他軟體
389-ds-base.x86_64                     1.3.3.1-20.el7_1               updates
389-ds-base-devel.x86_64               1.3.3.1-20.el7_1               updates
389-ds-base-libs.x86_64                1.3.3.1-20.el7_1               updates
....(底下省略)....
```

\# 上面提供的意義為：『 軟體名稱　　版本　　在那個軟體庫內 』

範例四：列出目前伺服器上可供本機進行升級的軟體有哪些？

```
[root@study ~]# yum list updates  <==一定要是 updates 喔！
Updated Packages
NetworkManager.x86_64        1:1.0.0-16.git20150121.b4ea599c.el7_1    updates
NetworkManager-adsl.x86_64   1:1.0.0-16.git20150121.b4ea599c.el7_1    updates
....(底下省略)....
```

\# 上面就列出在那個軟體庫內可以提供升級的軟體與版本！

範例五：列出提供 passwd 這個檔案的軟體有哪些

```
[root@study ~]# yum provides passwd
passwd-0.79-4.el7.x86_64  :An utility for setting or changing passwords using PAM
Repo        : base
passwd-0.79-4.el7.x86_64  :An utility for setting or changing passwords using PAM
Repo        : @anaconda
```

\# 找到啦！就是上面的這個軟體提供了 passwd 這個程式！

透過上面的查詢，你應該大致知道 yum 如何用在查詢上面了吧？那麼實際來應用一下：

**例題**

利用 yum 的功能，找出以 pam 為開頭的軟體名稱有哪些？而其中尚未安裝的又有哪些？

**答：**可以透過如下的方法來查詢：

```
[root@study ~]# yum list pam*
Installed Packages
```

```
pam.x86_64                              1.1.8-12.el7              @anaconda
pam_krb5.x86_64                         2.4.8-4.el7               @base
Available Packages <==底下則是『可升級』的或『未安裝』的
pam.i686                                1.1.8-12.el7_1.1          updates
pam.x86_64                              1.1.8-12.el7_1.1          updates
pam-devel.i686                          1.1.8-12.el7_1.1          updates
pam-devel.x86_64                        1.1.8-12.el7_1.1          updates
pam_krb5.i686                           2.4.8-4.el7               base
pam_pkcs11.i686                         0.6.2-18.el7              base
pam_pkcs11.x86_64                       0.6.2-18.el7              base
```

如上所示，所以可升級者有 pam 這兩個軟體，完全沒有安裝的則是 pam-devel 等其他幾個軟體囉！

◆ **安裝/升級功能：yum [install|update] 軟體**

既然可以查詢，那麼安裝與升級呢？很簡單啦！就利用 install 與 update 這兩項工作來處理即可喔！

```
[root@study ~]# yum [option] [安裝與升級的工作項目] [相關參數]
選項與參數：
  install ：後面接要安裝的軟體！
  update  ：後面接要升級的軟體，若要整個系統都升級，就直接 update 即可
範例一：將前一個練習找到的未安裝的 pam-devel 安裝起來
[root@study ~]# yum install pam-devel
Loaded plugins：fastestmirror, langpacks    # 首先的 5 行在找出最快的 yum server
Loading mirror speeds from cached hostfile
 * base：ftp.twaren.net
 * extras：ftp.twaren.net
 * updates：ftp.twaren.net
Resolving Dependencies                      # 接下來先處理『屬性相依』的軟體問題
--> Running transaction check
---> Package pam-devel.x86_64 0:1.1.8-12.el7_1.1 will be installed
--> Processing Dependency：pam(x86-64) = 1.1.8-12.el7_1.1 for package：pam-devel-
        1.1.8-12.el7_1.1.x86_64
--> Running transaction check
---> Package pam.x86_64 0:1.1.8-12.el7 will be updated
---> Package pam.x86_64 0:1.1.8-12.el7_1.1 will be an update
--> Finished Dependency Resolution
Dependencies Resolved
# 由上面的檢查發現到 pam 這個軟體也需要同步升級，這樣才能夠安裝新版 pam-devel 喔！
```

```
# 至於底下則是一個總結的表格顯示！

=============================================================================
 Package           Arch         Version              Repository       Size
=============================================================================
Installing:
 pam-devel         x86_64       1.1.8-12.el7_1.1      updates          183 k
Updating for dependencies:
 pam               x86_64       1.1.8-12.el7_1.1      updates          714 k
Transaction Summary
=============================================================================
Install  1 Package                         # 要安裝的是一個軟體！
Upgrade              ( 1 Dependent package) # 因為相依屬性問題，需要額外加裝一個軟體！

Total size : 897 k
Total download size : 183 k                 # 總共需要下載的容量！
Is this ok [y/d/N] : y    # 你得要自己決定是否要下載與安裝！當然是 y 啊！
Downloading packages :                      # 開始下載囉！
warning : /var/cache/yum/x86_64/7/updates/packages/pam-devel-1.1.8-12.el7_1.1.
x86_64.rpm:
        Header V3 RSA/SHA256 Signature, key ID f4a80eb5 : NOKEY
Public key for pam-devel-1.1.8-12.el7_1.1.x86_64.rpm is not installed
pam-devel-1.1.8-12.el7_1.1.x86_64.rpm                  | 183 kB  00:00:00
Retrieving key from file:///etc/pki/rpm-gpg/RPM-GPG-KEY-CentOS-7
Importing GPG key 0xF4A80EB5:
 Userid     : "CentOS-7 Key (CentOS 7 Official Signing Key) <security@centos.org>"
 Fingerprint : 6341 ab27 53d7 8a78 a7c2 7bb1 24c6 a8a7 f4a8 0eb5
 Package    : centos-release-7-1.1503.el7.centos.2.8.x86_64 (@anaconda)
 From       : /etc/pki/rpm-gpg/RPM-GPG-KEY-CentOS-7
Is this ok [y/N] : y  # 只有在第一次安裝才會出現這個項目『確定要安裝數位簽章』才能繼續！
Running transaction check
Running transaction test
Transaction test succeeded
Running transaction
Warning : RPMDB Altered outside of yum.
  Updating   : pam-1.1.8-12.el7_1.1.x86_64                              1/3
  Installing : pam-devel-1.1.8-12.el7_1.1.x86_64                        2/3
  Cleanup    : pam-1.1.8-12.el7.x86_64                                  3/3
  Verifying  : pam-1.1.8-12.el7_1.1.x86_64                              1/3
  Verifying  : pam-devel-1.1.8-12.el7_1.1.x86_64                        2/3
  Verifying  : pam-1.1.8-12.el7.x86_64                                  3/3

Installed:
```

```
   pam-devel.x86_64 0:1.1.8-12.el7_1.1
Dependency Updated:
   pam.x86_64 0:1.1.8-12.el7_1.1
Complete!
```

有沒有很高興啊！你不必知道軟體在哪裡，你不必手動下載軟體，你也不必拿出原版光碟出來 mount 之後查詢再安裝！全部不需要，只要有了 yum 這個傢伙，你的安裝、升級再也不是什麼難事！而且還能主動的進行軟體的屬性相依處理流程，如上所示，一口氣幫我們處理好了所有事情！是不是很過癮啊！而且整個動作完全免費！夠酷吧！

◆ **移除功能**：yum [remove] 軟體

那能不能用 yum 移除軟體呢？將剛剛的軟體移除看看，會出現啥狀況啊？

```
[root@study ~]# yum remove pam-devel
Loaded plugins：fastestmirror, langpacks
Resolving Dependencies    <==同樣的，先解決屬性相依的問題
--> Running transaction check
---> Package pam-devel.x86_64 0:1.1.8-12.el7_1.1 will be erased
--> Finished Dependency Resolution


Dependencies Resolved


================================================================================
 Package          Arch          Version              Repository       Size
================================================================================
Removing:
 pam-devel        x86_64        1.1.8-12.el7_1.1      @updates        528 k
Transaction Summary
================================================================================
Remove  1 Package       # 還好！沒有相依屬性的問題，僅移除一個軟體！

Installed size：528 k
Is this ok [y/N]：y
Downloading packages:
Running transaction check
Running transaction test
Transaction test succeeded
Running transaction
  Erasing    :pam-devel-1.1.8-12.el7_1.1.x86_64                          1/1
  Verifying  :pam-devel-1.1.8-12.el7_1.1.x86_64                          1/1

Removed:
```

```
pam-devel.x86_64 0:1.1.8-12.el7_1.1

Complete!
```

連移除也這麼簡單！看來，似乎不需要 rpm 這個指令也能夠快樂的安裝所有的軟體了！雖然是如此，但是 yum 畢竟是架構在 rpm 上面所發展起來的，所以，鳥哥認為你還是得需要瞭解 rpm 才行！不要學了 yum 之後就將 rpm 的功能忘記了呢！切記切記！

## 22.3.2　yum 的設定檔

雖然 yum 是你的主機能夠連線上 Internet 就可以直接使用的，不過，由於 CentOS 的映射站台可能會選錯，舉例來說，我們在台灣，但是 CentOS 的映射站台卻選擇到了大陸北京或者是日本去，有沒有可能發生啊！有啊！鳥哥教學方面就常常發生這樣的問題，要知道，我們連線到大陸或日本的速度是非常慢的呢！那怎辦？當然就是手動的修改一下 yum 的設定檔就好囉！

在台灣，CentOS 的映射站台主要有高速網路中心與義守大學，鳥哥近來比較偏好高速網路中心，似乎更新的速度比較快，而且連接台灣學術網路也非常快速哩！因此，鳥哥底下建議台灣的朋友使用高速網路中心的 ftp 主機資源來作為 yum 伺服器來源喔！不過因為鳥哥也在崑大服務，崑大目前也加入了 CentOS 的映射站，如果在崑山或台南地區，也能夠選擇崑大的 FTP 喔！目前高速網路中心與崑大對於 CentOS 所提供的相關網址如下：

- http://ftp.twaren.net/Linux/CentOS/7/

- http://ftp.ksu.edu.tw/FTP/CentOS/7/

如果你連接到上述的網址後，就會發現裡面有一堆連結，那些連結就是這個 yum 伺服器所提供的軟體庫了！所以高速網路中心也提供了 centosplus，cloud，extras，fasttrack，os，updates 等軟體庫，最好認的軟體庫就是 os (系統預設的軟體) 與 updates (軟體升級版本) 囉！由於鳥哥在我的測試用主機是利用 x86_64 的版本，因此那個 os 再點進去就會得到如下的可提供安裝的網址：

- http://ftp.ksu.edu.tw/FTP/CentOS/7/os/x86_64/

為什麼在上述的網址內呢？有什麼特色！**最重要的特色就是那個『 repodata 』的目錄！該目錄就是分析 RPM 軟體後所產生的軟體屬性相依資料放置處！**因此，當你要找軟體庫所在網址時，最重要的就是該網址底下一定要有個名為 repodata 的目錄存在！那就是軟體庫的網址了！其他的軟體庫正確網址，就請各位看倌自行尋找一下喔！現在讓我們修改設定檔吧！

```
[root@study ~]# vim /etc/yum.repos.d/CentOS-Base.repo
[base]
```

```
name=CentOS-$releasever - Base
mirrorlist=http://mirrorlist.centos.org/?release=$releasever&arch=$basearch&
repo=os&infra=$infra
#baseurl=http://mirror.centos.org/centos/$releasever/os/$basearch/
gpgcheck=1
gpgkey=file:///etc/pki/rpm-gpg/RPM-GPG-KEY-CentOS-7
```

如上所示，鳥哥僅列出 base 這個軟體庫內容而已，其他的軟體庫內容請自行查閱囉！上面的資料需要注意的是：

◆ [base]：代表軟體庫的名字！中括號一定要存在，裡面的名稱則可以隨意取。但是不能有兩個相同的軟體庫名稱，否則 yum 會不曉得該到哪裡去找軟體庫相關軟體清單檔案。

◆ name：只是說明一下這個軟體庫的意義而已，重要性不高！

◆ mirrorlist=：列出這個軟體庫可以使用的映射站台，如果不想使用，可以註解到這行。

◆ baseurl=：這個最重要，因為後面接的就是軟體庫的實際網址！mirrorlist 是由 yum 程式自行去捉映射站台，baseurl 則是指定固定的一個軟體庫網址！我們剛剛找到的網址放到這裡來啦！

◆ enable=1：就是讓這個軟體庫被啟動。如果不想啟動可以使用 enable=0 喔！

◆ gpgcheck=1：還記得 RPM 的數位簽章嗎？這就是指定是否需要查閱 RPM 檔案內的數位簽章！

◆ gpgkey=：就是數位簽章的公鑰檔所在位置！使用預設值即可。

瞭解這個設定檔之後，接下來讓我們修改整個檔案的內容，讓我們這部主機可以直接使用高速網路中心的資源吧！修改的方式鳥哥僅列出 base 這個軟體庫項目而已，其他的項目請你自行依照上述的作法來處理即可！

```
[root@study ~]# vim /etc/yum.repos.d/CentOS-Base.repo
[base]
name=CentOS-$releasever - Base
baseurl=http://ftp.ksu.edu.tw/FTP/CentOS/7/os/x86_64/
gpgcheck=1
gpgkey=file:///etc/pki/rpm-gpg/RPM-GPG-KEY-CentOS-7

[updates]
name=CentOS-$releasever - Updates
baseurl=http://ftp.ksu.edu.tw/FTP/CentOS/7/updates/x86_64/
gpgcheck=1
gpgkey=file:///etc/pki/rpm-gpg/RPM-GPG-KEY-CentOS-7
```

```
[extras]
name=CentOS-$releasever - Extras
baseurl=http://ftp.ksu.edu.tw/FTP/CentOS/7/extras/x86_64/
gpgcheck=1
gpgkey=file:///etc/pki/rpm-gpg/RPM-GPG-KEY-CentOS-7
# 預設情況下，軟體倉庫僅有這三個有啟用！所以鳥哥僅修改這三個軟體庫的 baseurl 而已喔！
```

接下來當然就是給它測試一下這些軟體庫是否正常的運作中啊！如何測試呢？再次使用 yum 即可啊！

範例一：列出目前 yum server 所使用的軟體庫有哪些？

```
[root@study ~]# yum repolist all
repo id                         repo name                     status
C7.0.1406-base/x86_64           CentOS-7.0.1406 - Base        disabled
C7.0.1406-centosplus/x86_64     CentOS-7.0.1406 - CentOSPlus  disabled
C7.0.1406-extras/x86_64         CentOS-7.0.1406 - Extras      disabled
C7.0.1406-fasttrack/x86_64      CentOS-7.0.1406 - CentOSPlus  disabled
C7.0.1406-updates/x86_64        CentOS-7.0.1406 - Updates     disabled
base                            CentOS-7 - Base               enabled：8,652
base-debuginfo/x86_64           CentOS-7 - Debuginfo          disabled
base-source/7                   CentOS-7 - Base Sources       disabled
centosplus/7/x86_64             CentOS-7 - Plus               disabled
centosplus-source/7             CentOS-7 - Plus Sources       disabled
cr/7/x86_64                     CentOS-7 - cr                 disabled
extras                          CentOS-7 - Extras             enabled： 181
extras-source/7                 CentOS-7 - Extras Sources     disabled
fasttrack/7/x86_64              CentOS-7 - fasttrack          disabled
updates                         CentOS-7 - Updates            enabled：1,302
updates-source/7                CentOS-7 - Updates Sources    disabled
repolist：10,135
# 上面最右邊有寫 enabled 才是有啟動的！由於 /etc/yum.repos.d/
# 有多個設定檔，所以你會發現還有其他的軟體庫存在。
```

◆ **修改軟體庫產生的問題與解決之道**

由於我們是修改系統預設的設定檔，事實上，我們應該要在 /etc/yum.repos.d/ 底下新建一個檔案，該副檔名必須是 .repo 才行！但因為我們使用的是指定特定的映射站台，而不是其他軟體開發商提供的軟體庫，因此才修改系統預設設定檔。但是可能由於使用的軟體庫版本有新舊之分，你得要知道，yum 會先下載軟體庫的清單到本機的 /var/cache/yum 裡面去！那我們修改了網址卻沒有修改軟體庫名稱 (中括號內的文字)，可能就會造成本機的清單與 yum 伺服器的清單不同步，此時就會出現無法更新的問題了！

那怎麼辦啊？很簡單，就清除掉本機上面的舊資料即可！需要手動處理嗎？不需要的，透過 yum 的 clean 項目來處理即可！

```
[root@study ~]# yum clean [packages|headers|all]
選項與參數：
 packages：將已下載的軟體檔案刪除
 headers ：將下載的軟體檔頭刪除
 all     ：將所有軟體庫資料都刪除！

範例一：刪除已下載過的所有軟體庫的相關資料 （含軟體本身與清單）
[root@study ~]# yum clean all
```

## 22.3.3 yum 的軟體群組功能

透過 yum 來線上安裝一個軟體是非常的簡單，但是，如果要安裝的是一個大型專案呢？舉例來說，鳥哥使用預設安裝的方式安裝了測試機，這部主機就只有 GNOME 這個視窗管理員，那我如果想要安裝 KDE 呢？難道需要重新安裝？當然不需要，透過 yum 的軟體群組功能即可！來看看指令先：

```
[root@study ~]# yum [群組功能] [軟體群組]
選項與參數：
    grouplist    ：列出所有可使用的『軟體群組組』，例如 Development Tools 之類的；
    groupinfo    ：後面接 group_name，則可瞭解該 group 內含的所有軟體名；
    groupinstall：這個好用！可以安裝一整組的軟體群組，相當的不錯用！
    groupremove ：移除某個軟體群組；

範例一：查閱目前軟體庫與本機上面的可用與安裝過的軟體群組有哪些？
[root@study ~]# yum grouplist
Installed environment groups:              # 已經安裝的系統環境軟體群組
    Development and Creative Workstation
Available environment groups:              # 還可以安裝的系統環境軟體群組
    Minimal Install
    Compute Node
    Infrastructure Server
    File and Print Server
    Basic Web Server
    Virtualization Host
    Server with GUI
```

```
    GNOME Desktop
    KDE Plasma Workspaces
Installed groups:                        # 已經安裝的軟體群組！
    Development Tools
Available Groups:                        # 還能額外安裝的軟體群組！
    Compatibility Libraries
    Console Internet Tools
    Graphical Administration Tools
    Legacy UNIX Compatibility
    Scientific Support
    Security Tools
    Smart Card Support
    System Administration Tools
    System Management
Done
```

你會發現系統上面的軟體大多是群組的方式一口氣來提供安裝的！還記全新安裝 CentOS 時，不是可以選擇所需要的軟體嗎？而那些軟體不是利用 GNOME/KDE/X Window ... 之類的名稱存在嗎？其實那就是軟體群組囉！如果你執行上述的指令後，在『Available Groups』底下應該會看到一個 『Scientific Support』的軟體群組，想知道那是啥嗎？就這樣做：

```
[root@study ~]# yum groupinfo "Scientific Support"
Group：Scientific Support
 Group-Id：scientific
 Description：Tools for mathematical and scientific computations, and parallel
computing.
 Optional Packages:
   atlas
   fftw
   fftw-devel
   fftw-static
   gnuplot
   gsl-devel
   lapack
   mpich
....(以下省略)....
```

你會發現那就是一個科學運算、平行運算會用到的各種工具就是了！而下方則列出許多應該會在該群組安裝時被下載與安裝的軟體們！讓我們直接來安裝看看！

```
[root@study ~]# yum groupinstall "Scientific Support"
```

正常情況下系統是會幫你安裝好各項軟體的。只是傷腦筋的是，剛剛好 Scientific Support 裡面的軟體都是『可選擇的』！而不是『主要的 (mandatory)』，因此預設情況下，上面這些軟體通通不會幫你安裝！！如果你想要安裝上述的軟體，可以使用 yum install atlas fftw .. 一個一個寫進去安裝～如果想要讓 groupinstall 預設安裝好所有的 optional 軟體呢？那就得要修改設定檔！更改選 groupinstall 選擇的軟體項目即可！如下所示：

```
[root@study ~]# vim /etc/yum.conf
.....(前面省略).....
distroverpkg=centos-release      # 找到這一行，底下新增一行！
group_package_types=default, mandatory, optional
.....(底下省略).....
[root@study ~]# yum groupinstall "Scientific Support"
```

你就會發現系統開始進行了一大堆軟體的安裝！那就是啦！這個 group 功能真是非常的方便呢！這個功能請一定要記下來，對你未來安裝軟體是非常有幫助的喔！ ^_^

## 22.3.4　EPEL/ELRepo 外掛軟體以及自訂設定檔

鳥哥因為工作的關係，在 Linux 上面經常需要安裝第三方協力軟體，這包括 NetCDF 以及 MPICH 等等的軟體。現在由於平行處理的函式庫需求大增，所以 MPICH 已經納入預設的 CentOS 7 軟體庫中。但是 NetCDF 這個軟體就沒有包含在裡頭了～同時，Linux 上面還有個很棒的統計軟體，這個軟體名稱為『 R 』！預設也是不在 CentOS 的軟體庫內～唉～那怎辦？要使用前一章介紹的 Tarball 去編譯與安裝嗎？這倒不需要～因為有很多我們好棒的網友提供預先編譯版本了！

在 Fedora 基金會裡面發展了一個外加軟體計畫 (Extra Packages for Enterprise Linux，EPEL)，這個計畫主要是針對 Red Hat Enterprise Linux 的版本來開發的，剛剛好 CentOS 也是針對 RHEL 的版本來處理的嘛！所以也就能夠支援該軟體庫的相關軟體相依環境了。這個計畫的主網站在底下網頁：

◆　https://fedoraproject.org/wiki/EPEL

而我們的 CentOS 7 主要可以使用的軟體倉庫網址為：

◆　https://dl.fedoraproject.org/pub/epel/7/x86_64/

除了上述的 Fedora 計畫所提供的額外軟體庫之外，其實社群裡面也有朋友針對 CentOS 與 EPEL 的不足而提供的許多軟體倉庫喔！底下鳥哥是列出當初鳥哥為了要處理 PCI passthrough 虛擬化而使用到的 ELRepo 這個軟體倉庫，若有其他的需求，你就得要自己搜尋了！這個 ELRepo 軟體倉庫與提供給 CentOS 7.x 的網址如下：

- http://elrepo.org/tiki/tiki-index.php

- http://elrepo.org/linux/elrepo/el7/x86_64

- http://elrepo.org/linux/kernel/el7/x86_64

這個 ELRepo 的軟體庫跟其他軟體庫比較不同的地方在於這個軟體庫提供的資料大多是與核心、核心模組與虛擬化相關軟體有關，例如 NVidia 的驅動程式也在裡面咧！尤其提供了最新的核心 (取名為 kernel-ml 的軟體名稱，其實就是最新的 Linux 核心啊！)，如果你的系統像鳥哥的某些發展伺服器一樣，那就有可能會使用到這個軟體庫喔！

好了！根據上面的說明，來玩一玩底下這個模擬案例看看：

**例題**

我的系統上面想要透過上述的 CentOS 7 的 EPEL 計畫來安裝 netcdf 以及 R 這兩套軟體，該如何處理？

**答：**

- 首先，你的系統應該要針對 epel 進行 yum 的設定檔處理，處理方式如下：

```
[root@study ~]# vim /etc/yum.repos.d/epel.repo
[epel]
name = epel packages
baseurl = https://dl.fedoraproject.org/pub/epel/7/x86_64/
gpgcheck = 0
enabled = 0
```

鳥哥故意不要啟動這個軟體倉庫，只是未來有需要的時候才進行安裝，預設不要去找這個軟體庫！

- 接下來使用這個軟體庫來進行安裝 netcdf 與 R 的行為喔！

```
[root@study ~]# yum --enablerepo=epel install netcdf R
```

這樣就可以安裝起來了！未來你沒有加上 --enablerepo=epel 時，這個 EPEL 的軟體並不會更新喔！

- **使用本機的原版光碟**

萬一你的主機並沒有網路，但是你卻有很多軟體安裝的需求～假設你的系統也都還沒有任何升級的動作過，這個時候我能不能用本機的光碟來作為主要的軟體來源呢？答案當然是可以啊！那要怎麼做呢？很簡單，將你的光碟掛載到某個目錄，我們這裡還是繼續假設在 /mnt 好了，然後設定如下的 yum 設定檔：

```
[root@study ~]# vim /etc/yum.repos.d/cdrom.repo
[mycdrom]
name = mycdrom
baseurl = file:///mnt
gpgcheck = 0
enabled = 0

[root@study ~]# yum --enablerepo=mycdrom install software_name
```

這個設定功能在你沒有網路但是卻需要解決很多軟體相依性的狀況時，相當好用啊！

## 22.3.5　全系統自動升級

我們可以手動選擇是否需要升級，那能不能讓系統自動升級，讓我們的系統隨時保持在最新的狀態呢？當然可以啊！透過『 yum -y update 』來自動升級，那個 -y 很重要，因為可以自動回答 yes 來開始下載與安裝！然後再透過 crontab 的功能來處理即可！假設我每天在台灣時間 3:00am 網路頻寬比較輕鬆的時候進行升級，你可以這樣做的：

```
[root@study ~]# echo '10 1 * * * root /usr/bin/yum -y --enablerepo=epel update' >
/etc/cron.d/yumupdate
[root@study ~]# vim /etc/crontab
```

從此你的系統就會自動升級啦！很棒吧！此外，你還是得要分析登錄檔與收集 root 的信件的，因為如果升級的是核心軟體 (kernel)，那麼你還是得要重新開機才會讓安裝的軟體順利運作的！所以還是得分析登錄檔，若有新核心安裝，就重新開機，否則就讓系統自動維持在最新較安全的環境吧！真是輕鬆愉快的管理啊！

## 22.3.6　管理的抉擇：RPM 還是 Tarball

這一直是個有趣的問題：『**如果我要升級的話，或者是全新安裝一個新的軟體，那麼該選擇 RPM 還是 Tarball 來安裝呢？**』，事實上考慮的因素很多，不過鳥哥通常是這樣建議的：

1. **優先選擇原廠的 RPM 功能**

   由於原廠釋出的軟體通常具有一段時間的維護期，舉例來說，RHEL 與 CentOS 每一個版本至少提供五年以上的更新期限。這對於我們的系統安全性來說，實在是非常好的選項！何解？既然 yum 可以自動升級，加上原廠會持續維護軟體更新，那麼我們的系統就能夠自己保持在軟體最新的狀態，對於資安來說當然會比較好一些的！此外，由於 RPM 與 yum 具有容易安裝/移除/升級等特點，且還提供查詢與驗證的功能，安裝時更有數位簽章的保護，讓你的軟體管理變的更輕鬆自在！因此，當然首選就是利用 RPM 來處理啦！

2. **選擇軟體官網釋出的 RPM 或者是提供的軟體庫網址**

   不過，原廠並不會包山包海，因此某些特殊軟體你的原版廠商並不會提供的！舉例來說 CentOS 就沒有提供 NTFS 的相關模組。此時你可以自行到官網去查閱，看看有沒有提供相對到你的系統的 RPM 檔案，如果有提供軟體庫網址，那就更好啦！可以修改 yum 設定檔來加入該軟體庫，就能夠自動安裝與升級該軟體！你說方不方便啊！

3. **利用 Tarball 安裝特殊軟體**

   某些特殊用途的軟體並不會特別幫你製作 RPM 檔案的，此時建議你也不要妄想自行製作 SRPM 來轉成 RPM 啦！因為你只有區區一部主機而已，若是你要管理相同的 100 部主機，那麼將原始碼轉製作成 RPM 就有價值！單機版的特殊軟體，例如學術網路常會用到的 MPICH/PVM 等平行運算函式庫，這種軟體建議使用 tarball 來安裝即可，不需要特別去搜尋 RPM 囉！

4. **用 Tarball 測試新版軟體**

   些時刻你可能需要使用到新版的某個軟體，但是原版廠商僅提供舊版軟體，舉例來說，我們的 CentOS 主要是定位於企業版，因此很多軟體的要求是『穩』而不是『新』，但你就是需要新軟體啊！然後又擔心新軟體裝好後產生問題，回不到舊軟體，那就慘了！此時你可以用 tarball 安裝新軟體到 /usr/local 底下，那麼該軟體就能夠同時安裝兩個版本在系統上面了！而且大多數軟體安裝數種版本時還不會互相干擾的！嘿嘿！用來作為測試新軟體是很不錯的呦！只是你就得要知道你使用的指令是新版軟體還是舊版軟體了！

   所以說，RPM 與 Tarball 各有其優缺點，不過，如果有 RPM 的話，那麼優先權還是在於 RPM 安裝上面，畢竟管理上比較便利，但是如果軟體的架構差異性太大，或者是無法解決相依屬性的問題，那麼與其花大把的時間與精力在解決屬性相依的問題上，還不如直接以 tarball 來安裝，輕鬆又愜意！

## 22.3.7 基礎服務管理：以 Apache 為例

我們在 17 章談到 systemd 的服務管理，那個時候僅使用 vsftpd 這個比較簡單的服務來做個說明，那是因為還沒有談到 yum 這個東東的緣故。現在，我們已經處理好了網路問題 (20 章的內容)，這個 yum 也能夠順利的使用！那麼有沒有其他的服務可以拿來做個測試呢？有的，我們就拿網站伺服器來說明吧！

一般來說，WWW 網站伺服器需要的有 WWW 伺服器軟體 + 網頁程式語言 + 資料庫系統 + 程式語言與資料庫的連結軟體等等，在 CentOS 上面，我們需要的軟體就有『 httpd + php + mariadb-server + php-mysql 』這些軟體。不過我們預設僅要啟用 httpd 而已，因此等一下雖然上面的軟體都要安裝，不過僅有 httpd 預設要啟動而已喔！

　　另外，在預設的情況下，你無須修改服務的設定檔，都透過系統預設值來處理你的服務即可！那麼有個江湖口訣你可以將它背下來～讓你在處理服務的時候就不會掉漆了～

1. 安裝：yum install (你的軟體)

2. 啟動：systemctl start (你的軟體)

3. 開機啟動：systemctl enable (你的軟體)

4. 防火牆：firewall-cmd --add-service="(你的服務)"; firewall-cmd --permanent --add-service="(你的服務)"

5. 測試：用軟體去查閱你的服務正常與否～

　　底下就讓我們一步一步來實驗吧！

```
# 0. 先檢查一下有哪些軟體沒有安裝或已安裝～這個不太需要進行～單純是鳥哥比較龜毛要先查看看
[root@study ~]# rpm -q httpd php mariadb-server php-mysql
httpd-2.4.6-31.el7.centos.1.x86_64          # 只有這個安裝好了，底下三個都沒裝！
package php is not installed
package mariadb-server is not installed
package php-mysql is not installed


# 1. 安裝所需要的軟體！
[root@study ~]# yum install httpd php mariadb-server php-mysql
# 當然，大前提是你的網路沒問題！這樣就可以直接線上安裝或升級！


# 2. 3. 啟動與開機啟動，這兩個步驟要記得一定得進行！
[root@study ~]# systemctl daemon-reload
[root@study ~]# systemctl start httpd
[root@study ~]# systemctl enable httpd
[root@study ~]# systemctl status httpd
httpd.service - The Apache HTTP Server
   Loaded：loaded (/usr/lib/systemd/system/httpd.service; enabled)
   Active：active (running) since Wed 2015-09-09 16:52:04 CST; 9s ago
 Main PID：8837 (httpd)
   Status："Total requests：0; Current requests/sec：0; Current traffic： 0 B/sec"
   CGroup：/system.slice/httpd.service
          └─8837 /usr/sbin/httpd -DFOREGROUND

# 4. 防火牆
[root@study ~]# firewall-cmd --add-service="http"
[root@study ~]# firewall-cmd --permanent  --add-service="http"
[root@study ~]# firewall-cmd --list-all
public (default, active)
```

```
interfaces：eth0
sources：
services：dhcpv6-client ftp http https ssh      # 這個是否有啟動才是重點！
ports：222/tcp 555/tcp
masquerade：no
forward-ports：
icmp-blocks：
rich rules：
       rule family="ipv4" source address="192.168.1.0/24" accept
```

在最後的測試中，進入圖形介面，打開你的瀏覽器，在網址列輸入『 http://localhost 』就會出現如下的畫面！那就代表成功了！你的 Linux 已經是 Web server 囉！就是這麼簡單！

圖 22.3.1　服務建立的第五步驟，測試一下有沒有成功！

## 22.4　SRPM 的使用：rpmbuild (Optional)

談完了 RPM 類型的軟體之後，再來我們談一談包含了 Source code 的 SRPM 該如何使用呢？假如今天我們由網路上面下載了一個 SRPM 的檔案，該如何安裝它？又，如果我想要修改這個 SRPM 裡面原始碼的相關設定值，又該如何訂正與重新編譯呢？此外，最需要注意的是，**新版的 rpm 已經將 RPM 與 SRPM 的指令分開了，SRPM 使用的是 rpmbuild 這個指令，而不是 rpm 喔！**

## 22.4.1 利用預設值安裝 SRPM 檔案 (--rebuid/--recompile)

假設我下載了一個 SRPM 的檔案，又不想要修訂這個檔案內的原始碼與相關的設定值，那麼我可以直接編譯並安裝嗎？當然可以！利用 rpmbuild 配合選項即可。選項主要有底下兩個：

| | |
|---|---|
| --rebuild | 這個選項會將後面的 SRPM 進行『編譯』與『打包』的動作，最後會產生 RPM 的檔案，但是產生的 RPM 檔案並沒有安裝到系統上。當你使用 --rebuild 的時候，最後通常會發現一行字體：<br><br>Wrote：/root/rpmbuild/RPMS/x86_64/pkgname.x86_64.rpm<br><br>這個就是編譯完成的 RPM 檔案囉！這個檔案就可以用來安裝啦！安裝的時候請加絕對路徑來安裝即可！ |
| --recompile | 這個動作會直接的『編譯』『打包』並且『安裝』囉！請注意，rebuild 僅『編譯並打包』而已，而 recompile 不但進行編譯跟打包，還同時進行『安裝』了！ |

不過，要注意的是，這兩個選項都沒有修改過 SRPM 內的設定值，僅是透過再次編譯來產生 RPM 可安裝軟體檔案而已。一般來說，如果編譯的動作順利的話，那麼編譯過程所產生的中間暫存檔都會被自動刪除，如果發生任何錯誤，則該中間檔案會被保留在系統上，等待使用者的除錯動作！

> **例題**

請由 http://vault.centos.org/ 下載正確的 CentOS 版本中，在 updates 軟體庫當中的 ntp 軟體 SRPM，請下載最新的那個版本即可，然後進行編譯的行為。

**答：**目前 (2015/09) 最新的版本為：ntp-4.2.6p5-19.el7.centos.1.src.rpm 這一個，所以我是這樣做的：

◆ 先下載軟體：

wget http://vault.centos.org/7.1.1503/updates/Source/SPackages/ntp-4.2.6p5-19.el7.centos.1.src.rpm

◆ 再嘗試直接編譯看看：

rpmbuild --rebuild ntp-4.2.6p5-19.el7.centos.1.src.rpm

◆ 上面的動作會告訴我還有一堆相依軟體沒有安裝～所以我得要安裝起來才行：

yum install libcap-devel openssl-devel libedit-devel pps-tools-devel autogen autogen-libopts-devel

◆ 再次嘗試編譯的行為：

rpmbuild --rebuild ntp-4.2.6p5-19.el7.centos.1.src.rpm

◆ 最終的軟體就會被放置到：

/root/rpmbuild/RPMS/x86_64/ntp-4.2.6p5-19.el7.centos.1.x86_64.rpm

上面的測試案例是將一個 SRPM 檔案抓下來之後，依據你的系統重新進行編譯。一般來說，因為該編譯可能會依據你的系統硬體而最佳化，所以可能效能會好一些些，但是...人類根本感受不到那種效能優化的效果～所以並不建議你這麼做。此外，這種情況也很能發生在你從不同的 Linux distribution 所下載的 SRPM 拿來想要安裝在你的系統上，這樣做才算是有點意義。

一般來說，如果你有需要用到 SRPM 的檔案，大部分的原因就是...你需要重新修改裡面的某些設定，讓軟體加入某些特殊功能等等的。所以囉，此時就得要將 SRPM 拆開，編輯一下編譯設定檔，然後再予以重新編譯啦！下個小節我們來玩玩修改設定的方式！

## 22.4.2 SRPM 使用的路徑與需要的軟體

SRPM 既然含有 source code，那麼其中必定有設定檔囉，所以首先我們必須要知道，這個 SRPM 在進行編譯的時候會使用到哪些目錄呢？這樣一來才能夠來修改嘛！不過從 CentOS 6.x 開始 (當然包含我們的 CentOS 7.x 囉)，因為每個用戶應該都有能力自己安裝自己的軟體，因此 SRPM 安裝、設定、編譯、最終結果所使用的目錄都與操作者的家目錄有關～鳥哥假設你用 root 的身份來進行 SRPM 的操作，那麼你應該就會使用到下列的目錄喔：

| | |
|---|---|
| /root/rpmbuild/SPECS | 這個目錄當中放置的是該軟體的設定檔，例如這個軟體的資訊參數、設定項目等等都放置在這裡； |
| /root/rpmbuild/SOURCES | 這個目錄當中放置的是該軟體的原始檔 (*.tar.gz 的檔案) 以及 config 這個設定檔； |
| /root/rpmbuild/BUILD | 在編譯的過程中，有些暫存的資料都會放置在這個目錄當中； |
| /root/rpmbuild/RPMS | 經過編譯之後，並且順利的編譯成功之後，將打包完成的檔案放置在這個目錄當中。裡頭有包含了 x86_64，noarch.... 等等的次目錄。 |
| /root/rpmbuild/SRPMS | 與 RPMS 內相似的，這裡放置的就是 SRPM 封裝的檔案囉！有時候你想要將你的軟體用 SRPM 的方式釋出時，你的 SRPM 檔案就會放置在這個目錄中了。 |

早期要使用 SRPM 時，必須是 root 的身份才能夠使用編譯行為，同時原始碼都會被放置到 /usr/src/redhat/ 目錄內喔！跟目前放置到 /~username/rpmbuild/ 的情況不太一樣！

此外，在編譯的過程當中，可能會發生不明的錯誤，或者是設定的錯誤，這個時候就會在 /tmp 底下產生一個相對應的錯誤檔，你可以根據該錯誤檔進行除錯的工作呢！等到所有的問題都解決之後，也編譯成功了，那麼剛剛解壓縮之後的檔案，就是在 /root/rpmbild/{SPECS，SOURCES，BUILD} 等等的檔案都會被殺掉，而只剩下放置在 /root/rpmbuild/RPMS 底下的檔案了！

由於 SRPM 需要重新編譯，而編譯的過程當中，我們**至少需要有 make 與其相關的程式，及 gcc，c，c++ 等其他的編譯用的程式語言來進行編譯**，更多說明請參考第二十一章原始碼所需基礎軟體吧。所以，如果你在安裝的過程當中沒有選取軟體開發工具之類的軟體，這時就得要使用上一小節介紹的 yum 來安裝就是了！當然，那個 "Development Tools" 的軟體群組請不要忘記安裝了！

## 例題

嘗試將上個練習下載的 ntp 的 SRPM 軟體直接安裝到系統中 (不要編譯)，然後查閱一下所有用到的目錄為何？

答：

```
# 1. 鳥哥這裡假設你用 root 的身份來進行安裝的行為喔！
[root@study ~]# rpm -ivh ntp-4.2.6p5-19.el7.centos.1.src.rpm
Updating / installing...
   1:ntp-4.2.6p5-19.el7.centos.1        ############################### [100%]
warning：user mockbuild does not exist - using root
warning：group mockbuild does not exist - using root
# 會有一堆 warning 的問題，那個不要理它！可以忽略沒問題的！

# 2. 查閱一下 /root/rpmbuild 目錄的內容！
[root@study ~]# ll -l /root/rpmbuild
drwxr-xr-x. 3 root root   39 Sep  8 16:16 BUILD
drwxr-xr-x. 2 root root    6 Sep  8 16:16 BUILDROOT
drwxr-xr-x. 4 root root   32 Sep  8 16:16 RPMS
drwxr-xr-x. 2 root root 4096 Sep  9 09:43 SOURCES
drwxr-xr-x. 2 root root   39 Sep  9 09:43 SPECS        # 這個傢伙最重要！
drwxr-xr-x. 2 root root    6 Sep  8 14:51 SRPMS

[root@study ~]# ll -l /root/rpmbuild/{SOURCES,SPECS}
```

```
/root/rpmbuild/SOURCES:
-rw-rw-r--. 1 root root      559 Jun 24 07:44 ntp-4.2.4p7-getprecision.patch
-rw-rw-r--. 1 root root      661 Jun 24 07:44 ntp-4.2.6p1-cmsgalign.patch
.....(中間省略).....
/root/rpmbuild/SPECS:
-rw-rw-r--. 1 root root    41422 Jun 24 07:44 ntp.spec    # 這就是重點！
```

## 22.4.3 設定檔的主要內容 (*.spec)

　　如前一個小節的練習，我們知道在 /root/rpmbuild/SOURCES 裡面會放置原始檔 (tarball) 以及相關的修補檔 (patch file)，而我們也知道編譯需要的步驟大抵就是 ./configure，make，make check，make install 等，那這些動作寫入在哪裡呢？就在 SPECS 目錄中啦！讓我們來瞧一瞧 SPECS 裡面的檔案說些什麼吧！

```
[root@study ~]# cd /root/rpmbuild/SPECS
[root@study SPECS]# vim ntp.spec
# 1. 首先，這個部分在介紹整個軟體的基本相關資訊！不論是版本還是釋出次數等。
Summary：The NTP daemon and utilities       # 簡易的說明這個軟體的功能
Name：ntp                                    # 軟體的名稱
Version：4.2.6p5                             # 軟體的版本
Release：19%{?dist}.1                        # 軟體的釋出版次
# primary license (COPYRIGHT)：MIT           # 底下有很多 # 的註解說明！
.....(中間省略).....
License：(MIT and BSD and BSD with advertising) and GPLv2
Group：System Environment/Daemons
Source0：http://www.eecis.udel.edu/~ntp/ntp_spool/ntp4/ntp-4.2/ntp-%{version}.tar.gz
Source1：ntp.conf                            # 寫 SourceN 的就是原始碼！
Source2：ntp.keys                            # 原始碼可以有很多個！
.....(中間省略).....
Patch1：ntp-4.2.6p1-sleep.patch             # 接下來則是補丁檔案，就是 PatchN 的目的！
Patch2：ntp-4.2.6p4-droproot.patch
.....(中間省略).....

# 2. 這部分則是在設定相依屬性需求的地方！
URL：http://www.ntp.org                      # 底下則是說明這個軟體的相依性，
Requires(post)：systemd-units               # 還有編譯過程需要的軟體有哪些等等！
Requires(preun)：systemd-units
Requires(postun)：systemd-units
Requires：ntpdate = %{version}-%{release}
BuildRequires：libcap-devel openssl-devel libedit-devel perl-HTML-Parser
```

```
BuildRequires：pps-tools-devel autogen autogen-libopts-devel systemd-units
.....(中間省略).....
%package -n ntpdate                           # 其實這個軟體包含有很多次軟體喔！
Summary：Utility to set the date and time via NTP
Group：Applications/System
Requires(pre)：shadow-utils
Requires(post)：systemd-units
Requires(preun)：systemd-units
Requires(postun)：systemd-units
.....(中間省略).....


# 3. 編譯前的預處理，以及編譯過程當中所需要進行的指令，都寫在這裡
#     尤其 %build 底下的資料，幾乎就是 makefile 裡面的資訊啊！
%prep                                         # 這部分大多在處理補丁的動作！
%setup -q -a 5
%patch1 -p1 -b .sleep                         # 這些 patch 當然與前面的 PatchN 有關！
%patch2 -p1 -b .droproot
.....(中間省略).....
%build                                        # 其實就是 ./configure，make 等動作！
sed -i 's|$CFLAGS -Wstrict-overflow|$CFLAGS|' configure sntp/configure
export CFLAGS="$RPM_OPT_FLAGS -fPIE -fno-strict-aliasing -fno-strict-overflow"
export LDFLAGS="-pie -Wl,-z,relro,-z,now"
%configure \                                  # 不就是 ./configure 的意思嗎！
        --sysconfdir=%{_sysconfdir}/ntp/crypto \
        --with-openssl-libdir=%{_libdir} \
        --without-ntpsnmpd \
        --enable-all-clocks --enable-parse-clocks \
        --enable-ntp-signd=%{_localstatedir}/run/ntp_signd \
        --disable-local-libopts
echo '#define KEYFILE "%{_sysconfdir}/ntp/keys"' >> ntpdate/ntpdate.h
echo '#define NTP_VAR "%{_localstatedir}/log/ntpstats/"' >> config.h
make %{?_smp_mflags}                          # 不就是 make 了嗎！
.....(中間省略).....

%install                                      # 就是安裝過程所進行的各項動作了！
make DESTDIR=$RPM_BUILD_ROOT bindir=%{_sbindir} install
mkdir -p $RPM_BUILD_ROOT%{_mandir}/man{5,8}
sed -i 's/sntp\.1/sntp\.8/' $RPM_BUILD_ROOT%{_mandir}/man1/sntp.1
mv $RPM_BUILD_ROOT%{_mandir}/man{1/sntp.1,8/sntp.8}
rm -rf $RPM_BUILD_ROOT%{_mandir}/man1
.....(中間省略).....
```

```
# 4. 這裡列出，這個軟體釋出的檔案有哪些的意思！
%files                                        # 這軟體所屬的檔案有哪些的意思！
%dir %{ntpdocdir}
%{ntpdocdir}/COPYRIGHT
%{ntpdocdir}/ChangeLog
.....(中間省略).....

# 5. 列出這個軟體的更改歷史紀錄檔！
%changelog
* Tue Jun 23 2015 CentOS Sources <bugs@centos.org> - 4.2.6p5-19.el7.centos.1
- rebrand vendorzone
* Thu Apr 23 2015 Miroslav Lichvar <mlichvar@redhat.com> 4.2.6p5-19.el7_1.1
- don't step clock for leap second with -x option (#1191122)
.....(後面省略).....
```

要注意到的是 ntp.sepc 這個檔案，這是主要的將 SRPM 編譯成 RPM 的設定檔，它的基本規則可以這樣看：

1. **整個檔案的開頭以 Summary 為開始，這部分的設定都是最基礎的說明內容。**

2. **然後每個不同的段落之間，都以 % 來做為開頭，例如 %prep 與 %install 等。**

   我們來談一談幾個常見的 SRPM 設定段落：

◆ **系統整體資訊方面**

   剛剛你看到的就有底下這些重要的東東囉：

| 參數 | 參數意義 |
|---|---|
| Summary | 本軟體的主要說明，例如上表中說明了本軟體是針對 NTP 的軟體功能與工具等啦！ |
| Name | 本軟體的軟體名稱 (最終會是 RPM 檔案的檔名構成之一) |
| Version | 本軟體的版本 (也會是 RPM 檔名的構成之一) |
| Release | 這個是該版本打包的次數說明 (也會是 RPM 檔名的構成之一)。由於我們想要動點手腳，所以請將『 19%{?dist}.1 』**修改為『 20.vbird 』** 看看 |
| License | 這個軟體的授權模式，看起來涵蓋了所有知名的 Open source 授權啊！！ |
| Group | 這個軟體在安裝的時候，主要是放置於哪一個軟體群組當中 (yum grouplist 的特點！)； |

| 參數 | 參數意義 |
| --- | --- |
| URL | 這個原始碼的主要官方網站； |
| SourceN | 這個軟體的來源，如果是網路上下載的軟體，通常一定會有這個資訊來告訴大家這個原始檔的來源！此外，如果有多個軟體來源，就會以 Source0，Source1... 來處理原始碼喔！ |
| PatchN | 就是作為補丁的 patch file 囉！也是可以有好多個！ |
| BuildRoot | 設定作為編譯時，該使用哪個目錄來暫存中間檔案 (如編譯過程的目標檔案/連結檔案等檔)。 |
| 上述為必須要存在的項目，底下為可使用的額外設定值 | |
| Requires | 如果你這個軟體還需要其他的軟體的支援，那麼這裡就必須寫上來，則當你製作成 RPM 之後，系統就會自動的去檢查啦！這就是『相依屬性』的主要來源囉！ |
| BuildRequires | 編譯過程中所需要的軟體。Requires 指的是『安裝時需要檢查』的，因為與實際運作有關，這個 BuildRequires 指的是『編譯時』所需要的軟體，只有在 SRPM 編譯成為 RPM 時才會檢查的項目。 |

上面幾個資料通常都必須要寫啦！但是如果你的軟體沒有相依屬性的關係時，那麼就可以不需要那個 Requires 囉！根據上面的設定，最終的檔名就會是『{Name}-{Version}-{Release}.{Arch}.rpm』的樣式，以我們上面的設定來說，檔名應該會是『ntp-4.2.6p5-20.vbird.x86_64.rpm』的樣子囉！

◆ %description

將你的軟體做一個簡短的說明！這個也是必要的。還記得使用『 rpm -qi 軟體名稱 』會出現一些基礎的說明嗎？上面這些東西包括 Description 就是在顯示這些重要資訊的啦！所以，這裡記得要詳加解釋喔！

◆ %prep

pre 這個關鍵字原本就有『在...之前』的意思，因此這個項目在這裡指的就是『**尚未進行設定或安裝之前，你要編譯完成的 RPM 幫你事先做的事情**』，就是 prepare 的簡寫囉！那麼它的工作事項主要有：

1. **進行軟體的補丁 (patch) 等相關工作。**
2. **尋找軟體所需要的目錄是否已經存在？確認用的！**
3. **事先建立你的軟體所需要的目錄，或者事先需要進行的任務。**
4. **如果待安裝的 Linux 系統內已經有安裝的時候可能會被覆蓋掉的檔案時，那麼就必須要進行備份(backup)的工作了！**

在本案例中，你會發現程式會使用 patch 去進行補丁的動作啦！所以程式的原始碼才會更新到最新啊！

◆ %build

build 就是建立啊！所以當然囉，這個段落就是在談怎麼 make 編譯成為可執行的程式囉！你會發現在此部分的程式碼方面，就是 ./configure，make 等項目哩！一般來說，如果你會使用 SRPM 來進行重新編譯的行為，**通常就是要重新 ./configure 並給予新的參數設定！於是這部分就可能會修改到！**

◆ %install

編譯完成 (build) 之後，就是要安裝啦！安裝就是寫在這裡，也就是類似 Tarball 裡面的 make install 的意思囉！

◆ %files

這個軟體安裝的檔案都需要寫到這裡來，當然包括了『目錄』喔！所以連同目錄請一起寫到這個段落當中！以備查驗呢！^_^ ！此外，你也可以指定每個檔案的類型，包括文件檔 (%doc 後面接的) 與設定檔 (%config 後面接的) 等等。

◆ %changelog

這個項目主要則是在記錄這個軟體曾經的更新紀錄囉！星號 (*) 後面應該要以時間，修改者，email 與軟體版本來作為說明，減號 (-) 後面則是你要作的詳細說明囉！在這部分鳥哥就新增了兩行，內容如下：

```
%changelog
* Wed Sep 09 2015 VBird Tsai <vbird@mail.vbird.idv.tw>- 4.2.6p5-20.vbird
- only rbuild this SRPM to RPM

* Tue Jun 23 2015 CentOS Sources <bugs@centos.org> - 4.2.6p5-19.el7.centos.1
- rebrand vendorzone
....(底下省略)....
```

修改到這裡也差不多了，你也應該要瞭解到這個 ntp.spec 有多麼重要！我們用 rpm -q 去查詢一堆資訊時，其實都是在這裡寫入的！這樣瞭解否？接下來，就讓我們來瞭解一下如何將 SRPM 給它編譯出 RPM 來吧！

## 22.4.4 SRPM 的編譯指令 (-ba/-bb)

要將在 /root/rpmbuild 底下的資料編譯或者是單純的打包成為 RPM 或 SRPM 時，就需要 rpmbuild 指令與相關選項的幫忙了！我們只介紹兩個常用的選項給你瞭解一下：

```
[root@study ~]# rpmbuild -ba ntp.spec   <==編譯並同時產生 RPM 與 SRPM 檔案
[root@study ~]# rpmbuild -bb ntp.spec   <==僅編譯成 RPM 檔案
```

這個時候系統就會這樣做：

1. 先進入到 BUILD 這個目錄中，亦即是：/root/rpmbuild/BUILD 這個目錄。

2. 依照 *.spec 檔案內的 Name 與 Version 定義出工作的目錄名稱，以我們上面的例子為例，那麼系統就會在 BUILD 目錄中先刪除 ntp-4.2.6p5 的目錄，再重新建立一個 ntp-4.2.6p5 的目錄，並進入該目錄。

3. 在新建的目錄裡面，針對 SOURCES 目錄下的來源檔案，也就是 *.spec 裡面的 Source 設定的那個檔案，以 tar 進行解壓縮，以我們這個例子來說，則會在 /root/rpmbuild/BUILD/ntp-4.2.6p5 當中，將 /root/rpmbuild/SOURCES/ntp-* 等等多個原始碼檔案進行解壓縮啦！

4. 再來開始 %build 及 %install 的設定與編譯！

5. 最後將完成打包的檔案給它放置到該放置的地方去，如果你的系統是 x86_64 的話，那麼最後編譯成功的 *.x86_64.rpm 檔案就會被放置在 /root/rpmbuild/RPMS/x86_64 裡面囉！如果是 noarch 那麼自然就是 /root/rpmbuild/RPMS/noarch 目錄下囉！

整個步驟大概就是這樣子！最後的結果資料會放置在 RPMS 那個目錄底下就對啦！我們這個案例中想要同時打包 RPM 與 SRPM，因此請你自行處理一下『 rpmbuild -ba ntp.spec 』吧！

```
[root@study ~]# cd /root/rpmbuild/SPECS
[root@study SPECS]# rpmbuild -ba ntp.spec
.....(前面省略).....
Wrote：/root/rpmbuild/SRPMS/ntp-4.2.6p5-20.vbird.src.rpm
Wrote：/root/rpmbuild/RPMS/x86_64/ntp-4.2.6p5-20.vbird.x86_64.rpm
Wrote：/root/rpmbuild/RPMS/noarch/ntp-perl-4.2.6p5-20.vbird.noarch.rpm
Wrote：/root/rpmbuild/RPMS/x86_64/ntpdate-4.2.6p5-20.vbird.x86_64.rpm
Wrote：/root/rpmbuild/RPMS/x86_64/sntp-4.2.6p5-20.vbird.x86_64.rpm
Wrote：/root/rpmbuild/RPMS/noarch/ntp-doc-4.2.6p5-20.vbird.noarch.rpm
Wrote：/root/rpmbuild/RPMS/x86_64/ntp-debuginfo-4.2.6p5-20.vbird.x86_64.rpm
Executing(%clean)：/bin/sh -e /var/tmp/rpm-tmp.xZh6yz
+ umask 022
+ cd /root/rpmbuild/BUILD
+ cd ntp-4.2.6p5
+ /usr/bin/rm -rf /root/rpmbuild/BUILDROOT/ntp-4.2.6p5-20.vbird.x86_64
+ exit 0
```

```
[root@study SPECS]# find /root/rpmbuild -name 'ntp*rpm'
/root/rpmbuild/RPMS/x86_64/ntp-4.2.6p5-20.vbird.x86_64.rpm
/root/rpmbuild/RPMS/x86_64/ntpdate-4.2.6p5-20.vbird.x86_64.rpm
/root/rpmbuild/RPMS/x86_64/ntp-debuginfo-4.2.6p5-20.vbird.x86_64.rpm
/root/rpmbuild/RPMS/noarch/ntp-perl-4.2.6p5-20.vbird.noarch.rpm
/root/rpmbuild/RPMS/noarch/ntp-doc-4.2.6p5-20.vbird.noarch.rpm
/root/rpmbuild/SRPMS/ntp-4.2.6p5-20.vbird.src.rpm
# 上面分別是 RPM 與 SRPM 的檔案檔名!
```

你瞧!嘿嘿～有 vbird 的軟體出現了!相當有趣吧!另外,有些文件軟體是與硬體等級無關的 (因為單純的文件啊!),所以如上表所示,你會發現 ntp-doc-4.2.6p5-20.vbird.noarch.rpm 是 noarch 喔!有趣吧!

## 22.4.5 一個打包自己軟體的範例

這個就有趣了!我們自己來編輯一下自己製作的 RPM 怎麼樣?會很難嗎?完全不會!我們這裡就舉個例子來玩玩吧!還記得我們在前一章談到 Tarball 與 make 時,曾經談到的 main 這個程式嗎?現在我們將這個程式加上 Makefile 後,將它製作成為 main-0.1-1.x86_64.rpm 好嗎?那該如何進行呢?底下就讓我們來處理處理吧!

◆ **製作原始碼檔案 tarball 產生**

因為鳥哥的網站並沒有直接釋出 main-0.2,所以假設官網提供的是 main-0.1 版本之外,同時提供了一個 patch 檔案～那我們就得要這樣做:

- main-0.1.tar.gz 放在 /root/rpmbuild/SOURCES/

- main_0.1_to_0.2_patch 放在 /root/rpmbuild/SOURCES/

- main.spec 自行撰寫放在 /root/rpmbuild/SPECS/

```
# 1. 先來處理原始碼的部分,假設你的 /root/rpmbuild/SOURCES 已經存在了喔!
[root@study ~]# cd /root/rpmbuild/SOURCES
[root@study SOURCES]# wget http://linux.vbird.org/linux_basic/0520source/
main-0.1.tgz
[root@study SOURCES]# wget http://linux.vbird.org/linux_basic/0520source/
main_0.1_to_0.2.patch
[root@study SOURCES]# ll main*
-rw-r--r--. 1 root root  703 Sep  4 14:47 main-0.1.tgz
-rw-r--r--. 1 root root 1538 Sep  4 14:51 main_0.1_to_0.2.patch
```

接下來就是 spec 檔案的建立囉！

◆ **建立 \*.spec 的設定檔**

這個檔案的建置是所有 RPM 製作裡面最重要的課題！你必須要仔細的設定它，不要隨便處理！仔細看看吧！有趣的是，CentOS 7.x 會主動的將必要的設定參數列出來喔！相當有趣！^_^

```
[root@study ~]# cd /root/rpmbuild/SPECS
[root@study SPECS]# vim main.spec
Name：         main
Version：      0.1
Release：      1%{?dist}
Summary：      Shows sin and cos value.
Group：        Scientific Support
License：      GPLv2
URL：          http://linux.vbird.org/
Source0：      main-0.1.tgz                # 這兩個檔名要正確喔！
Patch0：       main_0.1_to_0.2.patch
%description
This package will let you input your name and calculate sin cos value.
%prep
%setup -q
%patch0 -p1                              # 要用來作為 patch 的動作！
%build
make clean main                         # 編譯就好！不要安裝！
%install
mkdir -p %{buildroot}/usr/local/bin
install -m 755 main %{buildroot}/usr/local/bin # 這才是順利的安裝行為！
%files
/usr/local/bin/main
%changelog
* Wed Sep 09 2015 VBird Tsai <vbird@mail.vbird.idv.tw> 0.2
-   build the program
```

◆ **編譯成為 RPM 與 SRPM**

老實說，那個 spec 檔案建置妥當後，後續的動作就簡單的要命了！開始來編譯吧！

```
[root@study SPECS]# rpmbuild -ba main.spec
.....(前面省略).....
Wrote：/root/rpmbuild/SRPMS/main-0.1-1.el7.centos.src.rpm
```

```
Wrote：/root/rpmbuild/RPMS/x86_64/main-0.1-1.el7.centos.x86_64.rpm
Wrote：/root/rpmbuild/RPMS/x86_64/main-debuginfo-0.1-1.el7.centos.x86_64.rpm
```

很快的，我們就已經建立了幾個 RPM 檔案囉！接下來讓我們好好測試一下打包起來的成果吧！

◆ **安裝/測試/實際查詢**

```
[root@study ~]# yum install /root/rpmbuild/RPMS/x86_64/main-0.1-1.el7.centos.
x86_64.rpm
[root@study ~]# rpm -ql main
/usr/local/bin/main    <==自己嘗試執行 main 看看！
[root@study ~]# rpm -qi main
Name         : main
Version      : 0.1
Release      : 1.el7.centos
Architecture : x86_64
Install Date : Wed 09 Sep 2015 04:29:08 PM CST
Group        : Scientific Support
Size         : 7200
License      : GPLv2
Signature    : (none)
Source RPM   : main-0.1-1.el7.centos.src.rpm
Build Date   : Wed 09 Sep 2015 04:27:29 PM CST
Build Host   : study.centos.vbird
Relocations  : (not relocatable)
URL          : http://linux.vbird.org/
Summary      : Shows sin and cos value.
Description  :
This package will let you input your name and calculate sin cos value.
# 看到沒？屬於你自己的軟體喔！真是很愉快的啦！
```

用很簡單的方式，就可以將自己的軟體或者程式給它修改與設定妥當！以後你就可以自行設定你的 RPM 囉！當然，也可以手動修改你的 SRPM 的來源檔內容囉！

## 22.5　重點回顧

◆ 為了避免使用者自行編譯的困擾，開發商自行在特定的硬體與作業系統平台上面預先編譯好軟體，並將軟體以特殊格式封包成檔案，提供終端用戶直接安裝到固定的作業系統上，並提供簡單的查詢/安裝/移除等流程。此稱為軟體管理員。常見的軟體管理員有 RPM 與 DPKG 兩大主流。

◆ RPM 的全名是 RedHat Package Manager，原本是由 Red Hat 公司所發展的，流傳甚廣。

◆ RPM 類型的軟體中，所含有的軟體是經過編譯後的 binary program ，所以可以直接安裝在使用者端的系統上，不過，也由於如此，所以 RPM 對於安裝者的環境要求相當嚴格。

◆ RPM 除了將軟體安裝至使用者的系統上之外，還會將該軟體的版本、名稱、檔案與目錄配置、系統需求等等均記錄於資料庫 (/var/lib/rpm) 當中，方便未來的查詢與升級、移除。

◆ RPM 可針對不同的硬體等級來加以編譯，製作出來的檔案可於副檔名 (i386，i586，i686，x86_64，noarch) 來分辨。

◆ RPM 最大的問題為軟體之間的相依性問題。

◆ SRPM 為 Source RPM ，內含的檔案為 Source code 而非為 binary file ，所以安裝 SRPM 時還需要經過 compile ，不過，SRPM 最大的優點就是可以讓使用者自行修改設定參數 (makefile/configure 的參數) ，以符合使用者自己的 Linux 環境。

◆ RPM 軟體的屬性相依問題，已經可以藉由 yum 或者是 APT 等方式加以克服。CentOS 使用的就是 yum 機制。

◆ yum 伺服器提供多個不同的軟體庫放置個別的軟體，以提供用戶端分別管理軟體類別。

## 22.6　本章習題

情境模擬題：

透過 EPEL 安裝 NTFS 檔案系統所需要的軟體。

◆ 目標：利用 EPEL 提供的軟體來搜尋是否有 NTFS 所需要的各項模組！

◆ 目標：你的 Linux 必須要已經接上 Internet 才行。

◆ 需求：最好瞭解磁碟容量是否夠用，以及如何啟動服務等。

其實這個任務非常簡單！因為我們在前面各小節的說明當中已經說明了如何設定 EPEL 的 yum 設定檔，此時你只要透過底下的方式來處理即可：

◆ 使用 yum --enablerepo=epel search ntfs 找出所需要的軟體名稱。

◆ 再使用 yum --enablerepo=epel install ntfs-3g ntfsprogs 來安裝即可！

## 簡答題部分：

◆ 如果你曾經修改過 yum 設定檔內的軟體庫設定 (/etc/yum.repos.d/*.repo)，導致下次使用 yum 進行安裝時老是發現錯誤，此時你該如何是好？

◆ 簡單說明 RPM 與 SRPM 的異同？

◆ 假設我想要安裝一個軟體，例如 pkgname.i386.rpm ，但卻老是發生無法安裝的問題，請問我可以加入哪些參數來強制安裝它？

◆ 承上題，你認為強制安裝之後，該軟體是否可以正常執行？為什麼？

◆ 有些人使用 CentOS 7.x 安裝在自己的 Atom CPU 上面，卻發現無法安裝，在查詢了該原版光碟的內容，發現裡面的檔案名稱為 ***.x86_64.rpm 。請問，無法安裝的可能原因為何？

◆ 請問我使用 rpm -Fvh *.rpm 及 rpm -Uvh *.rpm 來升級時，兩者有何不同？

◆ 假設有一個廠商推出軟體時，自行處理了數位簽章，你想要安裝他們的軟體所以需要使用數位簽章，假設數位簽章的檔名為 signe，那你該如何安裝？

◆ 承上，假設該軟體廠商提供了 yum 的安裝網址為：http://their.server.name/path/ ，那你該如何處理 yum 的設定檔？

## 22.7 參考資料與延伸閱讀

◆ 註 1：GNU Privacy Guard (GPG) 官方網站的介紹：http://www.gnupg.org/

◆ RPM 包裝檔案管理程式：http://www.study-area.org/tips/rpm.htm

◆ 中文 RPM HOW-TO：http://www.linux.org.tw/CLDP/RPM-HOWTO.html

◆ RPM 的使用：http://linux.tnc.edu.tw/techdoc/rpm-howto.htm

◆ 大家來作 RPM ：http://freebsd.ntu.edu.tw/bsd/4/3/2/29.html

◆ 一本 RPM 的原文書：http://linux.tnc.edu.tw/techdoc/maximum-rpm/rpmbook/

◆ 台灣網路危機處理小組：http://www.cert.org.tw/

# 23

# X Window 設定介紹

在 Linux 上頭的圖形介面我們稱之為 X Window System，簡稱為 X 或 X11 囉！為何稱之為系統呢？這是因為 X 視窗系統又分為 X server 與 X client，既然是 Server/Client (主從架構) 這就表示其實 X 視窗系統是可以跨網路且跨平台的！X 視窗系統對於 Linux 來說僅是一個軟體，只是這個軟體日趨重要喔！因為 Linux 是否能夠在桌上型電腦上面流行，與這個 X 視窗系統有關啦！好在，目前的 X 視窗系統整合到 Linux 已經非常優秀了，而且也能夠具有 3D 加速的功能，只是，我們還是得要瞭解一下 X 視窗系統才好，這樣如果出問題，我們才有辦法處理啊！

# 23.1 什麼是 X Window System？

Unix Like 作業系統不是只能進行伺服器的架設而已，在美編、排版、製圖、多媒體應用上也是有其需要的。這些需求都需要用到**圖形介面** (Graphical User Interface，GUI) 的操作的，所以後來才有所謂的 X Window System 這玩意兒。那麼為啥圖形視窗介面要稱為 X 呢？因為就英文字母來看 X 是在 W(indow) 後面，因此，人們就戲稱這一版的視窗介面為 X 囉 (有下一版的新視窗之意)！

事實上，X Window System 是個非常大的架構，它還用到網路功能呢！也就是說，其實 X 視窗系統是能夠跨網路與跨作業系統平台的！而鳥哥這個基礎篇是還沒有談到伺服器與網路主從式架構，因此 X 在這裡並不容易理解的。不過，沒關係！我們還是談談 X 怎麼來的，然後再來談談這 X 視窗系統的元件有哪些，慢慢來，應該還是能夠理解 X 的啦！

## 23.1.1 X Window 的發展簡史

X Window 系統最早是由 MIT (Massachusetts Institute of Technology，麻省理工學院) 在 1984 年發展出來的，當初 X 就是在 Unix 的 System V 這個作業系統版本上面開發出來的。在開發 X 時，開發者就希望這個視窗介面不要與硬體有強烈的相關性，這是因為如果與硬體的相關性高，那就等於是一個作業系統了，如此一來的應用性會比較侷限。因此 X 在當初就是以應用程式的概念來開發的，而非以作業系統來開發。

由於這個 X 希望能夠透過網路進行圖形介面的存取，因此發展出許多的 X 通訊協定，這些網路架構非常的有趣，所以吸引了很多廠商加入研發，因此 X 的功能一直持續在加強！一直到 1987 年更改 X 版本到 X11 ，這一版 X 取得了明顯的進步，後來的視窗介面改良都是架構於此一版本，因此後來 **X 視窗也被稱為 X11** 。這個版本持續在進步當中，到了 1994 年發佈了新版的 **X11R6** ，後來的架構都是沿用此一釋出版本，所以後來的版本定義就變成了類似 1995 年的 X11R6.3 之類的樣式。(註1)

1992 年 XFree86 (http://www.xfree86.org/) 計畫順利展開，該計畫持續在維護 X11R6 的功能性，包括對新硬體的支援以及更多新增的功能等等。當初定名為 XFree86 其實是根據『 **X + Free software + x86 硬體** 』而來的呢！早期 Linux 所使用的 X Window 的主要核心都是由 XFree86 這個計畫所提供的，因此，我們常常將 X 系統與 XFree86 掛上等號的說。

不過由於一些授權的問題導致 XFree86 無法繼續提供類似 GPL 的自由軟體，後來 Xorg 基金會就接手 X11R6 的維護！Xorg (http://www.x.org/) 利用當初 MIT 發佈的類似自由軟體的授權，將 X11R6 拿來進行維護，並且在 2004 年發佈了 X11R6.8 版本，更在 2005 年後發表了 X11R7.x 版。現在我們 CentOS 7.x 使用的 X 就是 Xorg 提供的 X11R7.X 喔！而這個

X11R6/X11R7 的版本是自由軟體,因此很多組織都利用這個架構去設計他們的圖形介面喔!包括 Mac OS X v10.3 也曾利用過這個架構來設計他們的視窗呢!我們的 CentOS 也是利用 Xorg 提供的 X11 啦!

從上面的說明,我們可以知道的是:

◆ 在 Unix Like 上面的圖形使用者介面 (GUI) 被稱為 X 或 X11。

◆ X11 是一個『軟體』而不是一個作業系統。

◆ X11 是利用網路架構來進行圖形介面的執行與繪製。

◆ 較著名的 X 版本為 X11R6 這一版,目前大部分的 X 都是這一版演化出來的 (包括 X11R7)。

◆ 現在大部分的 distribution 使用的 X 都是由 Xorg 基金會所提供的 X11 軟體。

◆ X11 使用的是 MIT 授權,為類似 GPL 的開放原始碼授權方式。

## 23.1.2 主要元件:X Server/X Client/Window Manager/Display Manager

如同前面談到的,X Window system 是個利用網路架構的圖形使用者介面軟體,那到底這個架構可以分成多少個元件呢?基本上是分成 X Server 與 X Client 兩個元件而已喔!其中 X Server 在管理硬體,而 X Client 則是應用程式。在運作上,X Client 應用程式會將所想要呈現的畫面告知 X Server ,最終由 X server 來將結果透過它所管理的硬體繪製出來!整體的架構我們大約可以使用如下的圖示來作個介紹:[註2]

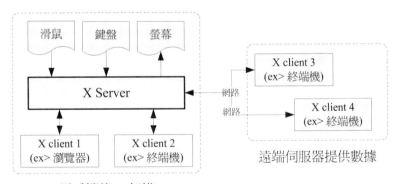

圖 23.1.1　X Window System 的架構

上面的圖示非常有趣喔！我們在用戶端想要取得來自伺服器的圖形資料時，我們用戶端使用的當然是用戶端的硬體設備啊，所以，**X Server 的重點就是在管理用戶端的硬體，包括接受鍵盤/滑鼠等設備的輸入資訊，並且將圖形繪製到螢幕上 (請注意上圖的所有元件之間的箭頭指示)**。但是到底要繪製個啥東西呢？繪圖總是需要一些數據才能繪製吧？此時 X Client (就是 X 應用程式) 就很重要啦！它主要提供的就是告知 X Server 要繪製啥東西。那照這樣的想法來思考，我們是想要取得遠端伺服器的繪圖數據來我們的電腦上面顯示嘛！所以囉，遠端伺服器提供的是 X client 軟體啊！

底下就讓我們來更深入的聊一聊這兩個元件吧！

◆ **X Server：硬體管理、螢幕繪製與提供字型功能**

既然 X Window System 是要顯示圖形介面，因此理所當然的需要一個元件來管理我主機上面的所有硬體設備才行！這個任務就是 X Server 所負責的。而我們在 X 發展簡史當中提到的 XFree86 計畫及 Xorg 基金會，主要提供的就是這個 X Server 啦！那麼 X Server 管理的設備主要有哪些呢？其實與輸入/輸出有關喔！包括**鍵盤、滑鼠、手寫板、顯示器 (monitor)、螢幕解析度與色彩深度、顯示卡 (包含驅動程式) 與顯示的字型**等等，都是 X Server 管理的。

咦！顯示卡、螢幕以及鍵盤滑鼠的設定，不是在開機的時候 Linux 系統以 systemd 的相關設定處理好了嗎？為何 X Server 還要重新設定啊？這是因為 X Window 在 Linux 裡面僅能算是『一套很棒的軟體』，所以 X Window 有自己的設定檔，你必須要針對它的設定檔設定妥當才行。也就是說，Linux 的設定與 X Server 的設定不一定要相同的！因此，你在 CentOS 7 的 multi-user.target 想要玩圖形介面時，就得要載入 X Window 需要的驅動程式才行～總之，X Server 的主要功能就是在管理『主機』上面的顯示硬體與驅動程式。

既然 X Window System 是以透過網路取得圖形介面的一個架構，那麼用戶端是如何取得伺服器端提供的圖形畫面呢？由於伺服器與用戶端的硬體不可能完全相同，因此我們用戶端當然不可能使用到伺服器端的硬體顯示功能！舉例來說，你的用戶端電腦並沒有 3D 影像加速功能，那麼你的畫面可能呈現出伺服器端提供的 3D 加速嗎？當然不可能吧！所以囉 X Server 的目的在管理用戶端的硬體設備！也就是說：『每部用戶端主機都需要安裝 X Server，而伺服器端則是提供 X Client 軟體，以提供用戶端繪圖所需要的數據資料』。

X Server / X Client 的互動並非僅有 client --> server，兩者其實有互動的！從上圖 23.1.1 我們也可以發現，X Server 還有一個重要的工作，那就是將來自輸入裝置 (如鍵盤、滑鼠等) 的動作告知 X Client，你曉得，X Server 既然是管理這些周邊硬體，所以，周邊硬體的動作當然是由 X Server 來管理的，但是 X Server 本身並不知道周邊設備這些動作會造成什麼顯示上的效果，因此 X Server 會將周邊設備的這些動作行為告知 X Client ，讓 X Client 去傷腦筋。

◆ **X Client：負責 X Server 要求的『事件』之處理**

前面提到的 X Server 主要是管理顯示介面與在螢幕上繪圖，同時將輸入裝置的行為告知 X Client，此時 X Client 就會依據這個輸入裝置的行為來開始處理，最後 X Client 會得到 『嗯！這個輸入裝置的行為會產生某個圖示』，然後將這個圖示的顯示資料回傳給 X Server ，X server 再根據 X Client 傳來的繪圖資料將它描圖在自己的螢幕上，來得到顯示的結果。

也就是說，X Client 最重要的工作就是處理來自 X Server 的動作，將該動作處理成為繪圖資料，再將這些繪圖資料傳回給 X Server 囉！由於 X Client 的目的在產生繪圖的數據，因此我們也稱呼 X Client 為 X Application (X 應用程式)。而且，**每個 X Client 並不知道其他 X Client 的存在**，意思是說，如果有兩個以上的 X client 同時存在時，兩者並不知道對方到底傳了什麼數據給 X Server ，因此 X Client 的繪圖常常會互相重疊而產生困擾喔！

舉個例子來說，當我們在 X Window 的畫面中，將滑鼠向右移動，那它是怎麼告知 X Server 與 X Client 的呢？首先，X server 會偵測到滑鼠的移動，但是它不知道應該怎麼繪圖啊！此時，它將滑鼠的這個動作告知 X Client，X Client 就會去運算，結果得到，嘿嘿！其實要將滑鼠指標向右移動幾個像素，然後將這個結果告知 X server ，接下來，你就會看到 X Server 將滑鼠指標向右移動囉～

這樣做有什麼好處啊？最大的好處是，**X Client 不需要知道 X Server 的硬體配備與作業系統！**因為 X Client 單純就是在處理繪圖的資料而已，本身是不繪圖的。所以，在用戶端的 X Server 用的是什麼硬體？用的是哪套作業系統？伺服器端的 X Client 根本不需要知道～相當的先進與優秀～對吧！^_^ 整個運作流程可以參考下圖：用戶端用的是什麼作業系統在 Linux 主機端是不在乎的！

| Window<br>用戶端 | 伺服端 | Mac<br>用戶端 |
| --- | --- | --- |
| 經過 X Server 管理硬體，與伺服端的 X client 溝通 | 提供 X Client 軟體，接受來自用戶端的輸入資料，運算處理後得到繪圖數據，將繪圖結果傳送至用戶端 | 經過 X Server 管理硬體，與伺服端的 X client 溝通 |

圖 23.1.2　X Server 用戶端的作業系統與 X client 的溝通示意

◆ **X Window Manager：特殊的 X Client，負責管理所有的 X client 軟體**

剛剛前面提到，X Client 的主要工作是將來自 X Server 的資料處理成為繪圖數據，再回傳給 X server 而已，所以 X client 本身是不知道它在 X Server 當中的位置、大小以及其他相關資訊的。這也是上面我們談到的，X client 彼此不知道對方在螢幕的哪個位置啊！為了克服這個問題，因此就有 Window Manager (WM，視窗管理員) 的產生了。視窗管理員也是 X client，只是他主要在負責全部 X client 的控管，還包括提供某些特殊的功能，例如：

■ **提供許多的控制元素，包括工作列、背景桌面的設定等等。**

■ **管理虛擬桌面 (virtual desktop)。**

■ **提供視窗控制參數，這包括視窗的大小、視窗的重疊顯示、視窗的移動、視窗的最小化等等。**

我們常常聽到的 KDE，GNOME，XFCE 還有陽春到爆的 twm 等等，都是一些視窗管理員的專案計畫啦！這些專案計畫中，每種視窗管理員所用以開發的顯示引擎都不太相同，所著重的方向也不一樣，因此我們才會說，在 Linux 底下，每套 Window Manager 都是獨特存在的，不是換了桌面與顯示效果而已，而是連顯示的引擎都不會一樣喔！底下是這些常見的視窗管理員全名與連結：

■ GNOME (GNU Network Object Model Environment)：http://www.gnome.org/

■ KDE (K Desktop Enviroment)：http://kde.org/

■ twm (Tab Window Manager)：http://xwinman.org/vtwm.php

■ XFCE (XForms Common Environment)：http://www.xfce.org/

由於 Linux 越來越朝向 Desktop 桌上型電腦使用方向走，因此視窗管理員的角色會越來越重要！目前我們 CentOS 預設提供的有 GNOME 與 KDE，這兩個視窗管理員上面還有提供非常多的 X client 軟體，包括辦公室生產力軟體 (Open Office) 以及常用的網路功能 (firefox 瀏覽器、Thunderbird 收發信件軟體) 等。現在使用者想要接觸 Linux 其實真的越來越簡單了，如果不要架設伺服器，那麼 Linux 桌面的使用與 Windows 系統可以說是一模一樣的！不需要學習也能夠入門哩！^_^

那麼你知道 X Server / X client / window manager 的關係了嗎？我們舉 CentOS 預設的 GNOME 為例好了，由於我們要在本機端啟動 X Window system，因此，在我們的 CentOS 主機上面必須要有 Xorg 的 X server 核心，這樣才能夠提供螢幕的繪製啊～然後為了讓視窗管理更方便，於是就加裝了 GNOME 這個計畫的 window manager，然後為了讓自己的使用更方便，於是就在 GNOME 上面加上更多的視窗應用軟體，包括輸入法等等的，最後就建構出我們的 X Window System 囉～ ^_^ ！所以你也會知道，X server/X client/Window Manager 是同時存在於我們一部 Linux 主機上頭的啦！

◆ **Display Manager：提供登入需求**

談完了上述的資料後，我們得要瞭解一下，那麼我如何取得 X Window 的控制？在本機的文字介面底下你可以輸入 startx 來啟動 X 系統，此時由於你已經登入系統了，因此不需要重新登入即可取得 X 環境。但如果是 graphical.target 的環境呢？你會發現在 tty1 或其他 tty 的地方有個可以讓你使用圖形介面登入 (輸入帳號密碼) 的東東，那個是啥？是 X Server/X client 還是什麼的？其實那是個 Display Manager 啦！這個 display manager 最大的任務就是提供登入的環境，並且載入使用者選擇的 Window Manager 與語系等資料喔！

幾乎所有的大型視窗管理員專案計畫都會提供 display manager 的，在 CentOS 上面我們主要利用的是 GNOME 的 GNOME Display Manager (gdm) 這支程式來提供 tty1 的圖形介面登入喔！至於登入後取得的視窗管理員，則可以在 gdm 上面進行選擇的！我們在第四章介紹的登入環境，那個環境其實就是 gdm 提供的啦！再回去參考看看圖示吧！^_^！所以說，並非 gdm 只能提供 GNOME 的登入而已喔！

## 23.1.3 X Window 的啟動流程

現在我們知道要啟動 X Window System 時，必須要先啟動管理硬體與繪圖的 X Server，然後才載入 X Client。基本上，目前都是使用 Window Manager 來管理視窗介面風格的。那麼如何取得這樣的視窗系統呢？你可以透過登入本機的文字介面後，輸入 startx 來啟動 X 視窗；也能夠透過 display manager (如果有啟動 graphical.target) 提供的登入畫面，輸入你的帳號密碼來登入與取得 X 視窗的！

問題是，你的 X server 設定檔為何？如何修改解析度與顯示器？你能不能自己設定預設啟動的視窗管理員？如何設定預設的使用者環境 (與 X client 有關) 等等的，這些資料都需要透過瞭解 X 的啟動流程才能得知！所以，底下我們就來談談如何啟動 X 的流程吧！^_^

◆ **在文字介面啟動 X：透過 startx 指令**

我們都知道 Linux 是個多人多工的作業系統，所以啦，X 視窗也是可以根據不同的使用者而有不同的設定！這也就是說，每個用戶啟動 X 時，X server 的解析度、啟動 X client 的相關軟體及 Window Manager 的選擇可能都不一樣！但是，如果你是首次登入 X 呢？也就是說，你自己還沒有建立自己的專屬 X 畫面時，系統又是從哪裡給你這個 X 預設畫面呢？而如果你已經設定好相關的資訊，這些資訊又是存放於何處呢？

事實上，當你在純文字介面且並沒有啟動 X 視窗的情況下來輸入 startx 時，這個 startx 的作用就是在幫你設定好上頭提到的這些動作囉！startx 其實是一個 shell script，它是一個比較親和的程式，會主動的幫忙使用者建立起他們的 X 所需要引用的設定檔而已。

你可以自行研究一下 startx 這個 script 的內容，鳥哥在這裡僅就 startx 的作用作個介紹。

startx 最重要的任務就是找出使用者或者是系統預設的 X server 與 X client 的設定檔，而使用者也能夠使用 startx 外接參數來取代設定檔的內容。這個意思是說：startx 可以直接啟動，也能夠外接參數，例如底下格式的啟動方式：

```
[root@study ~]# startx [X client 參數] -- [X server 參數]

# 範例：以色彩深度為 16 bit 啟動 X
[root@study ~]# startx -- -depth 16
```

startx 後面接的參數以兩個減號『--』隔開，前面的是 X Client 的設定，後面的是 X Server 的設定。上面的範例是讓 X server 以色彩深度 16 bit 色 (亦即每一像素佔用 16 bit，也就是 65536 色) 顯示，因為色彩深度是與 X Server 有關的，所以參數當然是寫在 -- 後面囉，於是就成了上面的模樣！

你會發現，鳥哥上面談到的 startx 都是提到如何找出 X server / X client 的設定值而已！沒錯，事實上啟動 X 的是 xinit 這支程式，startx 僅是在幫忙找出設定值而已！那麼 startx 找到的設定值可用順序為何呢？基本上是這樣的：

- X server 的參數方面
    1. **使用 startx 後面接的參數。**
    2. **若無參數，則找尋使用者家目錄的檔案，亦即 ~/.xserverrc。**
    3. **若無上述兩者，則以 /etc/X11/xinit/xserverrc。**
    4. **若無上述三者，則單純執行 /usr/bin/X (此即 X server 執行檔)。**
- X client 的參數方面
    1. **使用 startx 後面接的參數。**
    2. **若無參數，則找尋使用者家目錄的檔案，亦即 ~/.xinitrc。**
    3. **若無上述兩者，則以 /etc/X11/xinit/xinitrc。**
    4. **若無上述三者，則單純執行 xterm (此為 X 底下的終端機軟體)。**

根據上述的流程找到啟動 X 時所需要的 X server / X client 的參數，接下來 startx 會去呼叫 xinit 這支程式來啟動我們所需要的 X 視窗系統整體喔！接下來當然就是要談談 xinit 囉～

◆ **由 startx 呼叫執行的 xinit**

事實上，當 startx 找到需要的設定值後，就呼叫 xinit 實際啟動 X 的。它的語法是：

```
[root@study ~]# xinit [client option] -- [server or display option]
```

那個 client option 與 server option 如何下達呢？其實那兩個東東就是由剛剛 startx 去找出來的啦！在我們透過 startx 找到適當的 xinitrc 與 xserverrc 後，就交給 xinit 來執行。在預設的情況下 (使用者尚未有 ~/.xinitrc 等檔案時)，你輸入 startx ，就等於進行 **xinit /etc/X11/xinit/xinitrc -- /etc/X11/xinit/xserverrc** 這個指令一般！但由於 xserverrc 也不存在，參考上一小節的參數搜尋順序，因此實際上的指令是：xinit /etc/X11/xinit/xinitrc -- /usr/bin/X，這樣瞭了嗎？

那為什麼不要直接執行 xinit 而是使用 startx 來呼叫 xinit 呢？這是因為我們必須要取得一些參數嘛！startx 可以幫我們快速的找到這些參數而不必手動輸入的。因為單純只是執行 xinit 的時候，系統的預設 X Client 與 X Server 的內容是這樣的：[註3]

```
xinit xterm -geometry +1+1 -n login -display :0 -- X :0
```

在 X client 方面：那個 xterm 是 X 視窗底下的虛擬終端機，後面接的參數則是這個終端機的位置與登入與否。最後面會接一個『 -display :0 』表示這個虛擬終端機是啟動在『第 :0 號的 X 顯示介面』的意思。至於 X Server 方面，而我們啟動的 X server 程式就是 X 啦！其實 X 就是 Xorg 的連結檔，亦即是 X Server 的主程式囉！所以我們啟動 X 還挺簡單的～直接執行 X 而已，同時還指定 X 啟動在第 :0 個 X 顯示介面。如果單純以上面的內容來啟動你的 X 系統時，你就會發現 tty2 以後的終端機有畫面了！只是……很醜～因為我們還沒有啟動 window manager 啊！

從上面的說明我們可以知道，xinit 主要在啟動 X server 與載入 X client ，但這個 xinit 所需要的參數則是由 startx 去幫忙找尋的。因此，最重要的當然就是 startx 找到的那些參數啦！所以呢，重點當然就是 /etc/X11/xinit/ 目錄下的 xinitrc 與 xserverrc 這兩個檔案的內容是啥囉～雖然 xserverrc 預設是不存在的。底下我們就分別來談一談這兩個檔案的主要內容與啟動的方式～

◆ **啟動 X server 的檔案：xserverrc**

X 視窗最先需要啟動的就是 X server 啊，那 X server 啟動的腳本與參數是透過 /etc/X11/xinit/ 裡面的 xserverrc 。不過我們的 CentOS 7.x 根本就沒有 xserverrc 這個檔案啊！那使用者家目錄目前也沒有 ~/.xserverrc ，這個時候系統會怎麼做呢？其實就是執行 /usr/bin/X 這個指令啊！這個指令也是系統最原始的 X server 執行檔囉。

在啟動 X Server 時，Xorg 會去讀取 /etc/X11/xorg.conf 這個設定檔。針對這個設定檔的內容，我們會在下個小節介紹。如果一切順利，那麼 X 就會順利的在 tty2 以後終端環境中啟動了 X。單純的 X 啟動時，你只會看到畫面一片漆黑，然後中心有個滑鼠的游標而已～

由前一小節的說明中，你可以發現到其實 X 啟動的時候還可以指定啟動的介面喔！那就是 :0 這個參數，這是啥？事實上**我們的 Linux 可以『同時啟動多個 X』**喔！第一個 X 的**畫面會在 :0 亦即是 tty2 ，第二個 X 則是 :1 亦即是 tty3** 。後續還可以有其他的 X 存在的。因此，上一小節我們也有發現，xterm 在載入時，也必須要使用 -display 來說明，這個 X 應用程式是需要在哪個 X 載入的才行呢！其中比較有趣的是，X server 未註明載入的介面時，預設是使用 :0 ～但是 X client 未註明時，則無法執行喔！

> CentOS 7 的 tty 非常有趣！如果你在分析 systemd 的章節中有仔細看的話，會發現到其實 tty 是有用到才會啟動的，這與之前 CentOS 6 以前的版本預設啟用 6 個 tty 給你是不同的。因此，如果你只有用到 tty1 的話，那麼啟動 X 就會預設丟到 tty2，而 X :1 就會丟到 tty3 這樣～以此類推喔～

啟動了 X server 後，接下來就是載入 X client 到這個 X server 上面啦！

◆ **啟動 X Client 的檔案：xinitrc**

假設你的家目錄並沒有 ~/.xinitrc，則此時 X Client 會以 /etc/X11/xinit/xinitrc 來作為啟動 X Client 的預設腳本。xinitrc 這個檔案會將很多其他的檔案參數引進來，包括 /etc/X11/xinit/xinitrc-common 與 /etc/X11/xinit/Xclients 還有 /etc/sysconfig/desktop。你可以參考 xinitrc 後去搜尋各個檔案來瞭解彼此的關係。

不過分析到最後，其實最終就是載入 KDE 或者是 GNOME 而已。你也可以發現最終在 XClient 檔案當中會有兩個指令的搜尋，包括 startkde 與 gnome-session 這兩個，這也是 CentOS 預設會提供的兩個主要的 Window Manager 囉。而你也可以透過修改 /etc/sysconfig/desktop 內的 DESKTOP=GNOME 或 DESKTOP=KDE 來決定預設使用哪個視窗管理員的。如果你並沒有安裝這兩個大傢伙，那麼 X 就會去使用陽春的 twm 這個視窗管理員來管理你的環境囉。

> 不論怎麼說，鳥哥還是希望大家可以透過解析 startx 這個 script 的內容去找到每個檔案，再根據分析每個檔案來找到你 distributions 上面的 X 相關檔案～畢竟每個版本的 Linux 還是有所差異的～

另外，如果有特殊需求，你當然可以自訂 X client 的參數！這就得要修改你家目錄下的 ~/.xinitrc 這個檔案囉。不過要注意的是，如果你的 .xinitrc 設定檔裡面有啟動的 x client 很多的時候，千萬注意將除了最後一個 window manager 或 X Client 之外，都放到背景裡面去執行啊！舉例來說，像底下這樣：

```
xclock -geometry 100x100-5+5 &
xterm -geometry 80x50-50+150 &
exec /usr/bin/twm
```

意思就是說，我啟動了 X，並且同時啟動 xclock / xterm / twm 這三個 X clients 喔！如此一來，你的 X 就有這三個東東可以使用了！如果忘記加上 & 的符號，那就..... 會讓系統等待啊，而無法一次就登入 X 呢！

◆ **X 啟動的埠口**

好了，根據上面的說明，我們知道要在文字介面底下啟動 X 時，直接使用 startx 來找到 X server 與 X client 的參數或設定檔，然後再呼叫 xinit 來啟動 X 視窗系統。xinit 先載入 X server 到預設的 :0 這個顯示介面，然後再載入 X client 到這個 X 顯示介面上。而 X client 通常就是 GNOME 或 KDE ，這兩個設定也能夠在 /etc/sysconfig/desktop 裡面作好設定。最後我們想要瞭解的是，既然 X 是可以跨網路的，那 X 啟動的埠口是幾號？

其實，CentOS 由於考慮 X 視窗是在本機上面運作，因此將埠口改為插槽檔 (socket) 了，因此你無法觀察到 X 啟動的埠口的。事實上，X server 應該是要啟動一個 port 6000 來與 X client 進行溝通的！由於系統上面也可能有多個 X 存在，因此我們就會有 port 6001，port 6002... 等等。這也就是說：(假設為 multi-user.target 模式，且用戶僅曾經切換到 tty1 而已)

| X 視窗系統 | 顯示介面號碼 | 預設終端機 | 網路監聽埠口 |
|---|---|---|---|
| 第一個 X | hostname:0 | tty2 | port 6000 |
| 第二個 X | hostname:1 | tty3 | port 6001 |

在 X Window System 的環境下，我們稱 port 6000 為第 0 個顯示介面，亦即為 hostname:0 ，那個主機名稱通常可以不寫，所以就成了 :0 即可。在預設的情況下，第一個啟動的 X (不論是啟動在第幾個 port number) 是 tty2 ，亦即按下 [ctrl]＋[alt]＋[F2] 那個畫面。而起動的第二個 X (注意到了吧！可以有多個 X 同時啟動在你的系統上呢) 則預設在 tty3 亦即 [ctrl]＋[alt]＋[F3] 那個畫面呢！很神奇吧！^_^

如前所述，因為主機上的 X 可能有多個同時存在，因此，當我們在啟動 X Server / Client 時，應該都要註明該 X Server / Client 主要是提供或接受來自哪個 display 的 port number 才行。

## 23.1.4 X 啟動流程測試

好了，我們可以針對 X Server 與 X client 的架構來做個簡單的測試喔！這裡鳥哥假設你的 tty1 是 multi-user.target 的，而且你也曾經在 tty2 測試過相關的指令，所以你的 X :1 將會啟用在 tty3 喔！而且，**底下的指令都是在 tty1 的地方執行的，至於底下的畫面則是在 tty3 的地方展現**。因此，請自行切換 tty1 下達指令與 tty3 查閱結果囉！

1. 先來啟動第一個 X 在 :1 畫面中：
```
[dmtsai@study ~]$ X :1 &
```

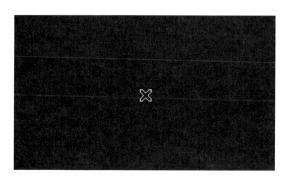

圖 23.1.3　單純啟動 X server 的情況

　　上述的 X 是大寫，那個 :1 是寫在一起的，至於 & 則是放到背景去執行。此時系統會主動的跳到第二個圖形介面終端機，亦即 tty8 上喔！所以如果一切順利的話，你應該可以看到一個 X 的滑鼠游標可以讓你移動了(如上圖所示)。該畫面就是 X Server 啟動的畫面囉！醜醜的，而且沒有什麼 client 可以用啊！接下來，請按下 [ctrl]＋[alt]＋[F1] 回到剛剛下達指令的終端機：(若沒有 xterm 請自行 yum 安裝它！)

2. 輸入數個可以在 X 當中執行的虛擬終端機
```
[dmtsai@study ~]$ xterm -display :1  &
[dmtsai@study ~]$ xterm -display :1  &
```

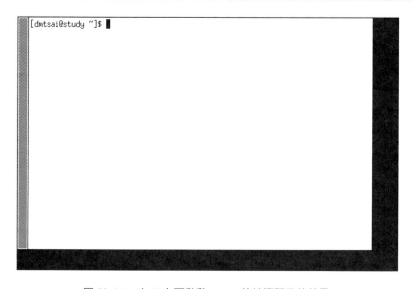

圖 23.1.4　在 X 上面啟動 xterm 終端機顯示的結果

　　那個 xterm 是必須要在 X 底下才能夠執行的終端機介面。加入的參數 -display 則是指出這個 xterm 要在那個 display 使用的。這兩個指令請不要一次下完！先執行一次，然後按下 [ctrl]+[alt]+[F3] 去到 X 畫面中，你會發現多了一個終端機囉～不過，可惜的是，你無法看到終端機的標題、也無法移動終端機，當然也無法調整終端機的大小啊！我們回到剛剛的 tty1 然後再次下達 xterm 指令，理論上應該多一個終端機，去到 tty3 查閱一下。唉～沒有多出一個終端機啊？這是**因為兩個終端機重疊了～我們又無法移動終端機，所以只看到一個。**接下來，請再次回到 tty1 去下達指令吧！(可能需要 yum install xorg-x11-apps 喔！)

3. 在輸入不同的 X client 觀察觀察，分別去到 tty3 觀察喔！
```
[dmtsai@study ~]$ xclock -display :1  &
[dmtsai@study ~]$ xeyes -display :1  &
```

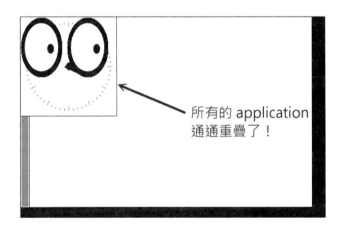

圖 23.1.5　分別啟動 xclock 時鐘與 xeyes 眼睛的結果

　　跟前面一樣的，我們又多執行了兩個 X client ，其中 xclock 會顯示時鐘，而 xeyes 則是會出現一雙大眼睛來盯著游標！你可以移動一下游標就可以發現眼睛的焦聚會跑啊 ^_^ ！不過，目前的四個 X client 通通不能夠移動與放大縮小！如此一來，你怎麼在 xterm 底下下達指令啊？當然就很困擾～所以讓我們來載入最陽春的視窗管理員吧！

4. 輸入可以管理的 window manager，我們這邊先以 root 來安裝 twm 喔！
```
[root@study ~]# yum install http://ftp.ksu.edu.tw/FTP/CentOS/6/os/x86_64/\
> Packages/xorg-x11-twm-1.0.3-5.1.el6.x86_64.rpm
# 真要命！CentOS 7 說 twm 已經沒有在維護，所以沒有提供這玩意兒了！鳥哥只好拿舊版的 twm 來安裝！
# 請你自行到相關的網站上找尋這個 twm 囉！因為版本可能會不一樣！
[root@study ~]# yum install xorg-x11-fonts-{100dpi,75dpi,Type1}
```

5. 接下來就可以開始用 dmtsai 的身份來玩一下這玩意兒了！
```
[dmtsai@study ~]$ twm -display :1  &
```

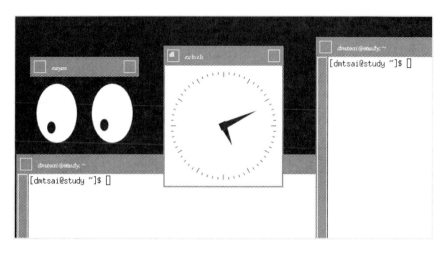

圖 23.1.6　視窗管理員 twm 的功能顯示

回到 tty1 後，用最簡單的 twm 這個視窗管理員來管理我們的 X 吧！輸入之後，去到 tty3 看看，用滑鼠移動一下終端機看看？可以移動了吧？也可以縮小放大視窗囉～同時也出現了標題提示囉～也看到兩個終端機啦！現在終於知道視窗管理員的重要性了吧？^_^！在黑螢幕地方按下滑鼠右鍵，就會出現類似上面畫面最右邊的選單，你就可以進行額外的管理囉～玩玩看先！

```
6. 將所有剛剛建立的 X 相關工作全部殺掉！
[dmtsai@study ~]# kill %6 %5 %4 %3 %2 %1
```

很有趣的一個小實驗吧～透過這個實驗，你應該會對 X server 與 Window manager 及 tty3 以後的終端介面使用方式有比較清楚的瞭解～加油！

## 23.1.5　我是否需要啟用 X Window System ?

談了這麼多 X 視窗系統方面的資訊後，再來聊聊，那麼你的 Linux 主機是否需要預設就啟動 X 視窗呢？一般來說，如果你的 Linux 主機定位為網路伺服器的話，那麼由於 Linux 裡面的主要服務的設定檔都是純文字的格式檔案，相當的容易設定的，所以啊，根本就是不需要 X Window 存在呢！因為 X Window 僅是 Linux 系統內的一個軟體而已啊！

但是萬一你的 Linux 主機是用來作為你的桌上電腦用的，那麼 X Window 對你而言，就是相當重要的一個束東了！因為我們日常使用的辦公室軟體，都需要使用到 X Window 圖形的功能呢！此外，以鳥哥的例子來說，俺之前接觸到的數值分析模式，需要利用圖形處理軟體來將資料讀取出來，所以在那部 Linux 主機上面，我一定需要 X Window 的。

由於目前的主機系統配備已經很不錯，除非你使用的是單版電腦，否則桌上型電腦、筆記型電腦的系統配備要拿來跑 X window 大概都不是問題！所以，是否預設要啟用你的 X window 系統，完全掌握在你的伺服器用途考量上囉！！

# 23.2 X Server 設定檔解析與設定

從前面的說明來看，我們知道一個 X 視窗系統能不能成功啟動，其實與 X Server 有很大的關係的。因為 X Server 負責的是整個畫面的描繪，所以沒有成功啟動 X Server 的話，即使有啟動 X Client 也無法將圖樣顯示出來啊。所以，底下我們就針對 X Server 的設定檔來做個簡單的說明，好讓大家可以成功的啟動 X Window System 啊。

基本上，X Server 管理的是顯示卡、螢幕解析度、滑鼠按鍵對應等等，尤其是顯示卡晶片的認識，真是重要啊。此外，還有顯示的字體也是 X Server 管理的一環。基本上，**X server 的設定檔都是預設放置在 /etc/X11 目錄下，而相關的顯示模組或上面提到的總總模組，則主要放置在 /usr/lib64/xorg/modules 底下。**比較重要的是字型檔與晶片組，它們主要放置在：

◆ **提供的螢幕字型：**/usr/share/X11/fonts/
◆ **顯示卡的晶片組：**/usr/lib64/xorg/modules/drivers/

在 CentOS 底下，這些都要透過一個統一的設定檔來規範，那就是 X server 的設定檔啦。這個設定檔的檔名就是 /etc/X11/xorg.conf 喔！

## 23.2.1 解析 xorg.conf 設定

如同前幾個小節談到的，在 Xorg 基金會裡面的 X11 版本為 X11R7.N，那如果你想要知道到底你用的 X Server 版本是第幾版，可以使用 X 指令來檢查喔！(你必須以 root 的身分執行下列指令)

```
[root@study ~]# X -version
X.Org X Server 1.15.0
Release Date：2013-12-27
X Protocol Version 11, Revision 0
Build Operating System： 2.6.32-220.17.1.el6.x86_64
Current Operating System：Linux study.centos.vbird 3.10.0-229.el7.x86_64 #1 SMP Fri
Mar 6 11:36:42 UTC 2015 x86_64
Kernel command line：BOOT_IMAGE=/vmlinuz-3.10.0-229.el7.x86_64 root=/dev/mapper/
centos-root ro rd.lvm.lv=centos/root rd.lvm.lv=centos/swap crashkernel=auto rhgb
quiet
```

```
Build Date:10 April 2015  11:44:42AM
Build ID:xorg-x11-server 1.15.0-33.el7_1
Current version of pixman:0.32.4
        Before reporting problems, check http://wiki.x.org
        to make sure that you have the latest version.
```

由上面的幾個關鍵字我們可以知道，目前鳥哥的這部測試機使用的 X server 是 Xorg 計畫所提供的 X11 版，不過看起來 Xorg 已經將所謂的 X11R7 那個 R7 的版次移除，使用的是 Xorg 自己的版次了！所以是 Xorg 1.15.0 版本！此外，若有問題則可以到 http://wiki.x.org 去查詢～因為是 Xorg 這個 X server，因此我們的設定檔檔名為 /etc/X11/xorg.conf 這一個哩。所以，理解這個檔案的內容對於 X server 的功能來說，是很重要的。

比較需要留意的是，從 CentOS 6 以後 (當然包含 CentOS 7)，X server 在每次啟動的時候都會自行偵測系統上面的顯示晶片、螢幕類型等等，然後自行搭配最佳化的驅動程式載入。因此，這個 /etc/X11/xorg.conf 已經不再被需要了。不過，如果你不喜歡 X 系統自行偵測的設定值，那也可以自行建置 xorg.conf 就是了。

此外，如果你只想要加入或者是修改部分的設定，並不是每個元件都要自行設定的話，那麼可以在 /etc/X11/xorg.conf.d/ 這個目錄下建立檔名為 .conf 的檔案，將你需要的額外項目加進去即可喔！那就不會每個設定都以你的 xorg.conf 為主了！瞭解乎？

　　那我怎麼知道系統用的是哪一個設定呢？可以參考 /var/log/Xorg.0.log 的內容，該檔案前幾行會告訴你使用的設定檔案是來自於哪裡的喔！

注意一下，在修改這個檔案之前，務必將這個檔案給它備份下來，免的改錯了甚麼東西導致連 X server 都無法啟動的問題啊。這個檔案的內容是分成數個段落的，每個段落以 Section 開始，以 EndSection 結束，裡面含有該 Section (段落) 的相關設定值，例如：

```
Section   "section name"
...... <== 與這個 section name 有關的設定項目
......
EndSection
```

至於常見的 section name 主要有：

1. Module：被載入到 X Server 當中的模組 (某些功能的驅動程式)。

2. InputDevice：包括輸入的 1. 鍵盤的格式 2. 滑鼠的格式，以及其他相關輸入設備。

3. Files：設定字型所在的目錄位置等。

4. **Monitor**：監視器的格式，主要是設定水平、垂直的更新頻率，與硬體有關。

5. **Device**：這個重要，就是顯示卡晶片組的相關設定了。

6. **Screen**：這個是在螢幕上顯示的相關解析度與色彩深度的設定項目，與顯示的行為有關。

7. **ServerLayout**：上述的每個項目都可以重覆設定，這裡則是此一 X server 要取用的哪個項目值的設定囉。

前面說了，xorg.conf 這個檔案已經不存在，那我們怎麼學習呢？沒關係，Xorg 有提供一個簡單的方式可以讓我們來重建這個 xorg.conf 檔案！同時，這可能也是 X 自行偵測 GPU 所產生的最佳化設定喔！怎麼處理呢？假設你是在 multi-user.target 的環境下，那就可以這樣做來產生 xorg.conf 喔！

```
[root@study ~]# Xorg -configure
.....(前面省略).....
Markers：(--) probed, (**) from config file, (==) default setting,
        (++) from command line, (!!) notice, (II) informational,
        (WW) warning, (EE) error, (NI) not implemented, (??) unknown.
(==) Log file："/var/log/Xorg.0.log", Time：Wed Sep 16 10:13:57 2015
List of video drivers：   # 這裡在說明目前這個系統上面有的顯示卡晶片組的驅動程式有哪些的意思
        qxl
        vmware
        v4l
        ati
        radeon
        intel
        nouveau
        dummy
        modesetting
        fbdev
        vesa
(++) Using config file："/root/xorg.conf.new"        # 使用的設定檔
(==) Using config directory："/etc/X11/xorg.conf.d"  # 額外設定項目的位置
(==) Using system config directory "/usr/share/X11/xorg.conf.d"
(II) [KMS] Kernel modesetting enabled.

.....(中間省略).....

Your xorg.conf file is /root/xorg.conf.new          # 最終新的檔案出現了！
To test the server, run 'X -config /root/xorg.conf.new' # 測試手段！
```

這樣就在你的 root 家目錄產生一個新的 xorg.conf.new 囉！好了，直接來看看這個檔案的內容吧！這個檔案預設的情況是取消很多設定值的，所以你的設定檔可能不會看到這麼多的設定項目。不要緊的，後續的章節會交代如何設定這些項目的喔！

```
[root@study ~]# vim xorg.conf.new
Section "ServerLayout"                              # 目前 X 決定使用的設定項目
        Identifier     "X.org Configured"
        Screen      0  "Screen0" 0 0               # 使用的螢幕為 Screen0 這一個 (後面會解釋)
        InputDevice    "Mouse0" "CorePointer"       # 使用的滑鼠設定為 Mouse0
        InputDevice    "Keyboard0" "CoreKeyboard"  # 使用的鍵盤設定為 Keyboard0
EndSection
# 系統可能有多組的設定值，包括多種不同的鍵盤、滑鼠、顯示晶片等等，而最終 X 使用的設定，
# 就是在這個 ServerLayout 項目中來處理的！因此，你還得要去底下找出 Screen0 是啥

Section "Files"
        ModulePath     "/usr/lib64/xorg/modules"
        FontPath       "catalogue:/etc/X11/fontpath.d"
        FontPath       "built-ins"
EndSection
# 我們的 X Server 很重要的一點就是必須要提供字型，這個 Files 的項目就是在設定字型，
# 當然啦，你的主機必須要有字型檔才行。一般字型檔案在：/usr/share/X11/fonts/ 目錄中。
# 但是 Xorg 會去讀取的則是在 /etc/X11/fontpath.d 目錄下的設定喔！

Section "Module"
        Load  "glx"
EndSection
# 上面這些模組是 X Server 啟動時，希望能夠額外獲得的相關支援的模組。
# 關於更多模組可以搜尋一下 /usr/lib64/xorg/modules/extensions/ 這個目錄

Section "InputDevice"
        Identifier "Keyboard0"
        Driver     "kbd"
EndSection
# 就是鍵盤，在 ServerLayout 項目中有出現這個 Keyboard0 吧！主要是設定驅動程式！

Section "InputDevice"
        Identifier "Mouse0"
        Driver     "mouse"
        Option     "Protocol" "auto"
        Option     "Device" "/dev/input/mice"
        Option     "ZAxisMapping" "4 5 6 7"    # 支援滾輪功能！
EndSection
```

```
# 這個則主要在設定滑鼠功能，重點在那個 Protocol 項目，
# 那個是可以指定滑鼠介面的設定值，我這裡使用的是自動偵測！不論是 USB/PS2。


Section "Monitor"
        Identifier    "Monitor0"
        VendorName    "Monitor Vendor"
        ModelName     "Monitor Model"
EndSection
# 螢幕監視器的設定僅有一個地方要注意，那就是垂直與水平的更新頻率，常見設定如下：
#       HorizSync     30.0 - 80.0
#       VertRefresh   50.0 - 100.0
# 在上面的 HorizSync 與 VerRefresh 的設定上，要注意，不要設定太高，
# 這個玩意兒與實際的監視器功能有關，請查詢你的監視器手冊說明來設定吧！
# 傳統 CRT 螢幕設定太高的話，據說會讓 monitor 燒毀呢，要很注意啊。
Section "Device"        # 顯示卡晶片 (GPU) 的驅動程式！很重要的設定！
        Identifier    "Card0"
        Driver        "qxl"          # 實際使用的顯示卡驅動程式！
        BusID         "PCI:0:2:0"
EndSection
# 這地方重要了，這就是顯示卡的晶片模組載入的設定區域。由於鳥哥使用 Linux KVM
# 模擬器模擬這個測試機，因此這個地方顯示的驅動程式為 qxl 模組。
# 更多的顯示晶片模組可以參考 /usr/lib64/xorg/modules/drivers/


Section "Screen"                    # 與顯示的畫面有關，解析度與色彩深度
        Identifier "Screen0"        # 就是 ServerLayout 裡面用到的那個螢幕設定
        Device     "Card0"          # 使用哪一個顯示卡的意思！
        Monitor    "Monitor0"       # 使用哪一個螢幕的意思！
        SubSection "Display"        # 此階段的附屬設定項目
                Viewport   0 0
                Depth      1        # 就是色彩深度的意思！
        EndSubSection
        SubSection "Display"
                Viewport   0 0
                Depth      16
        EndSubSection
        SubSection "Display"
                Viewport   0 0
                Depth      24
        EndSubSection
EndSection
# Monitor 與實際的顯示器有關，而 Screen 則是與顯示的畫面解析度、色彩深度有關。
# 我們可以設定多個解析度，實際應用時可以讓使用者自行選擇想要的解析度來呈現，設定如下：
```

```
#            Modes    "1024x768" "800x600" "640x480" <==解析度
# 上述的 Modes 是在 "Display" 底下的子設定。
# 不過，為了避免困擾，鳥哥通常只指定一到兩個解析度而已。
```

上面設定完畢之後，就等於將整個 X Server 設定妥當了，很簡單吧。如果你想要更新其他的例如顯示晶片的模組的話，就得要去硬體開發商的網站下載原始檔來編譯才行。設定完畢之後，你就可以啟動 X Server 試看看囉。然後，請將 xorg.conf.new 更名成類似 00-vbird.conf 之類的檔名，再將該檔案移動到 /etc/X11/xorg.conf.d/ 裡面去，這樣就 OK 了！

```
# 測試 X server 的設定檔是否正常：
[root@study ~]# startx    <==直接在 multi-user.target 啟動 X 看看
[root@study ~]# Xorg :1    <==在 tty3 單獨啟動 X server 看看
```

當然，你也可以利用 systemctl isolate graphical.target 這個指令直接切換到圖形介面的登入來試看看囉。

> 經由討論區網友的說明，如果你發現明明有捉到顯示卡驅動程式卻老是無法順利啟動 X 的話，可以嘗試去官網取得驅動程式來安裝，也能夠將『Device』階段的『Driver』修改成預設的『Driver "vesa"』，使用該驅動程式來暫時啟動 X 內的顯示卡喔！

## 23.2.2 字型管理

我們 Xorg 所使用的字型大部分都是放置於底下的目錄中：

◆ /usr/share/X11/fonts/

◆ /usr/share/fonts/

不過 Xorg 預設會載入的字型則是記錄於 /etc/X11/fontpath.d/ 目錄中，使用連結檔的模式來進行連結的動作而已。你應該還記得 xorg.conf 裡面有個『Flies』的設定項目吧？該項目裡面就有指定到『FontPath "catalogue:/etc/X11/fontpath.d"』對吧！也就是說，我們預設的 Xorg 使用的字型就是取自於 /etc/X11/fontpath.d 囉！

鳥哥查了一下 CentOS 7 針對中文字型 (chinese) 來說，有楷書與明體，明體預設安裝了，不過楷書卻沒有安裝耶～那我們能不能安裝了楷書之後，將楷書也列為預設的字型之一呢？來瞧一瞧我們怎麼做的好了：

```
# 1. 檢查中文字型，並且安裝中文字型與檢驗有沒有放置到 fontpath.d 目錄中！
[root@study ~]# ll -d /usr/share/fonts/cjk*
```

```
drwxr-xr-x. 2 root root 22 May  4 17:54 /usr/share/fonts/cjkuni-uming

[root@study ~]# yum install cjkuni-ukai-fonts
[root@study ~]# ll -d /usr/share/fonts/cjk*
drwxr-xr-x. 2 root root 21 Sep 16 11:48 /usr/share/fonts/cjkuni-ukai  # 這就是楷書!
drwxr-xr-x. 2 root root 22 May  4 17:54 /usr/share/fonts/cjkuni-uming

[root@study ~]# ll /etc/X11/fontpath.d/
lrwxrwxrwx. 1 root root 29 Sep 16 11:48 cjkuni-ukai-fonts -> /usr/share/fonts/cjkuni-ukai/
lrwxrwxrwx. 1 root root 30 May  4 17:54 cjkuni-uming-fonts -> /usr/share/fonts/cjkuni-uming/
lrwxrwxrwx. 1 root root 36 May  4 17:52 default-ghostscript -> /usr/share/fonts/default/
ghostscript
lrwxrwxrwx. 1 root root 30 May  4 17:52 fonts-default -> /usr/share/fonts/default/Type1
lrwxrwxrwx. 1 root root 27 May  4 17:51 liberation-fonts -> /usr/share/fonts/liberation
lrwxrwxrwx. 1 root root 27 Sep 15 17:10 xorg-x11-fonts-100dpi:unscaled:pri=30 ->
/usr/share/X11/fonts/100dpi
lrwxrwxrwx. 1 root root 26 Sep 15 17:10 xorg-x11-fonts-75dpi:unscaled:pri=20 ->
/usr/share/X11/fonts/75dpi
lrwxrwxrwx. 1 root root 26 May  4 17:52 xorg-x11-fonts-Type1 -> /usr/share/X11/fonts/Type1
# 竟然會自動的將該字型加入到 fontpath.d 當中!太好了!^_^

# 2. 建立該字型的字型快取資料,並檢查是否真的取用了?
[root@study ~]# fc-cache -v | grep ukai
/usr/share/fonts/cjkuni-ukai:skipping, existing cache is valid:4 fonts, 0 dirs

[root@study ~]# fc-list | grep ukai
/usr/share/fonts/cjkuni-ukai/ukai.ttc:AR PL UKai TW:style=Book
/usr/share/fonts/cjkuni-ukai/ukai.ttc:AR PL UKai HK:style=Book
/usr/share/fonts/cjkuni-ukai/ukai.ttc:AR PL UKai CN:style=Book
/usr/share/fonts/cjkuni-ukai/ukai.ttc:AR PL UKai TW MBE:style=Book

# 3. 重新啟動 Xorg,或者是強制重新進入 graphical.target
[root@study ~]# systemctl isolate multi-user.target; systemctl isolate graphical.target
```

如果上述的動作沒有問題的話,現在你可以在圖形介面底下,透過『應用程式』-->『公用程式』 --> 『字型檢視程式』當中找到一個名為 『AR PL UKai CN,Book』字樣的字型,點下去就會看到如下的圖示,那就代表該字型已經可以被使用了。不過某些程式可能還得要額外的加工就是了~

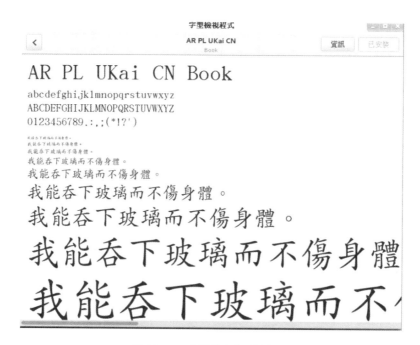

圖 23.2.1　安裝楷書字型的結果

鳥哥比較好奇的是，這個字型的開發者怎麼這麼有趣！列出來的示意字型竟然是吃了玻璃會身體頭好壯壯～這...會不會教壞小孩啊？呵呵呵呵～

◆ **讓視窗管理員可以使用額外的字型**

如果想要使用額外的字型的話，你可以自行取得某些字型來處理的。鳥哥這邊從 Windows 微軟正黑體、Times new Romans 兩種字型加上粗、斜體等共六個檔案來處理字型的安裝～這邊得註明一下是純粹的測試，測試完畢後檔案就給它拿掉了，並沒有持續使用喔！並沒有想要違法的意思啦～大家參考看看就好了。那就來看看如何增加字型吧！(假設上述的字體檔是放置在 /root/font 中)

```
# 1. 將字型檔案放置到系統設定目錄，亦即底下的目錄中：
[root@study ~]# cd /usr/share/fonts/
[root@study ~]# mkdir windows
[root@study ~]# cp /root/font/*.ttf /usr/share/fonts/windows/

# 2. 使用 fc-cache 將上述的檔案加入字型的支援中：
[root@study ~]# fc-cache -f -v
....(前面省略)....
/usr/share/fonts/windows：caching, new cache contents：6 fonts, 0 dirs
....(後面省略)....
```

```
# -v 僅是列出目前的字型資料，-f 則是強制重新建立字型快取！

# 3. 透過 fc-list 列出已經被使用的檔案看看：
[root@study ~]# fc-list :file | grep window   <==找出被快取住的檔名
/usr/share/fonts/windows/timesbi.ttf:
/usr/share/fonts/windows/timesi.ttf:
/usr/share/fonts/windows/msjh.ttf:
/usr/share/fonts/windows/times.ttf:
/usr/share/fonts/windows/msjhbd.ttf:
/usr/share/fonts/windows/timesbd.ttf:
```

之後在字型檢視器裡面就會發現有多了『Microsoft JhengHei，Times New Roman』等等的字型可以用囉！

## 23.2.3　顯示器參數微調

有些朋友偶而會這樣問：『我的顯示器明明還不錯，但是螢幕解析度卻永遠只能達到 800x600 而已，這該如何處理？』，螢幕的解析度應該與顯示卡相關性不高，而是與顯示器的更新頻率有關！

所謂的更新頻率，指的是在一段時間內螢幕重新繪製畫面的速度。舉例來說，60Hz 的更新頻率，指的是每秒鐘畫面更新 60 次的意思。那麼關於顯示器的更新頻率該如何調整呢？你得先去找到你的顯示器的使用說明書 (或者是網站會有規格介紹)，取得最高的更新率後，接下來選擇你想要的解析度，然後透過這個 gtf 的指令功能來調整：

　　基本上，現在新的 Linux distribution 的 X server 大多使用自行偵測方式來處理所有的設定了，因此，除非你的螢幕特別新或者是特別怪，否則應該不太需要使用到 gtf 的功能囉！

```
# 1. 先來測試一下你目前的螢幕搭配顯卡所能夠處理的解析度與更新頻率 (須在 X 環境下)
[root@study ~]# xrandr
Screen 0：minimum 320 x 200，current 1440 x 900，maximum 8192 x 8192
Virtual-0 connected primary 1440x900+0+0 0mm x 0mm
    1024x768        59.9 +
    1920x1200       59.9
    1920x1080       60.0
    1600x1200       59.9
    1680x1050       60.0
    1400x1050       60.0
    1280x1024       59.9
```

```
  1440x900       59.9*
  1280x960       59.9
  1280x854       59.9
  1280x800       59.8
  1280x720       59.9
  1152x768       59.8
  800x600        59.9
  848x480        59.7
  720x480        59.7
  640x480        59.4
```

```
# 上面顯示現在的環境中，測試過最高解析度大概是 1920x1200 ，但目前是 1440x900 (*)
# 若需要調整成 1280*800 的話，可以使用底下的方式來調整喔！

[root@study ~]# xrandr -s 1280x800
```

```
# 2. 若想強迫 X server 更改螢幕的解析度與更新頻率，則需要修訂 xorg.conf 的設定。先來偵測：
[root@study ~]# gtf 水平像素 垂直像素 更新頻率 [-xv]
選項與參數：
水平像素：就是解析度的 X 軸
垂直像素：就是解析度的 Y 軸
更新頻率：與顯示器有關，一般可以選擇 60，75，80，85 等頻率
-x        ：使用 Xorg 設定檔的模式輸出，這是預設值
-v        ：顯示偵測的過程
```

```
# 1. 使用 1024x768 的解析度，75 Hz 的更新頻率來取得顯示器內容
[root@study ~]# gtf 1024 768 75 -x
# 1024x768 @ 75.00 Hz (GTF) hsync：60.15 kHz; pclk：81.80 MHz
Modeline "1024x768_75.00"  81.80  1024 1080 1192 1360  768 769 772 802  -HSync +Vsync
# 重點是 Modeline 那一行！那行給它抄下來
```

```
# 2. 將上述的資料輸入 xorg.conf.d/*.conf 內的 Monitor 項目中：
[root@study ~]# vim /etc/X11/xorg.conf.d/00-vbird.conf
Section "Monitor"
    Identifier    "Monitor0"
    VendorName    "Monitor Vendor"
    ModelName     "Monitor Model"
    Modeline "1024x768_75.00"  81.80  1024 1080 1192 1360  768 769 772 802  -HSync
+Vsync

EndSection
# 就是新增上述的那行特殊字體部分到 Monitor 的項目中即可。
```

然後重新啟動你的 X ，這樣就能夠選擇新的解析度囉！那如何重新啟動 X 呢？兩個方法，一個是『 systemctl isolate multi-user.target; systemctl isolate graphical.target 』從文字模式與圖形模式的執行等級去切換，另一個比較簡單，如果原本就是 graphical.target 的話，那麼在 X 的畫面中按下『 [alt] + [ctrl] + [backspace] 』三個組合按鍵，就能夠重新啟動 X 視窗囉！

# 23.3 顯示卡驅動程式安裝範例

雖然你的 X 視窗系統已經順利的啟動了，也調整到你想要的解析度了，不過在某些場合底下，你想要使用顯示卡提供的 3D 加速功能時，卻發現 X 提供的預設的驅動程式並不支援！此時真是欲哭無淚啊～那該如何是好？沒關係，安裝官方網站提供的驅動程式即可！目前 (2015) 世界上針對 x86 提供顯示卡的廠商最大的應該是 Nvidia / AMD (ATI) / Intel 這三家 (沒有照市佔率排列)，所以底下鳥哥就針對這三家的顯示卡驅動程式安裝，做個簡單的介紹吧！

由於硬體驅動程式與核心有關，因此你想要安裝這個驅動程式之前，請務必先參考第二十一章與第二十二章的介紹，才能夠順利的編譯出顯示卡驅動程式喔！**建議可以直接使用 yum 去安裝『 Development Tools 』這個軟體群組以及 kernel-devel 這個軟體**即可。

因為你得要有實際的硬體才辦法安裝這些驅動程式，因此底下鳥哥使用的則是實體機器上面裝有個別的顯示卡的設備，就不是使用虛擬機器了喔！

## 23.3.1 NVidia

雖然 Xorg 已經針對 NVidia 公司的顯示卡驅動程式提供了 "nouveau" 這個模組，不過這個模組無法提供很多額外的功能。因此，如果你想要使用新的顯示卡功能時，就得要額外安裝 NVidia 提供的給 Linux 的驅動程式才行。

至於 NVidai 雖然有提供驅動程式給大家使用，不過它們並沒有完全釋出，因此自由軟體圈不能直接拿人家的東西來重新開發！不過還是有很多好心人士有提供相關的軟體庫給大家使用啦！你可以自行 google 查閱相關的軟體庫 (比較可惜的是，EPEL 裡面並沒有 NVidia 官網釋出的驅動程式就是了！)所以，底下我們還是使用傳統的從 NVidia 官網上面下載相關的軟體來安裝的方式喔！

◆ **查詢硬體與下載驅動程式**

你得要先確認你的硬體為何才可以下載到正確的驅動程式啊！簡單查詢的方法可以使用 lspci 喔！還不需要拆主機機殼啦！

```
[root@study ~]# lspci | grep -Ei '(vga|display)'
00:02.0 Display controller：Intel Corporation Xeon E3-1200 v3/4th Gen Core Processor
Integrated
        Graphics Controller (rev 06)
01:00.0 VGA compatible controller：NVIDIA Corporation GF119 [GeForce GT 610] (rev a1)
# 鳥哥選的這部實體機器測試中，其實有內建 Intel 顯卡以及 NVidia GeForece GT610 這兩張卡！
# 螢幕則是接在 NVidia 顯卡上面喔！
```

建議你可以到 NVidia 的官網 (http://www.nvidia.com.tw) 自行去下載最新的驅動程式，你也可以到底下的連結直接查閱給 Linux 用的驅動程式：

- http://www.nvidia.com.tw/object/unix_tw.html

請自行選擇與你的系統相關的環境。現在 CentOS 7 都僅有 64 位元啊！所以不要懷疑，就是選擇 Linux x86_64/AMD64/EM64T 的版本就對了！不過還是得要注意你的 GPU 是舊的還是新的喔～像鳥哥剛剛查到上面使用的是 GT610 的顯卡，那使用最新長期穩定版就可以了！鳥哥下載的版本檔名有點像：NVIDIA-Linux-x86_64-352.41.run，我將這檔名放置在 /root 底下喔！接下來就是這樣做：

◆ **系統升級與取消 nouveau 模組的載入**

因為這部系統是新安裝的，所以沒有我們虛擬機裡面已經安裝好所有需要的環境了。因此，我們建議你最好是做好系統升級的動作，然後安裝所需要的編譯環境，最後還得要將 nouveau 模組排除使用！因為強迫系統不要使用 nouveau 這個驅動，這樣才能夠完整的讓 nvidia 的驅動程式運作！那就來瞧瞧怎麼做囉！

```
# 1. 先來全系統升級與安裝所需要的編譯程式與環境；
[root@study ~]# yum update
[root@study ~]# yum groupinstall "Development Tools"
[root@study ~]# yum install kernel-devel kernel-headers

# 2. 開始處理不許載入 nouveau 模組的動作！
[root@study ~]# vim /etc/modprobe.d/blacklist.conf    # 這檔案預設應該不存在
blacklist nouveau
options nouveau modeset=0

[root@study ~]# vim /etc/default/grub
GRUB_CMDLINE_LINUX="vconsole.keymap=us crashkernel=auto  vconsole.font=
latarcyrheb-sun16 rhgb quiet rd.driver.blacklist=nouveau nouveau.modeset=0"
# 在 GRUB_CMDLINE_LINUX 設定裡面加上 rd.driver.blacklist=nouveau nouveau.modeset=0

[root@study ~]# grub2-mkconfig -o /boot/grub2/grub.cfg
[root@study ~]# reboot
```

```
[root@study ~]# lsmod | grep nouveau
```
# 最後要沒有出現任何模組才是對的！

◆ **安裝驅動程式**

要完成上述的動作之後才能夠處理底下的行為喔！(檔名依照你的環境去下載與執行)：

```
[root@study ~]# systemctl isolate multi-user.target
[root@study ~]# sh NVIDIA-Linux-x86_64-352.41.run
```
# 接下來會出現底下的資料，請自行參閱圖示內容處理囉！

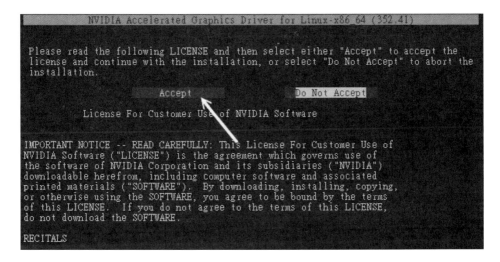

圖 23.3.1-1　Nvidia 官網驅動程式相關設定畫面示意

上面說的是授權，你必須要接受 (Accept) 才能繼續。

圖 23.3.1-2　Nvidia 官網驅動程式相關設定畫面示意

要不要安裝 32 位元相容的函式庫，鳥哥個人是認為還是裝一下比較好啦！

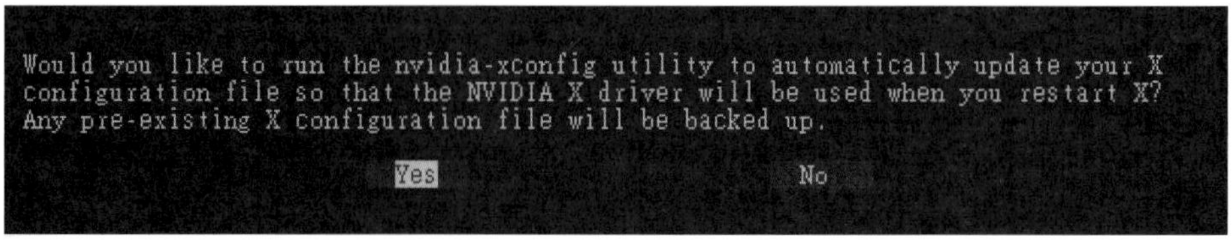

```
Would you like to run the nvidia-xconfig utility to automatically update your X
configuration file so that the NVIDIA X driver will be used when you restart X?
Any pre-existing X Configuration file will be backed up.

                    Yes                          No
```

圖 23.3.1-3　Nvidia 官網驅動程式相關設定畫面示意

讓這支安裝程式主動的去修改 xorg.conf 吧！比較輕鬆愉快！就按下 Yes 即可。

最後按下 OK 就結束安裝囉！這個時候如果你去查閱一下 /etc/X11/xorg.conf 的內容，會發現 Device 的 Driver 設定會成為 nvidia 喔！這樣就搞定囉！很簡單吧！而且這個時候你的 /usr/lib64/xorg/modules/drivers 目錄內，會多出一個 nvidia_drv.so 的驅動程式檔案囉！同時這個軟體還提供了一支很有用的程式來幫助我們進行驅動程式升級喔！

```
[root@study ~]# nvidia-installer --update
# 可以進行驅動程式的升級檢查喔！
```

好囉，那你就趕緊試看看新的顯示卡晶片的功能吧。而如果有什麼疑問的話，查閱一下 /var/log/nvidia* 開頭的登錄檔看看吧！ ^_^

## 23.3.2　AMD (ATI)

AMD 的顯卡 (ATI) 型號也很多，不過因為 AMD 的顯卡有提供成為 Open Source ，目前有個名為 ELrepo 的網站有主動提供 AMD 的顯卡驅動喔！而且是針對我們 CentOS 7 耶～好像還不賴～其實 ELrepo 也提供了 NVidia 的驅動程式啦！只是型號太多，所以鳥哥還是使用 NVidia 官網的資料來教學而已。

那如何取得 ELrepo 呢？這個網站家目錄在底下，你可以自己瞧一瞧，至於安裝 ELrepo 的 yum 設定檔方式如下：

◆ http://elrepo.org

```
[root@study ~]# rpm --import https://www.elrepo.org/RPM-GPG-KEY-elrepo.org
[root@study ~]# rpm -Uvh http://www.elrepo.org/elrepo-release-7.0-2.el7.elrepo.
noarch.rpm

[root@study ~]# yum clean all
[root@study ~]# yum --enablerepo elrepo-testing search fglrx
kmod-fglrx.x86_64 : fglrx kernel module(s)
fglrx-x11-drv.x86_64 : AMD's proprietary driver for ATI graphic cards # 這就對了！
fglrx-x11-drv-32bit.x86_64 : Compatibility 32-bit files for the 64-bit Proprietary
```

```
AMD driver
fglrx-x11-drv-devel.x86_64 : Development files for AMD OpenGL X11 display driver.

[root@study ~]# yum --enablerepo elrepo-testing install fglrx-x11-drv
# 很快的！這樣就安裝好了 AMD 的顯示卡驅動程式了耶！超開心的吧！
```

安裝完畢後，系統就會在 /usr/lib64/xorg/modules/drivers/ 裡面出現 fglrx_drv.so 這個新的驅動程式啦！與 Nvidia 相同的，ATI 也提供一支名為 aticonfig 的指令來幫忙設定 xorg.conf，你可以直接輸入『 aticonfig -v 』來看看處理的方式即可。然後你就可以重新啟動 X 來看看新的驅動程式功能囉！非常簡單吧！

### 23.3.3　Intel

老實說，由於 Intel 針對 Linux 的圖形介面驅動程式已經開放成為 Open source 了，所以理論上你不需要重新安裝 Intel 的顯示卡驅動程式的。除非你想要使用比預設的更新的驅動程式，那麼才需要重新安裝底下的驅動程式。Intel 對 Linux 的顯示卡驅動程式已經有獨立的網站在運作，如下的連結就是安裝的說明網頁：

■　https://01.org/zh/linuxgraphics

其實 Intel 的顯示卡用的地方非常的多喔！因為只要是整合型主機板晶片組，用的是 Intel 的晶片時，通常都整合了 Intel 的顯示卡囉～鳥哥使用的一組 cluster 用的就是 Intel 的晶片，所以囉～這傢伙也是用得到的啦！

一般來說，Intel 的顯示卡都常常會使用 i910 等驅動程式，而不是這個較新的 intel 驅動程式！你可以查看一下你系統是否有存在這些檔案：

```
[root@study ~]# locate libdrm
/usr/lib64/libdrm.so.2
/usr/lib64/libdrm.so.2.4.0
/usr/lib64/libdrm_intel.so.1          # 就是這幾個怪東西！
/usr/lib64/libdrm_intel.so.1.0.0
.....(底下省略).....

[root@study ~]# locate intel | grep xorg
/usr/lib64/xorg/modules/drivers/intel_drv.so
# 上面這個就是 Intel 的顯示卡驅動程式了！
```

呼呼！我們的 CentOS 有提供新的 Intel 顯示卡驅動程式啦！所以不需要重新安裝說～只是可能需要修改 xorg.conf 這個設定檔的內容。基本上，要修改的地方有：

```
[root@study ~]# vi /etc/X11/xorg.conf
Section "Device"
        Identifier   "Videocard0"
        Driver       "intel"   <==原本可能會是使用 i91x 喔
EndSection

Section "Module"
        ....(中間省略)....
        Load   "glx"     <==這兩個很重要！務必要載入！
        Load   "dri"
        ....(中間省略)....
EndSection

Section "DRI"            <==這三行是新增的！讓大家都能使用 DRI
        Mode 0666        <==基本上，就是權限的設定
EndSection
```

如果一切順利的話，接下來就是重新啟動 X 囉～使用新的 Intel 驅動程式吧！加油囉！

老實說，CentOS 7 的 Xorg 自動偵測程式作的其實還不錯，在鳥哥這次測試實體機器的系統上面安裝的圖形介面時，幾乎 Xorg 都可以正確的抓到驅動程式，連雙螢幕功能也都可以順利的啟用沒問題。所以除非必要，否則你應該不需要重新設定 xorg.conf 喔！^_^

# 23.4 重點回顧

◆ Unix Like 作業系統上面的 GUI 使用的是最初由 MIT 所開發的 X window system，在 1987 釋出 X11 版，並於 1994 更改為 X11R6，故此 GUI 介面也被稱為 X 或 X11。

◆ X window system 的 X server 最初由 XFree86 計畫所開發，後來則由 Xorg 基金會所持續開發。

◆ X window system 主要分為 X server 與 X client，其中 X Server 在管理硬體，而 X Client 則是應用程式。

◆ 在運作上，X Client 應用程式會將所想要呈現的畫面告知 X Server，最終由 X server 來將結果透過它所管理的硬體繪製出來！

◆ 每一支 X client 都不知道對方的存在，必須要透過特殊的 X client ，稱為 Window Manager 的，來管理各視窗的重疊、移動、最小化等工作。

◆ 若有需要登入圖形介面，有時會有 Display Manager 來管理這方面的動作。

◆ startx 可以偵測 X server / X client 的啟動腳本，並呼叫 xinit 來分別執行。

◆ X 可以啟動多個，各個 X 顯示的位置使用 -display 來處理，顯示位置為 :0，:1...。

◆ Xorg 是一個 X server ，設定檔位於 /etc/X11/xorg.conf ，裡面含有 Module, Files, Monitor, Device 等設定階段。目前較新的設定中，會將額外的設定放置於 /etc/X11/xorg.conf.d/*.conf。

## 23.5　本章習題

◆ 在 X 設定沒問題的情況下，你在 Linux 主機如何取得視窗介面？

◆ 利用 startx 可以在 multi-user.target 的環境下進入 X Window 系統。請問 startx 的主要功能？

◆ 如何知道你系統當中 X 系統的版本與計畫？

◆ 要瞭解為何 X 系統可以允許不同硬體、主機、作業系統之間的溝通，需要知道 X server / X client 的相關知識。請問 X Server / X client / Window manager 的主要用途功能？

◆ 如何重新啟動 X？

◆ 試說明 ~/.xinitrc 這個檔案的用途？

◆ 我在 CentOS 的系統中，預設使用 GNOME 登入 X 。但我想要改以 KDE 登入，該怎麼辦？

◆ X Server 的 port 預設開放在？

◆ Linux 主機是否可以有兩個以上的 X？

◆ X Server 的設定檔是 xorg.conf，在該檔案中，Section Files 幹嘛用的？

◆ 我發現我的 X 系統鍵盤所輸入的字母老是打不出我所需要的單字，可能原因該如何修訂？

◆ 當我的系統內有安裝 GNOME 及 KDE 兩個 X Widnow Manager ，我原本是以 KDE 為預設的 WM，若想改為 GNOME 時，應該如何修改？

## 23.6　參考資料與延伸閱讀

- ◆ 註 1：維基百科對 X Window 的介紹：http://en.wikipedia.org/wiki/X_Window_System

- ◆ 註 2：X Server/X client 與網路相關性的參考圖示：

  http://en.wikipedia.org/wiki/File:X_client_sever_example.svg

- ◆ 註 3：系統的 man page：man xinit、man Xorg、man startx

- ◆ 註 4：一些與中文字型有關的網頁連結：

  洪朝貴老師主筆的字型設定：http://www.cyut.edu.tw/~ckhung/b/gnu/font.php

- ◆ X 相關的官方網站：X.org 官方網站 (http://www.x.org/)、XFree86 官方網站 (http://www.xfree86.org/)

# 24

# Linux 核心編譯與管理

我們說的 Linux 其實指的就是核心 (kernel) 而已。這個核心控制你主機的所有硬體並提供系統所有的功能,所以說,它重不重要啊!我們開機的時候其實就是利用開機管理程式載入這個核心檔案來偵測硬體,在核心載入適當的驅動程式後,你的系統才能夠順利的運作。現今的系統由於強調線上升級機制,因此非常不建議自訂核心編譯!但是,如果你想要將你的 Linux 安裝到 USB 隨身碟、想要將你的 Eee PC 小筆電安裝自己的 Linux ,想讓你的 Linux 可以驅動你的小家電,此時,核心編譯就是相當重要的一個任務了!這一篇比較進階,如果你對系統移植沒有興趣的話,這一篇可以先略過喔!^_^

## 24.1　編譯前的任務：認識核心與取得核心原始碼

我們在第一章裡面就談過 Linux 其實指的是核心！這個『核心 (kernel)』是整個作業系統的最底層，它負責了整個硬體的驅動，以及提供各種系統所需的核心功能，包括防火牆機制、是否支援 LVM 或 Quota 等檔案系統等等，這些都是核心所負責的！所以囉，在第十九章的開機流程中，我們也會看到 MBR 內的 loader 載入核心檔案來驅動整個系統的硬體呢！也就是說，如果你的核心不認識某個最新的硬體，那麼該硬體也就無法被驅動，你當然也就無法使用該硬體囉！

### 24.1.1　什麼是核心 (Kernel)？

這已經是整個 Linux 基礎的最後一篇了，所以，底下這些資料你應該都要『很有概念』才行～不能只是『好像有印象』～好了，那就複習一下核心的相關知識吧！

◆ Kernel

還記得我們在第十章的 BASH shell 提到過：電腦真正在工作的東西其實是『**硬體**』，例如數值運算要使用到 CPU、資料儲存要使用到硬碟、圖形顯示會用到顯示卡、音樂發聲要有音效晶片、連接 Internet 可能需要網路卡等等。那麼如何控制這些硬體呢？那就是核心的工作了！也就是說，你所希望電腦幫你達成的各項工作，都需要透過『**核心**』的幫助才行！當然囉，如果你想要達成的工作是核心所沒有提供的，那麼你自然就沒有辦法透過核心來控制電腦使它工作囉！

舉例來說，如果你想要有某個網路功能 (例如核心防火牆機制)，但是你的核心偏偏忘記加進去這項功能，那麼不論你如何『賣力』的設定該網路套件，很抱歉！不來電！換句話說，**你想要讓電腦進行的工作，都必須要『核心有支援』才可以！**這個標準不論在 Windows 或 Linux 這幾個作業系統上都相同！如果有一個人開發出來一個『全新的硬體』，目前的核心不論 Windows 或 Linux 都不支援，那麼不論你用什麼系統，哈哈！這個硬體都是英雄無用武之地啦！那麼是否瞭解了『核心』的重要了呢？所以我們才需要來瞭解一下如何編譯我們的核心啦！

那麼核心到底是什麼啊？**其實核心就是系統上面的一個檔案而已，這個檔案包含了驅動主機各項硬體的偵測程式與驅動模組**。在第十九章的開機流程分析中，我們也提到這個檔案被讀入主記憶體的時機，當系統讀完 BIOS 並載入 MBR 內的開機管理程式後，就能夠載入核心到記憶體當中。然後核心開始偵測硬體，掛載根目錄並取得核心模組來驅動所有的硬體，之後呼叫 systemd 就能夠依序啟動所有系統所需要的服務了！

這個核心檔案通常被放置成 /boot/vmlinuz-xxx ，不過也不見得，**因為一部主機上面可以擁有多個核心檔案，只是開機的時候僅能選擇一個來載入而已**。甚至我們也可以在一個 distribution 上面放置多個核心，然後以這些核心來做成多重開機呢！

◆ **核心模組 (kernel module) 的用途**

既然核心檔案都已經包含了硬體偵測與驅動模組，那麼什麼是核心模組啊？要注意的是，現在的硬體更新速度太快了，如果我的核心比較舊，但我換了新的硬體，那麼，這個核心肯定無法支援！怎麼辦？重新拿一個新的核心來處理嗎？開玩笑～核心的編譯過程可是很麻煩的～

所以囉，為了這個緣故，我們的 Linux 很早之前就已經開始使用所謂的模組化設定了！亦即是將一些不常用的類似驅動程式的東東獨立出核心，編譯成為模組，然後，核心可以在系統正常運作的過程當中載入這個模組到核心的支援。如此一來，我在不需要更動核心的前提之下，只要編譯出適當的核心模組，並且載入它，呵呵！我的 Linux 就可以使用這個硬體啦！簡單又方便！

那我的模組放在哪裡啊？可惡！怎麼會問這個傻問題呢？當然一定要知道的啦！就是 /lib/modules/$(uname -r)/kernel/ 當中啦！

◆ **自製核心 - 核心編譯**

剛剛上面談到的核心其實是一個檔案，那麼這個檔案怎麼來的？當然是透過原始碼 (source code) 編譯而成的啊！因為核心是直接被讀入到主記憶體當中的，所以當然要將它編譯成為系統可以認識的資料才行！也就是說，我們必須要取得核心的原始碼，然後利用第二十一章 Tarball 安裝方式提到的編譯概念來達成核心的編譯才行啊！(這也是本章的重點啊！ ^_^)

◆ **關於驅動程式 - 是廠商的責任還是核心的責任？**

現在我們知道硬體的驅動程式可以編譯成為核心模組，所以可以在不改變核心的前提下驅動你的新硬體。但是，很多朋友還是常常感到困惑，就是 Linux 上面針對最新硬體的驅動程式總是慢了幾個腳步，所以覺得好像 Linux 的支援度不足！其實不可以這麼說的，為什麼呢？因為在 Windows 上面，對於最新硬體的驅動程式需求，基本上，也都是廠商提供的驅動程式才能讓該硬體工作的，因此，**在這個『驅動程式開發』的工作上面來說，應該是屬於硬體發展廠商的問題**，因為他要我們買他的硬體，自然就要提供消費者能夠使用的驅動程式啦！

所以，如果大家想要讓某個硬體能夠在 Linux 上面跑的話，那麼似乎可以發起一人一信的方式，強烈要求硬體開發商發展 Linux 上面的驅動程式！這樣一來，也可以促進 Linux 的發展呢！

## 24.1.2 更新核心的目的

除了 BIOS (或 UEFI) 之外，核心是作業系統中最早被載入到記憶體的東東，它包含了所有可以讓硬體與軟體工作的資訊，所以，如果沒有搞定核心的話，那麼你的系統肯定會有點小問題！好了，那麼是不是將『**所有目前核心有支援的東西都給它編譯進去我的核心中，那就可以支援目前所有的硬體與可執行的工作啦！**』！

這話說的是沒錯啦，但是你是否曾經看過一個為了怕自己今天出門會口渴、會餓、會冷、會熱、會被車撞、會摔跤、會被性騷擾，而在自己的大包包裡面放了大瓶礦泉水、便當、厚外套、短褲、防撞鋼樑、止滑墊、電擊棒....等一大堆東西，結果卻累死在半路上的案例嗎？當然有！但是很少啦！我相信不太有人會這樣做！(會這麼做的人通常都已經在醫院了～) 取而代之的是會看一下天氣，冷了就只帶外套，熱了就只帶短衣、如果穿的漂亮一點又預計晚點回家就多帶個電擊棒、出遠門到沒有便利商店的地方才多帶礦泉水....

說這個幹什麼！對啦！就是要你瞭解到，核心的編譯重點在於『**你要你的 Linux 作什麼？**』，是啦！如果沒有必要的工作，就乾脆不要加在你的核心當中了！這樣才能讓你的Linux 跑得更穩、更順暢！這也是為什麼我們要編譯核心的最主要原因了！

◆ **Linux 核心特色，與預設核心對終端用戶的角色**

Linux 的核心有幾個主要的特色，除了『Kernel 可以隨時、隨各人喜好而更動』之外，**Kernel 的『版本更動次數太頻繁』**也是一個特點！所以囉，除非你有特殊需求，否則一次編譯成功就可以啦！不需要隨時保持最新的核心版本，而且也沒有必要 (編譯一次核心要粉久的ㄋㄟ！)。

那麼**是否『我就一定需要在安裝好了 Linux 之後就趕緊給它編譯核心呢？』**，老實說，『**並不需要的**』！這是因為幾乎每一個 distribution 都已經預設編譯好了相當大量的模組了，所以使用者常常或者可能會使用到的資料都已經被編譯成為模組，也因此，呵呵！我們使用者確實不太需要重新來編譯核心！尤其是『**一般的使用者，由於系統已經將核心編譯的相當的適合一般使用者使用了，因此一般入門的使用者，基本上，不太需要編譯核心**』。

◆ **核心編譯的可能目的**

OK！那麼鳥哥閒閒沒事幹跑來寫個什麼東西？既然都不需要編譯核心還寫編譯核心的分享文章，鳥哥賣弄才學呀？很抱歉，鳥哥雖然是個『不學有術』的混混，卻也不會平白無故的寫東西請你來指教～當然是有需要才會來編譯核心啦！編譯核心的時機可以歸納為幾大類：

■ **新功能的需求**

我需要新的功能，而這個功能只有在新的核心裡面才有，那麼為了獲得這個功能，只好來重新編譯我的核心了。例如 iptables 這個防火牆機制只有在 2.4.xx 以後的版本裡面才有，而新開發的主機板晶片組，很多也需要新的核心推出之後，才能正常而且有效率的工作！

■ **原本核心太過臃腫**

如果你是那種對於系統『穩定性』很要求的人，對於核心多編譯了很多莫名其妙的功能而不太喜歡的時候，那麼就可以重新編譯核心來取消掉該功能囉。

■ **與硬體搭配的穩定性**

由於原本 Linux 核心大多是針對 Intel 的 CPU 來作開發的，所以如果你的 CPU 是 AMD 的系統時，有可能 (注意！只是有可能，不見得一定會如此) 會讓系統跑得『不太穩！』。此外，核心也可能沒有正確的驅動新的硬體，此時就得重新編譯核心來讓系統取得正確的模組才好。

■ **其他需求 (如嵌入式系統)**

就是你需要特殊的環境需求時，就得自行設計你的核心囉！( 像是一些商業的套裝軟體系統，由於需要較為小而美的作業系統，那麼它們的核心就需要更簡潔有力了！)

> 話說，2014 年鳥哥為了要搞定 banana pi (一種單版電腦，或者可以稱為手機的硬體拿來作 Linux 安裝的硬體) 的 CPU 最高時脈限制，因為該限制是直接寫入到 Linux 核心當中的，這時就只好針對該硬體的 Linux 核心，修改不到 10 行的程式碼之後，重新編譯！才能將原本限制到 900MHz 的時脈提升到 1.2GHz 哩！

另外，需要注意重新編譯核心雖然可以針對你的硬體作最佳化的步驟 (例如剛剛提到的 CPU 的問題！) ，不過由於這些最佳化的步驟對於整體效能的影響是很小很小的，因此如果是為了增加效能來編譯核心的話，基本上，效益不大！然而，如果是針對『系統穩定性』來考量的話，那麼就有充分的理由來支持你重新編譯核心囉！

**『如果系統已經運行很久了，而且也沒有什麼大問題，加上我又不增加冷門的硬體設備，那麼建議就不需要重新編譯核心了』**，因為重新編譯核心的最主要目的是『想讓系統變的更穩！』既然你的 Linux 主機已經達到這個目的了，何必再編譯核心？不過，就如同前面提到的，由於預設的核心不見得適合你的需要，加上預設的核心可能並無法與你的硬體配備相配合，此時才開始考慮重新編譯核心吧！

早期鳥哥是強調最好重新編譯核心的一群啦！不過，這個想法改變好久了～既然原本的 distribution 都已經幫我們考慮好如何使用核心了，那麼，我們也不需要再重新的編譯核心啦！尤其是 distribution 都會主動的釋出新版的核心 RPM 版本，所以，實在不需要自己重新編譯的！當然啦，如同前面提到的，如果你有特殊需求的話，那就另當別論囉！^_^

由於『**核心的主要工作是在控制硬體！**』所以編譯核心之前，請先瞭解一下你的硬體配備，與你這部主機的未來功能！由於核心是『**越簡單越好！**』所以只要將這部主機的未來功能給它編進去就好了！其他的就不用去理它啦！

## 24.1.3 核心的版本

核心的版本問題，我們在第一章已經談論過，目前 CentOS 7 使用的 3.10.x 版本為長期維護版本，不過理論上我們也可以升級到後續的主線版本上面！不會像以前 2.6.x 只能升級到 2.6.x 的後續版本，而不能改成其他主線版本。不過這也只是『理論上』而已，因為目前許多的軟體依舊與核心版本有關，例如那個虛擬化軟體 qemu 之類的，與核心版本之間是有搭配性的關係的，所以，除非你要一口氣連同核心相依的軟體通通升級，否則最好使用長期維護版本的最新版來處理較佳。

舉例來說，CentOS 7 使用的是 3.10.0 這個長期版本，而目前 (2015/09) 這個 3.10 長期版本，最新的版本為 3.10.89，意思是說，你最好是拿 3.10.89 來作為核心升級的依據，而不是拿最新的 4.2.1 來升級的意思。

雖然理論上還是拿自家長期維護版本的最新版本來處理比較好，不過鳥哥因為需要研究虛擬化的 PCI passthrough 技術，確實也曾經在 CentOS 7.1 的系統中將 3.10.x 的版本升級到 4.2.3 這個版本上！這樣才完成了 VGA 的 PCI passthrough 功能！所以說，如果你真的想要使用較新的版本來升級，也不是不可以，只是後果會發生什麼問題，就得要自行負責囉！

## 24.1.4 核心原始碼的取得方式

既然核心是個檔案，要製作這個檔案給系統使用則需要編譯，既然要有編譯，當然就得要有原始碼啊！那麼原始碼怎麼來？基本上，依據你的 distributions 去挑選的核心原始碼來源主要有：

◆ **原本 distribution 提供的核心原始碼檔案**

事實上，各主要 distributions 在推出他們的產品時，其實已經都附上了核心原始碼了！不過因為目前資料量太龐大，因此 SRPM 預設已經不給映射站下載了！主要的原始碼都放置於底下的網站上：

- 全部的 CentOS 原始 SRPM：http://vault.centos.org/
- CentOS 7.1 的 SRPM：http://vault.centos.org/7.1.1503/

CentOS 7.x 開始的版本中，其版本後面會接上釋出的日期，因為 CentOS 7.1 是 2015/03 釋出的，因此它的下載點就會是在 7.1.1503 囉！1503 指的就是 2015/03 的意思～你可以進入上述的網站後，到 updates 目錄下，一層一層的往下找，就可以找到 kernel 相關的 SRPM 囉！

你或許會說：既然要重新編譯，那麼幹嘛還要使用原本 distributions 釋出的原始碼啊？真沒創意～話不是這麼說，因為原本的 distribution 釋出的原始碼當中，含有他們設定好的預設設定值，所以，我們可以輕易的就瞭解到當初他們是如何選擇與核心及模組有關的各項設定項目的參數值，那麼就可以利用這些可以配合我們 Linux 系統的預設參數來加以修改，如此一來，我們就可以『修改核心，調整到自己喜歡的樣子』囉！而且編譯的難度也會比較低一點！

◆ **取得最新的穩定版核心原始碼**

雖然使用 distribution 釋出的核心 source code 來重新編譯比較方便，但是，如此一來，新硬體所需要的新驅動程式，也就無法藉由原本的核心原始碼來編譯啊！所以囉，如果是站在要更新驅動程式的立場來看，當然使用最新的核心可能會比較好啊！

Linux 的核心目前是由其發明者 Linus Torvalds 所屬團隊在負責維護的，而其網站在底下的站址上，在該網站上可以找到最新的 kernel 資訊！不過，美中不足的是目前的核心越來越大了 (linux-3.10.89.tar.gz 這一版，這一個檔案大約 105MB 了！)，所以如果你的 ISP 連外很慢的話，那麼使用台灣的映射站台來下載不失為一個好方法：

- 核心官網：http://www.kernel.org/
- 交大資科：ftp://linux.cis.nctu.edu.tw/kernel/linux/kernel/
- 國高中心：ftp://ftp.twaren.net/pub/Unix/Kernel/linux/kernel/

◆ **保留原本設定：利用 patch 升級核心原始碼**

如果 (1)你曾經自行編譯過核心，那麼你的系統當中應該已經存在前幾個版本的核心原始碼，以及上次你自行編譯的參數設定值才對； (2)如果你只是想要在原本的核心底下加入某些特殊功能，而該功能已經針對核心原始碼推出 patch 補丁檔案時。那你該如何進行核心原始碼的更新，以便後續的編譯呢？

其實每一次核心釋出時，除了釋出完整的核心壓縮檔之外，也會釋出『該版本與前一版本的差異性 patch 檔案』，關於 patch 的製作我們已經在第二十一章當中提及，你可以自行前往參考。這裡僅是要提供給你的資訊是，每個核心的 patch 僅有針對前一版的核心來分析而已，所以，萬一你想要由 3.10.85 升級到 3.10.89 的話，那麼你就得要下載 patch-3.10.86，patch-3.10.87，patch-3.10.88，patch-3.10.89 等檔案，然後『依序』一個一個的去進行 patch 的動作後，才能夠升級到 3.10.89 喔！這個重要！不要忘記了。

同樣的，如果是某個硬體或某些非官方認定的核心添加功能網站所推出的 patch 檔案時，你也必須要瞭解該 patch 檔案所適用的核心版本，然後才能夠進行 patch，否則容易出現重大錯誤喔！這個項目對於某些商業公司的工程師來說是很重要的。舉例來說，鳥哥的一個高中同學在業界服務，他主要是進行類似 Eee PC 開發的計畫，然而該計畫的硬體是該公司自行推出的！因此，該公司必須要自行搭配核心版本來設計他們自己的驅動程式，而該驅動程式並非 GPL 授權，因此他們就得要自行將驅動程式整合進核心！如果改天他們要將這個驅動程式釋出，那麼就得要利用 patch 的方式，將硬體驅動程式檔案釋出，我們就得要自行以 patch 來更新核心啦！

在進行完 patch 之後，你可以直接檢查一下原本的設定值，如果沒有問題，就可以直接編譯，而不需要再重新的選擇核心的參數值，這也是一個省時間的方法啊！至於 patch file 的下載，同樣是在 kernel 的相同目錄下，尋找檔名是 patch 開頭的就是了。

## 24.1.5　核心原始碼的解壓縮/安裝/觀察

其實，不論是從 CentOS 官網取得的 SRPM 或者是從 Linux kernel 官網取得的 tarball 核心原始碼，最終都會有一個 tarball 的核心原始碼就是了！因此，鳥哥從 linux kernel 官網取得 linux-3.10.89.tar.xz 這個核心檔案，這個核心檔案的原始碼是從底下的網址取得的：

- ftp://ftp.twaren.net/pub/Unix/Kernel/linux/kernel/v3.x/linux-3.10.89.tar.xz

#### ◆ 核心原始碼的解壓縮與放置目錄

鳥哥這裡假設你也是下載上述的連結內的檔案，然後該檔案放置到 /root 底下。由於 Linux 核心原始碼一般建議放置於 /usr/src/kernels/ 目錄底下，因此你可以這樣處理：

```
[root@study ~]# tar -Jxvf linux-3.10.89.tar.xz -C /usr/src/kernels/
```

此時會在 /usr/src/kernels 底下產生一個新的目錄，那就是 linux-3.10.89 這個目錄囉！我們在下個小節會談到的各項編譯與設定，都必須要在這個目錄底下進行才行喔！好了，那麼這個目錄底下的相關檔案有啥東東？底下就來談談：

◆ **核心原始碼下的次目錄**

在上述核心目錄下含有哪些重要資料呢？基本上有底下這些東西：

■ arch ：與硬體平台有關的項目，大部分指的是 CPU 的類別，例如 x86, x86_64, Xen 虛擬支援等。

■ block ：與區塊裝置較相關的設定資料，區塊資料通常指的是大量儲存媒體！還包括類似 ext3 等檔案系統的支援是否允許等。

■ crypto ：核心所支援的加密的技術，例如 md5 或者是 des 等等。

■ Documentation ：與核心有關的一堆說明文件，若對核心有極大的興趣，要瞧瞧這裡！

■ drivers ：一些硬體的驅動程式，例如顯示卡、網路卡、PCI 相關硬體等等。

■ firmware ：一些舊式硬體的微指令碼 (韌體) 資料。

■ fs ：核心所支援的 filesystems ，例如 vfat，reiserfs，nfs 等等。

■ include ：一些可讓其他程序呼叫的標頭 (header) 定義資料。

■ init ：一些核心初始化的定義功能，包括掛載與 init 程式的呼叫等。

■ ipc ：定義 Linux 作業系統內各程序的溝通。

■ kernel ：定義核心的程序、核心狀態、執行緒、程序的排程 (schedule)、程序的訊號 (signle) 等。

■ lib ：一些函式庫。

■ mm ：與記憶體單元有關的各項資料，包括 swap 與虛擬記憶體等。

■ net ：與網路有關的各項協定資料，還有防火牆模組 (net/ipv4/netfilter/*) 等等。

■ security ：包括 selinux 等在內的安全性設定。

■ sound ：與音效有關的各項模組。

■ virt ：與虛擬化機器有關的資訊，目前核心支援的是 KVM (Kernel base Virtual Machine)。

這些資料先大致有個印象即可，至少未來如果你想要使用 patch 的方法加入額外的新功能時，你要將你的原始碼放置於何處？這裡就能夠提供一些指引了。當然，最好還是跑到 Documentation 那個目錄底下去瞧瞧正確的說明，對你的核心編譯會更有幫助喔！

## 24.2　核心編譯的前處理與核心功能選擇

什麼？核心編譯還要進行前處理？沒錯啦！事實上，核心的目的在管理硬體與提供系統核心功能，因此你必須要先找到你的系統硬體，並且規劃你的主機未來的任務，這樣才能夠編譯出適合你這部主機的核心！所以，整個核心編譯的重要工作就是在『挑選你想要的功能』。底下鳥哥就以自己的一部主機軟/硬體環境來說明，解釋一下如何處理核心編譯囉！

### 24.2.1　硬體環境檢視與核心功能要求

鳥哥的一部主機硬體環境如下 (在虛擬機中，透過 /proc/cpuinfo 及 lspci 觀察)：

◆　CPU：Intel(R) Xeon(R) CPU E5-2650

◆　主機板晶片組：KVM 虛擬化模擬的主版 (Intel 440FX 相容)

◆　顯示卡：Red Hat，Inc. QXL paravirtual graphic card

◆　記憶體：2.0GB 記憶體

◆　硬碟：KVM Virtio 介面磁碟 40G (非 IDE/SATA/SAS 喔！)

◆　網路卡：Red Hat，Inc Virtio network device

硬體大致如上，至於這部主機的需求，是希望做為未來在鳥哥上課時，可以透過虛擬化功能來處理學生的練習用虛擬機器。這部主機也是鳥哥用來放置學校上課教材的機器，因此，這部主機的 I/O 需求須要好一點，未來還需要開啟防火牆、WWW 伺服器功能、FTP 伺服器功能等，基本上，用途就是一部小型的伺服器環境囉。大致上需要這樣的功能啦！

### 24.2.2　保持乾淨原始碼：make mrproper

瞭解了硬體相關的資料後，我們還得要處理一下核心原始碼底下的殘留檔案才行！假設我們是第一次編譯，但是我們不清楚到底下載下來的原始碼當中有沒有保留目標檔案 (*.o) 以及相關的設定檔存在，此時我們可以透過底下的方式來處理掉這些『編譯過程的目標檔案以及設定檔』：

```
[root@study ~]# cd /usr/src/kernels/linux-3.10.89/
[root@study linux-3.10.89]# make mrproper
```

請注意，**這個動作會將你以前進行過的核心功能選擇檔案也刪除掉**，所以幾乎只有第一次執行核心編譯前才進行這個動作，其餘的時刻，你想要刪除前一次編譯過程的殘留資料，只要下達：

```
[root@study linux-3.10.89]# make clean
```

　　因為 make clean 僅會刪除類似目標檔之類的編譯過程產生的中間檔案，而不會刪除設定檔！很重要的！千萬不要搞亂了喔！好了，既然我們是第一次進行編譯，因此，請下達『make mrproper』吧！

## 24.2.3　開始挑選核心功能：make XXconfig

　　不知道你有沒有發現 /boot/ 底下存在一個名為 config-xxx 的檔案？那個檔案其實就是核心功能列表檔！我們底下要進行的動作，其實就是作出該檔案！而我們後續小節所要進行的編譯動作，其實也就是透過這個檔案來處理的！核心功能的挑選，最後會在 /usr/src/kernels/linux-3.10.89/ 底下產生一個名為 .config 的隱藏檔，這個檔案就是 /boot/config-xxx 的檔案啦！那麼這個檔案如何建立呢？你可以透過非常多的方法來建立這個檔案！常見的方法有：[註1]

◆　make menuconfig

　　最常使用的，是文字模式底下可以顯示類似圖形介面的方式，不需要啟動 X Window 就能夠挑選核心功能選單！

◆　make oldconfig

　　透過使用已存在的 ./.config 檔案內容，使用該檔案內的設定值為預設值，只將新版本核心內的新功能選項列出讓使用者選擇，可以簡化核心功能的挑選過程！對於作為升級核心原始碼後的功能挑選來說，是非常好用的一個項目！

◆　make xconfig

　　透過以 Qt 為圖形介面基礎功能的圖形化介面顯示，需要具有 X window 的支援。例如 KDE 就是透過 Qt 來設計的 X Window，因此你如果在 KDE 畫面中，可以使用此一項目。

◆　make gconfig

　　透過以 Gtk 為圖形介面基礎功能的圖形化介面顯示，需要具有 X window 的支援。例如 GNOME 就是透過 Gtk 來設計的 X Window，因此你如果在 GNOME 畫面中，可以使用此一項目。

◆　make config

　　最舊式的功能挑選方法，每個項目都以條列式一條一條的列出讓你選擇，如果設定錯誤只能夠再次選擇，很不人性化啊！

大致的功能選擇有上述的方法，更多的方式可以參考核心目錄下的 README 檔案。鳥哥個人比較偏好 make menuconfig 這個項目啦！如果你喜歡使用圖形介面，然後使用滑鼠去挑選所需要的功能時，也能使用 make xconfig 或 make gconfig ，不過需要有相關的圖形介面支援！如果你是升級核心原始碼並且需要重新編譯，那麼使用 make oldconfig 會比較適當！

◆ **透過既有的設定來處理核心項目與功能的選擇**

如果你跟鳥哥一樣懶，那可以這樣思考一下。既然我們的 CentOS 7 已經有提供它的核心設定值，我們也只是想要修改一些小細節而已，那麼能不能以 CentOS 7 的核心功能為底，然後來細部微調其他的設定呢？當然可以啊！你只要這樣做即可：

```
[root@study linux-3.10.89]# cp /boot/config-3.10.0-229.11.1.el7.x86_64 .config
# 上面那個版本請依據你自己的環境來填寫～
```

接下來要開始調整囉！那麼如何選擇呢？以 make menuconfig 來說，出現的畫面會有點像這樣：

> 注意，你可能會被要求安裝好多軟體，請自行使用 yum 來安裝喔！這裡不再介紹了！另外：『不要再使用 make mrproper 』喔！因為我們已經複製了 .config 啊！使用 make mrproper 會將 .config 刪除喔！

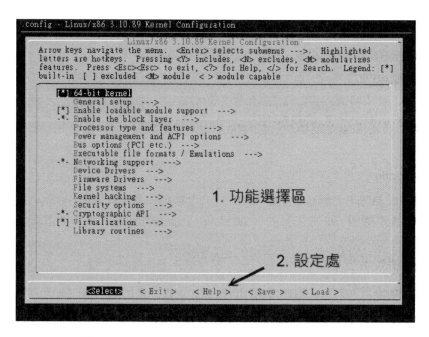

圖 24.2.1　make menuconfig 核心功能挑選選單示意圖

看到上面的圖示之後，你會發現畫面主要分為兩大部分，一個是大框框內的反白光柱，另一個則是底下的小框框，裡面有 select，exit 與 help 三個選項的內容。這幾個元件的大致用法如下：

◆ 『左右方向鍵』：可以移動最底下的 <Select>，<Exit>，<Help>項目。

◆ 『上下方向鍵』：可以移動上面大框框部分的反白光柱，若該行有箭頭 (--->) 則表示該行內部還有其他細項需要來設定的意思。

◆ 選定項目：以『上下鍵』選擇好想要設定的項目之後，並以『左右鍵』選擇 <Select> 之後，按下『 Enter 』就可以進入該項目去作更進一步的細部設定囉。

◆ 可挑選之功能：在細部項目的設定當中，如果前面有 [ ] 或 < > 符號時，該項目才可以選擇，而選擇可以使用『空白鍵』來選擇。

◆ 若為 [*] <*> 則表示編譯進核心；若為 <M> 則表示編譯成模組！盡量在不知道該項目為何時，且有模組可以選，那麼就可以直接選擇為模組囉！

◆ 當在細項目選擇 <Exit> 後，並按下 Enter ，那麼就可以離開該細部項目囉！

基本上建議只要『上下左右的方向鍵、空白鍵、Enter』這六個按鍵就好了！不要使用 Esc ，否則一不小心就有可能按錯的！另外，關於整個核心功能的選擇上面，建議你可以這樣思考：

◆ 『肯定』核心一定要的功能，直接編譯進核心內。

◆ 『可能在未來會用到』的功能，那麼盡量編譯成為模組。

◆ 『不知道那個東西要幹嘛的，看 help 也看不懂』的話，那麼就保留預設值，或者將它編譯成為模組。

總之，盡量保持核心小而美，剩下的功能就編譯成為模組，尤其是『需要考慮到未來擴充性』，像鳥哥之前認為螃蟹卡就夠我用的了，結果，後來竟然網站流量大增，鳥哥只好改換 3Com 的網路卡。不過，我的核心卻沒有相關的模組可以使用～因為......鳥哥自己編譯的核心忘記加入這個模組了。最後，只好重新編譯一次核心的模組，呵呵！真是慘痛的教訓啊！

## 24.2.4 核心功能細項選擇

由上面的圖示當中，我們知道核心的可以選擇的項目有很多啊！光是第一面，就有 17 個項目，每個項目內還有不同的細項！哇！真是很麻煩啊～每個項目其實都可能有 <Help> 的說明，所以，如果看到不懂的項目，務必使用 Help 查閱查閱！好了，底下我們就一個一個項目來看看如何選擇吧！

在底下的案例中，因為鳥哥使用的是 CentOS 7.1 的核心設定檔來進行預設的設定，所以基本上許多預設的設定都不用重新調整。底下只列出幾個鳥哥認為比較重要的設定項目。其他更詳細的核心功能項目，還請自行參考 help 的說明喔！

◆ General setup

與 Linux 最相關的程序互動、核心版本說明、是否使用發展中程式碼等資訊都在這裡設定的。這裡的項目主要都是針對核心與程式之間的相關性來設計的，基本上，保留預設值即可！不要隨便取消底下的任何一個項目，因為可能會造成某些程式無法被同時執行的困境喔！不過底下有非常多新的功能，如果你有不清楚的地方，可以按 <Help> 進入查閱，裡面會有一些建議！你可以依據 Help 的建議來選擇新功能的啟動與否！

```
(vbird)  Local version - append to kernel release
[*] Automatically append version information to the version string
    # 我希望我的核心版本成為 3.10.89.vbird ，那這裡可以就這樣設定！
    Kernel compression mode (Bzip2)  --->
    # 建議選擇成為 Bzip2 即可，因為壓縮比較佳！
.....(其他保留預設值).....


<M> Kernel .config support
[ ]   Enable access to .config through /proc/config.gz (NEW)
    # 讓 .config 這個核心功能列表可以寫入實際的核心檔案中！所以就不需要保留 .config 檔案囉！
(20) Kernel log buffer size (16 => 64KB, 17 => 128KB)
    # CentOS 7 增加了核心的登錄檔容量！佔用了 2 的 20 次方，大概用了 1MB 的容量！
.....(其他保留預設值).....


[*] Initial RAM filesystem and RAM disk (initramfs/initrd) support
()    Initramfs source file(s)
    # 這是一定要的！因為要支援開機時載入 initail RAM disk 嘛！
[ ] Optimize for size
    # 減低核心的檔案大小，其實 gcc 參數使用 -Os 而不是 -O2。不過我們不是嵌入式系統，不太需要！
[ ] Configure standard kernel features (expert users)  --->
[ ] Embedded system
    # 上面兩個在決定是否支援嵌入式系統呢？我們這裡是桌機，所以這個不用選擇了！
.....(其他保留預設值).....
```

◆ **loadable module + block layer**

要讓你的核心能夠支援動態的核心模組，那麼底下的第一個設定就得要啟動才行！至於
第二個 block layer 則預設是啟動的，你也可以進入該項目的細項設定，選擇其中你認為
需要的功能即可！

```
[*] Enable loadable module support  ---> <==底下為細項
 --- Enable loadable module support
 [*]    Forced module loading
 [*]    Module unloading
 [*]     Forced module unloading  # 其實鳥哥認為這個項目可能可以選擇的！免得常常無法卸載模組！
 [*]    Module versioning support
 [*]    Source checksum for all modules
 [*]    Module signature verification
 [ ]      Require modules to be validly signed
 [*]      Automatically sign all modules
          Which hash algorithm should modules be signed with?# 可以選擇 SHA256 即可！
=============================================================================
 -*- Enable the block layer  --->  <==看吧！預設就是已經選擇了！底下為細項
 -*-    Block layer SG support v4
 -*-    Block layer SG support v4 helper lib
 [*]    Block layer data integrity support
 [*]    Block layer bio throttling support
        Partition Types  --->  # 至少底下的數個項目要選擇！
 [*]      Macintosh partition map support
 [*]      PC BIOS (MSDOS partition tables) support
 [*]      Windows Logical Disk Manager (Dynamic Disk) support
 [*]      SGI partition support
 [*]      EFI GUID Partition support
.....(其他保留預設值).....

        IO Schedulers  --->  # 磁碟佇列的處理方式
 <*>      Deadline I/O scheduler        # 鳥哥非常建議將此項目設定為核心功能！
 <*>      CFQ I/O scheduler
 [*]        CFQ Group Scheduling support
          Default I/O scheduler (Deadline)  --->  # 相當建議改為Deadline
```

◆ **CPU 的類型與功能選擇**

進入『Processor type and features』後，請挑選你主機的實際 CPU 形式。鳥哥這裡使用
的是 Intel E5 的 CPU，而且鳥哥的主機還有啟動 KVM 這個虛擬化的服務 (在一部主機上
面同時啟動多個作業系統)，因此，所以底下的選擇是這樣的：

```
.....(其他保留預設值).....
  [*] Linux guest support  --->      # 提供 Linux 虛擬化功能
  [*]   Enable paravirtualization code   # 至少底下這幾樣一定要有選擇才好!
  [*]     Paravirtualization layer for spinlocks
  [*]     Xen guest support
  [*]     KVM Guest support (including kvmclock)
  [*]     Paravirtual steal time accounting
.....(其他保留預設值).....

      Processor family (Generic-x86-64)  --->   # 除非你是舊系統,否則就用它!
  [*] Enable Maximum number of SMP Processors and NUMA Nodes
  [*] Multi-core scheduler support
      Preemption Model (No Forced Preemption (Server)  --->  # 調整成 server 喔!
.....(其他保留預設值).....

      Timer frequency (300 HZ)  --->  # server 設定成 300 即可!
  # 這個項目則與核心針對某個事件立即回應的速度有關。Server 用途可以調整到
  # 300Hz 即可,如果是桌上型電腦使用,需要調整高一點,例如 1000Hz 較佳!
.....(其他保留預設值).....
```

◆ **電源管理功能**

如果選擇了『Power management and ACPI options』之後,就會進入系統的電源管理機制中。其實電源管理機制還需要搭配主機板以及 CPU 的相關省電功能,才能夠實際達到省電的效率啦!不論是 Server 還是 Desktop 的使用,在目前電力不足的情況下,能省電就加以省電吧!

```
.....(其他保留預設值).....
  [*] ACPI (Advanced Configuration and Power Interface) Support  --->
  # 對嵌入式系統來說,由於可能會增加核心容量故需要考慮考慮。至於 desktop/server 當然就選擇啊
  # 至於內容細項大致保持預設值即可
      CPU Frequency scaling  --->
  # 決定 CPU 時脈的一個重要項目,基本上的項目是 ondemand 與 performance 兩者!
  <M>   CPU frequency translation statistics
  [*]     CPU frequency translation statistics details
          Default CPUFreq governor (ondemand)  --->   # 現在大家都建議用這個!
  -*-   'performance' governor
  <*>   'powersave' governor
  <*>   'userspace' governor for userspace frequency scaling
  -*-   'ondemand' cpufreq policy governor
  <*>   'conservative' cpufreq governor
          x86 CPU frequency scaling drivers  --->
```

# 這個子項目內全部都是省電機制，能編成模組的全部選擇！要加入核心的都加入就對了！

◆ **一些匯流排 (bus) 的選項**

這個『Bus options (PCI etc.)』項目則與匯流排有關啦！分為最常見的 PCI 與 PCI-express 的支援，還有筆記型電腦常見的 PCMCIA 插卡啊！要記住的是，那個 PCI-E 的介面務必 要選取！不然你的新顯示卡可能會捉不到！

```
[*] PCI support
[*]    Support mmconfig PCI config space access
[*]    PCI Express support
<*>      PCI Express Hotplug driver
.....(其他在 PCI Express 底下的項目大多保留預設值).....
-*- Message Signaled Interrupts (MSI and MSI-X)
<*> PCI Stub driver    # 如果要玩虛擬化，這個部分建議編進核心！
.....(其他保留預設值).....
```

◆ **編譯後執行檔的格式**

選擇『Executable file formats / Emulations』會見到如下選項。底下的選項必須要勾選才 行喔！因為是給 Linux 核心運作執行檔之用的資料。通常是與編譯行為有關啦！

```
-*- Kernel support for ELF binaries
[*] Write ELF core dumps with partial segments
<*> Kernel support for scripts starting with #!
<M> Kernel support for MISC binaries
[*] IA32 Emulation
<M>    IA32 a.out support
[*]    x32 ABI for 64-bit mode
# 因為我們的 CentOS 已經是純 64 位元的環境！所以個人建議這裡還是要選擇模擬 32 位元的功能！
# 不然若有些比較舊的軟體，恐怕會無法被你的系統所執行喔！
```

◆ **核心的網路功能**

這個『Networking support』項目是相當重要的選項，因為它還包含了防火牆相關的項 目！就是未來在伺服器篇會談到的防火牆 iptables 這個資料啊！所以，千萬注意了！在 這個設定項目當中，很多東西其實我們在基礎篇還沒有講到，因為大部分的參數都與網 路、防火牆有關！由於防火牆是在啟動網路之後再設定即可，所以**絕大部分的內容都可 以被編譯成為模組，而且也建議你編成模組**！有用到再載入到核心即可啊！

```
--- Networking support
    Networking options   --->
    # 就是這個光啊！裡面的資料全部都是重要的防火牆項目！盡量編成模組囉！
```

```
      # 至於不曉得功能的部分，就盡量保留預設值即可！
      # 底下的資料中，鳥哥只有列出原本沒有選擇，後來建議選擇的部分
      [*] Network packet filtering framework (Netfilter)  --->
      # 這個就是我們一直講的防火牆部分！裡面細項幾乎全選擇成為模組！
          --- Network packet filtering framework (Netfilter)
              Core Netfilter Configuration  --->
              <M> Transparent proxying support
==============================================================================
      [*] QoS and/or fair queueing  ---> <==內容同樣全為模組！
          Network testing  ---> <==保留成模組預設值
==============================================================================
# 底下的則是一些特殊的網路設備，例如紅外線啊、藍牙啊！
# 如果不清楚的話，就使用模組吧！除非你真的知道不要該項目！
<M>   Bluetooth subsystem support  --->
      # 這個是藍牙支援，同樣的，裡面除了必選之外，其他通通挑選成為模組！
[*]   Wireless  --->
      # 這個則是無線網路設備，裡面保留預設值，但可編成模組的就選模組
<M>   WiMAX Wireless Broadband support  --->
      # 新一代的無線網路，也請勾選成為模組！
<M>   NFC subsystem support  --->
      # 跟卡片比較有關的晶片支援，建議編譯成模組，內部資料也是編譯成模組為佳！
```

◆ **各項裝置的驅動程式**

進入『Device Drivers』這個是所有硬體裝置的驅動程式庫！哇！光是看到裡面這麼多內容，鳥哥頭都昏了～不過，為了你自己的主機好，建議你還是得要一個項目一個項目的去挑選挑選才行～這裡面的資料就與你主機的硬體有絕對的關係了！

在這裡面真的很重要，因為很多資料都與你的硬體有關。核心推出時的預設值是比較符合一般狀態的，所以很多資料其實保留預設值就可以編的很不錯了！不過，也因為較符合一般狀態，所以核心額外的編譯進來很多跟你的主機系統不符合的資料，例如網路卡裝置～你可以針對你的主機板與相關硬體來進行編譯。不過，還是要記得有『未來擴充性』的考量！之前鳥哥不是談過嗎，我的網路卡由螃蟹卡換成 3Com 時，核心捉不到～因為...鳥哥並沒有將 3Com 的網路卡編譯成為模組啊！@_@

```
# 大部分都保留預設值，鳥哥只是就比較重要的部分拿出來做說明而已！
      <M> Serial ATA and Parallel ATA drivers  --->  # 就是 SATA/IDE 磁碟！大多數選擇為模組！
      [*] Multiple devices driver support (RAID and LVM)  ---> # 就是 LVM 與 RAID！要選要選！
      -*- Network device support  ---> # 網路方面的設備，網卡與相關媒體啦！
          -*-   Network core driver support
          <M>   Bonding driver support                # 與網卡整合有關的項目！要選！
          <M>   Ethernet team driver support  --->  # 與 bonding 差不多的功能！要選！
```

```
          <M>      Virtio network driver              # 虛擬化的網卡驅動程式！要選！
      -*-    Ethernet driver support  --->           # 乙太網卡！裡面的一堆 10G 卡要選！
          <M>      Chelsio 10Gb Ethernet support
          <M>      Intel(R) PRO/10GbE support
      <M>    PPP (point-to-point protocol) support   # 與撥接有關的協定！
          USB Network Adapters  --->                 # 當然全部編譯為模組！
      [*]    Wireless LAN  --->                       # 無線網卡也相當重要！裡面全部變成模組！
================================================================================
  [ ] GPIO Support  --->              # 若有需要使用類似樹莓派、香蕉派才需要這東西！
  <M> Multimedia support  --->        # 多媒體裝置，如影像擷取、廣播音效卡等等
      Graphics support  --->          # 顯示卡！如果是作為桌上型使用，這裡就重要了！
  <M> Sound card support  --->        # 音效卡，同樣的，桌上型電腦使用時，比較重要！
  [*] USB support  --->               # 就是 USB！底下幾個內部的細項要注意是勾選的！
      <*>    xHCI HCD (USB 3.0) support
      <*>    EHCI HCD (USB 2.0) support
      <*>    OHCI HCD support
      <*>    UHCI HCD (most Intel and VIA) support
  <M> InfiniBand support  --->        # 較高階的網路設備，速度通常達到 40Gb 以上！
  <M> VFIO Non-Privileged userspace driver framework  --->  # 作為 VGA passthrought 用！
      [*]    VFIO PCI support for VGA devices
  [*] Virtualization drivers  --->  # 虛擬化的驅動程式！
      Virtio drivers  --->            # 在虛擬機裡面很重要的驅動程式項目！
  [*] IOMMU Hardware Support  --->  # 同樣的與虛擬化相關性較高！
```

至於『 Firmware Drivers 』的項目，請視你的需求來選擇～基本上就保留設定值即可！
所以鳥哥這裡就不顯示囉！

◆ **檔案系統的支援**

檔案系統的支援也是很重要的一項核心功能！因為如果不支援某個檔案系統，那麼我們
的 Linux kernel 就無法認識，當然也就無法使用啦！例如 Quota，NTFS 等等特殊的
filesystem 。這部分也是有夠麻煩～因為涉及核心是否能夠支援某些檔案系統，以及某
些作業系統支援的 partition table 項目。在進行選擇時，也務必要特別的小心在意喔！
尤其是我們常常用到的網路作業系統 (NFS/Samba 等等)，以及基礎篇談到的 Quota
等，你都得要勾選啊！否則是無法被支援的。如果你有興趣，也可以將 NTFS 的檔案系
統設定為可讀寫看看囉！

```
# 底下僅有列出比較重要及與預設值不同的項目而已喔！所以項目少很多！
    <M> Second extended fs support              # 預設已經不支援 ext2/ext3，這裡我們將
它加回來！
    <M> Ext3 journalling file system support
    [*]    Default to 'data=ordered' in ext3 (NEW)
```

```
[*]     Ext3 extended attributes (NEW)
[*]        Ext3 POSIX Access Control Lists
<M> The Extended 4 (ext4) filesystem        # 一定要有的支援
<M> Reiserfs support
<M> XFS filesystem support                  # 一定要有的支援！
[*]     XFS Quota support
[*]     XFS POSIX ACL support
[*]     XFS ReAltime subvolume support      # 增加這一項好了！
<M> Btrfs filesystem support                # 最好有支援！
[*] Quota support
<*> Quota format vfsv0 and vfsv1 support
<*> Kernel automounter version 4 support (also supports v3)
<M> FUSE (Filesystem in Userspace) support
    DOS/FAT/NT Filesystems   --->
    <M> MSDOS fs support
    <M> VFAT (Windows-95) fs support
    (950) Default codepage for FAT          # 要改成這樣喔！中文支援！
    (utf8) Default iocharset for FAT        # 要改成這樣喔！中文支援！
    <M> NTFS file system support            # 建議加上 NTFS 喔！
    [*]    NTFS write support               # 讓它可讀寫好了！
    Pseudo filesystems   --->               # 類似 /proc ，保留預設值
-*- Miscellaneous filesystems   --->        # 其他檔案系統的支援，保留預設值
[*] Network File Systems   --->             # 網路檔案系統！很重要！也要挑挑！
    <M>    NFS client support
    <M>    NFS server support
    [*]      NFS server support for NFS version 4
    <M>    CIFS support (advanced network filesystem, SMBFS successor)
    [*]        Extended statistics
    [*]    Provide CIFS client caching support
-*- Native language support   --->          # 選擇預設的語系
    (utf8) Default NLS Option
    <M>    Traditional Chinese charset (Big5)
```

### ◆ 核心駭客、資訊安全、密碼應用

再接下來有個『Kernel hacking』的項目，那是與核心開發者比較有關的部分，這部分建議保留預設值即可，應該不需要去修改它！除非你想要進行核心方面的研究喔。然後底下有個『Security Options』，那是屬於資訊安全方面的設定，包括 SELinux 這個細部權限強化模組也在這裡編入核心的！這個部分只要記得 SELinux 作為預設值，且務必要將 NSA SELinux 編進核心即可，其他的細部請保留預設值。

另外還有『 Cryptographic API 』這個密碼應用程式介面工具選項,以前的預設加密機制為 MD5,近年來則改用了 SHA 這種機制。不過,反正預設已經將所有的加密機制編譯進來了,所以也是可以保留預設值啦!都不需要額外修改就是了!

◆ **虛擬化與函式庫**

虛擬化是近年來非常熱門的一個議題,因為電腦的能力太強,所以時常閒置在那邊,此時,我們可以透過虛擬化技術在一部主機上面同時啟動多個作業系統來運作,這就是所謂的虛擬化。Linux 核心已經主動的納入虛擬化功能喔!而 Linux 認可的虛擬化使用的機制為 KVM (Kernel base Virtual Machine)。至於常用的核心函式庫也可以全部編為模組囉!

```
[*] Virtualization  --->
    --- Virtualization
    <M>  Kernel-based Virtual Machine (KVM) support
    <M>     KVM for Intel processors support
    <M>     KVM for AMD processors support
    [*]     Audit KVM MMU
    [*]     KVM legacy PCI device assignment support # 雖然已經有 VFIO,不過建議還是選起來!
    <M>     Host kernel accelerator for virtio net
=============================================================================
Library routines  --->
    # 這部分全部保留預設值即可!
```

現在請回到如圖 24.2.1 的畫面中,在下方設定處移動到『Save』的選項,點選該項目,在出現的視窗中確認檔名為 .config 之後,直接按下『OK』按鈕,這樣就將剛剛處理完畢的選項給記錄下來了。接下來可以選擇離開選單畫面,準備讓我們來進行編譯的行為囉。

要請你注意的是,上面的資料主要是適用在鳥哥的個人機器上面的,目前鳥哥比較習慣使用原本 distributions 提供的預設核心,因為它們也會主動的進行更新,所以鳥哥就懶的自己重編核心了~ ^_^

此外,因為鳥哥重視的地方在於『網路伺服器與虛擬化伺服器』上面,所以裡頭的設定少掉了相當多的個人桌上型 Linux 的硬體編譯!所以,如果你想要編譯出一個適合你的機器的核心,那麼可能還有相當多的地方需要來修正的!不論如何,請隨時以 Help 那個選項來看一看內容吧!反正 Kernel 重編的機率不大!花多一點時間重新編譯一次!然後將該編譯完成的參數檔案儲存下來,未來就可以直接將該檔案叫出來讀入了!所以花多一點時間安裝一次就好!那也是相當值得的!

# 24.3 核心的編譯與安裝

將最複雜的核心功能選擇完畢後，接下來就是進行這些核心、核心模組的編譯了！而編譯完成後，當然就是需要使用囉～那如何使用新核心呢？就得要考慮 grub 這個玩意兒啦！底下我們就米處埋處埋：

## 24.3.1 編譯核心與核心模組

核心與核心模組需要先編譯起來，而編譯的過程其實非常簡單，你可以先使用『 make help 』去查閱一下所有可用編譯參數，就會知道有底下這些基本功能：

```
[root@study linux-3.10.89]# make vmlinux   <==未經壓縮的核心
[root@study linux-3.10.89]# make modules   <==僅核心模組
[root@study linux-3.10.89]# make bzImage   <==經壓縮過的核心(預設)
[root@study linux-3.10.89]# make all       <==進行上述的三個動作
```

我們常見的在 /boot/ 底下的核心檔案，都是經過壓縮過的核心檔案，因此，上述的動作中比較常用的是 modules 與 bzImage 這兩個，其中 bzImage 第三個字母是英文大寫的 I 喔！bzImage 可以製作出壓縮過後的核心，也就是一般我們拿來進行系統開機的資訊囉！所以，基本上我們會進行的動作是：

```
[root@study linux-3.10.89]# make -j 4 clean     <==先清除暫存檔
[root@study linux-3.10.89]# make -j 4 bzImage   <==先編譯核心
[root@study linux-3.10.89]# make -j 4 modules   <==再編譯模組
[root@study linux-3.10.89]# make -j 4 clean bzImage modules   <==連續動作！
```

上述的動作會花費非常長的時間，編譯的動作依據你選擇的項目以及你主機硬體的效能而不同。此外，為啥要加上 -j 4 呢？因為鳥哥的系統上面有四個 CPU 核心，這幾個核心可以同時進行編譯的行為，這樣在編譯時速度會比較快！如果你的 CPU 核心數 (包括超執行緒) 有多個，那這個地方請加上你的可用 CPU 數量吧！

最後製作出來的資料是被放置在 /usr/src/kernels/linux-3.10.89/ 這個目錄下，還沒有被放到系統的相關路徑中喔！在上面的編譯過程當中，如果有發生任何錯誤的話，很可能是由於核心項目的挑選選擇的不好，可能你需要重新以 make menuconfig 再次的檢查一下你的相關設定喔！如果還是無法成功的話，那麼或許將原本的核心資料內的 .config 檔案，複製到你的核心原始檔目錄下，然後據以修改，應該就可以順利的編譯出你的核心了。最後注意到，下達了 make bzImage 後，最終的結果應該會像這樣：

```
Setup is 16752 bytes (padded to 16896 bytes).
System is 4404 kB
CRC 30310acf
Kernel: arch/x86/boot/bzImage is ready   (#1)
[root@study linux-3.10.89]# ll arch/x86/boot/bzImage
-rw-r--r--. 1 root root 4526464 Oct 20 09:09 arch/x86/boot/bzImage
```

可以發現你的核心已經編譯好而且放置在 /usr/src/kernels/linux-3.10.89/arch/
x86/boot/bzImage 裡面囉～那個就是我們的核心檔案！最重要就是它啦！我們等一下就會安
裝到這個檔案哩！然後就是編譯模組的部分囉～make modules 進行完畢後，就等著安裝
啦！ ^_^

### 24.3.2　實際安裝模組

安裝模組前有個地方得要特別強調喔！我們知道模組是放置到 /lib/modules/$(uname -r)
目錄下的，那如果**同一個版本的模組被反覆編譯後來安裝時，會不會產生衝突**呢？舉例來
說，鳥哥這個 3.10.89 的版本第一次編譯完成且安裝妥當後，發現有個小細節想要重新處
理，因此又重新編譯過一次，那兩個版本一模一樣時，模組放置的目錄會一樣，此時就會產
生衝突了！如何是好？有兩個解決方法啦：

◆ 先將舊的模組目錄更名，然後才安裝核心模組到目標目錄去。

◆ 在 make menuconfig 時，那個 General setup 內的 Local version 修改成新的名稱。

鳥哥建議使用第二個方式，因為如此一來，你的模組放置的目錄名稱就不會相同，這樣
也就能略過上述的目錄同名問題囉！好，那麼如何安裝模組到正確的目標目錄呢？很簡單，
同樣使用 make 的功能即可：

```
[root@study linux-3.10.89]# make modules_install
[root@study linux-3.10.89]# ll /lib/modules/
drwxr-xr-x. 7 root root 4096 Sep  9 01:14 3.10.0-229.11.1.el7.x86_64
drwxr-xr-x. 7 root root 4096 May  4 17:56 3.10.0-229.el7.x86_64
drwxr-xr-x. 3 root root 4096 Oct 20 14:29 3.10.89vbird  # 這就是剛剛裝好的核心模組
```

看到否，最終會在 /lib/modules 底下建立起你這個核心的相關模組喔！不錯吧！模組這
樣就已經處理妥當囉～接下來，就是準備要進行核心的安裝了！哈哈！又跟 grub2 有關囉～

### 24.3.3　開始安裝新核心與多重核心選單 (grub)

現在我們知道核心檔案放置在 /usr/src/kernels/linux-3.10.89/arch/x86/boot/bzImage，但
是其實系統核心理論上都是擺在 /boot 底下，且為 vmlinuz 開頭的檔名。此外，我們也曉得

一部主機是可以做成多重開機系統的！這樣說，應該知道鳥哥想要幹嘛了吧？對啦！我們將同時保留舊版的核心，並且新增新版的核心在我們的主機上面。

此外，與 grub1 不一樣，grub2 建議我們不要直接修改設定檔，而是透過讓系統自動偵測來處理 grub.cfg 這個設定檔的內容。所以，在處理核心檔案時，可能就得要知道核心檔案的命名規則比較好耶！

◆ **移動核心到 /boot 且保留舊核心檔案**

保留舊核心有什麼好處呢？最大的好處是可以確保系統能夠順利開機啦！因為核心雖然被編譯成功了，但是並不保證我們剛剛挑選的核心項目完全適合於目前這部主機系統，可能有某些地方我們忘記選擇了，這將導致新核心無法順利驅動整個主機系統，更差的情況是，你的主機無法成功開機成功！此時，如果我們保留舊的核心，呵呵！若新核心測試不通過，就用舊核心來啟動啊！嘿嘿！保證比較不會有問題嘛！另外，核心檔案通常以 vmlinuz 為開頭，接上核心版本為依據的檔名格式，因此可以這樣做看看：

```
[root@study linux-3.10.89]# cp arch/x86/boot/bzImage /boot/vmlinuz-3.10.89vbird
[root@study linux-3.10.89]# cp .config /boot/config-3.10.89vbird
[root@study linux-3.10.89]# chmod a+x /boot/vmlinuz-3.10.89vbird
[root@study linux-3.10.89]# cp System.map /boot/System.map-3.10.89vbird
[root@study linux-3.10.89]# gzip -c Module.symvers > /boot/symvers-3.10.89vbird.gz
[root@study linux-3.10.89]# restorecon -Rv /boot
```

◆ **建立相對應的 Initial Ram Disk (initrd)**

還記得第十九章談過的 initramfs 這個玩意兒吧！由於鳥哥的系統使用 SATA 磁碟，加上剛剛 SATA 磁碟支援的功能並沒有直接編譯到核心去，所以當然要使用 initramfs 來載入才行！使用如下的方法來建立 initramfs 吧！記得搭配正確的核心版本喔！

```
[root@study ~]# dracut -v /boot/initramfs-3.10.89vbird.img 3.10.89vbird
```

◆ **編輯開機選單 (grub)**

前面的檔案大致上都擺放妥當之後，同時得要依據你的核心版本來處理檔名喔！接下來就直接使用 grub2-mkconfig 來處理你的 grub2 開機選單設定即可！讓我們來處理處理先！

```
[root@study ~]# grub2-mkconfig -o /boot/grub2/grub.cfg
Generating grub configuration file ...
Found linux image：/boot/vmlinuz-3.10.89vbird      # 應該要最早出現！
Found initrd image：/boot/initramfs-3.10.89vbird.img
.....(底下省略).....
```

因為預設較新版本的核心會放在最前面成為預設的開機選單項目，所以你得要確認上述的結果中，第一個被發現的核心為你剛剛編譯好的核心檔案才對喔！否則等一下開機可能就會出現使用舊核心開機的問題。現在讓我們重新開機來測試看看囉！

◆ **重新以新核心開機、測試、修改**

如果上述的動作都成功後，接下來就是重新開機並選擇新核心來啟動系統啦！如果系統順利啟動之後，你使用 uname -a 會出現類似底下的資料：

```
[root@study ~]# uname -a
Linux study.centos.vbird 3.10.89vbird #1 SMP Tue Oct 20 09:09:11 CST 2015 x86_64
x86_64 x86_64 GNU/Linux
```

包括核心版本與支援的硬體平台都是 OK 的！嘿嘿！那你所編譯的核心就是差不多成功的啦！如果運作一陣子後，你的系統還是穩定的情況下，那就能夠將 default 值使用這個新的核心來作為預設開機囉！這就是核心編譯！那你也可以自己處理嵌入式系統的核心編譯囉！ ^_^

# 24.4 額外 (單一) 核心模組編譯

我們現在知道核心所支援的功能當中，有直接編譯到核心內部的，也有使用外掛模組的，外掛模組可以簡單的想成**就是驅動程式** 啦！那麼也知道這些核心模組依據不同的版本，被分別放置到 /lib/modules/$(uname -r)/kernel/ 目錄中，各個硬體的驅動程式則是放置到 /lib/modules/$(uname -r)/kernel/drivers/ 當中！換個角度再來思考一下，如果剛剛我自己編譯的資料中，有些驅動程式忘記編譯成為模組了，那是否需要重新進行上述的所有動作？又如果我想要使用硬體廠商釋出的新驅動程式，那該如何是好？

## 24.4.1 編譯前注意事項

由於我們的核心原本就有提供很多的核心工具給硬體開發商來使用，而硬體開發商也需要針對核心所提供的功能來設計他們的驅動程式模組，因此，我們如果想要自行使用硬體開發商所提供的模組來進行編譯時，就需要使用到核心所提供的原始檔當中，所謂的標頭檔案 (header include file) 來取得驅動模組所需要的一些函式庫或標頭的定義啦！也因此我們常常會發現到，如果想要自行編譯核心模組時，就得要擁有核心原始碼嘛！

那核心原始碼我們知道它是可能放置在 /usr/src/ 底下，早期的核心原始碼被要求一定要放置到 /usr/src/linux/ 目錄下，不過，如果你有多個核心在一個 Linux 系統當中，而且使用的原始碼並不相同時，呵呵～問題可就大了！所以，在 2.6 版以後，核心使用比較有趣的方法來設計它的原始碼放置目錄，那就是以 /lib/modules/$(uname -r)/build 及 /lib/modules/$(uname -r)

/source 這兩個連結檔來指向正確的核心原始碼放置目錄。如果以我們剛剛由 kernel 3.10.89vbird 建立的核心模組來說，那麼它的核心模組目錄底下有什麼東東？

```
[root@study ~]# ll -h /lib/modules/3.10.89vbird/
lrwxrwxrwx. 1 root root   30 Oct 20 14:27 build -> /usr/src/kernels/linux-3.10.89
drwxr-xr-x. 11 root root 4.0K Oct 20 14:29 kernel
-rw-r--r--. 1 root root 668K Oct 20 14:29 modules.alias
-rw-r--r--. 1 root root 649K Oct 20 14:29 modules.alias.bin
-rw-r--r--. 1 root root 5.8K Oct 20 14:27 modules.builtin
-rw-r--r--. 1 root root 7.5K Oct 20 14:29 modules.builtin.bin
-rw-r--r--. 1 root root 208K Oct 20 14:29 modules.dep
-rw-r--r--. 1 root root 301K Oct 20 14:29 modules.dep.bin
-rw-r--r--. 1 root root  316 Oct 20 14:29 modules.devname
-rw-r--r--. 1 root root  81K Oct 20 14:27 modules.order
-rw-r--r--. 1 root root  131 Oct 20 14:29 modules.softdep
-rw-r--r--. 1 root root 269K Oct 20 14:29 modules.symbols
-rw-r--r--. 1 root root 339K Oct 20 14:29 modules.symbols.bin
lrwxrwxrwx. 1 root root   30 Oct 20 14:27 source -> /usr/src/kernels/linux-3.10.89
```

比較有趣的除了那兩個連結檔之外，還有那個 modules.dep 檔案也挺有趣的，那個檔案是記錄了核心模組的相依屬性的地方，依據該檔案，我們可以簡單的使用 modprobe 這個指令來載入模組呢！至於核心原始碼提供的標頭檔，在上面的案例當中，則是放置到 /usr/src/kernels/linux-3.10.89/include/ 目錄中，當然就是藉由 build/source 這兩個連結檔案來取得目錄所在的啦！^_^

由於核心模組的編譯其實與核心原本的原始碼有點關係的，因此如果你需要重新編譯模組時，那除了 make，gcc 等主要的編譯軟體工具外，**你還需要的就是 kernel-devel 這個軟體**！記得一定要安裝喔！而如果你想要在預設的核心底下新增模組的話，那麼就得要找到 kernel 的 SRPM 檔案了！將該檔案給它安裝，並且取得 source code 後，才能夠順利的編譯喔！

## 24.4.2 單一模組編譯

想像兩個情況：

◆ 如果我的預設核心忘記加入某個功能，而且該功能可以編譯成為模組，不過，預設核心卻也沒有將該項功能編譯成為模組，害我不能使用時，該如何是好？

◆ 如果 Linux 核心原始碼並沒有某個硬體的驅動程式 (module)，但是開發該硬體的廠商有提供給 Linux 使用的驅動程式原始碼，那麼我又該如何將該項功能編進核心模組呢？

很有趣對吧！不過，在這樣的情況下其實沒有什麼好說的，反正就是 『去取得原始碼後，重新編譯成為系統可以載入的模組』啊！很簡單，對吧！＾_＾！但是，上面那兩種情況的模組編譯行為是不太一樣的，不過，都是需要 make，gcc 以及核心所提供的 include 標頭檔與函式庫等等。

◆ **硬體開發商提供的額外模組**

很多時候，可能由於核心預設的核心驅動模組所提供的功能你不滿意，或者是硬體開發商所提供的核心模組具有更強大的功能，又或者該硬體是新的，所以預設的核心並沒有該硬體的驅動模組時，那你只好自行由硬體開發商處取得驅動模組，然後自行編譯囉！

如果你的硬體開發商有提供驅動程式的話，那麼真的很好解決，直接下載該原始碼，重新編譯，將它放置到核心模組該放置的地方後就能夠使用了！舉個例子來說，鳥哥在 2014 年底幫廠商製作一個伺服器的環境時，發現對方喜歡使用的磁碟陣列卡 (RAID) 當時並沒有被 Linux 核心所支援，所以就得要幫廠商針對該磁碟陣列卡來編譯成為模組囉！處理的方式，當然就是使用磁碟陣列卡官網提供的驅動程式來編譯囉！

■ Highpoint 的 RocketRAID RR640L 驅動程式：

http://www.highpoint-tech.com/USA_new/series_rr600-download.htm

雖然你可以選擇 『RHEL/CentOS 7 x86_64』 這個已編譯的版本來處理，不過因為我們的核心已經做成自訂的版本，變成 3.10.89vbird 這樣，忘記加上 x86_64 的版本名，會導致該版本的自動安裝腳本失敗！所以，算了！我們自己來重新編譯吧！因此，請下載 『Open Source Driver』 的版本喔！同時，鳥哥假設你將下載的檔案放置到 /root/raidcard 目錄內喔！

```
# 1. 將檔案解壓縮並且開始編譯：
[root@study ~]# cd /root/raidcard
[root@study raidcard]# ll
-rw-r--r--. 1 root root 501477 Apr 23 07:42 RR64xl_Linux_Src_v1.3.9_15_03_07.tar.gz
[root@study raidcard]# tar -zxvf RR64xl_Linux_Src_v1.3.9_15_03_07.tar.gz
[root@study raidcard]# cd rr64xl-linux-src-v1.3.9/product/rr64xl/linux/
[root@study linux]# ll
-rw-r--r--. 1 dmtsai dmtsai 1043 Mar  7  2015 config.c
-rwxr-xr-x. 1 dmtsai dmtsai  395 Dec 27  2013 Makefile        # 要有這家伙存在才行！
[root@study linux]# make
make[1]:Entering directory `/usr/src/kernels/linux-3.10.89'
  CC [M]  /root/raidcard/rr64xl-linux-src-v1.3.9/product/rr64xl/linux/.build/os_linux.o
  CC [M]  /root/raidcard/rr64xl-linux-src-v1.3.9/product/rr64xl/linux/.build/osm_linux.o
.....(中間省略).....
make[1]:Leaving directory `/usr/src/kernels/linux-3.10.89'
[root@study linux]# ll
```

```
-rw-r--r--. 1 dmtsai dmtsai     1043 Mar  7  2015 config.c
-rwxr-xr-x. 1 dmtsai dmtsai      395 Dec 27  2013 Makefile
-rw-r--r--. 1 root   root    1399896 Oct 21 00:59 rr6401.ko  # 就是產生這家伙！

# 2. 將模組放置到正確的位置去！
[root@study linux]# cp rr6401.ko /lib/modules/3.10.89vbird/kernel/drivers/scsi/
[root@study linux]# depmod -a   # 產生模組相依性檔案！
[root@study linux]# grep rr640 /lib/modules/3.10.89vbird/modules.dep
kernel/drivers/scsi/rr6401.ko:  # 確定模組有在相依性的設定檔中！
[root@study linux]# modprobe rr6401
modprobe：ERROR：could not insert 'rr6401'：No such device
# 要測試載入一下才行，不過，我們實際上虛擬機沒有這張 RAID card，所以出現錯誤是正常的啦！

# 3. 若開機過程中就得要載入此模組，則需要將模組放入 initramfs 才行喔！
[root@study linux]# dracut --force -v --add-drivers rr6401 \
> /boot/initramfs-3.10.89vbird.img 3.10.89vbird
[root@study linux]# lsinitrd /boot/initramfs-3.10.89vbird.img | grep rr640
```

透過這樣的動作，我們就可以輕易的將模組編譯起來，並且還可以將它直接放置到核心模組目錄中，同時以 depmod 將模組建立相關性，未來就能夠利用 modprobe 來直接取用啦！但是需要提醒你的是，**當自行編譯模組時，若你的核心有更新 (例如利用自動更新機制進行線上更新) 時，則你必須要重新編譯該模組一次，重複上面的步驟才行！**因為這個模組僅針對目前的核心來編譯的啊！對吧！

◆ **利用舊有的核心原始碼進行編譯**

如果你後來發現忘記加入某個模組功能了，那該如何是好？其實如果僅是重新編譯模組的話，那麼整個過程就會變的非常簡單！我們先到目前的核心原始碼所在目錄下達 make menuconfig ，然後將 NTFS 的選項設定成為模組，之後直接下達：

> make fs/ntfs/

那麼 ntfs 的模組 (ntfs.ko) 就會自動的被編譯出來了！然後將該模組複製到 /lib/modules/3.10.89vbird/kernel/fs/ntsf/ 目錄下，再執行 depmod -a ，呵呵～就可以在原來的核心底下新增某個想要加入的模組功能囉～ ^_^

## 24.4.3 核心模組管理

核心與核心模組是分不開的，至於驅動程式模組在編譯的時候，更與核心的原始碼功能分不開～因此，你必須要先瞭解到：核心、核心模組、驅動程式模組、核心原始碼與標頭檔案的相關性，然後才有辦法瞭解到為何編譯驅動程式的時候老是需要找到核心的原始碼才能夠順利編譯！然後也才會知道，為何當核心更新之後，自己之前所編譯的核心模組會失效～

此外，與核心模組有相關的，還有那個很常被使用的 modprobe 指令，以及開機的時候
會讀取到的模組定義資料檔案 /etc/modprobe.conf ，這些資料你也必須要瞭解才行～相關的
指令說明我們已經在第十九章內談過了，你應該要自行前往瞭解喔！ ^_^

## 24.5 以最新核心版本編譯 CentOS 7.x 的核心

如果你跟鳥哥一樣，曾經為了某些緣故需要最新的 4.x.y 的核心版本來實作某些特定的
功能時，那該如何是好？沒辦法，只好使用最新的核心版本來編譯啊！你可以依照上面的程
序來一個一個處理，沒有問題～不過，你也可以根據 ELRepo 網站提供的 SRPM 來重新編譯
打包喔！當然你可以直接使用 ELRepo 提供的 CentOS 7.x 專屬的核心來直接安裝。

底下我們使用 ELRepo 網站提供的 SRPM 檔案來實作核心編譯。而要這麼重新編譯的原
因是，鳥哥需要將 VFIO 的 VGA 直接支援的核心功能打開！因此整個程序會變成類似這樣：

1. 先從 ELRepo 網站下載不含原始碼的 SRPM 檔案，並且安裝該檔案
2. 從 www.kernel.org 網站下載滿足 ELRepo 網站所需要的核心版本來處理
3. 修改核心功能
4. 透過 SRPM 的 rpmbuild 重新編譯打包核心

就讓我們來測試一下囉！(注意，鳥哥使用的是 2015/10/20 當下最新的 4.2.3 這一版的核
心。由於核心版本的升級太快，因此在你實作的時間，可能已經有更新的核心版本了。此時
你應該要前往 ELRepo 查閱最新的 SRPM 之後，再決定你想使用的版本喔！)

```
1. 先下載 ELRepo 上面的 SRPM 檔案！同時安裝它：
[root@study ~]# wget http://elrepo.org/linux/kernel/el7/SRPMS/kernel-ml-4.2.3-1.
el7.elrepo.nosrc.rpm
[root@study ~]# rpm -ivh kernel-ml-4.2.3-1.el7.elrepo.nosrc.rpm

2. 根據上述的檔案，下載正確的核心原始碼：
[root@study ~]# cd rpmbuild/SOURCES
[root@study SOURCES]# wget https://cdn.kernel.org/pub/linux/kernel/v4.x/linux-4.
2.3.tar.xz
[root@study SOURCES]# ll -tr
.....(前面省略).....
-rw-r--r--. 1 root root 85523884 Oct  3 19:58 linux-4.2.3.tar.xz   # 核心原始碼
-rw-rw-r--. 1 root root      294 Oct  3 22:04 cpupower.service
-rw-rw-r--. 1 root root      150 Oct  3 22:04 cpupower.config
-rw-rw-r--. 1 root root   162752 Oct  3 22:04 config-4.2.3-x86_64 # 主要的核心功能

3. 修改核心功能設定：
```

```
[root@study SOURCES]# vim config-4.2.3-x86_64
# 大約在 5623 行找到底下這一行，並在底下新增一行設定值！
# CONFIG_VFIO_PCI_VGA is not set
CONFIG_VFIO_PCI_VGA=y


[root@study SOURCES]# cd ../SPECS
[root@study SPECS]# vim kernel-ml-4.2.spec
# 大概在 145 左右找到底下這一行：
Source0：ftp://ftp.kernel.org/pub/linux/kernel/v4.x/linux-%{LKAver}.tar.xz
# 將它改成如下的模樣：
Source0：linux-%{LKAver}.tar.xz
```

4. 開始編譯並打包：

```
[root@study SPECS]# rpmbuild -bb kernel-ml-4.2.spec
# 接下來會有很長的一段時間在進行編譯行為，鳥哥的機器曾經跑過兩個小時左右才編譯完！
# 所以，請耐心等候啊！
Wrote：/root/rpmbuild/RPMS/x86_64/kernel-ml-4.2.3-1.el7.centos.x86_64.rpm
Wrote：/root/rpmbuild/RPMS/x86_64/kernel-ml-devel-4.2.3-1.el7.centos.x86_64.rpm
Wrote：/root/rpmbuild/RPMS/x86_64/kernel-ml-headers-4.2.3-1.el7.centos.x86_64.rpm
Wrote：/root/rpmbuild/RPMS/x86_64/perf-4.2.3-1.el7.centos.x86_64.rpm
Wrote：/root/rpmbuild/RPMS/x86_64/python-perf-4.2.3-1.el7.centos.x86_64.rpm
Wrote：/root/rpmbuild/RPMS/x86_64/kernel-ml-tools-4.2.3-1.el7.centos.x86_64.rpm
Wrote：/root/rpmbuild/RPMS/x86_64/kernel-ml-tools-libs-4.2.3-1.el7.centos.x86_64.rpm
Wrote：/root/rpmbuild/RPMS/x86_64/kernel-ml-tools-libs-devel-4.2.3-1.el7.centos.x86
_64.rpm
```

如上表最後的狀態，你會發現竟然已經有 kernel-ml 的軟體包產生了！接下來你也不需要像手動安裝核心一樣，得要一個一個項目移動到正確的位置去，只要使用 yum install 新的核心版本，就會有 4.2.3 版的核心在你的 CentOS 7.x 當中了耶！相當神奇！

```
[root@study ~]# yum install /root/rpmbuild/RPMS/x86_64/kernel-ml-4.2.3-1.el7.
centos.x86_64.rpm
[root@study ~]# reboot


[root@study ~]# uname -a
Linux study.centos.vbird 4.2.3-1.el7.centos.x86_64 #1 SMP Wed Oct 21 02:31:18 CST
2015 x86_64 x86_64 x86_64 GNU/Linux
```

這樣就讓我們的 CentOS 7.x 具有最新的核心囉！與核心官網相同版本咧～夠帥氣吧！

## 24.6　重點回顧

◆ 其實核心就是系統上面的一個檔案而已,這個檔案包含了驅動主機各項硬體的偵測程式與驅動模組。

◆ 上述的核心模組放置於:/lib/modules/$(uname -r)/kernel/。

◆ 『驅動程式開發』的工作上面來說,應該是屬於硬體發展廠商的問題。

◆ 一般的使用者,由於系統已經將核心編譯的相當的適合一般使用者使用了,因此一般入門的使用者,基本上,不太需要編譯核心。

◆ 編譯核心的一般目的:新功能的需求、原本的核心太過臃腫、與硬體搭配的穩定性、其他需求(如嵌入式系統)。

◆ 編譯核心前,最好先瞭解到你主機的硬體,以及主機的用途,才能選擇好核心功能。

◆ 編譯前若想要保持核心原始碼的乾淨,可使用 make mrproper 來清除暫存檔與設定檔。

◆ 挑選核心功能與模組可用 make 配合:menuconfig, oldconfig, xconfig, gconfig 等等。

◆ 核心功能挑選完畢後,一般常見的編譯過程為:make bzImage,make modules。

◆ 模組編譯成功後的安裝方式為:make modules_install。

◆ 核心的安裝過程中,需要移動 bzImage 檔案、建立 initramfs 檔案、重建 grub.cfg 等動作。

◆ 我們可以自行由硬體開發商之官網下載驅動程式來自行編譯核心模組!

## 24.7　本章習題

◆ 簡單說明核心編譯的步驟為何?

◆ 如果你利用新編譯的核心來操作系統,發現系統並不穩定,你想要移除這個自行編譯的核心該如何處理?

## 24.8　參考資料與延伸閱讀

◆ 註 1:透過在 /usr/src/kernels/linux-3.10.89 底下的 README 以及『 make help 』可以得到相當多的解釋

◆ 核心編譯的功能:可以用來測試 CPU 效能喔!因為 compile 非常耗系統資源!

# 鳥哥的 Linux 私房菜--基礎學習篇 (第四版)

作　　者：鳥　哥
企劃編輯：江佳慧
文字編輯：江雅鈴
設計裝幀：張寶莉
發 行 人：廖文良

發 行 所：碁峰資訊股份有限公司
地　　址：台北市南港區三重路 66 號 7 樓之 6
電　　話：(02)2788-2408
傳　　真：(02)8192-4433
網　　站：www.gotop.com.tw
書　　號：ACA020000
版　　次：2016 年 01 月初版
　　　　　2024 年 04 月初版十一刷
建議售價：NT$980

國家圖書館出版品預行編目資料

鳥哥的 Linux 私房菜. 基礎學習篇 / 鳥哥著. -- 四版. -- 臺北市：
碁峰資訊, 2016.01
　　面；　公分
　　ISBN 978-986-347-865-2(平裝)
　　1.作業系統
312.54　　　　　　　　　　　　　　104024806